U0219504

HZ Books

华章图书

一本打开的书，一扇开启的门，

通向科学殿堂的阶梯，托起一流人才的基石。

机器人学译丛

[希腊] 斯皮罗斯 · G. 扎菲斯塔斯（Spyros G. Tzafestas）著
贾振中 张鼎元 王国磊 管娅妮 译

移动机器人控制导论

INTRODUCTION TO MOBILE ROBOT CONTROL

机械工业出版社
China Machine Press

图书在版编目（CIP）数据

移动机器人控制导论 /（希）斯皮罗斯·G. 扎菲斯塔斯（Spyros G. Tzafestas）著；贾振中
等译 . -- 北京：机械工业出版社，2021.9
（机器人学译丛）
书名原文：Introduction to Mobile Robot Control
ISBN 978-7-111-69042-9

I . ①移…　Ⅱ . ①斯…②贾…　Ⅲ . ①移动式机器人 – 机器人控制 – 研究　Ⅳ . ① TP242

中国版本图书馆 CIP 数据核字（2021）第 180221 号

本书版权登记号：图字　01-2019-0951

注意

本书涉及领域的知识和实践标准在不断变化。新的研究和经验拓展我们的理解，因此须对研究方法、专业实践或医疗方法作出调整。从业者和研究人员必须始终依靠自身经验和知识来评估和使用本书中提到的所有信息、方法、化合物或本书中描述的实验。在使用这些信息或方法时，他们应注意自身和他人负有专业责任的当事人的安全。在法律允许的最大范围内，爱思唯尔、译文的原文作者、原文编辑及原文内容提供者均不对因产品责任、疏忽或其他人身或财产伤害及 / 或损失承担责任，亦不对由于使用或操作文中提到的方法、产品、说明或思想而导致的人身或财产伤害及 / 或损失承担责任。

出版发行：机械工业出版社（北京市西城区百万庄大街 22 号　邮政编码：100037）

责任编辑：赵亮宇　　　　　　　　　　　　　责任校对：马荣敏

印　　刷：三河市宏达印刷有限公司　　　　版　　次：2021 年 10 月第 1 版第 1 次印刷

开　　本：185mm×260mm　1/16　　　　　印　　张：32

书　　号：ISBN 978-7-111-69042-9　　　　定　　价：169.00 元

客服电话：（010）88361066　88379833　68326294　　　投稿热线：（010）88379604
华章网站：www.hzbook.com　　　　　　　　　　　　　　读者信箱：hzjsj@hzbook.com

版权所有·侵权必究
封底无防伪标均为盗版
本书法律顾问：北京大成律师事务所　韩光 / 邹晓东

译 者 序

21世纪是机器人蓬勃发展的时代。从学术研究到工程应用,机器人引起了学界和工业界人士越来越多的关注。人们对机器人日益浓厚的兴趣也源自机器人学作为一门综合性学科所具备的多学科交叉特征,后者是创新的源泉,可给社会发展带来动力。随之而来的是大量科研文献的产生,如教材、专著和学术论文等。随着近几年"机器人工程"成为新工科本科热门专业,与之配套的教材建设便成为当务之急。

最近30年,国内外先后出版了多本机器人学教材,其中不乏经典著作,例如Craig的《机器人学导论》、Spong等的《机器人建模和控制》、Park和Lynch的《现代机器人学》,国内熊有伦院士等所著的《机器人学》。这些教材多以固定底座的机械臂(如工业机器人)或操作为主,其中常包括数学基础、运动学、动力学、控制和抓握/操作,部分还涉及有关视觉伺服控制等方面的知识。

移动机器人(mobile robot)是机器人领域的另一块重要分支,它所涵盖的范围十分广泛,比如工厂里的自动引导车(例如亚马逊的Kiva Systems)、军用无人车、自动驾驶车辆、水下机器人、空间行星探测机器人(火星车/月球车),等等。2021年,中国自主研发的火星车"祝融号"取得成功,点燃了我国星际探测的火种,指引着人类对浩瀚星空、未知宇宙的继续探索和自我超越。

移动机器人与工业机械臂的最大区别是,它具有由轮、履带、腿等多种形式构成的移动底座。所以,它的KDC(运动学、动力学、控制)与工业机械臂有明显区别,特别是其中相关的各种控制。此外,移动机器人通常还涉及状态估计(state estimation)、SLAM(定位与地图构建)、机器人自主导航等方面的内容。而这些内容在传统的机器人学教材中较少涉及。

目前关于移动机器人的教材或专著并不多,主要有1996年Borenstein教授出版的*Navigating Mobile Robots:Sensors and Techniques*、欧美两国学者合著的*Introduction to Autonomous Mobile Robots*和美国卡内基梅隆大学Kelly教授撰写的*Mobile Robotics:Mathematics Models and Methods*(CMU移动机器人课程的参考教材),这些书都有中文译本。斯坦福大学Thrun教授等人合著的*Probabilistic Robotics*则是关于状态估计和SLAM的经典教材。

扎菲斯塔斯教授是一位在控制领域(特别是智能控制)和机器人领域都颇有建树的学者,组织、领导过很多会议以及希腊和欧盟的工程项目。他创立了*Journal of Intelligent & Robotic Systems*(SCI索引),还担任过Springer ISCA(International Symposium on Computer Architecture)系列书籍的主编。

扎菲斯塔斯教授所编写的这本书是移动机器人领域一本很好的教材和参考书,书中涉及移动机器人相关的运动学(第2章)、动力学(第3章)、传感器和探测感知(第4章)、移动操作(第10章)、运动规划(第11章)、状态估计和SLAM(第12章)、实验研究(第13章)和软件架构(第14章),特别是相关的控制(第5~9章),实现了对移动机器人领域的全覆盖。

本书适合院校学生和专业人士阅读，在学习过程中，建议结合《概率机器人》[㊀]一书来加强对状态估计和SLAM方面内容的了解。

本书的几位译者均为从事机器人学研究和教学的青年学者，具有编著及翻译机器人方面教材和专著的经验。在翻译过程中，为了尽量保持原文的风格和科学的严谨性，部分语句可能存在直译的痕迹。如有不妥或错误之处，敬请读者和专家批评指正。

译者

2021年5月28日

㊀ 该书由机械工业出版社出版，书号为9787111504375。——编辑注

前　言

多年来，机器人技术一直是人类社会发展的主要贡献者。这个领域需要多种学科，例如机械工程、电气与电子工程、控制工程、计算机工程、传感器工程等协同作用。机器人和其他自动化机器必须与人一起生活。在这种共生关系中，机器人应首先尊重、纳入并实现人类的需求和偏好。为此，现代机器人，特别是轮式或腿式移动机器人，以有目的且有益的方式，结合并实现了从生物系统及人类认知和适应能力中汲取的感知-行动循环原理。

本书的目的在于：以汇聚、综合方式介绍多年来为非完整约束和全向轮式移动机器人所开发的一组基本概念和方法要素。本书的核心部分（第5～10章）致力于分析和设计几种移动机器人控制器，包括基于李雅普诺夫的基本控制器、基于不变流形的控制器、基于仿射模型的控制器、模型参考自适应控制器、滑模和基于李雅普诺夫的鲁棒控制器、神经控制器、模糊逻辑控制器、基于视觉的控制器以及移动机械臂控制器。本书的前4章介绍了移动机器人的驱动、运动学、动力学和传感器等主题。第11章和第12章介绍了路径规划、运动规划、任务规划、定位与地图构建等主题，其中包括最基本的概念和技术，信息的详细程度与本书的目的和涵盖范围相符。第13章提供了使用本书的研究方法所得到的一系列实验结果。这些实验结果来自研究文献，其中包括本书作者的一些研究成果。第14章提供了用于实现移动机器人集成智能控制的一些通用系统和软件架构的概念性概述。最后，第15章介绍了移动机器人在工业和社会生活中的应用。

为了方便读者阅读，每章的第一节会简述该章中所要用到的数学、力学、控制和固定机器人背景概念。从某种意义上讲，本书实际上与本领域大多数书籍互补，提供了可靠的基于模型的分析和设计，涵盖了其他书籍中未涵盖的大量移动机器人控制方案。

本书适用于机器人和移动机器人相关专业的高年级本科和研究生教学课程，也可以作为本领域需要综合方法资源来开展工作的研究人员和从业人员的入门参考书。

感谢授权本书使用插图和实验图的所有出版商和文献作者。

斯皮罗斯·G. 扎菲斯塔斯

2013年4月于雅典

主要符号与首字母缩写

t, k	Continuous, discrete time	连续时间,离散时间
l, s, D, d	Linear distance (length)	线性距离(长度)
$\boldsymbol{p}, \boldsymbol{d}, \boldsymbol{x}$	Position vector	位置向量
$\boldsymbol{R}$	Rotation matrix	旋转矩阵
$\boldsymbol{R}_x, \boldsymbol{R}_y, \boldsymbol{R}_z$	Rotation matrix w. r. t. axis x, y, z	相对于 x、y、z 轴的旋转矩阵
$\boldsymbol{n}, \boldsymbol{o}, \boldsymbol{a}$	Normal, orientation, and approach unit vectors	法线、方向和接近方向的单位向量
$\boldsymbol{A}, \boldsymbol{T}$	Homogeneous(4×4)matrix	齐次(4×4)矩阵
$\boldsymbol{q}$	Generalized variable (linear, angular)	广义坐标变量(线性,角度)
$v, \boldsymbol{v}$	Linear velocity vector	线速度向量
$\omega, \dot{\theta}$	Angular velocity vector	角速度向量
$\boldsymbol{J}(\boldsymbol{q})$	Jacobian matrix	雅可比矩阵
$\boldsymbol{J}^{-1}(\boldsymbol{q})$	Inverse of $\boldsymbol{J}(\boldsymbol{q})$	雅可比矩阵 $\boldsymbol{J}(\boldsymbol{q})$的逆
$\boldsymbol{J}^{+}(\boldsymbol{q})$	Generalized inverse (pseudoinverse) of $\boldsymbol{J}(\boldsymbol{q})$	雅可比矩阵 $\boldsymbol{J}(\boldsymbol{q})$的广义逆矩阵(伪逆)
D-H	Denavit-Hartenberg	Denavit-Hartenberg 规则
det(·)	Determinant	矩阵的行列式
$\boldsymbol{F}, \boldsymbol{\tau}, (\boldsymbol{N})$	Force, torque vector	力向量,力矩向量
L	Lagrangian function	拉格朗日函数
K, P	Kinetic energy and potential energy	动能和势能
$\boldsymbol{D}(\boldsymbol{q})$	Inertial matrix	惯量矩阵
$\boldsymbol{g}(\boldsymbol{q})$	Gravity term	重力项
HRI	Human-robot interface	人-机器人交互界面,人机交互界面
GHRI	Graphical human-robot interface	图形化人机交互界面
IC	Intelligent control	智能控制
ICA	Intelligent control architecture	智能控制架构
NL	Natural language	自然语言
NL-HRI	Natural language HRI	自然语言-人机交互界面
UI	User interface	用户界面
$\boldsymbol{C}(\boldsymbol{q}, \boldsymbol{q})\dot{\boldsymbol{q}}$	Centrifugal/Coriolis term	离心/科里奥利项
O_{xyz}	Coordinate frame	坐标系
WMR	Wheeled mobile robot	轮式移动机器人
MM	Mobile manipulator	移动机械臂,移动操作臂

LS	Least squares	最小二乘
ϕ,ψ	WMR direction, steering angles	轮式移动机器人的方向角,转向角
DOF	Degree of freedom	自由度的数目
COG	Center of gravity	重心
COM	Center of mass	质心
$\boldsymbol{M}(\boldsymbol{q})$	Nonholonomic constraint	非完整约束
CS	Configuration space	位形空间
GPS	Global positioning system	全球定位系统
l_f	Lens focal length	镜头焦距
$\boldsymbol{K}_p$,$\boldsymbol{K}_v$	Position, velocity gain matrix	位置增益矩阵,速度增益矩阵
KF, EKF	Kalman filter, extended Kalman filter	卡尔曼滤波器,扩展卡尔曼滤波器
SLAM	Simultaneous localization and mapping	同步定位与地图构建
$\hat{\boldsymbol{x}}$,$\hat{\boldsymbol{\theta}}$	Estimate of $\boldsymbol{x}$,$\boldsymbol{\theta}$	$\boldsymbol{x}$,$\boldsymbol{\theta}$ 的估计值
$\tilde{\boldsymbol{x}}$,$\tilde{\boldsymbol{\theta}}$	Error of the estimate $\tilde{\boldsymbol{x}}$,$\tilde{\boldsymbol{\theta}}$	估计值$\hat{\boldsymbol{x}}$,$\hat{\boldsymbol{\theta}}$ 的误差
$\boldsymbol{\Sigma}_x$,$\boldsymbol{\Sigma}_\theta$	Covariance matrix of $\tilde{\boldsymbol{x}}$,$\tilde{\boldsymbol{\theta}}$	$\tilde{\boldsymbol{x}}$,$\tilde{\boldsymbol{\theta}}$ 的协方差矩阵
AI	Artificial intelligence	人工智能
RF	Radio frequency	无线电频率
CAD	Computer-aided design	计算机辅助设计
$\overline{x}(s)$	Laplace transform of $x(t)$	$x(t)$的拉普拉斯变换
$G(s)$,$\overline{g}(s)$	Transfer function	传递函数
ω_n	Natural angular frequency	自然角频率,自然频率
ζ	Damping factor	阻尼因子
P, PD	Proportional, proportional plus derivative	比例,比例-微分
PI, PID	Proportional plus integral (plus derivative)	比例-积分,比例-积分-微分
MRAC	Model reference adaptive control	模型参考自适应控制
SMC	Sliding mode control	滑模控制
$\boldsymbol{J}_\text{im}$	Image Jacobian	图像雅可比矩阵
VRS(VRC)	Visual robot servoing (control)	视觉机器人伺服(控制)
FL(FC)	Fuzzy logic (fuzzy control)	模糊逻辑(模糊控制)
NN	Neural network	神经网络
BP	Back propagation	反向传播
RFN	Radial basis function neural network (RBF-NN)	径向基函数神经网络(RBF-NN)
MLP	Multi-layer perception	多层感知
NF	Neurofuzzy	神经模糊(网络)
MB	Model-based	基于模型的
tan	Trigonometric tangent of an angle	角度的正切函数
arctan	Inverse of tan	反正切函数

关于机器人的名人语录

如果接受命令的每种工具，甚至是有自身协议的工具，都能完成有益于自身的工作，就像 Daedalus 的创造物移动自身一样㊀，那么师傅就不需要学徒工，奴隶主也不再需要指挥奴隶了。㊁

Aristotle

从我的立场很容易看到机器人技术正在潜伏、酝酿、发展中。它在于将智能与能量结合起来，即它在于对运动的智能感知和智能控制。

Allen Newell

最重要的是，机器人技术是关于我们人类自身的。机器人学是对我们的生活进行模拟、想知道我们如何工作的学科。

Rod Grupen

有肮脏、危险、沉闷的工作吗？让机器人来做，并确保你的工人的安全。

Rob Spencer

我们想解决机器人问题，需要一些视觉、执行、推理、规划等，最终，机器人将制造一切。

Marvin Minsky

制造逼真的机器人将使市场两极分化。会有喜欢它的人，也会有一些人觉得被打扰。

David Hanson

从原理上讲，学习的各个方面或智能的任何其他特征都可以被精确地描述，从而使我们可以制造一台机器来模拟它。人们从来没有设计出一种能知道自身正在做什么的机器人，但大多数时候，我们人类也不知道自己正在做什么。

John McCarthy

要使系统变得有用，除了正确地执行某些任务之外，系统必须具有更多功能。

John McDermott

前两个奖项甚至都没有授予机器人。㊂

Chuck Gosdzinski

㊀ 这些工具自身就像机器人一样能自主工作。——译者注

㊁ 上述语录出自亚里士多德的《政治学》，该书预言了工业革命的来临——如果每个机器都能制造其各自的零件，服从人类的指令和计划……如果梭子会自己来回飞动，如果弦拨会自己弹奏竖琴，完全不需要人手操控，工头将不再需要领导工人，奴隶主也不再需要指挥奴隶了。——译者注

㊂ 机器人显然应该得奖。——译者注

目 录

第1章　移动机器人：一般概念

1.1　引言

移动机器人是可以自主地(即没有人类操作员的帮助)从一个地方移动到另一个地方的机器人。与大多数只能在特定工作空间中移动的工业机器人不同，移动机器人的特殊之处在于：它能在预先定义好的工作空间内自由移动以实现其预期目标。这种移动性能使移动机器人适用于结构化和非结构化环境中的大量应用。地面移动机器人可分为轮式移动机器人(Wheeled Mobile Robot，WMR)和腿式移动机器人(Legged Mobile Robot，LMR)。移动机器人还包括无人飞行器(Unmanned Aerial Vehicle，UAV)和自主水下航行器(Autonomous Underwater Vehicle，AUV)。轮式移动机器人非常流行，因为它们适用于机械复杂度和能耗相对较低的多种典型应用。腿式机器人适用于非标准环境、楼梯、瓦砾堆等中的任务。通常，具有两条腿、三条腿、四条腿或六条腿的腿式机器人系统受到普遍关注，但也存在许多其他种类的腿式机器人。单腿机器人的应用非常罕见，因为这些机器人只能跳跃移动。移动机器人还包括移动操作臂(轮式或腿式机器人上配备有一个或多个轻型操作臂，用来执行各种任务)。

本章的目的是介绍轮式移动机器人的基本概念，主要内容如下：

- 提供一个包含了历史上重要的通用机器人和移动机器人的列表。
- 讨论地面(轮式、腿式)移动机器人的运动问题。
- 研究移动机器人的车轮和驱动类型(非完整移动机器人、全向移动机器人)。
- 介绍移动机器人的移动性能(mobility)、转向性能(steerability)和可操作性(maneuverability)等概念。

1.2　机器人的定义和历史

1.2.1　机器人是什么

“机器人”(robota)一词由捷克作家卡雷尔·卡佩克(Karel Capek)在1921年首次使用，该词指代被奴役的仆人或被强迫的劳动者。在科学和技术方面，不存在关于机器人的全局或唯一定义。当现代机器人之父——约瑟夫·恩格尔伯格(Joseph Engelberger)——被要求为机器人做定义时，他说：“我无法为机器人下明确的定义，但是当我看到一个机器人时，我知道这是一个机器人。”美国机器人研究所(Robotic Institute of America，RIA)将工业机器人定义为“可重新编程的多功能机械手，它通过可变编程运动来移动材料、零件、工具或专用设备，以执行各种任务，它还能从环境中获取信息并做出智能化的响应”。但该定义没有抓住移动机器人的特点。

欧洲标准 EN775/1992 采用的定义如下：“工业机器人是一种多自由度(DOF)的自动控制、可重新编程的多用途操作机器，它可以固定在适当位置或采用移动方式，用于工业自动化应用。”

罗纳德·阿金(Ronald Arkin)说：“智能机器人是一种能够从环境中获取信息，并利用关于其工作的知识，以有意义和有目的的方式安全移动的机器。”

罗德尼·布鲁克斯(Rodney Brooks)说：“对我而言，机器人是能对世界产生一些物理影响的东西，但它产生影响的基础是它如何感知世界以及它周围的世界如何变化。”

总之，在文献中机器人被认为是在感知和动作之间进行智能连接的机器。通过编程，自主机器人可以在没有人为干预的情况下工作，并且借助于自身的人工智能，能在其周边环境中工作和存在。今天的移动机器人可以在杂乱的环境中安全地移动，理解自然语音，识别真实物体，实现自我定位，规划路径，并且通常自己思考。智能移动机器人的设计采用智能、认知和基于行为的控制方法和技术。移动机器人必须在保持最小输入字典和最小计算复杂度的情况下，使得性能灵活度最大化。

1.2.2　机器人的发展历史

机器人的历史可分为两个大时期[1-2]：

- 古代和前工业时期。
- 工业和智能机器人(robosapien)时期。

1.2.2.1　古代和前工业时期

世界历史上(公元前 2500～3000 年)的第一个机器人是希腊神话中的机械巨人塔罗斯(Talos，Ταλωζ)[3]。这个名字既归于一个人(Daedalus 的妹妹 Perdika 的儿子)，同时也归于由赫菲斯托斯(Hephaestus，锻造神)按照宙斯的命令建造的一个人造机械实体，它包括青铜制的身体和从颈部到脚跟的单根血管，并在脚踝处(塔罗斯的命门所在，这与阿喀琉斯的脚踝十分相似)用铜钉封住血管。塔罗斯被宙斯赠予欧罗巴，后来欧罗巴把塔罗斯送给她的儿子米诺斯(Minos，克里特岛国王)以保护克里特岛。当阿耳戈船英雄波亚斯(Poeas/Poias)从塔罗斯的脚跟处取下铜钉时，塔罗斯体内的生命之血(ichor)流了出来，它死了，强大的守护者变成了一堆无生命的金属。1991 年 9 月 3 日，在澳大利亚新南威尔士州 Coonabarabran 的 Siding Spring 天文台，Robert McNaught 发现了第 5786 号小行星，该行星被命名为 Talos。公元前 350 年左右，Tarentum 的 Plato Archytas 的朋友建造了一只由蒸汽驱动的机械鸟(鸽子)。这代表了早期的飞行或飞机模型的历史研究之一：

- 公元前 270 年左右：Ktesibios 发现了包含可移动部件的水钟，并写了《关于气动学》(*About Pneumatics*)一书，他在书中表明空气是一种物质实体。
- 公元前 200 年左右：中国工匠设计和建造了机械式的自动机(automata，能自动运行的机械)，如管弦乐队等。
- 公元 100 年左右：亚历山大的 Heron 设计并建造了几种调节机构，如里程表、蒸汽锅炉(aclopyle)、寺庙的自动开启装置，以及葡萄酒的自动分配机构。

- 公元 1200 年左右：阿拉伯作家 Al Jazari 撰写了《自动机》(*Automata*)一书，这是研究技术和工程史的最重要的书籍之一。
- 公元 1490 年左右：莱昂纳多·达·芬奇构建了一个看起来很像装甲骑士的装置，这似乎是西方文明中第一个类人机器人。
- 公元 1520 年左右：Hans Bullman(来自德国纽伦堡)建立了机器人历史中第一个能模仿人类(例如，演奏乐器)的真实机器人。
- 1818 年：玛丽·雪莱(Mary Shelley)根据 Frankenstein 博士开发的“人造生物”(机器人)编写了著名小说《弗兰肯斯坦》(*Frankenstein*)。这部小说中的所有机器人最终都以可怕的方式对抗了人类。
- 1921 年：捷克剧作家卡雷尔·卡佩克(Karel Capek)在他的戏剧《罗森的通用机器人》(*Rossum's Universal Robots*)中历史性地定义了“机器人”这一术语，意思是受强迫或奴役的劳动者。
- 1940 年：科幻作家艾萨克·阿西莫夫(Isaac Asimov)第一次使用“机器人”(robot)和“机器人学”(robotics)这两个术语。1942 年，他写了一篇涉及机器人学三定律(称为阿西莫夫定律)的故事《逃亡》(*Runaround*)。

1.2.2.2 工业和智能机器人时期

这一时期始于 1954 年，当时 George Devol Jr 为他的多连杆机械臂(第一个现代机器人)申请了专利。1956 年，他与 Joseph Engelberger 一起创立了世界上第一家机器人公司 Unimation(取自 Universal Automation)：

- 1961 年：第一台工业机器人 Unimate 加入了通用汽车公司的压铸生产线。
- 1963 年：第一台计算机控制的机械臂 RanchoArm 在美国加利福尼亚州唐尼市的 Rancho Los Amigos 医院投入使用，它是一种用于帮助残疾人的假肢。
- 1969 年：Victor Scheinman 在斯坦福大学的人工智能实验室开发出第一个真正灵活的机械臂——斯坦福机械臂(Stanford Arm)，它很快成为一个标准，并且仍在影响当今机械臂的设计。
- 1970 年：这是移动机器人的初现之年。移动机器人 Shakey 是由斯坦福大学研究所(现在称为 SRI Technology)开发的，它由通过传感器观察并对自身行为做出反应的智能算法控制，如图 1.1 所示。Shakey 被称为“第一个电子人”。Shakey 这一名字源于它的生涩动作(行走过程中经常晃动)。
- 1979 年：斯坦福推车(Stanford Cart)最初建造于 1970 年，它可完成循迹任务，图 1.2 中的推车由 Hans Moravec 重建，其中配备了更强大的三维视觉系统，具有更强的自主性。在一项实验中，斯坦福推车能通过使用从多个角度进行拍摄的电视摄像机自主地穿过一个布满椅子的房间。使用计算机处理这些图片，以分析推车与障碍物之间的距离。

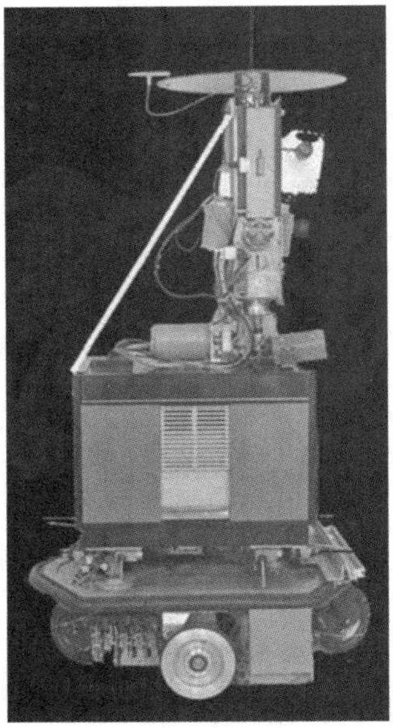

图 1.1　SRI的轮式移动机器人 Shakey，它配备有板载逻辑器件、摄像头、测距传感器和探测撞击用的传感器

资料来源：http://www.thocp.net/reference/robotics/robotics2.htm。

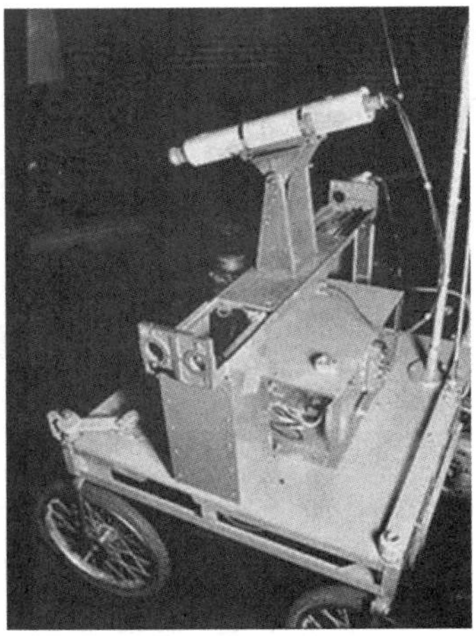

图 1.2　斯坦福推车

资料来源：http://www.thocp.net/reference/robotics/robotics2.htm。

- 1980～1989 年：这十年中，在机器人领域表现比较突出的主要是日本高级机器人的开发，特别是步行机器人(人形机器人)。其中值得一提的是 WABOT-2 人形机器人(见图 1.3b)，它是在 1984 年开发的，代表了人们首次尝试开发一种具有“特殊目的”的类人机器人(personal robot)来演奏键盘类乐器，而不是像 WABOT-1(见图 1.3a)那样的多功能机器人。

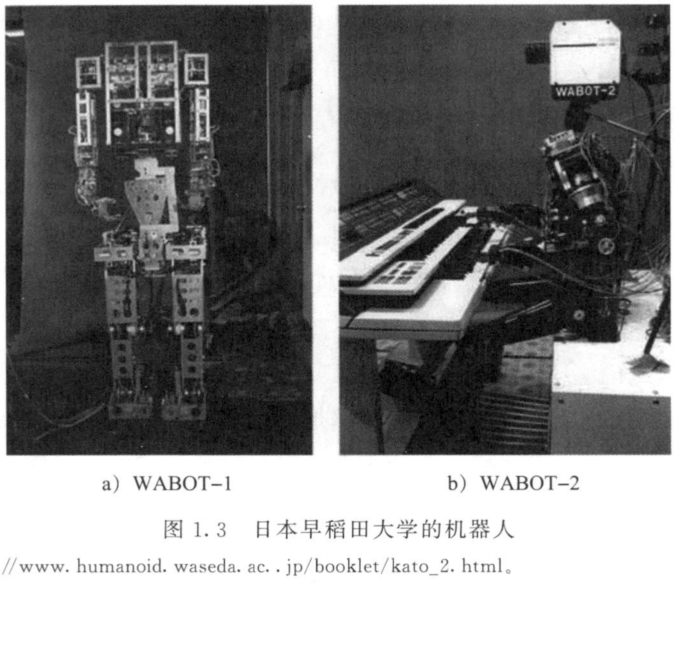

a) WABOT-1　　b) WABOT-2

图 1.3　日本早稻田大学的机器人

资料来源：http://www.humanoid.waseda.ac..jp/booklet/kato_2.html。

20世纪80年代开发的其他机器人中，比较典型的是1983年英国的计算机控制微型机器车辆Prowler(见图1.4)、1985年的Waseda-Hitachi Leg-11(WHL-11)、1989年的AQUA机器人(见图1.5)和1989年由麻省理工学院开发的多足机器人Genghis(见图1.6)。

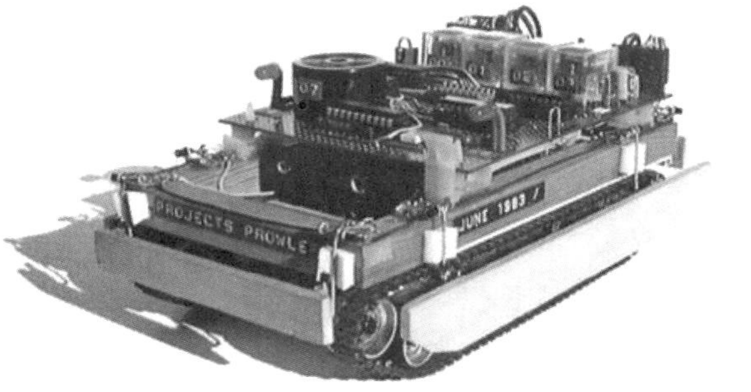

图1.4 1983年8月Sinclair项目中发布的可扩展微型机器人Prowler
资料来源：http://www.davidbuckley.net/DB/Prowler.htm。

图1.5 AQUA机器人可以拍摄珊瑚礁和其他水生生物，并在完成任务后返回出发地
资料来源：http://www.rutgersprep.org/kendall/7thgrade/cycleA_2008_09/zi/robo_AQUA.html。

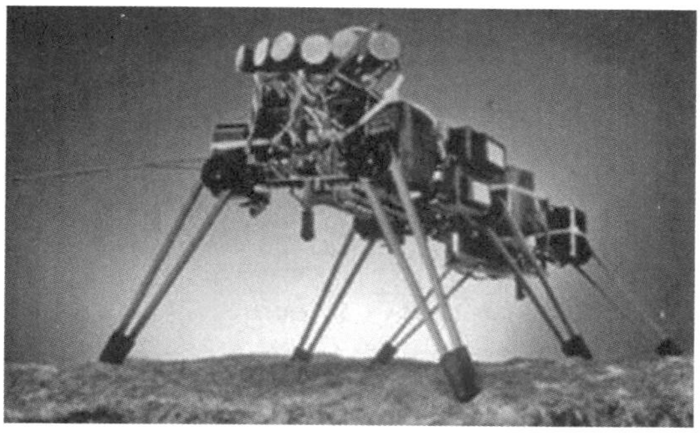

图1.6 Genghis机器人。Genghis有一种特殊的多腿步行模式，称为“Genghis步态”。它现在保存在Smithsonian航空博物馆
资料来源：http://www.ai.mit.edu/prohects/genghis。

- 1990～1999年：在这十年间，出现了“探索机器人”。这些机器人能够去人类先前

没有去过，或者被认为风险太大、不方便去的地方。这种机器人的例子是 Dante（1993 年）和 Dante II（1994 年），它们探索了南极洲的 Erebrus 峰和阿拉斯加的 Spurr 峰（见图 1.7）。

美国宇航局（NASA）旨在研究火星气候和地质的一个行星任务示例是探路者号（Path Finder）。火星观测者号（Mars Observer）携带两个科学仪器和一个着陆器（机器人漫游车）接近南极纬度。探路者号航天器于 1997 年 7 月 4 日成功降落在火星的 Ares Vallis 地区。航天器携带的机器人漫游车名为 Sojourner，它是一个 10.6kg 的轮式移动机器人（见图 1.8）。Sojourner 火星车在火星表面进行了多次实验，并持续广播数据，直到 1997 年 9 月。

图 1.7 Dante II 探险家机器人

资料来源：http://www.frc.ri.cmu.edu/robots/robs/photos/1994_DanteII.jpg。

图 1.8 NASA 的 Sojourner 机器人漫游车

资料来源：http://haberlesmeplatformu.blogspot.com/2010_04_01_archive.html。

- 2000 年至今：自 2000 年以来，人们正在不断加速开发许多新的智能移动机器人，这些机器人几乎能够与人类完全交互，它们能识别声音、面部表情和手势，并通过语言来表达情感，能够灵巧地行走或执行做家务、医院护理、显微外科手术等操作。其中值得注意的例子有：
  - 日本本田公司的仿人机器人 ASIMO（2000 年）（见图 1.9）。
  - 乐高机器人发明系统-2（2000 年）。
  - 用于治疗人体任何部位肿瘤的 FDA 网络刀（Cyberknife）（2001 年）。
  - 日本索尼公司的 AIBO ERS-7：第三代机器人宠物（2003 年）。
  - 美国 iROBOT 公司的 Roomba 机器人吸尘器（2003 年）。
  - TOMY i-SOBOT 娱乐机器人，它是一种能够像人类一样行走并进行踢腿和拳击等娱乐活动的仿人机器人（2007 年）。
  - SHADOW 灵巧手机器人（2008 年）。
  - 德国航空航天局的 Rollin Justin 机器人（2009 年），它是一种能够准备和提供饮

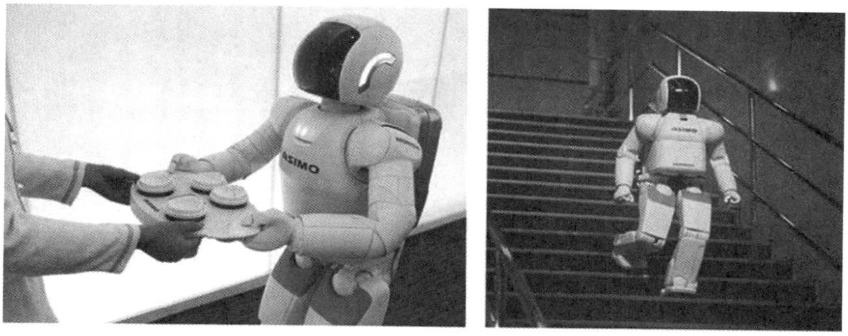

图 1.9　日本本田公司研发的仿人机器人 ASIMO

资料来源：http://www.gizmag.com/go/1765picture/2029；http://razorrobotics.com/safety。

料的仿人机器人(见图 1.10)。

- FLAME：日本丰田公司的仿人机器人，身高 130cm。
- WowWee 公司的 Roborover、Joebot 和 Robosapien 机器人。

图 1.10　Rollin Justin 机器人在混合速溶茶

资料来源：http://inventors.about.com/od/robotart/ig/Robots-and-Robotics/Rollin-Justin-Robot.htm。

Menzel 和 D'Aluisio 在 *Robo Sapiens：Evolution and New Species* 中全面介绍了智能机器人(robosapien)和社交机器人的发展和成熟度。目前有三种用于研究的商用移动机器人平台(见图 1.11)，介绍如下：

- Seekur：全天候大型完整机器人平台，用于安全、巡检和研究。
- Pioneer 3-DX：一个可完全编程的平台，配备电动机编码器和 16 个超声波传感器(前置和后置声呐)，用于研究和快速开发(定位、监控、导航、控制等)。
- PowerBot：高负载(高达 100kg)的差分驱动机器人，主要用于大学和研究机构的研究和快速原型设计。

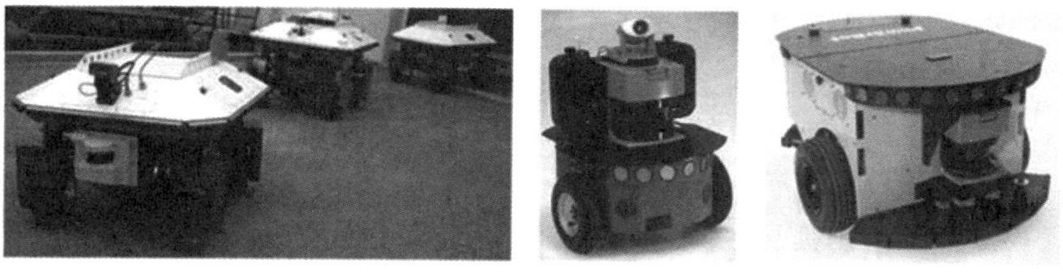

a）Seekur（350kg，尺寸为1.4m×1.3m×1.1m）　b）Pioneer 3D-X　c）PowerBot

图 1.11　用于研究的商用移动机器人

资料来源：http://mobilerobots.com/ResearchRobots/ResearchRobots.aspx；http://www.conscious-robots.com/en/reviews/robots/mobilerobots-pioneer-3p3-dx-8.html。

1.3　地面机器人运动

地面移动机器人运动可分为[⊖]：

- 腿式运动
- 轮式运动

1.3.1　腿式运动

轮子是人类的发明，但腿是生物元素。大多数高度发达的动物是通过腿来运动的。具有多条腿的生物体可以在障碍物、粗糙地面等各种困难环境中移动。昆虫具有非常小的体型和重量，并且具有人造生物无法达到的强大鲁棒性。为了在实际任务中变得有用，腿式机器人必须是静态稳定的。如果重心始终位于由实际接地点所定义的多边形内，则满足该条件。这只有在每次有三条腿与地面接触时才能实现。因此，为了保证静态稳定性，机器人至少要有四条腿。如果脚不是点接触，而是线接触或面接触的，那么实际情况可能与上述结论不同，此时静态稳定的机器人可能只有两条腿。在实践中，机器人身体与地面之间的接触发生在一个小区域内。

如果腿式机器人不会摔倒，那么称之为动态稳定的，即使该机器人不是静态稳定的。腿式机器人有两大类：

- 双腿(双足)机器人
- 多腿机器人

双足运动是指用两条腿站立、走路和跑步。

仿人机器人是双足机器人，其整体外观模仿人体制造，有头部、躯干、腿部、手臂和手。一些仿人机器人可能只模拟人身体的一部分，比如腰部以上的部分，例如 NASA 的 Robonaut，有的则可能是带有“眼睛”和“嘴”的面部形状。

实现机器人的双足运动，需要机械和控制系统功能之间复杂的相互作用。人类能够进行双足运动，是因为人类的脊椎是呈 S 型弯曲的，并且脚跟是圆的。在运动期间，腿需要从地面抬起并返回地面。我们关注采用什么样的序列及方式来抬起和放置每只脚，并将其与身体运动同步，以便从一个位置移动到另一位置，这种抬起和放置脚(在时间和空间上)的顺序和方式称为步态(gait)。

人类步态涉及以下不同阶段：

- 在双脚之间来回摇摆。
- 用脚趾推动以保持一定的速度。
- 用摆动中断和脚踝扭转的组合实现转向。
- 缩短和伸展膝盖以延长“向前摔倒”(前倾)阶段。

步态的基本周期称为步幅，其描述一次腿部运动从发生到再次重复的完整周期。脚处于接地状态(on-state)的步幅的分数称为占空因数(duty factor)。对于静态稳定的行走，所

⊖ 关于地面移动机器人运动的更多信息可参考文献[4-15]，本书中不会研究无人机和水下移动机器人。

需的最小占空因数为“3：腿数”，其中 3 是接地状态下的最小脚数，以确保静态稳定性。步行步态是指任何时候至少有一只脚接地的步态。如果在一段时间内所有脚都处于离地状态，则会出现跑步步态。不具备静态稳定性的机器人需要更高的能量来实现动态稳定性，以及在有用/生产性运动之余还需要额外的稳定运动以防止身体翻倒。对多腿步行机器人的初步研究主要集中在机器人的运动设计上，通过简单的障碍物、在柔软地面上的运动、身体机动等方式，从而让它们可以通过平滑或简单的崎岖地形。这些要求可以通过周期步态和与地面的二元接触信息(是否接地)来实现。较新的研究涉及多腿机器人，它们可以在无法通行的道路或极其复杂的地形上移动，例如山区、沟渠、战壕、地震受损区域等。在这些情况下，需要额外的能力，以及详细的支撑反应和机器人稳定性预测。图 1.12～图 1.15 显示了四种具有上述能力的先进多腿机器人。图 1.12 中的四足机器人 Kotetsu 能够使用基于腿部加载/卸载的相位调制进行自适应步行。

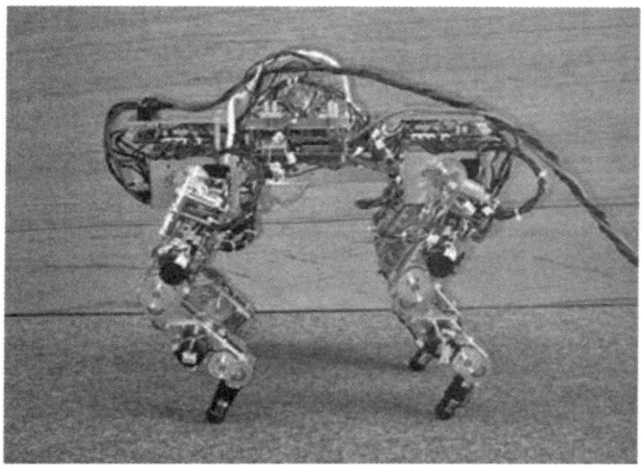

图 1.12　四足机器人 Kotetsu，站立时腿长为 18～22cm

资料来源：http://robotics.mech.kit.ac.jp/kimura/research/Quadruped/photo-movie-kotetsu-e.html。

图 1.13　美国 DARPA 资助的四足机器人 LC3 (由波士顿动力公司研制)

资料来源：http://www.gizmag.com/darpa-lc3-robot-quadruped/14256/picture/111087。

图 1.14　六足机器人 SLAIR 能够在“动作层面”下完成操作

资料来源：http://www.uni-magdeburg.de/ieat/robotslab/images/Slair/CIMG1059.jpg。

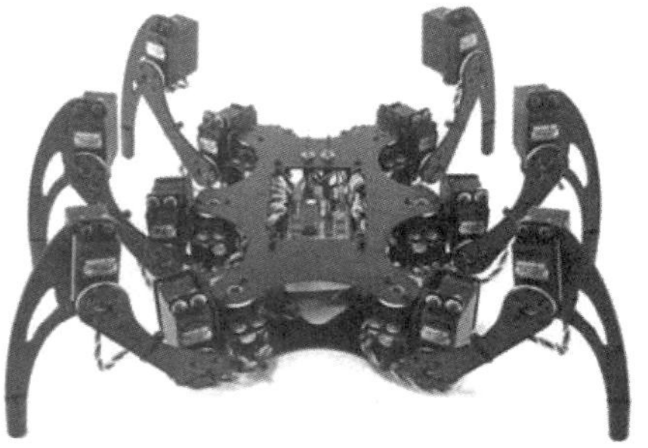

图 1.15　六足蜘蛛机器人(Gadget Lab)

资料来源：http://www.wired.com/gadgetlab/2010/04/gallery-spider-robot/2/。

1.3.2 轮式运动

轮式移动机器人(WMR)的可操作性取决于所使用的车轮和驱动器。三自由度的WMR具有平面运动所需的最大机动性，例如在仓库楼层、道路、医院、博物馆等场景中移动。非完整WMR在平面中的自由度小于3，但是它们结构简单、价格便宜，因为使用的电动机少于3个。完整车辆(holonomic vehicle)可以往各个方向行驶，并在狭窄区域中工作。此功能称为全向性(omnidirectionality)。具有3个或更多车轮的WMR是平衡的。但是，对于有 m 个轮子的 WMR($m \geq 3$)，必须使用悬架系统以确保所有车轮都能在粗糙的地形中与地面接触。WMR设计中的主要问题是牵引力、机动性、稳定性和可控制程度，这取决于车轮类型和配置(驱动器)。

1.3.2.1 车轮类型

轮式移动机器人中使用的车轮类型如下：

- **常规车轮**：这些车轮可分为主动固定轮(powered fixed wheel)、脚轮(castor wheel)和主动转向轮(powered steering wheel)。
  - 主动固定轮(见图1.16a)：由安装在车辆固定位置的电动机驱动，它们的旋转轴相对于平台坐标系的方向固定。
  - 脚轮(见图1.16b)：不提供动力，但它们也可以绕垂直于其旋转轴的轴自由旋转。
  - **主动转向轮**：具有驱动其旋转的电动机，并且可以围绕垂直于其旋转轴线的轴转向。这些车轮可以没有偏置(见图1.16c)，也可以带有偏置(见图1.16d)。在偏置情况下，旋转轴和转向轴不相交。为了实现常规脚轮和主动转向轮的全向性，应使用某种运动冗余，例如，n 轮驱动($n>2$)，其中所有车轮都可以驱动和转向。与特殊车轮配置相比，常规车轮具有更高的承载能力和地面不规则容忍度。但由于非完整约束，它们并不是真正的全向轮。

a）固定轮　b）脚轮　c）没有任何偏置的主动转向轮　d）带纵向偏置的主动转向轮

图1.16 常规车轮

- **特殊车轮**：这些车轮的设计使得轮组整体在一个方向上具有牵引力，而在另一方向上被动运动，从而在拥挤的环境中具有更大的机动性。特殊车轮有三种主要类型：万向轮(universal wheel)、麦克纳姆轮(Mecanum wheel)、球轮(ball wheel)、球形轮(spherical wheel)。
  - 万向轮在转弯过程中提供的运动是受约束运动和无约束运动的组合。它包含围绕其外径的小滚轮，垂直于车轮的旋转轴安装。这样，车轮除了进行正常的旋转外，还可以在平行于车轮轴线的方向上滚动(见图 1.17)。

图 1.17　万向轮的三种设计

资料来源：http://www.generationrobots.com/2-omni-directional-wheel-robot-v—ex-robotics/us/4/2165-Omni-Directional-Wheel-kit.cfm；http://www.rotacaster.com.au/robot-wheels.html；http://www-scf.usc.edu/～csci445_final_contest/SearchAndRescue/OtherContests/2004_contest_Fall_RobotSoccer/Locomotion/omni_4wheel_encoders/omni_drive.pdf。

- 麦克纳姆轮与万向轮类似，但其滚轮的安装角度 α 不同于 90°，通常为 ±45°，如图 1.18 所示。图 1.18a 和图 1.18b 中展示了从底部(通过玻璃地板)看到的全向轮。由车轮旋转产生的力 F 通过与地面接触的滚轮作用在地面上(假设地面足够平坦，没有不规则的路面)。在该滚轮处，力可以分解为平行于滚轮轴线的力 F_1，以及垂直于滚轮轴线的力 F_2。垂直于滚轮轴线的力产生小的滚轮旋转(速度为 v_r)，但是平行于滚轮轴线的力在车轮上施加力，从而在车辆上施加力以产生轮毂速度 v_h。车辆的实际速度 v_t 是 v_h 和 v_r 的组合。图 1.18c 中展示了一个实用的麦克纳姆轮。

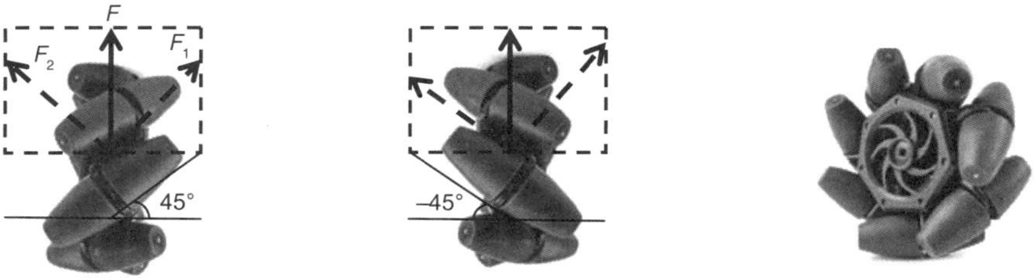

a）α=45°的麦克纳姆轮（左轮）　b）α=–45°的麦克纳姆轮（右轮）　c）实际中使用的麦克纳姆轮

图 1.18　麦克纳姆轮示意图

资料来源：http://www.aceize.com/node/562。

- 球轮或球形轮对运动没有直接限制，即它是类似于脚轮或特殊万向轮和麦克纳姆轮的全向轮。换言之，车轮可以沿任意方向旋转。该轮的一种实现方法是：使用由电动机和齿轮箱驱动的主动环，通过滚轮和摩擦力向球传递动力，该摩擦力可以在任何方向上瞬间自由旋转。由于制作困难，球轮在实践中很少使用。图 1.19 展示了一种球轮。

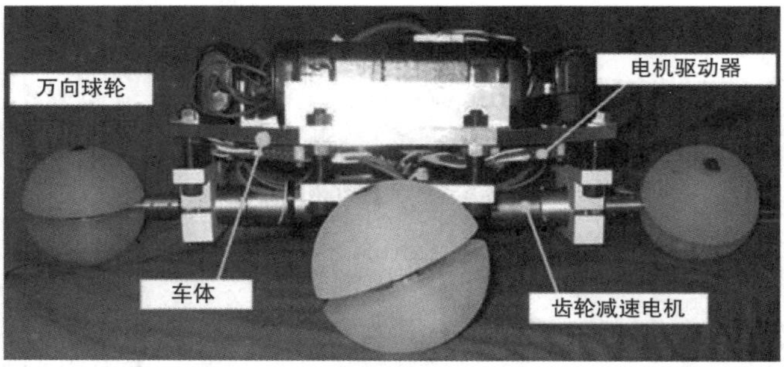

图 1.19　球轮的一种实际实现

资料来源：http://www-hh.mech.eng.osaka-u.ac.jp/robotics/Omni-Ball_e.html。

1.3.2.2　驱动类型

轮式移动机器人的驱动类型可分为：

- 差分驱动(differential drive)
- 三轮车(tricycle)
- 全向驱动(omnidirectional)
- 同步驱动(synchro drive)
- 阿克曼转向(Ackerman steering)
- 滑移式转向(skid steering)

详细介绍如下：

- **差分驱动**：该驱动类型由安装在机器人平台左右两侧的两个固定主动轮组成，这两个轮子是独立驱动的。另外有一个或两个被动脚轮用于平衡和稳定。差分驱动是最简单的机械驱动，因为它不需要旋转从动轴(即不需要另外的转向驱动轴)。如果车轮以相同的速度旋转，则机器人沿直线前后移动。如果一个车轮比另一个车轮运行得更快，则机器人沿着瞬时圆弧线行驶。如果两个车轮以速度相反、大小相同的速度旋转，则机器人绕两个主动轮的中点转动。上述运动模式如图 1.20 所示。显然，这种类型的 WMR 无法原地转向。

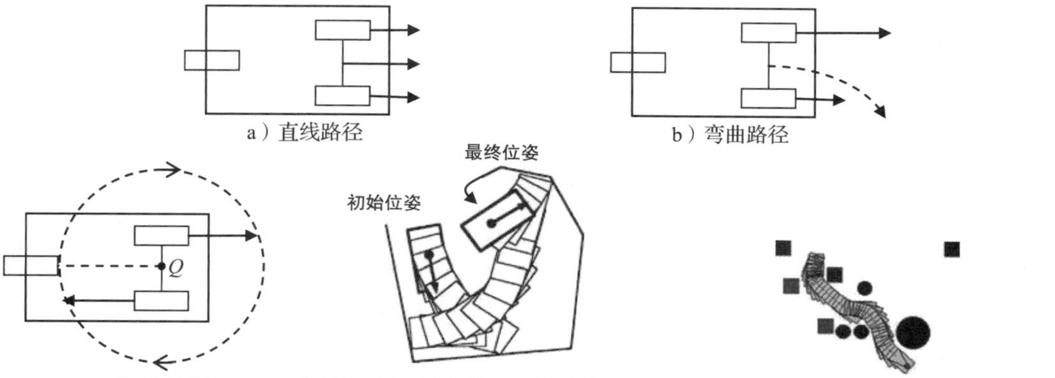

图 1.20　差分驱动的可能运动

资料来源：由 N. Katevas 提供的彩色图片。

轮式移动机器人的瞬时曲率中心(Instantaneous Center of Curvature，ICC)位于所有车轮轴线的交点。如图 1.21 所示，ICC 位于圆心位置，圆的半径 R 取决于两个车轮的速度。

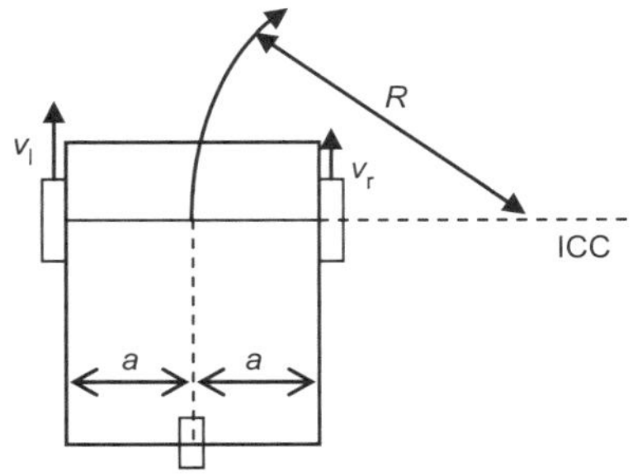

图 1.21　计算轮式移动机器人旋转的瞬时半径 R

半径 R 由以下关系式确定：

$$(v_l - v_r)/2a = v_r/(R-a)$$

因此，有

$$R = a(v_l + v_r)/(v_l - v_r),\quad v_l \geqslant v_r \tag{1.1}$$

当 $v_l = v_r$ 时，$R=\infty$(直线运动)，当 $v_r = -v_l$ 时，$R=0$(旋转运动)。

- **三轮车**：这种驱动类型有一个单独的轮子来提供驱动(主动)和转向。车体后面的两个自由(无动力)固定轮用于使车体始终保持三点接触以保证稳定。车轮的直线速度和角速度完全解耦。为了直线行驶，车轮位于中间位置并以所需速度行驶(见图 1.22a)。当前轮处于一个角度时，车辆沿着弯曲路径行进(见图 1.22b)。如果前轮处于 90°位置时，机器人将按照圆形路径旋转，其中心位于后轮中点，而不是机器人的几何中心(见图 1.22c)。这意味着此轮式移动机器人无法原地转向。非完整的轮式移动机器人(如差分驱动或三轮车)不能直接执行平行停车动作，而是通过多次前后移动操作来实现平行停车，如图 1.22d 所示。

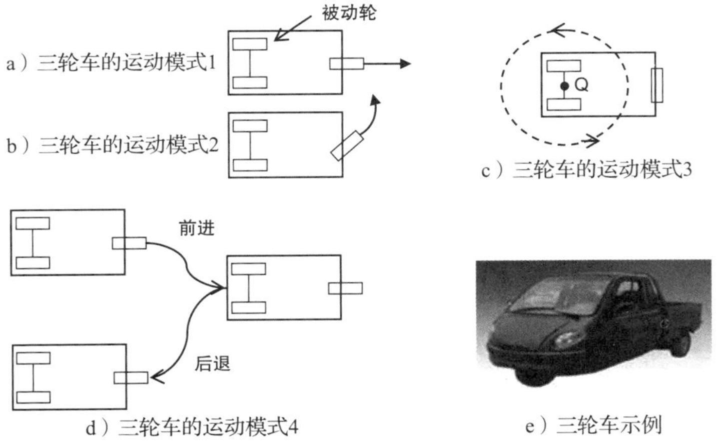

图 1.22　三轮车运动模式及示例

资料来源：http://www.asianproducts.com/product/A12391789884559774_p1240094409205655/cargo-tricycle(250cc).html。

- **全向驱动**：此驱动类型可使用三个、四个或更多个全向轮来获得，如图 1.23 所示。带有三个轮子的轮式移动机器人使用具有 90°滚轮角的万向轮(见图 1.17)，如图 1.23a 所示。带有四个轮子的全向轮式移动机器人使用了麦克纳姆轮(见图 1.18)，其配置如 1.23b 所示。

a）三轮设计　　b）带滚轮的四轮设计，其角度不为90°（通常$\alpha=\pm45°$）

图 1.23　全向轮式移动机器人

资料来源：由 Jahobr 提供的彩色图片。

图 1.24 中的四个车轮，两个被称为左手(L)轮，另外两个被称为右手(R)轮。左手轮的滚轮角度 $\alpha=45°$，右手轮的角度 $\alpha=-45°$。四轮全向移动机器人的典型结构如图 1.24 所示。

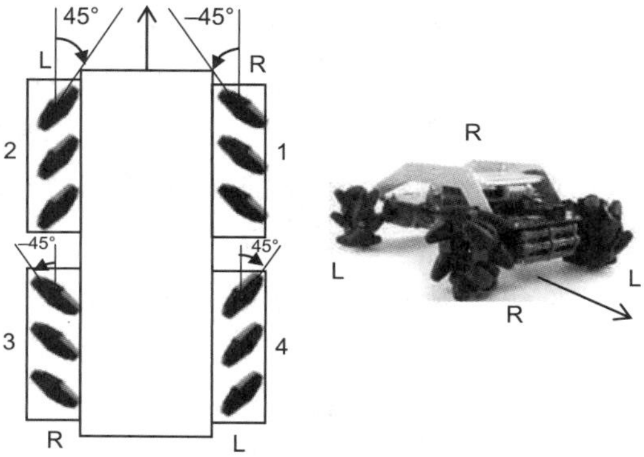

图 1.24　装有四个麦克纳姆轮的全向轮式移动机器人的标准设置

资料来源：http://www.interhopen.com/download/pdf/pdfs_id/465/InTech-Omnidirectional_mobile_robot_design_and_implementation.pdf。

图 1.25 中给出了四轮全向机器人的六种基本动作：向前运动(见图 1.25a)、向左滑动(见图 1.25b)、顺时针(原地)转动(见图 1.25c)、向后运动(见图 1.25d)、向右滑动(见图 1.25e)、逆时针转动(见图 1.25f)。车辆左侧和右侧的箭头表示相应车轮的运动方向。

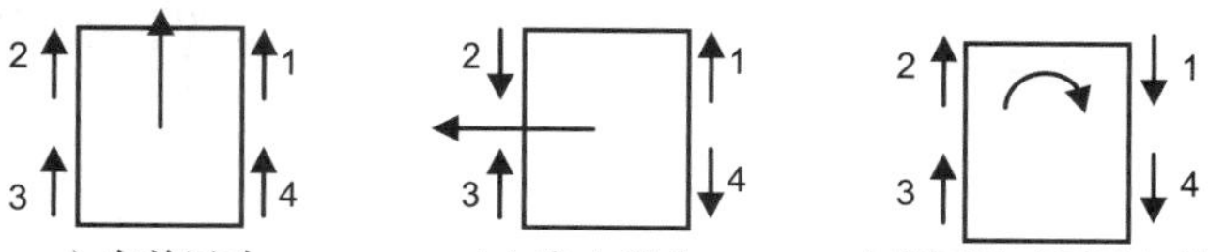

a）向前运动　　b）向左滑动　　c）顺时针（原地）转动

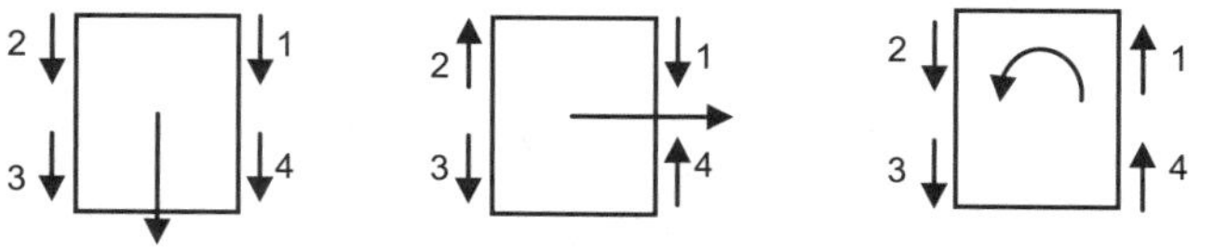

d）向后运动　　e）向右滑动　　f）逆时针转动

图 1.25　带有四个麦克纳姆轮的轮式移动机器人的六种基本运动模式

车辆平台上的箭头显示轮式移动机器人运动的相应方向，即对于向前的车辆方向，所有车轮必须向前运动(见图 1.25a)，左滑时轮 1、3 应向前运动，而车轮 2、4 向后运动，等等。如果所有车轮以相同的速度运动，则最终运动如图 1.25 所示。通过改变车轮的速度，可以在二维平面上实现轮式移动机器人在任何方向上的运动，一些实例如图 1.26 所示。

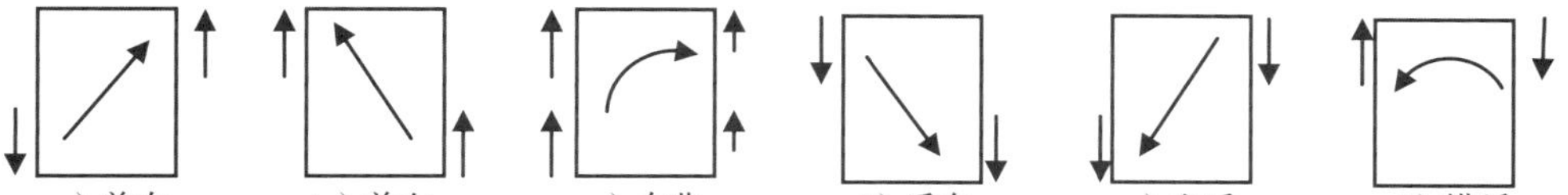

a）前右　b）前左　c）右曲　d）后右　e）左后　f）横弧

图 1.26　移动机器人的另外六个运动模式

我们可以使用图 1.18a 和图 1.18b 中的力或速度图来解释图 1.25 和图 1.26 中的所有运动。例如，由于左轮和右轮的对称性(见图 1.24)，如果所有车轮都向前驱动，则有四个向前指向的向量相加；四个指向侧面的向量，两个向左，两个向右，它们相互抵消。因此，整体而言，轮式移动机器人向前运动。L 轮和 R 轮可以互换(即前轮 RL，后轮 LR)。同样，通过让车轮适当运动，也可以获得所有全向运动模式。

- **同步驱动**：该驱动具有三个或更多个机械连接的轮子，使得它们在相同速度下以相同的方向旋转，并且在执行转弯时围绕它们自己的转向轴旋转。该机械转向同步(steering synchronization)可以以多种方式实现，例如，使用链条、皮带或齿轮驱动。实际上，同步驱动是单个驱动和转向轮的延伸，因此它仍然只有两个自由度。但同步驱动的轮式移动机器人几乎是一种完整(holonomic)车辆，因为它可以向任何所需的方向移动。但是，它的驱动和转动不能同时发生。为了将其驱动方向从前向改为侧向，同步驱动的轮式移动机器人必须停止并重新调整其车轮。图 1.27a 以图形方式展示了带有同步驱动的三轮轮式移动机器人是如何移动和旋转的。

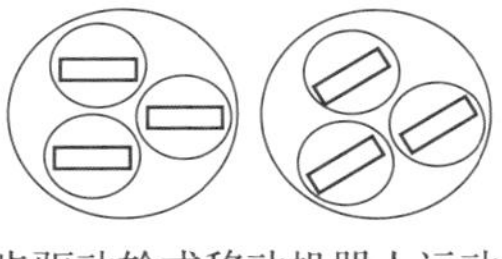

a）同步驱动轮式移动机器人运动的图示

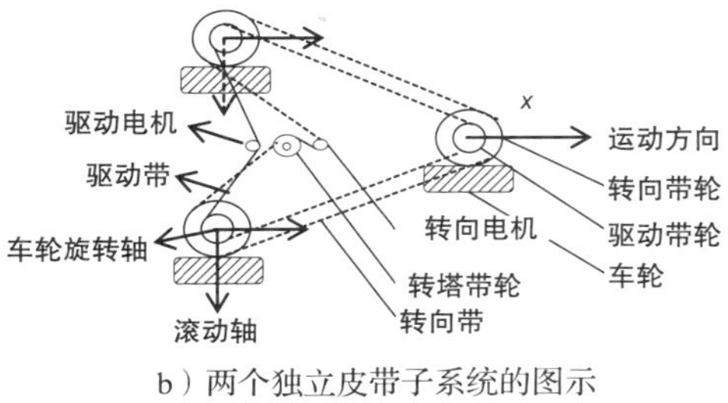

b）两个独立皮带子系统的图示

c）同步驱动轮式移动机器人示例

图 1.27　同步驱动轮图示

资料来源：http://members.efn.org/～kirbyf/05syncro/1.jpg。

基于链或皮带的同步驱动器具有较低的转向精度和校准度。如果使用齿轮驱动器，则不会出现此问题。实际上，必须使用两个独立的电动机驱动子系统（带链条、皮带和齿轮），一个用于转向，一个用于驱动轴（见图 1.27b）。

- **阿克曼转向**：这是汽车中使用的标准转向。它由两个组合驱动后轮和两个组合转向前轮组成。阿克曼转向车辆可以直行（因为后轮由公共轴驱动），但是不能原地转向（它需要一定大小的最小转弯半径）。当沿曲线运动时，后驱动轮会发生滑动。
  阿克曼转向系统的设计旨在确保所有轴的车轮在转弯时具有共同的交点（即瞬时旋转中心（Instantaneous Center of Rotation，ICR）），以避免因几何原因造成的车轮打滑。

从图 1.28 中，我们发现以下关系：

$$\cot\phi_{S}=(a+L)/D,\quad \cot\phi_{o}=(2a+L)/D,\quad \cot\phi_{i}=L/D$$

通过消除 L，得出：

$$\cot\phi_{S}=\frac{a}{D}+\cot\phi_{i}$$

或

$$\cot\phi_{S}=\cot\phi_{o}-\frac{a}{D} \tag{1.2}$$

其中，ϕ_{S} 是车辆的实际转向角，ϕ_{o}、ϕ_{i} 分别是外轮和内轮的转向角。

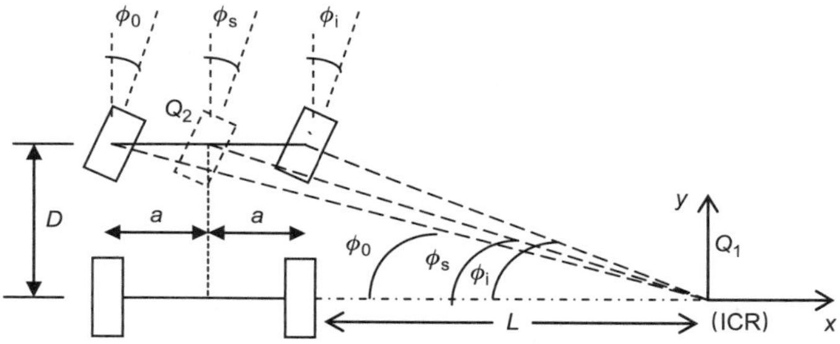

图 1.28　所有车轮的旋转轴在同一点 ICR 处相交

图 1.29 说明了阿克曼转向车辆所受到的运动约束。在其当前位置的左侧和右侧各有一个圆形区域，车辆无法进入该区域。这是因为机器人无法以小于最小转弯半径值的半径转弯。因此，要实现平行停车动作，需要进行相当多的机动操作。

- **滑移式转向**：这是差分驱动的一种特殊实现，在推土机和装甲车辆上以履带形式实现。它与差分驱动车辆的区别在于，其在不平坦地形中加强了机动性，并且其履带和与粗糙或均匀的地面的多个接触点导致了更高的摩擦。图 1.30a 说明了这种滑移式转向机器人的有效接触点正受到与履带两侧足迹相对应的矩形不确定区域的约束。

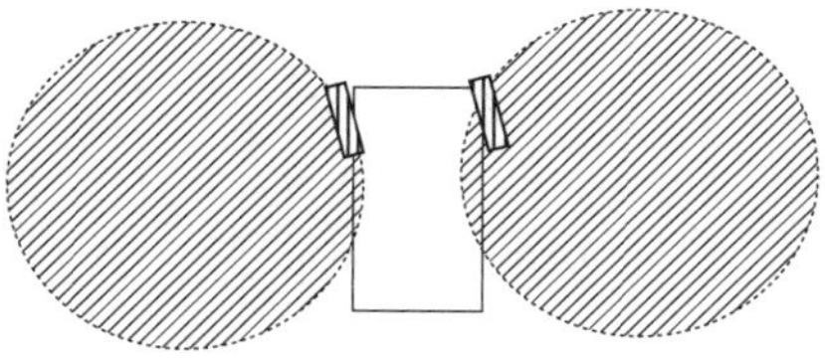

图 1.29　阿克曼转向机器人无法进入阴影区域

从同心圆可以看出，车辆为了转弯，需要进行相当大幅度的滑动。图 1.30b 展示了一个典型的可以携带机械手或特殊勘探设备的履带式机器人平台。

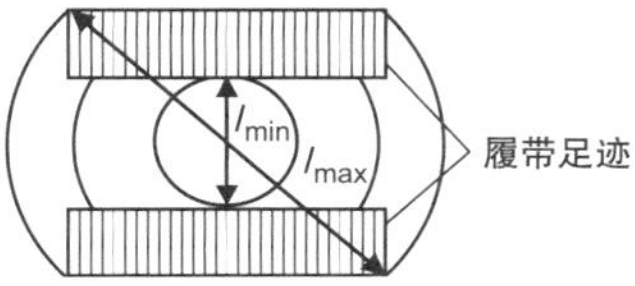

a）有效接触点的图示

b）典型的履带机器人平台

图 1.30　滑移式转向机器人示意图

资料来源：http://www.robotshop.com/Dr-robot-jaguar-tracked-mobile-platform-chassis-motors-3.html。

1.3.2.3　轮式移动机器人的可操作度

轮式移动机器人的可操作度（maneuverability）M_w 定义为

$$M_w = D_m + D_s \tag{1.3}$$

其中，D_m 是可动度（degree of mobility），D_s 是可转向度（degree of steerability）。

- **可动度**：可动度 D_m 由车轮类型及其配置对机器人的运动能力所施加的独立约束的数量确定。运动约束只能由传统的轮子（固定或转向）施加。全向车轮不会对机器人的操纵性能施加任何限制。查看轮式移动机器人的独立运动学约束的最佳方法是通过 ICC 或 ICR 研究机器人的几何特性。例如，单个传统的车轮不能横向移动，即不能沿着由其旋转轴所确定的直线移动。该线称为车轮的零运动线（zero motion line）。这意味着车轮只能在半径为 R 的瞬时圆上移动，其中心位于零运动线上。一辆自行车有两个轮子：前面的转向轮和后面的固定轮（见图 1.31）。

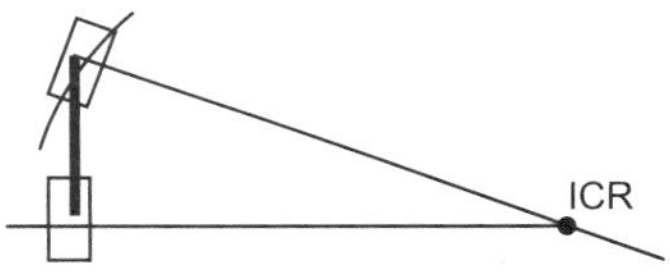

图 1.31　自行车的两个轮子施加了两个独立的约束

每个轮子会引入单独的（独立的）零运动线。这两条线在 ICR 处相交。在差分驱动轮式移动机器人（见图 1.21）的情况下，两个（公共轴）轮的零运动线重合，因此它们不是独立的。这意味着其只有一个独立的运动学约束。公共零运动线上的任何点都可以是 ICR。在阿克曼转向系统中，轮式移动机器人有四个传统的车轮，但有两个独立的运动约束（见图 1.28）。两个后轮施加单个约束（如在差分驱动中），并且两个前转向轮施加第二个单运动约束，因为它们交叉在位于由共轴后轮确定的零运动线上的 ICR 上。最大可动度 D_m 等于 3，这在没有施加运动约束时是正确的。当轮式移动机器人的所有车轮都是全向轮时就是这种情况。一般来说，可动度

$$D_m = 3 - N_c \tag{1.4}$$

其中 N_c 是独立约束的数量。

- **可转向度**：可转向度 D_s 取决于可独立控制的转向参数的数量，并且有 $0 \leqslant D_s \leqslant 2$。如果不存在可转向轮，则有 $D_s=0$。仅当机器人没有固定标准车轮时，$D_s=2$ 这种情况才成立。在这种情况下，可以有一个带有两个可转向传统轮的平台（例如，两轮转向自行车或两转向的三轮轮式移动机器人）。实际上，$D_s=2$ 意味着轮式移动机器人可以将其 ICR 放置在平面的任何位置。最常见的情况是 $D_s=1$，当机器人配

置一个或多个可转向的传统车轮时为这种情况。传统的转向车轮可以降低机器人的机动性(mobility)，但也可以提高转向度。实际上，尽管车轮的瞬时方向上施加了运动学约束，其改变该方向的能力有可能会提供额外的轨迹。表 1.1 列出了一些典型轮式移动机器人配置的操纵性能(M_w)、可动度(D_m)和可转向度(D_s)。

表 1.1　典型轮式移动机器人的可动度和可转向度(D_m、D_s)

配置	D_m	D_s	M_w	符号表示
自行车	1	1	2	(1，1)
差分驱动	2	0	2	(2，0)
同步驱动	1	1	2	(1，1)
三轮车	1	1	2	(1，1)
阿克曼转向	1	1	2	(1，1)
两轮转向	1	2	3	(1，2)
全向转向	2	1	3	(2，1)
全向驱动	3	0	3	(3，0)

轮式移动机器人的另外两个特征参数是自由度(Degree of Freedom，DOF)和差异自由度(Differential Degree of Freedom，DDOF)，它们满足以下关系：

$$\mathrm{DDOF} \leqslant M_w \leqslant \mathrm{DOF}$$

DDOF 等于 D_m，它表示可以实现的独立速度的数量。DOF 表示轮式移动机器人在其环境(工作空间)中实现各种位姿(x，y，ϕ)的能力。

自行车可以通过一些机动动作在平面上实现任何位姿(x，y，ϕ)，因此它的 DOF=3，但其 DDOF 是 DDOF=D_m=1。具有三个全向轮的全向机器人 D_m=3，即 DDOF=3，并且 DOF=3。类似地，三轮车 DDOF=D_m=1，DOF=3，因为它可以通过适当的操纵到达任何(x，y，ϕ)。

可能的车轮驱动配置如下[7]：

- 后面有一个牵引轮，前面有一个转向轮(自行车、摩托车)。
- 两轮差分驱动装置，其质心位于车轮轴下方(需要一个平衡控制器)。
- 两轮差分驱动装置，中心有一个保证稳定的全向轮(Nomad Scout 机器人)。
- 三轮差分驱动，与一个无动力全向轮，后轮或前轮驱动(典型的室内轮式移动机器人)。
- 后部相连的两个动力轮(差分驱动)，前面有一个自由转向轮。
- 一个转向和驱动轮在前面，两个自由轮在后面(例如，Neptune)。
- 三个全向轮(万向轮)。
- 三个同步动力和转向轮(同步驱动)。
- 车型轮式移动机器人(后轮驱动)。
- 车型轮式移动机器人(前轮驱动)。
- 四轮驱动，四轮转向(Hyperion)。
- 差分轮在后面驱动，两个全向轮在前面。

- 四个麦克纳姆轮($\alpha \neq 90°$)(Uranus)。
- 四个电动和转向脚轮(Nomad XR4000)。
- 多轮行走驱动器(探测车、攀爬机器人)。

图 1.32～图 1.42 展示了属于上述类型的一小部分现代轮式移动机器人。

图 1.42 展示了集群机器人 AMiR 的组件，包括主板、通信模块、运动学设计、电源模块和传感系统。

a）托盘和箱子搬运　　b）处理订单

图 1.32　美国亚马逊公司的 KIVA 自主移动机器人

资料来源：a）www.kivasystems.com/solutions/picking/pick-from-pallets；b）www.kivasystems.com/about-us-the-kiva-approach。

a）通用移动平台SCITOS G5　　b）机械臂安装在SCITOS G5上

图 1.33　SCITOS G5

a）水平轧辊装卸　　b）低升程后置装载机　　c）高升程侧置装载机

图 1.34　CORECON 自动导引移动机器人

资料来源：www.coreconagvs.com/products。

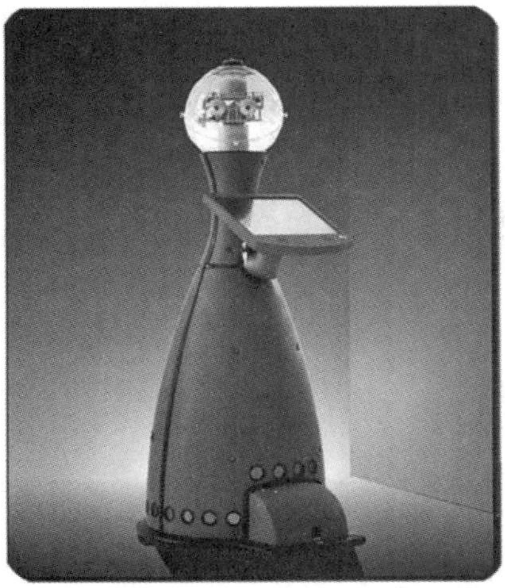

图 1.35　SCITOS 移动机器人导游(它可在任何位置通过语音或触屏为用户提供有价值的信息)

资料来源：http://www.expo21xx.com/automation21xx/13582_st3_mobile-robots/default.htm。

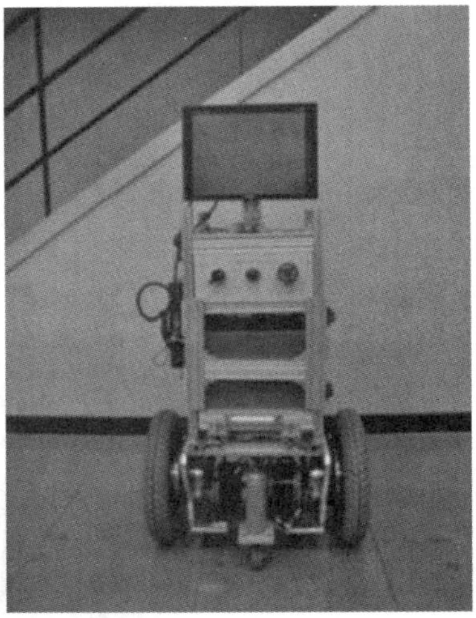

图 1.36　带有弹簧预应力脚轮的移动机器人平台，用于与人体进行物理交互

资料来源：http://robot.kaist.ac.kr/paper/view.php?n=318。

图 1.37　CMU Rover 1 机器人爬楼梯

资料来源：http://www.cs.cmu.edu/～myrover/Rover1/robot.htm。

图 1.38　Nomad 机器人(CACS 路易斯安那大学)

资料来源：http://www.cacs.louisiana.edu/～sxg3148/nomad_pics/Nomad_robot_jpg。

图 1.39　NASA nBot(两轮平衡机器人)

资料来源：http://www.geology.smu.edu/～dpa-www/robot/nbot/nobot2/nb12.jpg。

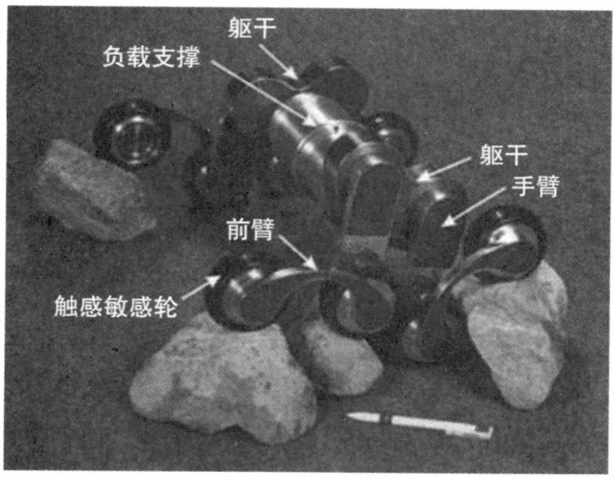

图 1.40 EPFL 的轮式攀爬“八爪鱼机器人”(Octopus Robot)，尺寸大小为 43cm×42cm×23cm

资料来源：http://www-robot.mes.titech.ac.jp/robot/walking/rollerwalker/roller_e.html。

图 1.41 机器人集群展现“集体行为”

资料来源：http://www.humansinvent.com/#!/8878/swarm-robots-the-droid-workforce-of-the-future/。

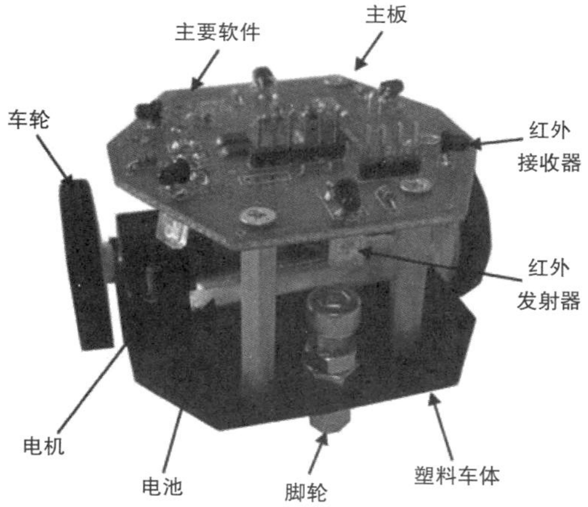

图 1.42 AMiR 集群机器人

资料来源：http://www.swarmrobotic.com/Robot.htm。

图 1.43 展示了微型轮式移动机器人 Khepera，该款机器人用于研究的时间已超过 15 年。它是在 EPFL(瑞士洛桑)的 LAM 实验室开发的。Khepera 的初始版本(见图 1.43a)是直径为 55mm、高度为 30mm 的机器人，它有适当的传感器和执行器，以确保它可编程以执行大量任务。Khepera 可以自主运行或连接到主机。较新版本的 Khepera(K-II 版本和 K-III 版本)如图 1.43b 和图 1.43c 所示。

a）原始版本 b）K-II版本 c）K-III版本

图 1.43 Khepera 轮式机器人的演变历史

资料来源：http://mobotica.blogspot.com/2011/08khepera.html；www.k-team.com/mobile-robotics-products/KheperaII。

Khepera 机器人能够在桌面和房间的地板上移动，从而实现真实的集群机器人行为。为了实现便携式应用程序的快速开发，Khepera III 支持标准的 Linux 操作系统。

最后，图 1.44 展示了采用麦克纳姆轮的全向移动机器人——著名的“天王星”（Uranus）。

图 1.44 四轮全向机器人 Uranus

资料来源：http://www.cs.cmu.edu/afs/cs/user/gwp/www/robots/Uranus.jpg。

参考文献

[1] Freedman J. Robots through history: robotics. New York, NY: Rosen Central; 2011.
[2] Mayr O. The origins of feedback control. Cambridge, MA: MIT Press; 1970.
[3] Lazos C. Engineering and technology in ancient Greece. Athens: Aeolos Editions; 1993.
[4] Campion G, Bastin G, D’Andréa-Novel B. Structural properties and classification of kinematic and dynamic models of wheeled mobile robots. IEEE Trans Rob Autom 1996;12(1):47−62.
[5] Floreano D, Zufferey J-C. Robots mobiles. EPFL Course-Mobile Robots. <www.cs.cmu.edu/~gwp/robots/Uranus.html>.
[6] Bekey G. Autonomous robots. Cambridge, MA: MIT Press; 2005.
[7] Siegwart R, Nourbakhsh I. Autonomous mobile robots. Cambridge, MA: MIT Press; 2005.
[8] Bräunl T. Embedded robotics: mobile robot design and applications with embedded systems. Berlin: Springer; 2006. <http://newplans.net/RDB>.
[9] Salih J, Rizon M, Yacacob S, Adom A, Mamat M. Designing omni-directional mobile robot with mecanum wheel. Am J Appl Sci 2006;3(5):1831−5.
[10] West M, Asada H. Design of ball wheel mechanisms for omnidirectional vehicles with full mobility and invariant kinematics. J Mech Des 1997;119:153−7.
[11] Holland J-M. Rethinking robot mobility. Rob Age 1988;7(1):26−30.
[12] Duro JR, Santos J, Grana M. Biologically inspired robot behavior engineering. Berlin/Heidelberg: Springer; 2002.
[13] Katevas N, editor. Mobile robotics in healthcare. Amsterdam: IOS Press; 2001.
[14] Tzafestas SG, editor. Autonomous mobile robots in health care services. J Intell Rob Syst 1998;22(3−4):177−350 [special issue].
[15] Fong T, Nourbakhsh IR, Dautenhahn K. A survey of socially interactive robots. Rob Auton Syst 2003;42(3−4):143−66.

第2章 移动机器人运动学

2.1 引言

机器人运动学主要处理机器人在工作空间中的位形(configuration)、几何参数间的关系以及在轨迹中所施加的约束问题。运动学方程取决于机器人的几何结构。例如，固定机器人可以包括直角坐标形、圆柱形、球形或关节结构，而移动机器人可以有一两个、三个或多个有运动约束或没有运动约束的轮子[1-20]。运动学研究是动力学研究、稳定性特征和机器人控制的基础和前提。新型和专业的机器人运动学结构的开发仍然是一个正在研究中的主题，其目标是构建出能够在工业和社会应用中执行更复杂任务的机器人[1-20]。

本章目标如下：

- 介绍移动机器人运动学研究所需的基本概念。
- 展示非完整移动机器人的运动模型(独轮车、差分驱动、三轮车、类车轮式移动机器人)。
- 展示三轮、四轮和多轮全向移动机器人的运动模型。

2.2 背景概念

研究移动机器人运动学，需要先了解下列概念：

- 机器人的正逆运动学
- 齐次转换
- 非完整约束

2.2.1 机器人的正逆运动学

考虑固定或移动机器人在关节(或驱动)空间中所具有的广义坐标 q_1，q_2，…，q_n，在任务空间中坐标为 x_1，x_2，…，x_n。定义下列向量：

$$\boldsymbol{q}=\begin{bmatrix}q_1\\q_2\\\vdots\\q_n\end{bmatrix},\quad \boldsymbol{p}=\begin{bmatrix}x_1\\x_2\\\vdots\\x_m\end{bmatrix}\tag{2.1}$$

根据已知的 $\boldsymbol{q}$ 来确定 $\boldsymbol{p}$ 的问题称为正运动学问题。通常 $\boldsymbol{p}\in R^m$，$\boldsymbol{q}\in R^n$(R^n 表示 n 维

欧氏空间)，通过非线性函数(模型)相关联：

$$\boldsymbol{p}=\boldsymbol{f}(\boldsymbol{q}),\quad \boldsymbol{f}(\boldsymbol{q})=\begin{bmatrix} f_1(\boldsymbol{q}) \\ f_2(\boldsymbol{q}) \\ \vdots \\ f_m(\boldsymbol{q}) \end{bmatrix} \tag{2.2}$$

求解式(2.2)的问题，即根据 $\boldsymbol{p}$ 来求解 $\boldsymbol{q}$，称为逆运动学问题，表示为

$$\boldsymbol{q}=\boldsymbol{f}^{-1}(\boldsymbol{p}) \tag{2.3}$$

正逆运动学问题如图 2.1 所示。

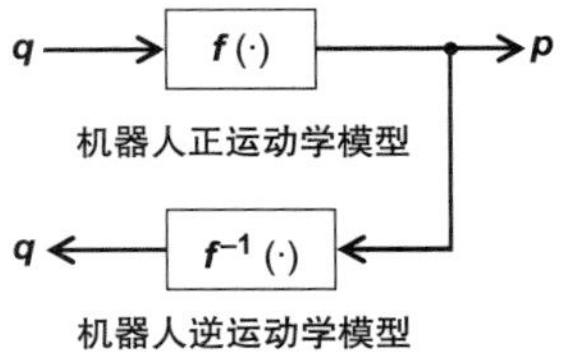

图 2.1 正逆运动学模型

通常，运动学是力学的一个分支，它研究物体的运动而不涉及它们的质量/惯性矩(惯量)和产生运动的力/力矩。显然，运动方程取决于固定世界坐标系中机器人的固定几何形状。

为了获取相关运动，我们必须适当地调整关节变量的运动。关节变量运动通过速度 $\dot{\boldsymbol{q}}=[\dot{q}_1, \dot{q}_2, \cdots, \dot{q}_n]^{\mathrm{T}}$ 表示。因此我们需要找到 $\boldsymbol{q}$ 和 $\boldsymbol{p}$ 的微分关系。这称为正向微分运动学，其表示为

$$\mathrm{d}\boldsymbol{p}=\boldsymbol{J}\,\mathrm{d}\boldsymbol{q} \tag{2.4}$$

其中

$$\mathrm{d}\boldsymbol{q}=\begin{bmatrix} \mathrm{d}q_1 \\ \vdots \\ \mathrm{d}q_n \end{bmatrix},\quad \mathrm{d}\boldsymbol{p}=\begin{bmatrix} \mathrm{d}x_1 \\ \vdots \\ \mathrm{d}x_m \end{bmatrix}$$

$m\times n$ 的矩阵为

$$\boldsymbol{J}=\begin{bmatrix} \dfrac{\partial x_1}{\partial q_1} & \dfrac{\partial x_1}{\partial q_2} & \cdots & \dfrac{\partial x_1}{\partial q_n} \\ \vdots & \vdots & \ddots & \vdots \\ \dfrac{\partial x_m}{\partial q_1} & \dfrac{\partial x_m}{\partial q_2} & \cdots & \dfrac{\partial x_m}{\partial q_n} \end{bmatrix}=[\boldsymbol{J}_{ij}] \tag{2.5}$$

包含(i, j)元素的 $J_{ij}=\partial x_i/\partial q_j$ 称为机器人的雅可比矩阵[㊀]。

对于机器人的每个位形 $q_1, q_2, \cdots, q_n$，雅可比矩阵表示关节的位移与任务空间中机器人位移间的关系。

令 $\dot{\boldsymbol{q}}=[\dot{q}_1, \dot{q}_2, \cdots, \dot{q}_n]^{\mathrm{T}}$、$\dot{\boldsymbol{p}}=[\dot{x}_1, \dot{x}_2, \cdots, \dot{x}_m]^{\mathrm{T}}$ 分别表示关节空间和任务空间中的速度。然后，将式(2.4)除以 $\mathrm{d}t$ 得到：

$$\frac{\mathrm{d}\boldsymbol{p}}{\mathrm{d}t}=\boldsymbol{J}\frac{\mathrm{d}\boldsymbol{q}}{\mathrm{d}t} \quad 或 \quad \dot{\boldsymbol{p}}=\boldsymbol{J}\dot{\boldsymbol{q}} \tag{2.6}$$

假设 $m=n$($\boldsymbol{J}$ 的平方)，且逆雅可比矩阵 $\boldsymbol{J}^{-1}$ 存在(即行列式 $\det\boldsymbol{J}\neq 0$)，根据式(2.6)得到：

$$\dot{\boldsymbol{q}}=\boldsymbol{J}^{-1}\dot{\boldsymbol{p}} \tag{2.7}$$

㊀ 值得注意的是，在许多著作中，雅可比矩阵定义为式(2.5)的转置。

这是逆微分运动学方程，如图 2.2 所示。

如果 $m \neq n$，那么有两种情况：

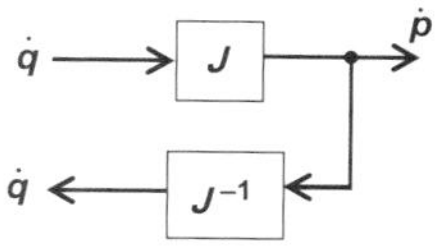

图 2.2　正逆微分运动学模型

情况 1　方程数超过未知量的数目($m > n$)，即 $\dot{\boldsymbol{q}}$ 被过度指定(over-specified)。在这种情况下，式(2.7)中的 $\boldsymbol{J}^{-1}$ 被广义逆 $\boldsymbol{J}^{\dagger}$ 取代，它由下式给出：

$$\boldsymbol{J}^{\dagger} = (\boldsymbol{J}^{\mathrm{T}}\boldsymbol{J})^{-1}\boldsymbol{J}^{\mathrm{T}} \tag{2.8a}$$

其中 $\boldsymbol{J}$ 满秩(即秩 $\boldsymbol{J} = \min(m, n) = n$)，因此 $\boldsymbol{J}^{\mathrm{T}}\boldsymbol{J}$ 是可逆的。$\boldsymbol{J}^{\dagger}$ 的表达式(2.8a)通过将差值 $\dot{\boldsymbol{p}} - \boldsymbol{J}\dot{\boldsymbol{q}}$ 的平方范数相对于 $\dot{\boldsymbol{q}}$ 最小化来实现，该平方范数为下列 $\dot{\boldsymbol{q}}$ 的函数：

$$V = \|\dot{\boldsymbol{p}} - \boldsymbol{J}\dot{\boldsymbol{q}}\|^2 = (\dot{\boldsymbol{p}} - \boldsymbol{J}\dot{\boldsymbol{q}})^{\mathrm{T}}(\dot{\boldsymbol{p}} - \boldsymbol{J}\dot{\boldsymbol{q}})$$

最优条件是

$$\partial V / \partial \dot{\boldsymbol{q}} = -2(\dot{\boldsymbol{p}} - \boldsymbol{J}\dot{\boldsymbol{q}})^{\mathrm{T}}\boldsymbol{J} = \boldsymbol{0}$$

如果求解 $\dot{\boldsymbol{q}}$，结果为

$$\dot{\boldsymbol{q}} = (\boldsymbol{J}^{\mathrm{T}}\boldsymbol{J})^{-1}\boldsymbol{J}^{\mathrm{T}}\dot{\boldsymbol{p}} = \boldsymbol{J}^{\dagger}\dot{\boldsymbol{p}}$$

情况 2　方程数少于未知量的数目($m < n$)，即 $\dot{\boldsymbol{q}}$ 欠指定(underspecified)，许多 $\dot{\boldsymbol{q}}$ 的取值映射到相同的 $\dot{\boldsymbol{p}}$。在这种情况下，我们选择具有最小范数的 $\dot{\boldsymbol{q}}$，即解决约束最小化问题：

$$\min\|\dot{\boldsymbol{q}}\|^2 \text{ 满足 } \dot{\boldsymbol{p}} - \boldsymbol{J}\dot{\boldsymbol{q}} = \boldsymbol{0}, \quad \dot{\boldsymbol{q}} \in R^n$$

引入拉格朗日乘数向量 $\boldsymbol{\lambda}$，得到增广(无约束)拉格朗日最小化问题：

$$\min_{\dot{q},\lambda} L(\dot{\boldsymbol{q}}, \boldsymbol{\lambda}), \quad L(\dot{\boldsymbol{q}}, \boldsymbol{\lambda}) = \dot{\boldsymbol{q}}^{\mathrm{T}}\dot{\boldsymbol{q}} + \boldsymbol{\lambda}^{\mathrm{T}}(\dot{\boldsymbol{p}} - \boldsymbol{J}\dot{\boldsymbol{q}})$$

其最优条件是

$$\partial L / \partial \dot{\boldsymbol{q}} = 2\dot{\boldsymbol{q}} - \boldsymbol{J}^{\mathrm{T}}\boldsymbol{\lambda} = \boldsymbol{0}, \quad \partial L / \partial \boldsymbol{\lambda} = \dot{\boldsymbol{p}} - \boldsymbol{J}\dot{\boldsymbol{q}} = \boldsymbol{0}$$

首先求解 $\dot{\boldsymbol{q}}$，得到 $\dot{\boldsymbol{q}} = (1/2)\boldsymbol{J}^{\mathrm{T}}\boldsymbol{\lambda}$。将此结果代入 $\partial \boldsymbol{L} / \partial \boldsymbol{\lambda} = \boldsymbol{0}$，得到

$$\boldsymbol{\lambda} = 2(\boldsymbol{J}\boldsymbol{J}^{\mathrm{T}})^{-1}\dot{\boldsymbol{p}}$$

因此，最后我们发现：

$$\dot{\boldsymbol{q}} = \boldsymbol{J}^{\mathrm{T}}(\boldsymbol{J}\boldsymbol{J}^{\mathrm{T}})^{-1}\dot{\boldsymbol{p}} = \boldsymbol{J}^{\dagger}\dot{\boldsymbol{p}}$$

其中

$$\boldsymbol{J}^{\dagger} = \boldsymbol{J}^{\mathrm{T}}(\boldsymbol{J}\boldsymbol{J}^{\mathrm{T}})^{-1} \tag{2.8b}$$

上述公式在矩阵 $\boldsymbol{J}$ 的秩等于 m 的条件下(即 $\boldsymbol{J}^{\mathrm{T}}\boldsymbol{J}$ 可逆)成立。因此当 $m < n$ 时，应该使用式(2.8b)中的广义逆。

正式地讲，广义逆 $\boldsymbol{J}^{\dagger}$ 代表的 $m \times n$ 实矩阵 $\boldsymbol{J}$ 定义为满足下列四个条件的唯一的一个 $n \times m$ 实矩阵：

$$\boldsymbol{J}\boldsymbol{J}^{\dagger}\boldsymbol{J} = \boldsymbol{J}, \quad \boldsymbol{J}^{\dagger}\boldsymbol{J}\boldsymbol{J}^{\dagger} = \boldsymbol{J}^{\dagger}$$

$$(\boldsymbol{J}\boldsymbol{J}^{\dagger})^{\mathrm{T}} = \boldsymbol{J}\boldsymbol{J}^{\dagger}, \quad (\boldsymbol{J}^{\dagger}\boldsymbol{J})^{\mathrm{T}} = \boldsymbol{J}^{\dagger}\boldsymbol{J}$$

因此，$\boldsymbol{J}^{\dagger}$ 具有以下特性：

$$(\boldsymbol{J}^{\dagger})^{\dagger} = \boldsymbol{J}, \quad (\boldsymbol{J}^{\mathrm{T}})^{\dagger} = (\boldsymbol{J}^{\dagger})^{\mathrm{T}}, \quad (\boldsymbol{J}\boldsymbol{J}^{\mathrm{T}})^{\dagger} = (\boldsymbol{J}^{\dagger})^{\mathrm{T}}\boldsymbol{J}^{\dagger}$$

当处理过度指定或欠指定的线性代数系统时(例如，在欠驱动或过驱动的机械系统中会遇到)，所有上述关系都是有用的。

2.2.2　齐次变换

一个实体（例如机器人连杆）相对于固定世界坐标系 $Oxyz$（见图 2.3）的位置和姿态由 4×4 的变换矩阵 $\boldsymbol{A}$ 给出，$\boldsymbol{A}$ 称为齐次变换矩阵，写成：

$$\boldsymbol{A}=\begin{bmatrix}\boldsymbol{R} & \boldsymbol{p}\\ \boldsymbol{0} & 1\end{bmatrix} \tag{2.9}$$

其中，$\boldsymbol{p}$ 是重心 O'（或连杆上其他固定点）相对于 $Oxyz$ 的位置向量，$\boldsymbol{R}$ 是 3×3 的矩阵，其定义如下：

$$\boldsymbol{R}=[\boldsymbol{n} \vdots \boldsymbol{o} \vdots \boldsymbol{a}] \tag{2.10}$$

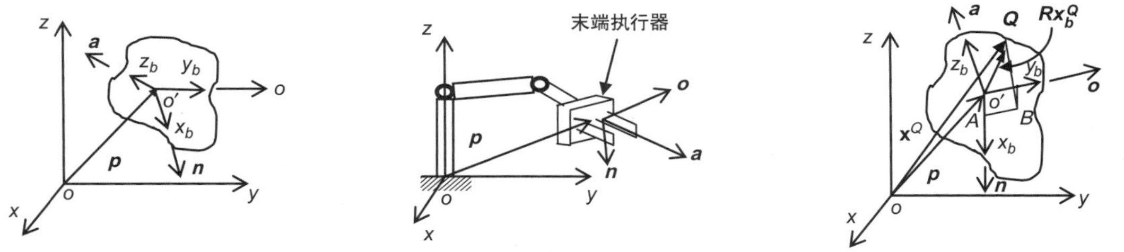

a）实体的位置和姿态　　b）机器人末端执行器的位置和姿态（$\boldsymbol{a}$=接近矢量，$\boldsymbol{n}$=法向向量，$\boldsymbol{o}$=方向或滑动向量）　　c）点 Q 相对于坐标系 $Oxyz$ 和 $O'x_by_bz_b$ 的位置向量

图 2.3　实体相对于固定世界坐标系 $Oxyz$ 的位置和姿态示意图

在式（2.10）中，$\boldsymbol{n}$、$\boldsymbol{o}$ 和 $\boldsymbol{a}$ 是沿局部坐标系 $O'x_by_bz_b$ 的轴 x_b、y_b、z_b 的单位向量。矩阵 $\boldsymbol{R}$ 表示 $O'x_by_bz_b$ 相对于参考（世界）坐标系 $Oxyz$ 的旋转。$\boldsymbol{R}$ 的列 $\boldsymbol{n}$、$\boldsymbol{o}$ 和 $\boldsymbol{a}$ 是相互正交的，即，$\boldsymbol{n}^{\mathrm{T}}\boldsymbol{o}=0$，$\boldsymbol{o}^{\mathrm{T}}\boldsymbol{a}=0$，$\boldsymbol{a}^{\mathrm{T}}\boldsymbol{n}=0$，$|\boldsymbol{n}|=1$，$|\boldsymbol{o}|=1$，$|\boldsymbol{a}|=1$，其中 $\boldsymbol{b}^{\mathrm{T}}$ 表示列向量 $\boldsymbol{b}$ 的转置（行）向量，并且 $|\boldsymbol{b}|$ 表示 $\boldsymbol{b}$ 的欧几里得范数（$|\boldsymbol{b}|=[b_x^2+b_y^2+b_z^2]^{1/2}$），其中 b_x、b_y 和 b_z 分别是 $\boldsymbol{b}$ 的 x，y，z 分量。

因此，旋力矩阵 $\boldsymbol{R}$ 是正交矩阵，即

$$\boldsymbol{R}^{-1}=\boldsymbol{R}^{\mathrm{T}} \tag{2.11}$$

为了处理齐次矩阵，我们使用下列类型的四维向量（称为齐次向量）：

$$\boldsymbol{X}^Q=\begin{bmatrix}x^Q\\ y^Q\\ z^Q\\ \vdots\\ 1\end{bmatrix}=\begin{bmatrix}\boldsymbol{x}^Q\\ \vdots\\ 1\end{bmatrix},\quad \boldsymbol{X}_b^Q=\begin{bmatrix}x_b^Q\\ y_b^Q\\ z_b^Q\\ \vdots\\ 1\end{bmatrix}=\begin{bmatrix}\boldsymbol{x}_b^Q\\ \vdots\\ 1\end{bmatrix} \tag{2.12}$$

假设 $\boldsymbol{X}_b^Q$ 和 $\boldsymbol{X}^Q$ 分别是点 $\boldsymbol{Q}$ 在坐标系 $O'x_by_bz_b$ 和 $Oxyz$ 中的齐次位置向量，然后由图 2.3c，我们得到下列向量方程：

$$\overrightarrow{OQ}=\overrightarrow{OO'}+\overrightarrow{O'A}+\overrightarrow{AB}+\overrightarrow{BQ}$$

其中

$$\overrightarrow{OQ}=\boldsymbol{x}^Q,\quad \overrightarrow{OO'}=\boldsymbol{p},\quad \overrightarrow{O'A}=x_b^Q\boldsymbol{n},\quad \overrightarrow{AB}=y_b^Q\boldsymbol{o},\quad \overrightarrow{BQ}=z_b^Q\boldsymbol{a}$$

因此

$$\boldsymbol{x}^Q=\boldsymbol{p}+x_b^Q\boldsymbol{n}+y_b^Q\boldsymbol{o}+z_b^Q\boldsymbol{a}=\boldsymbol{p}+[\boldsymbol{n}\quad \boldsymbol{o}\quad \boldsymbol{a}]\begin{bmatrix}x_b^Q\\ y_b^Q\\ z_b^Q\end{bmatrix}=\boldsymbol{p}+\boldsymbol{R}\boldsymbol{x}_b^Q \tag{2.13a}$$

或

$$\boldsymbol{X}^Q=\left[\begin{array}{ccc:c}\boldsymbol{n} & \boldsymbol{o} & \boldsymbol{a} & \boldsymbol{p}\\ \hdashline 0 & 0 & 0 & 1\end{array}\right]\boldsymbol{X}_b^Q=\boldsymbol{A}\boldsymbol{X}_b^Q \tag{2.13b}$$

其中，$\boldsymbol{A}$ 由式(2.9)和式(2.10)给出。式(2.13b)表示齐次矩阵 $\boldsymbol{A}$ 包含的局部坐标系 $O'x_by_bz_b$ 相对于世界坐标系 $Oxyz$ 的位置和姿态信息。

很容易验证：

$$\boldsymbol{A}^{-1}=\begin{bmatrix}\boldsymbol{R}^{\mathrm{T}} & -\boldsymbol{R}^{\mathrm{T}}p\\ 0 & 1\end{bmatrix} \tag{2.14}$$

实际上，从式(2.13a)可以得出 $\boldsymbol{x}_b^Q=-\boldsymbol{R}^{-1}\boldsymbol{p}+\boldsymbol{R}^{-1}\boldsymbol{x}^Q$，通过式(2.11)给出：

$$\begin{bmatrix}\boldsymbol{x}_b^Q\\ 1\end{bmatrix}=\begin{bmatrix}\boldsymbol{R}^{\mathrm{T}} & -\boldsymbol{R}^{\mathrm{T}}\boldsymbol{p}\\ 0 & 1\end{bmatrix}\begin{bmatrix}\boldsymbol{x}^Q\\ 1\end{bmatrix}=\boldsymbol{A}^{-1}\begin{bmatrix}\boldsymbol{x}^Q\\ 1\end{bmatrix}$$

矩阵 $\boldsymbol{R}$ 的列 $\boldsymbol{n}$、$\boldsymbol{o}$ 和 $\boldsymbol{a}$ 由相对于 $Oxyz$ 的方向余弦组成：

$$\boldsymbol{n}_x=\begin{bmatrix}1\\ 0\\ 0\end{bmatrix},\quad \boldsymbol{o}_y=\begin{bmatrix}0\\ 1\\ 0\end{bmatrix},\quad \boldsymbol{a}_z=\begin{bmatrix}0\\ 0\\ 1\end{bmatrix}$$

因此相对于轴 x、y、z 的旋转矩阵表示为

$$\boldsymbol{R}_x(\phi_x)=\begin{bmatrix}1 & 0 & 0\\ 0 & \cos\phi_x & -\sin\phi_x\\ 0 & \sin\phi_x & \cos\phi_x\end{bmatrix} \tag{2.15a}$$

$$\boldsymbol{R}_y(\phi_y)=\begin{bmatrix}\cos\phi_y & 0 & -\sin\phi_y\\ 0 & 1 & 0\\ \sin\phi_y & 0 & \cos\phi_y\end{bmatrix} \tag{2.15b}$$

$$\boldsymbol{R}_z(\phi_z)=\begin{bmatrix}\cos\phi_z & -\sin\phi_z & 0\\ \sin\phi_z & \cos\phi_z & 0\\ 0 & 0 & 1\end{bmatrix} \tag{2.15c}$$

其中 ϕ_x、ϕ_y 和 ϕ_z 分别是相对于 x、y、z 的旋转角度。

当移动机器人在水平面上移动时，唯一的旋转是机器人相对于垂直轴 z 的旋转，所以我们使用式(2.15c)。为方便起见，我们删除下标 z。

为了方便理解，式(2.15c)的左上方块直接使用图 2.4 中所示的 Oxy 平面几何形状得出。

设坐标系 Oxy 中的点为 $P(x_P,\ y_P)$，其绕轴 Oz 的旋转角度为 ϕ。P 点在坐标系

$Ox'y'$中的坐标是x'_P和y'_P，如图2.4所示。从图2.4中我们看到：

$$x_P=(OB)=(OD)-(BD)=x'_P\cos\phi-y'_P\sin\phi$$
$$y_P=(OE)=(EZ)+(ZO)=x'_P\sin\phi+y'_P\cos\phi \tag{2.16}$$

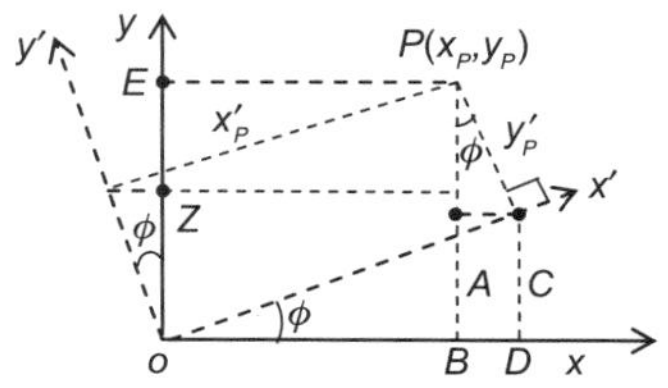

图2.4　相对于z轴的旋转矩阵的三角函数的直接推导

其中

$$\begin{bmatrix}x_P\\y_P\end{bmatrix}=\begin{bmatrix}\cos\phi & -\sin\phi\\ \sin\phi & \cos\phi\end{bmatrix}\begin{bmatrix}x'_P\\y'_P\end{bmatrix} \tag{2.17}$$

类似地，可以推导出分别绕x和y轴的2×2旋转矩阵块$\boldsymbol{R}_x(\phi_x)$和$\boldsymbol{R}_y(\phi_y)$。

给定包含n个连杆的开环运动链，在局部坐标系$O_nx_ny_nz_n$中表示的第n个连杆的齐次向量$\boldsymbol{X}^n$可以通过连续应用式(2.13b)在世界坐标系$Oxyz$中表示，即

$$\boldsymbol{X}^0=\boldsymbol{A}_1^0\boldsymbol{A}_2^1\cdots\boldsymbol{A}_n^{n-1}\boldsymbol{X}^n \tag{2.18}$$

其中，$\boldsymbol{A}_i^{i-1}$是从连杆i坐标系到连杆$i-1$坐标系的4×4齐次变换矩阵。矩阵$\boldsymbol{A}_i^{i-1}$可以通过所谓的Denavit-Hartenberg方法(即D-H方法，参见10.2.1节)计算。式(2.18)的一般形式参见式(2.2)，并如式(2.5)所述的那样，提供了机器人的雅可比矩阵。

2.2.3　非完整约束

非完整约束(关系)被定义为包含系统的广义坐标(变量)的时间导数的约束，并且是不可积的。要理解这些，意味着我们首先将完整约束定义为任何能表示为如下形式的约束：

$$F(\boldsymbol{q},t)=0 \tag{2.19}$$

其中，$\boldsymbol{q}=[q_1,q_2,\cdots,q_n]^{\mathrm{T}}$是关于广义坐标的向量。

假设有如下形式的约束：

$$f(\boldsymbol{q},\dot{\boldsymbol{q}},t)=0 \tag{2.20}$$

如果此约束可以转换为以下形式：

$$F(\boldsymbol{q},t)=0 \tag{2.21}$$

则认为它是可积的。因此尽管f在式(2.20)中包含时间导数$\dot{\boldsymbol{q}}$，但它可以用式(2.21)的完整形式来表示，所以它实际上是一个完整约束。更具体地，我们有以下定义。

定义2.1(非完整约束)

如果式(2.20)不能表示为式(2.21)中的形式，使得其仅涉及广义变量本身(不包含时间导数$\dot{\boldsymbol{q}}$)，则该约束被认为是非完整的(nonholonomic)。

受非完整约束的典型系统(因而称为非完整系统)包括欠驱动机器人、轮式移动机器人(WMR)、自主水下航行器(AUV)和无人飞行器(UAV)。需要强调的是，“完整”并不一定意味着不受约束。当然，不受约束的移动机器人是完整的，但是只能平移(translation)的移动机器人也是完整的。

非完整性(nonholonomicity)存在多种方式，例如，一个机器人只有几个电动机(数量为k)，$k<n$，其中n是自由度数，或者机器人具有冗余的自由度。机器人最多可以产生k个独立运动，差值$n-k$表示存在非完整性。例如，差分驱动WMR具有两个控制输入

（两个轮子电动机的力矩），即 $k=2$，以及三个自由度，即 $n=3$，因此，它具有一个（$n-k=1$）非完整约束。

定义 2.2（Pfaffian 约束）

如果非完整约束关于 $\dot{\boldsymbol{q}}$ 是线性的，也就是说如果它可以用以下形式表示，则它被称为 Pfaffian 约束：

$$\boldsymbol{\mu}_i(\boldsymbol{q})\dot{\boldsymbol{q}}=0,\quad i=1,2,\cdots,r$$

其中，$\boldsymbol{\mu}_i$ 是线性独立的行向量，$\boldsymbol{q}=[q_1,q_2,\cdots,q_n]^{\mathrm{T}}$。

采用紧凑的矩阵形式，上述 r 个 Pfaffian 约束可以写成：

$$\boldsymbol{M}(\boldsymbol{q})\dot{\boldsymbol{q}}=\boldsymbol{0},\quad \boldsymbol{M}(\boldsymbol{q})=\begin{bmatrix}\boldsymbol{\mu}_1(\boldsymbol{q})\\ \boldsymbol{\mu}_2(\boldsymbol{q})\\ \vdots\\ \boldsymbol{\mu}_r(\boldsymbol{q})\end{bmatrix}\tag{2.22}$$

一个可积的 Pfaffian 约束的例子如下：

$$\mu(\boldsymbol{q})\dot{\boldsymbol{q}}=q_1\dot{q}_1+q_2\dot{q}_2+\cdots+q_n\dot{q}_n,\quad \boldsymbol{q}\in R^n\tag{2.23}$$

它是可积的，因为它可以通过球体方程（半径为 a）相对于时间求导而得到：

$$s(\boldsymbol{q})=q_1^2+q_2^2+\cdots+q_n^2-a^2=0$$

通过对式（2.23）积分得到的特定球体取决于初始状态 $\boldsymbol{q}(t)_{t=0}=\boldsymbol{q}_0$。所有几何中心位于原点且半径为 a 的同心球体称为带有球形叶片的叶状（foliation）结构。例如，若 $n=3$，则叶状结构产生最大积分流形（0，0，a）：

$$\mathcal{M}=\{\boldsymbol{q}\in R^3:s(\boldsymbol{q})=q_1^2+q_2^2+q_3^2-a^2=0\}$$

移动机器人学中遇到的非完整约束是圆盘在平面上受到的无滑动的纯滚动约束（见图 2.5）。无滑动条件不允许广义速度 $\dot{x}$、$\dot{y}$ 和 $\dot{\phi}$ 取任意值。

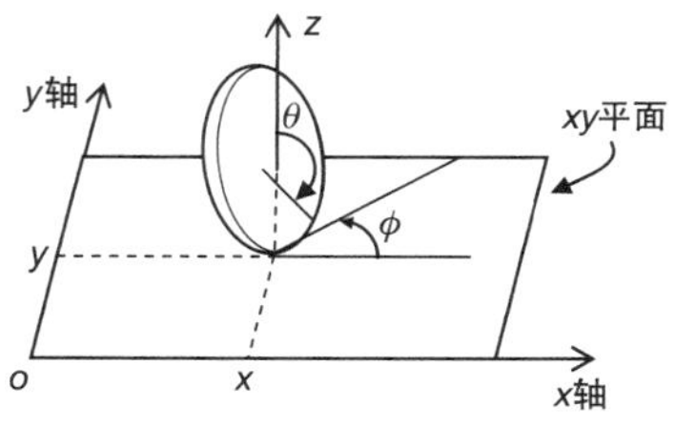

图 2.5　广义坐标 x、y 和 ϕ

设圆盘半径为 r。由于无滑动条件，广义坐标受以下等式约束：

$$\dot{x}=r\dot{\theta}\cos\phi,\quad \dot{y}=r\dot{\theta}\sin\phi\tag{2.24}$$

它们是不可积的。这些约束表示圆盘中心的速度矢量位于圆盘中间平面的条件。消除式（2.24）中的速度 $v=r\dot{\theta}$，得到：

$$v=r\dot{\theta}=\frac{\dot{x}}{\cos\phi}=\frac{\dot{y}}{\sin\phi}$$

或者

$$\dot{x}\sin\phi-\dot{y}\cos\phi=0\tag{2.25}$$

这是圆盘运动的非完整约束。由于运动学约束（见式（2.24）），圆盘可以从任何初始位形（x_1，y_1，ϕ_1，θ_1）开始运动到任何最终位形（x_2，y_2，ϕ_2，θ_2）。这可以通过下列两个步骤完成：

- **步骤 1**：通过沿着长度为 $(2k\pi+\theta_2-\theta_1)r$，$k=0,1,2,\cdots$ 的线滚动圆盘，将接触点（x_1，y_1）移动到（x_2，y_2）。

- **步骤 2**：将圆盘绕垂直轴从 ϕ_1 旋转到 ϕ_2。

给定运动学约束，必须确定它是否可积。这可以通过 Frobenius 定理来完成，该定理会使用到分布和李括号(Lie Brackets)等微分几何概念。我们稍后会讨论该问题(见 6.2.1 节)。

另外两个受非完整约束的系统是在平面上滚动的球体(无原地旋转)，以及不能立即停在空中或向后移动的飞机。

2.3 非完整约束移动机器人

我们将推导下列非完整轮式移动机器人(WMR)的运动学模型：

- 独轮车
- 差分驱动 WMR
- 三轮车 WMR
- 类车 WMR

2.3.1 独轮车

独轮车的运动模型是多种类型非完整 WMR 的基础。因此，该理论模型通常为 WMR 控制者和非线性系统工作者关注的重点。

独轮车的车轮是一种在保持车身垂直地面的同时，在水平面上滚动的传统车轮见图 2.5。独轮车的位形(从底部透过玻璃地板可看到)如图 2.6 所示。

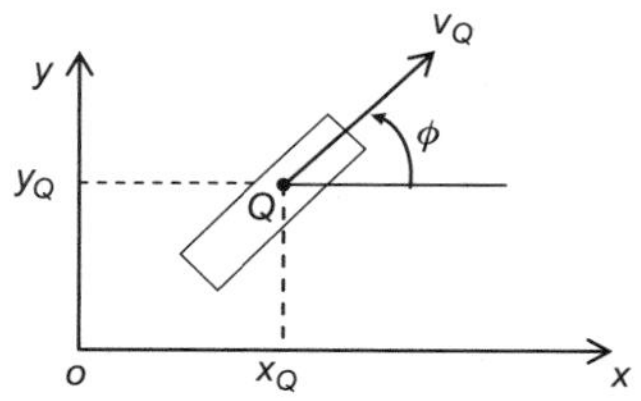

图 2.6 独轮车的运动结构

其位形由广义坐标向量描述：$\boldsymbol{p}=[x_Q, y_Q, \phi]^{\mathrm{T}}$，即固定坐标系 Oxy 中与地面的接触点(接地点)Q 的位置坐标，及其相对于 x 轴的方位角 ϕ。车轮的线速度为 v_Q，其绕瞬时旋转轴的角速度为 $v_\phi=\dot{\phi}$。从图 2.6 中我们得到：

$$\dot{x}_Q=v_Q\cos\phi, \quad \dot{y}_Q=v_Q\sin\phi, \quad \dot{\phi}=v_\phi \tag{2.26}$$

从式(2.26)的前两个方程中消除 v_Q，我们得到非完整约束：

$$-\dot{x}_Q\sin\phi+\dot{y}_Q\cos\phi=0 \tag{2.27}$$

使用标记法 $v_1=v_Q$ 和 $v_2=v_\phi$，为简单起见，独轮车的运动模型，即式(2.26)可写为

$$\dot{\boldsymbol{p}}=\begin{bmatrix}\cos\phi\\ \sin\phi\\ 0\end{bmatrix}v_1+\begin{bmatrix}0\\ 0\\ 1\end{bmatrix}v_2, \quad \dot{\boldsymbol{p}}=\begin{bmatrix}\dot{x}_Q\\ \dot{y}_Q\\ \dot{\phi}\end{bmatrix} \tag{2.28a}$$

或者

$$\dot{\boldsymbol{p}}=\boldsymbol{J}\dot{\boldsymbol{q}}, \quad \dot{\boldsymbol{q}}=[v_1, v_2]^{\mathrm{T}} \tag{2.28b}$$

其中，$\boldsymbol{J}$ 是系统的雅可比矩阵：

$$\boldsymbol{J}=\begin{bmatrix}\cos\phi & 0\\ \sin\phi & 0\\ 0 & 1\end{bmatrix} \tag{2.28c}$$

假设线速度 $v_1=v_Q$ 和角速度 $v_\phi=v_2$ 是系统的动作(关节)变量。

式(2.28a)属于特殊类型的非线性系统，称为仿射系统(affine system)，并由下列形式的动力学方程(见第 6 章)描述：

$$\dot{\boldsymbol{x}}=\boldsymbol{g}_0(\boldsymbol{x})+\sum_{i=1}^{m}\boldsymbol{g}_i(\boldsymbol{x})u_i \tag{2.29a}$$

$$=\boldsymbol{g}_0(\boldsymbol{x})+\boldsymbol{G}(\boldsymbol{x})\boldsymbol{u} \tag{2.29b}$$

其中，$u_i(i=1, 2, \cdots, m)$呈线性出现，并且有

$$\begin{aligned}&\boldsymbol{x}=[x_1, x_2, \cdots, x_n]^{\mathrm{T}}\in\mathcal{X},\quad \boldsymbol{u}=[u_1, u_2, \cdots, u_m]^{\mathrm{T}}\in\mathcal{U}\\&\boldsymbol{G}(\boldsymbol{x})=[\boldsymbol{g}_1(\boldsymbol{x})\vdots\boldsymbol{g}_2(\boldsymbol{x})\vdots\cdots\vdots\boldsymbol{g}_m(\boldsymbol{x})]\end{aligned} \tag{2.30}$$

如果 $m<n$，则系统的驱动变量(控制)数目少于控制下的自由度，此时称之为欠驱动系统。如果 $m>n$，则为过驱动系统。在实践中，通常有 $m<n$。向量 $\boldsymbol{x}$ 实际上是系统的状态向量，$\boldsymbol{u}$ 是控制向量。$\boldsymbol{g}_0(\boldsymbol{x})$项称为“漂移”(drift)，而 $\boldsymbol{g}_0(\boldsymbol{x})=\boldsymbol{0}$ 的系统称为“无漂移”(driftless)系统。下列列向量集

$$\boldsymbol{g}_1(\boldsymbol{x})=\begin{bmatrix}g_{11}(\boldsymbol{x})\\g_{12}(\boldsymbol{x})\\\vdots\\g_{1n}(\boldsymbol{x})\end{bmatrix},\quad \boldsymbol{g}_2(\boldsymbol{x})=\begin{bmatrix}g_{21}(\boldsymbol{x})\\g_{22}(\boldsymbol{x})\\\vdots\\g_{2n}(\boldsymbol{x})\end{bmatrix},\quad \cdots,\quad \boldsymbol{g}_m(\boldsymbol{x})=\begin{bmatrix}g_{m1}(\boldsymbol{x})\\g_{m2}(\boldsymbol{x})\\\vdots\\g_{mn}(\boldsymbol{x})\end{bmatrix} \tag{2.31}$$

称为系统的向量场(vector field)。假设集合$\mathcal{U}$至少包含涉及 R^m 的原点的开集。如果$\mathcal{U}$不包含原点，则系统不会“无漂移”。

独轮车模型(见式(2.28a))是一个双输入的无漂移仿射系统，它有两个向量场：

$$\boldsymbol{g}_1=\begin{bmatrix}\cos\phi\\\sin\phi\\0\end{bmatrix},\quad \boldsymbol{g}_2=\begin{bmatrix}0\\0\\1\end{bmatrix} \tag{2.32}$$

雅可比公式(见式(2.28c))将两列向量场组织成矩阵 $\boldsymbol{J}=\boldsymbol{G}$。式(2.29a)中的每个动作变量 $u_i\in R$ 实际上是一个用于确定 $\boldsymbol{g}_i(\boldsymbol{x})$对结果 $\boldsymbol{x}$ 的贡献量的系数。独轮脚架的向量场 $\boldsymbol{g}_1(\phi)$允许纯平移，并且场 $\boldsymbol{g}_2$ 允许纯旋转。

2.3.2　差分驱动 WMR

室内和其他移动机器人使用差分驱动的运动类型(见图 1.20)。图 1.11 中的 Pioneer WMR 是差分驱动 WMR 的一个示例。该机器人的几何形状和运动参数如图 2.7 所示。

WMR 的位姿(位置/方向)向量及其速度分别为

$$\boldsymbol{p}=\begin{bmatrix}x_Q\\y_Q\\\phi\end{bmatrix},\quad \dot{\boldsymbol{p}}=\begin{bmatrix}\dot{x}_Q\\\dot{y}_Q\\\dot{\phi}\end{bmatrix} \tag{2.33}$$

左轮和右轮的角位置和角速度分别为$\{\theta_1, \dot{\theta}_1\}$，$\{\theta_r, \dot{\theta}_r\}$。

我们做以下假设：

- 车轮做无滑动的纯滚动。

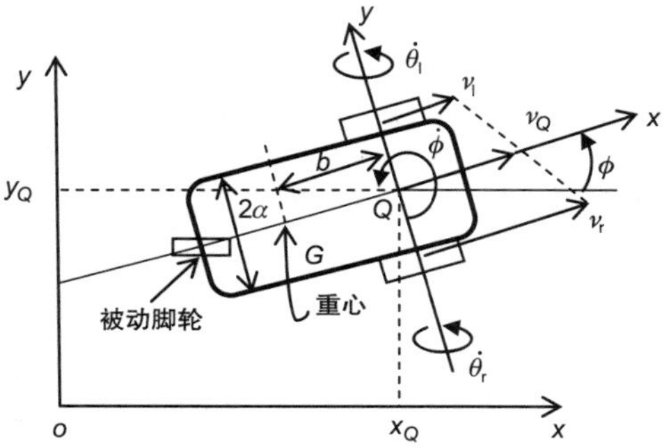

a）差分驱动WMR的几何形状

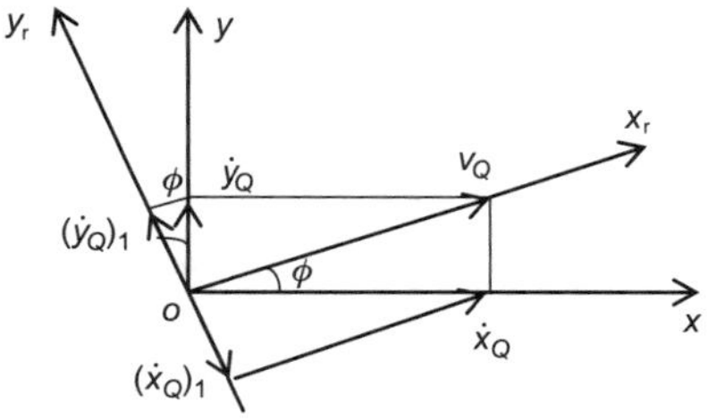

b）说明非完整约束的图

图 2.7　差分驱动 WMR 的几何形状和运动参数

- 引导(转向)轴垂直于平面 Oxy。
- 点 Q 与重心 G 重合，即 $\|\overrightarrow{GQ}\|=0$。[⊖]

设 v_l 和 v_r 分别为左右轮的线速度，v_Q 为 WMR 车轮中点 Q 的速度。那么，从图 2.7a 我们得到

$$v_r=v_Q+a\dot{\phi},\quad v_l=v_Q-a\dot{\phi} \tag{2.34a}$$

对 v_r 和 v_l 求和以及求差，得到

$$v_Q=\frac{1}{2}(v_r+v_l),\quad 2a\dot{\phi}=v_r-v_l \tag{2.34b}$$

其中，由于无滑动假设，因此有 $v_r=r\dot{\theta}_r$ 和 $v_l=r\dot{\theta}_l$。在独轮车的情况下，$\dot{x}_Q$ 和 $\dot{y}_Q$ 由下式给出：

$$\dot{x}_Q=v_Q\cos\phi,\quad \dot{y}_Q=v_Q\sin\phi \tag{2.35}$$

所以，这个 WMR 的运动学模型由下列关系描述：

$$\dot{x}_Q=\frac{r}{2}(\dot{\theta}_r\cos\phi+\dot{\theta}_l\cos\phi) \tag{2.36a}$$

$$\dot{y}_Q=\frac{r}{2}(\dot{\theta}_r\sin\phi+\dot{\theta}_l\sin\phi) \tag{2.36b}$$

$$\dot{\phi}=\frac{r}{2a}(\dot{\theta}_r-\dot{\theta}_l) \tag{2.36c}$$

类似式(2.28a)和式(2.28b)，运动模型(见式(2.36a)～式(2.36c))可写成无漂移的仿射形式：

$$\dot{\boldsymbol{p}}=\begin{bmatrix}(r/2)\cos\phi\\(r/2)\sin\phi\\r/2a\end{bmatrix}\dot{\theta}_r+\begin{bmatrix}(r/2)\cos\phi\\(r/2)\sin\phi\\-r/2a\end{bmatrix}\dot{\theta}_l \tag{2.37a}$$

或

$$\dot{\boldsymbol{p}}=\boldsymbol{J}\dot{\boldsymbol{q}} \tag{2.37b}$$

⊖　在图 2.7 中，点 Q 和点 G 显示不同，以便在所有位形中使用相同的数字，其中 Q 和 G 之间的距离为 b。

其中

$$\dot{\boldsymbol{p}}=\begin{bmatrix}\dot{x}_Q\\ \dot{y}_Q\\ \dot{\phi}\end{bmatrix},\quad \dot{\boldsymbol{q}}=\begin{bmatrix}\dot{\theta}_r\\ \dot{\theta}_l\end{bmatrix} \tag{2.37c}$$

而 $\boldsymbol{J}$ 是 WMR 的雅可比矩阵：

$$\boldsymbol{J}=\begin{bmatrix}(r/2)\cos\phi & (r/2)\cos\phi\\ (r/2)\sin\phi & (r/2)\sin\phi\\ r/2a & -r/2a\end{bmatrix} \tag{2.37d}$$

此处，两个三维向量场是

$$\boldsymbol{g}_1=\begin{bmatrix}(r/2)\cos\phi\\ (r/2)\sin\phi\\ r/2a\end{bmatrix},\quad \boldsymbol{g}_2=\begin{bmatrix}(r/2)\cos\phi\\ (r/2)\sin\phi\\ -r/2a\end{bmatrix} \tag{2.38}$$

$\boldsymbol{g}_1$ 允许右轮旋转，$\boldsymbol{g}_2$ 允许左轮旋转。消去方程式(2.35)中的 v_Q，我们像往常一样得到非完整约束，形如式(2.25)或式(2.27)。

$$-\dot{x}_Q\sin\phi+\dot{y}_Q\cos\phi=0 \tag{2.39}$$

它表示点 Q 沿 Qx_r 移动的事实，其沿轴 Qy_r 的速度为零(无横向运动，见图 2.7b)，即

$$-(\dot{x}_Q)_1+(\dot{y}_Q)_1=0$$

其中，$(\dot{x}_Q)_1=\dot{x}_Q\sin\phi$，$(\dot{y}_Q)_1=\dot{y}_Q\cos\phi$。

式(2.37d)中的雅可比矩阵 $\boldsymbol{J}$ 有三行两列，因此不可逆。因此式(2.37b)中 $\dot{\boldsymbol{q}}$ 的解由下式给出：

$$\dot{\boldsymbol{q}}=\boldsymbol{J}^{\dagger}\dot{\boldsymbol{p}} \tag{2.40}$$

其中，$\boldsymbol{J}^{\dagger}$ 是由式(2.8a)给出的 $\boldsymbol{J}$ 的广义逆，但是这里 $\boldsymbol{J}^{\dagger}$ 可以使用式(2.34a)直接计算，并且从图 2.7b 中我们观察到：

$$v_Q=\dot{x}_Q\cos\phi+\dot{y}_Q\sin\phi$$

因此，在式(2.34a)中使用这个等式，得到

$$\begin{aligned}r\dot{\theta}_r&=\dot{x}_Q\cos\phi+\dot{y}_Q\sin\phi+a\dot{\phi}\\ r\dot{\theta}_l&=\dot{x}_Q\cos\phi+\dot{y}_Q\sin\phi-a\dot{\phi}\end{aligned} \tag{2.41a}$$

即

$$\begin{bmatrix}\dot{\theta}_r\\ \dot{\theta}_l\end{bmatrix}=\frac{1}{r}\begin{bmatrix}\cos\phi & \sin\phi & a\\ \cos\phi & \sin\phi & -a\end{bmatrix}\begin{bmatrix}\dot{x}_Q\\ \dot{y}_Q\\ \dot{\phi}\end{bmatrix}$$

或

$$\dot{\boldsymbol{q}}=\boldsymbol{J}^{\dagger}\dot{\boldsymbol{p}} \tag{2.41b}$$

其中[㊀]

㊀ 作为练习，建议读者使用式(2.8a)推导得出式(2.41c)。

$$\boldsymbol{J}^{\dagger}=\frac{1}{r}\begin{bmatrix}\cos\phi & \sin\phi & a\\ \cos\phi & \sin\phi & -a\end{bmatrix} \tag{2.41c}$$

非完整约束(见式(2.39))可以写成:

$$\boldsymbol{M}\dot{\boldsymbol{p}}=0,\quad \boldsymbol{M}=[-\sin\phi \quad \cos\phi \quad 0] \tag{2.42}$$

显然，如果 $\dot{\theta}_{\mathrm{r}}\neq\dot{\theta}_{\mathrm{l}}$，那么 $\dot{\theta}_{\mathrm{r}}$ 和 $\dot{\theta}_{\mathrm{l}}$ 之间的差值决定了机器人的转速 $\dot{\phi}$ 及方向。瞬时曲率半径 R 由式(1.1)给出:

$$R=\frac{v_Q}{\dot{\phi}}=a\left(\frac{v_{\mathrm{r}}+v_{\mathrm{l}}}{v_{\mathrm{r}}-v_{\mathrm{l}}}\right),\quad v_{\mathrm{r}}\geqslant v_{\mathrm{l}} \tag{2.43a}$$

并且瞬时曲率系数 $\mathcal{K}$ 是

$$\mathcal{K}=1/R \tag{2.43b}$$

例 2.1　使用旋转矩阵概念(见式(2.17))导出运动学关系(见式(2.35))。

解　图 2.4 中的点 $P(x_{\mathrm{P}},\ y_{\mathrm{P}})$就是图 2.7 中的点 $Q(x_Q,\ y_Q)$。WMR 沿局部坐标轴 Qx_{r} 和 Qy_{r} 的速度分别为 $\dot{x}_{\mathrm{r}}$ 和 $\dot{y}_{\mathrm{r}}$。世界坐标系中的相应速度为 $\dot{x}_Q$ 和 $\dot{y}_Q$。因此，对于给定的 ϕ，可由式(2.17)得出

$$\begin{bmatrix}\dot{x}_Q\\ \dot{y}_Q\end{bmatrix}=\begin{bmatrix}\cos\phi & -\sin\phi\\ \sin\phi & \cos\phi\end{bmatrix}\begin{bmatrix}\dot{x}_{\mathrm{r}}\\ \dot{y}_{\mathrm{r}}\end{bmatrix} \tag{2.44}$$

现在，没有横向车轮运动的条件意味着

$$\dot{y}_{\mathrm{r}}=0$$

以及 $\dot{x}_{\mathrm{r}}=v_Q$。因此由上述关系给出:

$$\dot{x}_Q=v_Q\cos\phi \quad 且 \quad \dot{y}_Q=v_Q\sin\phi$$

这与预期结果一致。

例 2.2　通过放松车轮运动过程中的无滑动条件，得出差分驱动 WMR 的运动方程和运动约束。

解　我们将使用图 2.7 中的轮式移动机器人。考虑到围绕重心 G 的旋转，我们得到以下关系:

$$\dot{x}_G=\dot{x}_Q+b\dot{\phi}\sin\phi$$

$$\dot{y}_G=\dot{y}_Q-b\dot{\phi}\cos\phi$$

因此，运动方程(见式(2.41a))和非完整约束(见式(2.42))变为

$$r\dot{\theta}_{\mathrm{r}}=\dot{x}_G\cos\phi+\dot{y}_G\sin\phi+a\dot{\phi}$$

$$r\dot{\theta}_{\mathrm{l}}=\dot{x}_G\cos\phi+\dot{y}_G\sin\phi-a\dot{\phi}$$

$$-\dot{x}_G\sin\phi+\dot{y}_G\cos\phi+b\dot{\phi}=0$$

现在，假设车轮受纵向和横向滑动[10]，为了将滑动包括在机器人的运动学中，我们分别为右轮和左轮的纵向滑动位移引入两个变量 w_{r} 和 w_{l}，以及对应的横向滑动位移的两个变量 z_{r} 和 z_{l}。因此，这里有

$$\boldsymbol{p}=[x_G,\ y_G,\ \phi \vdots w_r,\ w_l,\ z_r,\ z_l]^{\mathrm{T}}$$

现在滑动轮的速度由下式给出：

$$v_r=(r\dot{\theta}_r-\dot{w}_r)\cos\zeta_r,\quad v_l=(r\dot{\theta}_l-\dot{w}_l)\cos\zeta_l$$

其中，ζ_r 和 ζ_l 分别为车轮的转向角。

将这些关系用于 v_r 和 v_l，上述运动方程式可写成

$$v_r=(r\dot{\theta}_r-\dot{w}_r)\cos\zeta_r=\dot{x}_G\cos\phi+\dot{y}_G\sin\phi+a\dot{\phi}$$

$$v_l=(r\dot{\theta}_l-\dot{w}_l)\cos\zeta_l=\dot{x}_G\cos\phi+\dot{y}_G\sin\phi-a\dot{\phi}$$

并且非完整约束变为

$$-\dot{x}_G\sin\phi+\dot{y}_G\cos\phi+b\dot{\phi}-\dot{z}_r\cos\zeta_r=0$$

$$-\dot{x}_G\sin\phi+\dot{y}_G\cos\phi+b\dot{\phi}-\dot{z}_l\cos\zeta_l=0$$

在我们的 WMR 例子中，两个轮子具有共同的轴并且是不转向的。因此，$\zeta_r=\zeta_l=0$。对于带有转向轮的 WMR，可能有 $\zeta_r\neq 0$，$\zeta_l\neq 0$。在我们的例子中，$\cos\zeta_r=\cos\zeta_l=1$，因此对两个方程求解轮的角速度 $\dot{\theta}_r$ 和 $\dot{\theta}_l$，得到

$$\dot{\boldsymbol{q}}=\boldsymbol{J}^{\dagger}\dot{\boldsymbol{p}},\quad \dot{\boldsymbol{q}}=\begin{bmatrix}\dot{\boldsymbol{\theta}}_r\\ \dot{\boldsymbol{\theta}}_l\end{bmatrix}$$

其中，逆雅可比矩阵是

$$\boldsymbol{J}^{\dagger}=\frac{1}{r}\begin{bmatrix}\cos\phi & \sin\phi & a & 1 & 0 & 0 & 0\\ \cos\phi & \sin\phi & -a & 0 & 1 & 0 & 0\end{bmatrix}$$

非完整约束以 Pfaffian 形式表示为

$$\boldsymbol{M}(\boldsymbol{p})\dot{\boldsymbol{p}}=\boldsymbol{0}$$

其中

$$\boldsymbol{M}(\boldsymbol{p})=\begin{bmatrix}-\sin\phi & \cos\phi & b & 0 & 0 & -1 & 0\\ -\sin\phi & \cos\phi & b & 0 & 0 & 0 & -1\end{bmatrix}$$

$$\dot{\boldsymbol{p}}=(\dot{x}_G,\ \dot{y}_G,\ \dot{\phi}\vdots\dot{w}_r,\dot{w}_l\dot{z}_r\dot{z}_l)^{\mathrm{T}}$$

在仅发生横向滑动的特殊情况下（即 $\dot{w}_r=0$、$\dot{w}_l=0$），从 $\dot{\boldsymbol{p}}$ 中删除 $\dot{w}_r$、$\dot{w}_l$ 分量，并且适当地简化矩阵 $\boldsymbol{J}^{\dagger}$ 和 $\boldsymbol{M}(\boldsymbol{p})$，只有五列。注意，这里车轮是固定的，所以 $\dot{z}_r=\dot{z}_l=\dot{y}_r$，其中 $\dot{y}_r$ 是 WMR 车身的横向滑动速度。通常来说，滑动变量因为未知和不可测，会被干扰抑制和鲁棒控制技术作为干扰处理。

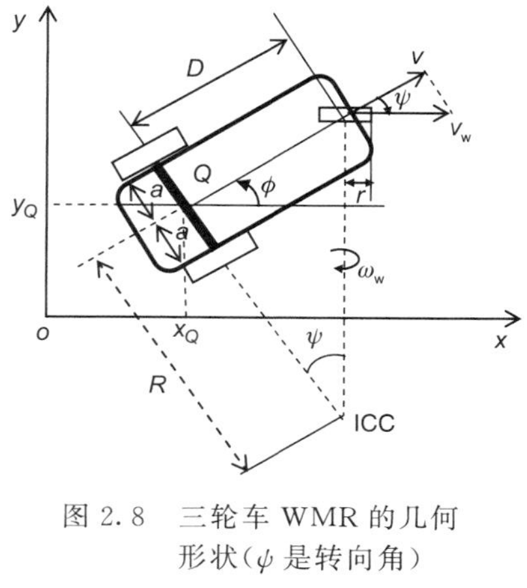

图 2.8　三轮车 WMR 的几何形状（ψ 是转向角）

2.3.3　三轮车

该 WMR 的运动由车轮转向角速度 w_ψ 及其线速度 v_w（或其角速度 $\omega_w=\dot{\theta}_w=v_w/r$，其中 r 是车轮半径）控制（见图 2.8）。

方位角(orientation angle)和角速度分别为 ϕ 和 $\dot{\phi}$。假设车辆在动力轮后部具有其引导点 Q(即它具有中心后轴)，机器人运动的状态是

$$\boldsymbol{p}=[x_Q, \ y_Q, \ \phi, \ \psi]^{\mathrm{T}}$$

运动学变量如下：

- 转向轮速度：$v_{\mathrm{w}}=r\dot{\theta}_{\mathrm{w}}$。
- 车速：$v=v_{\mathrm{w}}\cos\psi=r(\cos\psi)\dot{\theta}_{\mathrm{w}}$
- 车辆方位角速度：$\dot{\phi}=(1/D)v_{\mathrm{w}}\sin\psi$
- 转向角速度：$\dot{\psi}=\omega_{\psi}$

利用上述关系，我们发现：

$$\dot{\boldsymbol{p}}=\begin{bmatrix}\dot{x}_Q\\ \dot{y}_Q\\ \dot{\phi}\\ \dot{\psi}\end{bmatrix}=\begin{bmatrix}v\cos\phi\\ v\sin\phi\\ \dot{\phi}\\ \dot{\psi}\end{bmatrix}=\begin{bmatrix}r\cos\psi\cos\phi\\ r\cos\psi\sin\phi\\ (r/D)\sin\psi\\ 0\end{bmatrix}\dot{\theta}_{\mathrm{w}}+\begin{bmatrix}0\\ 0\\ 0\\ 1\end{bmatrix}\dot{\psi}=\boldsymbol{J}\dot{\boldsymbol{\theta}} \tag{2.45}$$

其中，$\dot{\boldsymbol{\theta}}=[\dot{\theta}_{\mathrm{w}}, \ \dot{\psi}]^{\mathrm{T}}$ 是关节速度矢量(控制变量)，并且

$$\boldsymbol{J}=\begin{bmatrix}r\cos\psi\cos\phi & 0\\ r\cos\psi\sin\phi & 0\\ (r/D)\sin\psi & 0\\ 0 & 1\end{bmatrix} \tag{2.46}$$

是雅可比矩阵。这个雅可比矩阵也是不可逆的，但我们可以直接使用下列关系得到逆运动方程：

$$\dot{\phi}/v=(1/D)\tan\psi \text{ or } \psi=\arctan(D\dot{\phi}/v) \tag{2.47a}$$

以及

$$\dot{\theta}_{\mathrm{w}}=\frac{v_{\mathrm{w}}}{r}=\frac{1}{r}\sqrt{v^2+(D\dot{\phi})^2} \tag{2.47b}$$

瞬时曲率半径 R 由图 2.8 给出：

$$R=D\tan(\pi/2-\psi(t)) \tag{2.48}$$

由式(2.45)可知三轮车又是一个带有向量场的双输入无漂移仿射系统：

$$\boldsymbol{g}_1=\begin{bmatrix}r\cos\psi\cos\phi\\ r\cos\psi\sin\phi\\ (r/D)\sin\psi\\ 0\end{bmatrix}, \quad \boldsymbol{g}_2=\begin{bmatrix}0\\ 0\\ 0\\ 1\end{bmatrix}$$

$\boldsymbol{g}_1$ 和 $\boldsymbol{g}_2$ 分别对应转向轮运动 $\dot{\theta}_{\mathrm{w}}$ 和转向角运动 $\dot{\psi}$。

2.3.4 类车 WMR

图 2.9a 中展示了类车移动机器人的几何结构，图 2.9b 中为具有循线功能的 AWESOM-9000 类车机器人原型(奥尔堡大学)。

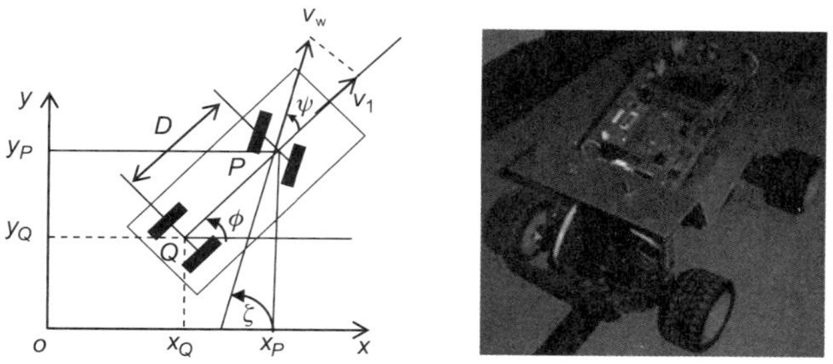

a）类车机器人的运动学结构　　b）类车机器人原型

图 2.9　类车移动机器人的运动学结构及原型

资料来源：http://sqrt-1.dk/robot/robot.php。

机器人运动的状态由向量 $\boldsymbol{p}$ 表示[20]：

$$\boldsymbol{p}=[x_Q,\ y_Q,\ \phi,\ \psi]^{\mathrm{T}} \tag{2.49}$$

其中，x_Q，y_Q 是车轮轴中点 Q 的笛卡儿坐标，ϕ 是车辆的方位角，ψ 是转向角。在这里有两个非完整约束，每个车轮对应一个非完整约束，即

$$-\dot{x}_Q\sin\phi+\dot{y}_Q\cos\phi=0 \tag{2.50a}$$

$$-\dot{x}_P\sin(\phi+\psi)+\dot{y}_P\cos(\phi+\psi)=0 \tag{2.50b}$$

其中，x_P 和 y_P 是前轮中点 P 的位置坐标。从图 2.9 中得到：

$$x_P=x_Q+D\cos\phi,\quad y_P=y_Q+D\sin\phi$$

使用这些关系，第二个运动约束（即式(2.50b)）变为

$$-\dot{x}_Q\sin(\phi+\psi)+\dot{y}_Q\cos(\phi+\psi)+D(\cos\psi)\dot{\phi}$$

两个非完整约束以矩阵形式写为

$$\boldsymbol{M}(\boldsymbol{p})\dot{\boldsymbol{p}}=\boldsymbol{0} \tag{2.51a}$$

其中

$$\boldsymbol{M}(\boldsymbol{p})=\begin{bmatrix}-\sin\phi & \cos\phi & 0 & 0\\ -\sin(\phi+\psi) & \cos(\phi+\psi) & D\cos\psi & 0\end{bmatrix} \tag{2.51b}$$

参考图 2.9，后轮驱动汽车的运动学方程为

$$\begin{aligned}\dot{x}_Q&=v_1\cos\phi\\ \dot{y}_Q&=v_1\sin\phi\\ \dot{\phi}&=\frac{1}{D}v_{\mathrm{w}}\sin\psi\\ &=\frac{1}{D}v_1\tan\psi\\ \dot{\psi}&=v_2\end{aligned} \tag{2.52}$$

这些公式可以用仿射形式写出：

$$\begin{bmatrix}\dot{x}_Q\\ \dot{y}_Q\\ \dot{\phi}\\ \dot{\psi}\end{bmatrix}=\begin{bmatrix}\cos\phi\\ \sin\phi\\ (1/D)\tan\psi\\ 0\end{bmatrix}v_1+\begin{bmatrix}0\\ 0\\ 0\\ 1\end{bmatrix}v_2 \tag{2.53}$$

其向量域

$$\boldsymbol{g}_1=\begin{bmatrix}\cos\phi\\ \sin\phi\\ (1/D)\tan\psi\\ 0\end{bmatrix},\quad \boldsymbol{g}_2=\begin{bmatrix}0\\0\\0\\1\end{bmatrix}$$

分别允许驾驶运动(v_1)和转向运动($v_2=\dot{\psi}$)。式(2.53)的雅可比形式是

$$\dot{\boldsymbol{p}}=\boldsymbol{J}\boldsymbol{v},\quad \boldsymbol{v}=[v_1,\ v_2]^{\mathrm{T}} \tag{2.54}$$

其中，雅可比矩阵

$$\boldsymbol{J}=\begin{bmatrix}\cos\phi & 0\\ \sin\phi & 0\\ (\tan\psi)/D & 0\\ 0 & 1\end{bmatrix} \tag{2.55}$$

这里，在 $\psi=\pm\pi/2$ 处存在奇点，其对应于当前轮垂直于其车体的纵向轴线时，WMR 被“卡住”(jamming)。实际上由于转向角 $\psi(-\pi/2<\psi<\pi/2)$ 的范围受限，在实践中不会出现这种奇点。

前轮驱动车辆的运动学模型是(见式(2.45)和式(2.46))[20]：

$$\dot{\boldsymbol{p}}=\boldsymbol{J}\boldsymbol{v},\quad \boldsymbol{J}=\begin{bmatrix}\cos\phi\cos\psi & 0\\ \sin\phi\cos\psi & 0\\ (\sin\psi)/D & 0\\ 0 & 1\end{bmatrix} \tag{2.56a}$$

在这种情况下，不会出现先前的奇点，因为在 $\psi=\pm\pi/2$ 时，原则上汽车仍然绕其后轮扭转。新的输入 u_1 和 u_2 定义为

$$u_1=v_1,\quad u_2=(1/D)\sin(\zeta-\phi)v_1+v_2$$

以上模型转换为

$$\begin{bmatrix}\dot{x}_p\\ \dot{y}_p\\ \dot{\phi}\\ \dot{\zeta}\end{bmatrix}=\begin{bmatrix}\cos\zeta\\ \sin\zeta\\ (1/D)\sin(\zeta-\phi)\\ 0\end{bmatrix}u_1+\begin{bmatrix}0\\0\\0\\1\end{bmatrix}u_2 \tag{2.56b}$$

其中，$\zeta=\phi+\psi$ 是相对于轴 Ox 的总的转向角。

实际上，由 $x_P=x_Q+D\cos\phi$、$y_P=y_Q+D\sin\phi$(见图 2.9)和式(2.56a)，我们得到：

$$\begin{aligned}\dot{x}_P&=\dot{x}_Q-D(\sin\phi)\dot{\phi}=(\cos\phi\cos\psi-\sin\phi\sin\psi)v_1\\&=[\cos(\phi+\psi)]v_1=(\cos\zeta)u_1\\ \dot{y}_P&=\dot{y}_Q+D(\cos\phi)\dot{\phi}=(\sin\phi\cos\psi+\cos\phi\sin\psi)v_1\\&=[\sin(\phi+\psi)]v_1=(\sin\zeta)u_1\\ \dot{\phi}&=\frac{1}{D}[\sin(\zeta-\phi)]v_1=\left[\frac{1}{D}\sin(\zeta-\phi)\right]u_1\end{aligned}$$

$$\dot{\zeta}=\dot{\phi}+\dot{\psi}=\left[\frac{1}{D}\sin(\zeta-\phi)\right]v_1+v_2=u_2$$

观察式(2.56b)可知，x_P、y_P 和 ζ 的运动学模型实际上是独轮车模型(见式(2.28a))。上述类车机器人的两种特殊情况称为：

- Reeds-Shepp 车
- Dubins 车

通过将速度 v_1 的值限制为+1、0 和−1 这三个不同的值，便能得到 Reeds-Shepp 车。这些值似乎对应于三个不同的“档位”：前进、停车或倒车。当 Reeds-Shepp 车不支持反向运动时就会变成 Dubins 车，即排除 $v_1=-1$ 的情况，在这种情况下，$v_1=\{0, 1\}$。

例 2.3　找到后轮驱动的类车 WMR 从其当前位置 $Q(x_Q, y_Q)$ 到达给定目标 $F(x_f, y_f)$ 所需的转向角 ψ。通过适当的传感器获得的可用数据是 (x_f, y_f) 和 (x_Q, y_Q) 之间的距离 L，以及向量 $\overrightarrow{QF}$ 相对于当前车辆方向的角度 ε。

解　我们将使用图 2.10[19] 所示的几何图形。

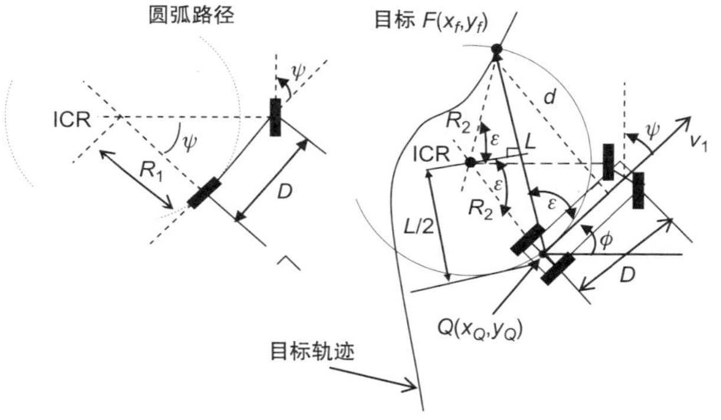

图 2.10　目标跟踪问题的几何表示

WMR 的运动方程由式(2.52)给出。WMR 将沿着具有曲率的圆形路径从位置 Q 到达目标 F：

$$\frac{1}{R_1}=\frac{1}{D}\tan\psi$$

该式使用自行车等效模型确定，它结合了两个前轮和两个后轮(如图 2.10 中左侧图所示)。

另外，通过目标的圆形路径的曲率 $1/R_2$ 由下列关系获得(参考图 2.10 中右侧示意图)：

$$L/2=R_2\sin(\varepsilon)$$

即

$$\frac{1}{R_2}=\frac{2}{L}\sin(\varepsilon) \tag{2.57a}$$

为了满足目标跟踪要求，上述两个曲率 $1/R_1$ 和 $1/R_2$ 必须相同，即

$$\frac{1}{D}\tan\psi=\frac{2}{L}\sin(\varepsilon)$$

因此

$$\psi=\arctan\left(\frac{2D}{L}\sin(\varepsilon)\right) \tag{2.57b}$$

式(2.57b)根据数据 L 和 ε 给出转向角 ψ，并且可以用于追踪沿给定轨迹移动的目标。在这些情况下，目标 F 位于目标轨迹和前瞻圆的交点。为了更好地解释式(2.57a)，我们使用车辆方向(航向)矢量和目标点之间的横向距离 d(见图 2.10)：

$$d=L\sin(\varepsilon)$$

那么，式(2.57a)中的曲率 $1/R_2$ 由下式给出：

$$\frac{1}{R_2}=\frac{2d}{L^2}$$

这表明由转向角 ψ 引起的路径的曲率 $1/R_1$ 应为

$$\frac{1}{R_1}=\left(\frac{2}{L^2}\right)d \tag{2.57c}$$

式(2.57c)是一个“比例控制律”，表明机器人路径的曲率 $1/R_1$ 应与 WMR 前面一些前瞻距离 d 的交叉路径误差成比例，比例增益为 $2/L^2$。

2.3.5 链与 Brockett 积分器模型

广义的双输入 n 维链模型(简称$(2, n)$-链模型)是

$$\begin{aligned}\dot{x}_1&=u_1\\ \dot{x}_2&=u_2\\ \dot{x}_3&=x_2u_1\\ &\vdots\\ \dot{x}_n&=x_{n-1}u_1\end{aligned} \tag{2.58}$$

Brockett(单一)积分器模型是

$$\begin{aligned}\dot{x}_1&=u_1\\ \dot{x}_2&=u_2\\ \dot{x}_3&=x_1u_2-x_2u_1\end{aligned} \tag{2.59}$$

而双积分器模型是

$$\begin{aligned}\dot{x}_1&=u_1\\ \dot{x}_2&=u_2\\ \dot{x}_3&=x_1\dot{x}_2-x_2\dot{x}_1\end{aligned} \tag{2.60}$$

非完整 WMR 运动学模型可以转换为上述模型。在这里，将考虑独轮车模型(也包括差分驱动模型)和类似汽车的模型。

2.3.5.1 独轮车 WMR

独轮车运动学模型由式(2.26)给出：

$$\dot{x}_Q=v_Q\cos\phi,\quad \dot{y}_Q=v_Q\sin\phi,\quad \dot{\phi}=v_\phi \tag{2.61}$$

使用下列变换：

$$\begin{aligned} z_1 &= \phi \\ z_2 &= x_Q\cos\phi + y_Q\sin\phi \\ z_3 &= x_Q\sin\phi - y_Q\cos\phi \end{aligned} \tag{2.62}$$

独轮车模型转换为(2，3)-链形式：

$$\begin{aligned} \dot{z}_1 &= u_1 \\ \dot{z}_2 &= u_2 \\ \dot{z}_3 &= z_2 u_1 \end{aligned} \tag{2.63}$$

其中，$u_1 = v_\phi$，$u_2 = v_Q - z_3 u_1$。

定义新的状态变量：

$$x_1 = z_1, \quad x_2 = z_2, \quad x_3 = -2z_3 + z_1 z_2 \tag{2.64}$$

(2，3)-链模型转换为 Brockett 积分器：

$$\begin{aligned} \dot{x}_1 &= u_1 \\ \dot{x}_2 &= u_2 \\ \dot{x}_3 &= x_1 u_2 - x_2 u_1 \end{aligned} \tag{2.65}$$

2.3.5.2　后轮驱动车

后轮驱动车型由式(2.52)给出：

$$\dot{x}_Q = v_1\cos\phi, \quad \dot{y}_Q = v_1\sin\phi, \quad \dot{\phi} = \frac{v_1}{D}\tan\psi, \quad \dot{\psi} = v_2 \tag{2.66}$$

使用下列状态变换：

$$x_1 = x_Q, \quad x_2 = \frac{\tan\psi}{D\cos^3\phi}, \quad x_3 = \tan\phi, \quad x_4 = y_Q \tag{2.67}$$

和输入转换：

$$\begin{aligned} v_1 &= u_1/\cos\phi \\ v_2 &= -\frac{3\sin^2\psi\sin\phi}{D\cos^2\phi}u_1 + D\cos^2 v(\cos^3\phi)u_2 \end{aligned} \tag{2.68}$$

其中，$\phi \neq \pi/2 \pm k\pi$，$\psi \neq \pi/2 \pm k\pi$，式(2.66)转换为(2，4)-链形式：

$$\begin{aligned} \dot{x}_1 &= u_1 \\ \dot{x}_2 &= u_2 \\ \dot{x}_3 &= x_2 u_1 \\ \dot{x}_4 &= x_3 u_1 \end{aligned} \tag{2.69}$$

2.3.6　牵引车-挂车 WMR

这是类车 WMR 的延伸，其中 N 个单轴挂车连接到具有后轮驱动的类车机器人。此种类型的挂车用于如机场中的行李运送等场景。方程式的形式主要取决于挂车连接的确切位置和车身坐标系的选择。为简单起见，这里假设每个挂车都连接到前一个挂车的轴中点

（零挂钩(zero hooking)），如图 2.11 所示[20]。

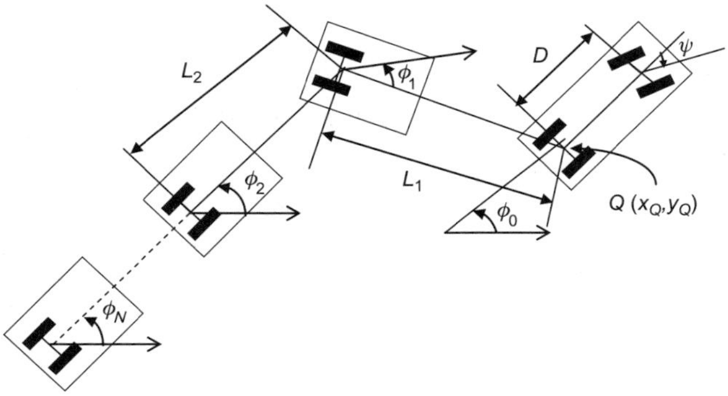

图 2.11　N-挂车 WMR 的几何结构

这里介绍的新参数是从挂车 i 的后轴中心到挂接到下一个车身的点的距离。这称为由 L_i 表示的挂钩(hitch；或铰链到铰链，hinge-to-hinge)长度。汽车长度为 D，令 ϕ_i 表示第 i 个挂车相对于世界坐标系的方向，那么，从图 2.11 我们可以得到以下等式：

$$\begin{aligned} x_i &= x_Q - \sum_{j=1}^{i} L_j \cos\phi_j \\ y_i &= y_Q - \sum_{j=1}^{i} L_j \sin\phi_j \end{aligned} \qquad i=1,\ 2,\ \cdots,\ N$$

它们给出了以下非完整约束：

$$\dot{x}_Q \sin\phi_0 - \dot{y}_Q \cos\phi_0 = 0$$

$$\dot{x}_Q \sin(\phi_0+\psi) - \dot{y}_Q \cos(\phi_0+\psi) - \dot{\phi}_0 D\cos\psi = 0$$

$$\dot{x}_Q \sin\phi_i - \dot{y}_Q \cos\phi_i + \sum_{j=1}^{i} \dot{\phi}_j L_j \cos(\phi_i - \phi_j) = 0$$

其中，$i=1,\ 2,\ \cdots,\ N$。

类似式(2.52)，N-挂车的运动方程为

$$\dot{x}_Q = v_1 \cos\phi_0$$

$$\dot{y}_Q = v_1 \sin\phi_0$$

$$\dot{\phi}_0 = (1/D) v_1 \tan\psi$$

$$\dot{\psi} = v_2$$

$$\dot{\phi}_1 = \frac{1}{L_1} \sin(\phi_0 - \phi_1)$$

$$\dot{\phi}_2 = \frac{1}{L_2} \cos(\phi_0 - \phi_1) \sin(\phi_1 - \phi_2)$$

$$\vdots$$

$$\dot{\phi}_i = \frac{1}{L_i} \prod_{j=1}^{i-1} \cos(\phi_{j-1} - \phi_j) \sin(\phi_{i-1} - \phi_i)$$

$$\vdots$$

$$\dot{\phi}_N = \frac{1}{L_N}\prod_{j=1}^{N-1}\cos(\phi_{j-1} - \phi_j)\sin(\phi_{N-1} - \phi_N) \tag{2.70}$$

显然它代表一个无漂移的仿射系统，两个输入为 $u_1 = v_1$，$u_2 = v_2$，有 $N+4$ 个状态，状态方程为

$$\dot{\boldsymbol{x}} = \boldsymbol{g}_1(\boldsymbol{x})\boldsymbol{u}_1 + \boldsymbol{g}_2(\boldsymbol{x})\boldsymbol{u}_2$$

我们观察到，$\boldsymbol{g}_1$ 和 $\boldsymbol{g}_2$ 的前四行代表(有动力的)类车 WMR 本身。

2.4　全向 WMR 的运动学建模

我们将考虑下列 WMR[2,4,11-12,16]：

- 带正交(万向)轮的多轮全向 WMR。
- 带有麦克纳姆轮的四轮全向 WMR，其滚轮角度为 $\pm 45°$。

2.4.1　通用多轮全向 WMR

多轮全向机器人的几何结构如图 2.12a 所示。

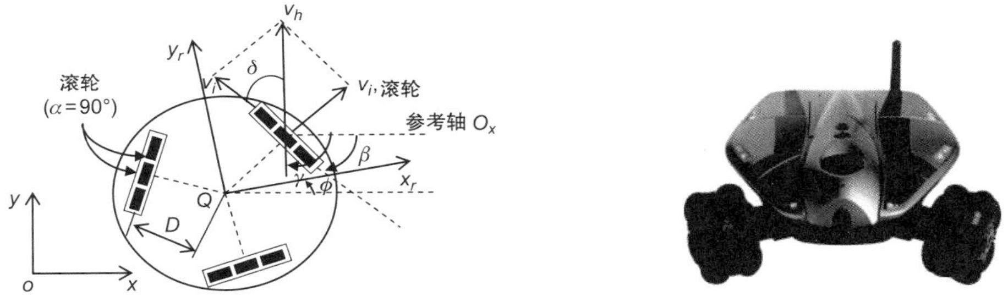

a）车轮i的速度向量，速度v_h是由于车轮运动引起的机器人车辆速度　　b）三轮设置的示例

图 2.12　多轮全向机器人的几何结构与示例

资料来源：http://deviceguru.com/files/rovio-3.jpg。

每个车轮都有三个速度分量[16]：

- 它的自身速度 $v_i = r\dot{\theta}_i$，其中 r 是公共车轮半径，$\dot{\theta}_i$ 是它自己的角速度。
- 由自由滚子引起的速度 $v_{i,\text{roller}}$(这里假定为通用型，滚子角度为 $\pm 90°$)。
- 由机器人平台绕其重心 Q 点旋转引起的速度分量为 v_ϕ，即 $v_\phi = D\dot{\phi}$，其中 $\dot{\phi}$ 是平台的角速度，D 是车轮与 Q 点的距离。

由于这里滚子角度为 $\pm 90°$，因此：

$$v_h^2 = v_i^2 + v_{i,\text{roller}}^2 \tag{2.71a}$$

其中

$$\begin{aligned} v_i &= v_h\cos(\delta) \\ &= v_h\cos(\gamma - \beta) \\ &= v_h(\cos\gamma\cos\beta + \sin\gamma\sin\beta) \end{aligned} \tag{2.71b}$$

因此，车轮 i 的总速度为

$$\begin{aligned} v_i &= v_h(\cos\gamma\cos\beta + \sin\gamma\sin\beta) + D\dot{\phi} \\ &= v_{hx}\cos\beta + v_{hy}\sin\beta + D\dot{\phi} \end{aligned} \tag{2.72}$$

其中，v_{hx} 和 v_{hy} 分别是 v_h 的 x、y 分量，即

$$v_{hx}=v_h\cos\gamma,\quad v_{hy}=v_h\sin\gamma$$

式(2.72)是通用的，可用于具有任意数量车轮的 WMR。

因此，例如，在三轮机器人的情况下，我们可以选择车轮 1、2 和 3 的角度 β 分别为 0°、120°和 240°，并得到方程式

$$v_1=v_{hx}+D\dot{\phi},\quad v_2=-\frac{1}{2}v_{hx}+\frac{\sqrt{3}}{2}v_{hy}+D\dot{\phi},\quad v_3=-\frac{1}{2}v_{hx}-\frac{\sqrt{3}}{2}v_{hy}+D\dot{\phi} \tag{2.73}$$

其中 $v_i=r\dot{\theta}_i$。现在定义向量：

$$\dot{\boldsymbol{p}}_h=[v_{hx},\ v_{hy},\ \dot{\phi}]^{\mathrm{T}},\quad \dot{\boldsymbol{q}}=[\dot{\theta}_1,\ \dot{\theta}_2,\ \dot{\theta}_3]^{\mathrm{T}}$$

我们可以将式(2.73)写成逆雅可比矩阵的形式：

$$\dot{\boldsymbol{q}}=\boldsymbol{J}^{-1}\dot{\boldsymbol{p}}_h \tag{2.74a}$$

其中

$$\boldsymbol{J}^{-1}=\frac{1}{r}\begin{bmatrix}1 & 0 & D\\ -1/2 & \sqrt{3}/2 & D\\ -1/2 & -\sqrt{3}/2 & D\end{bmatrix} \tag{2.74b}$$

这里 $\det\boldsymbol{J}\neq 0$，并且式(2.74a)可以逆变换为 $\dot{\boldsymbol{p}}_h=\boldsymbol{J}\dot{\boldsymbol{q}}$。

值得注意的是，使用不同角度的全向轮，我们可以获得 WMR 平台的整体速度，该速度大于每个车轮的最大角速度。例如，在上述三轮的情况下，选择 $\beta=60°$，$\gamma=90°$，我们从式(2.71b)得到：

$$v_i=\frac{\sqrt{3}}{2}v_h,\quad v_h=\frac{2}{\sqrt{3}}v_i>v_i$$

比率 v_h/v_i 称为速度增强因子(Velocity Augmentation Factor，VAF)[16]：

$$\mathrm{VAF}=v_h/v_i$$

它取决于所用车轮的数量及其在机器人机体上的角度位置。作为另一个例子，考虑一个 $\beta=45°$、$\gamma=90°$的四轮机器人。然后由式(2.71b)得到

$$\mathrm{VAF}=\sqrt{2}$$

例 2.4　我们给出了图 2.13 所示的带有 4 个万向轮的全向机器人，其中车轮相对于车辆坐标系 Qx_r 轴的角度为 β_i ($i=1, 2, 3, 4$)。根据相对于局部坐标系 Qx_ry_r 的车轮速度的单位方向向量 $\boldsymbol{u}_i$ ($i=1, 2, 3, 4$)，推导出机器人的运动方程。

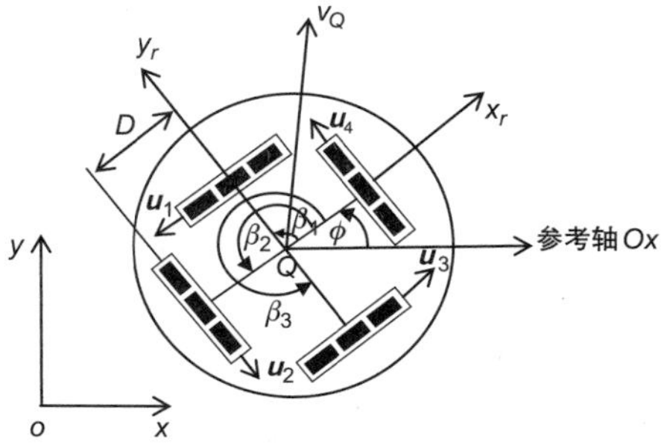

图 2.13　四轮全向机器人

解　设 $\dot{\phi}$ 为机器人的角速度，$\boldsymbol{v}_Q$ 为线速度，世界坐标为 $\dot{x}_Q$ 和 $\dot{y}_Q$。

当车轮 4 的轴线与轴线 Qx_r 重合时，车轮速

度的单位方向向量是

$$\boldsymbol{u}_1=\begin{bmatrix}-\sin\beta_1\\ \cos\beta_1\end{bmatrix},\quad \boldsymbol{u}_2=\begin{bmatrix}-\sin\beta_2\\ \cos\beta_2\end{bmatrix},\quad \boldsymbol{u}_3=\begin{bmatrix}-\sin\beta_3\\ \cos\beta_3\end{bmatrix},\quad \boldsymbol{u}_4=\begin{bmatrix}0\\ 1\end{bmatrix}$$

$\dot{x}_Q$，$\dot{y}_Q$ 和 $\dot{x}_r$，$\dot{y}_r$ 之间的关系由旋转矩阵 $\boldsymbol{R}(\phi)$(见式 2.17)给出，即

$$\begin{bmatrix}\dot{x}_Q\\ \dot{y}_Q\end{bmatrix}=\begin{bmatrix}\cos\phi & -\sin\phi\\ \sin\phi & \cos\phi\end{bmatrix}\begin{bmatrix}\dot{x}_r\\ \dot{y}_r\end{bmatrix}=\boldsymbol{R}(\phi)\begin{bmatrix}\dot{x}_r\\ \dot{y}_r\end{bmatrix}$$

或

$$\begin{bmatrix}\dot{x}_r\\ \dot{y}_r\end{bmatrix}=\begin{bmatrix}\cos\phi & \sin\phi\\ -\sin\phi & \cos\phi\end{bmatrix}\begin{bmatrix}\dot{x}_Q\\ \dot{y}_Q\end{bmatrix}=\boldsymbol{R}^{-1}(\phi)\begin{bmatrix}\dot{x}_Q\\ \dot{y}_Q\end{bmatrix}$$

现在我们有

$$v_1=r\dot{\theta}_1=\boldsymbol{u}_1^{\mathrm{T}}\begin{bmatrix}\dot{x}_r\\ \dot{y}_r\end{bmatrix}+D\dot{\phi}=\boldsymbol{u}_1^{\mathrm{T}}\boldsymbol{R}^{-1}(\phi)\begin{bmatrix}\dot{x}_Q\\ \dot{y}_Q\end{bmatrix}+D\dot{\phi}$$

$$v_2=r\dot{\theta}_2=\boldsymbol{u}_2^{\mathrm{T}}\begin{bmatrix}\dot{x}_r\\ \dot{y}_r\end{bmatrix}+D\dot{\phi}=\boldsymbol{u}_2^{\mathrm{T}}\boldsymbol{R}^{-1}(\phi)\begin{bmatrix}\dot{x}_Q\\ \dot{y}_Q\end{bmatrix}+D\dot{\phi}$$

$$v_3=r\dot{\theta}_3=\boldsymbol{u}_3^{\mathrm{T}}\begin{bmatrix}\dot{x}_r\\ \dot{y}_r\end{bmatrix}+D\dot{\phi}=\boldsymbol{u}_3^{\mathrm{T}}\boldsymbol{R}^{-1}(\phi)\begin{bmatrix}\dot{x}_Q\\ \dot{y}_Q\end{bmatrix}+D\dot{\phi}$$

$$v_4=r\dot{\theta}_4=\boldsymbol{u}_4^{\mathrm{T}}\begin{bmatrix}\dot{x}_r\\ \dot{y}_r\end{bmatrix}+D\dot{\phi}=\boldsymbol{u}_4^{\mathrm{T}}\boldsymbol{R}^{-1}(\phi)\begin{bmatrix}\dot{x}_Q\\ \dot{y}_Q\end{bmatrix}+D\dot{\phi}$$

或者以紧凑的形式表示为

$$\dot{\boldsymbol{q}}=\boldsymbol{J}^{-1}\dot{\boldsymbol{p}}_Q \tag{2.75a}$$

其中

$$\dot{\boldsymbol{q}}=\begin{bmatrix}\dot{\theta}_1\\ \dot{\theta}_2\\ \dot{\theta}_3\\ \dot{\theta}_4\end{bmatrix},\quad \dot{\boldsymbol{p}}_Q=\begin{bmatrix}\dot{x}_Q\\ \dot{y}_Q\\ \dot{\phi}\end{bmatrix} \tag{2.75b}$$

$$\boldsymbol{J}^{-1}=\frac{1}{r}(\boldsymbol{U}^{\mathrm{T}}\boldsymbol{R}^{-1}(\phi)+\overline{\boldsymbol{D}}) \tag{2.75c}$$

其中

$$\boldsymbol{U}=[\boldsymbol{u}_1 \vdots \boldsymbol{u}_2 \vdots \boldsymbol{u}_3 \vdots \boldsymbol{u}_4],\quad \overline{\boldsymbol{D}}=[D, D, D, D]^{\mathrm{T}} \tag{2.75d}$$

像往常一样，这个逆雅可比矩阵方程给出了所需的角轮速度 $\dot{\theta}_i\,(i=1, 2, 3, 4)$，它可以推导出机器人所需的线速度$[\dot{x}_Q, \dot{y}_Q]$和角速度 $\dot{\phi}$。参考文献[17]中讨论了具有此种结构的 WMR 的建模和控制问题。

2.4.2 带有麦克纳姆轮的四轮全向 WMR

考虑图 2.14 中的四轮 WMR，其中麦克纳姆轮的滚子角度为$\pm 45°$[2,4]。

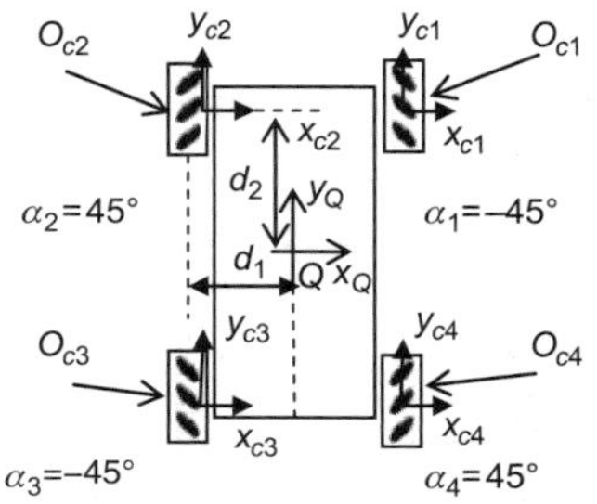

a）运动几何

b）真车照片

图 2.14　带有四个麦克纳姆轮的 WMR

资料来源：http://www.automotto.com/entry/airtrax-wheels-go-in-any-direction。

这里，我们有四轮坐标系 $O_{ci}(i=1, 2, 3, 4)$。车轮 i 的角速度 $\dot{q}_i$ 有三个部分：

- $\dot{\theta}_{ix}$：轮毂周围的转速。
- $\dot{\theta}_{ir}$：滚子 i 的转速。
- $\dot{\theta}_{iz}$：车轮绕接触点的转速。

O_{ci} 坐标中的车轮速度向量 $\boldsymbol{v}_{ci}=[\dot{x}_{ci}, \dot{y}_{ci}, \dot{\phi}_{ci}]^{\mathrm{T}}$ 由下式给出：

$$\begin{bmatrix}\dot{x}_{ci}\\ \dot{y}_{ci}\\ \dot{\phi}_{ci}\end{bmatrix}=\begin{bmatrix}0 & r_i\sin\alpha_i & 0\\ R_i & -r_i\cos\alpha_i & 0\\ 0 & 0 & 1\end{bmatrix}\begin{bmatrix}\dot{\theta}_{ix}\\ \dot{\theta}_{ir}\\ \dot{\theta}_{iz}\end{bmatrix} \tag{2.76}$$

其中 $i=1, 2, 3, 4$，R_i 是车轮半径，r_i 是滚子半径，α_i 是滚子角度。Ox_Qy_Q 坐标系（式(2.9)～式(2.13)）中的机器人速度向量 $\dot{\boldsymbol{p}}_Q=[\dot{x}_Q, \dot{y}_Q, \dot{\phi}_Q]^{\mathrm{T}}$ 是

$$\dot{\boldsymbol{p}}_Q=\begin{bmatrix}\dot{x}_Q\\ \dot{y}_Q\\ \dot{\phi}_Q\end{bmatrix}=\begin{bmatrix}\cos\phi_{ci}^Q & -\sin\phi_{ci}^Q & d_{ciy}^Q\\ \sin\phi_{ci}^Q & \cos\phi_{ci}^Q & -d_{cix}^Q\\ 0 & 0 & 1\end{bmatrix}\begin{bmatrix}\dot{x}_{ci}\\ \dot{y}_{ci}\\ \dot{\phi}_{ci}\end{bmatrix} \tag{2.77}$$

其中，ϕ_{ci}^Q 表示坐标系 O_{ci} 相对于 Ox_Qy_Q 的旋转角度（方向），d_{cix}^Q，d_{ciy}^Q 是 O_{ci} 相对于 Qx_Qy_Q 的平移。将式(2.76)代入式(2.77)，我们得到

$$\dot{\boldsymbol{p}}_Q=\boldsymbol{J}_i\dot{\boldsymbol{q}}_i(i=1, 2, 3, 4) \tag{2.78}$$

其中，$\dot{\boldsymbol{q}}_i=[\dot{\theta}_{ix}, \dot{\theta}_{ir}, \dot{\theta}_{iz}]^{\mathrm{T}}$，且

$$\boldsymbol{J}_i=\begin{bmatrix}-R_i\sin\phi_{ci}^Q & r_i\sin(\phi_{ci}^Q+\alpha_i) & d_{ciy}^Q\\ R_i\cos\phi_{ci}^Q & -r_i\cos(\phi_{ci}^Q+\alpha_i) & -d_{cix}^Q\\ 0 & 0 & 1\end{bmatrix} \tag{2.79}$$

是轮 i 的雅可比矩阵，它是可逆的方阵。如果所有车轮都相同（除了滚子的方向），那么图 2.14 所示位形中机器人的运动参数为

$$\begin{gathered}R_i=R,\quad r_i=r,\quad \phi_{ci}^Q=0\\ |d_{cix}^Q|=d_1,\quad |d_{ciy}^Q|=d_2\\ \alpha_1=\alpha_3=-45^\circ,\quad \alpha_2=\alpha_4=45^\circ\end{gathered} \tag{2.80}$$

因此，雅可比矩阵(式(2.79))是

$$\boldsymbol{J}_1=\begin{bmatrix}0 & -r\sqrt{2}/2 & d_2\\ R & -r\sqrt{2}/2 & d_1\\ 0 & 0 & 1\end{bmatrix},\quad \boldsymbol{J}_2=\begin{bmatrix}0 & r\sqrt{2}/2 & d_2\\ R & -r\sqrt{2}/2 & -d_1\\ 0 & 0 & 1\end{bmatrix}$$

$$\boldsymbol{J}_3=\begin{bmatrix}0 & -r\sqrt{2}/2 & -d_2\\ R & -r\sqrt{2}/2 & -d_1\\ 0 & 0 & 1\end{bmatrix},\quad \boldsymbol{J}_4=\begin{bmatrix}0 & r\sqrt{2}/2 & -d_2\\ R & -r\sqrt{2}/2 & d_1\\ 0 & 0 & 1\end{bmatrix} \tag{2.81}$$

机器人的运动是通过所有车轮的同步运动产生的。

就 $\dot{\theta}_{ix}$(即车轮绕其轴的角速度)而言，速度矢量 $\dot{\boldsymbol{p}}_Q$ 由下式给出：

$$\begin{bmatrix}\dot{x}_Q\\ \dot{y}_Q\\ \dot{\phi}_Q\end{bmatrix}=\frac{R}{4}\begin{bmatrix}-1 & 1 & -1 & 1\\ 1 & 1 & 1 & 1\\ \dfrac{1}{d_1+d_2} & \dfrac{-1}{d_1+d_2} & \dfrac{-1}{d_1+d_2} & \dfrac{1}{d_1+d_2}\end{bmatrix}\begin{bmatrix}\dot{\theta}_{1x}\\ \dot{\theta}_{2x}\\ \dot{\theta}_{3x}\\ \dot{\theta}_{4x}\end{bmatrix} \tag{2.82}$$

世界坐标系中的机器人速度矢量 $\dot{\boldsymbol{p}}=[\dot{x},\ \dot{y},\ \dot{\phi}]^{\mathrm{T}}$ 为

$$\begin{bmatrix}\dot{x}\\ \dot{y}\\ \dot{\phi}\end{bmatrix}=\begin{bmatrix}\cos\phi & -\sin\phi & 0\\ \sin\phi & \cos\phi & 0\\ 0 & 0 & 1\end{bmatrix}\begin{bmatrix}\dot{x}_Q\\ \dot{y}_Q\\ \dot{\phi}_Q\end{bmatrix} \tag{2.83}$$

其中，ϕ 是平台围绕 z 轴的坐标系 Ox_Qy_Q 的旋转角度，其与 Oxy 正交。对式(2.82)和式(2.83)求逆，我们得到逆运动学模型，它给出了为获得机器人目标速度$[\dot{x},\ \dot{y},\ \dot{\phi}]^{\mathrm{T}}$ 所需的车轮旋转的角速度 $\dot{\theta}_{ix}$ $(i=1,\ 2,\ 3,\ 4)$，如下所示：

$$\begin{bmatrix}\dot{\theta}_{1x}\\ \dot{\theta}_{2x}\\ \dot{\theta}_{3x}\\ \dot{\theta}_{4x}\end{bmatrix}=\frac{1}{R}\begin{bmatrix}-1 & 1 & (d_1+d_2)\\ 1 & 1 & -(d_1+d_2)\\ -1 & 1 & -(d_1+d_2)\\ 1 & 1 & (d_1+d_2)\end{bmatrix}\begin{bmatrix}\dot{x}_Q\\ \dot{y}_Q\\ \dot{\phi}_Q\end{bmatrix} \tag{2.84}$$

$$\begin{bmatrix}\dot{x}_Q\\ \dot{y}_Q\\ \dot{\phi}_Q\end{bmatrix}=\begin{bmatrix}\cos\phi & \sin\phi & 0\\ -\sin\phi & \cos\phi & 0\\ 0 & 0 & 1\end{bmatrix}\begin{bmatrix}\dot{x}\\ \dot{y}\\ \dot{\phi}\end{bmatrix} \tag{2.85}$$

麦克纳姆轮是由瑞典工程师 Bengt Ilon 于 1973 年在瑞典 Mecanum AB 公司工作期间发明的。因此它也被称为 Ilon 轮或瑞典轮。

例 2.5　构造具有角度 α 的 n 个滚子的麦克纳姆轮。确定滚轮长度 D_{r} 和车轮厚度 d。

解　我们考虑图 2.15 中所示的车轮几何形状，其中 R 是车轮半径[18]。

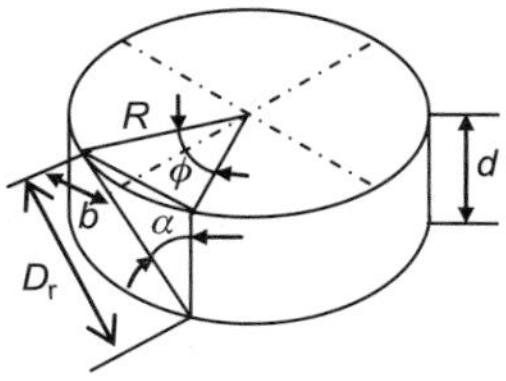

a）麦克纳姆轮的几何形状，其中假定滚轮位于外围

b）六滚轮示例

图 2.15 麦克纳姆轮的几何形状和示例

资料来源：http://store.kornylak.com/SearchResults.asp? Cat=7。

从图 2.15 中我们得到以下关系：

$$n=2\pi/\phi \tag{2.86a}$$

$$\sin(\phi/2)=b/R \tag{2.86b}$$

$$2b=D_r\sin\alpha \tag{2.86c}$$

$$d=D_r\cos\alpha \tag{2.86d}$$

根据式(2.86a)～式(2.86c)，有

$$\sin\left(\frac{\pi}{n}\right)=\left(\frac{D_r}{2R}\right)\sin\alpha \tag{2.87}$$

其中

$$D_r=2R\frac{\sin(\pi/n)}{\sin\alpha} \tag{2.88}$$

求解式(2.87)中的 $\sin\alpha$ 并注意 $\cos\alpha=\sin\alpha/\tan\alpha$，由式(2.86d)给出：

$$d=2R\frac{\sin(\pi/n)}{\tan\alpha} \tag{2.89}$$

对于滚子角 $\alpha=45°$，由式(2.88)和式(2.89)给出：

$$D_r=2\sqrt{2}R\sin(\pi/n) \tag{2.90a}$$

$$d=2R\sin(\pi/n) \tag{2.90b}$$

对于滚子角度 $\alpha=90°$(万向轮)，我们得到：

$$D_r=2R\sin(\pi/n) \tag{2.91a}$$

$$d=0\text{(理想情况下)} \tag{2.91b}$$

在这种情况下，d 可以具有基于其他设计考虑所需的任何方便的值。

参考文献

[1] Angelo A. Robotics: a reference guide to new technology. Boston, MA: Greenwood Press; 2007.

[2] Muir PF, Neuman CP. Kinematic modeling of wheeled mobile robots. J Rob Syst 1987;4(2):281–329.

[3] Alexander JC, Maddocks JH. On the kinematics of wheeled mobile robots. Int J Rob Res 1981;8(5):15–27.

[4] Muir PF, Neuman C. Kinematic modeling for feedback control of an omnidirectional wheeled mobile robot. In: Proceedings of IEEE international conference on robotics and automation, Raleigh, NC; 1987, p. 1772–8.
[5] Kim DS, Hyun Kwon W, Park HS. Geometric kinematics and applications of a mobile robot. Int J Control Autom Syst 2003;1(3):376–84.
[6] Rajagopalan R. A generic kinematic formulation for wheeled mobile robots. J Rob Syst 1997;14:77–91.
[7] Sreenivasan SV. Kinematic geometry of wheeled vehicle systems. In: Proceedings of 24th ASME mechanism conference, Irvine, CA, 96-DETC-MECH-1137; 1996.
[8] Balakrishna R, Ghosal A. Two dimensional wheeled vehicle kinematics. IEEE Trans Rob Autom 1995;11(1):126–30.
[9] Killough SM, Pin FG. Design of an omnidirectional and holonomic wheeled platform design. In: Proceedings of IEEE conference on robotics and automation, Nice, France; 1992, p. 84–90.
[10] Sidek N, Sarkar N. Dynamic modeling and control of nonholonomic mobile robot with lateral slip. In: Proceedings of seventh WSEAS international conference on signal processing robotics and automation (ISPRA'08), Cambridge, UK; February 20–22, 2008, p. 66–74.
[11] Giovanni I. Swedish wheeled omnidirectional mobile robots: kinematics analysis and control. IEEE Trans Rob 2009;25(1):164–71.
[12] West M, Asada H. Design of a holonomic omnidirectional vehicle. In: Proceedings of IEEE conference on robotics and automation, Nice, France; May 1992, p. 97–103.
[13] Chakraborty N, Ghosal A. Kinematics of wheeled mobile robots on uneven terrain. Mech Mach Theory 2004;39:1273–87.
[14] Sordalen OJ, Egeland O. Exponential stabilization of nonholonomic chained systems. IEEE Trans Autom Control 1995;40(1):35–49.
[15] Khalil H. Nonlinear Systems. Upper Saddle River, NJ: Prentice Hall; 2001.
[16] Ashmore M, Barnes N. Omni-drive robot motion on curved paths: the fastest path between two points is not a straight line. In: Proceedings of 15th Australian joint conference on artificial intelligence: advances in artificial intelligence (AI'02). London: Springer; 2002. p. 225–36.
[17] Huang L, Lim YS, Li D, Teoh CEL. Design and analysis of a four-wheel omnidirectional mobile robot. In: Proceedings of second international conference on autonomous robots and agents, Palmerston North, New Zealand; December 2004. p. 425–8.
[18] Doroftei I, Grosu V, Spinu V. Omnidirectional mobile robot: design and implementation. In: Habib MK, editor. Bioinspiration and robotics: walking and climbing robots. Vienna, Austria: I-Tech; 2007. p. 512–27.
[19] Phairoh T, Williamson K. Autonomous mobile robots using real time kinematic signal correction and global positioning system control. In: Proceedings of 2008 IAJC-IJME international conference on engineering and technology, Sheraton, Nashville, TN; November 2008, Paper 087/IT304.
[20] De Luca A, Oriolo G, Samson C. Feedback control of a nonholonomic car-like robot. In: Laumond J-P, editor. Robot motion planning and control. Berlin, New York: Springer; 1998. p. 171–253.

第3章　移动机器人动力学

3.1　引言

在运动学之后，研究所有类型机器人时所面临的下一个问题是动力学建模问题[1-4]。动力学建模是使用基于三个物理要素的力学定律来进行的：惯量、弹性和摩擦，它们存在于任何真实的机械系统中，如机器人。移动机器人动力学是一个具有挑战性的领域，多年来一直受到研究人员和工程师的广泛关注。在实践中使用的大多数移动机器人使用传统的轮子，并且受到需要特殊处理的非完整约束。由于轮式移动机器人（WMR）车轮的运动中存在纵向和横向滑动[5-7]，因此我们在移动机器人的设计中必须考虑稳定性和控制问题。

本章目标如下：

- 介绍机器人的一般动力学建模概念和技术。
- 研究差分驱动移动机器人的牛顿-欧拉和拉格朗日动力学模型。
- 研究具有纵向和横向滑动的差分驱动移动机器人的动力学。
- 推导出类似汽车的 WMR 的动力学模型。
- 推导出三轮全向机器人的动力学模型。
- 推导出四轮麦克纳姆全向机器人的动力学模型。

3.2　通用机器人动力学建模

机器人动力学建模涉及机器人运动的动力学方程的推导。这可以使用以下两种方法来完成：

- 牛顿-欧拉方法
- 拉格朗日方法

牛顿-欧拉方法的复杂度是 $O(n)$，而拉格朗日方法的复杂度只能降低到 $O(n^3)$，其中 n 是自由度的数量。

与运动学一样，动力学的区别在于：

- 正向动力学（direct dynamic）
- 逆向动力学（inverse dynamic）

*正向动力学*提供动力学方程，用以描述机器人对由电动机施加的力/力矩 τ_1，τ_2，…，τ_m 的动力学响应。

*逆向动力学*提供机器人连杆获得期望轨迹所需的力/力矩。正向和逆向动力学建模如图 3.1 所示。

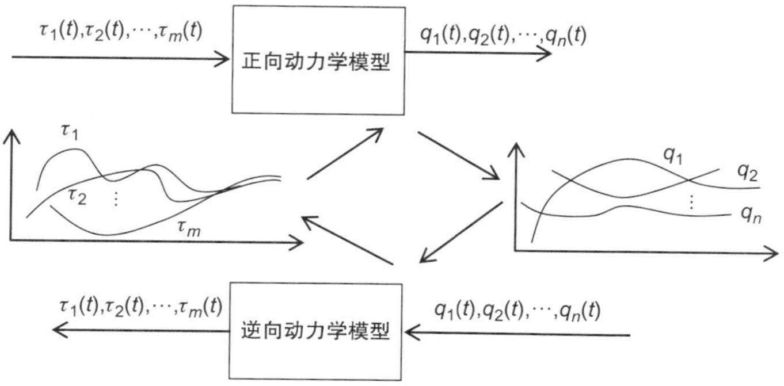

图 3.1 正向和逆向动力学建模

在逆动力学模型中，输入是连杆变量的期望轨迹，输出是电动机力矩。

3.2.1 牛顿-欧拉动力学模型

该模型是通过直接应用牛顿-欧拉方程来分析平移和旋转运动而得到的。考虑图 3.2 中的物体 B_i（机器人连杆、WMR 等），在其重心（Center Of Gravity，COG）处施加总力 $\boldsymbol{f}_i$。

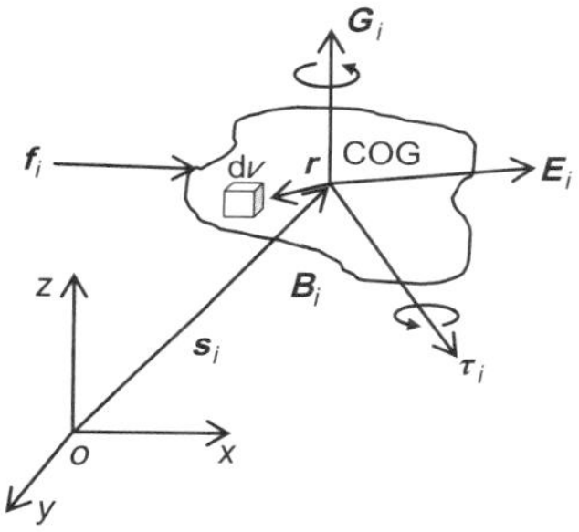

图 3.2 实体 B_i 和惯性坐标系 $Oxyz$

那么，它的平移运动描述如下：

$$\frac{\mathrm{d}\boldsymbol{E}_i}{\mathrm{d}t}=\boldsymbol{f}_i \tag{3.1}$$

这里，$\boldsymbol{E}_i$ 是线动量，由下式给出：

$$\boldsymbol{E}_i=m_i\dot{\boldsymbol{s}}_i \tag{3.2}$$

其中，m_i 是物体的质量，$\boldsymbol{s}_i$ 是 COG 相对于世界（惯性）坐标系 $Oxyz$ 的位置。假设 m_i 是常数，那么式(3.1)和式(3.2)给出下列结果：

$$m_i\ddot{\boldsymbol{s}}_i=\boldsymbol{F}_i \tag{3.3}$$

这是一般的平移动力学模型。

B_i 的旋转运动描述如下：

$$\frac{\mathrm{d}\boldsymbol{G}_i}{\mathrm{d}t}=\tau_i \tag{3.4}$$

其中，$\boldsymbol{G}_i$ 是 B_i 相对于 COG 的总的角动量，τ_i 是物体产生旋转运动的总的外部力矩。总动量 $\boldsymbol{G}_i$ 由下式给出：

$$\boldsymbol{G}_i=\boldsymbol{I}_i\boldsymbol{\omega}_i \tag{3.5}$$

这里，$\boldsymbol{I}_i$ 是由体积积分给出的惯性张量：

$$\boldsymbol{I}_i=\int_{V_i}[\boldsymbol{r}^{\mathrm{T}}\boldsymbol{r}\boldsymbol{I}_3-\boldsymbol{r}\boldsymbol{r}^{\mathrm{T}}]\rho_i\,\mathrm{d}V \tag{3.6}$$

其中，ρ_i 是 B_i 的质量密度，$\mathrm{d}V$ 是位于相对于 COG 的位置 r 的 B_i 的无穷小元素的体积，ω_i 是关于通过 COG 的惯性轴的角速度矢量，$\boldsymbol{I}_3$ 是 3×3 单位矩阵，V_i 是 B_i 的体积。

3.2.2　拉格朗日动力学模型

固体的一般拉格朗日动力学模型（多连杆机器人、**WMR** 等）描述如下[⊖]：

$$\frac{\mathrm{d}}{\mathrm{d}t}\left(\frac{\partial L}{\partial \dot{\boldsymbol{q}}}\right)-\frac{\partial L}{\partial \boldsymbol{q}}=\boldsymbol{\tau},\quad \boldsymbol{q}=[q_1,\ q_2,\ \cdots,\ q_n]^{\mathrm{T}} \tag{3.7}$$

其中，q_i 是第 i 个自由度变量，$\boldsymbol{\tau}$ 是施加到物体上的外部广义力矢量（即平移运动时所受到的力以及旋转运动时的力矩），L 是由下式定义的拉格朗日函数：

$$L=K-P \tag{3.8}$$

这里，K 是总动能，P 是物体的总势能，由式（3.9）给出：

$$\begin{aligned}K&=K_1+K_2+\cdots+K_n\\P&=P_1+P_2+\cdots+P_n\end{aligned} \tag{3.9}$$

其中，K_i 是连杆（自由度）i 的动能，P_i 是其势能。物体的动能 K 等于：

$$K=\frac{1}{2}m\dot{\boldsymbol{s}}^{\mathrm{T}}\dot{\boldsymbol{s}}+\frac{1}{2}\boldsymbol{\omega}^{\mathrm{T}}\boldsymbol{I}\boldsymbol{\omega} \tag{3.10}$$

其中，$\dot{\boldsymbol{s}}$ 是 COG 的线速度，$\boldsymbol{\omega}$ 是旋转的角速度，m 是质量，$\boldsymbol{I}$ 是物体的惯性张量。

3.2.3　多连杆机器人的拉格朗日模型

给定一般的多连杆机器人，使用式（3.7）（始终能）推导出以下形式的动力学模型：

$$\boldsymbol{D}(\boldsymbol{q})\ddot{\boldsymbol{q}}+\boldsymbol{h}(\boldsymbol{q},\dot{\boldsymbol{q}})+\boldsymbol{g}(\boldsymbol{q})=\boldsymbol{\tau} \tag{3.11a}$$

其中，对于任何 $\dot{\boldsymbol{q}}\neq\boldsymbol{0}$，$\boldsymbol{D}(\boldsymbol{q})$是 $n\times n$ 正定矩阵，并且

$$\boldsymbol{q}=[q_1,\ q_2,\ \cdots,\ q_n]^{\mathrm{T}} \tag{3.11b}$$

是广义变量的矢量（线性，角度）q_i，$\boldsymbol{D}(\boldsymbol{q})\ddot{\boldsymbol{q}}$ 代表惯性力，$\boldsymbol{h}(\boldsymbol{q},\ \dot{\boldsymbol{q}})$代表离心力和科里奥利力，$\boldsymbol{g}(\boldsymbol{q})$代表重力。由于 $\boldsymbol{\tau}$ 是施加到机器人的净力/净力矩，如果还存在摩擦力/力矩 $\boldsymbol{\tau}_f$，则 $\boldsymbol{\tau}=\boldsymbol{\tau}'-\boldsymbol{\tau}_f$，其中 $\boldsymbol{\tau}'$是由驱动器在关节处施加的力/力矩。

值得注意的是，给定模型（见式（3.11a）和式（3.11b））后，可以将机器人的动能表达为

$$K=\frac{1}{2}\dot{\boldsymbol{q}}^{\mathrm{T}}(t)\boldsymbol{D}(\boldsymbol{q})\dot{\boldsymbol{q}}(t) \tag{3.12}$$

必须针对每种特定情况推导出 $\boldsymbol{D}(\boldsymbol{q})$，$\boldsymbol{h}(\boldsymbol{q},\ \dot{\boldsymbol{q}})$和 $\boldsymbol{g}(\boldsymbol{q})$的表达式。从式（3.7）推导出式（3.11a）的过程可参考标准的工业（固定）机器人书籍。

通常，函数 $\boldsymbol{h}(\boldsymbol{q},\ \dot{\boldsymbol{q}})$可以写成以下形式：

$$\boldsymbol{h}(\boldsymbol{q},\dot{\boldsymbol{q}})=\boldsymbol{C}(\boldsymbol{q},\dot{\boldsymbol{q}})\dot{\boldsymbol{q}} \tag{3.13}$$

由式（3.11a）～式（3.13）给出的拉格朗日模型的一个有用的通用性质是 $n\times n$ 矩阵 $\boldsymbol{A}=\dot{\boldsymbol{D}}-2\boldsymbol{C}$ 是反对称的，即 $\boldsymbol{A}^{\mathrm{T}}=-\boldsymbol{A}$。

3.2.4　非完整约束机器人的动力学建模

非完整机器人（固定或移动）的拉格朗日动力学模型具有以下形式：

⊖　从第一原理出发推导式（3.7）的过程在力学教科书中有提供。

$$\frac{\mathrm{d}}{\mathrm{d}t}\left(\frac{\partial L}{\partial \dot{\boldsymbol{q}}}\right)-\frac{\partial L}{\partial \boldsymbol{q}}+\boldsymbol{M}^{\mathrm{T}}(\boldsymbol{q})\boldsymbol{\lambda}=\boldsymbol{E}\boldsymbol{\tau} \tag{3.14}$$

其中，$\boldsymbol{M}(\boldsymbol{q})$是表示 m 个非完整约束的 $m\times n$ 矩阵：

$$\boldsymbol{M}(\boldsymbol{q})\dot{\boldsymbol{q}}=\boldsymbol{0} \tag{3.15}$$

$\boldsymbol{\lambda}$ 是向量形式的拉格朗日乘数。从这个模型可推导出：

$$\boldsymbol{D}(\boldsymbol{q})\ddot{\boldsymbol{q}}+\boldsymbol{C}(\boldsymbol{q},\dot{\boldsymbol{q}})\dot{\boldsymbol{q}}+\boldsymbol{g}(\boldsymbol{q})+\boldsymbol{M}^{\mathrm{T}}(\boldsymbol{q})\boldsymbol{\lambda}=\boldsymbol{E}\boldsymbol{\tau} \tag{3.16}$$

其中，$\boldsymbol{E}$ 是非奇异变换矩阵。为消除式(3.16)中的约束项 $\boldsymbol{M}^{\mathrm{T}}(\boldsymbol{q})\boldsymbol{\lambda}$，并获得无约束模型，我们使用 $n\times(n-m)$的矩阵$\boldsymbol{B}(\boldsymbol{q})$，其定义为

$$\boldsymbol{B}^{\mathrm{T}}(\boldsymbol{q})\boldsymbol{M}^{\mathrm{T}}(\boldsymbol{q})=\boldsymbol{0} \tag{3.17}$$

根据式(3.15)和式(3.17)，我们可以验证存在$(n-m)$维向量$\boldsymbol{v}(t)$，使得：

$$\dot{\boldsymbol{q}}(t)=\boldsymbol{B}(\boldsymbol{q})\boldsymbol{v}(t) \tag{3.18}$$

现在，对式(3.16)左乘 $\boldsymbol{B}^{\mathrm{T}}(\boldsymbol{q})$，同时使用式(3.15)、式(3.17)和式(3.18)得到：

$$\overline{\boldsymbol{D}}(\boldsymbol{q})\dot{\boldsymbol{v}}+\overline{\boldsymbol{C}}(\boldsymbol{q},\dot{\boldsymbol{q}})\boldsymbol{v}+\overline{\boldsymbol{g}}(\boldsymbol{q})=\overline{\boldsymbol{E}}\boldsymbol{\tau} \tag{3.19a}$$

其中

$$\begin{aligned}
\overline{\boldsymbol{D}}&=\boldsymbol{B}^{\mathrm{T}}\boldsymbol{D}\boldsymbol{B}\\
\overline{\boldsymbol{C}}&=\boldsymbol{B}^{\mathrm{T}}\boldsymbol{D}\dot{\boldsymbol{B}}+\boldsymbol{B}^{\mathrm{T}}\boldsymbol{C}\boldsymbol{B}\\
\overline{\boldsymbol{g}}&=\boldsymbol{B}^{\mathrm{T}}\boldsymbol{g}\\
\overline{\boldsymbol{E}}&=\boldsymbol{B}^{\mathrm{T}}\boldsymbol{E}
\end{aligned} \tag{3.19b}$$

简化(无约束)的模型(见式(3.19a)和式(3.19b))描述了 n 维向量$\boldsymbol{q}(t)$在$(n-m)$维向量 $\boldsymbol{v}(t)$的动力学演化方面的动力学演化。

3.3　差分驱动轮式移动机器人

差分驱动轮式机器人(WMR)的动力学模型将通过牛顿-欧拉和拉格朗日方法得出。

3.3.1　牛顿-欧拉动力学模型

在目前的情况下，使用牛顿-欧拉方程：

$$m\dot{\boldsymbol{v}}=\boldsymbol{F}(\text{平移运动}) \tag{3.20a}$$

$$\boldsymbol{I}\dot{\boldsymbol{\omega}}=\boldsymbol{N}(\text{旋转运动}) \tag{3.20b}$$

其中，$\boldsymbol{F}$ 是在重心(COG)G 处施加的总力，$\boldsymbol{N}$ 是相对于重心的总力矩，m 是 WMR 的质量，$\boldsymbol{I}$ 是 WMR 的惯量。参考图 2.7，假设重心 G 与中点 Q 重合(即 $b=0$)，我们发现：

$$\boldsymbol{F}=\boldsymbol{F}_{\mathrm{r}}+\boldsymbol{F}_{\mathrm{l}},\quad \tau_{\mathrm{r}}=r\boldsymbol{F}_{\mathrm{r}},\quad \tau_{\mathrm{l}}=r\boldsymbol{F}_{\mathrm{l}} \tag{3.21a}$$

即

$$\boldsymbol{F}=\frac{1}{r}(\tau_{\mathrm{r}}+\tau_{\mathrm{l}}) \tag{3.21b}$$

其中，$\boldsymbol{F}_{\mathrm{r}}$ 和 $\boldsymbol{F}_{\mathrm{l}}$ 分别是产生力矩 τ_{r} 和 τ_{l} 的力。

此外：

$$\boldsymbol{N}=(\boldsymbol{F}_{\mathrm{r}}-\boldsymbol{F}_{1})2a=\frac{2a}{r}(\tau_{\mathrm{r}}-\tau_{1}) \tag{3.22}$$

因此，由式(3.20a)和式(3.20b)，给出了 WMR 的动力学模型：

$$\dot{v}=\frac{1}{mr}(\tau_{\mathrm{r}}+\tau_{1}) \tag{3.23a}$$

$$\dot{\omega}=\frac{2a}{Ir}(\tau_{\mathrm{r}}-\tau_{1}) \tag{3.23b}$$

3.3.2 拉格朗日动力学模型

我们参考图 2.7 并再次假设点 Q 位于点 G 的位置。

这里，非完整约束矩阵是(式(2.42))：

$$\boldsymbol{M}(\boldsymbol{q})=[-\sin\phi \quad \cos\phi \quad 0] \tag{3.24}$$

由于 WMR 在水平的平面地形上移动，因此项 $\boldsymbol{C}(\boldsymbol{q},\dot{\boldsymbol{q}})$ 和 $\boldsymbol{g}(\boldsymbol{q})$ 在式(3.16)中为零。因此，式(3.16)变为

$$\boldsymbol{D}(\boldsymbol{q})\ddot{\boldsymbol{q}}+\boldsymbol{M}^{\mathrm{T}}(\boldsymbol{q})\boldsymbol{\lambda}=\boldsymbol{E}\boldsymbol{\tau} \tag{3.25}$$

其中

$$\boldsymbol{q}=\begin{bmatrix}x_Q\\ y_Q\\ \phi\end{bmatrix},\quad \boldsymbol{\tau}=\begin{bmatrix}\tau_{\mathrm{r}}\\ \tau_{1}\end{bmatrix} \tag{3.26a}$$

$$\boldsymbol{D}(\boldsymbol{q})=\begin{bmatrix}m & 0 & 0\\ 0 & m & 0\\ 0 & 0 & 1\end{bmatrix},\quad \boldsymbol{E}=\frac{1}{r}\begin{bmatrix}\cos\phi & \cos\phi\\ \sin\phi & \sin\phi\\ 2a & -2a\end{bmatrix} \tag{3.26b}$$

为了将式(3.25)转换为相应的无约束模型(见式(3.19a)和式(3.19b))，我们需要用到式(3.17)中的矩阵 $\boldsymbol{B}(\boldsymbol{q})$：

$$\boldsymbol{B}(\boldsymbol{q})=\begin{bmatrix}\cos\phi & 0\\ \sin\phi & 0\\ 0 & 1\end{bmatrix} \tag{3.27}$$

其满足式(3.17)。因此，由式(3.19b)给出：

$$\overline{\boldsymbol{D}}=\boldsymbol{B}^{\mathrm{T}}\boldsymbol{D}\boldsymbol{B}=\begin{bmatrix}m & 0\\ 0 & I\end{bmatrix},\quad \overline{\boldsymbol{E}}=\frac{1}{r}\begin{bmatrix}1 & 1\\ 2a & -2a\end{bmatrix} \tag{3.28}$$

式(3.19a)变为

$$\begin{bmatrix}m & 0\\ 0 & I\end{bmatrix}\begin{bmatrix}\dot{v}_1\\ \dot{v}_2\end{bmatrix}=\frac{1}{r}\begin{bmatrix}1 & 1\\ 2a & -2a\end{bmatrix}\begin{bmatrix}\tau_{\mathrm{r}}\\ \tau_{1}\end{bmatrix} \tag{3.29}$$

注意，v_1 是平移速度 v，v_2 是机器人的角速度 ω，由式(3.29)给出下列模型：

$$\dot{v}=\frac{1}{mr}(\tau_{\mathrm{r}}+\tau_{1}) \tag{3.30a}$$

$$\dot{\omega}=\frac{2a}{Ir}(\tau_{r}-\tau_{l}) \tag{3.30b}$$

这与式(3.23a)和式(3.23b)相同，正如预期的那样。最后，使用式(3.18)得到：

$$\begin{bmatrix}\dot{x}_Q\\ \dot{y}_Q\\ \dot{\phi}\end{bmatrix}=\begin{bmatrix}\cos\phi & 0\\ \sin\phi & 0\\ 0 & 1\end{bmatrix}\begin{bmatrix}v\\ \omega\end{bmatrix}=\begin{bmatrix}v\cos\phi\\ v\sin\phi\\ \omega\end{bmatrix} \tag{3.31}$$

这是 WMR 的运动学模型。动力学和运动学方程(式(3.30a)、式(3.30b)和式(3.31))完全描述了差分驱动 WMR 的运动。

例 3.1　使用拉格朗日函数 L 直接推导出拉格朗日动力学模型，用于差分驱动 WMR，其中：

1) 车轮存在线性摩擦，摩擦系数相同。

2) 车轮中点 $\boldsymbol{Q}$ 与重心 $\boldsymbol{G}$ 不一致。

3) 车轮-电动机组件具有非零惯量。

解　我们将使用图 2.7 的 WMR。机器人的动能 K 由下式给出：

$$K=K_1+K_2+K_3 \tag{3.32}$$

其中

$$\begin{aligned}K_1&=\frac{1}{2}mv_G^2=\frac{1}{2}m(\dot{x}_G^2+\dot{y}_G^2)\\ K_2&=\frac{1}{2}I_Q\dot{\phi}^2\\ K_3&=\frac{1}{2}I_o\dot{\theta}_r^2+\frac{1}{2}I_o\dot{\theta}_l^2\end{aligned} \tag{3.33}$$

并且(参考例 2.2)：

$$\dot{x}_G=\dot{x}_Q+b\dot{\phi}\sin\phi$$

$$\dot{y}_G=\dot{y}_Q-b\dot{\phi}\cos\phi$$

其中：m 为整个机器人的质量；V_G 为重心 G 的线速度；I_Q 为机器人相对于 Q 的惯性矩；I_O 为每个车轮的转动惯量加上相应的电动机转子转动惯量。

速度 $\dot{x}_Q$，$\dot{y}_Q$ 和 $\dot{\phi}$ 由式(2.36a)～式(2.36c)给出：

$$\begin{aligned}\dot{x}_Q&=\frac{r}{2}(\dot{\theta}_r\cos\phi+\dot{\theta}_l\cos\phi)=\frac{r}{2}(\dot{\theta}_r+\dot{\theta}_l)\cos\phi\\ \dot{y}_Q&=\frac{r}{2}(\dot{\theta}_r\sin\phi+\dot{\theta}_l\sin\phi)=\frac{r}{2}(\dot{\theta}_r+\dot{\theta}_l)\sin\phi\\ \dot{\phi}&=\frac{r}{2a}(\dot{\theta}_r-\dot{\theta}_l)\end{aligned} \tag{3.34}$$

在式(3.32)中使用式(3.33)和式(3.34)，能得出机器人的总动能 K 为

$$K(\dot{\theta}_r,\ \dot{\theta}_l)=\left[\frac{mr^2}{8}+\frac{(I_Q+mb^2)r^2}{8a^2}+\frac{I_o}{2}\right]\dot{\theta}_r^2+$$

$$\left[\frac{mr^2}{8}+\frac{(I_Q+mb^2)r^2}{8a^2}+\frac{I_o}{2}\right]^2\dot{\theta}_1+$$

$$\left[\frac{mr^2}{4}-\frac{(I_Q+mb^2)r^2}{4a^2}\right]\dot{\theta}_r\dot{\theta}_1 \tag{3.35}$$

这里，动能直接用驱动轮的角速度 $\dot{\theta}_r$ 和 $\dot{\theta}_1$ 表示。拉格朗日函数 L 等于 K，这是因为机器人在水平面上移动，因此势能 P 为零。因此，该机器人的拉格朗日动力学方程为

$$\begin{aligned}&\frac{\mathrm{d}}{\mathrm{d}t}\left(\frac{\partial K}{\partial\dot{\theta}_r}\right)-\frac{\partial K}{\partial\theta_r}=\tau_r-\beta\dot{\theta}_r\\&\frac{\mathrm{d}}{\mathrm{d}t}\left(\frac{\partial K}{\partial\dot{\theta}_1}\right)-\frac{\partial K}{\partial\theta_1}=\tau_1-\beta\dot{\theta}_1\end{aligned} \tag{3.36}$$

其中，β 是车轮的共同摩擦系数，τ_r、τ_1 是左右驱动力矩。在式(3.36)中使用式(3.35)得到：

$$\begin{aligned}&D_{11}\ddot{\theta}_r+D_{12}\ddot{\theta}_1+\beta\dot{\theta}_r=\tau_r\\&D_{21}\ddot{\theta}_r+D_{22}\ddot{\theta}_1+\beta\dot{\theta}_1=\tau_1\end{aligned} \tag{3.37}$$

其中

$$\begin{aligned}&D_{11}=D_{22}=\left[\frac{mr^2}{4}+\frac{(I_Q+mb^2)r^2}{8a^2}+I_o\right]\\&D_{12}=D_{21}=\left[\frac{mr^2}{4}-\frac{(I_Q+mb^2)r^2}{8a^2}\right]\end{aligned} \tag{3.38}$$

使用已知的关系：$v_r=r\dot{\theta}_r$，$v_1=r\dot{\theta}_1$，$v=(v_r+v_1)/2$，$\omega=(v_r-v_1)/2a$，可以在上述条件 1、2 和 3 宽松(即 $\beta=0$，$b=0$，$I_O=0$)的情况下轻松验证，上述动力学模型可简化为式(3.30a)和式(3.30b)所示模型。该模型使用参考文献[8]中的 MATLAB/SIMULINK 实现和验证。

3.3.3 滑移式 WMR 的动力学

在这里，我们将推导出例 2.2 中考虑的滑动差分驱动 WMR 的牛顿-欧拉动力学模型。我们将考虑纵向滑移(变量 w_r，w_1)和横向滑移(变量 z_r，z_1)的情况[5]。

为方便起见，我们再次编写机器人的运动方程(转向角 $\zeta_r=\zeta_1=0$)：

$$\begin{aligned}&\dot{\gamma}_r=\dot{x}_G\cos\phi+\dot{y}_G\sin\phi+a\dot{\phi},\quad \gamma_r=r\theta_r-w_r\\&\dot{\gamma}_1=\dot{x}_G\cos\phi+\dot{y}_G\sin\phi-a\dot{\phi},\quad \gamma_1=r\theta_1-w_1\\&\dot{z}_r=-\dot{x}_G\sin\phi+\dot{y}_G\cos\phi+b\dot{\phi}\\&\dot{z}_1=-\dot{x}_G\sin\phi+\dot{y}_G\cos\phi+b\dot{\phi}\end{aligned}$$

将广义变量的向量 $\boldsymbol{q}$ 定义为

$$\boldsymbol{q}=[x_G,\ y_G,\ \phi,\ z_r,\ z_1,\ \gamma_r,\ \gamma_1,\ \theta_r,\ \theta_1] \tag{3.39}$$

上述关系可以写成以下 Pfaffian 矩阵的形式：

$$\boldsymbol{M}(\boldsymbol{q})\dot{\boldsymbol{q}}=\boldsymbol{0}$$

其中

$$M(q)=\begin{bmatrix} \cos\phi & \sin\phi & a & 0 & 0 & -1 & 0 & 0 & 0 \\ \cos\phi & \sin\phi & -a & 0 & 0 & 0 & -1 & 0 & 0 \\ -\sin\phi & \cos\phi & b & -1 & 0 & 0 & 0 & 0 & 0 \\ -\sin\phi & \cos\phi & b & 0 & -1 & 0 & 0 & 0 & 0 \end{bmatrix} \tag{3.40}$$

矩阵 $\boldsymbol{B}(\boldsymbol{q})$ 和速度矢量 $\boldsymbol{v}(t)$ 满足以下关系(可参见式(3.17)和式(3.18))：

$$\boldsymbol{B}^{\mathrm{T}}(\boldsymbol{q})\boldsymbol{M}^{\mathrm{T}}(\boldsymbol{q})=\boldsymbol{0},\quad \dot{\boldsymbol{q}}=\boldsymbol{B}(\boldsymbol{q})\boldsymbol{v}(t) \tag{3.41}$$

即

$$\boldsymbol{B}(\boldsymbol{q})=\begin{bmatrix} -\sin\phi & A & C & 0 & 0 \\ \cos\phi & B & D & 0 & 0 \\ 0 & \frac{1}{2a} & -\frac{1}{2a} & 0 & 0 \\ 1 & 0 & 0 & 0 & 0 \\ 1 & 0 & 0 & 0 & 0 \\ 0 & 1 & 0 & 0 & 0 \\ 0 & 0 & 1 & 0 & 0 \\ 0 & 0 & 0 & 1 & 0 \\ 0 & 0 & 0 & 0 & 1 \end{bmatrix} \tag{3.42}$$

其中

$$\boldsymbol{v}=[\dot{z}_1,\dot{\gamma}_r,\dot{\gamma}_l,\ \dot{\theta}_r,\ \dot{\theta}_l]^{\mathrm{T}}\quad (注意，z_r=z_l=y_r) \tag{3.43a}$$

$$A=\frac{a\cos\phi-b\sin\phi}{2a},\quad B=\frac{b\cos\phi+a\sin\phi}{2a}$$

$$C=\frac{a\cos\phi+b\sin\phi}{2a},\quad D=\frac{a\sin\phi-b\cos\phi}{2a} \tag{3.43b}$$

为了推导出牛顿-欧拉动力学模型，我们绘制了没有车轮的 WMR 车体的受力图(见图 3.3)以及两个车轮的受力图(见图 3.4)。

在图 3.3 和图 3.4 中，有以下动力学参数和变量：

- τ_b：WMR 车身给予车轮的力矩。
- τ_r，τ_l：由其电动机施加在左右车轮上的驱动力矩。
- m_b：没有车轮的 WMR 车身的质量。
- m_w：每个驱动轮组件的质量(车轮加机器人本体的直流电动机)。
- I_{bz}：通过 G 点的垂直轴的惯性矩(没有车轮)。
- I_{wy}：轮轴的车轮转动惯性矩。
- I_{wz}：轮直径的车轮转动惯量。
- F_i：WMR 车身和车轮之间的反作用力。
- $F_{lat,r}$，$F_{lat,l}$：每个车轮的横向摩擦力。
- $F_{long,r}$，$F_{long,l}$：每个车轮的纵向摩擦力。

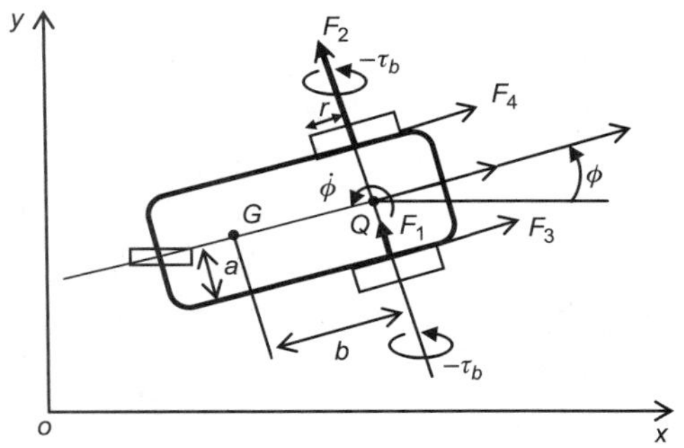

图 3.3 WMR 车身的力-力矩图(没有车轮)

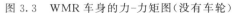

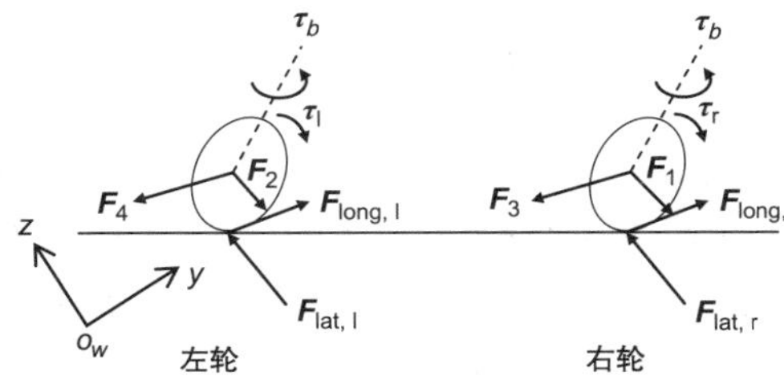

图 3.4 两个车轮的力-力矩图。坐标系 O_{wyz} 固定在驱动轮的中点

使用上述表示符号，在式(3.39)中为每个广义变量写下的机器人牛顿-欧拉动力学方程是

$$
\begin{aligned}
m_b\ddot{x}_G &= (F_1+F_2)\sin\phi-(F_3+F_4)\cos\phi \\
m_b\ddot{y}_G &= -(F_1+F_2)\cos\phi-(F_3+F_4)\sin\phi \\
(I_{bz}+2I_{wz})\ddot{\phi} &= (F_1+F_2)b-(F_3+F_4)a \\
m_w\ddot{z}_r+m_w\dot{\phi}\dot{\gamma}_r &= F_{\text{lat,r}}-F_1 \\
m_w\ddot{z}_l+m_w\dot{\phi}\dot{\gamma}_l &= F_{\text{lat,l}}-F_2 \\
m_w\ddot{\gamma}_r-m_w\dot{\phi}\dot{z}_r &= F_{\text{logn,r}}-F_3 \\
m_w\ddot{\gamma}_l-m_w\dot{\phi}\dot{z}_l &= F_{\text{logn,l}}-F_4 \\
I_{wy}\ddot{\theta}_r &= \tau_r-F_{\text{long,r}}r \\
I_{wy}\ddot{\theta}_l &= \tau_l-F_{\text{long,l}}r
\end{aligned}
\tag{3.44}
$$

其中，$\tau_b=I_{wz}\ddot{\phi}$。

详细的方程(3.44)可以用式(3.16)的紧凑形式写出，即

$$\boldsymbol{D}(\boldsymbol{q})\ddot{\boldsymbol{q}}+\boldsymbol{h}(\boldsymbol{q},\dot{\boldsymbol{q}})=\boldsymbol{E}(\boldsymbol{q})\boldsymbol{\tau}+\boldsymbol{f}(\dot{\boldsymbol{q}})+\boldsymbol{M}^{\mathrm{T}}(\boldsymbol{q})\boldsymbol{F} \tag{3.45}$$

其中，$\boldsymbol{M}(\boldsymbol{q})$由式(3.40)给出，并且

$$\boldsymbol{D}=\operatorname{diag}[m_b,\ m_b,\ I_{bz}+2I_{wz},\ m_w,\ m_w,\ m_w,\ m_w,\ I_{wy},\ I_{wy}]$$

$$\boldsymbol{h}=[0,\ 0,\ 0,\ m_w\dot{\phi}\dot{\gamma}_r,\ m_w\dot{\phi}\dot{\gamma}_l,\ -m_w\dot{\phi}\dot{z}_r-m_w\dot{\phi}\dot{z}_l,\ 0,\ 0]$$

$$\boldsymbol{E}=\begin{bmatrix}\boldsymbol{O}_{2\times7}\\ \hline \boldsymbol{I}_{2\times2}\end{bmatrix},\quad \boldsymbol{\tau}=\begin{bmatrix}\tau_r\\ \tau_l\end{bmatrix}$$

$$\boldsymbol{f}=[0,\ 0,\ 0,\ F_{\text{lat,r}},\ F_{\text{lat,l}},\ F_{\text{long,r}},\ F_{\text{long,l}}-rF_{\text{long,r}},\ -rF_{\text{long,l}}]^{\mathrm{T}}$$

$$\boldsymbol{F}=[F_1,\ F_2,\ F_3,\ F_4]^{\mathrm{T}}$$

将 3.2.4 节的步骤应用于式(3.45)，将得到以下简化模型(参考式(3.19a)和式(3.19b))：

$$\overline{\boldsymbol{D}}(\boldsymbol{q})\dot{\boldsymbol{v}}+\overline{\boldsymbol{C}}_1(\boldsymbol{q},\dot{\boldsymbol{q}})\boldsymbol{v}+\overline{\boldsymbol{h}}(\boldsymbol{q},\dot{\boldsymbol{q}})=\overline{\boldsymbol{E}}\boldsymbol{\tau}+\overline{\boldsymbol{f}}(\boldsymbol{q}) \tag{3.46}$$

其中

$$\overline{\boldsymbol{D}}(\boldsymbol{q})=\boldsymbol{B}^{\mathrm{T}}\boldsymbol{D}\boldsymbol{B},\quad \overline{\boldsymbol{C}}_1(\boldsymbol{q},\dot{\boldsymbol{q}})=\boldsymbol{B}^{\mathrm{T}}\boldsymbol{D}\dot{\boldsymbol{B}}\quad \overline{\boldsymbol{h}}(\boldsymbol{q},\dot{\boldsymbol{q}})=\boldsymbol{B}^{\mathrm{T}}\boldsymbol{h},\quad \overline{\boldsymbol{E}}=\boldsymbol{B}^{\mathrm{T}}\boldsymbol{E},\quad \overline{\boldsymbol{f}}(\boldsymbol{q})=\boldsymbol{B}^{\mathrm{T}}\boldsymbol{f}$$

式(3.46)可以拆分为

$$\overline{\boldsymbol{D}}(\hat{\boldsymbol{q}})\dot{\hat{\boldsymbol{v}}}+\overline{\hat{\boldsymbol{C}}}_1(\hat{\boldsymbol{q}},\dot{\hat{\boldsymbol{q}}})\hat{\boldsymbol{v}}+\bar{\hat{\boldsymbol{h}}}(\hat{\boldsymbol{q}}\dot{\hat{\boldsymbol{q}}})=\bar{\hat{\boldsymbol{f}}} \tag{3.47a}$$

$$I_{wy}\ddot{\theta}_r=\tau_r-rF_{\text{long},r} \tag{3.47b}$$

$$I_{wy}\ddot{\theta}_l=\tau_l-rF_{\text{long},l} \tag{3.47c}$$

其中

$$\begin{aligned}
&\overline{\boldsymbol{D}}=\hat{\boldsymbol{B}}^{\mathrm{T}}\hat{\boldsymbol{D}}\hat{\boldsymbol{B}},\quad \overline{\hat{\boldsymbol{C}}}_1=\hat{\boldsymbol{B}}^{\mathrm{T}}\hat{\boldsymbol{D}}\dot{\hat{\boldsymbol{B}}}\\
&\bar{\hat{\boldsymbol{h}}}=\hat{\boldsymbol{B}}^{\mathrm{T}}\hat{\boldsymbol{h}},\quad \bar{\hat{\boldsymbol{f}}}=\hat{\boldsymbol{B}}^{\mathrm{T}}\hat{\boldsymbol{f}}\\
&\hat{\boldsymbol{D}}=\mathrm{diag}[m_b,\ m_b,\ I_{bz}+2I_{wz},\ m_w,\ m_w,\ m_w,\ m_w]^{\mathrm{T}}\\
&\hat{\boldsymbol{v}}=[\dot{z}_l,\dot{\gamma}_r,\dot{\gamma}_l]^{\mathrm{T}}\\
&\hat{\boldsymbol{h}}=[0,\ 0,\ 0,\ m_w\dot{\phi}\dot{\gamma}_r,\ m_w\dot{\phi}\gamma_l,\ -m_w\dot{\phi}\dot{z}_r,\ -m_w\dot{\phi}\dot{z}_l]^{\mathrm{T}}\\
&\hat{\boldsymbol{f}}=[0,\ 0,\ 0,\ F_{\text{lat},r},\ F_{\text{lat},l},\ F_{\text{long},r},\ F_{\text{long},l}]^{\mathrm{T}}\\
&\hat{\boldsymbol{q}}=[x_G,\ y_G,\ \phi,\ z_r,\ z_l,\ \gamma_r,\ \gamma_l]^{\mathrm{T}}\\
&\boldsymbol{B}(\hat{\boldsymbol{q}})=\begin{bmatrix}-\sin\phi & A & C\\ \cos\phi & B & D\\ 0 & \dfrac{1}{2a} & -\dfrac{1}{2a}\\ 1 & 0 & 0\\ 1 & 0 & 0\\ 0 & 1 & 0\\ 0 & 0 & 1\end{bmatrix}
\end{aligned} \tag{3.48}$$

其中，A、B、C、D 与式(3.43b)中的一样。将 $\hat{\boldsymbol{h}}(\hat{\boldsymbol{q}},\ \dot{\hat{\boldsymbol{q}}})$ 写成式(3.13)的形式，即 $\hat{\boldsymbol{h}}(\hat{\boldsymbol{q}},\ \dot{\hat{\boldsymbol{q}}})=\hat{\boldsymbol{C}}_2(\hat{\boldsymbol{q}},\ \dot{\hat{\boldsymbol{q}}})\dot{\hat{\boldsymbol{q}}}$，式(3.47a)采用以下形式：

$$\overline{\boldsymbol{D}}(\hat{\boldsymbol{q}})\dot{\hat{\boldsymbol{v}}}+\overline{\hat{\boldsymbol{C}}}(\hat{\boldsymbol{q}},\dot{\hat{\boldsymbol{q}}})\hat{\boldsymbol{v}}=\bar{\hat{\boldsymbol{f}}} \tag{3.49}$$

其中

$$\overline{\hat{\boldsymbol{C}}}(\hat{\boldsymbol{q}},\dot{\hat{\boldsymbol{q}}})=\overline{\hat{\boldsymbol{C}}}_1(\hat{\boldsymbol{q}},\dot{\hat{\boldsymbol{q}}})+\overline{\hat{\boldsymbol{C}}}_2(\hat{\boldsymbol{q}},\dot{\hat{\boldsymbol{q}}}),\quad \overline{\hat{\boldsymbol{C}}}_2(\hat{\boldsymbol{q}},\dot{\hat{\boldsymbol{q}}})=\hat{\boldsymbol{B}}^{\mathrm{T}}\hat{\boldsymbol{C}}_2(\hat{\boldsymbol{q}},\dot{\hat{\boldsymbol{q}}})$$

最后，式(3.47b)和式(3.47c)可以用矩阵形式写成：

$$\boldsymbol{I}\dot{\boldsymbol{\theta}}=\boldsymbol{\tau}-r\boldsymbol{f} \tag{3.50}$$

其中

$$\boldsymbol{I}=\begin{bmatrix}I_{wy} & 0\\ 0 & I_{wy}\end{bmatrix},\quad \boldsymbol{\theta}=\begin{bmatrix}\dot{\theta}_r\\ \dot{\theta}_l\end{bmatrix},\quad \boldsymbol{\tau}=\begin{bmatrix}\tau_r\\ \tau_l\end{bmatrix},\quad \boldsymbol{f}=\begin{bmatrix}F_{\text{long},r}\\ F_{\text{long},l}\end{bmatrix} \tag{3.51}$$

总结一下，带滑动的差分驱动 WMR 的动力学模型是

$$\overline{\boldsymbol{D}}(\hat{\boldsymbol{q}})\dot{\hat{\boldsymbol{v}}}+\overline{\hat{\boldsymbol{C}}}(\hat{\boldsymbol{q}},\dot{\hat{\boldsymbol{q}}})\hat{\boldsymbol{v}}=\bar{\hat{\boldsymbol{f}}} \tag{3.52a}$$

$$\boldsymbol{I}\dot{\boldsymbol{\theta}}=\boldsymbol{\tau}-r\boldsymbol{f} \tag{3.52b}$$

其中

$$\hat{\boldsymbol{q}}=[x_G,\ y_G,\ \phi,\ z_r,\ z_1,\ \gamma_r,\ \gamma_1]^T$$
$$\hat{\boldsymbol{y}}=[\dot{z}_1,\dot{\gamma}_r,\dot{\gamma}_1]^T \tag{3.52c}$$

3.4 类车轮式移动动力学模型

2.6 节中推导了汽车的 WMR 的运动方程。在这里，我们将推导出用于四轮后轮驱动前轮转向 WMR 的牛顿-欧拉动力学模型[9]。这里将使用图 3.5 所示的等效自行车模型。

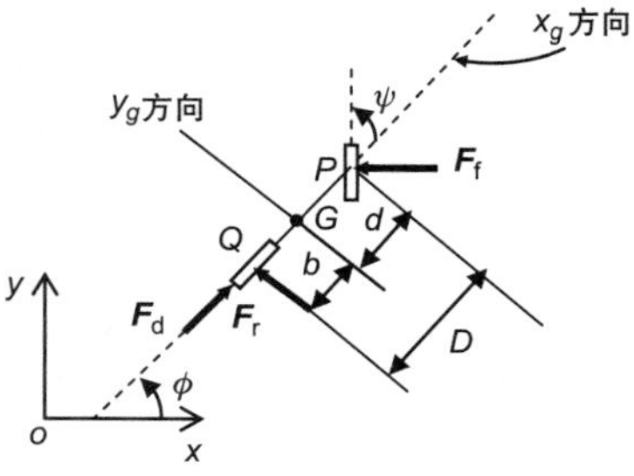

图 3.5　等效自行车的受力图

WMR 受到驱动力 F_d 和垂直于相应车轮施加的两个横向滑动力 F_r 和 F_f 的影响。在给出动力学方程之前，我们推导出适用于重心 G 的非完整约束，它与 Q 的距离为 b，与 P 的距离为 d。为此，我们从相对于点 Q 和 P 的非完整约束参见式(2.50a)和式(2.50b)开始：

$$\begin{aligned}\dot{x}_Q\sin\phi-\dot{y}_Q\cos\phi&=0\\ \dot{x}_P\sin(\phi+\psi)-\dot{y}_P\cos(\phi+\psi)&=0\end{aligned} \tag{3.53}$$

用 x_G 和 y_G 表示我们得到的世界坐标系中点 G 的坐标：

$$\begin{aligned}&x_Q=x_G-b\cos\phi,\quad x_P=x_G+d\cos\phi\\ &y_Q=y_G-b\sin\phi,\quad y_P=y_G+d\sin\phi\\ &\dot{x}_Q=\dot{x}_G+b\dot{\phi}\sin\phi,\quad \dot{x}_P=\dot{x}_G-d\dot{\phi}\sin\phi\\ &\dot{y}_Q=\dot{y}_G-b\dot{\phi}\cos\phi,\quad \dot{y}_P=\dot{y}_G+d\dot{\phi}\cos\phi\end{aligned} \tag{3.54}$$

将式(3.54)引入式(3.53)得出：

$$\begin{aligned}\dot{x}_G\sin\phi-\dot{y}_G\cos\phi+b\dot{\phi}&=0\\ \dot{x}_G\sin(\phi+\psi)-\dot{y}_G\cos(\phi+\psi)-d\dot{\phi}\cos\psi&=0\end{aligned} \tag{3.55}$$

现在，通过$[\dot{x}_g,\ \dot{y}_g]$表示局部坐标系 Gx_gy_g 中重心 G 的速度，并应用旋转变换(参见式(2.17)，例 2.1)，我们得到：

$$\begin{bmatrix}\dot{x}_G\\ \dot{y}_G\end{bmatrix}=\begin{bmatrix}\cos\phi & -\sin\phi\\ \sin\phi & \cos\phi\end{bmatrix}\begin{bmatrix}\dot{x}_g\\ \dot{y}_g\end{bmatrix} \tag{3.56}$$

将式(3.56)代入式(3.55)得到：

$$\dot{y}_g=b\dot{\phi},\quad \dot{\phi}=\frac{\tan\psi}{D}\dot{x}_g \tag{3.57}$$

对上式进行微分，得到：

$$\ddot{y}_g=b\ddot{\phi} \tag{3.58a}$$

$$\ddot{\phi}=\frac{\tan\psi}{D}\ddot{x}_g+\frac{1}{D\cos^2\psi}\dot{x}_g\dot{\psi} \tag{3.58b}$$

使用式(3.57)和式(3.58a)、式(3.58b)，我们得到：

$$\dot{y}_g=\frac{b}{D}(\tan\psi)\dot{x}_g,\quad \ddot{y}_g=\frac{b}{D}(\tan\psi)\ddot{x}_g+\frac{b}{D\cos^2\psi}\dot{x}_g\dot{\psi} \tag{3.59}$$

参考图 3.5，得到下列牛顿-欧拉动力学方程：

$$m(\ddot{x}_g-\dot{y}_g\dot{\phi})=F_d-F_f\sin\psi \tag{3.60a}$$

$$m(\ddot{y}_g+\dot{x}_g\dot{\phi})=F_r+F_f\cos\psi \tag{3.60b}$$

$$J\ddot{\phi}=dF_f\cos\psi-bF_r \tag{3.60c}$$

$$\dot{\psi}=-\frac{1}{T}\psi+\frac{K}{T}u_s \tag{3.60d}$$

其中：m 为 WMR 的质量；J 为 WMR 关于 G 的惯性矩；F_d 为驱动力；F_f，F_r 分别为前后轮侧向力；T 为转向系统的时间常数；u_s 为转向控制输入；K 为常系数(增益)；F_d 为 $(1/r)\tau_d$，r 为后轮半径，τ_d 为施加的电动机力矩。㊀

现在将上述动力学方程放入状态空间形式，其中状态向量是

$$\boldsymbol{x}=[x_G,\ y_G,\ \phi,\ \dot{x}_g,\ \psi]^{\mathrm{T}} \tag{3.61}$$

为此，我们用式(3.60c)求 F_r，并将其与式(3.58a)一起代入式(3.60b)，得到：

$$m(b\ddot{\phi}+\dot{x}_g\dot{\phi})=F_f\cos\psi+\frac{d}{b}F_f\cos\psi-\frac{J}{b}\ddot{\phi}$$

$$=\frac{DF_f\cos\psi-J\ddot{\phi}}{b}(D=b+d)$$

其中

$$F_f=\left(\frac{mb^2+J}{D\cos\psi}\right)\ddot{\phi}+\left(\frac{mb\dot{x}_g}{D\cos\psi}\right)\dot{\phi} \tag{3.62}$$

现在将式(3.57)、式(3.58b)和式(3.62)代入式(3.60a)，得到：

$$\ddot{x}_g=\frac{\dot{x}_g(mb^2+J)\tan\psi}{a}\dot{\psi}+\frac{D^2\cos^2\psi}{a}F_d \tag{3.63a}$$

其中

$$a=(\cos^2\psi)(mD^2+(mb^2+J)\tan^2\psi) \tag{3.63b}$$

最后，将式(3.57)代入式(3.56)，得到：

$$\begin{aligned}
&\dot{x}_G=\{\cos\phi-(b/D)(\tan\psi)\sin\phi\}\dot{x}_g\\
&\dot{y}_G=\{\sin\phi+(b/D)(\tan\psi)\cos\phi\}\dot{x}_g\\
&\dot{\phi}=[(1/D)\tan\psi]\dot{x}_g\\
&\ddot{x}_g(1/a)[(mb^2+J)(\tan\psi)\dot{\psi}\dot{x}_g]+(1/a)(D^2\cos^2\psi)F_d\\
&\dot{\psi}=-\frac{1}{T}\psi+\frac{K}{T}u_s
\end{aligned} \tag{3.64}$$

其中，$F_d=(1/r)\tau_d$。式(3.64)代表一个具有两个输入(τ_d，u_s)的仿射系统，涉及一个五维状态向量：

$$\boldsymbol{x}=[x_G,\ y_G,\ \phi,\ \dot{x}_g,\ \psi]^{\mathrm{T}} \tag{3.65a}$$

一个漂移项：

㊀ 此处未考虑驱动电动机动力学领域。例 5.1 中提供了直流电动机动力学模型的推导。

$$\boldsymbol{g}_0(\boldsymbol{x})=\begin{bmatrix}[\cos\phi-(b/D)(\tan\psi)\sin\phi]\dot{x}_g\\ [\sin\phi+(b/D)(\tan\psi)\cos\phi]\dot{x}_g\\ (1/D)(\tan\psi)\dot{x}_g\\ (1/a)[(mb^2+J)(\tan\psi)\dot{\psi}\dot{x}_g]\\ -(1/T)\psi\end{bmatrix} \tag{3.65b}$$

和两个输入场：

$$\boldsymbol{g}_1(\boldsymbol{x})=\left[0,\ 0,\ 0,\ \frac{1}{ra}D^2\cos^2\psi,\ 0\right]^{\mathrm{T}},\quad \boldsymbol{g}_2(\boldsymbol{x})=[0,\ 0,\ 0,\ 0,\ K/T]^{\mathrm{T}} \tag{3.65c}$$

即

$$\dot{\boldsymbol{x}}=\boldsymbol{g}_0(\boldsymbol{x})+\boldsymbol{g}_1(\boldsymbol{x})\tau_{\mathrm{d}}+\boldsymbol{g}_2(\boldsymbol{x})u_{\mathrm{s}} \tag{3.66}$$

3.5　三轮全向移动机器人

在这里，我们将使用牛顿-欧拉方法推导出三轮全向机器人的动力学模型[10]。该推导对任意数量的通用(正交)全向轮都成立。参考文献[11-14]中提出了一些关于全向 WMR 的进一步研究。

考虑图 3.6 所示位姿的 WMR，其中三个轮子分别以 30°、150°和 270°的角度放置。

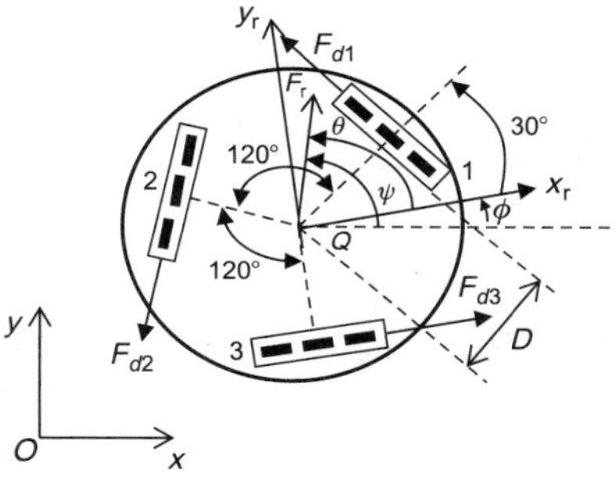

图 3.6　三轮全向 WMR 的几何形状

机器人的局部坐标系 $Qx_{\mathrm{r}}y_{\mathrm{r}}$ 相对于世界坐标系 Oxy 的旋力矩阵是

$$\boldsymbol{R}(\phi)=\begin{bmatrix}\cos\phi & -\sin\phi\\ \sin\phi & \cos\phi\end{bmatrix} \tag{3.67}$$

令 $\boldsymbol{s}_Q=[x_Q y_Q]^{\mathrm{T}}$ 为重心 Q 的位置向量，那么

$$\boldsymbol{M}\ddot{\boldsymbol{s}}_Q=\boldsymbol{F}_Q,\quad \boldsymbol{F}_Q=[F_{Qx}\quad F_{Qy}]^{\mathrm{T}} \tag{3.68}$$

其中，$\boldsymbol{M}=\mathrm{diag}(m,\ m)$，$m$ 是机器人的质量，$\boldsymbol{F}_Q$ 是在世界坐标系中表示的重心上施加的力。用

$$\boldsymbol{s}_{\mathrm{r}}=[x_{\mathrm{r}}\quad y_{\mathrm{r}}]^{\mathrm{T}},\quad \boldsymbol{F}_{\mathrm{r}}=[F_{x_{\mathrm{r}}},\ F_{y_{\mathrm{r}}}]^{\mathrm{T}} \tag{3.69}$$

表示在局部(移动)坐标系中的重心的位置矢量和力矢量。那么，式(3.67)意味着：

$$\dot{\boldsymbol{s}}_Q=\boldsymbol{R}(\phi)\dot{\boldsymbol{s}}_{\mathrm{r}},\quad \boldsymbol{F}_Q=\boldsymbol{R}(\phi)\boldsymbol{F}_{\mathrm{r}} \tag{3.70}$$

因此，将式(3.70)代入式(3.68)，得到：

$$\boldsymbol{M}(\ddot{\boldsymbol{s}}_{\mathrm{r}}+\boldsymbol{R}^{\mathrm{T}}(\phi)\dot{\boldsymbol{R}}(\phi)\dot{\boldsymbol{s}}_{\mathrm{r}})=\boldsymbol{F}_{\mathrm{r}} \tag{3.71}$$

现在，关于重心 Q 的旋转动力学方程是

$$\boldsymbol{I}_Q\ddot{\phi}=\tau_Q \tag{3.72}$$

其中，I_Q 是机器人关于 Q 的惯性矩，τ_Q 是 Q 处施加的力矩。

从图 3.6 所示的几何关系图中可以得到：

$$F_{xr}=-\frac{1}{2}F_{d1}-\frac{1}{2}F_{d2}+F_{d3}$$

$$F_{yr}=\frac{\sqrt{3}}{2}F_{d1}-\frac{\sqrt{3}}{2}F_{d2}$$

$$\tau_Q=(F_{d1}+F_{d2}+F_{d3})D \tag{3.73}$$

其中，D 是车轮距离旋转点 Q 的距离，F_{di}($\boldsymbol{i}$=1，2，3)是车轮的驱动力。

每个车轮的旋转由动力学方程描述：

$$I_o\ddot{\theta}_i+\beta\dot{\theta}_i=K\tau_i-rF_{di}(i=1,\ 2,\ 3) \tag{3.74}$$

其中，I_o 是车轮惯量矩，θ_i 是车轮 $\boldsymbol{i}$ 的角位置，β 是线性摩擦系数，r 是车轮的共同半径，τ_i 是车轮 i 的驱动输入力矩，K 是驱动力矩增益。

现在，从图 3.6 可以看出，局部坐标系中车轮速度的角度为 30°+90°=120°，120°+120°=240°，240°+120°=360°。

因此，我们从 $\dot{\boldsymbol{p}}_r=[\dot{x}_r,\ \dot{y}_r,\ \dot{\phi}]$ 到 $\dot{\boldsymbol{q}}=[\dot{\theta}_1,\ \dot{\theta}_2,\ \dot{\theta}_3]^T=[\omega_1,\ \omega_2,\ \omega_3]^T$ 得到的逆运动学方程为

$$r\omega_1=-\frac{1}{2}\dot{x}_r+\frac{\sqrt{3}}{2}\dot{y}_r+D\dot{\phi} \tag{3.75a}$$

$$r\omega_2=-\frac{1}{2}\dot{x}_r-\frac{\sqrt{3}}{2}\dot{y}_r+D\dot{\phi} \tag{3.75b}$$

$$r\omega_3=\dot{x}_r+D\dot{\phi} \tag{3.75c}$$

对式(3.69)～式(3.75c)进行一些代数运算，得到：

$$\ddot{x}_r=a_1\dot{x}_r+a_2^*\dot{y}_r\dot{\phi}-b_1(\tau_1+\tau_2-2\tau_3) \tag{3.76a}$$

$$\ddot{y}_r=a_1\dot{y}_r-a_2^*\dot{x}_r\dot{\phi}+\sqrt{3}b_1(\tau_1-\tau_2) \tag{3.76b}$$

$$\ddot{\phi}=a_3\dot{\phi}+b_2(\tau_1+\tau_2+\tau_3) \tag{3.76c}$$

其中

$$a_1=-3\beta(3I_o+2mr^2),\quad a_2^*=2mr^2/(3I_o+2mr^2)$$

$$a_3=-3\beta D^2/(3I_oD^2+I_Qr^2)$$

$$b_1=Kr/(3I_o+2mr^2),\quad b_2=Kr/(3I_oD^2+I_Qr^2)$$

最后，结合式(3.67)、式(3.68)和式(3.76a)～式(3.76c)，我们得到了下列有关 WMR 运动的状态空间动力学模型：

$$\dot{\boldsymbol{x}}=\boldsymbol{A}(\boldsymbol{x})\boldsymbol{x}+\boldsymbol{B}(\boldsymbol{x})\boldsymbol{u} \tag{3.77a}$$

$$\boldsymbol{y}=\boldsymbol{C}\boldsymbol{x} \tag{3.77b}$$

其中

$$\boldsymbol{x}=[x_Q,\ y_Q,\ \phi,\dot{x}_Q,\ \dot{y}_Q,\ \dot{\phi}]^T$$

$$\boldsymbol{y}=[\dot{x}_Q,\ \dot{y}_Q,\ \phi]^T$$

$$\boldsymbol{u}=[\tau_1,\ \tau_2,\ \tau_3]^T$$

$$\boldsymbol{A}(\boldsymbol{x})=\begin{bmatrix}0&0&0&1&0&0\\0&0&0&0&1&0\\0&0&0&0&0&0\\0&0&0&a_1&-a_2\dot{\phi}&0\\0&0&0&a_2\dot{\phi}&a_1&0\\0&0&0&0&0&a_3\end{bmatrix}$$

$$\boldsymbol{B}(\boldsymbol{x})=\begin{bmatrix}0&0&0\\0&0&0\\0&0&0\\b_1\beta_1&b_1\beta_2&2b_1\cos\phi\\b_1\beta_3&b_1\beta_4&2b_1\sin\phi\\b_2&b_2&b_2\end{bmatrix}=[\overline{\boldsymbol{b}}_1(\boldsymbol{x})\overline{\boldsymbol{b}}_2(\boldsymbol{x})\overline{\boldsymbol{b}}_3(\boldsymbol{x})]$$

$$\boldsymbol{C}=\begin{bmatrix}0&0&0&1&0&0\\0&0&0&0&1&0\\0&0&1&0&0&0\end{bmatrix}$$

$$a_2=1-a_2^*=3I_o/(3I_o+2mr^2)$$

$$\beta_1=-\sqrt{3}\sin\phi-\cos\phi,\quad \beta_2=\sqrt{3}\sin\phi-\cos\phi$$

$$\beta_3=\sqrt{3}\cos\phi-\sin\phi,\quad \beta_4=-\sqrt{3}\cos\phi-\sin\phi$$

世界坐标系中机器人的方位角用 ψ 表示，其中 $\psi=\phi+\theta$（θ 表示 Qx_r 和 F_r 之间的角度，即移动坐标系中机器人的方位角），那么

$$\dot{x}_Q=v\cos\psi,\quad \dot{y}_Q=v\sin\psi,\quad v=\sqrt{\dot{x}_Q^2+\dot{y}_Q^2}$$

其中

$$\psi=\arctan(\dot{y}_Q/\dot{x}_Q) \tag{3.78}$$

其中，正方向是逆时针旋转方向。注意，沿 x_Q 和 y_Q 的运动是耦合的，因为动力学方程是在世界坐标系中导出的，但由于旋转角 ϕ 总是有 $\phi=\psi-\theta$，尽管 θ 可以任意改变，WMR 仍可以在不改变姿态的情况下实现平移运动（即 WMR 是完整系统）。式(3.77a)可以写成带漂移的三输入仿射形式，如下所示：

$$\dot{\boldsymbol{x}}=\boldsymbol{g}_o(\boldsymbol{x})+\sum_{i=1}^{3}\boldsymbol{g}_i(\boldsymbol{x})u_i \tag{3.79}$$

其中

$$\boldsymbol{g}_o(\boldsymbol{x})=\boldsymbol{A}(\boldsymbol{x})\boldsymbol{x},\quad \boldsymbol{g}_i(\boldsymbol{x})=\overline{\boldsymbol{b}}_i(\boldsymbol{x})\quad (i=1,2,3)$$

三轮全向机器人（带万向轮）的动力学模型（见式(3.77a)）只是众多不同模型中的一种。实际上，在文献中衍生出了许多其他等效模型。

例 3.2 使用车轮速度的单位方向矢量 ε_1，ε_2，ε_3 导出三轮全向机器人的动力学方程。

解 为了简化推导，我们选择 WMR 的姿态，使其车轮 1 的方向垂直于局部坐标轴 Qx_r，如图 3.7 所示[15]。因此，单位方向矢量 ε_1，ε_2 和 ε_3 是

$$\varepsilon_1=\begin{bmatrix}0\\1\end{bmatrix},\quad \varepsilon_2=-\begin{bmatrix}\sqrt{3}/2\\1/2\end{bmatrix},\quad \varepsilon_3=\begin{bmatrix}\sqrt{3}/2\\-1/2\end{bmatrix} \tag{3.80}$$

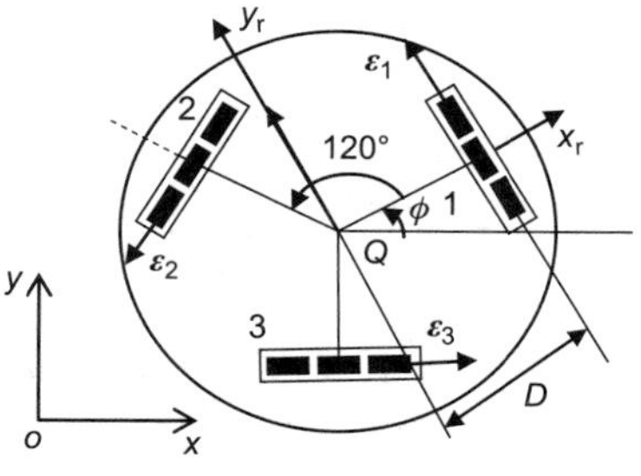

图 3.7 三轮全向移动机器人（$\boldsymbol{\varepsilon}_1$ 垂直于 Qx_r）

$Qx_r y_r$ 相对于 Oxy 的旋力矩阵由式(3.67)给出。

因此，车轮的行驶速度 $v_i(i=1, 2, 3)$ 为

$$v_1=r\dot{\theta}_1=-\dot{x}_Q\sin\phi+\dot{y}_Q\cos\phi+D\dot{\phi}$$

$$v_2=r\dot{\theta}_2=-\dot{x}_Q\sin(\pi/3-\phi)-\dot{y}_Q\cos(\pi/3-\phi)+D\dot{\phi}$$

$$v_3=r\dot{\theta}_3=\dot{x}_Q\sin(\pi/3+\phi)-\dot{y}_Q\cos(\pi/3+\phi)+D\dot{\phi}$$

或

$$\dot{\boldsymbol{q}}=\boldsymbol{J}^{-1}(\phi)\dot{\boldsymbol{p}}_0 \tag{3.81}$$

其中

$$\boldsymbol{J}^{-1}(\phi)=\frac{1}{r}\begin{bmatrix}-\sin\phi & \cos\phi & D\\ -\sin(\pi/3-\phi) & -\cos(\pi/3-\phi) & D\\ \sin(\pi/3+\phi) & -\cos(\pi/3+\phi) & D\end{bmatrix}$$

$$\dot{\boldsymbol{q}}=[\dot{\theta}_1, \dot{\theta}_2, \dot{\theta}_3]^{\mathrm{T}}, \quad \dot{\boldsymbol{p}}_Q=[\dot{x}_Q, \dot{y}_Q, \dot{\phi}]^{\mathrm{T}}$$

这是机器人的逆运动学模型。现在，将牛顿-欧拉方法应用于机器人，得到

$$m\begin{bmatrix}\ddot{x}_Q\\ \ddot{y}_Q\end{bmatrix}=\boldsymbol{s}_1(\phi)F_{d1}+\boldsymbol{s}_2(\phi)F_{d2}+\boldsymbol{s}_3(\phi)F_{d3} \tag{3.82a}$$

$$I_Q\ddot{\phi}=D(F_{d1}+F_{d2}+F_{d3}) \tag{3.82b}$$

其中，$F_{di}(i=1, 2, 3)$是第 i 个车轮的驱动力大小，m 是机器人质量，I_Q 是关于 Q 的机器人惯性矩，并且

$$\boldsymbol{s}_i(\phi)=\boldsymbol{R}(\phi)\varepsilon_i \quad (i=1, 2, 3) \tag{3.83}$$

是使用式(3.67)和式(3.80)求得的二维向量。驱动力 $F_{di}(i=1, 2, 3)$由以下关系式给出：

$$F_{di}=aV_i-\beta r\dot{\theta}_i \quad (i=1, 2, 3) \tag{3.84}$$

其中，V_i 是施加到第 i 个车轮的电动机的电压，a 是电压-力常数，β 是摩擦系数。

结合式(3.82a)、式(3.82b)、式(3.83)和式(3.84)，我们得到模型：

$$\boldsymbol{D}\ddot{\boldsymbol{p}}_Q+\boldsymbol{C}(\phi)\dot{\boldsymbol{p}}_Q=\boldsymbol{E}\boldsymbol{v} \tag{3.85a}$$

其中：

$$\boldsymbol{D}=\begin{bmatrix}m & 0 & 0\\ 0 & m & 0\\ 0 & 0 & I_Q\end{bmatrix}, \quad \boldsymbol{C}(\phi)=\left(\frac{\beta r}{a}\right)\boldsymbol{E}(\phi)\boldsymbol{J}^{-1}(\phi) \tag{3.85b}$$

$$\boldsymbol{E}(\phi)=a\begin{bmatrix}\boldsymbol{s}_1(\phi) & \boldsymbol{s}_2(\phi) & \boldsymbol{s}_3(\phi)\\ D & D & D\end{bmatrix}, \quad \boldsymbol{V}=\begin{bmatrix}V_1\\ V_2\\ V_3\end{bmatrix} \tag{3.85c}$$

式(3.85a)～式(3.85c)所示模型具有由式(3.11)和式(3.13)所描述的机器人模型的标准形式。

例 3.3　我们有一个类车的机器人，其中所有车轮都受到横向滑动力和纵向摩擦力。请以式(3.60a)～式(3.60d)的形式写出牛顿-欧拉动力学方程。

解　机器人的受力图如图 3.8 所示。

我们使用以下定义：

$F_d=F_d^l+F_d^r$　（总驱动力）

$F_{x_g,r}=F_{x_g,r}^l+F_{x_g,r}^r$　（后轮的总纵向摩擦力）

$F_{x_g,f}=F_{x_g,f}^l+F_{x_g,f}^r$　（前轮的总纵向摩擦力）

$F_{y_g,r}=F_{y_g,r}^l+F_{y_g,r}^r$　（后轮的总侧向力）

$F_{y_g,f}=F_{y_g,f}^l+F_{y_g,f}^r$　（前轮的总侧向力）

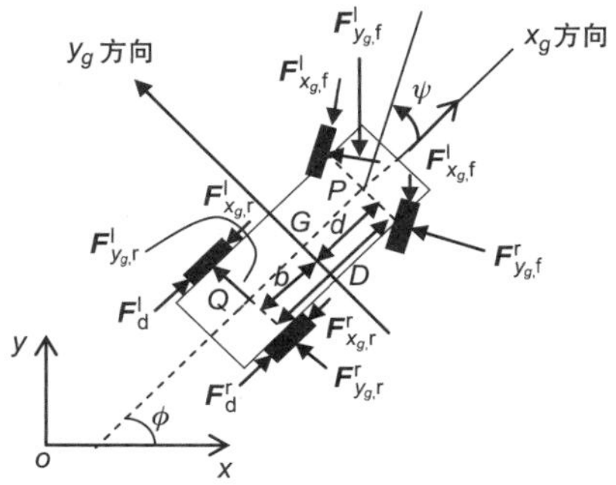

图 3.8　类似汽车的 WMR 的受力图

其中，上标 r 指右轮，上标 l 指左轮。因此，考虑 WMR 的自行车模型，我们在局部坐标系中得到下列形式的牛顿-欧拉动力学方程：

$$m(\ddot{x}_g-\dot{y}_g\dot{\phi})=F_d-F_{x_g,r}-F_{x_g,f}\cos\psi-F_{y_g,f}\sin\psi$$

$$m(\ddot{y}_g+\dot{x}_g\dot{\phi})=F_{y_g,r}-F_{x_g,f}\sin\psi+F_{y_g,f}\cos\psi$$

$$J\ddot{\phi}=dF_{y_g,f}\cos\psi-bF_{y_g,r}$$

$$\dot{\psi}=-(1/T)\psi+(K/T)u_s$$

其中，所有变量都具有 3.4 节中的含义。从这一点开始，完整模型的开发可使用 3.4 节中的步骤完成。

3.6　四麦轮全向机器人

我们考虑图 3.9a 所示的四轮全向机器人[3]。

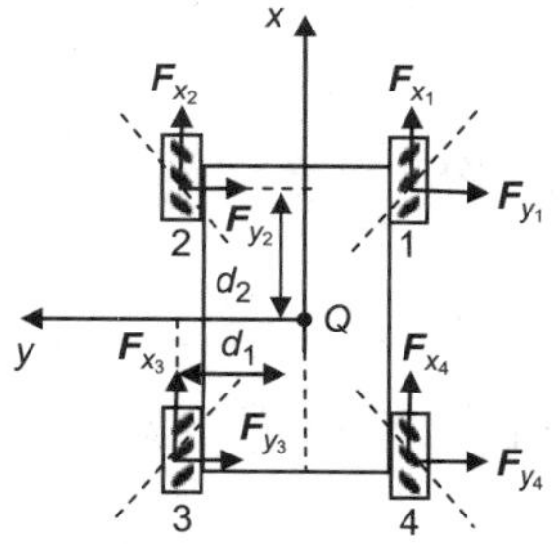

a）四麦轮WMR及作用在其上的力

b）实验性四麦轮WMR原型

图 3.9　四轮全向机器人

资料来源：www.robotics.ee.uwa.edu.au/eyebot/doc/robots/omni.html。

在 x 和 y 方向上，作用在机器人上的总力 F_x 和 F_y 是

$$F_x=(F_{x1}+F_{x2}+F_{x3}+F_{x4}) \tag{3.86a}$$

$$F_y=(F_{y1}+F_{y2}+F_{y3}+F_{y4}) \tag{3.86b}$$

其中，F_{xi}、$F_{yi}(i=1,2,3,4)$是沿 x 和 y 轴作用在车轮上的力。在没有单独的旋转运动的情况下，运动方向由角度 δ 定义，其中

$$\delta = \arctan(F_y/F_x) \tag{3.87}$$

产生纯旋转的力矩 τ 是

$$\tau = (F_{x1} - F_{x2} - F_{x3} + F_{x4})d_1 + (F_{y3} + F_{y4} - F_{y1} - F_{y2})d_2 \tag{3.88}$$

其中，正向旋转为逆时针方向。

牛顿-欧拉运动方程是

$$m\ddot{x} = F_x - \beta_x \dot{x} \tag{3.89a}$$

$$m\ddot{y} = F_y - \beta_y \dot{y} \tag{3.89b}$$

$$I_Q\ddot{\phi} = \tau - \beta_z \dot{\phi} \tag{3.89c}$$

其中，β_x、β_y 和 β_z 是 x、y 和 ϕ 运动中的线性摩擦系数，m、I_Q 是机器人的质量和惯性矩。式(3.89a)～式(3.89c)表明机器人可以达到稳态速度(当 $\ddot{x}=0$，$\ddot{y}=0$，$\ddot{\phi}=0$ 时) $\dot{x}_{ss}$，$\dot{y}_{ss}$ 和 $\dot{\phi}_{ss}$：

$$\dot{x}_{ss} = \frac{F_x}{\beta_x}, \quad \dot{y}_{ss} = \frac{F_y}{\beta_y}, \quad \dot{\phi}_{ss} = \frac{\tau}{\beta_z} \tag{3.90}$$

例 3.4　计算实现图 3.9a 所示的麦克纳姆移动机器人所期望的平移和旋转运动(WMR 速度 v 和 $\dot{\phi}$)所需的车轮角速度。

解　式(2.84)和式(2.85)提供了该问题的一个解。在这里，我们将提供一种替代方法[3]。绘制单个车轮的位移和速度矢量，如图 3.10 所示，其中 α 是滚子角度($\alpha = \pm 45°$)。

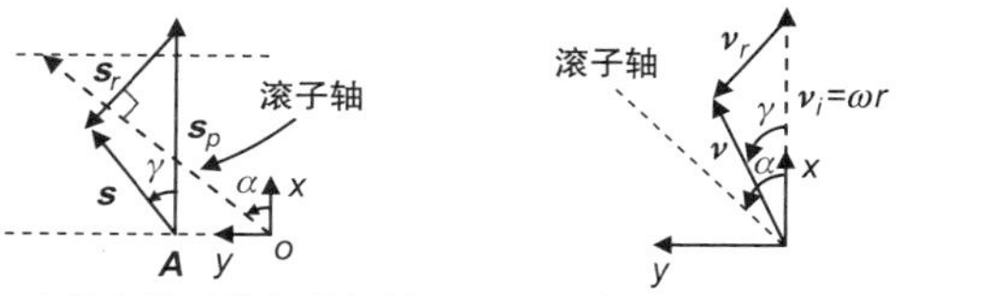

a）车轮和滚子的位移矢量　b）速度矢量（α是滚子角度）

图 3.10　单个车轮的位移和速度矢量

矢量 $\boldsymbol{s}_p$ 表示由于车轮旋转引起的位移(在正方向上)，$\boldsymbol{s}_r$ 表示由于与滚子轴正交的滚动引起的位移矢量，$\boldsymbol{s}$ 表示总位移矢量。虚线水平线表示滚子接触点从一个滚子转移到下一个滚子的不连续性。在图 3.10 中，在该不连续线的中间选择了点 A 以便于计算。

在图 3.10b 中，因为 ωr 的分量和沿滚子轴的 $v = \mathrm{d}s/\mathrm{d}t$ 相等，我们得到 $(\omega r)\cos\alpha = v\cos(\alpha - \gamma)$。因此，对于 $\alpha \neq \pi/2 + k\pi (k = 0, 1, 2, \cdots)$，有

$$\omega r = v\cos(a - \gamma)/\cos a \tag{3.91}$$

如果 $\alpha = \pi/2 + k\pi$，则车轮旋转不会引起滚子的平移运动。通过式(3.91)求 v，得到：

$$v = \omega r \frac{\cos a}{\cos(\alpha - \gamma)}, \quad a - \gamma \neq \frac{\pi}{2} + k\pi \quad (k = 0, 1, 2, \cdots) \tag{3.92}$$

当 $\alpha - \gamma = \pi/2$ 时，车轮的转速 ω 必须为零，但由于其他车轮的运动，车轮可以具有任何平移速度值。

我们现在计算所需平移运动速度 v 的车轮角速度 ω_i。在式(3.90)中，我们看到车轮速度与每个车轮施加的力成正比，即“v 与 $(F_1 + F_2 + F_3 + F_4)$ 成比例”，并且由于 WMR 是一个刚体，因此所有车轮都应具有相同的平移速度，即

$$v_i = v \quad (i = 1, 2, 3, 4)$$

因此，从式(3.92)可以得出：

$$\omega_i=\frac{v\cos(a_i-\gamma)}{r_i\cos a_i},\quad a_i\neq\frac{\pi}{2}+k\pi\quad(k=0,1,2,\cdots)\tag{3.93}$$

式(3.93)给出了获得机器人所需平移速度 $\boldsymbol{v}$ 所要用到的四个车轮的速度 $\omega_i(i=1,2,3,4)$。

最后，我们将计算用于获得所期望旋转所需的车轮角速度 $\dot{\phi}$。考虑一个速度为 v 的机器人，它的路径的瞬时曲率半径(ICR)为

$$R=v/\dot{\phi},\quad \varepsilon=\operatorname{arccot}(v_x/v_y)\tag{3.94}$$

这些关系给出了 ICR 的世界框架坐标 x_{ICR}，y_{ICR}(见图 3.11)：

$$x_{\mathrm{ICR}}=-R\sin\varepsilon$$

$$y_{\mathrm{ICR}}=R\cos\varepsilon$$

每个车轮的几何形状由其位置(x_i,y_i)和其滚子的方向 α_i 限定。设 Σ_i 为车轮 i 的接触点，有

$$\eta_i=\arctan(x_i/y_i),\quad l_i=\sqrt{x_i^2+y_i^2}\tag{3.95}$$

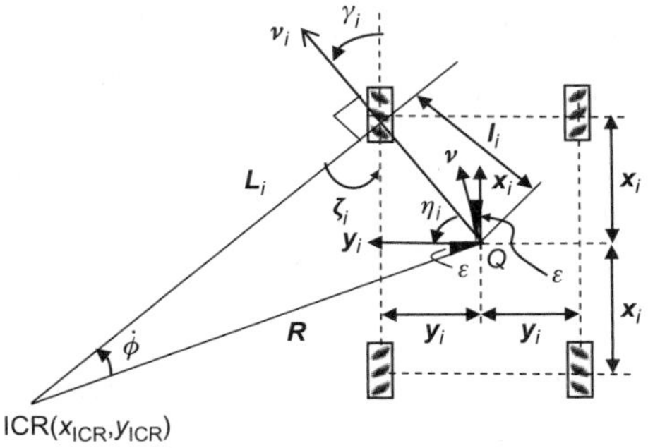

图 3.11　车轮 i 到参考坐标系 $Q_{x_iy_i}$ 的几何关系。每个车轮都有自己的总速度 v_i 和角度 γ_i

其中，l_i 对于所有车轮是相同的，这是因为车轮相对于点 Q 对称。ICR 和接触点 $\Sigma_i(x_i,y_i)$的距离 L_i 由三角公式给出，如下所示：

$$L_i=\sqrt{l_i^2+R^2-2l_iR\cos(\eta_i+\varepsilon)}\tag{3.96}$$

车轮的速度 v_i 应垂直于线 L_i，因此，直线 L_i 与 x 轴的角度 ζ_i 由以下关系确定：

$$\tan\zeta_i=(y_{\mathrm{ICR}}-y_i)/(x_{\mathrm{ICR}}-x_i)\tag{3.97}$$

其中

$$\gamma_i=\pi/2+\zeta_i\tag{3.98}$$

因为在图 3.11 中，ζ_i 实际上是负的$(x_{\mathrm{ICR}}-x_i<0)$。现在，由式(3.94)可以得出：

$$|v_i|=L_i|\dot{\phi}|\tag{3.99}$$

最后，使用式(3.93)和式(3.99)，我们得到：

$$\omega_i=L_i\dot{\phi}\cos(a_i-\gamma_i)/r\cos a_i\quad(i=1,2,3,4)\tag{3.100}$$

其中，$\alpha_i\neq\pi/2+k\pi(k=0,1,2,\cdots)$，$r$ 是车轮的公共半径。式(3.100)根据 ICR 的位置$(x_{\mathrm{ICR}},y_{\mathrm{ICR}})$和机器人的所需转速 $\dot{\phi}$ 给出了车轮所需的转速。实际上，鉴于式(3.94)和式(3.96)，式(3.100)根据 $\boldsymbol{v}$，$\dot{\phi}$，x_i 和 y_i 的已知(期望)值给出了 ω_i。

例 3.5　通过将其动力学模型转换为使用机器人线性位移代替 x_Q，y_Q 和 ϕ 的线性形式来描述用于识别差分驱动 WMR 的动力学参数的方法。

该 WMR 的非线性动力学模型由式(3.30a)、式(3.30b)和式(3.31)给出，写成：

$$\dot{v}=\gamma_1 u_1, \quad u_1=\tau_r+\tau_1$$
$$\dot{\omega}=\gamma_2 u_2, \quad u_2=\tau_r-\tau_1$$
$$\dot{x}_Q=v\cos\phi$$
$$\dot{y}_Q=v\sin\phi$$
$$\dot{\phi}=\omega$$

其中，$r_1=1/mr$，$r_2=2a/Ir$，它们是要识别的动力学参数。使用机器人的线性位移：

$$l=x_Q\cos\phi+y_Q\sin\phi$$

替代项 x_Q 和 y_Q(见图 2.7)，得到线性模型：

$$\dot{v}=\gamma_1 u_1, \quad \dot{\omega}=\gamma_2 u_2, \quad \dot{l}=v, \quad \dot{\phi}=\omega$$

简化为

$$\ddot{l}=\gamma_1 u_1, \quad \ddot{\phi}=\gamma_2 u_2 \tag{3.101}$$

这是一个具有两个输出 l 和 ϕ 的线性模型。将式(3.101)渲染为标准线性回归模型进行识别：

$$\boldsymbol{y}=\boldsymbol{M}(\boldsymbol{u})\boldsymbol{\xi}+\boldsymbol{e} \tag{3.102}$$

其中

$\boldsymbol{y}=[y_1, y_2, \cdots, y_m]^{\mathrm{T}}$　(测量信号的向量)

$\boldsymbol{\xi}=[\xi_1, \xi_2, \cdots, \xi_n]^{\mathrm{T}}$　(未知参数的向量)

$\boldsymbol{e}=[e_1, e_2, \cdots, e_m]^{\mathrm{T}}$　(测量误差的向量)

$$\boldsymbol{M}(\boldsymbol{u})=\begin{bmatrix}\mu_{11}(\boldsymbol{u}) & \cdots & \mu_{1n}(\boldsymbol{u})\cdots \\ \mu_{m1}(\boldsymbol{u}) & \cdots & \mu_{mn}(\boldsymbol{u})\cdots\end{bmatrix}$$　(一个已知的 $m\times n$ 矩阵)

矩阵 $\boldsymbol{M}(\boldsymbol{u})$ 称为“回归矩阵”。假设 $\boldsymbol{e}$ 独立于 $\boldsymbol{M}(\boldsymbol{u})$，并且 $m>n$，$\boldsymbol{\xi}$ 的解由下式给出[㊀]：

$$\hat{\boldsymbol{\xi}}=(\boldsymbol{M}^{\mathrm{T}}(\boldsymbol{u})\boldsymbol{M}(\boldsymbol{u}))^{-1}\boldsymbol{M}^{\mathrm{T}}(\boldsymbol{u})\boldsymbol{y} \tag{3.103}$$

为了将式(3.101)变换为回归形式，如式(3.102)所示，我们使用一阶近似将其离散化：$\mathrm{d}x/\mathrm{d}t\simeq(x_{k+1}-x_k)/T$，其中 $x_k=x(t)_{t=kT}(k=0, 1, 2, \cdots)$，并且 T 是采样周期。那么，式(3.101)可变为

$$\Delta l_{\mathrm{k}}=\Delta l_{\mathrm{k}-1}+\xi_1 u_{1,\mathrm{k}}$$
$$\Delta\phi_{\mathrm{k}}=\Delta\phi_{\mathrm{k}-1}+\xi_2 u_{2,\mathrm{k}} \tag{3.104}$$

其中，$\xi_i=T_{\gamma_i}(i=1, 2)$。显然，参数 ξ_1 和 ξ_2 是可识别的，但难点在于无法测量 l。为了克服这个困难，我们使用 $x_Q(t)$、$y_Q(t)$和 $\phi(t)$的二阶参数表示[16]，即

$$x_Q(\mu)=a_2\mu^2+a_1\mu+a_0, \quad y_Q(\mu)=b_2\mu^2+b_1\mu+b_0$$
$$\tan\phi(\mu)=f(\mu)=\frac{\mathrm{d}y_Q/\mathrm{d}\mu}{\mathrm{d}x_Q/\mathrm{d}\mu}=\frac{2b_2\mu+b_1}{2a_2\mu+a_1}$$

边界条件为

㊀ 通过使函数 $J(\xi)=e^{\mathrm{T}}\boldsymbol{e}=(\boldsymbol{y}-\boldsymbol{M}\xi)^{\mathrm{T}}(\boldsymbol{y}-\boldsymbol{M}\xi)$相对于 ξ 最小化，可以求解式(3.103)。获得式(3.103)的简单方法是假设 $\boldsymbol{M}^{\mathrm{T}}(\boldsymbol{u})\boldsymbol{e}=0$($\boldsymbol{e}$ 独立于$\boldsymbol{M}(\boldsymbol{u})$，秩 $\boldsymbol{M}(\boldsymbol{u})=\min(m, n)=n$，将 $\boldsymbol{M}^{\mathrm{T}}(\boldsymbol{u})$乘以式(3.102)来求解 ξ。实际上，式(3.103)是 $\hat{\xi}=\boldsymbol{M}^{\dagger}\boldsymbol{y}$，其中 $\boldsymbol{M}^{\dagger}$ 是 $\boldsymbol{M}$ 的广义逆(见式(2.8a))。

$$x_Q(0)=x_Q^0=a_0,\quad x_Q(1)=x_Q^1=a_2+a_1+a_0$$
$$y_Q(0)=y_Q^0=b_0,\quad y_Q(1)=y_Q^1=b_2+b_1+b_0$$
$$f(0)=\tan\phi(0)=b_1/a_1$$
$$f(1)=\tan\phi(1)=(2b_2+b_1)/(2a_2+a_1)$$

根据上述条件，参数 a_i 和 $b_i(i=0,1,2,\cdots)$ 的计算如下：

$$a_0=x_Q^0,\quad a_1=\frac{2(\tan\phi(1))(x_Q^1-x_Q^0)-y_Q^1+y_Q^0}{\tan\phi(1)-\tan\phi(0)} \tag{3.105a}$$

$$b_0=y_Q^0,\quad b_1=a_1\tan\phi(0),\quad b_2=y_Q^1-y_Q^0-a_1 \tag{3.105b}$$

$\Delta\hat{l}$ 的近似长度增量 Δl 由下式给出：

$$|\Delta\hat{l}|=\int_0^1\sqrt{(\frac{\mathrm{d}x_Q}{\mathrm{d}\mu})^2+(\frac{\mathrm{d}y_Q}{\mathrm{d}\mu})^2}\,\mathrm{d}\mu=\int_0^1\sqrt{k_2\mu^2+k_1\mu+k_0}\,\mathrm{d}\mu \tag{3.106a}$$

其中

$$k_0=a_1^2+b_1^2,\quad k_1=4a_1a_2+4b_1b_2,\quad k_2=4a_2^2+4b_2^2 \tag{3.106b}$$

式(3.106a)是一个积分方程，其闭式解可参照积分表。确定机器人是向前还是向后移动的 Δl 的正负可以通过以下关系确定：

$$\Delta l=l_1-l_0=(x_Q^1\cos\phi(0)+y_Q^1\sin\phi(0))-(x_Q^0\cos\phi(0)+y_Q^0\sin\phi(0))$$

其中，x_Q^1，y_Q^1 是当前位置，x_Q^0，y_Q^0 是机器人旧的位置。使用上述 WMR 识别方法进行的几个数值实验给出了非常令人满意的 Δl 和 $\Delta\phi$ 的解[16]。

例 3.6　概述将最小二乘识别模型(见式(3.102)～式(3.103))应用于一般非完整 WMR 模型(见式(3.19a)和式(3.19b))的方法。

解　由式(3.19a)和式(3.19b)给出的模型

$$\overline{\boldsymbol{D}}(\boldsymbol{q})\dot{\boldsymbol{v}}+\overline{\boldsymbol{C}}(\boldsymbol{q},\dot{\boldsymbol{q}})\boldsymbol{v}+\overline{\boldsymbol{g}}(\boldsymbol{q})=\overline{\boldsymbol{E}}\boldsymbol{\tau}$$

可写为

$$\dot{\boldsymbol{v}}=\boldsymbol{M}(\boldsymbol{v},\ \boldsymbol{\tau})\boldsymbol{\xi}$$

其中，$\boldsymbol{\xi}$ 是一个未知参数的向量。上述模型可以通过计算 $\boldsymbol{y}_k$ 写成式(3.102)的形式：

$$\boldsymbol{y}_k=\boldsymbol{v}_k-\boldsymbol{v}_{k-1}=\left(\int_{(k-1)T}^{kT}[\boldsymbol{M}(\boldsymbol{v},\ t),\ \boldsymbol{\tau}(t)]\mathrm{d}t\right)\boldsymbol{\xi} \tag{3.107}$$

其中，$\boldsymbol{v}_k=\boldsymbol{v}(t)|_{t=kT}$，$T$ 是测量的采样周期。

现在，将 $\overline{\boldsymbol{y}}_N$ 和 $\overline{\boldsymbol{M}}_N$ 定义为

$$\overline{\boldsymbol{y}}_N=[\boldsymbol{y}_1,\ \boldsymbol{y}_2,\ \cdots,\ \boldsymbol{y}_N]^{\mathrm{T}}$$
$$\overline{\boldsymbol{M}}_N=\left[\int_0^{\mathrm{T}}\boldsymbol{M}\mathrm{d}t,\ \int_0^{2\mathrm{T}}\boldsymbol{M}\mathrm{d}t,\ \cdots,\ \int_{(N-1)T}^{NT}\boldsymbol{M}\mathrm{d}t\right]^{\mathrm{T}}$$

在 N 次测量之后，式(3.107)变为

$$\overline{\boldsymbol{y}}_N=\overline{\boldsymbol{M}}_N\boldsymbol{\xi} \tag{3.108}$$

该方法克服了加速度计算带来的噪声问题。$\boldsymbol{\xi}$ 的最佳估计 $\hat{\boldsymbol{\xi}}$ 由式(3.103)给出：

$$\hat{\boldsymbol{\xi}}=(\overline{\boldsymbol{M}}_N^{\mathrm{T}}\overline{\boldsymbol{M}}_N)^{-1}\overline{\boldsymbol{M}}_N^{\mathrm{T}}\overline{\boldsymbol{y}}_N \tag{3.109}$$

可以通过将识别过程分为两部分来简化识别过程：机器人在无旋转直线移动时的识别；机器人具有纯旋转运动时的识别。在纯线性运动中，我们保持角度 ϕ 恒定(即 $\dot{\phi}=0$)，并且在纯旋转运动中，有 $v_Q=0$(即 $\dot{x}_Q=0$ 且 $\dot{y}_Q=0$)[17]。

参考文献

[1] McKerrow PK. Introduction to robotics. Reading, MA: Addison-Wesley; 1999.

[2] Dudek G, Jenkin M. Computational principles of mobile robotics. Cambridge: Cambridge University Press; 2010.

[3] De Villiers M, Bright G. Development of a control model for a four-wheel mecanum vehicle. In: Proceedings of twenty fifth international conference of CAD/CAM robotics and factories of the future conference. Pretoria, South Africa; July 2010.

[4] Song JB, Byun KS. Design and control of a four-wheeled omnidirectional mobile robot with steerable omnidirectional wheels. J Rob Syst 2004;21:193–208.

[5] Sidek SN. Dynamic modeling and control of nonholonomic wheeled mobile robot subjected to wheel slip. PhD Thesis, Vanderbilt University, Nashville, TN, December 2008.

[6] Williams II RL, Carter BE, Gallina P, Rosati G. Dynamic model with slip for wheeled omni-directional robots. IEEE Trans Rob Autom 2002;18(3):285–93.

[7] Stonier D, Se-Hyoung C, Sung–Lok C, Kuppuswamy NS, Jong-Hwan K. Nonlinear slip dynamics for an omniwheel mobile robot platform. In: Proceedings of IEEE international conference on robotics and automation. Rome, Italy; April 10–14, 2007. p. 2367–72.

[8] Ivanjko E, Petrinic T, Petrovic I. Modeling of mobile robot dynamics. In: Proceedings of seventh EUROSIM congress on modeling and simulation. Prague, Czech Republic; September 6–9, 2010. p. 479–86.

[9] Moret EN. Dynamic modeling and control of a car-like robot. MSc Thesis, Virginia Polytechnic Institute and State University, Blacksburg, VA, February 2003.

[10] Watanabe K, Shiraishi Y, Tzafestas SG, Tang J, Fukuda T. Feedback control of an omnidirectional autonomous platform for mobile service robots. J Intell Rob Syst 1998;22:315–30.

[11] Pin FG, Killough SM. A new family of omnidirectional and holonomic wheeled platforms for mobile robots. IEEE Trans Rob Autom 1994;10(4):480–9.

[12] Rojas R. Omnidirectional control. Freie University, Berlin; May 2005. <http://robocup.mi.fu-berlin.de/buch/omnidrive.pdf>.

[13] Connette CP, Pott A, Hagele M, Verl A. Control of a pseudo-omnidirectional, non-holonomic, mobile robot based on an ICM representation in spherical coordinates. In: Proceedings of 47th IEEE conference on decision and Control. Canum, Mexico; December 9–11, 2008. p. 4976–83.

[14] Moore KL, Flann NS. A six-wheeled omnidirectional autonomous mobile robot. IEEE Control Syst Mag 2000;20(6):53–66.

[15] Kalmar-Nagy T, D'Andrea R, Ganguly P. Near-optimal dynamic trajectory generation and control of an omnidirectional vehicle. Rob Auton Syst 2007;46:47–64.

[16] Cuerra PN, Alsina PJ, Medeiros AAD, Araujo A. Linear modeling and identification of a mobile robot with differential drive. In: Proceedings of ICINCO international conference on informatics in control automation and robotics. Setubal, Portugal; 2004. p. 263–9.

[17] Handy A, Badreddin E. Dynamic modeling of a wheeled mobile robot for identification, navigation and control. In: Proceedings of IMACS conference on modeling and control of technological systems. Lille, France; 1992. p. 119–28.

第4章 移动机器人传感器

4.1 引言

为机器人设计的传感器类似于人类感觉系统(例如视觉、听觉、动觉)的传感器，其向大脑提供输入信号以用于处理，利用和行动。传感器在机器人学闭环反馈控制回路中的应用至关重要，其能够确保机器人在实际应用中的高效和自动化/自主操作。传感方法通过重复执行一组编程任务，为机器人(包括固定式、移动式和混合式机器人)提供了更高的水平和智能能力，这远远超出了“预编程”的操作方式。

本章的目的是概述固定机器人和移动机器人(如轮式移动机器人、移动机械手、人形机器人)中使用的一些重要传感器。具体目标如下：

- 提供传统的传感器分类及其操作功能。
- 讨论声呐、激光和红外传感器。
- 概述机器人视觉及其主要功能(包括全向视觉)。
- 列出陀螺仪、指南针和力/触觉传感器的操作原理。
- 简要介绍全球定位系统。

为兼容本书的范围，本章的内容以介绍性描述的方式呈现。物理、设计和操作细节方面的知识请参见传感器专用教科书，如参考文献[1-9]。传感器在一些有代表性的移动机器人应用中的使用可以在参考文献[10-22]中找到。

4.2 传感器的分类与特性

4.2.1 传感器分类

通常，机器人传感器被划分为以下两种：

- 模拟传感器
- 数字传感器

模拟传感器提供需要模数(A/D)转换的模拟输出信号。模拟传感器的示例是模拟红外距离传感器、麦克风和模拟罗盘。

数字传感器比模拟传感器更精确，其输出形式可能不同。例如，它们可以具有“同步串行”形式(即逐位数据读取)或“并行”形式(例如8或16个数字输出线)。

在所有情况下，所需的传感器“特征”是高分辨率，宽操作范围，快速响应，易于校准，高可靠性和低成本(对于购买、支持、维护过程来说)。传感器还包括在计算或人工视觉中所需的视觉相机及其所有辅助设备。

从传感器到计算机(CPU)的数据传输可以由计算机启动(称为轮询)或传感器本身启动(称为中断)。在轮询的情况下，CPU 必须通过读取环路中的状态线来检查传感器是否就绪。而在传感器启动情况下，需要可用的中断请求线。

第二种方式更快，因为一旦产生了中断(表示数据就绪)，CPU 就会立即对此请求做出反应。

机器人定位的感知系统可以分为以下几类：

- 机械系统
- 声学系统
- 电磁系统
- 磁学系统
- 光学系统

它们中的一些适合于机器人静止时的位置测量，而另一些适合于机器人运动期间的位置测量。机械系统需要机器人和传感器之间的物理接触，它们经常集成在机器人体内。声学和电磁传感器使用发送和接收信号的方向性和飞行时间测量，以便计算感兴趣对象的角位置和线性位置。

声学系统采用超声频率，电磁传感器系统包括光学、激光和雷达设备。在这两种情况下，都需要让发射器和接收器之间的“视线”无遮挡。磁传感器采用地球静磁场和电磁线圈的空间配置来计算位置。光学传感器使用适当的视觉相机(如单眼相机、双目相机、全向相机)来进行感知。

机器人传感器的进一步分类如下。

从机器人的角度来看：

- 车载(本地)传感器，即安装在机器人上的传感器。
- 全局传感器，即安装在机器人外部环境中的传感器，并将传感器数据发送回机器人。

从被动/主动的角度来看：

- 被动传感器，即在不影响环境变化的情况下监测环境变化的传感器(例如陀螺仪、视觉相机)。
- 主动传感器，即刺激环境以监测环境的传感器(例如红外传感器、激光扫描仪、声呐传感器)。

移动机器人的传感器：

- 内部(本体感知)传感器，即监测机器人内部状态的传感器。
- 外部(外部感知)传感器，即监控机器人环境的传感器。

内部传感器包括测量电动机速度、车轮负载、机械臂的关节角和电池电压的传感器。外部传感器包括测量距离、声音幅度和光强度的传感器。无源传感器包括温度探测器、麦克风和电荷耦合器件(CCD)或 CMOS 相机。向环境发射能量的有源传感器有车轮正交编码器和激光测距仪等。

4.2.2 传感器特性

静止机器人或移动机器人中使用的传感器具有各种性能特征。这些特征在受控环境（如室内、实验室环境）和非受控环境（如室外、现实环境）中是不同的。

传感器的基本特点如下：

- 动态区间（即传感器正常工作时的输入值下限和上限之间的差值）。通常，为了覆盖非常小和非常大的信号范围，会使用最大值和最小值比率的对数，即

$$范围=20\log\left(\frac{最大输入}{最小输入}\right)(\mathrm{dB})$$

若电压表测量的电压值上下限为 $V_{min}=1\mathrm{mV}$ 和 $V_{max}=20\mathrm{V}$，则

$$范围=20\log\frac{V_{max}}{V_{min}}=20\log\left[\frac{20}{0.001}\right]=86\mathrm{dB}$$

- 分辨率（即传感器可识别的测量变量的最小差异）。在模拟传感器中，分辨率通常与传感器操作范围的下限一致。然而在数字传感器中并非如此，其模拟输入被转换为二进制形式。
- 线性度（即传感器的输出值 $f(x+y)$ 对输入 x 和 y 之和等于每个输入单独获得的传感器输出值的和 $f(x)+f(y)$ 的性质）。在更一般的公式中，线性意味着 $f(k_1x+k_2y)=k_1f(x)+k_2f(y)$，其中 k_1 和 k_2 是常数参数。
- 带宽（即传感器可以提供的读数/数据的最大速率或频率）。每秒的读数（测量值）为传感器的频率（以赫兹（Hz）为单位）。

对非实验室环境非常重要的其他功能包括：

- 灵敏度（即输入信号的变化对输出信号的影响程度）。
- 准确度（即传感器读数在多大程度上与输入的真实值一致）。如果 $e=y-x=$ 传感器读数－真实值，则准确度由下式给出：

$$准确度=1-|误差|/x$$

- 精度（如果错误是随机的）。精度定义为

$$精度=范围/\sigma$$

其中 σ 是误差与平均值 m 的标准差。

4.3 位置传感器和速度传感器

4.3.1 位置传感器

位置传感器用于确定机器人连杆或移动平台关节（线性/旋转轴）是否已移动到正确位置，从而驱动末端执行器或移动平台到所需的笛卡儿空间内的位置/方向。类似地，速度传感器用于测量机器人关节或平台的运动速度（线性，角度）。

三个基本位置传感器如下：

1）电位计

2）旋转变压器

3）编码器

电位计（线性或角度）是给出与指针位置成比例的输出 $V_0(t)$ 的装置，即 $V_0=K_p\Theta(t)$，其中 K_p 是电位计系数。

旋转变压器是模拟传感器，其输出与另一个物体相对于固定元件的旋转角度成比例。在最简单的情况下，旋转变压器在转子中具有简单的绕组，并且在定子中具有相对角度为 90°的一对绕组。如果转子接收到信号 $A\sin(\omega t)$，则定子的两个端子处的电压为

$$V_{s1}(t)=A\sin(\omega t)\sin\theta$$

$$V_{s2}(t)=A\sin(\omega t)\cos\theta$$

其中 θ 是转子相对于定子的旋转角度。

编码器分为差分（或增量）编码器和绝对编码器。编码器是电动机控制的基本反馈传感器。用于构建编码器的两种典型元件是霍尔效应传感器（磁传感器）和光学编码器（具有黑色和白色段的扇形盘以及发光二极管（LED）和光电二极管，见图 4.1a）。光电二极管在白色段期间检测反射光，但在黑色段期间不检测。因此如果该磁盘有 16 个白色段和 16 个黑色段，则传感器在旋转期间将接收 16 个脉冲。

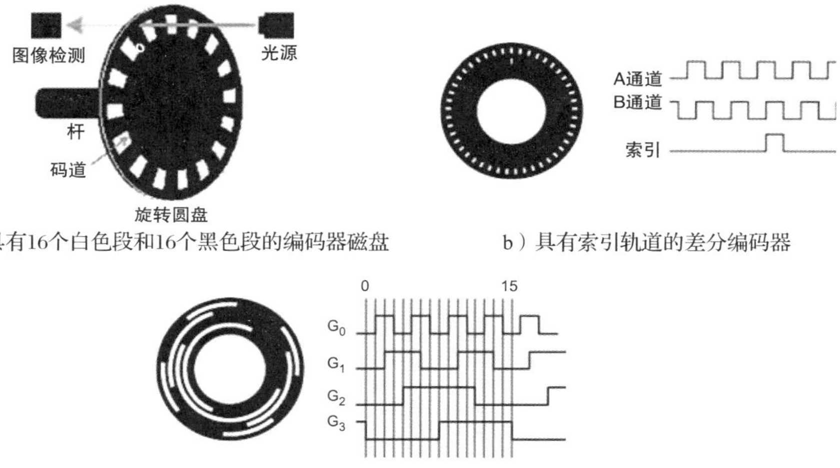

a）具有16个白色段和16个黑色段的编码器磁盘　b）具有索引轨道的差分编码器

c）4位的绝对编码器

图 4.1　编码器示例

差分（正交）编码器是机器人中最常用的反馈设备。编码器安装在每个关节（电动机）轴上。

差分编码器增加了第二个轨迹以产生每转一次的脉冲（索引信号），该脉冲用于指示绝对位置（见图 4.1b）。为了获得有关旋转方向的信息，用两个不同的光电二极管元件读出磁盘上的线，这两个光电二极管元件以四分之一线对间距的机械位移来观察磁盘图案。当圆盘旋转时，两个光电二极管产生具有 90°相位差的信号。这两个信号通常称为正交 A 和 B 信号（见图 4.1b）。当通道 A 在通道 B 之前移动时，顺时针方向通常被定义为正向。

绝对编码器的磁盘上有许多与字长相对应的离散轨迹。图 4.1c 所示的 4 位绝对编码

器的模式是所谓的“灰色”(或反射二进制)代码。

4.3.2　速度传感器

通常情况下，机器人关节的速度是通过转速计直接测量的。由于存在微分噪声，因此通过位置信号的数值微分来间接测量速度的方法并不可取。转速表分为直流(DC)转速表和交流(AC)转速表。在机器人技术中，主要使用的是直流转速计(见图4.2)。

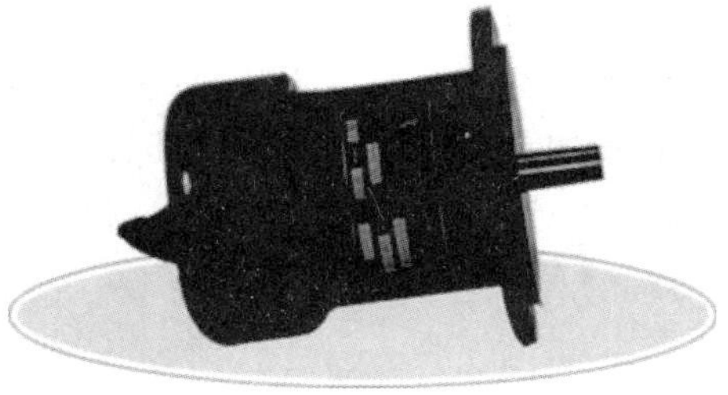

图4.2　直流转速计

直流转速计(测速发电机)在其输出端产生直流电压，该电压与所连接电动机的转速成正比。使用的永磁体消除了对外部激励的需求，并提供了非常可靠和稳定的输出。直流转速计使用换向器，因此对输出中出现的小纹波无法完全滤除。测速发电机的精度决定了速度测量的最大分辨率。交流转速计中不会出现波纹。

4.4　距离传感器

测量机器人与其周围障碍物距离的传感器包括：

- 声呐传感器
- 激光传感器
- 红外传感器

4.4.1　声呐传感器

声呐传感器(或简单地说，来自声音、导航和测距传感器的声呐)具有一个相对窄的锥形(见图4.3)，因此对于360°覆盖，典型的移动机器人传感器配置是使用24个传感器，每个传感器映射一个圆锥体，每个圆锥体的顶角约为15°。实际上可选择具有多种锥角的商用声呐，以适应所有可能的实际应用。

声呐传感器的工作原理包括在50Hz～250kHz的超声频率下发射短声信号(持续时间约1ms)，以及测量从信号发射到回声返回传感器的时间。测量的飞行时间与传感器锥体中最近的障碍物的距离的两倍成比例。如果在最大时间段内没有接收到信号，则在相应距离内没有检测到障碍物。测量每秒重复约20次(对应于其典型的“咔嗒”声)。

如图4.3d所示，声呐传感器的声束并非完全局限于窄锥体，因为其存在旁瓣，如果首先反射的是旁瓣，则对飞行时间信息的解算可能会被混淆。很多时候，实际场景在不同观察视角上会有不同的表现。例如，在声呐传感器安装在移动机器人上的情况下，由于相对较宽的波束宽度，机器人只有在足够接近一些环境的重要特征(障碍物、门等)时才能检测到。物体能引起波的反射的距离 L 由下式给出：

$$L=\frac{1}{2}v_s t_0$$

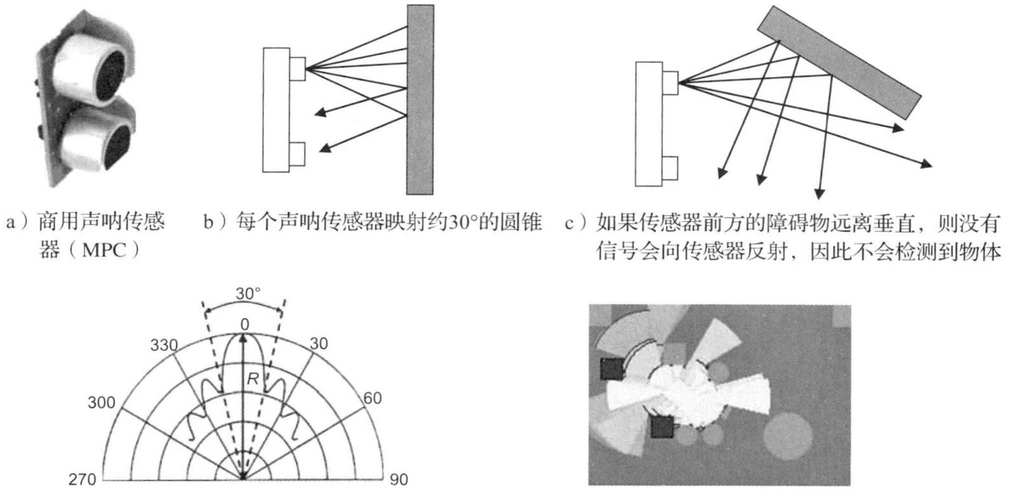

a）商用声呐传感器（MPC）　b）每个声呐传感器映射约30°的圆锥　c）如果传感器前方的障碍物远离垂直，则没有信号会向传感器反射，因此不会检测到物体

d）典型的光束强度图案　e）在有几个障碍物的环境中进行360°

图 4.3　声呐传感器示意图

资料来源：图 d 转载自参考文献[22]，经 Elsevier Science Ltd 许可；图 e 由 N. Katevas 提供。

其中 v_s 是声速（空中约 330m/s～350m/s），t_0 是飞行时间。

通过物理学，我们知道空气中声音的速度如下：

$$v_s=\sqrt{\gamma \boldsymbol{RT}}$$

其中 R 是气体常数，γ 是比热的比率，T 是绝对温度（单位为“开尔文”（K））。移动机器人中使用的大多数声呐的有效范围在 12cm～5m 之间，精度为 98%～99.1%。

等效声束角 δ 和 3dB 的角度 θ_{3dB}（以度为单位），即对应于主瓣轴两侧的半强度方向的线之间的角度，通过以下等式相关：

$$a=1.6/\mu\sin(\theta_{3dB}/2)$$

$$\delta=5.78/(\mu a)^2 \quad （球面度）$$

或者

$$\delta=10\log\left(\frac{5.78}{(\mu a)^2}\right)(\mathrm{dB})$$

此处

$$\mu=2\pi/\lambda$$

是波数，λ 是以米为单位的波长，a 是圆形传感器的有效半径。

4.4.2　激光传感器

激光接近传感器是光学传感器的特殊情况，其测量范围从厘米到米。它们通常被称为激光雷达（或 lidars，即 light direction and ranging sensors，光方向和测距传感器）。能量以脉冲形式发出，距离是从飞行时间计算出来的。它们也可以用作激光高度计，以应用于避障或在公路上检测车辆。典型的激光测距仪如图 4.4 所示。

a）激光测距仪（SICK LMS 210） b）SICK LRF安装在P2AT轮式移动机器人上

图 4.4 典型的激光测距仪

资料来源：http://www.ai.sri/centibots/tech_design/robot.html。

激光传感器提供速度和高度。旋转激光器是基于波在超过每分 1 转或 2 转的情况下进行 360°旋转，且包含 45°旋转的反射镜。这克服了隐藏区域的问题。通常它们与反射信标一起工作。旋转激光器测量角度位置。扫描激光测距仪通过提供被测物体的范围和角度位置，将激光雷达与旋转激光器结合在一起。它们不需要反射信标，因为它们可以在非结构化环境中工作，所以它们非常有用。不幸的是，激光传感器对于小型移动机器人而言非常大且重(并且也太昂贵)，因此红外距离传感器在移动机器人中非常流行。激光测距仪中的飞行时间测量使用脉冲激光进行，并直接测量经过时间，和声呐传感器的方法一样。测量时间最简单的方法是测量反射光的相移，如 4.4.3 节所述。

4.4.3 红外传感器

近红外光可以通过二极管或激光产生。发射的红外光的典型波长介于 820nm～880nm 之间。由于大多数表面的粗糙度大于入射光的波长，因此发生漫反射，即光几乎是各向同性地反射。位于传感器孔径内的红外光分量几乎与远距离物体的发射光束平行(见图 4.5a)。

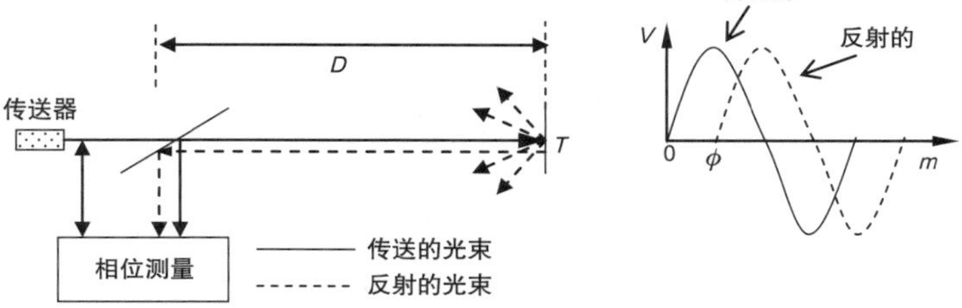

a）使用相移方法进行红外距离测量 b）发送和接收信号之间的相移

图 4.5 红外传感器测距

该传感器以给定频率 f 发送 100%幅度的调制光，并测量发射信号和反射信号之间的相移。如果 ϕ 是电子测量的相移，而 λ 是波长，则距离 $2D$ 等于$(\phi/2\pi)\lambda$，即(见图 4.5b)

$$D=\frac{\lambda}{4\pi}\phi$$

墙壁障碍物前面的真正的红外传感器如图 4.6 所示。

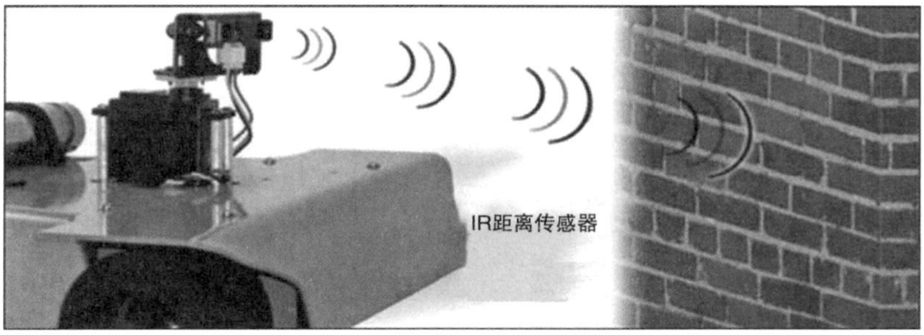

图 4.6　安装在移动机器人平台上的红外传感器(红外传感器可用于避障、线路跟踪和地图构建)

资料来源：http://www.trossenrobotics.com/c/robot-IR-sensors.aspx。

4.5　机器人视觉

4.5.1　一般问题

机器人视觉是指机器人通过将物体反射的光收集成图像，然后对图像进行解释和处理，从而看到和识别物体的能力。机器人视觉采用光学或视觉传感器(摄像机)和适当的电子设备来处理/分析视觉图像，并识别每个机器人应用中的相关对象。

我们用理想的针孔相机模型来表示理想透镜，并假设光线沿直线从物体穿过针孔到图像(传感器)平面进行传播。针孔相机是最简单的装置，可以准确地捕捉透视投影的几何形状。针孔是一个无限小的孔径。物体的图像由光线与图像平面相交形成(见图 4.7)，这种从三维到两维的映射称为*透视投影*。针孔的最佳半径 $r \approx \sqrt{\lambda d}$，其中 λ 是光的波长，d 是传感器距针孔的距离。

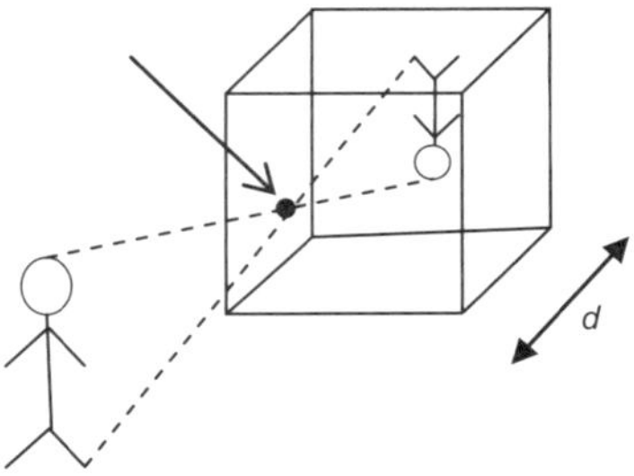

图 4.7　针孔相机几何结构示意图(对于 $d=50$mm 和 $\lambda=550$nm，我们得到 $r=0.165$mm)

透镜畸变使图像点从传感器平面上理想的"针孔模型"位置偏移。透镜畸变分为以下几种：

- 径向(朝向中心图像或远离中心图像的位移)
- 切向(这些位移与径向成直角，通常比径向位移小得多)
- 非对称径向或切向(此处误差函数因图像平面上的不同位置而异)
- 随机(这些位移无法在数学上建模)

校正由于相机内部方向原因而发生的图像位移的过程称为*相机校准*。理想针孔相机模型可以通过非常精确和昂贵的镜头实现。立体相机具有两个或多个镜头，每个镜头具有单独的图像传感器或胶片框架，并且可以模拟人类双目视觉，因此它具有捕获三维图像的能力，这一过程称为*立体摄影*。镜片之间的距离通常接近人眼间距。针孔摄像机和立体摄像机如图 4.8a 和图 4.8b 所示。

图像(电子图像)是一组像素(图片元素)，已经数字化到计算机的存储器中。在每个像素中存储一个二进制数，以表示落在图像该部分上的光的强度和波长。

a）安装在机器人上的商用针孔摄像机

b）典型的立体相机

图 4.8 针孔摄像机和立体相机

资料来源：http://www.caminax.com，http://www.benezin.com/3d/。

像素是二进制数的矢量，其表示特定的颜色。填充有相应颜色的像素(矢量)矩阵的数字图像能从相机的角度创建场景的图像。在机器人视觉中使用的摄像机主要包括由管或固态成像传感器组成的电视摄像机和其相关的电子设备。管系列的电视摄像机的常见例子是摄像管。固态成像传感器的主要代表是电荷耦合器件(Charge-Coupled Device，CCD)。固态成像器件与管式摄像机相比具有许多优点，如重量轻、体积小、寿命长、功耗低等。但是，一些视频管的分辨率仍然超出了 CCD 的能力。

在摄像管中，电子束以每秒 30 次的速度扫描物体的整个表面。每个完整的扫描(称为帧)包括 525 行，其中 480 行包含图像信息。有时，帧由 559 行组成，其中包含图像数据的有 512 行。

CCD 器件分为线扫描传感器和面阵传感器。线扫描 CCD 传感器的基本组成部分是一排称为光电(photosite)的硅成像元件。图像光子穿过透明的多晶硅栅结构并被硅晶体吸收，形成电子-空穴对。由此产生的光电子被收集在光点中，每个光点收集的电荷量与该位置的照明强度成正比。线扫描相机只提供一行输入图像，因此它们非常适合物体通过传感器的应用(如在传送带中)。线扫描传感器的分辨率在 256～2048 个元素之间。中分辨率区域传感器的分辨率在 32×32～256×256 之间。目前的 CCD 传感器能够达到 1024×1024 或更高的分辨率。

很明显，相机实际上是将二维或三维现实转换为二维表示的设备，尽管通过后处理，我们可以从初始二维图像重建三维现实。相机不是没有误差的设备。一般来说，相机畸变分为以下几类：

- 几何(物体在传感器平面上的表示的位移)
- 辐射测量(像素灵敏度变化导致的像素“亮度值”误差)
- 光谱(由于传感器对不同波长光的响应不同，像素“亮度值”出现误差)

机器人(计算机)视觉可分为以下主要子区域：

- 感知

- 预处理
- 分割
- 描述
- 识别
- 解释

4.5.2 传感

机器人视觉包括以下感知分类(除了摄像机自己的设计):

- 相机标定
- 图像采集
- 光照
- 成像几何

4.5.2.1 相机标定

相机标定是传感过程中的首要要求，它涉及相机内部的方向特性导致的图像位移校正。透镜畸变是图像点从传感器平面上的理想“针孔模型”位置移位的原因之一。标定方法分类如下:

- 基于模型的方法(对误差的主要特征进行建模和校正)。
- 基于映射的方法(生成适当的现实到图像或图像到现实的映射，而无须了解根本原因)。

建模的基本影响因素是径向透镜畸变。通常使用的模型是二阶、三阶或四阶有序多项式，然后使用最小二乘法或内插技术来确定导致观察到的误差的最佳模型的系数值。

在基于映射的方法中，我们没有尝试理解错误的特定原因。重要的是保留一个清晰的图像到现实的映射。

在实际使用中，这两种相机标定方法都可以在图像预处理之前消除由相机内部方向因素引起的大部分位移误差。

4.5.2.2 图像采集

如 4.5.1 节所述，视觉信息通过视觉传感器和相关电子设备转换为电信号。当在空间上采样并在振幅上量化时，这些视觉信号产生数字图像。

图像采集中包含的三项基本内容如下:

- 成像技术
- 采样对空间分辨率的影响
- 振幅量化对强度分辨率的影响

令 $f(x, y)$ 为二维图像，在空间和振幅(强度)上对其进行数字化处理。空间坐标 x 和 y 的数字化称为图像采样，而幅度数字化为强度或灰度量化(对于单色图像，即灰色的黑白变化)。

$f(x,y)$的数字化形式(称为数字图像)由以下类型的矩阵表示:

$$f(x,y)\simeq\begin{bmatrix} f(0,0) & f(0,1) & \cdots & f(0,M-1) \\ f(1,0) & f(1,1) & \cdots & f(1,M-1) \\ \vdots & \vdots & \ddots & \vdots \\ f(N-1,0) & f(N-1,1) & \cdots & f(N-1,M-1) \end{bmatrix}$$

现在x和y在$x=0,1,2,\cdots,N-1$和$y=0,1,2,\cdots,M-1$处具有离散值。数组中的每个元素都称为像素或图像元素。显然,$f(0,0)$表示图像原点的像素,$f(0,1)$表示右侧的下一个像素,依次类推。任何点(x,y)处的值$f(x,y)$表示该点处的图像$f(x,y)$的强度。N和M越大,获取的图像效果越好,分辨率越高,如图4.9所示。

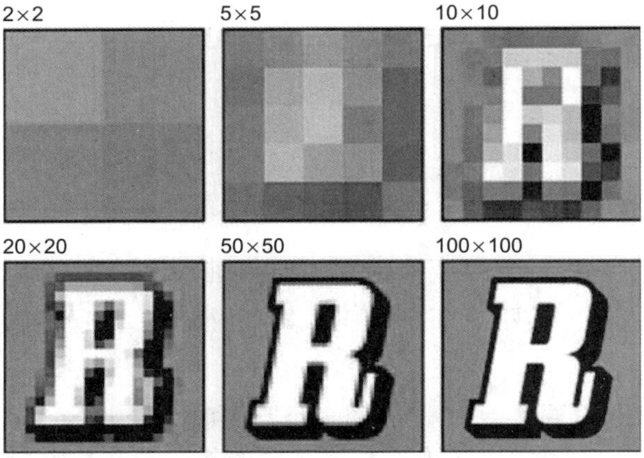

图4.9 增加像素数和相应图像分辨率的序列

资料来源:http://patriottruckleasing.com/resolution.html。

4.5.2.3 光照

场景的光照是影响视觉算法复杂性的关键因素。良好的照明系统能够照亮场景,以便最小化所产生图像的复杂性并改善(增强)物体检测和提取所需的信息。机器人技术中使用的四种典型光照技术如下:

- 漫射照明(对于具有光滑和规则表面的物体)
- 背光(适用于物体轮廓足以识别或其他用途的应用)
- 结构化照明(即点、条纹或网格投影到工作表面上,例如,当块被平行光平面照射时,平行光平面在与平坦表面相交时变成光条纹)
- 定向照明(使用高度定向的光或激光检查物体表面,并检测表面上的缺陷,如凹坑和划痕)

4.5.2.4 成像几何

二维像平面上的点$f(x',y')$的位置与实际三维空间中的对应点$F(x_0,y_0,z_0)$的关系由光学定律确定。因为光线落在图像(传感器)平面上的相机镜头的光圈远小于所研究物体的尺寸,所以可以通过针孔模型代替镜头。因此,来自空间的点通过在公共点相交的线投影到图像平面上,该公共点称为**投影中心**。在针孔相机模型中,投影中心位于镜头中心。摄像机本身代表一个指定了坐标系的刚体,该坐标系描述了相机的姿态。

图 4.10a 显示了透视(或成像)转换的基本模型。

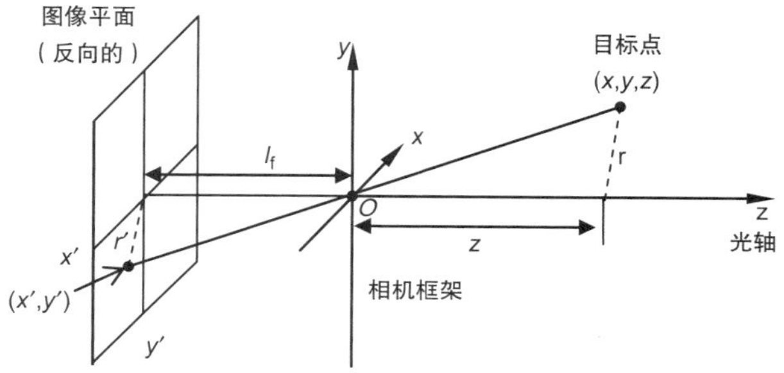

a)透视成像投影(称为反向透视投影)。摄像机坐标系(x, y, z)与世界坐标系对齐。在相机帧中,焦距l_f为负值

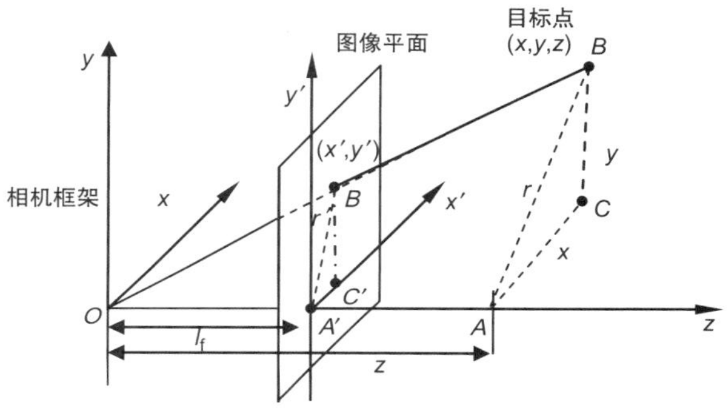

b)等效的前向图像平面,相对于相机帧的原点与真实像平面对称

图 4.10　透视成像投影原理及等效前向图像平面

光轴(即通过三维点 O 并垂直于图像平面的线)是沿着 z 轴的。图像平面和投影中心 O 之间的距离是焦距 l_f(例如透镜和 CCD 阵列之间的距离)。光轴与图像平面的交点称为主点(或图像中心)。请注意,主点并不总是图像的实际中心。为了导出三维物体与二维图像之间的几何关系,可以方便地使用图 4.10b 所示的等效图像平面,该图像平面相对于相机原点与真实图像平面对称,并具有正焦距。在图 4.10b 中,我们使用以下符号:

$$(x, y, z) \rightarrow (X, Y, Z), \quad r \rightarrow R$$

$$(x', y', z') \rightarrow (x, y, z), \quad r' \rightarrow r$$

使用相似三角形$\triangle OA'B'$和$\triangle OAB$ 得到

$$\frac{l_f}{Z} = \frac{r}{R}$$

类似地,从相似三角形$\triangle A'B'C'$和$\triangle ABC$ 可以获得

$$\frac{x}{X} = \frac{y}{Y} = \frac{r}{R}$$

从上述关系中,得到以下前向透视投影方程[⊖]:

⊖ 反向透视方程可以从图 4.10a 中找到,即 $x = -l_f X/(Z - l_f) = l_f X/(l_f - Z)$,$y = -l_f Y/(Z - l_f) = l_f Y/(l_f - Z)$,$z = -l_f$。

$$x=\frac{l_f X}{Z},\quad y=\frac{l_f Y}{Z},\quad z=l_f$$

这是非线性的(因为它们涉及 Z 的除法)。然而使用齐次表示，我们可以获得从 $\lambda[X, Y, Z, 1]^T$ 到 $[x, y, z, 1]^T$ 的正向线性透视变换，其中 λ 是缩放因子，即

$$\begin{bmatrix} x \\ y \\ z \\ 1 \end{bmatrix}=\begin{bmatrix} l_f & 0 & 0 & 0 \\ 0 & l_f & 0 & 0 \\ 0 & 0 & l_f & 0 \\ 0 & 0 & 1 & 0 \end{bmatrix}\lambda\begin{bmatrix} X \\ Y \\ Z \\ 1 \end{bmatrix}$$

其中 $\lambda=1/Z$。因此我们的正向线性透视变换矩阵是

$$\boldsymbol{P}=\begin{bmatrix} l_f & 0 & 0 & 0 \\ 0 & l_f & 0 & 0 \\ 0 & 0 & l_f & 0 \\ 0 & 0 & 1 & 0 \end{bmatrix}$$

现在很容易验证，只使用 $\boldsymbol{P}^{-1}$(反向)的话不能从图像中恢复三维点。只有当三维点的至少一个坐标已知时，才能执行此操作。

4.5.3　预处理

图像预处理可以通过两种通用方法执行：

- 空间域预处理方法
- 频域预处理方法

空间域预处理方法直接作用于图像像素阵列。通常空间域预处理函数的形式是

$$p(x, y)=H(f(x, y))$$

其中 $f(x, y)$ 是输入图像，$H(\cdot)$ 是 $f(x, y)$ 上的运算符，$P(x, y)$ 是预处理的结果(即预处理图像)。在最简单的情况下，H 具有强度映射 I 的形式，即

$$u=I(v)$$

其中 v 和 u 分别表示 $f(x, y)$ 和 $P(x, y)$ 的强度。

另一种典型的图像预处理技术是使用卷积模板的窗口(或模板、滤波器)技术。

频域预处理方法使用图像的傅里叶变换，该图像将图像转换为复数像素的集合。为减少由于采样、量化传输和环境的其他干扰操作而产生的噪声和其他杂散效果，可以采用适当的平滑操作。例如：

- 邻域平均(通过平均 (x, y) 点周围预定义区域中包含的像素强度值来获得平滑图像)。
- 中值滤波(通过使用中值而不是所需周围区域中像素的平均值来获得平滑图像)。

其他预处理操作包括：

- 图像增强(自动适应照明变化)。
- 边缘检测(这是众多检测算法的初步步骤)。
- 图像阈值处理(即选择分离强度模式的阈值 T，如在有两组主导的强度分类的图像中，比如在暗背景上的光对象)。

4.5.4 图像分割

图像分割是将源图像分割为其组成部分或对象的过程。感兴趣的区域是根据几个标准选择的。例如，可能需要从箱中找到单个部件，或者为了导航而需要从图像中仅提取地板线。通常，分割是为了从场景中提取对象以用于随后的识别和分析。

分割算法中使用的两个基本原则如下：

- 不连续性(例如边缘检测)
- 相似性(例如阈值、区域增长)

这些过程可以应用于静态和时变场景。边缘检测是基于强度的不连续性，产生位于物体和背景边界上的像素。然而由于噪声和其他虚假效应，以这种方式检测到的边界在许多情况下并不清晰。使用链接和其他边界检测方法可以避免这种情况，通过这些方法将边缘像素组装成适当的且有意义的一组对象。

4.5.5 图像描述

图像描述是从物体中提取特征进行识别的过程。描述符必须不受大小、位置和方向影响，并能提供足够的辨别信息。典型的边界描述符如下：

- 链码(这些代码表示一组指定长度和方向的直线段的边界)。
- 多边形近似(此处数字边界可通过多边形近似为任何期望的程度)。
- 傅里叶描述符(这里二维边界可以用一维变换表示，即点(x, y)简化为复数$(x+jy)$)。

典型的区域描述符包括以下内容：

- 纹理(这提供了诸如平滑度、规则性和粗糙度等属性的定量测量)。
- 区域骨架(这里使用细化算法或骨架化算法来获取区域的骨架)。
- 不变矩(这里将阶数为 $p+q$ 的归一化中心矩用作描述符，因为它们在出现平移、旋转和缩放时不变)。

4.5.4 节和本节中提到的分割和描述方法适用于二维场景数据。三维场景的相应过程更复杂，包括以下内容：

- 构建平面片(patch)。
- 梯度技术(以获取片表示)。
- 广义锥体或圆柱体(沿物体横截面移动，例如环或沿直线样条移动)。

4.5.6 图像识别

图像识别称为应用于场景分割对象的标记过程。也就是说图像识别假设场景中的物体已被分割为单独的元件(例如螺栓、密封件、扳手)。这里的典型约束是图像是在已知的观测几何关系中获得的(通常为垂直于工作空间)。

图像识别方法分为以下几种：

- 决策理论方法(这些方法使用适当的决策或判别函数将对象与几个原型中的一个进行匹配)。

- 结构方法（这里，一个对象被分解成一组预定义长度和方向的基本元素模式）。一个简单的例子如图 4.11 所示。其他三种结构方法是形状数匹配、字符串匹配和句法方法（字符串语法、语义等）。

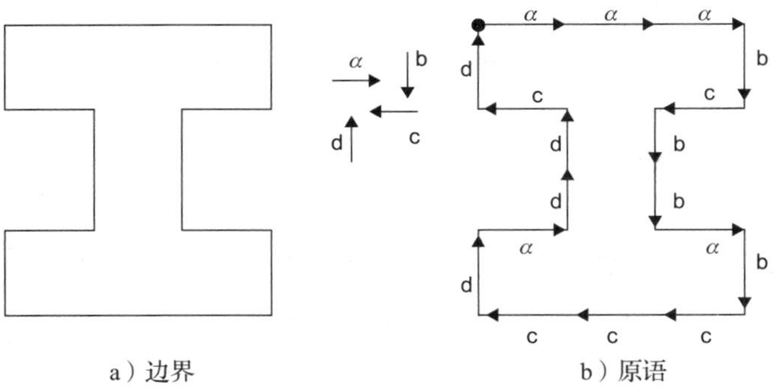

图 4.11　按原语表示对象的边界

4.5.7　图像解释

图像解释是一种更高级别的过程，它使用前面讨论的方法的组合，即感测、预处理、分割、描述和识别。机器视觉系统的评价依据是其在只需要最少的关于手头对象的知识的情况下，在多种观察条件下，从场景中提取有用信息的能力。图像解释的一些难点包括光照条件的变化、观察几何和遮挡体。

当在无约束的工作地形中有多个对象时，会出现遮挡问题。

其他有助于解读图像的辅助方法如下：

- 多尺度（在任何可以获得多个图像尺度的情景下都非常有用）。许多相机图像系统可以在生成主图像之余也生成缩略图。这可以用作为搜索主图像的基础，也就是说低分辨率图像中缺少像素的区域可能代表完整图像中的空区域或非常稀疏的区域。
- 顺序搜索（此处每个像素只检查一次）。将新像素与先前找到的像素组进行比较并插入匹配的组中。如果发现像素属于两个组，则必须组合这两组。

4.5.8　全向视觉

全向视觉处理的是对描绘环境 360°全景（即水平全景）的图像的捕捉和解释。把不同高度的水平全景图结合起来就可以得到完整的球面投影。全方位视觉捕捉的 360°视图能够对光流、特征选择和特征匹配的结果都有帮助。

可以生成全方位/全景图像的视觉系统分为以下几类：

- **摄像机系统**：此处标准摄像机围绕其垂直轴旋转，并且通过组合它们来生成透视图，以获得 360°全景视图（见图 4.12a）。整体分辨率不依赖于相机分辨率，而是取决于角度旋转的分辨率。
- **单摄像机-单镜系统**：这些系统在基于视觉的移动机器人导航中非常流行。通常，CCD 摄像机垂直向上，如图 4.12b 所示。
- **单摄像机-多镜系统**：这些系统也称为折反射摄像机，主要优点是结构紧凑。

图 4.12c 和图 4.12d 展示了两个单摄像机双镜系统。

- 多摄像机-多镜系统：一组摄像机以某种方式与相同数量的反射镜一起排列，例如在每个反射镜下放置一个摄像机，并合并从所有摄像机获得的图像，以生成 360°的环境全景图。

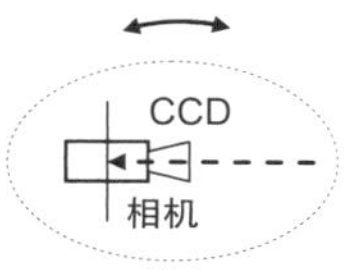

a）为旋转摄像系统

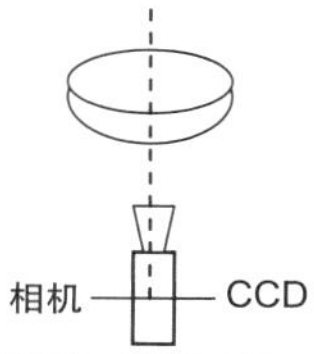

b）为单摄像机-单镜系统，带抛物面镜

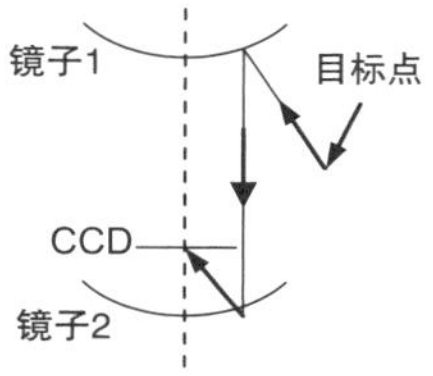

c）为单摄像机-多镜系统的两个示例

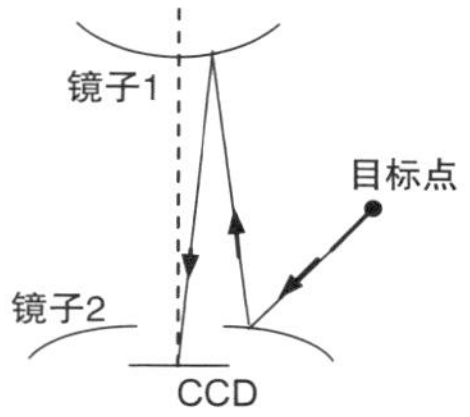

d）为单摄像机-多镜系统的两个示例

图 4.12　全向视觉系统的示意图

单摄像机-单镜系统如图 4.13a 所示，多摄像机-多镜系统如图 4.13b 所示。

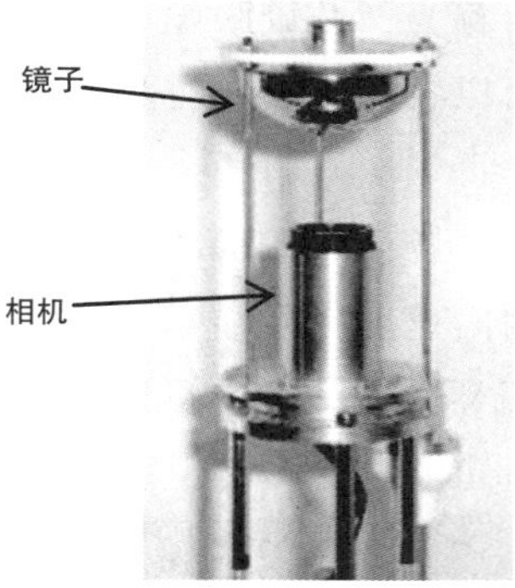

a）单个相机-单镜全向视觉系统

b）金字塔形多机位，多反射镜系统

图 4.13　单摄像机-单镜系统与多摄像机-多镜系统

资料来源：b)(Full View) http://www.lkl.ac.uk/niall/nwdis/，http://www.english.pan.pl/images/stories/pliki/publikacje/academia/2005/06/28－29_siemiatkowska.pdf。

在图 4.13b 所示的系统中，四个三角形平面镜以金字塔形状并排放置，并且在每个镜子下面放置了一个摄像机。获得的所有相机的图像被合并以提供环境的 360°全景视图。这种配置提供了高分辨率和单一视图的可能性，但它不是各向同性的。仅依赖相机的系统在摄像机运动的配准和延迟方面存在一些问题。单摄像机-单镜系统则无须等待移动摄像机或同步多个摄像机。

实际上，有几种类型的镜子：

- 平面镜，没有径向畸变，也没有径向分辨率的损失。

- 径向弯曲反射镜，包括三种常见的二次曲面(椭圆、双曲线、抛物线)反射镜，在其焦点处有单一视点。
- 锥镜，结合了平面镜所需特征和径向弯曲镜的旋转对称性。这些传感器的设置和功能都很简单，并且是各向同性的(即所有方向的投影都相同)。它们可以瞬间捕获整个环境，因此适用于动态环境分析和移动摄像机。锥镜的图像分辨率和失真均优于其他折反射系统。

在许多应用中，使用的是半球形的真鱼眼镜头(即它们具有至少 180°的宽视场)。真正的鱼眼系统易于设置和使用，但镜头需要校正和校准。它们是各向同性和动态的，并且在外围具有非常低的图像分辨率，在中心具有中到高的图像分辨率。

全向视觉需要解决的三个主要问题如下：

1) 以纯被动的视觉方式(即通过链状视觉)确定物体的距离。这在移动机器人中非常有用，因为它提供了比主动测距更高的测距精度。

2) 找到摄像机的位置和运动方向，这在移动机器人导航中非常有用。

3) 确定机器人和物体的位置和运动。

为了解决上述问题，必须执行的任务包括：

- 配准，即识别和估计摄像机和镜像的内在和外在参数。
- 展开，将原始圆形图像从极坐标(ρ, θ)转换为矩形笛卡儿坐标(x, y)。这些坐标可以容易解读。未展开的图像(无失真图像)称为“全景图像”。
- 图像映射，即匹配图像对，通过这些图像可以找到机器人在两个位置之间的旋转角度，比使用罗盘更容易。
- 估计物体的距离，这可以通过沿径向极线匹配各个图像特征来完成。
- 根据运动物体的成对图像估计物体边缘的瞬时速度。

图 4.14a 显示了安装在 Pioneer1 代轮式移动机器人上的全向摄像头传感器。传感器由指向球面镜顶点的摄像机构成，摄像机光轴和镜面光轴对齐。由于反射镜的球形形状，传

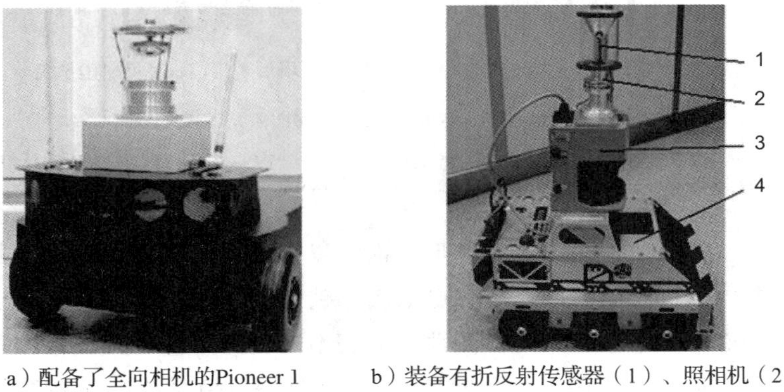

a) 配备了全向相机的Pioneer 1 代轮式移动机器人　　b) 装备有折反射传感器（1）、照相机（2）和激光扫描仪（3）的移动机器人（4）

图 4.14　具有全向视觉设备的移动机器人

资料来源：http://www.ippt.gov.pl/～bsiem/ecmr_last.pdf，http://home.elka.pw.edu.pl/～mmajchro/romansy2006/romansy06.pdf。

感器的分辨率取决于相机与观察区域间的距离。图像的分辨率在机器人附近是最大的，因此可以非常精确地定位更靠近机器人的物体。

图 4.15a 显示了配备 0～360 全向光学元件的佳能相机获得的全景图像。最后，图 4.15b 显示了标准透视相机观察双曲面镜获得的图像，其在柱面上的重投影如图 4.15c 所示。

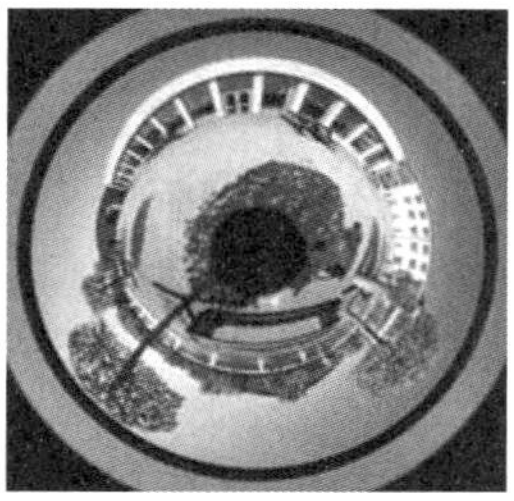

a）佳能EOS35OD与0～360全向光学元件相结合的全方位图像

b）通过超弱折反射系统获得的全景图像

c）图b中图像在圆柱形表面上重投影

图 4.15　通过全向光学元件获得的图像

资料来源：http://www.oru.se/PageFiles/15214/Valgren_Licentiate_Thesis_Highres.pdf，http://cmp.felk.cvut.cz/demos/Omnivis/Hyp2Img/。

例 4.1　我们给出了一个单摄像机-单镜的双曲面全向视觉系统。

a）研究双曲面反射镜的几何形状。

b）使用单投影中心的属性，说明如何使用全向系统感测的图像生成透视图。

解

a）我们将使用图 4.16 中[18]的全向视觉系统。

双曲线镜的描述如下⊖：

$$y=\sqrt{p^2(1+x^2/q^2)}-\sqrt{p^2+q^2} \tag{4.1}$$

其中坐标系 (x, y) 的原点位于镜像焦点 F_m 处，而 p，q 是镜像参数。图 4.16 中的其他符号如下：

- F_c，相机的焦点。
- h，镜顶（边缘）和相机焦点之间的距离。
- r_{top}，镜顶的 x 坐标。
- c，距离的一半 (F_m, F_c)，镜子偏心率 $(c=\sqrt{p^2+q^2})$。
- y_{top}，镜顶的 y 坐标 $(y_{top}=h-2c)$。
- α，垂直视角。

⊖ 该等式来自沿 y 轴开放的标准双曲线方程：$(y-y_0)^2/p^2-(x-x_0)^2/q^2=1$（见式(9.107d)），其中原点位于镜像焦点 F_m $(x_0=0, y_0=-c, c=\sqrt{p^2+q^2})$。

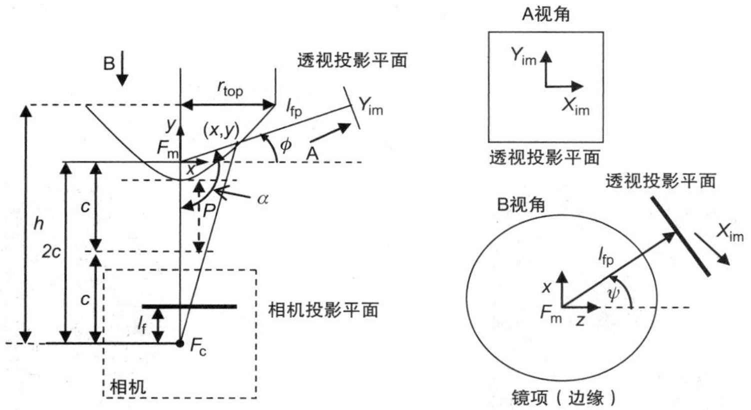

图 4.16　相机双曲面镜系统的几何参数和特征

资料来源：J. Okamoto Jr 提供。

镜子的最大视角 α_{max} 由下式确定：

$$\tan(\alpha_{max}-\pi/2)=(h-2\sqrt{p^2+q^2})/r_{top} \tag{4.2}$$

在$(x, y)=(r_{top}, y_{top})$处应用镜像方程得到 $h-\sqrt{p^2+q^2}=p^2(1+r_{top}^2/q^2)$，求其平方，得到 $h^2+q^2-2h\sqrt{p^2+q^2}=p^2r_{top}^2/q^2$。合并后得到 $(h\sqrt{1+p^2/q^2}-q)^2=(p^2/q^2)(h^2+r_{top}^2)$。所以最后有

$$q+(\rho/q)\sqrt{h^2+r_{top}^2}=h\sqrt{1+p^2/q^2} \tag{4.3}$$

我们可以很容易地验证 h 与相机的焦距 l_f，镜顶半径(像素)(r_{pixel})及以毫米为单位的相机 CCD 中每个像素的大小的关系如下：

$$h=l_f r_{top}/r_{pixel}\cdot t_{pixel} \tag{4.4}$$

参数 l_f，t_{pixel} 和 r_{pixel} 取决于所使用的相机和反射镜及系统采集的图像。当水平和垂直比例因子相同时，上述关系有效，在这种情况下，反射镜顶部的图像是圆形的而不是椭圆形的。

式(4.1)～式(4.4)可用于设计可放置在轮式移动机器人上的正确的全向摄像机-镜像对。具体来说，为了获得所需的 h 值，我们需要通过式(4.4)来选择 r_{top}。选择可用的 h 值后，我们选择一个比值 p/q，并使用式(4.3)找到 q 的值，然后得到 p 值。最后，使用 p 和 q 可以找到镜像方程，并使用式(4.1)和式(4.2)找到最大视角。

可通过将全向图像的像素映射到垂直于经过投影中心 F_m 的光线平面来创建透视图像。所获得的无失真图像相当于由聚焦在 F_m 的透视相机获取的图像。将全向图像转换为透视或全景图像称为*展开*。显然，在有了等效透视图像之后，我们可以应用透视投影图像(包括视觉伺服图像)相关的所有可用视觉技术。

图 4.16(右侧)还展示了在方向 A 和 B 上获得的透视图像。透视图像中的像素由坐标(x_{im}, y_{im})描述。透视投影平面由(l_{fp}, ϕ_a, ϕ_e)定义，其中 l_{fp} 是从双曲面镜的焦点到相关平面的像素距离，ϕ_a 是平面方向的方位角，ϕ_e 是平面的仰角(图 4.16)。

b) 如图 4.16 所示，双曲面镜具有单投影中心的特性，即在镜面反射后，形成图像的

光线在(虚拟)焦点 F_m 处相交，这是镜面投影的中心。构建具有此属性的全向视觉系统的两种最常用方法如下(参见 9.9.2 节)：

- 使用带有正投影镜头相机的抛物面镜。
- 使用带有透视投影镜头相机的双曲面镜。

图 4.17 中采用的是第二种方式，它显示了如何通过将采集的图像投影到适当定义的投影平面中来创建透视和全景图像[18]。

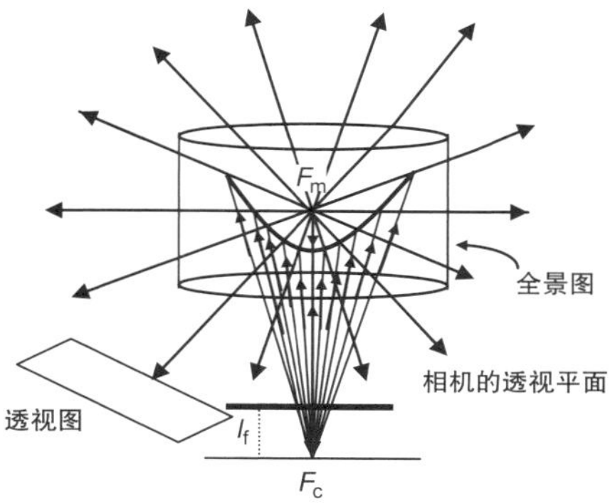

图 4.17　创建透视(平面)图像和全景(圆柱面)图像

资料来源：Courtesy of J. Okamoto Jr。

通过假设上述透视平面参数，我们定义了放置在平移/倾斜机构上的虚拟透视相机的姿态，l_{fp} 表示虚拟摄像机的焦距，ϕ_a，ϕ_e 是平移和倾斜角度(即方位角和天顶角)。

可以验证镜面上的像素 (x, y) 与透视投影平面上的像素 (x_i, y_i) 的关系，如下所示[18]：

$$x_{im}=\frac{x(2c+y_{top})r_{pixel}}{(x\tan\phi+2c)}\cos\psi \tag{4.5a}$$

$$y_{im}=\frac{x(2c+y_{top})r_{pixels}}{(x\tan\phi+2c)}\sin\psi \tag{4.5b}$$

(ϕ, ψ) 和 (l_{fp}, ϕ_a, ϕ_e) 的关系如下：

$$\tan\phi=\frac{l_{fp}\sin\phi_e+y_{im}\cos\phi_e}{l_{fp}\cos\phi_e} \tag{4.6a}$$

$$\tan\psi=\frac{(l_{fp}\cos\phi_e-y_{im}\sin\phi_e)\sin\phi_a-x_{im}\cos\phi_a}{(l_{fp}\cos\phi_e-y_{im}\sin\phi_e)\cos\phi_a+x_{im}\cos\phi_a} \tag{4.6b}$$

4.6　其他机器人传感器

本节将简要介绍一些其他重要的机器人传感器：

- 陀螺仪
- 罗盘
- 力传感器和触觉传感器

4.6.1　陀螺仪

陀螺仪是通过保持其相对于世界坐标系的方向来测量角位置的装置，常用于航空、导航和移动机器人导航。陀螺仪分为自由陀螺仪和两个自由度陀螺仪(见图 4.18)。

圆盘以非常大的角速度旋转(在 10 000rad/min～25 000rad/min 范围内)。有两个万向节的卡尔达诺安装系统允许旋转圆盘的角动量轴具有围绕轴 x，y 和 z 的三自由度运动。如果自由陀螺仪角动量轴与重力方向(垂直方向陀螺仪)对齐，则其可以永久地指示南北方向(水平方向陀螺仪)或垂直方向，也就是说，如果陀螺仪倾斜，则万向节将重新定向，以

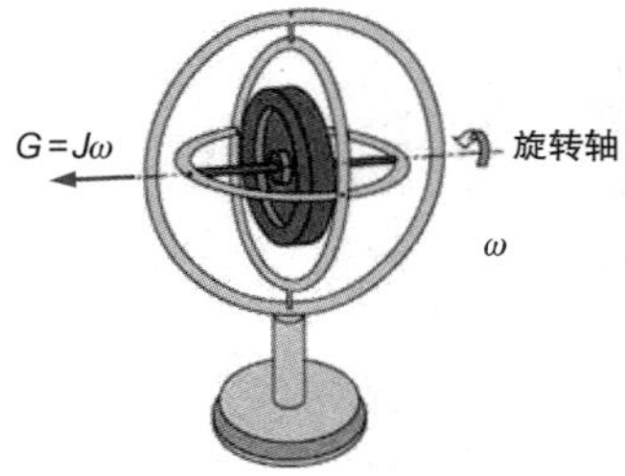

a）陀螺仪示意图

b）飞机陀螺仪

图 4.18 不同类型的陀螺仪

资料来源：http://hyperphysics.phy-astr.gsu.edu/hbase/gyr.html。

使磁盘的旋转轴保持在相同方向。这是角动量守恒原理所导致的。两个自由度陀螺仪是通过将扭转弹簧沿着轴线 x 放置在自由陀螺仪的万向节Ⅰ和Ⅱ之间。这样，旋转圆盘只能绕轴线 y 和轴线 x 旋转。如果我们对 x 轴施加力矩 T，那么圆盘的角动量轴将绕 z 轴旋转，其速度为

$$\Omega = T/\omega J$$

其中 ω 是圆盘的速度，J 是惯性矩。二自由度陀螺仪用于测量角速度而不是绝对位置（速率陀螺仪）。绕 z 轴旋转（速度为 Ω）的轴称为*扭转轴*或*衰退轴*。

4.6.2 罗盘

磁罗盘在公元前 2634 年首次在中国使用，当时一块天然磁性铁矿石（磁铁矿）被丝线悬挂，以便与地球磁场线对齐，这些磁场线在赤道处水平，在磁极处垂直。

如今，有许多电子罗盘模块可供移动机器人在船上使用。模拟罗盘模块可以轻松地与机器人控制器集成。简单的模拟罗盘只能区分由不同电压表示的八个方向，这用于许多四轮驱动系统。数字罗盘模块比模拟罗盘模块复杂得多，并提供相当高的方向分辨率（例如室内应用中的单分辨率）。

一些商用的移动机器人罗盘包括 Dinsmore Starguide Magnetic 罗盘、磁通门罗盘（Zemco 罗盘、Watson 陀螺罗盘、KVA 罗盘、Philips 磁阻罗盘等）。Pioneer II 是一款著名的带陀螺仪和罗盘的移动机器人（见图 4.19）。

图 4.19 Pioneer II 移动机器人与陀螺仪和指南针集成

资料来源：http://www.intechopen.com/source/pdfs/15967/InTech-Mobile_robot_integrated_with_gyroscope_by_using_ikf.pdf。

4.6.3 力传感器和触觉传感器

4.6.3.1 力传感器

实际上，有许多类型的力传感器可以测量力（负载）或力矩。我们需要直接测量机器人中的力的原因有很多，例如重量测量、力量化、参数优化。一个值得注意的例子是人形机

器人，力传感器有助于知道每条腿承载的重量。另一个应用是将力传感器放在移动机械手的夹具中以控制夹具摩擦力，以便不会挤压或掉落任何拾取的物体，并且知道机器人是否已达到其最大承载重量或承载的重量是多少。

通常的力传感器就是所谓的应变计，它是一种微小、扁平的线圈，在弯曲时会改变其电阻。应变与施加在其梁上的力直接相关。如果需要测量的力很小，则可以使用泡沫导电弹性体作为导电泡沫的应变计。压缩泡沫会降低电阻。为了解决典型应变计弯曲时电阻变化很小的问题，应变计以惠斯登电桥结构连接在力传感器内部，倍数通常为四。按照这种方式，电阻的微小变化就被转换成可用的电信号。电桥输出信号通常会使用无源元件，如电阻和温感导线来进行补偿和校准。传感器出现故障的主要原因是力过载，而其测量范围为测量结果不受其他极限状态时的误差影响的质量范围。确保力传感器正常运行的另外两个参数是安全负载/力矩限制(可以施加的不会产生永久位移的最大负载/力矩)和安全侧负载(即沿传感器轴线 90°的最大作用力，和不会产生永久位移的最大负载)。力传感器使用的两个工业应用如图 4.20 所示。

a）齿轮组装　　b）离合器组装

图 4.20　力传感器的应用(FANUC)

资料来源：http://lrmate.com/forcesensor.htm。

4.6.3.2　触觉传感器

触摸和触觉传感器是测量传感器和物体之间的接触参数的装置，其被限制在一个明确定义的小区域内。这与测量物体所受总力的力传感器形成对比。

触摸感应是在限定点处检测和测量接触力(可以是二进制的，即触摸或无触摸)。

触觉感应是检测和测量垂直于限定的感觉区域的力的空间分布，然后解释该力的分布。通过协调一组触摸传感器，我们能得到一个触觉传感器阵列。

滑动是检测和测量物体相对于传感器的运动。这可以通过一个特别设计的滑动传感器来实现，也可以通过解释由触摸传感器或触觉阵列获得的数据来实现。触觉传感器所需的一些特性如下：

- 适当的感觉区域(理想情况下是单点)接触。
- 适当的传感器灵敏度(取决于相关应用，典型灵敏度范围为 0.4N～10N)。
- 最小传感器带宽为 100Hz。
- 具有低滞后的稳定且可重复的传感器特性。
- 坚固耐用，可防止大范围的环境变化。

用于设计能够处理与刚体工作的触摸/触觉传感器的主要物理原理如下：

- 传统机械开关(二进制触摸传感器)。
- 电阻式传感器(基于两点间泡沫导电弹性体的电阻测量，如图 4.21 所示)。

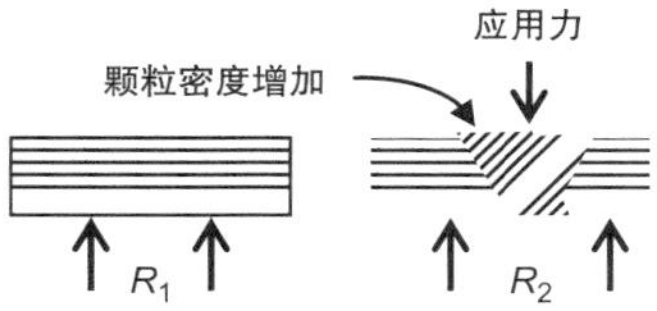

图 4.21　弹性体的电阻 R 根据施加的力而变化

- 力感应电阻器（压阻式导电聚合物，在向其表面施加力后以可预测的方式改变电阻）。与基于电阻的传感器一样，需要相对简单的接口。
- 基于电容的传感器（即使用两个平行板之间电容的传感器，$C=\varepsilon A/l$，其中 A 是板面积，l 是板间距离，ε 是介电介质的介电常数）。
- 磁性传感器（通过施加的力使小磁铁移动，导致磁通密度发生变化，或利用施加外力时磁通性质改变的磁弹性材料）。

构建触摸/触觉传感器的其他方式包括基于光纤的传感器（使用光纤的内部状态微弯曲）、压电传感器（使用聚偏二氟乙烯（PVDF）等聚合物材料）、硅传感器（硅具有与钢相当的拉伸强度，在到达断裂点前都具有弹性和非常小的机械迟滞）和基于应变仪的触觉传感器。图 4.22 显示了安装在 RIKEN'S RI-MAN 仿人机器人上的触觉传感器垫，图 4.23 显示了安装在机械手手指上的 Shadow 触觉传感器（传感器触觉元件的灵敏度从 0.1N～25N），适用于精细操作和动力抓取。

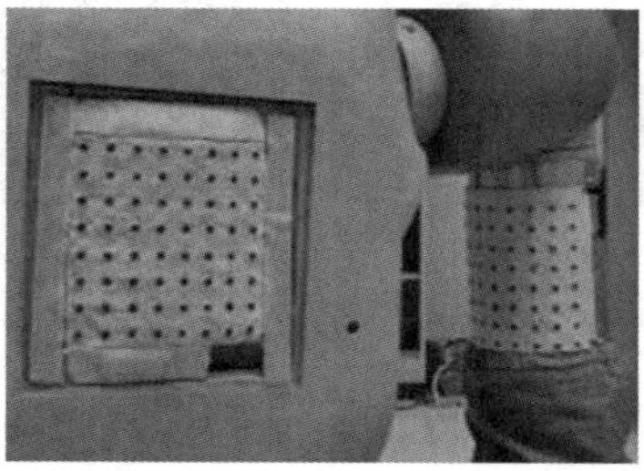

图 4.22　安装在人形机器人躯干和手臂上的触觉传感器阵列

资料来源：http://lh6.ggpht.com/touchuiresourcecenter/SNHVwL98kPI/AAAAAAAAAR8/uPv6Qy_e0s0/s1600-h/image%5B3%5D.png。

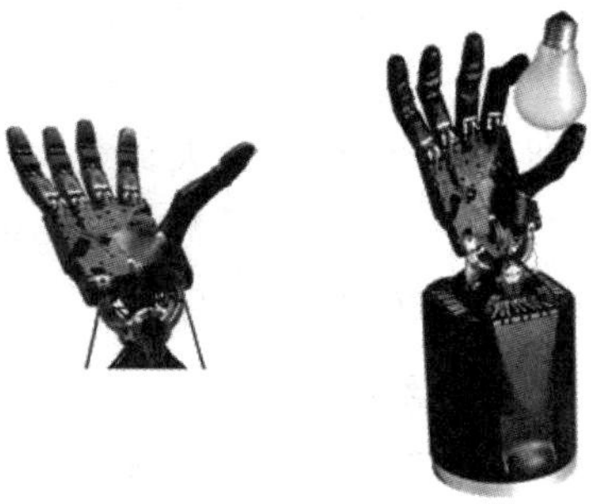

图 4.23　安装在机器人手指和拇指上的触觉传感器

资料来源：https://www.shadowrobot.com/products/dexterous-hand。

4.7　全球定位系统

全球定位系统（GPS）是一种基于空间的无线电定位和时间传输系统。GPS 卫星将信号传输到地面上的设备上。这些信号向地面、海上、空中和太空的无限数量用户提供准确的位置、速度和时间（PVT）信息。GPS 接收器需要一个无障碍的天空视线，因此它们只能在室外使用，而且通常在高层建筑群或林区内不能很好地运行。被动 PVT 修复（passive PVT fix）在全世界范围内提供全天候的全球通用网格系统。GPS 的三个主要部分是空间段、控制段和用户段（见图 4.24a）。每颗卫星连续发送指示其位置和当前时间的数据，并且所有卫星信号都是同时发送的（同步转换）。GPS 接收器有一个石英钟。虽然三颗卫星就可以给出三维位置，但实际上接收器会使用四颗卫星（第四颗卫星用于时间校正）。

通过知道自己与卫星的距离，每个接收器也“知道”它位于以卫星为中心的假想球体表面的某处。每个卫星对应一个球体，通过确定几个球体的大小，接收器在这些球体的交叉点就能找到它的位置（见图 4.24b）。

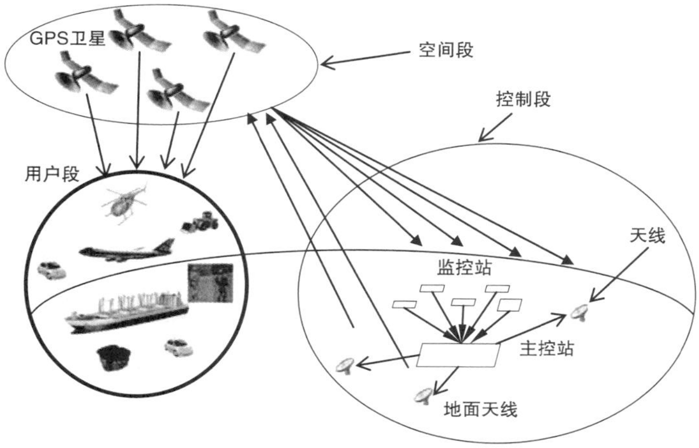

a）GPS的三个部分

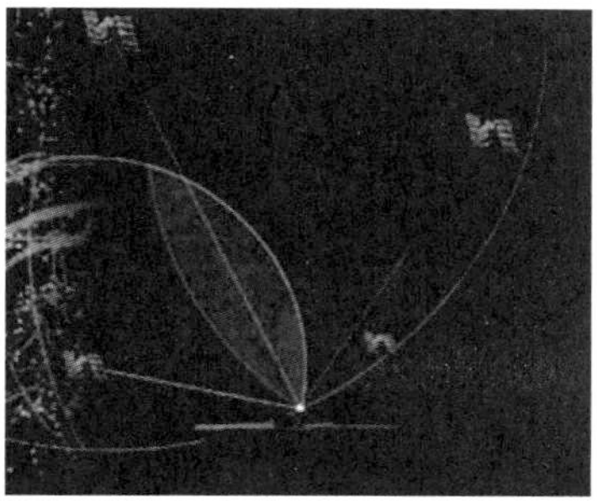

b）接收器位于以四颗卫星为中心的球体的交叉点

图 4.24 GPS 的三个组成部分及接收器位置

资料来源：http://www.nasm.si.edu/gps/work.html。

空间段至少包括 24 颗卫星。控制段包括一个监测和控制设施网络（主站、监测站、上传站），用于管理卫星和更新卫星导航数据信息。用户段包括所有能够接收、解码和处理 GPS 卫星测距码和导航数据信息的无线电导航接收机。由于 GPS 卫星仅仅是一个信息源，它们提供的定位分辨率在很大程度上取决于所采用的策略。基本策略（称为伪距策略）的分辨精度为 15m，如果使用第二个静止且位于已知精确位置的接收器，则分辨精度可以提高到 1m。这种技术称为差分 GPS 或双频 GPS。通常，用于比较不同 GPS 接收机的基本性能参数如下：

- 位置准确性
- 速度精度
- 时间准确性
- 距首次失败的时间（time to first failure）

实时卫星跟踪（GPS 操作卫星）可在网站 www.n2yo.com/satellites/?c=20 中找到。

4.8 镜头与相机光学元件

我们首先推导出凸透镜的公式（见图 4.25）。

假设物体 AB 垂直于透镜的主轴 Ox 的距离 $OA=l_o$，l_o 大于透镜的焦距 $F_1O=F_2O=l_f$。因为$\triangle OAB$ 和$\triangle OA'B'$相似，得到

$$\frac{A'B'}{AB}=\frac{OA'}{OA}=\frac{l_{im}}{l_o}$$

其中 $OA'=l_{im}$ 是图像与镜头的距离。此外，根据$\triangle OF_2C$ 和$\triangle F_2A'B'$的相似性，我们得到

$$\frac{A'B'}{OC}=\frac{F_2A'}{OF_2}=\frac{OA'-OF_2}{l_f}=\frac{l_{im}-l_f}{l_f}$$

由上面的等式，考虑到 $OC=AB$，我们得到

$$\frac{l_{im}}{l_o}=\frac{l_{im}-l_f}{l_f}$$

或

$$l_{im}l_f=l_{im}l_o-l_fl_o$$

将该等式除以 $l_{im}l_ol_f$，得到所需的透镜方程式：

$$\frac{1}{l_o}+\frac{1}{l_{im}}=\frac{1}{l_f}$$

该公式用于相机光学系统中从焦点确定深度，其依据为图像特性会随场景和相机内部参数(焦距 l_f、从镜头到焦点的距离 l_e 和参数 ε)而变化(见图 4.26)。

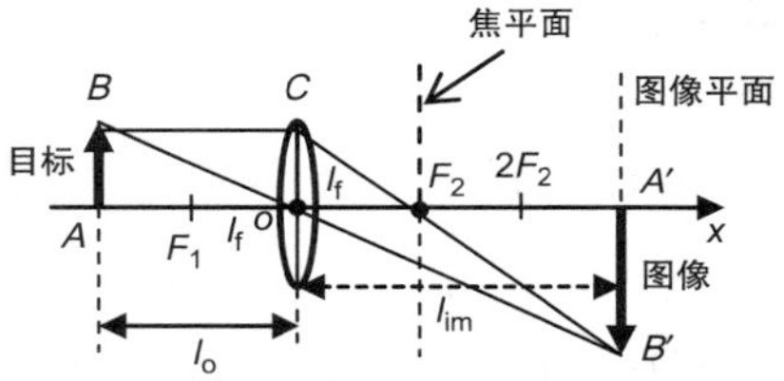

图 4.25 凸透镜的几何形状

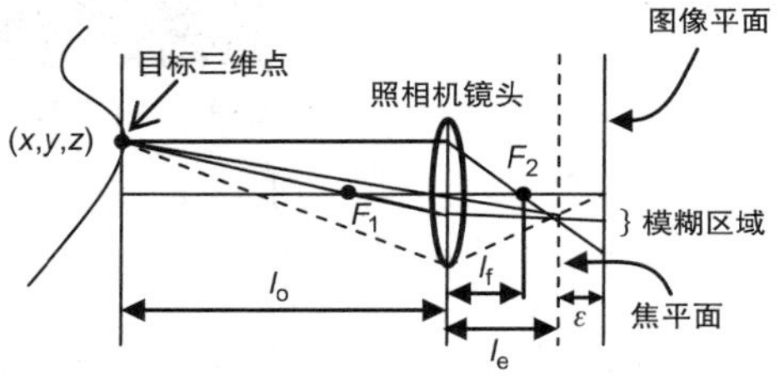

图 4.26 摄像机光学系统

由图 4.26，我们有 $1/l_f=l/l_o+l/l_e$。为了获得点(x，y，z)的清晰图像，相机的图像平面必须与焦平面重合，否则，从图 4.26 中可以看出，点(x，y，z)的图像将模糊。这是因为如果图像平面位于距镜头的距离 l_e 处，则对于所描绘的特定对象体素，所有光将聚焦在图像平面上的单个点处，并且对象体素将被聚焦。但是当图像平面不在 l_e 处时(如图 4.26 所示)，来自对象体素的光将被映射到图像平面上作为模糊圆。易证(使用类似的角度计算)模糊圆的半径 R 有

$$R=D\varepsilon/2l_e$$

其中 D 是镜头的直径(孔径)。显然，如果 $\varepsilon=0$，则 $R=0$ 或 $D=0$(例如在针孔相机中，透镜缩小到一个点)。这与以下事实一致：减小光圈孔径开口会导致景深增加，直到所有物体都聚焦(当然，在图像平面上形成图像的光线会变少)。

参考文献

[1] Borenstein J, Everett HR, Feng L. Navigating mobile robots: sensors and techniques. Wellesley, MA: Peters A K Ltd; 1999.

[2] Everett HR. Sensors for mobile robots: theory and applications. New York, NY: Peters A K Ltd; 1995.

[3] DeSilva CW. Control sensors and actuators. Upper Saddle River, NJ: Prentice Hall; 1989.

[4] Adams MD. Sensors modeling, design and data processing for autonomous navigation. Singapore: World Scientific Publishers; 1999.

[5] Bishop RH. Mechatronic systems sensors and actuators: fundamentals and modeling. Boca Raton, FL: CRC Press; 2007.

[6] Leonard JL. Directed sonar sensing for mobile robot navigation. Berlin: Springer; 1992.

[7] Gonzalez RG. Computer vision. New York, NY: McGraw-Hill; 1985.

[8] Haralick RM, Shapiro LG. Computer and robot vision, vols. 1 and 2). Boston, MA: Addison Wesley; 1993.

[9] Davies ER. Machine vision: theory algorithms, practicalities. Amsterdam, The Netherlands: Morgan Kaufmann/Elsevier; 2005.

[10] Tzafestas SG, editor. Intelligent robotic systems. New York/Basel: Marcel Dekker; 1991.

[11] Tzafestas SG, editor. Advances in intelligent autonomous systems. Dordrecht/Boston: Kluwer; 1999.

[12] Panich S, Afzulpurkar N. Mobile robot integrated with gyroscope by using IKF. Int J Adv Robot Syst (INTECH Open Access) 2011;8(2):122–36.

[13] Kleeman L, Kuc R. Mobile robot sensor for target localization and classification. Int J Robot Res 1995;14(4):295–318.

[14] Phairoh T, Williamson K. Autonomous mobile robots using real time kinematic signal correction and global positioning system control. Proceedings of 2008 IAJC-IJME international conference paper 087. IT304, Nashville, TN; November 17–19, 2008.

[15] Tzafestas SG. Sensor integration and fusion techniques in robotic applications. J Int Robot. Syst. 2005;43(1):1–110 [special issue]

[16] Taha Z, Chew JY, Yap HJ. Omnidirectional vision for mobile robot navigation. J Adv Comput Intell Intell Inform 2010;14(1):55–62.

[17] Goh M, Lee S. Indoor robot localization using adaptive omnidirectional vision system. Int J Comput Sci Netw Secur 2010;10(4):66–70.

[18] Grassi Jr. V, Okamoto Jr J. Development of an omnidirectional vision system. J Braz Soc Mech Sci Eng 2006;28(1):1–18.

[19] Menegatti E. Omnidirectional vision for mobile robots. PhD thesis. Italy: Department of Information Engineering, University of Padova; December, 2002.

[20] Svoboda T, Pajda T, Hlavac V. Central panoramic cameras geometry and design. Research report no. K355/97/147. December 5, 1997. <ftp://cmp.felk.cvut.cz/pub/cmp/articles/svoboda/TR-K355-97-147.ps.gz>

[21] Benosman R, Kang R. Panoramic vision. Berlin: Springer; 2000.

[22] Velagic J, Lacevic B, Perunicic BA. 3-level autonomous mobile robot navigation system designed by using reasoning/search approaches. Robot Auton Syst 2006;5(12):999–1004.

第5章 移动机器人控制I：基于李雅普诺夫的方法

5.1 引言

机器人控制技术主要用于确定机器人驱动器所需产生的力和力矩，以便机器人进入预期的位置，跟踪预期的轨迹，最终在实现预期的性能要求下完成某些任务。由于惯性力、耦合反作用力和重力效应，机器人(固定和移动)控制问题的解决方案比平常更复杂，且其性能要求涉及瞬态期和稳态期。在构建的良好且固定的环境中，例如工厂中，可以布置环境以使其适应机器人的运作。在这些情况下，可以确保机器人确切地知道环境的配置，并且保护人们远离机器人的运作。在这种受控环境中，采用某种类型的基于模型的控制就足够了，但在不确定和变化(不受控制)的环境中，控制算法必定更复杂，并且具有一定的智能性。本章介绍的方法中假设控制目标和机器人运动学和动态参数是已知的，并且如果目标(姿势或路径)发生变化，则该变化与环境兼容，并且无风险。

具体而言，本章的目标如下：

- 提供用于控制机器人的一组最简化的一般控制概念和方法。
- 研究适用于所有类型机器人的基本通用机器人控制器。
- 使用基于 Lyapunov 的控制理论设计多个用于差分驱动、汽车式和全向移动机器人的反馈控制器。

这些控制器解决的是位置(姿态)跟踪、轨迹跟踪、停车和引导-跟随等问题。在所有情况下，控制设计都包括两个阶段，即运动控制(其中仅使用运动模型)和动态控制(其中还考虑机器人动力学和驱动器)。

5.2 背景概念

在本节中，将简要讨论以下基本控制概念和技术：

- 状态空间模型
- 李雅普诺夫稳定性
- 状态反馈控制
- 二阶系统

要理解本章所介绍的内容，需要先对这些概念有基本的了解。详细的介绍可参见标准的控制类教科书[1]。

5.2.1 状态空间模型

控制系统的状态空间模型所基于的概念为有状态向量 $\boldsymbol{x}(t)$，$\boldsymbol{x}(t)\in R^n$(它是最小维数欧几里得向量，其中元素称为状态变量），并在初始时间 $t=t_0$ 时给定输入向量 $\boldsymbol{u}(t)$，其中 $t \geqslant t_0$，就能得出在任何 $t \geqslant t_0$ 时系统的行为。状态向量的维数 n 指定系统的维度。

上述状态定义意味着系统的状态由 $t=t_0$ 处的初始值 $x(t_0)$ 和 $t \geqslant t_0$ 时的输入确定，并且与 $t=t_0$ 之前的时间的状态和输入无关。

应注意对于 n 维系统，状态变量 $x_1(t)$，$x_2(t)$，…，$x_n(t)$ 不一定会是可测量的物理量，但由于状态反馈控制定律需要所有的变量，在实践中我们需要使用尽可能多的可测得的变量。

使用 t，t_0，$\boldsymbol{x}(t_0)=\boldsymbol{x}_0$，$\boldsymbol{u}(\tau)=[u_1(\tau), \cdots, u_m(\tau)]^{\mathrm{T}}$，$\tau \geqslant t_0$ 表达的 $\boldsymbol{x}(t)$，即 $\boldsymbol{x}(t)=\varphi(t; t_0, \boldsymbol{x}_0, \boldsymbol{u}(\tau))$，称为系统的轨迹。

系统的输出 $\boldsymbol{y}(t)$ 是类似于 $\boldsymbol{x}(t)$，$\boldsymbol{u}(t)$ 的函数，即

对所有 $t \geqslant t_0$，有

$$\boldsymbol{y}(t)=\eta(t; \varphi(t, t_0, \boldsymbol{x}_0, \boldsymbol{u}(\tau)), \boldsymbol{u}(t))$$

而对于所有 $t_0<t_1<t$，其中 $\boldsymbol{x}(t_1)=\varphi(t_1; t_0, \boldsymbol{x}_0, \boldsymbol{u}(\tau))$，轨迹满足传递特性：

$$\varphi(t; t_0, \boldsymbol{x}(t_0), u(\tau))=\varphi(t; t_1, \boldsymbol{x}(t_1), u(\tau))$$

在状态空间模型中，非线性系统的动力学模型（在时间连续时）具有以下形式：

$$\dot{\boldsymbol{x}}(t)=\boldsymbol{f}(\boldsymbol{x}, \boldsymbol{u}, t) \quad (t \geqslant t_0) \tag{5.1a}$$

$$\boldsymbol{y}(t)=\boldsymbol{g}(\boldsymbol{x}, \boldsymbol{u}, t) \quad (t \geqslant t_0) \tag{5.1b}$$

其中 $\boldsymbol{f}(\cdot)$ 和 $\boldsymbol{g}(\cdot)$ 是其参数的非线性向量函数，具有适当的维数和各种情况下所需的连续性和平滑性。状态向量 $\boldsymbol{x}$ 属于状态空间 $\mathcal{X}$，输入（控制）$\boldsymbol{u}$ 属于输入空间 $\mathcal{U}$，输出 $\boldsymbol{y}$ 属于输出空间 $\mathcal{Y}$，其中 $\mathcal{X} \subset \mathcal{R}^n$，$\mathcal{U} \in \mathcal{R}^m$，$Y \subset R^p$，且 $\mathcal{R}^n$ 是 n 维欧几里得空间。

如果向量函数 $\boldsymbol{f}$ 和 $\boldsymbol{g}$ 是线性的，则系统是线性的并且由如下模型描述：

$$\dot{\boldsymbol{x}}=\boldsymbol{A}\boldsymbol{x}+\boldsymbol{B}\boldsymbol{U} \quad (\boldsymbol{x}(t_0)\text{已知}) \tag{5.2a}$$

$$\dot{\boldsymbol{y}}=\boldsymbol{C}\boldsymbol{x}+\boldsymbol{D}\boldsymbol{U} \quad (\boldsymbol{x}(t_0)\text{已知}) \tag{5.2b}$$

其中 $\boldsymbol{A}$，$\boldsymbol{B}$，$\boldsymbol{C}$，$\boldsymbol{D}$ 可以是时不变的或具有适当维度的时变矩阵（在许多情况下，$\boldsymbol{D}=\boldsymbol{0}$）。具有以下矩阵 $\boldsymbol{A}$，$\boldsymbol{B}$ 和 $u \in R$（标量）的线性状态空间模型称为系统的可控标准模型：

$$\boldsymbol{x}=\begin{bmatrix} x_1 \\ x_2 \\ \vdots \\ x_n \end{bmatrix}, \quad \boldsymbol{A}=\begin{bmatrix} 0 & 1 & \cdots & 0 \\ 0 & 0 & \cdots & 0 \\ \vdots & \vdots & \ddots & \vdots \\ 0 & 0 & \cdots & 1 \\ -a_n & -a_{n-1} & \cdots & -a_1 \end{bmatrix}, \quad \boldsymbol{B}=\begin{bmatrix} 0 \\ 0 \\ \vdots \\ 0 \\ 1 \end{bmatrix}, \quad \boldsymbol{u}=u \tag{5.3}$$

对于标量输出 $y \in \mathbf{R}$，线性时不变系统可由如下 n 阶微分方程描述：

$$(D^n+a_1D^{n-1}+\cdots+a_{n-1}D+a_n)y(t)=(b_0D^n+b_1D^{n-1}+\cdots+b_n)u(t), \quad D=\mathrm{d}/\mathrm{d}t$$

或传递函数：

$$\frac{\overline{y}(s)}{\overline{u}(s)}=\frac{b_0s^n+b_1s^{n-1}+\cdots+b_{n-1}s+b_n}{s^n+a_1s^{n-1}+\cdots+a_{n-1}s+a_n} \tag{5.4}$$

其中 $s=a+\mathrm{j}\omega$ 是复频变量，可以用式(5.2a)、式(5.2b)和式(5.3)计算。如果我们定

义状态变量 x_1，x_2，…，x_n 为

$$Dx_1=x_2, \quad Dx_2=x_3, \quad \cdots, \quad Dx_{n-1}=x_n \tag{5.5}$$

同时，使用式(5.5)可以得到

$$Dx_n=-a_1x_n-a_2x_{n-1}-\cdots-a_{n-1}x_2-a_nx_1+u$$

$$y=b_nx_1+b_{n-1}x_2+\cdots+b_1x_n+b_0(u-a_1x_n-\cdots-a_{n-1}x_2-a_nx_1)$$

它给出了状态空间模型(式(5.2a)、式(5.2b)和式(5.3))：

$$\boldsymbol{D}=[b_0], \quad \boldsymbol{C}=[b_n-a_nb_0, \ b_{n-1}-a_{n-1}b_0, \ \cdots, \ b_1-a_1b_0] \tag{5.6}$$

该模型也称为标准相位变量模型，非常便于设计极点配置(或分配)状态反馈控制器。一般模型(式(5.2a)和式(5.2b))的框图表示形式如图 5.1 所示。系统的其他状态空间标准模型(式(5.2a)和式(5.2b))是可观测的标准形式和在控制类教科书中充分描述的 Jordan 规范形式。为了将给定模型(式(5.2a)和式(5.2b))转换为某种标准形式，可使用适当的非奇异线性(相似)变换 $\boldsymbol{x}=\boldsymbol{Tz}$，其中 $\boldsymbol{z}$ 是新的状态向量。

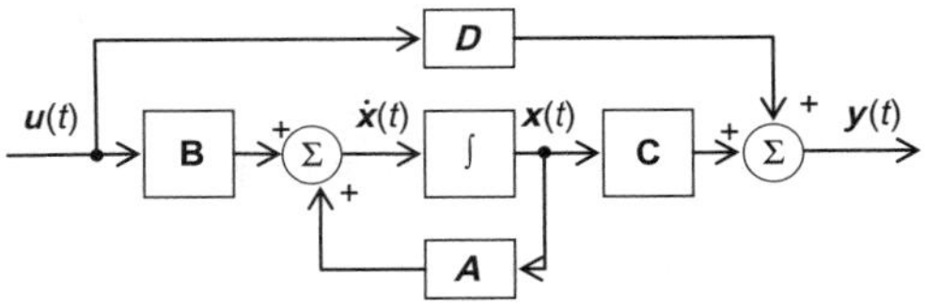

图 5.1　一般线性状态空间模型的框图

例 5.1　在这个例子中，我们推导出直流(DC)电动机的动力学模型(传递函数，状态空间模型)，该电动机在移动机器人中提供加速度和速度所需的力矩。直流电动机分为由转子控制的电动机(电枢控制)和由定子控制的电动机(励磁控制)。我们会对这两类电动机进行讨论。

● 电枢控制直流电动机

转子包括电枢和换向器。该电动机的原理图如图 5.2 所示，其中 R_a 和 L_a 是转子的电阻和电感，I_L 是负载转动惯量，β 是线性摩擦系数。机械力矩由下式给出：

$$T_m(t)=K_ai_a(t) \tag{5.7}$$

其中 K_a 是电动机的力矩常数。从输入电压 v_a 中产生的反电动势(emf)e_b 与 ω_m 成比例，即

$$e_b=K_b\omega_m(t), \quad \omega_m(t)=\mathrm{d}\theta_m(t)/\mathrm{d}t \tag{5.8}$$

通过绘制以下函数可获得 T_m 对 ω_m 的特征曲线

$$T_m=K_a\left[\frac{v_a-K_b\omega_m}{R_a}\right]$$

并得到如图 5.3 所示的线性形式。

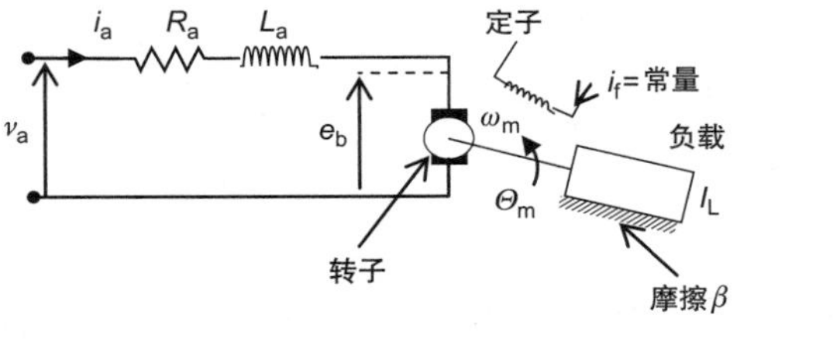

图 5.2　电枢控制直流电动机示意图(θ_m=旋转角度，ω_m=电动机角速度，I_L=负载转动惯量)

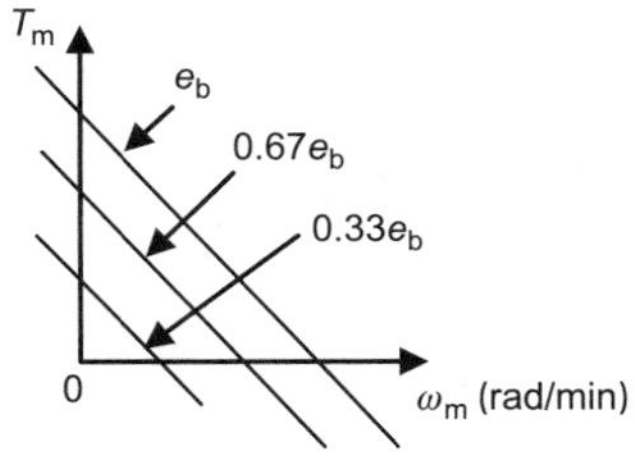

图 5.3　电枢控制系统的特性曲线

在点 $e_b=v_a$ 处，电动机保持恒定的角速度(假设没有外部干扰影响电动机)。可以使用以下关系得到电动机的微分方程：

$$T_m=K_a i_a=I_L D^2\theta_m+\beta D\theta_m$$

$$v_a=R_a i_a+L_a D i_a+K_b D\theta_m$$

其中 $D=\mathrm{d}/\mathrm{d}t$，I_L 是负载的惯性矩(加上电动机的惯性矩)，β 是线性摩擦系数，消去 i_a，得到

$$(\tau_a D^2+\tau_b D+1)D\theta_m(t)=Kv_a(t)$$

其中 $K=K_a/(\beta R_a+K_aK_b)$，$\tau_a=I_L L_a/(\beta R_a+K_aK_b)$，$\tau_b=(\beta L_a+I_L R_a)(\beta R_a+K_aK_b)$，如果 L_a 可忽略不计，则 $\tau_a\simeq 0$，以上微分方程可简化为

$$(\tau_b D^2+D)\theta_m(t)=Kv_a(t) \tag{5.9}$$

其中 K 如上所述，并且 $\tau_b=I_L R_a/(\beta R_a+K_aK_b)$。事实上，式(5.9)中的模型表示电动机动态的充分近似值。电动机的可控状态空间标准模型可使用式(5.3)和式(5.6)从式(5.9)中得到，即

$$\boldsymbol{x}=\begin{bmatrix}x_1\\x_2\end{bmatrix},\quad \boldsymbol{A}=\begin{bmatrix}0 & 1\\0 & -1/\tau_b\end{bmatrix},\quad \boldsymbol{B}=\begin{bmatrix}0\\1\end{bmatrix},\quad \boldsymbol{C}=\begin{bmatrix}\dfrac{K}{\tau_b}, & 0\end{bmatrix} \tag{5.10}$$

其中 $u=v_a$ 且 $x_1=\theta_m$。直流电动机如图 5.4a 所示，图 5.4b 显示了几种尺寸的直流电动机。

a）重型直流机器人电动机　　b）几个带嵌入式齿轮箱的直流电动机

图 5.4　几种直流电动机

资料来源：http://www.goldmine-elec-products.com/prodinfo.asp? number50；http://www.robojrr.tripod.com/motortech.htm。

- 励磁控制直流电动机

在这种电动机中，转子的电流保持恒定(来自恒流源)，而误差通过相位敏感放大器送到定子的磁场(见图 5.5)。特性曲线 $T_m=T_m(\omega_m, i_f)$ 表明，当 ω_m 不过大时，机械力矩 T_m 与 ω_m 无关，仅取决于励磁电流 i_f(见图 5.5b)。

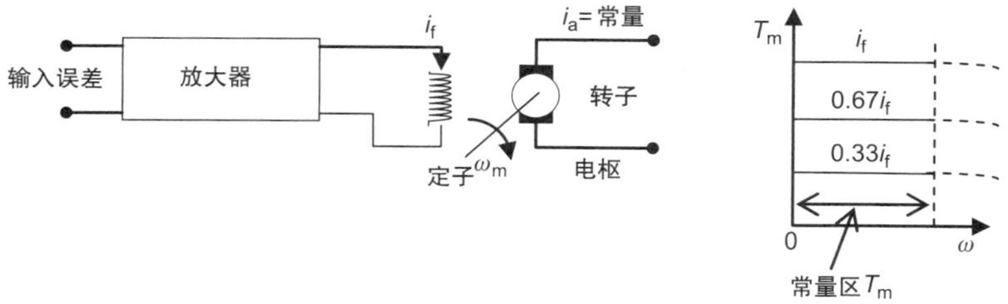

a）励磁控制的直流电动机　　b）不同 i_f 的特征曲线（对于非常大的 ω_m，T_m 会有所下降）

图 5.5　励磁控制直流电动机原理图及不同 i_f 的特征曲线

该电动机的原理图如图 5.6 所示。

此处有以下关系：

$$T_m=K_f i_f$$
$$v_f=R_f i_f+L_f \mathrm{d}i_f/\mathrm{d}t$$
$$T_m=I_L \mathrm{d}^2\theta_m/\mathrm{d}t^2+\beta \mathrm{d}\theta_m/\mathrm{d}t \tag{5.11}$$

其中 K_f 是励磁电流/力矩常数，L_f 是定子的电感，所有其他符号与电枢控制电动机中的含义相同。

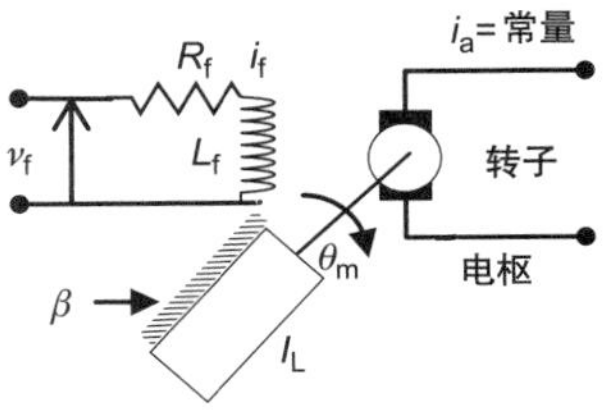

图 5.6 励磁控制直流电动机的示意图

结合上述方程式，我们得到

$$(1+D\tau_f)(1+D\tau_m)D\theta_m(t)=Kv_f(t) \tag{5.12}$$

其中 $K=K_f/\beta R_f$（直流增益）。τ_f，τ_m 分别是电动机的磁场时间常数和机械时间常数，由下式给出：

$$\tau_f=L_f/R_f, \quad \tau_m=I_L/\beta$$

实际情况中，τ_f 远小于 τ_m，因此式(5.12)化简为

$$(\tau_m D^2+D)\theta_m(t)=Kv_f(t) \tag{5.13}$$

其形式与式(5.9)相同。因此电动机具有状态空间模型(类似于式(5.10))：

$$\boldsymbol{x}=\begin{bmatrix}x_1\\x_2\end{bmatrix}, \quad \boldsymbol{A}=\begin{bmatrix}0 & 1\\0 & -1/T_m\end{bmatrix}, \quad \boldsymbol{B}=\begin{bmatrix}0\\1\end{bmatrix}, \quad \boldsymbol{C}=\begin{bmatrix}\frac{K}{\tau_m}, & 0\end{bmatrix}$$

其中 $x_1=\theta_m$ 且 $u=v_f$。如果电动机动力学方程(式(5.9)或式(5.13))用角速度 $\omega_m=D\theta_m=\dot{\theta}_m$ 表示，那么(当考虑电动机动力学时)我们使用以下形式：

$$\dot{\omega}_m(t)=-(1/\tau)\omega_m(t)+(K/\tau)u(t)$$

其中 $\tau=\tau_b$ 或 $\tau=\tau_f$。这类似于时间常数为 $\tau=RC$ 的一阶 RC 电路。

5.2.2 李雅普诺夫稳定性

稳定性是系统的二元性质，即系统不能同时稳定或不稳定。然而，我们可以用某种程度或指数表明一个稳定系统有多稳定性(其相对稳定性)。如果系统的任何有界输入始终导致有界输出，则该系统被定义为有界输入有界输出(BIBO)稳定。对于一个线性时不变系统，当且只当其传递函数的所有极点或其状态空间模型(式(5.2a)和式(5.2b))的矩阵 $\boldsymbol{A}$ 的特征值严格位于复平面左侧 $s=a+\mathrm{j}\omega$ 时，是 BIBO 稳定的。具有上述属性的矩阵 $\boldsymbol{A}$ 称为 Hurwitz 矩阵。Routh 和 Hurwitz 代数准则规定了使系统稳定的系统特征多项式的系数必须满足的条件。如果 $a>0$，则一阶系统 $\dot{x}+ax=bu$(具有实极点 $-a$)是稳定的，并且具有脉冲响应：

$$x(t)=b\mathrm{e}^{-at}$$

当 $t\to\infty$ 时，$x(t)\to 0$，此时系统被认为是渐近稳定的。此外，根据 $b\mathrm{e}^{-at}$，收敛是指数性的，因此该系统称为指数稳定的。对于一个二阶系统，其矩阵 $\boldsymbol{A}$ 具有特征值 $-a_1\pm \mathrm{j}\omega$，$a_1>0$，它的脉冲响应具有以下形式：

$$x(t)=(K/\omega)\mathrm{e}^{-a_1 t}\sin(\omega t), \quad a_1>0$$

当 $t \to \infty$ 时，$x(t)$ 趋于零，系统渐近稳定，并且因为 $|x(t)| \leqslant (K/\omega)\mathrm{e}^{-a_1 t}$，系统呈指数稳定。上述结果适用于一阶和二阶系统的任意组合。

系统的稳定性及其通过状态或输出反馈的稳定性研究是控制理论中的两个核心问题，但 Routh 和 Hurwitz 稳定性标准只能用于时不变线性单输入单输出(SISO)系统。

李雅普诺夫稳定性方法也可以应用于时变系统和非线性系统。李雅普诺夫引入了一个广义的能量概念(称为李雅普诺夫函数)，并研究了没有外部输入的动态系统。将李雅普诺夫理论与 BIBO 稳定性概念相结合，我们可以推导出输入状态稳定性(ISS)的稳定性条件。

李雅普诺夫介绍了两种稳定性方法：第一种方法需要系统时间响应的可用性(即微分方程的解)；第二种方法也称为直接李雅普诺夫方法，不需要知道系统的时间响应。

定义 5.1 自由系统 $\dot{\boldsymbol{x}} = \boldsymbol{A}(t)\boldsymbol{x}$ 的平衡状态 $\boldsymbol{x} = \boldsymbol{0}$ 在以下情形时，在李雅普诺夫意义上是稳定的(L-稳定)：对于每个初始时间 t_0 和每个实数 $\varepsilon > 0$，存在一些取决于 t_0 和 ε 的尽可能小的 $\delta(\delta > 0)$，使得以下条件满足：如果 $\|\boldsymbol{x}_0\| < \delta$，那么对于所有 $t \geqslant t_0$，$\|\boldsymbol{x}(t)\| < \varepsilon$，其中 $\|\cdot\|$ 表示向量 $\boldsymbol{x}$ 的范数，即 $\|\boldsymbol{x}\| = (x_1^2 + x_2^2 + \cdots + x_n^2)^{1/2}$。 ■

定理 5.1 当且仅当 $\dot{\boldsymbol{x}} = \boldsymbol{A}(t)\boldsymbol{x}$ 的平衡状态 $x = 0$ 为 L-稳定时，转移矩阵 $\boldsymbol{\Phi}(t, t_0)$ 在所有 $t \geqslant t_0$ 时，有边界 $\|\boldsymbol{\Phi}(t, t_0)\| < k(t_0)$。 ■

线性系统的 $\|\boldsymbol{x}(t)\|$ 的界限不依赖于 $\boldsymbol{x}_0$。一般来说，如果系统稳定性(任何类型)不依赖于 $\boldsymbol{x}_0$，则称其有全局(总)稳定性或大的稳定性。如果稳定性取决于 $\boldsymbol{x}_0$，则称为局部稳定性。显然，线性系统的总稳定性也意味着其具有局部稳定性。

定义 5.2 如果符合以下情况，则平衡状态 $\boldsymbol{x} = \boldsymbol{0}$ 渐近稳定：

1) 它是 L-稳定的。

2) 对于充分接近 $\boldsymbol{x} = \boldsymbol{0}$ 的每个 t_0 和 $\boldsymbol{x}_0$，当 $t \to \infty$ 时，条件 $\boldsymbol{x}(t) \to \boldsymbol{0}$ 成立。 ■

定义 5.3 如果定义 5.1 中的参数 δ 不依赖于 t_0，那么其就具有一致的 L-稳定性。 ■

定义 5.4 如果系统 $\dot{\boldsymbol{x}}(t) = \boldsymbol{A}(t)\boldsymbol{x}$ 是均匀 L-稳定的，对于所有 t_0 和任意大的 ρ，关系式 $\|\boldsymbol{x}_0\| < \rho$ 意味着对于 $t \to \infty$，有 $\boldsymbol{x}(t) \to \boldsymbol{0}$，则系统为一致渐近稳定的。 ■

定理 5.2 当且仅当存在两个常数参数 k_1 和 k_2，使得对于所有 t_0 和所有 $t \geqslant t_0$ 有 $\|\boldsymbol{\Phi}(t, t_0)\| \leqslant k_1 \mathrm{e}^{-k_2(t-t_0)}$ 时，线性系统 $\dot{\boldsymbol{x}} = \boldsymbol{A}(t)\boldsymbol{x}$ 是一致渐近稳定的。 ■

定义 5.5 系统 $\dot{\boldsymbol{x}}(t) = \boldsymbol{A}(t)\boldsymbol{x}$ 处于平衡状态 $\boldsymbol{x} = \boldsymbol{0}$ 时，如果对于某个实数 $\varepsilon > 0$，某些 $t_1 > t_0$ 且任意实数 δ 任意小，始终存在初始状态 $\|\boldsymbol{x}_0\| < \delta$，使得对于 $t \geqslant t_1$ 有 $\|\boldsymbol{x}(t)\| > \varepsilon$，则称该系统不稳定。 ■

图 5.7 中用几何图形说明了 L-稳定性、L-渐近稳定性和不稳定性的概念。其中 $\Sigma(\varepsilon)$ 和 $\Sigma(\delta)$ 分别表示具有半径 ε 和 δ 的 n 维球(空间)。

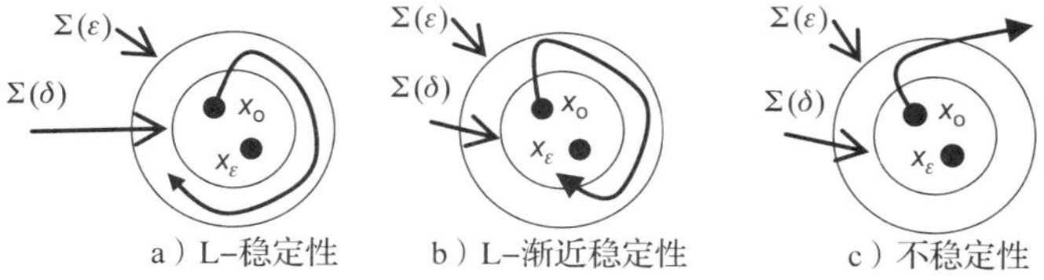

图 5.7 L-稳定性、L-渐近稳定性、不稳定性示意

直接李雅普诺夫方法：令 $d(\boldsymbol{x}(t), \boldsymbol{0})$为状态 $\boldsymbol{x}(t)$与原点 $\boldsymbol{x}=\boldsymbol{0}$ 的距离(使用任何有效范数定义)。如果我们发现对于 $t\to\infty$有 $d(\boldsymbol{x}(t), \boldsymbol{0})$趋于零，则可得出结论：系统是渐近稳定的。为了使用李雅普诺夫直接方法证明系统渐近稳定，我们不需要找到这样的距离(范数)，而是需要一个李雅普诺夫函数，其实际上是一个广义能量函数。

定义 5.6　时不变李雅普诺夫函数称为任何 $\boldsymbol{x}$ 的标量函数 $V(\boldsymbol{x})$，对于所有 $t\geqslant t_0$ 和原点附近的 $\boldsymbol{x}$ 满足以下四个条件[⊖]：

(ⅰ) $V(\boldsymbol{x})$是连续的并且具有连续导数。

(ⅱ) $V(\boldsymbol{0})=0$。

(ⅲ) 对于所有 $\boldsymbol{x}\neq 0$，$V(\boldsymbol{x})>0$。

(ⅳ) 对于 $\boldsymbol{x}\neq\boldsymbol{0}$，有$\dfrac{\mathrm{d}V(\boldsymbol{x})}{\mathrm{d}t}=\left[\dfrac{\partial V(\boldsymbol{x})}{\partial \boldsymbol{x}}\right]^{\mathrm{T}}\dfrac{\mathrm{d}\boldsymbol{x}}{\mathrm{d}t}<0$。

定理 5.3　如果可以找到非线性或线性系统状态 $\dot{\boldsymbol{x}}(t)=f(\boldsymbol{x}(t), t)$的李雅普诺夫函数 $V(\boldsymbol{x})$，其中 $f(\boldsymbol{0}, t)=0$(f 是一般函数)，则状态 $x=\boldsymbol{0}$ 为渐近稳定。■

备注

(ⅰ) 如果定义 5.6 适用于所有 t_0，则系统具有一致渐近稳定性。

(ⅱ) 如果系统是线性的，或者将定义 5.6 中的条件“$\boldsymbol{x}$ 在原点附近”替换为条件“任意 $\boldsymbol{x}$”，那么系统就具有“全局渐近稳定性”。

(ⅲ) 如果定义 5.6 的条件(iv)变为 $\mathrm{d}V(\boldsymbol{x})/\mathrm{d}t\leqslant 0$，则系统具有简单的 L-稳定性。

显然，为了建立系统的 L-稳定性，我们必须找到李雅普诺夫函数。但是目前对此没有一般的适用方法。

类似的结果适用于时变李雅普诺夫函数 $V(\boldsymbol{x}(t), t)$的情况，如下所示。

定义 5.7　系统状态的时变李雅普诺夫函数 $V(\boldsymbol{x}, t)$是 $\boldsymbol{x}$ 和 t 的任意标量函数。对于所有 $t\geqslant t_0$ 和原点 $\boldsymbol{x}=\boldsymbol{0}$ 附近的 $\boldsymbol{x}$，它具有以下属性：

(ⅰ) $V(\boldsymbol{x}, t)$及其偏导数存在且是连续的。

(ⅱ) $V(\boldsymbol{0}, t)=0$。

(ⅲ) 对于 $\boldsymbol{x}\neq\boldsymbol{0}$ 且 $t\geqslant t_0$，有 $V(\boldsymbol{x}, t)\geqslant a(\|\boldsymbol{x}\|)$，其中 $a(\boldsymbol{0})=0$ 且 $a(\xi)$是 ξ 的标量连续非递减函数。

(ⅳ) 对于 $\boldsymbol{x}\neq 0$，有$\dfrac{\mathrm{d}V(\boldsymbol{x}, t)}{\mathrm{d}t}=\left[\dfrac{\partial V(\boldsymbol{x}, t)}{\partial \boldsymbol{x}}\right]^{\mathrm{T}}\dfrac{\mathrm{d}\boldsymbol{x}}{\mathrm{d}t}+\dfrac{\partial V(\boldsymbol{x}, t)}{\partial t}<0$。■

备注

对于所有 $t\geqslant t_0$，函数 $V(\boldsymbol{x}, t)$的值应大于或等于某些连续的非递减时不变函数的值。

定理 5.4　如果能够找到系统 $\dot{\boldsymbol{x}}(t)=\boldsymbol{f}(\boldsymbol{x}(t), t)$的状态 $\boldsymbol{x}(t)$的时变李雅普诺夫函数 $V(\boldsymbol{x}, t)$，那么状态 $\boldsymbol{x}=0$ 是渐近稳定的。■

定义 5.8

(ⅰ) 如果定义 5.7 的条件适用于所有 t_0 和 $V(\boldsymbol{x}, t)\leqslant\beta(\|\boldsymbol{x}\|)$，其中 $\beta(\xi)$是 ξ 的连续

⊖ 注意，这里 $\partial V(\boldsymbol{x})/\partial\boldsymbol{x}$ 被认为是一个列向量，即 $\partial V(\boldsymbol{x})/\partial\boldsymbol{x}=[\partial V/\partial x_1, \partial V/\partial x_2, \cdots, \partial V/\partial x_n]^{\mathrm{T}}$。

非递减标量函数，且有 $\beta(\mathbf{0})=0$，则其有一致渐近稳定性。

（ⅱ）如果系统是线性的或定义 5.7 的条件在任何地方都成立（不仅在原点 $\boldsymbol{x}=\mathbf{0}$ 附近的区域），且当 $\|\boldsymbol{x}\|\rightarrow\infty$ 时，有 $a(\|\boldsymbol{x}\|)\rightarrow\infty$，则系统是全局一致渐近稳定的。■

在线性时变系统 $\dot{\boldsymbol{x}}=\boldsymbol{A}(t)\boldsymbol{x}$ 的情况下，李雅普诺夫（时变）函数 $V(\boldsymbol{x}, t)$ 以二次（能量）函数的形式给出：

$$V(\boldsymbol{x}, t)=\boldsymbol{x}^{\mathrm{T}}\boldsymbol{P}(t)\boldsymbol{x} \tag{5.14a}$$

其中 $\boldsymbol{P}(t)$ 满足以下矩阵微分方程：

$$\mathrm{d}\boldsymbol{P}(t)/\mathrm{d}t+\boldsymbol{A}^{\mathrm{T}}(t)\boldsymbol{P}(t)+\boldsymbol{P}(t)\boldsymbol{A}(t)=-\boldsymbol{Q}(t), \quad \boldsymbol{Q}(t)>0 \tag{5.14b}$$

如果系统是时不变的，$\boldsymbol{A}(t)=\boldsymbol{A}=$常量，则 $\boldsymbol{P}(t)=\boldsymbol{P}=$常量，并且上述 $\boldsymbol{P}(t)$ 的微分方程简化为下面关于 $\boldsymbol{P}$ 的代数方程：

$$\boldsymbol{A}^{\mathrm{T}}\boldsymbol{P}+\boldsymbol{P}\boldsymbol{A}=-\boldsymbol{Q} \tag{5.15}$$

在这种情况下，我们可以选择正定矩阵 $\boldsymbol{Q}>\mathbf{0}$ 并求解关于 $\boldsymbol{P}$ 中元素的 $n(n+1)/2$ 个方程（$\boldsymbol{P}$ 是对称的）。然后，如果 $\boldsymbol{P}>\mathbf{0}$（即如果 $\boldsymbol{P}$ 是正定的），则系统是渐近稳定的。

备注

使用式(5.15)，我们可以证明李雅普诺夫稳定性判据等效于 Hurwitz 稳定性判据。

5.2.3　状态反馈控制

状态反馈控制比传统控制更强大，这是因为多输入多输出（MIMO）系统的总控制器的设计是以统一的方式同时在所有控制回路中执行的，而不是一个接一个地串行循环执行，循环执行无法保证整体系统的稳定性和鲁棒性。在本节中，我们将简要回顾 SISO 系统的特征值布局控制器。

假定某个 SISO 系统如下：

$$\dot{\boldsymbol{x}}(t)=\boldsymbol{A}\boldsymbol{x}(t)+\boldsymbol{B}u(t), \quad y(t)=\boldsymbol{C}\boldsymbol{x}(t)+Du(t), \quad u\in R, \ y\in R, \ \boldsymbol{x}\in R^n$$

其中 $\boldsymbol{A}$ 是 $n\times n$ 阶常数矩阵，$\boldsymbol{B}$ 是 $n\times 1$ 阶常数矩阵（列向量），$\boldsymbol{C}$ 是 $1\times n$ 阶矩阵（行向量），u 是标量输入，D 是标量常数。此时，状态反馈控制器具有以下形式：

$$u(t)=\boldsymbol{F}\boldsymbol{x}(t)+v(t) \tag{5.16}$$

其中 $v(t)$ 是新的控制输入，$\boldsymbol{F}$ 是 n 维常数行向量，有 $\boldsymbol{F}=[f_1, f_2, \cdots, f_n]$。将该控制律引入系统，我们得到闭环（反馈）系统的状态方程：

$$\dot{\boldsymbol{x}}(t)=(\boldsymbol{A}+\boldsymbol{B}\boldsymbol{F})\boldsymbol{x}(t)+\boldsymbol{B}v(t), \quad y(t)=(\boldsymbol{C}+D\boldsymbol{F})\boldsymbol{x}(t)+Dv(t) \tag{5.17}$$

特征值放置设计问题就是选择控制器增益矩阵 $\boldsymbol{F}$ 的问题，使得闭环矩阵 $\boldsymbol{A}+\boldsymbol{B}\boldsymbol{F}$ 的特征值被置于期望位置 $\lambda_1, \lambda_2, \cdots, \lambda_n$。可以证明，当且仅当系统（$\boldsymbol{A}$，$\boldsymbol{B}$）完全可控（即系统特征值可由状态反馈控制）时，可解该放置问题。可控性是指控制器使系统以任意期望的方式运动的能力。众所周知，特征值的位置指定了系统的性能特征。

定义 5.9　如果系统的状态 $\boldsymbol{x}_0$ 可以独立于初始时间 t_0 尽快地运动到最终状态 $\boldsymbol{x}_{\mathrm{f}}$，则称该状态为完全可控状态。如果系统的所有状态都是完全可控的，则可以称该系统为完全可控的。■

直觉上，我们可以想到如果某些状态变量不依赖于控制输入 $\boldsymbol{u}(t)$，则不存在可以将其驱动到某个其他所需状态的方法。因此，该状态称为不可控状态。如果系统至少具有一个不可控状态，则称其为非完全可控制的，或者简单地说是不可控制的。上述可控性概念指的是系统的状态，因此其特征在于状态可控性。如果可控性是指系统的输出，那么系统就具有所谓的输出可控性。通常，状态可控性和输出可控性不同。

定理 5.5 线性系统($\boldsymbol{A}$，$\boldsymbol{B}$)完全可控状态的充分必要条件是可控性矩阵：

$$\boldsymbol{Q}_{\mathrm{c}}=[\boldsymbol{B} \vdots \boldsymbol{AB} \vdots \boldsymbol{A}^2\boldsymbol{B} \vdots \cdots \vdots \boldsymbol{A}^{n-1}\boldsymbol{B}] \tag{5.18a}$$

有

$$\mathrm{rank}\boldsymbol{Q}_{\mathrm{c}}=n \tag{5.18b}$$

其中 n 是状态向量 $\boldsymbol{x}$ 的维数。 ■

用于选择反馈矩阵 $\boldsymbol{F}$ 的最直接的方法是使用可控规范形式。该方法涉及以下步骤：

步骤 1 写下矩阵 $\boldsymbol{A}$ 的特征多项式 $\mathcal{X}_{\boldsymbol{A}}(s)$：

$$\mathcal{X}_{\boldsymbol{A}}(s)=|s\boldsymbol{I}-\boldsymbol{A}|=s^n+a_1s^{n-1}+\cdots+a_{n-1}s+a_n$$

步骤 2 找到一个相似性变换 $\boldsymbol{T}$，它将给定系统转换为其可控的规范形式$\hat{\boldsymbol{A}}=\boldsymbol{T}^{-1}\boldsymbol{AT}$。

步骤 3 由闭环系统的期望特征值确定所需的特征多项式：

$$\mathcal{X}_{\mathrm{desired}}(s)=s^n+\tilde{a}_1s^{n-1}+\cdots+\tilde{a}_{n-1}s+\tilde{a}_n$$

可控规范模型的反馈增益矩阵 $\boldsymbol{F}$ 由下式给出：

$$\hat{\boldsymbol{F}}=\boldsymbol{FT}=[\hat{f}_n,\hat{f}_{n-1},\cdots,\hat{f}_1]$$

步骤 4 令 $\boldsymbol{A}+\boldsymbol{BF}$ 和$\hat{\boldsymbol{A}}+\hat{\boldsymbol{B}}\hat{\boldsymbol{F}}$ 的最后一行相等，有

$$a_1-\hat{f}_1=\tilde{a}_1,\quad a_2-\hat{f}_2=\tilde{a}_2,\quad \cdots,\quad a_n-\hat{f}_n=\tilde{a}_n$$

求解 $\boldsymbol{F}=\hat{\boldsymbol{F}}\boldsymbol{T}^{-1}$，我们发现：

$$\boldsymbol{F}[\hat{f}_n,\ \hat{f}_{n-1},\ \cdots,\ \hat{f}_1]\boldsymbol{T}^{-1}=[a_n-\tilde{a}_n,\ a_{n-1}-\tilde{a}_{n-1},\ \cdots,\ a_1-\tilde{a}_1]\boldsymbol{T}^{-1} \tag{5.19}$$

5.2.4 二阶系统

二阶系统的状态向量 $\boldsymbol{x}$ 包含我们感兴趣的变量(物理量)，如位置和速度，即

$$\boldsymbol{x}(t)=\begin{bmatrix}x(t)\\ \dot{x}(t)\end{bmatrix}$$

假设需要设计状态反馈控制器，使系统的状态遵循期望的轨迹 $\boldsymbol{x}_{\mathrm{d}}(t)$，在这种情况下，反馈必须使用测得的误差[㊀]：

$$\tilde{\boldsymbol{x}}(t)=\boldsymbol{x}_{\mathrm{d}}(t)-\boldsymbol{x}(t) \tag{5.20}$$

并且控制器应该降低系统对动力学模型中使用的参数值的不准确性和不确定性的敏感度。

控制系统的基本特征是带宽 Ω，其确定系统的操作速度和快速轨迹跟踪的能力。带宽 Ω 越大越好，但不应该过高，因为它可能会激发系统模型中未包含的高频分量。

例如，考虑以下简单的二阶系统：

$$\ddot{x}(t)=u(t) \tag{5.21}$$

㊀ 误差$\tilde{\boldsymbol{x}}(t)$也可以定义为$\tilde{\boldsymbol{x}}(t)=\boldsymbol{x}(t)-\boldsymbol{x}_{\mathrm{d}}(t)$。在这种情况下，反馈增益具有相反的符号，正是导致出现了相同的负反馈控制器(见 5.3.1 节)。

由式(5.20)给出误差方程：

$$\ddot{\tilde{x}}(t)=\ddot{x}_{\mathrm{d}}(t)-\ddot{x}(t)=\ddot{x}_{\mathrm{d}}-u(t) \tag{5.22}$$

定义状态向量：

$$\tilde{x}=\begin{bmatrix}\tilde{x}\\ \dot{\tilde{x}}\end{bmatrix}=\begin{bmatrix}\tilde{x}_1\\ \tilde{x}_2\end{bmatrix}$$

可得到以下可控规范形式：

$$\dot{\tilde{x}}=\boldsymbol{A}\tilde{x}+\boldsymbol{b}(\ddot{x}_{\mathrm{d}}-u) \tag{5.23a}$$

其中

$$\boldsymbol{A}=\begin{bmatrix}0 & 1\\ -a_2 & -a_1\end{bmatrix}=\begin{bmatrix}0 & 1\\ 0 & 0\end{bmatrix},\quad \boldsymbol{b}=\begin{bmatrix}0\\ 1\end{bmatrix} \tag{5.23b}$$

为了获得所需的带宽 Ω，我们选择所需的闭环特征多项式：

$$\mathcal{X}_{\text{desired}}(s)=s^2+\tilde{a}_1 s+\tilde{a}_2=s^2+2\zeta\omega_{\mathrm{n}}s+\omega_{\mathrm{n}}^2 \tag{5.24}$$

其中 ω_{n} 是无阻尼固有频率(等于所需带宽 Ω)，ζ 是阻尼系数(通常选择 $\zeta\geqslant 0.7$)。

然后，按式(5.16)和式(5.19)选择反馈控制器，并且 $\boldsymbol{T}=\boldsymbol{I}$(单位矩阵)，即

$$\ddot{x}_{\mathrm{d}}-u=[f_2,\ f_1]\begin{bmatrix}\tilde{x}\\ \dot{\tilde{x}}\end{bmatrix}+v$$

或

$$\begin{aligned}u&=\ddot{x}_{\mathrm{d}}-[f_2,\ f_1]\begin{bmatrix}\tilde{x}\\ \dot{\tilde{x}}\end{bmatrix}-v\\ &=\ddot{x}_{\mathrm{d}}+[\tilde{a}_2,\tilde{a}_1]\begin{bmatrix}\tilde{x}\\ \dot{\tilde{x}}\end{bmatrix}-v\\ &=\ddot{x}_{\mathrm{d}}+2\zeta\omega_{\mathrm{n}}\dot{\tilde{x}}+\omega_{\mathrm{n}}^2\tilde{x}-v\end{aligned} \tag{5.25}$$

使用式(5.22)和式(5.25)构建闭环误差系统，即

$$\ddot{\tilde{x}}(t)+2\zeta\omega_{\mathrm{n}}\dot{\tilde{x}}(t)+\omega_{\mathrm{n}}^2\tilde{x}(t)=v(t) \tag{5.26}$$

它具有所需的阻尼和带宽规格。

控制律(式(5.25))包含比例项 $\omega_{\mathrm{n}}^2\tilde{x}$ 和导数项 $2\zeta\omega_{\mathrm{n}}\dot{\tilde{x}}$，也就是说，它是 PD(比例和微分)控制器，这是最受欢迎和最有效的控制器之一。对于二阶系统，PD 控制器能给出精确的结果。

例 5.2　考虑式(5.21)所示系统被干扰 $\xi(t)$ 破坏的情况：

$$\ddot{x}(t)=u(t)+\xi(t)$$

(a) 当 $\xi(t)$ 是振幅为 ξ_0 的阶跃扰动时，求闭环 PD 控制系统的稳态位置误差 $\tilde{\boldsymbol{x}}_{\mathrm{ss}}=\lim\limits_{t\to\infty}\tilde{\boldsymbol{x}}(t)$：

$$\xi(t)=\begin{cases}\xi_0, & t\geqslant 0\\ 0, & t<0\end{cases}\quad(\xi_0\neq 0)$$

(b) 证明当使用 PID(比例，微分和积分)控制器而不是 PD 控制器时，稳定态误差会消失。

解

(a) 使用 PD 控制器，闭环受干扰系统(式(5.26))变为

$$\ddot{\tilde{x}}(t)+2\zeta\omega_n\dot{\tilde{x}}+\omega_n^2\tilde{x}=v(t)+\xi(t)$$

当有 $v(t)=0$、$\xi(t)$ 和上述干扰的情况下，通过设置 $\lim\limits_{t\to\infty}\dot{\tilde{x}}(t)=0$ 和 $\lim\limits_{t\to\infty}\ddot{\tilde{\boldsymbol{x}}}(t)=0$ 得到的稳态误差可得以下关系：

$$\omega_n^2\lim_{t\to\infty}\tilde{x}(t)=\omega_n^2 x_{SS}=\xi_0$$

因此

$$\tilde{x}_{SS}=\xi_0/\omega_n^2$$

我们看到 $\tilde{\boldsymbol{x}}_{ss}$ 具有非零有限值，其与 ξ_0 成比例并且与带宽 $\Omega=\omega_n$ 的平方成反比。

(b) 如果我们使用 PID 控制器：

$$u=\ddot{x}_d+2\zeta\Omega\dot{\tilde{x}}+\Omega^2\tilde{x}+\Omega^3\int_0^t\tilde{x}(\tau)d\tau$$

闭环误差系统变为

$$\ddot{\tilde{x}}(t)+2\zeta\Omega\dot{\tilde{x}}(t)+\Omega^2\tilde{x}(t)+\Omega^3\int_0^t\tilde{x}(t)d\tau=v(t)+\xi(t)$$

然后，在 $t\to\infty$ 时，由 $\lim\limits_{t\to\infty}\dot{\tilde{\boldsymbol{x}}}(t)=0$，$\lim\limits_{t\to\infty}\ddot{\tilde{\boldsymbol{x}}}(t)=0$，$v(t)=0$，$t\geqslant 0$ 得到：

$$\Omega^2\tilde{x}_{ss}+\Omega^3\lim_{t\to\infty}\int_0^t\tilde{x}(\tau)d\tau=\xi_0$$

这意味着 $\tilde{x}_{ss}=\lim\limits_{t\to\infty}\tilde{x}(t)=0$，否则，$\lim\limits_{t\to\infty}\int_0^t\tilde{x}(t)d\tau$ 不会有有限值。

备注

对于上述结果，也可以使用众所周知的拉普拉斯变换最终值属性获得 $\tilde{x}_{ss}=\lim\limits_{t\to\infty}\tilde{x}(t)=\lim\limits_{s\to 0}s\tilde{x}(s)$，通过误差系统的传递函数计算 $\tilde{x}(s)$。

例 5.3　使用李雅普诺夫方法检查以下系统的稳定性：

(a) $\dot{x}=-x$

(b) $\dot{x}_1=x_2-x_1(x_1^2+x_2^2)$

$\dot{x}_2=-x_1-x_2(x_1^2+x_2^2)$

解

系统(a)　该系统具有平衡状态 $x=0$。我们验证函数 $V(x)=x^2$ 是否为李雅普诺夫函数。

这是通过检查 $V(x)$ 是否满足李雅普诺夫函数的所有条件来完成的。条件如下：

- $V(x)=x^2$ 和 $dV/dx=2x$ 是连续的。
- $V(0)=0$。

- 对于 $x \neq 0$，有 $V(x)=x^2>0$。
- 对所有 $x \neq 0$，有 $\dot{V}(x)=(2x)\dot{x}=(2x)(-x)=-2x^2<0$

我们看到候选函数具有成为李雅普诺夫函数的必要属性，因此系统 $\dot{x}=-x$ 均匀渐近稳定。

系统(b)　尝试以下候选李雅普诺夫函数：

$$V(\boldsymbol{x})=x_1^2+x_2^2$$

此函数具有以下属性：

- $V(\boldsymbol{x})$和 $\mathrm{d}V/\mathrm{d}\boldsymbol{x}$ 是连续的。
- $V(\mathbf{0})=0$。
- 对 $\boldsymbol{x} \neq 0$，有 $V(\boldsymbol{x})>0$。
- 对 $\boldsymbol{x} \neq \mathbf{0}$，有 $\dot{V}(\boldsymbol{x})=2\boldsymbol{x}_1\dot{\boldsymbol{x}}_1+2\boldsymbol{x}_2\dot{\boldsymbol{x}}_2=-2(x_1^2+x_2^2)^2<0$。

即它拥有李雅普诺夫函数的所有属性。因此，唯一的平衡状态 $\boldsymbol{x}(t)=[x_1(t),\ x_2(t)]^{\mathrm{T}}=\mathbf{0}$(即原点)是完全渐近稳定的。

5.3　通用机器人控制器

下面我们将检验一些常用的控制器[2-4]：

- 比例和微分控制。
- 基于李雅普诺夫函数的控制。
- 力矩计算控制。
- 解析运动速率控制。
- 解析运动加速度控制。

5.3.1　PD 位置控制

这里。我们将证明在式(3.11a)和式(3.11b)中描述的一般机器人的位置控制中，PD 控制能得到令人满意的结果：

$$\boldsymbol{D}(\boldsymbol{q})\ddot{\boldsymbol{q}}+\boldsymbol{h}(\boldsymbol{q},\dot{\boldsymbol{q}})+\boldsymbol{g}(\boldsymbol{q})=\tau$$

$$\boldsymbol{q}=[q_1,\ q_2,\ \cdots,\ q_n]^{\mathrm{T}}$$

其中对于任何 $\dot{\boldsymbol{q}} \neq 0$，$\boldsymbol{D}$ 是已知的正定矩阵。假设摩擦力可以忽略不计，并且忽略重力项 $\boldsymbol{g}(\boldsymbol{q})$(在水平地形上移动的机器人中，重力项 $\boldsymbol{g}(\boldsymbol{q})$都是零)，可以得到：

$$\boldsymbol{D}(\boldsymbol{q})\ddot{\boldsymbol{q}}+\boldsymbol{C}(\boldsymbol{q},\dot{\boldsymbol{q}})\dot{\boldsymbol{q}}=\tau \tag{5.27}$$

其中 $\boldsymbol{C}(\boldsymbol{q},\ \dot{\boldsymbol{q}})$的定义如式(3.13)所示，矩阵$\dot{\boldsymbol{D}}-2\boldsymbol{C}$ 是反对称的。令$\tilde{\boldsymbol{q}}=\boldsymbol{q}-\boldsymbol{q}_{\mathrm{d}}$ 为 $\boldsymbol{q}$ 和$\boldsymbol{q}_{\mathrm{d}}$ 之间的误差。然后，PD 控制器具有如下形式：

$$\begin{aligned}\tau&=\boldsymbol{K}_{\mathrm{p}}(\boldsymbol{q}_{\mathrm{d}}-\boldsymbol{q})+\boldsymbol{K}_{\mathrm{d}}(\dot{\boldsymbol{q}}_{\mathrm{d}}-\dot{\boldsymbol{q}})\\&=-\boldsymbol{K}_{\mathrm{p}}\tilde{\boldsymbol{q}}-\boldsymbol{K}_{\mathrm{d}}\dot{\tilde{\boldsymbol{q}}}=-\boldsymbol{K}_{\mathrm{p}}\tilde{\boldsymbol{q}}-\boldsymbol{K}_{\mathrm{d}}\dot{\boldsymbol{q}}\quad(\boldsymbol{q}_{\mathrm{d}}\text{ 为常数})\end{aligned} \tag{5.28}$$

其中 $\boldsymbol{K}_{\mathrm{p}}$ 和 $\boldsymbol{K}_{\mathrm{d}}$ 是正定对称矩阵。得到的反馈控制方案具有如图 5.8 的形式。

利用以下候选李雅普诺夫函数：

$$V(\widetilde{\boldsymbol{q}})=\frac{1}{2}(\widetilde{\boldsymbol{q}}^{\mathrm{T}}\boldsymbol{K}_{\mathrm{p}}\widetilde{\boldsymbol{q}}+\dot{\boldsymbol{q}}^{\mathrm{T}}\boldsymbol{D}\dot{\boldsymbol{q}}) \tag{5.29}$$

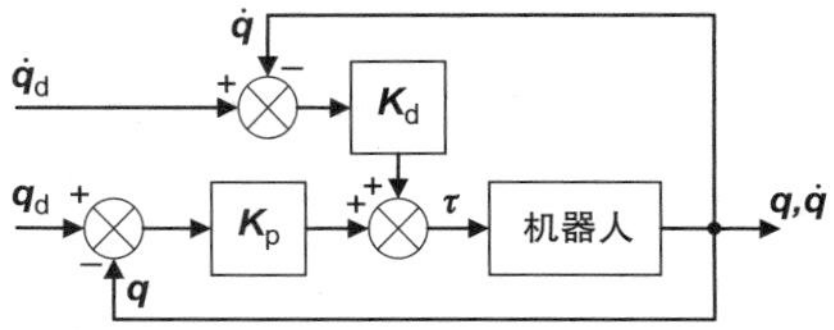

图 5.8　PD 机器人控制

其中的项$\frac{1}{2}\dot{\boldsymbol{q}}^{\mathrm{T}}\boldsymbol{D}\dot{\boldsymbol{q}}$ 表示机器人的动能，项$\frac{1}{2}\widetilde{\boldsymbol{q}}^{\mathrm{T}}\boldsymbol{K}_{\mathrm{p}}\widetilde{\boldsymbol{q}}$ 表示比例控制项。因此，函数 V 可以代表闭环系统的总能量。由于 $\boldsymbol{K}_{\mathrm{p}}$ 和 $\boldsymbol{D}$ 是对称正定矩阵，因此对于$\widetilde{\boldsymbol{q}}\neq\boldsymbol{0}$，我们有 $V(\boldsymbol{0})=0$ 和 $V(\widetilde{\boldsymbol{q}})>0$。因此，必须检查定义 5.6 的属性(iv)的有效性。

在这里，由式(5.29)给出：

$$\begin{aligned}\dot{V}&=\widetilde{\boldsymbol{q}}^{\mathrm{T}}\boldsymbol{K}_{\mathrm{p}}\dot{\boldsymbol{q}}+\dot{\boldsymbol{q}}^{\mathrm{T}}\boldsymbol{D}\ddot{\widetilde{\boldsymbol{q}}}+(1/2)\dot{\boldsymbol{q}}^{\mathrm{T}}\dot{\boldsymbol{D}}\dot{\boldsymbol{q}}\\&=\widetilde{\boldsymbol{q}}^{\mathrm{T}}\boldsymbol{K}_{\mathrm{d}}\dot{\boldsymbol{q}}+\dot{\boldsymbol{q}}^{\mathrm{T}}(\boldsymbol{\tau}-\boldsymbol{C}\dot{\boldsymbol{q}})+(1/2)\dot{\boldsymbol{q}}^{\mathrm{T}}\boldsymbol{D}\dot{\boldsymbol{q}}\end{aligned} \tag{5.30}$$

现在，将控制律(式(5.28))引入式(5.30)，得到

$$\begin{aligned}\dot{V}&=\widetilde{\boldsymbol{q}}^{\mathrm{T}}\boldsymbol{K}_{\mathrm{p}}\dot{\boldsymbol{q}}+\dot{\boldsymbol{q}}^{\mathrm{T}}(\boldsymbol{C}+\boldsymbol{K}_{\mathrm{d}})\widetilde{\boldsymbol{q}}-\dot{\boldsymbol{q}}^{\mathrm{T}}\boldsymbol{K}_{\mathrm{d}}\widetilde{\boldsymbol{q}}+(1/2)\dot{\boldsymbol{q}}^{\mathrm{T}}\dot{\boldsymbol{D}}\dot{\boldsymbol{q}}\\&=-\dot{\boldsymbol{q}}^{\mathrm{T}}(\boldsymbol{C}+\boldsymbol{K}_{\mathrm{d}})\dot{\boldsymbol{q}}+(1/2)\dot{\boldsymbol{q}}^{\mathrm{T}}\dot{\boldsymbol{D}}\dot{\boldsymbol{q}}\end{aligned} \tag{5.31}$$

因此，由于矩阵$\dot{\boldsymbol{D}}-2\boldsymbol{C}$ 是反对称的，因此由式(5.31)最后给出：

$$\dot{V}=-\dot{\boldsymbol{q}}^{\mathrm{T}}\boldsymbol{K}_{\mathrm{d}}\dot{\boldsymbol{q}}\leqslant 0 \tag{5.32}$$

我们观察到，虽然式(5.29)中李雅普诺夫函数 V 取决于$\boldsymbol{K}_{\mathrm{p}}$，其导数 $\dot{V}$ 取决于 $\boldsymbol{K}_{\mathrm{d}}$，这类似于经典 SISO PD 控制的已知特性。式(5.32)确保反馈误差控制系统(见图 5.8)是 L-稳定的。因为 PD 控制(式(5.28))不需要知道取决于质量的参数，所以它在质量变化方面特别稳健。

式(5.28)所示控制器的一个特例是

$$\tau_j=-K_{j\mathrm{p}}\widetilde{q}_j-K_{j\mathrm{d}}\dot{\widetilde{q}}_j\quad(j=1,\ 2,\ \cdots,\ n)$$

其分别应用于每个关节。如果运动受到摩擦(假定为线性)，则机器人模型(式(5.27))必须被简单地替换为

$$\boldsymbol{D}(\boldsymbol{q})\ddot{\boldsymbol{q}}+\boldsymbol{C}(\boldsymbol{q},\dot{\boldsymbol{q}})\dot{\boldsymbol{q}}+\boldsymbol{B}_{\mathrm{f}}\dot{\boldsymbol{q}}=\boldsymbol{\tau}$$

其中 $\boldsymbol{B}_{\mathrm{f}}$ 是摩擦系数的对角矩阵。本 PD 控制器可以用例 5.2 中给出的积分项来增强。

5.3.2　基于李雅普诺夫稳定性的控制设计

应用于上述问题的控制设计方法称为基于李雅普诺夫的控制器设计，并且包含了针对线性和非线性系统的广泛使用的方法。该方法的具体步骤如下：

步骤 1　选择试验(候选)李雅普诺夫函数，其通常是系统的某种能量函数，并具有李雅普诺夫函数的前三个特性(参见 5.2.2 节定义 5.6)。

步骤 2　沿系统轨迹推导出导数 $\dot{\boldsymbol{V}}(\boldsymbol{x})$的等式

$$\dot{\boldsymbol{x}}=\boldsymbol{f}(\boldsymbol{x},\ \boldsymbol{u},\ t)$$

并选择反馈控制法则

$$\boldsymbol{u}=\boldsymbol{u}(\boldsymbol{x})$$

以确保

$$\frac{\mathrm{d}V(\boldsymbol{x})}{\mathrm{d}t}<0, \quad \boldsymbol{x}\neq\mathbf{0}$$

通常，$\boldsymbol{u}(\boldsymbol{x})$是$\boldsymbol{x}$的非线性函数，其包含一些参数和增益，可以选择这些参数和增益，使 $\mathrm{d}V/\mathrm{d}t<0$，从而确保闭环系统渐近稳定。

备注　对于给定的系统，可以找到几个李雅普诺夫函数和相应的稳定控制器。如果系统是线性时不变的，$\dot{\boldsymbol{x}}=\boldsymbol{A}\boldsymbol{x}+\boldsymbol{B}\boldsymbol{u}$，那么就没有必要使用李雅普诺夫方法。在这种情况下，控制器是静态线性状态反馈控制器 $\boldsymbol{u}(t)=\boldsymbol{F}\boldsymbol{x}(t)+\boldsymbol{v}(t)$（见式(5.16)），可以选择它来使闭环矩阵成为 Hurwitz 矩阵（所有特征值都在严格的 s 平面左部），这确保了闭环系统是渐近的和指数稳定的。基于李雅普诺夫的控制器设计方法将在以下讨论的大多数情况下作为规则应用。

5.3.3　计算力矩控制

计算力矩控制技术降低了拉格朗日模型所有项中不确定性的影响。选择控制器 τ 具有与动力学模型相同的形式（式(3.11a)），即

$$\boldsymbol{\tau}=\boldsymbol{D}(\boldsymbol{q})\boldsymbol{u}+\boldsymbol{h}(\boldsymbol{q},\dot{\boldsymbol{q}})+\boldsymbol{g}(\boldsymbol{q}) \tag{5.33}$$

因此，由于惯性矩阵是正定的（并且是可逆的），在系统(3.11a)中引入控制律(5.33)，我们得到：

$$\ddot{\boldsymbol{q}}(t)=\boldsymbol{u}(t) \tag{5.34}$$

这意味着 $\boldsymbol{u}(t)$可以是解耦控制器（PD，PID），可以独立控制每个关节（电机轴）。计算力矩法的基本问题是我们没有 $\boldsymbol{D}(\boldsymbol{q})$、$\boldsymbol{h}(\boldsymbol{q},\dot{\boldsymbol{q}})$和 $\boldsymbol{g}(\boldsymbol{q})$的精确值，只有近似值$\hat{\boldsymbol{D}}(\boldsymbol{q})$，$\hat{\boldsymbol{h}}(\boldsymbol{q},\dot{\boldsymbol{q}})$和$\hat{\boldsymbol{g}}(\boldsymbol{q})$。然后，替代式(5.33)，可以得到

$$\tau=\hat{\boldsymbol{D}}(\boldsymbol{q})\boldsymbol{u}+\hat{\boldsymbol{h}}(\boldsymbol{q},\dot{\boldsymbol{q}})+\hat{\boldsymbol{g}}(\boldsymbol{q}) \tag{5.35}$$

同样，式(5.34)被替换为

$$\ddot{\boldsymbol{q}}(t)=(\boldsymbol{D}^{-1}\hat{\boldsymbol{D}})\boldsymbol{u}+\boldsymbol{D}^{-1}(\hat{\boldsymbol{h}}-\boldsymbol{h})+\boldsymbol{D}^{-1}(\hat{\boldsymbol{g}}-\boldsymbol{g}) \tag{5.36}$$

式(5.35)中的模型存在的一个问题是其对不确定性的建模的鲁棒性，其不确定性包括参数值和未建模的高频分量的不确定性（例如，结构共振、采样率或省略的时间延迟）。解析的力矩控制方法属于通过非线性状态反馈的一般线性化技术（见 6.3 节）。

为$\ddot{\boldsymbol{q}}$模型求解（方程(3.11a)），得到

$$\ddot{\boldsymbol{q}}=\boldsymbol{D}^{-1}(\boldsymbol{q})[\boldsymbol{\tau}-\boldsymbol{h}(\boldsymbol{q},\dot{\boldsymbol{q}})-\boldsymbol{g}(\boldsymbol{q})] \tag{5.37}$$

将式(5.35)所示控制器引入式(5.37)，我们得到了图 5.9 所示的整个闭环系统的框图。

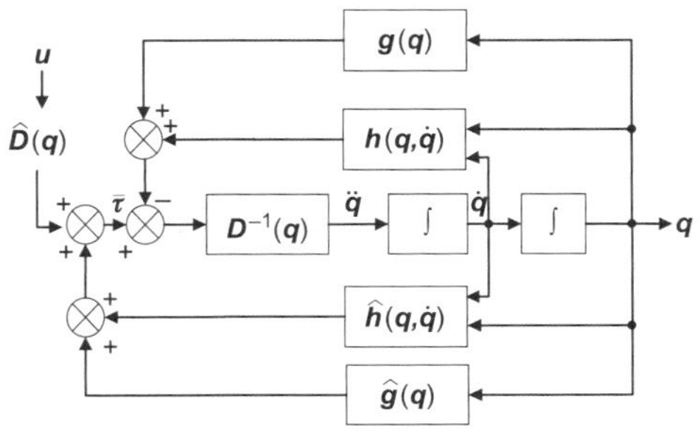

图 5.9　闭环计算力矩控制系统

5.3.4　笛卡儿空间中的机器人控制

到目前为止，所呈现的控制器是在关节(电动机)空间中工作，并且基于实际和期望的广义关节变量 q_1，q_2，…，q_n(称为内部变量)之间的误差 $\tilde{\boldsymbol{q}}=\boldsymbol{q}-\boldsymbol{q}_d$。笛卡儿(任务或工作)空间中的机器人的运动是通过关节的运动间接获得的。然而，在许多情况下，需要设计控制器以便直接使用称为外部变量的笛卡儿变量。

在笛卡儿空间中，有三种类型的控制器：这些控制器称为解析运动控制器：

- 解析的运动速率控制
- 解析的运动加速度控制
- 解析的力控制

在这里，我们将研究解析的运动速率控制，该控制主要用于移动机器人。解析的加速度控制器实际上是包括加速度的解析的运动速率控制的扩展，这一事实也将被简要考虑。

5.3.4.1　解析的运动速率控制

解析的运动速率控制就是控制关节以不同的速度同时移动，以获得笛卡儿(或任务)空间中的期望运动。

一般来说，线速度和角速度(运动速率)矢量的关系如下：

$$\dot{\boldsymbol{p}}(t)=\begin{bmatrix}\boldsymbol{v}(t)\\ \boldsymbol{\omega}(t)\end{bmatrix}$$

在笛卡儿空间中，机器人关节的速度 $\dot{\boldsymbol{q}}(t)$ 由雅可比关系(式(2.6))给出：

$$\dot{\boldsymbol{p}}=\boldsymbol{J}(\boldsymbol{q})\dot{\boldsymbol{q}} \tag{5.38}$$

其中雅可比矩阵 $\boldsymbol{J}$ 由式(2.5)给出，且可逆(见式(2.7b)和式(2.8))：

$$\dot{\boldsymbol{q}}=\boldsymbol{J}^{-1}(\boldsymbol{q})\dot{\boldsymbol{p}}\quad (\text{如果 } \boldsymbol{J} \text{ 是可逆的}) \tag{5.39a}$$

或广义可逆：

$$\dot{\boldsymbol{q}}=\boldsymbol{J}^{\dagger}(\boldsymbol{q})\dot{\boldsymbol{p}}\quad (\text{如果 } \boldsymbol{J} \text{ 不是方阵}) \tag{5.39b}$$

对式(5.38)求微分可以得到：

$$\begin{bmatrix}\dot{\boldsymbol{v}}(t)\\ \dot{\boldsymbol{\omega}}(t)\end{bmatrix}=\dot{\boldsymbol{J}}(\boldsymbol{q})\dot{\boldsymbol{q}}+\boldsymbol{J}(\boldsymbol{q})\ddot{\boldsymbol{q}} \tag{5.40}$$

因此，将式(5.39a)给出的 $\dot{\boldsymbol{q}}(t)$ 表达式引入式(5.40)中可以得到：

$$\ddot{\boldsymbol{q}}(t)=\boldsymbol{J}^{-1}(\boldsymbol{q})\begin{bmatrix}\dot{\boldsymbol{v}}(t)\\ \dot{\boldsymbol{\omega}}(t)\end{bmatrix}-\boldsymbol{J}^{-1}(\boldsymbol{q})\dot{\boldsymbol{J}}(\boldsymbol{q})\boldsymbol{J}^{-1}(q)\begin{bmatrix}\boldsymbol{v}(t)\\ \boldsymbol{\omega}(t)\end{bmatrix} \tag{5.41}$$

这种关系给出了笛卡儿空间中给定线性/角速度和机器人末端执行器加速度的关节加速度。如果 $\boldsymbol{J}(\boldsymbol{q})$ 不是方阵，则使用广义逆 $\boldsymbol{J}^{\dagger}$ 代替 $\boldsymbol{J}^{-1}$。

解析度控制的框图如图 5.10 所示。

在最简单的情况下，关节控制可以是具有增益 K_a 的比例控制律。在许多情况下，任务空间控制需要位于机器人的坐标系中(而不是在世界坐标系中)。速度 $\dot{\boldsymbol{p}}(t)$ 由下式给出：

$$\dot{\boldsymbol{p}}(t)=\boldsymbol{R}_{\mathrm{m}}^{0}\dot{\boldsymbol{r}}(t) \tag{5.42}$$

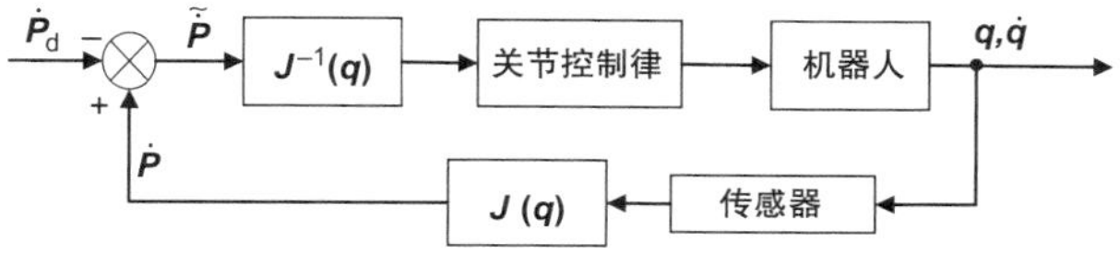

图 5.10　基于式(5.39a)的机器人分辨率控制框图

其中 $\dot{\boldsymbol{r}}(t)$ 是机器人的理想速度，$\boldsymbol{R}_m^0$ 是一个将 $\dot{\boldsymbol{r}}(t)$ 与 $\dot{\boldsymbol{p}}(t)$ 联系起来矩阵。然后，从式(5.39a)和式(5.39b)可得

$$\dot{\boldsymbol{q}}(t)=\boldsymbol{J}^{\dagger}(\boldsymbol{q})\dot{\boldsymbol{p}}(t)=\boldsymbol{J}^{\dagger}(\boldsymbol{q})\boldsymbol{R}_m^0\dot{\boldsymbol{r}}(t) \tag{5.43}$$

式(5.43)通常用于基于视觉的机器人控制(视觉伺服)。

5.3.4.2　解析运动加速控制

解析运动加速度控制方法基于以下等式：

$$\ddot{\boldsymbol{p}}(t)=\boldsymbol{J}(\boldsymbol{q})\ddot{\boldsymbol{q}}(t)+\dot{\boldsymbol{J}}(\boldsymbol{q})\dot{\boldsymbol{q}}(t) \tag{5.44}$$

这是通过求式(5.38)的微分所得的。此处，笛卡儿空间中机器人的期望位置、速度和加速度由从轨迹规划器提供。因此，为了减少位置误差，我们必须在机器人关节处施加适当的力/力矩，使得笛卡儿空间中的加速度满足以下关系：

$$\dot{\boldsymbol{v}}(t)=\dot{\boldsymbol{v}}_d(t)+\boldsymbol{K}_{dv}[\boldsymbol{v}_d(t)-\boldsymbol{v}(t)]+\boldsymbol{K}_{pv}[\boldsymbol{s}_d(t)-\boldsymbol{s}(t)] \tag{5.45}$$

其中，$\boldsymbol{s}_d(t)$，$\boldsymbol{v}_d(t)$和 $\dot{\boldsymbol{v}}_d(t)$分别是所需的平移位置、速度和加速度。

这里，位置误差是

$$\boldsymbol{e}_p(t)=\boldsymbol{s}_d(t)-\boldsymbol{s}(t)$$

因此，使用项 $\boldsymbol{e}_p(t)$，式(5.45)可写成：

$$\ddot{\boldsymbol{e}}_p(t)+\boldsymbol{K}_{ds}\dot{\boldsymbol{e}}_p(t)+\boldsymbol{K}_{ps}\boldsymbol{e}_p(t)=\boldsymbol{0} \tag{5.46}$$

并且应该选择合适的增益 $\boldsymbol{K}_{ps}$，$\boldsymbol{K}_{ds}$ 以使 $\boldsymbol{e}_p(t)$渐近趋于零。使用下述控制律可以得出角加速度$\dot{\boldsymbol{\omega}}(t)$的类似误差方程：

$$\dot{\boldsymbol{\omega}}(t)=\dot{\boldsymbol{\omega}}_d(t)+\boldsymbol{K}_{d\phi}[\boldsymbol{\omega}_d(t)-\boldsymbol{\omega}(t)]+\boldsymbol{K}_{p\phi}[\boldsymbol{\varphi}_d(t)-\boldsymbol{\varphi}(t)] \tag{5.47}$$

其中 $\boldsymbol{\varphi}(t)$ 是笛卡儿空间中的方位角。结合式(5.45)和式(5.47)，并将结果代入式(5.44)，可得

$$\ddot{\boldsymbol{q}}(t)=\boldsymbol{J}^{-1}(\boldsymbol{q})\{\ddot{\boldsymbol{p}}_d(t)+\boldsymbol{K}_d[\dot{\boldsymbol{p}}_d(t)-\dot{\boldsymbol{p}}(t)]+\boldsymbol{K}_p\boldsymbol{e}(t)-\dot{\boldsymbol{J}}(\boldsymbol{q})\dot{\boldsymbol{q}}\} \tag{5.48}$$

此处

$$\dot{\boldsymbol{p}}_d(t)=\begin{bmatrix}\boldsymbol{v}_d\\ \boldsymbol{\omega}_d\end{bmatrix},\quad \boldsymbol{e}(t)=\begin{bmatrix}\boldsymbol{s}_d-\boldsymbol{s}\\ \boldsymbol{\varphi}_d-\boldsymbol{\varphi}\end{bmatrix}=\begin{bmatrix}\boldsymbol{e}_p\\ \boldsymbol{e}_\phi\end{bmatrix},\quad \boldsymbol{K}_p=\begin{bmatrix}\boldsymbol{K}_{ps} & \boldsymbol{0}\\ \boldsymbol{0} & \boldsymbol{K}_{p\phi}\end{bmatrix},\quad \boldsymbol{K}_d=\begin{bmatrix}\boldsymbol{K}_{ds} & \boldsymbol{0}\\ \boldsymbol{0} & \boldsymbol{K}_{d\phi}\end{bmatrix}$$

式(5.48)构成了解决机器人运动加速度控制问题的基础。位置 $\boldsymbol{q}(t)$和速度 $\dot{\boldsymbol{q}}(t)$由电位计或光学编码器测量。

5.4　差分驱动移动机器人的控制

控制步骤将涉及两个阶段：

1) 运动稳定控制

2）动态稳定控制

在运动阶段产生的线性速度和角速度将用作动态阶段的参考输入。因此，这个程序属于一般性反推控制[5-13]。

5.4.1 非线性运动跟踪控制

机器人运动由动力学模型（式（3.23a）和式（3.23b）、运动学模型（式（2.26））和非完整约束（式（2.27））控制，即

$$\dot{v}=\frac{1}{mr}(\tau_r+\tau_l)=\frac{1}{m}\tau_a,\quad \tau_a=\frac{1}{r}(\tau_r+\tau_l) \tag{5.49a}$$

$$\dot{\omega}=\frac{2a}{Ir}(\tau_r-\tau_l)=\frac{1}{I}\tau_b,\quad \tau_b=\frac{2a}{r}(\tau_r-\tau_l) \tag{5.49b}$$

$$\begin{aligned}\dot{x}&=v\cos\phi\\ \dot{y}&=v\sin\phi\end{aligned} \tag{5.49c}$$

为了简化符号，我们接下来忽略 x_Q、y_Q 和 $\omega=\dot{\phi}$ 中的索引 Q，τ_a、τ_b 是控制输入，其中

$$\boldsymbol{p}=[x,\ y,\ \phi]^{\mathrm{T}} \tag{5.49d}$$

记为状态向量。

需要解决的问题是跟踪所需的状态轨迹

$$\boldsymbol{p}_d(t)=[x_d(t),\ y_d(t),\ \phi_d(t)]^{\mathrm{T}} \tag{5.50}$$

且使误差渐近为零。

为此，将使用李雅普诺夫稳定方法。为了确保实现，所需的轨迹必须满足运动方程和非完整约束㊀，即

$$\begin{bmatrix}\dot{x}_d\\ \dot{y}_d\\ \dot{\phi}_d\end{bmatrix}=\begin{bmatrix}v_d\cos\phi_d\\ v_d\sin\phi_d\\ \omega_d\end{bmatrix},\quad \dot{x}_d\sin\phi_d=\dot{y}_d\cos\phi_d \tag{5.51}$$

在轮式移动机器人（WMR）的局部（移动）坐标系 Qx_ry_r 中表示的误差 $\tilde{\boldsymbol{x}}=(x_d-x)$，$\tilde{y}=(y_d-y)$，$\tilde{\phi}=\phi_d-\phi$，由下式给出（见式（2.17））：

$$\begin{bmatrix}\tilde{x}_r\\ \tilde{y}_r\end{bmatrix}=\begin{bmatrix}\cos\phi & -\sin\phi\\ \sin\phi & \cos\phi\end{bmatrix}^{-1}\begin{bmatrix}\tilde{x}\\ \tilde{y}\end{bmatrix}=\begin{bmatrix}\cos\phi & \sin\phi\\ -\sin\phi & \cos\phi\end{bmatrix}\begin{bmatrix}\tilde{x}\\ \tilde{y}\end{bmatrix} \tag{5.52a}$$

且

$$\tilde{\phi}_r=\tilde{\phi} \tag{5.52b}$$

对式（5.52a）和式（5.52b）求微分并考虑式（5.49c）和式（5.51），我们得到以下误差的运动学模型 $[\tilde{x}_r,\ \tilde{y}_r,\ \tilde{\phi}_r]^{\mathrm{T}}$：

㊀ 这相当于考虑到我们的 WMR 必须跟踪一个类似的（虚拟）差分驱动 WMR，它以线速度 v_d 和角速度 w_d 运动。

$$\begin{aligned}\dot{\tilde{x}}_r&=v_d\cos\tilde{\phi}_r-v+\tilde{y}_r\omega\\ \dot{\tilde{y}}_r&=v_d\sin\tilde{\phi}_r-\tilde{x}_r\omega\\ \dot{\tilde{\phi}}_r&=\omega_d-\omega\end{aligned}\qquad \dot{\tilde{\boldsymbol{p}}}_r=\begin{bmatrix}\dot{\tilde{x}}_r\\ \dot{\tilde{y}}_r\\ \dot{\tilde{\phi}}_r\end{bmatrix} \tag{5.53}$$

其中线速度 v 和角速度 ω 是运动控制变量。显然，式(5.53)满足 WMR 的运动学和非完整方程。

因此，运动反馈控制器将基于式(5.53)，并将应用 5.3.2 节的 L-稳定方法。由于这里控制器应该是非线性的，因此我们不能事先选择它的结构。其结构将由所选择的李雅普诺夫函数决定。这里我们选择了以下候选函数[14]：

$$V(\tilde{\boldsymbol{p}}_r)=\frac{1}{2}(\tilde{x}_r^2+\tilde{y}_r^2)+(1-\cos\tilde{\phi}_r) \tag{5.54}$$

该函数满足李雅普诺夫函数的前三个特性，即：

（ⅰ）$V(\tilde{\boldsymbol{p}}_r)$是连续的并且具有连续的导数。

（ⅱ）$V(\boldsymbol{0})=0$。

（ⅲ）对于所有$\tilde{\boldsymbol{p}}_r\neq 0$，有 $V(\tilde{\boldsymbol{p}}_r)>0$。

因此，我们必须验证在什么条件下可以满足第四个属性。

将式(5.54)对于时间进行微分，得到

$$\dot{V}(\tilde{\boldsymbol{p}}_r)=(-v+v_d\cos\tilde{\phi}_r)\tilde{x}_r+(-\omega+v_d\tilde{y}_r+\omega_d)\sin\tilde{\phi}_r \tag{5.55}$$

为了使 $\dot{V}(\tilde{\boldsymbol{p}}_r)\leqslant 0$，选择控制输入 v 和 ω，使得：

$$\dot{V}(\tilde{\boldsymbol{p}}_r)=-(K_x\tilde{\boldsymbol{x}}_r^2+K_j\sin^2\tilde{\phi}_r) \tag{5.56}$$

这将导致：

$$v=v_c=K_x\tilde{x}_r+v_d\cos\tilde{\phi}_r \tag{5.57a}$$

$$\omega=\omega_c=K_\phi\sin\tilde{\phi}_r+v_d\tilde{y}_r+\omega_d \tag{5.57b}$$

显然，对于 $K_x>0$ 且 $K_\phi>0$，我们得到 $\dot{V}(\tilde{\boldsymbol{p}}_r)\leqslant 0$，只有当$\tilde{x}_r\equiv 0$ 和$\tilde{\phi}_r\equiv 0$ 时才相等。因此，控制器(式(5.57a)和式(5.57b))能够保证全局渐近跟踪所需的轨迹。

备注 1　我们还可以在式(5.56b)的第二项中添加增益 K_y，即选择 ω 为

$$\omega=\omega_c=\omega_d+K_y v_d\tilde{y}_r+K_\phi\sin\tilde{\phi}_r \tag{5.58a}$$

在这种情况下，可以使用以下李雅普诺夫函数证明对于期望轨迹$[x_d(t),\ y_d(t),\ \phi_d(t)]^{\mathrm{T}}$ 的总渐近跟踪：

$$V=\frac{1}{2}(\tilde{x}_r^2+\tilde{y}_r^2)+\left(\frac{1}{K_y}\right)(1-\cos\tilde{\phi}_r),\quad K_y>0 \tag{5.58b}$$

备注 2　使用下述李雅普诺夫函数可以获得更通用的运动控制器：

$$V(\tilde{\boldsymbol{p}}_r)=K_p(\tilde{x}_r^2+\tilde{y}_r^2)^\mu+K_q(1-\cos\tilde{\phi}_r) \tag{5.58c}$$

其中 $K_p>0$，$K_q>0$，$\mu>1$。随后，我们将驱动这个控制器。为此，我们定义新的控制变量 $u_1=v_d\cos\tilde{\phi}_r-v$，$u_2=\omega-\omega_d$，并将模型(5.53)写为

$$\dot{\tilde{x}}_r=\omega\tilde{y}_r+u_1,\quad \dot{\tilde{y}}_r=v_d\sin\tilde{\phi}_r-\tilde{x}_r\omega,\quad \dot{\tilde{\phi}}_r=u_2 \tag{5.58d}$$

对式(5.58c)进行微分并使用模型(5.58d)得到

$$\dot{V}=2K_{\mathrm{p}}\mu(\tilde{x}_{\mathrm{r}}^{2}+\tilde{y}_{\mathrm{r}}^{2})^{\mu-1}\tilde{x}_{\mathrm{r}}u_{1}+K_{\mathrm{q}}(\sin\tilde{\phi}_{\mathrm{r}})u_{2}+2K_{\mathrm{p}}\mu(\tilde{x}_{\mathrm{r}}^{2}+\tilde{y}_{\mathrm{r}}^{2})^{\mu-1}\tilde{y}_{\mathrm{r}}v_{\mathrm{d}}\sin\tilde{\phi}_{\mathrm{r}}$$

为了确保 $\dot{V}\leqslant 0$，对于所有 $\boldsymbol{x}=\tilde{\boldsymbol{p}}_{\mathrm{r}}\in R^{3}$，我们使用两个函数 $F(\boldsymbol{x})\geqslant M>0$ 和 $G(\boldsymbol{x})\geqslant M>0$，并选择 u_1 和 u_2，从而使得

$$\dot{V}=-2K_{\mathrm{p}}^{2}\mu^{2}\tilde{x}_{\mathrm{r}}^{2}(\tilde{x}_{\mathrm{r}}^{2}+\tilde{y}_{\mathrm{r}}^{2})^{\mu-1}F(\boldsymbol{x})-K_{\mathrm{q}}^{2}(\sin^{2}\tilde{\phi}_{\mathrm{r}})G(\boldsymbol{x})<0 \tag{5.58e}$$

然后，它遵循：

$$u_{1}=-\mu K_{\mathrm{p}}\tilde{x}_{\mathrm{r}}F(\tilde{\boldsymbol{p}}_{\mathrm{r}})$$

$$u_{2}=-(2K_{\mathrm{p}}/K_{\mathrm{q}})\mu(\tilde{x}_{\mathrm{r}}^{2}+\tilde{y}_{\mathrm{r}}^{2})^{\mu-1}v_{\mathrm{d}}y_{\mathrm{r}}-K_{\mathrm{q}}(\sin\phi_{\mathrm{r}})G(\tilde{\boldsymbol{p}}_{\mathrm{r}})$$

上述控制器确保 $\tilde{x}_{\mathrm{r}}^{2}+\tilde{y}_{\mathrm{r}}^{2}\to 0$ 和 $\tilde{\phi}_{\mathrm{r}}\to k\pi(k=0,1,2,\cdots)$。因为 $\dot{V}(\tilde{\boldsymbol{p}}_{\mathrm{r}})$ 是均匀连续的，所以根据 Barbalat 引理(6.2.3 节)，我们有 $\dot{V}(\tilde{\boldsymbol{p}}_{\mathrm{r}})\to 0$。而式(5.58e)意味着 $x_{\mathrm{r}}\to 0$ 和 $\tilde{\phi}_{\mathrm{r}}\to k\pi(k=0,1,2,\cdots)$。显然，现在 $\dot{\tilde{\phi}}_{\mathrm{r}}\to 0(\omega\to\omega_{\mathrm{d}})$。一种避免 $\tilde{\phi}_{\mathrm{r}}$ 在收敛到 0 之余还会收敛到 $k\pi(k=1,2,\cdots)$ 的方法是令 WMR 在尝试立即追踪所需轨迹(虚拟 WMR)之前，以增加的角速度 ω^{*} 绕其自身轴旋转，直到它能看到虚拟机器人。这可以由控制器[11]完成，读者可对此进行验证：

$$u_{1}^{*}=\gamma(t)u_{1}(t),\quad u_{2}^{*}=\gamma(t)u_{2}(t)+[1-\gamma(t)]\omega^{*}(t)$$

其中 $\gamma(t)$ 由动力学模型给出：

$$a_{2}\ddot{\gamma}(t)+a_{1}\dot{\gamma}(t)+\gamma(t)=\sigma(t)$$

$\sigma(t)$ 是步进输入函数，其定义如下：

$$\sigma(t)=\begin{cases}1, & t_{1}\in[0,t],\quad \phi(t_{1})=\operatorname{arctan2}(\tilde{y}_{\mathrm{r}}(t_{1}),\tilde{x}_{\mathrm{r}}(t_{1}))\\ 0, & \text{其他}\end{cases}$$

5.4.2　动态跟踪控制

如同在式(5.57a)和式(5.57b)(或式(5.58a))中选择 v 和 ω，我们选择式(5.49a)中的控制输入(力矩)τ_{a} 和 τ_{b} 为

$$\tau_{\mathrm{a}}=m\dot{v}_{\mathrm{c}}+K_{\mathrm{a}}\tilde{v}_{\mathrm{c}} \tag{5.59a}$$

$$\tau_{\mathrm{b}}=I\dot{\omega}_{\mathrm{c}}+K_{\mathrm{b}}\tilde{\omega}_{\mathrm{c}} \tag{5.59b}$$

此处

$$\tilde{v}_{\mathrm{c}}=v_{\mathrm{c}}-v\quad \tilde{\omega}_{\mathrm{c}}=\omega_{\mathrm{c}}-\omega \tag{5.59c}$$

将式(5.59a)～式(5.59c)引入式(5.49a)和式(5.49b)，可以得到速度的误差方程：

$$\dot{\tilde{v}}_{\mathrm{c}}+(K_{\mathrm{a}}/m)\tilde{v}_{\mathrm{c}}=0,\quad \dot{\tilde{\omega}}_{\mathrm{c}}+(K_{\mathrm{b}}/I)\tilde{\omega}_{\mathrm{c}}=0$$

其在 $K_{\mathrm{a}}>0$ 且 $K_{\mathrm{b}}>0$ 时是稳定的，且 $\tilde{v}_{\mathrm{c}}$，$\tilde{\omega}_{\mathrm{c}}$ 渐近收敛为零。因此，在选择如式(5.59a)和式(5.59b)所示的反馈控制输入(力矩)时(其中 v_{c} 和 ω_{c} 由式(5.57a)和(5.57b)给出)，便渐近地实现了要求的对期望轨迹 $[x_{\mathrm{d}}(t),\ y_{\mathrm{d}}(t),\ \phi_{\mathrm{d}}(t)]^{\mathrm{T}}$ 的跟踪。反馈跟踪控制器的框图如图 5.11 所示。

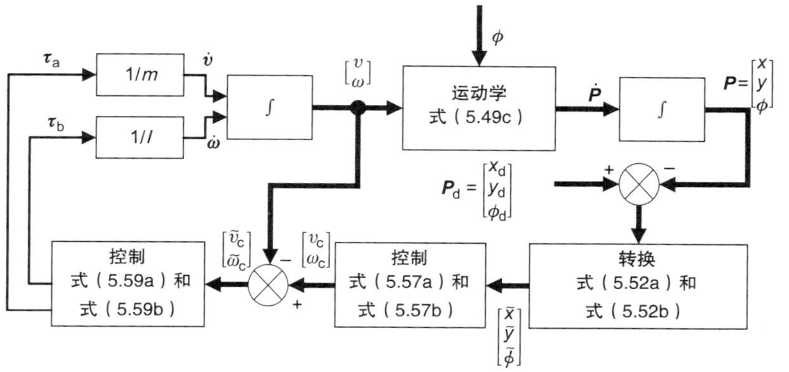

图 5.11　WMR 的完整轨迹跟踪反馈控制系统

5.5　差分驱动移动机器人的计算力矩控制

控制设计步骤又涉及两个阶段：运动控制，然后是动态控制。我们将研究图 5.12 所示的 WMR，其中电动机动力学包括一个齿轮箱(比率为 N)[13]。这里，Q 是车轮基线的中点，G 是重心，C 是控制器跟踪的点(不同于 Q 点)。其余符号的含义是已知的(与图 2.7 中的相同)。

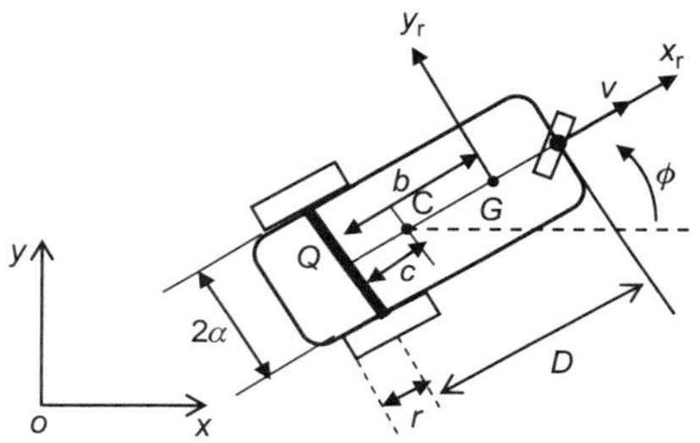

图 5.12　差分驱动器 WMR，其中控制器跟踪的 C 点与 Q 和 G 不同

5.5.1　运动跟踪控制

机器人的运动方程是

$$\dot{x}=v\cos\phi-[\dot{y}_r+(c-b)\omega]\sin\phi \quad (5.60a)$$
$$=v\cos\phi-c\omega\sin\phi$$
$$\dot{y}=v\sin\phi+[\dot{y}_r+(c-b)\omega]\sin\phi \quad (5.60b)$$
$$=v\sin\phi+c\omega\cos\phi$$
$$\dot{\phi}=\omega \quad (5.60c)$$

其中 $\dot{y}_r$ 是局部坐标系 Gx_ry_r 中的横向速度。

式(5.60a)和式(5.60b)以矩阵的形式写入：

$$\begin{bmatrix}\dot{x}\\ \dot{y}\end{bmatrix}=\begin{bmatrix}\cos\phi & -c\sin\phi\\ \sin\phi & c\cos\phi\end{bmatrix}\begin{bmatrix}v\\ \omega\end{bmatrix}=R(c,\ \phi)\begin{bmatrix}v\\ \omega\end{bmatrix}$$

现在，使用由下式定义的新控制变量 u_v 和 u_ϕ：

$$\begin{bmatrix}v\\ \omega\end{bmatrix}=R^{-1}(c,\ \phi)\begin{bmatrix}u_v\\ u_\phi\end{bmatrix}=\begin{bmatrix}\cos\phi & \sin\phi\\ -(1/c)\sin\phi & (1/c)\cos\phi\end{bmatrix}\begin{bmatrix}u_v\\ u_\phi\end{bmatrix}\quad (c\neq 0) \quad (5.61)$$

我们得到

$$\dot{x}=u_v,\quad \dot{y}=u_\phi \quad (5.62)$$

式(5.62)中的动态系统是线性的并且是解耦的，因此状态反馈定律

$$u_v=\dot{x}_d+K_x\tilde{x},\quad u_\phi=\dot{y}_d+K_y\tilde{y} \tag{5.63}$$

会产生动态误差

$$\dot{\tilde{x}}+K_x\tilde{x}=0,\quad \dot{\tilde{y}}+K_y\tilde{y}=0 \tag{5.64}$$

且$\tilde{x}=x_d-x$，$\tilde{y}=y_d-x$。

因此，依据式(5.64)，对于任何正增益都遵循：

$$K_x>0,\quad K_y>0$$

跟踪误差呈指数级地趋于零。

结合式(5.61)和式(5.63)，我们得到了整体非线性运动控制律：

$$\begin{bmatrix}v\\ \omega\end{bmatrix}=\begin{bmatrix}\cos\phi & \sin\phi\\ -(1/c)\sin\phi & (1/c)\cos\phi\end{bmatrix}\left(\begin{bmatrix}\dot{x}_d\\ \dot{y}_d\end{bmatrix}+\begin{bmatrix}K_x & 0\\ 0 & K_y\end{bmatrix}\begin{bmatrix}\tilde{x}\\ \tilde{y}\end{bmatrix}\right) \tag{5.65}$$

5.5.2　动态跟踪控制

反馈运动控制器(式(5.65))结合了 WMR 运动方程，因此现在可以使用机器人的简化的(无约束)动力学模型(式(3.19a)和式(3.19b))来选择控制输入(电动机力矩或电动机电压)，如 5.4.2 节所述，其中实际采用了计算力矩法。

对于图 5.12 中包含电动机动力学的机器人，简化模型具有以下形式：

$$\overline{\boldsymbol{D}}\dot{\boldsymbol{v}}+\overline{\boldsymbol{C}}\boldsymbol{v}=\overline{\boldsymbol{E}}\boldsymbol{V} \tag{5.66}$$

其中

$$\boldsymbol{v}=\begin{bmatrix}v\\ \omega\end{bmatrix},\quad \overline{\boldsymbol{D}}=\begin{bmatrix}\overline{D}_{11} & 0\\ 0 & \overline{D}_{22}\end{bmatrix},\quad \overline{\boldsymbol{C}}=\begin{bmatrix}\overline{C}_{11} & \overline{C}_{21}\\ \overline{C}_{12} & \overline{C}_{22}\end{bmatrix},\quad \overline{\boldsymbol{E}}=\begin{bmatrix}\overline{E}_1 & 0\\ 0 & \overline{E}_2\end{bmatrix},\quad \boldsymbol{V}=\begin{bmatrix}V_a\\ V_b\end{bmatrix} \tag{5.67}$$

且

$$\begin{aligned}
&\overline{D}_{11}=(1+2I_m/mr^2)\\
&\overline{D}_{22}=\left(I_z+\frac{2a^2}{r^2}I_m+b^2m\right)\\
&\overline{C}_{11}=\frac{2}{m}\left(\frac{\beta_m}{r^2}+\frac{N^2K_1K_2}{Rr^2}\right),\quad \overline{C}_{12}=-b\omega\\
&\overline{C}_{22}=2a^2\left(\frac{\beta_m}{r^2}+\frac{N^2K_1K_2}{Rr^2}\right),\quad \overline{C}_{21}=bm\omega\\
&\overline{E}_1=(NK_1/Rrm)V_a,\quad \overline{E}_2=(NK_2a/Rr)V_b\\
&V_a=V_r+V_l,\quad V_b=V_r-V_l
\end{aligned} \tag{5.68}$$

此处：

I_m=组合轮、电动机转子和变速箱惯性

β_m=组合车轮、电动机和变速箱摩擦系数

V_r，V_l=左右轮电动机电压

R = 电阻

K_1，K_2 = 电动机电压/力矩常数

现在，将计算的力矩(线性化)方法应用于式(5.66)，我们选择电压控制矢量 $\boldsymbol{V}$ 为

$$\boldsymbol{V}=\overline{\boldsymbol{E}}^{-1}(\overline{\boldsymbol{D}}\boldsymbol{u}+\overline{\boldsymbol{C}}\boldsymbol{v}) \tag{5.69}$$

其中 $\boldsymbol{u}$ 是新的控制向量。将式(5.69)引入式(5.66)中可以得到

$$\dot{\boldsymbol{v}}=\boldsymbol{u}$$

且

$$\boldsymbol{v}=\begin{bmatrix} v \\ \omega \end{bmatrix},\quad \boldsymbol{u}=\begin{bmatrix} u_1 \\ u_2 \end{bmatrix}$$

因此，选择线性状态反馈控制律：

$$\boldsymbol{u}=\boldsymbol{K}\tilde{\boldsymbol{v}}+\dot{\boldsymbol{v}}_{\mathrm{d}} \tag{5.70}$$

产生系统误差：

$$\dot{\tilde{\boldsymbol{v}}}+\boldsymbol{K}\tilde{\boldsymbol{v}}=\boldsymbol{0},\quad \boldsymbol{K}=\mathrm{diag}[K_1,\ K_2]$$

其中，当 $\boldsymbol{K}>0$ 时渐近稳定，平衡状态为 $\tilde{\boldsymbol{v}}=\boldsymbol{v}_{\mathrm{d}}-\boldsymbol{v}=\boldsymbol{0}$。

结合式(5.69)与式(5.70)，得到完整的动态控制器：

$$\boldsymbol{V}=\boldsymbol{E}^{-1}(\overline{\boldsymbol{D}}\boldsymbol{K}\tilde{\boldsymbol{v}}+\dot{\boldsymbol{v}}_{\mathrm{d}}+\overline{\boldsymbol{C}}\boldsymbol{v}) \tag{5.71}$$

机器人的整体跟踪控制器由式(5.65)和式(5.71)给出。

例 5.4　本例中将制定和解决单轮状 WMR 的运动学问题，以使用极坐标渐近地从初始状态(位置和方向)渐近到目标状态(位置和方向)。

解　类似独轮车的机器人由运动方程式(2.26)描述，有

$$\dot{x}=v\cos\phi,\quad \dot{y}=v\sin\phi,\quad \dot{\phi}=\omega \tag{5.72}$$

其中 v 是速度，ϕ 是 WMR x_{r} 轴与目标(世界)坐标系 x 轴间的角度。具有上述运动方程的所有 WMR，例如差分驱动器 WMR，属于类似独轮车的移动机器人类。用于制定极坐标的 WMR 几何结构如图 5.13 所示[15]。

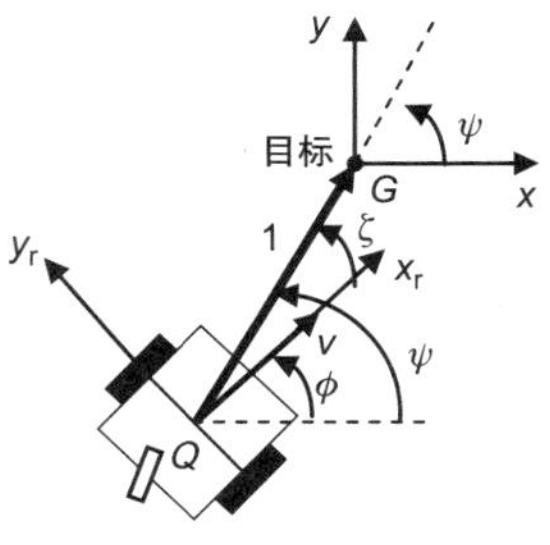

图 5.13　独轮车的极坐标。此处目标坐标系 Gxy 被认为是世界坐标系

机器人的运动控制变量是 v 和 ω。WMR 的极坐标(位置和方向)是距目标的距离 l，以及相对于目标坐标系 Gxy 的方向 ψ。转向角是 $\zeta=\psi-\phi$。在极坐标中，式(5.72)中的运动模型被替换为

$$\dot{l}=-v\cos\zeta \tag{5.73a}$$

$$\dot{\zeta}=-\omega+(v/l)\sin\zeta \tag{5.73b}$$

$$\dot{\psi}=(v/l)\sin\zeta \tag{5.73c}$$

当 $l>0$ 时，这些关系成立，这个条件总是通过 l 的渐近减少到零来满足的(因为对于任何有限的时间，总是有 $l>0$)。

此处的目标跟踪控制问题是找到状态反馈法：

$$\begin{bmatrix} v \\ \omega \end{bmatrix} = \boldsymbol{u}(l, \zeta, \psi) \tag{5.74}$$

这保证了渐近性，$l \to 0$，$\zeta \to 0$ 和 $\psi \to 0$。

为此，我们将应用基于李雅普诺夫的控制方法。选择以下候选李雅普诺夫函数[15]：

$$V(\boldsymbol{x}) = \frac{1}{2}\boldsymbol{x}^{\mathrm{T}}\boldsymbol{Q}\boldsymbol{x}, \quad \boldsymbol{x} = [l, \zeta, \psi]^{\mathrm{T}}$$

$$\boldsymbol{Q} = \begin{bmatrix} q_1 & & \mathbf{0} \\ & 1 & \\ \mathbf{0} & & q_2 \end{bmatrix}, \quad q_1 > 0, \quad q_2 > 0 \tag{5.75}$$

显然，函数 $V(\boldsymbol{x})$ 具有李雅普诺夫函数的前三个特性。我们将确定控制器（式(5.74)），它将确保 V 沿系统轨迹也具有第四属性 $\dot{V} \leqslant 0$。

由式(5.73a)～式(5.73c)确定的沿着系统轨迹的 $V(\boldsymbol{x})$ 对时间的导数为

$$\begin{aligned} \dot{V}(\boldsymbol{x}) &= \boldsymbol{x}^{\mathrm{T}}\boldsymbol{Q}\dot{\boldsymbol{x}} \\ &= q_1 l\dot{l} + \zeta\dot{\zeta} + q_2\psi\dot{\psi} = \dot{V}_1 + \dot{V}_2 \end{aligned} \tag{5.76a}$$

有

$$\dot{V}_1 = q_1 l\dot{l} = -q_1 lv\cos\zeta \tag{5.76b}$$

$$\begin{aligned} \dot{V}_2 &= \zeta\dot{\zeta} + q_2\psi\dot{\psi} \\ &= \zeta[-\omega + (v/l)\sin\zeta] + (q_2/l)(\sin\zeta)\psi v \end{aligned} \tag{5.76c}$$

选择 v 为

$$v = K_1(\cos\zeta)l, \quad K_1 > 0 \tag{5.77}$$

因此

$$\dot{V}_1 = -K_1 q_1(\cos^2\zeta)l^2 \leqslant 0 \tag{5.78}$$

现在，将式(5.77)引入式(5.76c)，可得

$$\dot{V}_2 = \zeta[-\omega + K_1(\cos\zeta)(\sin\zeta)(\zeta + q_2\psi)/\zeta]$$

由此，选择 ω：

$$\omega = K_2\zeta + K_1(\cos\zeta)(\sin\zeta)(\zeta + q_2\psi)/\zeta, \quad K_2 > 0 \tag{5.79}$$

因此

$$\dot{V}_2 = -K_2\zeta^2 \leqslant 0 \tag{5.80}$$

由式(5.78)和式(5.80)给出：

$$\dot{V} = -K_1 q_1(\cos^2\zeta)l^2 - K_2\zeta^2 \leqslant 0 \tag{5.81}$$

这意味着，根据 L-稳定性定理，对于任何 ψ，ζ 和 l 渐近地变为零。因此，需要研究 ψ 会发生什么变化。为此，通过将控制定律（式(5.77)和式(5.79)）引入式(5.73a)～式(5.73c)来获得闭环系统运动学，即

$$\dot{l} = -K_1 l\cos^2\zeta, \quad l(0) > 0 \tag{5.82a}$$

$$\dot{\zeta} = -K_2\zeta - K_1 q_2(\cos\zeta)\left(\frac{\sin\zeta}{\zeta}\right)\psi \tag{5.82b}$$

$$\dot{\psi} = K_1(\cos\zeta)(\sin\zeta) \tag{5.82c}$$

这些方程表明，l 和 ζ 渐近收敛为零意味着 ζ 的渐近收敛到其唯一的平衡态 $\psi_s=0$。事实上，在式(5.82c)中，$\zeta\to0$ 显示 $\dot{\psi}\to0$，即 ψ 倾向于某个有限值 ψ_s。然后，由式(5.82b)可知，均匀连续函数 $\dot{\zeta}$ 必然趋于 $-K_1q_2\psi_s$ ㊀。另一方面，通过 Barbalat 的引理，$\dot{\zeta}$ 趋于零，这反过来暗示 $\psi_s=0$（见 6.2.3 节）。因此，平稳的运动控制规律（式(5.77)和式(5.79)）确保 WMR 根据需要对目标位置和方向进行渐近跟踪。控制律（式(5.77)和式(5.79)）是连续可微的这一事实与 Brockett 定理 6.6 及其推论(c)并不矛盾，因为该定理对于类独轮车 WMR 的笛卡儿状态空间表示（式(5.72)）是有效的[15]。

5.6 类车移动机器人的控制

对于类似汽车的 WMR，我们将研究以下两个代表性问题：

- 停车（或姿势）控制
- Leader-follower（编队）控制

5.6.1 停车控制

考虑一个类似汽车的 WMR（见图 2.9），它控制转向角 ψ 和后轮速度 v_1。车体的方向（即 v_1 的方向）是 ϕ。机器人的运动方程由式(2.52)给出，有

$$\begin{aligned}\dot{x}&=v_1\cos\phi\\ \dot{y}&=v_1\sin\phi\\ \dot{\phi}&=(v_1/D)\tan\psi\\ \dot{\psi}&=v_2\end{aligned}\tag{5.83}$$

该问题是控制 WMR（使用 v_1 和 ψ）以便将其移动到所需的停车位置和方向，这里假设 $x=0$，$y=0$ 和 $\phi=0$（实际上这在例 5.4 中已经完成）。在这里，这个问题将通过两步操作来解决，以克服类似汽车的移动机器人的转弯半径限制，即[16]：

步骤 1 控制器稳定 y 和 ϕ。

步骤 2 控制器稳定 x 和 ϕ。

基于李雅普诺夫的控制方法将再次照常使用。

步骤 1 $(y,\ \phi)$ 控制

我们选择以下候选李雅普诺夫函数：

$$V(\boldsymbol{x})=\frac{1}{2}\boldsymbol{x}^{\mathrm{T}}\boldsymbol{Q}\boldsymbol{x},\quad \boldsymbol{x}=\begin{bmatrix}y\\ \phi\end{bmatrix},\quad \boldsymbol{Q}=\begin{bmatrix}q_1 & 0\\ 0 & 1\end{bmatrix}$$

它满足李雅普诺夫函数的前三个条件。我们将检查沿着式(5.83)中的系统轨迹，该函数是否可以满足第四个条件。我们有

$$\begin{aligned}\dot{V}&=\boldsymbol{x}^{\mathrm{T}}\boldsymbol{Q}\dot{\boldsymbol{x}}=q_1y\dot{y}+\phi\dot{\phi}\\ &=[q_1y\sin\phi+(\phi/D)\tan\psi]v_1\end{aligned}\tag{5.84}$$

㊀ 回顾当 $\zeta\to0$ 时，$(\sin\zeta)/\zeta\to1$。

选择

$$v_1=+|V_1|=\text{常数} \quad \text{或} \quad v_1=-|V_1|=\text{常数}$$
$$\tan\psi=-\frac{D}{v_1}\left(q_1 v_1 \frac{\sin\phi}{\phi}y+K_1\phi\right) \tag{5.85}$$

并引入式(5.84)中：

$$\dot{V}=-K_1\phi^2\leqslant 0, \quad K_1>0 \tag{5.86}$$

根据李雅普诺夫定理，它显示了 ϕ 渐近于 0。

闭环运动学方程是

$$\dot{\phi}=-K_1\phi+q_1 v_1\left(\frac{\sin\phi}{\phi}\right)y \tag{5.87}$$

设 $\phi=0$，为了使 ϕ 保持为 0，$\dot{\phi}$ 应为 0。然后，式(5.87)表明对于 $v_1=\text{常数}\neq 0$ 时，y 应当趋向于 0。

当由于存在障碍物或测量状态超过某些预定界限而使 WMR 不能以当前速度移动时，需要改变 v_1 的符号。当然，初始时选择的 $|V_1|$ 会影响路径的效率。实际上，式(5.85)中的控制器是一个非线性的 bang-bang 控制器。因此，需要切换规则来确定何时必须发生从 $v_1=+|V_1|$ 到 $v_1=-|V_1|$ 的变化。

定义 $\varepsilon=\tan(y/x)$，切换规则如下：

如果 $\cos(\varepsilon-\phi)>0$，则 $v<0$，否则 $v>0$。

这个规则意味着如果 WMR 的前部更接近原点，那么它将前进或后退。

步骤 2　(x, ϕ)控制

我们使用相同形式的候选李雅普诺夫函数：

$$V(\boldsymbol{x})=\frac{1}{2}\boldsymbol{x}^{\mathrm{T}}\boldsymbol{Q}\boldsymbol{x}$$

且 $\boldsymbol{x}=[x, \phi]^{\mathrm{T}}$，$\boldsymbol{Q}=\mathrm{diag}[q_1, 1]$。

沿着式(5.83)的轨迹的时间导数 $\dot{V}$ 为

$$\dot{V}=q_1 x\dot{x}+\phi\dot{\phi}=q_1 x v_1\cos\phi+\phi(v_1/D)\tan\psi$$

选取

$$v_1=-K_2 x, \quad \tan\psi=-v_1\phi \tag{5.88}$$

则

$$\begin{aligned}\dot{V}&=-K_2 q_1 x^2\cos\phi-(1/D)(v_1^2\phi^2)\\&=-K_2 x^2[q_1\cos\phi+(K_2/D)\phi^2]\geqslant -K_2 x^2\end{aligned} \tag{5.89}$$

对于 $K_2>Dq_1$，它是负半定的。

对于 $\phi=0$，在这种情况下，通过式(5.88)，$\psi=0$，我们有

$$\dot{V}=-K_2 q_1 x^2\leqslant 0$$

因此，移动机器人在 $x=0$ 时均匀 L-稳定。然而，ϕ 不能在不增加 $|x|$ 的情况下收敛，这是 WMR 转弯半径的下限所致[16,17]（见图 5.14a）。实际上，在第一步中可以使 ϕ 任意小。因此，当实现非常小的 ϕ(即 $|\phi|<\varepsilon$)时，我们使用 $\psi=0$，并且 $v_1=-K_2 x$。

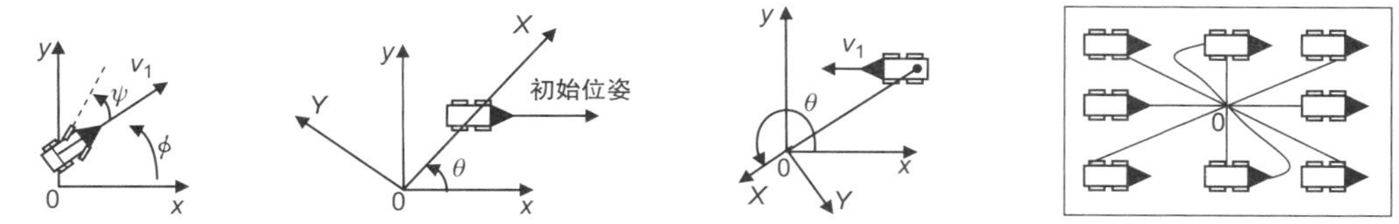

a）对于ϕ收敛，$|x|$必须增加

b）案例$|\arctan2(x,y)-\phi|<90°$

c）案例$|\arctan2(x,y)-\phi|>90°$

d）通过式（5.90）对原点的收敛$(x,y)=(0,0)$

图 5.14 关于$(x,\ \phi)$控制的不同情况的示例

如果我们使用转换[16]，这种情况就会被克服：

$$\theta=\arctan2(y,\ x) \quad \text{当}\ |\arctan2(y,\ x)-\phi|<90°\text{时}$$
$$\theta=\arctan2(y,\ x)-\operatorname{sgn}(\arctan2(y,\ x)-\phi)\times180° \quad \text{当}\ |\arctan2(y,\ x)-\phi|>90°\text{时} \tag{5.90}$$

这样，从原点到 WMR 的距离等于 x 的误差，WMR 与 x 轴的差角成为 ϕ 的误差。如图 5.14d 所示，具有上述切换类型转换的控制器(式(5.88))确保 WMR 可以从任何初始姿势开始转到$(x,\ y)=(0,\ 0)$。

5.6.2 引导-跟随系统的控制

考虑两个类似汽车的机器人，它们沿着一条路径行驶，第一辆汽车作为领导者，第二辆汽车作为跟随者(见图 5.15)。有更多的 WMR 时，新增的 WMR 会陆续跟随前车，这个问题称为编队控制[7]。

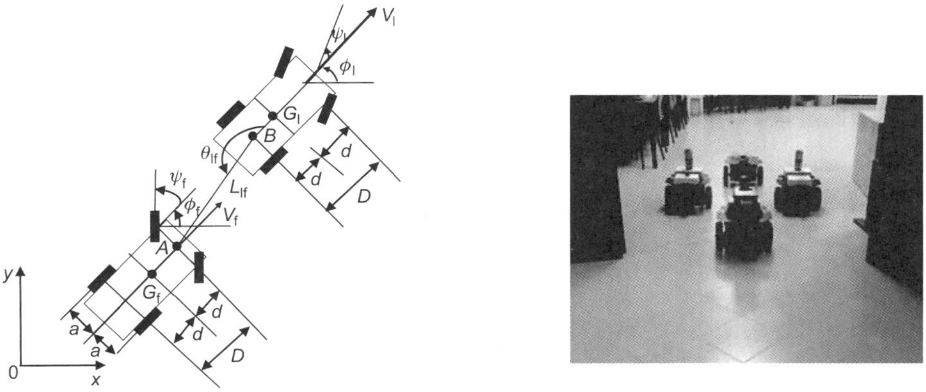

a）两个类似汽车的WMR（领导者-跟随者结构）

b）经典的四个WMR编队（钻石结构）

图 5.15 引导-跟随系统示例

资料来源：www.robot.uji.es/lab/plone/research/pnebot/index_html2。

领导者-跟随者控制问题是，在领导者的运动是已知的并且被独立控制时[7]，寻找合适的跟随者的速度控制输入，以确保 WMR 之间的相对距离 L_{lf} 和 Q_{lf} 收敛到它们的期望值。为了解决这个问题，我们将使用基于李雅普诺夫的控制设计方法，使用 3.4 节中给出的自行车等效的运动学和动力学方程(见式(3.56)、式(3.57)、式(3.60a)～式(3.60d))。

在图 5.15 中，v_l，ϕ_l 和 ψ_l 是引导者的线速度、方向角和转向角，v_f，ϕ_f，ψ_f 是跟随者的相应变量。点 G_l 和 G_f 的坐标由(x_l, y_l)和(x_f, y_f)表示。

我们首先推导出误差的动态方程：

$$\varepsilon_1 = x_{fd} - x_f,\quad \varepsilon_2 = y_{fd} - y_f,\quad \varepsilon_3 = \phi_{fd} - \phi_f \tag{5.91}$$

其中 x_{fd}，y_{fd} 和 ϕ_{fd} 表示世界坐标中的跟随者的期望轨迹，其在跟随者的局部坐标系中被变换为 ε_{f1}，ε_{f2} 和 ε_{f3}。从图 5.15 可得到：

$$L_{lf}^2 = L_{lf,x}^2 + L_{lf,y}^2 \tag{5.92a}$$

$$L_{lf,x} = x_l - x_f - d(\cos\phi_l + \cos\phi_f) \tag{5.92b}$$

$$L_{lf,y} = y_l - y_f - d(\sin\phi_l + \sin\phi_f) \tag{5.92c}$$

$$\tan(\theta_{lf} + \phi_l - \pi) = L_{lf,y}/L_{lf,x} \tag{5.92d}$$

对式(5.92b)和式(5.92c)进行微分有

$$\dot{L}_{lf,x} = \dot{x}_l - \dot{x}_f + d(\dot{\phi}_l\sin\phi_l + \dot{\phi}_f\sin\phi_f) \tag{5.93a}$$

$$\dot{L}_{lf,y} = \dot{y}_l - \dot{y}_f - d(\dot{\phi}_l\cos\phi_l + \dot{\phi}_f\cos\phi_f) \tag{5.93b}$$

与(见式(3.56)和式(3.57))

$$\dot{y}_{gl} = (d/D)\dot{x}_{gl}\tan\psi_l,\quad \dot{y}_{gf} = (d/D)\dot{x}_{gf}\tan\psi_f \tag{5.93c}$$

其中 $D = 2d$。

使用式(3.56)和式(5.93a)～式(5.93c)可得到

$$\dot{L}_{lf,x} = \dot{x}_{gl}\cos\phi_l - \dot{x}_{gf}\cos\phi_f + \dot{x}_{gf}(\tan\psi_f)\sin\phi_f \tag{5.94a}$$

$$\dot{L}_{lf,y} = \dot{x}_{gl}\sin\phi_l - \dot{x}_{gf}\sin\phi_l - \dot{x}_{gf}(\tan\psi_f)\cos\phi_f \tag{5.94b}$$

从图 5.13 我们得到

$$\frac{L_{lf,x}}{L_{lf}} = \cos(\theta_{lf} + \phi_l - \pi),\quad \frac{L_{lf,y}}{L_{lf}} = \sin(\theta_{lf} + \phi_l - \pi) \tag{5.95}$$

然后，引入式(5.94a)和式(5.94b)，对式(5.92a)和式(5.92d)进行微分，并使用辅助变量：

$$\zeta_f = \theta_{lf} + \phi_l - \phi_f$$

经过一些代数操作，可得到

$$\dot{L}_{lf} = -\dot{x}_{gl}\cos(\theta_{lf}) + \dot{x}_{gf}\tan(\psi_f)\sin\zeta_f + \dot{x}_{gf}\cos\zeta_f \tag{5.96a}$$

$$\theta_{lf} = (1/L_{lf})[(\dot{x}_{gl}\sin\theta_{lf} - \dot{x}_{gf}\sin\zeta_f) + \dot{x}_{gf}\tan\psi_f\cos\zeta_f] - (1/D)\dot{x}_{gl}\tan\psi_l \tag{5.96b}$$

使用图 5.15，跟随者 A 点的实际坐标和所需坐标可以用领导者 B 点的坐标表示。因此，我们使用变量$\{L_{1f}, \theta_{1f}\}$和$\{L_{lfd}, \theta_{lfd}\}$并得到误差方程(在世界坐标系中)：

$$\varepsilon_{f1} = L_{lfd}\cos(\theta_{lfd} + \varepsilon_{f3}) - L_{lf}\cos(\theta_{lf} + \varepsilon_{f3}) - d\cos(\varepsilon_{f3}) + d \tag{5.97a}$$

$$\varepsilon_{f2} = L_{lfd}\sin(\theta_{lfd} + \varepsilon_{f3}) - L_{lf}\sin(\theta_{lf} + \varepsilon_{f3}) - d\sin(\varepsilon_{f3}) \tag{5.97b}$$

$$\varepsilon_{f3} = \phi_l - \phi_f \tag{5.97c}$$

最后，对式(5.97a)～式(5.97c)进行微分，得到 ε_{f1}，ε_{f2} 和 ε_{f3} 的动力学方程：

$$\dot{\varepsilon}_{f1} = \dot{x}_{gl}\cos(\varepsilon_{f3}) - \dot{x}_{gf} + \dot{y}_{gl}[-L_{lf}\sin\zeta_f - \varepsilon_{f2}] + \dot{y}_{gf}\varepsilon_{f2} \tag{5.98a}$$

$$\dot{\varepsilon}_{f2} = \dot{x}_{gl}\sin(\varepsilon_{f3}) - D\dot{y}_{gf} + \dot{y}_{gl}(\varepsilon_{f1} - d) - \dot{y}_{gf}(\varepsilon_{f1} - d) + \dot{y}_{gl}L_{lf}\cos\zeta_f \tag{5.98b}$$

$$\dot{\varepsilon}_{f3} = (1/D)[\dot{x}_{gl}\tan\psi_l - \dot{x}_{gf}\tan\psi_f] \tag{5.98c}$$

我们现在准备应用通常的两级(动态，动态)反推控制器设计。

5.6.2.1 运动控制器

我们选择候选李雅普诺夫函数[7]：

$$V=\frac{1}{2}(q_1\varepsilon_{f1}^2+q_2\varepsilon_{f2}^2)+q_3(1-\cos(\varepsilon_{f3})) \tag{5.99}$$

这与式(5.54)相似，它具有李雅普诺夫函数的前三个性质。将选择反馈控制输入 $\dot{x}_{gf}$ 和 $\dot{y}_{gf}$，以使 $\dot{V}<0$。对式(5.99)进行微分可得：

$$\dot{V}=q_1\varepsilon_{f1}\dot{\varepsilon}_{f1}+q_2\varepsilon_{f2}\dot{\varepsilon}_{f2}+q_3(\sin\varepsilon_{f3})\dot{\varepsilon}_{f3} \tag{5.100}$$

将式(5.98a)～式(5.98c)引入式(5.100)中。可得 $\dot{x}_{gf}$ 和 $\dot{y}_{gf}$ 为

$$\dot{x}_{gf}=K_{xf}\varepsilon_{f1}+\dot{x}_{g1}\cos(\varepsilon_{f3})-\dot{y}_{g1}L_{1f}\sin(\zeta_f) \tag{5.101a}$$

$$\begin{aligned}\dot{y}_{gf}=&-\dot{y}_{g1}+\left(\frac{1}{d}\right)(K_x+\dot{x}_{g1})\sin(\varepsilon_{f3})+\left(\frac{1}{d}\right)\dot{y}_{g1}L_{1f}\cos(\zeta_f)+\varepsilon_{f2}\\&-\frac{1}{qd|\varepsilon_{f2}|+q_3}\{2q_3\dot{y}_{g1}+(1/d)q_3\dot{y}_{g1}L_{1f}+q_3|\varepsilon_{f2}|+qK_x|\varepsilon_{f2}|\}\end{aligned} \tag{5.101b}$$

当 $q_1=q_2=q$ 时，有 $\dot{V}<0$。同时，将式(5.98a)～式(5.98c)、式(5.101a)和式(5.101b)代入式(5.100)中，有

$$\dot{V}<-\{qK_{xf}\varepsilon_{f1}^2+qd\varepsilon_{f2}^2+(1/d)[q_3(K_x+\dot{x}_{g1})\sin^2\varepsilon_{f3}]\}$$

由于 $\dot{x}_{g1}>0$，选择 $q>0$，$q_3>0$ 和 $K_x>0$，以使 $\dot{V}<0$。

5.6.2.2 动态控制器

此处我们将使用动力学模型(式(3.60a)～式(3.60d))。跟随者的期望速度和转向角 v_{fd}，ψ_{fd} 由运动控制器的结果给出。我们定义误差：

$$\tilde{\boldsymbol{z}}_f=\boldsymbol{z}_{fd}-\boldsymbol{z}_f,\quad \boldsymbol{z}_f=\begin{bmatrix}v_f\\\psi_f\end{bmatrix},\quad \boldsymbol{z}_{fd}=\begin{bmatrix}v_{fd}\\\psi_{fd}\end{bmatrix} \tag{5.102}$$

从式(3.60a)～式(3.60c)，应用于跟随者 WMR，可得到：

$$\dot{v}_f=\frac{1}{m}\left(-F_f\sin\psi_f+\frac{d}{D^2}v_f^2\tan^2\psi_f+\frac{\tau_f}{r}\right) \tag{5.103}$$

其中 $\tau_f=rF_d$，是半径为 r 的方向盘的驱动力矩，并且使用了关系 $\dot{x}_{gf}=v_f$。结合式(5.103)和式(3.60d)给出：

$$\dot{\boldsymbol{z}}_f=-\boldsymbol{A}(\boldsymbol{z}_f)\boldsymbol{z}_f-\boldsymbol{G}+\boldsymbol{E}\boldsymbol{\tau} \tag{5.104}$$

此处

$$\boldsymbol{A}(\boldsymbol{z}_f)=\begin{bmatrix}a_{11}&a_{12}\\a_{21}&a_{22}\end{bmatrix},\quad \boldsymbol{G}=\begin{bmatrix}g_1\\g_2\end{bmatrix},\quad \boldsymbol{E}=\begin{bmatrix}e_{11}&0\\0&e_{22}\end{bmatrix},\quad \boldsymbol{\tau}=\begin{bmatrix}\tau_f\\u_s\end{bmatrix}$$

$$a_{11}=-(d/D^2)v_f\tan^2\psi_f,\quad a_{12}=a_{21}=0,\quad a_{22}=1/T$$

$$g_1=(1/m)F_f\sin\psi_f,\quad g_2=0,\quad e_{11}=1/rm,\quad e_{22}=K/T$$

将式(5.104)的两边减去 $\dot{\boldsymbol{z}}_{fd}$，可得到：

$$\dot{\tilde{\boldsymbol{z}}}_f=\dot{\boldsymbol{z}}_{fd}+\boldsymbol{A}(\boldsymbol{z}_f)\boldsymbol{z}_f+\boldsymbol{G}-\boldsymbol{E}\boldsymbol{\tau}$$

现在，在该等式的右侧加上和减去 $\boldsymbol{A}(\boldsymbol{z}_{\mathrm{f}})\boldsymbol{z}_{\mathrm{fd}}$ 得到：

$$\begin{aligned}\dot{\tilde{\boldsymbol{z}}}_{\mathrm{f}}&=-\boldsymbol{A}(\boldsymbol{z}_{\mathrm{f}})\tilde{\boldsymbol{z}}_{\mathrm{f}}+\dot{\boldsymbol{z}}_{\mathrm{fd}}+\boldsymbol{A}(\boldsymbol{z}_{\mathrm{f}})\boldsymbol{z}_{\mathrm{fd}}+\boldsymbol{G}-\boldsymbol{E}\boldsymbol{\tau}\\&=-\boldsymbol{A}(\boldsymbol{z}_{\mathrm{f}})\tilde{\boldsymbol{z}}_{\mathrm{f}}+\boldsymbol{F}(\boldsymbol{x}^{0})-\boldsymbol{E}\boldsymbol{\tau}\end{aligned}\tag{5.105a}$$

此处

$$\boldsymbol{F}(\boldsymbol{x}^{0})=\boldsymbol{A}(\boldsymbol{z}_{\mathrm{f}})\boldsymbol{z}_{\mathrm{fd}}+\dot{\boldsymbol{z}}_{\mathrm{fd}}+\boldsymbol{G}\tag{5.105b}$$

且

$$\boldsymbol{x}^{0}=[\varepsilon_{\mathrm{f1}},\ \varepsilon_{\mathrm{f2}},\ \varepsilon_{\mathrm{f3}}]^{\mathrm{T}}$$

式(5.105a)中的力矩 τ 可以使用计算力矩法找到：

$$\tau=\boldsymbol{E}^{-1}[\boldsymbol{K}\tilde{\boldsymbol{z}}_{\mathrm{f}}+\boldsymbol{F}(\boldsymbol{x}^{0})]\tag{5.106}$$

将此引入式(5.105a)可以得到闭环误差方程：

$$\dot{\tilde{\boldsymbol{z}}}_{\mathrm{f}}=-(\boldsymbol{A}+\boldsymbol{K})\tilde{\boldsymbol{z}}_{\mathrm{f}}\tag{5.107}$$

现在只剩下选择 $\boldsymbol{K}$ 使得 $\tilde{\boldsymbol{z}}_{\mathrm{f}}$ 渐近趋于零。我们选择候选李雅普诺夫函数：

$$V_{0}=V+\frac{1}{2}\tilde{\boldsymbol{z}}_{\mathrm{f}}^{\mathrm{T}}\tilde{\boldsymbol{z}}_{\mathrm{f}}\tag{5.108}$$

其中 V 由式(5.99)给出。

对 V_0 进行微分，并将结果引入式(5.107)，有

$$\dot{V}_{0}=\dot{V}-\tilde{\boldsymbol{z}}_{\mathrm{f}}^{\mathrm{T}}(\boldsymbol{A}+\boldsymbol{K})\tilde{\boldsymbol{z}}_{\mathrm{f}}$$

由于通过运动控制器设计 $\dot{V}<0$，我们可以通过选择增益矩阵 $\boldsymbol{K}$ 来确保 $\dot{V}_0<0$，使得矩阵 $\boldsymbol{A}+\boldsymbol{K}$ 是正定的，即

$$\boldsymbol{K}=\begin{bmatrix}K_{1}+(d/D^{2})v_{\mathrm{f}}\tan^{2}\psi_{\mathrm{f}} & 0\\ 0 & K_{2}-1/T\end{bmatrix}\quad 或\quad \boldsymbol{A}+\boldsymbol{K}=\begin{bmatrix}K_{1} & 0\\ 0 & K_{2}\end{bmatrix}$$

且 $K_1>0$，$K_2>0$。然后，可以发现：

$$\dot{V}_{0}=\dot{V}-K_{1}\tilde{v}_{\mathrm{f}}^{2}-K_{2}\tilde{\psi}_{\mathrm{f}}^{2}$$

这意味着式(5.105a)中的误差 $\tilde{\boldsymbol{z}}_{\mathrm{f}}$ 根据需要渐近趋于零，即 $v_{\mathrm{f}}\to v_{\mathrm{fd}}$，$\psi_{\mathrm{f}}\to\psi_{\mathrm{fd}}$。控制律(式(5.106))中的函数 $\boldsymbol{F}(\boldsymbol{x}^{0})$ 可以使用权重更新规则由神经网络近似[7]，如 8.5 节中所述。

5.7　全向移动机器人的控制

本节中我们将考虑在 3.5 节中得出的三轮全向动态机器人模型(式(3.77a)和(3.77b))：

$$\dot{\boldsymbol{x}}=\boldsymbol{A}(\boldsymbol{x})\boldsymbol{x}+\boldsymbol{B}(\boldsymbol{x})\boldsymbol{u},\quad \boldsymbol{y}=\boldsymbol{C}\boldsymbol{x}\tag{5.109}$$

并将结合 PI 或 PD 控制[18]应用解析运动加速技术。对于 $u_i(i=1,2,3)$，解式(5.109)，我们得到逆动态解析加速度方程：

$$\begin{aligned}u_{1}=&(\beta_{1}/6b_{1})[\ddot{x}_{0}-a_{1}\dot{x}+a_{2}\dot{\phi}\dot{y}]+\\&(\beta_{3}/6b_{1})[\ddot{y}_{0}-a_{1}\dot{y}-a_{2}\dot{\phi}\dot{x}]+(1/3b_{2})(\ddot{\phi}_{0}-a_{3}\dot{\phi})\end{aligned}\tag{5.110a}$$

$$\begin{aligned}u_{2}=&(\beta_{2}/6b_{1})[\ddot{x}_{0}-a_{1}\dot{x}+a_{2}\dot{\phi}\dot{y}]+\\&(\beta_{4}/6b_{1})[\ddot{y}_{0}-a_{1}\dot{y}-a_{2}\dot{\phi}\dot{x}]+(1/3b_{2})(\ddot{\phi}_{0}-a_{3}\dot{\phi})\end{aligned}\tag{5.110b}$$

$$u_3=(\cos\phi/3b_1)[\ddot{x}_0-a_1\dot{x}+a_2\dot{\phi}\dot{y}]+(\sin\phi/3b_1)[\ddot{y}_0-a_1\dot{y}-a_2\dot{\phi}\dot{x}]+(1/3b_2)(\ddot{\phi}_0-a_3\dot{\phi}) \tag{5.110c}$$

此处

$$\ddot{x}_0=\ddot{x}_d+K_{p\dot{x}}\dot{\tilde{x}}+K_{i\dot{x}}\int_0^t\dot{\tilde{x}}\mathrm{d}\tau \tag{5.111a}$$

$$\ddot{y}_0=\ddot{y}_d+K_{p\dot{y}}\dot{\tilde{y}}+K_{i\dot{y}}\int_0^t\dot{\tilde{y}}\mathrm{d}t \tag{5.111b}$$

$$\ddot{\phi}_0=\ddot{\phi}_d+K_{v\phi}\dot{\tilde{\phi}}+K_{p\phi}\tilde{\phi} \tag{5.111c}$$

且

$$\dot{\tilde{x}}=\dot{x}_d-\dot{x},\quad \dot{\tilde{y}}=\dot{y}_d-\dot{y},\quad \tilde{\phi}=\phi_d-\phi$$

是期望轨迹和实际轨迹之间的误差，$K_{p\dot{x}}$，$K_{p\dot{y}}$，$K_{p\phi}$ 是比例增益，$K_{i\dot{x}}$，$K_{i\dot{y}}$ 是积分增益，$K_{v\phi}$ 是 ϕ 的导数(速度)增益。请注意式(5.110a)～式(5.110c)中的因子 b_1 和 b_2 总是非零的(参见式(3.76a)～式(3.76c))，因此上述已解决的加速控制器 u_1，u_2 和 u_3 对于所有 t 都存在。㊀

整个反馈控制的 WMR 系统框图如图 5.16 所示。

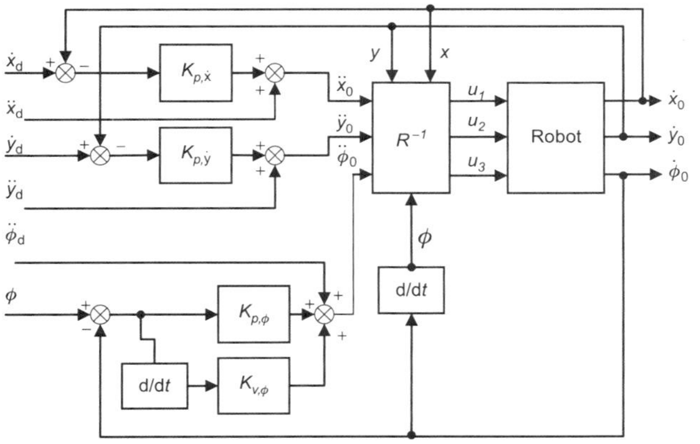

图 5.16　三轮全向机器人的解析加速度控制系统(R^{-1} 代表机器人逆动力学方程，见式(5.110a)～式(5.110c))

上述控制器应用于具有物理参数的真实机器人：

$I_Q=11.25\text{kgm}^2$，　$I_0=0.021\,08\text{kgm}^2$，　$\beta=5.983\times10^{-6}\text{kgm}^2/\text{s}$，　$M=9.4\text{kg}$，

$L=0.178\text{m}$，　$r=0.0245\text{m}$，　$K=1.0$

使用的初始状态是

$$\boldsymbol{x}(0)=[x_Q(0),\ y_Q(0),\ \phi(0),\ \dot{x}_Q(0),\ \dot{y}_Q(0),\ \dot{\phi}(0)]^{\mathrm{T}}=\mathbf{0}$$

一个基本的实验是检查 WMR 的完整性，即机器人在 $x-y$ 平面内独立地实现围绕重心的平移和旋转运动的能力。

为了检查这个属性，假设机器人必须以单个方位角 $\psi_d=\pi/4\text{rad}$(见图 3.6)行进 20s，

㊀ 所有坐标都是重心(和对称)Q 的坐标。为了简化符号，此处删除了 Q。

在 0～10s 内旋转角度为 0 并且旋转角度均匀变化，变化范围为 $\phi_d=0\text{rad}\sim\phi_d=\pi/2\text{rad}$，需要持续 10～20s。尽管在稳定状态下移动速度为 $v_d=0.05\text{m/s}$，但是在开始和结束时段，每 2s 设置一个正弦参考速度。使用这些 v_d 和 ψ_d 值，相应的 $\dot{x}_d$ 和 $\dot{y}_d$ 来自

$$\dot{x}_d=v\cos\psi, \quad \dot{y}_d=v\sin\psi$$

其中正旋转运动方向是逆时针方向。通过对 $\dot{x}_d$ 和 $\dot{y}_d$ 的微分得出期望的加速度 $\ddot{x}_d$ 和 $\ddot{y}_d$。表 5.1 给出了所用增益的值。

表 5.1　解析加速度 PI/PD 控制器的增益

$K_{p\phi}$	$K_{v\phi}$	$K_{p\dot{x}}$	$K_{i\dot{x}}$	$K_{p\dot{y}}$	$K_{i\dot{y}}$
2.25	3.0	10.0	25.0	10.0	25.0

对于 $\dot{x}$，$\dot{y}$ 和 ϕ 以及(x, y)轨迹获得的响应如图 5.17 所示。

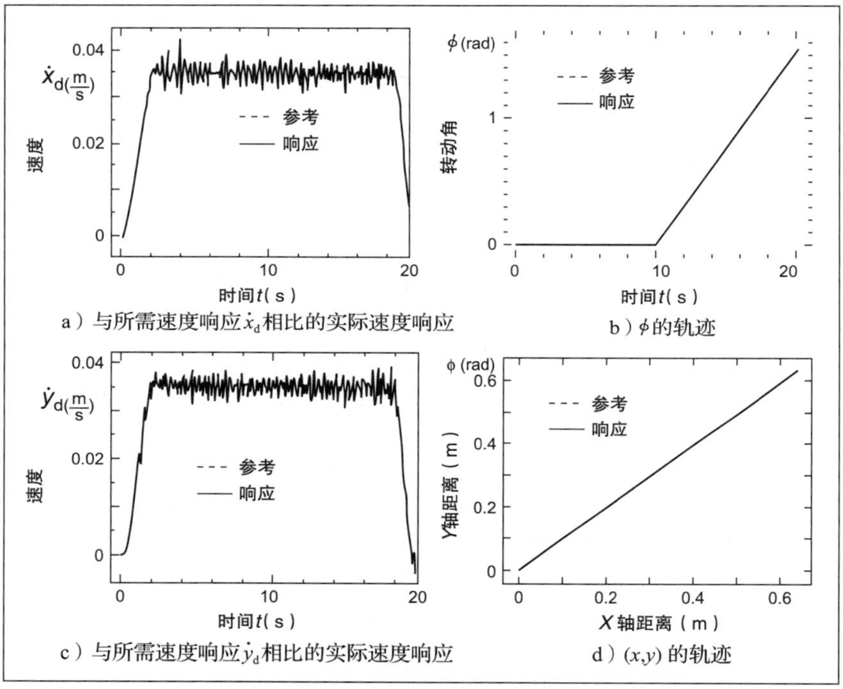

图 5.17　对于 $\dot{x}$，$\dot{y}$ 和 ϕ 以及(x, y)轨迹获得的响应

资料来源：转载自参考文献[18]，已获得 Springer Science 和 Business Media BV 的许可。

我们观察到，尽管在速度 $\dot{x}$ 和 $\dot{y}$ 中出现了一些振荡，但(x, y, ϕ)轨迹完全匹配所期望的轨迹(x_d, y_d, ϕ_d)。在另一个实验里，圆形路径的半径小于车轮之间距离的一半（例如，半径为 0.1m，车轮之间的距离为 0.356m）。使用与以前相同的增益，所得的结果非常好，能完美跟踪圆形路径[18]。

例 5.5　应用计算力矩法导出三轮全向机器人的 PD 路径跟踪控制器。

解　我们将使用例 3.2 中图 3.7 所示的全向机器人导出的动力学模型，即

$$D(p_Q)\ddot{p}_Q+C(\phi)\dot{p}_Q=Ev \tag{5.112}$$

计算的力矩控制律具有如下形式（式(5.33)）：

$$Ev=D(p_Q)u+C(\phi)\dot{p}_Q \tag{5.113}$$

PD 控制的形式如下：

$$u=-K_p\tilde{p}_Q-K_d\dot{\tilde{p}}_Q+\ddot{p}_{Q,d} \tag{5.114}$$

此处

$$\tilde{p}_Q(t)=p_Q(t)-p_{Q,d}(t) \tag{5.115}$$

跟踪误差是实际路径与期望路径 $p_{Q,d}(t)$ 的差。结合式(5.113)和式(5.114)并引入式(5.112)，我们得到了闭环系统：

$$D\ddot{p}_Q=-D(K_p\tilde{p}_Q+K_d\dot{\tilde{p}}_Q)+D\ddot{\tilde{p}}_{Q,d}$$

或跟踪误差动态方程：

$$\ddot{\tilde{p}}_Q+K_d\dot{\tilde{p}}_Q+K_p\tilde{p}_0=0 \tag{5.116}$$

这是因为矩阵 D 是非奇异的。我们可知原点 $\tilde{p}_Q=0$ 是该系统的平衡点，因此，选择适当的 K_d 和 K_p 值，我们可以保证 $\tilde{p}_Q(t)$ 渐近趋于零，即 $p_Q(t)\to p_{Q,d}(t)$。为此，我们使用以下候选李雅普诺夫函数：

$$V(\tilde{p}_Q)=\frac{1}{2}\tilde{p}_Q^{\mathrm{T}}(K_p+\gamma K_d)\tilde{p}+\frac{1}{2}\dot{\tilde{p}}_0^{\mathrm{T}}\dot{\tilde{p}}_Q+\gamma\tilde{p}_Q^{\mathrm{T}}\dot{\tilde{p}}_Q \tag{5.117}$$

对于足够小的常数 $\gamma>0$，它满足李雅普诺夫函数的前两个性质。我们现在将研究 $\dot{V}(\tilde{p}_Q)$ 在什么条件下为负。$V(\tilde{p}_Q)$ 沿 $\ddot{p}_Q(t)=-K_d\dot{\tilde{p}}_Q(t)-K_p\tilde{p}_Q(t)$ 轨迹的时间导数为

$$\begin{aligned}\dot{V}&=\tilde{p}_Q^{\mathrm{T}}(K_p+\gamma K_d)\dot{\tilde{p}}_Q+\dot{\tilde{p}}_QT\ddot{\tilde{p}}_Q+\gamma\tilde{p}_QT\ddot{\tilde{p}}_Q+\gamma\dot{\tilde{p}}_QT\dot{\tilde{p}}_Q\\&=\tilde{p}_Q^{\mathrm{T}}(K_p+\gamma K_d)\dot{\tilde{p}}_Q+\dot{\tilde{p}}T(-K_d\dot{\tilde{p}}_Q-K_p\tilde{p}_Q)\\&\quad+\gamma\tilde{p}_Q^{\mathrm{T}}(-K_d\dot{\tilde{p}}_Q-K_p\tilde{p}_Q)+\gamma\dot{\tilde{p}}_QT\dot{\tilde{p}}_Q\\&=-\dot{\tilde{p}}_QT(K_d+\gamma I)\dot{\tilde{p}}_Q-\gamma\tilde{p}_Q^{\mathrm{T}}K_p\tilde{p}_Q\end{aligned}$$

选择 $K_d-\gamma I>0$ 和 $K_p>0$（正定），我们得到 $\dot{V}<0$，所以渐近地 $\tilde{p}_Q\to 0$。

使用表 5.2 中给出的 PD 增益值以及相同的物理参数值和相同的期望路径，在 5.7 节的 WMR 上测试控制器的性能。

表 5.2　计算力矩 PD 控制器的增益

K_{px}	K_{py}	$K_{p\phi}$	K_{dx}	K_{dy}	$K_{d\phi}$
40	30	20	70	55	10

针对 (x, y, ϕ) 和 $(\dot{x}, \dot{y})$ 轨迹获得的响应类似于图 5.17 中所示的响应。作为练习，读者可以测试控制器的性能，以获得具有给定半径 R（例如，$R=10\text{cm}$ 或 $R=40\text{cm}$）的圆形期望路径。圆形方程的参数化形式，即 $x_d(t)=R\cos a_d(t)$，$y_d(t)=R\sin a_d(t)$ 可用 $a_d(t)$ 为参考世界坐标系的 x 轴和点 (x_d, y_d) 间的夹角值。在这种情况下，可以使用角度 $a(t)$ 的合适的多项式或其他级数表示。可以检查给定尺寸的 8 形的路径作为更复杂的期望路径。

参考文献

[1] Ogata K. State space analysis of control systems. Upper Saddle River, NJ: Prentice Hall; 1997.

[2] Asada H, Slotine JJ. Robot analysis and control. New York, NY: Wiley; 1986.

[3] Spong MW, Vidyasagar M. Robot dynamics and control. New York, NY: Wiley; 1989.

[4] Wolovich W. Robotics: Basic Analysis and Design. Birmingham, UK: Holt Rinehart and Winston, Dreyden Press;1987.

[5] Kanayama Y, Kimura Y, Noguchi T. A stable tracking control method for a nonholonomic mobile robot. IEEE Trans Robot Autom 1991;7:1236−41.

[6] Yiaoping Y, Yamamoto Y. Dynamic feedback control of vehicles with two steerable wheels. Proceedings of IEEE international conference on robotics and automation. Minneapolis, MN; 1996. 12(1), p. 1006−1010.

[7] Panimadai Ramaswamy SA, Balakrishnan SN. Formation control of car-like mobile robots: a Lyapunov function based approach. Proceedings of 2008 American Control Conference. Seattle, Washington; June 11−13, 2008.

[8] Tian Y, Sidek N, Sarkar N. Modeling and Control of a nonholonomic wheeled mobile robot with wheel slip dynamics. Proceedings of IEEE symposium on computational intelligence in control and automation. Nashville, TN; March 30−April 2, 2009. p. 7−14.

[9] Chang CF, Huang CI, Fu LC. Nonlinear control of a wheeled mobile robot with nonholonomic constraints. Proceedings of 2004 IEEE International conference on systems, man, and cybernetics. The Hague, The Netherlands; October 10−13, 2004. p. 5404−9.

[10] Samson C, Ait Abderrahim K. Feedback control of nonholonomic wheeled cart in Cartesian space. Proceedings of IEEE Conference on robotics and automation. Sacramento, CA; 1990. p. 1136−41.

[11] Velagic J, Lacevic B, Osmic N. Nonlinear motion control of mobile robot dynamic model [Chapter 27] In: Jing X-J, editor. Motion Planning. In Tech, Open Books; 2008. p. 534−56.

[12] Zhang Y, Hong D, Chung JH, Velinsky SA. Dynamic model based robust tracking control of a differentially steered wheeled mobile robot. Proceedings of american control conference (ACC '88). Philadelphia, PA; June 1988. p. 850−5.

[13] Ashoorizad M, Barzamini R, Afshar A, Zouzdani J. Model reference adaptive path following for wheeled mobile robots. Proceedings of international conference on information and automation (IEEE/ICIA'06). Colombo, Sri Lanka; 2006. p. 289−94.

[14] Gholipour A, Dehgham SM, Ahmadabadi MN. Lyapunov based tracking control of nonholonomic mobile robot. Proceedings of 10th Iranian conference on electrical engineering. Tabeiz, Iran; 2002. 3, p. 262−69.

[15] Aicardi M, Casalino G, Bicchi A, Balestrino A. Closed-loop steering of unicycle-like vehicles via Lyapunov techniques. IEEE Robot Autom Mag 1995; March:27−35.

[16] Lee S, Kim M, Youm Y, Chung W. Control of a car-like mobile robot for parking problem. Proceedings of 1999 IEEE international conference on robotics and automation. Detroit, MI; May 1999. p. 1−5.

[17] Lee S, Youm Y, Chung. Control of car-like mobile robots for posture stabilization. Proceedings IEEE/RSJ international conference on intelligent robots and systems (IROS'99). Kyongju, ROK; October 1999. p. 1745−50.

[18] Watanabe K, Shiraishi Y, Tang J, Fukuda T, Tzafestas SG. Autonomous control for an omnidirectional mobile robot with feedback control system [Chapter 13] In: Tzafestas SG, editor. Advances in intelligent autonomous systems. Boston / Dordrecht: Kluwer; 1999. p. 289−308.

第6章 移动机器人控制 II：仿射系统和不变流形方法

6.1 引言

对于轮式移动机器人(WMR)的控制在理论和实践价值方面都是一个具有挑战性的课题。移动机器人，包括全向或非完整移动机器人，都是高度非线性的，尤其是其非完整约束推动了高度非线性控制技术的发展。文献中的大多数控制结果都是针对两类主要的非完整约束移动机器人开发的，即：

- 独轮车式移动机器人：包含轮轴共线的两个独立驱动轮，以及一个或多个被动轮/脚轮。
- 后驱车型移动机器人：包含一个位于车身后部的驱动轴，以及位于车身前部的一个(或两个)可定向的转向轮。

如第5章所述，移动机器人的三个控制问题如下：

- 路径跟踪：给定弯曲的平面路径，WMR必须以预先指定的纵向速度沿着该路径行进。
- 轨迹跟踪：这里，速度未预先指定。除了路径跟踪之外，WMR还需要控制沿曲线移动的距离。
- 姿态稳定：目标是将WMR相对于固定坐标系(例如，在停车场中)的姿态(位置和方向)稳定于零。

在第5章中，我们介绍了基本的计算力矩/运动和基于李雅普诺夫的控制设计技术，这些技术来自标准机器人操纵器控制理论。本章的目标是提供更先进的WMR控制方法，既可以利用仿射系统的状态反馈线性化(在线性控制器设计之前)，也可以遵循不变流形方法(可推导出整体非线性控制器)。

详细地讲，本章：

- 介绍了仿射控制系统的基本概念、不变/吸引流形和相关的扩展李雅普诺夫稳定性理论。
- 为差分驱动WMR和类车WMR提供了反馈线性化(和线性轨迹跟踪)控制器。
- 推导出Brockett积分器的运动和动态控制器以及差分驱动WMR和类车WMR的(2，n)链模型。

6.2 背景概念

6.2.1 仿射动态系统

正如我们在第 2 章和第 3 章中看到的那样，移动机器人属于一般状态空间方程描述的非线性系统的仿射系统类[1-4]：

$$\begin{aligned}\dot{\boldsymbol{x}}&=\boldsymbol{g}_0(\boldsymbol{x})+\sum_{i=1}^{m}\boldsymbol{g}_i(\boldsymbol{x})u_i,\quad \boldsymbol{x}\in R^n,\quad \boldsymbol{g}_i(\boldsymbol{x})\in R^n\\&=\boldsymbol{g}_0(\boldsymbol{x})+\boldsymbol{G}(\boldsymbol{x})\boldsymbol{u}\end{aligned}\tag{6.1}$$

其中

$$\boldsymbol{x}=[x_1,\ x_2,\ \cdots,\ x_n]^{\mathrm{T}}$$

$$\boldsymbol{u}=[u_1,\ u_2,\ \cdots,\ u_m]^{\mathrm{T}},\quad m\leqslant n$$

$$\boldsymbol{G}(\boldsymbol{x})=[\boldsymbol{g}_1(\boldsymbol{x})\ \vdots\ \boldsymbol{g}_2(\boldsymbol{x})\ \vdots\ \cdots\ \vdots\ \boldsymbol{g}_m(\boldsymbol{x})]$$

$$\boldsymbol{g}_i(\boldsymbol{x})=[g_{i1}(\boldsymbol{x}),\ g_{i2}(\boldsymbol{x}),\ \cdots,\ g_{in}(\boldsymbol{x})]^{\mathrm{T}}$$

其中漂移项 $\boldsymbol{g}_0(\boldsymbol{x})$ 代表系统的一般运动学约束。

考虑从 n 维欧几里得空间 R^n 到其自身的非线性映射：

$$\boldsymbol{z}=\boldsymbol{\varphi}(\boldsymbol{x}),\quad \boldsymbol{x}\in R^n,\quad \boldsymbol{z}\in R^n\tag{6.2}$$

其中 $\boldsymbol{z}$ 是新向量，$\boldsymbol{\varphi}(\boldsymbol{x})\in R^n$ 是向量函数(场)：

$$\boldsymbol{\varphi}(\boldsymbol{x})=\begin{bmatrix}\phi_1(\boldsymbol{x})\\\phi_2(\boldsymbol{x})\\\vdots\\\phi_n(\boldsymbol{x})\end{bmatrix},\quad \boldsymbol{x}=\begin{bmatrix}x_1\\x_2\\\vdots\\x_n\end{bmatrix},\quad \boldsymbol{z}=\begin{bmatrix}z_1\\z_2\\\vdots\\z_n\end{bmatrix}$$

具有以下属性：

1) 函数 $\boldsymbol{\varphi}(\boldsymbol{x})$ 是可逆的，即对于所有 $\boldsymbol{x}\in R^n$ 和 $\boldsymbol{z}\in R^n$，存在函数 $\boldsymbol{\varphi}^{-1}(\boldsymbol{z})$，使得：

$$\boldsymbol{\varphi}^{-1}(\boldsymbol{\varphi}(\boldsymbol{x}))=\boldsymbol{x},\quad \boldsymbol{\varphi}(\boldsymbol{\varphi}^{-1}(\boldsymbol{z}))=\boldsymbol{z}\tag{6.3}$$

2) 函数 $\boldsymbol{\varphi}(\boldsymbol{x})$ 和 $\boldsymbol{\varphi}^{-1}(\boldsymbol{z})$ 都具有任意阶的连续偏导数(即它们是平滑函数)。

定义 6.1(微分同胚)

具有上述两个属性的类型(6.2)的函数称为微分同胚。有时，我们无法在所有所需的 $\boldsymbol{x}$ 的值域内找到有效的微分同胚。在这些情况下，我们可以在该域中的给定点 $\boldsymbol{x}^0$ 附近定义微分同胚。这种类型的转换称为局部微分同胚。

在点 $\boldsymbol{x}=\boldsymbol{x}^0$ 附近存在局部微分同胚的条件是在点 $\boldsymbol{x}^0$ 处，雅可比矩阵 $\partial\boldsymbol{\varphi}(\boldsymbol{x})/\partial\boldsymbol{x}$ 具有非奇异性。 ■

定义 6.2(李导数)

给定一个平滑的实值标量函数：

$$s(\boldsymbol{x})=s(x_1,\ x_2,\ \cdots,\ x_n)\in R\tag{6.4}$$

和向量值函数(向量场)：

$$f(x)=\begin{bmatrix} f_1(x_1, \cdots, x_n) \\ \vdots \\ f_n(x_1, \cdots, x_n) \end{bmatrix} \in R^n \tag{6.5}$$

向量变量 $x=[x_1, x_2, \cdots, x_n]^T$，标量函数 $L_f s(x)$ 的定义为

$$\begin{aligned} L_f s(x) &= L_f s(x_1, x_2, \cdots, x_n) \\ &= \left[\frac{\partial s(x)}{\partial x}\right] f(x) = (\nabla s(x)) f(x) \\ &= \sum_{i=1}^{n} \frac{\partial s}{\partial x_i} f_i(x_1, x_2, \cdots, x_n) \end{aligned} \tag{6.6}$$

其中

$$\frac{\partial s(x)}{\partial(x)} = \nabla s(x) = \left[\frac{\partial s(x)}{\partial x_1}, \frac{\partial s(x)}{\partial x_2}, \cdots, \frac{\partial s(x)}{\partial x_n}\right]$$

称为沿着场 $f(x)$ 的 $s(x)$ 的李导数。■

显然，函数 $L_f s(x)$ 表示梯度向量 $\nabla s(x)$ 沿向量 $f(x)$ 的投影，即 $s(x)$ 沿向量 $f(x)$ 方向的方向导数。

连续应用式(6.6)能得到例如先沿 $f(x)$，然后沿另一个函数 $g(x)$ 得出的 $s(x)$ 的李导数，即

$$L_g L_f s(x) = \left[\frac{\partial L_f s(x)}{\partial x}\right] g(x)$$

一般来说：

$$L_f^k s(x) = \left[\frac{\partial L_f^{k-1} s(x)}{\partial x^{k-1}}\right] f(x) \tag{6.7}$$

例如，给定 $\dot{x}=f(x)$，$y=h(x)$，我们发现：

$$\dot{y} = \left[\frac{\partial h}{\partial x}\right]\dot{x} = L_f h, \quad \ddot{y} = \left[\frac{\partial (L_f h)}{\partial x}\right]\dot{x} = L_f^2 h$$

使用李导数，我们可以引入系统相关度的概念，如定义 6.3 中所示。

定义 6.3(相关度)

我们说仿射系统

$$\dot{x} = f(x) + g(x)u, \quad y = h(x), \quad u \in R \tag{6.8}$$

如果出现以下情况，则在 x^0 处具有相关度 r：

(a) 对于 x^0 附近的所有 x 及所有 $k<r-1$，有 $L_g L_f^k h(x)=0$；

(b) $L_g L_f^{r-1} h(x^0) \neq 0$。■

易证系统相关度 r 等于使输入 $u(t)$ 出现在导数方程中所需的微分输出 y 的次数。这显示了函数 $h(x)$、$L_f h(x)$，…，$L_f^{r-1} h(x)$ 的重要性，因为它们可以用于在 x^0 附近找到局部变换，其中 x^0 能使以下关系成立：

$$L_g L_f^{r-1} h(x^0) \neq 0 \tag{6.9}$$

例如，考虑系统：

$$\dot{x} = f(x) + g(x)u, \quad y = h(x) = x_3$$

其中

$$\boldsymbol{x}=\begin{bmatrix}x_1\\x_2\\x_3\end{bmatrix},\quad \boldsymbol{f}(\boldsymbol{x})=\begin{bmatrix}0\\x_1^2+\sin x_2\\-x_2\end{bmatrix},\quad \boldsymbol{g}(\boldsymbol{x})=\begin{bmatrix}\mathrm{e}^{x_2}\\1\\0\end{bmatrix}$$

对于这个系统，有

$$\frac{\partial h}{\partial \boldsymbol{x}}=[0\quad 0\quad 1],\quad L_g h(\boldsymbol{x})=0,\quad L_f h(\boldsymbol{x})=-x_2$$

$$\frac{\partial L_f h}{\partial \boldsymbol{x}}=[0\quad -1\quad 0],\quad L_g L_f h(\boldsymbol{x})=-1$$

因此，系统在任何点 $\boldsymbol{x}^0$ 处具有相关度 $r=2$。如果选择 $y=h(\boldsymbol{x})=x_2$，则得到 $L_g h(\boldsymbol{x})=1$，因此系统的相关度在任何点 $\boldsymbol{x}^0$ 处都是 $r=1$。

定义 6.4(向量场引起的流动)

考虑系统

$$\dot{\boldsymbol{x}}=\boldsymbol{f}(\boldsymbol{x}),\quad \boldsymbol{x}\in X\subset R^n \tag{6.10}$$

并假设对于每个初始状态 $\boldsymbol{x}(\boldsymbol{x}_0,0)=\boldsymbol{x}_0$ 存在唯一解 $\boldsymbol{x}(\boldsymbol{x}_0,t)$(不要求能得到分析解)。然后，映射

$$(\boldsymbol{x}_0,\ t)\rightarrow \boldsymbol{x}(\boldsymbol{x}_0,\ t) \tag{6.11}$$

称为向量场 $\boldsymbol{f}$ 引起的流(或动态)系统。■

流的基本属性如下：

1) 对于每个 $\boldsymbol{x}_0\in X$，有 $\boldsymbol{x}(\boldsymbol{x}_0,0)=\boldsymbol{x}_0$。

2) 对于实线 $\boldsymbol{R}$ 上的所有 s，t 和 $\boldsymbol{x}_0\in X$，有 $\boldsymbol{x}(\boldsymbol{x}_0,\ t+s)=\boldsymbol{x}(\boldsymbol{x}(\boldsymbol{x}_0,\ t),\ s)=\boldsymbol{x}(\boldsymbol{x}(\boldsymbol{x}_0,\ s),\ t)$。

3) $\frac{\partial}{\partial t}\boldsymbol{x}(\boldsymbol{x}_0,\ t)=\boldsymbol{f}(\boldsymbol{x}(\boldsymbol{x}_0,\ t))$。

用 $\exp t\boldsymbol{f}$ 表示由 $\boldsymbol{f}$ 引起的 X 的变换。显然，$\exp \boldsymbol{f}$ 将每个初始点映射到 $\boldsymbol{x}(\boldsymbol{x}_0,\ t)$。从属性 1 和属性 2 得出，$\exp 0\boldsymbol{f}=\text{identity}$，$\exp(t+s)\boldsymbol{f}=(\exp t\boldsymbol{f})(\exp s\boldsymbol{f})$，表示映射组合。

因为 $\exp 0\boldsymbol{f}=\boldsymbol{I}$，所以它遵循：

$$(\exp t\boldsymbol{f})^{-1}=\exp -t\boldsymbol{f}$$

因此，映射 $\{\exp t\boldsymbol{f}:\ t\in \mathbf{R}\}$ 构成(局部)微分同胚的可交换组。该组称为由 $\boldsymbol{f}$ 诱导的微分同胚的 1-参数组。

如果 $\boldsymbol{f}$ 是线性向量场，即 X 上的 $\boldsymbol{f}=\boldsymbol{A}\boldsymbol{x}$，那么 $\boldsymbol{x}(0,\ t)=\mathrm{e}^{t\boldsymbol{A}}\boldsymbol{x}_0$，其中 $\mathrm{e}^{t\boldsymbol{A}}=\sum_{k=0}^{\infty}(t^k/k!)\boldsymbol{A}^k$。因此，在这种情况下，$\exp t\boldsymbol{f}$ 是 $\boldsymbol{X}$ 上的线性变换，等于线性映射(矩阵)$\boldsymbol{A}$ 的指数。

定义 6.5(李括号)

设 $\boldsymbol{f}(\boldsymbol{x})$ 和 $\boldsymbol{g}(\boldsymbol{x})$ 为向量变量 $\boldsymbol{x}=[x_1,\ x_2,\ \cdots,\ x_n]^{\mathrm{T}}$ 的两个向量函数(场)，然后定义一个 $\boldsymbol{x}$ 的新向量函数 $[\boldsymbol{f},\ \boldsymbol{g}](\boldsymbol{x})$ 并将李括号(或李积)称为

$$[\boldsymbol{f},\ \boldsymbol{g}](\boldsymbol{x})=\left(\frac{\partial \boldsymbol{g}}{\partial \boldsymbol{x}}\right)\boldsymbol{f}(\boldsymbol{x})-\left(\frac{\partial \boldsymbol{f}}{\partial \boldsymbol{x}}\right)\boldsymbol{g}(\boldsymbol{x}) \tag{6.12}$$

其中 $\partial \boldsymbol{f}/\partial \boldsymbol{x}$ 和 $\partial \boldsymbol{g}/\partial \boldsymbol{x}$ 是 $\boldsymbol{f}(\boldsymbol{x})$ 和 $\boldsymbol{g}(\boldsymbol{x})$ 的雅可比矩阵，其元素分别为 $(\partial \boldsymbol{f}/\partial \boldsymbol{x})_{ij}=\partial f_i/\partial x_j$ 和 $(\partial \boldsymbol{g}/\partial \boldsymbol{x})_{ij}=\partial g_i/\partial x_j$。 ■

例如，系统 $\dot{x}_1=-2x_1+bx_2+\sin x_1$ 和 $\dot{x}_2=-x_2\cos x_1+u\cos 2x_1$ 的李括号可以写成：

$$\dot{\boldsymbol{x}}=\boldsymbol{f}(\boldsymbol{x})+\boldsymbol{g}(\boldsymbol{x})u,\quad \boldsymbol{f}(\boldsymbol{x})=\begin{bmatrix}-2x_1+bx_2+\sin x_1\\ -x_2\cos x_1\end{bmatrix},\quad \boldsymbol{g}(\boldsymbol{x})=\begin{bmatrix}0\\ \cos 2x_1\end{bmatrix}$$

是

$$[\boldsymbol{f},\ \boldsymbol{g}](\boldsymbol{x})=\begin{bmatrix}0 & 0\\ -2\sin x_1 & 0\end{bmatrix}\begin{bmatrix}-2x_1+bx_2+\sin x_1\\ -x_2\cos x_1\end{bmatrix}-\begin{bmatrix}-2+\cos x_1 & b\\ x_2\sin x_1 & -\cos x_1\end{bmatrix}\begin{bmatrix}0\\ \cos 2x_1\end{bmatrix}$$
$$=\begin{bmatrix}b\cos 2x_1\\ \cos x_1\cos 2x_1-2(\sin 2x_1)(-2x_1+bx_2+\sin x_1)\end{bmatrix}$$

可以使用以下符号连续应用李括号：

$$\begin{aligned}ad_f\boldsymbol{g}(\boldsymbol{x})&=[\boldsymbol{f},\ \boldsymbol{g}](\boldsymbol{x})\\ ad_f^2\boldsymbol{g}(\boldsymbol{x})&=[\boldsymbol{f},\ [\boldsymbol{f},\ \boldsymbol{g}]](\boldsymbol{x})\\ &\vdots\\ ad_f^k\boldsymbol{g}(\boldsymbol{x})&=[\boldsymbol{f},\ ad_f^{k-1},\ \boldsymbol{g}(\boldsymbol{x})](\boldsymbol{x})\end{aligned}\tag{6.13}$$

初始条件为 $ad_f^0\boldsymbol{g}(\boldsymbol{x})=\boldsymbol{g}(\boldsymbol{x})$。显然，李括号具有以下属性：

1）$[\boldsymbol{f},\ \boldsymbol{g}](\boldsymbol{x})=-[\boldsymbol{g},\ \boldsymbol{f}](\boldsymbol{x})$。

2）如果 $[\boldsymbol{f},\ \boldsymbol{g}](\boldsymbol{x})=\boldsymbol{0}$，则 $(\exp t\boldsymbol{f})(\exp s\boldsymbol{g})=(\exp s\boldsymbol{g})(\exp t\boldsymbol{f})$，反之，在 $(\exp t\boldsymbol{f})(\exp s\boldsymbol{g})=(\exp s\boldsymbol{g})(\exp t\boldsymbol{f})$ 时，$[f,\ g](x)=0$（流具有交换性）。

例如，如果 $\boldsymbol{f}(\boldsymbol{x})=a$ 和 $\boldsymbol{g}(\boldsymbol{x})=b$ 是两个任意常数字段，因此 $[\boldsymbol{f},\ \boldsymbol{g}](\boldsymbol{x})=\boldsymbol{0}$，则有 $(\exp t\boldsymbol{f})(\boldsymbol{x})=x+ta$ 和 $(\exp s\boldsymbol{g})=x+sb$。因此：

$$\begin{aligned}(\exp t\boldsymbol{f})(\exp s\boldsymbol{g})(\boldsymbol{x})&=(x+sb)+ta=(x+ta)+sb\\ &=(\exp s\boldsymbol{g})(\exp t\boldsymbol{f})(\boldsymbol{x})\end{aligned}$$

这证明了流具有交换性。

定义 6.6（对合集）

如果有一组 n 维列向量函数（字段）$\Delta(\boldsymbol{x})=\{\boldsymbol{X}_1(\boldsymbol{x}),\ \boldsymbol{X}_2(\boldsymbol{x}),\ \cdots,\ \boldsymbol{X}_m(\boldsymbol{x})\}$，其元素组成的矩阵 $[\boldsymbol{X}_1(\boldsymbol{x}),\ \boldsymbol{X}_2(\boldsymbol{x}),\ \cdots,\ \boldsymbol{X}_m(\boldsymbol{x})]$ 在 $\boldsymbol{x}=\boldsymbol{x}^0$ 处具有秩 m，则其在 $\boldsymbol{x}^0$ 附近可以称为对合，如果对于每对 $(i,\ j)(i,\ j=1,\ 2,\ \cdots,\ m)$，矩阵

$$\overline{\Delta}(\boldsymbol{x})=[\boldsymbol{X}_1(\boldsymbol{x}),\ \boldsymbol{X}_2(\boldsymbol{x}),\ \cdots,\ \boldsymbol{X}_m(\boldsymbol{x}),\ [\boldsymbol{X}_i,\ \boldsymbol{X}_j](\boldsymbol{x})]\tag{6.14}$$

对 $\boldsymbol{x}^0$ 附近的所有 $\boldsymbol{x}$ 也有秩 m。 ■

如果 $\dim\Delta(\boldsymbol{x})=r$ 对于所有 $\boldsymbol{x}$ 都是常数，则场分布 $\Delta(\boldsymbol{x})=\{\boldsymbol{X}_1(\boldsymbol{x}),\ \boldsymbol{X}_2(\boldsymbol{x}),\ \cdots,\ \boldsymbol{X}_m(\boldsymbol{x})\}$ 被认为是非奇异的，在这种情况下 r 称为分布的维度。式(6.14)中与 $\boldsymbol{x}^0$ 附近的所有 $\boldsymbol{x}$ 的 Δ 具有相等秩的分布 $\overline{\Delta}$ 称为在李括号运算下 Δ 的对合闭包。

李导数、李括号和相关度的概念在仿射控制系统的分析和设计中起着关键作用，例如在状态反馈线性化的解决方案中，使用状态反馈的总稳定、自适应控制、鲁棒控制和可控性/可观察性等来解决问题。

在上述研究中使用的主要理论是 Frobenius 定理，其给出了 m 个向量场的集合(分布)完全可积的充要条件。我们将制定这个定理。

设一个无漂移的系统具有以下形式：

$$\dot{\boldsymbol{x}} = \sum_{i=1}^{m} \boldsymbol{g}_i(\boldsymbol{x})u_i, \quad \boldsymbol{x} \in X \subseteq R^n \tag{6.15}$$

根据定义 6.6，分布

$$\Delta(\boldsymbol{x}) = \{\boldsymbol{g}_1(\boldsymbol{x}),\ \boldsymbol{g}_2(\boldsymbol{x}),\ \cdots,\ \boldsymbol{g}_m(\boldsymbol{x})\} \tag{6.16a}$$

在下述情况下是对合的：

对于每个李括号 $[\boldsymbol{g}_i,\ \boldsymbol{g}_j](\boldsymbol{x})$，存在 m 个实系数 $\beta_k(k=1,\ 2,\ \cdots,\ m)$，使得

$$[\boldsymbol{g}_i,\ \boldsymbol{g}_j](\boldsymbol{x}) = \sum_{k=1}^{m} \beta_k \boldsymbol{g}_k(\boldsymbol{x}) \tag{6.16b}$$

这意味着每个李括号可以表示为系统向量场的线性组合，因此它已经属于 Δ。换句话说，李括号不能摆脱 Δ 并产生新的运动方向。注意，由于存在属性 $[\boldsymbol{g}_i,\ \boldsymbol{g}_j](\boldsymbol{x}) = -[\boldsymbol{g}_j,\ \boldsymbol{g}_i](\boldsymbol{x})(i,\ j=1,\ 2,\ \cdots,\ m)$，因此没有必要考虑所有 m^2 种可能的括号，仅考虑 $\binom{m}{2} = \frac{m(m-1)}{2}$ 李括号就足够了。使用上述概念，Frobenius 定理如下所述。

定理 6.1(Frobenius 定理)

当且仅当具有非奇异分布的平滑仿射系统是对合的，它是完全可积的。 ■

例 6.1　考虑一个双输入无漂移仿射系统：

$$\boldsymbol{g}_1(\boldsymbol{x}) = \begin{bmatrix} x_2 \\ 0 \\ 1 \end{bmatrix},\quad \boldsymbol{g}_2(\boldsymbol{x}) = \begin{bmatrix} x_3 \\ 1 \\ 0 \end{bmatrix}$$

在任何点，$\boldsymbol{x} \in R^3$，$\Delta = \{\boldsymbol{g}_1,\ \boldsymbol{g}_2\}$ 的维数为 2。李积为

$$[\boldsymbol{g}_1,\ \boldsymbol{g}_2](\boldsymbol{x}) = \boldsymbol{0}$$

因此，Δ 是对合的，所以 Δ 和系统是可积的。实际上，该系统也给出：

$$\dot{x}_1 = x_2 u_1 + x_3 u_2,\quad \dot{x}_2 = u_2,\quad \dot{x}_3 = u_1$$

也就是说，$\dot{x}_1 = x_2\dot{x}_3 + x_3\dot{x}_2 = \mathrm{d}(x_2 x_3)/\mathrm{d}t$，其中 $x_1 - x_2 x_3 = k$，k 是实常数。

例 6.2　独轮车 WMR(见式(2.28a))有两个场：

$$\boldsymbol{g}_1 = \begin{bmatrix} \cos\phi \\ \sin\phi \\ 0 \end{bmatrix},\quad \boldsymbol{g}_2 = \begin{bmatrix} 0 \\ 0 \\ 1 \end{bmatrix}$$

因此它有二维分布：

$$\Delta = \{\boldsymbol{g}_1,\ \boldsymbol{g}_2\} = \left\{ \begin{bmatrix} \cos\phi \\ \sin\phi \\ 0 \end{bmatrix},\ \begin{bmatrix} 0 \\ 0 \\ 1 \end{bmatrix} \right\}$$

该分布是非奇异的，因为对于坐标邻域中的任何$(x \quad y \quad \phi)$，得到的向量空间$\Delta(x, y, \phi)$是二维的。我们通过将$[\boldsymbol{g}_1, \boldsymbol{g}_2](\boldsymbol{x})$加入$\Delta$的第三列来形成分布$\overline{\Delta}$。注意，$\boldsymbol{x}=[x, y, \phi]^{\mathrm{T}}$，可得：

$$[\boldsymbol{g}_1, \boldsymbol{g}_2](\boldsymbol{x})=\frac{\partial \boldsymbol{g}_2}{\partial \boldsymbol{x}}\boldsymbol{g}_1-\frac{\partial \boldsymbol{g}_1}{\partial \boldsymbol{x}}\boldsymbol{g}_2=\begin{bmatrix}\sin\phi \\ -\cos\phi \\ 0\end{bmatrix}$$

因此，我们得到矩阵：

$$\overline{\Delta}=\begin{bmatrix}\cos\phi & 0 & \sin\phi \\ \sin\phi & 0 & -\cos\phi \\ 0 & 1 & 0\end{bmatrix}$$

其中$\det\overline{\Delta}=1\neq 0$且$\text{rank}=3>2$。因此，$[\boldsymbol{g}_1, \boldsymbol{g}_2](\boldsymbol{x})$与$\boldsymbol{g}_1$和$\boldsymbol{g}_2$线性独立，并且分布$\Delta=\{\boldsymbol{g}_1, \boldsymbol{g}_2\}$不是对合的。因此，根据 Frobenius 定理，独轮车系统是不可积的(非完整的)。同理可证适用于所有类独轮车 WMR、类车 WMR 和 Brockett 积分器(式(2.59))，$\dot{x}_1=u_1$，$\dot{x}_2=u_2$，$\dot{x}_3=x_1u_2-x_2u_1$，其中包含两个场：

$$\boldsymbol{g}_1=[1 \quad 0 \quad -x_2]^{\mathrm{T}}, \quad \boldsymbol{g}_2=[0 \quad 1 \quad x_1]^{\mathrm{T}}$$

例 6.3　设X上的两个线性向量场为$\boldsymbol{f}(\boldsymbol{x})=\boldsymbol{B}\boldsymbol{x}$和$\boldsymbol{g}(\boldsymbol{x})=\boldsymbol{A}\boldsymbol{x}$，$[\boldsymbol{f}, \boldsymbol{g}](\boldsymbol{x})$是由$[\boldsymbol{f}, \boldsymbol{g}](\boldsymbol{x})=(\boldsymbol{AB}-\boldsymbol{BA})\boldsymbol{x}$给出的线性向量场。例如：

$$\boldsymbol{A}=\begin{bmatrix}1 & 0 \\ 0 & -1\end{bmatrix}, \quad \boldsymbol{B}=\begin{bmatrix}0 & 1 \\ 1 & 0\end{bmatrix}$$

是相对于线性坐标系对应于$\boldsymbol{f}$和$\boldsymbol{g}$的矩阵，则对应于$[\boldsymbol{f}, \boldsymbol{g}](\boldsymbol{x})$的矩阵$\boldsymbol{C}$是

$$\boldsymbol{C}=2\begin{bmatrix}0 & 1 \\ -1 & 0\end{bmatrix}$$

这些场的流如图 6.1 所示。

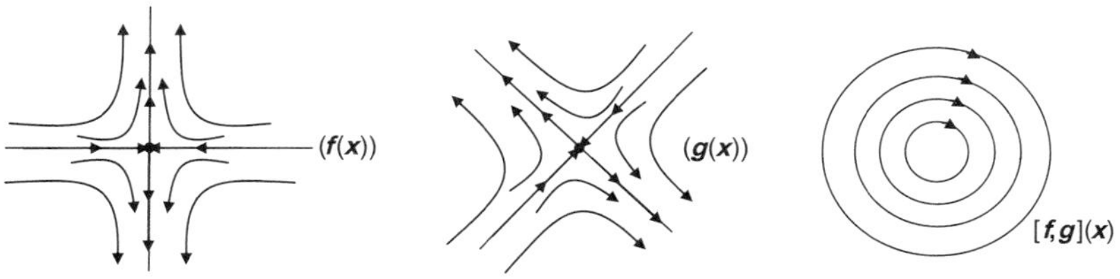

图 6.1　场$\boldsymbol{f}(\boldsymbol{x})$、$\boldsymbol{g}(\boldsymbol{x})$和$[\boldsymbol{f}, \boldsymbol{g}](\boldsymbol{x})$的流

6.2.2　流形

流形是一个局部欧氏几何的拓扑空间，也就是说，在每个点附近存在一个邻域，其与R^n中的开放单位球在拓扑上是相同的。

实际上，任何可以绘制(制图、参数化等)的几何对象都是流形。研究流形理论的目标

之一是找到区分流形的方法。例如，尽管可能看起来不一样，但圆在拓扑结构上与其他闭环是相同的。同理，具有把手的咖啡杯的表面在拓扑上与环的表面相同，称为单柄圆环。在拓扑意义上，流形可以是紧凑的或非紧凑的，连接的或断开的，具有边界的或不具有边界的。R^n 中的闭合球是具有单位超球面边界的流形。

定义 6.7(微分流形)

微分流形是一种连续且平滑可参数化的几何对象，可以以此建立一个系统，在该系统下，对象内的每个点都可以用唯一标识符(例如坐标)标记，并且标签可以沿着对象连续且平滑地变化。■

“平滑”一词意味着微分流形的参数化至少具有所需数量的连续导数。由于可微分流形是连续可参数化的，因此在任何指定的平滑坐标系(例如，状态/相位空间)中，可以在局部(即在任何给定点的某些邻域中)将流形表示为函数的图形。

形式上，微分流形 M 定义为

$$M=\{\boldsymbol{x}\in R^n:\boldsymbol{s}(\boldsymbol{x})=0\} \tag{6.17}$$

其中 $\boldsymbol{s}: R^n\to R^m$ 是平滑映射。

定义 6.8(不变集)

不变集 Σ_i 定义为动态系统中的任何一组点(状态)，它们被动态演化算子映射到同一集合中的其他点。■

类似地，轨迹是不变集，因为轨迹中的每个点在演化算子的作用下演变成同一轨迹中的另一个点。

定义 6.9(不变流形)

不变流形恰好是一个微分流形的不变集。更具体地，令 $\boldsymbol{s}: R^n\to R^m$ 为平滑映射。如果在 $t=t_0$ 处从 M 开始的所有系统轨迹对于所有 $t\geqslant t_0$ 都保留在所有的流形中，则流形 $M=\{\boldsymbol{x}\in R^n:\boldsymbol{s}(\boldsymbol{x})=0\}$ 对于动态系统 $\dot{\boldsymbol{x}}=\boldsymbol{f}(\boldsymbol{x},\boldsymbol{u})$是不变的。■

这意味着沿着向量场 $\boldsymbol{f}$ 的 $\boldsymbol{s}$ 的李导数为零，即对于所有 $\boldsymbol{x}\in M$，有

$$L_f\boldsymbol{s}(\boldsymbol{x})=\boldsymbol{0} \tag{6.18}$$

值得注意的是，单个平衡态是一个不变流形(实际上是一个平凡的、零维的流形)。但是一组平衡态不是一个不变流形，因为它缺乏连续性。

定义 6.10(吸引流形)

不变流形 $M=\{\boldsymbol{x}\in R^n:\boldsymbol{s}(\boldsymbol{x})=\boldsymbol{0}\}$ 被认为是 R^n 的开域 X 中的吸引流形，其中 $X\notin M$，如果所有 $t_0\geqslant 0$ 都使得 $\boldsymbol{x}(t_0)\in X$，则$\lim\limits_{t\to\infty}\boldsymbol{x}(t)\in M$，意味着 M 外的任何 $\boldsymbol{x}(t_0)$ 总是被吸引向 M。■

$M\in R$ 具有吸引力的充分条件是

$$\boldsymbol{s}(\boldsymbol{x})\dot{\boldsymbol{s}}(\boldsymbol{x})<0,\ \boldsymbol{x}\in X \tag{6.19}$$

即

$$\dot{\boldsymbol{s}}(\boldsymbol{x})<0(\boldsymbol{s}(\boldsymbol{x})>0,\ \boldsymbol{x}\in X)$$
$$\dot{\boldsymbol{s}}(\boldsymbol{x})<0(\boldsymbol{s}(\boldsymbol{x})>0,\ \boldsymbol{x}\in X)$$

式(6.19)是使用李雅普诺夫函数 $V=(1/2)s^2(\boldsymbol{x})$导出的，并且应用了 $\dot{V}(\boldsymbol{x})=\boldsymbol{s}(\boldsymbol{x})\dot{\boldsymbol{s}}(\boldsymbol{x})<$

0，以响应李雅普诺夫定理的需求。

6.2.3　使用不变集的李雅普诺夫稳定性

不变集(定义 6.8)和不变流形(定义 6.9)的概念扩展了平衡态的概念，其为一个不变的单集。利用这个概念，我们可以找到确定(构造)非线性系统的李雅普诺夫函数的方法。为不变集定义的李雅普诺夫函数 V 具有一定的物理特性，即它们的减少率应逐渐降低(即 $\dot{V}$ 必须为零)，因为 V 具有下限。Barbalat 引理表明了这一点：

Barbalat 引理　如果定义 5.6 中的李雅普诺夫函数 $V(\boldsymbol{x})$ 的 $\dot{V}(\boldsymbol{x})$ 是均匀连续的(即具有有限的二阶导数 $\ddot{V}(\boldsymbol{x})$)，则 $\dot{V}(\boldsymbol{x})\rightarrow 0$。■

基于集合的李雅普诺夫不变稳定性基于以下两个定理[2]。

定理 6.2(LaSalle 局部不变集定理)

设一个自治系统 $\dot{\boldsymbol{x}}=\boldsymbol{f}(\boldsymbol{x})$，其中 $\boldsymbol{f}$ 连续，$V(\boldsymbol{x})$ 是一个具有连续一阶导数的标量函数。我们假设：

1) 对于一些 $\gamma>0$，由 $V(\boldsymbol{x})<\gamma$ 定义的区域 Ω_γ 是有界的。

2) 对于所有 $\boldsymbol{x}\in\Omega_\gamma$，$\dot{V}(\boldsymbol{x})\leqslant 0$。

令 G 为 Ω_γ 内的点集，其中 $\dot{V}(\boldsymbol{x})=0$，$S$ 为 $G(S\subset G)$ 中设定的较大不变量。然后，系统的每个起始于 Ω_γ 的解 $\boldsymbol{x}(t)$ 都会在 $t\rightarrow\infty$ 时逼近 S。■

这里，术语“较大”采用的是集合理论中的意义，即 S 是所有不变集的并集(例如，平衡态或极限环)。如果整个集合 G 是不变的，则 $S=G$。该定理的几何解释如图 6.2 所示，其中在有界 Ω_γ 中偏离的轨迹收敛于较大的不变集 S。

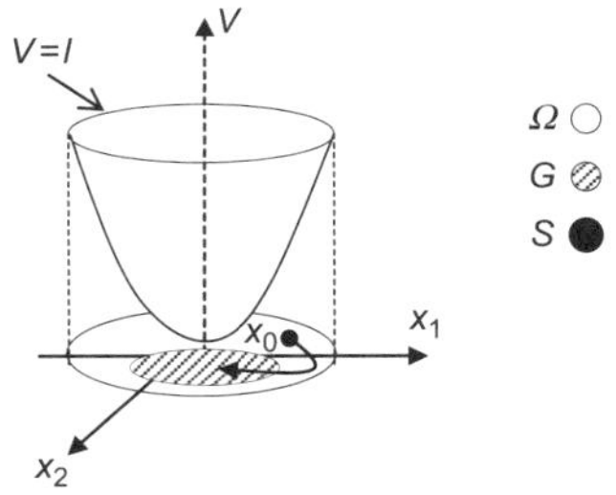

图 6.2　局部不变集定理的几何表示(收敛到较大不变集 S)

定理 6.3(LaSalle 全局不变集定理)

考虑非线性自治系统 $\dot{\boldsymbol{x}}=\boldsymbol{f}(\boldsymbol{x})$，其中 $\boldsymbol{f}$ 是连续函数，而非线性函数 $V(\boldsymbol{x})$ 具有连续的一阶偏导数。

我们假设：

1) 在整个状态空间上 $\dot{V}(\boldsymbol{x})\leqslant 0$。

2) 对于 $\|x\|\rightarrow\infty$，$V(\boldsymbol{x})\rightarrow\infty$。

设 G 是 $\dot{V}=0$ 的点的集合，S 是 G 中较大的不变集。然后，系统的所有解都是全局渐近收敛的。■

该定理表明，到极限环的收敛是全局的，并且系统的所有轨迹都收敛到极限环。线性系统的李雅普诺夫函数的构造如 5.2.2 节(式(5.14a)、式(5.14b)和式(5.15))中所述。构造非线性系统李雅普诺夫函数的一般方法由 Krasovskii 开发，由以下两个定理表示。

定理 6.4(Krasovskii 定理)

设自治系统 $\dot{\boldsymbol{x}}=\boldsymbol{f}(\boldsymbol{x})$，其中平衡态位于原点 $\boldsymbol{x}=\boldsymbol{0}$。设 $\boldsymbol{A}(\boldsymbol{x})=\partial\boldsymbol{f}/\partial\boldsymbol{x}$ 为 $\boldsymbol{f}$ 的雅可比矩阵。如果矩阵 $\boldsymbol{F}=\boldsymbol{A}+\boldsymbol{A}^{\mathrm{T}}$ 在区域 Ω 中是负定的，那么平衡态 $\boldsymbol{x}=\boldsymbol{0}$ 是渐近稳定的。该系统的李雅普诺夫函数是

$$V(\boldsymbol{x})=\boldsymbol{f}^{\mathrm{T}}(\boldsymbol{x})\boldsymbol{f}(\boldsymbol{x}) \tag{6.20}$$

如果 Ω 是整个状态空间，而且在 $\|\boldsymbol{x}\|\to\infty$ 时 $V(\boldsymbol{x})\to\infty$，那么平衡态是完全渐近稳定的。■

定理 6.5(广义 Krasovskii 定理)

考虑系统 $\dot{\boldsymbol{x}}=\boldsymbol{f}(\boldsymbol{x})$，其中关注的平衡态在原点 $\boldsymbol{x}=\boldsymbol{0}$。如果 $\boldsymbol{A}(\boldsymbol{x})$ 是系统的雅可比矩阵，那么 $\boldsymbol{x}=\boldsymbol{0}$ 渐近稳定的充分条件是存在对称正定矩阵 $\boldsymbol{P}$ 和 $\boldsymbol{Q}$，使得对于每个 $\boldsymbol{x}\neq\boldsymbol{0}$，矩阵

$$\boldsymbol{F}(\boldsymbol{x})=\boldsymbol{A}^{\mathrm{T}}\boldsymbol{P}+\boldsymbol{P}\boldsymbol{A}+\boldsymbol{Q} \tag{6.21}$$

在原点的区域 Ω 中是负半定的。然后，函数 $V(\boldsymbol{x})=\boldsymbol{f}^{\mathrm{T}}\boldsymbol{P}\boldsymbol{f}$ 是系统的李雅普诺夫函数。如果区域 Ω 是整个状态空间而 $V(\boldsymbol{x})\to\infty$ 代表 $\|\boldsymbol{x}\|\to\infty$，则系统全局渐近稳定。■

显然，$V(\boldsymbol{x})$ 具有李雅普诺夫函数的前三个性质。导数 $\dot{V}$ 计算如下：

$$\begin{aligned}\dot{V}&=\frac{\partial V}{\partial \boldsymbol{x}}\boldsymbol{f}(\boldsymbol{x})=\boldsymbol{f}^{\mathrm{T}}\boldsymbol{P}\boldsymbol{A}(\boldsymbol{x})\boldsymbol{f}+\boldsymbol{f}^{\mathrm{T}}\boldsymbol{A}^{\mathrm{T}}(\boldsymbol{x})\boldsymbol{P}\boldsymbol{f}\\&=\boldsymbol{f}^{\mathrm{T}}\boldsymbol{F}\boldsymbol{f}-\boldsymbol{f}^{\mathrm{T}}\boldsymbol{Q}\boldsymbol{f}\end{aligned} \tag{6.22}$$

由于 $\boldsymbol{F}$ 为负半定的，$\boldsymbol{Q}$ 是正定的，因此 $\dot{V}$ 负定，系统渐近稳定。如果 $\|\boldsymbol{x}\|\to\infty$ 时 $V(\boldsymbol{x})\to\infty$，则系统的全局渐近稳定性遵循传统的李雅普诺夫稳定性理论(参见 5.2.2 节)。

例 6.4(Krasovskii 定理的应用)　我们将使用定理 6.4 研究非线性系统的稳定性：

$$\dot{x}_1=-6x_1+2x_2,\quad \dot{x}_2=2x_1-6x_2-2x_2^3$$

此处，我们有

$$\boldsymbol{A}=\frac{\partial \boldsymbol{f}}{\partial \boldsymbol{x}}=\begin{bmatrix}-6 & 2\\ 2 & -6-6x_2^2\end{bmatrix},\quad \boldsymbol{F}=\boldsymbol{A}+\boldsymbol{A}^{\mathrm{T}}=\begin{bmatrix}-12 & 4\\ 4 & -12-12x_2^2\end{bmatrix}$$

易证 $\boldsymbol{F}$ 是负定的，因此原点 $\boldsymbol{x}=\boldsymbol{0}$ 渐近稳定，李雅普诺夫函数是 $V=\boldsymbol{f}^{\mathrm{T}}\boldsymbol{f}$，即

$$V(\boldsymbol{x})=(-6x_1+2x_2)^2+(2x_1-6x_2-2x_2^3)^2$$

由于 $\|\boldsymbol{x}\|\to\infty$ 时的 $V(\boldsymbol{x})\to\infty$，因此平衡态 $\boldsymbol{x}=\boldsymbol{0}$ 完全渐近稳定。

在许多情况下，很难确定矩阵 $\boldsymbol{F}=\boldsymbol{A}+\boldsymbol{A}^{\mathrm{T}}$ 对于所有 $\boldsymbol{x}$ 是否负定，并且许多系统的雅可比矩阵也不满足该定理的条件。在这些情况下，我们必须使用广义 Krasovskii 定理和式(6.21)中给出的 $\boldsymbol{F}(\boldsymbol{x})$。

Brockett 定理为非线性系统的稳定控制律的存在提供了必要条件。该定理如下[5]：

定理 6.6(Brockett 定理)

考虑非线性系统：

$$\dot{\boldsymbol{x}}=\boldsymbol{f}(\boldsymbol{x},\boldsymbol{u}),\quad \boldsymbol{f}(\boldsymbol{x}_0,\boldsymbol{0})=\boldsymbol{0}$$

其中 $\boldsymbol{f}$ 是 $(\boldsymbol{x}_0,\boldsymbol{0})$ 附近的连续可微函数。然后，使 $(\boldsymbol{x}_0,\boldsymbol{0})$ 渐近稳定的连续可微控制律存在的必要条件是：

1) 线性化系统 $\dot{\boldsymbol{x}}=\boldsymbol{A}\boldsymbol{x}+\boldsymbol{B}\boldsymbol{u}$，$\boldsymbol{A}=(\partial\boldsymbol{f}/\partial\boldsymbol{x})_{\boldsymbol{x}=\boldsymbol{x}_0}$，$\boldsymbol{B}=(\partial\boldsymbol{f}/\partial\boldsymbol{u})_{\boldsymbol{u}=\boldsymbol{0}}$ 没有与实部为正的特征值相对应的不可控模式。

2) 存在 $(\boldsymbol{x}_0,\boldsymbol{0})$ 的邻域 Ω，使得对于每个 $\xi\in\Omega$，存在 $t\geqslant 0$ 定义的控制 $\boldsymbol{u}(\xi,t)$，使

得该控制引导系统的状态响应(解)从 $t=0$ 时的 $\boldsymbol{x}=\xi$ 抵达 $t=\infty$ 时的 $\boldsymbol{x}=\boldsymbol{x}_0$。

3) 映射 Γ：$(\boldsymbol{x},\ \boldsymbol{u})\rightarrow\boldsymbol{f}(\boldsymbol{x},\ \boldsymbol{u})$ 在包含 $\boldsymbol{0}$ 的开集上。 ■

推论

(a) 对于具有漂移的仿射系统：$\dot{\boldsymbol{x}}=\boldsymbol{g}_0(\boldsymbol{x})+\sum_{i=1}^{m}\boldsymbol{g}_i(\boldsymbol{x})u_i$，$\boldsymbol{x}(t)\in\Omega\subset R^n$，条件 1 意味着如果存在包含 $\boldsymbol{g}_0(\cdot)$ 和 $\boldsymbol{g}_1(\cdot)$，…，$\boldsymbol{g}_m(\cdot)$，$\dim\Delta<n$ 的平滑分布 Δ，则稳定性问题无解。

(b) 如果仿射系统是无漂移的(即 $\boldsymbol{g}_0(\boldsymbol{x})=\boldsymbol{0}$)，向量 $\boldsymbol{g}_i(\boldsymbol{x})$ 在 $\boldsymbol{x}_0$ 处是线性独立的，那么只有当 $m=n$ 时才存在稳定性问题的解。

(c) $\dot{x}=u_1$，$\dot{y}=u_2$，$\dot{z}=xu_2-yu_1$ 没有连续可微的稳定控制律，因为该系统只满足定理的条件 1 和条件 2，不满足条件 3。 ■

备注

如果 $\boldsymbol{A}=(\partial\boldsymbol{f}/\partial\boldsymbol{x})_{\boldsymbol{x}=\boldsymbol{x}_0}$ 具有含零实部的特征值，那么平衡状态 $\boldsymbol{x}_0$ 被认为是渐近稳定的临界点。如果存在一个控制律使 $\boldsymbol{x}=\boldsymbol{0}$ 为系统 $\dot{\boldsymbol{x}}=\boldsymbol{A}\boldsymbol{x}+\boldsymbol{B}\boldsymbol{u}$ 的一个渐近稳定平衡态点，则存在一个控制律使 $\boldsymbol{x}_0$ 成为渐近稳定的临界点，前提是代数系统 $\boldsymbol{A}\boldsymbol{x}_0+\boldsymbol{B}\boldsymbol{u}_0=\boldsymbol{0}$ 可以求解 $\boldsymbol{u}_0$。实际上，如果 $\boldsymbol{u}=\boldsymbol{K}\boldsymbol{x}$ 使 $\boldsymbol{x}=\boldsymbol{0}$ 成为渐近稳定的平衡点，则 $\boldsymbol{u}=\boldsymbol{K}\boldsymbol{x}+\boldsymbol{u}_0$ 使 $\boldsymbol{x}_0$ 成为渐近稳定的平衡点。因此，如果 $\boldsymbol{x}=\boldsymbol{0}$ 可以渐近稳定，则存在一整个子空间的可以渐近稳定的点 $U=\{\boldsymbol{x}:\ \boldsymbol{A}\boldsymbol{x}\in\text{range}\boldsymbol{B}\}$。

6.3　移动机器人的反馈线性化

6.3.1　一般问题

通过状态反馈进行线性化的方法包括将非线性系统动力学代数转换为等效线性形式，以便适用线性控制定律。我们区分了反馈线性化的两种情况：

- 输入-状态线性化：在这种情况下，我们要找到状态变换 $\boldsymbol{z}=\boldsymbol{z}(\boldsymbol{x})$ 和输入/变换 $\boldsymbol{u}=\boldsymbol{u}(\boldsymbol{x},\ \boldsymbol{v})$，其中 $\boldsymbol{v}$ 是新的可操作的输入。上述转换的目的是将系统 $\dot{\boldsymbol{x}}=\boldsymbol{f}(\boldsymbol{x},\ \boldsymbol{u})$ 变换为线性形式 $\dot{\boldsymbol{z}}=\boldsymbol{A}\boldsymbol{z}+\boldsymbol{B}\boldsymbol{v}$。
- 输入-输出线性化：在这种情况下，我们有系统 $\dot{\boldsymbol{x}}=\boldsymbol{f}(\boldsymbol{x},\ \boldsymbol{u})$，输出 $\boldsymbol{y}=\boldsymbol{h}(\boldsymbol{x})$。该系统的基本特征是输出 $\boldsymbol{y}$ 仅通过 $\boldsymbol{x}$ 间接连接到 $\boldsymbol{u}$。因此，要实现输入-输出线性化，我们必须找到系统的输入和输出之间的直接关系。这可以通过输出 $\boldsymbol{y}=\boldsymbol{h}(\boldsymbol{x})$ 的连续微分来完成，直到所有输入出现在所得的导数方程中。

非完整移动机器人可以建模为仿射系统：

$$\dot{\boldsymbol{x}}=\boldsymbol{f}(\boldsymbol{x})+\boldsymbol{g}(\boldsymbol{x})\boldsymbol{u},\quad \boldsymbol{x}\in R^n$$

其中 $\boldsymbol{x}$ 是 n 维状态，$\boldsymbol{u}$ 是 m 维控制输入。对于无漂移系统(其通常代表一阶运动模型)，我们有 $\boldsymbol{f}(\boldsymbol{x})=\boldsymbol{0}$，而其状态涉及机器人广义坐标。非完整移动机器人的输入-状态线性化无法通过平滑状态反馈进行，因为如例 6.2 中所讨论的，场 $\boldsymbol{f}(\boldsymbol{x})$ 和 $\boldsymbol{g}(\boldsymbol{x})$ 不是对合的，但是这些机器人可以是输入-输出可线性化(和解耦化)的。在这里，我们将研究具有中心点 Q

的坐标 x_Q 和 y_Q 两个输出的差分驱动 WMR 的情况。在这种情况下，静态反馈不能实现输入-输出线性化，但可以使用动态反馈实现。

对于单输入系统，以下结果直接适用于许多实际情况[1-4]。

定理 6.7(反馈线性化条件)

设单输入仿射系统为

$$\dot{\boldsymbol{x}}=\boldsymbol{f}(\boldsymbol{x})+\boldsymbol{g}(\boldsymbol{x})\boldsymbol{u},\quad \boldsymbol{x}\in R^n \tag{6.23a}$$

然后，存在输出函数 $y=h(\boldsymbol{x})$，当且仅当满足以下条件，系统在点 $\boldsymbol{x}=\boldsymbol{x}^0$ 处具有相关度 n：

1）矩阵

$$[\boldsymbol{g}(\boldsymbol{x}^0)\ \vdots\ \mathrm{ad}_f\boldsymbol{g}(\boldsymbol{x}^0)\ \vdots\ \cdots\ \vdots\ \mathrm{ad}_f^{n-2}\boldsymbol{g}(\boldsymbol{x}^0)\ \vdots\ \mathrm{ad}_f^{n-1}\boldsymbol{g}(\boldsymbol{x}^0)] \tag{6.23b}$$

的秩为 n。

2）分布

$$\Delta=\{\boldsymbol{g}(\boldsymbol{x}),\ \mathrm{ad}_f\boldsymbol{g}(\boldsymbol{x}),\ \cdots,\ \mathrm{ad}_f^{n-2}\boldsymbol{g}(\boldsymbol{x})\} \tag{6.23c}$$

在 $\boldsymbol{x}^0$ 附近是对合的。 ■

定理 6.8(可控规范形式)

将新状态变量定义为

$$z_i=\phi_i(\boldsymbol{x})=L_f^{i-1}h(\boldsymbol{x}),\quad i=1,\ 2,\ \cdots,\ n \tag{6.24a}$$

我们可以将系统(6.23a)转换为可控的规范形式：

$$\begin{aligned}\dot{z}_1&=z_2\\ \dot{z}_2&=z_3\\ &\vdots\\ \dot{z}_{n-1}&=z_n\\ \dot{z}_n&=b(\boldsymbol{z})+a(\boldsymbol{z})u\end{aligned} \tag{6.24b}$$

其中 $\boldsymbol{z}=[z_1,\ z_2,\ \cdots,\ z_n]^{\mathrm{T}}$，函数 $a(\boldsymbol{z})$ 在 $\boldsymbol{z}^0$ 附近非零(因为 $z_i^0=\phi_i(\boldsymbol{x}^0)$)。 ■

如定义 5.9 中所述，如果可以找到将 $\boldsymbol{x}_0$ 驱动到期望的最终状态 $\boldsymbol{x}_f$ 的控制 $\boldsymbol{u}(t)$，则系统状态 $\boldsymbol{x}_0$ 称为可控的。在这种情况下，$\boldsymbol{x}_f$ 是从 $\boldsymbol{x}_0$ 可达的。如果系统的所有状态都是可控的，则称该系统是完全可控的。为了更好地理解可控性概念，此处我们考虑无漂移双输入系统：

$$\dot{\boldsymbol{x}}=\boldsymbol{g}_1(\boldsymbol{x})u_1+\boldsymbol{g}_2(\boldsymbol{x})u_2,\ \boldsymbol{x}\in R^3$$

此处的问题是找出从给定的初始状态 $\boldsymbol{x}_0$ 可以到达哪些状态。如果输入字段 $\boldsymbol{g}_1(\boldsymbol{x})$ 和 $\boldsymbol{g}_2(\boldsymbol{x})$ 是线性无关的，则系统可以在两个独立的方向上移动，即在 $u_2=0$ 且 $u_1=\pm1$ 时沿 $\boldsymbol{g}_1(\boldsymbol{x})$ 移动，或在 $u_1=0$ 且 $u_2=\pm1$ 时沿 $\boldsymbol{g}_2(\boldsymbol{x})$ 移动。当然，系统可以在方向 $\boldsymbol{g}_1$ 和 $\boldsymbol{g}_2$ 的线性组合的任何方向上移动。此处的问题是系统是否可以独立于 $\boldsymbol{g}_1$ 和 $\boldsymbol{g}_2$ 而向任何方向移动。如果 $\boldsymbol{g}_1(\boldsymbol{x}_0)$、$\boldsymbol{g}_2(\boldsymbol{x}_0)$、$\mathrm{ad}_{g_1}\boldsymbol{g}_2(\boldsymbol{x}_0)$ 线性无关，则可以这样做，其中 $\mathrm{ad}_{g_1}\boldsymbol{g}_2(\boldsymbol{x}_0)=[\boldsymbol{g}_1,\ \boldsymbol{g}_2](\boldsymbol{x}_0)$。$[\boldsymbol{g}_1,\ \boldsymbol{g}_2](\boldsymbol{x}_0)$ 方向的运动可以通过 $\boldsymbol{g}_1$ 和 $\boldsymbol{g}_2$ 之间的适当切换来完成，即

$$\boldsymbol{u}(t)=\begin{bmatrix}u_1(t)\\u_2(t)\end{bmatrix}=\begin{cases}\begin{bmatrix}1\\0\end{bmatrix}, & 0\leqslant t\leqslant\Delta t\\ \begin{bmatrix}0\\1\end{bmatrix}, & \Delta t\leqslant t\leqslant 2\Delta t\\ \begin{bmatrix}-1\\0\end{bmatrix}, & 2\Delta t\leqslant t\leqslant 3\Delta t\\ \begin{bmatrix}0\\-1\end{bmatrix}, & 3\Delta t\leqslant t\leqslant 4\Delta t\end{cases}$$

然后，我们得到：

$$\boldsymbol{x}(4\Delta t)=\boldsymbol{x}_0+(1/2)(\Delta t)^2[\boldsymbol{g}_1,\ \boldsymbol{g}_2](\boldsymbol{x}_0)+\boldsymbol{0}(\Delta t^3)$$

如图 6.3 所示。

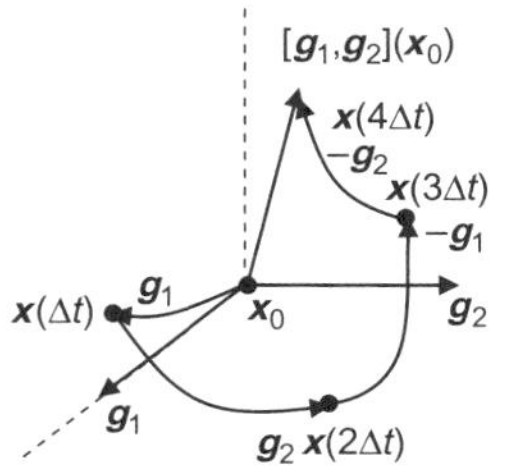

图 6.3　通过在 $\boldsymbol{g}_1$ 和 $\boldsymbol{g}_2$ 之间连续切换来近似李括号 $[\boldsymbol{g}_1,\ \boldsymbol{g}_2](\boldsymbol{x}_0)$ 的图示

上述结果可以扩展到一般情况，其中有 $m>2$ 个输入，并且我们有以下可达性和可控性定理。

定理 6.9(可达性-可控性)

如果以下可达性场分布

$$\boldsymbol{Q}_c=[\boldsymbol{g}_1,\ \boldsymbol{g}_2,\ \cdots,\ \boldsymbol{g}_m,\ [\boldsymbol{g}_i,\ \boldsymbol{g}_j],\ \cdots,\ \mathrm{ad}_{\boldsymbol{g}_i}^k\boldsymbol{g}_j,\ \cdots,\ [\boldsymbol{f},\ \boldsymbol{g}_i],\ \cdots,\ \mathrm{ad}_{\boldsymbol{f}}^k\boldsymbol{g}_i,\ \cdots]$$

跨越 n 维空间并且有秩 n，则可从 $\boldsymbol{x}_0$ 局部到达系统

$$\dot{\boldsymbol{x}}=\boldsymbol{f}(\boldsymbol{x})+\sum_{i=1}^{m}\boldsymbol{g}_i(\boldsymbol{x})u_i,\ \boldsymbol{x}\in R^n$$

其中

如果 $\boldsymbol{f}(\boldsymbol{x})=\boldsymbol{0}$ 与 $\boldsymbol{Q}_c$ 皆具有秩 n，则系统是可控的。 ■

该定理可扩展到非线性系统和线性可控性条件(式(5.18a)和式(5.18b))。$\boldsymbol{g}_i$ 项对应于 $\boldsymbol{B}$ 项，$[\boldsymbol{g}_i,\ \boldsymbol{g}_j]$ 是来自 $\boldsymbol{g}_i$ 的非线性的新项，$[\boldsymbol{f},\ \boldsymbol{g}_i]$ 项对应于 $\boldsymbol{AB}$ 项，依次类推。使用 $\boldsymbol{B}=[\boldsymbol{b}_1,\ \boldsymbol{b}_2,\ \cdots,\ \boldsymbol{b}_m]$ 并将线性系统 $\dot{\boldsymbol{x}}(t)=\boldsymbol{Ax}+\boldsymbol{Bu}(t)$ 写为 $\dot{\boldsymbol{x}}=\boldsymbol{Ax}+\boldsymbol{Bu}=\boldsymbol{Ax}+\boldsymbol{b}_1u_1+\cdots+\boldsymbol{b}_mu_m$，我们有 $\boldsymbol{f}(\boldsymbol{x})=\boldsymbol{Ax}$，$\boldsymbol{g}_i(\boldsymbol{x})=\boldsymbol{b}_i$，$\partial\boldsymbol{f}/\partial\boldsymbol{x}=\boldsymbol{A}$，$\partial\boldsymbol{g}/\partial\boldsymbol{x}=\boldsymbol{0}$，依次类推。然后，可控性矩阵(式(5.18a)和式(5.18b))采用以下形式：

$$\boldsymbol{Q}_c=[\boldsymbol{b}_1,\ \boldsymbol{b}_2,\ \cdots,\ \boldsymbol{b}_m,\ \mathrm{ad}_f\boldsymbol{b}_1,\ \cdots,\ \mathrm{ad}_f\boldsymbol{b}_m,\ \cdots,\ \mathrm{ad}_f^{n-1}\boldsymbol{b}_1,\ \cdots,\ \mathrm{ad}_f^{n-1}\boldsymbol{b}_m]$$

所以可控性条件保持不变。

例 6.5　让我们检查具有仿射表示的独轮车(式(2.26))的可达性和可控性(参见式(2.32))：

$$\dot{\boldsymbol{x}}=\boldsymbol{f}(\boldsymbol{x})+\boldsymbol{g}_1u_1+\boldsymbol{g}_2u_2,\ \boldsymbol{x}=[x\quad y\quad \phi]^{\mathrm{T}}\in R^3$$

其中 $u_1=v_Q$，$u_2=\dot{\phi}$，并且

$$\boldsymbol{f}(\boldsymbol{x})=\boldsymbol{0},\quad \boldsymbol{g}_1=\begin{bmatrix}\cos\phi\\\sin\phi\\0\end{bmatrix},\quad \boldsymbol{g}_2=\begin{bmatrix}0\\0\\1\end{bmatrix}$$

此处，我们得到：

$$Q_c=[g_1, g_2, [g_1, g_2]]$$

其中

$$[g_1, g_2]=\frac{\partial g_2}{\partial x}g_1-\frac{\partial g_1}{\partial x}g_2$$

$$=-\begin{bmatrix}0 & 0 & -\sin\phi \\ 0 & 0 & \cos\phi \\ 0 & 0 & 0\end{bmatrix}\begin{bmatrix}0 \\ 0 \\ 1\end{bmatrix}=\begin{bmatrix}\sin\phi \\ -\cos\phi \\ 0\end{bmatrix}$$

因此

$$Q_c=\begin{bmatrix}\cos\phi & 0 & \sin\phi \\ \sin\phi & 0 & -\cos\phi \\ 0 & 1 & 0\end{bmatrix}$$

由于 $\det Q_c=-1$，即全局的秩 $Q_c=3$，所以独轮车可从任意位置局部可达，并且由于 $f(x)=0$，因此系统是可控的。

定理 6.10(广义可控规范形式)

考虑系统

$$\dot{x}=f(x)+g(x)u,\quad y=h(x) \tag{6.25a}$$

在 $x=x^0$ 时，相关度 $r\leqslant n$。我们设

$$\phi_1(x)=h(x),\quad \phi_2(x)=L_f h(x),\ \cdots,\quad \phi_r(x)=L_f^{r-1}h(x)$$

如果 r 严格小于 n，那么可以找到 $n-r$ 个附加函数 $\phi_{r+1}(x)$，…，$\phi_n(x)$，使得映射

$$\Phi(x)=[\phi_1(x),\ \phi_2(x),\ \cdots,\ \phi_n(x)] \tag{6.25b}$$

在 $x=x^0$ 处具有可逆雅可比矩阵。因此，它可以用作 x^0 周围区域的局部变换。对于所有 $r+1\leqslant i\leqslant n$ 以及所有在 x^0 附近的 x，可以选择函数 $\phi_{r+1}(x)$，…，$\phi_n(x)$，使得

$$L_g\phi_i(x)=0 \tag{6.25c}$$

然后，使用新的状态变量 $z_i=\phi_i(x)$，$i=1, 2, \cdots, n$，系统可以以规范形式写成

$$\begin{aligned}
\dot{z}_1&=z_2\\
\dot{z}_2&=z_3\\
&\vdots\\
\dot{z}_{r-1}&=z_r\\
\dot{z}_r&=b(z)+a(z)u,\quad a(z^0)=a(\Phi(x^0))\neq 0\\
\dot{z}_{r+1}&=c_{r+1}(z)\\
&\vdots\\
\dot{z}_n&=c_n(z)\\
y&=z_1=\phi_1(x)
\end{aligned} \tag{6.25d}$$

证明 为了得到规范形式(式(2.25c)和式(2.25d))，我们将 $z_i(i=1, 2, \cdots, r)$ 微分，得到：

$$\dot{z}_1=\left(\frac{\partial\phi_1}{\partial\boldsymbol{x}}\right)\dot{\boldsymbol{x}}=L_f h(\boldsymbol{x}(t))=\phi_2(\boldsymbol{x}(t))=z_2(t)$$

$$\vdots$$

$$\dot{z}_{r-1}=\left(\frac{\partial\phi_{r-1}}{\partial\boldsymbol{x}}\right)\dot{\boldsymbol{x}}=\left(\frac{\partial L_f^{r-2}h(\boldsymbol{x})}{\partial\boldsymbol{x}}\right)\dot{\boldsymbol{x}}=L_f^{r-1}h(\boldsymbol{x})=\phi_r(\boldsymbol{x})=z_r(t)$$

$$\dot{z}_r=L_f^r h(\boldsymbol{x})+L_g L_f^{r-1}h(\boldsymbol{x})u$$

其中，$\boldsymbol{x}(t)=\boldsymbol{\Phi}^{-1}(\boldsymbol{z}(t))$，得出：

$$\dot{z}_r=b(\boldsymbol{z}(t))+a(\boldsymbol{z}(t))u$$

其中，$a(\boldsymbol{z})=L_g L_f^{r-1}h(\boldsymbol{\Phi}^{-1}(\boldsymbol{z}))$，$\boldsymbol{b}(\boldsymbol{z})=L_f^r h(\boldsymbol{\Phi}^{-1}(\boldsymbol{z}))\neq 0$。

对于剩余的变量 $z_i(i=r+1, \cdots, n)$，我们可能没有特殊形式，但选择它们的值使得 $L_g\boldsymbol{\Phi}_i(\boldsymbol{x})=0$，$i=r+1, \cdots, n$，我们得到：

$$\dot{z}_i=(\partial\phi_i/\partial\boldsymbol{x})[\boldsymbol{f}(\boldsymbol{x})+\boldsymbol{g}(\boldsymbol{x})u]=L_f\phi_i(\boldsymbol{x})+L_g\phi_i(\boldsymbol{x})u=L_f\phi_i(\boldsymbol{x})$$

因此

$$\dot{z}_i=L_f(\phi_i(\boldsymbol{\Phi}^{-1}(\boldsymbol{z})))=c_i(\boldsymbol{z}),\quad i=r+1, \cdots, n$$

式(6.24b)是当 $r=n$ 时获得的式(6.25d)的特殊情况。

定理6.11(线性化反馈定律)

选择以下状态反馈法：

$$u=\frac{1}{a(\boldsymbol{z})}[-b(\boldsymbol{z})+v] \tag{6.26}$$

在规范模型(式(6.24b))中，获得以下线性和可控系统：

$$\dot{z}_1=z_2,\quad \dot{z}_2=z_3,\quad \cdots,\quad \dot{z}_{n-1}=z_n,\quad \dot{z}_n=\boldsymbol{v} \tag{6.27}$$

它在 $\boldsymbol{z}^0$ 附近，$a(\boldsymbol{z})\neq 0$ 时成立。■

定理6.7提供了定理6.8和定理6.10有效的必要和充分条件。定理6.7和定理6.11提出以下用于线性化形式(式(6.23a))的系统的三步程序：

步骤1 求出式(6.23a)所示系统满足定理6.7条件所需的输出 $y=h(\boldsymbol{x})$。

步骤2 计算 $\boldsymbol{x}^0$ 附近的 $\boldsymbol{x}$ 的状态转换：

$$\boldsymbol{z}=\boldsymbol{\Phi}(\boldsymbol{x})=\begin{bmatrix}\phi_1(\boldsymbol{x})\\ \phi_2(\boldsymbol{x})\\ \vdots\\ \phi_n(\boldsymbol{x})\end{bmatrix}=\begin{bmatrix}h(\boldsymbol{x})\\ L_f h(\boldsymbol{x})\\ \vdots\\ L_f^{n-1}h(\boldsymbol{x})\end{bmatrix} \tag{6.28}$$

步骤3 计算局部的状态反馈律：

$$u=\frac{1}{a(\boldsymbol{\Phi}(\boldsymbol{x}))}[-b(\boldsymbol{\Phi}(\boldsymbol{x}))+v]=\frac{1}{L_g\boldsymbol{L}_f^{n-1}h(\boldsymbol{x})}[-L_f^n h(\boldsymbol{x})+v] \tag{6.29}$$

可得方程(6.29)使用原系统的函数 $\boldsymbol{f}(\boldsymbol{x})$，$\boldsymbol{g}(\boldsymbol{x})$ 和 $\boldsymbol{h}(\boldsymbol{x})$ 提供的状态反馈线性化控制器的表达式：

$$\dot{\boldsymbol{x}}=\boldsymbol{f}(\boldsymbol{x})+\boldsymbol{g}(\boldsymbol{x})u,\quad y=h(\boldsymbol{x}),\quad \boldsymbol{x}\in R^n \tag{6.30}$$

现在，使用新的线性反馈控制器：

$$v=Kz,\quad K=[k_1,\ k_2,\ \cdots,\ k_n] \tag{6.31a}$$

我们可以选择增益 $k_i(i=1,\ 2,\ \cdots,\ n)$，以便像往常一样实现需求。

将式(6.28)代入式(6.31a)，我们得到整体控制器：

$$v=k_1h(\boldsymbol{x})+k_2L_fh(\boldsymbol{x})+\cdots+k_nL_f^{n-1}h(\boldsymbol{x}) \tag{6.31b}$$

这实际上是系统的非线性状态反馈控制器(见式(6.30))。

备注

1) 如果合适的话，可以互换算法的步骤 2 和步骤 3 以简化计算。

2) 虽然为了简单起见，该算法仅针对单输入系统，但它适用于具有两个或更多输入的移动机器人(当然，需要正确选择输出，微分流形状态转换和状态反馈控制器)。

3) 如果 $n=2$(二阶非线性系统)，那么定理 6.7 的条件总是成立，因为$[\boldsymbol{g},\ \boldsymbol{g}](\boldsymbol{x})=\boldsymbol{0}$。

4) 如果式(6.25a)中系统具有相关度 $r<n$，但满足定理 6.7 的条件 1 和条件 2，则存在另一个输出函数 $c(\boldsymbol{x})$，其系统的相关度为 n，则该定理适用于此系统。然而，以状态变量 z 表示的实际输出，即 $y=h(\boldsymbol{\Phi}^{-1}(\boldsymbol{z}))$仍然是非线性的。因此，我们自然需要确定是否存在可以令整个系统(状态和输出)线性化以及可控的变换和反馈控制器。这需要更多条件来满足，如下定理所述。

定理 6.12(广义线性化反馈定律)

假设系统

$$\dot{\boldsymbol{x}}=\boldsymbol{f}(\boldsymbol{x})+\boldsymbol{g}(\boldsymbol{x})u,\quad y=h(\boldsymbol{x}),\ \boldsymbol{x}\in R^n$$

在点 $\boldsymbol{x}=\boldsymbol{x}^0$ 处的相关度 $r<n$，则在 $\boldsymbol{x}^0$ 附近存在静态状态反馈控制器和状态变换，使得系统转换为线性的和可控形式：

$$\dot{\boldsymbol{x}}=\boldsymbol{A}\boldsymbol{x}+\boldsymbol{B}u,\quad y=\boldsymbol{C}\boldsymbol{x}$$

当且仅当满足以下条件时：

1) 矩阵 $[\boldsymbol{g}(\boldsymbol{x}^0)\ \vdots\ \mathrm{ad}_f\boldsymbol{g}(\boldsymbol{x}^0)\ \vdots\ \cdots\ \vdots\ \mathrm{ad}_f^{n-2}\boldsymbol{g}(x^0)\ \vdots\ \mathrm{ad}_f^{n-1}\boldsymbol{g}(\boldsymbol{x}^0)]$ 的秩为 n；

2) 由以下定义的 n 维向量场 $\boldsymbol{f}(\boldsymbol{x})$ 和 $\boldsymbol{g}(\boldsymbol{x})$：

$$\widetilde{\boldsymbol{f}}(\boldsymbol{x})=\boldsymbol{f}(\boldsymbol{x})-\frac{L_f^rh(\boldsymbol{x})}{L_gL_f^{r-1}h(\boldsymbol{x})},\quad \widetilde{\boldsymbol{g}}(\boldsymbol{x})=\frac{\boldsymbol{g}(\boldsymbol{x})}{L_gL_f^{r-1}h(\boldsymbol{x})}$$

使得对于所有对$(i,\ j)$与$i,\ j=1,\ 2,\ \cdots,\ n$，有

$$[\mathrm{ad}_f^i\widetilde{\boldsymbol{g}}(\boldsymbol{x})\ \vdots\ \mathrm{ad}_{\widetilde{f}}^j\widetilde{\boldsymbol{g}}(\boldsymbol{x})]=\boldsymbol{0}$$

例 6.6 证明：(a) 如果根据定理 6.8，系统

$$\dot{\boldsymbol{x}}=\boldsymbol{f}(\boldsymbol{x})+\boldsymbol{g}(\boldsymbol{x})u,\quad y=x_2,\quad \boldsymbol{f}(\boldsymbol{x})=\begin{bmatrix}x_3-x_2\\0\\x_3+x_1^2\end{bmatrix},\quad \boldsymbol{g}(\boldsymbol{x})=\begin{bmatrix}0\\\exp(x_1)\\\exp(x_1)\end{bmatrix}$$

可以置于可控形式；

(b) 整个系统(状态和输出)是否可以根据定理 6.12 转换为线性和可控形式。

解

(a) 该系统在所有点 $\boldsymbol{x}$ 处具有相关度 $r=1$，因为 $L_gh(\boldsymbol{x})=\exp(x_1)$。易证定理 6.7

(和定理 6.8)的条件 1 和条件 2 已满足。因此，存在输出函数 $h(\boldsymbol{x})$，系统具有相关度 $r=n=3$。输出函数 $h(\boldsymbol{x})$ 必须满足条件：

$$\left(\frac{\partial h}{\partial \boldsymbol{x}}\right)[\boldsymbol{g}(\boldsymbol{x}) \quad \mathrm{ad}_f \boldsymbol{g}(\boldsymbol{x})]=\mathbf{0}$$

函数 $h(\boldsymbol{x})=x_1$ 满足该条件。因此，给出线性可控闭环系统的状态反馈控制器和状态转换：

$$u=\frac{-L_f^3 h(\boldsymbol{x})+v}{L_g L_f^2 h(\boldsymbol{x})}=\frac{2x_1x_2-2x_1x_3-x_3-x_1^2+v}{\exp(x_1)}$$

$$z_1=h(\boldsymbol{x})=x_1, \quad z_2=L_f h(\boldsymbol{x})=x_3-x_2, \quad z_3=L_f^2 h(\boldsymbol{x})=x_3+x_1^2$$

(b) 使用新状态变量 z_1，z_2 和 z_3 表示的原始输出 $y=x_2$ 是 $y=-z_2+z_3-z_1^2$。为了检查整个(状态和输出)系统是否可以转换为线性可控形式，我们必须检查函数 $\tilde{\boldsymbol{f}}(\boldsymbol{x})$ 和 $\tilde{\boldsymbol{g}}(\boldsymbol{x})$ 是否满足定理的条件 2。因为 $L_f h(\boldsymbol{x})=0$，我们有

$$\tilde{\boldsymbol{f}}(\boldsymbol{x})=\boldsymbol{f}(\boldsymbol{x}), \quad \tilde{\boldsymbol{g}}(\boldsymbol{x})=\begin{bmatrix}0\\1\\1\end{bmatrix}$$

现在，我们很容易发现：

$$\mathrm{ad}_{\tilde{f}}\tilde{\boldsymbol{g}}=\begin{bmatrix}0\\0\\-1\end{bmatrix}, \quad \mathrm{ad}_{\tilde{f}}^2\tilde{\boldsymbol{g}}=\begin{bmatrix}1\\0\\1\end{bmatrix}, \quad \mathrm{ad}_{\tilde{f}}^3\tilde{\boldsymbol{g}}=\begin{bmatrix}-1\\0\\-2x_1-1\end{bmatrix}$$

从而

$$[\mathrm{ad}_{\tilde{f}}^2\tilde{\boldsymbol{g}} \; \mathrm{ad}_{\tilde{f}}^3\tilde{\boldsymbol{g}}]\neq\mathbf{0}$$

也就是说，定理 6.11 的条件 2 没有满足。因此，整个系统(及其输出)不能以线性可控形式存在。

6.3.2 差分驱动机器人输入-输出反馈线性化与轨迹跟踪

6.3.2.1 重新审视运动约束

考虑图 6.4 的差分驱动 WMR，其中车轮轴中点 Q 的 (x_Q, y_Q) 坐标用 x 和 y 表示，并按照 Yun 和 Yamamoto[6]走过的路径工作。参考文献[7]中提供了类似汽车机器人的推导。

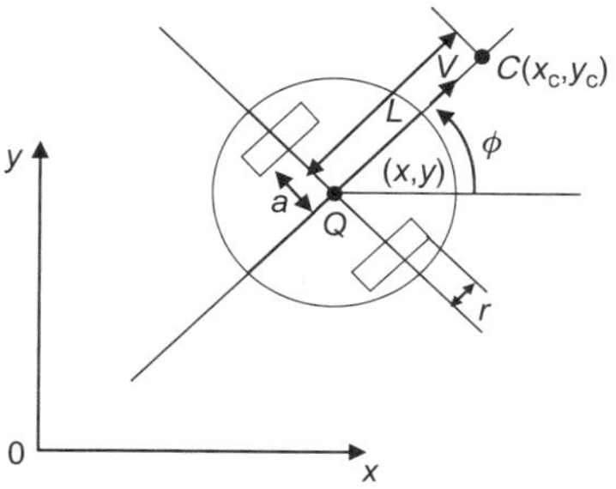

图 6.4　差分驱动机器人

WMR 的广义坐标是

$$\boldsymbol{x}=[x, y, \phi, \theta_r, \theta_l]^T$$

机器人具有由式(2.39)和式(2.41a)定义的三个约束，可以写成：

$$\boldsymbol{M}(\boldsymbol{x})\dot{\boldsymbol{x}}=\mathbf{0} \tag{6.32a}$$

其中

$$\boldsymbol{M}(\boldsymbol{x})=\begin{bmatrix}-\sin\phi & \cos\phi & 0 & 0 & 0\\ -\cos\phi & -\sin\phi & -a & r & 0\\ -\cos\phi & -\sin\phi & a & 0 & r\end{bmatrix} \tag{6.32b}$$

设

$$\boldsymbol{B}(\boldsymbol{x})=[\boldsymbol{b}_1(\boldsymbol{x}) \vdots \boldsymbol{b}_2(\boldsymbol{x})]=\begin{bmatrix}\rho a\cos\phi & \rho a\cos\phi\\ \rho a\sin\phi & \rho a\sin\phi\\ \rho & -\rho\\ 1 & 0\\ 0 & 1\end{bmatrix},\quad \rho=r/2a \tag{6.33}$$

有两个独立的列和下述属性：

$$\boldsymbol{M}(\boldsymbol{x})\boldsymbol{B}(\boldsymbol{x})=\boldsymbol{0} \tag{6.34}$$

考虑由两列 $\boldsymbol{B}(\boldsymbol{x})$形成的场分布 $\Delta(\boldsymbol{x})$。根据 Frobenius 定理，我们知道如果 $\Delta(\boldsymbol{x})$是对合的，则所有约束都是可积的(完整的)。如果由$\overline{\Delta}^*$表示的 $\Delta(\boldsymbol{x})$的最小对合分布(见式(6.14))覆盖㊀整个 5 维空间(其中 5 是 $\boldsymbol{x}$ 的维数)，那么所有约束都是完整的。如果 dim $\overline{\Delta}^*=5-s$，那么 s 约束是完整的并且剩余的是非完整的。

为了确定 $\Delta(\boldsymbol{x})$的不变性，我们找到 $\boldsymbol{b}_1(\boldsymbol{x})$和 $\boldsymbol{b}_2(\boldsymbol{x})$的李括号：

$$\boldsymbol{b}_3(\boldsymbol{x})=[\boldsymbol{b}_1\quad \boldsymbol{b}_2](\boldsymbol{x})=\frac{\partial \boldsymbol{b}_2}{\partial \boldsymbol{x}}\boldsymbol{b}_1-\frac{\partial \boldsymbol{b}_1}{\partial \boldsymbol{x}}\boldsymbol{b}_2=\begin{bmatrix}-r\rho\sin\phi\\ r\rho\cos\phi\\ 0\\ 0\\ 0\end{bmatrix}$$

它与 $\boldsymbol{b}_1(\boldsymbol{x})$和 $\boldsymbol{b}_2(\boldsymbol{x})$线性无关。因此，其中一个约束肯定是非完整的。我们继续计算 $\boldsymbol{b}_1(\boldsymbol{x})$和 $\boldsymbol{b}_3(\boldsymbol{x})$的李括号，即

$$\boldsymbol{b}_4(\boldsymbol{x})=[\boldsymbol{b}_1\quad \boldsymbol{b}_3](\boldsymbol{x})=\frac{\partial \boldsymbol{b}_3}{\partial \boldsymbol{x}}\boldsymbol{b}_1-\frac{\partial \boldsymbol{b}_1}{\partial \boldsymbol{x}}\boldsymbol{b}_3=\begin{bmatrix}-r\rho^2\cos\phi\\ -r\rho^2\cos\phi\\ 0\\ 0\\ 0\end{bmatrix}$$

它与 $\boldsymbol{b}_1(\boldsymbol{x})$，$\boldsymbol{b}_2(\boldsymbol{x})$和 $\boldsymbol{b}_3(\boldsymbol{x})$线性无关。这里，由 $\boldsymbol{b}_1(\boldsymbol{x})$，$\boldsymbol{b}_2(\boldsymbol{x})$，$\boldsymbol{b}_3(\boldsymbol{x})$和 $\boldsymbol{b}_4(\boldsymbol{x})$跨越的分布是对合的，即

$$\overline{\Delta}*=\mathrm{span}[\boldsymbol{b}_1(\boldsymbol{x}),\ \boldsymbol{b}_2(\boldsymbol{x}),\ \boldsymbol{b}_3(\boldsymbol{x}),\ \boldsymbol{b}_4(\boldsymbol{x})]$$

因此，我们得出结论，式(6.32a)和式(6.32b)中的三个约束中的两个是非完整的。为了找到完整约束，我们从第一个方程式(2.41a)中减去第二个方程(2.41a)，即方程

㊀ 如果每个向量 $v\in V$(其中 V 是向量空间)可以写成某个集合的向量的线性组合，那么我们说这个集合覆盖向量空间 V(如式(6.16b)所示)。

式(6.32a)的第三行，其中 $\boldsymbol{M}$ 由式(6.32b)中矩阵的第二行给出，得到：

$$2a\dot{\phi}=r(\dot{\theta}_{\mathrm{r}}-\dot{\theta}_{1})$$

可积分为

$$\phi=\rho(\theta_{\mathrm{r}}-\theta_{1}),\quad \rho=r/2a \tag{6.35}$$

这显然是一个完整约束。因此，我们可以从广义坐标向量中消除 ϕ，并获得一个四维向量：

$$\boldsymbol{x}=\begin{bmatrix}x_1\\x_2\\x_3\\x_4\end{bmatrix}=\begin{bmatrix}x\\y\\\theta_{\mathrm{r}}\\\theta_{1}\end{bmatrix} \tag{6.36}$$

由此得出两个非完整约束：

$$\begin{aligned}&\dot{x}\sin\phi-\dot{y}\cos\phi=0\\&\dot{x}\cos\phi+\dot{y}\sin\phi=\rho a(\dot{\theta}_{\mathrm{r}}+\dot{\theta}_{1})\end{aligned} \tag{6.37a}$$

以上两个约束可写成矩阵形式：

$$\boldsymbol{M}(\boldsymbol{x})\dot{\boldsymbol{x}}=\boldsymbol{0},\quad \boldsymbol{M}(\boldsymbol{x})=\begin{bmatrix}-\sin\phi & \cos\phi & 0 & 0\\-\cos\phi & -\sin\phi & \rho a & \rho a\end{bmatrix} \tag{6.37b}$$

6.3.2.2 输入-输出线性化

由于 WMR 有两个输入，因此我们很自然地选择具有两个独立分量的输出方程，即 Q 点的坐标：

$$\boldsymbol{y}=\begin{bmatrix}y_1\\y_2\end{bmatrix}=\boldsymbol{h}(\boldsymbol{x})=\begin{bmatrix}x\\y\end{bmatrix} \tag{6.38}$$

该 WMR 的拉格朗日量等于动能(由于没有引力效应)，由下式给出：

$$\begin{aligned}L=K=&\frac{1}{2}m(\dot{x}_1^2+\dot{x}_2^2)+m_{\mathrm{p}}\rho b(\dot{\theta}_{\mathrm{r}}-\dot{\theta}_{1})(\dot{x}_2\cos\phi-\dot{x}_1\sin\phi)+\\&\frac{1}{2}I_{\mathrm{w}}(\dot{\theta}_{\mathrm{r}}^2+\dot{\theta}_{1}^2)+\frac{1}{2}I\rho^2(\dot{\theta}_{\mathrm{r}}-\dot{\theta}_{1})^2\end{aligned} \tag{6.39}$$

其中 b 是 Q 从重心的位移，并且

$$m=m_{\mathrm{p}}+2m_{\mathrm{w}},\quad I=I_{\mathrm{p}}+2m_{\mathrm{w}}a^2+2I_{\mathrm{m}}$$

这里，m 是机器人的总质量，m_{p} 是平台的质量，m_{w} 是每个车轮的质量，I_{p} 是没有驱动轮和电动机转子的机器人的惯性矩，I_{m} 是每个驱动轮及其转子关于轮直径的惯性矩。像往常一样，使用式(3.14)和式(3.15)，我们得到机器人的动力学模型(式(3.16))：

$$\boldsymbol{D}(\boldsymbol{q})\ddot{\boldsymbol{q}}+\boldsymbol{C}(\boldsymbol{q},\dot{\boldsymbol{q}})\dot{\boldsymbol{q}}+\boldsymbol{M}^{\mathrm{T}}(\boldsymbol{q})\boldsymbol{\lambda}=\boldsymbol{E}\boldsymbol{\tau} \tag{6.40}$$

其中

$$\boldsymbol{D}(\boldsymbol{q})=\begin{bmatrix}m & 0 & -m_{\mathrm{p}}\rho b\sin\phi & m_{\mathrm{p}}\rho b\sin\phi\\0 & m & m_{\mathrm{p}}\rho b\cos\phi & -m_{\mathrm{p}}\rho b\cos\phi\\-m_{\mathrm{p}}\rho b\sin\phi & m_{\mathrm{p}}\rho b\cos\phi & I\rho^2+I_{\mathrm{w}} & -I\rho^2\\m_{\mathrm{p}}\rho b\sin\phi & -m_{\mathrm{p}}\rho b\cos\phi & -I\rho^2 & I\rho^2+I_{\mathrm{w}}\end{bmatrix}$$

$$\boldsymbol{C}(\boldsymbol{q},\dot{\boldsymbol{q}})\dot{\boldsymbol{q}}=\begin{bmatrix}-m_{\mathrm{p}}b\dot{\phi}^{2}\cos\phi\\-m_{\mathrm{p}}b\dot{\phi}^{2}\sin\phi\\0\\0\end{bmatrix},\quad \boldsymbol{E}=\begin{bmatrix}0&0\\0&0\\1&0\\0&1\end{bmatrix},\quad \tau=\begin{bmatrix}\tau_{\mathrm{r}}\\\tau_{1}\end{bmatrix},\quad \lambda=\begin{bmatrix}\lambda_{1}\\\lambda_{2}\end{bmatrix}$$

非完整约束矩阵 $M(\boldsymbol{q})$ 由式(6.37b)给出，其中用 $\boldsymbol{q}$ 代替了 $\boldsymbol{x}$。从式(6.40)中消除约束 $\boldsymbol{M}^{\mathrm{T}}(\boldsymbol{q})\boldsymbol{\lambda}$，我们得到无约束拉格朗日模型(式(3.19a)和式(3.19b))：

$$\overline{\boldsymbol{D}}(\boldsymbol{q})\dot{v}+\overline{\boldsymbol{C}}(\boldsymbol{q},\dot{\boldsymbol{q}})v=\overline{\boldsymbol{E}}\tau,\quad \dot{\boldsymbol{q}}=\boldsymbol{B}(\boldsymbol{q})v \tag{6.41a}$$

其中 $\overline{\boldsymbol{D}}=\boldsymbol{B}^{\mathrm{T}}\boldsymbol{D}\boldsymbol{B}$，$\overline{\boldsymbol{C}}=\boldsymbol{B}^{\mathrm{T}}\boldsymbol{D}\dot{\boldsymbol{B}}+\boldsymbol{B}^{\mathrm{T}}\boldsymbol{C}\boldsymbol{B}$，$\overline{\boldsymbol{E}}=\boldsymbol{B}^{\mathrm{T}}\boldsymbol{E}=\boldsymbol{I}_{2\times 2}$ 以及

$$\boldsymbol{B}(\boldsymbol{q})=\begin{bmatrix}\rho a\cos\phi&\rho a\cos\phi\\\rho a\sin\phi&\rho a\sin\phi\\1&0\\0&1\end{bmatrix} \tag{6.41b}$$

选择以下状态向量：

$$\begin{aligned}\boldsymbol{x}&=[x_1,\ x_2,\ x_3,\ x_4,\ x_5,\ x_6]^{\mathrm{T}}\\&=[x,\ y,\ \theta_{\mathrm{r}},\ \theta_1,\ v_1,\ v_2]^{\mathrm{T}}\\&=[\boldsymbol{q}^{\mathrm{T}}\ \vdots\ \boldsymbol{v}^{\mathrm{T}}]^{\mathrm{T}}\end{aligned} \tag{6.42}$$

式(6.41a)可以用以下仿射状态空间形式编写：

$$\dot{\boldsymbol{x}}=\boldsymbol{f}(\boldsymbol{x})+\boldsymbol{g}(\boldsymbol{x})\boldsymbol{u}(t),\quad \boldsymbol{u}=\boldsymbol{\tau} \tag{6.43a}$$

其中

$$\boldsymbol{f}(\boldsymbol{x})=\begin{bmatrix}\boldsymbol{BV}\\-\overline{\boldsymbol{D}}^{-1}\overline{\boldsymbol{C}}\boldsymbol{v}\end{bmatrix},\quad \boldsymbol{g}(\boldsymbol{x})=\begin{bmatrix}\boldsymbol{0}\\\overline{\boldsymbol{D}}^{-1}\overline{\boldsymbol{E}}\end{bmatrix}=\begin{bmatrix}\boldsymbol{0}\\\overline{\boldsymbol{D}}^{-1}\end{bmatrix} \tag{6.43b}$$

我们现在将检查式(6.43a)和式(6.43b)的输入-输出线性化。输出式(6.38)，使用状态反馈控制律：

$$\boldsymbol{u}(t)=\boldsymbol{F}(\boldsymbol{x})+\boldsymbol{G}(\boldsymbol{x})\boldsymbol{v}(t) \tag{6.44a}$$

其中 $v(t)$ 是新的控制变量，并且根据静态计算力矩法可得：

$$\boldsymbol{F}(\boldsymbol{x})=\overline{\boldsymbol{E}}^{-1}\boldsymbol{C}\boldsymbol{v}=\overline{\boldsymbol{C}}\boldsymbol{v},\quad \boldsymbol{G}(\boldsymbol{x})=\boldsymbol{E}^{-1}\overline{\boldsymbol{D}}=\overline{\boldsymbol{D}} \tag{6.44b}$$

为此，我们将式(6.44a)和式(6.44b)代入式(6.43a)和式(6.43b)，得到闭环系统

$$\dot{\boldsymbol{x}}(t)=\boldsymbol{f}_{\mathrm{c}}(\boldsymbol{x})+\boldsymbol{g}_{\mathrm{c}}(\boldsymbol{x})\boldsymbol{v}(t) \tag{6.45a}$$

其中

$$\boldsymbol{f}_{\mathrm{c}}(\boldsymbol{x})=\boldsymbol{f}(\boldsymbol{x})+\boldsymbol{g}(\boldsymbol{x})\boldsymbol{F}(\boldsymbol{x})=\begin{bmatrix}\boldsymbol{Bv}\\\vdots\\\boldsymbol{0}\end{bmatrix} \tag{6.45b}$$

$$\boldsymbol{g}_{\mathrm{c}}(\boldsymbol{x})=\boldsymbol{g}(\boldsymbol{x})\boldsymbol{G}(\boldsymbol{x})=\begin{bmatrix}\boldsymbol{0}\\\vdots\\\boldsymbol{I}_{2\times 2}\end{bmatrix} \tag{6.45c}$$

为了检测控制律(式(6.44a)和式(6.44b))输入-输出是否使系统(式(6.45a)～

式(6.45c)和式(6.38))线性化，我们将输出 $\boldsymbol{y}(t)$ 微分，获得

$$\begin{aligned}\dot{\boldsymbol{y}} &= \left(\frac{\partial \boldsymbol{h}}{\partial \boldsymbol{x}}\right)\dot{\boldsymbol{x}} = \left(\frac{\partial \boldsymbol{h}}{\partial \boldsymbol{x}}\right)[\boldsymbol{f}_c(\boldsymbol{x})+\boldsymbol{g}_c(\boldsymbol{x})\boldsymbol{v}]\\ &= \boldsymbol{B}_1(\boldsymbol{x})\boldsymbol{v}\end{aligned}$$

其中

$$\frac{\partial \boldsymbol{h}}{\partial \boldsymbol{x}} = [I_{2\times 2} \vdots \boldsymbol{0}],\quad \boldsymbol{B}_1(\boldsymbol{x}) = \begin{bmatrix}\rho a\cos\phi & \rho a\cos\phi\\ \rho a\sin\phi & \rho a\sin\phi\end{bmatrix} \tag{6.46}$$

我们看到 $\dot{\boldsymbol{y}}$ 不涉及输入 $\boldsymbol{v}$，因此我们计算二阶导数 $\ddot{\boldsymbol{y}}$，即

$$\begin{aligned}\ddot{\boldsymbol{y}} &= \boldsymbol{B}_1(x)\dot{\boldsymbol{v}}+\dot{\boldsymbol{B}}_1(\boldsymbol{x})\boldsymbol{v}\\ &= \boldsymbol{B}_1(x)\boldsymbol{v}+\dot{\boldsymbol{B}}_1(\boldsymbol{x})\boldsymbol{v}\end{aligned} \tag{6.47a}$$

其中

$$\dot{\boldsymbol{B}}_1(\boldsymbol{x})\boldsymbol{v} = \rho^2 a(v_1^2-v_2^2)\begin{bmatrix}-\sin\phi\\ \cos\phi\end{bmatrix} \tag{6.47b}$$

我们看到现在输入 $\boldsymbol{v}$ 明确地出现在 $\ddot{\boldsymbol{y}}$ 中，因此 $\boldsymbol{B}_1(\boldsymbol{x})$ 是去耦矩阵。但是，$\boldsymbol{B}_1(\boldsymbol{x})$ 是不可逆的，这意味着系统不能通过式(6.44a)和式(6.44b)形式的静态反馈解耦。实际上，当输出是点 Q 的坐标时，不存在能将差分驱动 WMR 输入–输出线性化的静态反馈。

但是，系统可以通过如下形式[6]的动态状态反馈法来实现输入–输出线性化：

$$\dot{\boldsymbol{z}} = \boldsymbol{f}_1(\boldsymbol{x},\ \boldsymbol{z})+\boldsymbol{g}_1(\boldsymbol{x},\ \boldsymbol{z})\boldsymbol{w} \tag{6.48a}$$

$$\dot{\boldsymbol{v}} = \boldsymbol{F}(\boldsymbol{x},\ \boldsymbol{z})+\boldsymbol{G}(\boldsymbol{x},\ \boldsymbol{z})\boldsymbol{w} \tag{6.48b}$$

为此，我们首先使用静态解耦定律(式(6.44a)和式(6.44b))来线性化和解耦其中一个输出，这可行的原因是，因为对于所有 $\boldsymbol{x}$，秩 $\boldsymbol{B}_1(\boldsymbol{x})=1$。选择线性化输出 y_1，并将以下反馈定律引入式(6.47a)：

$$\boldsymbol{v} = \boldsymbol{F}_1(\boldsymbol{x})+\boldsymbol{G}_1(\boldsymbol{x})\boldsymbol{w},\quad \boldsymbol{w} = [w_1,\ w_2]^{\mathrm{T}} \tag{6.49a}$$

其中

$$\boldsymbol{F}_1(\boldsymbol{x}) = \begin{bmatrix}\rho(v_1^2-v_2^2)\tan\phi\\ 0\end{bmatrix},\quad \boldsymbol{G}_1(\boldsymbol{x}) = \begin{bmatrix}1/\rho a\cos\phi & 1\\ 0 & -1\end{bmatrix} \tag{6.49b}$$

我们得到：

$$\ddot{\boldsymbol{y}} = \boldsymbol{A}_2(\boldsymbol{x})+\boldsymbol{B}_2(\boldsymbol{x})\begin{bmatrix}w_1\\ w_2\end{bmatrix}$$

其中

$$\boldsymbol{A}_2(\boldsymbol{x}) = \begin{bmatrix}0\\ \rho^2 a(v_1^2-v_2^2)/\cos\phi\end{bmatrix},\quad \boldsymbol{B}_2(\boldsymbol{x}) = \begin{bmatrix}1 & 0\\ \tan\phi & 0\end{bmatrix}$$

可见

$$\ddot{y}_1 = w_1$$

也就是说，y_1 是线性化和解耦的，仅由 w_1 控制。但是 y_2 仍然是非线性的并且由 w_1 控制。

然后，我们继续将静态反馈定律(式(6.49a)和式(6.49b))引入式(6.45a)～

式(6.45c)，它产生新的闭环状态空间方程：

$$\begin{aligned}\dot{\boldsymbol{x}}&=\boldsymbol{f}_c(\boldsymbol{x})+\boldsymbol{g}_c(\boldsymbol{x})\boldsymbol{v}\\&=\boldsymbol{f}_c(\boldsymbol{x})+\boldsymbol{g}_c(\boldsymbol{x})[\boldsymbol{F}_1(\boldsymbol{x})+\boldsymbol{G}_1(\boldsymbol{x})\boldsymbol{w}]\\&=\boldsymbol{f}_c^1(\boldsymbol{x})+\boldsymbol{g}_c^1(\boldsymbol{x})\boldsymbol{w}\end{aligned}\tag{6.50a}$$

其中

$$\boldsymbol{f}_c^1(\boldsymbol{x})=\begin{bmatrix}\boldsymbol{Bv}\\\rho(v_1^2-v_2^2)\tan\phi\\0\end{bmatrix},\quad \boldsymbol{g}_c^1(\boldsymbol{x})=\begin{bmatrix}0&0\\1/\rho a\cos\phi&1\\0&-1\end{bmatrix}\tag{6.50b}$$

现在，在式(6.50a)和式(6.50b)所示系统中微分 y_2，并将 w_1 视为时变参数，我们得到：

$$\begin{aligned}\dot{y}_2&=\rho a(v_1+v_2)\sin\phi\\\ddot{y}_2&=\rho^2a(v_1^2-v_2^2)/\cos\phi+(\tan\phi)w_1\\\dddot{y}_2&=\rho^3a(v_1^2-v_2^2)(v_1-v_2)(\sin\phi)/\cos^2\phi+[\rho(v_1-v_2)/\cos^2\phi]w_1+\\&\quad(2\rho^2av_1/\cos\phi)[\rho(v_1^2-v_2^2)\tan\phi+(1/\rho a\cos\phi)w_1]+\\&\quad(\tan\phi)\dot{w}_1+[2\rho^2a(v_1+v_2)/\cos\phi]w_2\end{aligned}$$

我们看到现在 w_2 在 $\dddot{y}_2$ 中被明确表示，其可写成：

$$\dddot{y}_2=P_1(\boldsymbol{x})+P_2(\boldsymbol{x})w_1+P_3(\boldsymbol{x})\dot{w}_1+P_4(\boldsymbol{x})w_2\tag{6.51}$$

其中 $P_i(\boldsymbol{x})$ 有明显的定义。最后，鉴于式(6.51)，y_2 可以通过反馈法线性化：

$$w_2=P_4^{-1}(\boldsymbol{x})(v_2^*-P_1(\boldsymbol{x})-P_2(\boldsymbol{x})w_1-P_3(\boldsymbol{x})\dot{w}_1)\tag{6.52a}$$

出现在式(6.52a)中的导数 $\dot{w}_1$ 可以通过积分第一个输入通道来消除，即

$$\dot{z}=v_1^*,\quad w_1=z\tag{6.52b}$$

由此可见，动态状态反馈法具有以下形式：

$$\begin{aligned}\dot{z}&=f_2(\boldsymbol{x},z)+\boldsymbol{g}_2(\boldsymbol{x},z)\boldsymbol{v}^*\\\boldsymbol{w}&=\begin{bmatrix}w_1\\w_2\end{bmatrix}=\boldsymbol{F}_2(\boldsymbol{x},z)+\boldsymbol{G}_2(\boldsymbol{x},z)\boldsymbol{v}^*,\quad \boldsymbol{v}^*=[v_1^*,v_2^*]^{\mathrm{T}}\end{aligned}\tag{6.53}$$

其中

$$\begin{aligned}&f_2(\boldsymbol{x},z)=0,\quad \boldsymbol{g}_2(\boldsymbol{x},z)=[1,0]\\&\boldsymbol{F}_2(\boldsymbol{x},z)=\begin{bmatrix}z\\-P_4^{-1}(\boldsymbol{x})[P_1(\boldsymbol{x})+P_2(\boldsymbol{x})z]\end{bmatrix},\\&\boldsymbol{G}_2(\boldsymbol{x},z)=\begin{bmatrix}0&0\\-P_4^{-1}(\boldsymbol{x})P_3(\boldsymbol{x})&P_4^{-1}(\boldsymbol{x})\end{bmatrix}\end{aligned}\tag{6.54}$$

使用这种动态反馈定律，我们得到了三阶的整体线性化和解耦系统：

$$\dddot{y}_1=v_1^*,\quad \dddot{y}_2=v_2^*\tag{6.55}$$

6.3.2.3 轨迹跟踪控制

有模型(式(6.55))

$$\dddot{y}_1=w_1, \quad \dddot{y}_2=w_2$$

和期望的轨迹 $[y_{1d}(t), y_{2d}(t)]^T$，我们选择线性控制器：

$$w_1=\dddot{y}_{1d}+K_{21}(\ddot{y}_{1d}-\ddot{y}_1)+K_{11}(\dot{y}_{1d}-\dot{y}_1)+K_{01}(y_{1d}-y_1) \tag{6.56a}$$

$$w_2=\dddot{y}_{2d}+K_{22}(\ddot{y}_{2d}-\ddot{y}_2)+K_{12}(\dot{y}_{2d}-\dot{y}_2)+K_{02}(y_{2d}-y_2) \tag{6.56b}$$

y_1 和 y_2 的误差动力学为

$$\dddot{\tilde{y}}_1=K_{21}\ddot{\tilde{y}}_1+K_{11}\dot{\tilde{y}}_1+K_{01}\tilde{y}_1=0$$

$$\dddot{\tilde{y}}_2=K_{22}\ddot{\tilde{y}}_2+K_{12}\dot{\tilde{y}}_2+K_{02}\tilde{y}_2=0$$

相应的特征多项式是

$$\chi_i(\lambda)=\lambda_i^3+K_{2i}\lambda_i^2+K_{1i}\lambda_i++K_{0i} \quad (i=1, 2) \tag{6.57}$$

因此，为位置、速度和加速度增益 K_{0i}、K_{1i} 和 $K_{2i}(i=1, 2)$ 选择合适的值，我们确保能从任何初始状态收敛到所需的轨迹，并具有所需的收敛速度。如果初始点属于所需的轨迹，则

$$\tilde{y}_i(0)=y_{id}(0)-y_i(0)=0, \quad \dot{\tilde{y}}_i(0)=\dot{y}_{id}(0)-\dot{y}_i(0)=0, \quad \ddot{\tilde{y}}_i(0)=\ddot{y}_{id}(0)-\ddot{y}_i(0)=0$$

状态将始终保持在此轨迹上。

例 6.7　为类车的 WMR(式(2.52))推导出运动反馈输入-输出线性化控制器：

$$\begin{bmatrix}\dot{x}\\\dot{y}\\\dot{\phi}\\\dot{\psi}\end{bmatrix}=\begin{bmatrix}\cos\phi\\\sin\phi\\(\tan\psi)/D\\0\end{bmatrix}v_1+\begin{bmatrix}0\\0\\0\\1\end{bmatrix}v_2 \tag{6.58}$$

采用(2，4)链式模型(式(2.69))：

$$\begin{aligned}\dot{x}_1&=u_1\\\dot{x}_2&=u_2\\\dot{x}_3&=x_2u_1\\\dot{x}_4&=x_3u_1\end{aligned} \tag{6.59}$$

解　我们选择以下输出向量 $\boldsymbol{y}$[8]：

$$\boldsymbol{y}(t)=\boldsymbol{h}(\boldsymbol{x})=\begin{bmatrix}x(t)\\y(t)\end{bmatrix}=\begin{bmatrix}y_1(t)\\y_2(t)\end{bmatrix} \tag{6.60}$$

此式的输出完全确定了整个轨迹 $[x(t), y(t), \phi(t), \psi(t)]^T$ 以及相应的输入 $[v_1(t), v_2(t)]^T$。从式(6.58)的前两行我们得到第一个输入：

$$v_1(t)=\pm\sqrt{\dot{x}^2(t)+\dot{y}^2(t)} \tag{6.61}$$

其中符号“+”对应于向前运动，符号“−”对应于向后运动。y 除以 x 的式子如下：

$$\phi(t)=\arctan[y(t)/x(t)] \tag{6.62}$$

微分式(6.58)的前两行，如下：

$$\dot{\phi}(t)=[\ddot{y}(t)\dot{x}(t)-\ddot{x}(t)\dot{y}(t)]/v_1^2(t) \tag{6.63}$$

将式(6.63)代入式(6.58)的第三排，得到：

$$\psi(t)=\arctan D[\ddot{y}(t)\dot{x}(t)-\ddot{x}(t)\dot{y}(t)]/v_1^3(t) \tag{6.64}$$

它在区间$(-\pi/2, \pi/2)$中成立。最后，第二个输入$v_2(t)$可以通过将式(6.64)的导数代入$\dot{\psi}(t)=v_2(t)$来获得，即

$$v_2(t)=v_{\text{num}}(t)/[v_1^6+D^2(\ddot{y}\dot{x}-\ddot{x}\dot{y})^2] \tag{6.65}$$

其中

$$v_{\text{num}}(t)=Dv_1\{(\dddot{y}\dot{x}-\dddot{x}\dot{y})v_1^2-3(\ddot{y}\dot{x}-\ddot{x}\dot{y})(\dot{x}\ddot{x}+\dot{y}\ddot{y})\}$$

式(6.61)～式(6.65)根据输出变量$x(t)$和$y(t)$确定所有状态和输入变量。这意味着如果我们有期望的输出$x_{\text{d}}(t)$和$y_{\text{d}}(t)$，它们能通过式(6.61)～式(6.65)来指定类车的WMR的所有其他状态变量的期望轨迹。

在上述基础上，我们可以使用以下输入-输出模型为类车机器人：

$$\dot{\boldsymbol{y}}=\boldsymbol{H}_1(\phi)\boldsymbol{v}, \quad \boldsymbol{y}=\begin{bmatrix}x\\y\end{bmatrix}, \quad \boldsymbol{H}_1(\phi)=\begin{bmatrix}\cos\phi & 0\\ \sin\phi & 0\end{bmatrix}, \quad \boldsymbol{v}=\begin{bmatrix}v_1\\v_2\end{bmatrix} \tag{6.66}$$

我们看到输入v_1和v_2中的至少一个出现在$\dot{y}_1$和$\dot{y}_2$中，因此，$\boldsymbol{H}_1(\phi)$是去耦矩阵，然而它是不可逆的并且不能通过任何静态相似变换对角化。要克服这个困难，我们必须使用动态控制器

$$\begin{aligned}\boldsymbol{v}&=\boldsymbol{F}(\boldsymbol{y}, \boldsymbol{z})+\boldsymbol{G}(\boldsymbol{y}, \boldsymbol{z})\boldsymbol{w}\\ \dot{\boldsymbol{z}}&=\boldsymbol{f}_1(\boldsymbol{y}, \boldsymbol{z})+\boldsymbol{g}_1(\boldsymbol{y}, \boldsymbol{z})\boldsymbol{w}\end{aligned} \tag{6.67}$$

其中$\boldsymbol{z}(t)$是动态控制器状态，$\boldsymbol{w}(t)$是新输入。

控制器(式(6.67))将应用于WMR的链表达式(式(6.59))，其中(见式(2.67))

$$x_1=x, \quad x_2=(\tan\psi)/D\cos^3\phi, \quad x_3=\tan\phi, \quad x_4=y$$

所以(基于式(2.68))：

$$\boldsymbol{y}=\begin{bmatrix}x\\y\end{bmatrix}=\begin{bmatrix}x_1\\x_4\end{bmatrix}, \quad \dot{\boldsymbol{y}}=\begin{bmatrix}\dot{x}_1\\ \dot{x}_4\end{bmatrix}=\begin{bmatrix}1 & 0\\ x_3 & 0\end{bmatrix}\begin{bmatrix}u_1\\u_2\end{bmatrix} \tag{6.68}$$

式(6.68)中没有出现u_2，并且去耦矩阵

$$\boldsymbol{H}_2=\begin{bmatrix}1 & 0\\ x_3 & 0\end{bmatrix}$$

还是不可逆转的。因此，我们将使用类似式(6.67)的动态反馈控制器。我们首先将带有状态z_1的积分器添加到第一个输入u_1，即

$$\dot{z}_1=u_1^*, \quad u_1=z_1 \tag{6.69}$$

其中u_1^*是辅助控制输入。现在，式(6.68)变为

$$\dot{\boldsymbol{y}}=\begin{bmatrix}z_1\\ x_3z_1\end{bmatrix} \tag{6.70}$$

对式(6.70)进行微分，我们从式(6.59)的第三行得到：

$$\boldsymbol{y}=\begin{bmatrix}\dot{z}_1\\ \dot{x}_3z_1+x_3\dot{z}_1\end{bmatrix}=\begin{bmatrix}0\\ \dot{x}_3z_1\end{bmatrix}+\begin{bmatrix}1 & 0\\ x_3 & 0\end{bmatrix}\begin{bmatrix}u_1^*\\u_2\end{bmatrix}$$

$$=\begin{bmatrix}0\\x_2z_1^2\end{bmatrix}+\begin{bmatrix}1&0\\x_3&0\end{bmatrix}\begin{bmatrix}u_1^*\\u_2\end{bmatrix}\tag{6.71}$$

同样，u_2 没有出现在 $\ddot{\boldsymbol{y}}$ 中，因此我们再添加一个积分：

$$\dot{z}_2=u_1^{**},\quad u_1^*=z_2\tag{6.72}$$

以获得

$$\dddot{y}=\boldsymbol{H}_0+\boldsymbol{H}_3\begin{bmatrix}u_1^{**}\\u_2\end{bmatrix},\quad \boldsymbol{H}_0=\begin{bmatrix}0\\3x_2z_1z_2\end{bmatrix},\quad \boldsymbol{H}_3=\begin{bmatrix}1&0\\x_3&z_1^2\end{bmatrix}\tag{6.73}$$

现在，解耦矩阵 $\boldsymbol{H}_3$ 对于 $z_1\neq0$ 是可逆的，因此选择反馈控制律

$$\begin{aligned}\begin{bmatrix}u_1^{**}\\u_2\end{bmatrix}&=\boldsymbol{H}_3^{-1}\left\{\begin{bmatrix}w_1\\w_2\end{bmatrix}-\boldsymbol{H}_0\right\}\\&=\begin{bmatrix}w_1\\(w_2-x_3w_1-3x_2z_1z_2)/z_1^2\end{bmatrix}\end{aligned}\tag{6.74}$$

我们得到所要求的线性和完全解耦的系统

$$\dddot{y}_1=w_1,\quad \dddot{y}_2=w_2\tag{6.75}$$

这与差分驱动机器人的线性化解耦模型的形式相同。

例 6.8 证明通过将位于其转向线上的车状机器人前方的点 $C(x_c,\ y_c)$ 的坐标作为输出 y（在 0_{xy} 坐标系中角度为 $\phi+\psi$），可以使用静态反馈线性化控制器对输入和输出进行解耦。

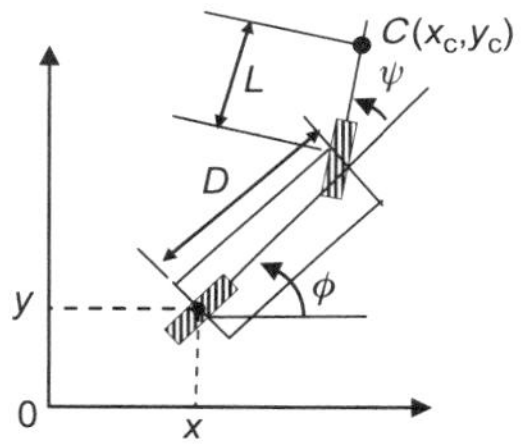

图 6.5 使用点 C 的坐标 x_c，y_c 作为输出分量 y_1 和 y_2

解 考虑图 6.5 中所示的类车机器人的自行车模型，其中 $L\neq0$。

从图 6.5 中我们看到[8]：

$$\boldsymbol{y}=\begin{bmatrix}y_1\\y_2\end{bmatrix}=\begin{bmatrix}x_c\\y_c\end{bmatrix}=\begin{bmatrix}x+D\cos\phi+L\cos(\phi+\psi)\\y+D\sin\phi+L\sin(\phi+\psi)\end{bmatrix}\quad(L\neq0)$$

对 y 进行微分，我们得到：

$$\dot{\boldsymbol{y}}=\boldsymbol{H}(\phi,\ \psi)\boldsymbol{v},\quad \boldsymbol{v}=[v_1,\ v_2]^{\mathrm{T}}$$

其中

$$\boldsymbol{H}(\phi,\ \psi)=\begin{bmatrix}\cos\phi-[\sin\phi+L\sin(\phi+\psi)/D]\tan\psi & -L\sin(\phi+\psi)\\\sin\phi+[\cos\phi+L\cos(\phi+\psi)/D]\tan\psi & L\cos(\phi+\psi)\end{bmatrix}$$

这里，对于 $0°\leqslant\psi<90°$，$\det\boldsymbol{H}(\phi,\ \psi)=L/\cos\psi\neq0$，因此系统可以通过以下状态反馈法线性化和解耦：

$$\boldsymbol{v}=\boldsymbol{F}(\phi,\ \psi)\boldsymbol{v}$$

其中 $\boldsymbol{F}(\phi,\ \psi)=\boldsymbol{H}^{-1}(\phi,\ \psi)$。由此产生的闭环系统是

$$\dot{y}_1=v_1$$
$$\dot{y}_2=v_2$$

$$\dot{\phi}=(1/D)[\cos(\phi+\psi)v_1+\sin(\phi+\psi)v_2]\sin\psi$$

$$\dot{\psi}=-[(1/D)\cos(\phi+\psi)\sin\psi+(1/L)\sin(\phi+\psi)]v_1 -[(1/D)\sin(\phi+\psi)\sin\psi-(1/L)\cos(\phi+\psi)]v_2$$

显然，这个系统是一阶输入-输出线性化和解耦系统，但不输入到状态解耦。这意味着输出 $y_1(t)$ 和 $y_2(t)$ 可以通过标准线性状态反馈定律跟踪任何所需的轨迹 $y_{1d}(t)$ 和 $y_{2d}(t)$：

$$v_i=\dot{y}_{di}+k_{pi}(y_{di}-y_i),\quad k_{pi}>0\quad(i=1,\ 2)$$

像往常一样，但是 $\phi(t)$ 和 $\psi(t)$ 的轨迹不能遵循指定的(期望的)轨迹。通过将基于李雅普诺夫的控制技术应用于整个闭环系统，可以缓解这个问题。

备注 1 另一个可以选择的能够线性化和解耦类汽车机器人的输出矢量 $y=[y_1,\ y_2]^{\mathrm{T}}$ 是使用例 6.7 中研究的(2，4)链式模型(式(6.59))的前两个变量 $x_1=x$ 和 $x_2=(\tan\psi/D\cos^3\phi)$(参见式(2.67))。

备注 2 我们可以通过将车辆前方 C 点的坐标 x_c，y_c 用作输出，即 $\boldsymbol{y}=[x_c,\ y_c]^{\mathrm{T}}$，来为类似图 6.4 的差分驱动 WMR 获得相似的结果。

6.4 使用不变集的移动机器人反馈稳定控制

基于不变流形的移动机器人稳定方法可直接推导出非线性控制器，而无须前置的反馈线性化。它的数学能力和美感已被许多科学家应用，并且在许多方面进一步增强了这种方法。用于移动机器人和其他非完整系统的两个通用模型类别是非完整(Brockett)积分器(简单，双精度，可扩展)和(2－n)链模型。这种方法以优雅的方式处理非完整约束，并且有大量的文献描述许多不同控制器(它们在不同条件下有效)[5,9-15]。在理论方面，关键结果是 Brockett 的稳定条件(定理)，它确定了非完整系统不能使用平滑(甚至连续)静态反馈控制器渐近稳定到单一平衡状态(见定理 6.6)。

6.4.1 采用链式模型的独轮车的稳定控制

我们在 2.3.5.1 节中已经看到，独轮车运动模型 $\dot{x}=v_Q\cos\phi$，$\dot{y}=v_Q\sin\phi$，$\dot{\phi}=v_\phi$ 可以转换为(2，3)链形式(式(2.63))：

$$\begin{aligned}\dot{z}_1&=u_1\\ \dot{z}_2&=u_2\\ \dot{z}_3&=z_2u_1\end{aligned}\tag{6.76}$$

其中 $u_1=v_\phi$ 和 $u_2=v_Q-z_3u_1$。这里要考虑的问题是确定静态准连续状态反馈控制律 $\boldsymbol{u}=\boldsymbol{u}(\boldsymbol{z})$，它渐近地稳定系统(式(6.76))到原点[10]。

可以直接验证控制律：

$$\boldsymbol{u}=[-k_1z_1,\ -k_1z_2]^{\mathrm{T}},\quad \boldsymbol{u}=[u_1,\ u_2]^{\mathrm{T}},\quad k_1>0\tag{6.77}$$

使原点 $\boldsymbol{z}=[z_1,\ z_2,\ z_3]^{\mathrm{T}}=[0\quad 0\quad 0]^{\mathrm{T}}$ 全局渐近稳定。由此产生的闭环系统是

$$\dot{\boldsymbol{z}}=\boldsymbol{f}(\boldsymbol{z}), \quad \boldsymbol{f}(\boldsymbol{z})=[-k_1z_1, \ -k_1z_2, \ -k_1z_1z_2]^{\mathrm{T}} \tag{6.78}$$

我们可以轻松验证流形

$$M=\{\boldsymbol{z}\in R^3: \boldsymbol{s}(\boldsymbol{z})=z_1z_2-2z_3=0\} \tag{6.79}$$

是式(6.78)所示系统的不变流形。实际上，我们得到了(见定义 6.9)：

$$\begin{aligned}L_fs(\boldsymbol{z}) &= \sum_{i=1}^{3}\frac{\partial s}{\partial z_i}f_i(z_1, \ z_2, \ z_3)\\ &=z_2(-k_1z_1)+z_1(-k_1z_2)+(-2)(-k_1z_1z_2)\\ &=0\end{aligned}$$

$s(\boldsymbol{z})$沿式(6.78)轨迹的时间导数为

$$\dot{s}(\boldsymbol{z})=z_1u_2-z_2u_1=0$$

这意味着一旦抵达表面(流形)，M 上的轨迹就会留在那里。此外，当 $t\rightarrow\infty$ 时，$z_1(t)\rightarrow 0$，$z_2(t)\rightarrow 0$。而在 $t\rightarrow\infty$时，对于 M 上的任何轨迹，$z_3(t)\rightarrow 0$。因此：

$$[z_1(t), \ z_2(t), \ z_3(t)]^{\mathrm{T}}\rightarrow[0 \quad 0 \quad 0]^{\mathrm{T}}, \quad t\rightarrow\infty$$

可以观察到 M 不依赖于 k_1。

我们现在将构建一个稳定控制律，使 M 成为一个吸引流形。为此，必须增强反馈控制器(式(6.77))以满足吸引条件(式(6.19))，即

$$\begin{aligned}&\text{如果 } s(\boldsymbol{z})<0, \quad \text{则 } \dot{s}(\boldsymbol{z})>0 \quad \boldsymbol{z}\in R^3\\ &\text{如果 } s(\boldsymbol{z})>0, \quad \text{则 } \dot{s}(\boldsymbol{z})<0 \quad \boldsymbol{z}\in R^3\end{aligned} \tag{6.80}$$

一个控制器(式(6.77))的可能的增强如下：

$$\boldsymbol{u}=\begin{bmatrix}-k_1z_1-\dfrac{z_2H(s)}{z_1^2+z_2^2}\\ -k_1z_2+\dfrac{z_1H(s)}{z_1^2+z_2^2}\end{bmatrix}, \quad z_1^2+z_2^2\neq 0 \tag{6.81a}$$

标量映射 $H(s)$满足以下条件：

$$sH(s)<0 \tag{6.81b}$$

以确保式(6.80)成立。具有此属性的函数 $H(s)$是

$$H(s)=-k_2s \tag{6.82}$$

使用控制器(式(6.81a)，式(6.81b)和式(6.82))获得的闭环系统是

$$\begin{bmatrix}\dot{z}_1\\ \dot{z}_2\\ \dot{s}\end{bmatrix}=\boldsymbol{f}\left(\begin{bmatrix}z_1\\ z_2\\ s\end{bmatrix}\right), \quad \boldsymbol{f}=\begin{bmatrix}-k_1z_1+\dfrac{-k_2z_2s}{z_1^2+z_2^2}\\ -k_1z_2 \ \dfrac{k_2z_1s}{z_1^2+z_2^2}\\ -k_2s(\boldsymbol{z})\end{bmatrix} \tag{6.83}$$

其中 $s(\boldsymbol{z})$由式(6.79)给出。注意，变换

$$\boldsymbol{z}\rightarrow\tilde{\boldsymbol{z}}, \quad \boldsymbol{z}=\begin{bmatrix}z_1\\ z_2\\ z_3\end{bmatrix}, \quad \tilde{\boldsymbol{z}}=\begin{bmatrix}z_1\\ z_2\\ s\end{bmatrix} \tag{6.84}$$

是一种微分同胚。

总的来说，利用控制器(式(6.81a)，式(6.81b)和式(6.82))和 $k_2>2k_1$，轨迹 $\tilde{\boldsymbol{z}}(t)=[z_1(t),\ z_2(t),\ s(t)]^{\mathrm{T}}$ 对于所有 $t\geqslant 0$ 都是有界的，并且以衰减率大于等于 k_1 的衰减率指数性收敛到 $[0\quad 0\quad 0]^{\mathrm{T}}$。同样地，对于所有 $t\geqslant 0$，对照 $\boldsymbol{u}(t)$ 是有界的，并且指数倾向于 $[0,\ 0]^{\mathrm{T}}$，其衰减率至少为 k_1。换句话说，对于具有 $z_1(0)^2+z_2^2(0)\neq 0$ 的任何初始条件，反馈控制律(式(6.81a)，式(6.81b)和式(6.82))很好地定义了所有 $t\geqslant 0$ 并驱动独轮车到原点，同时避免了流形

$$M^*=\{\boldsymbol{z}\in R^3:\ z_1^2+z_2^2=0,\quad z_1z_2-2z_3\neq 0\}$$

6.4.2 由双 Brockett 积分器建模的差分驱动机器人的动态控制

6.4.1 节中设计的非线性控制器是独轮车运动性能的稳定控制器。在这里，我们将使用不变流形推导出一个准连续动态控制器，用于使用双 Brockett 积分器模型(式(2.60))[15]的差分驱动 WMR 的运动和动力学性能。WMR 的完整动力学模型(见式(3.22)、式(3.23a)、式(3.23b)和式(3.31))如下：

$$\dot{x}=v\cos\phi \tag{6.85a}$$

$$\dot{y}=v\sin\phi \tag{6.85b}$$

$$\dot{\phi}=\omega \tag{6.85c}$$

$$m\dot{v}=F \tag{6.85d}$$

$$I\dot{\omega}=N \tag{6.85e}$$

其中，符号具有标准含义，并且为了方便书写，从 x_Q，y_Q 中略去了下标 Q。

运动学方程式(6.85a)～式(6.85c)的链式形式由式(2.63)(另见式(6.76))给出。定义新变量：

$$x_1=z_1,\quad x_2=z_2,\quad x_3=-2z_3+z_1z_2 \tag{6.86}$$

将链式形式变换为 Brockett(非完整)积分器形式：

$$\dot{x}_1=u_1,\quad \dot{x}_2=u_2,\quad \dot{x}_3=x_1u_2-x_2u_1 \tag{6.87}$$

在上一节中，我们使用链式系统为式(6.85a)～式(6.85c)推导了一个稳定的运动控制器。也可以使用 Brockett 积分器模型(式(6.87))导出类似的控制器。这个控制器应该使流形

$$M=\{\boldsymbol{x}\in R^3:x_3=0\}$$

成为一个不变流形。按照 6.4.1 节的步骤，我们可以证明当 $k_1>0$ 且 $k_2>0$ 时，非线性反馈控制器

$$\boldsymbol{u}=\begin{bmatrix}u_1\\u_2\end{bmatrix}=\begin{bmatrix}-k_1x_1+\dfrac{k_2x_3x_2}{(x_1^2+x_2^2)}\\[2ex]-k_1x_2-\dfrac{k_2x_3x_1}{x_1^2+x_2^2}\end{bmatrix}\quad x_1^2+x_2^2\neq 0$$

将状态 $\boldsymbol{x}=[x_1,\ x_2,\ x_3]^{\mathrm{T}}$ 渐近地带到原点。现在考虑完整模型(式(6.85a)～式(6.85e))。通过使用状态转换

$$z_1=\phi,\quad z_2=x\cos\phi+y\sin\phi,\quad z_3=x\sin\phi-y\cos\phi \tag{6.88a}$$

和输入转换

$$u_1=N/I,\quad u_2=F/m-(N/I)z_3-\omega^2 z_2 \tag{6.88b}$$

完整模型可以转换为扩展链式形式：

$$\ddot{z}_1=u_1,\quad \ddot{z}_2=u_2,\quad \dot{z}_3=z_2\dot{z}_1$$

用式(6.86)中的新变量表示时采用扩展(双)Brockett 积分器(式(2.60))的形式：

$$\begin{aligned}\ddot{x}_1&=u_1\\ \ddot{x}_2&=u_2\\ \dot{x}_3&=x_1\dot{x}_2-x_2\dot{x}_1\end{aligned} \tag{6.89}$$

我们将使用该模型(式(6.89))。此处的控制问题是导出非线性状态反馈控制器，该控制器渐近地稳定系统的原点[11]。我们定义流形为

$$M=\{\boldsymbol{x}\in R^5: x_3=0\} \tag{6.90}$$

其中

$$\boldsymbol{x}=[x_1,\ x_2,\ x_3,\ \dot{x}_1,\ \dot{x}_2]^{\mathrm{T}} \tag{6.91}$$

像往常一样，我们将选择一个使 M 不变的控制律，并确保 $\boldsymbol{x}\rightarrow\boldsymbol{0}$ 渐近。如果 $\boldsymbol{x}\notin M$，则控制律将渐近地驱动 x_3 到 M。我们要检查的控制器是[11]

$$\boldsymbol{u}=\begin{bmatrix}u_1\\u_2\end{bmatrix}=\begin{bmatrix}-k_1x_1-k_2\dot{x}_1+\dfrac{k_3x_3x_2}{x_1^2+x_2^2}\\ -k_1x_2-k_2\dot{x}_2-\dfrac{k_3x_3x_1}{x_1^2+x_2^2}\end{bmatrix}\quad x_1^2+x_2^2\neq 0 \tag{6.92a}$$

其中

$$k_2>0,\quad k_2^2/4>k_1>0,\quad k_2^2/4>k_3>0 \tag{6.92b}$$

对于任何 $\boldsymbol{x}\notin M^*$，其中

$$M^*=\{\boldsymbol{x}\in R^5:\ x_1^2+x_2^2=0,\ x_3\neq 0\}$$

式(6.92a)和式(6.92b)所示的控制器都能使系统稳定在原点。将式(6.92a)代入式(6.89)，我们得到闭环系统：

$$\ddot{x}_1+k_1x_1+k_2\dot{x}_1-k_3x_2x_3/(x_1^2+x_2^2)=0 \tag{6.93a}$$

$$\ddot{x}_2+k_1x_2+k_2\dot{x}_2+k_3x_1x_3/(x_1^2+x_2^2)=0 \tag{6.93b}$$

$$\ddot{x}_3+k_2\dot{x}_3+k_3x_3=0 \tag{6.93c}$$

式(6.93c)表示具有特征多项式的二阶线性系统：

$$\chi(\lambda)=\lambda^2+k_2\lambda+k_3$$

当特征值 $\lambda_{1,2}=-k_2/2\mp(\sqrt{k_2^2-4k_3})/2$ 为负时，系统指数稳定。$\lambda_i<0(i=1,\ 2)$ 的条件是 $k_2>0$ 且 $k_2^2/4>k_3>0$，其给出 $\lambda_1<\lambda_2<0$。显然，对于任何初始条件 $x_3(0)\neq 0$，$x_3(t)\rightarrow 0$(渐近)，即 $x_3(t)$ 被吸引进入由式(6.90)给出的不变流形 M。一旦 x_3 在这个流形中，则式(6.93a)和式(6.93b)成为

$$\ddot{x}_1+k_2\dot{x}_1+k_1x_1=0,\quad \ddot{x}_2+k_2\dot{x}_2+k_1x_2=0$$

其在以下情况下呈指数级稳定：

$$k_2^2/4 > k_1 > 0, \quad k_2 > 0$$

上述结果表明，使用控制器(式(6.92a)和式(6.92b))，原点 $\boldsymbol{x}=0$ 对于所有 $\boldsymbol{x} \in M^*$ 都变为指数稳定的。值得注意的是，当 $x_1^2+x_2^2 \neq 0$ 时，控制器(式(6.92a)和式(6.92b))有效。

6.4.3 采用链式模型的类车机器人的稳定控制

我们考虑后轮驱动汽车的(2，4)链式(式(2.69))：

$$\begin{aligned} \dot{x}_1 &= u_1 \\ \dot{x}_2 &= u_2 \\ \dot{x}_3 &= x_2 u_1 \\ \dot{x}_4 &= x_3 u_1 \end{aligned} \qquad \boldsymbol{x} = \begin{bmatrix} x_1 \\ x_2 \\ x_3 \\ x_4 \end{bmatrix} \in X_1 \subset R^n, \quad \boldsymbol{u} = \begin{bmatrix} u_1 \\ u_2 \end{bmatrix} \in U \subset R^2 \tag{6.94}$$

此处的问题是导出一个静态不连续非线性控制器 $\boldsymbol{u}=\boldsymbol{u}(\boldsymbol{x})$，它能稳定式(6.94)所示系统。

我们将使用不变流形方法，首先通过线性状态反馈控制器构建系统的不变流形：

$$u_1(x) = -k_1 x_1, \quad u_2(x) = -k_2 x_1 - k_3 x_2 \tag{6.95}$$

其中 k_1，k_2，k_3 是实际常数增益，其中 $k_1>0$，$k_2 \in R$，$k_3>0$，并且 $k_1 \neq k_3$。然后，我们将增强该控制器，使构造的流形成为一个吸引流形。将式(6.95)导入式(6.94)，我们得到了闭环系统，它有以下解决方案[12]：

$$\begin{aligned} x_1(t) &= X_1^1 \mathrm{e}^{-k_1 t} \\ x_2(t) &= X_2^1 \mathrm{e}^{-k_1 t} + X_2^2 \mathrm{e}^{-k_3 t} \\ x_3(t) &= X_3^1 \mathrm{e}^{-2k_1 t} + X_3^2 \mathrm{e}^{-K_b t} + s_3(\boldsymbol{x}_0) \\ x_4(t) &= X_4^1 \mathrm{e}^{-k_1 t} + X_4^2 \mathrm{e}^{-3k_1 t} + X_4^3 \mathrm{e}^{-(k_1+K_b)t} + s_4(\boldsymbol{x}_0) \end{aligned} \tag{6.96}$$

其中

$$\begin{aligned} & X_1^1 = x_{10}, \quad X_2^1 = (k_2/K_a)x_{10}, \quad X_2^2 = [x_{20} - (k_2/K_a)x_{10}] \\ & X_3^1 = (k_2/2K_a)x_{10}^2, \quad X_3^2 = (k_1/K_b)[x_{20} - (k_2/K_a)x_{10}]x_{10} \\ & X_4^1 = x_{10} s_3(\boldsymbol{x}_0), \quad X_4^2 = \left(\frac{K_2}{6K_a}\right)x_{10}^3, \quad X_4^3 = \frac{k_1^2 x_{10}^2}{K_b(k_1+K_b)}\left[x_{20} - \frac{k_2}{K_a}x_{10}\right] \\ & K_a = k_1 - k_3, \quad K_b = k_1 + k_3 \end{aligned} \tag{6.97}$$

这里，$s_3(\boldsymbol{x}_0)$ 和 $s_4(\boldsymbol{x}_0)$ 是由初始条件在 $\boldsymbol{t}=0$ 时 $x_{i(0)}=x_{i0}$ 确定的积分常数。很明显：

$$x_1(t) \to 0, \quad x_2(t) \to 0, \quad x_3(t) \to s_3(\boldsymbol{x}_0), \quad x_4(t) \to s_4(\boldsymbol{x}_0)$$

因此，如果我们选择初始条件使得 $s_3(\boldsymbol{x}_0)=0$ 并且 $s_4(\boldsymbol{x}_0)=0$，那么整个状态 $\boldsymbol{x}=[x_1, x_2, x_3, x_4]^{\mathrm{T}}$ 趋近于原点。现在，我们在式(6.96)中设 $t=0$，求解 $s_3(\boldsymbol{x}_0)$ 和 $s_4(\boldsymbol{x}_0)$，然后用 $\boldsymbol{x}(t)$ 代替 $\boldsymbol{x}_0$。通过这种方式，我们构造了函数

$$
\begin{aligned}
s_3(\boldsymbol{x}) &= x_3 - \left(\frac{k_1}{K_b}\right)x_1x_2 + \left(\frac{k_2}{2K_b}\right)x_1^2 \\
s_4(\boldsymbol{x}) &= x_4 - x_1x_3 + \frac{k_1}{k_1+K_b}x_1^2x_2 - \frac{k_2}{3(2k_1+K_b)}x_1^3
\end{aligned} \tag{6.98}
$$

这些函数定义了流形

$$M=\{\boldsymbol{x}\in R^4:\ s_i(\boldsymbol{x})=0,\ i=3,\ 4\} \tag{6.99}$$

显然，由于 $x_1(t)$ 和 $x_2(t)$ 指数地趋于零，如果状态 $\boldsymbol{x}(t)$ 属于 M，则它趋向于零。易证流形 $\boldsymbol{M}$ 是闭环系统的不变流形(式(6.94)和式(6.95))，也就是说，M 在线性控制律(式(6.95))下对于式(6.94)中的系统是不变的。实际上，使用控制器(式(6.95))求沿着式(6.94)的向量场的 $s_j(\boldsymbol{x})$ 的李导数，得到对于 $\boldsymbol{x}\in M$，有

$$\dot{s}_j(\boldsymbol{x})=L_f s_j=0,\quad j=3,\ 4$$

这是确保闭环系统 M 的不变性的条件(式(6.18))。这意味着一旦闭环系统的轨迹在 M 中，那么它们将在未来的所有时间保持在其中。现在，因为映射

$$(x_1,\ x_2,\ x_3,\ x_4)\rightarrow(x_1,\ x_2,\ s_3,\ s_4)$$

是一个微分同胚，$(x_1,\ x_2,\ x_3,\ x_4)$ 的稳定等效于 $(x_1,\ x_2,\ x_3,\ x_4)$ 的稳定，因此，为了稳定系统(式(6.94))，通过额外的状态反馈将 $(x_1,\ x_2,\ x_3,\ x_4)$ 引导到 M 中就足够了，也就是说使 M 成为吸引流形。$[x_1,\ x_2,\ x_3,\ x_4]^{\mathrm{T}}$ 与控制器(式(6.95))的闭环系统为

$$
\begin{aligned}
\dot{x}_1 &= u_1 \\
\dot{x}_2 &= u_2 \\
\dot{s}_3 &= (1/K_b)[(k_3x_2+k_2x_1)u_1-k_1x_1u_2] \\
\dot{s}_4 &= -[1/(k_1+K_b)][(k_3x_2+k_2x_1)u_1-k_1x_1u_2]x_1
\end{aligned} \tag{6.100}
$$

要使用的增强型控制器是

$$u_1=-k_1x_1,\quad u_2=-k_2x_1-k_3x_2+v \tag{6.101}$$

其中 v 是添加到 u_2 频道的控制项。将式(6.101)导入式(6.100)，得到：

$$
\begin{aligned}
\dot{x}_1 &= -k_1x_1 \\
\dot{x}_2 &= -k_2x_1-k_3x_2+v \\
\dot{s}_3 &= -(k_1/K_b)x_1v \\
\dot{s}_4 &= [k_1/(k_1+K_b)]x_1^2v
\end{aligned} \tag{6.102}
$$

式(6.102)中，最后两个方程所示的系统可以写成：

$$\dot{\boldsymbol{s}}=\boldsymbol{E}(x_1)\boldsymbol{b}v,\quad \boldsymbol{s}=[s_3,\ s_4]^{\mathrm{T}} \tag{6.103a}$$

其中

$$\boldsymbol{E}(x_1)=\begin{bmatrix} x_1 & 0 \\ 0 & x_1^2 \end{bmatrix},\quad \boldsymbol{b}=\begin{bmatrix} -k_1/K_b \\ k_1/(k_1+K_b) \end{bmatrix} \tag{6.103b}$$

现在，介绍一个变换后的变量 $\boldsymbol{z}$：

$$\boldsymbol{z}=\boldsymbol{E}^{-1}(x_1)\boldsymbol{s} \tag{6.104}$$

其对 $x_1 \neq 0$ 有效，我们得到：

$$\begin{aligned}\dot{\boldsymbol{z}} &= \frac{\mathrm{d}}{\mathrm{d}t}\boldsymbol{E}^{-1}(x_1)\boldsymbol{s} + \boldsymbol{E}^{-1}(\boldsymbol{x})\dot{\boldsymbol{s}} \\ &= \begin{bmatrix} -\dot{x}_1/x_1^2 & 0 \\ 0 & -2\dot{x}_1/x_1^3 \end{bmatrix}\boldsymbol{E}(x_1)\boldsymbol{z} + \boldsymbol{b}v \\ &= \begin{bmatrix} k_1/x_1 & 0 \\ 0 & 2k_1/x_1^2 \end{bmatrix}\boldsymbol{E}(x_1)\boldsymbol{z} + \boldsymbol{b}v\end{aligned}$$

即

$$\dot{\boldsymbol{z}} = \boldsymbol{A}\boldsymbol{z} + \boldsymbol{b}v \tag{6.105a}$$

其中

$$\boldsymbol{A} = \begin{bmatrix} k_1 & 0 \\ 0 & 2k_1 \end{bmatrix} \tag{6.105b}$$

式(6.105a)和式(6.105b)所示系统将通过使用以下形式的反馈控制器来稳定：

$$v = \boldsymbol{g}^{\mathrm{T}}\boldsymbol{z}, \quad \boldsymbol{g} = [g_1, \ g_2]^{\mathrm{T}} \tag{6.106}$$

使用式(6.106)，可知闭环系统是

$$\dot{\boldsymbol{z}} = \boldsymbol{A}_c\boldsymbol{z} \tag{6.107}$$

其中

$$\boldsymbol{A}_c = \boldsymbol{A} + \boldsymbol{b}\boldsymbol{g}^{\mathrm{T}} \tag{6.108}$$

是闭环矩阵。因此，为了使指数收敛到 $\boldsymbol{z}=\boldsymbol{0}$，必须选择增益矢量 $\boldsymbol{g}$，使得 $\boldsymbol{A}_c$ 的所有特征值都是负实数。当 $\boldsymbol{z}\to\boldsymbol{0}$ 时，我们得到：

$$\boldsymbol{E}^{-1}(x_1)\boldsymbol{s} = \begin{bmatrix} 1/x_1 & 0 \\ 0 & 1/x_1^2 \end{bmatrix}\boldsymbol{s} \to 0 \tag{6.109}$$

这确保了 $\boldsymbol{s}$ 比 x_1 更快地趋于零。因此，在 x_1 变为零之前，流形 M 就能被抵达(这确保了控制律(式 6.106)的有界性。

例如，选择 $k_1=2$，$k_2=0$，$k_3=4$，$K_b=k_1+k_3=6$，我们得到：

$$\boldsymbol{A} = \begin{bmatrix} 2 & 0 \\ 0 & 4 \end{bmatrix}, \quad \boldsymbol{b} = \begin{bmatrix} -1/3 \\ 1/4 \end{bmatrix}, \quad \boldsymbol{A} + \boldsymbol{b}\boldsymbol{g}^{\mathrm{T}} = \begin{bmatrix} 2-\dfrac{g_1}{3} & -\dfrac{g_2}{3} \\ \dfrac{g_1}{4} & 4+\dfrac{g_2}{4} \end{bmatrix}$$

如果我们希望 $\boldsymbol{A}+\boldsymbol{b}\boldsymbol{g}^{\mathrm{T}}$ 的特征值为 $\lambda_1=-2$ 且 $\lambda_2=-3$，则增益矢量 $\boldsymbol{g}$ 必须为

$$\boldsymbol{g} = \begin{bmatrix} -30 \\ -84 \end{bmatrix}$$

从上述 k_1，λ_2，λ_3 的值和式(6.109)可知，根据以下内容，x_1，s_3 和 s_4 收敛为零：

$$x_1 = C_1\mathrm{e}^{-2t}, \quad s_3 = C_3\mathrm{e}^{-4t}, \quad s_4 = C_4\mathrm{e}^{-7t}$$

例 6.9　将本节中介绍的构造不变流形的方法应用于以下 Brockett 型积分器模型的

$\boldsymbol{x}=\mathbf{0}$ 的反馈稳定性：

(a) 双积分：

$$\dot{x}_1=u_1,\quad \dot{x}_2=u_2,\quad \dot{x}_3=x_1u_2-x_2u_1 \tag{6.110}$$

(b) 扩展双积分器：

$$\dot{x}_1=y_1,\quad \dot{x}_2=y_2,\quad \dot{x}_3=x_1y_2-x_2y_1,\quad \dot{y}_1=u_1,\quad \dot{y}_2=u_2 \tag{6.111}$$

求可以由上述积分器建模的 WMR 类型。

解

(a) 双积分

双积分器模型描述了差分驱动 WMR 的运动学性能，并按 6.4.2 节式(6.87)中的描述推导出来。为了得到不变流形，我们将线性控制律[13]

$$u_1=-k_1x_1,\quad u_2=-k_1x_2,\quad k_1>0 \tag{6.112}$$

代入式(6.110)，得到闭环系统

$$\dot{x}_1+k_1x_1=0,\quad \dot{x}_2+k_1x_2=0 \tag{6.113a}$$

$$\dot{x}_3+k_1x_1x_2-k_1x_1x_2=0 \tag{6.113b}$$

当初始条件为 $x_1(0)=x_{10}$，$x_2(0)=x_{20}$ 和 $x_3(0)=x_{30}0$ 时，式(6.113a)和式(6.113b)的解为

$$x_1(t)=x_{10}\mathrm{e}^{-k_1t},\quad x_2(t)=x_{20}\mathrm{e}^{-k_1t},\quad x_3(t)=x_{30} \tag{6.114a}$$

候选流形 $M=\{x\in R^3,\ s(\boldsymbol{x})=0\}$ 在此选择为

$$s(\boldsymbol{x})=x_3(t) \tag{6.114b}$$

我们获得：

$$\dot{s}(\boldsymbol{x})=\dot{x}_3(t)=0 \tag{6.114c}$$

即

$$s(\boldsymbol{x})=\text{常数} \tag{6.114d}$$

显然，一旦系统状态达到 M(即 $s(\boldsymbol{x})=0$)，则根据式(6.114b)，整个状态 $\boldsymbol{x}=[x_1,\ x_2,\ x_3]^{\mathrm{T}}$ 呈指数性地趋于零。因此，在反馈控制定律(式(6.112))下，M 是双积分器(式(6.110))的不变流形。为使 M 成为一个吸引流形，我们使用候选李雅普诺夫函数：

$$V(\boldsymbol{x})=(1/2)s^2(\boldsymbol{x}) \tag{6.115}$$

为此，鉴于式(6.110)，我们获得：

$$\dot{V}(\boldsymbol{x})=s(\boldsymbol{x})\dot{s}(\boldsymbol{x})=s(\boldsymbol{x})(x_1u_2-x_2u_1)$$

为了使 $\dot{\boldsymbol{V}}(\boldsymbol{x})\leqslant 0$，我们选择 u_1 和 u_2 为

$$u_1=k_2s(\boldsymbol{x})x_2(t),\quad u_2=-k_2s(\boldsymbol{x})x_1(t),\quad k_2>0$$

由上可得：

$$\dot{V}(\boldsymbol{x})=-k_2P(t)s^2(\boldsymbol{x})<0 \tag{6.116a}$$

在满足以下条件时成立：

$$P(t)=x_1^2(t)+x_2^2(t) \tag{6.116b}$$

可得：

$$\begin{aligned}\dot{P}(t)&=2(x_1\dot{x}_1+x_2\dot{x}_2)\\&=2(x_1u_1+x_2u_2)=k_2s(\boldsymbol{x})[x_1x_2-x_2x_1]\equiv 0\end{aligned} \tag{6.116c}$$

因此，在满足条件

$$P(t)=P(0)=x_1^2(0)+x_2^2(0)\neq 0$$

时，流形 $s(\boldsymbol{x})$ 趋于零，并在 $x_1(0)\neq 0$ 和 $x_2(0)\neq 0$ 时，确保 $x_1(t)\to 0$，$x_2(t)\to 0$，$x_3(t)\to 0$。

选择总准连续稳定控制器为

$$\boldsymbol{u}=\begin{bmatrix}u_1\\u_2\end{bmatrix}=-k_1\begin{bmatrix}x_1\\x_2\end{bmatrix}+k_2\left(\frac{s}{P}\right)\begin{bmatrix}x_2\\-x_1\end{bmatrix}\tag{6.117a}$$

可推导出(见式(6.116c))：

$$\dot{P}(t)=2(x_1u_1+x_2u_2)=-2k_1P(t)$$

和

$$\dot{s}(t)=\dot{x}_3(t)=x_1u_2-x_2u_1=-k_2s(t)$$

它遵循：

$$P(t)=P(0)\mathrm{e}^{-2k_1t},\quad s(t)=s(0)\mathrm{e}^{-k_2t}\tag{6.117b}$$

为确保式(6.117a)是有界的，$s(t)$ 必须比 $P(t)$ 更快地收敛到零。由式(6.117b)，可见满足以下条件时此要求成立：

$$k_2>2k_1$$

(b) 扩展双积分器

扩展双积分器描述了差分驱动 WMR 的完整(运动和动态)性能，如 6.4.2 节所述(见式(6.85a)～式(6.85e)、式(6.88a)、式(6.88b)和式(6.89))。这里给出的解决方案与 6.4.2 节中提供的解决方案不同。在这里，为了构造一个不变流形，我们从控制律开始[13,15]：

$$u_1=-2k_1y_1-k_1^2x_1,\quad u_2=-2k_1y_2-k_1^2x_2\tag{6.118}$$

系统的状态向量是

$$x=[x_1,\ x_2,\ y_1,\ y_2]^{\mathrm{T}}\tag{6.119}$$

将式(6.118)引入式(6.111)，我们得到了闭环系统：

$$\begin{aligned}\dot{x}_1&=y_1\\\dot{x}_2&=y_2\\\dot{y}_1&=-2k_1y_1-k_1^2x_1\\\dot{y}_2&=-2k_1y_2-k_1^2x_2\end{aligned}\tag{6.120}$$

可解得：

$$\begin{aligned}x_1(t)&=x_{10}[\mathrm{e}^{-k_1t}+k_1t\mathrm{e}^{-k_1t}]+y_{10}t\mathrm{e}^{-k_1t}\\x_2(t)&=x_{20}[\mathrm{e}^{-k_1t}+k_1t\mathrm{e}^{-k_1t}]+y_{20}t\mathrm{e}^{-k_1t}\\y_1(t)&=x_{10}[-k_1^2t\mathrm{e}^{-k_1t}]+y_{10}[\mathrm{e}^{-k_1t}-k_1t\mathrm{e}^{-k_1t}]\\y_2(t)&=x_{20}[-k_1^2t\mathrm{e}^{-k_1t}]+y_{20}[\mathrm{e}^{-k_1t}-k_1t\mathrm{e}^{-k_1t}]\end{aligned}\tag{6.121}$$

其中 x_{i0}，$y_{i0}(i=1,\ 2)$是初始条件。$x_3(t)$ 的表达式通过积分式(6.111)的第三个等式 $\dot{x}_3=x_1y_2-x_2y_1$ 得出。结果是

$$x_3(t)=s_3(\boldsymbol{x}_0)-(x_{10}y_{20}/2k_1)[\mathrm{e}^{-2k_1t}-1]+(y_{10}x_{20}/2k_1)[\mathrm{e}^{-2k_1t}-1]\tag{6.122}$$

其中 $s_3(\boldsymbol{x}_0)$ 是使用初始条件确定的积分常数。显然，$x_1(t)\to 0$，$x_2(t)\to 0$，$y_1(t)\to 0$，$y_2(t)\to 0$，$x_3(t)\to s_3(\boldsymbol{x}_0)$。因此，选择初始条件使得 $s_3(\boldsymbol{x}_0)=0$，我们得到 $x_3(t)\to 0$。现在，我们在式(6.122)中设置 $t=0$，求解 $s_3(\boldsymbol{x}_0)$，并用 $\boldsymbol{x}(t)$ 代替 $\boldsymbol{x}(0)$ 得到函数

$$s_3(\boldsymbol{x})=(1/2k_1)x_1(t)y_2(t)-(1/2k_1)y_1(t)x_2(t) \tag{6.123}$$

这构成了一个不变流形，因为

$$\dot{s}_3(\boldsymbol{x})=L_f s_3(\boldsymbol{x})=0,\quad \boldsymbol{x}\in R^4 \tag{6.124}$$

其中 L_f 是沿闭环系统(式(6.120))的系统场 $\boldsymbol{f}$ 的 s_3 的导数：

$$\boldsymbol{f}=[y_1,\ y_2,\ -2k_1y_1-k_1^2x_1,\ -2k_1y_2-k_1^2x_2]^{\mathrm{T}} \tag{6.125}$$

这意味着一旦 $x_1(t)$，$x_2(t)$，$y_1(t)$ 和 $y_2(t)$ 在某个时间 $t=T$ 进入流形

$$M=\{\boldsymbol{x}\in R^4:\ s_3(\boldsymbol{x})=0\} \tag{6.126}$$

它们在随后的所有时间 $t\geqslant T$ 中保持在流形内。总的来说，式(6.118)所示的控制器确保 $x_1(t)\to 0$，$x_2(t)\to 0$，$y_1(t)\to 0$，$y_2(t)\to 0$，$x_3(t)\to 0$，因为 $s_3(\boldsymbol{x})=0$ 已经满足了。像往常一样，它仍然是为了增强控制器(式(6.118))，以确保 M 是一个吸引流形。为此，我们使用李雅普诺夫函数

$$V(\boldsymbol{x})=\frac{1}{2}s_3^2(\boldsymbol{x})$$

并检查控制规则

$$u_1=-2k_1y_1,\quad u_2=-k_2s_3(\boldsymbol{x})/x_1(t)-2k_1y_2(k_2>0) \tag{6.127}$$

是否使 $\dot{\boldsymbol{V}}(\boldsymbol{x})\leqslant 0$。由式(6.123)，当 $k_2>0$，$k_1>0$ 时，有

$$\begin{aligned}\dot{V}(\boldsymbol{x})&=s_3(\boldsymbol{x})\dot{s}_3(\boldsymbol{x})=s_3(\boldsymbol{x})\left[x_1y_2-x_2y_1+\frac{1}{2k_1}(x_1u_2-x_2u_1)\right]\\&=s_3(\boldsymbol{x})[x_1y_2-x_2y_1+(1/2k_1)[-k_2s_3(\boldsymbol{x})]/x_1(t)-x_1y_2+x_2y_1]\\&=-(k_2/2k_1)s^2\leqslant 0\end{aligned}$$

现在，使用式(6.127)所示控制器，可以很容易地验证

$$\dot{s}_3(t)=-(k_2/2k_1)s_3(t) \tag{6.128}$$

有回应

$$s_3(t)=s_{30}\mathrm{e}^{-(k_2/2k_1)t} \tag{6.129}$$

要确保控制器 u_2 在式(6.127)中是有界的，我们必须选择 k_1 和 k_2，使得

$$\left|\frac{s_3(\boldsymbol{x})}{x_1(t)}\right|<\infty,\quad t\to\infty \tag{6.130a}$$

这可以使用式(6.121)和式(6.129)轻松完成。

整个控制器是通过联立式(6.118)和式(6.127)形成的：

$$\begin{aligned}u_1&=-2k_1y_1-k_1^2x_1\\u_2&=-2k_1y_2-k_1^2x_2-k_2s_3(\boldsymbol{x})/x_1(t)\end{aligned} \tag{6.130b}$$

现在，再次遵循 $\dot{s}_3(t)=-(k_2/2k_1)s_3(t)$，因此为了保持 u_2 有界，应该通过适当选择 k_1 和 k_2 来确保相同的条件(式(6.130a))。

例 6.10(控制器奇异点的处理)

找到避免控制器奇异点的方法：

(a) 当 $z_1^2+z_2^2=0$ 时的控制器(式(6.81a)和式(6.81b))；

(b) 当 $x_1(t)=0$ 时的控制器(式(6.127))。

解

(a) $z_1^2+z_2^2=0$ 处的奇异点

避免 $z_1^2+z_2^2=0$ 处(即在 $z_1=z_2=0$ 时)的控制器奇异性的一种方法，是在 z_3 轴周围创建一个不使用该控制器的区域，并使用新的替换控制器[16]。将新变量 ζ 定义为

$$\zeta=s/\sqrt{z_1^2+z_2^2}=s/l \tag{6.131a}$$

可证得，这样的区域是

$$U_{\zeta*}=\{(z_1,\ z_2,\ z_3)\in R^3:|\zeta|\geqslant\zeta^*\} \tag{6.131b}$$

其中 ζ^* 是一个选定的大正边界。在区域 U_ζ^* 中，我们可以不使用式(6.81a)和式(6.81b)，而是使用下述控制律：

$$u_2=b\operatorname{sgn}(s),\quad u_1=0 \tag{6.132}$$

其中 b 是一个恒定增益，指定在靠近奇异点到什么程度时切换控制器。易证使用控制律(式(6.132))，系统在有限时间内离开区域 U_ζ^*。亦可证：

$$\dot{\zeta}=-(k_2/2-k_1)\zeta,\quad k_2>2k_1 \tag{6.133}$$

因此在 R^3 中，U_ζ^* 之外的区域 $\hat{U}_\zeta^*$ 是不变的。因此，一旦系统走到 U_ζ^* 之外，它将一直保持在那里，并且可以在没有奇异点问题的情况下使用控制器(式(6.81a)和式(6.81b))。

(b) $x_1(t)=0$ 处的奇异点

在这种情况下，必须选择 k_1 和 k_2，使得 $|s_3(\boldsymbol{x}(t))/x_1(t)|$ 在任何时候都是有界的。使用式(6.111)、式(6.127)和式(6.129)，对于 $x_{10}+(1/2k_1)y_{10}\neq0$，并且 $x_{10}\neq0$。我们得到[13,15]：

$$\lim_{t\to\infty}\frac{s_3(\boldsymbol{x}(t))}{x_1(t)}=\lim_{t\to\infty}\frac{s_{30}\exp[-(k_2/2k_1)t]}{x_{10}-(1/2k_1)y_{10}[\exp(-2k_1t)-1]}=0$$

但是，如果 $x_{10}\neq0$ 且 $x_{10}+(1/2k_1)y_{10}=0$，我们得到：

$$\left|\frac{s_3(\boldsymbol{x})}{x_1(t)}\right|=\left|\frac{s_{30}\exp[-(k_2/k_1)t]}{-(1/2k_1)y_{10}\exp(-2k_1t)}\right|$$
$$\leqslant|(2k_1s_{30}/y_{10})\exp[-(k_2/2k_1-2k_1)t]|$$

显然，由于 $2k_1s_{30}/y_{10}$ 是有界的，如果 k_1 和 k_2 使得 $k_2/2k_1-2k_1>0$，那么 $|s_3(\boldsymbol{x}/x_1(t)|$ 会指数性减少，即

$$k_2>4k_1^2$$

现在，我们必须确保当 $t\to\infty$ 时，$y_2(t)\to0$。从式(6.111)和式(6.127)，我们得到：

$$\dot{y}_2=-2/k_1y_2+\sigma(\boldsymbol{x},\ t)$$

其中 $\sigma(\boldsymbol{x},\ t)=-k_2s_3(\boldsymbol{x})/x_1(t)$。易证，如果 $\sigma(\boldsymbol{x},\ t)$ 比 $\exp(-2k_1)$ 减少得更快，那么 $y_2(t)$ 以 $2k_1$ 的速率呈指数级地收敛到零。因此，k_1 和 k_2 必须是

$$k_2/2k_1-2k_1>2k_1,\quad k_2\geqslant 8k_1^2 \tag{6.134}$$

从上面的介绍可以得出，当 k_1 和 k_2 满足式(6.134)时，控制器(式(6.127))可推导出一个没有奇点的闭环系统。

参考文献

[1] Isidori A. Nonlinear control systems: an introduction. Berlin/New York: Springer; 1985.

[2] Slotine JJ, Li W. Applied nonlinear control. Englewood Cliffs: Prentice Hall; 1991.

[3] Nijmeijer H, Van der Schaft HR. Nonlinear dynamical control systems. Berlin/New York: Springer; 1990.

[4] Sastry S. Nonlinear systems: analysis stability and control. Berlin/New York: Springer; 1999.

[5] Brockett RW. Asymptotic stability and feedback stabilization: differential geometric control theory. Boston, MA: Birkhauser; 1983.

[6] Yun X, Yamamoto Y. On feedback linearization of mobile robots technical report (CIS). University of Pennsylvania: Department of Computer and Information Science; 1992.

[7] Yang E, Gu D, Mita T, Hu H. Nonlinear tracking control of a car-like mobile robot via dynamic feedback linearization. Proceedings of control 2004. University of Bath: UK; September 2004 [paper 1D-218].

[8] DeLuca A, Oriolo G, Samson C. Feedback control of a nonholonomic car-like robot. In: Laumont JP, editor. Robot motion planning and control. Berlin/New York: Springer; 1998. p. 171–253.

[9] Astolfi A. Exponential stabilization of a wheeled mobile robot via discontinuous control. J Dyn Syst Meas Control 1999;121:121–6.

[10] Reyhanoglu M. On the stabilization of a class of nonholonomic systems using invariant manifold technique. Proceedings of the 34th IEEE conference on decision and control. New Orlean, LA; December 1995. p. 2125–26.

[11] DeVon D, Bretl T. Kinematic and dynamic control of a wheeled mobile robot. Proceedings of IEEE/RSJ international conference on intelligent robots and systems. San Diego, CA; October 29–November 2, 2007. p. 4065–70.

[12] Tayebi A, Tadijne M, Rachid A. Invariant manifold approach for the stabilization of nonholonomic chained systems: application to a mobile robot. Nonlinear Dynamics 2001;24:167–81.

[13] Watanabe K, Yamamoto K, Izumi K, Maeyama S. Underactuated control for nonholonomic mobile robots by using double integrator model and invariant manifold theory. Proceedings of IEEE/RSJ international conference on intelligent robots and systems. Taipei, China; October 18–22, 2010. p. 2862–67.

[14] Peng Y, Liu M, Tang Z, Xie S, Luo J. Geometry stabilizing control of the extended nonholonomic double integrator. Proceedings of IEEE international conference on robotics and biomimetics. Tianijn, China; December 14–18, 2010. p. 926–31.

[15] Izumi K, Watanabe K. Switching manifold control for an extended nonholonomic double integrator. Proceedings of international conference on control and automation systems. Kintex, Gyeonggi-do, ROK; October 27–30, 2010. p. 896–99.

[16] Kim BM, Tsiotras P. Controllers for unicycle-type wheeled robots: theoretical results and experimental validation. IEEE Trans Robot Autom 2002;18(3):294–307.

第 7 章　移动机器人控制 III：自适应控制和鲁棒控制

7.1　引言

如同机器人、飞机和导弹等先进的控制系统具有变化缓慢的未知参数，并且由于负载变化、燃料消耗和其他影响，会包含严重的不确定性或干扰。第 5 章和第 6 章中介绍的所有控制器都基于轮式移动机器人（WMR），不涉及此类未知参数或干扰的假设。处理这种不确定系统的基本方法之一是采用自适应控制方法，该方法总是采用一种算法来实时识别（估计）变化的参数[1-9]。另一替代方法是鲁棒控制法，其需要参数变化的界限的先验知识，且对于参数变化的边界的认识越精确，控制器的鲁棒性就越好[10-17]。

当自适应回路随着时间而优化时，自适应控制器（控制法则或算法）的性能也随之提高，而鲁棒控制器试图从一开始就保持可接受的性能。自适应控制器几乎不需要估计参数的先验知识，但是鲁棒控制器可能面临大干扰、快速变化和未建模性质等问题。通常自适应控制技术需要用到对控制的非线性动态的一些线性参数。

两种广泛使用的自适应控制方法如下：

- 模型参考自适应控制（MRAC）
- 自校正控制（STC）

在轮式移动机器人中，MRAC 方法是自适应控制方法的典型使用，本章中也对其将进行研究。

具体而言，本章的目标如下：

- 提供必要的背景概念，以便用最少的先验控制知识来理解本章内容。
- 展现一些应用于移动机器人的模型参考自适应控制的实现。
- 研究滑模和基于李雅普诺夫的鲁棒控制在移动机器人中的应用。

7.2　背景概念

7.2.1　模型参考自适应控制

模型参考自适应控制系统的基本结构如图 7.1 所示，其包含四个基本部分[1-2]：

- 要控制的涉及未知参数的系统。
- 对所需系统输出的全面且严密判定的参考模型。
- 具有自适应（调整）参数的反馈控制器。
- 用于更新控制器参数的适配机制。

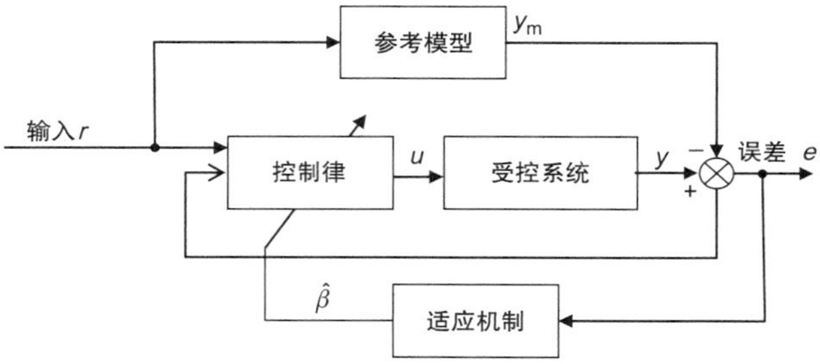

图 7.1　MRAC 系统架构($\hat{\beta}$ 表示估计的参数向量)

假设受控系统的结构是已知的，仅其参数是未知的。系统的理想响应由参考模型提供且必须由参数调整实现。用若干适应性参数将控制定律参数化，控制律须能够完全或渐近地遵循参考响应(轨迹)。这意味着当系统参数完全已知时，相应的控制器参数必须使系统输出与参考模型的输出相同。用自适应律搜索以找到参数值，该参数值确保 MRAC 下的系统响应最终与参考模型响应相同，即确保两个响应之间的误差收敛为零。一般而言，传统控制器和自适应控制器之间的基本区别在于对这种参数自适应方法的使用。设计控制器的自适应环节的两种最流行的方法如下：

- 最速下降法。
- 李雅普诺夫稳定性方法。

7.2.1.1　最速下降参数自适应法则

由于该方案是麻省理工学院开发的，故该方案又称为 MIT 规则。设 β 为参数矢量，e 为实际输出和参考输出之间的误差。我们使用以下标准：

$$I(\beta)=\frac{1}{2}e^2$$

为了减少 $I(\beta)$，可往 $\mathrm{d}I/\mathrm{d}\beta$ 的反方向改变参数，即

$$\frac{\mathrm{d}\beta}{\mathrm{d}t}=-\gamma\frac{\mathrm{d}I}{\mathrm{d}\beta}=-\gamma e\frac{\partial e}{\partial\beta} \tag{7.1}$$

对于变化缓慢的参数(相对系统其他参数而言变化更加缓慢)，可以为常数 β 计算其导数 $\partial e/\partial\beta$。该导数称为*灵敏度导数*。如果我们使用误差标准

$$I(\beta)=|e|$$

则自适应法则是

$$\frac{\mathrm{d}\beta}{\mathrm{d}t}=-\gamma\frac{\partial e}{\partial\beta}\mathrm{sgn}(e) \tag{7.2}$$

其中 $\mathrm{sgn}(e)$是已知的*正负号函数*。自适应法则适用于线性和非线性系统。在所有情况下必须首先确定误差动态。

7.2.1.2　基于李雅普诺夫的自适应法则

该自适应法则从一开始就假设误差 $e(t)$将真正收敛到零。为清楚起见，我们将以简单的标量系统说明此方法：

$$\dot{y}(t)=-ay(t)+bu(t) \tag{7.3}$$

其中 $u(t)$是控制变量，$y(t)$是测量输出。假设稳定参考模型为

$$\dot{y}_{\mathrm{m}}(t)=-a_{\mathrm{m}}y_{\mathrm{m}}(t)+b_{\mathrm{m}}v(t), \quad a_{\mathrm{m}}>0 \tag{7.4}$$

选择控制法：

$$u(t)=-k_1y(t)+k_0v(t) \tag{7.5}$$

定义输出误差 $e=y-y_{\mathrm{m}}$，使用控制法(式(7.5))获得的闭环误差的动态方程如下：

$$\dot{e}(t)=-a_{\mathrm{m}}e+(a_{\mathrm{m}}-a-bk_1)y+(bk_0-b_{\mathrm{m}})v \tag{7.6}$$

显然，如果 $a+bk_1=a_{\mathrm{m}}$，即 $k_1=(a_{\mathrm{m}}-a)/b$，并且 $bk_0-b_{\mathrm{m}}=0$(即 $k_0=b_{\mathrm{m}}/b$)，则闭环系统与参考模型等同，因此对于 $t\to\infty$，有 $e(t)\to 0$。为了构造将控制器参数 k_0 和 k_1 引导为上述理想值 $k_0=b_{\mathrm{m}}/b$ 和 $k_1=(a_{\mathrm{m}}-a)/b$ 的自适应法则，我们使用以下候选李雅普诺夫函数：

$$V(e, k_0, k_1)=\frac{1}{2}\left[e^2+\frac{1}{b\gamma}(bk_1+a-a_{\mathrm{m}})^2+\frac{1}{b\gamma}(bk_0-b_{\mathrm{m}})^2\right] \tag{7.7}$$

该函数满足李雅普诺夫函数的前三个特性，当 k_0 和 k_1 具有理想值时，该函数等于零。对 V 进行微分，可得到

$$\begin{aligned}\dot{V}&=e\dot{e}+\frac{1}{\gamma}(bk_1+a-a_{\mathrm{m}})\dot{k}_1+\frac{1}{\gamma}(bk_0+b_{\mathrm{m}})\dot{k}_0\\&=-a_{\mathrm{m}}e^2+\frac{1}{\gamma}(bk_1+a-a_{\mathrm{m}})(\dot{k}_1-\gamma ye)+\frac{1}{\gamma}(bk_0+b_{\mathrm{m}})(\dot{k}_0-\gamma ve)\end{aligned} \tag{7.8}$$

因此，我们选择参数适应(更新)法则：

$$\begin{aligned}\dot{k}_0&=-\gamma ve\\\dot{k}_1&=\gamma ye\end{aligned} \tag{7.9}$$

然后依据式(7.6)得到

$$\dot{V}=-a_{\mathrm{m}}e^2<0(a_{\mathrm{m}}>0) \tag{7.10}$$

因此，通过李雅普诺夫稳定性判断，$e(t)$随着 $t\to\infty$渐近趋于零。当然，除非提出一些其他适当的条件，否则不能确保 k_0 和 k_1 收敛到理想值。我们观察到自适应法则(式(7.9))具有一般形式：

$$\dot{\beta}=\gamma\psi \boldsymbol{e} \tag{7.11}$$

其中 $\dot{\beta}$ 是参数向量，$\boldsymbol{e}$ 是闭环输出和参考输出之间的误差，ψ 是取决于 v 和 y 的已知函数。上述李雅普诺夫自适应方法适用于 MIMO 和非线性系统，如 WMR 系统。

7.2.2 鲁棒非线性滑模控制

滑模控制方法是机器人控制中最常用的鲁棒控制方法，移动机器人也不例外。为方便起见，我们将用单输入单输出(SISO)的标准非线性模型来描述这种方法(见式(6.24b))[16]：

$$\begin{aligned}\dot{x}_1&=x_2\\\dot{x}_2&=x_3\\&\vdots\end{aligned}$$

$$\dot{x}_{n-1}=x_n$$
$$\dot{x}_n=b(\boldsymbol{x})+a(\boldsymbol{x})u+d(t)$$
$$y=x_1 \tag{7.12}$$

其中 $u(t)$是标量输入，$y(t)$是标量输出，$d(t)$是标量干扰输入。状态向量是

$$\boldsymbol{x}=[x_1, x_2, \cdots, x_n]^{\mathrm{T}}=[y, \mathrm{d}y/\mathrm{d}t, \mathrm{d}^2y/\mathrm{d}t^2, \cdots, \mathrm{d}^{n-1}y/\mathrm{d}t^{n-1}]^{\mathrm{T}}$$

非线性函数 $b(\boldsymbol{x})$不是完全已知的，其包含一些误差(或不精确性)$|\Delta b(\boldsymbol{x})|$，并且这些误差是由上面的 $\boldsymbol{x}$ 的已知连续函数限定的。类似地，控制输入增益 $a(\boldsymbol{x})$也非完全已知的，我们仅知道它的符号和上界函数。目前我们需要考虑的问题是：尽管系统中存在扰动 $d(t)$，且已知 $b(\boldsymbol{x})$和 $a(\boldsymbol{x})$具有不确定性，我们希望找到能够使系统状态在期望的轨迹 $\boldsymbol{x}_{\mathrm{d}}=[y_{\mathrm{d}}, dy_{\mathrm{d}}/\mathrm{d}t, \cdots, \mathrm{d}^{n-1}y_{\mathrm{d}}/\mathrm{d}t^{n-1}]$上运行的 $u(t)$。首先在假设 $\boldsymbol{x}_{\mathrm{d}}(t=0)=\boldsymbol{x}(0)=\boldsymbol{x}_0$ 的情况下处理该问题。跟踪误差为$\tilde{\boldsymbol{x}}(t)=\boldsymbol{x}(t)-\boldsymbol{x}_{\mathrm{d}}(t)=[\tilde{y}, \mathrm{d}\tilde{y}/\mathrm{d}t, \cdots, \mathrm{d}^{n-1}\tilde{y}/\mathrm{d}t^{n-1}]$。我们在状态空间 R^n 内定义时，变滑动面 $S(t)$如下：

$$s(\boldsymbol{x}, t)=0, \quad s(\boldsymbol{x}, t)=(\mathrm{d}/\mathrm{d}t+\Lambda)^{n-1}\tilde{\boldsymbol{x}}(t) \tag{7.13}$$

其中 Λ 是表示控制信号带宽的正常数。在上述 $\boldsymbol{x}_{\mathrm{d}}(0)=\boldsymbol{x}_0$ 条件下，轨迹跟踪问题 $\boldsymbol{x}(t)=\boldsymbol{x}_{\mathrm{d}}(t)$等效在所有 t 时保留在滑动表面 $S(t)$上的问题。这是因为 $s(\boldsymbol{x}, t)=0$ 是一个微分方程，在初始条件$\tilde{\boldsymbol{x}}(0)=\boldsymbol{0}$ 的情况下，对于所有 t，它具有唯一解$\tilde{\boldsymbol{x}}(t)=\boldsymbol{0}$。因此，为了确保跟踪轨迹 $\boldsymbol{x}(t)\rightarrow\boldsymbol{x}_{\mathrm{d}}(t)$，我们必须保持 $s(\boldsymbol{x}, t)=0$，这可以通过选择 $u(t)$在滑动表面 $S(t)$之外来完成。以下滑动条件成立：

$$\frac{1}{2}\frac{\mathrm{d}}{\mathrm{d}t}s^2(\boldsymbol{x}, t)\leqslant-\gamma|s| \tag{7.14}$$

其中 γ 是正常数。这种情况迫使所有轨迹向表面 $S(t)$滑动，因此，该技术称为滑模控制技术(见图 7.2)。

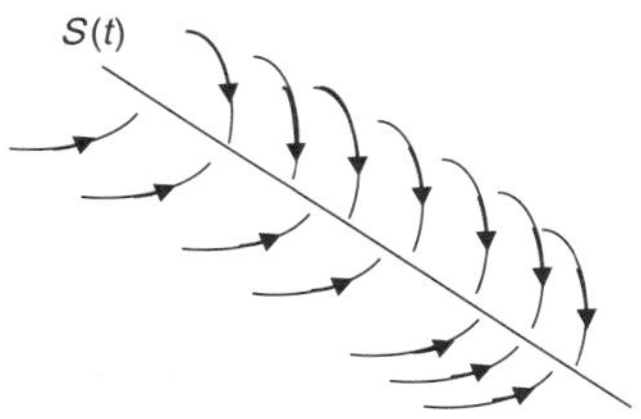

图 7.2　滑动条件(式(7.14))迫使所有轨迹指向滑动表面 $S(t)$

式(7.13)和式(7.14)背后的基本思想是找到一个合适的误差函数 s，然后选择一个控制律使得函数 s^2 在存有扰动和模型不确定性时仍然是(并保持)李雅普诺夫函数。此外，式(7.14)确保如果 $x_{\mathrm{d}}(t=0)=x(0)=x_0$ 不成立，那么在经过一段小于或等于$|s(t=0)|/\gamma$ 的时间之后，轨迹将再次到达表面 $S(t)$。从 $t=0$ 到 $t=t_a$ 对式(7.14)进行积分，其中 $s(t=0)>0$，我们得到 $0-s(t=0)=s(t-t_a)-s(t=0)\leqslant-\gamma(t_a-0)$，即符合 $t_a\leqslant s(t=0)/\gamma$。当 $s(t=0)<0$ 时有相同的结果。式(7.13)表明一旦轨迹到达表面 $S(t)$，跟踪误差随时间常数$(n-1)/\Lambda$ 或衰减速率 $\Lambda/(n-1)$渐近地收敛到零。为了稳健地面对干扰和模型不确定性，满足式(7.14)的滑模控制器在穿过 $S(t)$时必须是不连续的，而这在实践中是不被期望的，因为它可能激发高频未建模动态(抖动效应)。

在此基础上，滑模鲁棒控制器的设计包括三个步骤：

步骤 1　选择满足滑动条件的控制律。该控制器具有涉及正负号函数功能的切换(不连续)类型：

$$\mathrm{sgn}(s)=\begin{cases}+1, & s>0 \\ -1, & s<0\end{cases} \tag{7.15}$$

步骤 2 为了避免抖动效应，对切换类型控制器进行平滑处理以在轨迹跟踪精度和控制信号带宽之间进行折中。这通常可以通过用饱和函数逼近急剧变化的"符号"函数并使用滑动边界层 $B(t)$ 代替滑动表面来实现，如图 7.3 所示，其中 $B(t)$ 定义为

$$B(t)=\{\boldsymbol{x}: \; |s(\boldsymbol{x}, t)\leqslant U, \quad \boldsymbol{x}\in R^n\}, \quad U>0 \tag{7.16}$$

a）$n=2$时的边界层   b）控制信号在边界层内平滑

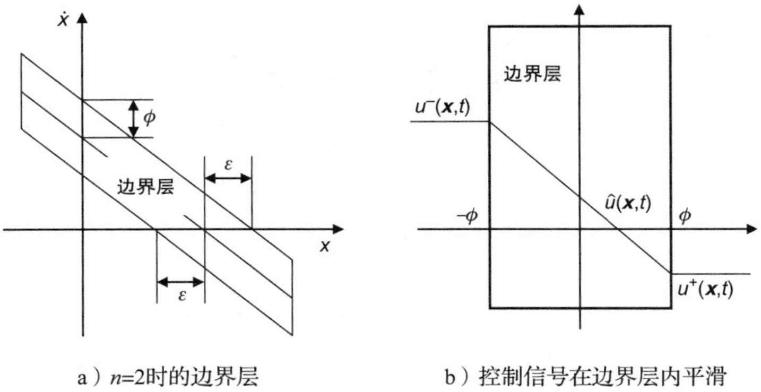

图 7.3　对切换类型控制器进行平滑处理

边界层 $B(t)$ 是状态空间的不变区域（即对于 $t=0$，所有从 $B(t)$ 内部状态离开的轨迹，当 $t>0$ 时总是保持在其内部）。在边界层内，函数 $\mathrm{sgn}(s)$ 由平滑线性函数 $z=s/U$ 代替，其中 U 是边界层的宽度。具体来说，使用"饱和"函数的滑动模式控制器是

$$\mathrm{sat}(z)=\begin{cases}z, & |z|\leqslant1 \\ \mathrm{sgn}(z), & |z|>1\end{cases} \tag{7.17}$$

当然，在这种情况下，轨迹跟踪是通过一定的最大误差 ε 实现的，也就是说，对于源自 $B(t=0)$ 内的所有轨迹，以下条件成立：

$$|\mathrm{d}^i\widetilde{y}(t)/\mathrm{d}t^i|\leqslant2(\Lambda)^i\varepsilon, \quad i=0, 1, 2, \cdots, n-1$$

步骤 3 在边界层 $B(t)$ 之外，控制定律如前所述，即满足标准滑动条件（式（7.14））。为了说明滑模控制器的设计方法，我们考虑以下简单但有代表性的系统：

$$\ddot{x}=b+u$$

其中 x 是标量输出，u 是标量控制输入，函数 $b(x)$（可能是非线性或时变函数）是未知不精确的，只是近似于不确定性界限 $\rho_{\max}$，即

$$|\hat{b}-b|\leqslant\rho_{\max} \tag{7.18}$$

确保 $x(t)=x_{\mathrm{d}}(t)$ 的滑动表面 $s=0$ 由式（7.13）给出，即

$$s(t)=(\mathrm{d}/\mathrm{d}t+\Lambda)\widetilde{x}=\dot{\widetilde{x}}+\Lambda\widetilde{x} \tag{7.19}$$

其中 $\widetilde{x}(t)=x(t)-x_{\mathrm{d}}(t)$。对式（7.19）进行微分，我们得到：

$$\dot{s}=\ddot{x}-\ddot{x}_{\mathrm{d}}+\Lambda\dot{\widetilde{x}}=b+u-\ddot{x}_{\mathrm{d}}+\Lambda\dot{\widetilde{x}} \tag{7.20}$$

因此，给出 $\dot{s}=0$ 的连续控制律的最佳近似：

$$\hat{u}=-\hat{b}+\ddot{x}_{\mathrm{d}}-\Lambda\dot{\tilde{x}} \tag{7.21}$$

为了满足滑动条件(式(7.14))，尽管系统模型的函数 b 存在不确定性，我们仍添加项 $-k\operatorname{sgn}(s)$，因此

$$u=\hat{u}-k\operatorname{sgn}(s) \tag{7.22}$$

其中 $\operatorname{sgn}(s)$ 由式(7.15)给出。选择足够大的幅度函数 $k=k(x, \dot{x})$，我们可以确保满足式(7.14)。其后依据式(7.20)～式(7.22)，可以获得

$$\begin{aligned}\frac{1}{2}\frac{\mathrm{d}}{\mathrm{d}t}s^2&=\dot{s}s=[b-\hat{b}-k\operatorname{sgn}(s)]s\\&=(b-\hat{b})s-k|s|\end{aligned} \tag{7.23}$$

因此，如果我们选择函数 $k(x, \dot{x})$ 为

$$k=\rho_{\max}+\gamma \tag{7.24a}$$

并考虑式(7.18)，关系式(7.23)给出：

$$\frac{1}{2}\frac{\mathrm{d}}{\mathrm{d}t}s^2\leqslant-\gamma|s| \tag{7.24b}$$

这是理想的条件(式(7.14))。以类似的方式，我们可以处理类型为 $\ddot{x}=b+au$ 的系统，其中增益函数 a(可能是非线性的)不是完全已知的，而是通过满足不等式的值 $\hat{a}$ 估计：

$$1/\eta\leqslant\hat{a}/a\leqslant\eta \tag{7.24c}$$

其中 $\eta=\eta(x)$ 是给定的边界函数，称为*增益裕度函数*。在这种情况下，可以轻松验证控制器：

$$u=\hat{a}^{-1}\{\hat{u}-k\operatorname{sgn}(s)\} \tag{7.24d}$$

且 $k=\eta(\rho_{\max}+\gamma)+(\eta-1)|\hat{u}|$ 满足滑动条件(式(7.24b))。其中 $a(x)$ 中的不确定性由下式指定：

$$\eta_{\min}\leqslant\hat{a}/a\leqslant\eta_{\max} \tag{7.24e}$$

那么我们可以通过设置 $\eta=(\eta_{\max}/\eta_{\min})^{1/2}$ 并将估计 $\hat{a}$ 替换为 $(\eta_{\min}\eta_{\max})^{-1/2}\hat{a}$ 来将其置于式(7.24c)中。最后，如果 $a(x)$ 中的不确定性由 $\eta_{\min}\leqslant a\leqslant\eta_{\max}$ 确定，那么可以通过设 $\hat{a}=(\eta_{\min}\eta_{\max})^{1/2}$ 和 $\eta=(\eta_{\max}/\eta_{\min})^{1/2}$，以式(7.24c)的形式表达 a。

7.2.3　使用李雅普诺夫稳定方法的鲁棒控制

这是一种基于李雅普诺夫稳定性的替代鲁棒控制方法。在这种方法中，我们为标称闭环系统构造李雅普诺夫函数 V，然后将其用于控制器的设计，以确保对系统不确定性的鲁棒性。考虑非线性系统[16]：

$$\dot{\boldsymbol{x}}=\boldsymbol{f}(\boldsymbol{x})+\boldsymbol{g}(\boldsymbol{x})u+\boldsymbol{d}(\boldsymbol{x}, t),\quad \boldsymbol{x}\in R^n \tag{7.25}$$

其中 u 是标量控制输入，$\boldsymbol{f}(\boldsymbol{x})$，$\boldsymbol{g}(\boldsymbol{x})$ 与标准含义一致，$\boldsymbol{d}(x, t)$ 是一个不确定函数，它由已知函数 $\rho(\boldsymbol{x})$ 限定为

$$\|\boldsymbol{d}(\boldsymbol{x}, t)\|\leqslant\rho(\boldsymbol{x}) \tag{7.26}$$

我们假设标称系统是可稳定的，也就是说，存在一个状态反馈控制器 $\hat{u}(\boldsymbol{x})$，在平衡

点 $\boldsymbol{x}=0$ 处，它给出一个渐近闭环系统

$$\dot{\boldsymbol{x}}=\boldsymbol{f}(\boldsymbol{x})+\boldsymbol{g}(\boldsymbol{x})\hat{u}(\boldsymbol{x}) \tag{7.27}$$

假设已知道李雅普诺夫函数 V，有

$$\left[\frac{\partial V(\boldsymbol{x})}{\partial \boldsymbol{x}}\right]^{\mathrm{T}}[\boldsymbol{f}(\boldsymbol{x})+\boldsymbol{g}(\boldsymbol{x})\hat{u}(\boldsymbol{x})]<0 \quad (\text{对于所有 } \boldsymbol{x}\neq\boldsymbol{0}) \tag{7.28}$$

需要解决的问题是设计一个额外的鲁棒控制器 $u_{\text{robust}}(\boldsymbol{x})$，使总控制器

$$u(\boldsymbol{x})=\hat{u}(\boldsymbol{x})+u_{\text{robust}}(\boldsymbol{x}) \tag{7.29}$$

稳健地稳定不确定性系统(式(7.25))。如果对于所有允许的不确定性，$\dot{\boldsymbol{V}}$ 在系统的轨迹上是负的，则满足鲁棒稳定性的要求。这里：

$$\dot{V}=\left[\frac{\partial V(\boldsymbol{x})}{\partial \boldsymbol{x}}\right]^{\mathrm{T}}[\boldsymbol{f}(\boldsymbol{x})+\boldsymbol{g}(\boldsymbol{x})\hat{u}(\boldsymbol{x})]+\left[\frac{\partial V(\boldsymbol{x})}{\partial \boldsymbol{x}}\right]^{\mathrm{T}}[\boldsymbol{g}(\boldsymbol{x})u_{\text{robust}}(\boldsymbol{x})+\boldsymbol{d}(\boldsymbol{x},t)] \tag{7.30}$$

因此，应选择 $u_{\text{robust}}(\boldsymbol{x})$，使得 $\dot{\boldsymbol{V}}<0$。我们可以发现，式(7.30)的第一项由于选择 $\hat{u}(\boldsymbol{x})$ 而为负(见式(7.28))。如果扰动 $d(\boldsymbol{x},t)$ 具有以下形式，则可以找到这种 $u_{\text{robust}}(\boldsymbol{x})$ 的解：

$$\boldsymbol{d}(\boldsymbol{x},t)=\boldsymbol{g}(\boldsymbol{x})\bar{d}(\boldsymbol{x},t) \tag{7.31}$$

对于某些不确定函数 $\bar{d}(\boldsymbol{x},t)$，易得

$$[\partial V(\boldsymbol{x})/\partial \boldsymbol{x}]^{\mathrm{T}}\boldsymbol{d}(\boldsymbol{x},t)=[\partial \boldsymbol{V}(\boldsymbol{x})/\partial \boldsymbol{x}]^{\mathrm{T}}\boldsymbol{g}(\boldsymbol{x})\bar{d}(\boldsymbol{x},t)=0$$

对于 $[\partial V(\boldsymbol{x})/\partial \boldsymbol{x}]^{\mathrm{T}}\boldsymbol{g}(\boldsymbol{x})=0$ 的所有 $\boldsymbol{x}$。结构条件(式(7.31))称为匹配条件，因为它允许将式(7.25)中的系统写为

$$\dot{\boldsymbol{x}}=\boldsymbol{f}(\boldsymbol{x})+\boldsymbol{g}(\boldsymbol{x})[u+\bar{d}(\boldsymbol{x},t)] \tag{7.32}$$

这意味着不确定性 $\bar{d}(\boldsymbol{x},t)$ 从相同的输入通道进入系统。如果匹配条件(式(7.31))成立，则可以通过多种方式确定鲁棒控制器 $u_{\text{robust}}(\boldsymbol{x})$。例如，如果对于某些已知函数 $\bar{\rho}(\boldsymbol{x})$，不确定性 $\bar{d}(\boldsymbol{x},t)$ 的界限为

$$\|\bar{d}(\boldsymbol{x},t)\|\leqslant\bar{\rho}(\boldsymbol{x}) \tag{7.33}$$

则控制器

$$u_{\text{robust}}(\boldsymbol{x})=\begin{cases}-\bar{\rho}(\boldsymbol{x})\dfrac{[(\partial V/\partial \boldsymbol{x})^{\mathrm{T}}\boldsymbol{g}(\boldsymbol{x})]^{\mathrm{T}}}{\|(\partial V/\partial \boldsymbol{x})^{\mathrm{T}}\boldsymbol{g}(\boldsymbol{x})\|}, & \|(\partial V/\partial \boldsymbol{x})^{\mathrm{T}}\boldsymbol{g}(\boldsymbol{x})\|\neq 0\\ 0, & \|(\partial V/\partial \boldsymbol{x})^{\mathrm{T}}\boldsymbol{g}(\boldsymbol{x})\|=0\end{cases} \tag{7.34}$$

给出

$$\dot{V}\leqslant\left[\frac{\partial V(\boldsymbol{x})}{\partial \boldsymbol{x}}\right]^{\mathrm{T}}[\boldsymbol{f}(\boldsymbol{x})+\boldsymbol{g}(\boldsymbol{x})\hat{u}(\boldsymbol{x})]+\left\|\left[\frac{\partial V(\boldsymbol{x})}{\partial \boldsymbol{x}}\right]^{\mathrm{T}}\boldsymbol{g}(\boldsymbol{x})\right\|\{-\bar{\rho}(\boldsymbol{x})+\|\bar{d}(\boldsymbol{x},t)\|\}<0$$

因为式(7.28)，第一项是负的，而根据式(7.33)，第二项也是负的，因此控制器

$$u(\boldsymbol{x})=\hat{u}(\boldsymbol{x})+u_{\text{robust}}(\boldsymbol{x})$$

中 $\hat{u}$ 满足式(7.28)，由 u_{robust} 式(7.34)给出；确保了所有不确定性 $\bar{d}(x,t)$ 下的鲁棒性，不确定性 $\bar{d}(x,t)$ 由式(7.33)所限定。

在标量控制输入的情况下，式(7.34)中的控制器 $u_{\text{robust}}(\boldsymbol{x})$ 简化为

$$u_{\text{robust}}(\boldsymbol{x})=-\bar{\rho}(\boldsymbol{x})\operatorname{sgn}[(\partial V/\partial \boldsymbol{x})^{\mathrm{T}}\boldsymbol{g}(\boldsymbol{x})]$$

可知滑动模式下，在 $[\partial V(\boldsymbol{x})/\partial \boldsymbol{x}]^{\mathrm{T}}\boldsymbol{g}(\boldsymbol{x})=0$ 的点 $\boldsymbol{x}$ 处，控制器 $u_{\text{robust}}(\boldsymbol{x})$ 是不连续的。基

于这个原因，必须使用一些平滑近似，这将确保不是在 $\boldsymbol{x}=\mathbf{0}$ 收敛，而是在 $\boldsymbol{x}=\mathbf{0}$ 附近的任意小的区域收敛。一个简单的方法是通过以下公式替换式(7.34)中的函数 $\boldsymbol{z}^{\mathrm{T}}(\boldsymbol{x})/\|\boldsymbol{z}(\boldsymbol{x})\|$：

$$\sigma(\boldsymbol{x})=\frac{\boldsymbol{z}^{\mathrm{T}}(\boldsymbol{x})}{\|\boldsymbol{z}(\boldsymbol{x})\|+\delta(\boldsymbol{x})},\quad \boldsymbol{z}(\boldsymbol{x})=\left(\frac{\partial V(\boldsymbol{x})}{\partial \boldsymbol{x}}\right)^{\mathrm{T}}\boldsymbol{g}(\boldsymbol{x})$$

其中 $\delta(\boldsymbol{x})$是一个平滑的严格正函数且是一次可微分的，当 $\delta(\boldsymbol{x})\equiv 0$ 时，简化为 $\boldsymbol{z}^{\mathrm{T}}(\boldsymbol{x})/\|\boldsymbol{z}(\boldsymbol{x})\|$。很容易使用$\sigma(\boldsymbol{x})$验证，如果 $\delta(\boldsymbol{x})$足够小，则平滑控制律 $\hat{u}(\boldsymbol{x})$使除 $\boldsymbol{x}=\mathbf{0}$ 外的所有 x 的 $\dot{\boldsymbol{V}}\leqslant 0$。

7.3 移动机器人的模型参考自适应控制

7.3.1 差分驱动 WMR

我们考虑差分驱动 WMR 的反馈跟踪控制器(见图 5.11)，并假设惯性参数 m 和 I 是未知的[8-9]。因此，如果 $\hat{m}$ 和 $\hat{I}$ 是 m 和 I 的估计值，则控制法则(式(5.59a)和式(5.59b))被替换为

$$\tau_{\mathrm{a}}=\hat{m}\dot{v}_{\mathrm{d}}+K_{a}\tilde{v}_{\mathrm{c}},\quad \tilde{v}_{\mathrm{c}}=v_{\mathrm{d}}-v_{\mathrm{c}} \tag{7.35a}$$

$$\tau_{\mathrm{b}}=\hat{I}\dot{\omega}_{\mathrm{d}}+K_{\mathrm{b}}\tilde{\omega}_{\mathrm{c}},\quad \tilde{\omega}_{\mathrm{c}}=\omega_{\mathrm{d}}-\omega_{\mathrm{c}} \tag{7.35b}$$

现将式(5.49a)和(5.49b)引入式(7.35a)和式(7.35b)，可见

$$\dot{v}_{\mathrm{c}}=\beta_1\dot{v}_{\mathrm{d}}+\beta_2(v_{\mathrm{d}}-v_{\mathrm{c}}) \tag{7.36a}$$

$$\dot{\omega}_{\mathrm{c}}=\beta_3\dot{\omega}_{\mathrm{d}}+\beta_4(\omega_{\mathrm{d}}-\omega_{\mathrm{c}}) \tag{7.36b}$$

其中

$$\beta_1=\hat{m}/m,\quad \beta_2=K_{\mathrm{a}}/m,\quad \beta_3=\hat{I}/I,\quad \beta_4=K_{\mathrm{b}}/I \tag{7.36c}$$

线性出现的参数将由适应法则估计(更新)。v_{c} 和 ω_{c} 的参考模型记为

$$\dot{v}_{\mathrm{r}}+\beta_{\mathrm{r}v}v_{\mathrm{r}}=0,\quad \beta_{\mathrm{r}v}>0 \tag{7.37a}$$

$$\dot{\omega}_{\mathrm{r}}+\beta_{\mathrm{r}\omega}\omega_{\mathrm{r}}=0,\quad \beta_{\mathrm{r}\omega}>0 \tag{7.37b}$$

其中 $\beta_{\mathrm{r}\omega}$ 和 $\beta_{\mathrm{r}\omega}$ 分别是线性和角阻尼系数。我们现在将使用线速度系统(式(7.36a))和相应的参考模型(式(7.37a))，其形式如下：

$$\dot{v}_{\mathrm{m}}=\dot{v}_{\mathrm{d}}+\beta_{\mathrm{r}v}v_{\mathrm{d}}-\beta_{\mathrm{r}v}v_{\mathrm{m}} \tag{7.38}$$

其中 $v_{\mathrm{m}}=v_{\mathrm{d}}-v_{\mathrm{r}}$。由式(7.36a)和式(7.38)可发现系统和参考模型速度之间的误差 $e=v_{\mathrm{c}}-v_{\mathrm{m}}$ 由下面的动态方程描述：

$$\dot{e}(t)=-\beta_{\mathrm{r}v}e+(\beta_1-1)\dot{v}_{\mathrm{d}}+(\beta_2-\beta_{\mathrm{r}v})(v_{\mathrm{d}}-v_{\mathrm{c}}) \tag{7.39}$$

为了构建 β_1 和 β_2 的适应律，我们使用以下类似于式(7.7)的候选函数：

$$V(e,\beta_1,\beta_2)=\frac{1}{2}\left[e^2+\frac{1}{\gamma_1}(\beta_1-1)^2+\frac{1}{\gamma_2}(\beta_2-\beta_{\mathrm{r}v})^2\right]$$

引入式(7.39)对 V 进行微分可得到：

$$\begin{aligned}\dot{V}&=e\dot{e}+(1/\gamma_1)(\beta_1-1)\dot{\beta}_1+(1/\gamma_2)(\beta_2-\beta_{\mathrm{r}v})\dot{\beta}_2\\&=e[-\beta_{\mathrm{r}v}e+(\beta_1-1)\dot{v}_{\mathrm{d}}+(\beta_2-\beta_{\mathrm{r}v})(v_{\mathrm{d}}-v_{\mathrm{c}})]+(1/\gamma_1)(\beta_1-1)\dot{\beta}_1\\&\quad+(1/\gamma_2)(\beta_2-\beta_{\mathrm{r}v})\dot{\beta}_2\\&=-\beta_{\mathrm{r}v}e^2+(\beta_1-1)[e\dot{v}_{\mathrm{d}}+(1/\gamma_1)\dot{\beta}_1]+(\beta_2-\beta_{\mathrm{r}v})[e(v_{\mathrm{d}}-v_{\mathrm{c}})+(1/\gamma_2)\dot{\beta}_2]\end{aligned}$$

因此，选择 β_1 和 β_2 的适应规律为

$$\dot{\beta}_1=-\gamma_1\dot{v}_{\mathrm{d}}e=\gamma_1\psi_1 e,\quad \psi_1=-\dot{v}_{\mathrm{d}} \tag{7.40a}$$

$$\dot{\beta}_2=-\gamma_2(v_{\mathrm{d}}-v_{\mathrm{c}})e=\gamma_2\psi_2 e,\quad \psi_2=v_{\mathrm{c}}-v_{\mathrm{d}} \tag{7.40b}$$

可得

$$\dot{V}=-\beta_{rv}e^2\leqslant 0\quad(\beta_{rv}>0)$$

根据李雅普诺夫稳定性判据，它表明 $e(t)$渐近收敛为零。β_3 和 β_4 的相应适应法则可由式(7.40a)和式(7.40b)得出：

$$\dot{\beta}_3=\gamma_3\psi_3 e',\quad \dot{\beta}_4=\gamma_4\psi_4 e' \tag{7.41}$$

其中 e'，ψ_3 和 ψ_4 具有明显的相应的定义。

在上述基础上，图 5.11 的跟踪控制系统可以通过在 $1/m$ 和 $1/I$ 的框中嵌入适应法则(式(7.40a)、式(7.40b)和式(7.41))来升级到自适应控制系统。

7.3.2　通过输入-输出线性化实现自适应控制

7.3.2.1　已知参数的跟踪控制

通常，非完整 WMR(独轮车型和类车型)有两个输入和两个输出。在例 6.8 中描述了在使用适当的输出时，系统可以使用静态反馈线性化/解耦控制器进行输入-输出解耦。对于类似汽车的机器人，这些输出可以是位于机器人方向线上前方的点 C 的坐标 x_{c}，y_{c}。对于差分驱动机器人，选择适当的输出作为机器人前面的点 C 的坐标 x_{c}，y_{c}，其位于机器人的线速度 v 的轴上(见图 6.4)，且相对于世界坐标系的 x 轴具有角度 ϕ。因此，输出向量是

$$y=\begin{bmatrix}y_1\\y_2\end{bmatrix}=\begin{bmatrix}x+L\cos\phi\\y+L\sin\phi\end{bmatrix}=\begin{bmatrix}x_{\mathrm{c}}\\y_{\mathrm{c}}\end{bmatrix} \tag{7.42}$$

这说明使用输出向量(式(7.42))，允许静态输入-输出的解耦类似于例 6.8 中针对类车载机器人的证明。现在，假设选择输出使得系统可以通过静态反馈控制器解耦，我们将推导有下式形式[7]的 m 输入 m 输出仿射系统的一般反馈线性化过程：

$$\dot{\boldsymbol{x}}=\boldsymbol{f}(\boldsymbol{x})+\boldsymbol{g}_1(\boldsymbol{x})u_1+\cdots+\boldsymbol{g}_m(\boldsymbol{x})u_m,\quad \boldsymbol{x}\in R^n \tag{7.43a}$$

$$\boldsymbol{y}=\begin{bmatrix}y_1\\\vdots\\y_m\end{bmatrix}=\begin{bmatrix}h_1(\boldsymbol{x})\\\vdots\\h_m(\boldsymbol{x})\end{bmatrix}\in R^m,\quad \boldsymbol{u}=\begin{bmatrix}u_1\\\vdots\\u_m\end{bmatrix}\in R^m \tag{7.43b}$$

对输出 y_i 进行微分可得到：

$$\dot{y}_i=L_f h_i(\boldsymbol{x})+\sum_{k=1}^{m}L_{\boldsymbol{g}_k}h_i(\boldsymbol{x})u_k \tag{7.44a}$$

其中

$$L_f h_i(\boldsymbol{x})=\sum_{j=1}^{n}\frac{\vartheta h_i(\boldsymbol{x})}{\vartheta x_j}\dot{x}_{jf} \tag{7.44b}$$

$$L_{\boldsymbol{g}_k}h_i(\boldsymbol{x})=\sum_{j=1}^{n}\frac{\vartheta h_i(\boldsymbol{x})}{\vartheta x_j}\dot{x}_{jg} \tag{7.44c}$$

其中 $\dot{x}_{jf}$ 和 $\dot{x}_{jg}$ 分别是与 $\boldsymbol{f}(\boldsymbol{x})$ 和 $\boldsymbol{g}(\boldsymbol{x})$ 对应的第 j 个状态方程(式(7.43a))的一部分。

显然，如果式(7.44a)中所有 $L_{g_k}h_i(\boldsymbol{x})$ 为零，$\dot{y}_i$ 中就会没有输入。假设 r_i 是对应于 y_i 的相对度，即使至少一个输入在 $\mathrm{d}^{r_i}y_i/\mathrm{d}t^{r_i}$ 中明确出现所需的最低整数(参见定义 6.3)。然后：

$$y_i^{(r_i)}=\mathrm{d}^{r_i}y_i/\mathrm{d}t^{r_i}=L_f^{r_i}h_i(\boldsymbol{x})+\sum_{k=1}^{m}L_{g_k}(L_f^{r_i-1}h_i(\boldsymbol{x}))u_k,\quad i=1,2,\cdots,m \tag{7.45a}$$

其中

$$L_f^{r_i}h_i(\boldsymbol{x})=\sum_{j=1}^{m}\frac{\partial L_f^{r_i-1}h_i(\boldsymbol{x})}{\partial x_j}\dot{x}_{jf} \tag{7.45b}$$

$$L_{g_k}L_f^{r_i-1}h_i(\boldsymbol{x})=\sum_{j=1}^{n}\frac{\partial L_{g_k}L_f^{r_i-2}h_i(\boldsymbol{x})}{\partial x_j}\dot{x}_{jg} \tag{7.45c}$$

且对于线性化区域中的至少一个 k 和所有 $\boldsymbol{x}$，有

$$L_{g_k}L_f^{r_i-1}h_i(\boldsymbol{x})\neq\boldsymbol{0}$$

现在将 $\boldsymbol{\Theta}(\boldsymbol{x})$ 定义为

$$\boldsymbol{\Theta}(\boldsymbol{x})=\begin{bmatrix}L_{g_1}L_f^{r_i-1}h_1\cdots L_{g_m}L_f^{r_i-1}h_1\\ \vdots\\ L_{g_1}L_f^{r_m-1}h_m\cdots L_{g_m}L_f^{r_m-1}h_m\end{bmatrix} \tag{7.46}$$

式(7.45a)可以用紧凑的形式写成：

$$\begin{bmatrix}y_1^{(r_1)}\\ \vdots\\ y_m^{(r_m)}\end{bmatrix}=\begin{bmatrix}L_f^{r_1}h_1\\ \vdots\\ L_f^{r_m}h_m\end{bmatrix}+\boldsymbol{\Theta}(\boldsymbol{x})\begin{bmatrix}u_1\\ \vdots\\ u_m\end{bmatrix} \tag{7.47}$$

因此，如果在感兴趣的区域中对于 $\boldsymbol{x}$ 存在解耦矩阵 $\boldsymbol{\Theta}(\boldsymbol{x})$ 的逆 $\boldsymbol{\Theta}^{-1}(\boldsymbol{x})$，那么我们可以使用状态反馈定律[7]：

$$\boldsymbol{u}(\boldsymbol{x})=\boldsymbol{F}(\boldsymbol{x})+\boldsymbol{G}(\boldsymbol{x})\boldsymbol{v},\quad \boldsymbol{v}=[v_1,v_2,\cdots,v_m]^{\mathrm{T}} \tag{7.48a}$$

其中 $\boldsymbol{v}$ 是新的输入向量，并且

$$\boldsymbol{F}(\boldsymbol{x})=-\boldsymbol{\Theta}^{-1}(\boldsymbol{x})\begin{bmatrix}L_f^{r_1}h_1\\ \vdots\\ L_f^{r_m}h_m\end{bmatrix},\quad \boldsymbol{G}(\boldsymbol{x})=\boldsymbol{\Theta}^{-1}(\boldsymbol{x}) \tag{7.48b}$$

将控制器(式(7.48a)和式(7.48b))引入式(7.47)，可以得到闭环系统

$$\begin{bmatrix}y_1^{(r_1)}\\ \vdots\\ y_m^{(r_m)}\end{bmatrix}=\begin{bmatrix}v_1\\ \vdots\\ v_m\end{bmatrix} \tag{7.48c}$$

这是选定输出的线性和输入-输出解耦，允许通过静态反馈进行输入-输出解耦。

现在，上述解耦 m 输入 m 输出方法将应用于差分驱动 WMR 的动力学模型

(式(6.43a)和式(6.43b))：

$$\dot{\boldsymbol{x}}=\boldsymbol{f}(\boldsymbol{x})+\boldsymbol{g}(\boldsymbol{x})\boldsymbol{u},\quad \boldsymbol{x}\in R^6 \tag{7.49a}$$

$$\boldsymbol{f}(\boldsymbol{x})=\begin{bmatrix}\boldsymbol{B}\boldsymbol{v}\\ \vdots\\ -\overline{\boldsymbol{D}}^{1}\overline{\boldsymbol{C}}\boldsymbol{v}\end{bmatrix}=\begin{bmatrix}\boldsymbol{B}\boldsymbol{v}\\ \vdots\\ \boldsymbol{f}_2\end{bmatrix}\in R^6 \tag{7.49b}$$

$$\boldsymbol{g}(\boldsymbol{x})=\begin{bmatrix}\boldsymbol{0}\\ \vdots\\ \overline{\boldsymbol{D}}^{1}\end{bmatrix}\in R^6,\quad \boldsymbol{u}=\begin{bmatrix}u_1\\ u_2\end{bmatrix}=\begin{bmatrix}\tau_r\\ \tau_1\end{bmatrix}\in R^2 \tag{7.49c}$$

输出见式(7.42)，以世界坐标系(见式(2.17))表示为

$$\boldsymbol{y}=\begin{bmatrix}y_1\\ y_2\end{bmatrix}=\begin{bmatrix}x\\ y\end{bmatrix}+\begin{bmatrix}\cos\phi & -\sin\phi\\ \sin\phi & \cos\phi\end{bmatrix}\begin{bmatrix}x_c\\ y_c\end{bmatrix}=\begin{bmatrix}h_1(\boldsymbol{x})\\ h_2(\boldsymbol{x})\end{bmatrix} \tag{7.50}$$

将式(7.50)中的 $\boldsymbol{y}$ 对于时间进行两次求导，有

$$\ddot{y}=L_f^2\boldsymbol{h}(\boldsymbol{x})+\boldsymbol{\Theta}(\boldsymbol{x})\boldsymbol{u}(\boldsymbol{x}) \tag{7.51a}$$

其中

$$L_f^2\boldsymbol{h}(\boldsymbol{x})=\boldsymbol{p}+\boldsymbol{q}\boldsymbol{f}_2,\quad \boldsymbol{\Theta}(\boldsymbol{x})=\boldsymbol{q}\overline{\boldsymbol{D}}^{-1} \tag{7.51b}$$

其中 $\boldsymbol{p}$ 和 $\boldsymbol{q}$ 由 $\boldsymbol{f}(\boldsymbol{x})$ 计算。模型(式(7.51a)和式(7.51b))具有式(7.45a)、式(7.45b)或式(7.47)的形式，因此使用状态反馈控制律

$$\boldsymbol{u}(\boldsymbol{x})=\boldsymbol{F}(\boldsymbol{x})+\boldsymbol{G}(\boldsymbol{x})\boldsymbol{v},\quad \boldsymbol{v}=[v_1,\ v_2]^{\mathrm{T}} \tag{7.52a}$$

及

$$\boldsymbol{F}(\boldsymbol{x})=\boldsymbol{\Theta}^{-1}(\boldsymbol{x})L_f^2\boldsymbol{h}(\boldsymbol{x}),\quad \boldsymbol{G}(\boldsymbol{x})=\boldsymbol{\Theta}^{-1}(\boldsymbol{x}) \tag{7.52b}$$

可得：

$$\begin{aligned}\ddot{y}_1(t)&=v_1(t)\\ \ddot{y}_2(t)&=v_2(t)\end{aligned} \tag{7.53}$$

现在，有了所需的输出轨迹 $\boldsymbol{y}_d=[y_{1d},\ y_{2d}]^{\mathrm{T}}$，线性跟踪控制器可被选择为

$$\begin{aligned}v_1&=\ddot{y}_{1d}+k_{11}(\dot{y}_{1d}-\dot{y}_1)+k_{01}(y_{1d}-y_1)\\ v_2&=\ddot{y}_{2d}+k_{12}(\dot{y}_{2d}-\dot{y}_2)+k_{02}(y_{2d}-y_2)\end{aligned}$$

由此推导出闭环动态误差：

$$\ddot{\tilde{y}}+k_{11}\dot{\tilde{y}}+k_{01}\tilde{y}_1=0,\quad \ddot{\tilde{y}}_2+k_{12}\dot{\tilde{y}}+k_{02}\tilde{y}_2=0$$

选择参数 $k_{ij}(i,\ j=1,\ 2)$以获得期望的阻尼比 ζ 和无阻尼的固有频率(带宽)$\Omega=\omega_n^2$，我们得到期望的渐近跟踪性能。

7.3.2.2　自适应跟踪控制器

如果系统(式(7.43a)和式(7.43b))具有未知参数，则通过式(7.48a)和式(7.48b)获得的线性化并不完美。在这种情况下，我们使用这些参数的估计值，这给了我们 $\boldsymbol{f}(\boldsymbol{x})$，$\boldsymbol{g}(\boldsymbol{x})$和 $\boldsymbol{h}(\boldsymbol{x})$的估计值 $\hat{\boldsymbol{f}}(\boldsymbol{x})$，$\hat{\boldsymbol{g}}(\boldsymbol{x})$和 $\hat{\boldsymbol{h}}(\boldsymbol{x})$，并将控制器(式(7.52a)和式(7.52b))替换为

$$\hat{\boldsymbol{u}}(\boldsymbol{x})=\hat{\boldsymbol{F}}(\boldsymbol{x})+\hat{\boldsymbol{G}}(\boldsymbol{x})\boldsymbol{v} \tag{7.54a}$$

其中

$$\hat{F}(x)=\hat{\Theta}^{-1}(x)\hat{L}_f^2\hat{h}(x),\quad \hat{G}(x)=\hat{\Theta}^{-1}(x) \tag{7.54b}$$

涉及未知参数的估计变量 $\hat{\beta}$。我们可以得到自适应律：

$$\dot{\hat{\boldsymbol{\beta}}}=\gamma\psi \mathrm{e} \tag{7.55}$$

其中 e 是闭环输出和参考模型输出之间的误差，ψ 取决于系统结构，γ 是指定收敛速率的常数。

7.3.3　全向机器人

我们将使用模型(3.77a)：

$$\dot{\boldsymbol{x}}=\boldsymbol{A}(\boldsymbol{x})\boldsymbol{x}+\boldsymbol{B}(\boldsymbol{u})\boldsymbol{u},\quad \boldsymbol{x}\in R^6,\ \boldsymbol{u}\in R^3 \tag{7.56}$$

其中涉及 $\boldsymbol{A}(\boldsymbol{x})$和 $\boldsymbol{B}(\boldsymbol{x})$中的未知参数。设参考模型为

$$\dot{\boldsymbol{x}}_{\mathrm{m}}=\boldsymbol{A}_{\mathrm{m}}\boldsymbol{x}_{\mathrm{m}}+\boldsymbol{B}_{\mathrm{m}}\boldsymbol{u},\quad \boldsymbol{x}_{\mathrm{m}}\in R^6,\ \boldsymbol{u}\in R^3 \tag{7.57}$$

我们将广义状态向量误差定义为

$$\boldsymbol{e}=\boldsymbol{x}_{\mathrm{m}}-\boldsymbol{x}$$

在这种情况下式(7.56)可以写成：

$$\dot{\boldsymbol{x}}=\boldsymbol{A}(\boldsymbol{e},t)\boldsymbol{x}+\boldsymbol{B}(\boldsymbol{e},t)\boldsymbol{u},\quad \boldsymbol{x}\in R^6,\ \boldsymbol{u}\in R^3 \tag{7.58}$$

因此，误差方程是

$$\dot{\boldsymbol{e}}=\boldsymbol{A}_{\mathrm{m}}\boldsymbol{e}+[\boldsymbol{A}_{\mathrm{m}}-\boldsymbol{A}(e,t)]\boldsymbol{x}+[\boldsymbol{B}_{\mathrm{m}}-\boldsymbol{B}(\boldsymbol{e},t)]\boldsymbol{u} \tag{7.59}$$

为了找到 $\boldsymbol{A}(\boldsymbol{e},t)$和 $\boldsymbol{B}(\boldsymbol{e},t)$的适应定律，我们定义了增加状态空间 $R^6\times R^{6\times 6}\times R^{6\times 3}$ 中候选的李雅普诺夫函数 V：㊀

$$V=\frac{1}{2}\boldsymbol{e}^{\mathrm{T}}\boldsymbol{P}\boldsymbol{e}+\mathrm{trace}\{[\boldsymbol{A}_{\mathrm{m}}-\boldsymbol{A}(\boldsymbol{e},t)]^{\mathrm{T}}\boldsymbol{F}_{\boldsymbol{A}}^{-1}[\boldsymbol{A}_{\mathrm{m}}-\boldsymbol{A}(\boldsymbol{e},t)]\}+\mathrm{trace}\{[\boldsymbol{B}_{\mathrm{m}}-\boldsymbol{B}(\boldsymbol{e},t)]^{\mathrm{T}}\boldsymbol{F}_{\boldsymbol{B}}^{-1}[\boldsymbol{B}_{\mathrm{m}}-\boldsymbol{B}(\boldsymbol{e},t)]\} \tag{7.60}$$

其中 $\boldsymbol{P}$，$\boldsymbol{F}_{\boldsymbol{A}}^{-1}$ 和 $\boldsymbol{F}_{\boldsymbol{B}}^{-1}$ 是正定矩阵。矩阵 $\boldsymbol{P}$ 将在下面确定，但矩阵 $\boldsymbol{F}_{\boldsymbol{A}}$ 和 $\boldsymbol{F}_{\boldsymbol{B}}$ 可以是任意的。沿着误差轨迹(式(7.59))对 V 微分可发现：

$$\begin{aligned}\dot{V}=&\boldsymbol{e}^{\mathrm{T}}(\boldsymbol{A}_{\mathrm{m}}^{\mathrm{T}}\boldsymbol{P}+\boldsymbol{P}\boldsymbol{A}_{\mathrm{m}})\boldsymbol{e}+\\&\mathrm{trace}\{[\boldsymbol{A}_{\mathrm{m}}-\boldsymbol{A}(\boldsymbol{e},t)]^{\mathrm{T}}[\boldsymbol{P}\boldsymbol{e}\boldsymbol{x}^{\mathrm{T}}-\boldsymbol{F}_{\boldsymbol{A}}^{-1}\dot{\boldsymbol{A}}(\boldsymbol{e},t)]\}+\\&\mathrm{trace}\{[\boldsymbol{B}_{\mathrm{m}}-\boldsymbol{B}(\boldsymbol{e},t)]^{\mathrm{T}}[\boldsymbol{P}\boldsymbol{e}\boldsymbol{u}^{\mathrm{T}}-\boldsymbol{F}_{\boldsymbol{B}}^{-1}\dot{\boldsymbol{B}}(\boldsymbol{e},t)]\}\end{aligned} \tag{7.61}$$

因此，如果 $\boldsymbol{A}_{\mathrm{m}}$ 是 Hurwitz 矩阵，那么

$$\boldsymbol{A}_{\mathrm{m}}^{\mathrm{T}}\boldsymbol{P}+\boldsymbol{P}\boldsymbol{A}_{\mathrm{m}}=-\boldsymbol{Q} \tag{7.62}$$

其中 $\boldsymbol{Q}$ 是一个正定矩阵，这允许我们计算适当的矩阵 $\boldsymbol{P}$。因此，如果我们选择 $\boldsymbol{A}(\boldsymbol{e},t)$和 $\boldsymbol{B}(\boldsymbol{e},t)$的适应律，如下所示，则 $\dot{\boldsymbol{V}}$ 中的第一项对于所有 $\boldsymbol{e}\neq\boldsymbol{0}$ 都是负的，而另外两个项变为零：

$$\dot{\boldsymbol{A}}(\boldsymbol{e},t)=\boldsymbol{F}_{\boldsymbol{A}}\boldsymbol{P}\boldsymbol{e}\boldsymbol{x}^{\mathrm{T}} \tag{7.63a}$$

㊀ 一个 $n\times n$ 矩阵 $\boldsymbol{A}=[a_{ij}]$的迹是其对角上元素的和，即 trace $\boldsymbol{A}$ $\sum_{h=1}^{n}a_{ij}$。

$$\dot{\boldsymbol{B}}(\boldsymbol{e},\ t)=\boldsymbol{F}_B\boldsymbol{P}\boldsymbol{e}\boldsymbol{u}^{\mathrm{T}} \tag{7.63b}$$

结果是定律(式(7.63a)和式(7.63b))确保 MRAC 方案对于任何 $\boldsymbol{F}_A>\boldsymbol{0}$，$\boldsymbol{F}_B>\boldsymbol{0}$ 和任何输入向量 $\boldsymbol{u}$ 渐近收敛。我们现在将探讨在什么条件下，当可见零误差 $\boldsymbol{e}(t)\equiv\boldsymbol{0}$ 时有 $\boldsymbol{A}(\boldsymbol{e},\ t)=\boldsymbol{A}_{\mathrm{m}}$ 和 $\boldsymbol{B}(\boldsymbol{e},\ t)=\boldsymbol{B}_{\mathrm{m}}$。在式(7.63a)和式(7.63b)中，它遵循(在积分后)如果 $\lim\limits_{t\to\infty}\boldsymbol{e}(t)=0$，那么

$$\lim_{t\to\infty}[\boldsymbol{A}_{\mathrm{m}}-\boldsymbol{A}(\boldsymbol{e},\ t)]=\widetilde{\boldsymbol{A}}\ 且\lim_{t\to\infty}[\boldsymbol{B}_{\mathrm{m}}-\boldsymbol{B}(\boldsymbol{e},\ t)]=\widetilde{\boldsymbol{B}}$$

其中$\widetilde{\boldsymbol{A}}$ 和$\widetilde{\boldsymbol{B}}$ 代表参数的渐近差异。依据式(7.59)，如果 $\boldsymbol{e}(t)\equiv\boldsymbol{0}$，那么

$$\widetilde{\boldsymbol{A}}\boldsymbol{x}+\widetilde{\boldsymbol{B}}\boldsymbol{u}\equiv\boldsymbol{0} \tag{7.64}$$

在以下情况中，式(7.64)对所有 t 成立：

1) 矢量 $\boldsymbol{x}$ 和 $\boldsymbol{u}$ 是线性相关的且$\widetilde{\boldsymbol{A}}\neq\boldsymbol{0}$，$\widetilde{\boldsymbol{B}}\neq\boldsymbol{0}$。

2) 向量 $\boldsymbol{x}$ 和 $\boldsymbol{u}$ 均等于零。

3) 矢量 $\boldsymbol{x}$ 和 $\boldsymbol{u}$ 是线性无关的且$\widetilde{\boldsymbol{A}}=\boldsymbol{0}$，$\widetilde{\boldsymbol{B}}=\boldsymbol{0}$。

从上面的介绍可以得出，只有在第三种情况下，参数才能确定地收敛。任何 PID 控制器或其他控制器(例如 5.7 节中介绍的控制器)都可以与上述参数适配法则(式(7.63a)和式(7.63b))一起使用。通常，在机器人工作时(如当它携带和传递物体时)，未知的和会变化的参数是机器人质量 m 以及关于旋转轴的惯性矩 I。

例 7.1　考虑差分驱动 WMR，其中质量 m 和惯性矩 I 是恒定(或非常缓慢变化)但未知的。给出你选择的与 7.3.1 节中介绍的不同的自适应跟踪控制器。

解　该解决方案将使用以 x，y 和 ϕ 表示的 WMR 的动态方程导出。为了确保跟踪的可行性，我们假设要跟踪的轨迹服从与机器人相同的运动方程，即

$$\dot{x}_{\mathrm{d}}=v_{\mathrm{d}}\cos\phi_{\mathrm{d}},\quad \dot{y}_{\mathrm{d}}=v_{\mathrm{d}}\sin\phi_{\mathrm{d}},\quad \dot{\phi}_{\mathrm{d}}=\omega_{\mathrm{d}} \tag{7.65}$$

机器人的运动学和动力学方程是(见式(3.30a)，式(3.30b)和式(3.31))

$$\dot{x}=v\cos\phi,\quad \dot{y}=v\sin\phi,\quad \dot{\phi}=\omega \tag{7.66a}$$

$$\dot{v}=(1/mr)u_1,\quad \dot{\omega}=(2a/Ir)u_2 \tag{7.66b}$$

其中 $u_1=\tau_{\mathrm{r}}+\tau_l$，$u_2=\tau_{\mathrm{r}}-\tau_l$ 且 τ_{r} 和 τ_l 分别是由左右轮施加的力矩。将 $\dot{x}$ 乘以 $\cos\phi$，将 $\dot{y}$ 乘以 $\sin\phi$ 并相加，我们得到：

$$v=\dot{x}\cos\phi+\dot{y}\sin\phi \tag{7.67}$$

对式(7.66a)中的 $\dot{x}$，$\dot{y}$ 和 $\dot{\phi}$ 进行微分，并引入式(7.66b)和式(7.67)，我们得到 x，y 和 ϕ 的动力学模型：

$$\begin{aligned}\ddot{x}&=-(\dot{x}\cos\phi+\dot{y}\sin\phi)\dot{\phi}\sin\phi+\beta_1(\cos\phi)u_1\\ \ddot{y}&=(\dot{x}\cos\phi+\dot{y}\sin\phi)\dot{\phi}\cos\phi+\beta_1(\sin\phi)u_1\\ \ddot{\phi}&=\beta_2u_2\end{aligned} \tag{7.68}$$

其中 $\beta_1=1/mr$ 且 $\beta_2=2a/Ir$ 是要自适应估计的参数。注意，运动学参数 r 和 $2a$ 是精确已知的(或假设是已知的)。我们定义 $\boldsymbol{x}=[x\quad y\quad \phi]^{\mathrm{T}}$ 和 $\boldsymbol{x}_{\mathrm{d}}=[x_{\mathrm{d}},\ y_{\mathrm{d}},\ \phi_{\mathrm{d}}]^{\mathrm{T}}$，现在的问题是设计一个反馈控制器，将误差$\widetilde{\boldsymbol{x}}(t)=\boldsymbol{x}_{\mathrm{d}}(t)-\boldsymbol{x}(t)$渐近地趋近为零，同时自适应地估计

未知参数 β_1 和 β_2。第一步是找到跟踪误差 $\tilde{\boldsymbol{x}}$ 的动态。为方便起见，我们在局部坐标系中使用等效误差 ε，即[8]

$$\boldsymbol{\varepsilon}=\boldsymbol{E}\tilde{\boldsymbol{x}},\quad \boldsymbol{E}=\begin{bmatrix}\cos\phi & \sin\phi & 0\\ -\sin\phi & \cos\phi & 0\\ 0 & 0 & 1\end{bmatrix} \tag{7.69}$$

其中 $\boldsymbol{E}$ 是可逆的，因此当且仅当 $\tilde{\boldsymbol{x}}\to\boldsymbol{0}$ 时 $\varepsilon\to 0$。考虑到非完整约束 $-\dot{x}\sin\phi+\dot{y}\cos\phi=0$，我们得到以下误差动力学方程：

$$\begin{aligned}\dot{\varepsilon}_1&=\omega\varepsilon_2-v+v_{\mathrm{d}}\cos\varepsilon_3\\ \dot{\varepsilon}_2&=-\omega\varepsilon_1+v_{\mathrm{d}}\sin\varepsilon_3\\ \dot{\varepsilon}_3&=\omega_{\mathrm{d}}-\omega\end{aligned} \tag{7.70}$$

其中 $\omega=\dot{\phi}$ 和 v 由式(7.67)给出。我们观察到控制输入没有明确地出现在式(7.70)中，但相反地，我们有式(7.66b)给出的变量 v 和 ω。因此，首先选择 v 和 ω，使得 $\varepsilon_1\to 0$，$\varepsilon_2\to 0$，$\varepsilon_3\to 0$，然后将它们用作下一步选择 u_1 和 u_2 的输入。如果 v_{m} 和 ω_{m} 是概念性中间控制 v 和 ω 的期望值，则具有误差 $\tilde{v}=v-v_{\mathrm{m}}$ 和 $\tilde{\omega}=\omega-\omega_{\mathrm{m}}$。因此：

$$v=v_{\mathrm{m}}+\tilde{v},\quad \omega=\omega_{\mathrm{m}}+\tilde{\omega} \tag{7.71}$$

现在，类似于式(5.58b)，使用以下李雅普诺夫函数：

$$V=\frac{1}{2}(\varepsilon_1^2+\varepsilon_2^2)+(1/K_2)(1-\cos\varepsilon_3) \tag{7.72}$$

$$\begin{aligned}\dot{V}&=\varepsilon_1\dot{\varepsilon}_1+\varepsilon_2\dot{\varepsilon}_2+(1/K_2)(\sin\varepsilon_3)\dot{\varepsilon}_3\\ &=\varepsilon_1(\omega\varepsilon_2-v_{\mathrm{m}}-\tilde{\boldsymbol{v}}+v_{\mathrm{d}}\cos\varepsilon_3)+\varepsilon_2(-\omega\varepsilon_1+v_{\mathrm{d}}\sin\varepsilon_3)+(1/K_2)(\sin\varepsilon_3)(\omega_{\mathrm{d}}-\omega_{\mathrm{m}}-\tilde{\omega})\\ &=\varepsilon_1(-v_{\mathrm{m}}+v_{\mathrm{d}}\cos\varepsilon_3)+\left(\varepsilon_2 v_{\mathrm{d}}+\frac{1}{K_2}\omega_{\mathrm{d}}-\frac{1}{K_2}\omega_{\mathrm{m}}\right)\sin\varepsilon_3-\varepsilon_1\tilde{\boldsymbol{v}}-(1/K_2)\tilde{\omega}\sin\varepsilon_3\end{aligned}$$

选择 v_{m} 和 ω_{m}，使得

$$-v_{\mathrm{m}}+v_{\mathrm{d}}\cos\varepsilon_3=-K_1\varepsilon_1,\quad K_1>0$$

$$-\frac{1}{K_2}\omega_{\mathrm{m}}+\frac{1}{K_2}\omega_{\mathrm{d}}+\varepsilon_2 v_{\mathrm{d}}=-\frac{K_3}{K_2}\sin\varepsilon_3,\quad K_2>0$$

即

$$v_{\mathrm{m}}=v_{\mathrm{d}}\cos\varepsilon_3+K_1\varepsilon_1 \tag{7.73a}$$

$$\omega_{\mathrm{m}}=\omega_{\mathrm{d}}+K_2 v_{\mathrm{d}}\varepsilon_2+K_3\sin\varepsilon_3 \tag{7.73b}$$

V 的导数为

$$\dot{V}=-K_1\varepsilon_1^2-(K_3/K_2)\sin^2\varepsilon_3-\varepsilon_1\tilde{v}-(1/K_2)(\sin\varepsilon_3)\tilde{\omega} \tag{7.74}$$

从式(7.66b)和式(7.71)可得：

$$\dot{\tilde{v}}=\beta_1 u_1-\dot{v}_{\mathrm{m}},\quad \dot{\tilde{\omega}}=\beta_2 u_2-\dot{\omega}_{\mathrm{m}} \tag{7.75}$$

$\dot{V}$ 的前两项是负的，因此为了实现渐近稳定性($\varepsilon_1\to 0$，$\varepsilon_3\to 0$)和参数收敛，我们必须使 $\tilde{v}\to 0$ 且 $\tilde{\omega}\to 0$。为此，我们在李雅普诺夫函数 V 中添加第二项 V'，定义为[8]

$$V'=\frac{1}{2}(\tilde{\boldsymbol{v}}^2+\tilde{\omega}^2)+\frac{1}{2}\left[\frac{|\beta_1|}{\gamma_1}\tilde{\theta}_1^2+\frac{|\beta_2|}{\gamma_2}\tilde{\theta}_2^2\right] \tag{7.76}$$

其中$\widetilde{\theta}_1=\theta_1-\hat{\theta}_1$，$\widetilde{\theta}_2=\theta_2-\hat{\theta}_2$，$\theta_1=1/\beta_1$，$\theta_2=1/\beta_2$。总的李雅普诺夫函数是$V_0=V+V'$，并沿着由式(7.70)和式(7.75)描述的误差系统的轨迹在时间上可微，选择

$$\begin{aligned}
&u_1=\hat{\theta}_1(-K_4\widetilde{\boldsymbol{v}}+\varepsilon_1+\dot{v}_d),\quad K_4>0\\
&u_2=\hat{\theta}_2(-K_5\widetilde{\omega}+(1/K_2)\sin\varepsilon_3+\dot{\omega}_d),\quad K_5>0\\
&\dot{\hat{\theta}}_2=\gamma_1\psi_1\widetilde{\boldsymbol{v}},\quad \psi_1=-(-K_4\widetilde{\boldsymbol{v}}+\varepsilon_1+\dot{v}_d)\mathrm{sgn}(\beta_1)\\
&\hat{\theta}_2=\gamma_2\psi_2\widetilde{\omega},\quad \psi_2=-[-K_5\widetilde{\omega}+(1/K_2)\sin\varepsilon_3+\dot{\omega}_d]\mathrm{sgn}(\beta_2)
\end{aligned}\tag{7.77}$$

可给出：

$$\dot{V}_0=-(K_1\varepsilon_1^2+(K_3/K_2)\sin^2\varepsilon_3+K_4\widetilde{\boldsymbol{v}}^2+K_5\widetilde{\omega}^2)\leqslant 0$$

现在，计算二阶导数$\ddot{V}_0$(考虑到v_d，ω_d是平滑的)，可知它是有限的，因此，通过Barbalat的引理(见6.2.3节)，$\dot{\boldsymbol{V}}_0$是均匀连续的，当$t\to\infty$时$\dot{\boldsymbol{V}}_0\to 0$，遵循$\varepsilon_1\to 0$，$\varepsilon_3\to 0$，$\widetilde{v}\to 0$和$\widetilde{\omega}\to 0$。通过假设$v_d$和$\omega_d$不同时为零，也可以容易地显示$\varepsilon_2\to 0$。上述解决方案实际上基于众所周知的反推控制步骤。

7.4　移动机器人的滑模控制

这里将7.2.2节的滑动模式控制应用于差分驱动移动机器人(见式(7.66a)和式(7.66b))，且具有与运动学兼容的期望轨迹$[x_d, y_d, \phi_d]^T$[12,17]。以局部坐标系表示的跟踪误差ε如下(见式(7.69))：

$$\begin{bmatrix}\varepsilon_1\\ \varepsilon_2\\ \varepsilon_3\end{bmatrix}=\begin{bmatrix}\cos\phi_d & \sin\phi_d & 0\\ -\sin\phi_d & \cos\phi_d & 0\\ 0 & 0 & 1\end{bmatrix}\begin{bmatrix}x-x_d\\ y-y_d\\ \phi-\phi_d\end{bmatrix}\tag{7.78}$$

并满足微分方程：

$$\begin{aligned}
&\dot{\varepsilon}_1=\dot{x}\cos\phi_d+\dot{y}\sin\phi_d+\omega_d\varepsilon_2-v_d\\
&\dot{\varepsilon}_2=-\dot{x}\sin\phi_d+\dot{y}\cos\phi_d-\omega_d\varepsilon_1\\
&\dot{\varepsilon}_3=\omega-\omega_d
\end{aligned}\tag{7.79}$$

为不失一般性，假设$|\varepsilon_3|<\pi/2$。系统控制输入是$u_1=\tau_r+\tau_l$和$u_2=\tau_r-\tau_l$。

这里有一个二维滑动面

$$\boldsymbol{s}=\begin{bmatrix}s_1\\ s_2\end{bmatrix}\tag{7.80a}$$

和式(7.22)所示类型的双组分控制。$\boldsymbol{s}$的组件定义为

$$s_1=\dot{\varepsilon}_1+\Lambda_1\varepsilon_1\tag{7.80b}$$

$$s_2=\dot{\varepsilon}_3+\Lambda_2\varepsilon_3+\Lambda_0|\varepsilon_2|\mathrm{sgn}(\varepsilon_3)\tag{7.80c}$$

显然，如果$s_1\to 0$，则$\varepsilon_1\to 0$。如果$s_2\to 0$，则有

$$\dot{\varepsilon}_3=-\Lambda_2\varepsilon_3-\Lambda_0|\varepsilon_2|\mathrm{sgn}(\varepsilon_3)\tag{7.81}$$

因为$|\varepsilon_2|$有界，所以可得到以下条件：

$$\text{如果 } \varepsilon_3<0,\quad \text{则 } \dot{\varepsilon}_3>0 \\ \text{如果 } \varepsilon_3>0,\quad \text{则 } \dot{\varepsilon}_3<0 \tag{7.82}$$

对式(7.80b)和式(7.80c)中的 s_1 和 s_2 进行微分可得：

$$\begin{aligned}\dot{s}_1&=\ddot{\varepsilon}_1+\Lambda_1\dot{\varepsilon}_1\\ \dot{s}_2&=\ddot{\varepsilon}_3+\Lambda_2\dot{\varepsilon}_3+\Lambda_0|\varepsilon_2|'\text{sgn}(\varepsilon_3)\end{aligned} \tag{7.83}$$

式(7.66a)～式(7.66b)、式(7.78)以及式(7.80a)～式(7.80c)可写为

$$\dot{\boldsymbol{s}}=-\boldsymbol{H}\boldsymbol{s}-\Lambda\,\text{sgn}(\boldsymbol{s}) \tag{7.84}$$

其中

$$\boldsymbol{H}=\begin{bmatrix}\boldsymbol{H}_1 & 0\\ 0 & \boldsymbol{H}_2\end{bmatrix},\quad \Lambda=\begin{bmatrix}\Lambda_1 & 0\\ 0 & \Lambda_2\end{bmatrix},\quad \text{sgn}(\boldsymbol{s})=\begin{bmatrix}\text{sgn}(s_1)\\ \text{sgn}(s_2)\end{bmatrix}$$

现在，就像在 SISO 案例中一样，我们定义了以下候选李雅普诺夫函数：

$$V=\frac{1}{2}\boldsymbol{s}^{\text{T}}\boldsymbol{s}=\frac{1}{2}s_1^2+\frac{1}{2}s_2^2$$

对 V 进行微分可以得到：

$$\begin{aligned}\dot{V}&=\boldsymbol{s}^{\text{T}}\dot{\boldsymbol{s}}=\boldsymbol{s}^{\text{T}}(-\boldsymbol{H}\boldsymbol{s}-\Lambda\,\text{sgn}(\boldsymbol{s}))\\ &=-\boldsymbol{s}^{\text{T}}\boldsymbol{H}\boldsymbol{s}-s_1\Lambda_1\text{sgn}(s_1)-s_2\Lambda_2\text{sgn}(s_2)\\ &=-\boldsymbol{s}^{\text{T}}\boldsymbol{H}\boldsymbol{s}-\Lambda_1|s_1|-\Lambda_2|s_2|\end{aligned}$$

因此，如果选择 $\boldsymbol{H}$ 和 $\boldsymbol{\Lambda}$，如下所示，则 $\dot{\boldsymbol{V}}\leqslant 0$：

$$\boldsymbol{H}_1>0,\quad \boldsymbol{H}_2>0,\quad \Lambda_1>0,\quad \Lambda_2>0$$

满足滑动条件(式(7.14))的控制器具有式(7.21)和式(7.22)的形式。为了避免抖动效应，式(7.15)中的函数 sgn 由式(7.17)给出的 sat(·)函数代替：

$$u_i=\hat{u}_i-k_i\text{sat}(s_i/U),\quad i=1,\ 2 \tag{7.85}$$

其中 U 是边界层的厚度。

使用机器人的动力学模型(见式(7.67)～式(7.68))找到满足 $\dot{s}_i=0(i=1,\ 2)$的最佳连续控制律的近似 $\hat{u}_i(i=1,\ 2)$：

$$\begin{aligned}\ddot{x}&=-(v\sin\phi)\dot{\phi}+(\beta_1\cos\phi)u_1\\ \ddot{y}&=(v\cos\phi)\dot{\phi}+(\beta_1\sin\phi)u_1\\ \ddot{\phi}&=\beta_2u_2\end{aligned}$$

结合式(7.79)和式(7.80a)～式(7.80c)，结果是(见式(7.21))：

$$\hat{u}_1=(1/\hat{\beta}_1\cos\varepsilon_3)[\dot{x}\dot{\varepsilon}_3\sin\phi_{\text{d}}-\dot{y}\dot{\varepsilon}_3\cos\phi_{\text{d}}]+\dot{\omega}_{\text{d}}\varepsilon_2+\omega_{\text{d}}\dot{\varepsilon}_2+\Lambda_1\dot{\varepsilon}_1 \tag{7.86a}$$

$$\hat{u}_2=(1/\hat{\beta}_2)[-\dot{\omega}_{\text{d}}+\Lambda_2\dot{\varepsilon}_3+\Lambda_0(\text{sgn}\varepsilon_3)\dot{\varepsilon}_2\text{sgn}(\varepsilon_2)] \tag{7.86b}$$

给定最大界限 $|\hat{\beta}_i-\beta_i|=|\Delta\beta_i|\leqslant B_{i,\max}(i=1,\ 2)$，必须选择足够大的增益 $k_i(i=1,\ 2)$以确保满足滑动条件(见式(7.24b))。经过计算，我们可以验证完成该要求的两个增益是[17]

$$\begin{aligned}k_1&=a_1[H_1s_1+\Lambda_1\text{sat}(s_1/B)+p_1(B_{1,\max}/\hat{\beta}_1)]\\ k_2&=a_2[H_2s_2+\Lambda_2\text{sat}(s_2/B)+p_2(B_{2,\max}/\hat{\beta}_2)]\end{aligned}$$

其中

$$a_1=1/(\hat{\beta}_1+B_{1,\max})\cos\varepsilon_3,\quad a_2=1/(\hat{\beta}_2+B_{2,\max})$$

$$p_1=\dot{x}\dot{\varepsilon}_3\sin\phi_d-\dot{y}\dot{\varepsilon}_3\cos\phi_d+\dot{\omega}_d\varepsilon_2+\omega_d\dot{\varepsilon}_2+\Lambda_1\dot{\varepsilon}_1$$

$$p_2=-\dot{\omega}_d+\Lambda_2\dot{\varepsilon}_3+\Lambda_0(\mathrm{sgn}\varepsilon_3)\dot{\varepsilon}_2\mathrm{sgn}(\varepsilon_2)$$

7.5 极坐标系中的滑模控制

7.5.1 建模

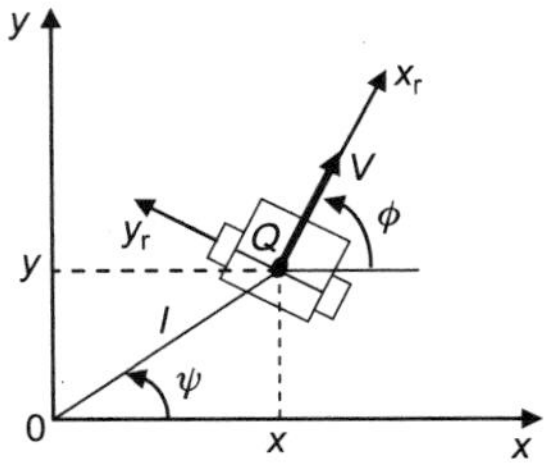

图 7.4　极坐标的几何表示

该方法如前一节所述，其基本差异在于运动学模型应以极坐标表示。参考图 7.4 中的几何关系，机器人的实际和期望的运动方程：

$$\dot{x}=v\cos\phi,\quad \dot{y}=v\sin\phi,\quad \dot{\phi}=\omega;$$
$$\dot{x}_d=v_d\cos\phi_d,\quad \dot{y}_d=v_d\sin\phi_d,\quad \dot{\phi}_d=\omega_d$$

具有以下极坐标形式[12-13]：

$$\dot{x}=\begin{bmatrix}\dot{l}\\\dot{\psi}\\\dot{\phi}\end{bmatrix}=\begin{bmatrix}v\cos(\psi-\phi)\\-(v/l)v\sin(\psi-\phi)\\\omega\end{bmatrix}\tag{7.87a}$$

$$\dot{x}_d=\begin{bmatrix}\dot{l}_d\\\dot{\psi}_d\\\dot{\phi}_d\end{bmatrix}=\begin{bmatrix}v_d\cos(\psi_d-\phi_d)\\-(v_d/l_d)\sin(\psi_d-\phi_d)\\\omega_d\end{bmatrix}\tag{7.87b}$$

其中

$$l=\sqrt{x^2+y^2},\quad \phi=\arctan(y/x),\quad l_d=\sqrt{x_d^2+y_d^2},\quad \phi_d=\arctan(y_d/x_d)\tag{7.87c}$$

我们将使用增强了线性、旋转摩擦项及干扰输入的动力学模型(式(7.66b))，即

$$mr\dot{v}+c_1v+d_1=u_1\tag{7.88a}$$

$$(Ir/2a)\dot{\omega}+c_2\omega+d_2=u_2\tag{7.88b}$$

其中 c_1 和 c_2 是线性摩擦系数，d_1，d_2 是表示所有不确定输入的未知干扰(例如由于滑移造成的干扰)。我们假设 d_1 和 d_2 以下列形式表示：

$$d_1=mr\bar{d}_1,\quad d_2=(Ir/2a)\bar{d}_2\tag{7.89}$$

也就是说，它们满足类似于式(7.32)的匹配条件。为了确保 v_d/l_d 采用有限值，我们假设 $l_d\geqslant l_{d,\min}>0$，其中 $l_{d,\min}$ 是 l_d 的选定的最小允许值。另外，为方便起见，我们假设 $l\geqslant l_{d,\min}$。同样地，假设 l_d，ϕ_d 和 ψ_d 具有平滑的一阶和二阶时间导数。最后，在不失一般性的情况下假设

$$l(t)>0,\quad l_d(t)>0(t>0),\quad l_d(0)=0\tag{7.90}$$
$$-\pi<\psi_d<\pi,\quad -\pi<\psi<\pi,\quad -\pi<\phi_d<\pi,\quad -\pi<\phi<\pi$$
$$\|\psi_d-\phi_d|-(2k+1)\pi/2|\geqslant\eta(k=0,\ 1)$$

对于所有 t，其中 η 是正常数(即要求机器人不应具有与在世界框架原点周围绘制的任

何圆相切的航向角的姿态）。

7.5.2　滑模控制

在这里，我们有一个二维滑动面 $s=[s_1, s_2]^{\mathrm{T}}$，定义如下：

$$s_1=\dot{\tilde{l}}+\Lambda_1\tilde{l} \tag{7.91a}$$

$$s_2=\dot{\tilde{\phi}}+\Lambda_2\tilde{\phi}+|\tilde{\psi}|\operatorname{sgn}(\tilde{\phi}) \tag{7.91b}$$

其中，$\tilde{l}=l-l_{\mathrm{d}}$，$\tilde{\phi}=\phi-\phi_{\mathrm{d}}$，$\tilde{\psi}=\psi-\psi_{\mathrm{d}}$。

如果 $s_1\rightarrow 0$，那么 $\tilde{l}\rightarrow 0$。根据式(7.90)，$|\tilde{\psi}|$有界，$s_2\rightarrow 0$ 意味着：

$$\text{如果}\tilde{\phi}<0\text{，那么}\dot{\tilde{\phi}}>0$$

$$\text{如果}\tilde{\phi}>0\text{，那么}\dot{\tilde{\phi}}<0$$

最后，如果 $\tilde{\phi}\rightarrow 0$ 且 $\dot{\tilde{\phi}}\rightarrow 0$，那么 $|\tilde{\psi}|\rightarrow 0$。为了计算 s_1 和 s_2，使用如下 $\dot{\tilde{l}}$ 和 $\dot{\tilde{\phi}}$ 的表达式：

$$\dot{\tilde{l}}=\dot{l}-\dot{l}_{\mathrm{d}}=v\cos(\psi-\phi)-v_{\mathrm{d}}\cos(\psi_{\mathrm{d}}-\phi_{\mathrm{d}})$$

$$\dot{\tilde{\phi}}=\dot{\phi}-\dot{\phi}_{\mathrm{d}}=\omega-\omega_{\mathrm{d}}$$

因此，通过式(7.91a)和式(7.91b)：

$$s_1=v\cos(\psi-\phi)-v_{\mathrm{d}}\cos(\psi_{\mathrm{d}}-\phi_{\mathrm{d}})+\Lambda_1(l-l_{\mathrm{d}}) \tag{7.92a}$$

$$s_2=\omega-\omega_{\mathrm{d}}+\Lambda_2(\phi-\phi_{\mathrm{d}})+(\psi-\psi_{\mathrm{d}})\operatorname{sgn}(\phi-\phi_{\mathrm{d}}) \tag{7.92b}$$

为了确保 $l\rightarrow l_{\mathrm{d}}$，$\phi\rightarrow\phi_{\mathrm{d}}$ 和 $\psi\rightarrow\psi_{\mathrm{d}}$，滑动条件 $\boldsymbol{s}^{\mathrm{T}}\dot{\boldsymbol{s}}<0$，$\boldsymbol{s}=[s_1, s_2]^{\mathrm{T}}$ 必须保持。因此，我们需要 $\dot{s}_1$ 和 $\dot{s}_2$ 的表达式，它们是通过对式(7.92a)和式(7.92b)进行微分得到的：

$$\begin{aligned}
\dot{s}_1&=\dot{v}\cos(\psi-\phi)-\dot{v}_{\mathrm{d}}\cos(\psi_{\mathrm{d}}-\phi_{\mathrm{d}})+v_{\mathrm{d}}\frac{\mathrm{d}}{\mathrm{d}t}\cos(\psi-\phi)-v_{\mathrm{d}}\frac{\mathrm{d}}{\mathrm{d}t}\cos(\psi_{\mathrm{d}}-\phi_{\mathrm{d}})+\Lambda_1\tilde{l}\\
&=\dot{v}\cos(\psi-\phi)-v\sin(\psi-\phi)(\dot{\psi}-\dot{\phi})-\\
&\quad\dot{v}_{\mathrm{d}}\cos(\psi_{\mathrm{d}}-\phi_{\mathrm{d}})+v_{\mathrm{d}}\sin(\psi_{\mathrm{d}}-\phi_{\mathrm{d}})(\dot{\psi}_{\mathrm{d}}-\dot{\phi})+\Lambda_1\tilde{l}\\
&=\dot{v}\cos(\psi-\phi)-v\sin(\psi-\phi)\left[-\frac{v}{l}\sin(\psi-\phi)\right]+v\omega\cos(\psi-\phi)-\\
&\quad\dot{v}_{\mathrm{d}}\cos(\psi_{\mathrm{d}}+\phi_{\mathrm{d}})+v_{\mathrm{d}}\sin(\psi_{\mathrm{d}}-\phi_{\mathrm{d}})\left[-\frac{v_{\mathrm{d}}}{l_{\mathrm{d}}}\sin(\psi_{\mathrm{d}}-\phi_{\mathrm{d}})\right]-\\
&\quad v_{\mathrm{d}}\omega_{\mathrm{d}}\cos(\psi_{\mathrm{d}}-\phi_{\mathrm{d}})+\Lambda_1\tilde{l}\\
&=\dot{v}\cos(\psi-\phi)+F(x, v)-\dot{v}_{\mathrm{d}}\cos(\psi_{\mathrm{d}}-\phi_{\mathrm{d}})-F_{\mathrm{d}}(x_{\mathrm{d}}, v_{\mathrm{d}})+\Lambda_1\tilde{l}
\end{aligned} \tag{7.93a}$$

$$\dot{s}_2=\dot{\omega}-\dot{\omega}_{\mathrm{d}}+\Lambda_2(\omega-\omega_{\mathrm{d}})+\frac{\mathrm{d}}{\mathrm{d}t}|\tilde{\psi}|\operatorname{sgn}(\tilde{\phi}) \tag{7.93b}$$

有

$$F(x, v)=v\sin(\psi-\phi)[(v/l)\sin(\psi-\phi)]+v\omega\cos(\psi-\phi)$$

$$F(x_{\mathrm{d}}, v_{\mathrm{d}})=v_{\mathrm{d}}\sin(\psi_{\mathrm{d}}-\phi_{\mathrm{d}})[(v_{\mathrm{d}}/l_{\mathrm{d}})\sin(\psi_{\mathrm{d}}-\phi_{\mathrm{d}})]+v_{\mathrm{d}}\omega_{\mathrm{d}}\cos(\psi_{\mathrm{d}}-\phi_{\mathrm{d}})$$

现在，$\dot{v}$ 和 $\dot{\omega}$ 由式(7.88a)和式(7.88b)给出，所以选择 u_1 和 u_2 为

$$u_1 = mr\dot{v}_{\mathrm{d}} + c_1 v + mr\upsilon_1 \tag{7.94a}$$

$$u_2 = (Ir/2a)\dot{\omega}\mathrm{d} + c_2\omega + (Ir/2a)\upsilon_2 \tag{7.94b}$$

我们得到闭环方程：

$$\dot{v} = \dot{v}_{\mathrm{d}} + \upsilon_1 - \bar{d}_1,\quad d_1 = mr\bar{d}_1 \tag{7.95a}$$

$$\dot{\omega} = \dot{\omega}_{\mathrm{d}} + \upsilon_2 - d_2,\quad d_2 = (Ir/2a)\bar{d}_2 \tag{7.95b}$$

将式(7.95a)和式(7.95b)引入式(7.93a)和式(7.93b)，计算 $\boldsymbol{s}^{\mathrm{T}}\dot{\boldsymbol{s}}$ 可得到：

$$\begin{aligned}\boldsymbol{s}^{\mathrm{T}}\dot{\boldsymbol{s}} &= s_1\dot{s}_1 + s_2\dot{s}_2\\ &= s_1[\dot{v}_{\mathrm{d}}\cos(\psi-\phi) + \upsilon_1\cos(\psi-\phi) -\\ &\quad \bar{d}_1\cos(\psi-\phi) + F(x,\ v) - \dot{v}_{\mathrm{d}}\cos(\psi_{\mathrm{d}}-\phi_{\mathrm{d}}) - F_{\mathrm{d}}(x_{\mathrm{d}},\ y_{\mathrm{d}}) + \Lambda_1\tilde{l}\,] +\\ &\quad s_2\left[\dot{\omega}_{\mathrm{d}} + \upsilon_2 - \bar{d}_2 - \dot{\omega}_{\mathrm{d}} + \Lambda_2\tilde{\phi} + \frac{\mathrm{d}}{\mathrm{d}t}|\tilde{\psi}|\operatorname{sgn}(\tilde{\phi})\right]\end{aligned}$$

因此选择 υ_1 和 υ_2，使得

$$\begin{aligned}&\dot{v}_{\mathrm{d}}\cos(\psi-\phi) + \upsilon_1\cos(\psi-\phi) + F(x,\ v) - F_{\mathrm{d}}(x_{\mathrm{d}},\ v_{\mathrm{d}}) -\\ &\dot{v}_{\mathrm{d}}\cos(\psi_{\mathrm{d}}-\phi_{\mathrm{d}}) + \Lambda_1\tilde{l} = -H_1 s_1 - K_1\operatorname{sgn}(s_1)\end{aligned}$$

且

$$\upsilon_2 + \Lambda_2\tilde{\phi} + \frac{\mathrm{d}}{\mathrm{d}t}|\tilde{\psi}|\operatorname{sgn}(\tilde{\phi}) = -H_2 s_2 - K_2\operatorname{sgn}(s_2)$$

即

$$\begin{aligned}\upsilon_1 = &\frac{1}{\cos(\psi-\phi)}[-\dot{v}_{\mathrm{d}}\cos(\psi-\phi) - F(x,\ v) + F_{\mathrm{d}}(x_{\mathrm{d}},\ \upsilon_{\mathrm{d}}) + \dot{v}_{\mathrm{d}}\cos(\psi_{\mathrm{d}}-\phi_{\mathrm{d}})]\\ &-\Lambda_1\tilde{l} - H_1 s_1 - K_1\operatorname{sgn}(s_1)]\end{aligned} \tag{7.96a}$$

$$\upsilon_2 = -\Lambda_2\tilde{\phi} - H_2 s_2 - K_2\operatorname{sgn}(s_2) - \frac{\mathrm{d}}{\mathrm{d}t}|\tilde{\psi}|\operatorname{sgn}(\tilde{\phi}) \tag{7.96b}$$

有

$$\begin{aligned}\boldsymbol{s}^{\mathrm{T}}\dot{\boldsymbol{s}} &= -s_1[H_1 s_1 + K_1\operatorname{sgn}(s_1) - \bar{d}_1\cos(2\psi-\phi)]\\ &= -s_2[H_2 s_2 + K_2\operatorname{sgn}(s_2) - \bar{d}_2]\\ &= -\boldsymbol{s}^{\mathrm{T}}\boldsymbol{H}\boldsymbol{s} - [K_1|s_1| - \bar{d}_1 s_1\cos(2\psi-\phi) - [K_2|s_2| - \bar{d}_2 s_2]\end{aligned}$$

其在符合下述条件时是负定的：

$$\boldsymbol{H} = \begin{bmatrix}\boldsymbol{H}_1 & 0\\ 0 & \boldsymbol{H}_2\end{bmatrix} > 0,\ K_1 > \bar{d}_1,\ K_2 > \bar{d}_2 \tag{7.97}$$

7.6 利用李雅普诺夫方法对差分驱动机器人实现鲁棒控制

我们考虑一个对力矩/力输入通道和 x，y 速度都有干扰的差分驱动 WMR，即

$$\begin{aligned}&\dot{x}=(v+\overline{d}_v)\cos\phi,\quad \dot{y}=(v+\overline{d}_v)\sin\phi,\quad \dot{\phi}=\omega\\&\dot{v}=-(c_1/mr)v+(1/mr)(u_1-d_1)\\&\dot{\omega}=-(2ac_2/Ir)\omega+(2a/Ir)(u_2-d_2)\end{aligned}\tag{7.98}$$

其中，考虑到的动力学模型式(7.88a)和式(7.88b)。式(7.98)可以写成：

$$\dot{\boldsymbol{x}}=\boldsymbol{f}(\boldsymbol{x})+\boldsymbol{G}(\boldsymbol{x})\boldsymbol{u}+\boldsymbol{d},\quad \boldsymbol{u}=[u_1\quad u_2]^{\mathrm{T}}\tag{7.99a}$$

其中，$\boldsymbol{d}=[d_x,\ d_y,\ 0,\ d_1,\ d_2]^{\mathrm{T}}$，且

$$\boldsymbol{x}=\begin{bmatrix}x\\y\\\phi\\v\\\omega\end{bmatrix},\quad \boldsymbol{f}(\boldsymbol{x})=\begin{bmatrix}v\cos\phi\\v\sin\phi\\\omega\\-(c_1/mr)v\\-(2ac_2/Ir)\omega\end{bmatrix},\quad \boldsymbol{G}(\boldsymbol{x})=\begin{bmatrix}0&0\\0&0\\0&0\\1/mr&0\\0&2a/Ir\end{bmatrix}\tag{7.99b}$$

其中 $d_x=\overline{d}_v\cos\phi$，$d_y=\overline{d}_v\sin\phi$。将状态向量 $\boldsymbol{z}_1$ 和 $\boldsymbol{z}_2$ 定义为

$$\boldsymbol{z}_1=\begin{bmatrix}x\\y\end{bmatrix},\quad \boldsymbol{z}_2=\begin{bmatrix}\dot{x}\\\dot{y}\end{bmatrix}=\dot{\boldsymbol{z}}_1\tag{7.100}$$

式(7.99a)和式(7.99b)所示系统可以用以下形式编写(在一些标准代数操作之后)[11]：

$$\begin{aligned}&\dot{\boldsymbol{z}}_1=\boldsymbol{z}_2\\&\dot{\boldsymbol{z}}_2=\boldsymbol{R}(\phi)[\boldsymbol{u}+\delta(\boldsymbol{z}_2,\ \phi)]\\&\dot{\phi}=\omega(\boldsymbol{z}_2,\ \phi)\end{aligned}\tag{7.101}$$

其中 $\delta(\boldsymbol{z}_2,\ \phi)$ 包含系统的所有不确定性。通过将式(7.101)中的 $\delta(\boldsymbol{z}_2,\ \phi)$ 中涉及的所有不确定项设置为零，可获得相应的标称模型，即

$$\begin{aligned}&\dot{\boldsymbol{z}}_1=\boldsymbol{z}_2\\&\dot{\boldsymbol{z}}_2=\boldsymbol{R}(\phi)[\boldsymbol{u}+\hat{\delta}(\boldsymbol{z}_2,\ \phi)]\\&\dot{\phi}=\omega(\boldsymbol{z}_2,\ \phi)\end{aligned}\tag{7.102}$$

其中 $\hat{\delta}(\boldsymbol{z}_2,\ \phi)$ 是 $\delta(\boldsymbol{z}_2,\ \phi)$ 的标称部分。主要需解决的问题是使用 7.2.3 节中介绍的李雅普诺夫方法为系统(见式(7.101))设计一个稳健的跟踪控制器。定义跟踪误差为

$$\tilde{\boldsymbol{z}}_1(t)=\boldsymbol{z}_1(t)-\boldsymbol{z}_{1\mathrm{d}}(t),\quad \tilde{\boldsymbol{z}}_2=\dot{\tilde{\boldsymbol{z}}}_1(t)=\dot{\boldsymbol{z}}_1(t)-\dot{\boldsymbol{z}}_{1\mathrm{d}}(t)\tag{7.103}$$

并使用计算力矩控制律：

$$\boldsymbol{u}=\boldsymbol{R}^{-1}(\phi)[\dot{\boldsymbol{z}}_{2\mathrm{d}}(t)+\boldsymbol{v}(t)]-\hat{\boldsymbol{\delta}}(\boldsymbol{z}_2,\ \phi)\tag{7.104}$$

由式(7.102)给出以下闭环误差方程：

$$\dot{\varepsilon}(t)=\boldsymbol{A}\varepsilon(t)+\boldsymbol{B}\boldsymbol{v}(t)\tag{7.105}$$

其中 $\varepsilon(t)=[\tilde{\boldsymbol{z}}_1^{\mathrm{T}}(t),\ \tilde{\boldsymbol{z}}_2^{\mathrm{T}}(t)]^{\mathrm{T}}$，$\boldsymbol{v}(t)$ 是新的控制输入，并且

$$\boldsymbol{A}=\begin{bmatrix}\boldsymbol{0}&I_{2\times2}\\\boldsymbol{0}&\boldsymbol{0}\end{bmatrix}\in R^{4\times4},\quad \boldsymbol{B}=\begin{bmatrix}\boldsymbol{0}\\I_{2\times2}\end{bmatrix}\in R^{4\times2}\tag{7.106}$$

因此，应用于受干扰系统(式(7.101))的控制律(式(7.104))给出了线性闭环误差系统：

$$\dot{\varepsilon}(t)=\boldsymbol{A}\varepsilon(t)+\boldsymbol{B}[\boldsymbol{\upsilon}(t)+\zeta(\boldsymbol{z}_2, \phi)] \tag{7.107}$$

其中 $\zeta(\boldsymbol{z}_2, \phi)$是全局扰动，假设其界限为

$$\|\zeta(\boldsymbol{z}_2, \phi)\|\leqslant\bar{\rho}(\varepsilon)<\infty \tag{7.108}$$

从现在开始，按以下两步设计稳健的跟踪控制器[11]：

步骤 1 为误差系统设计标称稳定控制器$\hat{\boldsymbol{\upsilon}}(\varepsilon)$(见式(7.105))。

步骤 2 使用式(7.34)设计鲁棒控制项 $\boldsymbol{\upsilon}_{\text{robust}}(\varepsilon)$。

7.6.1 标称控制器

选择线性反馈控制器：

$$\hat{\boldsymbol{\upsilon}}(\hat{\varepsilon}(t))=-\boldsymbol{K}\varepsilon(t), \quad \boldsymbol{K}=[K_1 \quad K_2] \tag{7.109}$$

我们获得了闭环误差系统：

$$\dot{\varepsilon}(t)=\boldsymbol{A}_c\varepsilon(t), \quad \boldsymbol{A}_c=\boldsymbol{A}-\boldsymbol{BK} \tag{7.110}$$

为了找到增益矩阵 $\boldsymbol{K}$，使用李雅普诺夫函数：

$$V(\varepsilon)=\frac{1}{2}\varepsilon^{\mathrm{T}}\boldsymbol{P}\varepsilon$$

其中 $\boldsymbol{P}$ 是对称正定矩阵，由下式给出(参考式(5.15))：

$$\boldsymbol{A}_c^{\mathrm{T}}\boldsymbol{P}+\boldsymbol{PA}_c=-\boldsymbol{Q} \tag{7.111}$$

且 $\boldsymbol{Q}$ 是选定的正定矩阵。这确保了 $\boldsymbol{A}_c$ 是 Hurwitz 矩阵(必须具有负实部的特征值)，因此当 $t\to\infty$时，$\varepsilon(t)$以指数形式的趋向于 0。

7.6.2 鲁棒控制器

我们使用式(7.34)计算 $\boldsymbol{\upsilon}_{\text{robust}}(\varepsilon)$。此处

$$[\vartheta V(\varepsilon)/\vartheta\varepsilon]^{\mathrm{T}}\boldsymbol{B}=\boldsymbol{B}^{\mathrm{T}}\boldsymbol{P}\varepsilon(t)$$

因此(参考式(7.108))：

$$\boldsymbol{\upsilon}_{\text{robust}}(\varepsilon)=\begin{cases}-\bar{\rho}(\varepsilon)\boldsymbol{B}^{\mathrm{T}}\boldsymbol{P}\varepsilon(t)/\|\boldsymbol{B}^{\mathrm{T}}\boldsymbol{P}\varepsilon(t), & \|\boldsymbol{B}^{\mathrm{T}}\boldsymbol{P}\varepsilon(t)\|\neq 0\\ 0, & \|\boldsymbol{B}_{\mathrm{T}}\boldsymbol{P}\varepsilon(t)\|=0\end{cases} \tag{7.112}$$

总而言之，整体的鲁棒控制器由解析的力矩线性化控制器(式(7.104))、标称稳定控制器(式(7.109))和鲁棒控制器(式(7.112))的组合给出。

例 7.2 本例目标是使用 7.3 节中基于李雅普诺夫的方法为差分驱动 WMR 设计鲁棒的运动跟踪控制器。

解 使用 5.4.1 节中的李雅普诺夫函数(式(5.54))设计的非鲁棒运动控制器：

$$V(\widetilde{\boldsymbol{p}}_r)=\frac{1}{2}(\widetilde{x}_r^2+\widetilde{y}_r^2)+(1-\cos\widetilde{\phi}_r)$$

对于运动误差系统(式(5.53))：

$$\dot{\widetilde{\boldsymbol{p}}}_r=\boldsymbol{f}(\widetilde{\boldsymbol{p}}_r)+\boldsymbol{G}(\widetilde{\boldsymbol{p}}_r)\boldsymbol{u}, \quad \boldsymbol{u}=[v, \omega]^{\mathrm{T}}=[u_1, u_2]^{\mathrm{T}}$$

其中

$$\boldsymbol{p}_{\mathrm{r}}=\begin{bmatrix}\tilde{x}_{\mathrm{r}}\\ \tilde{y}_{\mathrm{r}}\\ \tilde{\phi}_{\mathrm{r}}\end{bmatrix},\quad \boldsymbol{f}(\tilde{\boldsymbol{p}}_{\mathrm{r}})=\begin{bmatrix}v_{\mathrm{d}}\cos\tilde{\phi}_{\mathrm{r}}\\ v_{\mathrm{d}}\sin\tilde{\phi}_{\mathrm{r}}\\ \omega_{\mathrm{d}}\end{bmatrix},\quad \boldsymbol{G}(\tilde{\boldsymbol{p}}_{\mathrm{r}})=[\tilde{\boldsymbol{g}}_1\quad \tilde{\boldsymbol{g}}_2]=\begin{bmatrix}-1 & \tilde{y}_{\mathrm{r}}\\ 0 & -\tilde{x}_{\mathrm{r}}\\ 0 & -1\end{bmatrix}$$

其中$\tilde{x}_{\mathrm{r}}$，$\tilde{y}_{\mathrm{r}}$和$\tilde{\phi}_{\mathrm{r}}$分别是$x(t)$，$y(t)$和$\phi(t)$的实际轨迹和期望轨迹之间的误差。

满足$\dot{V}(\tilde{\boldsymbol{p}}_{\mathrm{r}})\leqslant 0$的标称控制器由式(5.56a)和式(5.56b)给出：

$$\hat{\boldsymbol{u}}=\begin{bmatrix}\hat{v}\\ \hat{\omega}\end{bmatrix}=\begin{bmatrix}v_{\mathrm{d}}\cos\tilde{\phi}_{\mathrm{r}}+K_x\tilde{x}_{\mathrm{r}}\\ \omega_{\mathrm{d}}+v_{\mathrm{d}}\tilde{y}_{\mathrm{r}}+K_{\phi}\sin\tilde{\phi}_{\mathrm{r}}\end{bmatrix}$$

这里$V(\tilde{\boldsymbol{p}}_{\mathrm{r}})$相对于$\tilde{\boldsymbol{p}}_{\mathrm{r}}$的偏导数是

$$\vartheta V/\vartheta\tilde{\boldsymbol{p}}_{\mathrm{r}}=[\tilde{x}_{\mathrm{r}}\quad \tilde{y}_{\mathrm{r}}\quad \sin\phi_{\mathrm{r}}]^{\mathrm{T}}$$

因此：

$$[\vartheta V/\vartheta\tilde{\boldsymbol{p}}_{\mathrm{r}}]^{\mathrm{T}}\boldsymbol{G}(\tilde{\boldsymbol{p}}_{\mathrm{r}})=[-\tilde{x}_{\mathrm{r}}\quad -\sin\tilde{\phi}_{\mathrm{r}}]$$

现假设v和ω中的干扰d_v和d_ω满足匹配条件：

$$\boldsymbol{d}_u=\begin{bmatrix}d_v\\ d_\omega\end{bmatrix}=\boldsymbol{G}(\tilde{\boldsymbol{p}}_{\mathrm{r}})\begin{bmatrix}\bar{d}_v\\ \bar{d}_\omega\end{bmatrix}=\boldsymbol{G}(\tilde{\boldsymbol{p}}_{\mathrm{r}})\bar{\boldsymbol{d}}_u$$

且

$$\|\bar{\boldsymbol{d}}_u\|\leqslant\bar{\rho}_u$$

然后，鲁棒控制$\boldsymbol{u}_{\mathrm{robust}}(\tilde{\boldsymbol{p}}_{\mathrm{r}})$由下式给出(参考式(7.34))：

$$\boldsymbol{u}_{\mathrm{robust}}(\tilde{\boldsymbol{p}}_{\mathrm{r}})=\begin{cases}-\bar{\rho}_u\dfrac{\boldsymbol{G}^{\mathrm{T}}(\tilde{\boldsymbol{p}}_{\mathrm{r}})[\vartheta V/\vartheta\tilde{\boldsymbol{p}}_{\mathrm{r}}]}{\|\boldsymbol{G}^{\mathrm{T}}(\tilde{\boldsymbol{p}}_{\mathrm{r}})\vartheta V/\vartheta\tilde{\boldsymbol{p}}_{\mathrm{r}}\|}, & \left\|\boldsymbol{G}^{\mathrm{T}}(\tilde{\boldsymbol{p}}_{\mathrm{r}})\dfrac{\vartheta V}{\vartheta\tilde{\boldsymbol{p}}_{\mathrm{r}}}\right\|\neq 0\\ 0, & \|\boldsymbol{G}^{\mathrm{T}}(\tilde{\boldsymbol{p}}_{\mathrm{r}})\vartheta V/\vartheta\tilde{\boldsymbol{p}}_{\mathrm{r}}\|=0\end{cases}$$

$$=\begin{cases}-\dfrac{\bar{\rho}_u}{\sqrt{\tilde{x}_{\mathrm{r}}^2+\sin^2\tilde{\phi}_{\mathrm{r}}}}\begin{bmatrix}-\tilde{x}_{\mathrm{r}}\\ \sin\tilde{\phi}_{\mathrm{r}}\end{bmatrix}, & \sqrt{\tilde{x}_{\mathrm{r}}^2+\sin^2\tilde{\phi}_{\mathrm{r}}}\neq 0\\ 0, & \sqrt{\tilde{x}_{\mathrm{r}}^2+\sin^2\tilde{\phi}_{\mathrm{r}}}=0\end{cases}$$

因此，完整的鲁棒控制器是

$$\boldsymbol{u}(\tilde{\boldsymbol{p}}_{\mathrm{r}})=\hat{\boldsymbol{u}}(\tilde{\boldsymbol{p}}_{\mathrm{r}})+\boldsymbol{u}_{\mathrm{robust}}(\tilde{\boldsymbol{p}}_{\mathrm{r}})$$

如 7.3 节所述，可以对不连续控制器进行平滑处理。关于 WMR 鲁棒控制的更多结果和示例可以参考文献[10，14-15]。

参考文献

[1] Marino R, Tomei P. Nonlinear control design: geometric, adaptive and robust. Upper Saddle River, NJ: Prentice Hall; 1995.

[2] Marino R. Adaptive control of nonlinear systems: basic results and applications. IFAC-Review Control 1997;21:55−66.

[3] Huang HC, Tsai CC. Adaptive trajectory tracking and stabilization for omnidirectional mobile robot with dynamic effect and uncertainties. Proceedings of 17th IFAC world congress. Seoul, ROK; July 6−11, 2008. p. 5383−88.

[4] Ashoorizad M, Barzarnimi R, Afshar A, Jouzdani J. Model reference adaptive path following for wheeled mobile robots. Proceedings of international conference on information and automation. Colombo, Sri Lanka (IEEE-ICIA2006); 2006. p. 289−94.

[5] Alicja M. A new universal adaptive tracking control law for nonholonomic wheeled mobile robots moving in R^3 space. Proceedings of IEEE international conference robotics and automation. Dedroit, MI; May 10−15,1999.

[6] Kuc TY, Baek SM, Park K. Adaptive learning controller for autonomous mobile robots. IEE Proc—Control Theory Appl 2001;148(1):49−54.

[7] Fetter Lages W, Hemerly EM. Adaptive linearizing control of mobile robots. In: Kopacek P, Pereira CE, editors. Intelligent manufacturing systems—a volume from IFAC workshop. Gramado-RS, Brazil: Pergamon Press; November 9−11, 1998. 2000. p. 23−9.

[8] Pourboghrat F, Karlsson MP. Adaptive control of dynamic mobile robots with nonholonomic constraints. Comput Electr Eng 2002;28:241−53.

[9] Gholipour A, Dehghan SM, Ahmadabadi MN. Lyapunov-based tracking control of nonholonomic mobile robot. Proceedings of 10th Iranian conference on electrical engineering. vol. 3. Tabriz, Iran; 2002. p. 262−69.

[10] Dong W, Kuhnert KD. Robust adaptive control of nonholonomic mobile robot with parameter and nonparameter uncertainties. IEEE Trans Robot 2005;21(2):261−6.

[11] Zhang Y, Hong D, Chung JH, Velinsky S. Dynamic model based robust tracking control of a differentially steered wheeled mobile robot. Proceedings of the American control conference, Philadelphia, PA; June 1988, p. 850−55.

[12] Yang JM, Kim JK. Sliding mode control for trajectory tracking of nonholonomic wheeled mobile robots. IEEE Trans Robot Autom 1999;15(3):578−87.

[13] Chwa D. Sliding-mode tracking control of nonholonomic wheeled mobile robots in polar coordinates. IEEE Trans Control Syst Technol 2004;12(4):637−44.

[14] Zhu X, Dong G, Hu D, Cai Z. Robust tracking control of wheeled mobile robots not satisfying nonholonomic constraints. Proceedings of the 6th international conference on intelligent systems design and applications (ISDA'06), 2006. p. 643−8.

[15] Dixon WE, Dawson DM, Zergeroglu E, Zhang F. Robust tracking and regulation control for mobile robots. Int J Robust Nonlinear Control 2000;10:199−216.

[16] Slotine JJ, Li W. Applied nonlinear control. Englewood Cliffs: Prentice Hall; 1991.

[17] Solea R, Filipescu A, Nunes U. Sliding mode control for trajectory tracking of a wheeled mobile robot in presence of uncertainties. Proceedings of 17th Asian control conference. Hong Kong, China; August 27−29, 2009. p. 1701−6.

第 8 章　移动机器人控制 IV：模糊方法和神经方法

8.1　引言

模糊逻辑系统(或简称为模糊系统，FS)和神经网络(NN)已广泛应用于机器人和其他复杂非线性技术系统的识别、规划和控制。这是因为 FS 和 NN 是通用逼近器，也就是说，它们可以以任何所需精度逼近任何非线性函数(映射)。它们是计算智能的三个领域中的两个，第三个组成部分是遗传或进化算法(GA)领域。NN 概念是由 Mc Culloch 和 Pitts 于 1943 年研究人脑细胞时创造的，他们将其称为“神经元”(neuron)。NN 的第二次发展是由 Hebb 于 1949 年完成的，他创造了突触权重的概念。当前形式的模糊逻辑或模糊集理论由控制科学家 *Lofti* Zadeh 于 1965 年创造，从而打破了经典的二值(是/否)亚里士多德逻辑。遗传和进化算法是在 20 世纪 50 年代和 60 年代开发的，并且在 1973 年，Rechenberg 引入了进化策略作为参数优化的方法，其使用了具有两个成员的集群：母代和子代。Holland 在 1975 年将这一概念扩展到了多成员群体，引入了交叉、反转和变异的算子。

模糊逻辑提供了使用不确定规则从不确定数据中得出结论的统一近似(语言)方法。NN 提供了自主(无监督学习)、非自主(监督学习)或通过评估其表现(强化学习)[1-7]进行学习和训练的可能性。图 8.1 展示了监督学习(有教师)、无监督学习(无教师)和强化学习(有批评)。

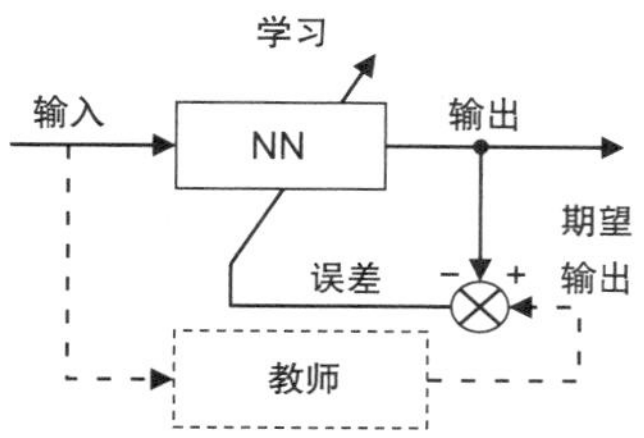

a) 监督学习NN

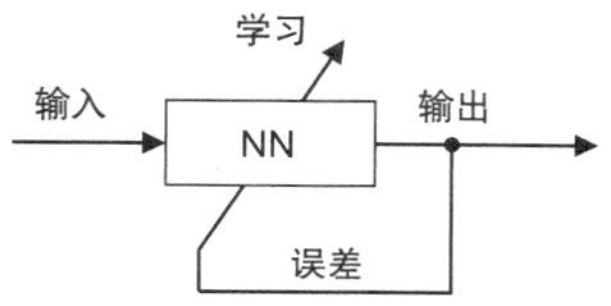

b) 无监督学习NN

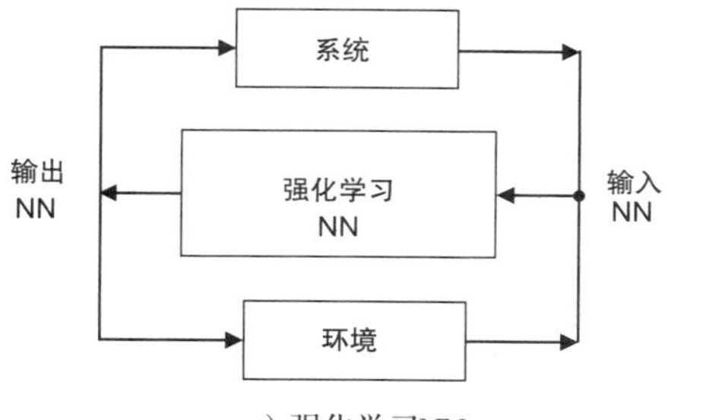

c) 强化学习NN

图 8.1　监督学习、无监督学习和强化学习神经网络

在许多实际情况(包括移动机器人)中,我们使用可提供更好性能的组合神经元模糊系统(NFS)。NFS 的类别如下:

- 协作 NFS(NN 确定 FS 的一些子块,例如模糊规则,然后在没有 NN 的情况下被使用)(见图 8.2a)。
- 并发 NFS(NN 和 FS 连续工作,NN 预处理 FS 的输入或后处理输出)(见图 8.2b)。
- 混合 NFS(一种使用受 NN 理论启发的启发式学习算法来确定其参数的 FS,如通过输入–输出模式(pattern)来确定模糊集和模糊规则)。

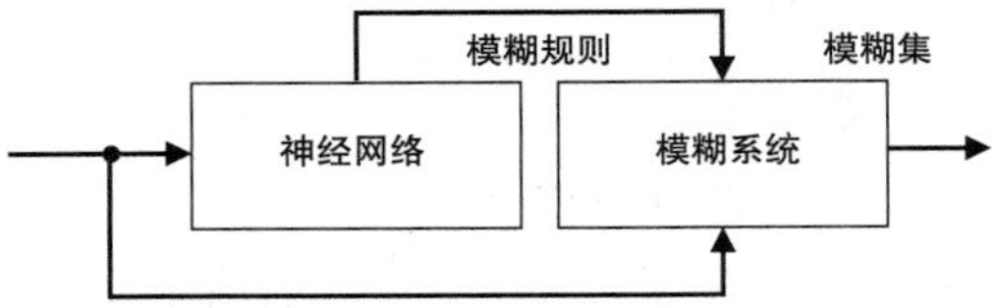

a) 协作NFS

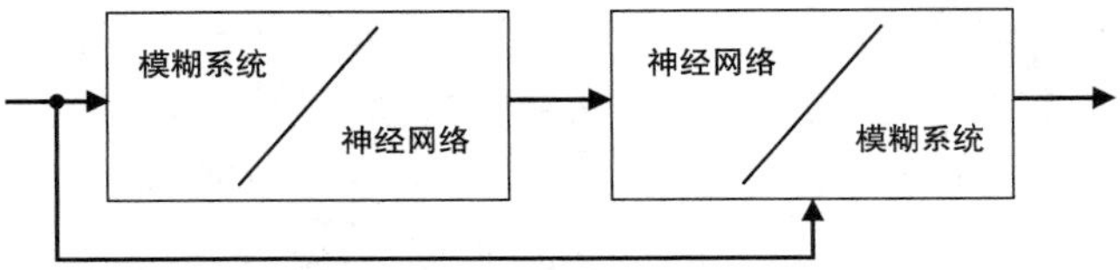

b) 并发神经模糊系统

图 8.2 协作 NFS 和并发神经模糊系统

本章的目标如下:

- 简要介绍神经网络和模糊系统。
- 推导和讨论机器人模糊控制器和神经控制器的一般结构。
- 提供移动(非完整)模糊跟踪控制器设计的细节。
- 模糊化基于模型的滑动模式控制器并将其应用于移动机器人。
- 利用 MLP 和 RBF 神经网络解决移动自适应跟踪控制器设计问题。

8.2 背景概念

8.2.1 模糊系统

8.2.1.1 模糊集

模糊集构成了集合的经典概念的延伸,是数学学科的基础之一。在经典(或清晰)集合 X 中,只有下列之一为真:

元素 x 属于 X 或不属于 X,用符号表示为 $x \in X$ 或 $x \notin X$。

这种二分法被 Zadeh[1] 创造的模糊集破坏了。设 $X=\{x_1, x_2, x_3, x_4, x_5\}$ 是经典集合。集合 X 称为参考超集(论域)。现在,让 $A=\{x_1, x_3, x_5\}$ 成为 X 的经典子集。A

的等价表示是

$$A=\{(x_1, 1), (x_2, 0), (x_3, 1), (x_4, 0), (x_5, 1)\}$$

这是对$(x, \mu_A(x))$的有序集，其中 $x\in X$，$\mu_A(x)$是子集 A 中 x 的成员，其中

$$\mu_A(x)=\begin{Bmatrix}1, & x\in A\\ 0, & x\notin A\end{Bmatrix}$$

也就是说，这里我们有 μ_A：$A\to\{0, 1\}$，其中集合$\{0, 1\}$有两个元素，即 0 和 1。如果我们允许隶属函数 $\mu_A(x)$为

$$\mu_A: A\to[0, 1]$$

其中$[0, 1]$是 0 和 1 之间的完全闭合间隔(即 $0\leqslant\mu_A(x)\leqslant 1$)，那么我们得到的 X 的模糊子集 A 的定义如下：

$$A=\{(x, \mu_A(x))\mid x\in X, \mu_A(x): X\to[0, 1]\}$$

模糊集 A 的另一种表示法是

$$A=\mu_A(x_1)/x_1+\mu_A(x_2)/x_2+\cdots+\mu_A(x_n)/x_n$$

其中符号“+”表示点的并集，符号“/”不表示除法。

例 8.1　具有离散点的模糊集是

$$\begin{aligned}A_1&=\{(7, 0.1), (8, 0.5), (9, 0.8), (10, 1), (11, 0.8), (12, 0.5), (13, 0.1)\}\\&=0.1/7+0.5/8+0.8/9+1/10+0.8/11+0.5/12+0.1/13\end{aligned}$$

具有元素 x 连续域的模糊集是

$$A_2=\{(x, \mu_A(x))\mid x\in X, \mu_A(x)=1/[1+(x-10)^2]\}$$

---

1. 模糊集操作

模糊集的三个基本运算被定义为经典集的各个运算的扩展，如下所示。

- 交

$$C=A\cap B=\{(x, \mu_C(x))\mid x\in X, \quad \mu_C(x)=\min(\mu_A(x), \mu_B(x))\}$$

- 并

$$D=A\cup B=\{(x, \mu_D(x))\mid x\in X, \quad \mu_D(x)=\max\{\mu_A(x), \mu_B(x)\}\}$$

- 补/余

$$A^c=\{(x, \mu_{A^c}(x))\mid x\in X, \quad \mu_{A^c}(x)=1-\mu_A(x)\}$$

易证集合的标准属性(即 De Morgan、吸收、相关性、分布性、幂等性)也于此处成立。

2. 模糊集图像

模糊集 A 通过映射函数 $f(\cdot)$得到的图像 $f(A)$是模糊集：

$$f(A)=\sum_Y\mu_A(x)/f(x)$$

例如，如果对于 $x_1\neq x_2$，$y=f(x_1)=f(x_2)$，有

$$\mu_A(x_1)/f(x_1)+\mu_A(x_2)/f(x_2)=\max\{\mu_A(x_1), \mu_A(x_2)\}/y$$

3. 模糊推断

模糊推断(或模糊推理)是基于模态推断和模态代价规则的经典推断的扩展。因此，我们有：

● 模糊模态

规则：IF $x=A$，THEN $y=B$

事实：$x=A'$

推论：$y=B'$

其中 A、A'、B 和 B'是模糊集。

● 模糊模式

规则：IF $x=A$，THEN $y=B$

事实：$y=B'$

推论：$x=A'$

4. 模糊关系

设 X 和 Y 为两个参考超集，然后根据项模糊关系 R(指的是笛卡儿积中的模糊集)：

$$X\times Y=\{(x,\ y),\ x\in X,\ y\in Y\}$$

有隶属函数 $\mu_R(x,\ y)$：

$$\mu_R:\ X\times Y\rightarrow[0,\ 1]$$

对于每对$(x,\ y)$，隶属函数 $\mu_R(x,\ y)$表示 x 和 y 之间的连接度。

5. Zadeh 的 Max-Min 组成

在此基础上，我们可以制定 Zadeh 开发的“最大-最小模糊组合”规则，具体如下。设模糊集 A 和 B 为

$$A=\{(x,\ \mu_A(x))\,|\,x\in X\},\quad B=\{(y,\ \mu_B(y))\,|\,y\in Y\}$$

再设一个 $X\times Y$ 的模糊关系，即

$$R=\{((x,\ y),\ \mu_R(x,\ y))\,|\,(x,\ y)\in X\times Y\}$$

然后，如果 A 是 R 的输入，则输出集 B 的隶属函数由以下关系给出：

$$\mu_B(y)=\max_x\{\min[\mu_A(x),\ \mu_R(x,\ y)]\}\tag{8.1a}$$

或者以符号表示：

$$B=A\circ R\tag{8.1b}$$

其中“$\circ$”表示最大-最小操作。

如果给出一个模糊规则：

IF x 是 A，THENy 是 B

我们可以使用以下规则之一找到相应的模糊关系 $R(x,\ y)$：

● Mamdani 规则(最小)

$$\mu_R(x_i,\ y_j)=\min\{\mu_A(x_i),\ \mu_B(y_j)\}\tag{8.2a}$$

● 拉森规则(积)

$$\mu_R(x_i,\ y_j)=\mu_A(x_i)\mu_B(y_j)\tag{8.2b}$$

● 扎德算术规则

$$\mu_R(x_i,\ y_j)=\min\{1,\ 1-\mu_A(x_i)+\mu_B(y_j)\}\tag{8.2c}$$

● 扎德最大规则

$$\mu_R(x_i,\ y_j)=\max\{\min[\mu_A(x_i),\ \mu_B(y_j)],\ 1-\mu_A(x_i)\}\tag{8.2d}$$

例 8.2 设 $X=Y=\{1, 2, 3, 4\}$、$A=$"x small"$=\{(1, 1), (2, 0.6), (3, 0.2), (4, 0)\}$和 $R=$"x nearly equal to y"具有模糊关系：

x	y			
	1	2	3	4
1	1	0.5	0	0
2	0.5	1	0.5	0
3	0	0.5	1	0.5
4	0	0	0.5	1

然后，根据最大-最小规则 $B=A\circ R$ 给出：

$$\mu_B(y)=\max_x\{\min\{\mu_A(x), \mu_R(x, y)\}\}$$
$$=\{(1, 1), (2, 0.6), (3, 0.5), (4, 0.2)\}$$

显然，结果可以解释为模糊集“$x=$nearly small”。因此，在这种情况下，根据“模糊模态推断”规则给出：

IF “x is small” AND “x is nearly equal to y,” THEN “y is nearly small.”

8.2.1.2 FS 结构

FS(模糊决策算法)的一般结构涉及以下四个单元(见图 8.3)[2-7]：

- 模糊规则库(FRB)，即 IF-THEN 规则的基础。
- 模糊推断机制(FIM)。
- 输入模糊化单元(IFU)。
- 输出解模糊单元(ODU)。

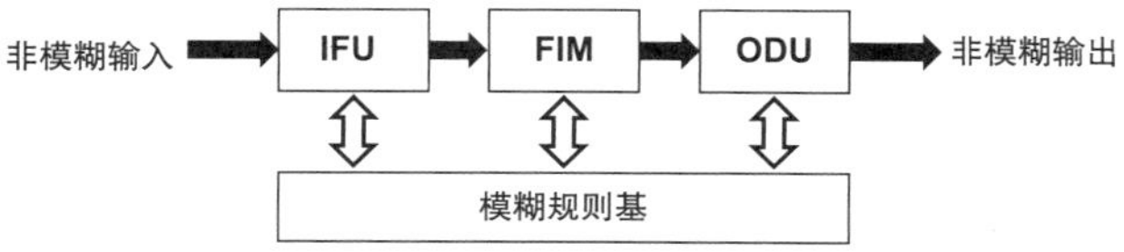

图 8.3 FS 的一般结构

除模糊或语言规则外，FRB 通常还包含标准算术数据库部分。模糊规则由人类专家提供或通过仿真得出。IFU(模糊器)接收非模糊输入值并将它们转换为模糊或语言形式。FIM 是系统的核心，涉及模糊推断逻辑(例如，Zadeh 的最大-最小规则)。最后，ODU(解模糊器)使用解模糊方法将 FIM 提供的模糊结果转换为非模糊形式。

模糊器执行从一组实际输入值 $\boldsymbol{x}=[x_1, x_2, \cdots, x_n]$到超集 X 的模糊子集 A 的映射。此映射的两种可能选择是

$$\mu_A(x')=\begin{cases}1 & x'=x\\0, & x'\neq x\end{cases} \quad \text{(单元素模糊器)}$$

$$\mu_A(x')=\exp\left[\frac{(x'-x)^{\mathrm{T}}(x'-x)}{\sigma^2}\right] \quad \text{(吊钟型模糊器)}$$

两种最流行的去模糊化方法如下：

- 重心(COG)方法：去模糊化的值 w_0 由下式给出：

$$w_0 = \left[\sum_i w_i \mu_B(w_i)\right] / \left[\sum_i \mu_B(w_i)\right] \tag{8.3}$$

- 最大平均值(MOM)方法：这里，去模糊化输出 w_0 等于

$$w_0 = \left[\sum_{j=1}^{m} w_j\right] / m \tag{8.4}$$

其中 w_j 是对应于隶属函数 $\mu_B(w)$ 的 j 的最大值。

8.2.2 神经网络

神经网络是涉及大量特殊类型非线性处理器(称为神经元)的大规模系统。生物神经元是神经细胞，其具有称为突触权重的许多内部参数。人类大脑由超过 1000 万个神经元组成。权重根据正在执行的任务自适应调整，以提高整体系统性能。在这里，我们将讨论人工 NN，其中的神经元由下列元素表征：状态(state)，来自其他神经元的加权输入(weighted input)列表，以及决定其动态操作的状态方程(state equation)。NN 权重可以通过学习过程获取新值，该学习过程通过梯度或 Newton-Raphson 算法最小化某个目标函数来实现。权重的最佳值存储为神经元互连的强度。NN 方法适用于无法用简洁、准确的数学模型建模的系统或过程，典型的例子是机器视觉、模式识别、控制系统和基于人的操作。NN 的三个主要特征是利用大量的感觉信息，集体处理能力，以及学习和适应能力[4]。神经控制器中的学习和控制是同时实现的，并且只要在受控制的系统和其环境中存在扰动，学习就会继续进行。快速并行方法(VLS，电-光等)的最新发展使得 NN 的实际实现成为可能。主要适用于决策和控制目的的两个 NN 是多层感知器(MLP)和径向基函数(RBF)网络。

8.2.2.1 基本人工神经元模型

该模型基于 McCulloch - Pitts 模型，其形式如图 8.4a 所示。神经元有一个基本处理单元，由三个元素组成：

- 一组连接分支(突触)。
- 线性求和节点。
- 激活(非线性)功能。

每个连接分支的权重(强度)如果具有兴奋作用则为正，如果具有抑制作用则为负。求和节点将输入信号乘以各自的突触权重再进行求和。最后，激活函数(又称压缩函数)将输出信号的可允许幅度限制为某个有限值，通常在归一化区间[0，1]中，或者在区间[−1，1]中。神经元模型还具有在外部施加的阈值 θ，它能降低激活函数的净输入。

从图 8.4a 可以看出，神经元由以下等式描述：

$$u = \sum_{i=1}^{n} w_i x_i$$

$$y = \sigma(z)$$

$$z = u - \theta, \quad \theta > 0$$

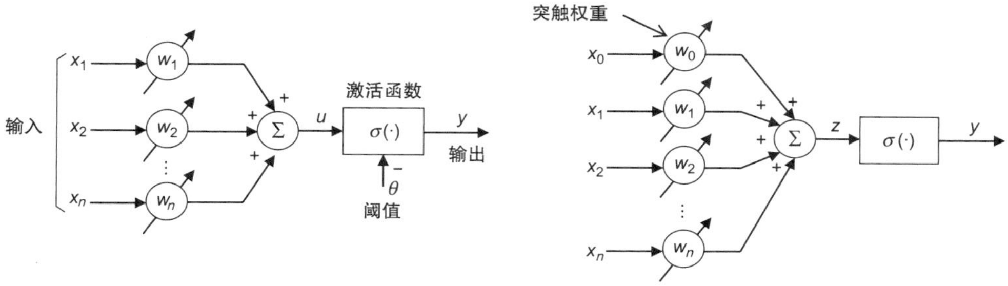

a）基本人工神经元模型

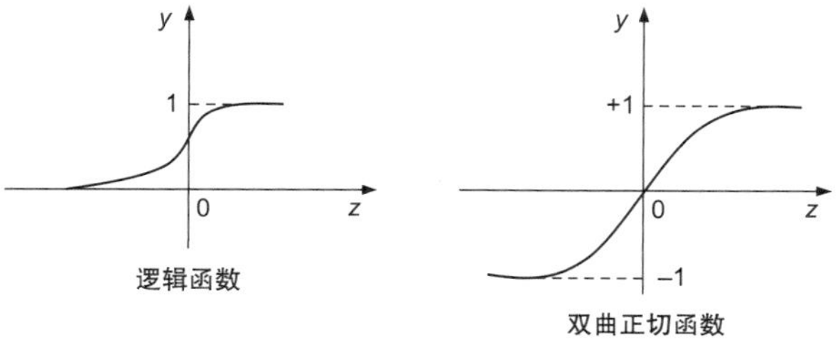

b）两种形式的Sigmoid函数

图 8.4 基本人工神经元

如果阈值-θ 被视为正常输入 $x_0=-1$ 且相应的权重 $w_0=\theta$，则神经元模型采用以下形式：

$$y=\sigma(z), \quad z=\sum_{i=0}^{n} w_i x_i \tag{8.5}$$

非线性激活函数 $\sigma(x)$ 可以是开-关或饱和函数类型，或者是在区间[0，1]或区间[−1，1]中具有值的 Sigmoid 函数类型，如图 8.4b 所示。

第一个 Sigmoid 函数是逻辑函数：

$$y=\sigma(z)=\frac{1}{1+e^{-z}}, \quad y\in[0,1]$$

第二个是双曲正切函数：

$$y=\sigma(z)=\tan\left(\frac{z}{2}\right)=\frac{1-e^{-z}}{1+e^{-z}}, \quad y\in[-1,1]$$

8.2.2.2 多层感知器

MLP NN 由 Rosemblat(1958)开发，其结构如图 8.5 所示。它涉及节点的输入层、输出层以及许多中间(隐藏)节点层。注意，即使只有一个隐藏节点层，也足以使 MLP NN 执行可由许多隐含实现的操作。正如我们稍后将看到的，这是因为 Kolmogorov 的通用逼近定理。在这种情况下，NN 的输出(m 个输出神经元和 L 个隐含中的神经元)由以下关系给出：

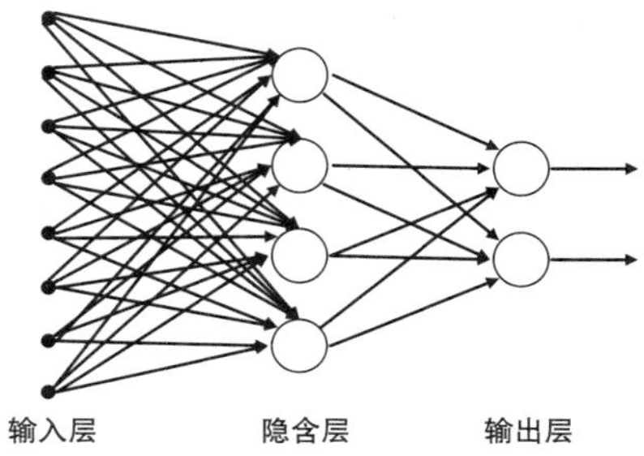

图 8.5 一个单隐含层 MLP 网络，其中包含 8 个输入节点、4 个隐藏节点和 2 个输出节点

$$y_i=\sum_{j=1}^{L}\left[v_{ij}\sigma\left(\sum_{k=0}^{n}w_{jk}x_k\right)\right],\quad i=1,\ 2,\ \cdots,\ m \tag{8.6}$$

其中 $x_k(k=0,1,2,\cdots,n)$是 NN 输入(包括阈值)，w_{jk} 是输入到隐含的互联权重，v_{ij} 是隐藏到输出层的互联权重。

式(8.6)可以写成如下的紧凑形式：

$$\boldsymbol{y}=\boldsymbol{V}^{\mathrm{T}}\boldsymbol{\sigma}(\boldsymbol{W}^{\mathrm{T}}\boldsymbol{x}) \tag{8.7}$$

其中

$$\boldsymbol{x}=[x_0,\ x_1,\ \cdots,\ x_n]^{\mathrm{T}},\quad \boldsymbol{y}=[y_1,\ y_2,\ \cdots,\ y_m]^{\mathrm{T}}$$

$$\boldsymbol{V}^{\mathrm{T}}=\begin{bmatrix}\boldsymbol{v}_1^{\mathrm{T}}\\ \boldsymbol{v}_2^{\mathrm{T}}\\ \vdots\\ \boldsymbol{v}_{\mathrm{m}}^{\mathrm{T}}\end{bmatrix},\quad \boldsymbol{\sigma}(\boldsymbol{W}^{\mathrm{T}}\boldsymbol{x})=\begin{bmatrix}\sigma(\boldsymbol{w}_1^{\mathrm{T}}\boldsymbol{x})\\ \sigma(\boldsymbol{w}_2^{\mathrm{T}}\boldsymbol{x})\\ \vdots\\ \sigma(\boldsymbol{w}_L^{\mathrm{T}}\boldsymbol{x})\end{bmatrix}$$

$$\boldsymbol{v}_i^{\mathrm{T}}=[v_{i1},\ v_{i2},\ \cdots,\ v_{iL}],\quad \boldsymbol{w}_i^{\mathrm{T}}=[w_{i0},\ w_{i1},\ \cdots,\ w_{in}]$$

8.2.2.3　反向传播算法

反向传播(BP)算法是一种监督学习算法，它在 NN 输入层处输入每个输入矢量(模式)之后更新突触权重，使得期望输出和实际输出之间的均方误差最小。误差通过隐含传播，以与输出层中相同的方式计算权重校正层。

因此，权重将被更新，以使指标最小化：

$$E_p(t)=\frac{1}{2}\sum_{k}e_k^2(t)\quad,\ e_k(t)=d_k(t)-y_k(t)$$

其中：$d_k(t)$是第 k 个输出神经元在时间 t 的期望输出(响应)；$y_k(t)$是在时间 t 时，在输入层输入每个矢量模式 x 之后实际获得的输出神经元。

这意味着 $E_p(t)$的最小化必须按一个个模式连续进行。在上述标准函数中，$E_p(t)$、$y_k(t)$和 $e_k(t)$由下式给出：

$$y_k(t)=\sigma(zk(t)),\quad e_k(t)=d_k(t)-\sigma_k(zk(t)),\quad zk=\sum_{i=0}^{n}w_{ki}(t)y_i(t)$$

$E_p(t)$的最小化可以通过梯度(最速下降)规则来完成：

$$\Delta w_{ki}(t)=-\gamma\frac{\partial E_p(t)}{\partial w_{ki}(t)}$$

其中，p 为输入模式，γ 是学习参数。

这里：

$$\begin{aligned}\frac{\partial E_p(t)}{\partial w_{ki}(t)}&=\frac{\partial E_p(t)}{\partial e_k(t)}\cdot\frac{\partial e_k(t)}{\partial y_k(t)}\cdot\frac{\partial y_k(t)}{\partial z_k(t)}\cdot\frac{\partial z_k(t)}{\partial w_{ki}(t)}\\ &=e_k(t)(-1)\frac{\mathrm{d}\sigma(zk(t))}{\mathrm{d}z_k(t)}y_i(t)\end{aligned}$$

其中，对于逻辑函数 $\sigma(\cdot)$：

$$\frac{\mathrm{d}\sigma(zk(t))}{\mathrm{d}z_k(t)}=\frac{\mathrm{d}}{\mathrm{d}z_k}\left[\frac{1}{1+\mathrm{e}^{-z}k}\right]=-\frac{(-\mathrm{e}^{-zk})}{(1+\mathrm{e}^{-zk})^2}=y_k(t)[1-y_k(t)]$$

因此：

$$\Delta w_{ki}(t)=\gamma[d_k(t)-y_k(t)]y_k[1-y_k(t)]y_i(t)=\gamma\delta_k(t)y_i(t) \tag{8.8a}$$

其中

$$\delta_k(t)=[d_k(t)-y_k(t)][1-y_k(t)]y_k \tag{8.8b}$$

是 BP 算法中的 delta。索引 k 扩展到所有输出神经元，索引 i 扩展到最后隐含的所有神经元。

隐含的学习(权重更新)规则(式(8.8a))采用以下形式：

$$\Delta w_{ji}(t)=\gamma y_i(t)y_j(t)[1-y_j(t)]\sum_m\delta_m(t)w_{mj}(t)$$

$$\Delta w_{ji}(t)=w_{ji}(t+1)-w_{ji}(t) \tag{8.9}$$

其中索引 i 指的是位于所考虑的层后面一层的神经元。为了加速收敛，我们添加“动量”项 $a[w_{ji}(t)-w_{ji}(t-1)]$，其中 a 是区间[0，1]中的参数。

在此基础上，BP 学习算法包括以下步骤：

步骤 1　设小的正随机值为初始权重和阈值。

步骤 2　展示训练输入模式向量 $x(t)$和期望输出向量 $d(t)$：

$$\boldsymbol{x}(t)=[x_0(t),\ x_1(t),\ \cdots,\ x_n(t)]^{\mathrm{T}}$$

$$\boldsymbol{d}(t)=[d_1(t),\ d_2(t),\ \cdots,\ d_m(t)]^{\mathrm{T}}$$

步骤 3　使用突触权重的当前值计算正向 NN 神经元到神经元的所有神经元的实际输出，即

$$y_i(t)=\sigma_j(z_j(t)),\quad z_j(t)=\sum_i w_{ji}(t)y_i(t)$$

其中 $y_i(t)$(第 i 个神经元的输出)是第 j 个神经元的第 i 个输入，w_{ji} 是连接第 i 个神经元和第 j 个神经元的突触权重。对于第一个隐含的神经元 j，我们有

$$y_i(t)=x_i(t),\quad i=1,\ 2,\ 3,\ \cdots,\ n$$

其中 $x_i(t)$是输入模式向量 $x(t)$的第 i 个分量。

步骤 4　使用以下规则，从输出神经元开始并朝输入层向后更新突触权重：

$$w_{ji}(t+1)=w_{ji}(t)+\gamma\delta_j(t)y_i(t)+a[w_{ji}(t)-w_{ji}(t-1)]$$

步骤 5　重复步骤 2 中的过程(直到获得所需的精度或达到最大迭代次数)。

在文献中，有许多对上述基本 BP 算法的变化或改进，它们可以得到更快的收敛性，计算量也更小。

8.2.2.4　RBF 网络

RBF 网络通过采用径向对称函数的线性组合来近似输入-输出映射(见图 8.6)。第 k 个输出 y_k 由下式给出：

$$y_k(\boldsymbol{x})=\sum_{i=1}^{m}w_{ki}\phi_i(\boldsymbol{x})\quad(k=1,\ 2,\ \cdots,\ p) \tag{8.10}$$

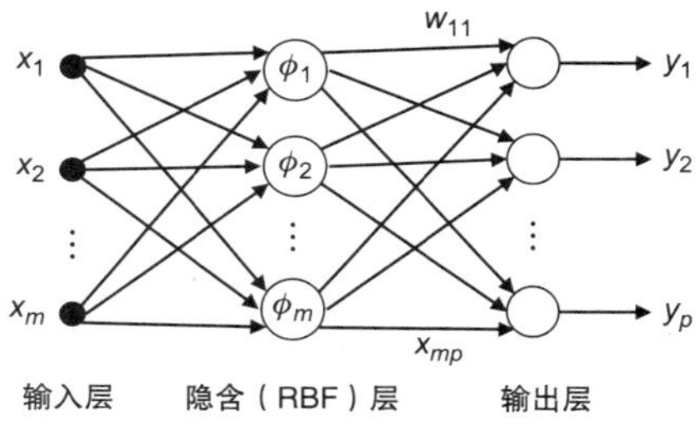

图 8.6　RBF 网络

其中

$$\phi_i(\boldsymbol{x})=\phi(\|\boldsymbol{x}-\boldsymbol{c}_i\|)=\phi(r_i)=\exp\left(-\frac{r_i^2}{2\sigma_i^2}\right),\quad r_i\geqslant 0,\ \sigma_i\geqslant 0 \tag{8.11}$$

RBF 网络总是有一个隐藏的计算节点层，其具有非单调传递函数 $\phi(\cdot)$。理论研究表明，$\phi(\cdot)$的选择对网络的有效性影响并不大。在大多数情况下都使用由式(8.11)给出的高斯 RBF，其中 $\boldsymbol{c}_i$ 和 $\sigma_i(i=1, 2, \cdots, m)$分别为所选的中心和宽度。RBF 网络的训练程序包括以下步骤：

步骤 1　使用一些聚类算法(例如，k 均值聚类算法)将训练模式分组在 $\boldsymbol{M}$ 个子集中，并选择它们的中心 $\boldsymbol{c}_i$。

步骤 2　使用一些启发式方法(例如，p 最近邻算法)选择宽度 $\sigma_i(i=1, 2, \cdots, m)$。

步骤 3　使用式(8.11)计算训练输入的 RBF 激活函数 $\phi_i(\boldsymbol{x})$。

步骤 4　通过最小二乘法计算权重。为此，以 $\boldsymbol{b}_k=\boldsymbol{A}\boldsymbol{w}_k(k=1, 2, \cdots, p)$的形式重写式(8.10)并求解 $\boldsymbol{w}_k$，即

$$\boldsymbol{w}_k=\boldsymbol{A}^{\dagger}\boldsymbol{b}_k,\quad \boldsymbol{w}_k=[w_{k1}, \cdots, w_{km}]^{\mathrm{T}}$$

其中 $\boldsymbol{A}^{\dagger}$ 是 $\boldsymbol{A}$ 的广义逆，由下式给出：

$$\boldsymbol{A}^{\dagger}=(\boldsymbol{A}^{\mathrm{T}}\boldsymbol{A})^{-1}\boldsymbol{A}^{\mathrm{T}}$$

其中 $\boldsymbol{b}_k$ 是输出 k 的训练值的向量。

值得注意的是，MLP NN 对输入-输出数据执行全局匹配，而在 RBF NN 中，这仅在本地完成，从而具有更高的准确性。

8.2.2.5　通用近似属性

1. 神经网络逼近器

具有(至少)一个隐含的 MLP 神经网络具有通用近似属性。[⊖]这遵循 Kolmogorov 定理，其中陈述了[4]对任何连续函数

$$\boldsymbol{F}:[0, 1]^n\to\boldsymbol{F}(\boldsymbol{x})=\boldsymbol{y},\quad \boldsymbol{y}\in R^m$$

其中 $\boldsymbol{I}=[0, 1]^n$ 是 n 维单位立方体，$\boldsymbol{F}$ 可以用三层感知器 NN 精确近似(实现)，输入(源)层中有 n 个节点$\{x=[x_1, x_2, \cdots, x_n]^{\mathrm{T}}\}$，中间(隐含)层有 $L=2n+1$ 个节点，输出层中有 m 个节点$\{\boldsymbol{y}=[y_1, y_2, \cdots, y_m]^{\mathrm{T}}\}$。

可以选择节点中使用的非线性函数 $f(z)$，以便满足 Lipschitz 条件 $|f(z_1)-f(z_2)|\leqslant c|z_1-z_2|^{\mu}$，$0<\mu<1$，其中 c 是一个常数。任何 Sigmoid 函数 $f(z)=\sigma(z)$或 RBF$f(z)=\phi(z)$都能满足 Lipschitz 条件。

在实践中，在有限数量的权重更新步骤(使用 BP 学习算法)之后，对于 L 个隐藏的神经元，$y=F(x)$的 NN 表示是近似的，包含误差 ε，即

$$\boldsymbol{V}^{\mathrm{T}}\sigma(\boldsymbol{W}^{\mathrm{T}}\boldsymbol{x})=\boldsymbol{F}(\boldsymbol{x})-\varepsilon \tag{8.12}$$

实际上，当 $\boldsymbol{x}=\boldsymbol{I}$ 时，对于任何正数 ε_0，可以训练权重(例如，通过 BP)，并且可以选择隐藏神经元的数量 L，使得：

⊖　根据定义，MLP 具有非常数、有界和单调递增的连续激活函数。

$$\|\varepsilon\|<\varepsilon_0$$

$L\geqslant 2n+1$ 的选择可以通过多种方式完成，但它仍然是一个悬而未决的问题。根据 $\boldsymbol{F}(\boldsymbol{x})$ 的变化率，我们能确定所述精度 ε_0 的最小 L。

2. 模糊逻辑通用逼近器

考虑具有单模模糊器、COG 解模糊器和高斯类型隶属函数的多输入单输出(MISO)模糊逻辑系统：

$$\mu_{A_i^j}(x_i)=\rho_i^j\exp\left[-\frac{1}{2}\left(\frac{x_i-\overline{x}_i^j}{\sigma^j}\right)^2\right] \tag{8.13}$$

其中 x_i 是模糊输入向量 $\boldsymbol{x}=[x_1, x_2, \cdots, x_n]^{\mathrm{T}}$ 的第 i 个分量，ρ_i^j，$\overline{x}_i^j$，和 σ_i^j 是实值参数，并且有 $0\leqslant\rho_i^j\leqslant 1$。该系统由 m 个模糊规则 $\boldsymbol{R}_j(j=1, 2, \cdots, m)$ 组成，形式为

$$\boldsymbol{R}_j\text{：IF } x_1 \text{ is } A_1^j \text{ and } x_2 \text{ is } A_2^j \text{ and } \cdots \text{ and } x_n \text{ is } A_n^j,\quad \text{THEN y is } B^j$$

其中 $x_i(i=1, 2, \cdots, n)$ 和 y 是由模糊隶属函数 $\mu_{A_i^j}(x_i)$ 和 $\mu_{B^j}(y)$ 分别表示的模糊(语言)变量，y^j 是输出空间 y 中 $\mu_{B^j}(y)$ 取其最大值时的点。如果 x_i 的隶属函数由式(8.13)给出，那么系统的输出 $F(x)$ 可以写成

$$F(\boldsymbol{x})=\frac{\sum_{j=1}^{m}\overline{y}_i^j\left(\prod_{i=1}^{m}\mu_{A_i^j}(x_i)\right)}{\sum_{j=1}^{m}\left(\prod_{i=1}^{m}\mu_{A_i^j}(x_i)\right)} \tag{8.14}$$

实际上，考虑以下形式的模糊基函数(FBF)：

$$\psi_j(\boldsymbol{x})=\frac{\prod_{i=1}^{n}\mu_{A_i^j}(x_i)}{\sum_{j=1}^{m}\prod_{i=1}^{n}\mu_{A_i^j}(x_i)} \tag{8.15}$$

其中 $\mu_{A_i^j}(x_i)$ 是高斯函数(式(8.13))。然后，模糊决策算法(式(8.14))可以写为以 $\overline{y}_i^j$ 作为自由系数的 FBF 扩展形式：

$$F(\boldsymbol{x})=\sum_{j=1}^{m}\overline{y}_i^j\psi_j(\boldsymbol{x})=\psi^{\mathrm{T}}(\boldsymbol{x})\boldsymbol{\beta} \tag{8.16}$$

其中

$$\boldsymbol{\psi}(\boldsymbol{x})=[\psi_1(\boldsymbol{x}), \cdots, \psi_m(\boldsymbol{x})]^{\mathrm{T}}$$

是模糊基向量，而

$$\boldsymbol{\beta}=[\overline{y}^{-1},\overline{y}^2, \cdots,\overline{y}^m]^{\mathrm{T}}$$

是要估计的参数向量。矢量值 MIMO 函数(FS) $\boldsymbol{F}(\boldsymbol{x})$ 的输出表示为

$$\boldsymbol{F}(\boldsymbol{x})=\boldsymbol{\psi}(\boldsymbol{x})\boldsymbol{\beta} \tag{8.17}$$

其中

$$\boldsymbol{F}(\boldsymbol{x})=\begin{bmatrix}F_1(\boldsymbol{x})\\ \vdots\\ F_p(\boldsymbol{x})\end{bmatrix},\quad \boldsymbol{\Psi}(\boldsymbol{x})=\begin{bmatrix}\psi_1(\boldsymbol{x})\\ \vdots\\ \psi_p(\boldsymbol{n})\end{bmatrix}=\begin{bmatrix}\psi_{11}(\boldsymbol{x}) & \cdots & \psi_{1m}(\boldsymbol{x})\\ \vdots & \ddots & \vdots\\ \psi_{p1}(\boldsymbol{x}) & \cdots & \psi_{pm}(\boldsymbol{x})\end{bmatrix}$$

文献[8]中显示了式(8.14)(实际上是一个自适应模糊系统)可以在一个紧凑的输入集

上以任何所需的精度均匀逼近任何连续的实函数。因此，式(8.14)是一个模糊的通用逼近器。

8.3　模糊和神经机器人控制：一般问题

8.3.1　模糊机器人控制

模糊机器人的控制系统的基本结构是使用图 8.3 所示的 FS 构建的，其形式如图 8.7 所示[6]。

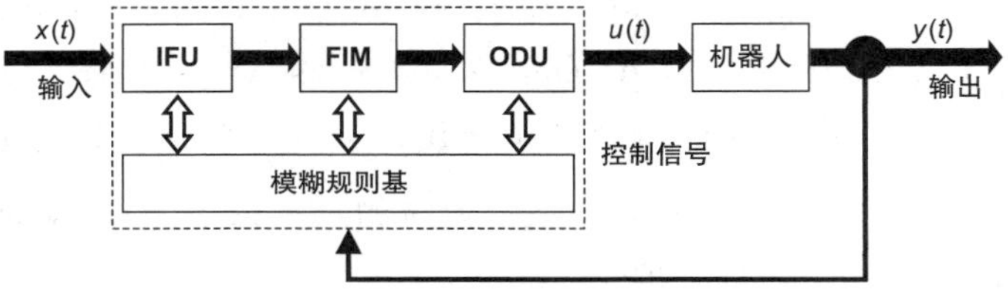

图 8.7　基本的模糊机器人控制回路

这里，FRB 存储所有相关知识(即如何控制系统)，这消除了对机器人的分析性数学模型的可用性需求。两个基本的控制回路的实际实现如图 8.8 所示。

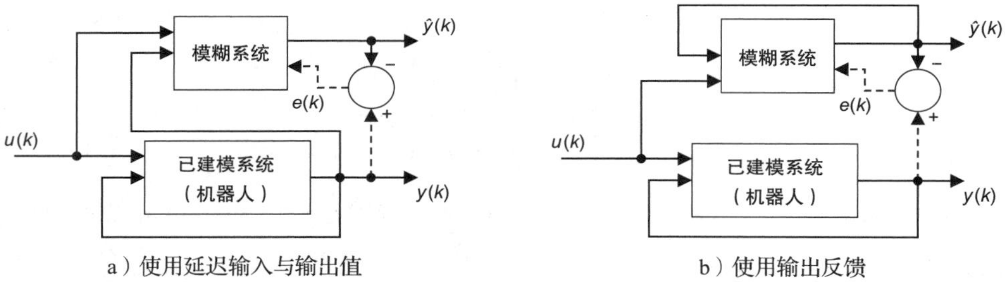

a) 使用延迟输入与输出值　　　　　　　b) 使用输出反馈

图 8.8　两种模糊机器人的控制实现

在图 8.8a 的简单结构中，机器人的输入包括控制输入的延迟测量值和建模机器人的输出。因此，如果 $f(\cdot)$是描述机器人未知动力学的未知非线性映射，并且

$$\boldsymbol{z}(k)=[\boldsymbol{y}(k-1),\ \boldsymbol{y}(k-2),\ \cdots,\ \boldsymbol{y}(k-n_y);\ \boldsymbol{u}(k-1),\ \cdots,\ \boldsymbol{u}(k-n_u)]^{\mathrm{T}}$$

是信息向量，可以使用以下关系生成(建模)训练数据：

$$\boldsymbol{y}(k)=\boldsymbol{f}(\boldsymbol{z}(k))$$

然后机器人的模糊模型具有以下形式：

$$\boldsymbol{y}(k)=\hat{\boldsymbol{f}}(\boldsymbol{z}(k))$$

其中 $\hat{\boldsymbol{f}}(\cdot)$是 $\boldsymbol{f}(\cdot)$的模糊近似(描述)。在测量正确(准确)的情况下，能够正确地估计延迟度 n_y 和 n_u，并且控制信号能够持续地作用，模糊模型可以很好地接近给定系统。但即使不满足上述条件，FS 也可以渐近地跟踪输出，即

$$\lim_{k\to\infty}\boldsymbol{e}(k)=\boldsymbol{0}$$

其中 $\boldsymbol{e}(k)=\boldsymbol{y}(k)-\boldsymbol{y}(k)$。

当测量的输出被噪声污染时，图 8.8a 的系统结果可能是错误的，因为输入受到干扰，并且无法确定某些输出误差是参数不确定性引起的还是输入误差引起的。为了克服这个困难，我们将近似输出 $\hat{\boldsymbol{y}}(k)$ 反馈到输入中(而不是测量输出 $\boldsymbol{y}(k)$)，如图 8.8b 所示。因此我们现在有模糊模型：

$$\hat{\boldsymbol{y}}(k)=\hat{\boldsymbol{f}}(\boldsymbol{z}'(k))$$

其中

$$\boldsymbol{z}'(k)=[\hat{\boldsymbol{y}}(k-1),\hat{\boldsymbol{y}}(k-2),\cdots,\hat{\boldsymbol{y}}(k-n_y);\ \boldsymbol{u}(k-1),\cdots,\boldsymbol{u}(k-n_u)]^{\mathrm{T}}$$

当然，这里默认为 $\hat{\boldsymbol{y}}(k)$ 非常接近 $\boldsymbol{y}(k)$。在这两种情况下，控制成功与否取决于 FS 的实际结构(即模糊规则的类型、隶属函数的形式和去模糊化的方法)。

例 8.3　在这个例子中，我们演示了如何设计一个能够接收输入 $e(k)$ 和 $\Delta e(k)$ 的机器人模糊 PD 控制器。真正的控制信号是

$$u(k)=u(k-1)+\Delta u(k)$$

模糊规则产生了增量控制信号 $\Delta u(k)$，并在表 8.1 中描述。

表 8.1　模糊 PD 控制器的模糊规则库

$\Delta e(k)$	$e(k)$: NB	NM	NS	AZ	PS	PM	PB
NB	AZ	PS	PM	PB	PB	PB	PB
NM	NS	AZ	PS	PM	PB	PB	PB
NS	NM	NS	AZ	PS	PM	PB	PB
AZ	NB	NM	NS	AZ	PS	PM	PB
PS	NB	NB	NM	NS	AZ	PS	PM
PM	NB	NB	NB	NM	NS	AZ	PS
PB	NB	NB	NB	NB	NM	NS	AZ

这里，表中 $e(k)$、$\Delta e(k)$ 和 $u(k)$ 的符号具有以下含义：NB，负大；NS，负小；NM，负中；AZ，基本为零；PB，正大；PS，正小；PM，正中。

这些规则如图 8.9 所示。

表 8.1 涉及 $7\times7=49$ 条规则，即

R1：IF $e(k)$=NB AND$\Delta e(k)$=NB，THEN $\Delta u(k)$=AZ。

R2：IF $e(k)$=NB AND $\Delta e(k)$=NM，THEN $\Delta u(k)$=NS。

…

R49：IF $e(k)$=PB AND $\Delta e(k)$=PB，THEN $\Delta u(k)$=AZ。

众所周知，可以通过选择增益 K_p 和 K_v 值来调整传统的 PD 控制器，但在模糊 PD 控制器中，通过选择隶属函数的位置来完成调整。控制动作的结果形式是对输入空间中每个细分的几种类型的控制之间进行插值。模糊 PD 控制器的性能在相平面中以图形方式示出，由轴系 $e(k)$ 和 $\Delta e(k)$ 表示。在图 8.10 中，符号“◦”表示在区间[−1，1]中的归一化值。

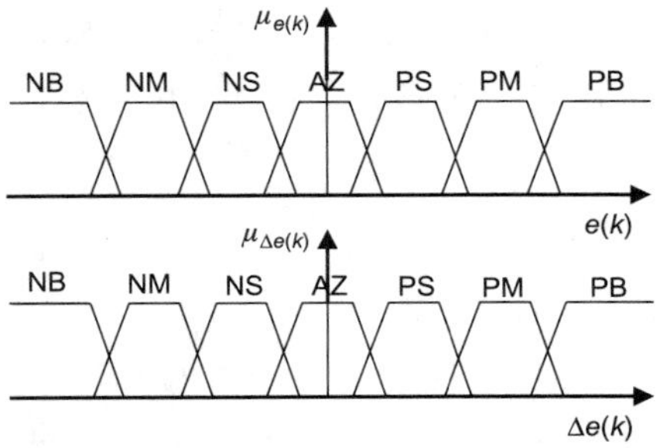

图 8.9　模糊 PI 控制器中的 $e(k)$ 和 $\Delta e(k)$ 的模糊值(隶属函数)

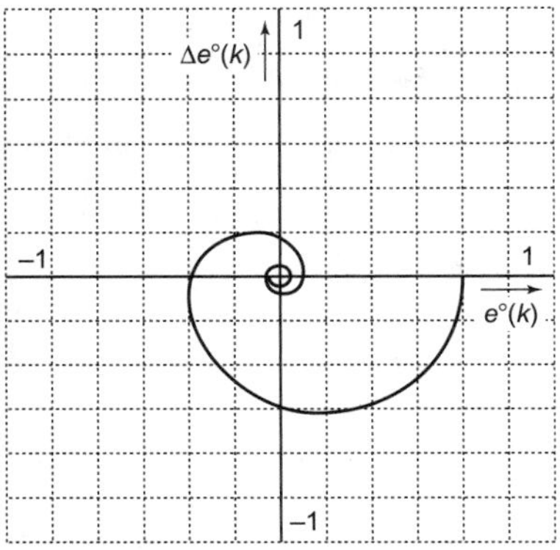

图 8.10　模糊 PI 控制器中的误差动力学状态量 $[e(k),\ \Delta e(k)]$ 的轨迹

相平面的各个区域对应于表 8.1 中的位置。通常，模糊控制器的期望性能如图 8.10 所示，即 $(e(k),\ \Delta e(k))$ 渐近收敛于平衡点(0，0)。

8.3.2　神经机器人控制

神经控制使用“已明确定义的”神经网络来产生所需的控制信号。神经网络能够从实例中学习和推广非线性映射(即它们是通用的逼近器)，因此它们适用于复杂的非线性控制系统，如具有高速[5,9]的机器人系统。

神经控制可以按照与 NN 相同的方式进行分类，即：

- 有监督学习的神经控制。
- 无监督学习的神经控制。
- 加强学习的神经控制。

在每种情况下，都应该使用适当的 NN。这里将考虑具有监督学习的神经控制情况，因其简单而非常流行。监督学习神经控制的结构如图 8.11 所示。

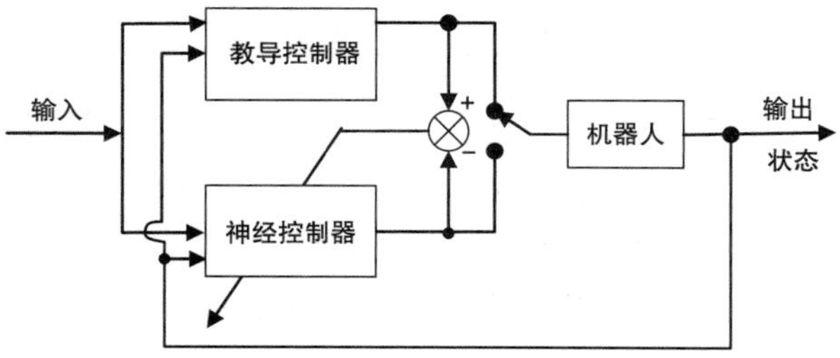

图 8.11　具有监督学习的机器人神经控制的结构

“教师”可以通过呈现可成功控制机器人的控制信号示例来训练神经控制器。“教师”既可以是人类控制器，也可以是任何经典的、自适应或智能技术控制器。测量输出值或状态量并将其发送给“教师”以及神经控制器。在“教师”的控制期间，对机器人系统的控制信号和输出值/状态量进行采样和存储，以用于神经网络的训练。在训练期之后，神经控制器采取控制动作，并且“教师”与系统断开连接。

最受欢迎的监督神经控制类型是直接反向神经控制，其中 NN 成功学习机器人逆动力学并且直接作为控制器，如图 8.12a 所示[9]。

直接反向神经控制器的另一种变化如图 8.12b 所示，称为专用直接反向神经控制。这里，NN 是在线训练的，闭环系统的误差 e 在每个采样时刻向后传输。而相反，在图 8.12a 的直接反向神经控制方案中，NN 的训练是“离线”执行的。

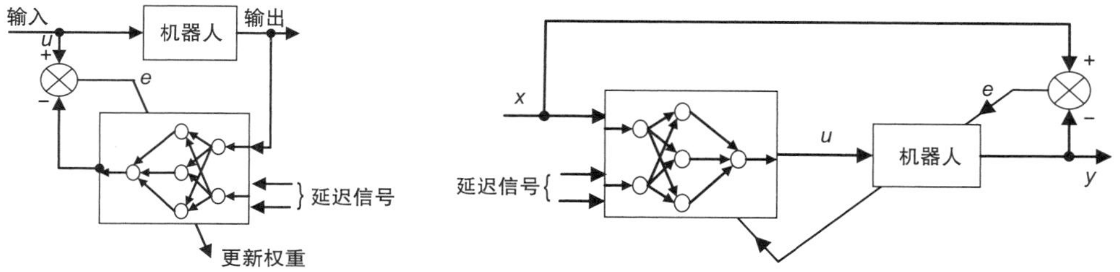

a）直接反向神经控制器　　b）专用直接反向神经控制器

图 8.12　直接反向神经控制器及其变型

另一种神经控制方案是间接神经控制，它使用两个 NN，如图 8.13 所示[9]。

第一个 NN 被用于机器人的模拟器，而第二个 NN 用于控制器。模拟 NN 可以离线（批量学习）或在线使用随机的输入进行训练，以学习机器人动力学。上述所有类型的神经控制都使用具有 BP 学习的 MLP 类型的 NN。

最常见的神经控制类型涉及两个 NN：第一个用作前馈控制器（FFC），第二个用作反馈控制器（FBC）。这种控制方案的结构称为反馈误差学习神经控制器，如图 8.14 所示。

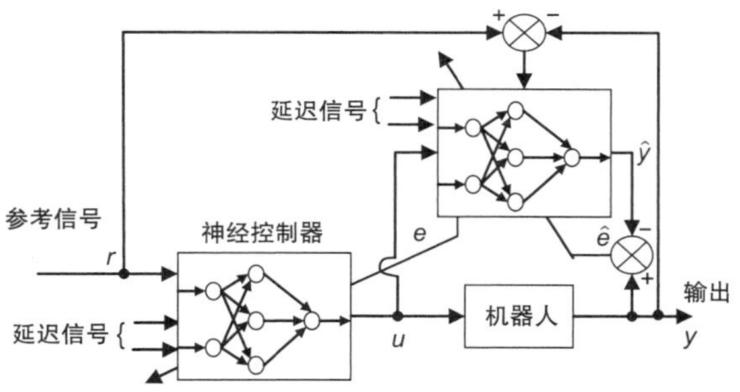

图 8.13　间接机器人神经控制（使用自适应 NN 模拟器和 NN 控制器）

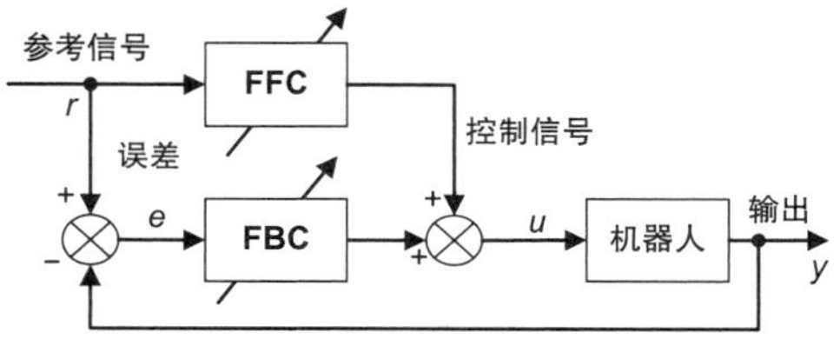

图 8.14　FFC-FBC（反馈误差学习）神经控制的一般结构

8.4　移动机器人的模糊控制

8.4.1　自适应模糊跟踪控制器

这里将基于图 8.7[10-11] 来讨论直接模糊跟踪控制方案。在文献[12]中提出了一种用于 WMR 的分散模糊逻辑控制（FLC）方案。我们将考虑在 5.4.1 节和 7.1 节中得出的机器人运动和动力学模型。对于这个系统，我们派生了两步（backstepping）控制器。运动控制器为（见式（7.73a）和式（7.73b））：

$$v_m = v_d \cos\varepsilon_3 + K_1\varepsilon_1 \tag{8.18}$$
$$\omega_m = \omega_d + K_2 v_d \varepsilon_2 + K_3 \sin\varepsilon_3$$

这里要讨论的问题是找到一个控制输入 $\boldsymbol{u}=[u_1, u_2]^{\mathrm{T}}=[\tau_a, \tau_b]^{\mathrm{T}}$(参见式(5.49a)和式(5.49b))，它们将误差稳定为零：$\tilde{v}=v-v_m$，$\tilde{\omega}=\omega-\omega_m$(见式(7.71))。其中轨迹误差

$$\tilde{\boldsymbol{x}}=\boldsymbol{x}_d-\boldsymbol{x}, \quad \boldsymbol{x}=[x, y, \phi]^{\mathrm{T}}, \quad \boldsymbol{x}_d=[x_d, y_d, \phi_d]^{\mathrm{T}}$$

由式(7.69)和式(7.70)描述：

$$\varepsilon=\begin{bmatrix}\varepsilon_1\\ \varepsilon_2\\ \varepsilon_3\end{bmatrix}=\begin{bmatrix}\cos\phi & \sin\phi & 0\\ -\sin\phi & \cos\phi & 0\\ 0 & 0 & 1\end{bmatrix}\begin{bmatrix}\tilde{x}\\ \tilde{y}\\ \tilde{\phi}\end{bmatrix}=\boldsymbol{E}(\tilde{\boldsymbol{x}})\tilde{\boldsymbol{x}} \tag{8.19a}$$

此处

$$\dot{\varepsilon}_1=\omega\varepsilon_2-v+v_d\cos\varepsilon_3, \quad \dot{\varepsilon}_2=-\omega\varepsilon_1+v_d\sin\varepsilon_3, \quad \dot{\varepsilon}_3=\omega_d-\omega \tag{8.19b}$$

一种简单的设计方法是使用式(8.2a)给出的 Mamdani 规则。这里我们有两个控制输入 u_1，u_2 和两个输出 v 和 ω。模糊规则表示从 $\tilde{v}$ 和 $\tilde{\omega}$ 到电动机力矩 u_1 和 u_2 的映射。为方便起见，对所有模糊变量，取参考超集(论域)的范围为[−1，1]。这些变量的隶属函数被选择为具有三角形/梯形形状，每个形状具有三个函数，如图 8.15[11]所示。

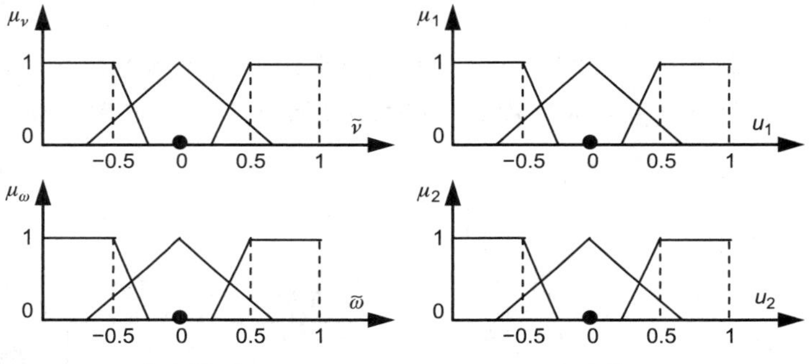

a）变量$\tilde{v}$和$\tilde{\omega}$　　b）变量u_1，u_2

图 8.15　隶属函数 $\mu(x)$

显然，我们在表 8.2 中给出了 FRB，其中以下符号用于表示 $\tilde{v}$，$\tilde{\omega}$，u_1 和 u_2 的语言值：N 表示负，Z 表示零，P 表示正。

表 8.2　表格形式的模糊值规则基

$\tilde{v}$	$\tilde{\omega}$		
	N	Z	P
N	(N，N)	(N，Z)	(N，P)
Z	(Z，N)	(Z，Z)	(Z，P)
P	(P，N)	(P，Z)	(P，P)

表 8.2 表示具有对(μ，μ_2)的模糊值，以及其对应模糊值(N，N)，(N，Z)，(N，P)等。

在语言形式上，FLC 规则库的 9 个(3×3)模糊规则如下：

规则 1：如果 v 是 Z 且 ω 是 Z，那么 u_1 是 Z 而 u_2 是 Z。

规则 2：如果 v 是 Z 且 ω 是 P，那么 u_1 是 Z 且 u_2 是 P。
规则 3：如果 v 是 Z 且 ω 是 N，那么 u_1 是 Z 而 u_2 是 N。
规则 4：如果 v 是 P 且 ω 是 P，那么 u_1 是 P 且 u_2 是 P。
规则 5：如果 v 是 P 且 ω 是 N，那么 u_1 是 P 而 u_2 是 N。
规则 6：如果 v 是 P 且 ω 是 Z，那么 u_1 是 P 而 u_2 是 Z。
规则 7：如果 v 是 N 且 ω 是 N，那么 u_1 是 N 而 u_2 是 N。
规则 8：如果 v 是 N 且 ω 是 P，那么 u_1 是 N 且 u_2 是 P。
规则 9：如果 v 是 N 且 ω 是 Z，那么 u_1 是 N 而 u_2 是 Z。

解除引信的方便的方法是由式(8.3)给出的 COG/COA(面积质心)方法。显然，上述控制器是模糊比例控制器。

整个反馈跟踪控制系统的结构见图 5.11，动态控制器(式(5.59a)和式(5.59b))被根据表 8.2 给出的规则库设计的 FLC 所代替。FLC 接受清晰值，这些值在 IFU 单元中模糊化，并在 ODU 单元进行解密处理后为机器人输入(力矩)提供清晰的值(见图 8.7)。因此，两步控制器的框图，即清晰的运动控制器(见式 8.18)和 9-规则 FLC 具有如图 8.16[11] 所示的形式。

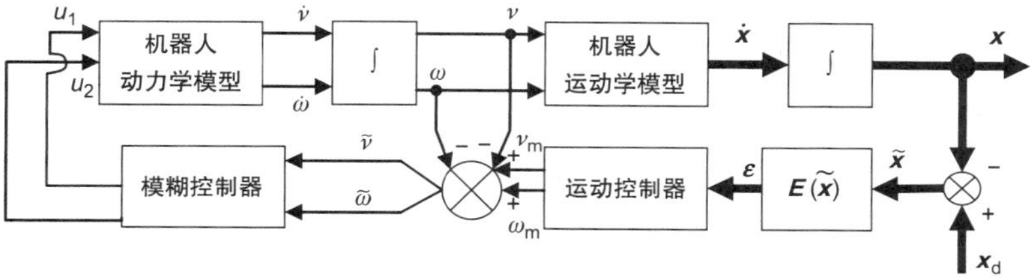

图 8.16　整体自适应模糊跟踪 WMR 控制器的结构

关于这种控制方案的一些评论如下：

- FLC 隐含地通过模糊规则执行机器人动力学的识别，从而替换 5.4.2 节(式(5.59a)和式(5.59b))的确定性动态控制器，7.3.1 节的自适应控制器使用了参数自适应定律(式(7.40a)、式(7.40b)和式(7.41))。
- 运动控制器仍然是一个清晰的控制器。这不会降低控制方案的适用性，因为式(8.18)中的运动控制器不涉及任何未知(或可能未知)的参数。所有变量都是已知的或可测量的。
- 如果使用 PD 模糊控制器，例如实施例 8.3 中设计的控制器，则可以获得比现有的比例模糊控制器更好的性能。

例 8.4　完全描述一个 Mamdani 模糊控制器的模糊输出的计算，输入误差为 $e(t)$，误差的变化为 $\Delta e(t)$，其中三个语言值 N，Z，P 由三角形和梯形隶属函数表示。

解　Mamdani 型模糊 PD 控制器由表 8.3 的规则库(矩阵)描述，其中元素表示控制信号 u 的变化 Δu。

表 8.3　模型 PD 控制器规则基

Δe	e		
	N	Z	P
N	N	N	Z
Z	N	Z	P
P	Z	P	P

e，Δe 和 Δu 的语言值 N(负)，Z(零)和 P(正)如图 8.17 所示，具有论域

$$X_1=\{e\}=[-3,\ 3],\quad X_2=\{\Delta e\}=[-1,\ 1],$$

$$Y=\{\Delta u\}=[-6,\ 6]$$

我们将在以下情况下计算控制动作 Δu：

$$\{e,\ \Delta e\}=\{-2.5,\ 0.5\}$$

由于我们有一个 3×3 的 FRB 表，控制器由以下形式的 9 个规则($i=1$，2⋯，9)组成：

$\boldsymbol{R}_i$：IF $e=A_{i1}$ 和 $\Delta e=A_{i2}$，则 $\Delta u=Bi$。

此处：

$\boldsymbol{R}_1$：A_{11}=负 e，A_{12}=负 Δe，B_1=负 Δu；

$\boldsymbol{R}_2$：A_{21}=负 e，$A_{22}=0\Delta e$，B_2=负 Δu；

$\boldsymbol{R}_3$：A_{31}=负 e，A_{32}=正 Δe，$B_3=0\Delta u$；

$\boldsymbol{R}_4$：A_{41}=零 e，A_{42}=负 Δe，B_4=负 Δu；

$\boldsymbol{R}_5$：A_{51}=零 e，A_{52}=零 Δe，B_5=零 Δu；

$\boldsymbol{R}_6$：A_{61}=零 e，A_{62}=正 Δe，B_6=正 Δu；

$\boldsymbol{R}_7$：A_{71}=正 e，A_{72}=负 Δe，$B_7=0\Delta u$；

$\boldsymbol{R}_8$：A_{81}=正 e，A_{82}=零 Δe，B_8=正 Δu；

$\boldsymbol{R}_9$：A_{91}=正 e，A_{92}=正 Δe，B_9=正 Δu。

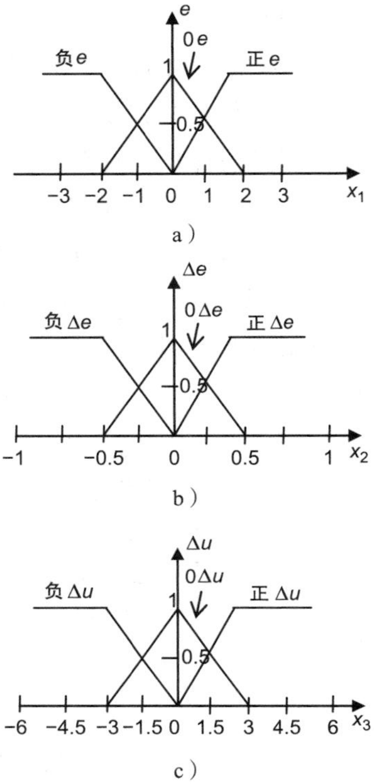

图 8.17　$e(A)$，$\Delta e(B)$和 $\Delta u(C)$的模糊集(隶属函数)

如图 8.17 所示，使用论域的统一划分 $Y=[-6,\ 6]$，我们得到：

$$Y=[-6,\ -4.5,\ -3,\ -1.5,\ 0,\ 1.5,\ 3,\ 4.5,\ 6]$$

因此，输出模糊集的隶属函数是

$$B_1(Y)=[1\quad 1\quad 1\quad 0.5\quad 0\quad 0\quad 0\quad 0\quad 0]$$

$$B_2(Y)=[1\quad 1\quad 1\quad 0.5\quad 0\quad 0\quad 0\quad 0\quad 0]$$

$$B_3(Y)=[0\quad 0\quad 0\quad 0.5\quad 1\quad 0.5\quad 0\quad 0\quad 0]$$

$$B_4(Y)=[1\quad 1\quad 1\quad 0.5\quad 0\quad 0\quad 0\quad 0\quad 0]$$

$$B_5(Y)=[0\quad 0\quad 0\quad 0.5\quad 1\quad 0.5\quad 0\quad 0\quad 0]$$

$$B_6(Y)=[0\quad 0\quad 0\quad 0\quad 0\quad 0.5\quad 1\quad 1\quad 1]$$

$$B_7(Y)=[0\quad 0\quad 0\quad 0.5\quad 1\quad 0.5\quad 0\quad 0\quad 0]$$

$$B_8(Y)=[0\quad 0\quad 0\quad 0\quad 0\quad 0.5\quad 1\quad 1\quad 1]$$

$$B_9(Y)=[0\quad 0\quad 0\quad 0\quad 0\quad 0.5\quad 1\quad 1\quad 1]$$

由于规则属于 Mamdani 类型，我们在规则的左侧使用运算符“min”进行 AND 运算，因此规则 R_i 左边的隶属函数 $\mu_i=\mu_{R_i}(x_1, x_2)$ 等于

$$\mu_i=\min\{\mu_{Ai1}(x_1), \mu_{Ai2}(x_2)\}$$

此规则的输出(结论)通过以下方式计算：

$$\mu_{\Delta u,i}(y)=\{\min(\mu_i, B_{i1}(y)), \cdots, \min(\mu_i, B_{19}(y))\}$$
$$=\{\min[\mu_{A_{i1}}(x_1), \mu_{A_{i2}}(x_2), B_{i1}(y)], \cdots, \min[\mu_{A_{i1}}(x_1), \mu_{A_{i2}}(x_2), B_{i9}(y)]\}$$

从数据中我们发现：

$$\{x_1, x_2\}=\{e(k), \Delta e(k)\}=\{-2.5, 0.5\}$$

所以：

1. $\mu_{A_{11}}(-2.5)=1$，$\mu_{A_{12}}(0.5)=0$
   $\mu_{\Delta u,1}(y)=[0\quad 0\quad 0\quad 0\quad 0\quad 0\quad 0\quad 0\quad 0]$
2. $\mu_{A_{21}}(-2.5)=1$，$\mu_{A_{22}}(0.5)=0$
   $\mu_{\Delta u,2}(y)=[0\quad 0\quad 0\quad 0\quad 0\quad 0\quad 0\quad 0\quad 0]$
3. $\mu_{A_{31}}(-2.5)=1$，$\mu_{A_{32}}(0.5)=1$
   $\mu_{\Delta u,3}(y)=[0\quad 0\quad 0\quad 0.5\quad 1\quad 0.5\quad 0\quad 0\quad 0]$
4. $\mu_{A_{41}}(-2.5)=1$，$\mu_{A_{42}}(0.5)=0$
   $\mu_{\Delta u,4}(y)=[0\quad 0\quad 0\quad 0\quad 0\quad 0\quad 0\quad 0\quad 0]$
5. $\mu_{A_{51}}(-2.5)=1$，$\mu_{A_{52}}(0.5)=0$
   $\mu_{\Delta u,5}(y)=[0\quad 0\quad 0\quad 0\quad 0\quad 0\quad 0\quad 0\quad 0]$
6. $\mu_{A_{61}}(-2.5)=1$，$\mu_{A_{62}}(0.5)=1$
   $\mu_{\Delta u,6}(y)=[0\quad 0\quad 0\quad 0\quad 0\quad 0\quad 0\quad 0\quad 0]$
7. $\mu_{A_{71}}(-2.5)=0$，$\mu_{A_{72}}(0.5)=0$
   $\mu_{\Delta u,7}(y)=[0\quad 0\quad 0\quad 0\quad 0\quad 0\quad 0\quad 0\quad 0]$
8. $\mu_{A_{81}}(-2.5)=1$，$\mu_{A_{82}}(0.5)=0$
   $\mu_{\Delta u,8}(y)=[0\quad 0\quad 0\quad 0\quad 0\quad 0\quad 0\quad 0\quad 0]$
9. $\mu_{A_{91}}(-2.5)=0$，$\mu_{A_{92}}(0.5)=0$
   $\mu_{\Delta u,9}(y)=[0\quad 0\quad 0\quad 0\quad 0\quad 0\quad 0\quad 0\quad 0]$

因此，与 $\mu_{\Delta u,i}(y)$ 的 max 相等的总的隶属函数(模糊集的并集，$i=1, 2, \cdots, 9$)是

$$\mu_{\Delta u}(y)=[0\quad 0\quad 0\quad 0.5\quad 1\quad 0.5\quad 0\quad 0\quad 0]$$

应用 COG/COA 去模糊化后我们发现：

$$\Delta u=\frac{0.5\times(-1.5)+1\times(0.0)+0.5\times(+1.5)}{0.5+1+0.5}=0$$

练习

对 $\{e, \Delta e\}=\{0.9, 0.2\}$ 和 $\{e, \Delta e\}=\{0.75, 0.75\}$ 重复上述计算。

8.4.2 Dubins 汽车的模糊局部路径跟踪

8.4.2.1 问题

Dubins 汽车的运动学模型可以从标准的汽车模型(式(2.52))中找到，是省略了转向角速度 ψ 的等式，即(见图 2.9)

$$\begin{bmatrix}\dot{x}\\ \dot{y}\\ \dot{\phi}\end{bmatrix}=\begin{bmatrix}\cos\phi\\ \sin\phi\\ (\tan\psi)/D\end{bmatrix}v_1 \tag{8.20}$$

其中，为了使符号更简单，将 Q 从 $\dot{x}_Q$ 和 $\dot{y}_Q$ 中删除(因为这里不需要)。显然，Dubins 汽车是一种四轮 WMR，受弯曲约束，具有漂移和前进运动。这些约束意味着移动机器人的转弯半径是有限的(就像实际的汽车一样)，没有任何输入，机器人仍然保持静止[13]。在这里将使用以下离散形式的模型(见(8.20))㊀：

$$\Delta\phi=\kappa\Delta s \tag{8.21a}$$

$$\Delta x=(2/\kappa)\sin(\kappa(\Delta s)/2)\cos(\phi_0+\kappa(\Delta s)/2) \tag{8.21b}$$

$$\Delta y=(2/\kappa)\sin(\kappa(\Delta s)/2)\sin(\phi_0+\kappa(\Delta s)/2) \tag{8.21c}$$

其中 κ 是机器人的曲率，Δs 是控制回路中的覆盖距离。曲率通过以下等式与转向角 ψ 相关：

$$\kappa=(\tan\psi)/D \tag{8.22}$$

它是从关系式 $y_1=R\dot{\phi}=\dot{\phi}/\kappa$ 和式(8.20)的第三行得到的 $\dot{\phi}\neq 0$。

该模型描述的机器人的运动如下：

- 在 t_0，机器人具有曲率 κ_0。
- 机器人保持路径弧长 Δs 的曲率。
- 在 t_1，机器人已经覆盖了距离 Δs 并立即将曲率改变为 κ_1。
- 循环从头开始。

控制输出是曲率 κ 和距离 Δs。如果假设在每个控制回路处覆盖的长度 Δs 中具有固定的恒定值，则可以进一步简化控制。因此，唯一的控制输出就是曲率。几何上该模型描述了由连接弧组成的运动。尽管这种简化方便了控制机器人的工作，但是增加了控制器的物理实现的复杂性。具有可变机器人速度的固定 Δs 意味着控制周期 ΔT 也是可变的。Δs 和 ΔT 之间的关系是

$$\Delta T=\frac{\Delta s}{v_1}$$

因此，控制器必须是多速率控制器。现在，假设我们有一个必须遵循参考路径的移动机器人。如果机器人放错位置，路径跟踪器必须使它回到原来的方向。在数学上，这相当于最小化方向误差 ψ 和位置误差 d，如图 8.18 所示。

㊀ 基于近似值，$\frac{\Delta\phi}{2}=\sin\left(\frac{\Delta\phi}{2}\right)=\sin\left(\frac{\kappa\Delta s}{2}\right)$，$\phi=\phi_0+\frac{\Delta\phi}{2}=\phi_0+\frac{\kappa\Delta s}{2}$[14]。

大多数路径跟踪控制器使用这两个变量中的一个或两个作为输入并尝试将它们最小化，从而将机器人正确地定位在路径上。这里使用一组不同的变量作为控制输入，这些变量更适合于目前的模糊控制方案的控制原理[14-15]。该组包括与上述相同的方向误差 ψ_2，以及角度误差 ψ_1(见图 8.19)。

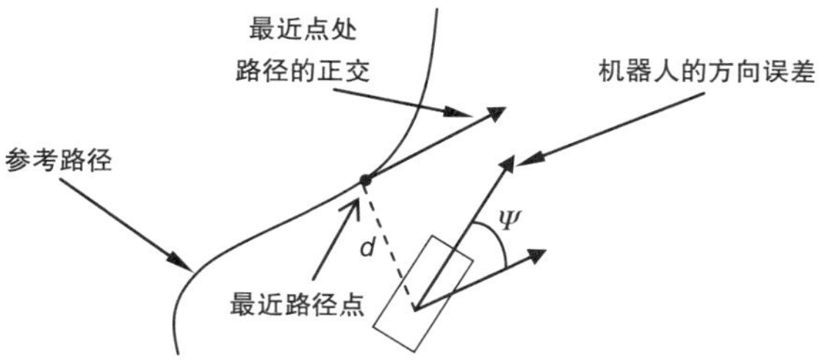

图 8.18　路径跟踪的标准控制输入变量

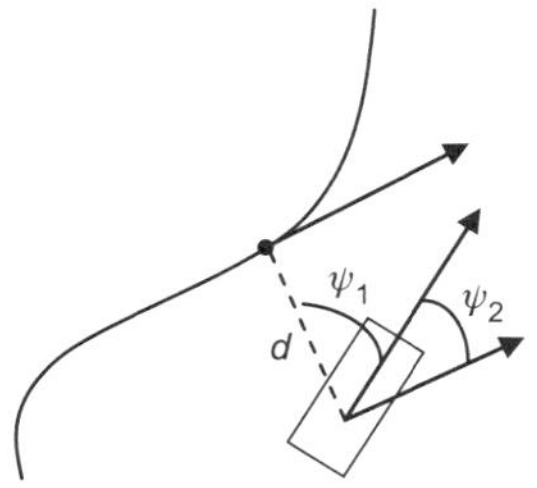

图 8.19　模糊控制器的控制输入变量是角度误差 ψ_1 和 ψ_2

在这种情况下，为了使机器人跟踪路径，ψ_1 和 ψ_2 必须为零。这组变量允许我们定义整个论域的控制动作，因为 ψ_1，ψ_2 是角度，且 ψ_1，$\psi_2 \in (-\pi, \pi]$。

8.4.2.2　跟踪方法

为了使机器人沿着路径行进，后者在固定的采样间隔 ΔS_{path} 下被采样。每个点都分配了一个三元组(x，y，ϕ)，其中 x，y 是点的坐标，ϕ 是连接当前点和下一个点的线的角度。因此路径可以用矩阵表示，其中第 i 列描述第 i 个点：

$$\text{列 } i \text{ 为} \begin{bmatrix} x_i \\ y_i \\ \phi_i \end{bmatrix}, \quad \text{列 } i+1 \text{ 为} \begin{bmatrix} x_{i+1} \\ y_{i+1} \\ \phi_{i+1} \end{bmatrix}, \quad \phi_i = \tan^{-1}\left(\frac{y_{i+1}-y_i}{x_{i+1}-x_i}\right) \tag{8.23}$$

当机器人移动时，拾取路径的最近点，并考虑该点的方向和角度误差。将这些变量提供给模糊控制器，并发出适当的转向命令。方向误差 ψ_2 和角度误差 ψ_1 在具有高斯(钟形)隶属函数的 9 个模糊集中划分，即

$$\psi_1 = \{\text{n180}, \text{n135}, \text{n90}, n\text{45}, z, \text{p45}, \text{p90}, \text{p135}, \text{p180}\}$$

$$\psi_2 = \{\text{nvb}, \text{nbig}, \text{nmid}, \text{ns}, \text{zero}, \text{ps}, \text{pmid}, \text{pbig}, \text{pvb}\}$$

其中 n180 表示以 180°为中心的钟形函数，以此类推。符号 nvb，nb 等表示钟形模糊数：nvb 表示负极大；nb 表示负大；nmid 表示负；ns 表示负小；z 表示零；ps 表示正小；pmed 表示 positive medium；pb 表示正大；pvb 表示正极大(见图 8.20 和图 8.21)。

输出变量——曲率 κ 用高斯隶属函数分为 5 组(见图 8.22)。

Mamdani 推理方案与“min”聚合算子一起适用于当前的问题。模糊逻辑控制器的规则库由 81(9×9)个 IF-THEN 规则组成。这些规则的理念是驾驶汽车(机器人)时能看到显示正确方向(角度 ψ_2)的道路标志(最近的路径点)。因此，根据符号的位置(角度 ψ_1)和指向的位置，汽车被适当地转向(曲率 κ)。典型的规则将具有以下形式：

R1：IF ψ_1 is p45 AND ψ_2 is nb，THEN κ is pb，

具体如图 8.23 所示。

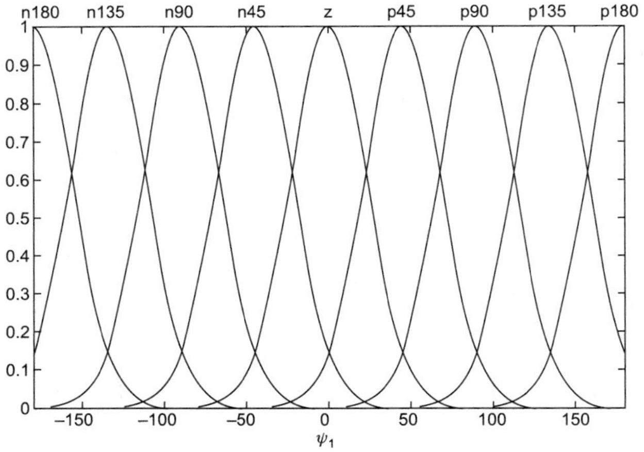

图 8.20 角度误差ψ_1 的分区

资料来源：转载自参考文献[14]，得到了 World Scientific 的许可。

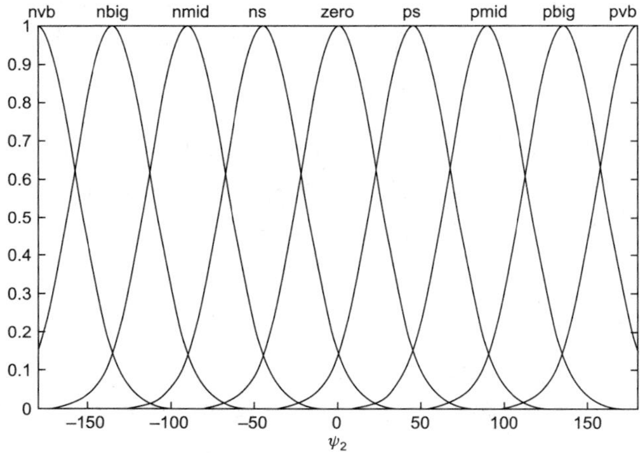

图 8.21 方向误差分区ψ_2

资料来源：转载自参考文献[14]，得到了 World Scientific 的许可。

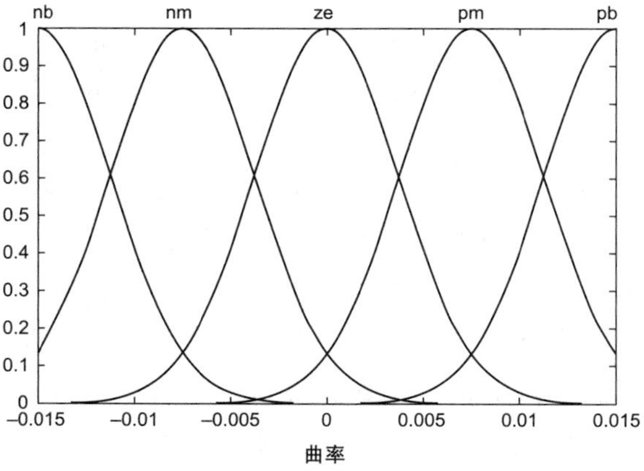

图 8.22 曲率 κ 的分区

资料来源：转载自参考文献[14]，得到了 World Scientific 的许可。

如果最近的点位于 $\psi_1=45°$ 并且指向 $\psi_2=-135°$，则车轮向左转。需要注意的特殊情况是当最近点位于 $\psi_1=180°$ 时，这相当于 $\psi_1=-180°$。

虽然 $\psi_1\in(-\pi,\pi)$ 并因此 ψ_1 从未得到 $-180°$ 的值，但我们用模糊集来讨论。适用于模糊集 n180、p180 的规则必须在连续性方面相互一致。集合 n180、p180 基本上涵盖了两个在现实世界中“连续”的情况，即使它们的数学值位于 ψ_1 的论域的两个相对端。这是角度周期性的自然结果(见图 8.24)。为了更好地理解这一点，我们必须查看图 8.25 中所示的 FLC 规则表面。

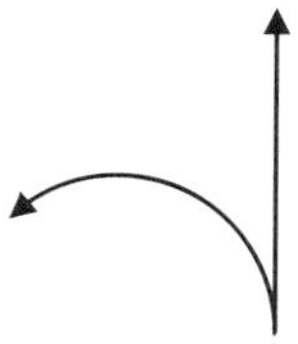

图 8.23　规则 R1 的定性图示

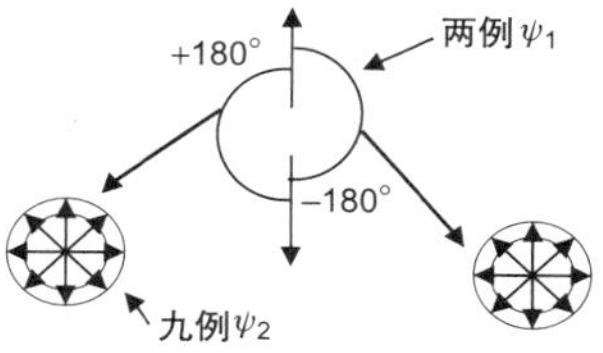

图 8.24　角度的周期性呈现出相同的实例规则

资料来源：转载自参考文献[14]，得到了 World Scientific 的许可。

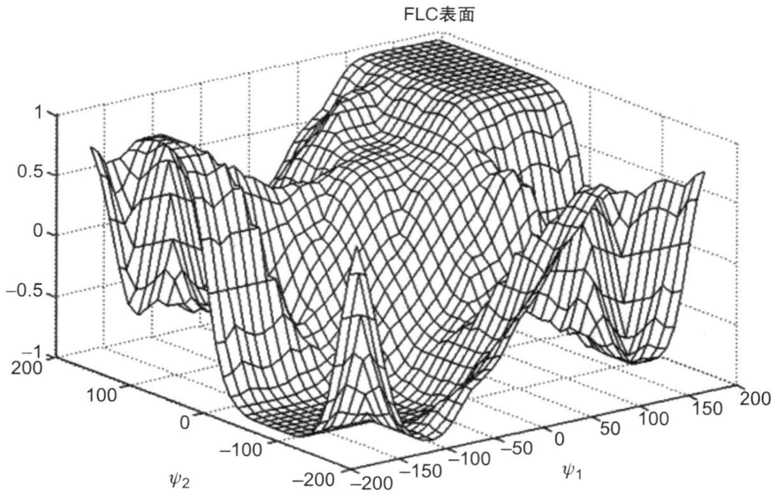

图 8.25　FLC 规则表面

资料来源：转载自参考文献[14]，得到了 World Scientific 的许可。

我们观察到在 ψ_1，$\psi_2\approx-180°$ 处存在尖峰。如果表面是平坦的，那么当 ψ_1 从 $-180°$ 转到 180°时，曲率会突然从最小负值变为正值。这种行为会引起机器人的振荡运动，这是通过实验证实的。因此为了避免这种情况，我们将规则置于那里，从而在 FLC 表面引入尖峰。目前的路径跟踪控制器是在 SoC(片上系统)上实现的，该 SoC 由一个参数化 FLC IP 内核和一个 Xilinx Microblaze 软处理器组成，作为顶级流量控制器[16-18]。

现场可编程门阵列(FPGA)板(Spartan 3-1500)作为 SOC 的主控板，安装在用于实验的 ActivMedia 先锋机器人 P3-DX8 上。实验结果是使用零阶 Takagi-Sugeno 推理方案，结合三角隶属函数和一级相邻重叠得到的(见 13.10 节)。参考文献[19]中给出了使用可扩展 FPGA 架构的移动控制的完整说明。

8.4.3 模糊滑模控制

8.4.3.1 移动机器人模型

该控制器基于7.2.2节中所介绍的控制器，并将用于控制在$g(x, y, z)=0$表面上一条连续可微路径$\boldsymbol{p}(r)=[x(r), y(r), z(r)]$上移动的WMR[20-21]。路径$\boldsymbol{p}(r)$描述了机器人的重心相对于世界坐标系的运动。在保守力的假设下，移动机器人的动力学模型是⊖：

$$[m+I_{\mathrm{R}}(r)]\dot{r}(t)+I'_{\mathrm{R}}(r)\dot{r}^2(t)+mgz'(r)=u(t) \tag{8.24}$$

其中$(\cdot)'$表示导数$\mathrm{d}(\cdot)/\mathrm{d}r$，$I_{\mathrm{R}}(r)=\langle\Omega(r), I\Omega(r)\rangle$表示机器人的“反映惯量”($\omega=\Omega(r)\dot{r}$)。等效公式使用参数$r$而不是时间$t$。为此，我们使用变量

$$v(r)=(\mathrm{d}r/\mathrm{d}t)(r) \tag{8.25}$$

得到

$$[m+I_{\mathrm{R}}(r)]v(r)v'(r)+I'_{\mathrm{R}}(r)v^2(r)+mgz'(r)=u(r)$$

即

$$[m+I_{\mathrm{R}}(r)]\dot{v}(r)+I'_{\mathrm{R}}(r)v^2(r)+mgz'(r)=u(r) \tag{8.26}$$

由于车轮转向角的范围限制，以及地板倾斜度和执行器的约束，转向力有界：

$$-U_2\leqslant u\leqslant U_1 \tag{8.27}$$

8.4.3.2 模糊逻辑控制器与滑模控制器的相似性

用于类型系统

$$\ddot{x}=b(x)+a(x)u \tag{8.28}$$

的滑模控制器(SMC)，其增益函数满足不等式(7.24c)，该滑模控制器如下：

$$1/\eta(x)\leqslant\hat{a}/a\leqslant\eta(x) \tag{8.29}$$

其中$\eta=\eta(x)$是系统的“增益裕度”，由式(7.24d)给出：

$$u=\hat{a}^{-1}\{\hat{u}-k\,\mathrm{sgn}(s)\} \tag{8.30a}$$

或

$$u=\hat{a}^{-1}\left\{\hat{u}-k\,\mathrm{sat}\left(\frac{s}{B}\right)\right\} \tag{8.30b}$$

其中

$$\mathrm{sat}(z)=\begin{cases}z, & |z|\leqslant 1\\ \mathrm{sgn}(z), & |z|>1\end{cases} \tag{8.31a}$$

$$\hat{u}=-b+\ddot{x}_{\mathrm{d}}-\Lambda\dot{\tilde{x}} \tag{8.31b}$$

$$k\geqslant\eta(\rho_{\max}+\gamma)+(\eta-1)|\hat{u}| \tag{8.31c}$$

现在，考虑一个二阶单输入单输出的非自治非线性系统。在对角线型FLC(类似于例8.3，表8.1)的情况下，控制器输出变为零的区域位于将模糊平面分成两个半平面的对角线上。对于对角线下方(上方)的所有模糊区域，控制器输出采用正(负)模糊值，其大小

⊖ 遵循拉格朗日方程$\mathrm{d}(\partial L/\partial\dot{r})/\mathrm{d}t-\partial L/\partial r=u$，其中$L(r,\dot{r})=K-P=(1/2)I_{\mathrm{R}}(r)\dot{r}^2+(1/2)m\dot{r}^2-mgz(r)$(参见式(3.7)～式(3.10))。

取决于该模糊区域与对角线上的特定零区域之间的距离，给定模糊区域位于它的下方(上方)。图 8.26a 和图 8.26b 说明了对角线下方和上方的所有模糊区域的集合[20]。

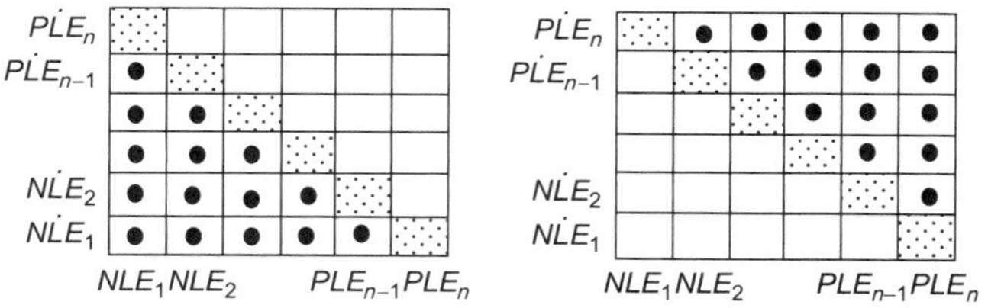

a) 对角线下方的模糊区域　　b) 对角线上方的模糊区域

图 8.26 对角线下方和上方的模糊区域

“对角线下方(上方)的模糊区域与对角线”之间的距离定义为“该区域中心与位于给定模糊区域上方(下方)零区域中心之间的距离”。

看一下 SMC(式(8.30)~式(8.31))，我们看到控制器涉及以下项。

- 用于剔除系统中未建模频率的滤波项：

$$u_{\text{filt}}=-\hat{a}^{-1}\Lambda\dot{\tilde{x}} \tag{8.32a}$$

- 前馈项：

$$u_{\text{ff}}=\hat{a}^{-1}\ddot{x}_{\text{d}} \tag{8.32b}$$

- 补偿项：

$$u_{\text{comp}}=-\hat{a}^{-1}b \tag{8.32c}$$

- 反馈控制项：

$$u_{\text{c}}=-\hat{a}^{-1}(k)\text{sat}\left(\frac{s}{B}\right) \tag{8.32d}$$

该项防止误差状态向量$\tilde{\boldsymbol{x}}=x(t)-x_{\text{d}}(t)=[\tilde{x}_1,\ \dot{\tilde{x}}_1]^{\text{T}}$远离滑模表面 $s=0$。负号表示控制动作总是发生在减少误差的方向上。$-k\text{sat}(s/B)$部分是对角线形式，$s=0$ 是对角线。因此，反馈控制项基于模糊逻辑的修改形式是对角线型 FLC 的基础。

8.4.3.3 对角线型 FLC 的解析表示

二阶系统的对角线由下列等式描述(参见式(7.13))：

$$s=\dot{\tilde{x}}+\Lambda\tilde{x} \tag{8.33}$$

对角线型 FLC 的规则可以选择如下：

1) 状态 $\tilde{x}$，$\dot{\tilde{x}}$ 有界，它们的界限为

$$-\rho_{x,\max}^{0}\leqslant\tilde{x}\leqslant\rho_{x,\max}^{0}$$

$$-\rho_{x,\max}^{1}\leqslant\dot{\tilde{x}}\leqslant\rho_{x,\max}^{1}$$

2) 控制信号 u 的界限为：㊀

㊀ 注意，这里 $\tilde{x}$ 定义为 $\tilde{x}(t)=e(t)=x(t)-x_{\text{d}}(t)$。因此，如果 $\tilde{x}(t)\leqslant 0$，那么控制动作 u 应该为正，如果 $\tilde{x}(t)>0$，那么控制动作 u 应该为负。

$$-\rho_{u,\max}\leqslant u\leqslant\rho_{u,\max}$$

3）位于对角线上的状态 $\tilde{x}$ 和 $\dot{\tilde{x}}$ 产生零控制信号。

4）位于对角线下方的状态 $\tilde{x}$ 和 $\dot{\tilde{x}}$ 产生正的控制信号。

5）位于对角线上方的状态$\tilde{\boldsymbol{x}}$ 和 $\dot{\tilde{x}}$ 产生负的控制信号。

6）当距对角线的距离增加时，控制信号的幅值大小$|u|$增加，反之若距离减少，则$|u|$减少。在此基础上，我们可以通过下列公式表示对角线型 FLC：

$$u_{\text{fuzzy}}=-K_{\text{fuzzy}}(\tilde{x},\dot{\tilde{x}},\ \Lambda)\operatorname{sgn}(s) \tag{8.34}$$

其条件如下：

$$K_{\text{fuzzy}}(\tilde{x}_1,\dot{\tilde{x}}_1,\ \Lambda)\leqslant K_{\text{fuzzy}}(\tilde{x}_2,\dot{\tilde{x}}_2,\ \Lambda)$$

其中$|\Lambda\tilde{x}_1+\dot{\tilde{x}}_1|\leqslant|\tilde{\Lambda}x_2+\dot{\tilde{x}}_2|$，这意味着$(\tilde{x},\ \dot{\tilde{x}})$距滑模面的距离越大，控制信号越大。

8.4.3.4 复杂度降低的滑模模糊逻辑控制器

为了设计复杂度降低的滑模模糊逻辑控制器(Reduced Complexity Sliding Mode Fuzzy Logic Controller，RC-SMFLC)，我们从确保误差收敛为零的条件开始，即

如果 $e(t)\dot{e}(t)<0$，那么 $x(t)\to x_{\text{d}}(t)$。

即，$e(t)=\tilde{\boldsymbol{x}}E(t)=x(t)-x_{\text{d}}(t)\to 0$。

如果 $e(t)\dot{e}(t)>0$，那么 $x(t)$偏离 $x_{\text{d}}(t)$。

我们可以观察到，当 $\dot{V}=e(t)\dot{e}(t)$时，这些条件可以通过使用李雅普诺夫函数 $V=(1/2)e^2(t)$得出，滑动条件定义为

$$\dot{V}(x,\ t)=e(t)\dot{e}(t)<0 \tag{8.35}$$

在这里，我们有两种可能的控制措施，即增加或减少。因此，我们有以下控制规则：

1）如果 $\operatorname{sgn}(e(t)\dot{e}(t))<0$，那么控制动作将导致收敛并且应该保持。

2）如果 $\operatorname{sgn}(e(t)\dot{e}(t))>0$，那么控制动作将导致发散并应该改变。

控制信号的增加(减少)由以下规则确保：

1）增加

如果 u_k 是 U_1，那么 u_{k+1} 是 U_2，…，如果 u_k 是 U_{n-1}，那么 u_{k+1} 是 U_n。

2）减少

如果 u_k 是 U_2，那么 u_{k+1} 是 U_1，…，如果 u_k 是 U_n，那么 u_{k+1} 是 U_{n-1}。

其中 $u_k=u(t)|_{t=k\Delta t}$，Δt 是给定的时间增量(采样周期)，U_1，U_2，…，U_n 是控制输入的模糊相平面 U 所分割出来的模糊子集。在 RC-SMFLC 情况下，$e=0$ 扮演对角线的角色。RC-SMFLC 的属性类似于对角线类型，可以用数学方式表示为

$$u_{\text{fuzzy}}=-K_{\text{fuzzy}}(|s|\operatorname{sgn}(s)) \tag{8.36}$$

其中 s 是距对角线的距离。如果隶属函数具有相同的形状(例如，具有相同宽度和斜率的三角形)，则产生的控制律是 $u_{\text{fuzzy}}=-K_{\text{fuzzy}}\operatorname{sgn}(s)$。为了克服这个问题，应该在对角线 $e=0$ 的每个交叉处修改隶属函数的宽度。考虑最后两个控制信号 u_{k-1}，u_k，即 u_{k-1} 是对

角线下方(上方)的最后一个信号，u_k 是对角线上方(下方)的最后一个控制信号。当逼近对角线时，隶属函数的宽度减小，因此增益 K_{fuzzy} 也减小。采用这种方式时，控制法有以下形式：

$$u_{\text{fuzzy}}=-K_{\text{fuzzy}}(\operatorname{sgn}(e_k e_{k-1}))\operatorname{sgn}(s) \tag{8.37}$$

其中 $s=e\dot{e}$，e_{k-1} 是算法第 $k-1$ 步的误差，e_k 是第 k 步的误差。通过上述可知 RC-SMFLC 与对角线型 FLC 或传统 SMFLC 之间的相似性。

8.4.3.5　移动机器人的应用

我们把模型(8.26)写成：

$$\dot{v}(r)+\frac{I'_{\text{R}}(r)}{m+I_{\text{R}}(r)}v^2(r)+\frac{mgz'(r)}{m+I_{\text{R}}(r)}=\frac{1}{m+I_{\text{R}}(r)}u(r)=u^*(r) \tag{8.38}$$

并假设 m、惯性矩 $I(r)$ 和反射惯量 $I_{\text{R}}(r)$ 是完全已知的，唯一的参数不确定性在路径的斜率中：

$$z'(r)=\partial z/\partial r$$

补偿不确定性并保证闭环速度稳定性的控制信号具有以下形式：

$$u^*(t)=\dot{v}_{\text{d}}(t)+\frac{I'_{\text{R}}(r)}{m+I_{\text{R}}(r)}v^2(t)+K_{\text{p}}^* e(t)+u_{\text{RC-SMFLC}}(t) \tag{8.39}$$

在位置控制的情况下，闭环稳定性可以按如下方式建立：

我们使用机器人模型(式(8.24))

$$\ddot{r}(t)+\frac{I'_{\text{R}}(r)}{m+I_{\text{R}}(r)}\dot{r}^2(t)+\frac{mgz'(r)}{m+I_{\text{R}}(r)}=u^*(t) \tag{8.40a}$$

和 PD 控制器

$$u^*(t)=\ddot{r}_{\text{d}}(t)+\frac{I'_{\text{R}}(r)}{m+I_{\text{R}}(r)}\dot{r}^2(t)+K_{\text{p}}e(t)+K_{\text{d}}\dot{e}(t)+u_{\text{RC-SMFLC}}(t) \tag{8.40b}$$

来得到

$$\ddot{r}_{\text{d}}(t)-\ddot{r}(t)+K_{\text{p}}e(t)+K_{\text{d}}\dot{e}(t)+u_{\text{RC-SMFLC}}(t)-\frac{mgz'(r)}{m+I_{\text{R}}(r)}=0 \tag{8.41}$$

其中 $e(t)=r_{\text{d}}(t)-r(t)$。因此：

$$\ddot{e}(t)+K_{\text{d}}\dot{e}(t)+K_{\text{p}}e(t)=\frac{mgz'(r)}{m+I_{\text{R}}(r)}-u_{\text{RC-SMFLC}}(t) \tag{8.42}$$

所以，在满足以下情况时：

$$\lim_{t\to\infty}\left[\frac{mgz'(t)}{m+I_{\text{R}}(r)}-u_{\text{RC-SMLC}}(t)\right]=0 \tag{8.43}$$

可以选择增益 K_{p} 和 K_{d}，使得在 $t\to\infty$ 时 $e(t)\to 0$。RC-SMFLC 控制器的设计保证了条件(8.43)的满足，因此闭环系统将渐近稳定。在速度控制情况下的稳定性证明与此是类似的。具有 PD 控制器(增益 K_{p}，K_{d})和 RCSMFLC 控制器的完整混合闭环系统的框图如图 8.27 所示[20]。

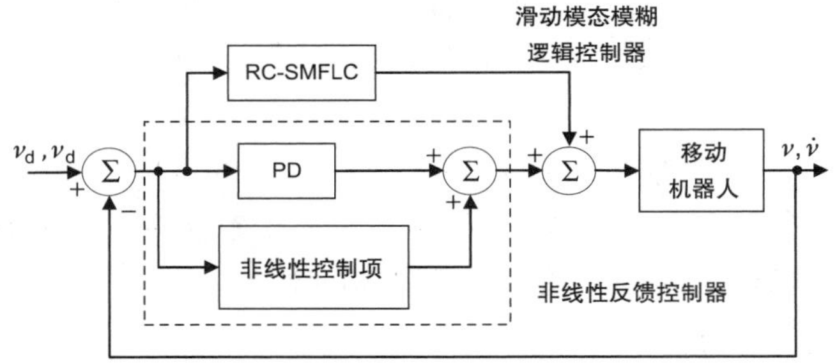

图 8.27　混合 PD 和 RC-SMFLC 控制系统的结构

例 8.5　使用 RC-SMFLC 控制器提供并行停车问题的解决方案。

解　考虑一个类似汽车的 WMR，它将停放在尺寸为 α 和 β 的受限矩形空间中(见图 8.28a)[22]。

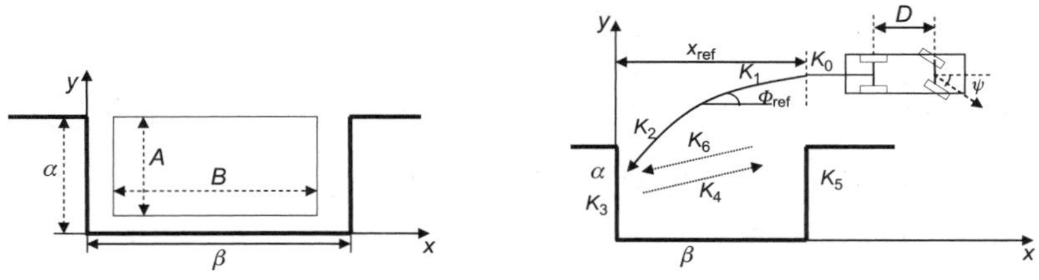

a）停车位和车辆　　b）停车机动策略的参数

图 8.28　使用 RC-SMFLC 控制器提供并行停车问题解决方案

人类驾驶员并行停车的步骤如下[22]：

步骤 1　将车辆平行停止在停车区域之前。

步骤 2　车辆倒车到某一点，然后转动前轮，使车辆向停车区域移动，直到达到一定的接近角度。

步骤 3　只要处于停车位的边界内，车辆就会持续倒车。

步骤 4　当车辆到达边界时，前轮反向转动，并且运动方向也改变。

步骤 5　重复步骤 3，直到车辆在停车位的限制范围内平行于所需的方向。

人们可以很容易地得出结论，驾驶员的行为可以用语言规则来表达，因此可以使用模糊逻辑来设计所需的控制器。该控制器将使用 RC-SMFLC 规则导出。

停车位由 ϕ_{ref} 和 x_{ref} 参数化。设 A 和 B 为车辆的尺寸，并假设最初它位于停车位的右侧，$y_0=h$ 且 $x_0=0$。参数 ϕ_{ref} 和 x_{ref} 由下式给出：

$$\sin\phi_{ref}=a/B$$

$$x_{ref}=\frac{1}{\tan\phi_{ref}}\left[h+\frac{a}{2}-\frac{D}{\tan\psi}-A\cos\phi_{ref}\right]+\frac{1}{\sin\phi_{ref}}\left[\frac{A}{2}+\frac{D}{\tan\psi}\right]$$

其中 h 是汽车后轴中心的初始位置(即 $y_0=h$)，D 是汽车的轴距。机动策略如图 8.28b 所示[22-23]。定义 ϕ_{ref} 和 x_{ref} 的等式可以简单地解释，如下所示：目的是使汽车以可能的最大角度进入停车位置，使得汽车的右前部保持在停车位置内。选择 x_{ref} 使得在动作 (K_0)，(K_1) 和 (K_2) 完成之后，车辆左后角到达停车区域的左边界，以便其具有尽可能多的空间来重新转向。

在实际停车时，参数 x_{ref} 和 ϕ_{ref} 并不总是已知的，但是可用经验规则来近似。通常，遗传算法可用于找到 x_{ref} 和 ϕ_{ref} 的适当值。

停车操作包括以下步骤：车辆后退 (K_0)，直到汽车后部到达 x_{ref}，向右转 (K_1) 直到方向超过 ϕ_{ref}，然后向后 (K_2) 行驶，直到后方接触停车区的左边界或下边界。最后，车辆通过重复以下顺序重新定向：(i) 如果后部接触停车位 (K_3) 的边界，则它向前行驶并向右转 (K_4)；(ii) 如果前部接触边界 (K_5)，或者如果汽车的左后角达到停车位的边界，则车辆后退 (K_6)。一旦车辆平行于期望的轴线 $(\phi_d=0°)$，那么停车操纵就停止。

每个规则 K_i 都可以由基于规则的增量控制器实现。标准停车算法仅需要考虑输入矢量的速度分量的增量 $\Delta_v=2v$，以及输入矢量的转向角分量的增量 $\Delta_\psi=2\psi$。尽管这种控制方法没有明确地减少移动次数，但它还是相当有效的。实际应用中，在通过模糊推理计算转向角的增量 Δ_ψ 时不会考虑速度分量的增量。此外，我们希望提供一种不严格基于人类专家给出的规则的控制器，该控制器将能够得出转向角的平滑变化。

参见图 8.28b，控制策略可以表示如下：车辆平行停在停车位之前，其后方远离点 x_{ref}。车辆倒车到点 x_{ref}，然后它转动前轮以便朝向停车位移动，直到它到达接近角 ϕ_{ref}。只要车辆停留在停车区域内，就可以使用改进的 RC-SMFLC 算法连续倒车。当它到达边界时，使用一些附加规则来加速收敛到期望的最终位置。车辆改变方向并向前移动，使其车轮由控制器输出 ψ 驱动。目标是将车辆平行设置为 $\phi_d=0°$ 并且在停车位内。误差为 $e=\phi-\phi_d$，并且其导数 $\dot{e}$ 也应计算。

目前的 RC-SMFLC 控制算法涉及以下规则：

R1：如果 $\text{sgn}(e(t)\dot{e}(t))<0$，并且先前的控制动作是增加控制信号，那么继续增加控制信号。

R2：如果 $\text{sgn}(e(t)\dot{e}(t))<0$，并且先前的控制动作是减小控制信号，那么继续减小控制信号。

R3：如果 $\text{sgn}(e(t)\dot{e}(t))>0$，并且先前的控制动作是增加控制信号，那么设 $\psi=0°$ 并减小 ψ。

R4：如果 $\text{sgn}(e(t)\dot{e}(t))>0$，并且先前的控制动作是减小控制信号，那么设 $\psi=0°$ 并增加 ψ。

为了增加车辆操纵的灵活性，并加速收敛到所需角度 $\phi_d=0°$，每次车辆到达停车区域的边界时，必须修改描述转向角度的模糊子集的宽度。因此，采用了另外两个规则：

R5：如果车辆到达 FRONT 或 INSIDE 边界，那么增加 $\Delta\psi$ 并改变 $\text{sgn}(u)$。

R6：如果车辆到达 REAR 或 OUTSIDE 边界，那么减小 $\Delta\psi$ 并改变 $\text{sgn}(u)$。

$\Delta\psi$ 的增加意味着误差矢量 $[e, \dot{e}]^T$ 远离期望值 $[0, 0]^T$，因此需要更大的控制信号 ψ 变化以加速收敛。$\Delta\psi$ 的减小意味着误差矢量 $[e, \dot{e}]^T$ 位于理想值 $[0, 0]^T$ 附近，因此需要更精细的控制信号 ψ 变化来加速收敛(见图 8.29)[22]。

值得注意的是，与 8.4.3.3 节中描述的传统 RC-SMFLC 不同，这里的误差 e 永远不会改变符号。而且在两个连续的控制动作之间，控制信号 ψ 的符号无法立即改变。因此，为了从增加控制动作切换到减小控制动作(反之也成立)必须首先将转向角 ψ 设定为 $\psi=0°$。

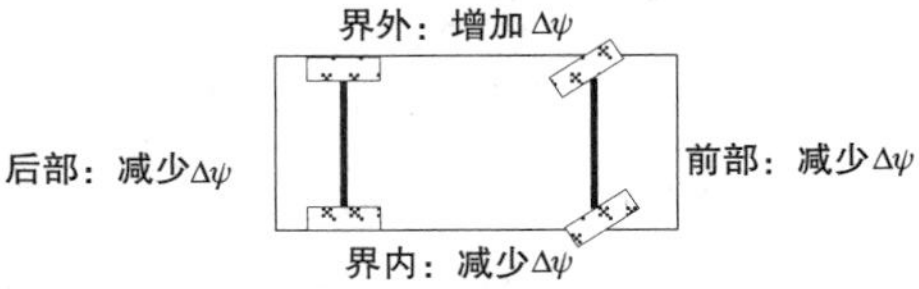

图 8.29 描述转向角的模糊子集的调整

8.5 移动机器人的神经控制

在本节中，将使用 8.2.2 节中介绍的两种类型的神经网络来考虑 WMR 的控制：

- MLP 网络
- RBF 网络

在文献中，还使用了其他类型的 NN(小波网络、递归网络、自组织映射、局部神经网络等)或 NFS[24-25]。对于上述内容，其方法实际上与本节中开发的方法相同。

8.5.1 采用 MLP 网络的自适应跟踪控制器

我们遵循 8.4.1 节中用于设计自适应模糊控制器的两步(反推)过程，即：

- 运动控制器设计，产生辅助速度控制输入 $v_m(t)$ 和 $\omega_m(t)$，确保机器人轨迹 $\boldsymbol{q}(t)=[x(t), y(t), \phi(t)]^T$ 渐近收敛到期望的 $\boldsymbol{q}_d(t)=[x_d(t), y_d(t), \phi_d(t)]^T$。
- 动态控制器设计，产生力矩控制输入，确保 $v_m(t)$ 和 $\omega_m(t)$ 的渐近跟踪，这些跟踪用作动态控制子系统的参考输入。

运动控制器是(参见式(8.18))

$$\begin{aligned} v_m &= v_d\cos\varepsilon_3 + K_1\varepsilon_1 \\ \omega_m &= \omega_d + K_2 v_d \varepsilon_2 + K_3\sin\varepsilon_3 \end{aligned} \tag{8.44}$$

在 5.4.2 节中推导出了已知动态参数(m，I 等)的动力学模型(式(5.49a)和式(5.49b))的动态控制器。在例 7.1 中针对未知常数参数的情况使用参数自适应定律(见(7.77))推导出了控制器。在 8.4.1 节中使用具有 9 个模糊控制规则的简单比例模糊控制律(如表 8.2 所示)推导出了控制器。

在这里，动态控制作业将使用神经网络控制器代替模糊控制器来完成[26-27]。为了实现更好的通用性，我们将考虑式(3.19a)和式(3.19b)描述的非完整 WMR 的无约束动力学模型：

$$\overline{\boldsymbol{D}}(\boldsymbol{q})\dot{\boldsymbol{v}}+\overline{\boldsymbol{C}}(\boldsymbol{q},\dot{\boldsymbol{q}})\boldsymbol{v}+\overline{\boldsymbol{g}}(\boldsymbol{q})=\overline{\boldsymbol{E}}\boldsymbol{\tau}$$

省略对于 WMR 为零的引力项 $\overline{\boldsymbol{g}}(\boldsymbol{q})$，并添加线性摩擦项 $\overline{\boldsymbol{B}}(\boldsymbol{v})$，即

$$\overline{\boldsymbol{D}}(\boldsymbol{q})\dot{\boldsymbol{v}}+\overline{\boldsymbol{C}}(\boldsymbol{q},\dot{\boldsymbol{q}})\boldsymbol{v}+\overline{\boldsymbol{B}}(\boldsymbol{v})=\overline{\boldsymbol{\tau}} \tag{8.45}$$

其中 $\overline{\boldsymbol{\tau}}=\boldsymbol{E}\boldsymbol{\tau}$ 且 $\boldsymbol{v}=[v, \omega]^T$。

为方便起见，将运动控制器(式(8.44))表示为

$$\boldsymbol{v}_{\mathrm{m}}=\boldsymbol{f}_{\mathrm{m}}(\varepsilon_{\mathrm{m}},\ \boldsymbol{v}_{\mathrm{d}},\ \boldsymbol{K}),\ \boldsymbol{K}=[K_1,\ K_2,\ K_3]^{\mathrm{T}} \tag{8.46}$$

微分 $\boldsymbol{v}_{\mathrm{m}}$ 可得到

$$\begin{bmatrix}\dot{v}_{\mathrm{m}}\\ \dot{\omega}_{\mathrm{m}}\end{bmatrix}=\begin{bmatrix}\dot{v}_{\mathrm{d}}\cos\varepsilon_3\\ \dot{\omega}_{\mathrm{d}}+K_2\dot{v}_{\mathrm{d}}\varepsilon_2\end{bmatrix}+\begin{bmatrix}K_1 & 0 & -v_{\mathrm{d}}\sin\varepsilon_3\\ 0 & K_2v_{\mathrm{d}} & K_3\cos\varepsilon_3\end{bmatrix}\begin{bmatrix}\dot{\varepsilon}_1\\ \dot{\varepsilon}_2\\ \dot{\varepsilon}_3\end{bmatrix}$$

现在，如果 $v_{\mathrm{d}}(t)=v_{\mathrm{d}}=$常数，且 $\omega_{\mathrm{d}}(t)=\omega_{\mathrm{d}}=$常数，则

$$\begin{bmatrix}\dot{v}_{\mathrm{m}}\\ \dot{\omega}_{\mathrm{m}}\end{bmatrix}=\begin{bmatrix}K_1 & 0 & -v_{\mathrm{d}}\sin\varepsilon_3\\ 0 & K_2v_{\mathrm{d}} & K_3\cos\varepsilon_3\end{bmatrix}\dot{\varepsilon} \tag{8.47}$$

并且反馈控制输入向量 $\boldsymbol{u}=[u_1,\ u_2]^{\mathrm{T}}$ 可选为

$$\boldsymbol{u}=\dot{\boldsymbol{v}}_{\mathrm{m}}+\boldsymbol{K}_4(\boldsymbol{v}_{\mathrm{m}}-\boldsymbol{v}) \tag{8.48}$$

其中 $\boldsymbol{K}_4$ 是对角正定矩阵：

$$\boldsymbol{K}_4=k_4\boldsymbol{I}_{2\times 2} \tag{8.49}$$

如果 $v_{\mathrm{d}}(t)$ 和 $\omega_{\mathrm{d}}(t)$ 有变化，则控制律(式(8.47))的形式没有变化。由式(8.46)和式(8.48)定义的两步控制器能确保所需状态轨迹的渐近跟踪 $\boldsymbol{q}_{\mathrm{d}}(t)=[x_{\mathrm{d}}(t),\ y_{\mathrm{d}}(t),\ \phi_{\mathrm{d}}(t)]^{\mathrm{T}}$。通过使用扩展李雅普诺夫函数，可以显示：

$$V=K_1(\varepsilon_1^2+\varepsilon_2^2)+(2K_1/K_2)(1-\cos\varepsilon_3)+(1/2K_4)[\varepsilon_4^2+(K_1/K_2K_3)\varepsilon_5^2]$$

其中 ε_4 和 ε_5 是 $\tilde{\boldsymbol{v}}=\boldsymbol{v}_{\mathrm{m}}-\boldsymbol{v}$ 的分量。

我们现在继续展示如何使用神经网络来设计自适应神经控制器。微分速度跟踪误差 $\tilde{\boldsymbol{v}}=\boldsymbol{v}_{\mathrm{m}}-\boldsymbol{v}$ 并使用式(8.45)，我们得到了 $\tilde{\boldsymbol{v}}$ 的机器人动力学模型，即

$$\overline{\boldsymbol{D}}(\boldsymbol{q})\dot{\tilde{\boldsymbol{v}}}=-\overline{\boldsymbol{C}}(\boldsymbol{q},\dot{\boldsymbol{q}})\tilde{\boldsymbol{v}}+\boldsymbol{F}(\boldsymbol{x})-\bar{\boldsymbol{\tau}} \tag{8.50}$$

其中

$$\boldsymbol{F}(\boldsymbol{X})=\overline{\boldsymbol{D}}(\boldsymbol{q})\dot{\boldsymbol{v}}_{\mathrm{m}}+\overline{\boldsymbol{C}}(\boldsymbol{q},\dot{\boldsymbol{q}})\boldsymbol{v}_{\mathrm{m}}+\overline{\boldsymbol{B}}(\boldsymbol{v}) \tag{8.51}$$

计算 $\dot{\boldsymbol{F}}(\boldsymbol{x})$ 所需的向量是已知的(测量所得)：

$$\boldsymbol{x}=\begin{bmatrix}v\\ v_{\mathrm{m}}\\ \dot{v}_{\mathrm{m}}\end{bmatrix}$$

函数 $\boldsymbol{F}(\boldsymbol{x})$ 涉及机器人的所有动态参数(质量、惯性矩、摩擦系数等)，这些参数在实践中是未知的或有不确定性。

从式(8.50)我们看到，合理的反馈控制法则是

$$\bar{\boldsymbol{\tau}}=\hat{\boldsymbol{F}}(\boldsymbol{x})+\boldsymbol{K}_4\tilde{\boldsymbol{v}}-\boldsymbol{\mu} \tag{8.52}$$

其中 $\hat{\boldsymbol{F}}(\boldsymbol{x})$ 是 $\boldsymbol{F}(\boldsymbol{x})$ 的估计，$\boldsymbol{K}_4=\mathrm{diag}[K_{41},\ K_{42}]$，其中 $K_{41}>0$，$K_{42}>0$，并且 μ 是补偿任何未建模的结构扰动所需的鲁棒项。

将式(8.52)代入式(8.50)，我们得到了闭环系统：

$$\overline{\boldsymbol{D}}(\boldsymbol{q})\dot{\tilde{\boldsymbol{v}}}=-[\overline{\boldsymbol{C}}(\boldsymbol{q},\dot{\boldsymbol{q}})+\boldsymbol{K}_4]\tilde{\boldsymbol{v}}+\boldsymbol{F}(\boldsymbol{x})-\hat{\boldsymbol{F}}(\boldsymbol{x})+\boldsymbol{\mu} \tag{8.53}$$

显然，要确保式(8.53)在 $\boldsymbol{v}=\boldsymbol{0}$ 时渐近稳定，我们必须正确选择 $\boldsymbol{K}_4$，$\hat{\boldsymbol{F}}(x)$ 和 $\boldsymbol{\mu}$。这

里，$\boldsymbol{F}(\boldsymbol{x})$的估计$\hat{\boldsymbol{F}}(\boldsymbol{x})$由神经网络逼近器(式(8.12))提供，即

$$\hat{\boldsymbol{F}}(\boldsymbol{x})=\hat{\boldsymbol{V}}^{\mathrm{T}}\boldsymbol{\sigma}(\hat{\boldsymbol{W}}^{\mathrm{T}}\boldsymbol{x})+\varepsilon \tag{8.54}$$

在这种情况下，式(8.52)成为

$$\overline{\boldsymbol{\tau}}=\hat{\boldsymbol{V}}^{\mathrm{T}}\boldsymbol{\sigma}(\hat{\boldsymbol{W}}^{\mathrm{T}}\boldsymbol{x})+\boldsymbol{K}_4\tilde{\boldsymbol{v}}-\boldsymbol{\mu}+\varepsilon$$

并且闭环系统变为

$$\overline{\boldsymbol{D}}(\boldsymbol{q})\dot{\tilde{\boldsymbol{v}}}=-[\overline{\boldsymbol{C}}(\boldsymbol{q},\dot{\boldsymbol{q}})+\boldsymbol{K}_4]\tilde{\boldsymbol{v}}+\boldsymbol{V}^{\mathrm{T}}\boldsymbol{\sigma}(\boldsymbol{W}^{\mathrm{T}}\boldsymbol{x})-\hat{\boldsymbol{v}}^{\mathrm{T}}\boldsymbol{\sigma}(\hat{\boldsymbol{W}}^{\mathrm{T}}\boldsymbol{x})-\varepsilon+\boldsymbol{\mu} \tag{8.55}$$

现在，我们只需要选择神经网络参数更新(调整)和鲁棒项μ。设$\mu(t)$为

$$\boldsymbol{\mu}(t)=-\overline{\boldsymbol{K}}_{\mu}\tilde{\boldsymbol{v}} \tag{8.56a}$$

我们得到：

$$\overline{\boldsymbol{D}}(\boldsymbol{q})\dot{\tilde{\boldsymbol{v}}}=-[\overline{\boldsymbol{C}}(\boldsymbol{q},\dot{\boldsymbol{q}})+\boldsymbol{K}_4+\boldsymbol{K}_{\mu}]\tilde{\boldsymbol{v}}+\boldsymbol{V}^{\mathrm{T}}\boldsymbol{\sigma}(\boldsymbol{W}^{\mathrm{T}}\boldsymbol{x})-\hat{\boldsymbol{V}}^{\mathrm{T}}\boldsymbol{\sigma}(\hat{\boldsymbol{W}}^{\mathrm{T}}\boldsymbol{x})-\varepsilon \tag{8.56b}$$

然后，我们可以证明将NN权重更新为(8.5.3节)

$$\dot{\hat{\boldsymbol{V}}}=\boldsymbol{A}\hat{\boldsymbol{\sigma}}\tilde{\boldsymbol{v}}^{\mathrm{T}}-\boldsymbol{A}\hat{\boldsymbol{\sigma}}'\hat{\boldsymbol{W}}^{\mathrm{T}}\boldsymbol{x}\tilde{\boldsymbol{v}}^{\mathrm{T}}-\lambda\boldsymbol{A}\|\tilde{\boldsymbol{v}}\|\hat{\boldsymbol{V}} \tag{8.57}$$

$$\dot{\hat{\boldsymbol{W}}}=\boldsymbol{B}\boldsymbol{x}(\hat{\boldsymbol{\sigma}}'^{\mathrm{T}}\hat{\boldsymbol{V}}\tilde{\boldsymbol{v}})^{\mathrm{T}}-\lambda\boldsymbol{B}\|\tilde{\boldsymbol{v}}\|\hat{\boldsymbol{W}} \tag{8.58}$$

其中$\boldsymbol{\sigma}'$是对应于$\boldsymbol{\sigma}$的隐含梯度，$\boldsymbol{A}$和$\boldsymbol{B}$是正定设计矩阵，并且$\lambda>0$，可将$\tilde{\boldsymbol{v}}$稳定到$\tilde{\boldsymbol{v}}=\boldsymbol{0}$附近的不变区域。对于Sigmoid函数$\boldsymbol{\sigma}$，$\boldsymbol{\sigma}'$由下式给出：

$$\boldsymbol{\sigma}'(\hat{z})=[\partial\boldsymbol{\sigma}(z)/\partial z]_{z=\hat{z}}=\mathrm{diag}\{\boldsymbol{\sigma}(\hat{\boldsymbol{W}}^{\mathrm{T}}\boldsymbol{x})\}[\boldsymbol{I}-\mathrm{diag}\{\boldsymbol{\sigma}(\hat{\boldsymbol{W}}^{\mathrm{T}}\boldsymbol{x})\}]$$

整个自适应神经控制器的框图如图8.30所示[26-27]。

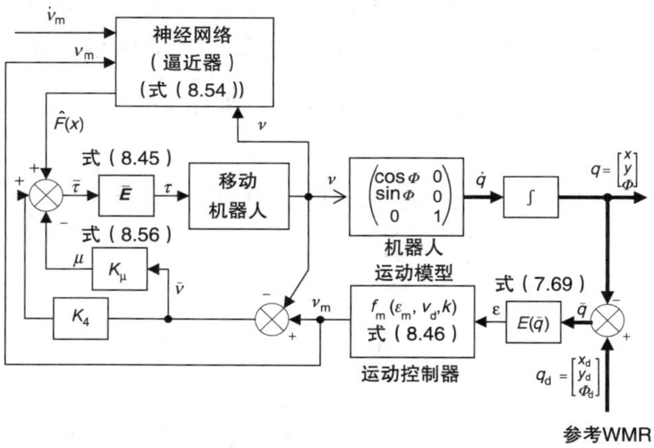

图8.30　整体自适应神经控制器的结构

例8.6　使用上述神经网络控制方案以及模糊通用逼近器(式(8.14))来设计模糊逻辑自适应控制器。

解　控制器的分析与8.5.1节中到控制器的设计(式(8.52))为止的描述完全相同，其中$\hat{\boldsymbol{F}}(\boldsymbol{x})$是动力学函数$\boldsymbol{F}(\boldsymbol{x})$的估计。可以使用等式(8.17)来计算该估计，例如：

$$\hat{\boldsymbol{F}}(\boldsymbol{x})=\boldsymbol{\Psi}(\boldsymbol{x})\hat{\beta} \tag{8.59}$$

其中$\boldsymbol{x}=[v,\ v_{\mathrm{m}},\ \dot{v}_{\mathrm{m}}]^{\mathrm{T}}$，$\boldsymbol{\Psi}(\boldsymbol{x})$是FBF矩阵，其元素由式(8.13)给出，$\hat{\beta}$是逼近器的参数

向量估计值，其必须随着时间的推移而更新。适应法则具有标准形式：

$$\dot{\hat{\beta}}=\boldsymbol{\Gamma}\boldsymbol{\Psi}^{\mathrm{T}}(\boldsymbol{x})\widetilde{\boldsymbol{v}}-\lambda\boldsymbol{\Gamma}\|\widetilde{\boldsymbol{v}}\|\hat{\beta},\quad \widetilde{\boldsymbol{v}}=\boldsymbol{v}_{\mathrm{m}}-\boldsymbol{v} \tag{8.60}$$

这里，$\boldsymbol{\Gamma}$ 是已选的正常数矩阵(例如，$\boldsymbol{\Gamma}=\mathrm{diag}[\gamma_1,\gamma_2]$)，$\lambda$ 是小的正常数。使用自适应控制和自适应定律的标准李雅普诺夫稳定性理论，可知控制器(式(8.52))与估计器(式(8.60))的结合确保了对 $\widetilde{\boldsymbol{v}}=0$(实际上到 $\widetilde{\boldsymbol{v}}=0$ 的小附近)的整体稳定性。该自适应控制器的结构与 *NN* 控制器的结构相同，其神经估计器被模糊估计器取代(见图 8.30)。

8.5.2　采用 RBF 网络的自适应跟踪控制器

RBF NN 可以类似于 MLP 网络和模糊通用逼近器的方式使用[28]。式(8.51)中函数 $\boldsymbol{F}(\boldsymbol{x})$ 的近似由 $\boldsymbol{F}(\boldsymbol{x})$ 的第 j 个分量 $y_j(\boldsymbol{x})=F_j(\boldsymbol{x})$，$j=1,2,\cdots,p$ 的关系式(8.10)执行：

$$F_j(\boldsymbol{x})=\sum_{i=1}^{m}W_{ji}\phi_i(\boldsymbol{x}) \tag{8.61}$$

其中

$$\phi_i(\boldsymbol{x})=\phi(\|\boldsymbol{x}-\boldsymbol{c}_i\|)=\phi(r_i)=\exp(-r_i^2/2\sigma_i^2),\quad r_i\geqslant 0,\ \sigma_i\geqslant 0 \tag{8.62}$$

用于更新权重 w_{ki}、RBF 中心 c_i 和宽度 σ_i 的算法涉及 8.2.2.4 节中描述的四个步骤。通常，权重 $w_i(k+1)$ 和中心 $c_i(k+1)$ 更新算法可以是梯度下降法，也可以是二阶牛顿更新法，它可以最小化平方误差函数：

$$J=\frac{1}{2}\sum_{k=1}^{n}\varepsilon^2(k) \tag{8.63a}$$

其中

$$\varepsilon(k)=y(k)-\sum_{i=1}^{m}w_i\phi(\|x(k)-c_i\|)^2 \tag{8.63b}$$

输入-输出数据为 $\{x(k),y(k)\}$。

因此，在梯度下降更新法中，我们有

$$w_i(k+1)=w_i(k)-\eta_w\frac{\partial\varepsilon(k)}{\partial w_i(k)} \tag{8.64a}$$

$$c_i(k+1)=c_i(k)-\eta_c\frac{\partial\varepsilon(k)}{\partial c_i(k)} \tag{8.64b}$$

其中 η_w 和 η_c 是控制收敛速度的设计参数。文献中存在许多用于更新(调整)RBF 参数和权重的替代方式。

总的来说，RBF 的表示(式(8.61))类似于模糊通用逼近器，并且可以以相同的方式用于估计控制定律所需的 $F(x)$(式(8.52))。该估计器位于图 8.30 所示的整体控制方案的 NN/FLC 框中。

8.5.3　神经控制器的稳定性证明

这里将呈现使用控制器(式(8.52)、式(8.56a)、式(8.57)、式(8.58))获得的渐近收敛至闭环误差原点附近的不变集的简单证明(省略了冗长的计算)。我们假设通用逼近器

(式(8.12))对于紧致集 U_x 中的所有 $\boldsymbol{x}$，在给定精度 ε^* 内有效，并考虑候选李雅普诺夫函数：

$$V_0=\frac{K_2}{2}(\varepsilon_1^2+\varepsilon_2^2)+\frac{1}{2}\varepsilon_3^2+V_0',\quad V_0'=\frac{1}{2}[\tilde{\boldsymbol{v}}_m^{\mathrm{T}}\overline{\boldsymbol{D}}\tilde{\boldsymbol{v}}_m+\mathrm{tr}\{\tilde{\boldsymbol{v}}^{\mathrm{T}}\boldsymbol{A}^{-1}\tilde{\boldsymbol{V}}\}+\mathrm{tr}\{\tilde{\boldsymbol{W}}^{\mathrm{T}}\boldsymbol{B}^{-1}\tilde{\boldsymbol{W}}\}]$$

$$\tilde{\boldsymbol{V}}=\boldsymbol{V}-\hat{\boldsymbol{V}},\quad \tilde{\boldsymbol{W}}=\boldsymbol{W}-\hat{\boldsymbol{W}}$$

V_0 的导数由下式给出：

$$\dot{V}_0=K_2(\varepsilon_1\dot{\varepsilon}_1+\varepsilon_2\dot{\varepsilon}_2)+\varepsilon_3\dot{\varepsilon}_3+\dot{V}_0'$$

引入 $\dot{\varepsilon}_1$，$\dot{\varepsilon}_2$ 和 $\dot{\varepsilon}_3$ 并计算 $\dot{V}_0'$，在计算之后发现条件：

$$\|\tilde{\boldsymbol{v}}_m\|>\rho_m$$

其中 ρ_m 是一个合理选择的界限，确保紧凑集 U_x 外的 $\dot{V}_0<0$。根据 LaSalle 不变集稳定条件(见 6.2.3 节)，这意味着 $\tilde{\boldsymbol{v}}$ 和 $\tilde{\varepsilon}$(即 $\tilde{\boldsymbol{x}}$)收敛于与 U_x[26-27] 相关的相应不变集。

参考文献

[1] Zadeh LA. Fuzzy sets. Inf Control 1965;8:338−53.

[2] Kosko B. Neural networks and fuzzy systems: a dynamical system approach to machine intelligence. Englewood Cliffs, NJ: Prentice Hall; 1992.

[3] Chen CH. Fuzzy logic and neural network handbook. New York, NY: McGraw-Hill; 1996.

[4] Haykin S. Neural networks: a comprehensive foundation. Upper Saddle River, New Jersey: Macmillan College Publishing; 1994.

[5] Tzafestas SG, editor. Soft computing and control technology. Singapore/London: World Scientific Publishers; 1997.

[6] Tsoukalas LH, Uhrig RE. Fuzzy and neural approaches in engineering. New York, NY: John Wiley & Sons; 1997.

[7] Tzafestas SG. Fuzzy systems and fuzzy expert control: An overview. Knowl Eng Rev 1994;9(3):229−68.

[8] Wang LX, Mendel JM. Fuzzy basis functions, universal approximation, and orthogonal least-squares learning. IEEE Trans Neural Networks 1992;3(5):807−14.

[9] Omatu S, Khalid M, Yusof R. Neuro-control and its applications. London/Berlin: Springer; 1996.

[10] Das T, Narayan Kar I. Design and implementation of a adaptive fuzzy logic-based controller for wheeled mobile robots. IEEE Trans Control Syst Technol 2006;14 (3):501−10.

[11] Castillo O, Aguilar LT, Cárdenas S. Fuzzy logic tracking control for unicycle mobile robots. Eng Lett 2006;13(2): [EL. 13-2-4:73-7].

[12] Driesen BJ, Feddema JT, Kwok KS. Decentralized fuzzy control of multiple nonholonomic vehicles. J Intell Robot Syst 1999;26:65−78.

[13] Balluchi A, Bicchi A, Balestrino A, Casalino G. Path tracking control for Dubins cars. Proceedings of 1996 IEEE international conference on robotics and automation, Minneapolis, MI; April 1996. p. 3123−28.

[14] Moustris G, Tzafestas SG. A robust fuzzy logic path tracker for non-holonomic mobile robots. J Artif Intell Tools 2005;14(6):935−65.

[15] Moustris G, Tzafestas SG. Switching fuzzy tracking control for the Dubins car. Control Eng Practice 2011;19(1):45−53.

[16] Deliparaschos KM, Moustris GP, Tzafestas SG. Autonomous SoC for fuzzy robot path tracking. Proceedings of the European control conference. Kos, Greece; July 2−5, 2007. p. 5471-78.

[17] Moustris GP, Deliparaschos KM, Tzafestas SG. Tracking control using the strip-wise affine transformation: an experimental SoC design. Proceedings of the European control conference. Budapest, Hungary; August 23–26, 2009. [paper MoC3.5.]
[18] Tzafestas SG, Deliparaschos KM, Moustris GP. Fuzzy logic path tracking control for autonomous non-holonomic robots: design of system on a chip. Rob Auton Syst 2010;58:1017–27.
[19] Moustris GP, Deliparaschos KM, Tzafestas SG. Feedback equivalence and control of mobile robots through a scalable FPGA architecture. In: Velenivov Topalov A, editor. Recent advances in mobile robotics. In Tech; 2011<www.interchopen.com/books>.
[20] Rigatos GG, Tzafestas CS, Tzafestas SG. Mobile robot motion control in partially unknown environments using a sliding-mode fuzzy-logic controller. Robot Autom Syst 2000;33:1–11.
[21] Kyriakopoulos KJ, Saridis GN. Optimal and Suboptimal motion planning for collision avoidance of mobile robots in non-stationary environments. J Intell Robot Syst 1995;11(3):223–67.
[22] Rigatos GG, Tzafestas SG, Evangelidis GJ. Reactive parking control of nonholonomic vehicles via a fuzzy learning automaton. IEE Proc Control Theory Appl 2001;148 (2):169–79.
[23] Luzeaux D. Parking maneuvers and trajectory tracking. Proceedings of the third international workshop on advanced motion control. Berkeley, CA: University of California; 1994.
[24] De Oliveira VM, De Pieri ER, Lages WF. Wheeled mobile robot using sliding modes and neural networks: learning and nonlinear models. Review Soc. Brasileria de Redes Neurais 2003;1(2):103–21.
[25] Oubbati M, Schanz M, Levi P. Kinematic and dynamic adaptive control of a nonholonomic mobile robot using a RNN. Proceedings of the IEEE symposium on computational intelligence in robotics and automation (CIRA'05). Espoo, Helsinki, Finland; June 27–30, 2005. p. 27–33.
[26] Lewis FL, Campos J, Selmic R. Neuro-fuzzy control of industrial systems with actuator nonlinearities. Philadelphia, PA: SIAM; 2002.
[27] Fierro R, Lewis FL. Control of a nonholonomic mobile robot: Backstepping kinematics into dynamics. J Robot Syst 1997;14(3):149–63.
[28] Bayar G, Konukseven EI, Koku AB. Control of a differentially driven mobile robot using radial basis function based neural networks. WSEAS Trans Syst Control 2008;3 (12):1002–13.

第 9 章　移动机器人控制 V：基于视觉的方法

9.1　引言

视觉是一种重要的机器人传感手段，因为它可以在没有物理接触的情况下进行环境测量。视觉机器人控制或视觉伺服是一种反馈控制方法，其使用一个或多个视觉传感器(相机)来控制机器人的运动。具体的方式是通过处理图像数据(通常涉及轮廓、特征、角落和其他视觉基元的提取)来产生用于机器人电动机的控制输入。在机器人操纵器中，视觉控制的目的是控制机器人末端执行器相对于目标对象或一组目标特征的位姿。在移动机器人中，视觉控制器的任务是控制车辆相对于某些地标的位姿。只有当视觉传感延迟足够小或机器人的动力学模型具有足够的精度时，才能确保跟踪稳定性。多年来，人们开发了许多技术来补偿机器人控制中视觉系统的这种延迟。大量的文献一直致力于控制非完整系统，以处理基于视觉控制的各种有挑战性的问题。

本章的目标如下：

- 介绍视觉伺服的基本概念。
- 讨论基于位置和基于图像的视觉控制问题。
- 将视觉伺服应用于一些移动机器人控制问题。
- 利用全向视觉研究移动机器人视觉伺服。

9.2　背景概念

9.2.1　机器人视觉控制的分类

机器人视觉控制器(VRC)取决于视觉系统是否提供设定点作为机器人关节控制器的输入，或直接计算关节水平输入，以及其在任务空间坐标中还是直接根据图像特征确定误差信号。

因此，VRC 分为以下四类[1-8]：

- 动态观察和移动系统——这里控制结构是分层的，其中视觉系统为关节控制器提供设定点输入，机器人使用关节反馈进行内部控制。
- 直接视觉伺服控制——这里消除了机器人关节控制器，并由视觉伺服控制器代替，该控制器直接计算关节的输入，并仅使用视觉信号稳定机器人。实际上，大多数实现的 VRC 都具有外观和移动类型，因为具有高采样率的内部反馈为视觉控制器提供了精确的轴动力学模型。此外，外观和移动控制将系统的运动学奇点与视觉控制器分开，并绕过直接视觉控制使用的低采样率的限制。

- 基于位置的视觉机器人控制(PBVRC)——这里，使用从图像中提取的特征，并与目标的几何模型和可用的相机模型一起使用，以确定目标相对于相机的位姿。因此，使用估计的位姿空间中的误差来获得反馈回路。
- 基于图像的可视机器人控制(IBVRC)——在这里，使用图像特征执行控制信号的直接计算。IBVRC 减少了计算时间，不需要分析图像，并消除了传感器建模和摄像机校准的误差。但由于机器人非线性动力学的复杂性，其实施会更加困难。

PBVRC 和 IBVRC 控制方案的结构如图 9.1 所示。

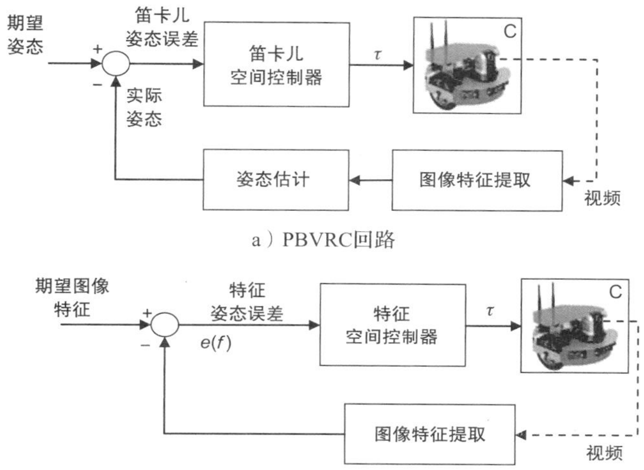

a）PBVRC回路

b）IBVRC回路

图 9.1　PBVRC 和 IBVRC 方案的结构

9.2.2　运动学变换

2.2.2 节讨论了运动(均匀)变换。机器人(固定或移动)的任务空间由 C_s 表示，并描述了移动机器人或固定机器人的末端执行器可获得的位置和方向的集合。机器人任务通常相对于特定坐标系(例如，相机坐标系、目标/对象坐标系)而制定。如 2.2.2 节所示，符号 $\boldsymbol{A}_i^j$ 表示坐标变换或位姿，包括旋力矩阵 $\boldsymbol{R}_i^j$ 和平移 $\boldsymbol{p}_i^j$（或 $\boldsymbol{d}_i^j$）(参见式(2.9)和式(2.10))。所需的多步坐标变化可用多坐标变换获得，如式(2.18)所示。

在基于视觉的机器人控制中，通常需要以下坐标系：

- 附加到对象(目标)的目标坐标系 $\boldsymbol{A}_t$。
- 世界坐标系 $\boldsymbol{A}_0$(附加到工作空间的给定固定点)。
- 连接到第 i 个相机的相机坐标系 $\boldsymbol{A}_{ci}$。
- 机器人坐标系 $\boldsymbol{A}_r$(附在机器人本体上的固定点)。

考虑在 3D 空间中工作的固定机器人操纵器。其末端执行器的运动在世界坐标中通过平移速度 $\boldsymbol{v}(t)$ 和角速度 $\boldsymbol{\omega}(t)$ 来描述，其中：

$$\boldsymbol{v}(t)=[v_x,\ v_y,\ v_z]^{\mathrm{T}}$$
$$\boldsymbol{\omega}(t)=[\omega_x,\ \omega_y,\ \omega_z]^{\mathrm{T}} \tag{9.1}$$

设 $\boldsymbol{p}=[x, y, z]^{\mathrm{T}}$ 为与末端效应器刚性连接的点，其中 x，y，z 是 $\boldsymbol{p}$ 的世界坐标。那么 $\dot{\boldsymbol{p}}$ 由下式给出：

$$\dot{\boldsymbol{p}}=\boldsymbol{\omega}\times\boldsymbol{p}+\boldsymbol{v} \tag{9.2a}$$

其中 $\boldsymbol{\omega}\times\boldsymbol{p}$ 是 $\boldsymbol{\omega}$ 和 $\boldsymbol{p}$ 的叉积，即

$$\boldsymbol{\omega}\times\boldsymbol{p}=\begin{bmatrix}\omega_y z-y\omega_z\\ \omega_z x-z\omega_x\\ \omega_x y-x\omega_y\end{bmatrix} \tag{9.2b}$$

组合速度矢量 $\dot{\boldsymbol{r}}$ 称为机器人末端执行器的速度旋量，其中：

$$\dot{\boldsymbol{r}}(t)=\begin{bmatrix}\boldsymbol{v}\\ \boldsymbol{\omega}\end{bmatrix} \tag{9.3}$$

式(9.2a)和式(9.2b)的紧凑形式可以写成：

$$\dot{\boldsymbol{p}}(t)=\boldsymbol{J}_0(\boldsymbol{p})\dot{\boldsymbol{r}},\quad \boldsymbol{J}_0(\boldsymbol{p})=[\boldsymbol{I}_{3\times3}\ \vdots\ \boldsymbol{S}(\boldsymbol{p})] \tag{9.4a}$$

其中 $\boldsymbol{S}(\boldsymbol{p})$ 是偏斜对称矩阵：

$$\boldsymbol{S}(\boldsymbol{p})=\begin{bmatrix}0 & z & -y\\ -z & 0 & x\\ y & -x & 0\end{bmatrix} \tag{9.4b}$$

移动机器人的平台以线速度 $\boldsymbol{v}(t)=[v_x, v_y, 0]^{\mathrm{T}}$ 和角速度 $\boldsymbol{\omega}(t)=[0, 0, \omega]^{\mathrm{T}}$ $(\omega=\omega_z)$ 移动。因此，式(9.2b)写为

$$\boldsymbol{\omega}\times\boldsymbol{p}=\begin{bmatrix}-y\omega\\ x\omega\\ 0\end{bmatrix}$$

由式(9.2a)给出：

$$\begin{bmatrix}\dot{x}\\ \dot{y}\\ \dot{z}\end{bmatrix}=\begin{bmatrix}-y\omega\\ x\omega\\ 0\end{bmatrix}+\begin{bmatrix}v_x\\ v_y\\ 0\end{bmatrix}\text{ 或 }\begin{bmatrix}\dot{x}\\ \dot{y}\end{bmatrix}=\begin{bmatrix}v_x-y\omega\\ v_y+x\omega\end{bmatrix}$$

其中 $z=0$，为常数。在上面的等式中嵌入关系 $\dot{\phi}=\omega$，我们得到：

$$\begin{bmatrix}\dot{x}\\ \dot{y}\\ \dot{\phi}\end{bmatrix}=\begin{bmatrix}1 & 0 & -y\\ 0 & 1 & x\\ 0 & 0 & 1\end{bmatrix}\dot{\boldsymbol{r}},\quad \dot{\boldsymbol{r}}=\begin{bmatrix}v_x\\ v_y\\ \omega\end{bmatrix} \tag{9.4c}$$

如果 WMR 涉及转向角 ψ，则必须将相应的等式 $\dot{\psi}=\omega_\psi$ 加到式(9.4c)作为第四行。

9.2.3　相机视觉转换

如 4.5.1 节所述，每个摄像机都包含一个镜头，可在传感器所在的图像平面上形成场景的 2D 投影。由于该投影过程丢失了深度信息，图像平面上的每个点对应于 3D 空间中的光线。深度信息可以从多个相机获得多个视图，或者通过已知目标上的若干特征点之间的几何关系来获得。

在这里将使用透视投影模型(参见 4.5.2.4 节)。另外两个投影模型是正交投影和仿射投影。透视投影模型的几何结构如图 9.2 所示。

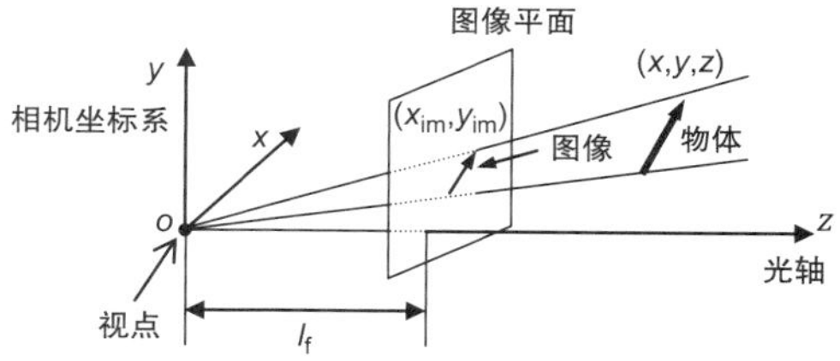

图 9.2　相机镜头系统的几何形状(l_f=焦距)

在透视投影中，其坐标相对于相机坐标系 $\boldsymbol{A}_c$ 表示的点 $\boldsymbol{p}=[x,\ y,\ z]^{\mathrm{T}}$ 投影到图像平面点 $\boldsymbol{f}=[x_{\mathrm{im}},\ y_{\mathrm{im}}]^{\mathrm{T}}$，由下式给出：

$$\boldsymbol{f}(x,\ y,\ z)=\begin{bmatrix}x_{\mathrm{im}}\\y_{\mathrm{im}}\end{bmatrix}=\frac{l_f}{z}\begin{bmatrix}x\\y\end{bmatrix}\tag{9.5}$$

如果点 $\boldsymbol{p}$ 用任意坐标系 $\boldsymbol{A}_a$ 中的坐标表示，则必须首先将这些坐标变换到摄像机坐标系。

图像特征是可以从图像(例如，轮廓边缘、角落)提取的任何结构特征。通常，图像特征对应于对象(例如，末端效应器、目标对象)的物理特征在相机图像平面上的投影。图像特征参数被定义为可以从一个或多个图像特征确定的任何实值数值。图像参数向量 $\boldsymbol{f}$ 是具有分量 $f_i(i=1,\ 2,\ \cdots,\ k)$图像特征参数的向量，即

$$\boldsymbol{f}=[f_1,\ f_2,\ \cdots,\ f_k]^{\mathrm{T}}\in F\tag{9.6}$$

其中 F 是图像参数向量空间。从 WMR 或固定机器人末端效应器的位置和方向到透视图像特征参数的映射 M 是

$$M=C_s\rightarrow F\tag{9.7}$$

其可以使用相机的投影几何形状找到。这里使用透视投影几何：

$$\boldsymbol{f}=[x_{\mathrm{im}},\ y_{\mathrm{im}}]^{\mathrm{T}}$$

其中 x_{im} 和 y_{im} 由式(9.5)给出。式(9.7)的实际形式部分取决于相机和移动机器人或末端执行器的相对配置。两种典型的摄像机配置如图 9.3 所示。

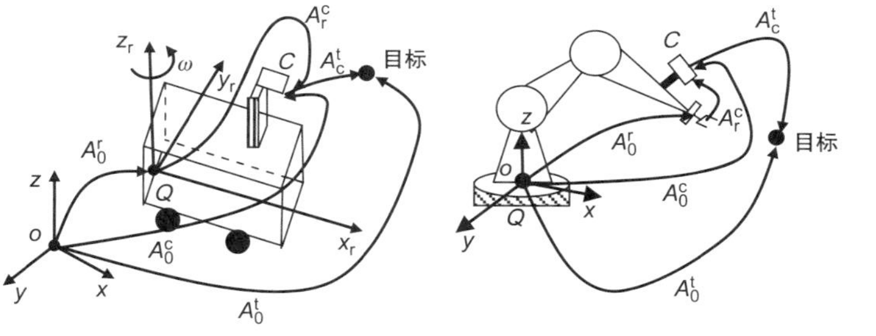

a）板载/手持配置

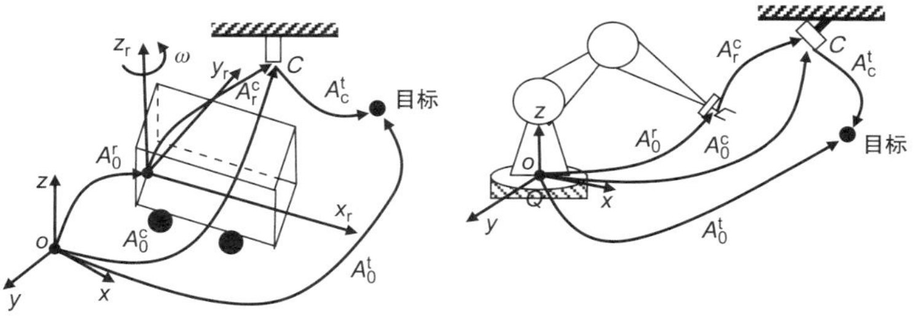

b）固定摄像机配置

图 9.3　基于视觉的机器人控制中使用的坐标系

- 机载摄像头配置。
- 在工作空间中固定相机(例如，在天花板上)。

显然，在图 9.3 中我们有

$$\boldsymbol{A}_0^{\mathrm{t}}=\boldsymbol{A}_0^{\mathrm{r}}\boldsymbol{A}_{\mathrm{r}}^{\mathrm{c}}\boldsymbol{A}_{\mathrm{c}}^{\mathrm{t}} \tag{9.8a}$$

$$\boldsymbol{A}_0^{\mathrm{t}}=\boldsymbol{A}_0^{\mathrm{c}}\boldsymbol{A}_{\mathrm{c}}^{1} \tag{9.8b}$$

另一种摄像机配置是摄像机没有固定在工作空间中，而是安装在另一个机器人或旋转云台上，以便从最佳位置观察视觉控制的机器人。在所有情况下，在执行可视控制任务之前都需要进行摄像机校准。

9.2.4 图像的雅可比矩阵

下面讨论的内容涉及固定机器人的末端执行器，但也涵盖了移动机器人的局部坐标系。给定一个特征参数向量 $\boldsymbol{f}=[f_1,\ f_2,\ \cdots,\ f_k]^{\mathrm{T}}\in F$，$\dot{\boldsymbol{f}}(i=1,\ 2,\ \cdots,\ k)$是变化率 $\dot{f}_i(i=1,\ 2,\ \cdots,\ k)$的对应向量的特征参数。设 $\boldsymbol{r}$ 是任务(配置)空间 C_{s} 的一些参数化中的末端效应器坐标向量，$\dot{\boldsymbol{r}}$ 为其相应的速度，即末端执行器的旋量：

$$\dot{\boldsymbol{r}}=\begin{bmatrix}\boldsymbol{v}\\ \boldsymbol{\omega}\end{bmatrix} \tag{9.9}$$

图像雅可比 $\boldsymbol{J}_{\mathrm{im}}$ 被定义为 $\dot{\boldsymbol{r}}$ 到 $\dot{\boldsymbol{f}}$ 的变换，即

$$\dot{\boldsymbol{f}}=\boldsymbol{J}_{\mathrm{im}}(\boldsymbol{r})\dot{\boldsymbol{r}} \tag{9.10}$$

其中

$$\boldsymbol{J}_{\mathrm{im}}(\boldsymbol{r})=\left[\frac{\partial \boldsymbol{f}}{\partial \boldsymbol{r}}\right]=\begin{bmatrix}\partial f_1(r)/\partial r_1\cdots\partial f_1(r)/\partial r_m\\ \vdots\\ \partial f_k(r)/\partial r_1\cdots\partial f_k(r)/\partial r_m\end{bmatrix} \tag{9.11}$$

其中 m 是空间 C_{s} 的维数。图像雅可比矩阵也称为相互作用矩阵或特征灵敏度矩阵。式(9.10)提供了与机器人位姿的变化相对应的特征参数变化。在 VRC 中，我们需要确定获得 $\dot{\boldsymbol{f}}$ 的某个期望值 $\dot{\boldsymbol{f}}_{\mathrm{d}}$ 所需的末端效应器速度 $\dot{\boldsymbol{r}}$。

在下文中，我们将考虑点特征，但是可以通过适当地扩展当前分析来处理其他情况(例如线、轮廓、区域)。

为了计算 $\boldsymbol{J}_{\mathrm{im}}(\boldsymbol{r})$，我们按如下方式工作。设 $\boldsymbol{p}=[x,\ y,\ z]^{\mathrm{T}}$ 是相对于相机坐标系表示的点。假设该点在世界坐标系中是固定的。然后，从式(9.5)我们知道图像参数向量 $\boldsymbol{f}$ 是

$$\boldsymbol{f}=\begin{bmatrix}x_{\mathrm{im}}\\ y_{\mathrm{im}}\end{bmatrix}=\frac{l_{\mathrm{f}}}{z}\begin{bmatrix}x\\ y\end{bmatrix} \tag{9.12}$$

由微分方程(式(9.12))我们得到：

$$\begin{aligned}\dot{\boldsymbol{f}}=\begin{bmatrix}\dot{x}_{\mathrm{im}}\\ \dot{y}_{\mathrm{im}}\end{bmatrix}&=\begin{bmatrix}l_{\mathrm{f}}/z & 0 & -x_{\mathrm{im}}/z\\ 0 & l_{\mathrm{f}}/z & -y_{\mathrm{im}}/z\end{bmatrix}\dot{\boldsymbol{p}}\\ &=\boldsymbol{J}_{\mathrm{c}}(x_{\mathrm{im}},\ y_{\mathrm{im}},\ l_{\mathrm{f}})\dot{\boldsymbol{p}}\end{aligned} \tag{9.13a}$$

其中

$$\boldsymbol{J}_c=\begin{bmatrix} l_f/z & 0 & -x_{im}/z \\ 0 & l_f/z & -y_{im}/z \end{bmatrix} \tag{9.13b}$$

现在，$\dot{\boldsymbol{p}}(t)$ 由式(9.4a)和式(9.4b)给出。因此，结合式(9.4a)、式(9.4b)及式(9.13a)和式(9.13b)，我们得到：

$$\begin{aligned}\dot{\boldsymbol{f}}&=\boldsymbol{J}_c(x_{im}, y_{im}, z, l_f)\boldsymbol{J}_0(\boldsymbol{p})\dot{\boldsymbol{r}}\\ &=\boldsymbol{J}_{im}(x_{im}, y_{im}, z, l_f)\dot{\boldsymbol{r}}\end{aligned} \tag{9.14}$$

其中

$$\begin{aligned}\boldsymbol{J}_{im}(x_{im}, y_{im}, z, l_f)&=\boldsymbol{J}_c(x_{im}, y_{im}, z, l_f)\boldsymbol{J}_0(\boldsymbol{p})\\ &=\begin{bmatrix} \dfrac{l_f}{z} & 0 & -\dfrac{x_{im}}{z} & -\dfrac{x_{im}y_{im}}{l_f} & \dfrac{l_f^2+x_{im}^2}{l_f} & -y_{im} \\ 0 & \dfrac{l_f}{z} & -\dfrac{y_{im}}{z} & -\dfrac{l_f^z+y_{im}^2}{l_f} & \dfrac{x_{im}y_{im}}{l_f} & x_{im} \end{bmatrix}\end{aligned} \tag{9.15}$$

它用末端执行器相对于摄像机的速度来表示一个点的像平面速度。图像雅可比矩阵(式(9.15))取决于末端执行器的距离 z(或成像的目标的点)。如果目标是末端执行器，则可以使用来自摄像机校准的信息和机器人的正向运动来计算该距离。值得注意的是，如果图像特征参数是点坐标，则速率 $\dot{x}_{im}$ 和 $\dot{y}_{im}$ 是图像平面速度。

例 9.1　推导出具有针孔车载摄像机的单轮式 WMR 的图像雅可比矩阵，以及在摄像机视场中具有三个特征点的目标。

解　我们将应用 9.2.4 节中描述的过程。考虑配备相机的 WMR，如图 9.4 所示，其中目标 S 可通过(x, y)平面上的三点特征 D，E，F 识别[9-10]。

在这里，我们有以下坐标系：

- $O_w(x_w, y_w)$是世界坐标系，原点为 O_w。
- $Q(x_r, y_r)$是原点在 Q 处的局部坐标系。
- $C(x_c, y_c)$是相机坐标系，原点为 C。
- $S(x_s, y_s)$是原点位于 S 的目标坐标系。

这些坐标系的相对位置和方向如图 9.4 所示。

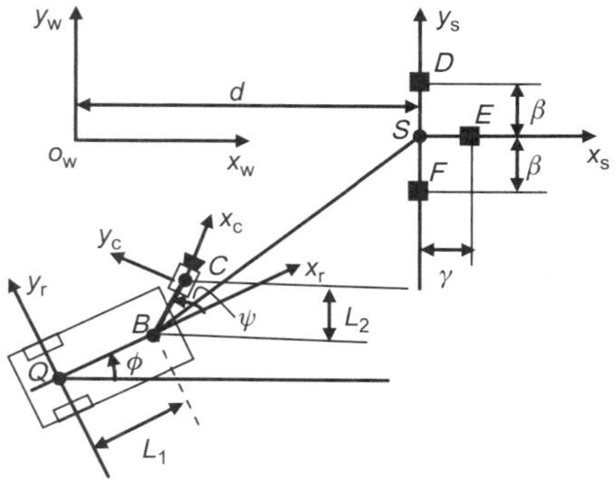

图 9.4　带有旋转机载摄像机的 WMR(目标坐标系 $S(x_s, y_s)$沿轴 O_wx_w 平移距离 d)

相机坐标系 C 中三个特征点 $m=\{D, E, F\}$ 的坐标 x_m^c，y_m^c 是

$$\begin{aligned}x_m^c&=x_s^c+x_m^s\cos\phi_s^c-y_m^s\sin\phi_s^c\\ y_m^c&=y_s^c+x_m^s\sin\phi_s^c+y_m^s\cos\phi_s^c\end{aligned} \tag{9.16}$$

其中 x_s^c，y_s^c 是位置坐标，ϕ_s^c 是 S 相对于相机坐标系 C 的方位角。特征点 D，E 和 F 由(x_D^C, y_D^C)，(x_E^C, y_E^C)和(x_F^C, y_F^C)通过前向透视变换被映射在

图像平面(这里是一维的，即一条线)上：

$$f_{\mathrm{m}}=l_{\mathrm{f}}\frac{y_{\mathrm{m}}^{\mathrm{c}}}{x_{\mathrm{m}}^{\mathrm{c}}}(m=D, E, F) \tag{9.17}$$

其中 f_{m} 是($x_{\mathrm{m}}^{\mathrm{c}}$，$y_{\mathrm{m}}^{\mathrm{c}}$)的图像，$x$ 是“深度”变量(替换式(9.12)的深度变量 z)。因此，在我们的案例中，感官数据向量是[㊀]

$$\boldsymbol{f}=[f_{\mathrm{D}}, f_{\mathrm{E}}, f_{\mathrm{F}}, \psi]^{\mathrm{T}} \tag{9.18a}$$

目标坐标系 S 相对于相机坐标系 C 的完整位置和方向矢量是

$$\boldsymbol{x}_{\mathrm{s}}^{\mathrm{c}}=[x_{\mathrm{s}}^{\mathrm{c}}, y_{\mathrm{s}}^{\mathrm{c}}, \phi_{\mathrm{s}}^{\mathrm{c}}, \psi_{\mathrm{s}}^{\mathrm{c}}]^{\mathrm{T}} \tag{9.18b}$$

当 $m=D$，E，F 时，对式(9.17)进行微分，我们得到：

$$\begin{aligned}\dot{f}_{\mathrm{m}}&=l_{\mathrm{f}}\frac{\dot{y}_{\mathrm{m}}^{\mathrm{c}}}{x_{\mathrm{m}}^{\mathrm{c}}}-l_{\mathrm{f}}\frac{y_{\mathrm{m}}^{\mathrm{c}}}{(x_{\mathrm{m}}^{\mathrm{c}})^{2}}\dot{x}_{\mathrm{m}}^{\mathrm{c}}\\&=\left[-\frac{f_{\mathrm{m}}}{x_{\mathrm{m}}^{\mathrm{c}}}, \frac{l_{\mathrm{f}}}{x_{\mathrm{m}}^{\mathrm{c}}}, 0 \quad 0\right]\dot{\boldsymbol{x}}_{\mathrm{m}}^{\mathrm{c}}\end{aligned} \tag{9.19a}$$

其中

$$\dot{\boldsymbol{x}}_{\mathrm{m}}^{\mathrm{c}}=[\dot{x}_{\mathrm{m}}^{\mathrm{c}}, \dot{y}_{\mathrm{m}}^{\mathrm{c}}, \dot{\phi}_{\mathrm{m}}^{\mathrm{c}}, \dot{\psi}_{\mathrm{m}}^{\mathrm{c}}]^{\mathrm{T}}$$

现在，通过式(9.4c)，我们有

$$\dot{\boldsymbol{x}}_{\mathrm{m}}^{\mathrm{c}}=\begin{bmatrix}1 & 0 & -y_{\mathrm{m}}^{\mathrm{c}} & 0\\0 & 1 & x_{\mathrm{m}}^{\mathrm{c}} & 0\\0 & 0 & 1 & 0\\0 & 0 & 0 & 1\end{bmatrix}\dot{\boldsymbol{x}}_{\mathrm{s}}^{\mathrm{c}} \tag{9.19b}$$

其中使用了关系 $\dot{\phi}_{\mathrm{m}}^{\mathrm{c}}=\dot{\phi}_{\mathrm{s}}^{\mathrm{c}}$ 和 $\dot{\psi}_{\mathrm{m}}^{\mathrm{c}}=\dot{\psi}_{\mathrm{s}}^{\mathrm{c}}=\dot{\psi}$。因此通过式(9.18a)和式(9.18b)以及式(9.19a)和式(9.19b)，我们得到：

$$\dot{\boldsymbol{f}}=\boldsymbol{J}_{\mathrm{im}}^{\mathrm{c}}\dot{\boldsymbol{x}}_{\mathrm{s}}^{\mathrm{c}} \tag{9.20}$$

其中

$$\boldsymbol{J}_{\mathrm{im}}^{\mathrm{c}}=\begin{bmatrix}-f_{\mathrm{D}}/x_{\mathrm{D}}^{\mathrm{c}} & l_{\mathrm{f}}/x_{\mathrm{D}}^{\mathrm{c}} & (l_{\mathrm{f}}^{2}+f_{\mathrm{D}}^{2})/l_{\mathrm{f}} & 0\\-f_{\mathrm{E}}/x_{\mathrm{E}}^{\mathrm{c}} & l_{\mathrm{f}}/x_{\mathrm{E}}^{\mathrm{c}} & (l_{\mathrm{f}}^{2}+f_{\mathrm{E}}^{2})/l_{\mathrm{f}} & 0\\-f_{\mathrm{F}}/x_{\mathrm{F}}^{\mathrm{c}} & l_{\mathrm{f}}/x_{\mathrm{F}}^{\mathrm{c}} & (l_{\mathrm{f}}^{2}+f_{\mathrm{F}}^{2})/l_{\mathrm{f}} & 0\\0 & 0 & 0 & 1\end{bmatrix} \tag{9.21}$$

我们现在将找到状态向量速度之间的关系：

$$\dot{\boldsymbol{x}}=[\dot{x}_{\mathrm{Q}}, \dot{y}_{\mathrm{Q}}, \dot{\phi}, \dot{\psi}]^{\mathrm{T}} \tag{9.22a}$$

和目标坐标系 S 在相机坐标系 C 中的速度向量：

$$\dot{\boldsymbol{x}}_{\mathrm{s}}^{\mathrm{c}}=[\dot{x}_{\mathrm{s}}^{\mathrm{c}}, \dot{y}_{\mathrm{s}}^{\mathrm{c}}, \dot{\phi}_{\mathrm{s}}^{\mathrm{c}}, \dot{\psi}]^{\mathrm{T}} \tag{9.22b}$$

为此，我们首先从图 9.4 中写出 x_{Q}，y_{Q} 和 ϕ 的等式：

$$\begin{aligned}x_{\mathrm{Q}}&=-x_{\mathrm{s}}^{\mathrm{c}}\cos\phi_{\mathrm{s}}^{\mathrm{c}}-y_{\mathrm{s}}^{\mathrm{c}}\sin\phi_{\mathrm{s}}^{\mathrm{c}}\\&\quad -L_{1}\cos(\phi_{\mathrm{s}}^{\mathrm{c}}+\psi)-L_{2}\cos\phi_{\mathrm{s}}^{\mathrm{c}}+d\\y_{\mathrm{Q}}&=x_{\mathrm{s}}^{\mathrm{c}}\sin\phi_{\mathrm{s}}^{\mathrm{c}}-y_{\mathrm{s}}^{\mathrm{c}}\cos\phi_{\mathrm{s}}^{\mathrm{c}}+L_{1}\sin(\phi_{\mathrm{s}}^{\mathrm{c}}+\psi)+L_{2}\sin\phi_{\mathrm{s}}^{\mathrm{c}}\\\phi&=-(\phi_{\mathrm{s}}^{\mathrm{c}}+\psi)\end{aligned} \tag{9.23}$$

㊀ 假设摄像机角度偏差 ψ 由适当的传感器正确测量。

微分式(9.23)并使用 $\dot{\psi}=\omega_{\psi}$，我们得到关系：

$$\dot{\boldsymbol{x}}_{s}^{c}=\boldsymbol{J}_{0}(\phi, \psi, L_{1}, L_{2})\dot{\boldsymbol{x}} \tag{9.24a}$$

其中

$$\boldsymbol{J}_{0}=\begin{bmatrix} -\cos(\phi+\psi) & -\sin(\phi+\psi) & L_{1}\sin\psi & 0 \\ \sin(\phi+\psi) & -\cos(\phi+\psi) & -(L_{1}\cos\psi+L_{2}) & -L_{2} \\ 0 & 0 & -1 & -1 \\ 0 & 0 & 0 & 1 \end{bmatrix} \tag{9.24b}$$

联立式(9.20)和式(9.24a)，我们得到从状态向量速度 $\dot{\boldsymbol{x}}$ 到变化向量特征率 $\dot{\boldsymbol{f}}$ 的整体图像雅可比关系：

$$\dot{\boldsymbol{f}}=\boldsymbol{J}_{\mathrm{im}}\dot{\boldsymbol{x}} \tag{9.25a}$$

其中

$$\boldsymbol{J}_{\mathrm{im}}=\boldsymbol{J}_{\mathrm{im}}^{c}\boldsymbol{J}_{0} \tag{9.25b}$$

9.3 基于位置的视觉控制：一般问题

从图 9.3 可以看出，WMR 的局部坐标系 $Qx_{r}y_{r}$ 的原点 Q(参见图 2.7a)起到了固定机器人的末端执行器(法兰)坐标系原点的作用。因此，为了更加通用，我们将针对固定或移动机械手的末端执行器进行分析。

- 点到点定位——具有末端执行器坐标的机器人上的某些点 p_{e} 必须到达场景中可见的固定静止点 s。
- 基于位姿的运动控制——这里，末端执行器定位任务直接根据已知对象位姿确定，该已知对象位姿可以根据相对于对象位姿的驻点来定义。

定位任务由从配置(任务)空间 C_{s} 到旋量空间 R^{6} 的误差 $\boldsymbol{e}(t)$ 表示。当末端效应器位姿 $\boldsymbol{x}_{e}$ 满足 $\boldsymbol{e}(\boldsymbol{x}_{e})=\boldsymbol{0}$ 时，定位任务被视为完成。实际上，误差函数限制了机器人的一些自由度($d<6$)，其中 d 被称为约束度。误差函数可以被视为末端效应器和目标之间的虚拟运动约束。

9.3.1 点到点定位

考虑一个固定的相机。然后，世界坐标中的误差 $\boldsymbol{e}_{p}$ 由下式给出：

$$\boldsymbol{e}_{p}=\boldsymbol{x}_{e}(\boldsymbol{p}_{e})-\boldsymbol{s} \tag{9.26}$$

其中 $\boldsymbol{x}_{e}(\boldsymbol{p}_{e})$ 表示点 $\boldsymbol{p}_{e}$ 在世界坐标中的位置，也是实际上要控制的变量。我们假设校准相机相对于相机坐标系提供 $\boldsymbol{s}$ 的估计 $\hat{\boldsymbol{s}}_{c}$。然后，使用世界坐标中的相机位姿 $\hat{\boldsymbol{x}}_{c}$，我们有

$$\hat{\boldsymbol{s}}=\hat{\boldsymbol{x}}_{c}(\hat{\boldsymbol{s}}_{c}) \tag{9.27}$$

由式(9.26)和式(9.27)，如果不存在干扰，比例负反馈法则

$$\begin{aligned}\boldsymbol{u}&=-\boldsymbol{K}\boldsymbol{e}_{p}\\&=-\boldsymbol{K}[\boldsymbol{x}_{e}(\boldsymbol{p}_{e})-\hat{\boldsymbol{x}}_{c}(\hat{\boldsymbol{s}}_{c})]\end{aligned} \tag{9.28}$$

中，$\boldsymbol{K}$ 为正定增益矩阵，将平衡状态驱动到使 $\boldsymbol{e}_{\mathrm{p}}=\boldsymbol{0}$ 的值。在实践中，$\boldsymbol{x}_{\mathrm{e}}$ 也可能有误差。在这些情况下，式(9.28)中的 $\boldsymbol{x}_{\mathrm{e}}$ 必须用 $\boldsymbol{x}_{\mathrm{e}}$ 的估计值 $\hat{\boldsymbol{x}}_{\mathrm{e}}$ 替换，这可能导致定位错误。将摄像机安装在机器人上并校准到末端执行器的情形可以以相同的方式处理。

9.3.2　基于位姿的运动控制

在这里，我们按上述方式工作，根据对象位姿定义定位任务。我们使用相对于目标坐标系的末端执行器的期望的驻留位姿 $\boldsymbol{x}_{\mathrm{e,d}}$。如果 $\boldsymbol{e}_{\mathrm{pose}}$ 是实际末端效应器位姿 $\boldsymbol{x}_{\mathrm{e}}$ 的定位误差，则比例反馈控制器为

$$\begin{aligned}\boldsymbol{u}&=-\boldsymbol{K}\boldsymbol{e}_{\mathrm{pose}}\\&=-\boldsymbol{K}(\boldsymbol{x}_{\mathrm{e}}-\boldsymbol{x}_{\mathrm{e,d}}),\ \boldsymbol{K}>0\end{aligned} \tag{9.29}$$

且将误差 $\boldsymbol{e}_{\mathrm{pose}}$ 稳定为零。显然，上述控制律中的问题是估计用于参数化反馈的变量(即 $\boldsymbol{p}_{\mathrm{e}}$，$\boldsymbol{s}$)。这个问题将在稍后讨论。

9.4　基于图像的视觉控制：一般问题

9.4.1　逆雅可比矩阵的应用

雅可比公式(式(9.14))使用末端执行器的平移和角速度的旋量矢量 $\dot{\boldsymbol{r}}$ 提供在图像平面中感知的图像特征参数的变化率 $\dot{\boldsymbol{f}}$。但是视觉机器人控制应用需要反向，即从 $\dot{\boldsymbol{f}}$ 确定 $\dot{\boldsymbol{r}}$。这可以通过求解式(9.14)来完成，但其解并不总是唯一的。如果 $\boldsymbol{J}_{\mathrm{im}}(\boldsymbol{r})$ 是可逆的($k=m$)，则解是精确且唯一的，由下式给出：

$$\dot{\boldsymbol{r}}=\boldsymbol{J}_{\mathrm{im}}^{-1}(\boldsymbol{r})\dot{\boldsymbol{f}} \tag{9.30}$$

如果 $k\neq m$，则不存在逆雅可比矩阵。因此，我们使用式(2.8a)和式(2.8b)给出的(最小二乘)广义雅可比矩阵，即

$$\boldsymbol{J}_{\mathrm{im}}^{\dagger}=(\boldsymbol{J}_{\mathrm{im}}^{\mathrm{T}}\boldsymbol{J}_{\mathrm{im}})^{-1}\boldsymbol{J}_{\mathrm{im}}^{\mathrm{T}},\quad k>m \tag{9.31a}$$

$$\boldsymbol{J}_{\mathrm{im}}^{\dagger}=\boldsymbol{J}_{\mathrm{im}}^{\mathrm{T}}(\boldsymbol{J}_{\mathrm{im}}\boldsymbol{J}_{\mathrm{im}}^{\mathrm{T}})^{-1},\quad k<m \tag{9.31b}$$

如果有比任务自由度更多的特征参数，即 $k>m$，则代数系统(式(9.14))被超定。如果 $k<m$，则(式(9.14))欠定(即存在无法观察到的对象的某些分量，因为没有足够的特征来唯一地确定对象速度 $\dot{\boldsymbol{r}}$)。因此，适当的广义逆雅可比行列式由式(9.31b)给出。

如果我们使用向量 $\dot{\boldsymbol{r}}$ 作为控制向量 $\boldsymbol{u}$，那么在非奇异情况(式(9.30))中我们得到：

$$\boldsymbol{u}=\boldsymbol{J}_{\mathrm{im}}^{-1}(\boldsymbol{r})\dot{\boldsymbol{f}} \tag{9.32}$$

因此，将误差函数 $\boldsymbol{e}(\boldsymbol{f})$ 定义为

$$\boldsymbol{e}(\boldsymbol{f})=\boldsymbol{f}_{\mathrm{d}}-\boldsymbol{f} \tag{9.33}$$

其中 $\boldsymbol{f}_{\mathrm{d}}$ 是要达到的期望特征参数向量，一个简便的比例(解决率)控制律是

$$\boldsymbol{u}=\boldsymbol{J}_{\mathrm{im}}^{-1}(\boldsymbol{r})\boldsymbol{K}\boldsymbol{e}(\boldsymbol{f}) \tag{9.34}$$

其中 $\boldsymbol{K}$ 是适当维数(通常是对角线)的常数正定增益矩阵。该控制律保证 $\boldsymbol{e}(\boldsymbol{f})$ 的渐近收敛为零。为了验证这一点，我们选择了李雅普诺夫函数：

$$V(\boldsymbol{e}(\boldsymbol{f}))=\frac{1}{2}\boldsymbol{e}^{\mathrm{T}}(\boldsymbol{f})\boldsymbol{e}(\boldsymbol{f})>0 \tag{9.35}$$

V 的导数由下式给出：

$$\dot{V}(\boldsymbol{e}(\boldsymbol{f}))=\boldsymbol{e}^{\mathrm{T}}(\boldsymbol{f})\dot{\boldsymbol{e}}(\boldsymbol{f}) \tag{9.36}$$

使用式(9.32)～式(9.34)：

$$\begin{aligned}\dot{\boldsymbol{e}}&=-\dot{\boldsymbol{f}}=-\boldsymbol{J}_{\mathrm{im}}(\boldsymbol{r})\boldsymbol{u}\\&=-\boldsymbol{J}_{\mathrm{im}}(\boldsymbol{r})[\boldsymbol{J}_{\mathrm{im}}^{-1}(\boldsymbol{r})\boldsymbol{K}\boldsymbol{e}(\boldsymbol{f})]\\&=-\boldsymbol{K}\boldsymbol{e}(\boldsymbol{f})\end{aligned} \tag{9.37}$$

可得：

$$\dot{V}(\boldsymbol{e}(\boldsymbol{f}))=-\boldsymbol{e}^{\mathrm{T}}(\boldsymbol{f})\boldsymbol{K}\boldsymbol{e}(\boldsymbol{f})<0 \tag{9.38}$$

对 $\boldsymbol{K}$ 正定。这证明了 $\boldsymbol{e}(\boldsymbol{f})$ 的渐近稳定性。如果 $k\neq m$，我们使用控制律(式(9.34))，其中 $\boldsymbol{J}_{\mathrm{im}}^{-1}$ 被式(9.31a)或式(9.31b)代替，视情况而定。$\boldsymbol{e}_{\mathrm{p}}$(见式(9.28))或 e_{pose}(见式(9.29))的误差动力学的渐近稳定性可以使用适当的李雅普诺夫函数以相同的方式证明。

9.4.2　转置拓展雅可比矩阵的应用

图像视觉控制设计的另一种方法是使用拓展转置雅可比矩阵 $\boldsymbol{J}_0^{\mathrm{T}}$ 而不是逆图像雅可比矩阵 $\boldsymbol{J}_{\mathrm{im}}^{-1}$(或 $\boldsymbol{J}_{\mathrm{im}}^{\dagger}$)。该方法绕过了反转雅可比行列式的问题，但实际上，如果发生物理奇点，则该控制可能是错误的，尽管它不会在计算上出错。如果可以使用更大的增益，则该方法的准确性更好。

考虑机器人操纵器的拉格朗日动力学模型

$$\boldsymbol{D}(\boldsymbol{q})\ddot{\boldsymbol{q}}+\boldsymbol{C}(\boldsymbol{q},\dot{\boldsymbol{q}})\dot{\boldsymbol{q}}+\boldsymbol{g}(\boldsymbol{q})=\tau \tag{9.39}$$

和扩展的雅可比 $\boldsymbol{J}_0(\boldsymbol{q})$ 将图像特征参数矢量 $\boldsymbol{f}$ 的变化率 $\dot{\boldsymbol{f}}$ 与关节变速度矢量 $\dot{\boldsymbol{q}}$ 相关联，即

$$\dot{\boldsymbol{f}}=\boldsymbol{J}_0(\boldsymbol{q})\dot{\boldsymbol{q}} \tag{9.40}$$

假设控制法具有以下形式：

$$\tau=\boldsymbol{J}_0^{\mathrm{T}}(\boldsymbol{q})\boldsymbol{K}_{\mathrm{p}}\boldsymbol{e}(\boldsymbol{f})-\boldsymbol{K}_v\dot{\boldsymbol{q}}+\boldsymbol{g}(\boldsymbol{q}) \tag{9.41}$$

其中 $\boldsymbol{e}(\boldsymbol{f})=\boldsymbol{f}_{\mathrm{d}}-\boldsymbol{f}$，$\boldsymbol{K}_{\mathrm{p}}$，$\boldsymbol{K}_{\mathrm{v}}$ 是对称正定增益矩阵。

利用上述机器人模型中的控制律(式(9.41))，我们得到了自治闭环系统($\dot{\boldsymbol{q}}=\mathbf{0}$ 是一个平衡点)：

$$\boldsymbol{D}(\boldsymbol{q})\ddot{\boldsymbol{q}}+\boldsymbol{C}(\boldsymbol{q},\dot{\boldsymbol{q}})\dot{\boldsymbol{q}}=\boldsymbol{J}_0^{\mathrm{T}}(\boldsymbol{q})\boldsymbol{K}_{\mathrm{p}}\boldsymbol{e}(\boldsymbol{f})-\boldsymbol{K}_v\dot{\boldsymbol{q}}$$

这确保了基于图像的视觉机器人控制目标

$$\lim_{t\to\infty}\boldsymbol{e}(\boldsymbol{f})=\mathbf{0}$$

已完成。

这可以通过使用李雅普诺夫函数来建立：

$$V(\boldsymbol{q},\dot{\boldsymbol{q}})=\frac{1}{2}\dot{\boldsymbol{q}}^{\mathrm{T}}\boldsymbol{D}(\boldsymbol{q})\dot{\boldsymbol{q}}+\frac{1}{2}\boldsymbol{e}^{\mathrm{T}}(\boldsymbol{f})\boldsymbol{K}_{\mathrm{p}}\boldsymbol{e}(\boldsymbol{f})$$

V 沿闭环系统轨迹的时间导数为

$$\dot{V}(\boldsymbol{q},\dot{\boldsymbol{q}})=-\dot{\boldsymbol{q}}^{\mathrm{T}}\boldsymbol{K}_v\dot{\boldsymbol{q}},\quad \boldsymbol{K}_v>0 \tag{9.42}$$

其中使用了属性$\dot{\boldsymbol{f}}=\boldsymbol{J}_0(\boldsymbol{q})\dot{\boldsymbol{q}}$ 以及偏斜对称性：

$$\dot{\boldsymbol{q}}^{\mathrm{T}}\left[\frac{1}{2}\dot{\boldsymbol{D}}(\boldsymbol{q})-\boldsymbol{C}(\boldsymbol{q},\dot{\boldsymbol{q}})\right]\dot{\boldsymbol{q}}=0$$

可见在式(9.42)中$\dot{V}(\boldsymbol{q},\ \dot{\boldsymbol{q}})$为负，这通常证明误差$\boldsymbol{e}(\boldsymbol{f})$渐近趋于零。

9.4.3　图像雅可比矩阵的估计

基于位置的控制的主要优点是可以根据笛卡儿位姿描述所需的任务，因为它是机器人技术中的常见做法。其主要缺点是使用作为系统校准参数的函数的量的估计值来闭合反馈。因此，在许多情况下，控制器对校准误差非常敏感[11-12]。基于位姿的方法提供了基于视觉控制的通用方法，但由于其需要求解朝向问题，它们通常需要更多的计算。然而，基于卡尔曼滤波器的估计方法通过使用微处理器和现场可编程逻辑门阵列技术提供了一种良好而快速的解决方案[13-16]。

在基于图像的视觉控制中，关键问题是获得图像雅可比矩阵的准确估计，尽管各个参数都可能存在很大的不确定性，如焦距l_{f}(固有摄像机参数)、手眼/车辆眼睛校准(外部摄像机参数)，点特征的深度z等。

$\boldsymbol{J}_{\mathrm{im}}$的估计可以分为两部分：机器人雅可比部分$\boldsymbol{J}_0(\boldsymbol{p})$的估计(见式(9.4a))和视觉交互矩阵部分$\boldsymbol{J}_{\mathrm{c}}(x_{\mathrm{im}},\ y_{\mathrm{im}},\ l_{\mathrm{f}},\ z)$的估计(见式(9.13b))。在闭环中，特征的误差动态变为(见式(9.37))

$$\dot{\boldsymbol{e}}(\boldsymbol{f})=-\boldsymbol{J}_{\mathrm{im}}(\boldsymbol{r})\hat{\boldsymbol{J}}_{\mathrm{im}}^{\dagger}(\boldsymbol{r})\boldsymbol{K}\boldsymbol{e}(\boldsymbol{f})$$

其中$\hat{\boldsymbol{J}}_{\mathrm{im}}(\boldsymbol{r})$是$\boldsymbol{J}_{\mathrm{im}}(\boldsymbol{r})$的估计值。在理想情况下，我们有$\boldsymbol{J}_{\mathrm{im}}\boldsymbol{J}_{\mathrm{im}}^{\dagger}=\boldsymbol{I}$，并且实际上(由于估计误差)我们有$\boldsymbol{J}_{\mathrm{im}}\hat{\boldsymbol{J}}_{\mathrm{im}}^{\dagger}\neq\boldsymbol{I}$。显然，局部收敛的充分条件是

$$\boldsymbol{J}_{\mathrm{im}}\hat{\boldsymbol{J}}_{\mathrm{im}}^{\dagger}>0$$

现在，让我们思考估算每个考虑点特征的深度z的问题。这可以使用类型的动态状态估计器来解决：

$$\dot{\hat{\boldsymbol{x}}}=\boldsymbol{F}(\hat{\boldsymbol{x}},\ \boldsymbol{f})\boldsymbol{u}+\boldsymbol{g}(\hat{\boldsymbol{x}},\ \boldsymbol{f},\ \boldsymbol{u})$$

其中真实状态是：

$$\boldsymbol{x}=[x_{\mathrm{im}},\ y_{\mathrm{im}},\ 1/z]^{\mathrm{T}}$$

而估计状态是

$$\hat{\boldsymbol{x}}=[\hat{x}_{\mathrm{im}},\hat{y}_{\mathrm{im}},\ 1/\hat{z}]^{\mathrm{T}}$$

测量的输出为

$$\boldsymbol{f}=[x_{\mathrm{im}},\ y_{\mathrm{im}}]^{\mathrm{T}}$$

在以下情况时，此估算器确保$t\rightarrow\infty$时$\|\boldsymbol{x}(t)-\hat{\boldsymbol{x}}\|\rightarrow 0$：

- 相机的线速度不等于零；
- 线速度与所考虑的点特征的投影光线不对齐；
- 存在持续的激发条件(即系统的状态是可观察到的)。

图 9.5a 显示了非线性动态状态估计器(例如，扩展卡尔曼滤波器)[⊖]的结构，图 9.5b 显示了该估计器如何集成到基于图像的可视机器人控制系统[15-16]中。

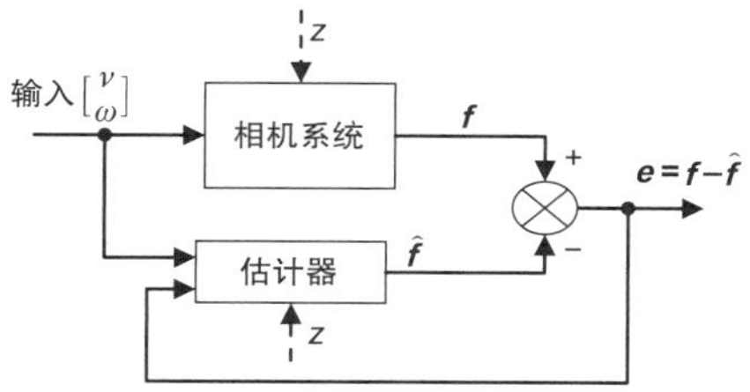

a）深度估计器的框架图

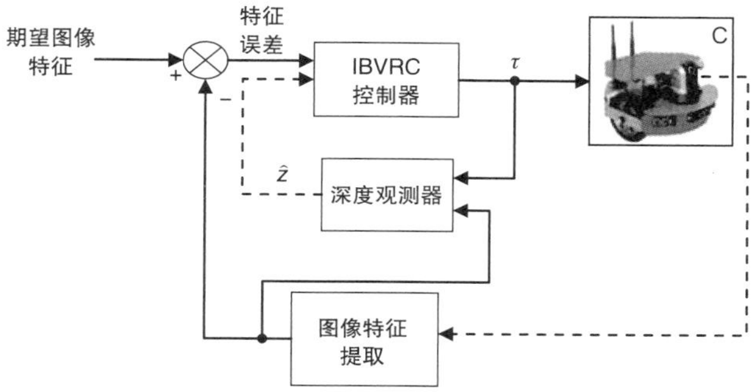

b）估计器到基于图像的VRC的集成

图 9.5 深度 z 的估计

在这里，我们讨论一下雅可比矩阵 $\boldsymbol{J}_{\mathrm{im}}$ 的一个重要性质以及它如何被利用。式(9.14)可以写成：

$$\dot{f}=\boldsymbol{J}_{\mathrm{im},v}(x_{\mathrm{im}},\ y_{\mathrm{im}},\ z)\boldsymbol{v}+\boldsymbol{J}_{\mathrm{im},\omega}(x_{\mathrm{im}},\ y_{\mathrm{im}},\ l_{\mathrm{f}})\boldsymbol{\omega}$$

其中 $\boldsymbol{J}_{\mathrm{im},v}$ 包含 $\boldsymbol{J}_{\mathrm{im}}$ 的前三列并且依赖于图像坐标(x_{im}，y_{im})和深度 z，而 $\boldsymbol{J}_{\mathrm{im},\omega}$ 包含最后三列，它们只是(x_{im}，y_{im})的函数并且不依赖于深度 z。这意味着 z 中的误差仅仅导致矩阵 $\boldsymbol{J}_{\mathrm{im},v}$ 的缩放，可以通过相当简单的控制程序轻松补偿。上述属性构成了所谓的分区估计和控制方法的核心。

相机速度 $[\boldsymbol{v}^{\mathrm{T}},\ \boldsymbol{\omega}^{\mathrm{T}}]^{\mathrm{T}}$ 具有六个自由度，但在图像中仅观察到两个值(x_{im} 和 y_{im})。这意味着矩阵 $\boldsymbol{J}_{\mathrm{im}}\in R^{2\times 6}$ 具有维度为 4 的零空间，即等式

$$\boldsymbol{J}_{\mathrm{im}}(x_{\mathrm{im}},\ y_{\mathrm{im}},\ l_{\mathrm{f}},\ z)\boldsymbol{\alpha}=\mathbf{0}$$

具有位于 4D 子空间 R^4 上的解向量 $\boldsymbol{\alpha}$。实际上，可以验证式(9.15)中 $\boldsymbol{J}_{\mathrm{im}}$ 的零空间由以下四个向量覆盖：

$$\boldsymbol{\xi}_1=[x_{\mathrm{im}},\ y_{\mathrm{im}},\ l_{\mathrm{f}},\ 0,\ 0,\ 0]^{\mathrm{T}}$$

$$\boldsymbol{\xi}_2=[0,\ 0,\ 0,\ x_{\mathrm{im}},\ y_{\mathrm{im}},\ l_{\mathrm{f}}]^{\mathrm{T}}$$

$$\boldsymbol{\xi}_3=[x_{\mathrm{im}}y_{\mathrm{im}}z,\ -(x_{\mathrm{im}}^2+l_{\mathrm{f}}^2)z,\ l_{\mathrm{f}}y_{\mathrm{im}}z,\ -l_{\mathrm{f}}^2,\ 0,\ l_{\mathrm{f}}x_{\mathrm{im}}]^{\mathrm{T}}$$

$$\boldsymbol{\xi}_4=[l_{\mathrm{f}}(x_{\mathrm{im}}^2+y_{\mathrm{im}}^2+l_{\mathrm{f}}^2)z,\ 0,\ -x_{\mathrm{im}}(x_{\mathrm{im}}^2+y_{\mathrm{im}}^2+l_{\mathrm{f}}^2)z,\ l_{\mathrm{f}}x_{\mathrm{im}}y_{\mathrm{im}},\ -(x_{\mathrm{im}}^2+l_{\mathrm{f}}^2)z,\ l_{\mathrm{f}}^2x_{\mathrm{im}}]^{\mathrm{T}}$$

第一矢量对应于相机坐标系沿包含点 $\boldsymbol{p}=[x,\ y,\ z]^{\mathrm{T}}$ 的投影光线的运动，第二矢量对应于相机坐标系围绕包含 $\boldsymbol{p}$ 的投影光线的旋转。

9.5 移动机器人视觉控制

基于视觉的方法已被应用于解决若干基于位姿和基于图像的机器人控制问题。这些方法的基本工具是机器人和图像雅可比矩阵。我们已经知道非完整 WMR 的控制更具挑战

⊖ 12.2.3 节讨论了卡尔曼滤波器，12.8.2 节讨论了扩展卡尔曼滤波器。

性，因为连续控制器不能以指数方式将它们稳定到理想的位姿[17-21]。在第 5～8 章中，我们提出了几种处理位姿控制问题的方法。

在本章中，我们将处理几个特定的问题，包括位姿稳定、路径跟踪、墙壁跟踪、目标车辆跟随，以及在摄像机的视野中保持一个地标。

9.5.1 位姿稳定控制

移动机器人的一般基于位姿的视觉控制回路如图 9.1 所示。控制器包括两部分：

- 标准(非基于视觉的)控制器。
- 基于由一个或多个相机提供的图像特征测量的位姿估计器。

在这里，我们将这个方案应用于图 9.4 所示的单轮车型 WMR。我们使用来自车载摄像机和能测量 ψ 的传感器(例如，编码器)的测量值来将其渐近稳定到零位姿：

$$\boldsymbol{x}=[x_Q,\ y_Q,\ \phi,\ \psi]^{\mathrm{T}} \tag{9.43}$$

单轮式 WMR 的运动性能

$$\dot{x}_Q=v\cos\phi,\quad \dot{y}_Q=v\sin\phi,\quad \dot{\phi}=\omega \tag{9.44}$$

由式(6.1)的等价仿射模型描述，如链模型、Brockett 积分器模型。

例如，我们将使用链模型

$$\begin{aligned}\dot{z}_1&=u_1\\ \dot{z}_2&=u_2\\ \dot{z}_3&=z_2u_1\\ u_1&=\omega\\ u_2&=v-z_3u_1\end{aligned} \tag{9.45}$$

该链模型通过对式(2.62)进行变量转换得到：

$$\boldsymbol{z}'=\boldsymbol{F}(\boldsymbol{x}'),\quad \boldsymbol{z}'=[z_1,\ z_2,\ z_3],\quad \boldsymbol{x}'=[x_Q,\ y_Q,\ \phi]^{\mathrm{T}}$$

$$z_1=\phi,\quad z_2=x_Q\cos\phi+y_Q\sin\phi,\quad z_3=x_Q\sin\phi-y_Q\cos\phi \tag{9.46a}$$

其逆为

$$\boldsymbol{x}'=\boldsymbol{F}^{-1}(\boldsymbol{z}'),\quad v=u_2+z_3u_1,\quad \omega=u_1 \tag{9.46b}$$

$$x_Q=z_2\cos z_1+z_3\sin z_1,\quad y_Q=z_2\sin z_1-z_3\cos z_1,\quad \phi=z_1$$

对于这个模型，我们使用不变流形方法导出了稳定控制器(结合式(6.81a))：

$$\boldsymbol{u}=\begin{bmatrix}u_1\\ u_2\end{bmatrix}=\boldsymbol{u}(\boldsymbol{z}',\ t) \tag{9.47}$$

为确保三点标记(见图 9.4)一直保持在摄像机的视野内，在移动机器人的移动过程中，误差 z_4：

$$\begin{aligned}z_4(\boldsymbol{x})&=\psi-\theta(x_Q,\ y_Q,\ \phi)\\ \theta&=\arctan\left(\frac{y_Q+L_1\sin\phi}{x_Q+L_1\cos\phi-d}\right)-\phi\end{aligned} \tag{9.48a}$$

必须稳定到零[9]。z_4 的时间演变由以下关系描述：

$$\dot{z}_4=\omega_\psi-\left(\frac{\partial\theta}{\partial \boldsymbol{x}'}\right)\left(\frac{\partial \boldsymbol{F}^{-1}}{\partial \boldsymbol{z}'}\right)\dot{\boldsymbol{z}}'$$
$$=\omega_\psi-\left(\frac{\partial\theta}{\partial \boldsymbol{x}'}\right)\left(\frac{\partial \boldsymbol{F}^{-1}}{\partial \boldsymbol{z}'}\right)\begin{bmatrix}1 & 0\\ 0 & 1\\ z_2 & 0\end{bmatrix}\begin{bmatrix}u_1\\ u_2\end{bmatrix} \tag{9.48b}$$

其中函数 $\boldsymbol{x}'=\boldsymbol{F}^{-1}(\boldsymbol{z}')$ 由式(9.46b)定义。

对照链式模型(式(9.45))的反馈稳定控制器 $\boldsymbol{u}(\boldsymbol{z}')=[u_1, u_2]^{\mathrm{T}}$，可得单轮控制器 $[v, \omega]^{\mathrm{T}}$ 如下：

$$v(\boldsymbol{x}')=u_2+z_3u_1=v(\boldsymbol{F}(\boldsymbol{x}'), t) \tag{9.49a}$$

$$\omega(\boldsymbol{x}')=\omega(\boldsymbol{F}(\boldsymbol{x}'), t) \tag{9.49b}$$

现在，为了确保 $z_4(t)$ 渐近趋于零，我们必须在式(9.48b)中选择控制信号 $\omega_\psi=\dot{\psi}$，使得：

$$\dot{z}_4=-k_4z_4, \quad k_4>0$$

因此，我们选择 ω_ψ 为

$$\omega_\psi(\boldsymbol{x})=-k_4z_4(\boldsymbol{x})+\boldsymbol{G}(\boldsymbol{x}')\boldsymbol{u}(\boldsymbol{F}(\boldsymbol{x}'), t) \tag{9.50a}$$

其中

$$\boldsymbol{G}(\boldsymbol{x}')=\left(\frac{\partial\theta}{\partial \boldsymbol{x}'}\right)\left(\frac{\partial \boldsymbol{F}^{-1}}{\partial \boldsymbol{z}'}\right)\begin{bmatrix}1 & 0\\ 0 & 1\\ z_2 & 0\end{bmatrix}, \quad \boldsymbol{x}=\begin{bmatrix}\boldsymbol{x}'\\ \psi\end{bmatrix} \tag{9.50b}$$

WMR 的整体状态反馈稳定控制器 $\boldsymbol{U}(\boldsymbol{x})$ 是

$$\boldsymbol{U}(\boldsymbol{x})=\begin{bmatrix}v(\boldsymbol{x}')\\ \omega(\boldsymbol{x}')\\ \omega_\psi(\boldsymbol{x})\end{bmatrix} \tag{9.51}$$

其中 $v(\boldsymbol{x}')$，$\omega(\boldsymbol{x}')$ 和 $\omega_\psi(\boldsymbol{x})$ 由式(9.49a)、式(9.49b)、式(9.50a)和式(9.50b)给出。假设状态向量(位姿)$\boldsymbol{x}=[x_Q, y_Q, \phi, \psi]^{\mathrm{T}}$ 是已知的，就完成了控制器的基于非视觉部分的设计。

可以使用相机测量的特征点 D，E 和 F（参见图 9.4），通过图像雅可比关系(式(9.25a)和式(9.25b))来构建 $\boldsymbol{x}$ 的估计。假设初始位姿足够接近所需位姿 $\boldsymbol{x}_{\mathrm{d}}=\boldsymbol{0}$，则由图像雅可比关系(式(9.25a)和式(9.25b))有

$$\Delta\boldsymbol{f}=\boldsymbol{J}_{\mathrm{im}}(\boldsymbol{x}_{\mathrm{d}})\Delta\boldsymbol{x}, \quad \boldsymbol{J}_{\mathrm{im}}=\boldsymbol{J}_{\mathrm{im}}^{\mathrm{c}}\boldsymbol{J}_0 \tag{9.52a}$$

其中

$$\Delta\boldsymbol{f}=\boldsymbol{f}-\boldsymbol{f}_{\mathrm{d}}, \quad \Delta\boldsymbol{x}=\boldsymbol{x}-\boldsymbol{x}_{\mathrm{d}}=\boldsymbol{x} \tag{9.52b}$$

而 $\boldsymbol{f}_{\mathrm{d}}$ 是处于所需位姿时的相机数据。通过式(9.52a)和式(9.52b)我们得到 $\boldsymbol{x}$ 的基于视觉的估计 $\hat{\boldsymbol{x}}$：

$$\hat{\boldsymbol{x}}=\boldsymbol{J}_{\mathrm{im}}^{-1}(\boldsymbol{x}_{\mathrm{d}})(\boldsymbol{f}-\boldsymbol{f}_{\mathrm{d}}) \tag{9.53}$$

如果将其导入式(9.51)，就能得出基于位姿的整体视觉控制器：

$$\boldsymbol{U}(\hat{\boldsymbol{x}})=[v(\hat{\boldsymbol{x}}), \omega(\hat{\boldsymbol{x}}), \omega_\psi(\hat{\boldsymbol{x}})]^{\mathrm{T}} \tag{9.54}$$

基于视觉的闭环位姿控制系统的框图如图 9.6 所示。

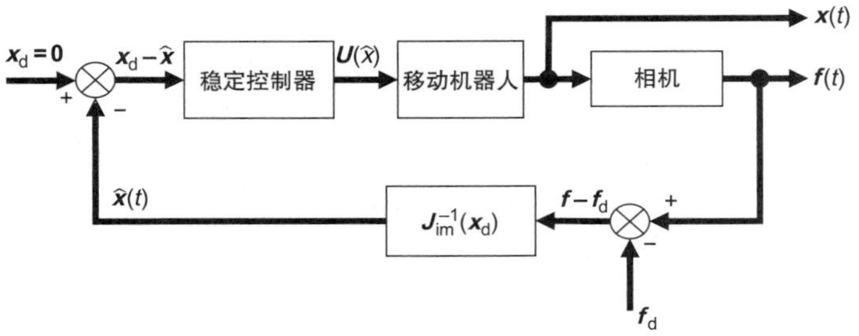

图 9.6　基于位姿的视觉控制系统的一般结构

这些步骤可以应用于其他类型的稳定控制器，也可以应用于式(2.66)和式(2.69)描述的类似汽车的 WMR 与其控制器(式(6.101))。

9.5.2　墙壁跟踪控制

墙壁跟踪实际上是路径跟随的特定情况。考虑一种类似汽车的 WMR，它使用全向摄像头作为传感器，不使用里程计。如 4.5.8 节所述，全向摄像机提供 360°视野，并且存在来自图像平面或任何其他所需平面的适当几何映射[17,22-25]。

根据路径变量计算所得的机器人的运动学模型(见图 9.7)为

$$\begin{aligned}\dot{s}&=v_1\cos\phi_p\\ \dot{d}&=v_1\sin\phi_p\\ \dot{\phi}_p&=v_1(\tan\psi)/D\\ \dot{\psi}&=v_2\end{aligned}\qquad(9.55)$$

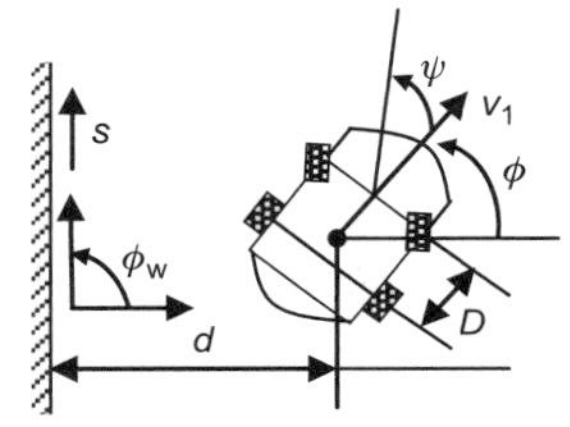

图 9.7　WMR 墙跟随($\phi_w=\pi/2$，$\phi_p=\pi/2-\phi$)

其中 $\phi_p=\phi_w-\phi$，$\phi_w=\pi/2$。机器人将以分段恒定速度 $v_1(t)$ 跟随墙壁。

系统的输出 $z(t)$ 及其导数是 $z(t)=d(t)$ 和 $\dot{z}(t)=\dot{d}(t)$。

然后：

$$\ddot{d}=v_1(\cos\phi_p)\dot{\phi}_p=(v_1^2/D)(\cos\phi_p)\tan\psi=u\qquad(9.56)$$

如果到墙的所需距离是 d_0(常数)，那么 u 的反馈控制律是

$$u=\ddot{d}_0+K_v(\dot{d}_0-\dot{d})+K_p(d_0-d),\quad K_p>0,\quad K_v>0\qquad(9.57)$$

从中我们获得反馈转向角控制律：

$$\psi=\arctan\left[\frac{D}{v_1^2\cos\phi_p}\{K_p(d_0-d)-K_v v_1\sin\phi_p\}\right]\qquad(9.58)$$

该控制律要求测量角度 $\phi_p=\frac{\pi}{2}-\phi$、距离 d 和线速度 $v_1=\dot{d}/\sin\phi_p$。前两个变量可以通过“墙壁检测”和“障碍物检测”来测量，这通过处理图像数据来实现。例如，可以将 Sobel 梯度㊀应用于全方向图像的原始图像，将图像中的结果边缘视为所需的特征。然后，

㊀ Sobel 梯度法通过查找图像的一阶导数中的最大值和最小值来检测边缘。边缘具有斜坡状的一维形状，计算图像的导数可以突出其位置(参见第 4 章的参考文献[7-9])。

假设地面是平面的，可以根据镜子的相对仰角确定到目标扇区中最近特征的距离。这给出了坐标系率[14,17]的所有障碍物的范围图。

速度 v_1 可以通过在数值微分范围测量所提供的相应距离来估计(参见 9.5.3 节)。可以使用扩展卡尔曼滤波器构建更好的速度估计器，在 12.8.2 节有相关介绍。

9.5.3　引导-跟随系统的控制

考虑一个 WMR，它跟随引导者移动机器人以未知速度在任意轨迹中移动(见图 9.8a)。问题是 WMR(称为跟随者)在保持所需距离 l_d 时仍指向引导车辆(即 $\phi_d=0$)[18]。实际上，引导者-跟随者问题是编队控制的特例，编队控制需要处理一个车队的机器人[26]。

机器人在机器人中心有一个固定安装的摄像头，其朝向向前，用于捕捉安装在引导者 WMR 上的图案，此处的图案是边长为 L 的正方形四个角上的标记点(见图 9.8b)。图案上图案标记的位置是 (x_i, y_i)，$i=A, B, C, D$(以像素为单位)，并且属于图像特征。从这些由相机测量的特征，我们可以计算出相机坐标系 $O_c(C, x_c, z_c)$ 中的引导(目标)车辆的位姿：

$$\boldsymbol{x}_0=[x_0, y_0, \phi_0]$$

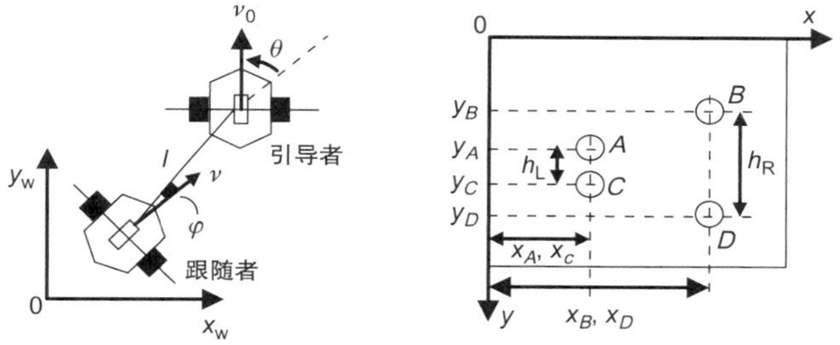

a) 引导者和跟随者位置　　b) 图案标记的图像

图 9.8　引导者-跟随者系统控制示例

参见图 9.9[18]，其中显示了视觉系统的水平投影，可得 $\boldsymbol{x}_0$ 的分量为

$$x_0=\frac{x_R+x_L}{2},\quad z_0=\frac{z_R+z_L}{2},\quad \cos\varphi_0=\frac{x_R-x_L}{L}\tag{9.59}$$

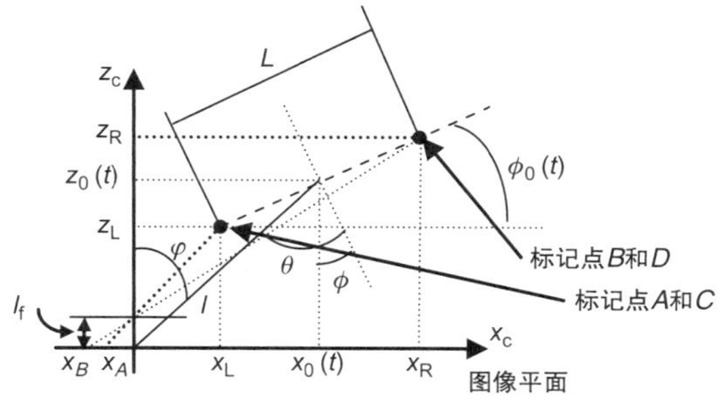

图 9.9　视觉系统的水平投影(图像)平面(领导车辆的位置)

我们使用反向透视成像投影并获得以下内容(见图 4.10a)：

$$x_{\mathrm{L}}=\left(\frac{z_{\mathrm{L}}-l_{\mathrm{f}}}{l_{\mathrm{f}}}\right)x_A,\quad x_{\mathrm{R}}=\left(\frac{z_{\mathrm{R}}-l_{\mathrm{f}}}{l_{\mathrm{f}}}\right)x_B$$

$$z_{\mathrm{L}}=l_{\mathrm{f}}\left(1+\frac{L}{h_{\mathrm{L}}}\right),\quad z_{\mathrm{R}}=l_{\mathrm{f}}\left(1+\frac{L}{h_{\mathrm{R}}}\right) \tag{9.60}$$

其中 $x_A=x_C$，$x_B=x_D$，h_{L} 和 h_{R} 如图 9.8b 所示。通过式(9.59)和式(9.60)，我们得到跟随者 WMR 相对于引导者 WMR 的相对位姿：

$$\tan\phi=\frac{z_{\mathrm{R}}-z_{\mathrm{L}}}{x_{\mathrm{R}}-x_{\mathrm{L}}},\quad \tan\varphi=\frac{x_0}{z_0} \tag{9.61}$$

$$\theta=\phi+\varphi,\quad l=\sqrt{x_0^2+z_0^2}$$

控制目标是使用 v 和 ω 的反馈控制律实现在 $t\to\infty$ 时，使 $l\to l_{\mathrm{d}}$ 且 $\varphi\to\varphi_{\mathrm{d}}$。

为此，我们推导出误差的动力学方程：

$$e_1=l_{\mathrm{d}}-l,\quad e_\varphi=\varphi_{\mathrm{d}}-\varphi \tag{9.62}$$

在连接引导者和跟随者的线上投射它们的速度(分别为 v_0 和 v)，我们得到 $\dot{e}_1$ 的动力学方程：

$$\dot{e}_1=-v_0\cos\theta+v\cos e_\varphi \tag{9.63a}$$

同样，考虑到角度误差速度 $\dot{e}_\varphi$ 有三个分量，即跟随器 WMR 的角速度 ω 以及两个 WMR 的旋转效应(相互作用)，我们得到：

$$\dot{e}_\varphi=\omega+(v_0/l)\sqrt{1-\cos^2\theta}+(v/l)\sqrt{1-\cos^2 e_\varphi} \tag{9.63b}$$

为了将 e_1 和 e_φ 渐近地稳定为零，我们必须在式(9.63a)和式(9.63b)中选择 v 和 ω，使得闭环方程为

$$\dot{e}_1=-K_1e_1,\quad \dot{e}_\varphi=-K_\varphi e_\varphi,\quad K_1>0,\quad K_\varphi>0 \tag{9.64}$$

从式(9.63a)、式(9.63b)和式(9.64)得到控制律：

$$\begin{aligned}v(t)&=(1/\cos e_\varphi)(-K_1e_1+v_0\cos\theta)\\ \omega(t)&=-K_\varphi e_\varphi-(1/l)(v_0\operatorname{sen}\theta+v\operatorname{sen}e_\varphi)\end{aligned} \tag{9.65}$$

其中 $\sin a=\sqrt{1-\cos^2 a}$。

选择李雅普诺夫函数 $V=(1/2)(e_1^2+e_\varphi^2)$，我们得到 $\dot{V}=e_1\dot{e}_1+e_\varphi\dot{e}_\varphi=-(K_1e_1^2+K_\varphi e_\varphi^2)<0$，其确保了 e_1 和 e_φ 渐近稳定为零。

从式(9.65)可知控制器需要知道 v_0，即引导机器人的线速度。这可以从相机视觉数据估计。一种简单的估算方法是将 $\dot{e}$ 近似为 $\dot{e}_{\mathrm{d}}\simeq(l_k-l_{k-1})/T$ 其中 $l_k=l(kT)$，$k=1,2,3,\cdots$，T 是一个合适的采样周期。然后，对式(9.63a)中 v_0 求解，得出：

$$\hat{v}_0=(1/\cos\theta)[v\cos e_\varphi-(l_k-l_{k-1})/T] \tag{9.66}$$

它使用视距范围数据来得到距离 l。

值得注意的是，为了成功控制，跟随机器人应该具有较弱的曲率约束，即

$$\kappa_{\text{follower}}\geqslant\kappa_{\text{leader}}$$

其中 $\kappa=1/R=\omega/v$(R 为机器人的瞬时曲率半径)。

9.6 视野中的路标保持

我们的目标是开发一种控制律，使单轮式 WMR 能够在分段平滑的轨迹上移动，同时保持一个地标一直存在于摄像机的视野中[27]。点地标位于原点，摄像机光学中心位于机器人本地坐标系原点的上方，摄像机光轴平行于机器人轴 x_r。

机器人的运动学模型是

$$\dot{x}=v\cos\phi,\quad \dot{y}=v\sin\phi,\quad \dot{\phi}=\omega \tag{9.67}$$

机器人必须朝向地标，以保持地标位于摄像机视野内的原点。这在以下条件下成立（见图 9.10）[27]：

$$\phi+\psi=\pi+\arctan(y/x)=\pi+\theta \tag{9.68}$$

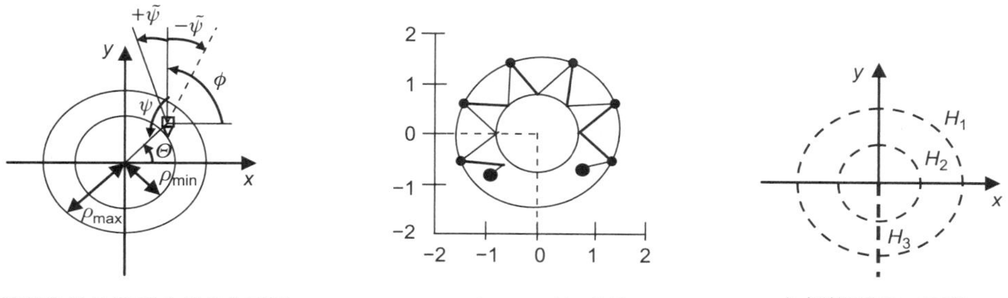

a）带摄像机的机器人的几何形状　b）$\psi=\pi/6$的S曲线　c）切换面H_1，H_2和H_3

图 9.10　视野中的路标保持示例

从机器人平台 x_r 轴测量得到的摄像机的视场范围为 $-\tilde{\psi}$ 到 $+\tilde{\psi}$。如果 $-\tilde{\psi}<\psi<\tilde{\psi}$，则在图像中可见地标。

控制器的两个步骤如下[27]：

1）机器人旋转，直到原点上的点地标图像位于图像边缘（即 $\psi=\pm\tilde{\psi}$）。

2）机器人向前或向后运动，同时保持图像点在图像的边缘。

这会导致一条弯曲的路径，称为 T 曲线，其描述如下：

$$\rho=\rho_0\exp\{(\theta_0-\theta)/\tan\psi\} \tag{9.69}$$

其中$(\rho_0,\ \theta_0)$是 T 曲线通过的点。我们有两个 T 曲线，一个在 $\psi=-\tilde{\psi}$，另一个在 $\psi=\tilde{\psi}$。通过在这两条 T 曲线之间交替，遵守约束 $\rho_{min}<\rho<\rho_{max}$，机器人可以在以地标为中心的环 A 内移动。这组 T 曲线称为 S 曲线。S 曲线允许机器人在将地标保持在视野中的同时在环中的任何两个点之间移动。这可以使用仿射系统的可达性和可控性概念来显示。如例 6.5 所示，使用李括号，独轮车系统从任何地方都是局部可达并可控制的。这是使用两个标准的独轮车场完成的：

$$\boldsymbol{g}_1^0=[\cos\phi,\ \sin\phi,\ 0]^T,\quad \boldsymbol{g}_2=[0,\ 0,\ 1]^T$$

新的问题是当机器人运动被限制在两条可用的 T 曲线上时，上述结论是否还成立，并找到一个合适的相关的稳定控制器。参见图 9.10a，机器人的极坐标运动模型是

$$\begin{bmatrix}\dot{\rho}\\\dot{\theta}\\\dot{\phi}\end{bmatrix}=\begin{bmatrix}\cos(\theta-\phi)\\(1/\rho)\sin(\theta-\phi)\\0\end{bmatrix}v+\begin{bmatrix}0\\0\\1\end{bmatrix}\omega=\boldsymbol{g}_1^1 v+\boldsymbol{g}_2\omega$$

现在，使用约束 $\phi+\psi=\pi+\theta$（确保机器人指向地标）和 $\psi=\pm\widetilde{\psi}$（在图像的边缘），我们得到 $\cos(\theta-\phi)=-\cos(\psi)$，$\sin(\theta-\phi)=\sin(\psi)$，$\dot{\phi}=\dot{\theta}$，因此上述极坐标模型分为两个模型，一个在 $\psi=-\widetilde{\psi}$ 时有效，另一个在 $\psi=\widetilde{\psi}$ 时有效：

$$\begin{bmatrix}\dot{\rho}\\\dot{\theta}\\\dot{\theta}\end{bmatrix}=\begin{bmatrix}-\cos(\widetilde{\psi})\\(1/\rho)\sin(\widetilde{\psi})\\(1/\rho)\sin(\widetilde{\psi})\end{bmatrix}v+\begin{bmatrix}0\\0\\1\end{bmatrix}\omega=\boldsymbol{g}_{1,1}^1 v+\boldsymbol{g}_2\omega \tag{9.70a}$$

$$\begin{bmatrix}\dot{\rho}\\\dot{\theta}\\\dot{\theta}\end{bmatrix}=\begin{bmatrix}-\cos(-\widetilde{\psi})\\(1/\rho)\sin(-\widetilde{\psi})\\(1/\rho)\sin(-\widetilde{\psi})\end{bmatrix}v+\begin{bmatrix}0\\0\\1\end{bmatrix}\omega=\boldsymbol{g}_{1,2}^1 v+\boldsymbol{g}_2\omega \tag{9.70b}$$

向量场 $\boldsymbol{g}_{1,1}^1$ 和 $\boldsymbol{g}_{1,2}^1$ 描述了沿 T 曲线的速度方向。场 $\boldsymbol{g}_2$ 则旋转机器人以获得期望的 ϕ 值。易得该场分布

$$\boldsymbol{\Delta}=\{\boldsymbol{f}_1,\ \boldsymbol{f}_2,\ \boldsymbol{f}_3\}=\{\boldsymbol{g}_{1,1}^1,\ \boldsymbol{g}_{1,2}^1,\ \boldsymbol{g}_2\}$$

满足定理 6.8 的可达性-可控性条件，因此系统对环 A 中的任何点都是局部可达且可控的。机器人的初始位姿是 $\boldsymbol{X}(0)=[\rho(0),\ \theta(0),\ \phi(0)]^{\mathrm{T}}$，并且假设（不失一般性）$\theta$ 的期望值是 $\theta_{\mathrm{d}}=0$。定义以下三个切换面：

$$\begin{aligned}H_1&=\{\boldsymbol{X}=[\rho,\ \theta,\ \phi]^{\mathrm{T}},\ \rho=\rho_{\max}\}\\H_2&=\{\boldsymbol{X}=[\rho,\ \theta,\ \phi]^{\mathrm{T}},\ \rho=\rho_{\min}\}\\H_3&=\{\boldsymbol{X}=[\rho,\ \theta,\ \phi]^{\mathrm{T}},\ \theta=\theta_{\mathrm{d}}\}\end{aligned} \tag{9.70c}$$

如果 $\theta(0)>\theta_{\mathrm{d}}$（即如果机器人必须顺时针移动），则机器人开始跟随向量场的流：

$$\boldsymbol{f}_0=[\widetilde{v}\cos\widetilde{\psi},\ -(1/\rho)\widetilde{v}\sin\widetilde{\psi},\ -(1/\rho)\widetilde{v}\sin\widetilde{\psi}]^{\mathrm{T}},\widetilde{v}>0\quad（恒定速度）$$

状态变量 ρ 增加并且状态变量 $\theta(t)$ 减小。当机器人接触面 H_1 时，系统切换到能降低 $\rho(t)$ 和 $\theta(t)$ 的向量场：

$$\boldsymbol{f}_{H1}=[-\widetilde{v}\cos(-\widetilde{\psi}),\ (1/\rho)\widetilde{v}\sin(-\widetilde{\psi}),\ (1/\rho)\widetilde{v}\sin(-\widetilde{\psi})]^{\mathrm{T}}$$

如果机器人接触面 $\boldsymbol{H}_2$，则控制器切换到向量场：

$$\boldsymbol{f}_{H_2}=\boldsymbol{f}_0$$

如果机器人与 $\boldsymbol{H}_3$ 接触，则控制器切换到向量场：

$$\begin{aligned}\boldsymbol{f}_{H_3}&=[-k\cos(0)[\rho(t)-\rho_{\mathrm{d}}],\ -(1/\rho)\widetilde{v}\sin(0),\ -(1/\rho)\widetilde{v}\sin(0)]^{\mathrm{T}}\\&=[-k(\rho(t)-\rho_{\mathrm{d}}),\ 0,\ 0]^{\mathrm{T}}\end{aligned}$$

其中增益 k 为正。当 $\theta(0)<\theta_{\mathrm{d}}$ 时，也应用了类似的切换控制步骤。

定义李雅普诺夫函数 $V_\theta=(1/2)e_\theta^2$，其中 $e_\theta(t)=\theta(t)-\theta_{\mathrm{d}}$，易表明沿着场 $\boldsymbol{f}_{H_1}$，$\dot{V}_\theta=e_\theta(\widetilde{\boldsymbol{v}}/\rho)\sin(-\widetilde{\psi})<0$，其中 $\rho_{\min}<\rho<\rho_{\max}$。跟随场 $\boldsymbol{f}_{H_2}$ 时也是如此。因此，在沿着场 $\boldsymbol{f}_{H_1}$ 和 $\boldsymbol{f}_{H_2}$ 运动期间，θ 在有限时间内收敛到 θ_{d}。当 $\theta(t)=\theta_{\mathrm{d}}$，即状态为 H_3 时，系统切换到

跟随场 $\boldsymbol{f}_{H_3}$。定义一个新的李雅普诺夫函数 $V=V_\theta+(1/2)e_\rho^2$，其中 $e_\rho=\rho(t)-\rho_d$，我们发现沿着流 $\boldsymbol{f}_{H_3}$，即沿着 $\dot{\rho}=-ke_\rho$ 和 $\dot{\theta}=0$，我们有 $\dot{\boldsymbol{V}}=-ke_\rho^2<0$。因此，当 $\theta(t)=\theta_d$ 时，沿着场 $\boldsymbol{f}_{H_3}$ 有 $\rho(t)\to\rho_d$。最后，跟随向量场 $\boldsymbol{g}_2=[0,\ 0,\ \omega]^T$，此时可以控制系统渐近地到达所需的朝向 ϕ_d。

总的来说，上述切换控制方案确保在 $t\to\infty$时，任何初始位姿 $X(0)=[\rho(0),\theta(0),\ \phi(0)]^T$ 皆被渐近地驱动到期望的目标位姿 $X_d=[\rho_d,\ \theta_d,\ \phi_d]^T$。

控制器需要单点地标、到原点的距离的可用性(由摄像机测量)，以及在 T 曲线之间立即切换的能力。它确保当机器人在任务空间内移动时(即在由 ρ_{min} 和 ρ_{max} 定义的环形空间内)，地标保持在相机的视野内。

基于视觉的控制算法如下[27]。

步骤 1 增加朝向角 ϕ，直到地标位于图像的左边缘。

步骤 2 当 $\psi=\widetilde{\psi}$ 时，机器人向后移动并转向，以使地标的图像保持在左边缘。

步骤 3 当 $\rho=\rho_{max}$ 时，减小 ϕ 以移动图像右边缘上的地标。

步骤 4 当 $\psi=-\widetilde{\psi}$ 时，机器人向前移动并转向，以使地标保持在图像的右边缘。

步骤 5 当机器人在 $\theta=\theta_d$ 的径向线上时，机器人转动至 $\psi=0$，并向 ρ_d 驱动。

当 $-\pi<\theta(0)\leqslant\theta_d$ 时，应用类似的步骤，机器人绕工作空间逆时针移动。切换表面在 $\rho=\rho_{min}$，$\rho=\rho_{max}$ 和 $\theta=\theta_d$ 时到达(见图 9.10c)。

参考文献[27]中提供了该方法基于视觉的实现，以及地标是共面点组成的正方形的情形下的实验结果。在实验中，假设地标的图像在目标位置 x_d 处拍摄，并且目标处特征点的知识可用。因此，平面点图像之间的单应性可用于估计机器人状态 $x(t)$。机器人从位置 $\boldsymbol{x}(0)=[\rho,\ \theta,\ \phi]^T=\left[2.75,\ \dfrac{\pi}{3},\ \dfrac{5\pi}{6}\right]^T$ 开始，目标位置为 $\boldsymbol{x}_d=[-1.2,\ 0,\ 0]^T$。上述切换控制器的应用导致有界和周期性距离误差 $e_\rho=\rho(t)-\rho_d$ 和角度误差 $e_\theta=\theta(t)-\theta_d$ 随时间渐近减小到零。然后，将 $\rho(t)$ 中的剩余误差调节为零。这些结果显示了切换控制器在摄像机视野中保持地标的能力。使用图像之间的单应性位姿重建的细节在参考文献[27]中给出。参考文献[28]中提供了一种更为一般的基于单应性的控制方法，用于具有视野约束和非完整的 WMR。在该方法中，控制律直接用单应矩阵中的各个项表示(即不像其他方法那样使用图像之间的单应性来估计位姿参数)。该方法适用于三种标准类型路径的特定控制律的开发，即圆形、直线段和对数螺旋。在开始导航之前，通过单应分解来选择适合于每种情况的控制律。

例 9.2 在本书中，我们已经看到选择控制器使得在控制下的期望变量和实际变量之间的误差 e 的闭环动态具有以下形式：

$$\dot{e}(t)=-Ke(t),\quad K>0$$

该形式确保在 $t\to\infty$时 $e(t)$ 渐近地变为零。为了避免控制器饱和，在许多实际情况下，我们将增益 K 乘以双曲正切函数 $\tanh(\mu e(t))$，而不是 $e(t)$[18]。

(a) 表明使用修改后的控制法，仍然可以确保误差收敛于零。

(b) 研究修改后的 9.5.3 节的引导者-跟随者控制器对测量误差的鲁棒性。

解

(a) 在本例中，闭环误差动力学方程变为

$$\dot{e}(t)=-K\tanh(\mu e(t)) \tag{9.71}$$

为了表明 $e(t)\to 0$，我们像往常一样选择李雅普诺夫函数：

$$V=(1/2)e^2$$

然后，我们发现：

$$\begin{aligned}\dot{V}&=e\dot{e}=-Ke\tanh(\mu e)\\&=-Kx\tanh(x)\end{aligned} \tag{9.72}$$

其中 $x=\mu e$ 且 $K'=K/\mu$。函数 tanh(x)定义为

$$y=\tanh(x)=(\mathrm{e}^x-\mathrm{e}^{-x})/(\mathrm{e}^x+\mathrm{e}^{-x})$$

并有图 9.11 中的形式。

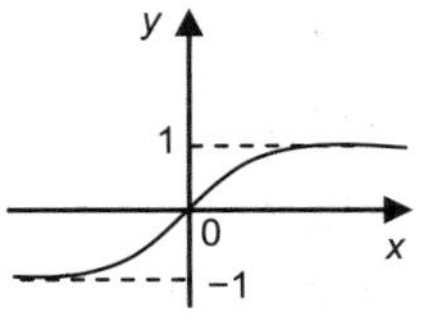

图 9.11　双曲正切函数的图形表示

我们观察到 $y=\tanh(x)$具有以下属性：

$\tanh(0)=0$

对于 $x>0$，$\tanh(x)>0$

对于 $x<0$，$\tanh(x)<0$

因此，对于 $x\neq 0$，$x\tanh(x)>0$，这意味着式(9.72)中的 $\dot{V}$ 具有以下属性：

$$\dot{V}(0)=0$$

$$对于\ e\neq 0,\ \dot{V}(e)<0$$

这确保了反馈控制器(式(9.71))渐近地将误差 $e(t)$稳定为零。

(b) 如 9.5.3 节[18]所述，式(9.65)中的控制器假设引导机器人的速度 v_0 可用，其可以由视觉系统估计。设 $\hat{v}_0$ 为估计值，$\tilde{v}_0=v_0-\hat{v}_0$ 为估计误差。然后

$$v_0=\hat{v}_0+\tilde{v}_0 \tag{9.73}$$

将式(9.73)代入式(9.63a)和式(9.63b)，我们得到：

$$\begin{aligned}\dot{e}_l&=-(\hat{v}_0+\tilde{v}_0)\cos\theta+v\cos e_\varphi\\&=(-\hat{v}_0\cos\theta+v\cos e_\phi)-\tilde{v}_0\cos\theta\end{aligned} \tag{9.74a}$$

$$\begin{aligned}\dot{e}_\varphi&=\omega+[(\hat{v}_0+\tilde{v}_0)/l]\sqrt{1-\cos^2\theta}+(v/l)\sqrt{1-\cos^2 e_\varphi}\\&=\omega+(\hat{v}_0/l)\sqrt{1-\cos^2\theta}+(v/l)\sqrt{1-\cos^2 e_\varphi}+(\tilde{v}_0/l)\sqrt{1-\cos^2\theta}\end{aligned} \tag{9.74b}$$

因此，选择 v 和 ω，使得：

$$-\hat{v}_0\cos\theta+v\cos e_\varphi=-F_1(e_1) \tag{9.75a}$$

$$\omega+(\hat{v}_0/l)\sqrt{1-\cos^2\theta}+(v/l)\sqrt{1-\cos^2 e_\varphi}=-F_\varphi(e_\varphi) \tag{9.75b}$$

其中

$$F_1(e_1)=K_1\tanh(\mu_1 e_1),\quad F_\varphi(e_\varphi)=K_\varphi\tanh(\mu_\varphi e_\varphi) \tag{9.75c}$$

从式(9.74a)和式(9.74b)得到：

$$\dot{e}_l=-F(e_l)-\tilde{v}_0\cos\theta \tag{9.75d}$$

$$\dot{e}_\varphi=-F(e_\varphi)+(\widetilde{v}_0/l)\sqrt{1-\cos^2\theta} \tag{9.75e}$$

现在，如果选择李雅普诺夫函数：

$$V=V_l+V_\varphi,\quad V_l=(1/2)e_l^2,\quad V_\varphi=(1/2)e_\varphi^2$$

我们得到：

$$\dot{V}_l=e_l\dot{e}_l=-[e_lF(e_l)+e_l\widetilde{v}_0\cos\theta] \tag{9.76a}$$

$$\dot{V}_\varphi=e_\varphi\dot{e}_\varphi=-[e_\varphi F(e_\varphi)-e_\varphi(\widetilde{v}_0/l)\sqrt{1-\cos^2\theta}] \tag{9.76b}$$

从式(9.76a)中我们看到满足以下情况时，$\dot{V}_l<0$：

$$e_lF_l(e_l)>|e_l||\widetilde{v}_0\cos\theta| \tag{9.77}$$

当 $t\to\infty$ 时，有 $|F_l(e_l)|\to K_l$，所以由式(9.77)给出 $K_l>|\widetilde{v}_0|$。对于较小的 e_l（在线性区域中），有

$$\begin{aligned}F_l(e_l)&=F_l(0)+F_l'(0)e_l\\&=K_l\mu_l\sec^2(0)e_l=K_l\mu_le_l\end{aligned}$$

因此，由式(9.77)给出：

$$K_l\mu_l>|\widetilde{v}_0|$$

这意味着 $e(t)$ 收敛到有如下半径的原点邻域：

$$\sigma_l=|\widetilde{v}_0|/K_l\mu_l \tag{9.78a}$$

以同样的方式，根据式(9.76b)，如果 $e_\varphi F(e_\varphi)>|e_\varphi||\widetilde{v}_0/l|$，则 $\dot{V}_\varphi<0$，在饱和状态($t\to\infty$)时变为

$$K_\varphi>|\widetilde{v}_0|/l$$

对于线性区域中的 e_φ，我们发现(在一些计算之后)e_φ 倾向于半径为零的邻域[18]：

$$\sigma_\varphi=\frac{|\widetilde{v}|K_l\mu_l}{K_\varphi(K_l\mu_ll-|\widetilde{v}_0|)},\quad K_l\mu_ll>|\widetilde{v}_0| \tag{9.78b}$$

9.7 自适应线性路径跟随视觉控制

9.7.1 图像雅可比矩阵

在这里，将使用安装在 WMR 质心上的摄像机来呈现基于自适应视觉的直路跟踪控制方案[21,29]。图像平面 $[x_{\text{im}}, y_{\text{im}}]$ 平行于地面，摄像机指向下方。所需的坐标系是 $O_wx_wy_wz_w$（世界坐标系）、$O_rx_ry_rz_r$（本地 WMR 坐标系）、$O_cx_cy_cz_c$（相机坐标系）、$O_px_py_pz_p$（路径坐标系）和 $O_{\text{im}}x_{\text{im}}y_{\text{im}}z_{\text{im}}$（图像坐标系）。图 9.12 显示了坐标系 O_c 和 O_{im}，以及图像特征参数化[21,29]。

考虑使用参数 k_0 和 λ_0 参数化的地面上的直线路径 L_G：

$$y_w^L=k_0x_w^L+\lambda_0 \tag{9.79}$$

L_G 的相机图像也是由类似等式描述的直线：

$$y_{im}^L = k_{im} x_{im}^L + \lambda_{im} \tag{9.80a}$$

使用参数 k_{im} 和 λ_{im}，或通过极坐标形式使用参数 ρ 和 θ：

$$x_{im}^L = \rho\cos\theta, \quad y_{im}^L = \rho\sin\theta \tag{9.80b}$$

a）坐标系   b）图像特征参数化

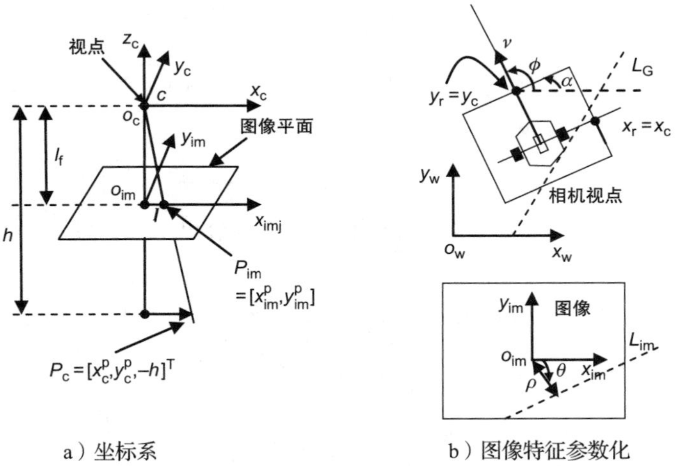

图 9.12　坐标系 O_c、O_{im} 及图像特征参数化

式（9.80b）中的极性关系也可以用式（9.80a）的形式写成，例如：

$$x_{im}^L \cos\theta + y_{im}^L \sin\theta = \rho$$

使用极坐标 ρ 和 θ，它们来自 $[x_w, y_w, z_w]^T$ 和式（9.80a），使用相关的从摄像机到地面的透视变换 $x_{im}^L = \mu x_w^L$，$y_{im}^L = \mu y_w^L$，我们发现 ρ 和 θ 由以下给出（见图 9.12b）：

$$\rho = \mu \frac{k_0 x_w^L + \lambda_0 - y_w^L}{\sqrt{1+k_0^2}} \mathrm{sgn}(k_0) \tag{9.81a}$$

$$\theta = -a - \arctan(1/k_0) \tag{9.81b}$$

$$a = \phi - 90° \tag{9.81c}$$

其中参数 μ 由下式定义：

$$\mu = \frac{l_f}{h} \quad （纵横比）$$

其中 l_f 是摄像机的焦距，h 是摄像机与地面的距离。关于时间微分方程（9.81a）和（9.81b）我们得到：

$$\begin{bmatrix} \dot{\rho} \\ \dot{\theta} \end{bmatrix} = \begin{bmatrix} \dfrac{\mu k_0 \mathrm{sgn}(k_0)}{\sqrt{1+k_0^2}} & -\dfrac{\mu \mathrm{sgn}(k_0)}{\sqrt{1+k_0^2}} & 0 \\ 0 & 0 & -1 \end{bmatrix} \begin{bmatrix} \dot{x}_w \\ \dot{y}_w \\ \dot{\alpha} \end{bmatrix} \tag{9.82}$$

现在，图 9.12b 的 WMR 由运动学模型描述（参见式（9.81c））：

$$\begin{bmatrix} \dot{x}_w \\ \dot{y}_w \\ \dot{\phi} \end{bmatrix} = \begin{bmatrix} \cos\phi & 0 \\ \sin\phi & 0 \\ 0 & 1 \end{bmatrix} \begin{bmatrix} v \\ \omega \end{bmatrix} \quad 或 \quad \begin{bmatrix} \dot{x}_w \\ \dot{y}_w \\ \dot{\alpha} \end{bmatrix} = \begin{bmatrix} -\sin\alpha & 0 \\ \cos\alpha & 0 \\ 0 & 1 \end{bmatrix} \begin{bmatrix} v \\ \omega \end{bmatrix} \tag{9.83}$$

联立式(9.82)和式(9.83)并使用关系[21,29]：

$$k_0\sin\alpha+\cos\alpha=-\mathrm{sgn}(\kappa_0)\sqrt{1+k_0^2}\sin\theta$$

可以使用式(9.81b)验证，我们得到图像雅可比模型：

$$\dot{\boldsymbol{f}}=\boldsymbol{J}_{\mathrm{im}}\dot{\boldsymbol{r}} \tag{9.84a}$$

$$\boldsymbol{f}=\begin{bmatrix}\rho\\ \theta\end{bmatrix},\quad \dot{\boldsymbol{r}}=\begin{bmatrix}v\\ \omega\end{bmatrix},\quad \boldsymbol{J}_{\mathrm{im}}=\begin{bmatrix}\mu\sin\theta & 0\\ 0 & -1\end{bmatrix} \tag{9.84b}$$

如果将相机放在其他地方，那么 $\boldsymbol{J}_{\mathrm{im}}$ 采用以下形式：

$$\boldsymbol{J}_{\mathrm{im}}=\begin{bmatrix}\mu\sin\theta & h(\theta)\\ 0 & -1\end{bmatrix} \tag{9.85a}$$

$$h(\theta)=\mu l\sin(\zeta+\theta-\gamma) \tag{9.85b}$$

其中 l 是车辆质心与相机中心之间的距离，ζ 是 x_{r} 和 x_{im} 之间的角度，γ 是 x_{r} 和 $\overrightarrow{QO_{\mathrm{c}}}$ 之间的角度(见图 9.12)。

9.7.2 视觉控制器

式(9.84a)和式(9.84b)中的图像雅可比模型描述了包括机器人和相机在内的整个系统的运动学，并将用于控制器的设计。控制器设计分三步(反演步骤)，如 5.4 节和 7.3 节所述：

- 运动控制器的设计。
- 动态控制器的设计。
- 自适应控制器的设计。

将参数自适应方案嵌入动态控制器中。

9.7.2.1 运动控制器

假设特征向量 $f=[\rho,\ \theta]^{\mathrm{T}}$ 由相机测量。为了正确逼近路径，我们使用接近角 $\psi(\rho)$，定义如下[29-30]：

$$\psi(\rho)=-\mathrm{sign}(v)\frac{e^{2k_\psi\rho}-1}{e^{2k_\psi\rho}+1}\theta_{\mathrm{a}},\quad \psi(0)=0 \tag{9.86}$$

其中 $v\neq0$ 是给定的线速度，$k_\psi>0$ 是恒定增益，$\theta_{\mathrm{a}}\leqslant\pi/2$。显然，当 ρ 远离零时，$\psi(\rho)$ 近似等于 θ_a。使用李雅普诺夫函数

$$V_1=(1/2)(\theta-\psi)^2 \tag{9.87a}$$

我们发现反馈运动规律：

$$\omega_\theta=-K_\theta(\theta-\psi)+\dot{\psi},\quad K_\theta>0 \tag{9.87b}$$

可得

$$\begin{aligned}\dot{V}_1&=(\theta-\psi)(\dot{\theta}-\dot{\psi})=(\theta-\psi)(\omega_\theta-\dot{\psi})(\omega_\theta=\dot{\theta})\\&=-K_\theta(\theta-\psi)^2<0\end{aligned} \tag{9.87c}$$

对于 $K_\theta>0$，这意味着在闭环中，ρ 和 θ 渐近收敛到零。现在，因为式(9.81b)，$\dot{\theta}=\omega_\theta=-\dot{a}=-\omega$，对于 ω，控制器(式(9.87b))变为

$$\omega = K_\theta(\theta - \psi) - \dot{\psi} \tag{9.88}$$

9.7.2.2　动态控制器

WMR 的动力学模型是(可参见式(7.66b))

$$\dot{v} = (1/mr)u_1, \quad \dot{\omega} = (2a/Ir)u_2 \tag{9.89}$$

其中 $u_1 = \tau_r + \tau_l$，$u_2 = \tau_r - \tau_l$，τ_r，τ_l 是右轮和左轮电动机力矩。目标是为 u_1 和 u_2 设计反馈控制律，以便将 $v(t)$ 驱动为零，并将 $\omega(t)$ 驱动为 $\omega^*(t)$，根据式(9.88)：

$$\omega^*(t) = K_\theta(\theta - \psi) - \dot{\psi} \tag{9.90}$$

按正常方式工作时，我们使用候选李雅普诺夫函数：

$$V_v = \frac{1}{2}(v - v_d)^2, \quad V_\omega = \frac{1}{2}(\omega - \omega^*)^2$$

关于时间微分 V_v 我们得到：

$$\dot{V}_v = (v - v_d)(\dot{v} - \dot{v}_d) = (v - v_d)\left[\frac{1}{mr}u_1 - \dot{v}_d\right]$$

因此，设 u_1 为

$$u_1 = mr[\dot{v}_d - K_v(v - v_d)] \tag{9.91}$$

可得 $\dot{V}_v = -K_v(v - v_d)^2$，其在 $K_v > 0$ 时是负的。因此，$v(t)$ 渐近收敛到 v_d。

同理：

$$\begin{aligned}\dot{V}_\omega &= (\omega - \omega^*)(\dot{\omega} - \dot{\omega}^*) \\ &= (\omega - \omega^*)[(2a/Ir)u_2 - K_\theta(\dot{\theta} - \dot{\psi}) + \ddot{\psi}]\end{aligned} \tag{9.92}$$

设 u_2 为

$$u_2 = (Ir/2a)[K_\theta(\dot{\theta} - \dot{\psi}) - K_\omega(\omega - \omega^*) - \ddot{\psi}] \tag{9.93}$$

可得：

$$\dot{V}_\omega = -K_\omega(\omega - \omega^*)^2 < 0, \quad K_\omega > 0 \tag{9.94}$$

因此，式(9.93)中的反馈控制律确保在 $t \to \infty$ 时，$\omega \to \omega^*$。式(9.91)和式(9.93)中的控制器需要 θ，ψ(即 ρ)和 v 的可用性，这些参数是由视觉系统和机器人位置和速度传感器测量的。基于闭环视觉的系统的框图如图 9.13 所示。

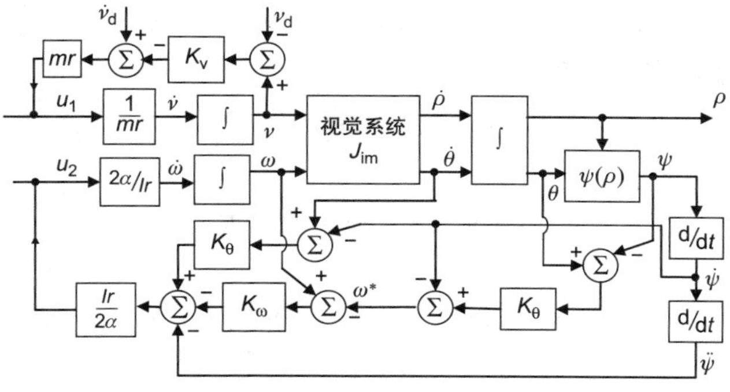

图 9.13　基于视觉的路径跟踪系统的框图

9.7.2.3 自适应控制器

基于自适应视觉的控制器的设计可参见 7.3.1 节。假设只有 m 和 I 是未知的，式(9.91)和式(9.93)中的控制器可写成：

$$u_1=\hat{m}r[\dot{v}_{\mathrm{d}}-K_v(v-v_{\mathrm{d}})] \tag{9.95a}$$

$$u_2=(\hat{I}r/2a)\{K_\theta(\dot{\theta}-\dot{\psi})-K_\omega[\omega-K_\theta(\theta-\psi)+\dot{\psi}]-\ddot{\psi}\} \tag{9.95b}$$

其中(见式(9.84a)、式(9.84b)和式(9.86))：

$$\dot{\psi}=s_1(t)\mu,\quad s_1(t)=(\vartheta\psi/\vartheta\rho)(\sin\theta)v \tag{9.96a}$$

$$\ddot{\psi}=s_1(t)\dot{\mu}+s_2(t)\mu^2,\quad s_2(t)=(\vartheta s_1/\vartheta\rho)(\sin\theta)v \tag{9.96b}$$

在系统动力学方程(9.89)中引入式(9.95a)和式(9.95b)所示控制器，我们得到：

$$\begin{aligned}\dot{v}&=(\hat{m}/m)\dot{v}_{\mathrm{d}}-(\hat{m}/K_v m)(v-v_{\mathrm{d}})\\&=\beta_1\dot{v}_{\mathrm{d}}+\beta_2(v-v_{\mathrm{d}})\end{aligned} \tag{9.97a}$$

$$\begin{aligned}\dot{\omega}&=(\hat{I}/I)\{-(K_\theta+K_\omega)(\omega+\dot{\psi})\}+K_\theta K_\omega(\theta-\psi)-\ddot{\psi}\}\\&=\beta_3(\omega+\dot{\psi})+\beta_4(\theta-\psi)+\beta_5\ddot{\psi}\end{aligned} \tag{9.97b}$$

其中

$$\beta_1=\hat{m}/m,\quad \beta_2=-K_v\beta_1 \tag{9.98a}$$

$$\beta_3=-(K_\theta+K_\omega)(\hat{I}/I),\quad \beta_4=K_\theta K_\omega(\hat{I}/I),\quad \beta_5=-(\hat{I}/I) \tag{9.98b}$$

具有参数 $\beta_i(i=1,2,3,4,5)$ 的方程式(9.97a)和式(9.97b)中的动态关系类似于具有参数 $\beta_i(i=1,2,3,4)$ 的方程式(7.36a)和式(7.36b)。因此，适应法则可以以相同的方式导出，并具有式(7.40a)、式(7.40b)和式(7.41)的一般形式。如果纵横比 μ 也是未知的，则它可以被包括在要估计的参数中，在这种情况下，函数 $\dot{\psi}$ 和 $\ddot{\psi}$ 在式(9.96a)和式(9.96b)中被他们的估计所取代：

$$\hat{\dot{\psi}}=s_1(t)\hat{\mu} \tag{9.99}$$

$$\hat{\ddot{\psi}}=s_1(t)\dot{\hat{\mu}}+s_2(t)\hat{\mu}^2 \tag{9.100}$$

推导步骤保持不变。作为练习，读者还可以根据 8.5 节的结果推导出基于视觉的自适应神经控制器。

例 9.3

(a) 假设刚性安装的相机光轴 z 与线速度 v 的方向相同，推导出差分驱动 WMR 的图像雅可比。

(b) 扩展该矩阵以包括作为额外特征的相机和目标(地标)之间的实际测量距离 ρ，其中 ρ 替代了 z。

解

(a) 根据相机光轴 z 的要求，WMR 和相机的配置如图 9.14a[31] 所示。

我们有以下坐标系：

- $O_{\mathrm{w}}x_{\mathrm{w}}y_{\mathrm{w}}z_{\mathrm{w}}$(世界坐标系)

- $Qx_r y_r z_r$（局部坐标系）
- $Cx_c y_c z_r$（相位坐标系，z_c 轴与 z_r 相同）

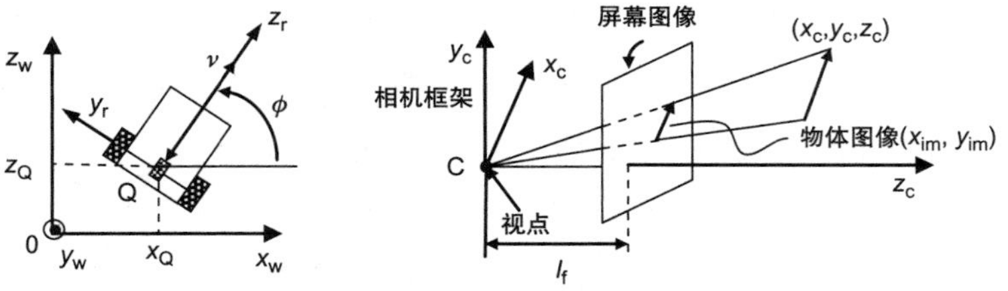

a）坐标系　　b）透视投影几何图形

图 9.14　WMR 和相机配置坐标系及透视投影几何图形

资料来源：经欧盟控制协会许可，转载并改编自参考文献[31]。

在本例中，式(9.1)中的速度矢量 $\boldsymbol{v}(t)$ 和 $\boldsymbol{\omega}(t)$ 为

$$\boldsymbol{v}(t)=[v_x,\ v_z]^{\mathrm{T}},\quad \boldsymbol{\omega}(t)=\omega_y$$

因此，只有式(9.15)中对应于 v_x，v_z 和 ω_y 的 $\boldsymbol{J}_{\mathrm{im}}$ 列应被保留，即

$$\boldsymbol{J}_{\mathrm{im}}(x_{\mathrm{im}},\ y_{\mathrm{im}},\ z,\ l_{\mathrm{f}})=\begin{bmatrix}\dfrac{l_{\mathrm{f}}}{z} & -\dfrac{x_{\mathrm{im}}}{z} & \dfrac{l_{\mathrm{f}}^2+x_{\mathrm{im}}^2}{l_{\mathrm{f}}}\\ 0 & -\dfrac{y_{im}}{z} & \dfrac{x_{\mathrm{im}}y_{\mathrm{im}}}{l_{\mathrm{f}}}\end{bmatrix}\tag{9.101a}$$

即

$$\dot{f}=\begin{bmatrix}\dot{x}_{\mathrm{im}}\\ \dot{y}_{\mathrm{im}}\end{bmatrix}=\boldsymbol{J}_{\mathrm{im}}(x_{\mathrm{im}},\ y_{\mathrm{im}},\ z,\ l_{\mathrm{f}})\begin{bmatrix}\dot{x}_Q\\ \dot{z}_Q\\ \dot{\phi}\end{bmatrix}\tag{9.101b}$$

其中

$$\dot{x}_Q=v\cos\phi,\quad \dot{z}_Q=v\sin\phi,\quad \dot{\phi}=\omega_y\tag{9.101c}$$

(b) 我们假设通过测距相机[31,32]测量来自相机的地标的实际距离 ρ。参见图 9.15，我们发现：

$$\rho_{\mathrm{im}}/\rho=l_{\mathrm{f}}/z$$

即

$$z=\rho l_{\mathrm{f}}/\rho_{\mathrm{im}},\quad \rho_{\mathrm{im}}=\sqrt{x_{\mathrm{im}}^2+y_{\mathrm{im}}^2+l_{\mathrm{f}}^2}\tag{9.102}$$

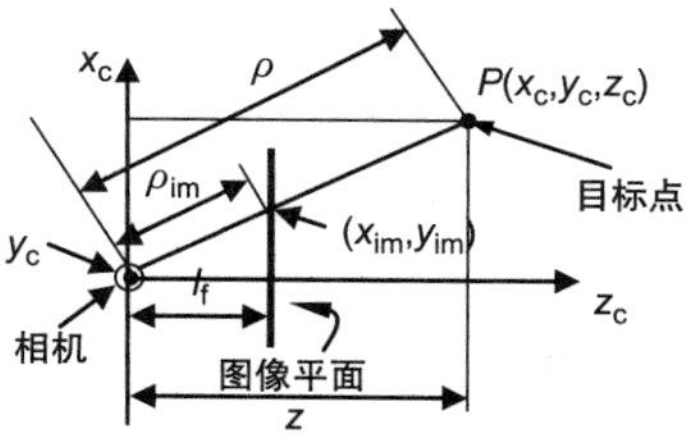

图 9.15　摄像机目标和图像配置的几何图形

资料来源：经欧盟控制协会许可，转载并改编自参考文献[31]。

因此，在式(9.101a)内，$\boldsymbol{J}_{\mathrm{im}}$ 成为

$$\boldsymbol{J}_{\mathrm{im}}=\begin{bmatrix}\dfrac{\rho_{\mathrm{im}}}{\rho} & -\dfrac{x_{\mathrm{im}}\rho_{\mathrm{im}}}{\rho l_{\mathrm{f}}} & \dfrac{l_{\mathrm{f}}^2+x_{\mathrm{im}}^2}{l_{\mathrm{f}}}\\ 0 & -\dfrac{y_{\mathrm{im}}\rho_{\mathrm{im}}}{\rho l_{\mathrm{f}}} & \dfrac{x_{\mathrm{im}}y_{\mathrm{im}}}{l_{\mathrm{f}}}\end{bmatrix}\tag{9.103}$$

现在，如果我们使用 ρ_{im} 作为额外特征，则变化率 $\dot{\rho}_{\mathrm{im}}$ 应表示为 $[\dot{x}_Q,\ \dot{y}_Q,\ \dot{\phi}]^{\mathrm{T}}$，并作为第三分量加到特征向量速度 $\dot{f}$。

从式(9.102)我们得出：

$$\dot{\rho}_{im}=\frac{1}{\rho_{im}}(x_{im}\dot{x}_{im}+y_{im}\dot{y}_{im})$$

$$=\frac{1}{\rho_{im}}[x_{im},\ y_{im}]\begin{bmatrix}\dot{x}_{im}\\ \dot{y}_{im}\end{bmatrix}=\frac{1}{\rho_{im}}[x_{im},\ y_{im}]\boldsymbol{J}_{im}\begin{bmatrix}\dot{x}_Q\\ \dot{y}_Q\\ \dot{\phi}\end{bmatrix} \tag{9.104}$$

$$=[x_{im}/\rho,\ -(x_{im}^2+y_{im}^2)/\rho l_f,\ x_{im}\rho_{im}/l_f]\dot{\boldsymbol{x}}$$

因此，增加的图像雅可比关系是

$$\dot{\boldsymbol{f}}=\overline{\boldsymbol{J}}_{im}\dot{\boldsymbol{x}} \tag{9.105}$$

其中

$$\dot{\boldsymbol{f}}=[\dot{x}_{im},\ \dot{y}_{im},\ \dot{\rho}_{im}]^{T},\quad \dot{\boldsymbol{x}}=[\dot{x}_Q,\ \dot{y}_Q,\ \dot{\phi}]^{T}$$

$$\overline{\boldsymbol{J}}_{im}=\begin{bmatrix}\dfrac{\rho_{im}}{\rho} & -\dfrac{x_{im}\rho_{im}}{\rho l_f} & \dfrac{l_f^2+x_{im}^2}{l_f}\\ 0 & -\dfrac{y_{im}\rho_{im}}{\rho l_f} & \dfrac{x_{im}y_{im}}{l_f}\\ \dfrac{x_{im}}{\rho} & -\dfrac{x_{im}^2+y_{im}^2}{\rho l_f} & \dfrac{x_{im}\rho_{im}}{l_f}\end{bmatrix} \tag{9.106}$$

这是 WMR 所需的扩展图像雅可比矩阵。

9.8　基于图像的移动机器人视觉伺服

在第 9.5～9.7 节中，使用了基于位置的视觉控制处理位姿稳定、墙跟踪、引导-跟随等问题(图 9.1a)，其中视觉系统提供传统控制器所需的参数的估计。在这里，我们将使用基于图像的视觉控制来解决位姿控制(停车、对接)的问题，其中控制器的设计和实现直接使用可视数据，如图 9.1b 所示[33-34]。

差分驱动 WMR(以及任何其他非完整车辆)的视觉控制的主要问题是在机器人移动时始终保持目标可见。在 9.5.1 节和 9.6 节中介绍了两种将目标(地标)保持在摄像机视野中的方法。9.5.1 节中的方法属于一般方法，该方法使用安装在旋转云台上的测距相机，并控制平移角度，以便将特征保持在摄像机视野中。由于摄像机独立于平台旋转以跟踪目标特征，因此摄像机和平台的方向之间会出现差异角 ψ，如图 9.16 所示(另请参见图 9.4)。因此，需要特别注意控制 $\psi(t)$。这需要计算图像平面上地标的坐标。

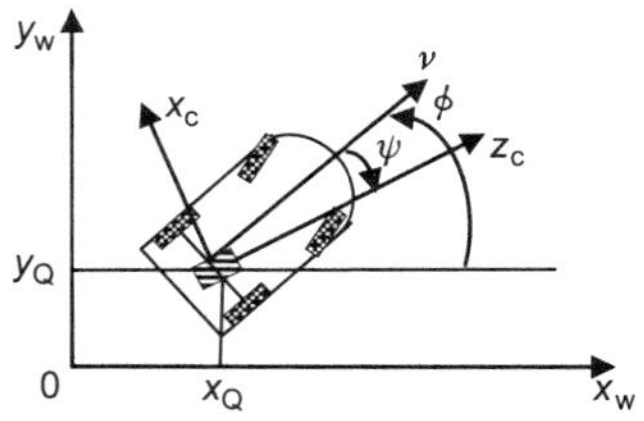

图 9.16　差分驱动 WMR，相机安装在云台上

为了实现闭环系统，需要在机器人移动使用摄像机视觉系统时持续监视图像。假设每个特征点 $\boldsymbol{f}$ 的图像雅可比矩阵由式(9.106)给出，并反转式(9.105)，我们得到：

$$\dot{\boldsymbol{x}}=\overline{\boldsymbol{J}}_{im}^{\dagger}\dot{\boldsymbol{f}}$$

通常，为了减少相机测量误差(或噪声)效应，我们使用比 WMR 的运动度数 n 更多的特征点(即 $k>n$)。这里，将使用至少四个特征点(自 $n=3$ 起)。由于$\bar{\boldsymbol{J}}_{\mathrm{im}}$ 是满秩(秩$\bar{\boldsymbol{J}}_{\mathrm{im}}=n$)，因此 $\boldsymbol{J}_{\mathrm{im}}^{\dagger}$ 由式(9.31a)给出：

$$\bar{\boldsymbol{J}}_{\mathrm{im}}^{\dagger}=(\bar{\boldsymbol{J}}_{\mathrm{im}}^{\mathrm{T}}\bar{\boldsymbol{J}}_{\mathrm{im}})^{-1}\bar{\boldsymbol{J}}_{\mathrm{im}}^{\mathrm{T}}$$

反馈控制法是

$$\dot{\boldsymbol{x}}=\bar{\boldsymbol{J}}_{\mathrm{im}}^{\dagger}\boldsymbol{K}\boldsymbol{e}(\boldsymbol{f}),\quad \boldsymbol{e}(\boldsymbol{f})=\boldsymbol{f}_{\mathrm{d}}-\boldsymbol{f}$$

其中 $\boldsymbol{f}_{\mathrm{d}}$ 是所需的特征向量(对应于机器人的所需位姿)。在应用控制之前，通过使用典型的“边做边学”的机器人技术生成并存储从起始位姿引导到期望位姿的轨迹来确定期望矢量 $\boldsymbol{f}_{\mathrm{d}}$。完整图像的框图——基于 WMR 的视觉伺服系统如图 9.17 所示，其中动态控制器也在内环中。

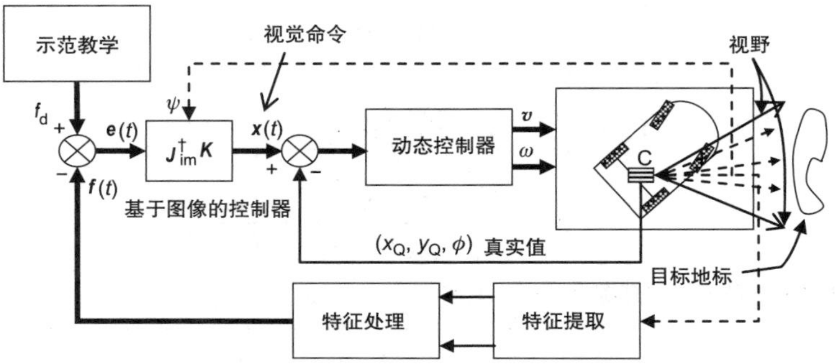

图 9.17　移动机器人的完整运动和动态视觉伺服(包括相机方向偏差 $\boldsymbol{\psi}(\boldsymbol{t})$的反馈回路)

平台和旋转摄像机之间的方位角差 ψ 通过使用无限“虚像平面”的概念包括在基于图像的控制器中，该无限“虚像平面”是通过将物理图像平面旋转变化角度 ψ 而获得的(由相机连续测量得到)[33-34]。这样，平台和摄像机指向同一方向，并且通过向 $\boldsymbol{J}_{\mathrm{im}}^{\dagger}$ 引入对应于虚拟图像平面的变换特征值，控制器增益 $\boldsymbol{J}_{\mathrm{im}}^{\dagger}\boldsymbol{K}$ 可以标准方式使用。此概念如图 9.17 所示，包含从相机到基于图像的控制器的虚线 ψ。

9.9　使用全向视觉的移动机器人视觉伺服

在本节中，将使用全向视觉考虑移动机器人的视觉伺服设计问题。首先推导出折反射相机中所需的圆锥(双曲线、抛物线、椭圆)方程，然后是折反射投影几何，以及用于视觉伺服的相关图像雅可比行列式的推导。

9.9.1　一般问题：双曲线、抛物线与椭圆方程

折反射视觉系统由双曲面镜、抛物面镜、椭圆镜反相机(镜头)组合而成。可根据它们是否具有独特的有效视点来区分这些系统。大多数鱼眼镜头不具备这种独特的视点特性，但是在透视摄像机前面的双曲面镜，在正交摄像机前面的抛物面镜或在透视摄像机前面的椭圆镜具有单一有效视点。

实际上，折反射相机对于透视相机是等效的(直至失真)，并且图像恒定的空间线在单

个有效视点处相交(见图 9.18a)。

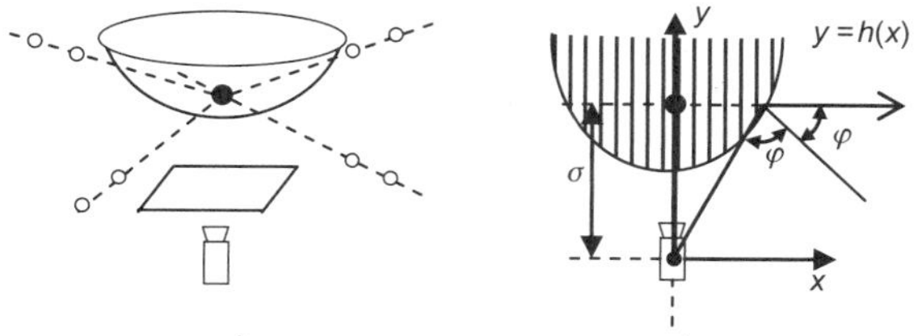

图 9.18　折反射系统的单一有效视点特性

结果表明，“折反射相机具有单一有效视点的必要充分条件是镜子的横截面是圆锥截面”(即图 9.19a～图 9.19d 中所示的双曲线、抛物线、椭圆或圆形)[25]。

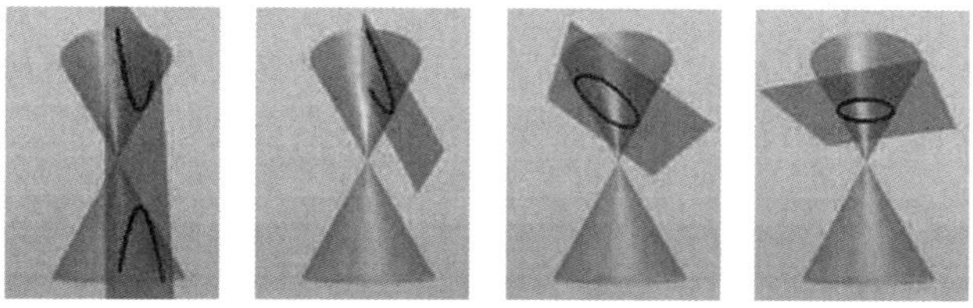

a）双曲线　b）抛物线　c）椭圆　d）圆

图 9.19　圆锥曲线。圆锥体由具有一个或两个双凹锥的推覆的交叉点产生

资料来源：http://math2.org/math/algebra/conics.htm。

- 双曲线——双曲线(见图 9.20a)定义为圆锥截面，表示平面中所有点 Σ 的轨迹，其中距离 $d_1=(F_1\Sigma)$ 和 $d_2=(F_2\Sigma)$ 来自两个固定点(焦点)F_1 和 F_2，其距离为 $2c$，具有给定的常数差 $d_2-d_1=\lambda$。当点 Σ 在左顶点上时，我们发现 $\lambda=(c+p)-(c-p)=2p$。令 x，y 为以$(x_0, y_0)=(0, 0)$为中心的笛卡儿坐标系中 Σ 的坐标。然后，通过双曲线定义得到(见图 9.20a)：

$$\sqrt{(x+c)^2+y^2}-\sqrt{(x-c)^2+y^2}=2p \text{ 或 } \sqrt{(x+c)^2+y^2}=2p+\sqrt{(x-c)^2+y^2}$$

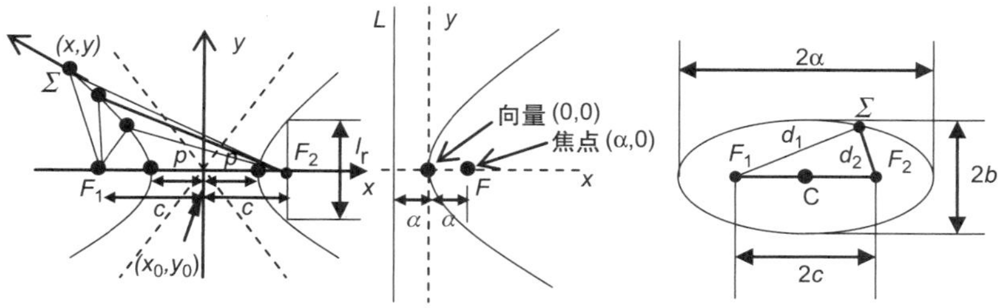

a）双曲线　b）抛物线　c）椭圆

图 9.20　平面上圆锥曲线的几何形状

将该等式的两边平方并求解$\sqrt{(x-c)^2+y^2}$，我们得到$\sqrt{(x-c)^2+y^2}=cx/p-p$，平方后得出双曲线方程：

$$\frac{x^2}{p^2}-\frac{y^2}{q^2}=1, \quad q^2=c^2-p^2 \tag{9.107a}$$

当$(x_0, y_0)\neq(0, 0)$时，变为

$$\frac{(x-x_0)^2}{p^2}-\frac{(y-y_0)^2}{q^2}=1 \tag{9.107b}$$

图 9.20a 中通过焦点且平行于 y 轴的线称为双曲线的焦点弦 l_r(latus rectum，语源 latus=侧面，rectum=直线)。参数

$$e=c/p=\sqrt{p^2+q^2}/p=\sqrt{1+(q/p)^2}>1 \tag{9.107c}$$

称为双曲线的偏心率。

- 抛物线——抛物线是平面中与给定线 L(称为准线，因为它表示圆锥截面的方向)和不在该线上的给定点 F(焦点)等距的所有点的轨迹(见图 9.20b)。该直线与焦点之间的距离是 $p=2a$，其中 a 是顶点与直线 L 的距离。对于向右打开的顶点为(0，0)的抛物线，如图 9.20b 所示，抛物线的笛卡儿方程是

$$\sqrt{(x-a)^2+y^2}=x+a$$

简化为

$$y^2=4ax \tag{9.108a}$$

对于 $x=a$，我们得到 $y^2=4a^2$，即 $y=\pm 2a$，因此焦点弦 l_r 等于

$$l_r=2|y|=4a \tag{9.108b}$$

如果顶点位于$(x_0, y_0)\neq(0, 0)$，则抛物线方程为

$$(y-y_0)^2=4a(x-x_0) \tag{9.108c}$$

对于向上开放的抛物线，方程是

$$x^2=4ay \tag{9.108d}$$

- 椭圆——椭圆是平面上到两个相异固定点(焦点)F_1 和 F_2(相距 $2c$)的距离 d_1 和 d_2 之和为常数 $2a(d_1+d_2=2a)$的点 Σ 的轨迹。其中 a 称为半长轴(见图 9.20c)。

假设 C 在$(x_0, y_0)=(0, 0)$处，焦点是 $F_1(-c, 0)$和 $F_2(c, 0)$。因此，从椭圆定义我们得到：

$$\sqrt{(x+c)^2+y^2}+\sqrt{(x-c)^2+y^2}=2a$$

由此可推导出$\sqrt{(x+c)^2+y^2}=2a-\sqrt{(x-c)^2+y^2}$或$(x+c)^2+y^2=4a^2+(x-c)^2+y^2-4a\sqrt{(x-c)^2+y^2}$。为$\sqrt{(x-c)^2+y^2}$求解最后一个方程并平方，可得出$(x-c)^2+y^2=[a-(c/a)x]^2$，我们从中得到椭圆方程：

$$\frac{x^2}{a^2}+\frac{y^2}{b^2}=1, \quad b^2=a^2-c^2(b<a) \tag{9.109a}$$

当$(x_0, y_0)\neq(0, 0)$时，椭圆方程为

$$(x-x_0)^2/a^2+(y-y_0)^2/b^2=1 \tag{9.109b}$$

圆是椭圆的特例，当 F_1 和 F_2 在点 C 时，$d_1=d_2$，$a=b=r$(圆半径)。

9.9.2 折反射投影几何

中心折反射投影的基本结果遵循以下定理[35]：

具有单一有效视点的折反射投影(称为中心折反射投影)相当于投射到球体，然后从点投影到平面。

三个中心折反射可视案例如图 9.21 所示。

a) 抛物面镜和正交摄像机　b) 双曲面镜和透视摄像机　c) 椭圆镜和透视摄像机

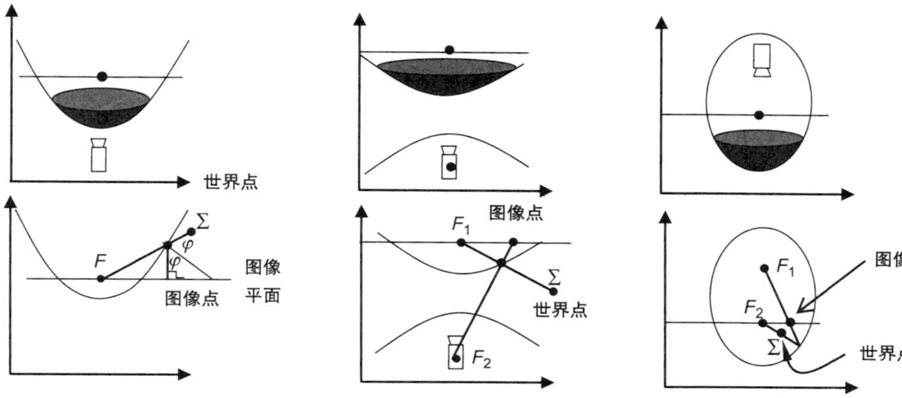

图 9.21　中心折反射解决方案和投影模型

为了建立上述定理，我们将从球面镜[35]开始推导出上述每个投影模型的投影方程。

考虑将世界空间的点 $\Sigma(x, y, z)$ 投影到以 $O(0, 0, 0)$ 为中心的单位球体，然后投影到图像平面 $z = -\xi$(见图 9.22)。

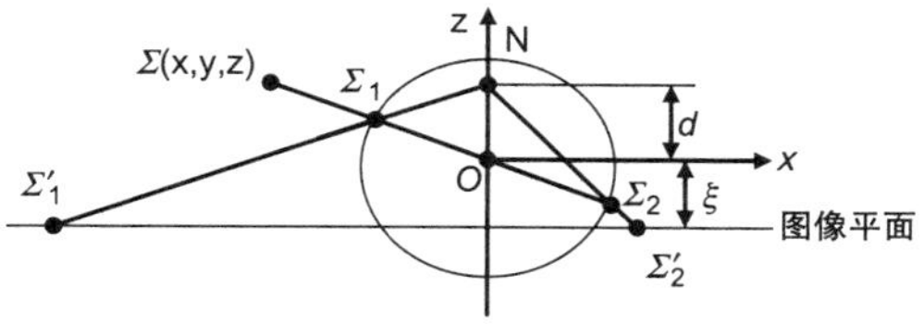

图 9.22　以 $(0, 0, 0)$ 为中心的单位球面镜。将点 $\Sigma(x, y, z)$ 投影到点 Σ_1 和 Σ_2，然后将点投影到图像平面点 Σ_1' 和 Σ_2'

从图 9.22 可见世界点 $\Sigma(x, y, z)$ 通过球体投射到两个对极点 $\Sigma_1(x/\rho, y/\rho, z/\rho)$ 和 $\Sigma_2(-x/\rho, -y/\rho, -z/\rho)$，球体为 $\rho = \sqrt{x^2 + y^2 + z^2}$。然后将这些点从点 $N(0, 0, d)$ 投影到图像平面 $z = -\xi$ 上的点 Σ_1' 和 Σ_2'。对于点 Σ_2，可表示为

$$\sigma_{1,d,\xi}(x, y, z) = \left[\frac{x(d+\xi)}{d\rho - z}, \ \frac{y(d+\xi)}{d\rho - z}, \ -\xi \right]^{\mathrm{T}} \tag{9.110a}$$

对于点 Σ_2，有

$$\sigma_{2,d,\xi}(x, y, z) = \left[-\frac{x(d+\xi)}{d\rho + z}, \ -\frac{y(d+\xi)}{d\rho + z}, \ -\xi \right]^{\mathrm{T}} \tag{9.110b}$$

如果投影在平面 $z = -\beta$ 上，那么两个投影之间的关系是

$$\sigma_{i,d,\xi}(x,y,z)=\left(\frac{d+\xi}{d+\beta}\right)\sigma_{i,d,\beta}(x,y,z) \tag{9.110c}$$

也就是说，它们仅有比例因子$((d+\xi)/(d+\beta))$不同。因此，如果没有给出ξ，则可以将其视为$\xi=1$。当$d=1$且$\xi=0$时，投影点N为北极，如果$d=0$且$\xi=1$，则得到透视投影

$$\sigma_{i,0,1}(x,y,z)=\left[\frac{x}{z},\ \frac{y}{z}\right]^{\mathrm{T}} \tag{9.110d}$$

- 抛物面镜——现在，考虑一个抛物面镜（见图9.23）。点Σ_1和Σ_2被正交投影到图像平面上的点Σ_1'和Σ_2'，即与焦点F一起入射的任何线（例如，光线）被反射，使得它垂直于图像平面。因此，Σ的投影等效于其在中心投影后再次进行标准正投影。

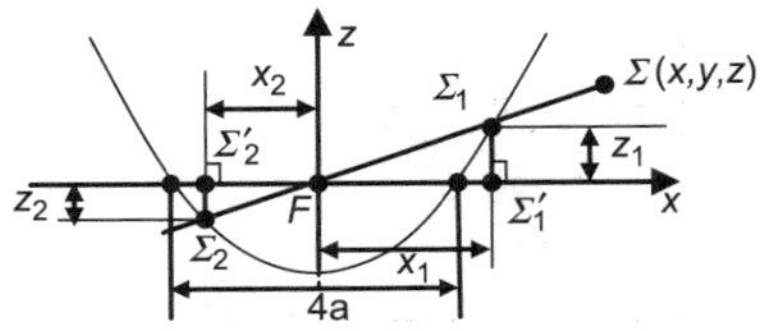

图9.23　抛物面镜。图像平面通过焦点F

向上（沿z方向）开放的抛物面表面描述如下：

$$z=\frac{1}{4a}(x^2+y^2)-a \tag{9.111}$$

其中a是其焦距，其轴假定为z轴，其焦点位于原点。

Σ对抛物面的投影由两个对极点Σ_1和Σ_2组成：

$$\Sigma_1\left(\frac{2ax}{\rho-z},\ \frac{2ay}{\rho-z},\ \frac{2az}{\rho-z}\right),\quad \Sigma_2\left(-\frac{2ax}{\rho+z},\ -\frac{2ay}{\rho+z},\ -\frac{2az}{\rho+z}\right) \tag{9.112}$$

其中$\rho=\sqrt{x^2+y^2+z^2}$。然后将这些点正交投影到平面$z=0$，得到点Σ_1'和Σ_2'：

$$\Sigma_1'\left(\frac{2ax}{\rho-z},\ \frac{2ay}{\rho-z}\right),\quad \Sigma_2'\left(-\frac{2ax}{\rho+z},\ -\frac{2ay}{\rho+z}\right) \tag{9.113}$$

- 双曲面镜——考虑图9.24所示的双曲面镜，其中图像平面仍会通过焦点F。世界的3D点Σ投射到对极点Σ_1和Σ_2，然后透视投影到第二焦点F'的Σ_1'和Σ_2'，即此处，于镜子的焦点之一入射的光线被反射到于第二焦点入射的光线中。

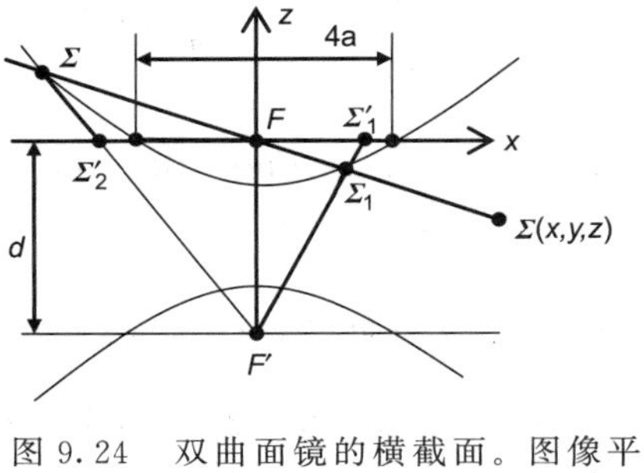

图9.24　双曲面镜的横截面。图像平面穿过焦点F

焦点$F(x,y,z)$的坐标为$(0,0,0)$，焦点$F'(x,y,z)$的坐标为$(0,0,-d)$。双曲面的表面描述如下：

$$\frac{(z+d/2)^2}{p^2}-\frac{x^2+y^2}{q^2}=1 \tag{9.114a}$$

其中

$$p=\frac{1}{2}\left(\sqrt{d^2+4a^2}-2a\right),\quad q=\sqrt{a\sqrt{d^2+4a^2}-2a^2} \tag{9.114b}$$

点 Σ_1 和 Σ_2 的通过点（焦点）$F'(0,\ 0,\ -d)$ 的透视投影（图像）Σ_1' 和 Σ_2' 为

$$\Sigma_1':\left(\frac{2xad/\sqrt{d^2+4a^2}}{\dfrac{d}{\sqrt{d^2+4a^2}}\rho-z},\ \frac{2yad/\sqrt{d^2+4a^2}}{\dfrac{d}{\sqrt{d^2+4a^2}}\rho-z}\right) \tag{9.115a}$$

$$\Sigma_2':\left(-\frac{2xad/\sqrt{d^2+4a^2}}{\dfrac{d}{\sqrt{d^2+4a^2}}\rho+z},\ -\frac{2yad/\sqrt{d^2+4a^2}}{\dfrac{d}{\sqrt{d^2+4a^2}}\rho+z}\right) \tag{9.115b}$$

- 椭球镜——椭球的表面方程，焦点位于(0，0，0)和$(0,\ 0,\ -d)$（见图 9.21c），焦点弦为 4a，方程为

$$\frac{(z+d/2)^2}{p^2}+\frac{(x^2+y^2)}{q^2}=1 \tag{9.116a}$$

其中

$$p=\frac{1}{2}(\sqrt{d^2+4a^2}+2a),\quad q=\sqrt{a\sqrt{d^2+4a^2}+2a^2} \tag{9.116b}$$

这里，投影（图像）点 Σ_1' 和 Σ_2' 是

$$\Sigma_1':\left(\frac{2xad}{\rho d+z\sqrt{d^2+4a^2}},\ \frac{2yad}{\rho d+z\sqrt{d^2+4a^2}}\right) \tag{9.117}$$

$$\Sigma_2':\left(-\frac{2xad}{\rho d-z\sqrt{d^2+4a^2}},\ -\frac{2yad}{\rho d-z\sqrt{d^2+4a^2}}\right) \tag{9.118}$$

式(9.115a)、式(9.115b)、式(9.117)和式(9.118)表明椭圆面镜与双曲面镜一样给出关于 $z=0$ 的相同的反射。比较式(9.110a)、式(9.110b)、式(9.113)、式(9.115a)、式(9.115b)、式(9.117)和式(9.118)，可知本节开头所述的折反射投影定理的有效性直接成立。该定理提供了折反射投影的统一几何模型，使用由投影点 $\sigma_{1,d,\xi}(x,\ y,\ z)$ 或 $\sigma_{2,d,\xi}(x,\ y,\ z)$ 引起的投影（图像）平面（见式(9.110a)和式(9.110b)）。

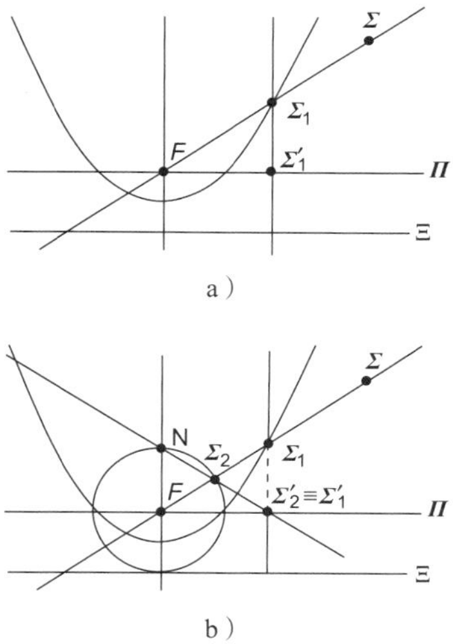

图 9.25　抛物线正交图像点 $\Sigma_1'(A)$ 与球面透视图像点 $\Sigma_2'(B)$ 重合

实际上，中心折反射成像可以通过在球体表面投影，然后从新投影点 N 在图像平面上重投影这些点来建模（见图 9.22）。这在图 9.25 中有所展示，其示出了点 Σ 的经由抛物面镜和正投影到折反射图像平面 Π 的投影（图像）Σ_1' 和 Σ_2'，与其通过球面镜上的点 N 的透视投影所得的投影是一致的。作为练习，读者可以使用抛物线和圆形属性在几何上验证这是真的。

为了正式描述这种一般折反射投影，我们绘制了图 9.26 所示的模型，其中 F_c 对应于图 9.22 的投影点 N[36-37]。

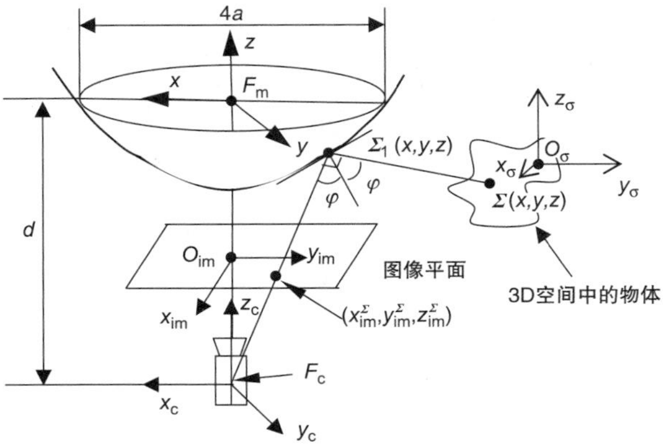

图 9.26　3D 世界的点 Σ 的中心折反射投影

具体而言，3D 世界点到折反射图像平面中的点的映射涉及三个阶段，如图 9.27 所示。

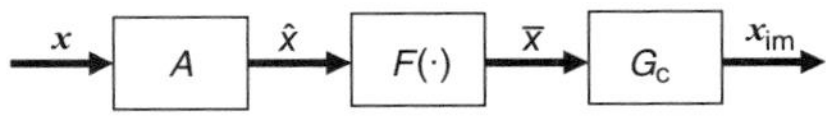

图 9.27　折反射成像

将世界点 $\boldsymbol{x}=[x, y, z, 1]^{\mathrm{T}}$ 投影到折反射图像点 $\boldsymbol{x}_{\mathrm{im}}=[x_{\mathrm{im}}, y_{\mathrm{im}}, z_{\mathrm{im}}]^{\mathrm{T}}$。每个可见点 Σ 可以与投影射线 $\boldsymbol{x}$ 相关联，该射线 $\hat{\boldsymbol{x}}$ 与系统的有效视点连接。向量 $\hat{\boldsymbol{x}}$ 和 $\boldsymbol{x}$ 通过以下方式相关：

$$\hat{\boldsymbol{x}}=\boldsymbol{A}\boldsymbol{x} \tag{9.119a}$$

其中 $\boldsymbol{A}$ 是典型的 3×4 投影矩阵：

$$\boldsymbol{A}=\boldsymbol{R}[\boldsymbol{I}_{3\times 3} \vdots -\boldsymbol{s}_0] \tag{9.119b}$$

$\boldsymbol{R}$ 是世界和镜像坐标系之间的旋转矩阵，s_0 是世界坐标系原点。假设在不损失一般性的情况下世界和传感器坐标系是相同的，那么

$$\boldsymbol{A}=\begin{bmatrix}1 & 0 & 1 \vdots & 0\\ 0 & 1 & 0 \vdots & 0\\ 0 & 0 & 1 \vdots & 0\end{bmatrix} \tag{9.119c}$$

我们将投影射线 $\hat{\boldsymbol{x}}$ 视为定向投影平面 P^2 中的点，其通过非线性变换 $\boldsymbol{F}(\hat{\boldsymbol{x}})$ 变换为点 $\bar{\boldsymbol{x}}\in P^2$。然后，通过转换获得图像点 $\boldsymbol{x}_{\mathrm{im}}$：

$$\boldsymbol{x}_{\mathrm{im}}=\boldsymbol{G}_{\mathrm{c}}\bar{\boldsymbol{x}}, \quad \boldsymbol{G}_{\mathrm{c}}=\boldsymbol{Q}_{\mathrm{c}}\boldsymbol{R}_{\mathrm{c}}\boldsymbol{T}_{\mathrm{c}} \tag{9.120}$$

其中 $\boldsymbol{Q}_{\mathrm{c}}$ 涉及相机内部参数，$\boldsymbol{R}_{\mathrm{c}}$ 是相机和镜子之间的旋转矩阵，$\boldsymbol{T}_{\mathrm{c}}$ 取决于镜子的形状。抛物线、双曲线、椭圆和透视(球形)系统的一般模型的参数 $\boldsymbol{d}'$ 和 ξ' 如表 9.1 所示，其中 $4a$ 是镜子的焦点弦，d 是相机和镜子焦点之间的距离。

表 9.1　统一的折反射模型参数 d' 和 ξ'

镜子	d'	ξ'	点
抛物面镜	1	$2a-1$	$(x, y, z, 1)$
双曲面镜	$d/\sqrt{d^2+2a^2}$	$(2a-1)d/\sqrt{d^2+2a^2}$	$(x, y, z, 1)$
椭球镜	$d/\sqrt{d^2+2a^2}$	$(2a-1)d/\sqrt{d^2+2a^2}$	$(x, y, -z, 1)$
透视镜	0	1	$(x/z, y/z, 1)$

这些参数是通过比较球面投影方程(式(9.110a)和式(9.110b))以及抛物线、双曲线和

椭圆镜投影方程((式 9.113)、式(9.115a)和式(9.117))得到的。函数 $\boldsymbol{F}(\boldsymbol{x})$ 和矩阵 $\boldsymbol{T}_c$ 由下式给出：

$$\boldsymbol{F}(\boldsymbol{x})=\begin{bmatrix}\dfrac{x}{z+d'\sqrt{x^2+y^2+z^2}}\\ \dfrac{y}{z+d'\sqrt{x^2+y^2+z^2}}\\ 1\end{bmatrix} \tag{9.121a}$$

或者，等效地有

$$\boldsymbol{F}(\boldsymbol{x})=\begin{bmatrix}x\\ y\\ z+d'\sqrt{x^2+y^2+z^2}\end{bmatrix} \tag{9.121b}$$

和

$$\boldsymbol{T}_c=\begin{bmatrix}\xi'+d' & 0 & 0\\ 0 & \xi'+d' & 0\\ 0 & 0 & 1\end{bmatrix} \tag{9.121c}$$

可以在参考文献[38-43]中找到对上述结果的更一般模型的详细推导和扩展。

图 9.28 显示了双曲面全向图像和相应的全景(圆柱形)和透视图像的一个例子，它们属于图 9.26 和图 9.27 的一般折反射相机模型。

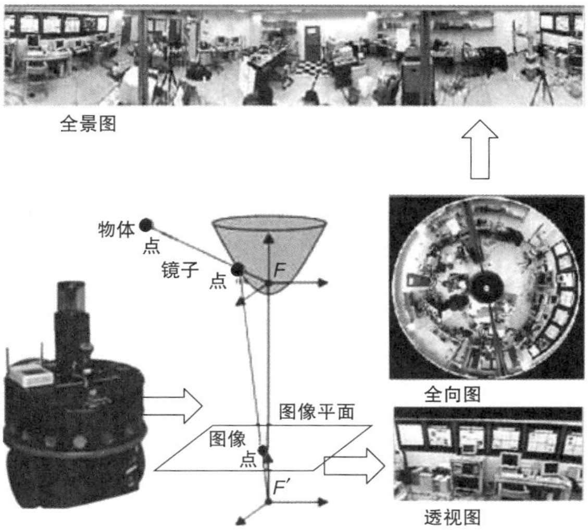

图 9.28 双曲面折反射视觉系统和生成的变换图像的例子

例 9.4 导出用于图 9.26 中所示对象的一组 n 个点(特征)Σ_i：$\boldsymbol{x}_{\sigma,1}$，$\boldsymbol{x}_{\sigma,2}$，…，$\boldsymbol{x}_{\sigma,n}$ 的折反射图像雅可比矩阵。

解 由 $\boldsymbol{x}_\sigma$ 表示局部坐标系 $O_\sigma(x_\sigma, y_\sigma, z_\sigma)$ 中对象的任意点。如果 $\boldsymbol{R}$ 是坐标系 O_σ 和镜子的参考坐标系 $F(x, y, z)$ 之间的旋转矩阵，并且 $\boldsymbol{s}$ 是镜子坐标中 O_σ 的位置矢量，

那么从 $F(x, y, z)$ 到 $O_\sigma(x_\sigma, y_\sigma, z_\sigma)$ 的齐次变换可表示为

$$\boldsymbol{x}=\boldsymbol{R}\boldsymbol{x}_\sigma+\boldsymbol{s} \tag{9.122}$$

点 x 被投影到折反射图像平面的点 $\boldsymbol{x}_{\mathrm{im}_i}=\boldsymbol{F}_i(\boldsymbol{x})$，如式(9.121a)所示。旋量矢量描述了物体的运动：

$$\dot{\boldsymbol{r}}=\begin{bmatrix}\boldsymbol{v}\\ \boldsymbol{\omega}\end{bmatrix}$$

因此，由于物体运动，点 Σ_i 的 3D 速度为

$$\dot{\boldsymbol{x}}=\boldsymbol{J}_0\dot{\boldsymbol{r}} \tag{9.123}$$

现在，如果 $\boldsymbol{J}_i$ 是式(9.121a)中函数 $\boldsymbol{f}_i(\boldsymbol{x})$ 前两行的雅可比矩阵，然后从 $\dot{\boldsymbol{x}}_{\sigma,i}$ 到 $\dot{\boldsymbol{r}}$ 的图像雅可比矩阵 $\boldsymbol{J}_{\mathrm{im}}$ 由下式给出：

$$\begin{bmatrix}\dot{\boldsymbol{x}}_{\sigma,1}\\ \dot{\boldsymbol{x}}_{\sigma,2}\\ \vdots\\ \dot{\boldsymbol{x}}_{\sigma,n}\end{bmatrix}=\boldsymbol{J}_{\mathrm{im}}\dot{\boldsymbol{r}}=\begin{bmatrix}\boldsymbol{J}_{\mathrm{im}}^1\\ \boldsymbol{J}_{\mathrm{im}}^2\\ \vdots\\ \boldsymbol{J}_{\mathrm{im}}^n\end{bmatrix}\dot{\boldsymbol{r}} \tag{9.124a}$$

其中

$$\boldsymbol{J}_{\mathrm{im}}^i=\boldsymbol{J}_i\boldsymbol{J}_0 \tag{9.124b}$$

从式(9.121a)中我们发现[37]：

$$\boldsymbol{J}_i=\frac{1}{\rho(z+\zeta\rho)^2}\begin{bmatrix}\rho z+\zeta(y^2+z^2) & -\zeta xy & -x(\rho+\zeta z)\\ \zeta xy & -[\rho z+\zeta(x^2+z^2)] & y(\rho+\zeta z)\end{bmatrix} \tag{9.125a}$$

其中 $\zeta=d'$ 且 $\rho=\sqrt{x^2+y^2+z^2}$。矩阵 $\boldsymbol{J}_0=[\boldsymbol{I}_{3\times3}\ \vdots\ \boldsymbol{S}(\boldsymbol{x})]$，其中 $\boldsymbol{S}(\boldsymbol{x})$ 是与 $\boldsymbol{x}$ 相关的偏斜对称矩阵，即(见式(9.4a)和式(9.4b))：

$$\boldsymbol{S}(\boldsymbol{x})=\begin{bmatrix}0 & z & -y\\ -z & 0 & x\\ y & -x & 0\end{bmatrix} \tag{9.125b}$$

使用上面的表达式表达 $\boldsymbol{J}_i$ 和 $\boldsymbol{J}_0$，由式(9.124b)给出：

$$\boldsymbol{J}_{\mathrm{im}}^i=[(\boldsymbol{J}_{\mathrm{im}}^i)_1\ \vdots\ (\boldsymbol{J}_{\mathrm{im}}^i)_2]$$

$$(\boldsymbol{J}_{\mathrm{im}}^i)_1=\begin{bmatrix}x_{\sigma,i}y_{\sigma i} & \dfrac{(1+x_{\sigma,i}^2)\mu-y_{\sigma,i}^2\zeta}{\mu+\zeta} & y_{\sigma,i}\\ \dfrac{(1+y_{\sigma,i}^2)\mu-x_{\sigma,i}^2\zeta}{\mu+\zeta} & x_{\sigma,i}y_{\sigma,i} & -x_{\sigma,i}\end{bmatrix}$$

$$(\boldsymbol{J}_{\mathrm{im}}^i)_2=\begin{bmatrix}\dfrac{1+x_{\sigma,i}^2[1-\zeta(\mu+\zeta)]y_{\sigma,i}^2}{\rho(\mu+\zeta)} & \dfrac{x_{\sigma,i}y_{\sigma,i}\zeta}{\rho} & \dfrac{-x_{\sigma i}\mu}{\rho}\\ \dfrac{-x_{\sigma,i}y_{\sigma,i}\zeta}{\rho} & \dfrac{1+x_{\sigma,i}^2+y_{\sigma,i}^2[1-\zeta(\mu+\zeta)]}{\rho(\mu+\zeta)} & \dfrac{-y_{\sigma,i}\mu}{\rho}\end{bmatrix} \tag{9.126}$$

其中 $\mu=\sqrt{1+(x_{\sigma,i}^2+y_{\sigma,i}^2)(1-\zeta^2)}$。我们可以验证当 $\zeta=0$(透视投影)时，得到透视摄像机

的标准雅可比矩阵。事实上，在这种情况下，式(9.121a)成为标准透视变换 $\boldsymbol{f}_i=[x/z, -y/z]$，$\boldsymbol{J}_i$ 采用以下形式：

$$\boldsymbol{J}_i=\boldsymbol{J}_{\mathrm{a},i}\boldsymbol{J}_{\mathrm{c},i} \tag{9.127a}$$

$$\boldsymbol{J}_{\mathrm{a},i}=\begin{bmatrix}\dfrac{z(\rho z+\zeta(y^2+z^2))}{\rho(z+\zeta\rho)^2} & \dfrac{\zeta xyz}{\rho(z+\zeta\rho)^2}\\ \dfrac{\zeta xyz}{\rho(z+\zeta\rho)^2} & \dfrac{z(\rho z+\zeta(x^2+z^2))}{\rho(z+\zeta\rho)^2}\end{bmatrix} \tag{9.127b}$$

$$\boldsymbol{J}_{\mathrm{c},i}=\begin{bmatrix}1/z & 0 & -x/z^2\\ 0 & -1/z & y/z^2\end{bmatrix} \tag{9.127c}$$

对于 $\zeta=0$，矩阵 $\boldsymbol{J}_{\mathrm{a,i}}$ 简化成单位矩阵，因此：

$$\boldsymbol{J}_i=\begin{bmatrix}1/z & 0 & -x/z^2\\ 0 & -1/z & y/z^2\end{bmatrix} \tag{9.127d}$$

这是标准雅可比矩阵(见式(9.13a)和式(9.31b))。上述雅可比矩阵可以直接用于基于折反射全向视觉的视觉伺服。

9.9.3　基于全向视觉的移动机器人视觉伺服

在具有折反射图像雅可比矩阵之后，固定或移动机器人的视觉伺服可以以通常的方式执行(可参见 9.8 节)，即使用反馈控制律(参见式(9.34))：

$$\boldsymbol{u}=\dot{\boldsymbol{r}}=\boldsymbol{J}_{\mathrm{im}}^{r}\boldsymbol{K}\boldsymbol{e}_\sigma,\quad \boldsymbol{e}_\sigma=\boldsymbol{x}_{\sigma,\mathrm{d}}-\boldsymbol{x}_\sigma$$

其中 $\boldsymbol{e}_\sigma=[\boldsymbol{e}_{\sigma,1}^{\mathrm{T}}, \boldsymbol{e}_{\sigma,2}^{\mathrm{T}}, \cdots, \boldsymbol{e}_{\sigma,n}^{\mathrm{T}}]^{\mathrm{T}}$，以及

$$\boldsymbol{J}_{\mathrm{im}}=\begin{bmatrix}\boldsymbol{J}_{\mathrm{a},1} & 0 & \cdots & 0\\ 0 & \boldsymbol{J}_{\mathrm{a},2} & \cdots & 0\\ \vdots & \vdots & \ddots & \vdots\\ 0 & 0 & \cdots & \boldsymbol{J}_{\mathrm{a},n}\end{bmatrix}\begin{bmatrix}J_{\mathrm{c},1}\\ J_{\mathrm{c},2}\\ \vdots\\ J_{\mathrm{c},n}\end{bmatrix}$$

其中 $\boldsymbol{J}_{\mathrm{a},i}$ 由式(9.127b)给出，$\boldsymbol{J}_{\mathrm{c},i}$ 由式(9.127c)给出，$i=1, 2, \cdots, n$。广义逆 $\boldsymbol{J}_{\mathrm{im}}^{\dagger}$ 由式(9.31a)和式(9.31b)给出。为了获得可实现的解决方案，对象点(要素)的数量 n 必须大于任务自由度的数量，在这种情况下我们使用式(9.31a)。

现在，考虑使用透视相机——双曲面折反射传感器的基于移动机器人图像的视觉伺服的情况。由于实现折反射视觉反馈所需的目标特征参数的提取在计算上非常苛刻，因此可行的方法是考虑对应于目标的小像素区域。但是，对于移动目标，我们需要不断更新目标的坐标，以便能够实时计算目标参数。在目标上可以使用一些方便的地标(例如，在其上绘制■)，目标视觉跟踪可以分两步完成：

步骤 1　在整个图像中定位目标(这是离线完成的)。

步骤 2　实时视觉跟踪，目标的初始位置坐标就是步骤 1 中找到的坐标。

为了应用实时跟踪，我们可以使用离散时间仿射模型来描述两个连续时间 t 和 $t+\Delta t$

之间的目标运动，其涉及由矢量 $\boldsymbol{d}$ 和旋转矩阵 $\boldsymbol{R}$ 指定的平移和旋转位移。自仿射变换不能直接应用于全向图像，该图像首先被转换为由参数 l_{fp}，ϕ_{a} 和 ϕ_{e} 描述的透视图像(x_{im}，y_{im})(参见例 4.1，式(4.5a)、式(4.5b)、式(4.6a)和式(4.6b))。更新的位姿(ϕ_{new}，ψ_{new})使用以下关系计算：

$$\phi_{\mathrm{new}}=\phi+\arctan\left(\frac{\mathrm{d}y_{\mathrm{im}}}{l_{\mathrm{f}}}\right),\quad \psi_{\mathrm{new}}=\psi+\arctan\left(\frac{\mathrm{d}x_{\mathrm{im}}}{l_{\mathrm{f}}}\right)$$

其中 $\mathrm{d}x_{\mathrm{im}}$ 和 $\mathrm{d}y_{\mathrm{im}}$ 分别是目标中心的水平和垂直平移。通过这种方式，我们可以确保目标始终位于透视图像的中心。显然，如果使用安装在云台机构上的虚拟透视摄像机，其焦点始终位于双曲线焦点(参见 9.8 节)，此过程将是相同的。现在，可以应用标准的基于图像的视觉伺服步骤(参见 9.8 节)。选择被跟踪的目标区域为正方形，并且目标特征为该正方形的四个角($i=1，2，3，4$)的透视图像中的坐标，则特征向量 $\boldsymbol{f}$ 为(见图 4.16)

$$\boldsymbol{f}=[x_{\mathrm{im},1},\ x_{\mathrm{im},2},\ x_{\mathrm{im},3},\ x_{\mathrm{im},4},\ y_{\mathrm{im},1},\ y_{\mathrm{im},2},\ y_{\mathrm{im},3},\ y_{\mathrm{im},4}]^{\mathrm{T}}$$

透视摄像机坐标系的运动由以下矢量描述(见式(9.9))：

$$\dot{\boldsymbol{r}}_{\mathrm{c}}=\begin{bmatrix}\boldsymbol{v}_{\mathrm{c}}\\ \boldsymbol{\omega}_{\mathrm{c}}\end{bmatrix}=[v_x^{\mathrm{c}},\ v_y^{\mathrm{c}},\ v_z^{\mathrm{c}},\ \omega_x^{\mathrm{c}},\ \omega_y^{\mathrm{c}},\ \omega_z^{\mathrm{c}}]^{\mathrm{T}}$$

$\dot{\boldsymbol{f}}$ 和 $\dot{\boldsymbol{r}}_{\mathrm{c}}$ 的关系由式(9.9)给出：

$$\dot{\boldsymbol{f}}=\boldsymbol{J}_{\mathrm{im}}(\boldsymbol{r})\dot{\boldsymbol{r}}_{\mathrm{c}}$$

其中 $\dot{\boldsymbol{f}}$ 有八行六列。假设方形目标区域以图像中心为中心，并且具有 2η 维，则特征向量 $\boldsymbol{f}_{\mathrm{T}}$ 变为

$$\boldsymbol{f}_{\mathrm{T}}=[-\eta,\ \eta,\ \eta,\ -\eta,\ -\eta,\ \eta,\ \eta,\ -\eta]^{\mathrm{T}}$$

并且雅可比矩阵 $\boldsymbol{J}_{\mathrm{im}}]_{f\equiv f_T}$ 具有四个 2×6 块的方程式(9.15)，我们可以在不失去收敛的情况下使 $z=1$。基于图像的反馈控制法为

$$\boldsymbol{r}=\boldsymbol{J}_{\mathrm{im}}^{\dagger}\boldsymbol{K}\boldsymbol{e}_{\mathrm{T}}(\boldsymbol{f}_{\mathrm{T}}),\quad \boldsymbol{e}_{\mathrm{T}}(\boldsymbol{f}_{\mathrm{T}})=\boldsymbol{f}_{\mathrm{T,d}}-\boldsymbol{f}_{\mathrm{T}}$$

其中 $\boldsymbol{f}_{\mathrm{T,d}}$ 是所需的特征向量。考虑到 $\boldsymbol{v}_y^{\mathrm{c}}=0$，我们可以减少 $\boldsymbol{J}$ 的维数，因为机器人和摄像机只能在水平面上移动(见图 4.16)。考虑同步驱动 WMR，控制向量为 $\boldsymbol{u}=[v_z^{\mathrm{p}},\ \omega_\psi^{\mathrm{p}}]$，其中 v_z^{p} 为平移速度，ω_ψ^{p} 为机器人平台的转向速度。这里，我们还可以假设 $\omega_x^{\mathrm{c}}=\omega_z^{\mathrm{c}}=0$。因此，$\dot{\boldsymbol{r}}_{\mathrm{c}}$ 变为

$$\dot{\boldsymbol{r}}_{\mathrm{c}}=[v_x^{\mathrm{c}},\ v_z^{\mathrm{c}},\ \omega_y^{\mathrm{c}}]$$

例 9.5　将在全景(圆柱形)图像平面上移动的 3D 点的运动变换导出到透视摄像机图像平面。

解　考虑一个如图 9.26 所示的双曲面镜像透视摄像机视觉系统。相应的虚拟圆柱形图像平面具有图 9.29 的形式。

在反射源自镜子处的 P 的光线之后，世界点 $P(X，Y，Z)$被映射到图像平面的点(x，y)。镜子和相机的焦点分别由 F_{m} 和 F_{c} 表示。双曲面镜面方程为

$$(Z+c)^2/p^2-(X^2+Y^2)/q^2=1,\quad c=\sqrt{p^2+q^2}\tag{9.128}$$

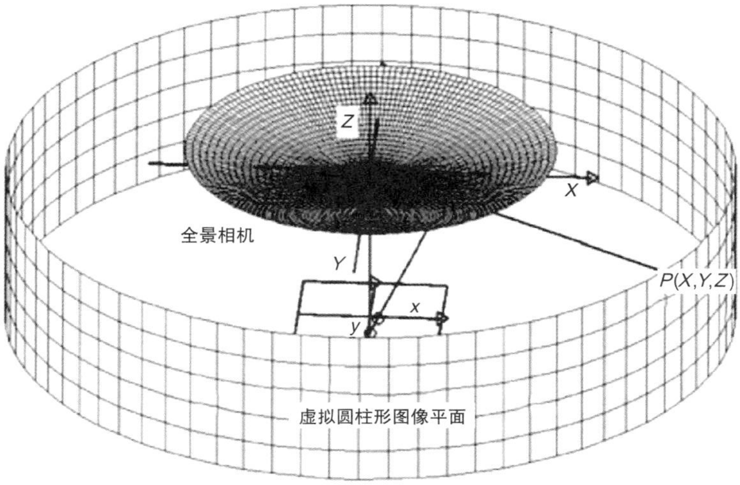

图 9.29　虚拟圆柱图像平面

资料来源：转载自参考资料[23]，获得 IJCAS 的许可。

根据参数 p，q，c 和 l_f(摄像机焦距)，$P(X, Y, Z)$的图像点的坐标由下式给出(参见式(9.114a)，式(9.114b)和式(9.121a))：

$$\begin{bmatrix} x \\ y \end{bmatrix} = \mu \begin{bmatrix} X \\ Y \end{bmatrix}, \quad \mu = \frac{l_f(p^2 - c^2)}{(p^2 + c^2)Z - 2pc\sqrt{X^2 + Y^2 + Z^2}} \tag{9.129}$$

圆柱表面的点 P 到图像平面的投影由下式给出：

$$\lambda \boldsymbol{x} = \boldsymbol{AP} \tag{9.130}$$

其中 $\boldsymbol{x} = [x, y, 0]^{\mathrm{T}}$，$\boldsymbol{A} = \mathrm{diag}[1, 1, 0]$，$\boldsymbol{p} = [X, Y, Z]^{\mathrm{T}}$，并且 $\lambda = 1/\mu$。众所周知，与相机运动相关的 3D 空间点 $\boldsymbol{p} = [X, Y, Z]^{\mathrm{T}}$ 的运动由线速度 $\boldsymbol{v}(t)$和角速度 $\boldsymbol{\omega}(t)$描述，如式(9.2a)和式(9.2b)所示，即 $\dot{\boldsymbol{p}} = -(\boldsymbol{\omega} \times \boldsymbol{p} + \boldsymbol{v})$；其中 $\boldsymbol{v} = [v_x, v_y, v_z]^{\mathrm{T}}$ 并且 $\boldsymbol{\omega} = [\omega_x, \omega_y, \omega_z]^{\mathrm{T}}$。因此，关于时间微分方程(9.130)，我们得到 $\lambda \dot{\boldsymbol{x}} + \dot{\lambda} \boldsymbol{x} = \boldsymbol{A}\dot{\boldsymbol{p}}$，它给出：

$$\begin{bmatrix} \dot{x} \\ \dot{y} \end{bmatrix} = \boldsymbol{J}_{0,v}\boldsymbol{v} + \boldsymbol{J}_{0,\omega}\boldsymbol{\omega} \tag{9.131}$$

其中

$$\boldsymbol{J}_{0,v} = \frac{1}{\lambda}\begin{bmatrix} -1 + \gamma\lambda x^2 & \gamma\lambda xy & (\alpha/\beta)x + \gamma xZ \\ \gamma\lambda xy & -1 + \gamma\lambda y^2 & (\alpha/\beta)y + \gamma yZ \end{bmatrix} \tag{9.132a}$$

$$\boldsymbol{J}_{0,\omega} = \begin{bmatrix} (\alpha/\beta)xy & -Z/\lambda - (\alpha/\beta)x^2 & y \\ Z/\lambda + (\alpha/\beta)y^2 & -(\alpha/\beta)xy & -x \end{bmatrix} \tag{9.132b}$$

其中 $\alpha = p^2 + c^2$，$\beta = l_f(p^2 - c^2)$，$\gamma = -2pc/(\beta\|\boldsymbol{p}\|)$和$\|\boldsymbol{p}\| = \sqrt{X^2 + Y^2 + Z^2}$。由于 WMR 在平面上移动(即 $\boldsymbol{v} = [v_x, v_y, 0]^{\mathrm{T}}$，$\boldsymbol{\omega} = [0, 0, \omega_z]^{\mathrm{T}}$)，因此，式(9.131)、式(9.132a)和式(9.132b)可简化成

$$\begin{bmatrix} \dot{\boldsymbol{x}} \\ \dot{\boldsymbol{y}} \end{bmatrix} = \boldsymbol{J}_{0,v}\boldsymbol{v}' + \boldsymbol{J}_{0,\omega}\omega \left(\omega = \omega_z, \quad \boldsymbol{v}' = \begin{bmatrix} v_x \\ v_y \end{bmatrix} \right) \tag{9.133}$$

其中：

$$\boldsymbol{J}_{0,v}=\frac{1}{\lambda}\begin{bmatrix}-1+\gamma\lambda x^2 & \gamma\lambda xy\\ \gamma\lambda xy & -1+\gamma\lambda y^2\end{bmatrix},\quad \boldsymbol{J}_{0,\omega}=\begin{bmatrix}y\\ -x\end{bmatrix} \tag{9.134}$$

例 9.6　本例中期望找到相机 WMR 系统的图像雅可比矩阵，其中相机固定于 WMR 上方，所以相机平面 $x_c y_c$ 平行于图像平面 $x_{im} y_{im}$。

解　我们考虑如图 9.30[44] 所示的系统配置。

有以下坐标系：

- $O_w x_w y_w z_w$ 是世界坐标系。
- $O_c x_c y_c z_c$ 是摄像机坐标系。
- $O_{im} x_{im} y_{im} z_{im}$ 是图像平面坐标系。

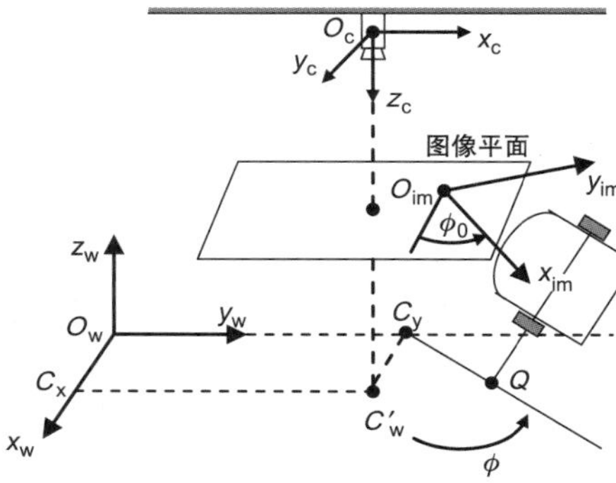

图 9.30　视觉和机器人系统的几何形状

令 $C'_w(c_x, c_y)$ 为摄像机光轴穿过 $O_w x_w y_w$（机器人）平面（假设平行于图像平面）的点，$(c_{x,im}, c_{y,im})$ 是图像平面中 O_c 图像的坐标，$Q(x_Q, y_Q)$ 是 WMR 在世界坐标系中的位置，$(x_{Q,im}, y_{Q,im})$ 是图像(x_Q, y_Q)的位置。

然后，易发现相机透视模型是

$$\boldsymbol{x}_{Q,im}=\boldsymbol{\Lambda}\boldsymbol{R}(\phi_0)[\boldsymbol{x}_Q-\boldsymbol{c}_w]+\boldsymbol{c}_{im} \tag{9.135a}$$

其中

$$\boldsymbol{x}_{Q,im}=\begin{bmatrix}x_{Q,im}\\ y_{Q,im}\end{bmatrix},\quad \boldsymbol{x}_Q=\begin{bmatrix}x_Q\\ \boldsymbol{y}_Q\end{bmatrix},\quad \boldsymbol{c}_w=\begin{bmatrix}c_x\\ c_y\end{bmatrix},\quad \boldsymbol{c}_{im}=\begin{bmatrix}c_{x,im}\\ c_{y,im}\end{bmatrix} \tag{9.135b}$$

并且 $\boldsymbol{\Lambda}=\mathrm{diag}[\lambda_1, \lambda_2]$，其中 λ_1，λ_2 是由视觉系统参数（深度、焦距、$\boldsymbol{x}_{im}$ 和 $\boldsymbol{y}_{im}$ 轴中的缩放因子）指定的常数。旋转矩阵 $\boldsymbol{R}(\phi_0)$ 由下式给出：

$$\boldsymbol{R}(\phi_0)=\begin{bmatrix}\cos\phi_0 & \sin\phi_0\\ -\sin\phi_0 & \cos\phi_0\end{bmatrix} \tag{9.136}$$

其中 $\boldsymbol{\phi}_0$ 是 $\boldsymbol{x}_{im}$ 轴和 $\boldsymbol{x}_w$ 轴之间的角度，逆时针方向为正。

在式(9.135a)中进行代数计算，使用式(9.136)，我们得到[44]：

$$\boldsymbol{f}=\boldsymbol{G}\boldsymbol{x}+\boldsymbol{F} \tag{9.137a}$$

其中

$$\boldsymbol{f}=[\boldsymbol{x}_{Q,im}^{\mathrm{T}}, \phi]^{\mathrm{T}},\quad \boldsymbol{x}=[\boldsymbol{x}_{Q,\phi}^{\mathrm{T}}]^{\mathrm{T}} \tag{9.137b}$$

$$\boldsymbol{G}=\begin{bmatrix}\lambda_1\cos\phi_0 & \lambda_1\sin\phi_0 & 0\\ -\lambda_2\sin\phi_0 & \lambda_2\cos\phi_0 & 0\\ 0 & 0 & 1\end{bmatrix},\quad \boldsymbol{F}=\begin{bmatrix}-c_x\lambda_1\cos\phi_0 & -c_y\lambda_1\sin\phi_0+c_{x,im}\\ c_x\lambda_2\sin\phi_0 & -c_y\lambda_2\cos\phi_0+c_{y,im}\end{bmatrix} \tag{9.137c}$$

关于时间微分方程(9.137a)，我们获得：

$$\dot{\boldsymbol{f}}=\boldsymbol{J}_{im}\dot{\boldsymbol{r}},\quad \dot{\boldsymbol{r}}=[v, \omega]^{\mathrm{T}} \tag{9.138a}$$

其中 $\boldsymbol{J}_{\mathrm{im}}$ 是图像雅可比矩阵：

$$\boldsymbol{J}_{\mathrm{im}}=\begin{bmatrix}\lambda_1\cos(\phi-\phi_0) & 0\\ \lambda_2\sin(\phi-\phi_0) & 0\\ 0 & 1\end{bmatrix} \tag{9.138b}$$

它代表了摄像机器人系统的运动学模型，从 WMR 旋量矢量 $\dot{\boldsymbol{r}}$ 到视觉特征率矢量 $\dot{\boldsymbol{f}}$。

例 9.7　本例期望找到基于视觉的控制律 $\boldsymbol{\tau}(t)$，它将差分驱动机器人的系统轨迹 $\boldsymbol{x}(t)=[x_Q, y_Q, \phi]^{\mathrm{T}}$ 驱动到所需的轨迹 $\boldsymbol{x}_{\mathrm{d}}(t)=[x_{Q,\mathrm{d}}, y_{Q,\mathrm{d}}, \phi_{\mathrm{d}}]^{\mathrm{T}}$，并且对于有界未知干扰$\boldsymbol{d}(t)$具有鲁棒性：

$$\|\boldsymbol{d}(t)\|\leqslant d_{\max} \tag{9.139}$$

解　我们将应用两步反演步骤，假设所需的轨迹满足与 WMR 相同的运动方程[44-45]。使用图 9.30 的相机机器人配置，所需的轨迹满足图像平面上机器人轨迹的运动模型（式(9.138a)）：

$$\dot{\boldsymbol{f}}_{\mathrm{d}}=\boldsymbol{J}_{\mathrm{im}}\dot{\boldsymbol{r}},\quad \dot{\boldsymbol{r}}=[v, \omega]^{\mathrm{T}} \tag{9.140a}$$

其中 $\boldsymbol{f}_{\mathrm{d}}=[x_{Q,\mathrm{d}}, y_{Q,\mathrm{d}}, \phi_{\mathrm{d}}]^{\mathrm{T}}$，并且

$$\boldsymbol{J}_{\mathrm{im}}=\begin{bmatrix}\lambda_1\cos(\phi_{\mathrm{d}}-\phi_0) & 0\\ \lambda_2\sin(\phi_{\mathrm{d}}-\phi_0) & 0\\ 0 & 1\end{bmatrix} \tag{9.140b}$$

运动控制器

在不失一般性的情况下，我们假设 $\lambda_1=\lambda_2=\lambda(0<\lambda_{\min}\leqslant\lambda\leqslant\lambda_{\max})$，这是未知的视觉系统参数。特征向量误差为

$$\tilde{\boldsymbol{f}}=\boldsymbol{f}_{\mathrm{d}}-\boldsymbol{f} \tag{9.141}$$

在 WMR(局部)坐标系中表现为(见式(5.51)和式(7.69))

$$\boldsymbol{\varepsilon}=\boldsymbol{E}\tilde{\boldsymbol{f}},\quad \boldsymbol{\varepsilon}=[\varepsilon_1, \varepsilon_2, \varepsilon_3]^{\mathrm{T}} \tag{9.142a}$$

其中

$$\boldsymbol{E}=\begin{bmatrix}\cos(\phi-\phi_0) & \sin(\phi-\phi_0) & 0\\ -\sin(\phi-\phi_0) & \cos(\phi-\phi_0) & 0\\ 0 & 0 & 1\end{bmatrix} \tag{9.142b}$$

因此，由于 $\boldsymbol{E}$ 是可逆的，当且仅当 $\tilde{\boldsymbol{f}}\to 0$ 时，$\varepsilon\to 0$。现在，类似于式(7.70)，使用式(9.138a)、式(9.138b)、式(9.140a)、式(9.140b)、式(9.142a)和式(9.142b)，我们得到以下误差动态：

$$\begin{aligned}\dot{\varepsilon}_1&=\omega\varepsilon_2-\lambda v+\lambda v_{\mathrm{d}}\cos\varepsilon_3\\ \dot{\varepsilon}_2&=-\omega\varepsilon_1+\lambda v_{\mathrm{d}}\sin\varepsilon_3\\ \dot{\varepsilon}_3&=\omega_{\mathrm{d}}-\omega\end{aligned} \tag{9.143}$$

因此，按照例 7.1(式(7.71)和式(7.72))的步骤，我们选择以下候选李雅普诺夫函数[44-45]：

$$V=\frac{1}{2}(\varepsilon_1^2+\varepsilon_2^2+\lambda\varepsilon_3^2) \tag{9.144}$$

根据时间微分 V 并在结果中代入式(9.143)，我们发现：

$$\begin{aligned}\dot{V}&=\varepsilon_1\dot{\varepsilon}_1+\varepsilon_2\dot{\varepsilon}_2+\lambda\varepsilon_3\dot{\varepsilon}_3\\&=\varepsilon_1(\omega\varepsilon_2-\lambda v_{\mathrm{m}}-\lambda\tilde{v}+\lambda v_{\mathrm{d}}\cos\varepsilon_3)+\varepsilon_2(-\omega\varepsilon_1+\lambda v_{\mathrm{d}}\sin\varepsilon_3)+\lambda\varepsilon_3(\omega_{\mathrm{d}}-\omega_{\mathrm{m}}-\tilde{\omega})\\&=\varepsilon_1\lambda(-v_{\mathrm{m}}+v_{\mathrm{d}}\cos\varepsilon_3)+\varepsilon_3\lambda\left[\varepsilon_2v_{\mathrm{d}}\left(\frac{\sin\varepsilon_3}{\varepsilon_3}\right)+\omega_{\mathrm{d}}-\omega_{\mathrm{m}}\right]-\lambda\varepsilon_1\tilde{v}-\lambda\varepsilon_3\tilde{\omega}\end{aligned} \tag{9.145}$$

因此，选择

$$-v_{\mathrm{m}}+v_{\mathrm{d}}\cos\varepsilon_3=-K_1\varepsilon_1$$

$$\varepsilon_2v_{\mathrm{d}}\left(\frac{\sin\varepsilon_3}{\varepsilon_3}\right)+\omega_{\mathrm{d}}-\omega_{\mathrm{m}}=-K_3\varepsilon_3$$

即

$$v_{\mathrm{m}}=K_1\varepsilon_1+v_{\mathrm{d}}\cos\varepsilon_3 \tag{9.146a}$$

$$\omega_{\mathrm{m}}=\omega_{\mathrm{d}}+K_3\varepsilon_3+\varepsilon_2v_{\mathrm{d}}\left(\frac{\sin\varepsilon_3}{\varepsilon_3}\right) \tag{9.146b}$$

我们得到[⊖]：

$$\dot{V}=-\lambda K_1\varepsilon_1^2-\lambda K_3\varepsilon_3^2-\lambda\varepsilon_1\tilde{v}-\lambda\varepsilon_3\tilde{\omega} \tag{9.146c}$$

$\dot{V}$ 的前两项是负的，因此，对于渐近轨迹跟踪和参数收敛，我们必须确保 $\tilde{v}$ 和 $\tilde{\boldsymbol{\omega}}$ 渐近为零。这将由随后的动态自适应控制器完成。

自适应控制器

我们将使用结合了外部干扰 $\boldsymbol{d}(t)$ 的式(3.29)的动力学模型：

$$\overline{\boldsymbol{D}}\boldsymbol{v}=\overline{\boldsymbol{E}}\boldsymbol{\tau}+\boldsymbol{d}(t) \tag{9.147a}$$

其中

$$\boldsymbol{v}=\begin{bmatrix}v\\\omega\end{bmatrix},\quad \boldsymbol{d}=\begin{bmatrix}d_1\\d_2\end{bmatrix},\quad \overline{\boldsymbol{D}}=\begin{bmatrix}m&0\\0&\mathrm{I}\end{bmatrix},\quad \overline{\boldsymbol{E}}=\frac{1}{r}\begin{bmatrix}1&1\\2a&-2a\end{bmatrix} \tag{9.147b}$$

使用速度误差向量：

$$\tilde{\boldsymbol{v}}=\begin{bmatrix}\tilde{v}\\\tilde{\omega}\end{bmatrix}=\begin{bmatrix}v-v_{\mathrm{m}}\\\omega-\omega_{\mathrm{m}}\end{bmatrix}=\boldsymbol{v}-\boldsymbol{v}_{\mathrm{m}} \tag{9.148}$$

式(9.147a)的模型可以写成：

$$\overline{\boldsymbol{D}}\tilde{\boldsymbol{v}}=-\boldsymbol{M}\beta+\overline{\boldsymbol{E}}\tau+\boldsymbol{d}(t) \tag{9.149a}$$

其中使用了如下关系：

$$\begin{gathered}\overline{\boldsymbol{D}}\boldsymbol{v}_{\mathrm{m}}=\begin{bmatrix}m&0\\0&I\end{bmatrix}\begin{bmatrix}v_{\mathrm{m}}\\\omega_{\mathrm{m}}\end{bmatrix}=\begin{bmatrix}v_{\mathrm{m}}&0\\0&\omega_{\mathrm{m}}\end{bmatrix}\begin{bmatrix}\beta_1\\\beta_2\end{bmatrix}=\boldsymbol{M}\beta\\\boldsymbol{M}=\begin{bmatrix}V_{\mathrm{m}}&0\\0&\omega_{\mathrm{m}}\end{bmatrix},\quad \beta=\begin{bmatrix}\beta_1\\\beta_2\end{bmatrix}=\begin{bmatrix}m\\I\end{bmatrix}\end{gathered} \tag{9.149b}$$

⊖ 对于 $\varepsilon_3\to0$，$(\sin\varepsilon_3)/\varepsilon_3\to1$，这是一个有效的控制器。

矩阵 $\boldsymbol{M}$ 是线性回归矩阵，其与未知参数向量 $\boldsymbol{\beta}$ 相乘（参见式(3.102)）。

为了设计动态自适应控制器，我们在式(9.144)中将一个额外的李雅普诺夫函数项 $\boldsymbol{V}'$ 加入 $\boldsymbol{V}$，其定义为

$$V'=\frac{1}{2}\tilde{\boldsymbol{v}}^{\mathrm{T}}\overline{\boldsymbol{D}}\tilde{\boldsymbol{v}}+\frac{1}{2}\tilde{\beta}^{\mathrm{T}}\boldsymbol{\Gamma}^{-1}\tilde{\beta}+\frac{1}{2\gamma_3}\tilde{\lambda}^2 \tag{9.150}$$

其中

$$\begin{gathered}\tilde{\beta}=\beta-\hat{\beta},\ \beta=[\beta_1,\ \beta_2]^{\mathrm{T}}=[m\quad I]^{\mathrm{T}},\ \tilde{\lambda}=\lambda-\hat{\lambda}\\ \boldsymbol{\Gamma}=\mathrm{diag}[\gamma_1,\ \gamma_2],\ \gamma_1>0,\ \gamma_2>0,\ \gamma_3>0\end{gathered} \tag{9.151}$$

我们已经看到 V 沿着式(9.143)描述的系统轨迹的时间导数，其具有式(9.146a)和式(9.146b)的反馈控制，并最终推导出式(9.146c)。因此，总系数李雅普诺夫函数沿着式(9.143)、式(9.149a)和式(9.149b)中的系统轨迹的时间导数 $V=V+V'$ 由下式给出：

$$\begin{aligned}\dot{V}_0&=-\lambda K_1\varepsilon_1^2-\lambda K_3\varepsilon_3^2-\lambda\varepsilon_1\tilde{v}-\lambda\varepsilon_3\tilde{\omega}+\\&\quad\tilde{\boldsymbol{v}}^{\mathrm{T}}(-\boldsymbol{M}\beta+\overline{\boldsymbol{E}}\tau+\boldsymbol{d})+\tilde{\beta}\boldsymbol{\Gamma}^{-1}\dot{\tilde{\beta}}+\frac{1}{\gamma_3}\tilde{\lambda}\dot{\tilde{\lambda}}\\&=-\lambda K_1\varepsilon_1^2-\lambda K_3\varepsilon_3^2-(\hat{\lambda}+\tilde{\lambda})\varepsilon_1\tilde{v}-(\hat{\lambda}+\tilde{\lambda})\varepsilon_3\tilde{\omega}+\\&\quad\tilde{\boldsymbol{v}}^{\mathrm{T}}(-\boldsymbol{M}\hat{\beta}-\boldsymbol{M}\tilde{\beta}+\boldsymbol{E}\tau+\boldsymbol{d})-\tilde{\beta}\boldsymbol{\Gamma}^{-1}\dot{\hat{\beta}}-\frac{1}{\gamma_3}\tilde{\lambda}\dot{\hat{\lambda}}\\&=-\lambda K_1\varepsilon_1^2-\lambda K_3\varepsilon_3^2+\tilde{\boldsymbol{v}}^{\mathrm{T}}\left(-\boldsymbol{M}\hat{\beta}-\hat{\lambda}\begin{bmatrix}\varepsilon_1\\\varepsilon_2\end{bmatrix}+\overline{\boldsymbol{E}}\tau+\boldsymbol{d}\right)-\\&\quad\tilde{\beta}^{\mathrm{T}}(\boldsymbol{\Gamma}^{-1}\dot{\hat{\beta}}+\boldsymbol{M}^{\mathrm{T}}\tilde{\boldsymbol{v}})-\tilde{\lambda}\left(\frac{1}{\gamma_3}\dot{\hat{\lambda}}+\tilde{\boldsymbol{v}}^{\mathrm{T}}\begin{bmatrix}\varepsilon_1\\\varepsilon_2\end{bmatrix}\right)\end{aligned} \tag{9.152}$$

其中使用关系 $\beta=\hat{\beta}+\tilde{\beta}$，$\lambda=\hat{\lambda}+\tilde{\lambda}$ 和 $\boldsymbol{v}=\hat{\boldsymbol{v}}+\tilde{\boldsymbol{v}}$。现在，选择控制向量 $\boldsymbol{\tau}$ 和参数估计的更新律：

$$\overline{\boldsymbol{E}}\tau=\boldsymbol{M}\hat{\beta}+\hat{\lambda}\begin{bmatrix}\varepsilon_1\\\varepsilon_2\end{bmatrix}-\boldsymbol{K}_{\mathrm{a}}\tilde{\boldsymbol{v}}-\boldsymbol{u}_{\mathrm{robust}} \tag{9.153}$$

$$\dot{\hat{\beta}}=-\boldsymbol{\Gamma}\boldsymbol{M}^{\mathrm{T}}\tilde{\boldsymbol{v}} \tag{9.154}$$

$$\dot{\hat{\lambda}}=-\gamma_3[\varepsilon_1,\ \varepsilon_3]\tilde{\boldsymbol{v}} \tag{9.155}$$

$$\boldsymbol{K}_{\mathrm{a}}=\begin{bmatrix}K_{\mathrm{a}1}&0\\0&K_{\mathrm{a}2}\end{bmatrix},\ K_{\mathrm{a}1}>0,\ K_{\mathrm{a}2}>0$$

我们得到：

$$\dot{V}_0=-\lambda_1K_1\varepsilon_1^2-\lambda K_3\varepsilon_3^2-\tilde{\boldsymbol{v}}^{\mathrm{T}}\boldsymbol{K}_{\mathrm{a}}\tilde{\boldsymbol{v}}+\tilde{\boldsymbol{v}}^{\mathrm{T}}(\boldsymbol{d}-\boldsymbol{u}_{\mathrm{robust}}) \tag{9.156}$$

$\dot{V}_0$ 的前三个项是非正的。因此，为了保证 $\dot{V}_0\leqslant 0$，必须选择鲁棒控制项 $\boldsymbol{u}_{\mathrm{robust}}$，使得

$$\tilde{\boldsymbol{v}}^{\mathrm{T}}(\boldsymbol{d}-\boldsymbol{u}_{\mathrm{robust}})\leqslant 0 \tag{9.157}$$

给定扰动 $\boldsymbol{d}(t)$ 的约束 $d_{\max}$（见式(9.139)），为满足式(9.157)，我们选择：

$$\boldsymbol{u}_{\mathrm{robust}}=d_{\max}\mathrm{sgn}\tilde{\boldsymbol{v}},\ \mathrm{sgn}\tilde{\boldsymbol{v}}=\begin{bmatrix}\mathrm{sgn}\tilde{v}\\\mathrm{sgn}\tilde{\omega}\end{bmatrix}$$

其中，式(9.139)意味着：

$$\tilde{\boldsymbol{v}}^{\mathrm{T}}(\boldsymbol{d}-d_{\max}\operatorname{sgn}\tilde{\boldsymbol{v}})\leqslant\|\tilde{\boldsymbol{v}}\|(\|\boldsymbol{d}\|-d_{\max})\leqslant 0$$

综上所述，差分驱动 WMR 的自适应鲁棒轨迹控制器由下式给出：

$$v_{\mathrm{m}}=K_1\varepsilon_1+v_{\mathrm{d}}\cos\varepsilon_3 \tag{9.158a}$$

$$\omega_{\mathrm{m}}=\omega_{\mathrm{d}}+K_3\varepsilon_3+\varepsilon_2 v_{\mathrm{d}}\left(\frac{\sin\varepsilon_3}{\varepsilon_3}\right) \tag{9.158b}$$

$$\boldsymbol{\tau}=\overline{\boldsymbol{E}}^{-1}\left(\boldsymbol{M}\hat{\beta}+\hat{\lambda}\begin{bmatrix}\varepsilon_1\\ \varepsilon_2\end{bmatrix}-\boldsymbol{K}_{\mathrm{a}}\tilde{\boldsymbol{v}}-d_{\max}\operatorname{sgn}\tilde{\boldsymbol{v}}\right) \tag{9.158c}$$

$$\dot{\hat{\beta}}=-\boldsymbol{\Gamma}\boldsymbol{M}^{\mathrm{T}}\tilde{\boldsymbol{v}} \tag{9.158d}$$

$$\dot{\hat{\lambda}}=-\gamma_3[\varepsilon_1,\ \varepsilon_2]\tilde{\boldsymbol{v}} \tag{9.158e}$$

该控制器确保 $V_0(t)$ 是非递增函数，其收敛于极限值 $\overline{V}_0\geqslant 0$。因此，$\varepsilon(t)$，$\tilde{\boldsymbol{v}}(t)$，$\tilde{\beta}$ 和 $\tilde{\lambda}$ 都是有界的。现在，假设 v_{d}，$\dot{v}_{\mathrm{d}}$，ω_{d}，$\dot{\omega}_{\mathrm{d}}$ 是有界的，则 $\dot{\varepsilon}_1$，$\dot{\varepsilon}_2$，$\dot{\varepsilon}_3$，$\tilde{\boldsymbol{v}}$，$\tilde{\omega}$ 都是有界的。然后，ε_1，ε_3，$\tilde{\boldsymbol{v}}$ 和 $\tilde{\omega}$ 是均匀连续的，因此通过 Barbalat 引理，$\varepsilon_1\to 0$，$\varepsilon_3\to 0$，$\tilde{\boldsymbol{v}}\to 0$，$\tilde{\omega}\to 0$。接下来只需证明 $\varepsilon_2\to 0$。为此，我们考虑 ε_3 的闭环方程，即

$$\dot{\varepsilon}_3=-K_3\varepsilon_3-(\varepsilon_2/\varepsilon_3)v_{\mathrm{d}}\sin\varepsilon_3-\tilde{\omega}$$

然后，从 $\varepsilon_3\to 0$，$\tilde{\omega}\to 0$，$(\sin\varepsilon_3)/\varepsilon_3\to 1$，并且假设 $\min|v_{\mathrm{d}}|\to\eta>0$，$t\to\infty$，可得出 $\varepsilon_2\to 0$。因此，总的来说，我们已经确定 $\varepsilon_1\to 0$，$\varepsilon_2\to 0$，$\varepsilon_3\to 0$，$\tilde{\boldsymbol{v}}\to 0$，$\tilde{\omega}\to 0$，以及 $\hat{\beta}$，$\hat{\lambda}$ 有界(不一定等于真值 β 和 λ)。

为了避免抗差符号项 $\boldsymbol{u}_{\text{robust}}=d_{\max}\operatorname{sgn}\tilde{\boldsymbol{v}}$ 可能导致的抖振，我们用饱和函数替换符号函数：

$$\operatorname{sat}\tilde{\boldsymbol{v}}=\begin{cases}\tilde{\boldsymbol{v}}/U, & \|\tilde{\boldsymbol{v}}\|\leqslant U(t)\\ \operatorname{sgn}\tilde{\boldsymbol{v}}, & \|\tilde{\boldsymbol{v}}\|>U(t)\end{cases}$$

其中 $U(t)$ 是所用边界层的宽度(见式(7.17))。通过选择 $U(t)$，使得 $\int_0^{\infty}U(\tau)\mathrm{d}\tau\leqslant\delta$，其中 δ 是非负常数，我们可以证明饱和抗差项仍可推导出 $\varepsilon_1\to 0$，$\varepsilon_2\to 0$，$\varepsilon_3\to 0$，$\tilde{\boldsymbol{v}}\to 0$，$\tilde{\omega}\to 0$，以及 $\hat{\beta}$ 和 $\hat{\lambda}$ 有界(证明留作练习)。

备注　类似于式(7.72)，可以通过选择李雅普诺夫函数来导出类似的控制器：

$$V=\frac{1}{2}(\varepsilon_1^2+\varepsilon_2^2)+(\lambda/K_2)(1-\cos\varepsilon_3),\quad \lambda>0,\ K_2>0$$

然后，沿着式(9.143)的系统的轨迹微分 V，我们发现选择

$$v_{\mathrm{m}}=K_1\varepsilon_1+v_{\mathrm{d}}\cos\varepsilon_3 \tag{9.159a}$$

$$\omega_{\mathrm{m}}=\omega_{\mathrm{d}}+K_2 v_{\mathrm{d}}\varepsilon_2+K_3\sin\varepsilon_3 \tag{9.159b}$$

能满足

$$\dot{V}=-K_1\varepsilon_1^2-\lambda(K_3/K_2)(\sin\varepsilon_3)^2-\varepsilon_1\lambda\tilde{v}-(\lambda/K_2)(\sin\varepsilon_3)\tilde{\omega}$$

这类似于式(9.146c)。因此，添加由式(9.150)给出的第二个李雅普诺夫函数项 V'，并按上述方法工作，我们得到运动控制器(式(9.159a)和式(9.159b))，以及动态自适应鲁棒轨

迹跟踪控制器：

$$\tau=\overline{\boldsymbol{E}}^{-1}\left(\boldsymbol{M}\hat{\beta}+\hat{\lambda}\begin{bmatrix}\varepsilon_1\\ \sin\varepsilon_3\end{bmatrix}-\boldsymbol{K}_a\widetilde{\boldsymbol{v}}-d_{\max}\operatorname{sgn}\widetilde{\boldsymbol{v}}\right)$$

$$\dot{\hat{\beta}}=-\boldsymbol{\Gamma}\boldsymbol{M}^{\mathrm{T}}\widetilde{\boldsymbol{v}}$$

$$\dot{\hat{\lambda}}=-\gamma_3[\varepsilon_1,\ \sin\varepsilon_3]\widetilde{\boldsymbol{v}} \tag{9.160}$$

像式(9.158a)～式(9.158e)的控制器一样，我们再次实现 ε_1，ε_2，ε_3 到零的渐近收敛，以及 $\hat{\beta}$，$\hat{\lambda}$ 到有界值(可能不同于 β 和 λ 的真值)的渐近收敛。

参考文献

[1] Corke P. Visual control of robot manipulators: a review. In: Hashimoto K, editor. Visual servoing. Singapore: Word Scientific; 1993. p. 1–31.

[2] Espiau B, Chaumette F, Rives P. A new approach to visual servoing in robotics. IEEE Trans Robot Autom 1992;8:313–26.

[3] Hutchinson S, Hager G, Corke P. A tutorial on visual servo control. IEEE Trans Robot Autom 1996;12:651–70.

[4] Haralik RM, Shapiro LG. Computer and robot vision. Reading, MA: Addison Wesley; 1993.

[5] Cherubini A, Chaumette F, Oriolo G. An image-based visual servoing scheme for following paths with nonholonomic mobile robots. In: Proceedings of international conference on control automation. Robotics and Vision. Hanoi, Vietnam; December 17–20, 2008. p. 108–113.

[6] Cherubini A, Chaumette F, Oriolo G. A position-based visual servoing scheme for following paths with nonholonomic robots. In: Proceedings of IEEE/RSJ international conference on intelligent robots and systems (IROS 2008). Nice, France; September 2008. p. 1648–54.

[7] Chaumette F, Hutchinson S. Visual servo control tutorial, parts I and II. IEEE Robot Autom Mag 2007;13(14):82–90, 14(1):109–118

[8] Burshka D, Hager G. Vision-based control of mobile robots. In: Proceedings of 2001 IEEE international conference on robotics and automation. Seoul, ROK; May 21–26. 2001. p. 1707–13.

[9] Tsakiris D, Samson C, Rives P. Vision-based time-varying stabilization of a mobile manipulator. In: Proceedings of fourth international conference on control, automation, robotics and vision (ICARV'96). Westin Stamford, Singapore; December 3–6, 1996.

[10] Tsakiris D, Samson C, Rives P. Vision-based time-varying robot control. In: Proceedings of ERNET workshop. Darmstadt, Germany; September 9–10, 1996. p. 163–72.

[11] Huang TS, Netravali NA. Motion and structure from feature correspondences: a review. Proc IEEE 1994;82(2):252–68.

[12] Kumar R. Robust methods for estimating pose and a sensitivity analysis. CVGIP: Image Underst 1994;3:313–42.

[13] Wilson W. Visual servo control of robots using Kalman filter estimates of robot pose relative to workpieces. In: Hashimoto K, editor. Visual servoing. Singapore: World Scientific; 1994. p. 71–104.

[14] Horswill I. Polly: a vision-based artificial agent. In: Proceedings of eleventh national conference on artificial intelligence (AAAI'93). Washington, DC: MIT Press; July 11–15, 1993. p. 824–29.

[15] Rives P, Espiau B. Closed-loop recursive estimation of 3D features for a mobile vision system. In: Proceedings of IEEE international conference on robotics and automation (ICRA 1987). Rayleigh, NC; April 1987. p. 1436–44.

[16] Qian J, Su J. Online estimation of image Jacobian matrix by Kalman–Bucy filter for uncalibrated stereo vision feedback. In: Proceedings of international conference on robotics and automation (ICRA 2002). 2002. p. 562–7.

[17] Das AK, Fierro R, Kumar V, Southall B, Spletzer J, Taylor CJ. Real-time vision-based control of a nonholonomic mobile robot. In: Proceedings of 2001 IEEE international conference on robotics and automation. Seoul, ROK; May 21–26, 2001. p. 1714–19.

[18] Carelli R., Soria CM, Morales B. Vision-based tracking control for mobile robots. In: Proceedings of twelveth international conference on advanced robotics (ICAR'05). Seatle, WA; July, 18–20, 2005. p. 148–52.

[19] Maya-Mendez M, Morin P, Samson C. Control of a nonholonomic mobile robot via sensor-based target tracking and pose estimation. In: Proceedings of 2006 IEEE/RSJ international conference on intelligent robots and systems. Beijing, China; October 9–15, 2009. p. 5612–18.

[20] Dixon WE, Dawson DM, Zergeroglu E. Adaptive tracking control of a wheeled mobile robot via an uncalibrated camera system. IEEE Trans Syst Man Cybern Cybern 2001;31(3):341–52.

[21] Soetanto D, Lapierre L, Pascoal A. Adaptive, non-singular path-following control of dynamic wheeled robots. In: Proceedings of fourtysecond IEEE conference on decision and control. Maui, HI; December 2003. p. 1765–70.

[22] Abdelkader HH, Mezouar Y, Andreff N, Martinet P. Image-based control of mobile robot with central catadioptric cameras. In: Proceedings of 2005 IEEE international conference on robotics and automation. Barcelona, Spain; April 2005. p. 3533–8.

[23] Kim J, Suga Y. An omnidirectional vision-based moving obstacle detection in mobile robot. Int J Control Autom Syst 2007;5(6):663–73.

[24] Shakernia O, Vidal R, Sastry S. Infinitesimal motion estimation from multiple central panoramic views. In: Proceedings of IEEE international workshop on motion and video computing. December, 2002. p. 229–34.

[25] Baker S, Nayar S. A theory of single-viewpoint catadioptric image formation. Int J Comput Vis 1999;35(2):1–22.

[26] Das AK, Fierro R, Kumar V, Ostrowski JP, Spletzer J, Taylor CJA. Vision-based formation control framework. IEEE Trans Robot Autom 2002;18(5):813–25.

[27] Gans NR, Hutchinson SA. A stable vision-based control scheme for nonholonomic vehicles to keep a landmark in the field of view. In: Proceedings of 2007 international conference on robotics and automation. Rome, Italy; April 10–14, 2007. p. 2196–200.

[28] Lopez-Nicolas G, Gans NR, Bhattacharya S, Sagues C, Guerrero JJ, Hutchinson S. Homography-based control scheme for mobile robots with nonholonomic and field-of-view constraints. IEEE Trans Syst Man Cybern Cybern 2010;40(4):1115–27.

[29] Lapierre LP, Soetanto DJ, Pascoal A. Adaptive vision-based path following control of a wheeled robot. In: Proceedings of IEEE Mediterranean control conference (MED 2002). Lisbon, July 9–12, 2002. p. 1–6.

[30] Micaelli A, Samson C. Trajectory tracking for unicycle-type and two-steering—wheels mobile robots. INRIA Technical Report No. 2097, France; 1993.

[31] Lietmann T, Bornstedt B, Lohmann B. Visual servoing for a non-holonomic mobile robot using a range-image camera. In: Proceedings of European control conference (ECC'01). Porto, Portugal; September 4–7, 2001.

[32] Augustin B, Lietmann T, Lohmann B. Image-based visual servoing of a non-holonomic mobile platform using a pan-tilt head. In: Proceedings of eight IEEE international conference on methods and models in automation and robotics (MMAR 2002). Szeczecin, Poland; 2002, p. 941–6.

[33] Grigorescu S, Macesanu G, Cocias T, Puiu D, Moldoveanu F. Robust camera pose and scene structure analysis for service robotics. Robot Auton Syst 2011;58:1–13.

[34] Kragic D, Christensen HI. Advances in robot vision. Robot Auton Syst 2005;52:1–3.

[35] Geyer C, Daniilidis K. A unifying theory for central panoramic systems and practical implementations. In: Vernon D, editor. Proceedings of European Conference on Computer Vision (ECCV'2000). Dublin: Springer; 2000. p. 445–61.

[36] Okamoto Jr J, Grassi Jr V. Visual servo control of a mobile robot using omnidirectional vision. In: Proceedings of mechatronics 2002, University of Twente; June 24–26, 2002. p. 413–22.
[37] Barreto J, Martin F, Horaud R. Visual servoing/tracking using central catadioptric images. Expl Rob Springer Tracks Adv Robot 2003;5:245–54.
[38] Baker S, Nayar S. A theory of catadioptric image formation. In: Proceedings of 1997 international conference on computer vision (ICCV'97). 1998. p. 35–42.
[39] Barreto JP, Araujo H. Geometric properties of central catadioptric line images and their application to calibration. IEEE Trans Pattern Anal Mach Intell 2005;27(8):1327–33.
[40] Barreto J.P. General central projection systems: modeling, calibration and visual servoing [Ph.D. thesis]. University of Coimbra; 2003.
[41] Geyer C.M. Catadioptric projective geometry: theory and applications [Ph.D. dissertation]. University of Pennsylvania; 2003.
[42] Gong X. Omnidirectional vision for an autonomous surface vehicle [Ph.D. dissertation]. Virginia Polytechnic Institute and State University; 2008.
[43] Barreto JP, Araujo H. Issues on the geometry of central catadioptric image formation. Proc Comput Vis Pattern Recog 2001;:422–7.
[44] Yang F, Wang C. Adaptive tracking control for uncertain dynamic nonholonomic mobile robots based on visual servoing. J Control Theory Appl 2012;10(1):56–63.
[45] Liang Z, Wang C. Robust exponential stabilization of nonholonomic wheeled mobile robots with unknown visual parameters. J Control Theory Appl 2011;9(2):295–301.

第 10 章　移动机械臂：建模和控制

10.1　引言

移动机械臂(MM)是由安装在完整或非完整移动平台上的关节臂(机械臂)组成的机器人系统。它们能同时提供前者的灵活性和后者对工作空间的拓展。它们能够触及并处理原本位于关节臂工作空间之外的物体。因此，移动机械臂对许多应用都很有吸引力，如今它们构成了服务机器人的主体[1-27]。移动机械臂研究中主要的和最具挑战性的问题之一是为整个系统设计精确的控制器。由于移动平台子系统与安装在平台上的机械臂之间的强相互作用和耦合，因此需要各个控制器之间进行适当协调[18,23]。然而，在文献中也有可用的使用全状态移动机械臂模型处理整个系统的统一控制设计方法[3,10,22,24]。在任一情况下皆可采用和组合本书中研究的控制方法(如计算-力矩控制、反馈线性化控制、鲁棒滑动模式或基于李雅普诺夫函数的控制、自适应控制和基于视觉的控制)。

本章的目标如下：

- 介绍 Denavit-Hartenberg 关节机器人的运动学建模方法，并提供逆运动学的实用方法。
- 研究移动机械臂的一般运动学和动力学模型。
- 推导出差分驱动以及分别带有双连杆和三连杆的关节臂的三轮全向移动机械臂的运动和动力学模型。
- 推导出上述差分驱动移动机械臂的计算力矩控制器，以及三轮全向移动机械臂的滑模控制器。
- 讨论移动机械臂基于视觉的控制的一些常见问题，包括一个混合协调(反馈/开环)视觉控制和全景视觉伺服的典型示例。

10.2　背景概念

在此，考虑本章中将使用的以下内容：

- Denavit-Hartenberg 直接机械手运动学方法。
- 逆机械手运动学的一般方法。
- 可操纵性测量的概念。
- 双连杆机械手的直接和反向运动学模型和可操纵性测量。

10.2.1　Denavit-Hartenberg 方法

Denavit-Hartenberg 方法提供了用于确定 n 关节机器人操纵器的末端驱动器的位置和

方向的系统过程，即用于计算式(2.18)中的 $\boldsymbol{X}^0$。

考虑位于机器人的关节 i 和 $i+1$ 之间的连杆 i，如图 10.1 所示。

每个连杆由两个关节的(可能是非平行的)轴 i 和 $i+1$ 之间的距离 a_i 以及相对于两个轴的共同法线从轴 i 到轴 $i+1$ 的旋转角 α_i 描述。每个关节(棱柱形或旋转形)由电动机(平移或旋转)驱动，该电动机产生连杆 i 的运动。总体而言，机器人手臂具有 n 个关节和 $n+1$ 个连杆。末端驱动器与关节位移的功能关系可以使用图 10.2 所示的 Denavit-Hartenberg 参数找到。

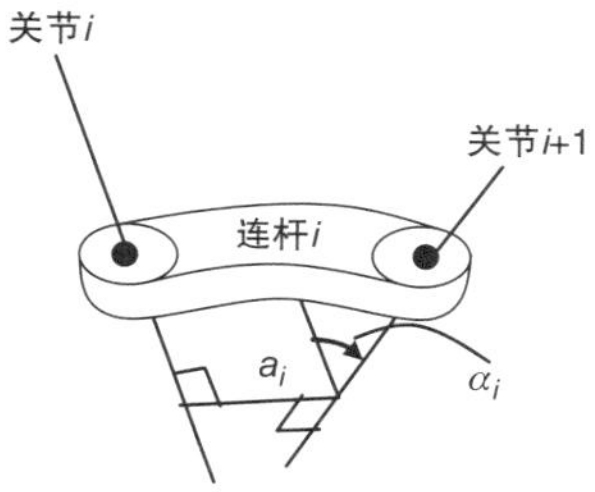

图 10.1　关节 i 和 $i+1$ 之间的机器人连杆

这些参数是指坐标系 $O_{i-1}x_{i-1}y_{i-1}z_{i-1}$ 和 $O_ix_iy_iz_i$ 的相对位置，如下所示：

- 公共法线 Σ_iO_i 的长度 a_i。
- O_{i-1} 的原点与点 Σ_i 之间的距离 d_i。
- 关节 i(即轴 z_{i-1})与正(顺时针)方向的轴 z_i 之间的角度 α_i。
- 轴 x_{t-1} 与公共法线(即绕轴 z_{i-1} 的旋转)在正方向上之间的角度 θ_i。

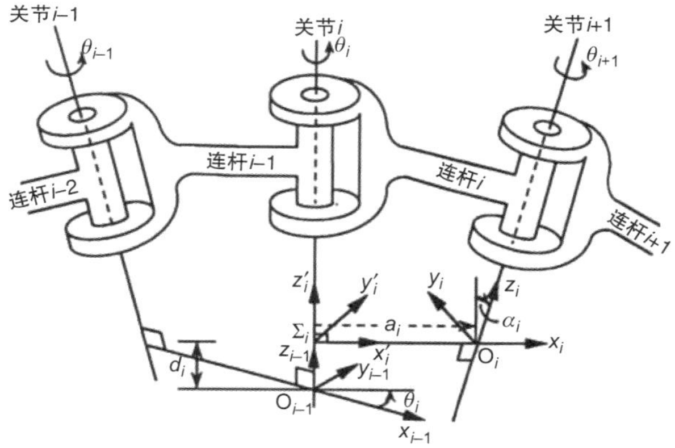

图 10.2　Denavit-Hartenberg 机器人参数

由上所述，从坐标系 $O_{i-1}x_{i-1}y_{i-1}z_{i-1}$ 到坐标系 $O_ix_iy_iz_i$ 的转移可以分四步完成：

步骤 1　使坐标系 $i-1$ 绕轴 z_{i-1} 旋转角度 θ_i。

步骤 2　使坐标系 $i-1$ 沿着轴 z_{i-1} 平移 d_i。

步骤 3　将旋转轴 x_{i-1} 沿着公共法线平移角度 a_i。

步骤 4　围绕 x_i 旋转角度 α_i。

用 $\boldsymbol{A}_i^*$ 表示步骤 3 和步骤 4 的结果，用 $\boldsymbol{A}_*^{i-1}$ 表示步骤 1 和步骤 2 的结果，步骤 1～步骤 4 的总结果由下式给出：

$$\boldsymbol{A}_i^{i-1}=\boldsymbol{A}_i^*\boldsymbol{A}_*^{i-1}=\begin{bmatrix}\cos\theta_i & -\sin\theta_i\cos\alpha_i & \sin\theta_i\sin\alpha_i & a_i\cos\theta_i\\ \sin\theta_i & \cos\theta_i\cos\alpha_i & -\cos\theta_i\sin\alpha_i & a_i\sin\theta_i\\ 0 & \sin\alpha_i & \cos\alpha_i & d_i\\ 0 & 0 & 0 & 1\end{bmatrix}\tag{10.1}$$

其中 A_i^{i-1} 给出坐标系 i 相对于坐标系 $i-1$ 的位置和方向。A_i^{i-1} 的前三列包含坐标系 i 的轴的方向余弦，而第四列表示坐标系 O_i 的位置。

通常，关节 i 的位移表示为 q_i，其中 $q_i=\theta_i$ 用于旋转关节，$q_i=d_i$ 用于棱柱关节。

连杆 i 相对于连杆 $i-1$ 的位置和方向是 q_i 的函数，即 $A_i^{i-1}(q_i)$。

机器人手臂的运动学方程给出了最后一个连杆相对于基础坐标系的位置和方向，其中显然包含关节的所有广义变量 q_1，q_2，…，q_n。图 10.3 显示了从基部到串行机器人运动链末端驱动器的连续坐标系。

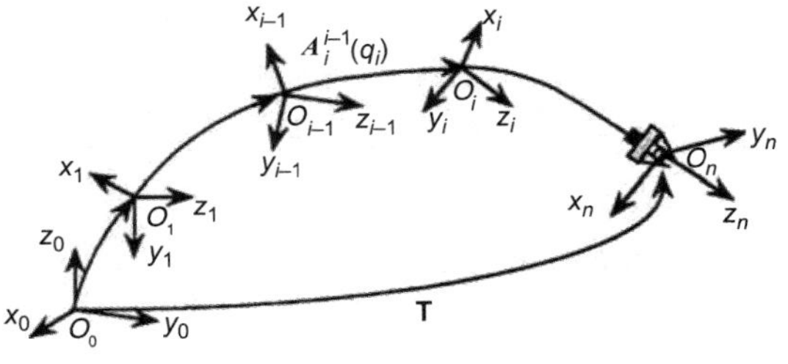

图 10.3　4×4 矩阵 T 的末端驱动器位置和方向的图示

根据式(2.18)，矩阵 T 为

$$T=A_1^0(q_1)A_2^1(q_2)\cdots A_n^{n-1}(q_n) \tag{10.2}$$

表示末端驱动器的位置和方向（相对于基础坐标的最终连杆）。现在就能很容易地使用式(10.2)确定所有类型的机器人的 T 了(见图 10.4)。

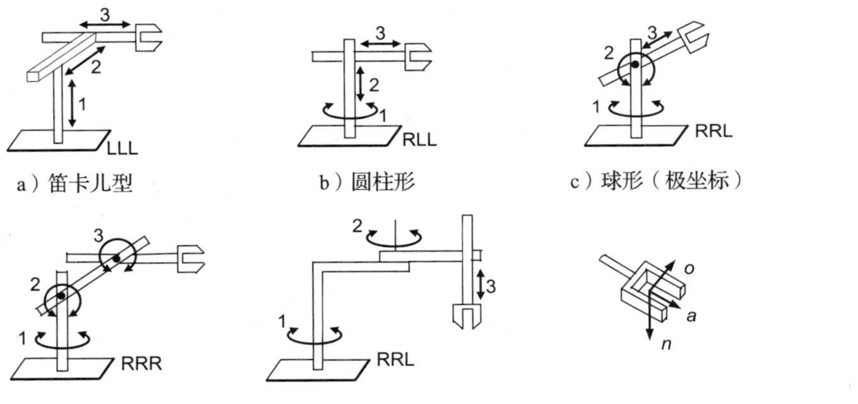

a）笛卡儿型　b）圆柱形　c）球形（极坐标）

d）关节（拟人化）型　e）SCARA机器人　f）末端驱动器坐标系。其中 L表示线性（平移）运动，R表示旋转运动

图 10.4　五种类型的工业机器人手臂

10.2.2　机器人的逆运动学

在直接运动学问题中，我们用已知的 q_1，q_2，…，q_n 的值来求 T。在逆运动学问题中，我们进行相反的操作，即给定 T，通过相对于 $q_i(i=1, 2, \cdots, n)$ 求解式(10.2)来确定 q_1，q_2，…，q_n。

直接运动学方程(式(10.2))可以用矢量形式写成：

$$x=f(q) \tag{10.3}$$

其中 X 是六维向量：

$$\boldsymbol{X}=\begin{bmatrix}\boldsymbol{p}\\ \vdots\\ \boldsymbol{\Psi}\end{bmatrix},\quad \boldsymbol{p}=\begin{bmatrix}x\\ y\\ z\end{bmatrix},\quad \boldsymbol{\Psi}=\begin{bmatrix}\Psi_x\\ \Psi_y\\ \Psi_z\end{bmatrix}\tag{10.4}$$

对于末端驱动器的位置 $\boldsymbol{p}$ 和朝向 Ψ，$\boldsymbol{f}$ 是一个六维非线性列向量函数，并且

$$\boldsymbol{q}=[q_1,\ q_2,\ \cdots,\ q_n]^{\mathrm{T}}\tag{10.5}$$

因此，逆运动学方程是

$$\boldsymbol{q}=\boldsymbol{f}^{-1}(\boldsymbol{X})\tag{10.6}$$

其中 $\boldsymbol{f}^{-1}(\cdot)$表示 $\boldsymbol{f}(\cdot)$的通常反函数。

一种直观的用于反演运动方程(式(10.2))的实用方法如下。我们从

$$\boldsymbol{T}=\boldsymbol{A}_1^0(\boldsymbol{q}_1)\boldsymbol{A}_2^1(\boldsymbol{q}_2)\cdots\boldsymbol{A}_6^5(\boldsymbol{q}_6)$$

获得以下方程组：

$$\begin{aligned}
&(\boldsymbol{A}_1^0)^{-1}\boldsymbol{T} &&=\boldsymbol{T}_6^1\\
&(\boldsymbol{A}_2^1)^{-1}(\boldsymbol{A}_1^0)^{-1}\boldsymbol{T} &&=\boldsymbol{T}_6^2\\
&(\boldsymbol{A}_3^2)^{-1}(\boldsymbol{A}_2^1)^{-1}(\boldsymbol{A}_1^0)^{-1}\boldsymbol{T} &&=\boldsymbol{T}_6^3\\
&(\boldsymbol{A}_4^3)^{-1}(\boldsymbol{A}_3^2)^{-1}(\boldsymbol{A}_2^1)^{-1}(\boldsymbol{A}_1^0)^{-1}\boldsymbol{T} &&=\boldsymbol{T}_6^4\\
&(\boldsymbol{A}_5^4)^{-1}(\boldsymbol{A}_4^3)^{-1}(\boldsymbol{A}_3^2)^{-1}(\boldsymbol{A}_2^1)^{-1}(\boldsymbol{A}_1^0)^{-1}\boldsymbol{T} &&=\boldsymbol{T}_6^5
\end{aligned}\tag{10.7}$$

这些方程的左侧元素是 $\boldsymbol{T}$ 的元素和机器人的第一个 $i-1$ 变量的函数。右侧的元素是变量 q_i，q_{i+1}，…，q_6 的常数或函数。从每个矩阵方程我们得到 12 个方程，即四个向量 $\boldsymbol{n}$，$\boldsymbol{o}$，$\boldsymbol{a}$ 和 $\boldsymbol{p}=\boldsymbol{x}_0$ 的每个元素的一个方程。从这些方程中我们可以确定机器人的 $q_i(i=1,$ $2,\ \cdots,\ 6)$的值。

虽然直接运动学问题的解决方案是唯一的，但由于三角函数的存在，反向运动学问题并非如此。在某些情况下可以得到分析解，但更多的时候只能使用某种近似数值方法和计算机来找到解决方案。此外，如果机器人具有六个以上的自由度(比如有一个冗余机器人)，那么 $q_i(i=1,\ 2,\ \cdots,\ n;\ n>6)$会有无穷多的解指向相同的末端驱动器的位置和方向。

10.2.3　可操作性测量

一个决定操纵器任意改变末端驱动器的位置和方向的容易程度的重要因素称为可操纵性测量。其他因素包括工作空间包络的大小和几何形状，准确性和可重复性，可靠性和安全性等。在这里，我们将检查由 Yoshikawa 充分研究的可操作性测量。

给定具有 n 个自由度的操纵器，直接运动学方程由式(10.3)给出：

$$\boldsymbol{X}=\boldsymbol{f}(\boldsymbol{q})$$

其中 $\boldsymbol{X}$ 是末端效应器位置 $\boldsymbol{p}=[x,\ y,\ z]^{\mathrm{T}}$ 和方向向量 $\psi=[\psi_x,\ \psi_y,\ \psi_z]^{\mathrm{T}}$ 的 m 维向量$(m=6)$。取这种关系的导数后，我们得到了差分运动学模型：

$$\dot{\boldsymbol{X}}=\boldsymbol{J}(\boldsymbol{q})\dot{\boldsymbol{q}}$$

其中 $\boldsymbol{J}(\boldsymbol{q})$是操纵器的雅可比矩阵。这种关系将机械手关节的速度 $\dot{\boldsymbol{q}}=[\dot{q}_1,\ \dot{q}_2,\ \cdots,$

$\dot{q}_n]^{\mathrm{T}}$ 与末端驱动器的速度，即机器人的旋量相关联。

通过关节速度可实现的所有末端效应器速度的集合

$$\|\dot{\boldsymbol{q}}\|=\sqrt{\dot{q}_1^2+\dot{q}_2^2+\cdots+\dot{q}_n^2}\leqslant 1$$

是 m 维欧氏空间中的椭球，其中 m 是 $\dot{\boldsymbol{X}}$ 的维数。末端驱动器沿着椭圆体的长轴能达到其最大运动速度，而沿其短轴得到最小速度，这个椭圆体称为可操纵性椭球。可证得对于 $\boldsymbol{J}$ 范围内的所有 $\boldsymbol{v}$，可操纵性椭球是满足以下条件的所有 $\boldsymbol{v}=\dot{\boldsymbol{X}}$ 的集合：

$$\boldsymbol{v}^{\mathrm{T}}(\boldsymbol{J}^{\dagger})^{\mathrm{T}}\boldsymbol{J}^{\dagger}\boldsymbol{v}\leqslant 1$$

实际上，通过使用关系 $\dot{\boldsymbol{q}}=\boldsymbol{J}^{\dagger}\boldsymbol{v}+(\boldsymbol{I}-\boldsymbol{J}^{\dagger}\boldsymbol{J})\boldsymbol{k}$（$\boldsymbol{k}$=任意常数向量）和等式 $(\boldsymbol{I}-\boldsymbol{J}^{\dagger}\boldsymbol{J})^{\mathrm{T}}\boldsymbol{J}^{\dagger}=\boldsymbol{0}$，我们得到

$$\begin{aligned}\|\dot{\boldsymbol{q}}\|^2=\dot{\boldsymbol{q}}^{\mathrm{T}}\dot{\boldsymbol{q}}=\boldsymbol{v}^{\mathrm{T}}(\boldsymbol{J}^{\dagger})^{\mathrm{T}}\boldsymbol{J}^{\dagger}\boldsymbol{v}+2k^{\mathrm{T}}(\boldsymbol{I}-\boldsymbol{J}^{\dagger}\boldsymbol{J})^{\mathrm{T}}\boldsymbol{J}^{\dagger}\boldsymbol{v}+\\ \boldsymbol{k}^{\mathrm{T}}(\boldsymbol{I}-\boldsymbol{J}^{\dagger}\boldsymbol{J})^{\mathrm{T}}(\boldsymbol{I}-\boldsymbol{J}^{\dagger}\boldsymbol{J})\boldsymbol{k}\geqslant\boldsymbol{v}^{\mathrm{T}}(\boldsymbol{J}^{\dagger})^{\mathrm{T}}\boldsymbol{J}^{\dagger}\boldsymbol{v}\end{aligned}$$

因此，如果 $\|\dot{\boldsymbol{q}}\|\leqslant 1$，那么 $\boldsymbol{v}^{\mathrm{T}}(\boldsymbol{J}^{\dagger})^{\mathrm{T}}\boldsymbol{J}^{\dagger}\boldsymbol{v}\leqslant 1$。相反，如果我们选择任意 $\hat{\boldsymbol{v}}$，使得 $\boldsymbol{v}^{\mathrm{T}}(\boldsymbol{J}^{\dagger})^{\mathrm{T}}\boldsymbol{J}^{\dagger}\hat{\boldsymbol{v}}\leqslant 1$，那么存在一个向量 $\hat{\boldsymbol{z}}$，使得 $\hat{\boldsymbol{v}}=\boldsymbol{I}\hat{\boldsymbol{z}}$，即 $\dot{\hat{\boldsymbol{q}}}=\boldsymbol{J}^{\dagger}\hat{\boldsymbol{v}}$。然后，我们发现

$$\boldsymbol{J}\dot{\hat{\boldsymbol{q}}}=\boldsymbol{J}\boldsymbol{J}^{\dagger}\hat{\boldsymbol{v}}=\boldsymbol{J}\boldsymbol{J}^{\dagger}\boldsymbol{J}\hat{\boldsymbol{z}}=\boldsymbol{J}\hat{\boldsymbol{z}}=\hat{\boldsymbol{v}}$$

且

$$\|\dot{\boldsymbol{q}}\|=\hat{\boldsymbol{v}}(\boldsymbol{J}^{\dagger})^{\mathrm{T}}\boldsymbol{J}^{\dagger}\hat{\boldsymbol{v}}\leqslant 1$$

在非奇异配置中，可操纵性椭球由下式给出：

$$\boldsymbol{v}^{\mathrm{T}}(\boldsymbol{J}^{-1})^{\mathrm{T}}\boldsymbol{J}^{-1}\boldsymbol{v}\leqslant 1$$

操纵器的可操纵性测量 w 定义为

$$w=\sqrt{\det\boldsymbol{J}(\boldsymbol{q})\boldsymbol{J}^{\mathrm{T}}(\boldsymbol{q})}$$

对于 $m=n$，它简化为

$$w=|\det\boldsymbol{J}(\boldsymbol{q})|$$

在这种情况下，所有速度的集合都由关节的速度 $\dot{\boldsymbol{q}}$ 实现，使得

$$|\dot{\boldsymbol{q}}_i|\leqslant 1,\quad i=1,\ 2,\ \cdots,\ m$$

是 m 维空间中的平行六面体，体积为 $2^m w$。这意味着测量值 w 与平行六面体的体积成比例，这个事实为可操纵性测量提供了物理表示。

10.2.4　平面双连杆机器人

10.2.4.1　运动学

考虑图 10.5 所示的平面机器人。

通过简单的三角计算可以找到该机器人的运动学模型。参考图 10.5，我们很容易获得直接运动学模型：

$$\begin{aligned}x(\theta_1,\ \theta_2)&=l_1\cos\theta_1+l_2\cos(\theta_1+\theta_2)\\ y(\theta_1,\ \theta_2)&=l_1\sin\theta_1+l_2\sin(\theta_1+\theta_2)\end{aligned}\tag{10.8a}$$

即

$$\boldsymbol{p}=\boldsymbol{f}(\boldsymbol{\theta}),\quad \boldsymbol{p}=\begin{bmatrix}x\\y\end{bmatrix},\quad \boldsymbol{\theta}=\begin{bmatrix}\theta_1\\\theta_2\end{bmatrix}\tag{10.8b}$$

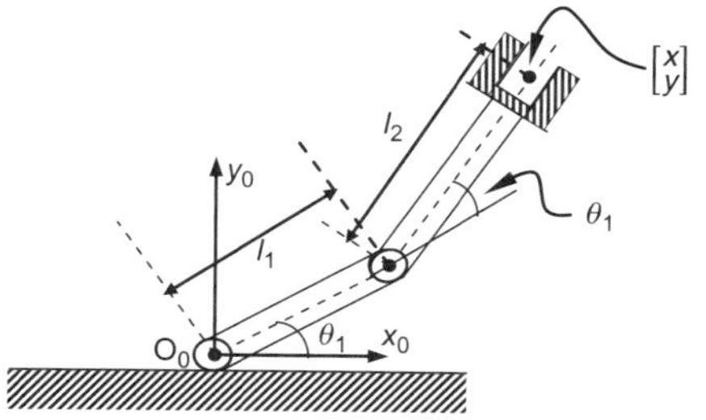

a）平面两自由度机器人

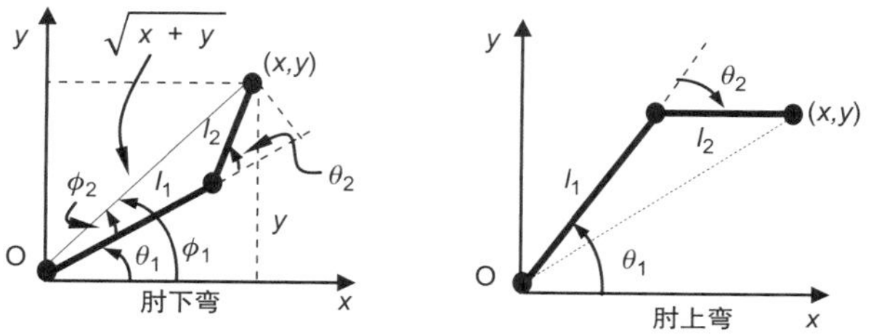

b）用于找到反向运动模型的几何结构（关节向下、向上弯曲）

图 10.5 平面机器人示例

为了得到逆运动学模型 $\boldsymbol{\theta}=\boldsymbol{f}^{-1}(\boldsymbol{p})$，我们使用图 10.5b。使用余弦规则，我们发现：

$$x^2+y^2=l_1^2+l_2^2-2l_1l_2\cos(180°-\theta_2)$$

从中可得角度 θ_2 为

$$\theta_2=\arccos[(x^2+y^2-l_1^2-l_2^2)/2l_1l_2]\tag{10.9a}$$

角度 θ_1 等于

$$\theta_1=\phi_1-\phi_2$$

其中

$$\tan\phi_1=\frac{y}{x},\quad \tan\phi_2=\frac{l_2\sin\theta_2}{l_1+l_2\cos\theta_2}$$

可得：

$$\theta_1=\arctan\left(\frac{y}{x}\right)-\arctan\left(\frac{l_2\sin\theta_2}{l_1+l_2\cos\theta_2}\right)\tag{10.9b}$$

实际上，我们有两种配置可以使末端驱动器到达位置 $\boldsymbol{p}$，即肘部向下和向上弯曲，如图 10.5 所示。当 $(x, y)=(0, 0)$ 时，使 $l_1=l_2$ 即可满足条件，y/x 的比率此处无定义。如果 $\theta_2=180°$，则所有 θ_1 都可以满足 $(x, y)=(0, 0)$。最后，当一个点离开工作空间时，反向运动学问题无解。

此时的差分运动学方程是

$$\mathrm{d}\boldsymbol{p}=\boldsymbol{J}\,\mathrm{d}\boldsymbol{\theta},\quad \boldsymbol{J}=\begin{bmatrix}\partial x/\partial\theta_1 & \partial x/\partial\theta_2\\\partial y/\partial\theta_1 & \partial y/\partial\theta_2\end{bmatrix}$$

这里，雅可比矩阵 $\boldsymbol{J}$ 是通过微分式(10.8a)得到的，即

$$\boldsymbol{J}=\begin{bmatrix}J_{11} & J_{12}\\ J_{21} & J_{22}\end{bmatrix}=\begin{bmatrix}-l_1\sin\theta_1-l_2\sin(\theta_1+\theta_2) & -l_2\sin(\theta_1+\theta_2)\\ l_1\cos\theta_1+l_2\cos(\theta_1+\theta_2) & l_2\cos(\theta_1+\theta_2)\end{bmatrix} \tag{10.10}$$

我们发现 $\boldsymbol{J}$ 的逆矩阵是

$$\begin{aligned}\boldsymbol{J}^{-1}&=\frac{1}{J_{11}J_{22}-J_{21}J_{12}}\begin{bmatrix}J_{22} & -J_{12}\\ -J_{21} & J_{11}\end{bmatrix}\\ &=\frac{1}{l_1l_2\sin\theta_2}\begin{bmatrix}l_2\cos(\theta_1+\theta_2) & l_2\sin(\theta_1+\theta_2)\\ -l_1\cos\theta_1-l_2\cos(\theta_1+\theta_2) & -l_1\sin\theta_1-l_2\sin(\theta_1+\theta_2)\end{bmatrix}\end{aligned} \tag{10.11}$$

因此，机器人的逆微分运动学方程是

$$\frac{\mathrm{d}\boldsymbol{\theta}}{\mathrm{d}t}=\boldsymbol{J}^{-1}\frac{\mathrm{d}\boldsymbol{p}}{\mathrm{d}t} \tag{10.12}$$

当 $\det\boldsymbol{J}=J_{11}J_{22}-J_{21}J_{22}=l_1l_2\sin\theta_2=0$ 时，即 $\theta_2=180°$ 或 $\theta_2=0°$ 时，会出现奇异(简并)配置。这两种配置分别对应于原点(0，0)和完全的延伸(即当机器人末端驱动器位于工作空间的边界时)，如图 10.5b 所示。

10.2.4.2 动力学

为了得到机器人的动力学模型，我们直接应用拉格朗日方法。考虑图 10.6 的符号。

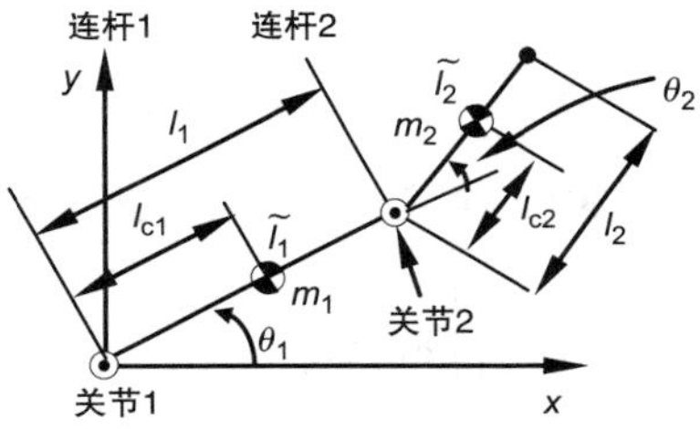

图 10.6 双连杆平面机器人

符号 θ_1 和 θ_2 代表角度，m_1 和 m_2 是两个连杆的质量(集中在它们的重心处)，并且 l_1 和 l_2 是连杆的长度。符号 l_{ci} 表示第 i 个连杆的重心(COG)距离关节 i 的轴的距离，$\widetilde{\boldsymbol{I}}_i$ 表示连杆 i 相对于通过 COG 的轴的惯性矩，并垂直于平面 xy(平行于轴 z)。这里，$q_1=\theta_1$ 且 $q_2=\theta_2$，连杆 1 和连杆 2 的运动及势能由下式给出：

$$K_1=\frac{1}{2}m_1l_{c1}^2\dot{\theta}_1^2+\frac{1}{2}\widetilde{I}_1\dot{\theta}_1^2,\quad p_1=mgl_{c1}S_1 \tag{10.13a}$$

$$K_2=\frac{1}{2}m_2\dot{s}_2^{\mathrm{T}}\dot{s}_2+\frac{1}{2}\widetilde{I}_2(\dot{\theta}_1^2+\dot{\theta}_1\dot{\theta}_2),\quad p_2=m_2g(l_1S_1+1_{c2}S_{12}) \tag{10.13b}$$

其中，$S_1=\sin\theta_i(i=1,\ 2)$，$C_i=\cos\theta_i(i=1,\ 2)$，$s_2=[s_{2x},\ s_{2y}]^{\mathrm{T}}$ 是连杆 2 的 COG 的位置向量，有

$$s_{2x}=l_1C_1+l_{c2}C_{12},\quad s_{2y}=l_1S_1+l_{c2}S_{12}$$

以及 $C_{ij}=\cos(\theta_i+\theta_j)$，$S_{ij}=\sin(\theta_i+\theta_j)$。

使用机器人的拉格朗日函数，$L=K_1+K_2-P_1-P_2$，我们找到了等式[⊖]：

$$D_{11}\ddot{\theta}_1+D_{12}\ddot{\theta}_2+h_{122}\dot{\theta}_2^2+2h_{112}\dot{\theta}_1\dot{\theta}_2+g_1=\tau_1,\quad D_{21}\ddot{\theta}_1+D_{22}\ddot{\theta}_2+h_{211}\dot{\theta}_1^2+g_2=T_2 \tag{10.14}$$

其中

⊖ 如果关节的电动机中存在摩擦 τ_{f}(例如，$\tau_{\mathrm{f}}=-\beta\dot{\theta}_i$，$\beta$ 为摩擦系数)，则 τ_i 应替换为 $\tau'_i=\tau_i-\beta\dot{\theta}_i$。

$$D_{11}=m_1 l_{c1}^2+\widetilde{I}_1+m_2(l_1^2+l_{c2}^2+2l_1 l_{c2}C_2)+\widetilde{I}_2$$

$$D_{12}=D_{21}=m_2(l_{c2}^2+l_1 l_{c2}C_2)+\widetilde{I}_2,\quad D_{22}=m_2 l_{c2}^2+\widetilde{I}_2$$

$$h_{122}=h_{112}=-h_{211}=-m_2 l_1 l_{c2} S_2$$

$$g_1=m_1 g l_{c1} C_1+m_2 g(l_1 C_1+l_{c2}C_{12}),\quad g_2=m_2 g l_{c2} C_{12} \tag{10.15}$$

其中 τ_1 和 τ_2 是作用于关节 1 和关节 2 的外部力矩。系数 D_{ii} 是关节 i 的有效惯量，D_{ij} 是关节 i 和 j 的耦合惯量，h_{ijj} 是离心力系数，$h_{ijk}(j\neq k)$是由于关节 j 和 k 的速度引起的关节 i 的科里奥利加速度系数，并且 $g_i(i=1,2)$表示由于重力引起的力矩。式(10.14)和式(10.15)中的动态关系可以用标准的紧凑形式写成

$$\boldsymbol{D}(\boldsymbol{\theta})\ddot{\boldsymbol{\theta}}+\boldsymbol{h}(\boldsymbol{\theta},\dot{\boldsymbol{\theta}})+\boldsymbol{g}(\boldsymbol{\theta})=\boldsymbol{\tau} \tag{10.16a}$$

$$\boldsymbol{D}(\boldsymbol{\theta})=\begin{bmatrix}D_{11} & D_{12}\\ D_{21} & D_{22}\end{bmatrix},\quad \boldsymbol{g}(\boldsymbol{\theta})=\begin{bmatrix}g_1\\ g_2\end{bmatrix},\quad \boldsymbol{\tau}=\begin{bmatrix}T_1\\ T_2\end{bmatrix} \tag{10.16b}$$

$$\boldsymbol{h}(\boldsymbol{\theta},\dot{\boldsymbol{\theta}})=\mathrm{col}\left[\sum_{j=1}^{2}\sum_{k=1}^{2}\left(\frac{\partial D_{ij}}{\partial\theta_k}-\frac{1}{2}\frac{\partial D_{jk}}{\partial\theta_i}\right)\dot{\theta}_j\dot{\theta}_k\right] \tag{10.16c}$$

其中 $\mathrm{col}[h_i]$ 表示具有元素 $h_i(i=1,2)$的列向量。在特殊情况下，假设连杆质量 m_1 和 m_2 集中在每个连杆的末尾，我们能得出 $l_{c1}=l_1$ 和 $l_{c2}=l_2$。很容易就能验证式(3.12)和式(3.13)描述的属性以及 $\dot{\boldsymbol{D}}$-2$\boldsymbol{C}$ 的反对称性，其中 K 是机器人的总动能 $K=K_1+K_2$。

10.2.4.3 可操作性测量

如果我们使用末端效应器的位置$[x,\ y]^{\mathrm{T}}$ 作为向量 $\boldsymbol{v}=\dot{\boldsymbol{X}}$，那么(见式(10.10))：

$$\boldsymbol{J}=\begin{bmatrix}-l_1\sin\theta_1-l_2\sin(\theta_1+\theta_2) & -l_2\sin(\theta_1+\theta_2)\\ l_1\cos\theta_1+1_2\cos(\theta_1+\theta_2) & l_2\cos(\theta_1+\theta_2)\end{bmatrix}$$

所以可操作性度量 w 是

$$w=|\det\boldsymbol{J}|=l_1 l_2|\sin\theta_2|$$

因此，对于任何 l_1，l_2 和 θ_1，使 w 达到最大的操纵器的最佳配置是 $\theta_2=\pm 90°$。如果在恒定总长度(即 $l_1+l_2=$常数)的条件下确定长度 l_1 和 l_2，则对于任何 θ_1 和 θ_2，当 $l_1=l_2$ 时，可操纵性度量采用其最大值。

10.3 移动机械臂的建模

移动机械臂的总运动学和动力学模型中结合了移动平台和固定机器人操纵器的模型，是复杂且强耦合的[1,3,7]。如今，移动机械臂常用在差分驱动、三轮车、汽车和其他能提供最大的机动性的全向平台上。

10.3.1 一般运动学模型

考虑图 10.7 中的移动机械臂，其具有差分驱动平台和多连杆机器人操纵器。

在这里，我们有以下四个坐标系：

- $\boldsymbol{O}_{\mathrm{w}}x_{\mathrm{w}}y_{\mathrm{w}}z_{\mathrm{w}}$ 是世界坐标系。
- $\boldsymbol{O}_{\mathrm{p}}x_{\mathrm{p}}y_{\mathrm{p}}z_{\mathrm{p}}$ 是平台坐标系。

- $\boldsymbol{O}_b x_b y_b z_b$ 是操纵器基坐标系。
- $\boldsymbol{O}_e x_e y_e z_e$ 是末端效应器坐标系。

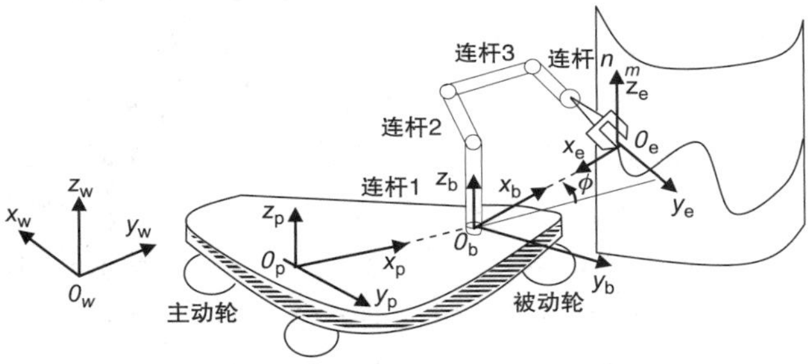

图 10.7　带差分驱动平台的移动机械臂的几何特征

然后，操纵者相对于 $O_w x_w y_w z_w$ 的末端驱动器位置/方向由下式给出(参见式(10.2))：

$$\boldsymbol{T}=\boldsymbol{A}_p^w \boldsymbol{A}_b^p \boldsymbol{A}_e^b \tag{10.17}$$

其中，$\boldsymbol{A}_p^w$ 是从 O_w 到 O_p 的变换矩阵，$\boldsymbol{A}_b^p$ 是从 O_p 到 O_b 的变换矩阵，$\boldsymbol{A}_e^b$ 是从 O_b 到 O_e 的变换矩阵。

在矢量形式中，世界坐标中的末端效应器位置/方向向量 $\boldsymbol{x}_e^w$ 具有以下形式：

$$\boldsymbol{x}_e^w=\boldsymbol{F}(\boldsymbol{q}) \tag{10.18}$$

其中

$$\boldsymbol{q}=[\boldsymbol{p}^{\mathrm{T}},\ \boldsymbol{\theta}^{\mathrm{T}}]^{\mathrm{T}}$$
$$\boldsymbol{p}=[x,\ y,\ \phi]^{\mathrm{T}} \quad (平台配置)$$
$$\boldsymbol{\theta}=[\theta_1,\ \theta_2,\ \cdots,\ \theta_{n_m}]^{\mathrm{T}} \quad (操纵器配置)$$

因此，关于时间微分式(10.18)，能得到：

$$\boldsymbol{x}_e^w=\left(\frac{\partial \boldsymbol{F}}{\partial \boldsymbol{p}}\right)\dot{\boldsymbol{p}}+\left(\frac{\partial \boldsymbol{F}}{\partial \boldsymbol{\theta}}\right)\dot{\boldsymbol{\theta}} \tag{10.19}$$

其中 $\dot{\boldsymbol{p}}$ 由平台的运动学模型给出(见式(6.1))：

$$\dot{\boldsymbol{p}}=\boldsymbol{G}(\boldsymbol{p})\boldsymbol{u}_p,\quad \boldsymbol{u}_p\in R^2 \tag{10.20a}$$

其中，$\dot{\boldsymbol{\theta}}$ 由机械手的运动学模型给出。假设操纵器是无约束的，我们可以写成

$$\dot{\boldsymbol{\theta}}=\boldsymbol{u}_m \tag{10.20b}$$

其中 $\boldsymbol{u}_m$ 是操纵器关节指令的向量。结合式(10.19)、式(10.20a)和式(10.20b)，我们能得到移动机械臂的整体运动学模型：

$$\dot{\boldsymbol{x}}_e^w(t)=\left(\frac{\partial \boldsymbol{F}}{\partial \boldsymbol{p}}\right)\boldsymbol{G}(\boldsymbol{p})\boldsymbol{u}_p+\left(\frac{\partial \boldsymbol{F}}{\partial \boldsymbol{\theta}}\right)\boldsymbol{u}_m=\boldsymbol{J}(\boldsymbol{q})\boldsymbol{u}(t) \tag{10.21a}$$

其中

$$\boldsymbol{u}(t)=[\boldsymbol{u}_p^{\mathrm{T}}(t),\ \boldsymbol{u}_m^{\mathrm{T}}(t)]^{\mathrm{T}}\in \boldsymbol{R}^{2+n_m}$$
$$\boldsymbol{J}(\boldsymbol{q})=[\boldsymbol{J}_p(\boldsymbol{q})\boldsymbol{G}(\boldsymbol{q}) \vdots \boldsymbol{J}_m(\boldsymbol{\theta})]$$
$$\boldsymbol{J}_p(\boldsymbol{q})=\partial \boldsymbol{F}/\partial \boldsymbol{p}$$
$$\boldsymbol{J}_m(\boldsymbol{q})=\partial \boldsymbol{F}/\partial \boldsymbol{\theta} \tag{10.21b}$$

式(10.21a)表示从输入到末端效应器(任务)变量的移动机械臂的总运动学模型。

实际上，在目前的情况下，系统受制于非完整约束：

$$\boldsymbol{M}(\boldsymbol{p})\dot{\boldsymbol{p}}=0,\quad \boldsymbol{M}(\boldsymbol{p})=[-\sin\phi,\ \cos\phi,\ 0,\ \cdots,\ 0] \tag{10.22}$$

其中 $\dot{\boldsymbol{p}}$ 不能通过积分消除。因此，$\boldsymbol{J}(\boldsymbol{q})$应该包含表示此约束的行。由于控制输入矢量$\boldsymbol{u}(t)$的维数 $2+n_m$ 小于要控制的变量(自由度)的总数 $3+n_m$，因此系统总是处于欠驱动的状态。

10.3.2 一般动力学模型

移动机械臂的拉格朗日动力学模型由式(3.16)给出：

$$\boldsymbol{D}(\boldsymbol{q})\ddot{\boldsymbol{q}}+\boldsymbol{C}(\boldsymbol{q},\ \dot{\boldsymbol{q}})\dot{\boldsymbol{q}}+\boldsymbol{g}(\boldsymbol{q})+\boldsymbol{M}^{\mathrm{T}}(\boldsymbol{q})\lambda=\boldsymbol{E}\boldsymbol{\tau} \tag{10.23}$$

其中 $\boldsymbol{M}(\boldsymbol{q})$由式(10.22)给出。该模型包含两部分，即平台部分和操纵器部分。

平台部分：

$$\boldsymbol{D}_p(\boldsymbol{q}_p,\ \boldsymbol{q}_m)\ddot{\boldsymbol{q}}_p+\boldsymbol{C}_p(\boldsymbol{q}_p,\ \boldsymbol{q}_m,\ \dot{\boldsymbol{q}}_p,\ \dot{\boldsymbol{q}}_m)=\boldsymbol{E}_p\boldsymbol{\tau}_p-\boldsymbol{M}^{\mathrm{T}}(\boldsymbol{q}_p)\lambda-\boldsymbol{D}_p(\boldsymbol{q}_p,\ \boldsymbol{q}_m)\ddot{\boldsymbol{q}}_m$$

操纵器部分：

$$\boldsymbol{D}_m(\boldsymbol{q}_m)\ddot{\boldsymbol{q}}_m+\boldsymbol{C}_m(\boldsymbol{q}_p,\ \boldsymbol{q}_m;\ \boldsymbol{q}_p)=\boldsymbol{\tau}_m-\boldsymbol{D}_m(\boldsymbol{q}_p,\ \boldsymbol{q}_m)\ddot{\boldsymbol{q}}_p$$

其中索引 $\boldsymbol{p}$ 指平台，m 指操纵器，符号具有标准含义。应用 3.2.4 节的技巧，我们消除了非完整约束 $\boldsymbol{M}(\boldsymbol{q}_p)\dot{\boldsymbol{q}}_p=\boldsymbol{0}$，得到了式(3.19a)和式(3.19b)形式的简化(无约束)模型：

$$\overline{\boldsymbol{D}}(\boldsymbol{q})\dot{\boldsymbol{v}}+\overline{\boldsymbol{C}}(\boldsymbol{q},\ \dot{\boldsymbol{q}})\boldsymbol{v}+\overline{\boldsymbol{g}}(\boldsymbol{q})=\overline{\boldsymbol{E}}\boldsymbol{\tau} \tag{10.24}$$

其中

$$\boldsymbol{q}=[\boldsymbol{q}_p^{\mathrm{T}},\ \boldsymbol{q}_m^{\mathrm{T}}]^{\mathrm{T}}$$

$\overline{\boldsymbol{D}}(\boldsymbol{q})$，$\overline{\boldsymbol{C}}(\boldsymbol{q},\ \dot{\boldsymbol{q}})$ 以及 $\overline{\boldsymbol{g}}(\boldsymbol{q})$由平台和操纵手部分中各个项的组合给出(推导的细节很简单，留作练习)。

10.3.3 五自由度非完整约束移动机械臂的建模

这里，上述一般方法将应用于图 10.8 的移动机械臂，其由差分驱动移动平台和双连杆平面操纵器组成[3,22]。

10.3.3.1 运动学

在不失一般性的情况下，假设 COG G 与旋转点 Q(两个车轮的中点)一致，即 $b=0$。平台的非完整约束是

$$-\dot{x}_Q\sin\phi+\dot{y}_Q\cos\phi=0$$

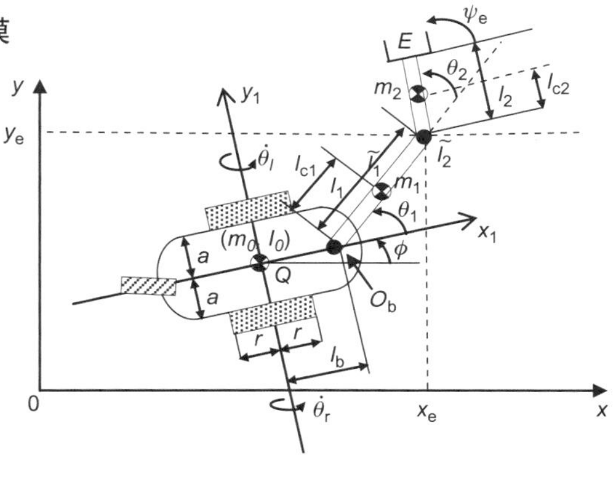

图 10.8 五自由度移动机械臂。平台的质量为 m_0 和转动惯量为 I_0

当在操纵器的基础 $O_b(x_b,\ y_b)$处表达时，该约束变为

$$-\dot{x}_b\sin\phi+\dot{y}_b\cos\phi+l_b\dot{\phi}=0$$

其中 l_b 是点 $G(Q)$和 O_b 之间的距离。WMR 平台的运动方程(在 O_b 点)是

$$\begin{aligned}\dot{x}_b&=\left(\frac{r}{2}\cos\phi+\frac{rl_b}{2a}\sin\phi\right)\dot{\theta}_l+\left(\frac{r}{2}\cos\phi-\frac{rl_b}{2a}\sin\phi\right)\dot{\theta}_r\\ \dot{y}_b&=\left(\frac{r}{2}\sin\phi-\frac{rl_b}{2a}\cos\phi\right)\dot{\theta}_l+\left(\frac{r}{2}\sin\phi+\frac{rl_b}{2a}\cos\phi\right)\dot{\theta}_r\\ \dot{\phi}&=\frac{r}{2a}(\dot{\theta}_r-\dot{\theta}_l)\end{aligned} \tag{10.25}$$

以雅可比形式写为

$$\dot{\boldsymbol{p}}=\boldsymbol{J}\dot{\boldsymbol{\theta}},\quad \dot{\boldsymbol{p}}=[\dot{x}_b,\ \dot{y}_b,\ \dot{\phi}]^T,\quad \dot{\theta}^T=[\dot{\theta}_1,\ \dot{\theta}_r]^T$$

其中

$$\boldsymbol{J}=\begin{bmatrix}\boldsymbol{J}_b \\ \vdots \\ -r/2a \quad r/2a\end{bmatrix}$$

$$\boldsymbol{J}_b=\begin{bmatrix}\dfrac{r}{2}\cos\phi+\dfrac{rl_b}{2a}\sin\phi & \dfrac{r}{2}\cos\phi-\dfrac{rl_b}{2a}\sin\phi \\ \dfrac{r}{2}\sin\phi-\dfrac{rl_b}{2a}\cos\phi & \dfrac{r}{2}\sin\phi+\dfrac{rl_b}{2a}\cos\phi\end{bmatrix}=\boldsymbol{R}(\phi)\boldsymbol{W}_b \tag{10.26}$$

并且

$$\boldsymbol{R}(\phi)=\begin{bmatrix}\cos\phi & -\sin\phi \\ \sin\phi & \cos\phi\end{bmatrix},\quad \boldsymbol{W}_b=\begin{bmatrix}r/2 & r/2 \\ -rl_b/2a & rl_b/2a\end{bmatrix} \tag{10.27}$$

双连杆操纵器的运动学参数如图10.6所示，其中第一个关节的线速度为 $\dot{\phi}+\dot{\theta}_1$。末端效应器的线速度$[\dot{x}_e,\ \dot{y}_e]^T$ 由下式给出：

$$\begin{bmatrix}\dot{x}_e \\ \dot{y}_e\end{bmatrix}=\begin{bmatrix}\dot{x}_b \\ \dot{y}_b\end{bmatrix}+\boldsymbol{R}(\phi)\boldsymbol{J}_m(\boldsymbol{\theta}_m)\begin{bmatrix}\dot{\phi}+\dot{\theta}_1 \\ \dot{\theta}_2\end{bmatrix} \tag{10.28a}$$

其中($\boldsymbol{\theta}_m=[\theta_1,\ \theta_2]^T$)：

$$\boldsymbol{J}_m(\boldsymbol{\theta}_m)=\begin{bmatrix}-l_1\sin\theta_1-l_2\sin(\theta_1+\theta_2) & -l_2\sin(\theta_1+\theta_2) \\ l_1\cos\theta_1+l_2\cos(\theta_1+\theta_2) & l_2\cos(\theta_1+\theta_2)\end{bmatrix}=\begin{bmatrix}J_{m,11} & J_{m,12} \\ J_{m,21} & J_{m,22}\end{bmatrix} \tag{10.28b}$$

是操纵器相对于基础坐标系的雅可比矩阵(见式(10.10))。这里，$\dot{\phi}$ 由式(10.25)的第三部分给出，即 $\dot{\phi}=(r/2a)(-\dot{\theta}_1+\dot{\theta}_r)$。从而：

$$\begin{bmatrix}\dot{\phi}+\dot{\theta}_1 \\ \dot{\theta}_2\end{bmatrix}=\boldsymbol{S}\begin{bmatrix}\dot{\theta}_1 \\ \dot{\theta}_r\end{bmatrix},\quad \boldsymbol{S}=\begin{bmatrix}1-r/2a & r/2a \\ 0 & 1\end{bmatrix} \tag{10.29a}$$

因此：

$$\begin{bmatrix}\dot{\boldsymbol{x}}_e \\ \dot{\boldsymbol{y}}_e\end{bmatrix}=[\boldsymbol{R}(\phi)\boldsymbol{W}_b+\boldsymbol{R}(\phi)\boldsymbol{J}_m(\boldsymbol{\theta}_m)\boldsymbol{S}]\begin{bmatrix}\dot{\theta}_1 \\ \dot{\theta}_r\end{bmatrix} \tag{10.29b}$$

移动机械臂的整体运动方程是

$$\boldsymbol{p}_0=\boldsymbol{J}_0\dot{\boldsymbol{\theta}}_0 \tag{10.30a}$$

其中

$$\dot{\boldsymbol{p}}_0=\begin{bmatrix}\dot{x}_e \\ \dot{y}_e \\ \vdots \\ \dot{x}_b \\ \dot{y}_b\end{bmatrix},\quad \dot{\boldsymbol{\theta}}_0=\begin{bmatrix}\dot{\theta}_1 \\ \dot{\theta}_r \\ \vdots \\ \dot{\theta}_1 \\ \dot{\theta}_2\end{bmatrix},\quad \boldsymbol{J}_0=\begin{bmatrix}\boldsymbol{R}(\phi)[\boldsymbol{W}_b+\boldsymbol{J}_m(\theta_m)\boldsymbol{S}] \\ \cdots\cdots\cdots\cdots\cdots\cdots \\ \boldsymbol{R}(\phi)\boldsymbol{W}_b\end{bmatrix} \tag{10.30b}$$

如果移动机械臂的移动平台是图 2.8 或图 2.9 所示的三轮车或类车型的，其位置/方向由四个变量 $\dot{x}_Q$，$\dot{y}_Q$，$\dot{\phi}$ 和 $\dot{\psi}$ 以及运动方程（式（2.45））或增强了的方程（式（2.53））（见式（10.25）使用 l_b 项所做的）描述。移动机械臂的整体运动学模型可以通过相同的步骤找到。

10.3.3.2 动力学

假设被动轮的惯性矩可忽略不计，则移动机械臂的拉格朗日公式为

$$L=\frac{1}{2}m_0(\dot{x}_Q^2+\dot{y}_Q^2)+\frac{1}{2}I_0\dot{\phi}^2+\frac{1}{2}m_1(\dot{x}_A^2+\dot{y}_A^2)+\frac{1}{2}I_1(\dot{\phi}+\dot{\theta}_1)^2+\frac{1}{2}m_2(\dot{x}_B^2+\dot{y}_B^2)+\frac{1}{2}I_2(\dot{\phi}+\dot{\theta}_1+\dot{\theta}_2) \tag{10.31}$$

其中，m_0，I_0 是平台的质量和转动惯量，m_1，m_2，I_1，I_2 分别是连杆 1 和连杆 2 的质量和转动惯量，$\dot{x}_Q$，$\dot{y}_Q$ 是点 Q 的速度的 x，y 分量，$\dot{x}_A$，$\dot{y}_A$，$\dot{x}_B$，$\dot{y}_B$ 分别是连杆 1 和连杆 2 的 x，y 速度。

使用拉格朗日式（10.31），我们得到了具有非完整约束的方程（式（10.23））的动力学模型：

$$\boldsymbol{M}(\boldsymbol{q})=[-\sin\phi,\ \cos\phi,\ l_b,\ 0,\ 0] \tag{10.32}$$

现在，使用变换 $\dot{\boldsymbol{q}}(t)=\boldsymbol{B}(\boldsymbol{q})\boldsymbol{v}(t)$ 和 $\boldsymbol{B}^{\mathrm{T}}(\boldsymbol{q})\boldsymbol{M}^{\mathrm{T}}(\boldsymbol{q})=\boldsymbol{0}$，其中：

$$\boldsymbol{q}=[x_b,\ y_b,\ \phi,\ \theta_1,\ \theta_2]^{\mathrm{T}}$$

$$\boldsymbol{v}=[v_1,\ v_2,\ v_3,\ v_4]^{\mathrm{T}}=[\dot{\theta}_1\dot{\theta}_r\dot{\theta}_1\dot{\theta}_2]^{\mathrm{T}}$$

$\boldsymbol{B}$ 被设为

$$\boldsymbol{B}=\begin{bmatrix}\boldsymbol{B}' & \boldsymbol{O}\\ \boldsymbol{O} & I\end{bmatrix},\quad \boldsymbol{B}'=\begin{bmatrix}b'_{11} & b'_{12}\\ b'_{21} & b'_{22}\\ b'_{31} & b'_{32}\end{bmatrix} \tag{10.33}$$

其中，$\boldsymbol{I}$ 是 2×2 单位矩阵，并且

$$\begin{aligned}
b'_{11}&=r(\cos\phi)/2+l_b r(\sin\phi)/2a\\
b'_{12}&=r(\cos\phi)/2-l_b r(\sin\phi)/2a\\
b'_{21}&=r(\sin\phi)/2-l_b r(\cos\phi)/2a\\
b'_{22}&=r(\sin\phi)/2+l_b r(\cos\phi)/2a\\
b'_{31}&=-r/2a,\quad b'_{32}=r/2a
\end{aligned} \tag{10.34}$$

像往常一样，受约束的拉格朗日模型可被简化为无约束形式（式（10.24））。

例 10.1 研究移动机械臂的可操纵性测量，并且计算一个五个自由度的移动机械臂的可操纵性。

解 可操纵性测量由下式给出：

$$w=\sqrt{\det\boldsymbol{J}(\boldsymbol{q})\boldsymbol{J}^{\mathrm{T}}(\boldsymbol{q})}$$

如果 $\boldsymbol{J}$ 是方矩阵，那么 $\boldsymbol{w}=|\det\boldsymbol{J}|$。让我们定义 σ_1，σ_2，…，σ_m，为 m 个大数，$\sqrt{\lambda_i}$（$i=1$，2，…，n）其中 λ_i 是 $\boldsymbol{J}^{\mathrm{T}}\boldsymbol{J}$ 矩阵的第 i 个特征值。那么，上面定义的 w 可被降

维到：

$$w_1=\sigma_1\sigma_2\cdots\sigma_m,\quad \sigma_1\geqslant\sigma_2\geqslant\cdots>\sigma_m\geqslant 0$$

数字 $\sigma_i(i=1, 2, \cdots, m)$称为 $\boldsymbol{J}$ 的奇异值，并组成矩阵 $\boldsymbol{\Sigma}$：

$$\Sigma=\begin{bmatrix}\sigma_1 & 0 & & \vdots & \\ & \ddots & & & \mathbf{0} \\ 0 & & \sigma_m & \vdots & \end{bmatrix}$$

它定义了 $\boldsymbol{J}$ 的奇异值分解 $\boldsymbol{J}=\boldsymbol{U\Sigma V}^{\mathrm{T}}$，其中 $\boldsymbol{U}$ 和 $\boldsymbol{V}$ 分别是维数为 m 和 n 的正交矩阵。可操纵性椭球的主轴是 $\sigma_1\boldsymbol{u}_1$，$\sigma_2\boldsymbol{u}_2$，…，$\sigma_m\boldsymbol{u}_m$，其中 $\boldsymbol{u}_i$ 是 $\boldsymbol{U}$ 的列。可操纵性测量的一些其他定义如下：

(i) $w_2=\sigma_m/\sigma_1$：操纵器椭球的最小和最大奇异值（半径）的比率。这仅提供关于机器人可操纵性的定性信息。如果 $\sigma_m=\sigma_1$，则椭圆体是球体，并且机器人在所有方向上具有相同的可操纵性。

(ii) $w_3=\sigma_m$：最小半径，给出了任何方向上末端驱动器的运动速度上限。

(iii) $w_4=(\sigma_1\sigma_2\cdots\sigma_m)^{1/m}$：具有与可操纵性椭圆相同体积的球体的半径。

(iv) $w_5=\sqrt{1-/\sigma_m^2/\sigma_1^2}$：椭圆偏心率的广义概念。

通过 $\boldsymbol{J}(\boldsymbol{q})$考虑可操纵性定义。在本例中，移动机械臂的总雅可比矩阵由式(10.21a)和式(10.21b)给出，代表从

$$\boldsymbol{u}(t)=\begin{bmatrix}\boldsymbol{u}_{\mathrm{p}}(t)\\ \boldsymbol{u}_{\mathrm{m}}(t)\end{bmatrix},\quad \boldsymbol{u}_{\mathrm{p}}(t)=\begin{bmatrix}v(t)\\ \omega(t)\end{bmatrix},\quad \boldsymbol{u}_{\mathrm{m}}(t)=\begin{bmatrix}\theta_1\\ \theta_2\\ \vdots\\ \theta_m\end{bmatrix}$$

到

$$\boldsymbol{x}_{\mathrm{e}}=[\dot{\boldsymbol{x}}_{\mathrm{e}},\ \dot{\boldsymbol{y}}_{\mathrm{e}},\ \dot{\phi}]^{\mathrm{T}}$$

的转变。其中 x_{e}，y_{e} 是位置坐标，ψ_{e} 是末端驱动器的方向角。然后

$$w=\sqrt{\det\boldsymbol{J}(\boldsymbol{q})\boldsymbol{J}^{\mathrm{T}}(\boldsymbol{q})}$$

移动机械臂可操作性椭球由下式定义：

$$\|\boldsymbol{u}\|=\left\|\begin{bmatrix}\boldsymbol{u}_{\mathrm{p}}(t)\\ \boldsymbol{u}_{\mathrm{m}}(t)\end{bmatrix}\right\|\leqslant 1$$

不幸的是，在大多数情况下，在计算椭圆体 $\|\boldsymbol{u}\|\leqslant 1$ 时，不可能将 $\boldsymbol{u}_{\mathrm{p}}(t)$和 $\boldsymbol{u}_{\mathrm{m}}(t)$解耦。考虑图 10.8 中的五连杆移动机械臂，易得到

$$\boldsymbol{J}=\begin{bmatrix}J_{11} & J_{12} & J_{13} & J_{14}\\ J_{21} & J_{22} & J_{23} & J_{24}\\ 0 & 0 & 0 & 1\end{bmatrix}$$

$$J_{11}=\cos\phi$$

$$J_{12}=-l_{\mathrm{b}}\sin\phi-l_1\sin(\phi+\theta_1)-l_2\sin(\phi+\theta_1+\theta_2)$$

$$J_{13}=-l_1\sin(\phi+\theta_1)-l_2\sin(\phi+\theta_1+\theta_2)$$

$$J_{14}=-l_2\sin(\phi+\theta_1+\theta_2)$$

$$J_{21}=\sin\phi$$
$$J_{22}=l_b\cos\phi+l_1\cos(\phi+\theta_1)+l_2\cos(\phi+\theta_1+\theta_2)$$
$$J_{23}=l_1\cos(\phi+\theta_1)+l_2\cos(\phi+\theta_1+\theta_2)$$
$$J_{24}=l_2\cos(\phi+\theta_1+\theta_2)$$

考虑可操纵性测量 w_5，它提供有关椭圆形状的信息。由于 w_5 趋向于零，即 $\sigma_m/\sigma_1\to 1$，因此椭球倾向于球形，并且可达到的末端驱动器速度在所有方向上趋于相同。实际上，对于给定的有界速度控制信号，当 $w_5=0$ 时，它们可以是相等的(各向同性的)。

10.3.4　全向移动机械臂的建模

这里，将导出图 10.9 中所示的移动机械臂的运动学和动力学模型。这个移动机械臂涉及一个三轮全向平台(带有正交轮)和一个 3D 机械手[8,11]。

10.3.4.1　运动学

像往常一样，通过组合平台和机械手的运动学模型，可以找到移动机械臂的运动学模型。

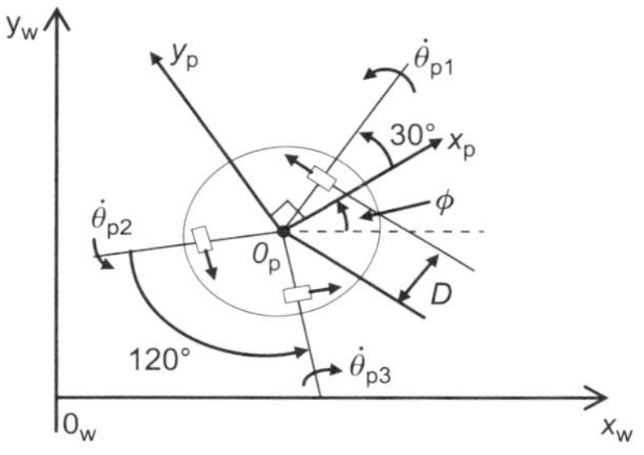

图 10.9　全向平台的几何特征

机器人的工作空间由世界坐标系 $O_w x_w y_w z_w$ 描述。平台的坐标系 $O_p x_p y_p z_p$ 的原点位于平台的 COG 处，并且车轮具有半径 r，它们之间的角度为 120°，并且距离平台的 COG 的距离为 D。机器人的运动学模型在 2.4 节中得出。对于图 10.9 所示的平台，式(2.74a)和式(2.74b)给出的模型成为

$$\begin{bmatrix}\dot{\theta}_{p1}\\ \dot{\theta}_{p2}\\ \dot{\theta}_{p3}\end{bmatrix}=\frac{1}{r}\begin{bmatrix}-1/2 & \sqrt{3}/2 & D\\ -1/2 & -\sqrt{3}/2 & D\\ 1 & 0 & D\end{bmatrix}\begin{bmatrix}\dot{x}_p\\ \dot{y}_p\\ \dot{\phi}\end{bmatrix}$$

即

$$\dot{\boldsymbol{\theta}}_r=\boldsymbol{J}_0^{-1}\dot{\boldsymbol{p}}_p \tag{10.35}$$

其中 $\dot{\theta}_{pi}(i=1,2,3)$是车轮的角速度，$\phi$ 是 x_w 和 x_p 轴之间的旋转角度，$\dot{x}_p$，$\dot{y}_p$ 是平台速度表示在平台的(移动)坐标系内的分速度。世界和平台坐标系之间的坐标转换矩阵是

$$\boldsymbol{R}_p^w=\begin{bmatrix}\cos\phi & -\sin\phi & 0\\ \sin\phi & \cos\phi & 0\\ 0 & 0 & 1\end{bmatrix} \tag{10.36}$$

因此，$\boldsymbol{v}_p^w=[\dot{x}_p^w,\ \dot{y}_p^w,\ \dot{\phi}]^T$ 和 $\dot{\boldsymbol{\theta}}_r=[\dot{\theta}_{p1},\ \dot{\theta}_{p2},\ \dot{\theta}_{p3}]^T$ 之间的关系如下：

$$\dot{\boldsymbol{\theta}}_r=\boldsymbol{J}_0^{-1}\boldsymbol{R}_p^w\boldsymbol{v}_p^w \tag{10.37}$$

反转式(10.37)我们得到机器人从 $\dot{\theta}_r$ 到 v_p^w 的直接差分运动学模型，如下：

$$\boldsymbol{v}_p^w=\boldsymbol{J}_p(\phi)\dot{\boldsymbol{\theta}}_r \tag{10.38a}$$

其中

$$\boldsymbol{J}_{\mathrm{p}}(\phi)=(\boldsymbol{J}_0^{-1}\boldsymbol{R}_{\mathrm{p}}^{\mathrm{w}})^{-1}=\frac{r}{3}\begin{bmatrix}-\cos\phi-\sqrt{3}\sin\phi & -\cos\phi+\sqrt{3}\sin\phi & 2\cos\phi\\ -\sin\phi+\sqrt{3}\cos\phi & -\sin\phi-\sqrt{3}\cos\phi & 2\sin\phi\\ 1/D & 1/D & 1/D\end{bmatrix} \tag{10.38b}$$

现在，平台的方程式运动模型(式(10.38a))将与机械手的运动模型集成(见图 10.10)。从图 10.9 我们得到：

$$\begin{aligned}x_{\mathrm{e}}^{\mathrm{w}}&=x_{\mathrm{p}}^{\mathrm{w}}+[l_2\cos\theta_2+l_3\cos(\theta_2+\theta_3)]\cos(\phi+\theta_1)\\ y_{\mathrm{e}}^{\mathrm{w}}&=y_{\mathrm{p}}^{\mathrm{w}}+[l_2\cos\theta_2+l_3\cos(\theta_2+\theta_3)]\sin(\phi+\theta_1)\\ z_{\mathrm{e}}^{\mathrm{w}}&=r+H+l_1+l_2\sin\theta_2+l_3\sin(\theta_2+\theta_3)\end{aligned} \tag{10.39}$$

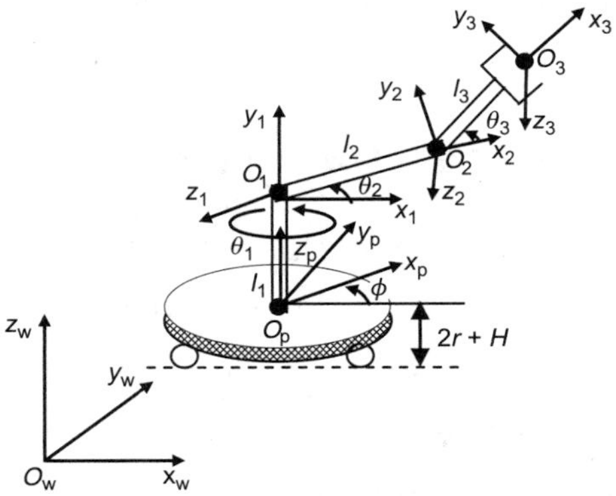

图 10.10　移动机械臂的坐标系

其中 H 是平台的高度。现在，取导方程式(10.39)并使用方程式(10.38a)和式(10.38b)，我们得到：

$$\dot{\boldsymbol{p}}_{\mathrm{e}}=\boldsymbol{J}_{\mathrm{e}}(\phi,\ \theta_1,\ \theta_2,\ \theta_3)\dot{\boldsymbol{q}} \tag{10.40}$$

其中 $\dot{\boldsymbol{q}}=[\dot{\theta}_{\mathrm{p1}},\ \dot{\theta}_{\mathrm{p2}},\ \dot{\theta}_{\mathrm{p3}},\ \dot{\theta}_1,\ \dot{\theta}_2,\ \dot{\theta}_3]^{\mathrm{T}}$，$\boldsymbol{J}_{\mathrm{e}}$ 是一个的 3×6 矩阵，其列为

$$\boldsymbol{J}_{\mathrm{e1}}=\begin{bmatrix}-\frac{r}{3}(C_\Phi+\sqrt{3}S_\Phi)-\frac{r}{3D}(l_2C_2S_{\Phi1}+l_3C_{23}S_{\Phi1})\\ \frac{r}{3}(-S_\Phi+\sqrt{3}C_\Phi)+\frac{r}{3D}(l_2C_2C_{\Phi1}+l_3C_{23}C_{\Phi1})\\ 0\end{bmatrix},\quad \boldsymbol{J}_{\mathrm{e4}}=\begin{bmatrix}-l_2C_2S_{\Phi1}-l_3C_{23}S_{\Phi1}\\ l_2C_2C_{\Phi1}+l_3C_{23}C_{\Phi1}\\ 0\end{bmatrix}$$

$$\boldsymbol{J}_{\mathrm{e2}}=\begin{bmatrix}\frac{r}{3}(-C_\Phi+\sqrt{3}S_\Phi)-\frac{r}{3D}(l_2C_2S_{\Phi1}+l_3C_{23}S_{\Phi1})\\ -\frac{r}{3}(S_\Phi+\sqrt{3}C_\Phi)+\frac{r}{3D}(l_2C_2C_{\Phi1}+l_3C_{23}C_{\Phi1})\\ 0\end{bmatrix},\quad \boldsymbol{J}_{\mathrm{e5}}=\begin{bmatrix}-l_2S_2C_{\Phi1}-l_3S_{23}C_{\Phi1}\\ -l_2S_2S_{\Phi1}-l_3S_{23}S_{\Phi1}\\ l_2C_2+l_3C_{23}\end{bmatrix}$$

$$\boldsymbol{J}_{\mathrm{e3}}=\begin{bmatrix}\frac{2}{3}rC_\Phi-\frac{r}{3D}(l_2C_2S_{\Phi1}+l_3C_{23}S_{\Phi1})\\ \frac{2}{3}rS_\Phi+\frac{r}{3D}(l_2C_2C_{\Phi1}+l_3C_{23}C_{\Phi1})\\ 0\end{bmatrix},\quad \boldsymbol{J}_{\mathrm{e6}}=\begin{bmatrix}-l_3S_{23}C_{\Phi1}\\ -l_3S_{23}S_{\Phi1}\\ l_3C_{23}\end{bmatrix} \tag{10.41}$$

上述表达式中使用的符号是

$$\begin{aligned}&S_\Phi=\sin\phi && C_\Phi=\cos\phi\\ &S_i=\sin\theta && C_i=\cos\theta(i=1,\ \cdots,\ 3)\\ &S_{\Phi1}=\sin(\phi+\theta_1) && C_{\Phi1}=\cos(\phi+\theta_1)\\ &S_{23}=\sin(\theta_2+\theta_3) && C_{23}=\cos(\theta_2+\theta_3)\end{aligned}$$

10.3.4.2　动力学

为了找到移动机械臂的动力学模型，我们根据 Denavit-Hartenberg 惯例使用局部坐标

系。图 10.10 显示了所涉及的所有坐标系。使用上述符号，我们获得以下旋转矩阵：

$$\boldsymbol{R}_1^{\mathrm{p}}=\begin{bmatrix}C_1 & 0 & S_1\\ S_1 & 0 & -C_1\\ 0 & 1 & 0\end{bmatrix},\quad \boldsymbol{R}_2^{1}=\begin{bmatrix}C_2 & -S_2 & 0\\ S_2 & C_2 & 0\\ 0 & 0 & 1\end{bmatrix},\quad \boldsymbol{R}_3^{2}=\begin{bmatrix}C_3 & -S_3 & 0\\ S_3 & C_3 & 0\\ 0 & 0 & 1\end{bmatrix}$$

$$\boldsymbol{R}_1^{\mathrm{w}}=\boldsymbol{R}_{\mathrm{p}}^{\mathrm{w}}\boldsymbol{R}_1^{\mathrm{p}}=\begin{bmatrix}C_{\Phi1} & 0 & S_{\Phi1}\\ S_{\Phi1} & 0 & -C_{\Phi1}\\ 0 & 1 & 0\end{bmatrix}$$

$$\boldsymbol{R}_2^{\mathrm{w}}=\boldsymbol{R}_1^{\mathrm{w}}\boldsymbol{R}_2^{1}=\begin{bmatrix}C_2C_{\Phi1} & -S_2C_{\Phi1} & S_{\Phi1}\\ C_2S_{\Phi1} & -S_2S_{\Phi1} & -C_{\Phi1}\\ S_2 & C_2 & 0\end{bmatrix}$$

$$\boldsymbol{R}_3^{\mathrm{w}}=\boldsymbol{R}_2^{\mathrm{w}}\boldsymbol{R}_3^{2}=\begin{bmatrix}C_{23}C_{\Phi1} & -S_{23}C_{\Phi1} & S_{\Phi1}\\ C_{23}S_{\Phi1} & -S_{23}S_{\Phi1} & -C_{\Phi1}\\ S_{23} & C_{23} & 0\end{bmatrix}$$

现在，对于构成移动机械臂的每个刚体，都可以找到动能和势能，然后建立拉格朗日函数(L)。最后，使用拉格朗日函数计算广义力的方程：

$$\frac{\mathrm{d}}{\mathrm{d}t}\left(\frac{\partial L}{\partial\dot{\theta}_{\mathrm{p}i}}\right)-\frac{\partial L}{\partial\theta_{\mathrm{p}i}}=\tau_{\mathrm{p}i}(i=1,\ \cdots,\ 3)\frac{\mathrm{d}}{\mathrm{d}t}\left(\frac{\partial L}{\partial\dot{\theta}_i}\right)-\frac{\partial L}{\partial\theta_i}=\tau_i(i=1,\ \cdots,\ 3)$$

其中 $\tau_{\mathrm{p}i}(i=1,\ \cdots,\ 3)$是驱动平台的车轮驱动器的广义力矩，$\tau_i(i=1,\ \cdots,\ 3)$是驱动机械手连杆的关节驱动器的广义力矩。移动机械臂的参数在表 10.1 中定义：

表 10.1　移动机械臂参数

m_r：每个侧向正交轮的质量	l_2：连杆 2 的长度
r：轮子的半径	l_{c2}：连杆 2 重心距第二关节的距离
m_{p}：平台的质量	I_{xx}^2：连杆 2 关于 x 轴的转动惯量
D：平台中心到每个轮子的距离	I_{zz}^2：连杆 2 关于 z 轴的转动惯量
g：重力常数(9.806 2m/s^2)	m_{l_3}：连杆 3 的质量
m_{l_1}：连杆 1 的质量	l_3：连杆 3 的长度
I_{xx}^1：连杆 1 相对于 x 轴的转动惯量	l_{c3}：连杆 3 重心距第三关节的距离
I_{xx}^{p}：平台相对于 z 轴的转动惯量	I_{xx}^3：连杆 3 关于 x 轴的转动惯量
m_{l_1}：连杆 2 的质量	I_{zz}^3：连杆 3 关于 z 轴的转动惯量

然后，动力学模型的微分方程以紧凑的形式表示为

$$\boldsymbol{D}(\boldsymbol{q})\ddot{\boldsymbol{q}}+\boldsymbol{h}(\boldsymbol{q},\ \dot{\boldsymbol{q}})+\boldsymbol{g}(\boldsymbol{q})=\boldsymbol{\tau}\tag{10.42}$$

其中

$$\boldsymbol{h}(\boldsymbol{q},\ \dot{\boldsymbol{q}})=\boldsymbol{B}(\boldsymbol{q})\dot{\boldsymbol{q}}\cdot\dot{\boldsymbol{q}}+\boldsymbol{C}(\boldsymbol{q})\dot{\boldsymbol{q}}^2$$

$$\boldsymbol{D}(\boldsymbol{q})=\begin{bmatrix}{}^1a_1 & \cdots & {}^1a_6\\ \vdots & \ddots & \vdots\\ {}^6a_1 & \cdots & {}^6a_6\end{bmatrix};\quad \boldsymbol{B}(\boldsymbol{q})=\begin{bmatrix}{}^1b_1 & \cdots & {}^1b_{15}\\ \vdots & \ddots & \vdots\\ {}^6b_1 & \cdots & {}^6b_{15}\end{bmatrix};\quad \boldsymbol{C}(\boldsymbol{q})=\begin{bmatrix}{}^1c_1 & \cdots & {}^1c_6\\ \vdots & \ddots & \vdots\\ {}^6c_1 & \cdots & {}^6c_6\end{bmatrix}$$

$$\boldsymbol{g}(\boldsymbol{q})=[{}^1g,{}^2g,{}^3g,{}^4g,{}^5g,{}^6g]^{\mathrm{T}}$$

$$\ddot{\boldsymbol{q}}=[\ddot{\theta}_{p1}, \ddot{\theta}_{p2}, \ddot{\theta}_{p3}, \ddot{\theta}_1, \ddot{\theta}_2, \ddot{\theta}_3]^T$$

$$\dot{\boldsymbol{q}}\cdot\dot{\boldsymbol{q}}=[\dot{\theta}_{p1}\dot{\theta}_{p2}, \cdots, \dot{\theta}_{p1}\dot{\theta}_3; \dot{\theta}_{p2}\dot{\theta}_{p3}, \cdots,$$
$$\dot{\theta}_{p2}\dot{\theta}_3; \dot{\theta}_{p3}\dot{\theta}_1, \cdots, \dot{\theta}_{p3}\dot{\theta}_3, \dot{\theta}_1\dot{\theta}_2, \dot{\theta}_1\dot{\theta}_3, \dot{\theta}_2\dot{\theta}_3]^T$$

$$\dot{\boldsymbol{q}}^2=[\dot{\theta}_{p1}^2, \dot{\theta}_{p2}^2, \dot{\theta}_{p3}^2, \dot{\theta}_1^2, \dot{\theta}_1^2, \dot{\theta}_3^2]^T$$

$$\boldsymbol{\tau}=[\tau_{p1}, \tau_{p2}, \tau_{p3}, \tau_1, \tau_2, \tau_3] \tag{10.43}$$

${}^ja_i$,${}^jb_k$，c_i^j和${}^ig$(i，$j=1$，2，…，6；$k=1$，2，…，15)被中间系数定义[8]。

10.4　移动机械臂的控制

10.4.1　差分驱动移动机械臂的计算力矩控制

在这里，我们将考虑对10.3.3节中研究的五自由度移动机械臂的控制[22]。我们使用式(10.24)的简化动力学模型，参数由式(10.32)～式(10.34)给出。广义变量的向量$\boldsymbol{q}$是

$$\boldsymbol{q}=[x_b, y_b, \phi, \theta_1, \theta_2]^T \tag{10.44a}$$

向量$\boldsymbol{v}$是

$$\boldsymbol{v}=[v_1, v_2, v_3, v_4]^T=[\dot{\theta}_1, \dot{\theta}_r, \dot{\theta}_1, \dot{\theta}_2]^T=\boldsymbol{\theta}_0^T \tag{10.44b}$$

要将$\boldsymbol{v}=\boldsymbol{\theta}_0^T$转换为笛卡儿坐标速度矢量：

$$\dot{\boldsymbol{p}}_0=[\dot{\boldsymbol{x}}_e, \dot{\boldsymbol{y}}_e, \dot{\boldsymbol{x}}_b, \dot{\boldsymbol{y}}_b]^T \tag{10.44c}$$

我们使用雅可比关系(式(10.30a)和式(10.30b))：

$$\dot{\boldsymbol{p}}_0=\boldsymbol{J}_0\dot{\boldsymbol{\theta}}_0=\boldsymbol{J}_0\boldsymbol{v} \tag{10.44d}$$

其中4×4雅可比矩阵$\boldsymbol{J}_0$是可逆的。对式(10.44d)取导数，我们得到：

$$\ddot{\boldsymbol{p}}_0=\dot{\boldsymbol{J}}_0\boldsymbol{v}+\boldsymbol{J}_0\dot{\boldsymbol{v}}$$

如果将$\dot{\boldsymbol{v}}$移至左侧，则得出：

$$\dot{\boldsymbol{v}}=\boldsymbol{J}_0^{-1}(\ddot{\boldsymbol{p}}_0-\dot{\boldsymbol{J}}_0\boldsymbol{v}) \tag{10.45}$$

现在，将式(10.45)代入式(10.24)，并预乘$(\boldsymbol{J}_0^{-1})^T$，可得模型

$$\boldsymbol{D}^*\ddot{\boldsymbol{p}}_0+\boldsymbol{F}^*\dot{\boldsymbol{p}}_0+\boldsymbol{G}^*=\boldsymbol{E}^*\boldsymbol{\tau} \tag{10.46}$$

其中

$$\begin{aligned}
\boldsymbol{G}^* &= \boldsymbol{J}_0^{-1^T}\overline{\boldsymbol{D}}\boldsymbol{J}_0^{-1}\\
\boldsymbol{F}^* &= \boldsymbol{J}_0^{-1^T}(\overline{\boldsymbol{C}}-\overline{\boldsymbol{D}}\boldsymbol{J}_0^{-1}\dot{\boldsymbol{J}}_0)\boldsymbol{J}_0^{-1}\\
\boldsymbol{G}^* &= \boldsymbol{J}_0^{-1^T}\overline{\boldsymbol{g}}\\
\boldsymbol{E}^* &= \boldsymbol{J}_0^{-1^T}\overline{\boldsymbol{E}}
\end{aligned} \tag{10.47}$$

如果$\boldsymbol{p}_0(t)$的所需路径是$\boldsymbol{p}_{0,d}(t)$，并且误差定义为$\widetilde{\boldsymbol{p}}_0=\boldsymbol{p}_{0,d}-\boldsymbol{p}_0$，我们依惯例选择计算力矩定律：

$$\boldsymbol{E}^*\boldsymbol{\tau}=\boldsymbol{D}^*\boldsymbol{u}+\boldsymbol{F}^*\dot{\boldsymbol{p}}_0+\boldsymbol{G}^* \tag{10.48}$$

将式(10.48)代入式(10.46)，假设机器人参数是精确已知的，给出：

$$\ddot{\boldsymbol{p}}_0=\boldsymbol{u} \tag{10.49a}$$

现在，我们可以使用线性反馈控制律：

$$\boldsymbol{u}=\ddot{\boldsymbol{p}}_{0,\mathrm{d}}+\boldsymbol{K}_{\mathrm{v}}\dot{\tilde{\boldsymbol{p}}}_0+\boldsymbol{K}_{\mathrm{p}}\tilde{\boldsymbol{p}}_0,\quad \tilde{\boldsymbol{p}}_0=\boldsymbol{p}_{0,\mathrm{d}}-\boldsymbol{p}_0 \tag{10.49b}$$

在这种情况下，闭环误差系统的动力学描述如下：

$$\ddot{\tilde{\boldsymbol{p}}}_0+\boldsymbol{K}_{v}\dot{\tilde{\boldsymbol{p}}}_0+\boldsymbol{K}_{\bar{p}}\tilde{\boldsymbol{p}}_0=\boldsymbol{0}$$

因此，选择正确的 $\boldsymbol{K}_{\mathrm{p}}$ 和 $\boldsymbol{K}_{\mathrm{v}}$ 可以为我们提供所需的性能规格。

10.4.2 全向移动机械臂的滑模控制

我们使用式(10.42)给出的移动机械臂的动力学模型。由于平台的全向性，该方程式不涉及任何非完整约束[8,11]。使用计算力矩控制：

$$\boldsymbol{\tau}=\boldsymbol{D}(\boldsymbol{q})\boldsymbol{u}+\boldsymbol{h}(\boldsymbol{q},\dot{\boldsymbol{q}})+\boldsymbol{g}(\boldsymbol{q}) \tag{10.50a}$$

像往常一样，我们得到线性动态系统

$$\ddot{\boldsymbol{q}}=\boldsymbol{u} \tag{10.50b}$$

和反馈控制器

$$\boldsymbol{u}=\ddot{\boldsymbol{q}}_{\mathrm{d}}+\boldsymbol{K}_{v}\dot{\tilde{\boldsymbol{q}}}+\boldsymbol{K}_{\mathrm{p}}\tilde{\boldsymbol{q}} \tag{10.50c}$$

此式的误差动态是渐近稳定的。

如果 $\boldsymbol{D}$，$\boldsymbol{h}$ 和 $\boldsymbol{g}$ 受到不确定性的影响，并且我们只知道它们的近似值 $\hat{\boldsymbol{D}}$，$\hat{\boldsymbol{h}}$，$\hat{\boldsymbol{g}}$，那么计算力矩控制器是

$$\hat{\boldsymbol{\tau}}=\hat{\boldsymbol{D}}(\boldsymbol{q})\boldsymbol{u}+\hat{\boldsymbol{h}}(\boldsymbol{q},\dot{\boldsymbol{q}})+\hat{\boldsymbol{g}}(\boldsymbol{q}) \tag{10.51a}$$

系统动力学由下式给出：

$$\ddot{\boldsymbol{q}}=(\boldsymbol{D}^{-1}\hat{\boldsymbol{D}})\boldsymbol{u}+\boldsymbol{D}^{-}1(\hat{\boldsymbol{h}}-\boldsymbol{h})+\boldsymbol{D}^{-1}(\hat{\boldsymbol{g}}-\boldsymbol{g}) \tag{10.51b}$$

在这种情况下必须使用一些适当的鲁棒的控制技术。一个不错的选项是 7.2.2 节中描述的滑动模式控制器。该控制器含有标称项(基于计算力矩控制定律)和一个面向动力学模型不精确性的附加项。

多输入多输出系统的滑动条件可由推广式(7.14)得到：

$$\frac{1}{2}\frac{\mathrm{d}}{\mathrm{d}t}\boldsymbol{s}^{\mathrm{T}}(x,t)\boldsymbol{s}(x,t)\leqslant-\eta(\boldsymbol{s}^{\mathrm{T}}\boldsymbol{s})^{1/2},\quad \eta>0 \tag{10.52a}$$

此处

$$\boldsymbol{s}=\dot{\tilde{\boldsymbol{q}}}+\boldsymbol{\Lambda}\tilde{\boldsymbol{q}}=\dot{\boldsymbol{q}}-\dot{\boldsymbol{q}}_{\mathrm{r}} \tag{10.52b}$$

其中$\dot{\boldsymbol{q}}_{\mathrm{r}}=\dot{\boldsymbol{q}}_{\mathrm{d}}-\boldsymbol{\Lambda}\tilde{\boldsymbol{q}}$和 $\boldsymbol{\Lambda}$ 是 Hurwitz(稳定)矩阵。式(10.52a)保证了对于所有 $t>0$，轨迹指向表面 $\boldsymbol{s}=\boldsymbol{0}$。这可以通过选择如下形式的李雅普诺夫函数来证明：

$$V(t)=\frac{1}{2}\boldsymbol{s}^{\mathrm{T}}\boldsymbol{D}\boldsymbol{s}$$

其中 $\boldsymbol{D}$ 是移动机械臂的惯性矩阵。微分 $V(t)$得到：

$$\dot{V}(t)=\boldsymbol{s}^{\mathrm{T}}(\tau-\boldsymbol{D}\ddot{\boldsymbol{q}}_{\mathrm{r}}-\boldsymbol{h}-\boldsymbol{g}) \tag{10.53a}$$

控制律现在定义为

$$\boldsymbol{\tau}=\hat{\boldsymbol{\tau}}-\boldsymbol{k}\,\mathrm{sgn}(\boldsymbol{s}) \tag{10.53b}$$

其中 $\boldsymbol{k}\mathrm{sgn}(\boldsymbol{s})$是具有分量 $k_i\mathrm{sgn}(s_i)$的向量。此外，$\hat{\boldsymbol{\tau}}$ 项是控制律中使 $\dot{V}(t)=0$ 的部分，在估计的动力学模型内没有动态不精确，即根据式(10.53a)：

$$\hat{\boldsymbol{\tau}}=\hat{\boldsymbol{D}}\ddot{\boldsymbol{q}}+\hat{\boldsymbol{h}}+\hat{\boldsymbol{g}}$$

其中 $\hat{\boldsymbol{D}}$，$\hat{\boldsymbol{h}}$ 和 $\hat{\boldsymbol{g}}$ 是 $\boldsymbol{D}$，$\boldsymbol{h}$ 和 $\boldsymbol{g}$ 的可用的估计值。现在，调用 $\boldsymbol{D}$，$\boldsymbol{h}$ 和机器人的真实矩阵 $\boldsymbol{g}$，我们定义矩阵

$$\widetilde{\boldsymbol{D}}=\hat{\boldsymbol{D}}-\boldsymbol{D},\quad \widetilde{\boldsymbol{h}}=\hat{\boldsymbol{h}}-\boldsymbol{h},\quad \widetilde{\boldsymbol{g}}=\hat{\boldsymbol{g}}-\boldsymbol{g}$$

作为建模错误的界限。然后，可以选择向量 $\boldsymbol{k}$ 的分量 k_i，使得

$$k_i\geqslant\|[\widetilde{\boldsymbol{D}}(q)\ddot{\boldsymbol{q}}_{\mathrm{r}}+\widetilde{\boldsymbol{h}}(\boldsymbol{q},\dot{\boldsymbol{q}})+\widetilde{\boldsymbol{g}}(\boldsymbol{q})]_i\|+\eta_i,\quad \eta_i>0 \tag{10.54a}$$

如果使用此控制模式，则以下的条件

$$\dot{V}(t)\leqslant-\sum_{i=1}^{n}\eta_i|s_i|\leqslant 0 \tag{10.54b}$$

被核实成立。这意味着滑动表面 $\boldsymbol{s}=0$ 可在有限时间内到达，并且一旦在表面上，轨迹将保持在表面上，并因此指数地趋向于 $\boldsymbol{q}_{\mathrm{d}}(t)$。

例 10.2　五自由度平面移动机械臂的末端操纵器由操作人员遵循期望的轨迹拖动。回答以下问题：

(a) 推导出驱动移动平台的非线性控制器，使得末端驱动器遵循该轨迹，并具有期望的(优选的)操纵器配置。

(b) 扩展(a)的方法并找到通过完全补偿平台操纵器的动态交互来实现轨迹跟踪的状态控制器。

解

(a) 显然，移动机械臂必须在机械手固定在所需配置的情况下跟踪所需的轨迹，在此处选择最大化机械手可操纵性测量的操纵器配置(参见 10.2.4.3 节)：

$$w=\sqrt{\det\boldsymbol{J}(\boldsymbol{q})\boldsymbol{J}^{\mathrm{T}}(\boldsymbol{q})}=|\det\boldsymbol{J}|=l_1l_2|\sin\theta_2|$$

对于任何 l_1，l_2 和 θ_1，w 最大的操纵器的最佳配置是 $\theta_2=\pm 90°$。在这里，我们设角度 $\theta_{2\mathrm{d}}=+90°$和 $\theta_{1\mathrm{d}}=-45°$，如图 10.11a 所示。如果 $l_1=l_2$，则 $\theta_{1\mathrm{d}}=-45°$意味着末端效应器位于平行于 WMR 轴的线上，该线穿过点 O_{b}。

在期望(最佳)配置下的操纵器末端驱动器的坐标 $x_{\mathrm{r}G}$，$y_{\mathrm{r}G}$(在平台坐标系中)是恒定的，等于

$$x_{\mathrm{r}G}=x_{\mathrm{b}G}+l_1\cos\theta_{1\mathrm{d}}+l_2\cos(\theta_{1\mathrm{d}}+\theta_{2\mathrm{d}})=x_{\mathrm{b}G}+(\sqrt{2}/2)l_1+(\sqrt{2}/2)l_2$$

$$y_{\mathrm{r}G}=y_{\mathrm{b}G}+1_1\sin\theta_{1\mathrm{d}}+l_2\sin(\theta_{1\mathrm{d}}+\theta_{2\mathrm{d}})=y_{\mathrm{b}G}-(\sqrt{2}/2)l_1+(\sqrt{2}/2)l_2$$

其中 $x_{\mathrm{b}G}$ 和 $y_{\mathrm{b}G}$ 是平台坐标系 Gx_Gy_G 中的操纵器基础 O_{b} 的坐标。值得注意的是，任何轨迹跟踪误差都会导致机械手脱离期望的配置，从而降低了可操纵性测量值。我们将应用 6.3.2 节参考文献[23-24]的仿射系统方法。

由于操纵器保持在期望的配置，因此忽略其动力学。因此，我们只需要平台的动力学模型，该模型的简化形式(消除了非完整约束)具有式(6.43a)和式(6.43b)的仿射状态空间：

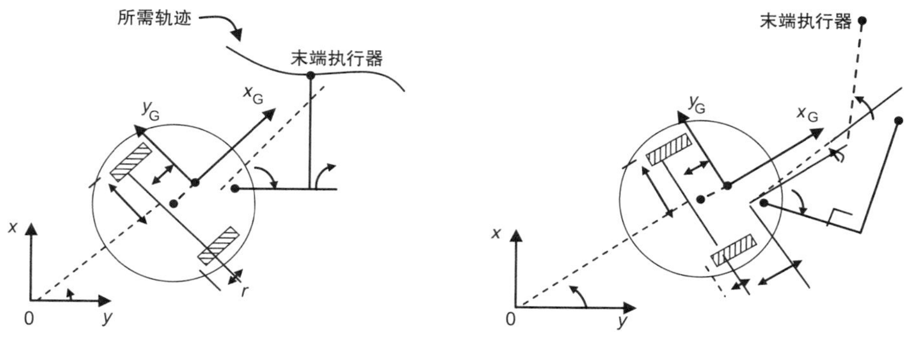

a）移动机械臂所需机械手配置的θ为θ_{1d}=−45°，θ_{2d}=+90°。点G是具有世界坐标x_G和y_G的平台的COG。操纵器基点O_b的世界坐标是和x_b和y_b

b）当移动机械臂正在移动以实现轨迹跟踪时，平台移动以使操纵器进入优选配置

图 10.11　驱动移动平台的非线性控制器的示例

$$\dot{\boldsymbol{x}}(t)=\boldsymbol{f}(\boldsymbol{x})+\boldsymbol{g}(\boldsymbol{x})\boldsymbol{u}(\boldsymbol{t}),\quad \boldsymbol{u}=\boldsymbol{\tau}=[\tau_r,\ \tau_1]^{\mathrm{T}}$$

$$\boldsymbol{f}(\boldsymbol{x})=\begin{bmatrix}\boldsymbol{B}\boldsymbol{v}\\ \vdots\\ -\overline{\boldsymbol{D}}^{-1}\overline{\boldsymbol{C}}\boldsymbol{v}\end{bmatrix},\quad \boldsymbol{g}(\boldsymbol{x})=\begin{bmatrix}\boldsymbol{0}\\ \vdots\\ \overline{\boldsymbol{D}}^{-1}\end{bmatrix}$$

其中 $\boldsymbol{B}$，$\overline{\boldsymbol{C}}$ 和 $\overline{\boldsymbol{D}}$ 由式(6.41b)给出，且

$$\boldsymbol{x}=\begin{bmatrix}\boldsymbol{q}\\ \vdots\\ \boldsymbol{v}\end{bmatrix},\quad \boldsymbol{q}=[x,\ y,\ \theta_r,\ \theta_1]^{\mathrm{T}},\quad \boldsymbol{v}=[v_1,\ v_2]^{\mathrm{T}}$$

应用式(6.44a)给出的类似计算力矩的控制器：

$$\boldsymbol{u}(t)=\boldsymbol{F}(\boldsymbol{x})+\boldsymbol{G}(\boldsymbol{x})\boldsymbol{v}(t),\quad \boldsymbol{F}(\boldsymbol{x})=\overline{\boldsymbol{C}}\boldsymbol{v},\quad \boldsymbol{G}(\boldsymbol{x})=\overline{\boldsymbol{D}}$$

其中 $\boldsymbol{v}(t)$ 是一个新的控制向量，上述模型采用式(6.45a)～式(6.45c)的形式：

$$\dot{\boldsymbol{x}}(t)=\boldsymbol{f}_c(\boldsymbol{x})+\boldsymbol{g}_c(\boldsymbol{x})\boldsymbol{v}(t)$$

其中

$$\boldsymbol{f}_c(\boldsymbol{x})=\begin{bmatrix}\boldsymbol{B}v\\ \vdots\\ 0\end{bmatrix},\quad \boldsymbol{g}_c(\boldsymbol{x})=\begin{bmatrix}0\\ \vdots\\ I_{2\times 2}\end{bmatrix}$$

我们在 6.3.2 节中已经看到，如果输出分量 y_1 和 y_2 被看作车轮轴中点 Q 的坐标，则上述模型可以通过使用动态非线性状态反馈控制器进行输入-输出线性化(和解耦)，但它不能被任何静态状态反馈控制器线性化。但是，如例 6.8 所述，如果 y_1 和 y_2 是车辆前方参考点 C 的坐标 x_r，y_r，则可以使用静态反馈控制器解耦输入和输出。为了找到差分驱动 WMR，可通过静态反馈控制解耦输入-输出的一般条件，我们假设输出矢量分量 y_1 和 y_2 是任意参考点的世界坐标 x_r 和 y_r，即

$$\boldsymbol{y}=\boldsymbol{h}(\boldsymbol{x})=\begin{bmatrix}x_r\\ y_r\end{bmatrix}$$

我们现在在平台的坐标系中表示 x_r 和 y_r，其原点位于平台 COG G 处。结果是

$$x_r = x_G + x_{rG}\cos\phi - y_{rG}\sin\phi$$

$$y_r = y_G + x_{rG}\sin\phi + y_{rG}\cos\phi$$

其中 x_{rG} 和 y_{rG} 是平台坐标系中参考点的坐标。

按照例 6.8 进行操作，通过 $\boldsymbol{y}$ 的连续微分，我们发现 $\boldsymbol{y}$ 的动力学模型，即

$$\ddot{\boldsymbol{y}} = \dot{\boldsymbol{H}}(\boldsymbol{x})\boldsymbol{v} + \boldsymbol{H}(\boldsymbol{x})\boldsymbol{v}$$

其中 $\boldsymbol{H}(\boldsymbol{x})$是矩阵：

$$\boldsymbol{H}(\boldsymbol{x}) = \begin{bmatrix} H_{11} & H_{12} \\ H_{21} & H_{22} \end{bmatrix}$$

其中($\rho = r/2a$)：

$$H_{11} = \rho[(a - y_{rG})\cos\phi - (b + x_{rG})\sin\phi]$$

$$H_{12} = \rho[(a + y_{rG})\cos\phi + (b + x_{rG})\sin\phi]$$

$$H_{21} = \rho[(a - y_{rG})\sin\phi + (b + x_{rG})\cos\phi]$$

$$H_{22} = \rho[(a + y_{rG})\sin\phi - (b + x_{rG})\cos\phi]$$

$\boldsymbol{H}(\boldsymbol{x})$的行列式是

$$\det\boldsymbol{H}(\boldsymbol{x}) = -r^2(b + x_{rG})/2a$$

如果 $x_{rG} \neq -b$，则该值不为零，即如果参考点不是 WMR 轮轴的点。因此，如果 $x_{rG} \neq -b$，则矩阵 $\boldsymbol{H}(\boldsymbol{x})$是非奇异的(即它是解耦矩阵)并且可逆。㊀因此，选择状态反馈控制律：

$$\boldsymbol{v}(t) = \boldsymbol{H}^{-1}(\boldsymbol{x})[\boldsymbol{w} - \dot{\boldsymbol{H}}(\boldsymbol{x})\boldsymbol{v}]$$

其中 $\boldsymbol{v} = [v_1,\ v_2]^{\mathrm{T}} = [\dot{\theta}_r,\ \dot{\theta}_l]^{\mathrm{T}}$，$\boldsymbol{w}(t)$是新的控制输入向量：

$$\boldsymbol{w}(t) = \begin{bmatrix} w_1 \\ w_2 \end{bmatrix}$$

我们得到解耦系统 $\ddot{y}_1 = w_1$，$\ddot{y}_2 = w_2$。

可解除性参考点不能位于 WMR 轮轴上的原因是其非完整性特性，这意味着轮轴上有一点瞬间具有一个自由度，而所有其他点瞬间具有两个自由度。

基于以上所述，用于得出线性输入-输出解耦系统的整体静态反馈控制器是由计算所得到的控制部分组成：

$$\boldsymbol{u}(t) = \overline{\boldsymbol{C}}\boldsymbol{v} + \overline{\boldsymbol{D}}\boldsymbol{v}(t) \tag{10.55a}$$

解耦部分：

$$\boldsymbol{v}(t) = \boldsymbol{H}^{-1}(\boldsymbol{w} - \dot{\boldsymbol{H}}\boldsymbol{v}) \tag{10.55b}$$

结果是 $\ddot{\boldsymbol{y}} = \boldsymbol{w}$，即

$$\ddot{y}_1 = w_1,\quad \ddot{y}_1 = w_2 \tag{10.55c}$$

现在，可以通过线性 PD 控制器实现期望轨迹 $y_d(t) = [y_{id}(t), y_{2d}(t)]^{\mathrm{T}}$ 的渐近跟踪。

㊀ 请注意，5.5 节中针对不属于公共车轮轴的参考点 C(即 $b \neq 0$)应用的计算力矩控制技术是这种通用输入-输出线性化和去耦静态反馈控制器的特殊情况。

(b) 在这种情况下，我们必须以期望的轨迹驱动移动机械臂，并同时实现所需的操纵器配置。因此，我们需要平台和机械手的动力学模型，它们的组合的简化(无约束)形式由式(10.24)给出：

$$\overline{\boldsymbol{D}}(\boldsymbol{q})\dot{\boldsymbol{v}}+\overline{\boldsymbol{C}}(\boldsymbol{q},\dot{\boldsymbol{q}})\boldsymbol{v}=\overline{E}\tau$$

其中 $\overline{\boldsymbol{D}}(\boldsymbol{q})$，$\overline{\boldsymbol{C}}(\boldsymbol{q},\dot{\boldsymbol{q}})$由平台和操纵器各项的组合给出，并且

$$\boldsymbol{q}=[\boldsymbol{q}_{\mathrm{p}}^{\mathrm{T}},\ \boldsymbol{q}_{\mathrm{m}}^{\mathrm{T}}]^{\mathrm{T}},\quad \boldsymbol{\tau}=[\tau_{\mathrm{r}},\ \tau_{1},\ \tau_{1},\ \tau_{2}]^{\mathrm{T}}$$

这个模型可以用状态空间仿射形式编写：

$$\dot{\boldsymbol{x}}(t)=\boldsymbol{f}_{\mathrm{c}}(\boldsymbol{x})+\boldsymbol{g}_{\mathrm{c}}(\boldsymbol{x})\boldsymbol{v}(t)$$

其中

$$\boldsymbol{x}=[\boldsymbol{q}_{\mathrm{p}}^{\mathrm{T}},\ \boldsymbol{q}_{\mathrm{m}}^{\mathrm{T}},\ \boldsymbol{v}^{\mathrm{T}},\ \dot{\boldsymbol{q}}_{\mathrm{m}}^{\mathrm{T}}]^{\mathrm{T}}$$

$$\boldsymbol{f}_{\mathrm{c}}(\boldsymbol{x})=\begin{bmatrix}\boldsymbol{B}\boldsymbol{v}\\ \dot{\boldsymbol{q}}_{\mathrm{m}}\end{bmatrix},\quad \boldsymbol{g}_{\mathrm{c}}(\boldsymbol{x})=\begin{bmatrix}\boldsymbol{0}\\ \boldsymbol{0}\\ I\end{bmatrix}$$

这里，我们有四个输入，$\boldsymbol{\tau}\in R^4$，因此可以使用多达四个输出来将输入输出去耦。因此，我们将选择四个输出：$\boldsymbol{y}\in R^4$。在没有移动平台的帮助时，操纵器末端驱动器不能单独跟踪期望的轨迹，因为它可能过度伸展而触及其工作空间的边界。因此，当操纵器移动以尽可能好地跟踪期望的轨迹时，应该控制移动平台以使操纵器进入优选配置。

输出向量 $\boldsymbol{y}$ 的前两个分量被选择为平台坐标系中点 $\boldsymbol{E}$ 的坐标 x_{E}，y_{E}(见图 10.11b)，即

$$y_1=x_{\mathrm{bG}}+l_1\cos\theta_1+l_2\cos(\theta_1+\theta_2)$$
$$y_2=y_{\mathrm{bG}}+l_1\sin\theta_1+l_2\sin(\theta_1+\theta_2)$$

为了确保平台控制器移动平台以便始终将操纵器带到期望的配置，我们选择其他两个输出组件：

$$y_3=x_{\mathrm{b}}+[l_1\cos\theta_{1\mathrm{d}}+l_2\cos(\theta_{1\mathrm{d}}+\theta_{2\mathrm{d}})]\cos\phi$$
$$y_4=y_{\mathrm{b}}+[l_1\sin\theta_{1\mathrm{d}}+l_2\sin(\theta_{1\mathrm{d}}+\theta_{2\mathrm{d}})]\sin\phi$$

它们是世界坐标系中图 10.11 的参考点 R 的坐标。显然，必须将 y_3 和 y_4 的期望值 $y_{3\mathrm{d}}$ 和 $y_{4\mathrm{d}}$ 设置为末端驱动器位置 E 的实际位置，以使 R 到 E(即操纵器配置)成为一个优选的配置。

因此，总输出向量 $\boldsymbol{y}$ 是

$$\boldsymbol{y}=\boldsymbol{h}(\boldsymbol{x})=\begin{bmatrix}y_1\\ y_2\\ y_3\\ y_4\end{bmatrix}=\begin{bmatrix}x_{\mathrm{E}}\\ y_{\mathrm{E}}\\ x_{\mathrm{R}}\\ x_{\mathrm{R}}\end{bmatrix}$$

接下来的控制器设计步骤与之前的相同。两次取导输出 $\boldsymbol{y}$ 我们能得到：

$$\ddot{\boldsymbol{y}}=\dot{\boldsymbol{H}}(\boldsymbol{x})\boldsymbol{v}_{\mathrm{M}}+\boldsymbol{H}(\boldsymbol{x})\boldsymbol{v}$$

其中 $\boldsymbol{v}_{\mathrm{M}}=[\boldsymbol{v}^{\mathrm{T}},\ \dot{\boldsymbol{q}}_{\mathrm{p}}^{\mathrm{T}}]^{\mathrm{T}}$，且

$$\boldsymbol{H}(\boldsymbol{x})=[\boldsymbol{H}_1 \quad \vdots \quad \boldsymbol{H}_2]$$

$$\boldsymbol{H}_1=\begin{bmatrix}\rho(a\cos\phi-2l\sin\phi) & \rho(a\cos\phi+2l\sin\phi)\\ \rho(a\sin\phi+2l\cos\phi) & \rho(a\sin\phi)-2l\cos\phi\\ 0 & 0\\ 0 & 0\end{bmatrix}$$

$$\boldsymbol{H}_2=\begin{bmatrix}0 & 0\\ 0 & 0\\ -l_1\sin\theta_1-l_2\sin(\theta_1+\theta_2) & -l_2\sin(\theta_1+\theta_2)\\ l_1\cos\theta_1+l_2\cos(\theta_1+\theta_2) & l_2\cos(\theta_1+\theta_2)\end{bmatrix}$$

因此，选择 $v(t)$ 为

$$\boldsymbol{v}(t)=\boldsymbol{H}^{-1}(\boldsymbol{w}-\dot{\boldsymbol{H}}\boldsymbol{v}_{\mathrm{M}})$$

我们得到线性解耦系统：

$$\ddot{y}_1=w_1,\quad \ddot{y}_2=w_2,\quad \ddot{y}_3=w_3,\quad \ddot{y}_4=w_4$$

这可以通过对角 PD 状态反馈控制器控制，并会使用给定的所需的固有频率 ω_n 和阻尼比 ξ。作为练习，建议读者通过考虑 WMR 的可操作性来解决问题。针对问题(a)和(b)中的控制器在参考文献中通过模拟进行测试。参考文献[23-24]中的表现非常令人满意(见 13.9.2 节)。注意，在 10.4.1 节中研究的跟踪控制问题是本问题中(b)的特殊情况，其中放宽了最大(或其他期望的)可操纵性测量条件。

10.5 基于视觉的移动机械臂控制

10.5.1 一般问题

如 9.4 节所述，基于图像的视觉控制使用图像雅可比(或交互)矩阵。实际上，可使用雅可比矩阵或其广义转置的逆或广义逆，以便确定末端驱动器的旋量(或速度旋量)$\boldsymbol{r}$，从而确保能实现期望的任务。在具有全向平台(并且不涉及任何非完整约束)的移动机械臂中，9.4 节中讨论的方法可直接使用。但是，如果移动机械臂平台是非完整的，则需要特别谨慎地确定和使用相应的图像雅可比矩阵。这可以通过组合 9.2 节、9.4 节和 10.3 节的结果来完成。

雅可比矩阵由式(9.11)定义并涉及末端驱动器旋量：

$$\dot{\boldsymbol{r}}=\begin{bmatrix}\boldsymbol{v}\\ \boldsymbol{\omega}\end{bmatrix} \tag{10.56a}$$

它具有特征向量变化率：

$$\dot{\boldsymbol{f}}=[f_1,\ f_2,\ \cdots,\ f_k]^{\mathrm{T}} \tag{10.56b}$$

即

$$\dot{\boldsymbol{f}}=\boldsymbol{J}_{\mathrm{im}}(\boldsymbol{r})\dot{\boldsymbol{r}} \tag{10.56c}$$

在 $\dot{\boldsymbol{r}}$ 与 $\dot{\boldsymbol{p}}$ 的关系中，$\boldsymbol{p}$ 是刚性附着于末端效应器的位置向量$[x,\ y,\ z]^{\mathrm{T}}$，由

式(9.4a)给出：

$$\dot{\boldsymbol{p}}(t)=\boldsymbol{J}_0(\boldsymbol{p})\dot{\boldsymbol{r}}(t),\quad \boldsymbol{J}_0(\boldsymbol{p})=[I_{3\times 3} \vdots \boldsymbol{S}(\boldsymbol{p})] \tag{10.57}$$

其中 $\boldsymbol{S}(\boldsymbol{p})$是式(9.4b)的偏斜对称矩阵。矩阵 $\boldsymbol{J}_0(\boldsymbol{p})$是机器人的雅可比部分。$\dot{\boldsymbol{p}}$ 与 $\dot{\boldsymbol{f}}$ 的关系由式(9.13a)给出：

$$\dot{\boldsymbol{f}}=\boldsymbol{J}_c(x_{im},\ y_{im},\ l_f)\dot{\boldsymbol{p}} \tag{10.58a}$$

其中

$$\boldsymbol{J}_c=\begin{bmatrix} l_f/z & 0 & -x_{im}/z \\ 0 & l_f/z & -y_{im}/z \end{bmatrix} \tag{10.58b}$$

矩阵 $\boldsymbol{J}_c(x_{im},\ y_{im},\ l_f)$是相机交互部分。结合式(10.57)和式(10.58a)我们得到$\boldsymbol{J}_{im}(\boldsymbol{r})$的表达式，即

$$\boldsymbol{J}_{im}(\boldsymbol{r})=\boldsymbol{J}_c(x_{im},\ y_{im},\ l_f)\boldsymbol{J}_0(\boldsymbol{p}) \tag{10.59}$$

这就如同式(9.15)中给出的两个图像平面特征为 x_{im} 和 y_{im} 的情形那样。

现在，我们将研究任务特征是向量分量的情况：

$$\boldsymbol{f}=[x_{im,1},\ y_{im,1},\ x_{im,2},\ y_{im,2},\ \cdots,\ x_{im,k/2},\ y_{im,k/2}]^{\mathrm{T}}\in R^k$$

在这种情况下，式(10.58b)中相机交互部分 $\boldsymbol{J}_c$ 的值由下式给出：

$$\overline{\boldsymbol{J}}_c=\begin{bmatrix} \boldsymbol{J}_{c,1} \\ \boldsymbol{J}_{c,2} \\ \vdots \\ \boldsymbol{J}_{c,k/2} \end{bmatrix},\quad \boldsymbol{J}_{c,i}=\begin{bmatrix} l_f/z_i & 0 & -x_{im,i}/z_i \\ 0 & l_f/z_i & -y_{im,i}/z_i \end{bmatrix} \tag{10.60a}$$

此处 $i=1,\ 2,\ \cdots,\ k/2$。因此，整个雅可比矩阵$\overline{\boldsymbol{J}}_{im}$ 可由下式给出：

$$\overline{\boldsymbol{J}}_{im}=\overline{\boldsymbol{J}}_c\boldsymbol{J}_0=\begin{bmatrix} \boldsymbol{J}_{c,1}\boldsymbol{J}_0 \\ \boldsymbol{J}_{c,2}\boldsymbol{J}_0 \\ \vdots \\ \boldsymbol{J}_{c,k/2}\boldsymbol{J}_0 \end{bmatrix}$$

$$=\begin{bmatrix} \dfrac{l_f}{z_1} & 0 & \dfrac{-x_{im,1}}{z_1} & -\dfrac{x_{im,1}y_{im,1}}{l_f} & \dfrac{l_f^2+x_{im,1}^2}{l_f} & -y_{im,1} \\ 0 & \dfrac{l_f}{z_1} & -\dfrac{y_{im,1}}{z_1} & -\dfrac{l_f^2+y_{im,1}^2}{l_f} & \dfrac{x_{im,1}y_{im,1}}{l_f} & x_{im,1} \\ & \cdots & \cdots & \cdots & \cdots & \\ & \cdots & \cdots & \cdots & \cdots & \\ \dfrac{l_f}{z_{k/2}} & 0 & -\dfrac{x_{im,k/2}}{z_{k/2}} & -\dfrac{x_{im,k/2}y_{im,k/2}}{l_f} & \dfrac{l_f^2+x_{im,k/2}^2}{l_f} & -y_{im,k/2} \\ 0 & \dfrac{l_f}{z_{k/2}} & -\dfrac{y_{im,k/2}}{z_{k/2}} & -\dfrac{l_f^2+y_{im,k/2}^2}{l_f} & \dfrac{x_{im,k/2}y_{im,k/2}}{l_f} & x_{im,k/2} \end{bmatrix} \tag{10.60b}$$

控制移动机械臂时需要控制平台和安装在其上的操纵器。有两种方法可以做到这点：

1) 分别控制平台和臂，然后处理它们之间的耦合。

2）使用整体模型（全状态模型）中包含的耦合运动学和动力学联合控制平台和臂。

例 10.3　考虑平台和机械手之间存在的耦合，概述基于视觉的机械臂点稳定的方法。

解　我们将使用操纵器（臂）关节位置的测量和安装在末端驱动器上的车载摄像机提供的测量（特征测量）来考虑将移动机械臂稳定在期望配置中的问题。此问题涉及以下要求：

1）将相机测量提供的特征误差渐近地减少到零。

2）移动平台，使得在控制臂用于减少特征误差的期间，仍能将操纵器维持在非奇异位形空间中。

3）操纵平台以使操纵器达到期望的配置，同时控制手臂以保持摄像机测量的恒定。

使用混合控制方案可以满足这些要求，该方案将反馈和开环控制策略合并如下[18]。

反馈控制

反馈控制 U_f 将摄像机测量误差渐近地降低到零，并且同时确保操纵器远离奇点。如果 $\boldsymbol{e}_f=\boldsymbol{f}-\boldsymbol{f}_d$ 是实际图像特征和期望图像特征之间的误差，则 $\dot{\boldsymbol{e}}_f=\dot{\boldsymbol{f}}$，并且操纵器位置 $\boldsymbol{q}_m(t)$ 必须在 $t\rightarrow\infty$ 时使 $\boldsymbol{e}_f(t)\rightarrow\boldsymbol{0}$，使得：

$$\dot{\boldsymbol{e}}_f(t)=-\boldsymbol{K}_f\boldsymbol{e}_f(t) \tag{10.61}$$

其中 $\boldsymbol{K}_f=\mathrm{diag}[k_f, k_f, \cdots, k_f]$，$k_f>0$ 是确定收敛速度的矩阵增益。

从输入速度到特征变化率 $\dot{\boldsymbol{f}}$ 的移动机械臂的运动学模型具有式(10.21a)的形式，即

$$\dot{\boldsymbol{f}}(t)=\boldsymbol{J}_{im,p}(\boldsymbol{f}, \boldsymbol{q})\boldsymbol{u}_p+\boldsymbol{J}_{im,m}(\boldsymbol{f}, \boldsymbol{q}_m)\dot{\boldsymbol{q}}_m(t) \tag{10.62}$$

其中 $\boldsymbol{q}_m=[q_{m,1}, q_{m,2}, \cdots, q_{m,n_m}]^T$ 是机械手关节位置的矢量，$\boldsymbol{q}=[\boldsymbol{q}_p^T, \boldsymbol{q}_m^T]^T$（$\boldsymbol{q}_p=[x, y, \phi]^T$）是平台位置/方向向量，$\boldsymbol{J}_{im,p}$ 和 $\boldsymbol{J}_{im,m}$ 分别是平台和操纵器图像雅可比矩阵，$\boldsymbol{u}_p=[v, \omega]^T$ 是平台控制向量（线速度 v 和角速度 ω）。图像雅可比矩阵 $\boldsymbol{J}_{im,p}$ 和 $\boldsymbol{J}_{im,m}$ 由机器人部分和摄像机部分组成，如式(10.59)所示。注意，如果我们使用三个标志点，相机部分就会是 6×6 矩阵，如果这些标志没有同线，矩阵就是非奇异的（见式(10.60a)、式(10.60b)和式(9.15)）。

为了得到式(10.61)，式(10.62)中的 $\dot{\boldsymbol{q}}_m(t)$ 必须设为

$$\dot{\boldsymbol{q}}_m(t)=-\boldsymbol{J}_{im,m}^{\dagger}(\boldsymbol{f}, \boldsymbol{q}_m)[\boldsymbol{J}_{im,p}(\boldsymbol{f}, \boldsymbol{q})\boldsymbol{u}_p+\boldsymbol{K}_f\boldsymbol{e}_f] \tag{10.63}$$

现在，如果操纵器的期望位置是 $\boldsymbol{q}_m^d$，则得到 $\boldsymbol{e}_m=\boldsymbol{q}_m-\boldsymbol{q}_m^d$ 并且 $\dot{\boldsymbol{e}}_m=\dot{\boldsymbol{q}}_m$。因此，选择平台控制向量 $\boldsymbol{u}_p$ 为

$$\boldsymbol{u}_p(t)=(\boldsymbol{J}_{im,m}^{\dagger}\boldsymbol{J}_{im,p})^{\dagger}[\boldsymbol{K}_p\boldsymbol{e}_m-\boldsymbol{J}_{im,m}^{\dagger}\boldsymbol{K}_f\boldsymbol{e}_f] \tag{10.64}$$

我们得到：

$$\dot{\boldsymbol{e}}_m=-\boldsymbol{K}_p\boldsymbol{e}_m \tag{10.65}$$

其中必须适当地选择增益 $\boldsymbol{K}_p=\mathrm{diag}[k_p, k_p, \cdots, k_p]$，$k_p>0$，使得速率收敛为零。

为了使手臂远离奇异位形，上述两个控制器必须互相良好地协调。为此，式(10.64)中的 $\boldsymbol{K}_f=\mathrm{diag}[\boldsymbol{k}_f, \boldsymbol{k}_f, \cdots, \boldsymbol{k}_f]$ 修改为

$$k_f(\boldsymbol{q}_m)=\begin{cases}\sigma\|\boldsymbol{e}_m\|, & |\boldsymbol{e}_m|<\eta\\ 0, & |\boldsymbol{e}_m|\geqslant\eta\end{cases} \tag{10.66}$$

其中 η 是确保避免奇异配置的阈值，$\sigma(\cdot)$是一个合适的严格递减函数，例如：

$$\sigma(\|\boldsymbol{e}_{\mathrm{m}}\|)=\sigma_0\boldsymbol{e}^{-\mu\|e_{\mathrm{m}}\|^2} \tag{10.67}$$

实际上，对于远离期望配置的机械手配置(其中也有出现奇异配置的可能性)，我们有 $k_{\mathrm{f}}\to 0$ 和 $\dot{\boldsymbol{e}}_{\mathrm{f}}\to\boldsymbol{0}$。因此，操纵器被迫仅补偿平台的运动，该平台(根据式(10.64))以降低$\|\boldsymbol{e}_{\mathrm{m}}\|$为目标而被控制。

开环控制

开环控制 U_0 是用来操纵平台以使操纵器达到期望配置 $\boldsymbol{q}_{\mathrm{m}}^{\mathrm{d}}$，同时控制手臂以保持相机测量的恒定。

混合控制方案如下：

$$U(t)=\begin{cases}U_{\mathrm{f}}(f,\ f_{\mathrm{d}},\ q_{\mathrm{m}}q_{\mathrm{m}}^{\mathrm{d}},\ t), & kT\leqslant t\leqslant(k+1)T\\ U_0(q_{\mathrm{m}},\ q_{\mathrm{d}},\ t), & (k+1)T<t\leqslant(k+2)T\end{cases} \tag{10.68}$$

其中 T 是选定的时间段，$k=0,\ 2,\ 4,\ \cdots$

给定初始配置 $\boldsymbol{q}_{\mathrm{m}}(t_0)=\boldsymbol{q}_{\mathrm{m},0}$，开环控制必须确保 $\boldsymbol{q}_{\mathrm{m}}(t_1)=\boldsymbol{q}_{\mathrm{m}}^{\mathrm{d}}$，并且 $\boldsymbol{q}_{\mathrm{m}}(t)$属于所有 $t\in[t_0,\ t_1]$的非奇异位形空间，其中 $t_0=(k+1)T$ 且 $t_1=(k+2)T$。在式(10.63)中设 $\boldsymbol{k}_{\mathrm{f}}=\boldsymbol{0}$(即没有特征反馈控制)；我们得到：

$$\dot{\boldsymbol{q}}_{\mathrm{m}}(t)=-\boldsymbol{J}_{\mathrm{im,m}}^{\dagger}(\boldsymbol{q}_{\mathrm{m}})\boldsymbol{J}_{\mathrm{im,p}}(\boldsymbol{f},\ \boldsymbol{q})\boldsymbol{u}_{\mathrm{p}} \tag{10.69}$$

现在，对于给定的 $\boldsymbol{u}_{\mathrm{p}}(\tau)$，$t_0\leqslant\tau\leqslant t$，我们得到：

$$\boldsymbol{q}_{\mathrm{m}}(t)=\boldsymbol{q}_0-\int_{t_0}^{t}\boldsymbol{J}_{\mathrm{im,\ m}}^{-1}(\boldsymbol{q}(\tau))\boldsymbol{J}_{\mathrm{im,\ p}}(\boldsymbol{f},\ \boldsymbol{q})\boldsymbol{u}_{\mathrm{p}}(\tau)\mathrm{d}\tau \tag{10.70}$$

因此，关节轨迹完全由 $\boldsymbol{q}_0$ 和 $\boldsymbol{u}_{\mathrm{p}}(\tau)$确定，$t_0\leqslant\tau\leqslant t$。因此，只要使用式(10.69)控制手臂，开环控制问题就只是计算开环平台控制 $\boldsymbol{u}_{\mathrm{p}}^{0}(\boldsymbol{q}_{\mathrm{m},0},\ t)$，使得 $\boldsymbol{q}_{\mathrm{m}}(t_1)=\boldsymbol{q}_{\mathrm{m}}^{\mathrm{d}}$，而 $\boldsymbol{q}_{\mathrm{m}}(t)$是 $t_0\leqslant\tau\leqslant t_1$ 的非奇异配置。实际上，可以找到许多这样的控制流程。对于平面情形，可以验证流程

$$u_{\mathrm{p}}(t)=\begin{cases}\left[0,\ \dfrac{1}{T_1}\arctan\left(\dfrac{y_{\mathrm{pf}}}{x_{\mathrm{pf}}}\right)\right]^{\mathrm{T}}, & 0<t^*\leqslant T_1\\ \left[\dfrac{1}{T_2-T_1}\arctan\left(\sqrt{x_{\mathrm{pf}}^2+y_{\mathrm{pf}}^2}\right),\ 0\right], & T_1<t^*\leqslant T_2\\ \left[0,\ \dfrac{1}{T-T_2}\arcsin(\xi)\right]^{\mathrm{T}}, & T_2<t^*\leqslant T\end{cases} \tag{10.71}$$

能完成此任务。这里，假设平台坐标系与世界坐标系一致[18]，$[x_{\mathrm{pf}},\ y_{\mathrm{pf}},\ \phi_{\mathrm{pf}}]^{\mathrm{T}}$ 是平台最终配置，$t^*=t-(k+1)T$，$0<T_1<T_2<T$，并且

$$\xi=\begin{bmatrix}\cos(\phi_{\mathrm{bf}})\\ \sin(\phi_{\mathrm{bf}})\end{bmatrix}\times\begin{bmatrix}\cos[\arctan(y_{\mathrm{pf}}/x_{\mathrm{pf}})]\\ \sin[\arctan(y_{\mathrm{pf}}/x_{\mathrm{pf}})]\end{bmatrix}$$

10.5.2　全状态移动机械臂视觉控制

9.5 节研究了基于视觉的移动平台控制，其中考虑了几个代表性问题(姿势稳定控制、

墙壁跟随控制等)。在这里，我们将考虑结合平台姿势和操纵器/相机姿态控制的移动机械臂的姿势稳定控制[3,14]。实际上，9.5.1 节的结果涉及稳定平台姿态(x_Q，y_Q，ϕ)和相机姿态 ψ 的情形。相机姿态控制可以视为单连杆机械手的稳定姿势控制(使用符号 $\theta_1=\psi$)。因此，通用移动机械臂的基于视觉的控制可以通过直接扩展 9.5.1 节中导出的控制器来导出。该控制器由式(9.49a)、式(9.49b)、式(9.50a)和式(9.50b)给出，并将总姿势向量稳定为零：

$$\boldsymbol{x}=[x_Q,\ y_Q,\ \phi,\ \psi]^{\mathrm{T}}$$

控制器使用了由机载摄像机特征测量的三个非共线的特征点 D，E，F：

$$\boldsymbol{f}=[f_D,\ f_E,\ f_F]^{\mathrm{T}}$$

以及一个测量 ψ 的传感器(见图 9.4)。该控制器采用了式(9.25a)和式(9.25b)所示的图像雅可比关系：

$$\dot{\boldsymbol{f}}=\boldsymbol{J}_{\mathrm{im}}\dot{\boldsymbol{x}},\quad \boldsymbol{J}_{\mathrm{im}}=\boldsymbol{J}_{\mathrm{im}}^{\mathrm{c}}\boldsymbol{J}_0$$

其中 $\boldsymbol{J}_{\mathrm{im}}^{\mathrm{c}}$ 和 $\boldsymbol{J}_0$ 分别由式(9.21)和式(9.24b)给出。

使用图 9.4 中的三个特征点，雅可比 $\boldsymbol{J}_{\mathrm{im}}$ 的相机部分 $\boldsymbol{J}_{\mathrm{im}}^{\mathrm{c}}$ 具有与式(9.21)中相同的形式。但是，雅可比图像的机器人部分 $\boldsymbol{J}_0$ 根据操纵器连杆的数量和类型而有所不同。

例如，如果我们考虑图 10.8 的五连杆移动机械臂，整个系统的雅可比矩阵(包括平台和机械手之间的耦合)由式(10.30a)和式(10.30b)给出，其中车轮电动机速度 $\dot{\theta}_1$ 和 $\dot{\theta}_{\mathrm{r}}$ 被等效地用作控制，而不是 $\boldsymbol{v}=(r/2)(\dot{\theta}_{\mathrm{r}}+\dot{\theta}_1)$ 和 $\omega=(r/2a)(\dot{\theta}_{\mathrm{r}}-\dot{\theta}_1)$。现在，对于基于位置和基于图像的控制两种情况，控制器设计按照 9.3 节和 9.4 节中所述的常规方式进行。

例 10.4　我们考虑一个五自由度移动机械臂，它由一个四自由度连杆式机器人操纵器、一个一自由度线性滑块、一个固定摄像机和一个固定球面镜组成，如图 10.12 所示。假设在末端驱动器上安装了两个虚构的界标，导出可用于移动机械臂的 3D 视觉伺服的适当的图像雅可比。

解　系统具有图 9.3b 所示的结构及以下坐标系：

- O_{r} (x_{r}，y_{r}，z_{r}) 是机器人坐标系。
- O_{c} (x_{c}，y_{c}，z_{c}) 是摄像机坐标系。
- O_{m} (x_{m}，y_{m}，z_{m}) 是镜像坐标系。

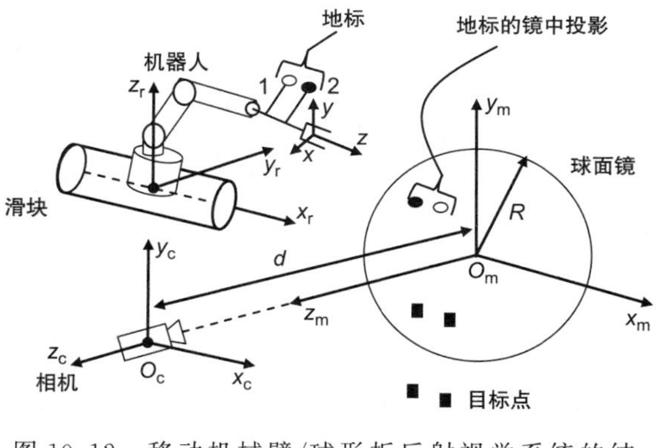

图 10.12　移动机械臂/球形折反射视觉系统的结构。摄像机的光轴穿过中心 O_m

球面镜的坐标系通过齐次变换映射到相机坐标系：

$$\boldsymbol{A}_m^{\mathrm{c}}=\begin{bmatrix}\boldsymbol{I}_{3\times3} & \boldsymbol{d}\\ 0 & 1\end{bmatrix},\quad \boldsymbol{d}=\begin{bmatrix}0\\0\\-d\end{bmatrix}\tag{10.72}$$

其中 d 是镜子和相机的距离。类似地，可以通过 T_c^r 将相机坐标系变换为机器人坐标系。使用球面凸镜反射规则[25-26]找到地标 $\boldsymbol{L}_{r1}^m$，$\boldsymbol{L}_{r2}^m$，以及它们在球面镜框中表示的镜像投影(反射)$\boldsymbol{L}_{m1}^m$ 和 $\boldsymbol{L}_{m2}^m$ 之间的关系：

$$\boldsymbol{L}_{mi}^m=\mu_i\boldsymbol{L}_{ri},\quad \mu_i=R/(2\|\boldsymbol{L}_{ri}^m\|-R)(i=1,\ 2) \tag{10.73}$$

其中 R 是球面镜半径。使用式(10.72)和式(10.73)就能发现从地标及其在 $O_m(x_m,\ y_m,\ z_m)$中的镜像反射到相机坐标系 $O_c(x_c,\ y_c,\ z_c)$的变换是

$$\boldsymbol{L}_{ri}^c=\boldsymbol{A}_m^c\boldsymbol{L}_{ri}^m,\quad \boldsymbol{L}_{mi}^c=\boldsymbol{A}_m^c\boldsymbol{L}_{mi}^m(i=1,\ 2) \tag{10.74}$$

从中我们知道了地标关于它的镜像反射的坐标，在相机坐标系中表示，由下式给出(与图 9.22 中的几何形状比较)：

$$x_{mi}^c=\left(\frac{R}{\mu_i}\right)x_{ri}^c,\quad y_{mi}^c=\left(\frac{R}{\mu_i}\right)y_{ri}^c,\quad z_{mi}^c=\left(\frac{R}{\mu_i}\right)(z_{ri}^c+d)-d \tag{10.75}$$

微分式(10.75)，我们能得到地标的速度旋量到它们的镜像反射的变换 $\boldsymbol{T}_i=[\boldsymbol{T}_{jk}]$，在相机坐标系中表示，即

$$\dot{\boldsymbol{x}}_{mi}^c=\boldsymbol{T}_i\dot{\boldsymbol{x}}_{ri}^c(i=1,\ 2) \tag{10.76}$$

其中

$$\boldsymbol{x}_{mi}^c=[x_{mi}^c,\ y_{mi}^c,\ z_{mi}^c]^T,\quad \boldsymbol{x}_{ri}^c=[x_{ri}^c,\ y_{ri}^c,\ z_{ri}^c]^T$$

$$T_{11}=\frac{R}{2}\left(\frac{1}{\lambda_i}-\frac{X_{ri}^2}{\lambda_i^3}\right),\quad T_{22}=\frac{R}{2}\left(\frac{1}{\lambda_i}-\frac{y_{ri}^2}{\lambda_i^3}\right),\quad T_{33}=\frac{R}{2}\left(\frac{1}{\lambda_i}-\frac{(z_{ri}^c+d)^2}{\lambda_i^3}\right)$$

$$T_{12}=T_{21}=-\frac{R}{2}\left(\frac{x_{ri}^c y_{ri}^c}{\lambda_i^3}\right),\quad T_{13}=T_{31}=-\frac{R}{2}\frac{x_{ri}^c(z_{ri}^c+d)}{\lambda_i^3},\quad T_{23}=T_{32}=-\frac{R}{2}\frac{y_{ri}^c(z_{ri}^c+d)}{\lambda_i^3}$$

$$\lambda_i=1/\|L_{ri}^m\|^3\quad (i=1,\ 2)$$

正如我们所知，在球形折反射视觉系统(见图 9.21 和图 9.22)中，相机是典型的透视相机，一般来说，它可被描述为

$$\begin{bmatrix}u_i\\v_i\\1\end{bmatrix}=\begin{bmatrix}\lambda_u & 0 & u_{offset}\\0 & \lambda_v & v_{offset}\\0 & 0 & 1\end{bmatrix}\lambda_i\begin{bmatrix}x_i\\y_i\\z_i\end{bmatrix} \tag{10.77}$$

其中 u_i，v_i 是 2D 图像平面中的图像坐标，$\lambda_i=1/z_i$，$\lambda_u=l_fk_u$，$\lambda_v=l_fk_v$，其中 l_f 是相机焦距，k_u 和 k_v 是对应于有效像素尺寸在水平和垂直方向上的缩放因子，u_{offset}，v_{offset} 是像素坐标系中图像的主点(通常在图像中心处或附近)的偏移参数。

现在，让$(u_{r1},\ v_{r1})$和$(u_{r2},\ v_{r2})$作为安装在末端驱动器上的界标 1 和 2 的 2D 图像平面坐标。同样，设$(u_{m1},\ v_{m1})$和$(u_{m2},\ v_{m2})$为图像平面上地标的镜像反射(见图 10.13)[25]。因此，实际上我们有八个特征：

$$\boldsymbol{f}=[u_{r1},\ v_{r1};\ u_{r2},\ v_{r2};\ u_{m1},\ v_{m1};\ u_{m2},\ v_{m2}]$$

通过在图像平面中将这些特征靠近所需的值，其中：

$$\boldsymbol{f}_d=[u_{r1,d},\ v_{r1,d};\ u_{r2,d},\ v_{r2,d};\ u_{m1,d},\ v_{m1,d};\ u_{m2,d},\ v_{m2,d}]$$

我们可以对末端效应器进行 3D 视觉控制。

由于末端驱动器上的地标被认为是几何点，因此它们不具有任何侧倾运动。因此，在

当前情况下，上述八个特征可以减少到五个特征，并仍然允许 3D 视觉伺服。这五个特征可以用任意形式来采选。参考图 10.13，可以选择以下五个特征：l_1，l_2，d_1，d_2 和 d_3，其中 l_1 和 l_2 是地标与其图像之间的距离，d_1 和 d_2 是线段中间点之间的距离。

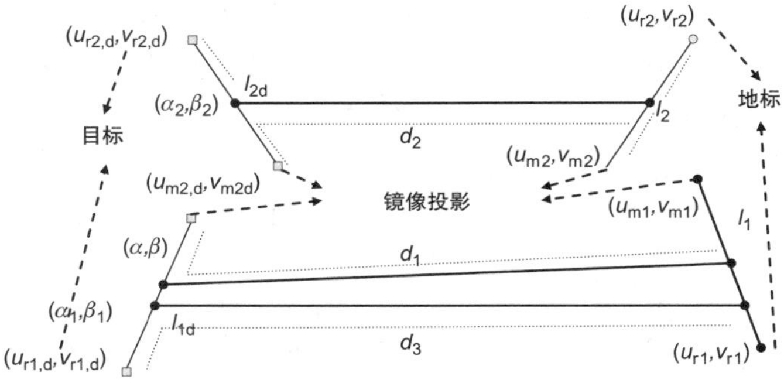

图 10.13　图像平面上的地标、目标点及其图像

$((u_{r1}, v_{r1})-(u_{m1}, v_{m1}))$、$((u_{r1,d}, v_{r1,d})-(u_{m1,d}, v_{m1,d}))$ 和 d_3 是上述线段间距离的三分之一[25-26]。从图 10.13 的几何图中我们发现：

$$l_1(u_{m1}, u_{r1}; v_{m1}, v_{r1})=\sqrt{(u_{m1}-u_{r1})^2+(v_{m1}-v_{r1})^2}$$

$$l_2(u_{m2}, u_{r2}; v_{m2}, v_{r2})=\sqrt{(u_{m2}-u_{r2})^2+(v_{m2}-v_{m2})^2}$$

$$d_1(u_{m1}, u_{r1}; v_{m1}, v_{m2})=\sqrt{\left[\left(\frac{u_{m1}+u_{r1}}{2}-\alpha_1\right)^2+\left(\frac{v_{m1}+v_{r1}}{2}-\beta_1\right)^2\right]}$$

$$d_2(u_{m2}, u_{r2}; v_{m2}, v_{r2})=\sqrt{\left(\frac{u_{m2}+u_{r2}}{2}-\alpha_2\right)^2+\left(\frac{v_{m2}+v_{r2}}{2}-\beta_2\right)^2}$$

$$d_3(u_{m1}, u_{r1}; v_{m1}, v_{m2})=\sqrt{\left(\frac{u_{m1}+2u_{r1}}{3}-\alpha\right)^2+\left(\left(\frac{v_{m1}+2v_{r1}}{3}\right)^2-\beta\right)^2}$$

其中(α_1, β_1)和(α_2, β_2)分别是连接地标的期望位置及其图像（反射）的线段的中点的 2D 图像坐标，连接地标的期望位置及其反射的线段的三分之一处的坐标，投影到 2D 图像平面上，其坐标是(α, β)。很明显：

$$\begin{aligned}
l_1(u_{m1}, u_{r1}; v_{m1}, v_{r1})&=l_1(u_{r1}, u_{m1}; v_{r1}, v_{m1})\\
l_2(u_{m2}, u_{r2}; v_{m2}, v_{r2})&=l_2(u_{r2}, u_{m2}; v_{r2}, v_{m2})\\
d_1(u_{m1}, u_{r1}; v_{m1}, v_{r1})&=d_1(u_{r1}, u_{m1}; v_{r1}, v_{m1})\\
d_2(u_{m2}, u_{r2}; v_{m2}, v_{r2})&=d_2(u_{r2}, u_{m2}; v_{r2}, v_{m2})\\
d_3(u_{m1}, u_{r1}; v_{m1}, v_{r1})&\neq d_3(u_{r1}, u_{m1}; v_{r1}, v_{m1})
\end{aligned} \tag{10.78}$$

这意味着特征 l_1，l_2，d_1 和 d_2 的值不会根据真实地标或其反射获得的图像信息的改变。但特征 d_3 却不是这样。因此可以使用 d_3 来区分地标与它们在图像平面上的投影。事实上参考文献[27]中显示了 5D 特征向量

$$\boldsymbol{f}=[l_1, d_1, d_3, l_2, d_2]^{\mathrm{T}}$$

投影到图像平面上的地标的镜面反射将始终更接近图像平面的中心，而不是地标。因此，无须任何图像跟踪，就可以将真实地标与其镜面反射区分开。值得注意的是，如果在图像

平面上看到真实地标及其镜面反射相同，则必须特别小心。在这种情况下，可以将机器人移出奇异配置来避免奇点。

我们现在必须研究 3D 空间中地标的运动。为此，我们将末端效应器(尖端)视为机器人基座坐标系中地标之间的中点。相关的几何结构如图 10.14 所示[25]。

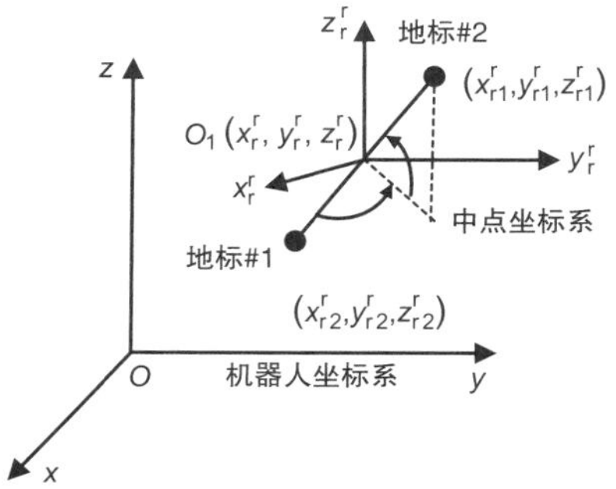

图 10.14 用于定义 3D 空间中两个地标的位置的几何图形

在图 10.14 中，让我们假设 $O_1(x_r^r, y_r^r, z_r^r)$是地标$(x_{r1}^r, y_{r1}^r, z_{r1}^r)$和$(x_{r2}^r, y_{r2}^r, z_{r2}^r)$之间的中点。其中上标 r 表示位置坐标处于机器人坐标系中。这里，ϕ 是机器人坐标系的 x 轴与点$(x_{r1}^r, y_{r1}^r, z_{r1}^r)$和$(x_{r2}^r, y_{r2}^r, z_{r2}^r)$之间的线段 xy 平面上的投影之间的角度。

角度 θ 是由上述两个点定义的线段与机器人坐标系的 xy 平面之间的角度。

用 D 表示世界坐标系中地标之间的距离，我们发现：

$$\begin{aligned}
x_{r1}^r &= x_r^r - (D/2)\cos\theta\cos\phi \\
x_{r2}^r &= x_r^r + (D/2)\cos\theta\cos\phi \\
y_{r1}^r &= y_r^r - (D/2)\cos\theta\sin\phi \\
y_{r2}^r &= y_r^r + (D/2)\cos\theta\sin\phi \\
z_{r1}^r &= z_r^r - (D/2)\sin\theta \\
z_{r2}^r &= z_r^r + (D/2)\sin\theta
\end{aligned} \tag{10.79}$$

速度旋量

$$\dot{\boldsymbol{r}} = [\boldsymbol{v}^{\mathrm{T}}, \omega^{\mathrm{T}}]^{\mathrm{T}}, \quad \boldsymbol{v} = [\dot{\boldsymbol{x}}_r, \dot{\boldsymbol{y}}_r, \dot{\boldsymbol{z}}_r]^{\mathrm{T}}, \quad \boldsymbol{\omega} = [\dot{\varphi}, \dot{\theta}] \tag{10.80}$$

与地标中点坐标系(原点为 $O_1(x_r^r, y_r^r, z_r^r)$)和图像特征率矢量

$$\dot{\boldsymbol{f}} = [\dot{l}_1, \dot{d}_1, \dot{d}_3, \dot{l}_2, \dot{d}_2] \tag{10.81}$$

的雅可比矩阵可像往常一样，通过微分式(10.78)和式(10.79)来得到。即

$$\dot{\boldsymbol{f}} = \boldsymbol{J}_{\mathrm{im}}\dot{\boldsymbol{r}} \tag{10.82}$$

现在，定义特征误差 $\boldsymbol{e}(\boldsymbol{f}) = \boldsymbol{f}_{\mathrm{d}} - \boldsymbol{f}$，确保 $\boldsymbol{e}(\boldsymbol{f})$渐近收敛到零的控制律是由式(9.34)给出的解决率控制律：

$$\boldsymbol{u} = \boldsymbol{J}_{\mathrm{im}}^{-1}\boldsymbol{K}\boldsymbol{e}(\boldsymbol{f}) \quad (\boldsymbol{u}) = \dot{\boldsymbol{r}} = \text{控制向量} \tag{10.83}$$

其中 $\boldsymbol{K}$ 是常数正定增益矩阵(通常是对角矩阵)。当然，如果 $\boldsymbol{J}_{\mathrm{im}}$ 是未知的，我们可以在式(10.83)中使用近似的 $\hat{\boldsymbol{J}}_{\mathrm{im}}$，可以使用 9.4.3 节介绍的摄像机的内外参数来得到。这里，内部参数包括两个缩放因子 λ_u，λ_v 和两个偏移项 u_{offset} 和 v_{offset}。外部参数是相机坐标系与镜子中心的距离 d。因此，必须估计的向量 $\boldsymbol{\xi}$ 是

$$\boldsymbol{\xi} = [u_{\mathrm{offset}}, v_{\mathrm{offset}}, \lambda_u, \lambda_v, d]^{\mathrm{T}}$$

而测量向量 $\boldsymbol{z}$ 是

$$\boldsymbol{z} = [u_{\mathrm{m1}}, v_{\mathrm{m1}}, u_{r1}, v_{r1}, u_{\mathrm{m2}}, v_{\mathrm{m2}}, u_{r2}, v_{r2}]^{\mathrm{T}}$$

参考文献

[1] Padois V, Fourquet JY, Chiron P. Kinematic and dynamic model-based control of wheeled mobile manipulators: a unified framework for reactive approaches. Robotica 2007;25(2):157–73.
[2] Seelinger M, Yoder JD, Baumgartner ET, Skaar BR. High-precision visual control of mobile manipulators. IEEE Trans Robot Autom 2002;18(6):957–65.
[3] Tzafestas CS, Tzafestas SG. Full-state modeling, motion planning and control of mobile manipulators. Stud Inform Control 2001;10(2):109–27.
[4] Kumara P, Abeygunawardhana W, Murakami T. Control of two-wheel mobile manipulator on a rough terrain using reaction torque observer feedback. J Autom Mobile Robot Intell Syst 2010;4(1):56–67.
[5] Chung JH, Velinsky SA. Robust interaction control of a mobile manipulator: dynamic model based coordination. J Intell Robot Syst 1999;26(1):47–63.
[6] Li Z, Chen W, Liu H. Robust control of wheeled mobile manipulators using hybrid joints. Int J Adv Rob Syst 2008;5(1):83–90.
[7] Yamamoto Y, Yun X. Effect of the dynamic interaction on coordinated control of mobile manipulators. IEEE Trans Rob Autom 1996;12(5):816–24.
[8] Tzafestas SG, Melfi A, Krikochoritis T. Omnidirectional mobile manipulator modeling and control: analysis and simulation. Syst Anal Model Control 2001;40:329–64.
[9] Mazur A, Szakiel D. On path following control of non-holonomic mobile manipulators. Int J Appl Math Comput Sci 2009;19(4):561–74.
[10] Meghadari A, Durali M, Naderi D. Investigating dynamic interaction between one d.o.f. manipulator and vehicle of a mobile manipulator. J Intell Robot Syst 2000;28:277–90.
[11] Watanabe K, Sato K, Izumi K, Kunitake Y. Analysis and control for an omnidirectional mobile manipulator. J Intell Robot Syst 2000;27(1–2):3–20.
[12] De Luca A, Oriolo G, Giordano PR. Image-based visual servoing schemes for nonholonomic mobile manipulators. Robotica 2007;25:131–45.
[13] Burshka D, Hager G. Vision-based control of mobile robots. In: Proceedings of 2001 IEEE international conference robotics and automation. Seoul, ROK; May 21–26, 2001.
[14] Tsakiris D, Samson C, Rives P. Vision-based time-varying stabilization of a mobile manipulator. In: Proceedings of fourth international conference on control, automation, robotics and vision (ICARCV'96). Westin Stanford, Singapore; December 3–6, 1996. p. 1–5.
[15] Yu Q, Chen Ming I. A general approach to the dynamics of nonholonomic mobile manipulator systems. Trans ASME 2002;124:512–21.
[16] DeLuca A, Oriolo G, Giordano PR. Kinematic control of nonholonomic mobile manipulators in the presence of steering wheels. In: Proceedings of 2010 IEEE international conference on robotics and automation. Anchorage, AK; May 3–8, 2010. p. 1792–98.
[17] Phuoc LM, Martinet P, Kim H, Lee S. Motion planning for nonholonomic mobile manipulator based visual servo under large platform movement errors at low velocity. In: Proceedings of 17th IFAC world congress. Seoul, Korea; July 6–11, 2008. p. 4312–17.
[18] Gilioli M, Melchiori C. Coordinated mobile manipulator point-stabilization using visual-servoing techniques. In: Proceedings of IEEE/RSJ international conference on intelligent robots and systems. Lausanne, CH; 2002. p. 305–10.
[19] Ma Y, Kosecha J, Sastry S. Vision guided navigation for nonholonomic mobile robot. IEEE Trans Robot Autom 1999;15(3):521–36.
[20] Zhang Y. Visual servoing of a 5-DOF mobile manipulator using an omnidirectional vision system. Technical Report RML-3-2, University of Regina, 2006.

[21] Bayle B, Fourquet JY, Renaud M. Manipulability analysis for mobile manipulators. In: Proceedings of 2001 IEEE international conference on robotics and automation. Seoul, Korea; May 21–26, 2001. p. 1251–56.
[22] Papadopoulos E, Poulakakis J. Trajectory planning and control for mobile manipulator systems. In: Proceedings of eighth IEEE Mediterranean conference on control and automation. Patras, Greece; July 17–19, 2000.
[23] Yamamoto Y, Yun X. Coordinating locomotion and manipulation of a mobile manipulator. In: Proceedings of 31st IEEE conference on decision and control. Tucson, AZ; December, 1992. p. 2643–48.
[24] Yamamoto Y, Yun X. Modeling and compensation of the dynamic interaction of a mobile manipulator. In: Proceedings of IEEE conference on robotics and automation. San Diego, CA; May 8–13, 1994. p. 2187–92.
[25] Zhang Y, Mehrandezh M. Visual servoing of a 5-DOF mobile manipulator using a panoramic vision system. In: Proceedings of 2007 Canadian conference on electrical and computer engineering. Vancouver, BC, Canada; April 22–26, 2007. p. 453–56.
[26] Zhang Y, Mehrandezh M. Visual servoing of a 5-DOF mobile manipulator using a catadioptric vision system. In: Proceedings of SPIE, the international society for optical engineering; 2007. p. 6–17.
[27] Zhang Y. Visual servoing of a 5-DOF mobile manipulator using panoramic vision system [M.Sc. thesis]. Regina, Canada, Faculty of Engineering, University of Regina, 2007.

第 11 章　移动机器人路径、运动和任务规划

11.1　引言

机器人规划涉及确定如何从一个地方移动到另一个地方以及如何执行所需任务等一般问题。总的来说，它本身就是一个广泛的研究领域。实际上，“规划”在不同的科学领域有不同意义。机器人领域中“规划”的三个分类是[1-32]：

- 路径规划
- 运动规划
- 任务规划

规划代表了一类问题解决方法，是系统理论和人工智能(AI)的跨学科领域[12,19]。一般问题解决器基本上就是一个搜索程序，其中要解决的问题可定义为给定的初始状态和期望的目标状态。该程序通过评估当前状态和操作器(规则)命令来指导搜索，即只应用能在搜索空间中获得最佳移动的操作器。解决主要的问题的方法是进行手段-目的分析，其内容包括重复地减少目标状态和当前状态之间的差异。这需要特殊的反馈控制策略。在人工智能问题解决中使用手段-目的分析的一个例子是众所周知的汉诺塔问题。一般的问题解决方法对于特定问题的应用价值有限，只有技术专家才能解决这些问题，例如故障诊断、决策支持和机器人规划。

本章的目标如下：

- 介绍机器人路径规划、运动规划和任务规划的一般概念定义。
- 调查移动机器人的路径规划问题，包括基本操作和方法分类。
- 详细研究基于模型的移动机器人路径规划，包括位形空间和路线图规划方法。
- 讨论提出向量场方法和分析参数化方法的移动机器人运动规划。
- 显示如何整合全局和局部路径规划，以实现路径平滑性和避障。
- 概述固定机器人和移动机器人任务规划的基本问题，包括计划展示和生成，以及任务规划的三个阶段，即世界建模、任务规范和机器人程序综合。

11.2　一般概念

路径规划是嵌入各种机器人(机器人操纵器、移动机器人/操纵器、类人机器人等)的一般功能。从广义上讲，机器人路径规划涉及机器人如何在工作空间或环境中移动和操纵以实现其目标。路径规划问题涉及计算起始位置和目标位置之间的无碰撞路径。通常，除了避障之外，机器人还必须满足一些其他要求或优化某些性能标准。路径规划可根据关于

环境的可用知识来区分(即完全已知/结构化环境、部分已知环境和完全未知/非结构化环境)。在大多数实际情况中，环境仅部分已知，机器人在路径规划和导航之前已经知道工作空间内的一些区域(即可能造成局部最小问题的区域)。障碍物的性质通过其构造描述，其可以是凸形、凹形或两者均有。障碍物的状态可以是静态的(当其相对于已知固定坐标系的位置和方向不变时)，也可以是动态的(当其位置、方向或位置与方向都相对于固定坐标系有变化时)。

路径规划可以是局部的也可以是全局的。在机器人移动并从局部传感器获取数据时，执行局部路径规划。在这种情况下，机器人能够生成新路径以应对环境的变化。仅当环境(障碍物等)是静态的并且完全已知时，才能执行全局路径规划。在这种情况下，路径规划算法在机器人开始运动之前生成从起点到目标点的完整路径。

*运动规划*是选择运动和相应输入以确保能满足所有约束(避障、避免风险等)的过程。运动规划可以看作一组计算，基于机器人的模型及其移动的环境，为机器人的控制提供子目标或设定点。机器人执行(跟随)规划的运动的过程是第 5～10 章中研究的控制过程。

我们知道机器人的运动可以在三个不同的空间中描述：

- 任务或笛卡儿空间。
- 关节(电动机)空间。
- 驱动器的空间。

这些空间的关系如图 11.1 所示。

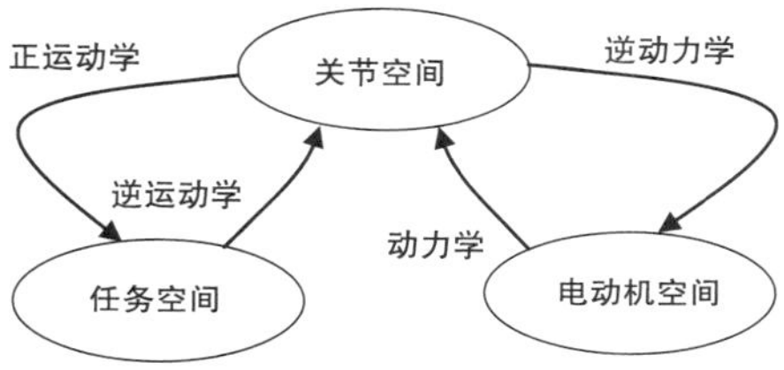

图 11.1　机器人运动空间及其关系

任务空间中的运动的描述，即参考点的指定(例如，末端执行器的尖端)通常在笛卡儿坐标系中进行。

末端执行器或移动机器人位置的配置并不总是足以确定所有连杆的位置。因此，我们使用关节空间，它是所有自由度(通常是 n 的子集)的允许范围的笛卡儿积。最后，对于与运动学和动力学约束相容的每个机器人运动，必须存在至少一组产生该运动的力矩。产生所有相容的运动的驱动器(电动机)的力矩限定了电动机空间。机器人运动规划中的一个基本问题是障碍物的存在以及由此产生的寻找无障碍路径的要求，这就是路径规划或路径查找问题。对运动规划有需求是因为机器人有非常多(理论上，数量无限)的运动选择来达到目标姿势并执行期望的任务。而且，对于给定的运动，可能存在多种可行的电动机的输入(力矩)来产生预期的效果。

*任务规划*涉及三个阶段[8]：世界建模、任务规范和机器人程序综合。

- *世界建模*：世界模型必须涉及环境中机器人和物体的几何描述(通常体现在 CAD 系统中)，物体的物理描述(例如，部件的质量和惯性)，机器人体的运动学描述和连接，以及机器人特征的描述(例如，关节限制、所允许的最大加速度和传感器特征)。
- *任务规范*：任务规划器接收到的任务通常是任务执行步骤中的一系列世界状态模型。实际上，任务规范描述的就是世界的模型与其组件位置的一系列变化。

- 机器人程序综合：这是任务规划能成功的最重要阶段。合成的程序必须包括抓取命令、运动属性、传感器命令和错误测试。这意味着程序必须使用机器人级编程语言。

11.3　移动机器人路径规划

11.3.1　机器人导航中的基本操作

移动机器人的路径规划是实现机器人导航所需的基本操作之一。这些操作如下：

- 自我定位。
- 路径规划。
- 地图构建和地图解释。

机器人自我定位提供了“我在哪里”这一问题的答案。路径规划操作提供了“我应该如何到达我要去的地方”的答案。最后，地图构建/解释操作以适用于机器人坐标系中描述位置的符号描述了机器人所处的环境。基于视觉的导航采用光学传感器，包括基于激光的测距仪和CCD摄像机，机器人环境中定位所需的视觉特征由这些摄像机提取。

实际上，到目前为止，还没有移动机器人定位的通用方法。现有的具体技术分为两类：

- 相对定位方法。
- 绝对定位方法。

由于没有单一的、全局的良好的定位方法，自动导引车(AGV)和自主移动机器人(AMR)的设计者通常采用某些方法的组合，每个类别取一个。

可通过里程计或惯性导航进行相对定位。第一种是使用编码器来测量车轮旋转或转向角。惯性导航采用陀螺仪(某些情况下采用加速度计)来测量旋转速率和角加速度。

绝对定位使用以下内容：

- 有源信标，其中移动机器人的绝对位置是通过测量三个或更多发射信标的入射方向来计算的。发射器使用光或射频，放置在环境中的已知位置。
- 识别人造地标，这些地标位于环境中的已知位置，并设计成在恶劣的环境条件下也能提供最大的可探测性。
- 识别自然地标，即环境的已知的独特特征。该方法的可靠性低于人工标志法。
- 模型匹配，即从车载传感器接收的信息与环境地图的比较。如果基于传感器的特征与世界模型图匹配，则可以估计机器人的绝对位置。机器人导航地图分为几何图和拓扑图。第一类用全局坐标系表示世界，而第二类将世界表示为弧和节点的网络。

11.3.2　路径规划方法的分类

路径规划本身就是一个机器人领域，为机器人从一个地方移动到另一个地方提供了一条可行的无冲突路径。人类能够无意识地进行路径规划。如果前面有一个突然出现的障碍，那么人类就会绕过它。通常，人类需要改变自己的姿势以便通过狭窄的通道，这就是钢琴搬运工问题的一种简单类型。如果障碍物完全挡住了道路，人类就会选择另外一条道路。要执行上述所有操作，机器人必须配备适当的高级智能功能。

自由(避障)路径规划的一个非常宽泛的分类有三个类别，共包括六种不同的策略：

- 反应控制("漫游"例程，环游，势场，电动机图式)。
- 代表性的世界建模(确定性栅格)。
- 两者的组合(向量场直方图)。

在许多情况下，上述技术不能确保找到通过障碍物的路径，即使该路径确实存在。因此它们需要更高级别的算法以确保移动机器人不会一遍又一遍地回到同一个位置。在实践中，无论一个无障碍的路径是否存在，机器人都只需要能检测到它是否"卡住"，并发出求援信号就足够了。在室内应用中，避免障碍物的机动会是一个很好的动作。室外情况更复杂，需要更先进的感知技术(例如用于区分小树和铁杆)。

多年来受到广泛关注的一个研究课题是钢琴搬运工问题，大多人在试图将沙发或桌子搬运过门的时候都会遇到这个问题。物体必须倾斜和转动以穿过狭窄的门。关于这个问题的研究工作最初是由 Latombe[1] 介绍的。

在获得有关机器人环境信息的方式的基础上，大多数路径规划方法可以分为两类：

- 基于模型的方法。
- 无模型方法。

在第一类方法中，关于机器人工作空间的所有信息都是预先学习的，用户根据这些模型来指定对象的几何模型及其描述。在无模型方法中，机器人环境的一些信息是通过传感器(例如，视觉、范围、触摸传感器)获得的。用户必须指定完成任务所需的所有机器人运动。

11.4　基于模型的机器人路径规划

机器人工作环境中可能存在的障碍分为静止障碍物和移动障碍物。因此，必须解决两种寻路问题，即：

- 静止障碍物之间的路径规划。
- 移动障碍物之间的路径规划。

静止障碍物的路径规划方法基于位形空间概念，并且通过下面讨论的路线图规划方法来实现。

移动障碍物的路径规划问题被分解为两个子问题：

- 规划路径以避免与静止障碍物发生碰撞。
- 沿路径规划速度，避免与移动障碍物发生碰撞。

这种组合构成了机器人运动规划[2-5]。

11.4.1　位形空间

位形空间是操纵手机器人和大多数移动机器人的路径规划的展示。例如，如果移动系统是自由飞行的刚体(即可以在空间中任何方向上自由移动而不受运动学约束的物体)，则需要六个配置参数来完全确定其位置，即 x，y，z 和三个方向(欧拉)角度。路径规划会在此六维空间中找到路径。但实际上，大多数机器人不能自由飞行，可能的运动取决于其运动学结构，例如，类似独轮车机器人具有三个配置参数：x、y 和 ϕ。正如我们所见过的，这些参数通常不是独立的，例如，机器人可能能够原地旋转(在保持 x 和 y 固定的同时改变 ϕ)，或者侧向移动，也可能不能。对于具有 n 个旋转关节的机器人臂来说需要 n 个配置参数来指定其在空间中的配置，同时还需要每个关节角度的最小值或最大值等约束。例如，典型的类车机器人操纵器有 10 个配置参数(4 个用于带拖车的移动平台，6 个用于手臂)，而类人机器人(如 ASIMO 或 HRP)可能有 52 个配置参数(2 个用于头部，每条手臂 7 个，每条腿 6 个，每只手 12 个，每个手有 4 个手指，每个手指有 3 个关节)。

现在，对一个具有 n 个配置参数的在特定环境中移动的机器人，我们定义以下内容：

- 机器人的配置 $\boldsymbol{q}$，即实数的 n 元组，包含确定机器人在物理空间中的位置所需的 n 个参数。
- 机器人的位形空间 CS，即其配置 $\boldsymbol{q}$ 可能采用的值的集合。
- 自由位形空间 CS_{free}，即与机器人环境中存在的障碍物不冲突的配置的 CS 子集。

值得注意的是，移动机器人的自由度即是其控制变量(机器人手臂或类人机器人具有与配置参数一样多的自由度，但差分驱动机器人具有三个配置参数且自由度仅为 2)。

从以上定义可以得出，路径规划是用于解决在初始配置和最终配置之间、在自由位形空间 CS_{free} 中找到路径的问题的，因此，如果可以确定 CS_{free}，则路径规划可被简化为在该 n 维连续空间中搜索路径。实际上，CS_{free} 的明确定义是一个计算上难以解决的问题(其计算复杂度随着 CS 的维数呈指数级增长)，但是有一些有效的概率方法可以在合理的时间内解决这个路径规划问题[11]。

正如我们之前看到的，这些技术必须涉及两个操作：

- 碰撞检测(即检查配置 $\boldsymbol{q}$ 或两种配置之间的路径是否完全处于 CS_{free} 之内)。
- 运动转向(即在 CS 中找到满足运动约束的两个配置 $\boldsymbol{q}_0$ 和 $\boldsymbol{q}_f$ 之间的路径，而不考虑障碍物)。

例 11.1　双连杆平面操纵器

考虑图 11.2a 的双连杆平面操纵器，它具有两个配置参数 θ_1 和 θ_2(即其 CS 是二维的)。

n 维位形空间 CS 中的障碍物由切片投影展示，切片投影由 CS 的定义参数的一定值域和 $n-1$ 维体积组成。完整障碍物的近似值被构建为多个 $n-1$ 维切片投影的并集，每个切片投影包含同一关节参数的不同值域[8]。在当前情况下(见图 11.2a)，对于一组 θ_1 值，障碍物由一组 θ_2 范围(由阴影表示)近似。图 11.2b 展示了另一个有障碍物的环境中双连杆机器人的样本路径。

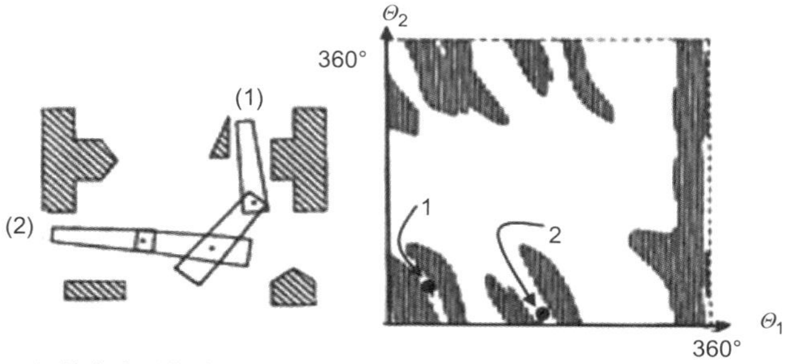

a）具有障碍物的操纵器，以及具有通过一组一维切片投影（用阴影展示）近似的障碍物的位形空间CS

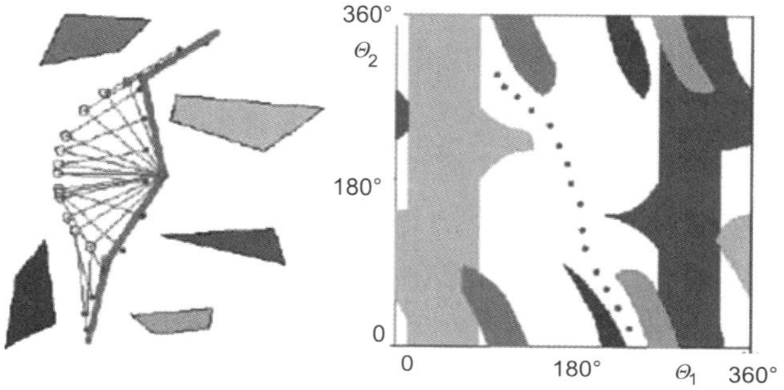

b）在具有障碍物的环境中的另一个双连杆操纵器，以及CS_{free}中的可能路径

图 11.2 双连杆平面机器人的位形空间

资料来源：http://robotics.stanford.edu/~latombe/cs326/2009/class3/class3.htm；http://www.cs.cmu.edu/~motionplanning/lecture/Chap3-Config-Space _ howie.pdf。

11.4.2 路线图路径规划方法

用于展示环境的机器人导航地图可以是连续的几何描述，也可以是基于分解的几何图或拓扑图。这些地图需要被转换为适合路径算法的离散映射。这种转换(或分解)可以通过四种通用方法完成，即[1,21]路线图、单元分解、势场和向量场直方图。

下面给出这些方法的简短描述。

11.4.2.1 路线图

路线图的基本思想是使用一维曲线的路线图(图形或网络)来获得 CS_{free} 的连通性。在构建之后，路线图被视作一个路径的网络，用于规划机器人运动。这里的主要目标是构建一组道路，使整个机器人能够到达其 CS_{free} 中的任何位置。这其实是一个难题。

路径规划问题陈述如下：

给定输入配置 $\boldsymbol{q}_{start}$ 和 $\boldsymbol{q}_{goal}$ 以及障碍物集 B；在连接 $\boldsymbol{q}_{start}$ 和 $\boldsymbol{q}_{goal}$ 的 CS_{free} 中查找路径。

路径规划算法的基本步骤如下：

步骤 1 在 CS_{free} 中构建路线图(路线图节点是自由或半自由配置；如果机器人可以在它们之间轻松移动，则两个节点通过边连接)。

步骤 2 将 $\boldsymbol{q}_{start}$ 和 $\boldsymbol{q}_{goal}$ 连接到路线图节点 $\boldsymbol{v}_{start}$ 和 $\boldsymbol{v}_{goal}$。

步骤 3 在 $\boldsymbol{v}_{start}$ 和 $\boldsymbol{v}_{goal}$ 之间的路线图中查找路径，该路径直接在 CS_{free} 中提供路径。

路线图示例如图 11.3 所示。

建立道路地图的方法分为：

- 传统的确定性方法(仅适用于低维 CS，构建 CS_{free}，并且它们是完整的)。
- 现代概率方法(不构建 CS_{free}，适用于低维和高维 CS，但它们并不完整)。

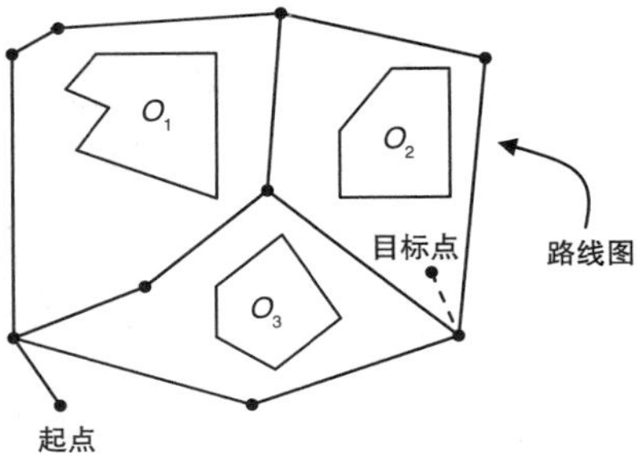

图 11.3　具有障碍物 O_1、O_2、O_3 的环境中的路线图示例

CS 的可见性图：多边形 CS 的可见性图是无向图 G，其中 G 中的节点对应于多边形障碍物的顶点，条件是节点可以通过完全位于 CS_{free} 中的直线或通过障碍物的边线连接(即节点可以“看”到彼此，包括作为顶点的初始和目标位置)。可见性图的示例如图 11.4 所示。

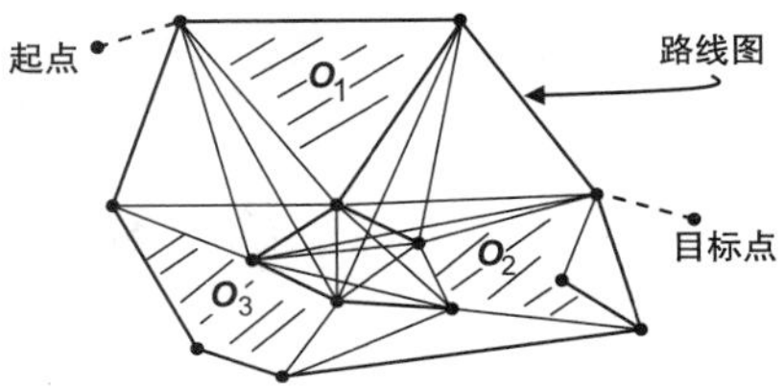

图 11.4　可见性图示例

基于可见性图的移动路径规划因其简单而受欢迎。该方法有复杂度为 $O(n^2)$ 的有效算法，其中 n 是对象的顶点数；或复杂度为 $O(E+n\log n)$，其中 E 是 G 中的边数[17,22]。可见性图非常适合二维 CS。注意，它们也是用于构建“简化”可见性图的方法，其中不是所有边都是需要的。可见性图和相应的简化可见性图如图 11.5 所示。

Voronoi 图：Voronoi 图是以其创建者——1908 年的一位德国数学家的名字命名的，它可以用于确定机器人与地图中障碍物之间的最大距离。Voronoi 图的构建步骤如下。

步骤 1　对于自由空间 CS_{free} 中的每个点，计算其到最近的障碍物的距离。

步骤 2　将该距离绘制为垂直高度。当点远离障碍物时，高度增加。

步骤 3　在距离两个或更多障碍物的等距点处，该距离图具有尖锐的脊。

步骤 4　通过由这些尖锐的脊形成的边缘的并集来构造 Voronoi 图。

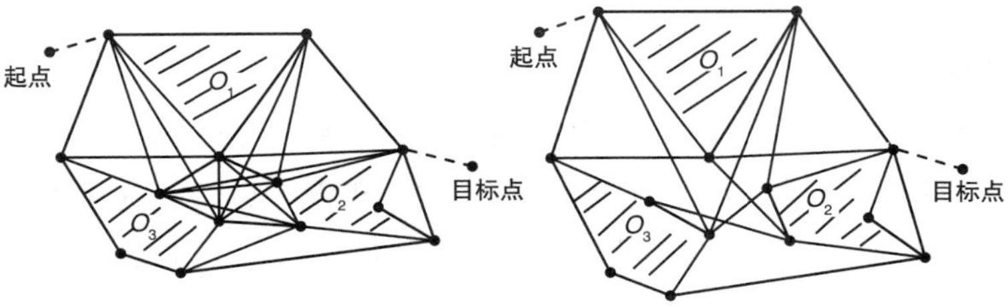

a）可见性图　　b）相关联的简化可见性图

图 11.5　可见性图与简化后效果

在数学上，Voronoi 图 V 是一个多边形区域，定义如下：

$$V=\{\boldsymbol{q}\in CS_{free}:\ |\mathrm{near}(\boldsymbol{q})|>1,\ CS=R^2\}$$

其中

$$\mathrm{near}(\boldsymbol{q})=\{\boldsymbol{p}\in\delta:\ \|\boldsymbol{q}-\boldsymbol{p}\|=\mathrm{clearance}(\boldsymbol{q})\}$$

$\text{clearance}(\boldsymbol{q})=\min\{\|\boldsymbol{q}-\boldsymbol{p}\|: \boldsymbol{p}\in\delta\}, \boldsymbol{q}\in CS_{free}$

$\delta=\partial(CS_{free})$，是 CS_{free} 的边界。

我们看到，实际上，near($\boldsymbol{q}$)是 CS_{free} 的边界点集合，它有着最小的到 $\boldsymbol{q}$ 的距离。Voronoi 图 V 由 CS_{free} 中的所有点组成，在 CS_{free} 边界 δ 中具有至少两个最近邻居。Voronoi 图是直线段和抛物线段(称为弧)的有限集合，其中：

- 直线段由该组障碍物的两个顶点或两个边缘限定(即与两个点或线段的距离相同的点集是一条线)。
- 抛物线段由障碍物组的一个顶点和一个边缘定义(即与接近点(焦点)和线(准线)距离相同的点集是抛物线段)。

基于上述定义的 V 的构造过程涉及以下基本步骤：

步骤 1 计算所有弧(对于所有顶点-顶点，边-边，顶点-边对)。

步骤 2 计算所有交叉点(将弧分成段)。

步骤 3 保留最接近定义它们的顶点/边的线段。

图 11.6a 显示了一个简单的 Voronoi 图的示例，该图中的地形包含两个平行墙和一个三角形物体。具有图 11.6b 所示地图的办公楼层的 Voronoi 图如图 11.6c 所示，快速行进路径规划方法找到的从 S 到 G 的安全路径如图 11.6d[33-36] 所示。

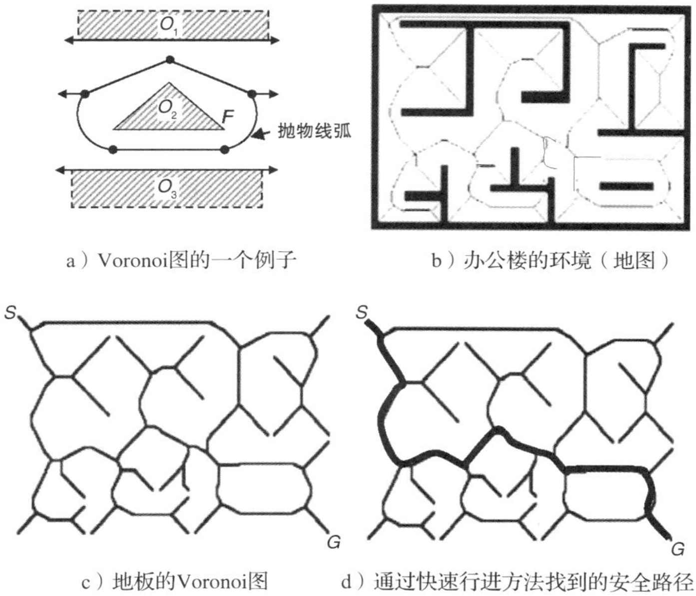

a) Voronoi图的一个例子　　b) 办公楼的环境(地图)

c) 地板的Voronoi图　　d) 通过快速行进方法找到的安全路径

图 11.6 Voronoi 图示例

资料来源：转载自参考文献[33]，由 S. Garrido 提供且有 CSC Press 的许可。

11.4.2.2 单元分解

单元分解涉及 CS 中的单元(即连接的几何区域)之间的区分，它是空闲的(即属于 CS_{free})或被物体占用。单元具有预定义的分辨率。在确定单元之后，路径规划过程如下：

- 确定相邻的开放单元并构建连通图 G。

- 确定包含起始位置和目标配置的单元，并在 G 中搜索连接起始单元和目标单元的路径。
- 在连接起始单元和目标单元的单元序列中，找到每个单元内的路径(例如，通过单元边界的中点移动或沿着墙移动)。

单元分解分为精确单元分解和近似单元分解。

首先，边界是作为环境结构的函数放置的，因此分解是无损的。在近似单元分解中，我们获得了实际地图的一些近似值。精确单元分解的示例如图 11.7 所示。

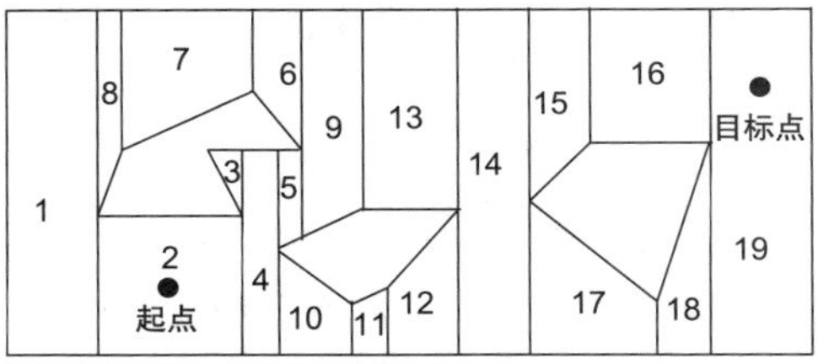

a）单元分解

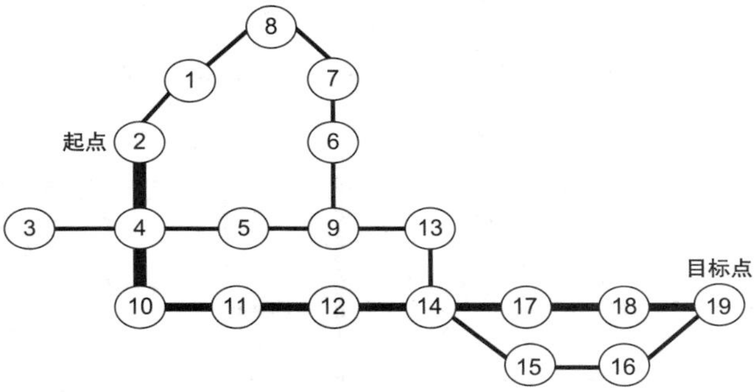

b）网络展示和起点到终点的可能路径

图 11.7　精确单元分解示例

在图 11.7a 中，通过考虑几何临界性来找到单元的边界。路径规划已完成，因为每个单元都是完全空闲的或完全被占用。很明显，机器人可以从每个自由单元移动到相邻的自由单元。

在近似单元分解中，所得单元可以是空闲的、完全被占用的或混合的，或者已达到任意分辨率阈值。应用近似分解的一种方法是使用占用栅格法。可以通过给每个单元分配与该单元占用的概率相关的值来获得可能的占用栅格。在这种情况下，分解阈值定义了占用栅格中的单元被视为已占用时所需的最小概率。实际上，“近似”的意义是将相邻的自由单元融合成更大的单元，以允许快速确定路径。在二维工作空间中，近似单元分解操作就是递归地将每个包含空闲空间和占用空间的混合的单元细分。基于此属性，此方法又称为*四叉树方法*。当发现每个单元包含的空间都为完全空闲或占用时，或者当达到最大期望分辨率时，递归结束。分解的高度是所允许的最大递归级别，它决定了分解的分辨率。

图 11.8 显示了近似单元分解方法的应用示例。工作区包含三个障碍物，机器人必须从 S 移动到 G。

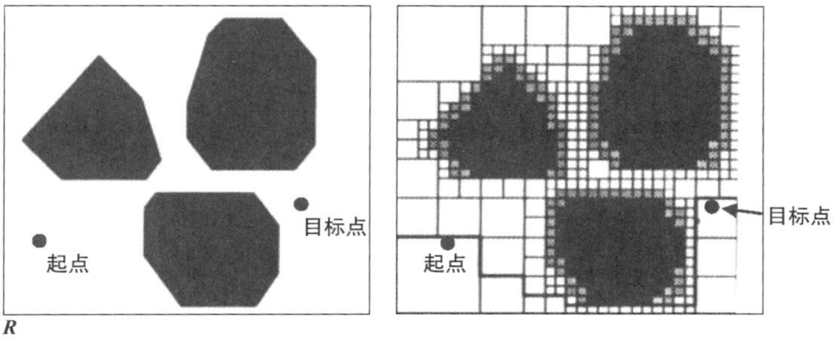

a）一个简单的三障碍路径规划问题 b）基于近似单元分解的无障碍路径

图 11.8 近似单元分解方法示例

资料来源：http://www-cs-faculty.stanford.edu/~eroberts/courses/soco/1998-99/robotics/basicmotion.html。

近似分解的优势是能大量减少需要考虑的单元数量。在一个例子中，一个包含250 000个单元的高分辨率图谱在经过一次高度为 4 的粗分解之后减少到了 109 个单元[37]。此处我们必须面对的一个问题是要确定单元邻接(即找到哪个单元与另一个单元共享了公共边界或边缘)。实际上，有许多技巧可用于解决邻接问题。

一种技巧是使用田谐(tesseral，或四田谐)寻址，它能够将二维(或 n 维)空间域的每个部分映射到一维序列，并且当与数据库中的属性一起存储时，每个地址可以作为单个执行数据的索引[37-38]。为了生成田谐地址，二维笛卡儿空间的正象限被四分，以给母图块标记，如图 11.9a 所示。此过程可通过将新生成的田谐地址附加到母地址的右侧来重复进行，直到达到所需的深度。

另一个使用分解进行全局路径规划的解决方案是使用局部节点细化、路径节点细化和曲线参数插值[39]。

四田谐地址可以存储在四叉树结构中。例如，图 11.9a(右)的地址可以由图 11.9b 的四叉树结构存储，只需从左到右遍历就能实现线性化。田谐寻址的这一重要特性有助于进行地址组的存储、比较和转换。

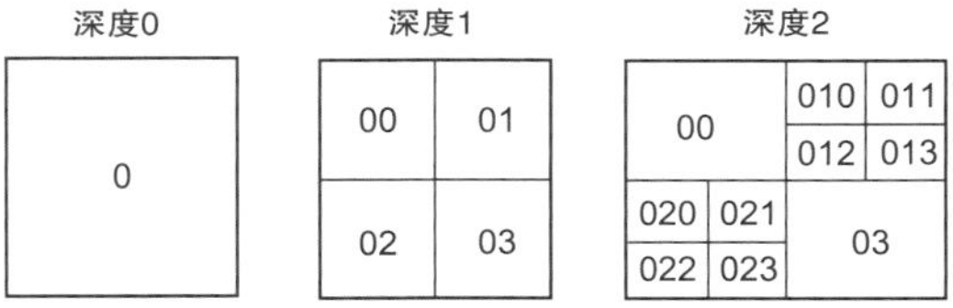

a）二维田谐分解（寻址）

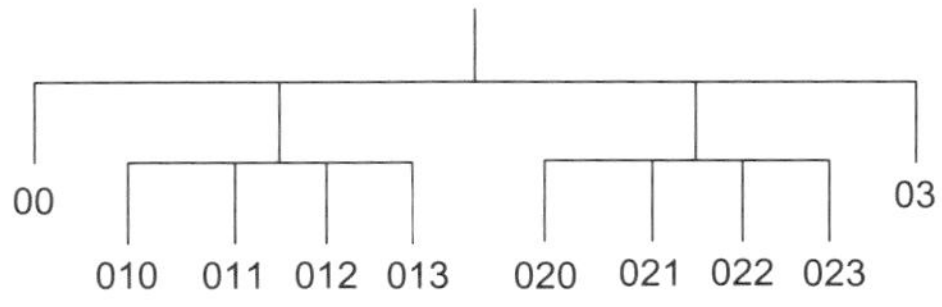

b）深度为2的地址的四叉树结构

图 11.9 田谐寻址示例

在全局路径规划中，假设环境是先验已知的，在这种情况下，可以找到从机器人的当前位置到目标的距离最佳路径。该路径由一系列航路点组成，这些航路点通过分解分辨率和环境中障碍物的配置来指定彼此的接近度。在不断变化的环境中，必须将上述全局路径规划技术与航路点驱动的局部路径规划方法相结合。参考文献[37]中介绍了一种使用田谐寻址的距离最优全局路径规划方法。该方法利用连通图来生成代表环境中的物理位置的节点和能在沿着路径运动期间避开障碍物的弧。通过使用合适的图搜索方法(例如 A* 算法[9,11,19])来最小化启发式成本函数即可找到距离最佳路径：

$$L_0(N)=L_s(N)+L_g(N)$$

$$L_s(N)=\sum_{i=s+1}^{N}a_i$$

$$L_g(N)=\sqrt{(x_g-x_n)^2+(y_g-y_n)^2}$$

其中 a_i 是序列中连接节点 s 到节点 N 的节点集(n_s, n_{s+1}, …, n_{N-1}, n_N)中的两个相邻节点 $i-1$ 和 i 之间的弧(n_{i-1}, n_i)的长度，$L_g(N)$是从节点 N 到目标节点G 的距离。显然，$L_g(N)$小于从 N 到G 的最优成本。

使用田谐㊀算法来进行最小化。例如，在此算法中，加法或减法是向右(田谐 1，二进制 01 的加法)或向左(田谐 1 的减法)平铺。相应地，向下和向上平移分别等同于加法或减法田谐 2(二进制 10)。值得注意的是，最终的最佳路径取决于初始机器人位置和目标之间采用的连通图，也就是说，它不是全局最优的。田谐算法的计算时间为 $O(4n)$阶。参考文献[38]中提供了使用四次田谐来进行空间推理的例子。该展示允许以一维的方式执行空间推理(即二维和三维对象的操纵)。

11.4.2.3　势场

路径规划的势场方法因简单和优雅而非常有吸引力。势场的概念是从自然界借鉴来的，例如，导航磁场的电荷粒子，或在山上滚动的小球。我们知道，根据场的强度或山的坡度，粒子或小球将会到达场的源(磁铁)或山谷。在机器人技术中，我们可以通过开发一个吸引机器人到达目标的人工势场来模拟相同的现象。在传统的路径规划中，我们计算机器人与目标的相对位置，然后将相应的力施加在机器人上以驱动其到达目标。

如果机器人所处的环境中没有障碍物，那么我们只需创建一个*有吸引力的场*即可到达目标。在整个自由空间上定义势场，并且在每次时间增量后计算机器人位置处的势场，然后通过该场计算吸引力。机器人将根据此力移动。如果机器人的空间有障碍物，我们会在周围空间产生一个*排斥场*，当机器人接近障碍物时，该场将推动机器人远离它。如果我们想让机器人走向目标并避开障碍物，那么我们会在目标周围叠加一个有吸引力的场地，并在机器人空间的每个障碍物周围形成一个排斥场。上述概念如图 11.10a～图 11-10d 所示，其中还显示了机器人从某个起点到目标的路径(见图 11.10e)。

在最简单的情况下，移动机器人可以被看作*点机器人*，在这种情况下机器人的朝向 ϕ 不会被考虑，势场是二维的，机器人的位置只是 $\boldsymbol{q}=[x,\ y]^{\mathrm{T}}$。一般来说，移动机器人有 $\boldsymbol{q}=[x,\ y,\ \phi]^{\mathrm{T}}$，机器人操纵器有 $\boldsymbol{q}=[q_1,\ q_2,\ \cdots,\ q_n]^{\mathrm{T}}$。在数学上，势场方法可按如下方式展开[1,5](更多方法见参考文献[24-25])。设：

- $U(\boldsymbol{q})$总势场，其等于吸引势场 $U_{\mathrm{att}}(\boldsymbol{q})$和排斥势场 $U_{\mathrm{rep}}(\boldsymbol{q})$之和。
- $\boldsymbol{F}_{\mathrm{att}}(\boldsymbol{q})$为吸引力，$\boldsymbol{F}_{\mathrm{rep}}(\boldsymbol{q})$为排斥力，$\boldsymbol{F}(\boldsymbol{q})$为施加到机器人的总力。

然后，我们有

$$U(\boldsymbol{q})=\boldsymbol{U}_{\mathrm{att}}(\boldsymbol{q})+\boldsymbol{U}_{\mathrm{rep}}(\boldsymbol{q})$$

$$\boldsymbol{F}(\boldsymbol{q})=\boldsymbol{F}_{\mathrm{att}}(\boldsymbol{q})+\boldsymbol{F}_{\mathrm{rep}}(\boldsymbol{q})$$

㊀ 项 tesseral 来自希腊词 τεσσερα(tesserae=4)。

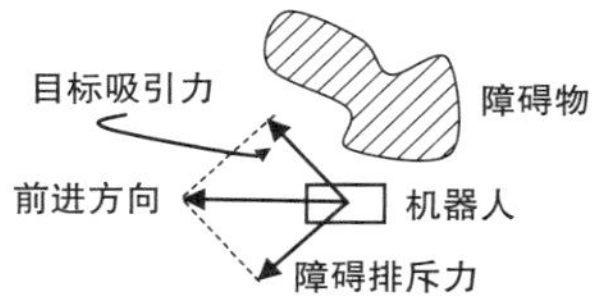

a）目标吸引力，障碍排斥力和前进方向

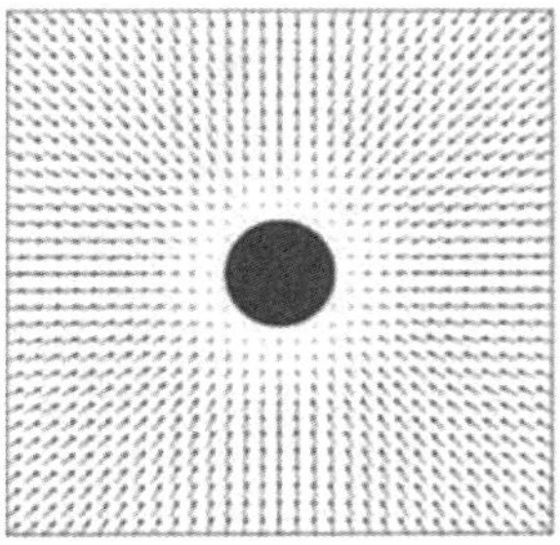

b）对目标有吸引力的领域

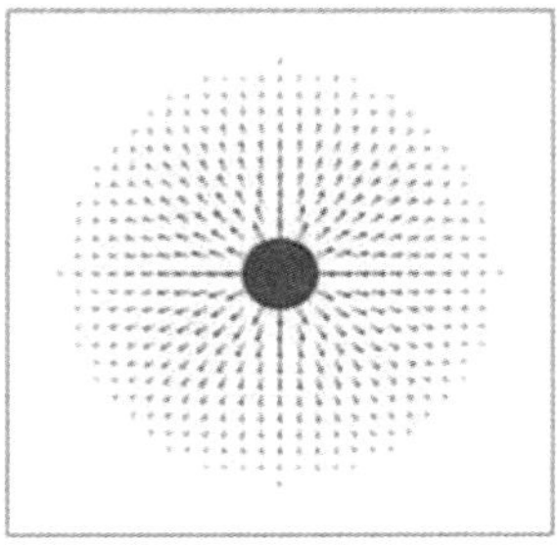

c）障碍物周围的排斥场

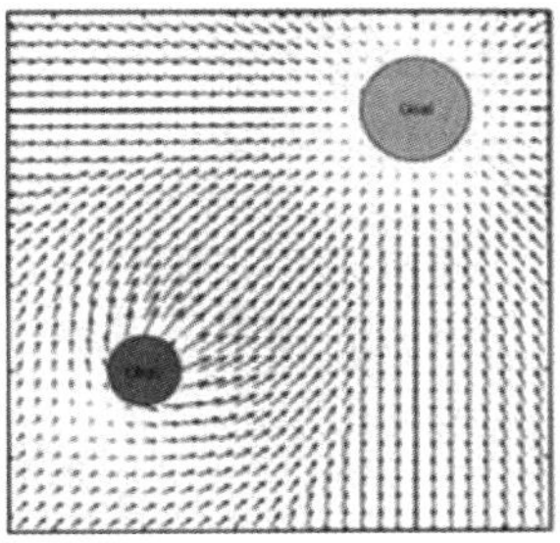

d）上述两个领域的组合

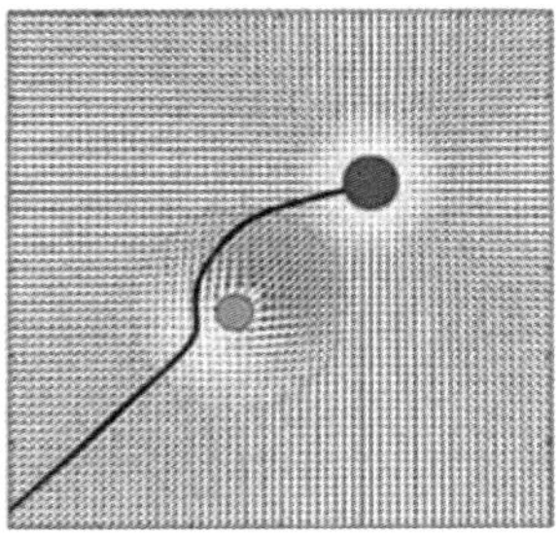

e）可能的机器人路径

图 11.10 势场路径规划方法的图示

资料来源：http://www.cs.mcgill.ca/~hsafad/robotics/index.html。

其中

$$\boldsymbol{F}(\boldsymbol{q})=-\nabla \boldsymbol{U}(\boldsymbol{q}),\quad \boldsymbol{F}_{\text{att}}(\boldsymbol{q})=-\nabla \boldsymbol{U}_{\text{att}}(\boldsymbol{q}),\quad \boldsymbol{F}_{\text{rep}}(\boldsymbol{q})=-\nabla \boldsymbol{U}_{\text{rep}}(\boldsymbol{q})$$

其中$\nabla[\cdot]=[\partial/\partial q_1, \partial/\partial q_2, \cdots, \partial/\partial q_n]^{\mathrm{T}}$为梯度算子。

现在，假设$U_{\text{att}}(\boldsymbol{q})$是二次的：

$$U_{\text{att}}(\boldsymbol{q})=\frac{1}{2}\|\boldsymbol{q}-\boldsymbol{q}_{\text{goal}}\|^2=\frac{1}{2}\sum_{i=1}^{n}(q_i-q_{i,\text{goal}})^2$$

在这种情况下，我们有

$$\nabla U_{\text{att}}(\boldsymbol{q})=\frac{1}{2}(2\|\boldsymbol{q}-\boldsymbol{q}_{\text{goal}}\|\nabla\|\boldsymbol{q}-\boldsymbol{q}_{\text{goal}}\|)=\|\boldsymbol{q}-\boldsymbol{q}_{\text{goal}}\|\frac{\boldsymbol{q}-\boldsymbol{q}_{\text{goal}}}{\|\boldsymbol{q}-\boldsymbol{q}_{\text{goal}}\|}=\boldsymbol{q}-\boldsymbol{q}_{\text{goal}}$$

因此：

$$\boldsymbol{F}_{\text{att}}(\boldsymbol{q})=-(\boldsymbol{q}-\boldsymbol{q}_{\text{goal}})$$

这表明$F_{\text{att}}(\boldsymbol{q})$与目标的距离线性地趋于 0。这对稳定性有好处，但当距离远离目标时，其值趋向于无穷。

如果我们将 $U_{att}(\boldsymbol{q})$ 定义为 $\boldsymbol{q}-\boldsymbol{q}_{goal}$ 的范数，那就是

$$U_{att}(\boldsymbol{q})=\|\boldsymbol{q}-\boldsymbol{q}_{goal}\|$$

则

$$\begin{aligned}\nabla_{att}U(\boldsymbol{q})&=\nabla\left\{\sum_{i=1}^{n}(q_i-q_{i,\,goal})^2\right\}^{1/2}\\&=\frac{1}{2}\left\{\sum_{i=1}^{n}(q_i-q_{i,\,goal})^2\right\}^{-1/2}\nabla\left[\sum_{i=1}^{n}(q_i-q_{i,\,goal})^2\right]\\&=(\boldsymbol{q}-\boldsymbol{q}_{goal})/\left[\sum_{i=1}^{n}(q_i-q_{i,\,goal})^2\right]^{1/2}\\&=\frac{(\boldsymbol{q}-\boldsymbol{q}_{goal})}{\|\boldsymbol{q}-\boldsymbol{q}_{goal}\|}\end{aligned}$$

在这种情况下：

$$\boldsymbol{F}_{att}(\boldsymbol{q})=-(\boldsymbol{q}-\boldsymbol{q}_{goal})/\|\boldsymbol{q}-\boldsymbol{q}_{goal}\|$$

在目标点上是奇异的(不稳定的)，并且往往远离目标。

通常，在实践中，我们使用以下形式的复合吸引力势场：

$$U_{att}(\boldsymbol{q})=\begin{cases}\frac{1}{2}\lambda\|\boldsymbol{q}-\boldsymbol{q}_{goal}\|^2, & \|\boldsymbol{q}-\boldsymbol{q}_{goal}\|<\varepsilon\\ \mu\|\boldsymbol{q}-\boldsymbol{q}_{goal}\|, & \|\boldsymbol{q}-\boldsymbol{q}_{goal}\|\geqslant\varepsilon\end{cases}$$

其中 λ 和 μ 是比例因子，ε 是距目标的选定距离。排斥势场通常选择为

$$U_{rep}(\boldsymbol{q})=1/\|\boldsymbol{q}-\boldsymbol{q}^*\|$$

其中 $\boldsymbol{q}^*$ 是最接近障碍物的点。因此：

$$F_{rep}(\boldsymbol{q})=-\nabla U_{rep}(\boldsymbol{q})=(\boldsymbol{q}-\boldsymbol{q}^*)/\|\boldsymbol{q}-\boldsymbol{q}^*\|^2$$

对于每个额外的障碍，我们添加相应的排斥势场。如果障碍物是非凸的，我们将其三角形剖分成多个凸起的障碍物，并且在总和排斥场大于原始障碍物的情况下权衡分体障碍的单独场。基于势场的路径规划的主要问题是机器人可能被困在场的最小局部位置。实际上，存在几种避免这种捕获的方法。具体来说，当机器人进入局部最小位置时，我们可以通过以下方式之一纠正这种情况[27]：

- 从当地最小值回溯并使用替代策略以避免局部最小值。
- 执行某些随机动作，希望它们有助于逃离局部最小值。
- 使用局部最小自由度的更复杂的势场(例如，谐波势场)。
- 施加额外的力 $\boldsymbol{F}_{vfs}$，该力称为虚拟自由空间力。

当然，使用上述所有方法的前提都是假设机器人可以检测到它被困，这本身也是一个难题。虚拟自由空间力与机器人周围的自由空间量成正比[28]，有助于将机器人拉离局部最小区域。换句话说，虚拟力将机器人拖到局部最小区域之外，机器人从而可以使用势场再次进行规划。幸运的是，机器人不太可能再次陷入相同的局部最小值。上面的虚拟力概念及其效果如图 11.11a～图 11.11c 所示，其中机器人被总力

$$\boldsymbol{F}=\boldsymbol{F}_{att}+\boldsymbol{F}_{rep}+\boldsymbol{F}_{vfs}$$

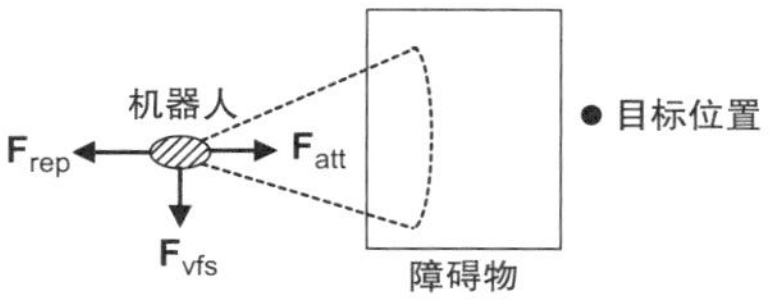

a）虚拟自由空间力F_{vfs}将机器人拖到CS_{free}中局部最小区域之外

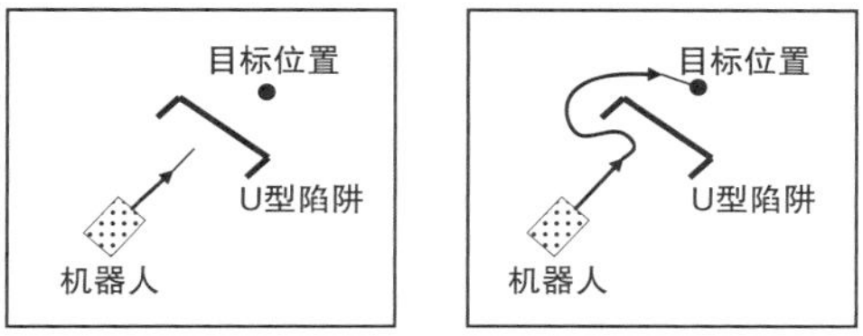

b）F_{vfs}从U型陷阱中解脱机器人

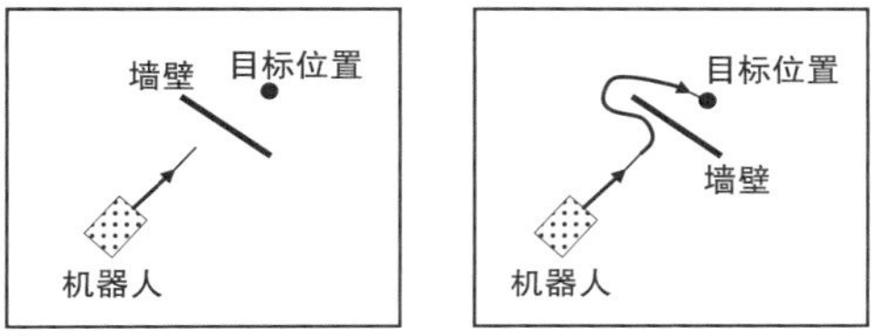

c）从墙壁陷阱中逃脱

图 11.11　虚拟力概念及效果示例

移动。参考文献[40]中提出了一种将虚拟力场概念、虚拟障碍物和虚拟目标概念相结合的混合虚拟力场方法。

检测机器人被困的一种方法是采用开环位置估计器来估计机器人的当前位置。如果当前位置在预定义的时间段(时间阈值)内没有改变，就生成虚拟力并将其施加到机器人以将其从局部最小区域拉出。显然，由于排斥力，机器人的移动速度随着接近障碍物而减小。参考文献[27]中提供了使用 $\boldsymbol{F}_{vfs}$ 的路径规划算法的 Java 源代码。

在基于势场的路径规划中可能遇到的其他三个问题如下[29]：

- 机器人不能在间隔很近的障碍物之间穿过。
- 在存在障碍物干扰时发生振荡。
- 在狭窄的通道中发生振荡。

第一种情况如图 11.12a 所示。两个障碍物施加排斥力 $\boldsymbol{F}_{rep,1}$ 和 $\boldsymbol{F}_{rep,2}$，给出总(合成)排斥力 $\boldsymbol{F}_{rep}$。因此，机器人在目标吸引力 $\boldsymbol{F}_{att}$ 和总障碍物的排斥力 $\boldsymbol{F}_{rep}$ 的影响下移动。它们的总和为

$$\boldsymbol{F}_{total}=\boldsymbol{F}_{att}+\boldsymbol{F}_{rep}$$

在这种情况下，使机器人远离朝向机器人的通道。当然，取决于 $\boldsymbol{F}_{att}$ 和 $\boldsymbol{F}_{rep}$ 的相对大小，机器人也有可能穿过障碍物之间的通道向目标移动。

在图 11.12b 中，机器人被迫沿着阻碍其路径的墙壁移动。在某一点上，墙壁具有不连续性，这导致机器人以振荡模式移动。图 11.12c 右图显示了机器人移动到狭窄通道时

的振荡行为。这是因为机器人同时受到来自相对侧的两个排斥力。如果通道足够宽(见图 11.12c 左图)，那么机器人则可能设法获得稳定(非振动)运动状态。上述现象都通过稳定性理论进行了分析研究，并在实际或模拟实验中得到了观察[29]。为了克服势场方法的局限性，Koren 和 Borenstein 开发了向量场直方图(VFH)方法[30]，该方法在参考文献[31]中被进一步改进。

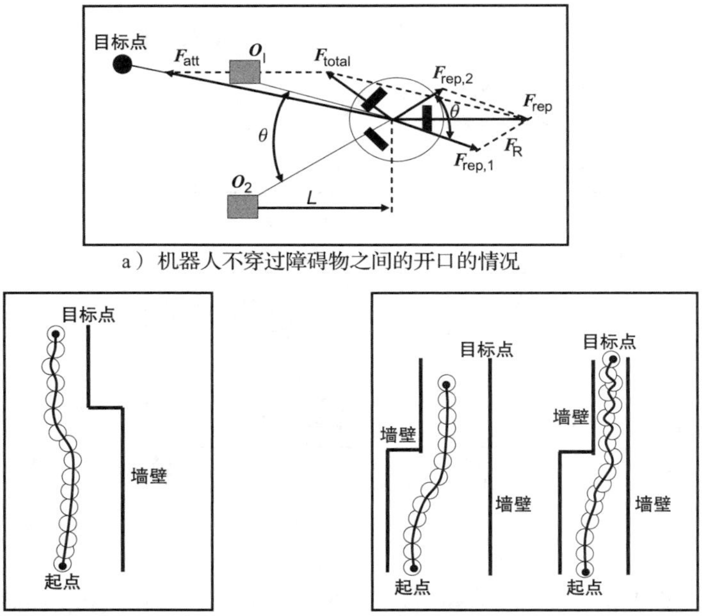

a）机器人不穿过障碍物之间的开口的情况

b）机器人运动在遇到障碍物干扰时进入振荡模式

c）在宽阔的通道中，机器人能在没有振荡的情况下移动（左)，但如果通道非常狭窄，那么机器人将呈现振荡运动状态（右)

图 11.12　基于势场的路径规划的三种情况

11.4.2.4　向量场直方图

在该方法中，无障碍路径规划借助了于局部障碍物分布的中间数据结构执行，该结构称为极坐标直方图，此处设其为 72 个(5°宽)扇区的阵列(见图 11.13)。考虑到机器人变换位置和新的传感器读数，极坐标图每隔 30ms(采样周期)进行全面更新和重建。该方法涉及两个步骤[30]：

1）直方图网格缩小为一维极坐标直方图，该直方图围绕机器人的瞬时位置建立(见图 11.15a)。极坐标直方图中的每个扇区都包含一个展示该方向上的极障碍物密度(POD)的值。

2）在所有极坐标直方图扇区中选择具有低 POD 的最合适的扇区，并使机器人在该方向上移动。

为了实现这些步骤，窗口(该称为*活动窗口*)与机器人一起移动，覆盖直方图中的正方形区域(例如，33×33 个单元)。位于移动窗口上的所有单元称为*活动单元*。每次进行距离测量得到距离 d 之后，其相对应的位于声呐轴上的单元就被增进一次，其确定性值

(CV)也会增加(见图 11.13a)。直方图中每个活动单元的内容被映射到相应的极坐标直方图扇区(比如第 k 个扇区),它给该扇区一个值 H_k(见图 11.13a)。如果在一个扇区中有许多具有高 CV 的单元,则该值更高。显然,该值可以被视为扇区 k 方向上的 POD。

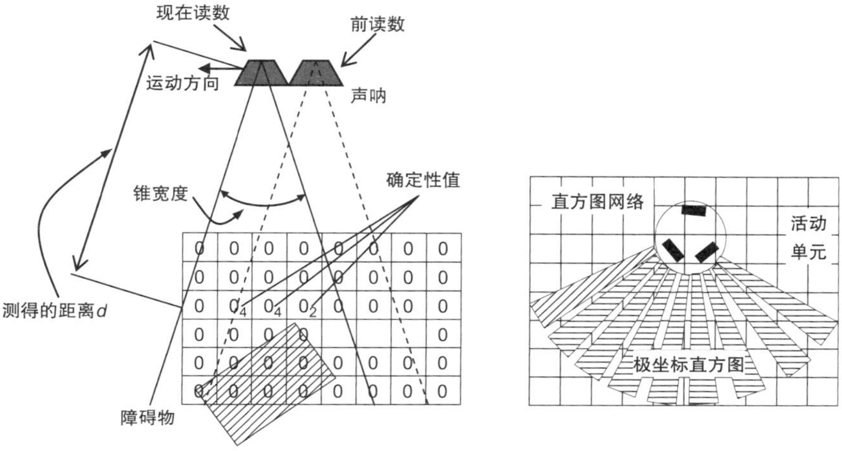

a)直方图网格　　b)将活动单元映射到极坐标直方图上

图 11.13　直方图网格及活动单元映射示例

具有三个障碍 A,B 和 C 的典型地形如图 11.14 所示。

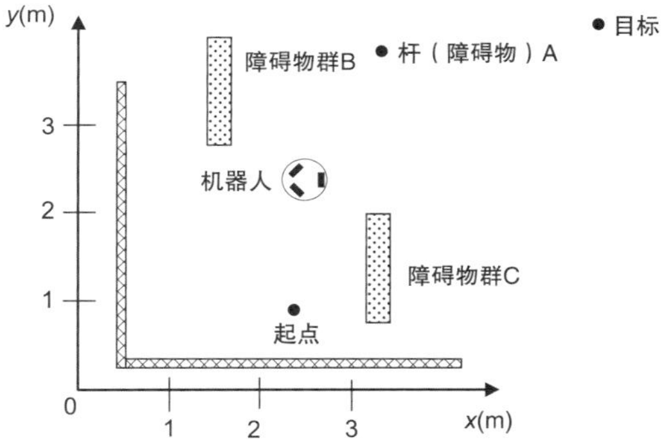

图 11.14　移动机器人在有三个障碍物(或障碍物群)A,B 和 C 的地形中移动

图 11.14 中障碍物配置的极坐标图具有图 11.15b 的形式,并且其在 H-k 平面上的逆时针伪可能性极坐标图(从 A 到 C)具有图 11.15a 的形式。

图 11.15a 中的峰 A,B 和 C 来自直方图网格中的障碍物群 A,B 和 C。为了确定安全的运动方向,我们使用 POD 中的阈值 T。如果 POD$>T$,那么就有不安全(被禁止)的运动方向。如果 POD$<T$,则可以在此扇区内选择最合适的方向。图 11.16 描述了机器人与障碍物一起运动的三种可能情况。当机器人离障碍物太近时,转向角 ψ_{steer} 指向远离障碍物的方向。如果机器人远离障碍物,则 ψ_{steer} 指向障碍物。最后,当机器人与障碍物保持适当距离时,机器人会沿着障碍物移动。

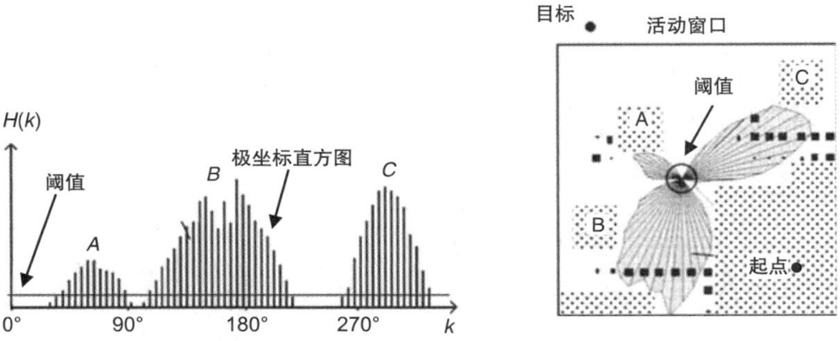

a）与x轴逆时针方向相对应的图11.14中障碍物A，B和C的一维极坐标图（伪概率分布）

b）图a的极性形式

图 11.15　图 11.14 中障碍物 A，B 和 C 的伪概率分布及与图 a 对应的极性形式

资料来源：转载自参考文献[30]，已获得 IEEE 许可。

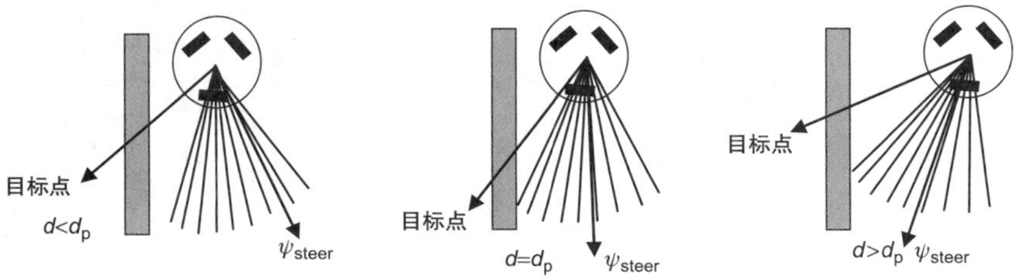

a）机器人到障碍物距离 d 小于所需距离 d_p 时的运动方向　b）沿障碍物运动（$d=d_p$）　c）当 $d>d_p$ 时的运动方向

图 11.16　机器人与障碍物一起运动的三种可能情况

11.4.3　全球与局部路径规划的集成

如 11.2 节所述，移动机器人路径规划分为局部路径规划和全局路径规划。局部路径规划可在机器人移动时执行，机器人可以根据环境的变化(障碍物、楼梯等)找到新的路径。全局路径规划只能在机器人已知的静态环境中执行。在这种情况下，路径规划算法会生成在机器人开始运动之前从起点到目标的完整路径。一个可用来分类路径的属性是其平滑度，其被定义为在路段和整个路径上测量的最大曲率。11.5.3 节介绍了考虑到路径曲率的运动规划方法。图 11.17 显示了典型的全局和局部路径规划的相对优缺点。

全局路径可以通过近似单元分解方法产生，但是这可能会产生具有高曲率值的部分(例如，图 11.17a 中出发点附近的急转弯)。这是由全局路径规划的性质，即由空间单元的数字化引起的。但是全局路径方法(例如，单元分解)能很好地将机器人驱动出 H 形障碍物，该形状是已知的最困难的情景之一(见图 11.17a)。

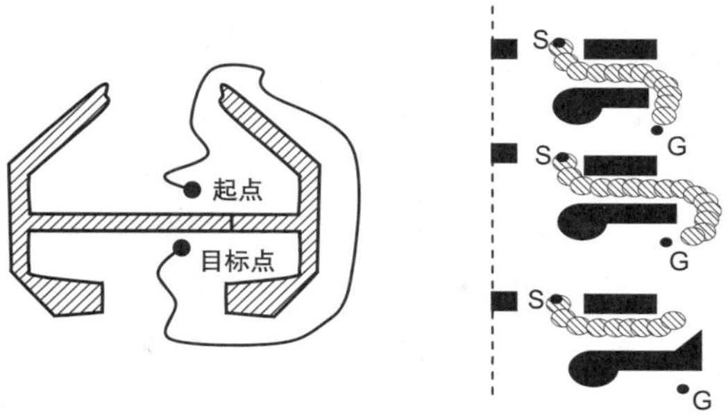

a）全局路径规划　b）局部路径规划

图 11.17　路径规划的典型案例

如图 11.17b 所示，局部导航策略(例如，主动运动直方图[41])提出了一系列更简单的问题。局部导航能在前两种情况下到

达目标，但在最后一种情况下，当障碍物完全阻碍通往目标的路径时，该方法无法找到路径(尽管路径确实存在)，并且机器人仍然被困在障碍物前面的局部最小区域。在局部导航时，所产生的所有路径都足够平滑，并且机器人甚至能根据障碍物配置来调整其速度。

全局路径规划器能够找到从开始位置到目标点的路径，只要其确实存在。但是，为了实现平稳运动，局部导航会根据向全局规划生成的子目标导航，并在导航过程中避开附近的障碍物。每当局部规划器到达子目标时，全局路径规划器会给出下一个子目标。图 11.17 说明了正确集成全局和局部路径规划的必要性，以保证路径的平滑和无障碍(不会陷入局部最小值)。实际上，如果在路径的某个点检测到局部最小值，则全局路径规划器可被用于避免该情况。

上述局部和全局路径规划的集成(协作)以伪代码形式说明如下[42]：

行驶向(开始位置，最终目标)

While 不在最终目标

next subgoal=**全球路径规划器**(最终目标)

局部路径规划器(下一个子目标)

While(未到达下一个子目标 and 不在局部最小值)

驱动机器人至下一个子目标

If 困在局部最小区域

递归地 Call(行驶向)算法，并把现在位置作为开始位置变量以及把最终目标作为最终目标变量

13.10 节介绍了一种实现全局和局部导航集成并使用了势场的模糊算法。另一种用于室内环境的集成(混合)路径规划器在参考文献[32]中介绍。该混合规划器结合了距离变换路径规划器(DTPP)和势场规划器。与大多数规划器不同，距离变换(DT)规划器通过查找从目标位置返回到起始位置的路径来处理路径规划的任务。此路径规划器将距离波峰从目标单元传播到环境中的所有自由空间网格单元，如图 11.18a 所示。图 11.18b 显示了最小长度的 DT 路径[43]。

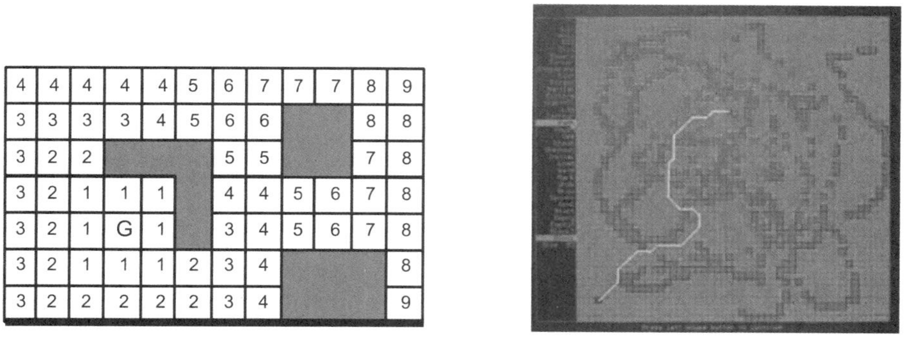

a）DT路径规划方案　　b）由最陡下降和DT发现的典型最小长度路径

图 11.18　DT 规划器示例

资料来源：转载自参考文献[43]，经国际计算机科学与应用杂志许可。

实际上，机器人必须在移动中构建局部地图，同时使用局部可用的传感数据不断地重

新计算距离图和路径。DTPP使用基于占用栅格的工作空间地图来计算其距离图。在初始化阶段，目标单元和障碍单元分别被分配了展示它们与目标的距离的值。这些距离值围绕着障碍物传播。一个类似于光栅扫描的算法一直迭代至所有单元的值稳定下来，在这种情况下，其余单元都得到了距离值。显然，障碍物单元必须被赋予非常高的值，并且在光栅扫描中被略过，并且光栅扫描也将重复至不再有新的变化。自由位形空间单元也应以相同的方式处理。结果表明，最终得到的DT与任何起点无关，并代表着一个没有局部最小值的势场[32]。因此，可以通过标准梯度/最速下降技术确定自由空间中任何起始点的全局最小距离路径(参见7.2.1节)。对于非点机器人，障碍物通常根据机器人的最大有效半径增长，以将路径规划转换为点(无量纲)机器人的路径规划。

DTPP的大致步骤如下[32]：

步骤1 使用DT，创建从起点到最终目标的最佳全局路径。

步骤2 如果没有到达最终目标，则根据环境的配置，以合理的半径创建一个以机器人当前位置为中心的圆。

步骤3 选择下一个子目标作为圆周长与计划全局路径的交点。

步骤4 使用势场规划器来到达子目标。由于子目标总是在无障碍的全球路径上，势场规划者不会被困在局部最小值。

如果沿着计划的全局路径存在两个交叉点，则选择具有较低距离值的交叉点，使得子目标将始终朝向最终目标移动。如果未找到交叉点，则增加圆的半径，直到找到与计划的全局路径的交点。参考文献[32]中提供了DTPP的实施示例。参考文献[44]中提供了对DTPP方法的有用修改。此修改通过设置初始探索方向将方法扩展到多个机器人。

11.4.4 全覆盖路径规划

全覆盖路径规划生成一个路径，在该路径中，机器人会经过环境中的所有可用空间区域。在实践中经常需要用到它(例如，在自动室真空、安全机器人、割草机中)。在全覆盖DTPP中，机器人不接近目标，且记录它访问过的单元。机器人只有在已经访问了远离目标的所有相邻单元后才会移动到距目标距离较小的单元。全覆盖的典型DTPP算法如下[45-46]：

```
将起始单元格设置为当前单元格
将所有单元格设置为未访问
Loop
找到具有最高 DT 的未访问的相邻单元
If 没有找到相邻单元 then
标记为已访问并停留在目标
If 邻居单元 DT ⇐当前单元 DT then
标记为已访问并停留在目标
将当前单元设置为相邻单元
End Loop
```

具有相应DT值的单障碍环境如图11.19a所示，该环境的全覆盖路径如图11.19b所示。

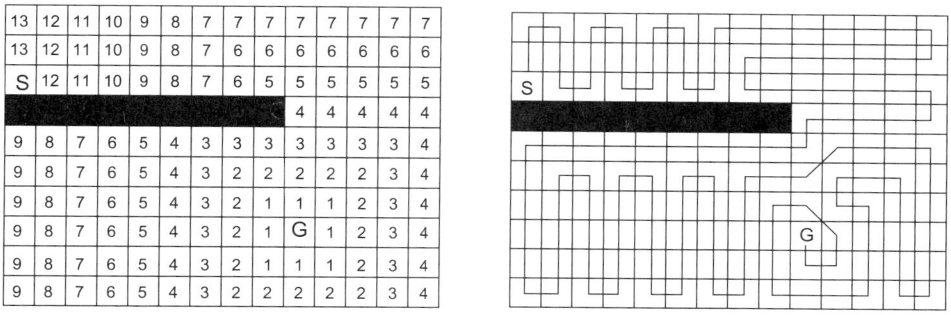

a）具有单一障碍物的环境　　b）从S到G的全覆盖DT路径

图 11.19　全覆盖路径规划示例

资料来源：转载自参考文献[45]，经日本机器人协会许可。

修改后的全覆盖 DT 路径规划称为路径变换路径规划(PTPP)[45]，会传播与目标的距离的加权和以及移动得太靠近障碍物时的不适度。因此，实际上 PTPP 是一种不会陷入局部最小值的 DTPP。PTPP 的步骤如下：

步骤 1　将 DT 变换反转为障碍物变换(OT)，其中障碍物单元成为目标。这意味着每个自由单元获得了从自由空间的中心到障碍单元的边界的最小距离。

步骤 2　定义一个成本函数变换，称为路径变换(V_{PT})，形式如下：

$$V_{PT}(c)=\min_{p\in P}\left\{L(p)+\sum_{c_i\in p}\lambda O(c_i)\right\}$$

其中 P 是到达目标的所有可能路径的集合，c_i 是 P 中的第 i 个单元，p 是 P 中的单个路径。函数 $L(p)$是到目标的路径 p 的长度，函数 $O(c_i)$是使用 OT 的值产生的成本函数。常数 $\lambda\geqslant 0$ 是指定 PT 将避开障碍物的强度的权重。$L(p)+\sum\lambda O(c_i)$的最小化是通过标准最速下降法完成的，无须考虑被困在某个最小值的可能性。这是因为所有单元到达目标的路径的成本都已被计算了。

图 11.20 中描绘了具有四个障碍物和距离(图 11.20a)，用障碍物变换(图 11.20b)找到的路径，以及通过路径变换找到的两个路径，其中权重常数 $\lambda_1<\lambda_2$(图 11.20c 和图 11.20d)[45-46]。

图 11.21a 显示了在 AMROS 模拟器[47]上实现的 PTPP 在 7m×6m 的房间内实现的实际路径，房间中心有 1.5m×1.0m 的障碍物。

另一类全覆盖路径规划方法基于螺旋算法，如图 11.21b 所示[48]。

If 右边没有障碍物

右转

ELSE If 前面没有障碍物

向前走

ELSE If 左边没有障碍物

左转

OTHERWISE

终止算法

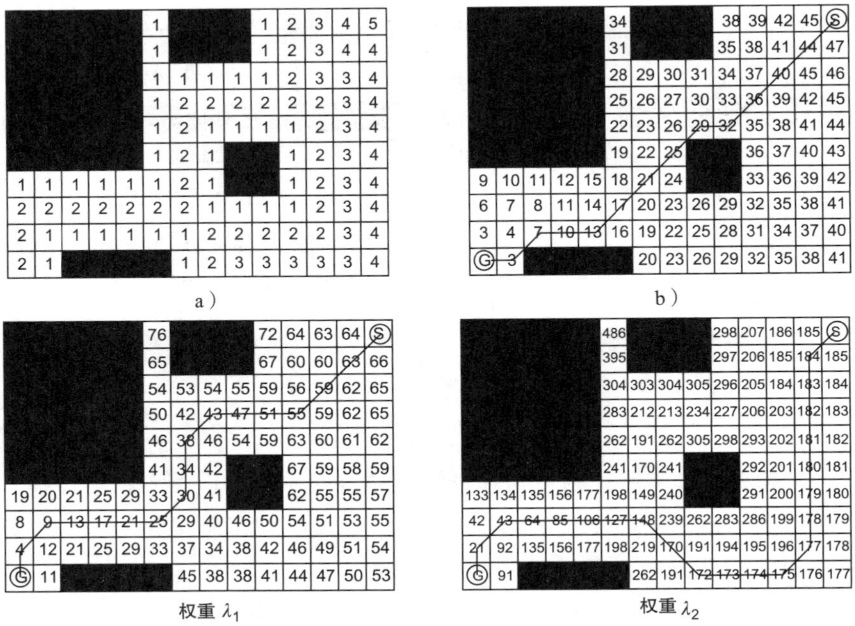

a)　b)　c)　d)

图 11.20　有四个障碍物的环境的 DT、障碍物变换和路径

资料来源：转载自参考文献[45]，经日本机器人协会许可。

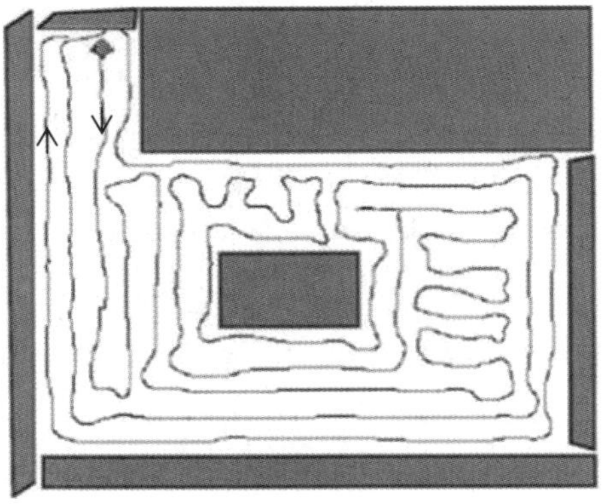

a）使用PTPP估算位置校正的Yamabico机器人的模拟全覆盖路径

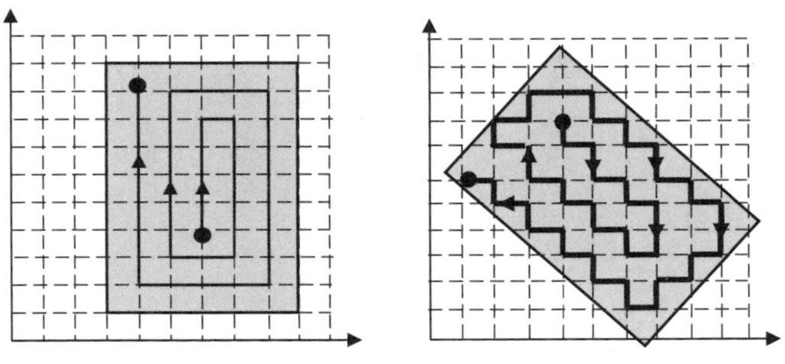

b）对初始机器人朝向与墙平行（左）和非平行（右）的螺旋全覆盖路径规划

图 11.21　使用 PTPP 估算位置校正的全覆盖路径及螺旋全覆盖路径

资料来源：图 11.21a 转载自参考文献[45]，经日本机器人协会许可。

在该算法中，先前覆盖的单元和当前占用的单元被视为障碍。许多作者对上述基本螺旋全覆盖路径规划算法进行过改进。例如，在参考文献[48]中，全覆盖算法将环境展示为机器人大小的单元的并集，然后使用螺旋方案。整体路径规划器使用带约束的逆 DT 来链接基本螺旋路径。

11.5 移动机器人运动规划

11.5.1 一般的在线方法

根据基础路径规划方案，运动规划算法分为显式的和非显式的。

显式路径规划方法包括路径图方法和单元分解方法。连续的显式路径规划方法是一种开环控制方法。在选中了一条符合问题约束的路径后，该路径及其导数组成了闭环系统的前馈部分(参考轨迹)。取决于动作规划的层级，我们有运动学规划和动力学规划。

非显式运动规划方法(*又称为在线方法*)可以被视为反馈控制算法，其基于机器人在期望轨迹上的位移，该期望轨迹(可能)由显式运动规划算法生成。运动规划是一种根据目前状态和现有知识确定机器人应该如何移动的算法。代表性的非显式方法在位形空间中使用人工势场函数，其在目标配置中采用最小值。

假设位形空间是 R^n 的子集。令 $\boldsymbol{q}$ 为关节位置的 n 维向量，并且 $\boldsymbol{q}_d$ 为期望关节位置的向量(指定机器人的目标配置)。我们将势场函数定义为

$$V_0(\boldsymbol{q})=(\boldsymbol{q}-\hat{\boldsymbol{q}}_d)^T K(\boldsymbol{q}-\boldsymbol{q}_d) \tag{11.1a}$$

其中 $\boldsymbol{K}$ 是 $n\times n$ 正定矩阵($\boldsymbol{K}>0$)。最简单的达成目标的方法是使用速度控制器：

$$\dot{\boldsymbol{q}}=-\frac{\partial V_0(\boldsymbol{q})}{\partial \boldsymbol{q}} \tag{11.1b}$$

它使机器人渐近地靠近目标配置 $\boldsymbol{q}_d$。如果有障碍物，则速度 $\dot{\boldsymbol{q}}$ 应使机器人远离它们。设 $d(\boldsymbol{q}, E_i)$为给出机器人所在点距离障碍物 E_i 较近的距离的函数。我们构造一个新的势函数 $V_{(E_i)}(\boldsymbol{q})$：

$$V_{E_i}(\boldsymbol{q})=-k_i/d(\boldsymbol{q}, E_i)^r \tag{11.2}$$

其中 r 是一个合适的整数，k_i 是一个正常数，然后我们不使用式(11.1a)，而是选择总势函数

$$V(\boldsymbol{q})=V_0(\boldsymbol{q})+V_{E_i}(\boldsymbol{q})$$

然后，控制器

$$\dot{\boldsymbol{q}}=-\frac{\partial V(\boldsymbol{q})}{\partial \boldsymbol{q}}=-\frac{\partial V_0(\boldsymbol{q})}{\partial \boldsymbol{q}}-\frac{\partial V_{E_i}(\boldsymbol{q})}{\partial \boldsymbol{q}} \tag{11.3}$$

将机器人引导至目标 $\boldsymbol{q}_d$，并同时将其移离障碍物 E_i。显然，对于每个障碍物 $E_i(i=1, 2, \cdots)$，我们必须添加一个新的 $V_{(E_i)}(\boldsymbol{q})$。

例 11.2 使用势场和极坐标展示导出 WMR 的局部运动规划方程。

解 出于局部运动规划的目的，我们只需要图 11.22[26] 中描述的局部(相对)极坐标。

这些坐标如下：

- 目标相对于机器人的距离 d_{GR} 和角度 ϕ_{GR}。
- 障碍物相对于机器人的距离 d_{OR} 和角度 ϕ_{OR}。
- 障碍物相对于目标的距离 d_{OG} 和角度 ϕ_{OG}。
- 机器人轴方向与机器人应该到达目标的方向之间的角度 ϕ_{γ}。
- 机器人目标与障碍物目标方向线之间的角度 ϕ_{δ}。

从图 11.22 的几何图中，我们找到了关系：

$$d_{OR}=(d_{GR}^2+d_{OG}^2-2d_{GR}d_{OG}\cos\phi_{\delta})^{1/2}$$

$$\phi_{\delta}=(\phi_{GR}-\phi_{\gamma})-(\pi-\phi_{OG})$$

$$\phi_{OR}=\phi^{*}\operatorname{sgn}(\phi_{\gamma})+\phi_{GR}$$

其中

$$\cos\phi^{*}=\left(\frac{d_{GR}^2+d_{OR}^2-d_{OG}^2}{2d_{GR}d_{OR}}\right)$$

上述关系用 d_{OG} 和 ϕ_{OG} 给出了障碍物相对于机器人的距离 d_{OR} 和角度 ϕ_{OR}，其与机器人位置和运动方向无关。

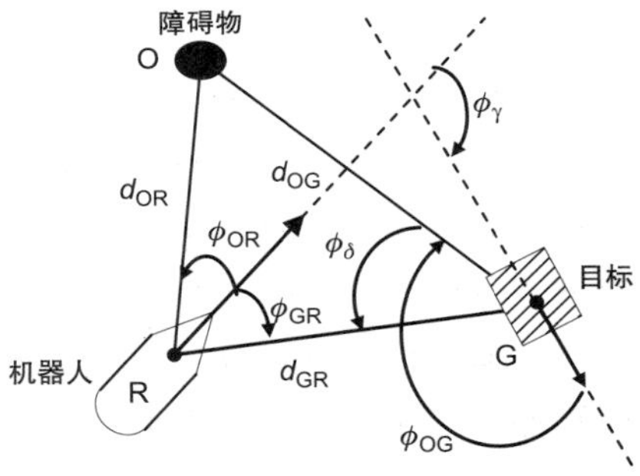

图 11.22 存在障碍物时局部 WMR 运动规划的几何结构

现在，应用 11.5.1 节中基于势场的一般运动规划方法，我们定义了一个势函数：

$$V(\boldsymbol{q})=V_{att}(\boldsymbol{q})+V_{rep}(\boldsymbol{q})$$

其中涉及目标吸引项

$$V_{att}(\boldsymbol{q})=\begin{cases}\frac{1}{2}\lambda\|\boldsymbol{q}-\boldsymbol{q}_{goal}\|^2=\frac{1}{2}\lambda d_{GR}^2, & d_{GR}<\varepsilon\\ \mu\|\boldsymbol{q}-\boldsymbol{q}_{goal}\|=\mu d_{GR}, & d_{GR}>\varepsilon\end{cases}$$

和障碍-排斥项

$$V_{rep}(\boldsymbol{q})=1/\|\boldsymbol{q}-\boldsymbol{q}_{obstacle}^{*}\|=1/d_{OR}$$

其中 λ，μ 是缩放因子，$\varepsilon>0$ 是到目标的距离，而 $\boldsymbol{q}_{obstacle}^{*}$ 是距离障碍物最近的点。对于每个附加障碍物 O_i，应当添加相应的排斥势场 $V_{rep,i}(\boldsymbol{q})(i=1,2,\cdots,M)$，其中 M 是障碍物的数量。在这种情况下，总排斥势场等于

$$V_{rep}(\boldsymbol{q})=\sum_{i=1}^{M}V_{rep,i}(\boldsymbol{q})$$

应用于机器人的吸引力和排斥力是

$$F_{att}(\boldsymbol{q})=-\partial V_{att}(\boldsymbol{q})/\partial\boldsymbol{q},\quad F_{rep}(\boldsymbol{q})=-\partial V_{rep}(\boldsymbol{q})/\partial\boldsymbol{q}$$

总力是

$$F(\boldsymbol{q})=F_{att}(\boldsymbol{q})+F_{rep}(\boldsymbol{q})$$

显然，由于这里只考虑局部运动规划，我们可以假设对于在机器人周围局部区域的距离 ε 处于适当的值域内时，$d_{GR}<\varepsilon$。因此：

$$V_{att}(d_{GR})=(1/2)\lambda d_{GR}^2$$

$$V_{\text{rep}}(d_{\text{OR}})=(d_{\text{GR}}^2+d_{\text{OG}}^2-2d_{\text{GR}}d_{\text{OG}}\cos\phi_\delta)^{-1/2}$$

$$\phi_\delta=\phi_{\text{GR}}-(\phi_\gamma+\pi-\phi_{\text{OG}})$$

并且当 $\partial\phi_\delta/\partial\phi_{\text{GR}}=1$ 时，有

$$\partial V_{\text{att}}(d_{\text{GR}})/\partial d_{\text{GR}}=\lambda d_{\text{GR}}$$

$$\partial V_{\text{rep}}/\partial d_{\text{GR}}=-(V_{\text{rep}})^3(d_{\text{GR}}-d_{\text{OR}}\cos\phi_\delta)$$

$$\partial V_{\text{rep}}/\partial\phi_{\text{GR}}=-(V_{\text{rep}})^3 d_{\text{GR}}d_{\text{OR}}\sin\phi_\delta$$

这些梯度现在用于机器人运动(速度)计划控制器(见式(11.3))。结果是

$$V_{\text{GR}}=\dot{d}_{\text{GR}}=-\frac{\partial V_{\text{att}}}{\partial d_{\text{GR}}}-\frac{\partial V_{\text{rep}}}{\partial d_{\text{GR}}}=-\lambda d_{\text{GR}}+(V_{\text{rep}})^3(d_{\text{GR}}-d_{\text{OG}}\cos\phi_\delta)$$

$$\omega_{\text{GR}}=\dot{\phi}_{\text{GR}}=(V_{\text{rep}})^3 d_{\text{GR}}d_{\text{OG}}\sin\phi_\delta$$

图 11.23 显示了机器人在具有一个或三个障碍物的地形中所遵循的势场路径的两个示例。在参考文献[26]中研究了利用神经网络学习增强的势场运动规划方法。

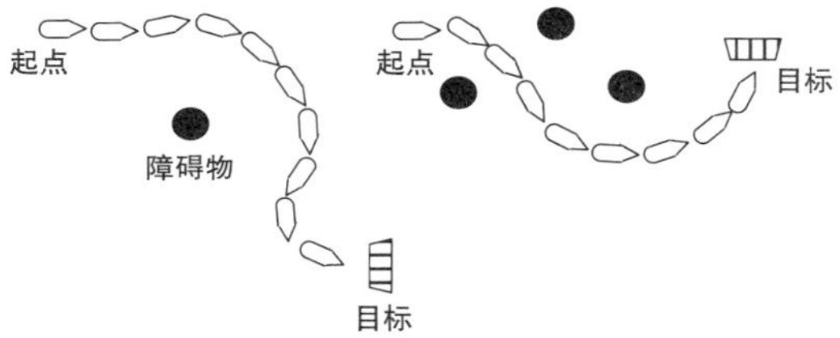

图 11.23 具有上述基于势场的局部运动规划的机器人路径

11.5.2 运动规划：使用向量场

该方法对非完整 WMR 的运动规划特别有用。考虑图 2.7 的差分驱动 WMR，它由式(2.37a)的仿射运动模型描述：

$$\begin{bmatrix}\dot{x}_Q\\\dot{y}_Q\\\dot{\phi}\end{bmatrix}=\begin{bmatrix}(r/2)\cos\phi\\(r/2)\sin\phi\\r/2a\end{bmatrix}u_1+\begin{bmatrix}(r/2)\cos\phi\\(r/2)\sin\phi\\-r/2a\end{bmatrix}u_2 \tag{11.4}$$

其中 $u_1=\dot{\theta}_r$ 且 $u_2=\dot{\theta}_l$。尽管式(11.4)使用 u_1 和 u_2 这两个输入，可让机器人到达地形中的任何所需点，但由于非完整性，车辆不能跟随平面上的所有可能轨迹。

任何运动规划(程序)都应包括式(11.4)所示的约束方程。对此的解决方案如下[23]。

机器人的描述如下：

$$\dot{\boldsymbol{x}}=\boldsymbol{f}_1(\boldsymbol{x})u_1+\boldsymbol{f}_2(\boldsymbol{x})u_2+\cdots+\boldsymbol{f}_m(\boldsymbol{x})u_m \tag{11.5}$$

其中 $\boldsymbol{x}=[x_1,\ x_2,\ \cdots,\ x_n]^{\mathrm{T}}$ 是 n 维状态向量，并且 $\boldsymbol{u}=[u_1,\ u_2,\ \cdots,\ u_m]^{\mathrm{T}}$ 是 m 维输入向量。初始配置和最终配置分别为

$$\boldsymbol{x}(t_0)=\boldsymbol{x}_0,\quad \boldsymbol{x}(t_f)=\boldsymbol{x}_f \tag{11.6}$$

其中 t_0 是初始时间，t_f 是最后时间。

运动规划问题是找到分段连续和有界输入向量 $\boldsymbol{u}(t)$，以便满足式(11.6)中的第二关

系。这实际上是一个开环最终状态(姿势)控制问题。在这里，我们将使用向量场和李括号理论来检验它。位形空间 CS 中的向量场 $\boldsymbol{f}_i$ 和 $\boldsymbol{f}_j$(i，$j=1$，2，…，m)的李括号定义为式(6.12)，即

$$[\boldsymbol{f}_i, \boldsymbol{f}_j](\boldsymbol{x})=\frac{\partial \boldsymbol{f}_j}{\partial \boldsymbol{x}}\boldsymbol{f}_i-\frac{\partial \boldsymbol{f}_i}{\partial \boldsymbol{x}}\boldsymbol{f}_j \tag{11.7}$$

它是一个反对称运算符，返回一个向量场，并提供对应于向量场 $\boldsymbol{f}_i$ 和 $\boldsymbol{f}_j$ 的流量 $\frac{\partial \boldsymbol{f}}{\partial \boldsymbol{x}}$ 如何互换的度量。实际上，李括号展示当我们先通过 $\boldsymbol{f}_i$，然后通过 $\boldsymbol{f}_j$ 进行前向流动时产生的无穷小运动，之后是 $-\boldsymbol{f}_i$，然后通过 $-\boldsymbol{f}_j$ 向后流动。显然，如果将此输入序列应用于线性系统，则将导致净运动为零。但是在非线性系统中，我们可以简单地通过李括号转置向量场来生成新的运动方向(见图 6.3)。

这可以通过将李括号(算子)应用于每个新的运动方向和生成它们时使用的每个方向来完成。

设 $\boldsymbol{\Delta}_0$ 是初始输入向量场 $\boldsymbol{f}_1$，$\boldsymbol{f}_2$，…，$\boldsymbol{f}_m$ 的跨度分布。我们将李括号顺序应用于输入向量字段，如下所示：

$$\boldsymbol{\Delta} i=\boldsymbol{\Delta}_{i-1}+\operatorname{span}\{[\boldsymbol{\alpha}, \boldsymbol{\beta}],\quad \boldsymbol{\alpha}\in\boldsymbol{\Delta}_0,\ \beta\in\boldsymbol{\Delta}_{i-1}\}$$

检查可控性的标准如下(另见定理 6.9)：

“当且仅当我们对某些 k 有 $\boldsymbol{\Delta}_k=R^n$ 时，系统才是可控的。”将此标准应用于我们的差分驱动器 WMR 方程(11.4)，有

$$\boldsymbol{f}_1=\begin{bmatrix}(r/2)\cos\phi\\(r/2)\sin\phi\\r/2a\end{bmatrix},\quad \boldsymbol{f}_2=\begin{bmatrix}(r/2)\cos\phi\\(r/2)\sin\phi\\-r/2a\end{bmatrix} \tag{11.8}$$

$\boldsymbol{f}_1$ 和 $\boldsymbol{f}_2$ 的李括号是

$$\boldsymbol{f}_3=[\boldsymbol{f}_1, \boldsymbol{f}_2]=\begin{bmatrix}-(r^2/2a)\sin\phi\\(r^2/2a)\cos\phi\\0\end{bmatrix} \tag{11.9}$$

因为这些向量场覆盖了平面上所有允许的运动方向，所以系统是可控的。该标准可用于产生期望的运动(即成功地沿运动规划控制具有非完整约束的机器人)。实际上，假设我们想要找到第一阶的李括号(系统)$[\boldsymbol{f}_i, \boldsymbol{f}_j]$的运动(式(11.9))。这可以通过使用如下形式的高频正弦输入[23,49]来完成：

$$u_i=\xi_i(t)+\sqrt{\omega}\,\xi_{ij}(t)\sin(\omega t) \tag{11.10a}$$

$$u_j=\xi_j(t)+\sqrt{\omega}\,\xi_{ji}(t)\cos(\omega t) \tag{11.10b}$$

在极限 $\omega\to\infty$ 中，我们得到了运动

$$\dot{\boldsymbol{x}}=\boldsymbol{f}_i(\boldsymbol{x})\xi_i(t)+\boldsymbol{f}_j(\boldsymbol{x})\xi_j(t)+\frac{1}{2}\xi_{ij}(t)\xi_{ji}(t)[\boldsymbol{f}_i, \boldsymbol{f}_j](\boldsymbol{x}) \tag{11.11}$$

这意味着使用上述 u_i 和 u_j 允许机器人遵循李括号 $[\boldsymbol{f}_i, \boldsymbol{f}_j]$ 的方向，就像它是初始受控方向之一一样。

11.5.3　解析运动规划

分析性避障运动规划方法包括参数化地描述 WMR 轨迹并确定所用参数的最佳值[13]。在这里，我们将使用正弦曲线参数化。令 $\boldsymbol{x}_0$ 是在位形空间 CS$=R^2$ 上移动的移动机器人 M 的初始配置，其包括多个静止障碍物 $B_i(i=1, 2, \cdots, n)$。要解决的问题是找到确定从 $\boldsymbol{x}_0$ 到期望配置（姿势）$\boldsymbol{x}_d$ 的 M 的配置序列的轨迹，使得机器人避免与障碍物 B_i 的碰撞。

为了解决这个问题，我们用笛卡儿参数方程 $x=x(t)$和 $y=y(t)$来展示平面轨迹，它代表机器人 M 的位置，作为从 $t=0$ 到 $t=t_f=1$ 值域内的函数。这样的曲线必须足够平滑以确保曲率 $\kappa(t)$的连续性，其定义为

$$\kappa(t)=\frac{\mathrm{d}\phi}{\mathrm{d}s}=\frac{\mathrm{d}\phi/\mathrm{d}t}{\mathrm{d}s/\mathrm{d}t}=\frac{\dot{\phi}(t)}{\sqrt{\dot{x}^2+\dot{y}^2}} \tag{11.12a}$$

其中 ϕ 是切向角，s 是曲线长度。导数 $\dot{\phi}(t)$可以使用以下关系找到：

$$\tan\phi(t)=\frac{\mathrm{d}y}{\mathrm{d}x}=\frac{\mathrm{d}y/\mathrm{d}t}{\mathrm{d}x/\mathrm{d}t}=\frac{\dot{y}(t)}{\dot{x}(t)} \tag{11.12b}$$

从式(11.12b)我们发现：

$$\begin{aligned}\frac{\mathrm{d}}{\mathrm{d}t}\tan\phi(t)&=\frac{1}{\cos^2\phi(t)}\dot{\phi}(t)\\&=(1+\tan^2\phi(t))\dot{\phi}(t)\\&=(1+\dot{y}^2/\dot{x}^2)\dot{\phi}(t)\end{aligned}$$

即

$$\begin{aligned}\dot{\phi}(t)&=\left(\frac{\dot{x}^2}{\dot{x}^2+\dot{y}^2}\right)\frac{\mathrm{d}}{\mathrm{d}t}\tan\phi(t)\\&=\left(\frac{\dot{x}^2}{\dot{x}^2+\dot{y}^2}\right)\frac{\mathrm{d}}{\mathrm{d}t}\left(\frac{\dot{y}(t)}{\dot{x}(t)}\right)\\&=\frac{\dot{x}\ddot{y}-\dot{y}\ddot{x}}{\dot{x}^2+\dot{y}^2}\end{aligned} \tag{11.13}$$

因此，由式(11.12a)给出：

$$\kappa(t)=\frac{\dot{x}(t)\ddot{y}(t)-\dot{y}(t)\ddot{x}(t)}{[\dot{x}^2(t)+\dot{y}^2(t)]^{3/2}} \tag{11.14}$$

由此得出，为使 $\kappa(t)$为连续的，函数 $x(t)$和 $y(t)$必须至少可微分至第三阶。

用于路径/运动规划的一些典型形式的参数曲线$\{x(t), y(t)\}$如下。

笛卡儿多项式：

$$x(t)=\sum_{i=0}^{n}a_i t^i,\quad y(t)=\sum_{i=0}^{n}b_i t^i\,(a_i, b_i\in R)$$

立方螺线：

$$\dot{\phi}(t)=\frac{1}{2}At^2+Bt+C=\kappa(t)$$

$$\phi(t)=\frac{1}{6}At^3+\frac{1}{2}Bt^2+Ct+D$$

该类能最小化曲率导数的平方的积分。

正弦的有限和：

$$x(t)=\sum_{i=1}^{n}[A_i\cos(i\omega t)+B_i\sin(i\omega t)] \tag{11.15a}$$

$$y(t)=\sum_{i=1}^{n}[C_i\cos(i\omega t)+D_i\sin(i\omega t)] \tag{11.15b}$$

对于 $n\to\infty$，这些函数可以近似任何连续函数。

优化标准通常是曲线的长度 $c(t)=c(x(t),\ y(t))$，其由下式给出：

$$J=\int_0^1[\dot{x}^2(t)+\dot{y}^2(t)]\mathrm{d}t \tag{11.16}$$

最佳轨迹会最小化 J。任何满足不等式 $J<J_{\max}$ 的轨迹，其中 $J_{\max}$ 是预设(允许的)上限，被定义为次优轨迹。

在下文中，我们将假设给定数量 n 的正弦曲线和给定频率 ω。因此，要选择的参数矢量 θ 具有维数 $4n$：

$$\boldsymbol{\theta}=[A_1,\ B_1,\ C_1,\ D_1,\ A_2,\ B_2,\ C_2,\ D_2,\ A_3,\ B_3,\ C_3,\ D_3,\ \cdots,\ A_n,\ B_n,\ C_n,\ D_n]^{\mathrm{T}} \tag{11.17}$$

微分式(11.15a)和式(11.15b)，我们得到：

$$\dot{x}(t)=\sum_{i=1}^{n}[-(i\omega)A_i\sin(i\omega t)+(i\omega)B_i\cos(i\omega t)] \tag{11.18a}$$

$$\dot{y}(t)=\sum_{i=1}^{n}[-(i\omega)C_i\sin(i\omega t)+(i\omega)D_i\cos(i\omega t)] \tag{11.18b}$$

因此，上述二次函数 J 是 θ 分量的平方函数，与参数 t 无关。

现在，假设机器人的初始位置为 $x(0)=0$，$y(0)=0$，方向为 ϕ_0，目标(最终)位置为 $x(1)=x_f$，$y(1)=y_f$ 方向为 ϕ_f，需要让机器人从初始位置移动到目标位置。通过替换式(11.15a)、式(11.15b)、式(11.18a)和式(11.18b)中的上述初始条件和最终条件，找到 A_i，B_i，C_i 和 D_i 的对应条件，即

由 $x(0)=0$ 可得 $\sum_{i=1}^{n}A_i=0$

由 $y(0)=0$ 可得 $\sum_{i=1}^{n}C_i=0$

由 $x(1)=x_f$ 可得 $\sum_{i=1}^{n}[A_i\cos(i\omega)+B_i\sin(i\omega)]=x_f$

由 $y(1)=y_f$ 可得 $\sum_{i=1}^{n}[C_i\cos(i\omega)+D_i\sin(i\omega)]=y_f$

由 $\dfrac{\dot{y}(0)}{\dot{x}(0)}=\tan\phi_0$ 可得 $\dfrac{\sum_{i=1}^{n}[i\omega D_i]}{\sum_{i=1}^{n}[i\omega B_i]}=\tan\phi_0$，

$$由\ \frac{\dot{y}(1)}{\dot{x}(1)}=\tan\phi_f\ 可得\ \frac{\sum_{i=1}^{n}[-i\omega C_i\sin(i\omega)+i\omega D_i\cos(i\omega)]}{\sum_{i=1}^{n}[-i\omega A_i\sin(i\omega)+i\omega B_i\cos(i\omega)]}=\tan\phi_f$$

任务空间中存在的障碍也可以由参数曲线展示。例如，具有椭圆形状的障碍由下式描述：

$$(x(t)-x_*)^2/a+(y(t)-y_*)^2/b=1 \tag{11.19}$$

多边形障碍的边缘由直线段描述：

$$y(t)=ax(t)+b$$

因此，一种能保证避障的方法是确保路径和物体参数曲线不相交。我们将 $c(t)$ 的表达式等于障碍物的任何边界（这是具有参数 s 的另一个参数函数），并且相对于 t 和 s 求解得到的代数系统。在下述情形中两条曲线相交：

$$0\leqslant t\leqslant 1\ 且\ 0\leqslant s\leqslant 1$$

另一种方法是考虑约束函数 J 的约束最小化，约束为

$$g(\boldsymbol{\theta})\leqslant 0 \tag{11.20}$$

其表达了无障碍任务空间。例如，对于椭圆障碍物，这种避障约束是

$$[x(t)-x_*]^2/a+[y(t)-y_*]^2/b-1\leqslant 0 \tag{11.21}$$

该技术的难点在于式(11.20)和式(11.21)所示约束取决于参数 t，而优化问题需要它们以 $\boldsymbol{\theta}$ 展示。解决这个困难的一种方法是在 t 的一定值域（例如，等距值内）应用式(11.21)。这在随后的仿真结果中完成，其中借助于 MATLab 的优化工具箱（函数 constr）执行优化。使用的输入数据是

$$(x_0,\ y_0)=(0,\ 0),\quad \phi_0=0,\ (x_f,\ y_f),\quad \phi_f,\quad \omega=\pi$$

案例 1　无障碍空间，$n=2$，$\omega=\pi$

初始参数值 $\boldsymbol{\theta}_0=[0\ 0\ 0\ 0\ 0\ 0\ 0\ 0]^T$

最终位置/方向 $x_f=9$，$y_f=1$，$\phi_f=3\pi/4$。

获得的 J 的最佳值是 $J^0=14.28$。得到的轨迹 $\{x(t),\ y(t)\}$ 和曲率 $\kappa(t)$ 如图 11.24 所示[13]。

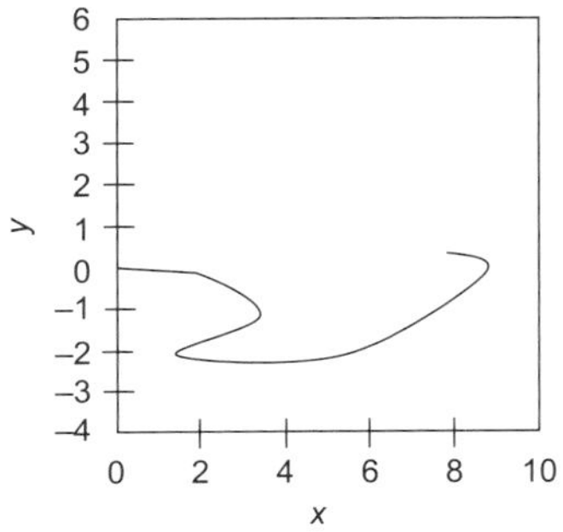

a）轨迹

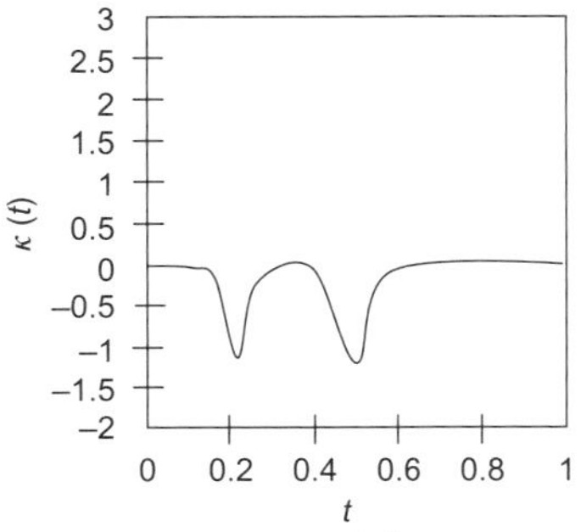

b）曲率

图 11.24　无障碍情况（$n=2$，$\omega=\pi$）

我们可以看到曲率不会取大值。因此，该轨迹可适用于具有非完整或硬约束的 WMR（例如，对转向角的约束）。

案例 2　障碍物非自由空间，$n=2$，$\omega=\pi$

此处：

$$(x_0,\ y_0)=(0,\ 0),\quad (x_f,\ y_f)=(8,\ 4),\quad \phi_0=\phi_f=0$$

初始参数值再次为 $\boldsymbol{\theta}_0=[0\ 0\ 0\ 0\ 0\ 0\ 0\ 0]^{\mathrm{T}}$。

椭圆形和六边形障碍物的轨迹如图 11.25 所示。

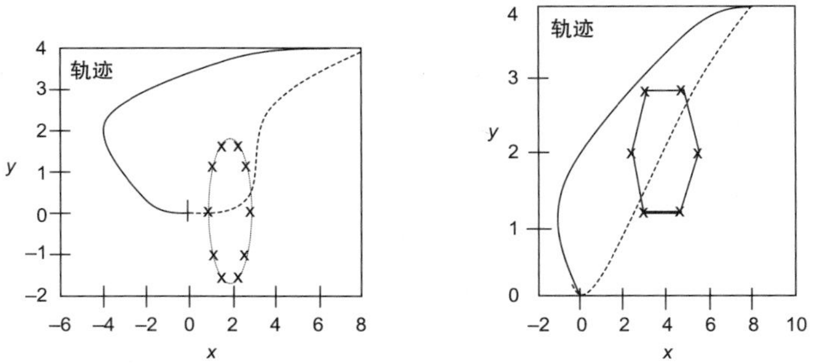

a）椭圆形障碍物避障　　b）六角形障碍物避障

图 11.25　避障的路径生成

椭圆形障碍物的轨迹长度为 $L=10.37$，六边形的 $L=8.75$。在两种情况下，避障路径由实线示出，而无障碍路径由虚线示出。

例 11.3　考虑关节空间中，固定或移动机器人的单个关节从时间 $t=0$ 处的初始角度位置 θ_0 到 $t=t_f$ 处的最终位置 θ_f 的运动规划问题。机器人的位形空间中没有障碍物。

解　机器人的每个关节由电动机驱动（见例 5.1）。计划运动的最简单方法是让电动机的加速和减速周期相等。我们假设在 $t=0$ 时，电动机正在驻留（零速度和零加速度）。在时间 $t=0^+$ 时，我们应用恒定加速度 $+a_0$，并且假设允许的最大速度是 $v_{\max}$。当在时间 t_1 达到最大速度时，电动机以恒定速度移动，直到时间 t_f-t_1，然后以加速度 $-a_0$ 减速。在加速区间 $[0,\ t_1=2T]$，有

$$\theta(t)=\frac{1}{2}a_0t^2,\quad \theta_1=\theta(t_1)=\frac{1}{2}a_0t_1^2,\quad v_{\max}=at_1$$

在恒速期 $[t_1,\ t_2=t_f-t_1]$，有

$$\theta(t)=\theta_1+v_{\max}(t-t_1),\quad \theta_2=\theta(t_2)=\theta_1+v_{\max}(t_2-t_1)$$

最后，在减速期 $[t_2,\ t_f]$，有

$$\theta(t)=\theta_2+v_{\max}(t-t_2)-\frac{1}{2}a_0(t-t_2)^2$$

最终位置 $\theta_f=\theta(t_f)$ 等于

$$\begin{aligned}\theta_f&=\theta_2+v_{\max}(t_f-t_2)-\frac{1}{2}a_0(t_f-t_2)^2=\theta_2+v_{\max}t_1-\frac{1}{2}a_0t_1^2=\theta_2-\theta_1+v_{\max}t_1\\&=v_{\max}(t_2-t_1)+v_{\max}t_1=v_{\max}t_2\end{aligned}$$

时间 t_1（从恒定加速度 $+a_0$ 切换到零加速度）和时间 t_2（从零加速度切换到减速度 $-a_0$）由下式给出：

$$t_1=v_{\max}/a_0 \quad \text{and} \quad t_2=\theta_f/v_{\max} \tag{11.22}$$

运动的总时间 t_f 等于

$$t_f=t_1+t_2=\frac{v_{\max}}{a_0}+\frac{\theta_f}{v_{\max}} \tag{11.23}$$

给定 a_0，$v_{\max}$ 和 θ_f，可以使用上面的式(11.22)自动计算切换时间 t_1 和 t_2。图 11.26 显示了恒定加速/减速情况下的加速度、速度和位置图。

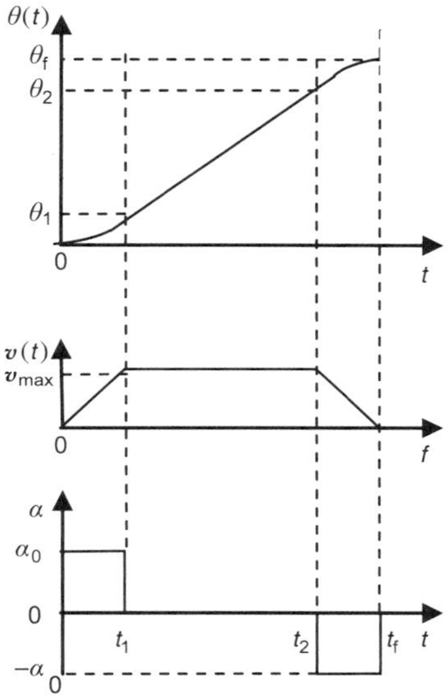

图 11.26 点对点运动规划案例的典型图

11.6 移动机器人任务规划

11.6.1 一般问题

机器人任务规划属于人工智能的总体规划问题，称为人工智能规划[6-12]。人工智能规划是为特定问题生成可能的多阶段解决方案的过程。它以较小、较简单、准独立的步骤划分问题，从初始情况(状态)开始，并通过仅沿解决方案的路径执行允许的步骤来达到指定的目标状态。这相当于使用状态转换运算符在解空间内移动。因此，我们可以说人工智能规划是解决方案领域的特定搜索过程。人工智能规划的基本概念如下：

- 状态空间：涉及可能发生的所有可能情况(状态)的空间。例如，状态可以展示机器人的位置和方向，汽车的位置和速度等。状态空间可以是离散的(有限的或可数无限的)或连续的(不可数无限的)。
- 操作或操作符：计划生成操作状态的动作(操作符)。动作和操作符在 AI、控制和机器人中不做区分。规划公式必须包括应用动作(或控制)时状态变化的规范。在离散时间中，这可以被定义为状态值函数，并且在连续时间中被定义为常微分方程。在某些情况下，行动可以自然生成，不受决策者的控制。

- 初始状态和目标状态：规划问题必须涉及一些初始状态，并在一组目标状态中指定目标状态。选择的动作需要能够将系统从初始状态驱动到期望的目标状态。
- 标准：这根据所执行的状态和操作来编码计划的期望结果。规划中使用的两个基本标准是可行性(即找到能达到目标状态的计划，无论其效率如何)和最优性(即在达到目标的基础上找到以某种期望的方式优化系统性能的可行计划)。实现最优性比简单地确保可行性更具挑战性。
- 计划：计划对决策者施加特定的策略或行为。它可以简单地指定要采取的一系列动作，而与该序列的复杂程度无关。
- 算法：这很难精确和唯一地定义。在理论计算机科学中，算法是图灵机(即具有特殊读写头的有限状态机，其可以沿着无限的磁带读取和写入)。使用图灵机作为算法模型意味着在算法做出决策之前，必须首先正确地建模物理世界并将其写在磁带上。但是，如果在算法的执行期间周边环境发生变化，则无法确定会发生什么(例如，机器人在人类四处走动的杂乱环境中移动)。因此，在这些情况下，在线算法模型更合适(依赖于特殊的感官信息)。
- 规划者：规划者只是制定计划，可能是机器或人。如果规划者是机器，则通常将其视为规划算法(图灵机或在线程序)。在许多情况下，规划者是制定可在所有情况下工作的计划的人。三种使用生成的计划的方式是：通过机器(例如机器人)或模拟器执行；改进(即改进更好的计划)；分层包含(即将其打包为更高级别计划中的行动)。

机器人任务规划问题的代表性示例如下：

- 汽车和其他装配规划。
- 密封汽车装配中的裂缝。
- 停放汽车和拖车。
- 移动机器人导航。
- 移动机械手服务规划。

任务规划中必须解决的问题是：什么是计划；如何展示计划；怎么计算；有望实现什么目标；它的质量如何评估；谁将使用它？这些问题的答案可以在AI教科书中找到。

11.6.2　规划的表示和生成

11.6.2.1　规划的表示

计划可以展示和生成为：

- 状态空间问题。
- 动作排序问题。

1. 状态空间展示

状态空间展示在系统理论和自动机理论中非常常见。当应用于计划展示时，状态向量代表了计划的应用域的状态以及操作或运算符的状态。状态空间展示是寻找手头问题解决方案的最佳方式。此外，状态空间展示可以很容易地转换为等效的计算机程序，并且在搜索算法应用于解决问题时可以直接使用。在这种情况下，状态空间中的问题的解决方案提供了以可行的方式连接了初始状态和目标状态的路径。

显然，状态空间中的规划过程实际上是一个搜索过程，由实现目标的要求驱动(即它本质上是一个目标驱动的搜索过程)。搜索树的节点可以视为一些可能的部分计划的世界的可能状态，而目标追踪过程可展现为部分计划搜索过程。

2. 行动排序展示

行动排序展示涉及执行顺序中的许多操作，以及要编译的相关限制。例如，它可能是按照它们在列表中出现的顺序执行的简单操作列表。动作排序展示侧重于要执行的动作，而不是可能受各个动作影响的条件。因此，它是一种与状态空间展示非常不同的计划展示。实际上，没有任何列表外的状态被用于展示问题。本质上，动作排序展示是行为展示，因为它不包含明确的状态概念，尽管每个动作排序计划仍可以与动作生成的特定数量的可能状态相关联。动作排序计划展示的两个主要优点如下：

- 当行动排序列表仅部分排序时能够展示并行活动，这对于重新排序操作是非常重要的。
- 容易在计算机中实现(例如，作为有向图结构)，其中节点展示动作，弧展示相应的排序关系。

部分排序的计划允许并行操作，称为*并行计划*。完全排序的计划需要顺序操作，称为*串行计划*。串行计划等效于具有单运算符标记的弧的状态空间转换图。一些制定机器人规划问题的替代方法是*谓词演算*、*待办表*和*三角表*。

11.6.2.2 规划的生成

正如我们之前所见，规划是通过状态空间执行搜索的问题。在每个计划阶段，执行之前需要几个计算步骤。计算为搜索空间中的下一步移动提供选择指南，即从初始状态到目标状态的路径构造。状态空间中的每个计划节点都涉及部分计划信息，因此初始状态和目标状态之间的完整节点集代表总计划。计划器通过搜索可能的计划状态来生成计划。规划中的一个基本问题是选择适当的建模方法或只是展示来描述任务域。常用的方法如下：

- 生产规则(前进/后退)
- 谓词逻辑
- 程序网
- 基于对象或模式的方法
- 与/或图表
- Petri 网

通常，在问题太复杂并且要搜索的状态空间非常大时，总计划问题被分解为可以单独执行的多个简单子过程。在解决计划问题时，计划系统必须正确制定，传播和满足现有的约束。

约束公式有助于指定不同目标的各个解决方案之间的相互作用。约束传播从旧约束中创建新约束，并有助于在筛选其不可靠链接时改进解决方案路径。最后，生成的计划确保必须能满足约束。最小承诺方法有助于仅优化计划中不会放弃的那些部分。

到目前为止讨论的计划生成方法产生的计划是完整子计划的线性序列，称为线性计划。相反，非线性规划器可以生成计划，其实现联合目标所需的各个子计划是并行生成的。

11.6.3　世界建模、任务规范和机器人程序综合

我们现在再讨论机器人任务规划的三个阶段，即世界建模、任务规范和程序综合。

11.6.3.1　世界建模

世界建模涉及工作空间中对象(包括机器人本身)的几何和物理描述以及对象的装配状态的展示。几何模型提供工作空间中对象的空间信息(尺寸、体积、形状等)。用于建模3D对象的典型方法是构造实体几何(CSG)，其中通过组合或构造基元对象(立方体、平行六面体、圆柱体)的正则化集合操作(并集、交集等)来定义对象。基元可以通过多种方式展示，例如：

- 一组点和边
- 一组表面
- 广义圆柱体
- 单元分解
- 调用代表其他对象的其他过程的过程名称。

在AUTOPASS装配规划器中，世界状态由图表展示，其中节点展示对象，边展示关系，例如[6]：

- 附件(对象的刚性、非刚性或条件附着)。
- 约束(展示物体之间物理约束、平移或旋转的关系)。
- 装配部件(表明由此边链接的子图是可以作为对象引用的装配部件)。

11.6.3.2　任务规范

这可以使用高级描述语言来完成。例如，装配任务可以描述为世界模型的一系列状态。状态必须由工作空间中所有对象的配置提供(稍后将在例11.4中完成)。任务描述的另一种方式是对对象使用一系列符号操作，包括适当的空间约束以消除可能的不确定性。大多数面向机器人的语言都使用这种类型的任务描述。AUTOPASS使用这种描述，但它使用更详细的语法，将其与程序集相关的语句分为三组：状态变更声明(即装配操作说明)、工具声明(即必须使用的工具类型的描述)和紧固件声明(即紧固操作说明)。

11.6.3.3　机器人程序综合

这是任务规划中最困难和最重要的阶段。这一阶段的主要步骤如下：

- 抓取规划
- 运动规划
- 规划检查

抓取规划指定了抓取对象的方式将如何影响所有后续操作。机器人抓住物体的方式取决于被抓取物体的几何形状和工作空间中存在的其他物体。为了有使用价值，抓握配置必须可行且稳定。机器人必须能够到达物体而不与工作空间中的其他物体发生任何碰撞。此外，在机器人的后续操作期间，抓住的物体必须是稳定的。

运动规划指定机器人必须如何将对象移动到目的地并完成操作。成功运动规划的步骤如下：

- 保护性地退出当前配置。
- 到所需的配置的无碰撞运动。

计划检查会确保计划完成所有所需的任务序列，如果不可行，则会尝试其他替代计划。

例 11.4(方块世界问题)　在图 11.27a 所示的初始配置中，我们给出了三个方块 A，B 和 C。使机器人操纵器通过应用以下正演规则(F 规则)将块移动到图 11.27b 所示的最终配置：

1) 拿起(pick up)(X)

2) 放下(put down)(X)

3) 堆栈(stack)(X，Y)

4) 拆散(unstack)(X，Y)

以上为可能的机器人动作。

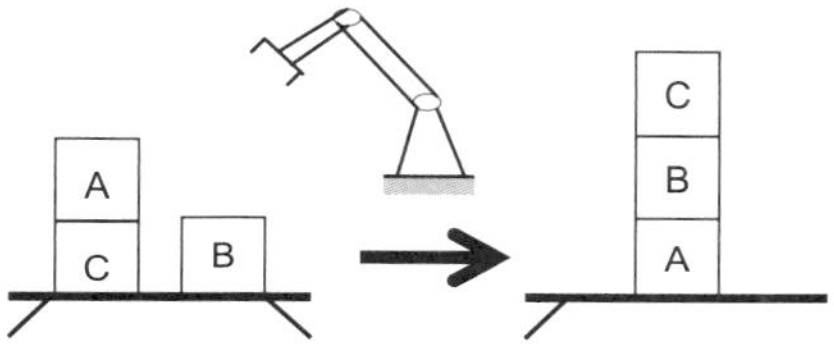

图 11.27　“方块世界”问题

解　初始块配置(排列)可以通过以下语句的结合来展示：

clear(B)	B 上方空置
clear(A)	A 上方空置
on(A，C)	A 在 C 上
on table(B)	B 在桌上
on table(C)	C 在桌上
handempty	机器人空手

机器人行为将世界的一种状态或排列改变为另一种。已知使用上述四个 F 规则来实现最终状态，规划过程的三角表展示如图 11.28 所示。

该表的每一列描述了在执行操作(动作)(例如，脱扣、放下)之后的新情况，而空手和手持分别代表机器人手是空的或者它正在持有一个块。每一列代表要应用的下一个 F 规则的前提条件。

在我们的例子中，在每个 F 规则的上一(左)列中显示的前提条件被完成了的情况下，F 规则的计划顺序如下：

- 空手(handempty)
- 拆散(A，C)
- 放下(A)
- 拿起(B)

- 堆栈(B，A)
- 拿起(C)
- 堆栈(C，B)

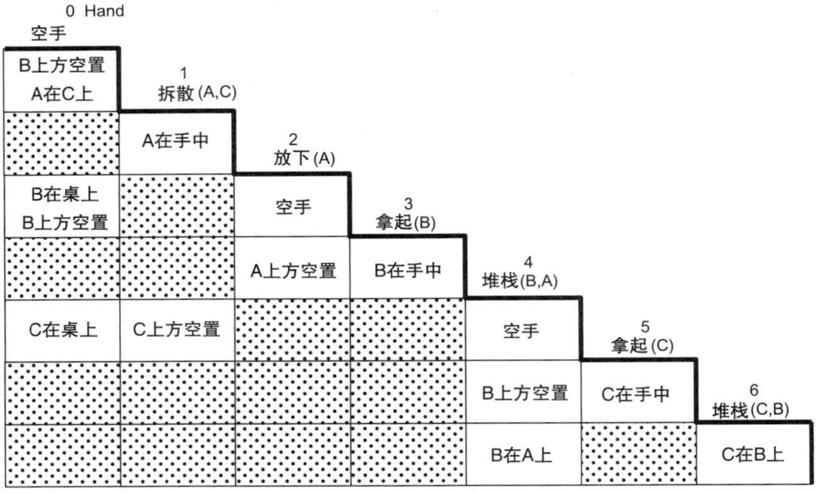

图 11.28 解决图 11.15 中问题的规划过程的三角表展示(列上方的数字展示机器人动作的顺序)

参考文献

[1] Latombe JC. Robot motion planning. Boston, MA: Kluwer; 1991.

[2] Lozano-Perez T. Spatial planning: a configuration space approach. IEEE Trans Comput 1983;32(2):108−20.

[3] Erdmann M, Lozano-Perez T. On multiple moving obstacles. Algorithmica 1987;2 (4):477−521.

[4] Fugimura K. Motion planning in dynamic environments. Berlin/Tokyo: Springer; 1991.

[5] Khatib O. Real-time obstacle avoidance for manipulators and mobile robots. Int J Robot Res 1986;5(1):90−8.

[6] Lieberman LL, Wesley M. AUTOPASS: an automatic programming system for computer controlled mechanical assembly. IBM J Res Dev 1977;321−33.

[7] Homemde Mello LS, Sanderson AC. A correct and complete algorithm for the generation of mechanical assembly sequences. IEEE Trans Robot Autom 1990;7 (2):228−40.

[8] Sheu PCY, Xue Q. Intelligent robotic systems. Singapore/London: World Scientific Publishers;1993.

[9] Pearl J. Heuristics: intelligent search strategies for computer problem solving. Reading, MA: Addison-Wesley;1984.

[10] Bonert M. Motion planning for multi-robot. Ottawa: National Library of Canada;1999.

[11] LaValle SM. Planning algorithms. Cambridge: Cambridge University Press;2006.

[12] Popovic D, Bhatkar VP. Methods and tools for applied artificial intelligence. New York, NY: Marcel Dekker;1994.

[13] Gallina P, Gasparetto A. A technique to analytically formulate and solve the 2-dimensional constrained trajectory planning for a mobile robot. J Intell Robot Syst 2000;27(3):237−62.

[14] Lozano-Pérez T, Jones JL, Mazers E, O'Donnel P. Task-level planning of pick-and-place robot motions. IEEE Comput 1989;March:21−9.

[15] Hatzivasiliou FV, Tzafestas SG. A path planning method for mobile robots in a structured environment. In: Tzafestas SG, editor. Robotic systems: advanced techniques and applications. Dordrecht/Boston: Kluwer;1992.
[16] Kant K, Zuckler S. Toward efficient trajectory planning: the path velocity decomposition. Int J Robot Res 1986;5:72−89.
[17] Canny J. The complexity of robot motion planning. Cambridge, MA: MIT Press;1988.
[18] Garcia E, De Santos PG. Mobile-robot navigation with complete coverage of unstructured environment. Robot Auton Syst 2004;46:195−204.
[19] Russel S, Norwig P. Artificial intelligence: a modern approach. Upper Saddle River, NJ: Prentice Hall;2003.
[20] Stentz A. Optimal and efficient path planning for partially known environments. Proceedings of IEEE conference on robotics and automation. San Diego, CA; May 1994. p. 3310−17.
[21] Amato N. Randomized motion planning, Part 1, roadmap methods, course notes. University of Padova;2004.
[22] Welzl E. Constructing the visibility graph for n line segments in $O(n^2)$ time. Inf Process Lett 1985;20:161−71.
[23] Kumar V, Zefran M, Ostrowski J. Motion planning and control of robots.In:Nof S. editor.Handbook of Industrial Robotics. New York: Wiley and Sons:1999, p.295−315.
[24] Wang Y, Chirikjian GS. A new potential field method for robot path planning. Proceedings of 2000 IEEE conference robotics and automation. San Francisco, CA; April 2000. p. 977−82.
[25] Pimenta LCA. Robot navigation based on electrostatic field computation. IEEE Trans Magn 2006;42(4):1459−62.
[26] Engedy I, Horvath G. Artificial neural network based local motion planning of a wheeled mobile robot. Proceedings of 11th international symposium on computational intelligence and informatics. Budapest, Hungary; November 2010. p. 213−18.
[27] Safadi H. Local path planning using virtual potential field. Report COMP 765: spatial representation and mobile robotics—project. School of Computer Science, McGill University, Canada; April 2007.
[28] Ding FG, Jiang P, Bian XQ, Wang HJ. AUV local path planning based on virtual potential field. Proceedings of IEEE international conference on mechatronics and automation. Niagara Falls, Canada; 2005. 4, p. 1711−16.
[29] Koren Y, Borenstein J. Potential field methods and their inherent limitations for mobile robot navigation. Proceedings of IEEE conference on robotics and automation. Sacramento, CA; April 2005. p. 1398−1404.
[30] Borenstein J, Koren Y. The vector field histogram: fast obstacle avoidance for mobile robots. IEEE J Robot Autom 1991;7(3):278−88.
[31] Ulrich I. Borenstein journal of VFH*: local obstacle avoidance with look-ahead verification. Proceedings of IEEE international conference on robotics and automation. San Francisco, CA; May 2000.
[32] Wang LC, Yong LS, Ang Jr MR. Hybrid of global path planning and local navigation implemented on a mobile robot in indoor environment. Proceedings of IEEE international symposium on intelligent control. October 2002. p. 821−26.
[33] Garrido S, Moreno L, Blanco D, Jurewicz P. Path planning for mobile robot navigation using Voronoi diagram and fast marching. Int J Robot Autom 2011;2(1):42−64.
[34] Sethian JA. Theory, algorithms, and applications of level set methods for propagating interfaces. Acta Numerica, Cambridge: Cambridge University Press; 1996. p. 309−95.
[35] Sethian JA. Level set methods. Cambridge: Cambridge University Press;1996.
[36] Garrido S, Moreno L, Blanco D. Exploration of a cluttered environment using Voronoi transform and fast marching. Robot Auton Syst 2008;56(12):1069−81.
[37] Arney T. An efficient solution to autonomous path planning by approximate cell decomposition. Proceedings of international conference on information and automation for sustainability (ICIAFS 07). Colombo, Sri Lanka; December 4−6, 2007. p. 88−93.

[38] Coenen FP, Beattle B, Shave MJR, Bench-Capon TGM, Diaz GM. Spatial reasoning using the quad tesseral representation. J Artif Intell Rev 1998;12(4):321−43.

[39] Katevas NI, Tzafestas SG, Pnevmatikatos CG. The approximate cell decomposition with local node refinement global path planning method: path nodes refinement and curve parametric interpolation. J. Intell Robot Syst 1998;22:289−314.

[40] Olunloyo VOS, Ayomoh MKO. Autonomous mobile robot navigation using hybrid virtual force field concept. Eur J Sci Res 2009;31(2):204−28.

[41] Katevas NI, Tzafestas SG. The active kinematic histogram method for path planning of non-point non-holonomically constrained mobile robots. Adv Robot 1998;12 (4):375−95.

[42] Katevas NI, Tzafestas SG, Matia F. Global and local strategies for mobile robot navigation. In: Katevas N, editor. Mobile robotics in healthcare. Amsterdam, the Netherlands: IOS Press;2001.

[43] Jarvis R. Intelligent robotics: past, present and future. Int J Comput Sci Appl 2008;5 (3):23−35.

[44] Taylor T, Geva S, Boles WW. Directed exploration using modified distance transform. Proceedings of international conference on digital imaging computing: techniques and applications. Cairus, Australia; December 2012. p. 208−16.

[45] Zelinsky A, Jarvis RA, Byrne JC, Yuta S. Planning paths of complete coverage of an unstructured environment by a mobile robot. Proceedings of international symposium on advanced robotics. Tokyo, Japan; November 1993.

[46] Zelinsky A, Yuta S. A unified approach to planning, sensing and navigation for mobile robots. Proceedings of international symposium on experimental robotics. Kyoto, Japan; October 1993.

[47] Kimoto K, Yuta S.A Simulator for programming the behavior of an autonomous sensor-based mobile robot. Proceedings of international conference on intelligent robots and systems (IROS '92). Raleigh, NC; July 1992.

[48] Choi Y-H, Lee T-K, Baek S-H, Oh S-Y. Online complete coverage path planning for mobile robots based on linked spiral paths using constrained inverse distance transform. Proceedings of IEEE/RSJ international conference on intelligent robots and systems. St. Louis, MO; 2009. p. 5688−5712.

[49] Murray RM, Sastry SS. Nonholonomic motion planning: steering using sinusoids. IEEE Transactions on Automatic Control 1993;38(5):700−715.

第 12 章　移动机器人定位与地图构建

12.1　引言

在 11.3.1 节中介绍过，定位和地图构建是机器人导航所需要的三个基本操作中的两个。粗略地说，集成机器人系统从任务说明到运动控制所需的其他基本功能如下(在路径规划之外)：

- 任务说明的识别
- 环境感知
- 机器人运动控制

图 12.1 以一台工作中的轮式移动机器人(WMR)为例展示了上述基本功能的相互关系。

机器人应具有利用其传感器感知环境的能力，从而生成合适的数据来确定自身的位置(定位)并决定如何在生成的地图中运动到目标位置(路径规划)。机器人通过识别过程处理任务指令，最终确定期望的目标位置。之后，路径作为输入量送入机器人运动控制器，控制器驱动执行器动作，这样机器人就可以按指令运动。路径规划已在第 11 章中介绍过，本章主要介绍定位和地图构建。具体地说，本章内容如下：

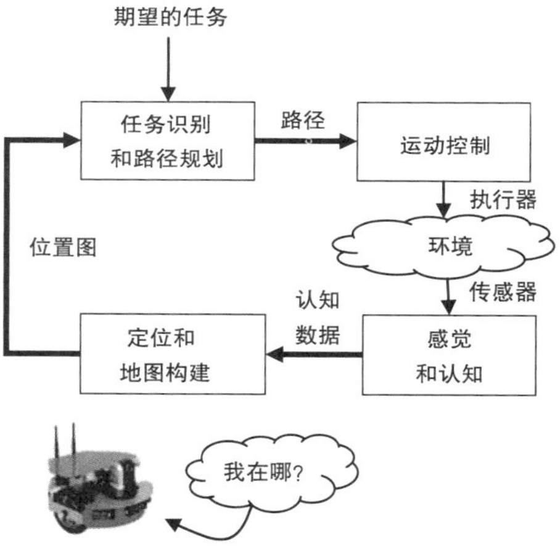

图 12.1　自主移动机器人一般性功能组成

- 介绍 WMR 定位中用到的背景概念：随机过程、卡尔曼估计、贝叶斯估计。
- 讨论传感器使用过程中必须处理的不足之处。
- 介绍相对定位(航位推算)的概念，提出 WMR 推算定位的运动学分析。
- 学习绝对定位的方法：三角测量、三边测量、地图匹配。
- 提出卡尔曼滤波在移动机器人定位、传感器标定、传感器融合中的应用。
- 应用扩展卡尔曼滤波(EKF)、贝叶斯估计、粒子滤波(PF)处理同步定位和地图构建(SLAM)问题。

12.2　背景概念

随机模型、卡尔曼滤波、贝叶斯估计等技术是机器人定位用到的重要工具。本章将要用到的上述概念和技术的详细介绍请参阅本章参考文献[1-3]。

12.2.1　随机过程

随机过程是一个使用了随机变量的时间函数 $X(h, t)$的集合，其随机变量是基于一个无限可数的集的实验 h，并且有着对应的概率描述，如 $p(x, t)$(见图 12.2)。在 t_1 时，$X(t_1)$是一个有着概率 $p(x, t_1)$的随机变量。同理，$X(t_2)$是一个有着概率 $p(x, t_2)$的随机变量。此处，t_1 是整个集合上的一个随机变量。这样就可以对变量 t_1，t_2…进行一阶或更高阶的统计。

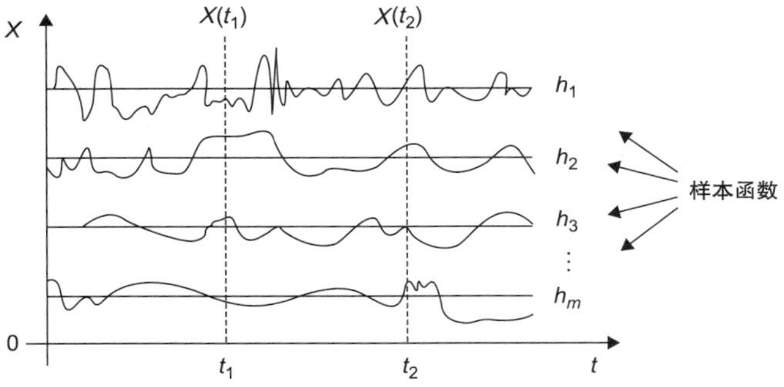

图 12.2　随机过程的集合表示

一阶统计仅关注一个随机变量 $X(t)$，并在连续时间时由概率分布 $P(x, t)$和其概率密度 $p(x, t)=\mathrm{d}P(x, t)/\mathrm{d}t$ 表示，在离散时间时由其概率分布 $P(x_i, t)$表示。

二阶统计关注两个关于不同时间实例 t_1、t_2 的随机变量 $X(t_1)$和 $X(t_2)$。在连续时间的情况下，对 $x(t_1)=x_1$ 和 $x(t_2)=x_2$ 有如下概率函数：

$$P(x(t_1), x(t_2):t_1, t_2) \qquad \text{(联合分布)}$$

$$p(x(t_1), x(t_2):t_1, t_2)=\mathrm{d}P/\mathrm{d}x_1\mathrm{d}x_2 \qquad \text{(联合密度)}$$

$$p(x_2, t_2)=\int_{-\infty}^{\infty} p(x_1, x_2:t_1, t_2)\mathrm{d}x_1 \qquad \text{(边际密度)}$$

$$p(x_1, t_1|x_2, t_2)=p(x_1, x_2:t_1, t_2)/p(x_2, t_2) \qquad \text{(条件密度)}$$

由上述概率函数可以得到随机变量的一阶、二阶均值(矩)：

$$\overline{x}(t)=E[X(t)]=\int_{-\infty}^{\infty} xp(x, t)\mathrm{d}x \qquad \text{(均值)}$$

$$R_{xx}(t_1, t_2)=\int_{-\infty}^{\infty}\int_{-\infty}^{\infty} x_1x_2p(x_1, x_2:t_1, t_2)\mathrm{d}x_1\mathrm{d}x_2 \qquad \text{(自相关函数)}$$

$$\begin{aligned}C_{xx}(t_1, t_2)&=E([x(t_1)-\overline{x}(t_1)][x(t_2)-\overline{x}(t_2)])\\&=R_{xx}(t_1, t_2)-\overline{x}(t_1)\overline{x}(t_2)\end{aligned} \qquad \text{(自协方差函数)}$$

$$C_{xx}(t, t)=\sigma_x^2 \qquad \text{(自协方差)}$$

连续过程的样本函数 $X(t)$的 n 阶样本统计时间均值为

$$\langle X^n\rangle=\lim_{T\to\infty}\frac{1}{2T}\int_{-T}^{+T} X(t)^n\mathrm{d}t$$

离散过程 X_i 的时间均值为

$$E[X_i^n]=\lim_{N\to\infty}\sum_{i=1}^{N}X_i^n P_x(x_i)$$

- 平稳性：如果一个随机过程所有的边际密度和联合密度不依赖于时间起点的选择，那么这个随机过程称为平稳的，否则称为不平稳的。
- 遍历性：如果一个随机过程的整体的矩等于样本的矩，那么这个随机过程称为遍历的。即

$$E[X^n]=\int_{-\infty}^{\infty}x^n p(x)\mathrm{d}x=\lim_{T\to\infty}\frac{1}{2T}\int_{-T}^{T}X(t)^n\mathrm{d}t=\langle X^n\rangle$$

具有遍历性的随机过程一定是平稳的，反之则不一定成立。
- 广义稳定和遍历：受正态分布的启发(正态分布可以由其均值和方差完全确定)，在应用中通常仅取一阶和二阶矩。如果一个过程的一阶和二阶矩是稳定的和遍历的，则称这个过程是广义稳定和遍历过程。
- 马尔可夫过程：当 $t_1>t_2>\cdots>t_n$ 时，如果一个过程具有下列性质(马尔可夫性质)，则称这个过程为马尔可夫过程，有

$$\begin{aligned}&\mathrm{Prob}\{X(t_1)\leqslant x_1\mid X(t_2)=x_2,\ \cdots,\ X(t_n)=x_n\}\\&\quad=\mathrm{Prob}\{X(t_1)\leqslant x_1\mid X(t_2)=x_2\}\end{aligned}\tag{12.1}$$

马尔可夫过程的特点是状态变量 $X(t_1)$ 在 t_1 时刻概率分布仅依赖于刚过去的 t_2 时刻的状态变量 $X(t_2)$，而与更早时刻无关。

12.2.2 随机动力学模型

一个 n 维线性离散动态过程可以用下式描述：

$$\boldsymbol{x}_{k+1}=\boldsymbol{A}_k\boldsymbol{x}_k+\boldsymbol{B}_k\boldsymbol{w}_k,\quad \boldsymbol{x}_k\in\boldsymbol{R}^n,\quad \boldsymbol{w}_k\in R^r\tag{12.2a}$$

$$\boldsymbol{z}_k=\boldsymbol{C}_k\boldsymbol{x}_k+\boldsymbol{v}_k,\quad \boldsymbol{v}_k\in R^m\tag{12.2b}$$

式中，$\boldsymbol{A}_k$，$\boldsymbol{B}_k$，$\boldsymbol{C}_k$ 是矩阵，其维数依赖于离散指数 k；$\boldsymbol{w}_k$，$\boldsymbol{v}_k$ 是随机过程(分别为输入干扰和测量噪声)，并具有如下性质：

$$\begin{aligned}&E[\boldsymbol{w}_k]=\boldsymbol{0},\ E[\boldsymbol{v}_k]=\boldsymbol{0}\\&E[\boldsymbol{w}_k\boldsymbol{w}_j^{\mathrm{T}}]=\boldsymbol{Q}_k\delta_{kj},\ E[\boldsymbol{v}_k\boldsymbol{v}_j^{\mathrm{T}}]=\boldsymbol{R}_k\delta_{kj}\\&E[\boldsymbol{w}_k\boldsymbol{v}_j^{\mathrm{T}}]=\boldsymbol{0}\end{aligned}\tag{12.3}$$

式中，δ_{kj} 为克罗内克算子(Kronecker delta)，其定义为 $\delta_{kk}=1$，$\delta_{kj}=0(k\neq j)$。

初始状态 $\boldsymbol{x}_0$ 为随机变量，因此：

$$E[\boldsymbol{v}_k\boldsymbol{x}_0^{\mathrm{T}}]=E[\boldsymbol{w}_k\boldsymbol{x}_0^{\mathrm{T}}]=E[\boldsymbol{w}_k\boldsymbol{v}_j^{\mathrm{T}}]=\boldsymbol{0}\tag{12.4}$$

上述性质表明，过程 $\boldsymbol{w}_k$，$\boldsymbol{v}_k$ 和随机变量 $\boldsymbol{x}_0$ 在统计意义上是独立的。如果它们同时满足正态分布，则这个模型称为离散的高斯-马尔可夫模型(高斯-马尔可夫链)，因为很显然，过程 $\{x_k\}$ 为马尔可夫过程。连续的高斯-马尔可夫模型有类似的差分方程表示。

12.2.3 离散卡尔曼滤波器与预测器

考虑一个如式(12.2)～式(12.4)描述的离散时间高斯-马尔可夫系统，观测值为

$\{z(1), z(2), \cdots, z(k)\}$。记 $\hat{\boldsymbol{x}}(k+1|k)$ 和 $\hat{\boldsymbol{x}}(k+1|k+1)$ 为对 $\boldsymbol{x}(k+1)$ 的测量值的估计，其分别测量至 $z(k)$ 和 $z(k+1)$。那么一个随机系统（式(12.2a)）的离散时间卡尔曼滤波器的测量过程为式(12.2b)可由下列递归方程描述：

$$\hat{\boldsymbol{x}}(k+1|k+1)=\boldsymbol{A}(k)\hat{\boldsymbol{x}}(k|k)+\boldsymbol{K}(k+1)[\boldsymbol{z}(k+1)-\boldsymbol{C}(k+1)\boldsymbol{A}(k)\hat{\boldsymbol{x}}(k|k)] \quad (12.5)$$

$$\boldsymbol{K}(k+1)=\boldsymbol{\Sigma}(k+1|k)\boldsymbol{C}^{\mathrm{T}}(k+1)[\boldsymbol{C}(k+1)\boldsymbol{\Sigma}(k+1|k)\boldsymbol{C}^{\mathrm{T}}(k+1)+\boldsymbol{R}(k+1)]^{-1} \quad (12.6)$$

$$\boldsymbol{\Sigma}(k+1|k+1)=\boldsymbol{\Sigma}(k+1|k)-\boldsymbol{K}(k+1)\boldsymbol{C}(k+1)\boldsymbol{\Sigma}(k+1|k) \quad (12.7)$$

$$\boldsymbol{\Sigma}(k+1|k)=\boldsymbol{A}(k)\boldsymbol{\Sigma}(k|k)\boldsymbol{A}^{\mathrm{T}}(k)+\boldsymbol{B}(k)\boldsymbol{Q}(k)\boldsymbol{B}^{\mathrm{T}}(k),\ \boldsymbol{\Sigma}(0|0)=\boldsymbol{\Sigma}_0 \quad (12.8)$$

式中，$\boldsymbol{\Sigma}(j|i)$ 为估计值 $\hat{x}(j)$ 的协方差矩阵，所基于的数据截止到时刻 i：

$$\boldsymbol{\Sigma}(k|k)=E[\tilde{\boldsymbol{x}}(k|k)\tilde{\boldsymbol{x}}^{\mathrm{T}}(k|k)] \quad (12.9a)$$

$$\begin{aligned}\boldsymbol{\Sigma}(k+1|k)&=E[\tilde{\boldsymbol{x}}(k+1|k)\tilde{\boldsymbol{x}}^{\mathrm{T}}(k+1|k)]\\ \tilde{\boldsymbol{x}}(k+1|k)&=\boldsymbol{x}(k+1)-\hat{\boldsymbol{x}}(k+1|k)\end{aligned} \quad (12.9b)$$

在上面的公式中，使用了 $\boldsymbol{z}(k)=\boldsymbol{z}_k$，$\boldsymbol{Q}(k)=\boldsymbol{Q}_k$ 等符号。图 12.3 为这些方程的方框图表示。

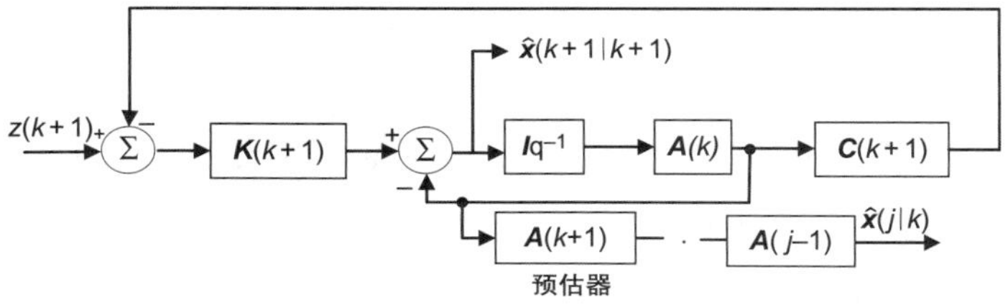

图 12.3　卡尔曼滤波器和预估器的方框图（$\boldsymbol{I}$ 为单位矩阵，q^{-1} 为延迟算子，$q^{-1}\boldsymbol{x}(k+1)=\boldsymbol{x}(k|k)$）

利用矩阵求逆引理，$\boldsymbol{K}(k+1)$ 还可表示为

$$\boldsymbol{K}(k+1)=\boldsymbol{\Sigma}(k+1|k+1)\boldsymbol{C}^{\mathrm{T}}(k+1)\boldsymbol{R}^{-1}(k+1) \quad (12.10)$$

其状态估计（式(12.5)）和协方差方程（式(12.7)）的初始条件为

$$\hat{\boldsymbol{x}}(0|0)=\boldsymbol{0},\ \boldsymbol{\Sigma}(0|0)=\boldsymbol{\Sigma}_0\text{（正定的）} \quad (12.11)$$

状态预测：利用 k 时刻的 $\boldsymbol{x}(k)$ 的估计值 $\hat{\boldsymbol{x}}(k|k)$，可以根据截止到 k 时刻的测量值预测 $\boldsymbol{x}(j)$ 的估计值 $\hat{\boldsymbol{x}}(j|k)$，$j>k$，$k=0, 1, 2, \cdots$。计算方法如下：

$$\hat{\boldsymbol{x}}(k+1|k)=\boldsymbol{A}(k)\hat{\boldsymbol{x}}(k|k) \quad (12.12a)$$

$$\hat{\boldsymbol{x}}(k+2|k)=\boldsymbol{A}(k+1)\hat{\boldsymbol{x}}(k+1|k)=\boldsymbol{A}(k+1)\boldsymbol{A}(k)\hat{\boldsymbol{x}}(k|k) \quad (12.12b)$$

$$\hat{\boldsymbol{x}}(k+3|k)=\boldsymbol{A}(k+2)\hat{\boldsymbol{x}}(k+2|k)=\boldsymbol{A}(k+2)\boldsymbol{A}(k+1)\boldsymbol{A}(k)\hat{\boldsymbol{x}}(k|k) \quad (12.12c)$$

以此类推。因此

$$\hat{\boldsymbol{x}}(j|k)=\boldsymbol{A}(j-1)\boldsymbol{A}(j-2)\cdots\boldsymbol{A}(k+1)\boldsymbol{A}(k)\hat{\boldsymbol{x}}(k|k),\ j>k \quad (12.13)$$

12.2.4 贝叶斯学习

形式上，已知事件 B 发生的情况下，事件 A 发生的概率由下式给定：

$$\mathrm{Prob}(A|B)=\frac{\mathrm{Prob}(A\ \text{and}\ B)}{\mathrm{Prob}(B)}$$

类似地：

$$\mathrm{Prob}(B|A)=\frac{\mathrm{Prob}(A\ \text{and}\ B)}{\mathrm{Prob}(A)}$$

为书写简单，上述公式可写成：

$$P(A|B)=\frac{P(A,B)}{P(B)},\quad P(B|A)=\frac{P(A,B)}{P(A)} \tag{12.14}$$

式中，$P(A, B)$是 A 和 B 同时发生的概率。

合并式(12.14)中的两个公式，就得到了贝叶斯公式：

$$P(A|B)=\frac{P(B|A)P(A)}{P(B)} \tag{12.15a}$$

现在，如果令 $A=H$，其中 H 为关于事实或原因的假设，而令 $B=E$，其中 E 为观测到的现象、测量数据或证据。式(12.15a)就成为贝叶斯更新法则(贝叶斯学习法则)：

$$P(H|E)=\frac{P(E|H)P(H)}{P(E)} \tag{12.15b}$$

式中，$P(E)=P(E|H)P(H)+P(E|\mathrm{not}H)P(\mathrm{not}H)$，$P(\mathrm{not}H)=1-P(H)$。这里 $P(H)$为没有任何测量数据的情况下，假设 H 的“先验”概率。$P(E)$为证据出现的概率。$P(E|H)$为假设 H 发生时，证据为真的概率。$P(H|E)$为获得证据后假设 H 的“后验”概率(更新后的概率)。现在考虑针对假设 H 依次观测到两个证据 E_1、E_2 的情况，由式(12.15b)得

$$P(H|E_1)=\frac{P(E_1|H)P(H)}{P(E_1)}$$

$$P(H|E_1,E_2)=\frac{P(E_2|H)P(H|E_1)}{P(E_2)}=\frac{P(E_2|H)P(E_1|H)P(H)}{P(E_1)P(E_2)}$$

显然，上式表明 $P(H|E_1, E_2)=P(H|E_2, E_1)$，也就是说，在证据 E_1、E_2 为真的情况下，假设 H 发生的概率与证据观测的顺序无关。

例 12.1 利用最小二乘估计法推导卡尔曼滤波器。

解 式(12.5)～式(12.11)描述的卡尔曼滤波器可由多种方法推导，如正交原理、高斯贝叶斯方法和最小二乘法。这里使用的是式(3.103)所示的最小二乘估计，前面曾用它推导过式(3.102)所示的测量系统。最小二乘法同时使用所有已知数据 $\boldsymbol{y}=[\boldsymbol{y}_1, \boldsymbol{y}_2, \cdots, \boldsymbol{y}_m]^{\mathrm{T}}$，可以得到 ξ 的一个离线估计。为了得到式(12.5)～式(12.11)描述的卡尔曼滤波器，将式(3.103)转化为递归形式，从而利用第 $k+1$ 个测量值 $\boldsymbol{y}_{k+1}$ 更新基于 k 个测量值 $\boldsymbol{y}_1$，$\boldsymbol{y}_2$，…，$\boldsymbol{y}_k$ 的估计值 $\boldsymbol{\xi}_k$。为此，定义：

$$\boldsymbol{M}_{k+1}=\left[\frac{\boldsymbol{M}_k}{\boldsymbol{\mu}_{k+1}^{\mathrm{T}}}\right],\quad \boldsymbol{y}_{k+1}=\left[\frac{\boldsymbol{y}_k}{\boldsymbol{y}_{k+1}}\right]$$
$$\boldsymbol{\Sigma}_k=[\boldsymbol{M}_k^{\mathrm{T}}\boldsymbol{M}_k]^{-1},\quad \boldsymbol{\Sigma}_{k+1}=[\boldsymbol{M}_{k+1}^{\mathrm{T}}\boldsymbol{M}_{k+1}]^{-1} \tag{12.16a}$$

矩阵 $\boldsymbol{\Sigma}_{k+1}$ 和 $\boldsymbol{\Sigma}_k$ 的关系如下：

$$\boldsymbol{\Sigma}_{k+1}=\left(\begin{bmatrix}\boldsymbol{M}_k\\ \hline \boldsymbol{\mu}_{k+1}^{\mathrm{T}}\end{bmatrix}^{\mathrm{T}}\begin{bmatrix}\boldsymbol{M}_k\\ \hline \boldsymbol{\mu}_{k+1}^{\mathrm{T}}\end{bmatrix}\right)^{-1}=\left([\boldsymbol{M}_k^{\mathrm{T}}\,|\,\boldsymbol{\mu}_{k+1}]\begin{bmatrix}\boldsymbol{M}_k\\ \hline \mu_{k+1}^{\mathrm{T}}\end{bmatrix}\right)^{-1}$$
$$=(\boldsymbol{M}_k^{\mathrm{T}}\boldsymbol{M}_k+\boldsymbol{\mu}_{k+1}\boldsymbol{\mu}_{k+1}^{\mathrm{T}})^{-1}=(\boldsymbol{\Sigma}_k^{-1}+\boldsymbol{\mu}_{k+1}\boldsymbol{\mu}_{k+1}^{\mathrm{T}})^{-1}$$

所以

$$\boldsymbol{\Sigma}_k^{-1}=\boldsymbol{\Sigma}_{k+1}^{-1}-\boldsymbol{\mu}_{k+1}\boldsymbol{\mu}_{k+1}^{\mathrm{T}} \tag{12.16b}$$

由式(3.103)和式(12.16a)得

$$\hat{\boldsymbol{\xi}}_k=\boldsymbol{\Sigma}_k\boldsymbol{M}_k^{\mathrm{T}}\boldsymbol{y}_k$$
$$\hat{\boldsymbol{\xi}}_{k+1}=\boldsymbol{\Sigma}_{k+1}(\boldsymbol{M}_k^{\mathrm{T}}y_k+\boldsymbol{\mu}_{k+1}y_{k+1})$$

为了用 $\hat{\boldsymbol{\xi}}_k$ 表示 $\hat{\boldsymbol{\xi}}_{k+1}$，应当在上式中消去 $\boldsymbol{M}_k^{\mathrm{T}}\boldsymbol{y}_k$。由上面第一个方程可得到 $\boldsymbol{M}_k^{\mathrm{T}}\boldsymbol{y}_k=\boldsymbol{\Sigma}_k^{-1}\hat{\boldsymbol{\xi}}_k$。所以，第二个方程可写成

$$\begin{aligned}\hat{\boldsymbol{\xi}}_{k+1}&=\boldsymbol{\Sigma}_{k+1}(\boldsymbol{\Sigma}_k^{-1}\hat{\boldsymbol{\xi}}_k+\boldsymbol{\mu}_{k+1}\boldsymbol{y}_{k+1})\\&=\boldsymbol{\Sigma}_{k+1}[(\boldsymbol{\Sigma}_{k+1}^{-1}-\boldsymbol{\mu}_{k+1}\boldsymbol{\mu}_{k+1}^{\mathrm{T}})\hat{\boldsymbol{\xi}}_k+\boldsymbol{\mu}_{k+1}y_{k+1}]\\&=\hat{\boldsymbol{\xi}}_k+\boldsymbol{\Sigma}_{k+1}\boldsymbol{\mu}_{k+1}(y_{k+1}-\boldsymbol{\mu}_{k+1}^{\mathrm{T}}\hat{\boldsymbol{\xi}}_k)\end{aligned} \tag{12.17a}$$

式(12.17a)就是所求的递归最小二乘估计器。新的估计 $\hat{\boldsymbol{\xi}}_{k+1}$ 是旧估计 $\hat{\boldsymbol{\xi}}_k$、新的数据 $[\boldsymbol{\mu}_{k+1}^{\mathrm{T}},\ \boldsymbol{y}_{k+1}]$和矩阵 $\boldsymbol{\Sigma}_{k+1}$ 的函数。事实上，新的估计 $\hat{\boldsymbol{\xi}}_{k+1}$ 等于旧估计 $\hat{\boldsymbol{\xi}}_k$ 加上一个修正项，此修正项等于修正(或称学习)增益向量 $\boldsymbol{\Sigma}_{k+1}\boldsymbol{\mu}_{k+1}$ 乘以预测(学习)误差(或称为更新过程)$\widetilde{\boldsymbol{y}}_{k+1}=\boldsymbol{y}_{k+1}-\boldsymbol{\mu}_{k+1}^{\mathrm{T}}\hat{\boldsymbol{\xi}}_k$。因此，式(12.17a)也称作“最小二乘学习方程或法则”。现在我们还需知道如何利用 $\boldsymbol{\Sigma}_k$ 得到 $\boldsymbol{\Sigma}_{k+1}$。

由式(12.16b)可得[⊖]：

$$\begin{aligned}\boldsymbol{\Sigma}_{k+1}&=(\boldsymbol{\Sigma}_k^{-1}+\boldsymbol{\mu}_{k+1}\boldsymbol{\mu}_{k+1}^{\mathrm{T}})^{-1}\\&=\boldsymbol{\Sigma}_k-\boldsymbol{\Sigma}_k\boldsymbol{\mu}_{k+1}(I+\boldsymbol{\mu}_{k+1}^{\mathrm{T}}\boldsymbol{\Sigma}_k\boldsymbol{\mu}_{k+1})^{-1}\boldsymbol{\mu}_{k+1}^{\mathrm{T}}\boldsymbol{\Sigma}_k\\&=\boldsymbol{\Sigma}_k-\frac{\boldsymbol{\Sigma}_k\boldsymbol{\mu}_{k+1}\boldsymbol{\mu}_{k+1}^{\mathrm{T}}\boldsymbol{\Sigma}_k}{1+\boldsymbol{\mu}_{k+1}^{\mathrm{T}}\boldsymbol{\Sigma}_k\boldsymbol{\mu}_{k+1}}\end{aligned} \tag{12.17b}$$

式中，$k=0$，1，2，…，$m-1$($\boldsymbol{\mu}_{k+1}^{\mathrm{T}}\boldsymbol{\Sigma}_k\boldsymbol{\mu}_{k+1}$ 为一标量)。式(12.17a)和式(12.17b)给出的完整的递归最小二乘算法由选定的初始值 $\boldsymbol{\Sigma}_0$ 和 $\hat{\boldsymbol{\xi}}_0$ 开始计算。也可以从 $k=n$ 开始计算，$\boldsymbol{\Sigma}_n$ 和 $\hat{\boldsymbol{\xi}}_n$ 可由前 n 个测量值直接得到：

$$\boldsymbol{\Sigma}_n=[\boldsymbol{M}_n^{\mathrm{T}}\boldsymbol{M}_n]^{-1},\quad \hat{\boldsymbol{\xi}}_n=\boldsymbol{\Sigma}_n\boldsymbol{M}_n^{\mathrm{T}}\boldsymbol{y}_n$$

现在，对式(12.17a)和式(12.17b)进行下列变量代换：

$$\hat{\boldsymbol{\xi}}_{k+1}=\hat{\boldsymbol{x}}(k+1\,|\,k+1),\quad \hat{\boldsymbol{\xi}}_k=\hat{\boldsymbol{x}}(k+1\,|\,k)=\boldsymbol{A}(k)\hat{\boldsymbol{x}}(k\,|\,k),\quad \boldsymbol{\Sigma}_k=\boldsymbol{\Sigma}(k+1\,|\,k)$$
$$\boldsymbol{\Sigma}_{k+1}=\boldsymbol{\Sigma}(k+1\,|\,k+1),\quad \boldsymbol{\mu}_{k+1}^{\mathrm{T}}=\boldsymbol{C}(k+1),\quad \boldsymbol{y}_k=\boldsymbol{z}(k)$$

就可以得到式(12.5)～式(12.11)所示的卡尔曼滤波器。

状态估计方程(式(12.5))和协方差方程(式(12.7))的初始条件为

$$\hat{\boldsymbol{x}}(0\,|\,0)=\boldsymbol{0},\quad \boldsymbol{\Sigma}(0\,|\,0)=\boldsymbol{\Sigma}_0(\text{正定的})$$

⊖ 利用如下矩阵求逆引理：$(\boldsymbol{A}+\boldsymbol{BC})^{-1}=\boldsymbol{A}^{-1}-\boldsymbol{A}^{-1}\boldsymbol{B}(\boldsymbol{I}+\boldsymbol{CA}^{-1}\boldsymbol{B})^{-1}\boldsymbol{CA}^{-1}$，$\boldsymbol{A}=\boldsymbol{\Sigma}_k^{-1}$，$\boldsymbol{B}=\boldsymbol{\mu}_{k+1}$，$\boldsymbol{C}=\boldsymbol{\mu}_{k+1}^{\mathrm{T}}$。

为了观察卡尔曼滤波器是如何工作的，我们考察下面的一个标量时不变的离散时间高斯-马尔可夫系统：

$$\begin{aligned} x(k+1) &= Ax(k)+w(k) \\ z(k) &= x(k)+v(k) \end{aligned} \quad (k=0,\ 1,\ 2,\ \cdots)$$

式中 $A=1$，$Q=25$，$R=15$，$\Sigma_0=100$。由卡尔曼滤波器(式(12.5)～式(12.11))得

$$\hat{x}(k+1|k+1)=A\hat{x}(k|k)+K(k+1)[z(k+1)-A\hat{x}(k|k)],\ \hat{x}(0|0)=0$$

$$\Sigma(k+1|k)=A^2\Sigma(k|k)+Q$$

$$K(k+1)=[A^2\Sigma(k|k)+Q]/[A^2\Sigma(k|k)+Q+R]$$

$$\Sigma(k+1|k+1)=R[A^2\Sigma(k|k)+Q]/[A^2\Sigma(k|k)+Q+R],\ \Sigma(0|0)=\Sigma_0$$

因为 $\Sigma(k|k)\geqslant 0$，第二个方程表明 $\Sigma(k+1|k)\geqslant Q$，也就是说，单步预测的准确度最小等于输入干扰 $w(k)$的方差。由第三个方程可知，$0\leqslant K(k+1)\leqslant 1(k=1,\ 2,\ \cdots)$。第四个方程表明，$\Sigma(k+1|k+1)=RK(k+1)$，所以有 $0\leqslant\Sigma(k+1|k+1)\leqslant R$。这意味着如果 $\Sigma(0|0)\gg R$，那么利用第一个测量值 $z(1)$就可以得到 $\Sigma(1|1)\leqslant R\ll\Sigma_0$，也就是说可以使估计误差快速减小。使用给定值 $A=1$，$Q=25$，$R=15$，$\Sigma_0=\Sigma(0|0)=100$，方差方程给出的结果如表 12.1 所示。

表 12.1　最优滤波器的演化

k	$\Sigma(k\|k-1)$	$K(k)$	$\Sigma(k\|k)$
0	—	—	100
1	125	0.893	13.40
2	38.4	0.720	10.80
3	35.8	0.704	10.57
4	35.6	0.703	10.55

在这个例子中，设定 $\Sigma(k+1|k+1)=\Sigma(k|k)=\overline{\Sigma}$，可得 $\overline{\Sigma}^2+25\overline{\Sigma}-375=0$，即可得到 $\Sigma(k|k)$的稳态值。因为 $\overline{\Sigma}\geqslant 0$，可接受的解为 $\overline{\Sigma}=10.55$。这样 $\overline{K}=K(k+1)=0.703$。于是

$$\begin{aligned} \hat{x}(k+1|k+1) &= \hat{x}(k|k)+0.703[z(k+1)-\hat{x}(k|k)] \\ &= 0.297\hat{x}(k|k)+0.703z(k+1)(k=4,\ 5,\ 6,\ \cdots) \end{aligned}$$

12.3　传感器瑕疵

拥有可靠的高分辨率的传感器是精确定位的首要前提。遗憾的是，现实中应用的传感器由于种种原因都有一些缺陷。在第 4 章我们介绍过，机器人导航中常用的传感器都是基于声呐、激光或红外技术、雷达、触觉传感器、罗盘、GPS 的测距仪。声呐的空间带宽性能很低且易受声波散射引起的噪声的影响，所以激光测距更具优势。尽管拥有非常宽的带宽，激光传感器还是会受噪声的影响。此外，激光的视野很小，除非采取特殊的措施(如设计时加入一个旋转的镜片)。

由于基于声呐和激光的导航具有上述不足，机器人科学家更加关注于视觉传感器和基

于图像的系统。视觉传感器可提供宽阔的视野和毫秒级的采样率，且能方便地应用于控制。视觉传感器的一些不足包括缺乏深度信息、图像遮挡、低分辨率、需要识别和解释。尽管有上述优缺点，使用单目相机作为导航传感器仍是一个值得推荐的选择。

总的来说，传感器缺陷可归为两类：传感器噪声和传感器量化噪声[4-8]。传感器噪声主要由机器人无法捕获的环境变化引起。视觉系统中的噪声有光照条件、高光溢出和图像模糊。声呐系统中，如果物体反射面相对较平滑并成一定角度，大量信号会反射出去，不能产生回声。声呐系统的另一个噪声源是使用多声呐发射器(16～40 个发射器)时出现的回声干涉效应。机器人传感器的第二个缺陷是量化噪声，也就是传感器的读数不是唯一的。换句话说，从环境状态到机器人感知输入的映射是多对一的(不是一对一的)。传感器量化噪声表明，即使没有噪声，大多数时候从单个传感器读数得到的信息量也不足以确定机器人的位置。这个问题的存在使得在实际应用中，应当采用特殊的传感器信号处理或融合技术来减小噪声和量化噪声的影响，从而随着时间的推移得到机器人位置的准确估计。这些技术包括概率和信息论方法(贝叶斯估计、卡尔曼滤波器、EKF、PF、蒙特卡罗估计、信息过滤、模糊和神经网络逼近器等)。

12.4　相对定位

相对定位通过航位推算(dead reckoning)实现，就是通过测量一个移动机器人在两个位置间的运动实现定位。机器人运动时，测量过程不断重复，测量数据累加在一起得到从起始点开始的移动距离估计。由于每一次位置估计不准确，误差会不断积累，随着移动距离的增加，总的位置估计的绝对误差会增加。航位推算一词来源于航海术语“推测领航”[4]。

对于 WMR，航位推算法也称为“测程法”，其数据来自车轮增量编码器[9]。

测程法的基本假设是车轮的转数可以转换成相对地面的线性位移。由于车轮滑移和其他原因，这个假设很难完全成立。测程法的误差分为两类：

- *系统误差*：各个车轮直径不等，车轮偏心，轴距与名义值不同，有限的编码器分辨率、编码器采样率等。
- *非系统误差*：地面不平，地面光滑，加速过度，与地面非点接触，快速转向引起侧滑，内部或外部力等。

系统误差是累加的，在室内环境中起主导作用。非系统误差则在室外环境中起主导作用。

表示测程法系统误差的两个简单模型如下：

- 车轮直径不等引起的误差：

$$e_{\mathrm{d}}=d_{\mathrm{R}}/d_{\mathrm{L}}$$

- 实际轴距不确定引起的误差：

$$e_{\mathrm{b}}=b_{\text{轴距}}/b_{\text{名义值}}$$

式中：d_{R}、d_{L} 分别表示右侧车轮和左侧车轮的实际直径；b 表示轴距。已经证明不论是 e_{d} 还是 e_{b} 都会引起最终的位置和方向测量误差。为了估计非系统误差，我们考虑最坏的情况，也就是估计可能出现的最大的干扰。测量非系统误差的一个好的方法是采用顺时针方向和逆时针方向的平均方向误差 e_θ，分别计为 $e_{\theta,\mathrm{cw}}^{\mathrm{avrg}}$ 和 $e_{\theta,\mathrm{ccw}}^{\mathrm{avrg}}$。一些减小系统测程误差的方法有：

- 增加辅助轮(如图 12.4 所示，是一对边缘尖锐的、不承重的编码器轮)。
- 使用带编码器的拖车。
- 对 WMR 进行精确标定。

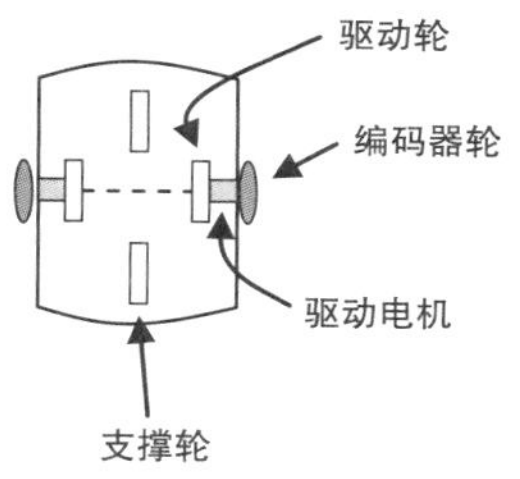

图 12.4　差分驱动轮式移动机器人使用编码器轮

减小非系统测程误差的方法有：

- 相互参考(使用相互测量对方位置的两个机器人)。
- 修正内部位置误差(两个机器人相互修正测程误差)。
- 使用机械或固态陀螺仪。

显然，精确的测程可以减少对绝对位置更新的需求，但定期更新绝对位置仍是必不可少的。

12.5　航位推算的运动学分析

k 时刻机器人的状态(位置和方向)为 $\boldsymbol{x}(k)=[x(k), y(k), \phi(k)]^{\mathrm{T}}$。轮式移动机器人基于航位推算(测程法)的定位就是估计 $k+1$ 时刻的 $\boldsymbol{x}(k+1)$ 和 k 到 $k+1$ 时刻的线性和角度的位置增量 $\Delta l(k)$ 和 $\Delta\phi(k)$，其中，$\Delta l(k)=[\Delta x^2(k)+\Delta y^2(k)]^{1/2}$，$\Delta x(k)=x(k+1)-x(k)$，$\Delta y(k)=y(k+1)-y(k)$，$\Delta\phi(k)=\phi(k+1)-\phi(k)$。假设 $\Delta\phi(k)$ 很小，以下近似成立：

$$x(k+1)=x(k)+\Delta l(k)\cos(\phi(k)+\Delta\phi(k)/2)$$
$$y(k+1)=y(k)+\Delta l(k)\sin(\phi(k)+\Delta\phi(k)/2)$$
$$\phi(k+1)=\phi(k)+\Delta\phi(k)$$

为了从车轮运动(编码器的值)确定位置和角度的增量，必须使用所研究的轮式移动机器人的运动学方程。因此有必要分情况研究定位问题：差分驱动、三轮车驱动、同步驱动、梯形转向机构、全向驱动。

12.5.1　差分驱动 WMR

此时，两个光学编码器就足够了。编码器可提供左右车轮的增量 $\Delta l_1(k)$ 和 $\Delta l_2(k)$。如果左右车轮间的距离为 $2a$，瞬时转弯半径为 $R(k)$，则有

$$\Delta l_1(k)=[R(k)-a]\Delta\phi(k)$$
$$\Delta l_2(k)=[R(k)+a]\Delta\phi(k)$$

所以

$$\Delta l_2(k)-\Delta l_1(k)=2a\Delta\phi(k)$$

现在有：

$$\Delta l(k)=R(k)\Delta\phi(k)=\Delta l_1(k)+a\Delta\phi(k)$$

$$=\Delta l_1(k)+\frac{1}{2}[\Delta l_2(k)-\Delta l_1(k)]$$

$$=\frac{1}{2}[\Delta l_1(k)+\Delta l_2(k)] \tag{12.18a}$$

$$\Delta\phi(k)=\frac{1}{2a}[\Delta l_2(k)-\Delta l_1(k)] \tag{12.18b}$$

上述公式给出了以编码器数值 $\Delta l_1(k)$、$\Delta l_2(k)$表示的 $\Delta l(k)$和 $\Delta\phi(k)$。

12.5.2 艾克曼转向

如图 1.28 所示，D 为车的长度(前后轮中心的距离)。由图可知：

$$\cot\phi_i=L/D,\quad \cot\phi_o=(L+2a)/D$$

$$\cot\phi_o-\cot\phi_i=2a/D,\quad \cot\phi_o-\cot\phi_s=a/D$$

式中，ϕ_s 为车的实际转向角(位于两前轮中间的虚拟轮的转向角)，ϕ_o 和 ϕ_i 为外侧轮和内侧轮的转向角。

与分析差分驱动情况时类似，有

$$\Delta l(k)=\frac{1}{2}[\Delta l_1(k)+\Delta l_2(k)] \tag{12.19a}$$

$$\Delta\phi(k)=\frac{1}{D}[\Delta l_2(k)-\Delta l_1(k)] \tag{12.19b}$$

同时有

$$\Delta\phi(k)=\frac{1}{2D}\tan\phi_s(k)[\Delta l_1(k)+\Delta l_2(k)] \tag{12.20}$$

利用式(12.19a)和式(12.19b)，两个编码器就足以求得 $\Delta l(k)$和 $\Delta\phi(k)$。要使用式(12.20)，还需要第三个编码器，好处是其结果可以用来减小另两个编码器的误差。

12.5.3 三轮驱动

这种驱动方式的结果与采用阿克曼转向机构时相同：

$$\Delta l(k)=\frac{1}{2}[\Delta l_1(k)+\Delta l_2(k)],\ \Delta\phi(k)=\frac{1}{D}[\Delta l_2(k)-\Delta l_1(k)] \tag{12.21}$$

$$\Delta\phi(k)=\frac{1}{2D}\tan\phi_s(k)[\Delta l_1(k)+\Delta l_2(k)] \tag{12.22}$$

12.5.4 全向驱动

对于三个全向轮的情况，其运动学关系如下：

$$v_1=v_x+\omega R \tag{12.23a}$$

$$v_2=-v_x\sin 30^\circ-v_y\cos 30^\circ+\omega R \tag{12.23b}$$

$$v_3=-v_x\sin 30^\circ+v_y\cos 30^\circ+\omega R \tag{12.23c}$$

12.6 绝对定位

12.6.1 一般问题

地标和信标是轮式移动机器人绝对定位的基础[10]。地标可以有标识，也可以没有标识。如果地标有标识，导航时就无须用到机器人位置的历史信息。否则，如果地标没有标识，导航时就需要先知道机器人位置的粗略信息。如果使用自然地标，那么地标有无标识取决于环境。例如在一个办公楼中，众多房间中有一个房间装有一个大的三格玻璃窗，玻璃窗就可以作为有标识的地标。

地标可分为主动人工地标、被动人工地标、自然地标。

主动地标发射某种信号使之易于探测。一般说来，探测被动地标需要更多的探测器。为了简化被动地标的探测，通常采用主动探测器和能响应这种主动探测的被动地标一起工作。如使用可见光检测墙上的条形码来构建拓扑地图。当导航系统具有持续鲁棒性时，采用自然地标将是更好的选择。这样的系统可提供更大的灵活性来适应新的环境，对系统设计的要求也更少。例如，在室内环境中，自然地标可以是椅子、桌子、台子等。

根据 Borenstein 的分类[4]，主动地标定位有两种方法：三边测量和三角测量。

12.6.2 基于三边测量的定位

进行三边测量时，轮式移动机器人的位置由机器人到已知主动信标 B_i 的距离确定。一般情况下会使用三个或更多的信号发射器，机器人使用一台接收器。发射器(信标)的位置是已知的。相反地，也可以在机器人上设一台发射器，在环境中的已知位置(如房间的墙上)设置多个接收器。图 12.5 和图 4.24b 是三边测量定位的两个例子，它们分别采用了超声波传感器和 GPS 系统。图 12.5 中机器人 P 位于以信标 B_i 为圆心，半径为 R_i 的三个圆 C_i 的交点($i=1, 2, 3$)。

基于超声波的三边测量定位系统适用于小范围定位(因为超声波测量的量程小)，同时不能有阻挡声波传播的障碍物存在。如果机器人工作区域范围较大，在整个工作区域内安装多个网络化的信标系统增加了系统的复杂性，这减小了基于声呐的三边测量的适用范围。在使用时有两种设计方法：

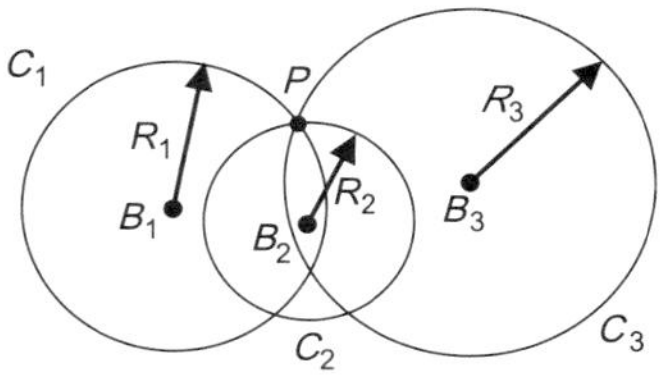

图 12.5 三边测量定位示意图

- 机器人上设一台发射器，在多个固定位置设接收器。
- 机器人上设一台接收器，设置多个固定发射器作为信标(类似于 *GPS* 的原理)。

机器人在世界坐标系中的位置 $P(x, y)$ 可通过下面的最小二乘估计确定。在图 12.5 中，令 $(x_i, y_i)(i=1, 2, 3, \cdots, N)$ 为信标 B_i 已知的世界坐标，R_i 为机器人到相应信标的距离(相交圆的半径)。于是

$$(x_i-x)^2+(y_i-y)^2=R_i^2 (i=1, 2, 3, \cdots, N)$$

展开并整理得：

$$x^2+y^2+(-2x_i)x+(-2y_i)y+x_i^2+y_i^2=R_i^2$$

为了消去未知变量 x 和 y 的平方项，将上述等式两两相减，如从第 i 个等式中减去第 k 个，得

$$2(x_k-x_i)x+2(y_k-y_i)y=b_i$$

式中：

$$b_i=R_i^2-R_k^2+(x_k^2+y_k^2)-(x_i^2-y_i^2)$$

综上所述，我们得到一个有两个未知量的超定线性方程：

$$\boldsymbol{Ax}=\boldsymbol{b},\quad \boldsymbol{x}=[x,\ y]^{\mathrm{T}},\quad \boldsymbol{b}=[b_1,\ b_2,\ \cdots,\ b_N]^{\mathrm{T}}$$

式中 $\boldsymbol{A}$ 为矩阵：

$$\boldsymbol{A}=2\begin{bmatrix}(x_2-x_1) & (y_2-y_1)\\ (x_3-x_1) & (y_3-y_1)\\ \vdots & \vdots\\ (x_N-x_{N-1}) & (y_N-y_{N-1})\end{bmatrix}$$

这个线性系统的解可由下式求得(参见式(2.7)和式(2.8a))：

$$\boldsymbol{x}=\boldsymbol{A}^{\dagger}\boldsymbol{B},\quad \boldsymbol{A}^{\dagger}=(\boldsymbol{A}^{\mathrm{T}}\boldsymbol{A})^{-1}\boldsymbol{A}^{\mathrm{T}}$$

式中，矩阵 $\boldsymbol{A}^{\mathrm{T}}\boldsymbol{A}$ 假定是可逆的。

计算 $\boldsymbol{x}=[x,\ y]^{\mathrm{T}}$ 的另一种方法是使用普通的迭代最小二乘法进行非线性估计。为此，将非线性函数

$$F_i=(x_i-x)^2+(y_i-y)^2-R_i^2=0(i=1,\ 2,\ \cdots,\ N)$$

展开为关于一个先验的位置估计 $\hat{\boldsymbol{x}}_q=[\hat{x}_q,\ \hat{y}_q]^{\mathrm{T}}(q=0)$ 的泰勒级数，并仅保留一阶项，记为

$$\boldsymbol{F}(\boldsymbol{x})=\boldsymbol{F}(\hat{\boldsymbol{x}}_q)+\boldsymbol{A}(\hat{\boldsymbol{x}}_q)\Delta\boldsymbol{x}_q=0,\quad q=0,\ 1,\ 2,\ \cdots$$

式中：$\Delta\boldsymbol{x}_q=\boldsymbol{x}-\hat{\boldsymbol{x}}_q$，$\boldsymbol{F}(\boldsymbol{x})=[F_1(\boldsymbol{x}),\ F_2(\boldsymbol{x}),\ \cdots,\ F_N(\boldsymbol{x})]^{\mathrm{T}}$

$\boldsymbol{A}(\hat{\boldsymbol{x}}_q)$为 $\boldsymbol{F}(\boldsymbol{x})$在 $\boldsymbol{x}=\hat{\boldsymbol{x}}_q$ 时的雅可比矩阵：

$$\boldsymbol{A}(\hat{\boldsymbol{x}}_q)=\left[\frac{\partial F(\boldsymbol{x})}{\partial \boldsymbol{x}}\right]_{\boldsymbol{x}=\hat{\boldsymbol{x}}_q}=2\begin{bmatrix}(\hat{\boldsymbol{x}}_q-x_1) & (\hat{y}_q-y_1)\\ (\hat{\boldsymbol{x}}_q-x_2) & (\hat{y}_q-y_2)\\ \vdots & \vdots\\ (\hat{\boldsymbol{x}}_q-x_N) & (\hat{y}_q-y_N)\end{bmatrix}$$

由此可得更新估计 $\hat{\boldsymbol{x}}_q$ 的迭代方程：

$$\hat{\boldsymbol{x}}_{q+1}=\hat{\boldsymbol{x}}_q-\boldsymbol{A}^{\dagger}(\hat{\boldsymbol{x}}_q)\boldsymbol{F}(\hat{\boldsymbol{x}}_q),\ q=0,\ 1,\ 2,\ \cdots$$

这里 $\hat{\boldsymbol{x}}_0$ 是已知的。

当$\|\hat{\boldsymbol{x}}_{q+1}-\hat{\boldsymbol{x}}_q\|$小于预先设定的微小量 ε 或迭代次数大于预先设定的值 $q_{\max}=Q$ 时，迭代就可以停止。

在实际应用中，由于信标位置和圆的半径的测量误差，这些圆的交点并不重合，而是集中在一个小的区域内。机器人就在这个区域内的某一点上。每一对圆有两个交点，所以如果有 3 个圆(信标)，就会有 6 个交点。其中 3 个交点会集中在一个小的区域内，其他点

则分散分布。确定这个最小的集中分布区域的方法如下：

- 计算所有交点间的距离。
- 选择最近的两个点作为初始群组。
- 计算这个群组的形心(形心的 x、y 坐标为群组中所有点的 x、y 坐标的平均值)。
- 找到距离形心最近的点。
- 把这个点加入群组中并重新计算新群组的形心。
- 重复上述过程，直到群组中的点数与信标个数相等。
- 最终的群组的形心就是机器人的位置。

作为练习，读者可以考虑有两个信标的情况并计算交点的位置。需要注意的是这种情况下解不是唯一的。

12.6.3 基于三角测量的定位

进行三角测量时，三个或更多的主动信标(发射器)安装在工作空间的已知位置(见图 12.6)。安装在机器人 R 上的一个旋转传感器记录三个信标所处的方向角，也就是传感器发现信标时传感器与机器人纵轴 x_r 间的夹角，记为 θ_1，θ_2 和 θ_3。利用这三个读数就可以计算机器人的位姿(x，y，ϕ)，这里的 x，y 分别表示 X_0，Y_0。

这些信标应当有足够的功率以便在所有方向上发射适当的信号。设计方案同样有两种可选：

- 旋转发射器和固定接收器。
- 旋转发射-接收器和固定反射器。

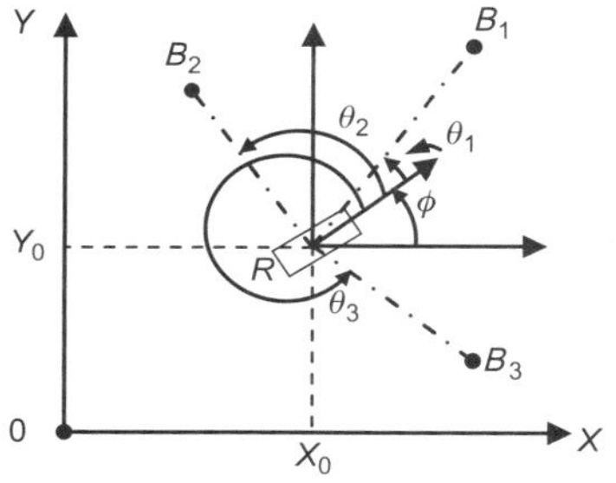

图 12.6 三角测量法。一个旋转的传感器头，用于测量三个主动信标 B_1，B_2 和 B_3，以及与机器人长轴之间的角度 θ_1，θ_2 和 θ_3

需要注意的是，当观测角很接近或观测点靠近包含信标的圆周上时，三角测量的结果对测量误差很敏感。只有当机器人位于三个信标构成的三角形的边界内部时，三点的三角测量才是精确的。用几何法做圆的交集可以展示当三个信标和机器人位于或靠近同一个圆时，测量误差会非常大。当使用牛顿-拉弗森法计算机器人位置时，如果机器人初始位置或方向的猜想位于某一确定边界的外部，计算将无解。三角测量的变种方法是按下述方法构建一个虚拟信标：因为运动数据已知，信标位置向量加上运动向量后，在 t 时刻从一个信标获得的距离或角度可以在 $t+\Delta t$ 时刻使用。这就产生了一个新的虚拟信标。

参考图 12.6，x，y，ϕ 与信标测量角 $\theta_i(i=1, 2, 3)$之间的关系为

$$\tan(\phi+\theta_i)=(y_i-y)/(x_i-x)$$

式中，x_i，y_i 为信标 i 的坐标。在没有测量噪声的情况下，只需三个信标就足以计算出(x，y，ϕ)。在三个信标的情况下，会得到一个三个方程、三个未知数的非线性代数系统。这个系统可以通过牛顿-拉弗森法及其变种方法等近似数值方法求解。如果测量存在噪声(实际应用时噪声是不可避免的)，就需要更多信标。此时，会得到一个超定的带噪声

的非线性代数系统。求解可采用类似于前面三边测量使用的迭代最小二乘法[11]。

如果人工信标采用优化布置(如三信标时，间隔为 120°)，测量结果会更精确。否则，机器人的位置和方向会与优化值相比有较大的变化。此外，如果信标是没有标识的，就很难确定观测到的信标是哪个。当环境中存在障碍物遮挡一个或多个信标时，会出现匹配错误的情况。当机器人丢失时，克服信标识别问题的一个自然方法是人工初始化和重新标定机器人位置。但是在实际使用中，人工初始化和重新标定很不方便。因此很多自动化的初始化和重新标定方法被提出。例如使用一个自组织神经网络(Kohonen 网络)来识别和区分信标[12](参见 12.7 节)。

12.6.4 基于地图匹配的定位

在基于地图匹配进行定位时，机器人利用其传感器产生一个所处环境的地图[13]。在现实生活中我们说到地图时，通常会想到一张标有地名和街道名的乡村或城镇地图。为了在城市地图上利用街道名找到路，我们通常会走到街道拐角，找到街道名(即地标)并在地图上找到对应的名字。如果我们知道要去的地方，就可以规划一条路径。我们跟踪规划好的路径的方法是利用自然地标，如街道拐角、建筑物、街道、街区。如果偏离了规划路径，我们就要重新寻找街道名并在地图上进行匹配。如果道路是封闭、未通车的或单向行驶的，我们就重新规划一条路径。轮式移动机器人进行地图生成和匹配时用的也是这种思想，当然在不同的情景中要使用适合机器人所处环境的地标。

机器人将自己周围的地图与事先存储在计算机内存中的全局地图进行比较。如果匹配成功，机器人就可以确定自己在环境中的位置和方向。预先存储的地图可以是环境的 CAD 模型，也可以由先前的传感器数据生成。

基于地图的定位系统的基本结构如图 12.7 所示。

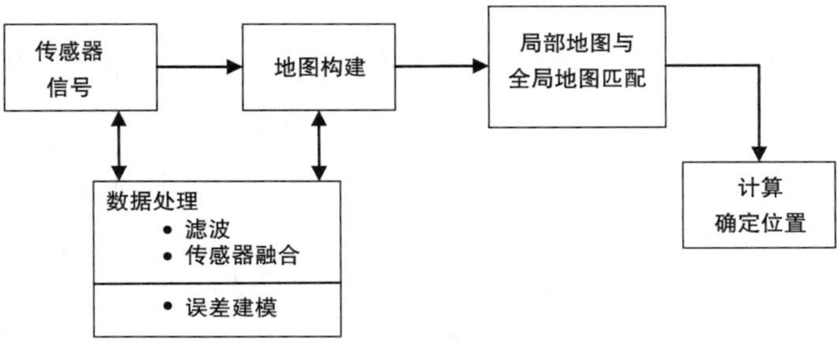

图 12.7 基于地图的定位系统的基本结构

基于地图的定位法有如下优点：

- 环境不需要改造(仅需要结构化的自然地标)。
- 可以生成新一版的地图。
- 机器人可以通过探索适应新环境并提高定位精度。

缺点如下：

- 需要足够数量的固定的、易于识别的特征。

- 事先要有一张精度适应任务的需要的地图。
- 需要很强的传感和信息处理能力。

地图有以下几种：

- 拓扑地图：拓扑地图适用于传感器可提供地标标识信息的情况。现实生活中，地铁地图就是一个例子，它仅提供如何从一个车站到另一个车站的信息，不包含距离信息。为了使换车时更容易确定方向，地图上使用了不同颜色进行区分。拓扑地图使用节点和弧线对环境进行建模。
- 几何地图：如果提供合适的测量距离和角度的设备，几何地图可以由拓扑地图转化而来。几何地图适用于可提供几何信息（如距离）的传感器，如声呐、激光测距仪。一般说来，配合此类传感器使用几何地图比使用拓扑地图更容易实现定位，因为它不需要使用更多的先进感知技术。极端情况下，传感器的测量值可以直接与存储的地图完成匹配。

目前使用的地图通常是 CAD 图或手工测量图。环境中的哪些部分应当包含在地图中是由人来决定的。同样，什么样的传感器最适合（当然价格应当考虑在内）以及传感器如何对环境做出响应也是由人来决定的。最理想的情况是轮式移动机器人可以自己构建地图。在这个方向上，一种立体的称为同步定位和地图构建的方法被提出，后文将会讨论这个方法。

12.7　基于卡尔曼滤波器的定位和传感器标定及融合

式（12.5）～式（12.11）描述的卡尔曼滤波器可用于三个目的：

- 机器人定位
- 传感器标定
- 传感器融合

12.7.1　机器人定位

基于卡尔曼滤波器定位算法的步骤如下：

步骤 1　一步预测。

已知 k 时刻的滤波位置 $\hat{\boldsymbol{x}}(k|k)$，机器人在 $k+1$ 时刻的预测位置 $\hat{\boldsymbol{x}}(k+1|k)$ 由式（12.12a）计算，即

$$\hat{\boldsymbol{x}}(k+1|k)=\boldsymbol{A}(k)\hat{\boldsymbol{x}}(k|k) \tag{12.24}$$

式中，$\boldsymbol{A}(k)$ 为机器人运动学方程。相应的位置不确定度由式（12.8）描述的协方差矩阵 $\boldsymbol{\Sigma}(k+1|k)$ 计算，即

$$\boldsymbol{\Sigma}(k+1|k)=\boldsymbol{A}(k)\boldsymbol{\Sigma}(k|k)\boldsymbol{A}^{\mathrm{T}}(k)+\boldsymbol{B}(k)\boldsymbol{Q}(k)\boldsymbol{B}^{\mathrm{T}}(k) \tag{12.25}$$

式中的 $\boldsymbol{\Sigma}(0|0)=\boldsymbol{\Sigma}_0$，为已知量。每个传感器测量值的预测 $\hat{\boldsymbol{z}}(k+1|k)$ 为

$$\hat{\boldsymbol{z}}(k+1|k)=\boldsymbol{C}(k+1)\hat{\boldsymbol{x}}(k+1|k)$$

步骤 2　传感器观测。

在这一步，获取 $k+1$ 时刻的传感器的一组测量值 $\boldsymbol{z}(k+1)$。

步骤 3 匹配。

测量值更新过程如下：

$$\begin{aligned}\tilde{\boldsymbol{z}}(k+1|k)&=\boldsymbol{z}(k+1)-\hat{\boldsymbol{z}}(k+1|k)\\&=\boldsymbol{z}(k+1)-\boldsymbol{C}(k+1)\hat{\boldsymbol{x}}(k+1|k)\\&=\boldsymbol{z}(k+1)-\boldsymbol{C}(k+1)\boldsymbol{A}(k)\hat{\boldsymbol{x}}(k|k)\end{aligned}\tag{12.26}$$

$$\begin{aligned}\boldsymbol{S}(k+1|k)&=E\{\tilde{\boldsymbol{z}}(k+1|k)\tilde{\boldsymbol{z}}^{\mathrm{T}}(k+1|k)\}\\&=\boldsymbol{C}(k+1)\boldsymbol{\Sigma}(k+1|k)\boldsymbol{C}^{\mathrm{T}}(k+1)+\boldsymbol{R}(k)\end{aligned}\tag{12.27}$$

步骤 4 位置估计。

使用式(12.10)计算卡尔曼滤波器增益矩阵 $\boldsymbol{K}(k+1)$，即

$$\boldsymbol{K}(k+1)=\boldsymbol{\Sigma}(k+1|k+1)\boldsymbol{C}^{\mathrm{T}}(k+1)\boldsymbol{R}^{-1}(k+1)\tag{12.28}$$

使用式(12.5)～式(12.8)更新位置估计 $\hat{\boldsymbol{x}}(k+1|k+1)$，即

$$\hat{\boldsymbol{x}}(k+1|k+1)=\hat{\boldsymbol{x}}(k+1|k)+\boldsymbol{K}(k+1)\tilde{\boldsymbol{z}}(k+1|k)\tag{12.29}$$

$$\boldsymbol{\Sigma}(k+1|k+1)=\boldsymbol{\Sigma}(k+1|k)-\boldsymbol{K}(k+1)\boldsymbol{C}(k+1)\boldsymbol{\Sigma}(k+1|k)\tag{12.30}$$

式中，$\tilde{\boldsymbol{z}}(k+1|k)$和 $\boldsymbol{\Sigma}(k+1|k)$分别由式(12.26)和式(12.25)计算。估计的协方差的初始值 $\boldsymbol{\Sigma}(0|0)=\boldsymbol{\Sigma}_0$ 以及 $\boldsymbol{Q}(k)$和 $\boldsymbol{R}(k)$的值需要事先根据传感器和相应的模型由实验确定。一般情况下，$\boldsymbol{Q}(k)=\boldsymbol{Q}$，为常数，$\boldsymbol{R}(k)=\boldsymbol{R}$，也为常数。由于测量(传感器观测)向量 $\boldsymbol{z}(k)$包含多个传感器(通常是不同类型的)的数据，可以说卡尔曼滤波器提供了一种传感器融合和集成的方法(见例 12.5)。

在应用时，建议检查新的测量数据与先前的数据是否是相互独立的，如果是相关的就应舍弃，因为它们不提供新的信息。这个处理可以根据式(12.26)和式(12.27)得到的更新过程(残差)$\tilde{\boldsymbol{z}}(k+1|k)$和协方差 $\boldsymbol{S}(k+1|k)$在匹配过程中完成。过程 $\tilde{\boldsymbol{z}}(k+1|k)$表示新的测量值 $\boldsymbol{z}(k+1)$与根据系统模型得到的预期值 $\boldsymbol{C}(k+1)\boldsymbol{A}(k)\hat{\boldsymbol{x}}(k|k)$之间的差别。

为此，我们使用所谓的*正规化更新平方*(NIS)，定义为

$$\tilde{\boldsymbol{z}}_{\mathrm{NIS}}(k+1|k)=\tilde{\boldsymbol{z}}^{\mathrm{T}}(k+1|k)\boldsymbol{S}^{-1}(k+1|k)\tilde{\boldsymbol{z}}(k+1|k)$$

过程 $\tilde{\boldsymbol{z}}_{\mathrm{NIS}}(k+1|k)$服从自由度为 m 的*卡方*(χ^2)分布(当更新过程 $\tilde{\boldsymbol{z}}(k+1|k)$为高斯分布时更为准确)。因此我们可以从卡方分布读取有 m 个自由度的服从 χ^2 分布的随机变量的边界值(置信区间)，如果 $\tilde{\boldsymbol{z}}_{\mathrm{NIS}}(k+1|k)$落在期望的置信区间外，则舍去这个测量值。更具体地说，如果满足准则 $\tilde{\boldsymbol{z}}_{\mathrm{NIS}}(k+1|k)\leqslant\chi^2$，则认为测量值 $\boldsymbol{z}(k+1)$与 $\boldsymbol{z}(k)$是相互独立的，因此应该包含到滤波过程中。不满足上述准则的就应丢弃。随机变量 χ^2 的定义如下。设有两个随机变量(传感器信号)x 和 y，如果 y 的存在不影响 x 的概率分布，则两者是相互独立的。卡方变量定义为

$$\chi^2=\sum_{ij}\frac{(\boldsymbol{f}_{ij}-e_{ij})^2}{e_{ij}}$$

式中，$\boldsymbol{f}_{ij}$ 为事件既属于 x 的第 i 个范畴又属于 y 的第 j 个范畴的观测频率；e_{ij} 为 x 和 y 独立时事件的期望频率。卡方列联表的使用方法一般的统计学书籍上都有叙述(例如 http://onlinestatbook.com/stat sim/chisq theory/index.html)。

12.7.2　传感器标定

卡尔曼滤波器提供了一种传感器标定的方法，它通过最小化实际测量数据和利用已有参数进行的模拟测量的数据间的误差实现。待标定的参数分为内部参数和外部参数。内部参数不能直接观测，而外部参数可以直接观测。例如，摄像机的焦距、光心位置和畸变是内部参数，而摄像机位置是外部参数。

为了利用卡尔曼滤波器进行传感器标定，我们使用待标定的参数作为模型的状态向量来替代机器人的位置和方向。预测步骤给出当前状态下参数的模拟值(即当前值)。通过状态观测步骤可得到一组机器人在不同位置时传感器的读数。此时的机器人是静止的，而不是像在机器人定位(即位置估计和地图构建)时那样是运动的。基于卡尔曼滤波器的传感器标定方法是通用的，不依赖于传感器的性质(如距离、视觉等)。唯一需要改变的是状态向量 $\boldsymbol{x}(k)$和由相关矩阵 $\boldsymbol{A}(k)$、$\boldsymbol{B}(k)$、$\boldsymbol{C}(k)$以及噪声 $\boldsymbol{w}(k)$和 $\boldsymbol{v}(k)$决定的测量向量。

12.7.3　传感器融合

传感器融合是一个合并来自多个传感器的数据的过程，通过传感器融合可以提高机器人导航运动或任务执行的准确度。传感器融合可以帮助建立一个更加准确的环境模型，从而使机器人导航和动作更加顺利。集合传感器数据的三个基本方法是：

- 冗余传感器：所有传感器给出关于环境的相同类型的数据。
- 互补传感器：传感器给出的环境数据是不同类型的。
- 协调传感器：传感器依次收集环境信息。

三种基本的传感器通信方案是[14]：

- 分散式：传感器节点间没有通信。
- 集中式：所有传感器向中央节点提供数据。
- 分布式：节点按给定的通信率交换数据(如每扫描 5 次交换 1 次数据，即 1/5 通信率)。

当传感器每扫描一次就相互通信一次时，集中式通信方式可以看成分布式通信方式的一种特殊情况。传感器融合过程如图 12.8 所示。

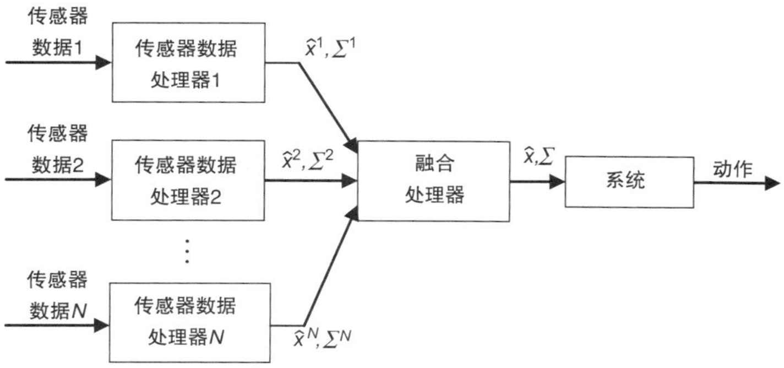

图 12.8　传感器融合过程示例

为简单起见，下面以两个局部冗余传感器为例($N=2$)。每一个传感器数据处理器 i 可以提供自己的先验的和更新的估计和协方差 $\hat{x}^i(k+1|k)$，$\Sigma^i(k+1|k)$和 $\hat{x}^i(k+1|k+1)$，$\Sigma^i(k+1|k+1)$，$i=1, 2$。假定融合处理器有自己的全局的先验估计 $\hat{x}(k+1|k)$和协方差 $\Sigma(k+1|k)$。融合问题就是利用这些局部估计和全局先验估计来计算全局估计 $\hat{x}(k+1|k+1)$和协方差矩阵 $\Sigma(k+1|k+1)$。全局的更新估计可以由局部估计的线性运算得到，即

$$\begin{aligned}\hat{x}(k+1|k+1)=\Sigma(k+1|k+1)[&\Sigma^1(k+1|k+1)^{-1}\hat{x}^1(k+1|k+1)+\\&\Sigma^2(k+1|k+1)^{-1}\hat{x}^2(k+1|k+1)-\\&\Sigma^1(k+1|k)^{-1}\hat{x}^1(k+1|k)-\Sigma^2(k+1|k)^{-1}\hat{x}^2(k+1|k)+\\&\Sigma(k+1|1)^{-1}\hat{x}(k+1|k)]\end{aligned}$$

式中

$$\begin{aligned}\Sigma(k+1|k+1)=[&\Sigma^1(k+1|k+1)^{-1}+\Sigma^2(k+1|k+1)^{-1}-\Sigma^1(k+1|k)^{-1}-\\&\Sigma^2(k+1|k)^{-1}+\Sigma(k+1|k)^{-1}]^{-1}\end{aligned}$$

当局部的处理器和融合处理器有相同的先验估计时，上面的融合方程可简化为

$$\begin{aligned}\hat{x}(k+1|k+1)=\Sigma(k+1|k+1)[&\Sigma^1(k+1|k+1)^{-1}\hat{x}^1(k+1|k+1)+\\&\Sigma^2(k+1|k+1)^{-1}\hat{x}^2(k+1|k+1)-\Sigma(k+1|k)^{-1}\hat{x}(k+1|k)]\end{aligned}\tag{12.31a}$$

$$\Sigma(k+1|k+1)=[\Sigma^1(k+1|k+1)^{-1}+\Sigma^2(k+1|k+1)^{-1}-\Sigma(k+1|k)^{-1}]^{-1}\tag{12.31b}$$

这意味着共同的先验信息(即冗余信息)在线性融合运算中被减去。上述的方程构成了图 12.8 中的融合处理器。一般情况下，传感器数据处理器 1，2，…，N 为卡尔曼滤波器。

例 12.2　推导融合 x(如轮式移动机器人的位置)的 m 个独立传感器的测量值 x_k 的融合公式。假设第 k 个传感器的测量值 x_k 服从方差为 σ_k^2 的正态分布。

我们使用最大似然估计法，这样，x_1，x_2，…，x_m 的联合概率分布 $p(x_1, x_2, \cdots, x_m|x, \sigma)$相对于融合值 x 和融合方差 σ^2 是最大的。联合高斯分布 $p(x_1, x_2, \cdots, x_m|x, \sigma)$为

$$p(x_1, x_2, \cdots, x_m|x, \sigma)=\prod_{k=1}^{m}\frac{1}{\sigma_k\sqrt{2\pi}}\mathrm{e}^{-(x_k-x)^2/2\sigma_k^2}$$

最大似然函数 L 定义为 $p(x_1, x_2, \cdots, x_m|x, \sigma)$的对数，即

$$L(x_1, x_2, \cdots, x_m|x, \sigma)=-\frac{1}{2}m_1n(2\pi)-m\sum_{k=1}^{m}\ln\sigma_k-\sum_{k=1}^{m}(x_k-x)^2/(2\sigma_k^2)$$

为使 L 最大化，令 L 对 x 的导数等于 0，即

$$\frac{\partial L}{\partial x}=\sum_{k=1}^{m}\frac{(x_k-x)}{\sigma_k^2}=\sum_{k=1}^{m}\frac{x_k}{\sigma_k^2}-x\left(\sum_{k=1}^{m}\frac{1}{\sigma_k^2}\right)=0$$

因此，m 个传感器的融合估计 $\hat{x}$ 为

$$\hat{x}=\left(\sum_{k=1}^{m}\frac{x_k}{\sigma_k^2}\right)\Big/\left(\sum_{k=1}^{m}\frac{1}{\sigma_k^2}\right)$$

$\hat{x}$ 的方差 $\sigma_{\hat{x}}^2$ 为

$$\sigma_{\hat{x}}^2=\sum_{k=1}^{m}\sigma_k^2\left(\frac{\partial\hat{x}}{\partial x_k}\right)^2$$

偏导数 $\partial\hat{x}/\partial x_k$ 为

$$\frac{\partial\hat{x}}{\partial x_k}=\frac{\partial}{\partial x_k}\frac{\sum_{k=1}^{m}(x_k/\sigma_k^2)}{\sum_{k=1}^{m}(1/\sigma_k^2)}=\frac{1/\sigma_k^2}{\sum_{k=1}^{m}(1/\sigma_k^2)}$$

因此：

$$\sigma_{\hat{x}}^2=\sum_{k=1}^{m}\sigma_k^2\left[\frac{1/\sigma_k^2}{\sum_{k=1}^{m}(1/\sigma_k^2)}\right]^2=\sum_{k=1}^{m}\frac{1/\sigma_k^2}{\left[\sum_{k=1}^{m}(1/\sigma_k^2)\right]^2}=\frac{1}{\sum_{k=1}^{m}(1/\sigma_k^2)}$$

或

$$\frac{1}{\sigma_{\hat{x}}^2}=\sum_{k=1}^{m}\frac{1}{\sigma_k^2}$$

为了更好地理解上面关于 $\hat{x}$ 和 $\sigma_{\hat{x}}^2$ 的公式的含义，我们举一个有两个传感器($m=2$)例子，分别是激光测距传感器和超声测距传感器：

$$\hat{x}=\left(\frac{x_1}{\sigma_1^2}+\frac{x_2}{\sigma_2^2}\right)\Big/\left(\frac{1}{\sigma_1^2}+\frac{1}{\sigma_2^2}\right)=\left(\frac{\sigma_2^2}{\sigma_1^2+\sigma_2^2}\right)x_1+\left(\frac{\sigma_1^2}{\sigma_1^2+\sigma_2^2}\right)x_2$$

$$\frac{1}{\sigma_{\hat{x}}^2}=\frac{1}{\sigma_1^2}+\frac{1}{\sigma_2^2}=\frac{\sigma_1^2+\sigma_2^2}{\sigma_1^2\sigma_2^2}$$

或

$$\sigma_{\hat{x}}^2=\sigma_1^2\sigma_2^2/(\sigma_1^2+\sigma_2^2)$$

可以看出，融合估计的方差小于所有传感器单独测量的方差(与纯电阻并联的关系类似)(见图 12.9)。关于 $\hat{x}$ 的公式可写成：

$$\hat{x}=x_1+[\sigma_1^2/(\sigma_1^2+\sigma_2^2)](x_2-x_1)$$

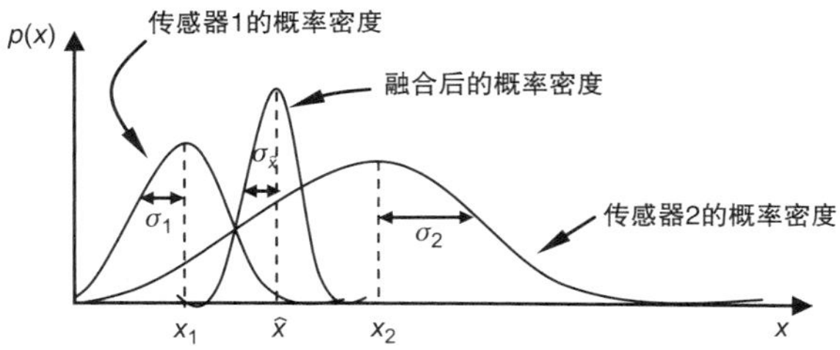

图 12.9　融合估计 $\hat{x}$ 方差 $\sigma_{\hat{x}}^2$ 小于 σ_1 和 σ_2

因此可得下面的传感器估计更新公式：

$$\hat{x}_{k+1}=\hat{x}_k+\sum_{k+1}(y_{k+1}-\hat{x}_k),\quad y_{k+1}=x_2,\quad \hat{x}_k=x_1$$

$$\sum_{k+1} = \sigma_k^2/(\sigma_k^2+\sigma_y^2), \quad \sigma_k^2=\sigma_1^2, \quad \sigma_y^2=\sigma_2^2$$

$\hat{x}_{k+1}$ 更新后的方差 σ_{k+1}^2 为

$$\sigma_{k+1}^2=\sigma_k^2-\sum_{k+1}\sigma_k^2$$

上述关于 $\hat{x}_{k+1}$ 和 σ_{k+1}^2 的序列方程表示了一个离散的卡尔曼滤波器(见 12.2.3 节和例 12.1)，可用于传感器顺序提供测量数据的情况。

上述分析中，变量 $\hat{x}$ 假定为定值(例如，轮式移动机器人不运动时)。如果变量 $\hat{x}$ 是变化的，且变化可表示为动态随机过程系统，则应采用动态卡尔曼滤波器，σ_{k+1} 是随着时间推移逐渐减小的(见表 12.1)。

12.8　同步定位与地图构建

12.8.1　一般问题

同步定位和地图构建(SLAM)用于当一台轮式移动机器人处于一个未知环境中的未知位置时，机器人逐渐建立一个关于环境的一致的地图，同时同步地确定自己在地图中的位置。

SLAM 问题的研究基础是由 Durrant-Whyte 奠定的[15]，他建立了一个统计模型来描述地标和操纵几何不确定度之间的关系。关键要素是能观测到地图中的若干地标的位置估计间有较高的相关度，且随着观测不断进行，其相关性应不断加强。完全解决 SLAM 问题需要一个组合的状态(包括轮式移动机器人的位置和所有地标的位置)，并且能随着新地标的观测不断更新这个状态。当然，在实际应用中，这就需要估计器采用一个非常高维的状态向量(阶数等于地图中地标的数量)，而计算的复杂度与地标数量直接相关。已经有一些研究采用大量程的传感器，如声呐、相机、激光测距仪，来探测环境并实现 SLAM[5-8]。

图 12.10 展示了解决 SLAM 问题的各种功能(操作)的结构和相互关系。

实施 SLAM 有三种典型的方法：

- 扩展卡尔曼滤波器
- 贝叶斯估计器
- 粒子滤波器

扩展卡尔曼滤波器是卡尔曼滤波器针对非线性随机模型的扩展，可以用来研究滤波系统的可观性、可控性、稳定性。贝叶斯估计器直接利用潜在的概率密度函数和贝叶斯定理来描述轮式移动机器人的运动和特征观测以实现概率更新。贝叶斯方法在很多具有挑战性的环境中取得成功。粒子滤波器(也称为顺序蒙特卡罗法)基于仿真[15]。下面各节将简要介绍这些 SLAM 方法。

12.8.2　基于扩展卡尔曼滤波器的 SLAM

轮式移动机器人的运动和地图特征的测量可用下面的非线性随机模型描述：

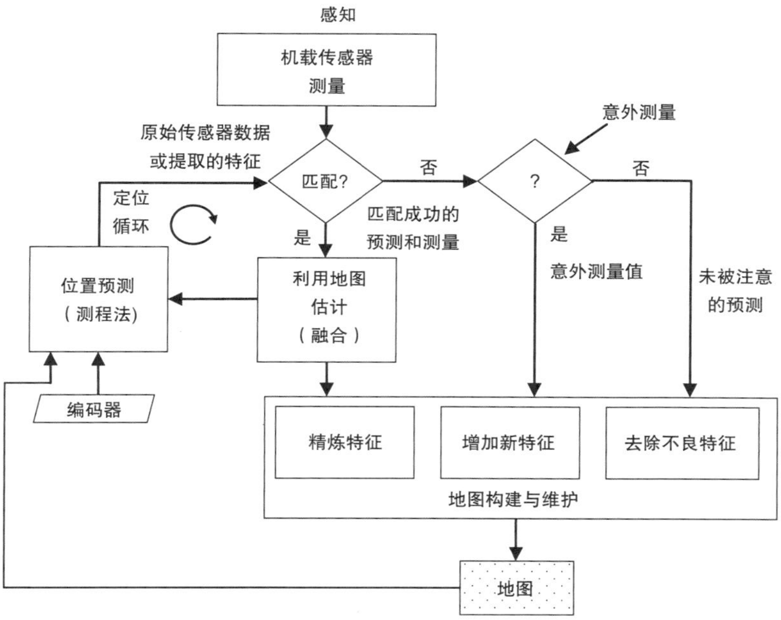

图 12.10　SLAM 各功能的相互关系和流程图

$$\boldsymbol{x}_{k+1}=\boldsymbol{f}(\boldsymbol{x}_k, \boldsymbol{u}_k, \boldsymbol{w}_k) \tag{12.32a}$$

$$\boldsymbol{z}_k=\boldsymbol{h}(\boldsymbol{x}_k)+\boldsymbol{v}_k \tag{12.32b}$$

式中，状态向量 $\boldsymbol{x}_k$ 包含 m 维的机器人位置向量 $\boldsymbol{x}_{\mathrm{r,k}}$ 和 n 个固定的 d 维地图特征向量 $\boldsymbol{x}_{\mathrm{f}}$，即 $\boldsymbol{x}_k$ 的维数为 $m+d\times n$：

$$\boldsymbol{x}_k=\begin{bmatrix}\boldsymbol{x}_{\mathrm{r,k}}\\ \boldsymbol{x}_f\end{bmatrix} \tag{12.33}$$

l 维的输入向量 $\boldsymbol{u}_k$ 是机器人的控制指令，l 维的过程 $\boldsymbol{w}_k$ 是协方差矩阵 $\boldsymbol{Q}$ 为常数、均值为 0 的高斯随机过程。函数 $\boldsymbol{h}(x_k)$ 表示传感器模型，$\boldsymbol{v}_k$ 表示误差和噪声。同样，假设 $\boldsymbol{v}_k$ 是均值为 0 的高斯过程。

为当前地图估计 $\boldsymbol{x}_{k|k}$ 给定一组测量值 $\boldsymbol{Z}_k=\{\boldsymbol{z}_1, \boldsymbol{z}_2, \cdots, \boldsymbol{z}_k\}$，式

$$\boldsymbol{x}_{k+1}=\boldsymbol{f}(\boldsymbol{x}_{k|k}, \boldsymbol{u}_k, \boldsymbol{0}) \tag{12.34a}$$

在控制输入 $\boldsymbol{u}_k$ 后，给出了机器人新位置和地图特征的先验的无噪声估计。同样地：

$$\boldsymbol{z}_{k+1|k}=\boldsymbol{h}(\boldsymbol{x}_{k+1|k})+\boldsymbol{0} \tag{12.34b}$$

为传感器测量值的先验无噪声估计。

如果 $\boldsymbol{f}(\cdot, \cdot, \cdot)$和 $\boldsymbol{h}(\cdot)$是线性的，式(12.5)～式(12.10)所示的卡尔曼滤波器可以直接应用。但是在一般情况下，$\boldsymbol{f}(\cdot, \cdot, \cdot)$和 $\boldsymbol{h}(\cdot)$是非线性的，此时应将其线性化(一阶泰勒近似)：

$$\boldsymbol{x}_{k+1}\approx\boldsymbol{x}_{k+1|k}+\boldsymbol{F}(\boldsymbol{x}_k-\boldsymbol{x}_{k|k})+\boldsymbol{G}\boldsymbol{w}_k \tag{12.35a}$$

$$\boldsymbol{z}_{k+1}\approx\boldsymbol{z}_{k+1|k}+\boldsymbol{H}(\boldsymbol{x}_{k+1}-\boldsymbol{x}_{k+1|k})+\boldsymbol{v}_k \tag{12.35b}$$

式中，$\boldsymbol{F}$、$\boldsymbol{G}$ 和 $\boldsymbol{H}$ 为雅可比矩阵：

$$F=\left.\frac{\partial f}{\partial x}\right]_{(x_{k|k},u_k,0)},\quad G=\left.\frac{\partial f}{\partial w}\right]_{(x_{k|k},u_k,0)},\quad H=\left.\frac{\partial h}{\partial x}\right]_{(x_{k+1|k},0)}$$

假设地标是固定的，其先验估计为

$$x_{f,k+1|k}=x_{f,k|k}$$

这样，机器人和地图的整体状态模型的动态变化为

$$x_{k+1}\approx\begin{bmatrix}x_{r,k+1|k}\\x_{f,k|k}\end{bmatrix}+\begin{bmatrix}F_r&0\\0&I\end{bmatrix}\begin{bmatrix}\tilde{x}_{r,k|k}\\\tilde{x}_{f,k|k}\end{bmatrix}+\begin{bmatrix}G_r\\0\end{bmatrix}\begin{bmatrix}w_k\\0\end{bmatrix}$$

$$z_{k+1}\approx z_{k+1|k}+[H_r\quad H_f]\begin{bmatrix}\tilde{x}_{r,k+1|k}\\\tilde{x}_{f,k+1|k}\end{bmatrix}+v_{k+1}$$

或者写成：

$$x_{k+1}=x_{k+1|k}+A\tilde{x}_{k|k}+Bw_k^* \tag{12.36}$$

$$z_{k+1}=z_{k+1|k}+C\tilde{x}_{k|k}+v_{k+1} \tag{12.37}$$

式中：

$$A=\begin{bmatrix}F_r&0\\0&I\end{bmatrix},\quad B=\begin{bmatrix}G_r\\0\end{bmatrix},\quad C=[H_r\quad H_f],\quad w_k^*=\begin{bmatrix}w_k\\0\end{bmatrix} \tag{12.38a}$$

$$x_{k+1|k}=[x_{r,k+1|k}^{\mathrm T}\quad x_{f,k|k}^{\mathrm T}]^{\mathrm T},\quad \tilde{x}_{k|k}=[\tilde{x}_{r,k|k}^{\mathrm T}\quad \tilde{x}_{f,k|k}^{\mathrm T}]^{\mathrm T} \tag{12.38b}$$

对机器人位置和环境地标的动态变化进行上述线性化后，就可以直接使用与 12.7 节中求解线性定位问题相同的步骤来求解。

方便起见，将协方差顺序摘录如下：

$$\begin{aligned}&\text{预测协方差：}\boldsymbol{\Sigma}_{k+1|k}=A\boldsymbol{\Sigma}_{k|k}A^{\mathrm T}+BQ^*B^{\mathrm T}\\&\text{更新协方差：}S_{k+1|k}=C\boldsymbol{\Sigma}_{k+1|k}C^{\mathrm T}+R\\&\text{滤波器增益：}K_{k+1}=\boldsymbol{\Sigma}_{k+1|k+1}C^{\mathrm T}R^{-1}\\&\text{滤波器协方差：}\boldsymbol{\Sigma}_{k+1|k+1}=\boldsymbol{\Sigma}_{k+1|k}-K_{k+1}C\boldsymbol{\Sigma}_{k+1|k}\end{aligned} \tag{12.39}$$

当 A，C 完全可观测时，滤波器协方差矩阵 $\boldsymbol{\Sigma}$ 趋向于常数矩阵，并可以通过求解下面的稳态(代数)黎卡提(Riccati)方程获得：

$$\boldsymbol{\Sigma}=A[\boldsymbol{\Sigma}-\boldsymbol{\Sigma}C^{\mathrm T}(C\boldsymbol{\Sigma}C^{\mathrm T}+R)^{-1}C\boldsymbol{\Sigma}]A^{\mathrm T}+Q \tag{12.40}$$

应当注意，在 SLAM 中不能保证所有情况下状态是完全可观测的。显然，稳态协方差矩阵 $\boldsymbol{\Sigma}$ 依赖于 $\boldsymbol{\Sigma}_{r,0|0}$、$Q$、$R$ 的取值以及地标总数量 n。式(12.40)可通过标准计算包(如 MatLAB)求解。

EKF-SLAM 方法经过深入的研究，显示出扩展卡尔曼滤波器方法在导航和轨迹跟踪领域的优越性。然而，因为 EKF-SLAM 使用非线性动态系统的线性化模型和观测模型，有时会导致不可避免的和严重的前后不一致。收敛性和一致性只有在例 12.3 所示的线性情况下才能得到保证。

例 12.3　以图 12.11 所示系统为例，一台单维运动的轮式移动机器人的状态为 $x_{r,k}$，一个单维地标为 x_f[16]。

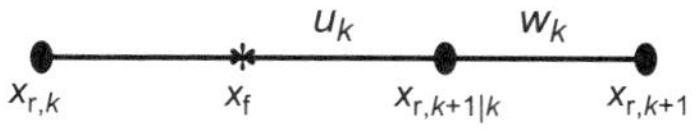

图 12.11　单个单维地标的单维运动机器人

轮式移动机器人位置误差的动态变化为

$$\boldsymbol{x}_{r,k+1}=\boldsymbol{x}_{r,k}+\boldsymbol{u}_k+\boldsymbol{w}_k \tag{12.41}$$

地标的动态变化为

$$\boldsymbol{x}_{f,k+1}=\boldsymbol{x}_{f,k} \tag{12.42}$$

此系统生成的地图是一个单个静态地标 $\boldsymbol{x}_f$。对此地标的观测(测量)模型为

$$\boldsymbol{z}_{k+1}=\boldsymbol{x}_{f,k+1}-\boldsymbol{x}_{r,k+1|k}+\boldsymbol{v}_k \tag{12.43}$$

式中，$\boldsymbol{v}_k$ 是地标的测量误差。式(12.41)～式(12.43)可以写成式(12.2a)和式(12.2b)所示的标准形式，即

$$\boldsymbol{x}_{k+1}=\boldsymbol{A}\boldsymbol{x}_k+\boldsymbol{B}'\boldsymbol{u}_k+\boldsymbol{B}\boldsymbol{w}_k \tag{12.44}$$

$$\boldsymbol{z}_k=\boldsymbol{C}\boldsymbol{x}_k+\boldsymbol{v}_k \tag{12.45}$$

式中：

$$\boldsymbol{x}_k=\begin{bmatrix}\boldsymbol{x}_{r,k}\\ x_{f},\ k\end{bmatrix},\quad \boldsymbol{A}=\begin{bmatrix}1&0\\0&1\end{bmatrix},\quad \boldsymbol{B}'=\begin{bmatrix}1\\0\end{bmatrix},\quad \boldsymbol{B}=\begin{bmatrix}1\\0\end{bmatrix},\quad \boldsymbol{C}=[-1\quad 1],\quad \boldsymbol{w}_k=\begin{bmatrix}\boldsymbol{w}_k\\0\end{bmatrix}$$

对于滤波问题，$\boldsymbol{B}'\boldsymbol{u}_k$ 为一附加项，对滤波估计没有影响。滤波的估计为

$$\hat{\boldsymbol{x}}_{k+1|k+1}=\boldsymbol{A}\hat{\boldsymbol{x}}_{k|k}+\boldsymbol{B}'\boldsymbol{u}_k+\boldsymbol{K}(k+1)[\boldsymbol{z}_{k+1}-\boldsymbol{C}\boldsymbol{A}\hat{\boldsymbol{x}}_{k|k}]=(\boldsymbol{A}-\boldsymbol{K}\boldsymbol{C}\boldsymbol{A})\hat{\boldsymbol{x}}_{k|k}+\boldsymbol{B}'\boldsymbol{u}_k$$

这里，当 $\boldsymbol{k}=\begin{bmatrix}k_1\\k_2\end{bmatrix}$ 时，矩阵 $\boldsymbol{A}'=\boldsymbol{A}-\boldsymbol{K}\boldsymbol{C}\boldsymbol{A}$ 等于

$$\boldsymbol{A}'=\begin{bmatrix}k_1+1 & -k_1\\ k_2 & -k_2+1\end{bmatrix} \tag{12.46}$$

其特征值为 $\lambda_1=1$ 和 $\lambda_2=k_1-k_2+1$。可以看出 λ_1 永远等于 1，与滤波增益矩阵 $\boldsymbol{K}$ 无关。因此，此时的滤波器为临界稳定(即等幅振荡)。通过仿真可以很容易地证明这一点。为了克服部分可观测系统导致的这个问题，我们可以使用一些方法来保证数据对($\boldsymbol{A}$，$\boldsymbol{C}$)为完全可观测的，即矩阵

$$\boldsymbol{P}=\begin{bmatrix}\boldsymbol{C}\\ \boldsymbol{C}\boldsymbol{A}\\ \vdots\\ \boldsymbol{C}\boldsymbol{A}^{N-1}\end{bmatrix}(N \text{ 为 } \boldsymbol{A} \text{ 的维数}) \tag{12.47}$$

为满秩的，此时矩阵是可逆的。这些方法包括[17]：

- 使用锚点或标志。
- 使用固定的世界坐标系。
- 使用一个外部传感器。
- 使用地标相对于机器人的相对位置代替全局定位。

因此，假定在式(12.43)的测量过程中增加一个锚点，状态为 $z_k^{(0)}$，噪声为 $v_k^{(0)}$，则

式(12.45)的测量模型有

$$\boldsymbol{C}=\begin{bmatrix}-1 & 0\\ -1 & 1\end{bmatrix},\quad \boldsymbol{z}_k=\begin{bmatrix}\boldsymbol{z}_k^{(0)}\\ \boldsymbol{z}_k\end{bmatrix},\quad \boldsymbol{v}_k=\begin{bmatrix}v_k^{(0)}\\ \boldsymbol{v}_k\end{bmatrix} \tag{12.48}$$

现在，增益矩阵 $\boldsymbol{K}$ 变为

$$\boldsymbol{K}=\begin{bmatrix}k_{11} & k_{12}\\ k_{21} & k_{22}\end{bmatrix} \tag{12.49}$$

矩阵 $\boldsymbol{A}'=\boldsymbol{A}-\boldsymbol{KCA}$ 为

$$\boldsymbol{A}'=\begin{bmatrix}1+k_{11}+k_{12} & -k_{12}\\ k_{21}+k_{22} & 1-k_{22}\end{bmatrix} \tag{12.50}$$

增益矩阵 $\boldsymbol{K}$ 由式(12.10)、式(12.7)和式(12.8)计算。如果 σ_{w} 和 σ_v 是 w 和 v 的标准差，则使用矩阵 $\boldsymbol{A}$、$\boldsymbol{B}$ 和 $\boldsymbol{C}$ 的当前形式(见式(12.48))可以证明：

$$\begin{aligned}
k_{11}&=-(\sigma_v^4+\sigma_w^2\sigma_v^4+4\sigma_w\sigma_v^2+2\sigma_v^2+3\sigma_w^2)/\mu\\
k_{12}&=-(\sigma_v^4+\sigma_w^2+3\sigma_w^2\sigma_v^2+\sigma_w^2\sigma_v^4)/\mu\\
k_{21}&=-(\sigma_v^2+\sigma_w^2\sigma_v^2+2\sigma_w^2)/\mu\\
k_{22}&=(\sigma_v^4+2\sigma_v^2+\sigma_w^2\sigma_v^2+2\sigma_w^2)/\mu
\end{aligned} \tag{12.51}$$

式中：

$$\mu=\sigma_v^6+2\sigma_w^2\sigma_v^4+6\sigma_v^4+7\sigma_w^2\sigma_v^2+4\sigma_v^2+4\sigma_w^2 \tag{12.52}$$

现在我们可以看到式(12.50)给出的 $\boldsymbol{A}'=\boldsymbol{A}-\boldsymbol{KCA}$ 的特征值永远落在复 z 平面的单位圆内，所以增加锚点可使滤波器变得稳定。

12.8.3 基于贝叶斯估计的 SLAM

从概率(贝叶斯)的角度来看，SLAM 问题其实就是计算条件概率[18-21]：

$$P(\boldsymbol{x}_{\mathrm{r},k},\ \boldsymbol{x}_{\mathrm{f}}\,|\,\boldsymbol{Z}_{0,k},\ \boldsymbol{U}_{0,k},\ \boldsymbol{x}_{\mathrm{r},0}) \tag{12.53}$$

式中：

$$\begin{aligned}
\boldsymbol{x}_{\mathrm{f}}&=\{\boldsymbol{x}_{\mathrm{f}1},\ \boldsymbol{x}_{\mathrm{f}2},\ \cdots,\ \boldsymbol{x}_{\mathrm{f}n}\}\\
\boldsymbol{Z}_{0,k}&=\{\boldsymbol{z}_1,\ \boldsymbol{z}_2,\ \cdots,\ \boldsymbol{z}_k\}=\{\boldsymbol{Z}_{0,k-1},\ \boldsymbol{z}_k\}\\
\boldsymbol{U}_{0,k}&=\{\boldsymbol{u}_1,\ \boldsymbol{u}_2,\ \cdots,\ \boldsymbol{u}_k\}=\{\boldsymbol{U}_{0,k-1},\ \boldsymbol{u}_k\}
\end{aligned}$$

分别代表地标历史观测记录 $\boldsymbol{z}_k$ 和历史控制输入 $\boldsymbol{u}_k$。这个概率分布代表在给定直到 k 时刻(包括 k 时刻)的观测记录和控制输入以及机器人初始状态 $\boldsymbol{x}_{\mathrm{r},0}$ 下，地标位置和机器人状态在 k 时刻的联合后验概率密度。基于贝叶斯的 SLAM 的基本原理是 12.2.4 节讨论过的贝叶斯学习。由 $k-1$ 时刻的概率分布的初始估计开始：

$$P(\boldsymbol{x}_{\mathrm{r},k-1},\ \boldsymbol{x}_{\mathrm{f}}\,|\,\boldsymbol{Z}_{0,k-1},\ \boldsymbol{U}_{0,k-1},\ \boldsymbol{x}_{\mathrm{r},0}) \tag{12.54}$$

再加上控制量 $\boldsymbol{u}_k$ 和观测量 $\boldsymbol{z}_k$，就可以通过贝叶斯学习(更新)公式(式(12.15b))计算联合后验概率分布。算法如下：

步骤 1 观测模型。

确定观测模型来描述在机器人位置和地标位置已知情况下观测值 $\boldsymbol{z}_k$ 的概率分布。一般情况下，这个模型有以下形式：

$$P(\boldsymbol{z}_k|\boldsymbol{x}_{\mathrm{r},k},\ \boldsymbol{x}_{\mathrm{f}}) \tag{12.55}$$

当然，我们默认一旦机器人位置和地图确定后，观测值相对于给定的地图和当前机器人状态是条件独立的。

步骤 2　机器人运动模型。

确定由马尔可夫条件概率描述的机器人运动模型：

$$P(\boldsymbol{x}_{\mathrm{r},k}|\boldsymbol{x}_{\mathrm{r},k-1},\ \boldsymbol{u}_k) \tag{12.56}$$

这个概率表明，k 时刻的状态 $\boldsymbol{x}_{\mathrm{r},k}$ 仅依赖于 $k-1$ 时刻的状态 $\boldsymbol{x}_{\mathrm{r},k-1}$ 和外部控制 $\boldsymbol{u}_k$，而与观测值和地图无关。

步骤 3　时间更新。

我们有

$$\begin{aligned}&P(\boldsymbol{x}_{\mathrm{r},k},\ \boldsymbol{x}_{\mathrm{f}}|\boldsymbol{Z}_{0,k-1},\ \boldsymbol{U}_{0,k},\ \boldsymbol{x}_{\mathrm{r},0})\\&=\int P(\boldsymbol{x}_{\mathrm{r},k}|\boldsymbol{x}_{\mathrm{r},k-1},\ \boldsymbol{u}_k)P(\boldsymbol{x}_{\mathrm{r},k-1},\ \boldsymbol{x}_{\mathrm{f}}|\boldsymbol{Z}_{0,k-1},\ \boldsymbol{U}_{0,k-1},\ \boldsymbol{x}_{\mathrm{r},0})\mathrm{d}\boldsymbol{x}_{\mathrm{r},k-1}\end{aligned} \tag{12.57}$$

步骤 4　测量值更新。

根据贝叶斯更新法则，有

$$\begin{aligned}&P(\boldsymbol{x}_{\mathrm{r,k}},\ \boldsymbol{x}_{\mathrm{f}}|\boldsymbol{Z}_{0,k},\ \boldsymbol{U}_{0,k},\ \boldsymbol{x}_{\mathrm{r},0})\\&=\frac{P(\boldsymbol{z}_k|\boldsymbol{x}_{\mathrm{r,k}},\ \boldsymbol{x}_{\mathrm{f}})P(\boldsymbol{x}_{\mathrm{r,k}},\ \boldsymbol{x}_{\mathrm{f}}|\boldsymbol{Z}_{0,k-1},\ \boldsymbol{U}_{0,k},\ \boldsymbol{x}_{\mathrm{r},0})}{P(\boldsymbol{z}_k|\boldsymbol{Z}_{0,k-1},\ \boldsymbol{U}_{0,k})}\end{aligned} \tag{12.58}$$

式(12.57)和式(12.58)给出了一种递归的算法，它利用直到 k 时刻(包括 k 时刻)的所有观测值 $\boldsymbol{Z}_{0,k}$ 和控制输入 $\boldsymbol{U}_{0,k}$ 来计算 k 时刻的机器人状态 $\boldsymbol{x}_{\mathrm{r},k}$ 和地图 $\boldsymbol{x}_{\mathrm{f}}$ 的联合后验概率分布 $P(\boldsymbol{x}_{\mathrm{r},k},\ \boldsymbol{x}_{\mathrm{f}}|\boldsymbol{Z}_{0,k},\ \boldsymbol{U}_{0,k},\ \boldsymbol{x}_{\mathrm{r},0})$。这个递归计算用到了轮式移动机器人模型 $P(\boldsymbol{x}_{\mathrm{r},k}|x_{\mathrm{r},k-1},\ \boldsymbol{u}_k)$和观测模型 $P(\boldsymbol{z}_k|\boldsymbol{x}_{\mathrm{r},k},\ \boldsymbol{x}_{\mathrm{f}})$。我们注意到，在这里地图构建可以被表述为计算条件密度 $P(\boldsymbol{x}_{\mathrm{f}}|\boldsymbol{X}_{0,k},\ \boldsymbol{Z}_{0,k},\ \boldsymbol{U}_{0,k})$。这就要求机器人位置 $\boldsymbol{x}_{\mathrm{r},k}$ 在所有时刻是已知的，且初始位置也是已知的。这时，地图可以通过融合不同位置的观测值来生成。另一方面，定位问题可以表述为计算概率分布 $P(\boldsymbol{x}_{\mathrm{r},k}|\boldsymbol{Z}_{0,k},\ \boldsymbol{U}_{0,k},\ \boldsymbol{x}_{\mathrm{f}})$。这就要求地标位置是确切已知的。目标是计算机器人位置相对于这些地标的一个估计。

在式(12.54)中删除有关历史变量的修正，上述公式可以简化，联合后验概率可以写成 $P(\boldsymbol{x}_{\mathrm{r},k-1},\ \boldsymbol{x}_{\mathrm{f}}|\boldsymbol{z}_k)$。类似地，观测模型 $P(\boldsymbol{z}_k|\boldsymbol{x}_{\mathrm{r},k},\ \boldsymbol{x}_{\mathrm{f}})$明显地依赖于对机器人和地标位置的观测。然而，这里的联合后验概率不能按标准方式分割，即

$$P(\boldsymbol{x}_{\mathrm{r},k},\ \boldsymbol{x}_{\mathrm{f}}|\boldsymbol{z}_k)\neq P(\boldsymbol{x}_{\mathrm{r},k}|\boldsymbol{z}_k)P(\boldsymbol{x}_{\mathrm{f}}|\boldsymbol{z}_k) \tag{12.59}$$

这样就应注意不能使用式(12.29)的分割，因为这样分割会导致前后矛盾。

然而，SLAM 问题有更本质的结构不能由上述讨论揭示。最重要的问题是地标位置的估计误差是高度相关的，例如，即使单个地标的概率密度 $P(\boldsymbol{x}_{\mathrm{f}i})$是分散的，一对地标的联合概率密度 $P(\boldsymbol{x}_{\mathrm{f}i},\ \boldsymbol{x}_{\mathrm{f}j})$也是高度集中的(概率密度图呈尖峰状)。事实上，这意味着当两个地标 $\boldsymbol{x}_{\mathrm{f}i}$、$\boldsymbol{x}_{\mathrm{f}j}$ 的位置估计都是很不确定的时，其相对位置 $\boldsymbol{x}_{\mathrm{f}i}-\boldsymbol{x}_{\mathrm{f}j}$ 的估计比单个地标位

置的估计更准确。换句话说，尽管机器人在运动，地标的相对位置单向地趋于准确而不会发散。用概率形式表示就是随着观测的不断进行，所有地标的联合概率密度 $P(\boldsymbol{x}_{\mathrm{f}})$ 单调地趋于集中。

例 12.4 我们考虑一台差分驱动轮式移动机器人和二维地标 $\boldsymbol{x}_{\mathrm{f}}=[\boldsymbol{x}_{\mathrm{f}}^{i},\ \boldsymbol{y}_{\mathrm{f}}^{i}]^{\mathrm{T}}(i=1,2,\cdots,m)$ 的情况(见图 12.12)[16]。

机器人的状态空间是三维的，其状态向量为

$$\boldsymbol{x}_{k}=[x_{k}\quad y_{k}\quad \phi_{k}]^{\mathrm{T}} \tag{12.60}$$

机器人通过一个线速度 υ 和一个角速度 ω 来控制。

令 l 为轮轴中心到任一给定传感器投影中心的距离，Δt 为时间间隔。包含噪声 $w_{\upsilon,k}$ 和 $w_{\upsilon,k}$ 的传感器投影中心的轨迹的动力学模型为

$$\boldsymbol{x}_{k+1}=\boldsymbol{f}_{\mathrm{r}}(\boldsymbol{x}_{k},\ \boldsymbol{u}_{k},\ \boldsymbol{w}_{k}),\quad \boldsymbol{w}_{k}=[\boldsymbol{w}_{\upsilon,k}\boldsymbol{w}_{\omega,k}]^{\mathrm{T}} \tag{12.61}$$

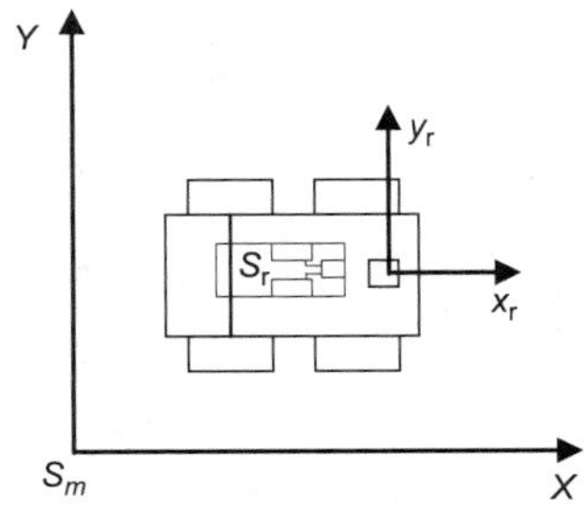

图 12.12 X－Y 平面上的差分驱动轮式移动机器人

或者，详细形式为

$$\begin{bmatrix}x_{k+1}\\ y_{k+1}\\ \phi_{k+1}\end{bmatrix}=\begin{bmatrix}x_{k}+[(\upsilon_{k}+w_{\upsilon,k})\cos\phi_{k}-l(\omega_{k}+w_{w,k})\sin\phi_{k}]\Delta t\\ y_{k}+[(\upsilon_{k}+w_{\upsilon,k})\sin\phi_{k}+l(\omega_{k}+w_{w,k})\cos\phi_{k}]\Delta t\\ \phi_{k}+(\omega_{k}+w_{w,k})\Delta t\end{bmatrix} \tag{12.62}$$

根据式(12.62)分别对 $\boldsymbol{x}_{k}$ 和 $\boldsymbol{w}_{k}=[w_{\upsilon,k}w_{w,k}]^{\mathrm{T}}$ 求导得到雅可比矩阵

$$\boldsymbol{A}_{\mathrm{r}}=\frac{\partial \boldsymbol{f}_{\mathrm{r}}}{\partial \boldsymbol{x}_{k}}=\begin{bmatrix}1 & 0 & -(\upsilon_{k}\sin\phi_{k}+l\omega_{k}\cos\phi_{k})\Delta t\\ 0 & 1 & (\upsilon_{k}\cos\phi_{k}-l\omega_{k}\sin\phi_{k})\Delta t\\ 0 & 0 & 1\end{bmatrix}$$

$$\boldsymbol{G}_{\mathrm{r}}=\frac{\partial \boldsymbol{f}_{\mathrm{r}}}{\partial_{w}}=\begin{bmatrix}(\cos\phi_{k})\Delta t & -(l\sin\phi_{k})\Delta t\\ (\sin\phi_{k})\Delta t & (l\cos\phi_{k})\Delta t\\ 0 & \Delta t\end{bmatrix} \tag{12.63}$$

传感器(采用激光测距扫描仪)测量模型为

$$\boldsymbol{z}_{k}=\begin{bmatrix}z_{\mathrm{r},k}\\ z_{\beta,k}\end{bmatrix}=\begin{bmatrix}\sqrt{(x_{\mathrm{f}}^{i}-x_{k})^{2}+(y_{\mathrm{f}}^{i}-y_{k})^{2}}+\upsilon_{\mathrm{r},k}\\ \arctan\left(\dfrac{y_{\mathrm{f}}^{i}-y_{k}}{x_{\mathrm{f}}^{i}-x_{k}}\right)-\phi_{k}+\dfrac{\pi}{2}+\upsilon_{\beta,k}\end{bmatrix}(i=1,\ 2,\ \cdots,\ m) \tag{12.64}$$

式中，$z_{\mathrm{r},k}$ 和 $z_{\beta,k}$ 为被观测地标相对于激光中心投影的距离和方位。第 i 个地标的位置为 $(x_{\mathrm{f}}^{i},\ y_{\mathrm{f}}^{i})$，测量噪声为 $\boldsymbol{v}_{\mathrm{r},k}$ 和 $\boldsymbol{v}_{\beta,k}$。这个非线性模型的雅可比矩阵为

$$\boldsymbol{H}_{i}=\begin{bmatrix}-\dfrac{x_{\mathrm{f}}^{1}-x_{k}}{d_{1}} & -\dfrac{y_{\mathrm{f}}^{1}-y_{k}}{d_{1}} & 0 & \cdots & \dfrac{x_{\mathrm{f}}^{m}-x_{k}}{d_{m}} & \dfrac{y_{\mathrm{f}}^{m}-y_{k}}{d_{m}} & 0\\ \dfrac{y_{\mathrm{f}}^{1}-y_{k}}{d_{1}^{2}} & -\dfrac{x_{\mathrm{f}}^{1}-x_{k}}{d_{1}^{2}} & -1 & \cdots & -\dfrac{y_{\mathrm{f}}^{m}-y_{k}}{d_{m}^{2}} & \dfrac{x_{\mathrm{f}}^{m}-x_{k}}{d_{m}^{2}} & -1\end{bmatrix} \tag{12.65a}$$

式中：

$$d_i=\sqrt{(x_f^i-x_k)^2+(y_f^i-y_k)^2}\quad (i=1,\ 2,\ \cdots,\ m) \tag{12.65b}$$

非线性机器人的全局坐标系(固定在原点)的测量模型为

$$\boldsymbol{h}^{(0)}=\begin{bmatrix}\sqrt{x_k^2+y_k^2}+\boldsymbol{v}_{r,k}\\ \arctan(y_k/x_k)-\phi_k+\dfrac{\pi}{2}+\boldsymbol{v}_{\beta,k}\end{bmatrix}$$

其雅可比矩阵为

$$\boldsymbol{H}_0=\begin{bmatrix}x_k/q_k & y_k/q_k & 0 & 0 & \cdots\\ -y_k/q_k^2 & x_k/q_k^2 & -1 & 0 & \cdots\end{bmatrix} \tag{12.66}$$

式中 $q_k=(x_k^2+y_k^2)^{1/2}$。总的测量矩阵 $\boldsymbol{C}$ 为

$$\boldsymbol{C}=\begin{bmatrix}\boldsymbol{H}_0\\ \boldsymbol{H}_i\end{bmatrix} \tag{12.67}$$

可以证明，在原点增加全局坐标系后，式(12.47)中的观测矩阵 $\boldsymbol{P}$ 为满秩的，所以扩展卡尔曼滤波器是稳定的，可以得到稳态的协方差矩阵 $\boldsymbol{\Sigma}$(见式(12.40))。这个结论已经通过实验证实[16]。

12.8.4　基于粒子滤波器的 SLAM

粒子滤波的目的是根据观测数据 $\boldsymbol{z}_k$，$k=0$，1，2，3…估计机器人位置和地图参数 $\boldsymbol{x}_k$，$k=0$，1，2，…(见式(12.53))。用贝叶斯方法计算 $\boldsymbol{x}_k$ 时利用了后验概率 $p(\boldsymbol{x}_k|\boldsymbol{z}_0,\ \boldsymbol{z}_1,\ \cdots,\ \boldsymbol{z}_k;\ \boldsymbol{u}_0,\ \boldsymbol{u}_1,\ \cdots,\ \boldsymbol{u}_k)$。马尔可夫序列蒙特卡罗(MSMC)法则(PF)基于总的概率分布 $p(\boldsymbol{x}_0,\ \boldsymbol{x}_1,\ \cdots,\ \boldsymbol{x}_k|\boldsymbol{z}_0,\ \boldsymbol{z}_1,\ \cdots,\ \boldsymbol{z}_k;\ \boldsymbol{u}_0,\ \boldsymbol{u}_1,\ \cdots,\ \boldsymbol{u}_k)$[18,22-23]。

这里，系统的马尔可夫随机模型(见式(12.32a)和式(12.32b))用概率形式描述如下[18]：

1) $\boldsymbol{x}_0$，$\boldsymbol{x}_1$，…，$\boldsymbol{x}_k$ 为一阶马尔可夫过程，所以 $\boldsymbol{x}_k|\boldsymbol{x}_{k-1}$ 相当于 $P_{x|x_{k-1}}(\boldsymbol{x}|x_{k-1})$，初始概率为 $P(\boldsymbol{x}_0)$；

2) 假设 $\boldsymbol{x}_0$，$\boldsymbol{x}_1$，…，$\boldsymbol{x}_k$ 已知，观测值 $\boldsymbol{z}_0$，$\boldsymbol{z}_1$，$\boldsymbol{z}_2$，…是条件独立的，即 $\boldsymbol{z}_k|\boldsymbol{x}_k$ 由 $P_{z|x}(\boldsymbol{z}|\boldsymbol{x}_k)$描述。

粒子方法属于采样统计方法，它生成一个样本集来逼近滤波概率分布 $p(\boldsymbol{x}_k|\boldsymbol{z}_0,\ \boldsymbol{z}_1,\ \cdots,\ \boldsymbol{z}_k)$㊀。因此，当有 M 个样本时，滤波概率分布的期望近似为

$$\int f(\boldsymbol{x}_k)p(\boldsymbol{x}_k|\boldsymbol{z}_0,\ \boldsymbol{z}_1,\ \cdots,\ \boldsymbol{z}_k)\mathrm{d}\boldsymbol{x}_k\approx\frac{1}{M}\sum_{m=1}^{M}f(\boldsymbol{x}_k^m)$$

这里的 $f(\boldsymbol{x}_k)$可以由蒙特卡罗方法按期望的程度给出概率分布的所有时刻。使用最多的粒子方法是由 Gordon 及其同事提出的序列重要性重采样(SIR)方法[18]。在这个方法中，滤波概率分布 $p(\boldsymbol{x}_k|\boldsymbol{z}_0,\ \boldsymbol{z}_1,\ \cdots,\ \boldsymbol{z}_k)$由感兴趣的变量的 M 个粒子的集合(多副本)来

㊀ 为了方便，此处忽略了控制输入 $\boldsymbol{u}_0$，$\boldsymbol{u}_1$，…，$\boldsymbol{u}_k$ 的影响。

逼近：

$$\{(\boldsymbol{x}_k^m,\ w_k^m),\ m=1,\ 2,\ \cdots,\ M\}$$

式中的 $w_k^m(m=1,\ 2,\ \cdots,\ M;\ k=0,\ 1,\ 2,\ \cdots)$表示粒子相对品质的权重，也就是说它们近似于这些粒子的相对后验概率分布，所以

$$w_k^1+w_k^2+\cdots+w_k^M=1$$

SIR 是重要性采样的一种递归形式，函数 $f(\cdot)$的期望由一个加权平均来逼近：

$$\int f(\boldsymbol{x}_k)p(\boldsymbol{x}_k|\boldsymbol{z}_0,\ \cdots,\ \boldsymbol{z}_k)\mathrm{d}\boldsymbol{x}_k \approx \sum_{m=1}^{M} w_k^m f(\boldsymbol{x}_k^m)$$

粒子滤波遇到的一个问题是经过多次迭代后空间某些区域粒子种群的消耗问题。因为很多粒子漂移得很远，它们的权重变得很小(接近于零)，它们对估计 $\boldsymbol{x}_k$ 不再起作用(即可以忽略)。

选择样本 $\boldsymbol{x}_k^m$，$m=1,\ 2,\ \cdots,\ M$ 时，先选定一种概率分布 $p_{\mathrm{p}}(\boldsymbol{x}_k|\boldsymbol{x}_0,\ \boldsymbol{x}_1,\ \cdots,\ \boldsymbol{x}_{k-1},\ \boldsymbol{z}_1,\ \cdots,\ \boldsymbol{z}_k)$。为方便计算，通常选择过渡先验概率分布 $p(\boldsymbol{x}_k|\boldsymbol{x}_{k-1})$。

粒子滤波算法包含多个步骤。每一步都要对 $m=1,\ 2,\ \cdots,\ M$ 进行下列操作：

1）根据选定的概率分布 $p_{\mathrm{p}}(\boldsymbol{x}_k|\cdots)$选择样本 $\boldsymbol{x}_k^m$：

$$\boldsymbol{x}_k^m \leftrightarrow p_{\mathrm{p}}(\boldsymbol{x}_k|\boldsymbol{x}_0,\ \boldsymbol{x}_1,\ \cdots\boldsymbol{x}_{k-1},\ \boldsymbol{z}_0,\ \boldsymbol{z}_1,\ \cdots,\ \boldsymbol{z}_k)$$

2）更新重要性(品质)权重：

$$\hat{w}_k^m=w_{k-1}^m\frac{p(\boldsymbol{z}_k|\boldsymbol{x}_k^m)p(\boldsymbol{x}_k^m|\boldsymbol{x}_{k-1}^m)}{p_{\mathrm{p}}(\boldsymbol{x}_k^m|\boldsymbol{x}_0^m,\ \boldsymbol{x}_1^m,\ \cdots,\ \boldsymbol{x}_k^m-1;\ \boldsymbol{z}_0,\ \boldsymbol{z}_1,\ \cdots,\ \boldsymbol{z}_k)} \tag{12.68a}$$

如果选定的概率分布为先验概率 $p(\boldsymbol{x}_k^m|\boldsymbol{x}_{k-1}^m)$，即 $p_{\mathrm{p}}(\boldsymbol{x}_k^m|\boldsymbol{x}_0^m,\ \boldsymbol{x}_1^m,\ \cdots,\ \boldsymbol{x}_{k-1}^m;\ \boldsymbol{z}_0,\ \cdots,\ \boldsymbol{z}_k)=p(\boldsymbol{x}_k^m|\boldsymbol{x}_{k-1}^m)$，上式化简为

$$\hat{w}_k^m=w_{k-1}^m p(\boldsymbol{z}_k|x_k^m) \tag{12.68b}$$

3）计算归一化的权重：

$$w_k^m=\frac{\hat{w}_k^m}{\sum_{q=1}^{M}\hat{w}_k^q} \tag{12.69}$$

4）计算有效样本容量(即粒子数量，ESS)的估计：

$$\mathrm{ESS}=\frac{1}{\sum_{m=1}^{M}(w_k^m)^2} \tag{12.70}$$

5）如果 ESS＜$N_{\max}$，$N_{\max}$ 为最大粒子数量(阈值)，则按下述方法重新进行种群采样。

PF 方法可用于移动机器人定位问题。应用中有三个阶段：

1）预测：使用一个模型来模拟在有噪声的情况下一个控制行为对粒子集的影响(见式(12.32a))。

2）更新：使用传感器信息更新权重以改进机器人运动的概率分布(见式(12.32b))。

3）重采样：从当前粒子集(权重 $w_k^m=\dfrac{1}{M}(m=1,\ 2,\ \cdots,\ M)$)按照与权重成比例的概率选取 M 个粒子代替当前粒子集。

注意：1）当式(12.70)中的 ESS 满足 ESS$<N_{max}$ 时进行重采样(见 13.13 节)。

2）基于 EKF 和 PF 的 SLAM 的 MatLAB 代码可参考 http://www.frc.ri.cmu.edu/projects/emergencyresponse/radioPos/index.html。

PF 循环的原理图如图 12.13 所示。

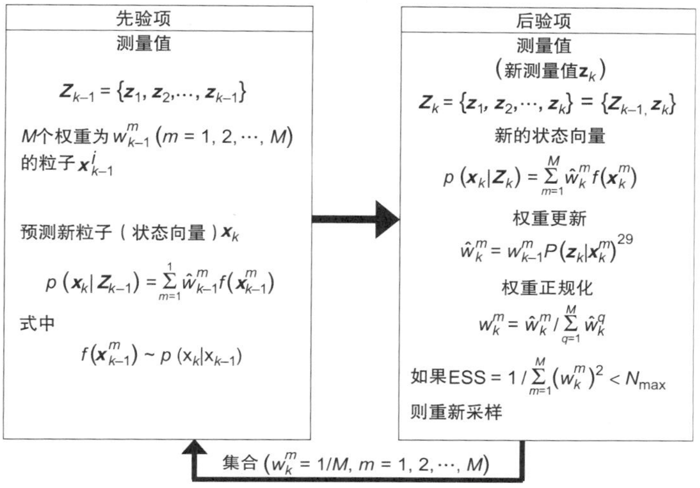

图 12.13　PF 循环结构

我们重申一下，经过一定次数(k)的迭代，大多数权重接近于零，其相应的粒子的重要性很低。我们可以通过重采样，用权重高的粒子代替权重低的粒子。

12.8.5　基于全向视觉的 SLAM

SLAM 中的主要问题是让机器人能够建立一张关于环境的地图，并根据对图像中的特征点(地标)带噪声的测量确定其在地图中的位置和姿态。采用全景相机的测量特别适合 EKF 算法，其中的每一个状态变量和输出变量都由其均值和协方差表示。机器人的运动和测量值由式(12.32a)和式(12.32b)表示，式中的 $\boldsymbol{f}$ 和 $\boldsymbol{h}$ 为其参数的非线性函数。$t=kT$ $(k=0, 1, 2, \cdots)$时的状态向量 $\boldsymbol{x}_k$ 包括机器人的位置向量 $\boldsymbol{x}_{r,k}$ 和地图特征的向量 $\boldsymbol{x}_f$。假设扰动(噪声)$\boldsymbol{w}_k$ 和 $\boldsymbol{v}_k$ 满足零均值和已知协方差的高斯分布。EKF 方程包含 $\boldsymbol{f}$ 和 $\boldsymbol{h}$ 的雅可比矩阵。对于全景相机系统，在例 9.4 中已经推导出这些矩阵，可以直接用来表示 *EKF* 方程。文献[24-25]中还提供了两个应用的例子。

例 12.5　在本例中，我们将推导完整的 EKF 方程，用来融合两种类型的传感器，以实现独轮机器人定位[26]：

- 一组安装在驱动轮上的编码器，按有可能不相同的采样周期 Δt 提供增量的旋转角度的测量。
- 一组声呐传感器：安装在 WMR 的平台上。

机器人的运动学方程 $\dot{x}_Q=v\cos\phi$，$\dot{y}_Q=v\sin\phi$，$\dot{\phi}=\omega$ 通过 $\dot{x}(t)\simeq[x(k+1)-x(k)]/$

Δt 的一阶近似实现离散化，其离散模型为

$$\begin{aligned} x_Q(k+1) &= x_Q(k) + Tv(k)\cos\phi(k) + \boldsymbol{w}_1(k) \\ y_Q(k+1) &= y_Q(k) + Tv(k)\sin\phi(k) + \boldsymbol{w}_2(k) \\ \phi(k+1) &= \phi(k) + T\omega(k) + \boldsymbol{w}_3(k) \end{aligned} \tag{12.71}$$

式中，$t=kT$(可简写为 $t=k$)，$T=\Delta t$(常数)。这个模型的状态向量

$$\boldsymbol{x}(k) = [x_Q(k),\ y_Q(k),\ \phi(k)]^{\mathrm{T}} \tag{12.72a}$$

是非线性的。

控制向量为

$$\boldsymbol{u}_k = [v(k),\ \omega(k)]^{\mathrm{T}} \tag{12.72b}$$

输入扰动 $\boldsymbol{w}_i(k)(i=1,\ 2,\ 3)$为零均值的高斯白噪声，其方差已知且相等，即 $\sigma_{wi}^2=\sigma_w^2$。式(12.71)的模型可写成与式(12.32a)相同的紧凑形式：

$$x(k+1) = \boldsymbol{f}(\boldsymbol{x}(k),\ \boldsymbol{u}(k)) + \boldsymbol{w}(k) \tag{12.73}$$

式中：

$$\boldsymbol{x}(k) = \begin{bmatrix} x_Q(k) \\ y_Q(k) \\ \phi(k) \end{bmatrix},\quad \boldsymbol{f}(\boldsymbol{x},\ \boldsymbol{u}) = \begin{bmatrix} x_Q + Tv\cos\phi \\ y_Q + Tv\sin\phi \\ \phi + T\omega \end{bmatrix} \tag{12.74}$$

$\boldsymbol{w}(k)$为系统干扰。对式(12.73)进行线性化得(见 12.8.2 节)：

$$\boldsymbol{x}(k+1) = \boldsymbol{f}(\hat{\boldsymbol{x}}(k|k),\ 0) + \boldsymbol{A}(k)[\boldsymbol{x}(k) - \hat{\boldsymbol{x}}(k|k)] + \boldsymbol{B}(k)\boldsymbol{u}(k) + \boldsymbol{w}(k) \tag{12.75}$$

式中 $\hat{\boldsymbol{x}}(k|k)$是 $x(k)$的当前估计(基于截止到 k 时刻的测量)，且

$$\boldsymbol{f}(\hat{\boldsymbol{x}}(k|k),\ \boldsymbol{0}) = \begin{bmatrix} \hat{x}_Q(k|k) \\ \hat{y}_Q(k|k) \\ \hat{\phi}(k|k) \end{bmatrix} \tag{12.76a}$$

$$\boldsymbol{A}(k) = \left[\frac{\partial \boldsymbol{f}}{\partial \boldsymbol{x}}\right]_{\hat{\boldsymbol{x}}(k|k),0} = \begin{bmatrix} 1 & 0 & 0 \\ 0 & 1 & 0 \\ 0 & 0 & 1 \end{bmatrix} \tag{12.76b}$$

$$\boldsymbol{B}(k) = \left[\frac{\partial \boldsymbol{f}}{\partial \boldsymbol{u}}\right]_{\hat{\boldsymbol{x}}(k|k),0} = \begin{bmatrix} T\cos\hat{\phi}(k|k) & 0 \\ T\sin\hat{\phi}(k|k) & 0 \\ 0 & T \end{bmatrix} \tag{12.76c}$$

令 $x_{r,i}$，$y_{r,i}$ 为第 i 个声呐传感器在机器人坐标系 Qx_ry_r 中的坐标，$\phi_{r,i}$ 为第 i 个声呐传感器在坐标系 Qx_ry_r 中的方向角，如图 12.14 所示。

第 i 个声呐在 Oxy 坐标系中的离散运动学方程为

$$\begin{aligned} x_i(k) &= x_Q(k) + x_{r,i}\sin\phi(k) + y_{r,i}\cos\phi(k) \\ y_i(k) &= y_Q(k) - x_{r,i}\cos\phi(k) + y_{r,i}\sin\phi(k) \\ \phi_i(k) &= \phi(k) + \phi_{r,i}(k) \end{aligned} \tag{12.77}$$

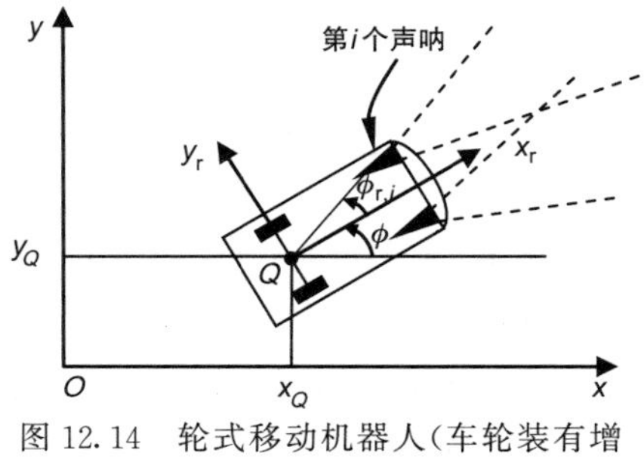

图 12.14　轮式移动机器人(车轮装有增量编码器，平台装有声呐)

现在，假设有如图 12.15 所示的平面 $\boldsymbol{\Pi}^j$，以及一个声波宽度为 δ 的声呐 i（假设所有声呐具有相同的声波宽度 δ）。每一平面 $\boldsymbol{\Pi}^j$ 在 Oxy 坐标系中可用 p_n^j 和 θ_n^j 表示，其中：

- p_n^j 为世界坐标系原点 O 到平面 $\boldsymbol{\Pi}^j$ 的垂直距离。
- θ_n^j 为原点到平面 $\boldsymbol{\Pi}^j$ 的垂线与 Ox 方向间的夹角。

声呐 i 到平面 $\boldsymbol{\Pi}^j$ 的距离 d_i^j（见图 12.15）为

$$d_i^j = p_n^j - x_i \cos\theta_n^j - y_i \sin\theta_n^j \qquad (12.78a)$$

其中 θ 的范围为

$$\phi_i - \delta/2 \leqslant \theta_n^j \leqslant \phi_i + \delta/2 \qquad (12.78b)$$

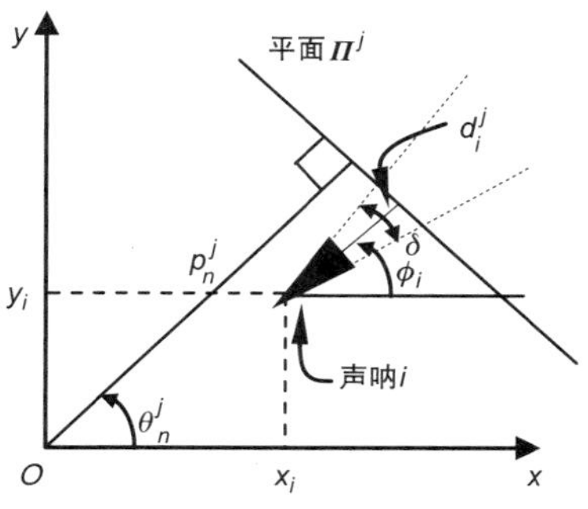

图 12.15　声呐 i 的几何关系

测量向量 $\boldsymbol{z}(k)$ 包含编码器测量值和声呐测量值，并可写成如下形式：

$$\boldsymbol{z}(k) = \begin{bmatrix} \boldsymbol{z}_1(k) \\ \boldsymbol{z}_2(k) \end{bmatrix} = \boldsymbol{h}(\boldsymbol{x}(k)) + \boldsymbol{n}(k) \qquad (12.79)$$

式中 $\boldsymbol{n}(k)$ 为满足高斯分布的零均值的测量白噪声，其协方差矩阵 $\boldsymbol{R}(k) = \mathrm{diag}[\sigma_n^2(k), \sigma_n^2(k), \cdots]$，且

$$\boldsymbol{z}_1(k) = [x_Q(k) + n_1(k), y_Q(k) + n_2(k), \phi(k) + n_3(k)]^{\mathrm{T}} \qquad (12.80a)$$

$$\boldsymbol{z}_2(k) = [d_1^j(k) + n_4(k), d_2^j(k) + n_5(k), \cdots, d_{m_s}^j(k) + n_3 + m_s(k)] \qquad (12.80b)$$

式中，$d_i^j(k)$（$i=1, 2, \cdots, m_s$，m_s 为声呐数量）为由第 i 个声呐测量的距离平面 $\boldsymbol{\Pi}^j$ 的距离（$j=1, 2, \cdots, m_p$，m_p 为平面数量），并且 $\boldsymbol{h}(\boldsymbol{x}(k)) = [x_Q(k), y_Q(k), \phi(k), d_1^1(k), d_2^1(k), \cdots, d_{m_s}^{m_p}]^{\mathrm{T}}$。

为简单起见且不失一般性，我们假定只有一个平面和一个声呐（即 $m_s=1$，$m_p=1$），这样：

$$\boldsymbol{h}(\boldsymbol{x}(k)) = [x_Q(k), y_Q(k), \phi(k), d_1^1(k)]^{\mathrm{T}} \qquad (12.81)$$

将式(12.79)的测量关于 $\hat{\boldsymbol{x}}(k|k-1)$ 线性化，$\hat{\boldsymbol{x}}(k|k-1)$ 为根据 $k-1$ 时刻之前的测量对 $\boldsymbol{x}(k)$ 的估计，并且 $\boldsymbol{h}(\cdot)$ 与 $\boldsymbol{u}$ 不相关，得

$$\boldsymbol{z}(k) = \boldsymbol{h}(\hat{\boldsymbol{x}}(k|k-1)) + \boldsymbol{C}(k)[\boldsymbol{x}(k) - \hat{\boldsymbol{x}}(k|k-1)] + \boldsymbol{n}(k) \qquad (12.82)$$

式中：

$$\begin{aligned} \boldsymbol{h}(\hat{\boldsymbol{x}}(k|k-1)) &= \boldsymbol{z}(k|k-1) \\ &= [\hat{\boldsymbol{x}}_Q(k|k-1), \hat{y}_Q(k|k-1), \hat{\phi}(k|k-1), d_1^1(k|k-1)]^{\mathrm{T}} \end{aligned}$$

(12.83a)

$$\boldsymbol{C}(k) = \left[\frac{\partial \boldsymbol{h}}{\partial \boldsymbol{x}}\right]_{\hat{\boldsymbol{x}}(k|k-1)} = \begin{bmatrix} 1 & 0 & 0 \\ 0 & 1 & 0 \\ 0 & 0 & 1 \\ -\cos\theta_n^1 & -\sin\theta_n^1 & \begin{matrix} x_{r,1}\cos(\hat{\phi}(k|k-1) - \theta_n^1) \\ -y_{r,1}\sin(\hat{\phi}(k|k-1) - \theta_n^1) \end{matrix} \end{bmatrix}$$

(12.83b)

现在，我们有了式(12.75)和式(12.82)这样的线性化模型，就可以直接利用

式(12.5)～式(12.12)所示的线性卡尔曼滤波器。对于机器人定位，我们按照12.7.1节中的步骤进行。

步骤1 一步预测。

$$\begin{aligned}&\hat{\boldsymbol{x}}(k+1|k)=\boldsymbol{f}(\hat{\boldsymbol{x}}(k|k),\ \boldsymbol{0})+\boldsymbol{B}(k)\boldsymbol{u}(k)=\hat{\boldsymbol{x}}(k|k)+\boldsymbol{B}(k)\boldsymbol{u}(k)\\&\boldsymbol{\Sigma}(k+1|k)=\boldsymbol{A}(k)\boldsymbol{\Sigma}(k|k)\boldsymbol{A}^{\mathrm{T}}(k)+\boldsymbol{Q}(k)\\&\boldsymbol{Q}(k)=\mathrm{diag}[\sigma_w^2,\ \sigma_w^2,\ \sigma_w^2]\end{aligned}\tag{12.84}$$

步骤2 传感器观测。

获取$k+1$时刻传感器的一组测量数据$\boldsymbol{z}(k+1)$。

步骤3 匹配。

构建测量值更新过程：

$$\begin{aligned}\widetilde{\boldsymbol{z}}(k+1|k)&=\boldsymbol{z}(k+1)-\hat{\boldsymbol{z}}(k+1|k)\\&=\boldsymbol{z}(k+1)-\boldsymbol{h}(\hat{\boldsymbol{x}}(k+1|k))\end{aligned}\tag{12.85}$$

步骤4 位置估计。

$$\boldsymbol{K}(k+1)=\boldsymbol{\Sigma}(k+1|k+1)\boldsymbol{C}^{\mathrm{T}}(k+1)\boldsymbol{R}^{-1}(k+1)\tag{12.86a}$$

$$\hat{\boldsymbol{x}}(k+1|k+1)=\hat{\boldsymbol{x}}(k+1|k)+\boldsymbol{K}(k+1)\widetilde{\boldsymbol{z}}(k+1|k),\quad \boldsymbol{x}(0|0)=\boldsymbol{x}_0\tag{12.86b}$$

$$\boldsymbol{\Sigma}(k+1|k+1)=\boldsymbol{\Sigma}(k+1|k)-\boldsymbol{K}(k+1)\boldsymbol{C}(k+1)\boldsymbol{\Sigma}(k+1|k),\quad \boldsymbol{\Sigma}(0|0)=\boldsymbol{\Sigma}_0\tag{12.86c}$$

其中，$\boldsymbol{\Sigma}_0$是一个给定的对称正定矩阵。

任何能保证闭环系统稳定的有效控制器都可以使用。这里使用的是例6.7推导的动态状态反馈线性化解耦控制器[26-27]。

我们选择输出向量为

$$\boldsymbol{y}=\begin{bmatrix}y_1\\y_2\end{bmatrix}=\begin{bmatrix}x_Q\\y_Q\end{bmatrix}\tag{12.87a}$$

求导得：

$$\dot{\boldsymbol{y}}=\begin{bmatrix}\dot{y}_1\\\dot{y}_2\end{bmatrix}=\boldsymbol{H}_1(\phi)\boldsymbol{u},\quad \boldsymbol{H}_1(\phi)=\begin{bmatrix}\cos\phi & 0\\\sin\phi & 0\end{bmatrix},\quad \boldsymbol{u}=\begin{bmatrix}v\\\omega\end{bmatrix}\tag{12.87b}$$

显然，ω对$\dot{\boldsymbol{y}}$没有影响，因此引入一个动态补偿量：

$$\dot{z}=\mu,\quad v=z\tag{12.88}$$

式中μ是机器人的线性加速度。因此，式(12.87a)可写成：

$$\dot{\boldsymbol{y}}=z\begin{bmatrix}\cos\phi\\\sin\phi\end{bmatrix}\tag{12.89}$$

对式(12.89)求导得：

$$\ddot{\boldsymbol{y}}=\dot{z}\begin{bmatrix}\cos\phi\\\sin\phi\end{bmatrix}+z\dot{\phi}\begin{bmatrix}-\sin\phi\\\cos\phi\end{bmatrix}=\boldsymbol{H}_2(\phi)\begin{bmatrix}\mu\\\omega\end{bmatrix}\tag{12.90}$$

式中，$\boldsymbol{H}_2(\phi)$为非奇异解耦矩阵：

$$\boldsymbol{H}_2(\phi)=\begin{bmatrix}\cos\phi & -z\sin\phi\\\sin\phi & z\cos\phi\end{bmatrix},\quad \boldsymbol{H}_2^{-1}(\phi)=\begin{bmatrix}\cos\phi & \sin\phi\\-(\sin\phi)/z & (\cos\phi)/z\end{bmatrix}\tag{12.91}$$

式中，$z=v\neq 0$。

这样，定义新的输入量 w_1 和 w_2：

$$\ddot{y}_1=w_1,\ \ddot{y}_2=w_2(\text{输入-输出解耦系统}) \tag{12.92}$$

当$[u,\ \omega]^{\mathrm{T}}=[\dot{z},\ \omega]^{\mathrm{T}}$时，求解式(12.90)可得：

$$\begin{bmatrix}\dot{z}\\ \omega\end{bmatrix}=\begin{bmatrix}\cos\phi & \sin\phi\\ -(\sin\phi)/z & (\cos\phi)/z\end{bmatrix}\begin{bmatrix}w_1\\ w_2\end{bmatrix}$$

当 $\ddot{y}_1=w_1$，$\ddot{y}_2=w_2$ 时，以下就是我们想要的动态状态反馈线性化解耦控制器：

$$\dot{z}=w_1\cos\phi+w_2\sin\phi \tag{12.93a}$$

$$v=z \tag{12.93b}$$

$$\omega=(w_2\cos\phi-w_1\sin\phi)/z \tag{12.93c}$$

我们以下列系统参数和初始条件进行数值模拟：

- 机器人初始位置：$x_Q(0)=1.4\mathrm{m}$，$y_Q(0)=1.3\mathrm{m}$，$\phi(0)=45°$。
- 声呐在坐标系中 $Q_{x_r y_r}$ 的位置：$x_{r,1}=0.5\mathrm{m}$，$y_{r,1}=0.5\mathrm{m}$，$\phi_{r,1}=0°$。
- 平面位置：$p_n^1=7.0\mathrm{m}$，$\theta_n^1=45°$。
- 干扰/噪声：$\boldsymbol{Q}=\mathrm{diag}[0.1,\ 0.1,\ 0.1]$，$R=\mathrm{diag}[10^{-3},\ 10^{-3},\ 10^{-3},\ 10^{-3}]$。

期望的轨迹为开始于 $y_{1,\mathrm{d}}(0)=x_{Q,\mathrm{d}}(0)=1.5\mathrm{m}$，$y_{2,\mathrm{d}}(0)=x_{Q,\mathrm{d}}(0)=1.5\mathrm{m}$，且与世界坐标系 O_x 轴成 45°角的直线，如图 12.16 所示。

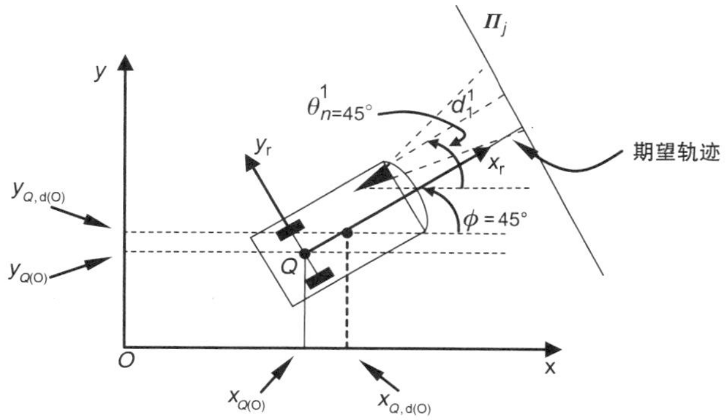

图 12.16　机器人期望轨迹

这里使用线性 PD 算法设计了一个新的反馈控制器$[w_1(t),\ w_2(t)]^{\mathrm{T}}$：

$$w_1=\ddot{y}_{1,\mathrm{d}}+K_{\mathrm{p1}}(y_{1,\mathrm{d}}-y_1)+K_{\mathrm{d1}}(\dot{y}_{1,\mathrm{d}}-\dot{y}_1)$$

$$w_2=\ddot{y}_{2,\mathrm{d}}+K_{\mathrm{p2}}(y_{2,\mathrm{d}}-y_2)+K_{\mathrm{d2}}(\dot{y}_{2,\mathrm{d}}-\dot{y}_2)$$

图 12.17a 展示了由测程和声呐测量获得的轨迹和期望轨迹。图 12.17b 展示了期望的方向 ϕ_{d} 和由 EKF 融合获得的实际方向 ϕ。可以看出，EKF 融合的性能是令人满意的。

然而，实验显示仅由测程法获得的轨迹与融合测程和声呐两种数据获得的轨迹相差不多。这可能是模型选择导致的。实验中，使用两种传感器时，其数据由单一的 EKF 处理。利用图 12.8 所示的传感器融合过程可以得到更好的结果：先计算由每一种传感器数据进行的单独估计，再根据式(12.31a)和式(12.31b)(利用冗余信息进行估计)计算两种利用传感器的联合估计。

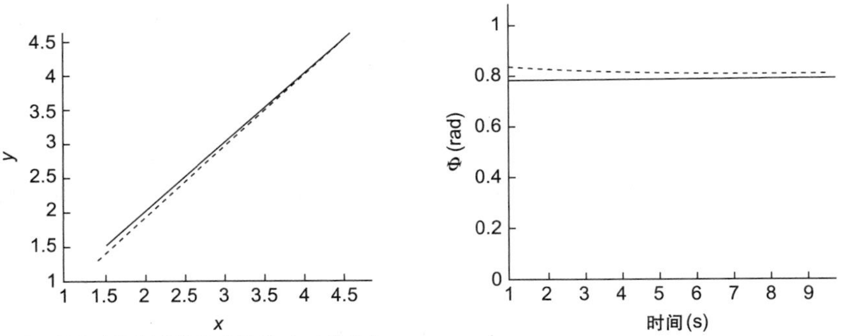

a）利用两种传感器获得的轨迹（虚线）与期望轨迹（—）

b）相应的方向曲线ϕ_d（—）和ϕ（虚线）

图 12.17　由测程和声呐测量传感器获得的轨迹和期望轨迹及相应方向的曲线

要更进一步地提高状态向量估计的准确性，可以使用 PF 方法。这是因为 EKF 假定干扰和噪声是服从高斯分布的，而一般情况下并非如此。而 PF 方法不对随机干扰和噪声的概率分布做出假设。在 PF 方法中，采用了一组带权重的粒子(对状态向量的估计)进行平行演化。每一次迭代都包含了粒子更新和权重更新，并通过重采样(用权重高的粒子替换权重低的粒子)保证收敛。事实上，通过采用 PF 方法对上述传感器融合系统进行模拟实验，实验中取粒子数 $N\geqslant 1000$，显示了 PF 方法比 EKF 更优越。随着粒子数增加，机器人状态向量的估计更准确，当然计算代价也更大。

例 12.6　估计基于视觉的引导－跟随控制系统中引导机器人的速度 v_l(见图 12.18)。

解　利用图像处理算法计算距离和方向[28]：

$$\text{距离：}L_{lf}^2=(x_l-x_f)^2+(y_l-y_f)^2 \tag{12.94a}$$

$$\text{方向：}\gamma_{lf}=\pi/2-\phi_f+\theta_{lf},\quad \tan\theta_{lf}=(y_l-y_f)/(x_l-x_f) \tag{12.94b}$$

对 L_{lf} 和 γ_{lf} 求导得：

$$\dot{l}_{lf}=(\dot{x}_{lf}\dot{\tilde{x}}_{lf}+\tilde{y}_{lf}\dot{\tilde{y}}_{lf})/L_{lf} \tag{12.95a}$$

$$\dot{\gamma}_{lf}=(\tilde{x}_{lf}\dot{\tilde{y}}_{lf}-\tilde{y}_{lf}\dot{\tilde{x}}_{lf})/L_{lf}^2-\phi_f \tag{12.95b}$$

式中：

$$\tilde{x}_{lf}=x_l-x_f,\quad \tilde{y}_{lf}=y_l-y_f \tag{12.95c}$$

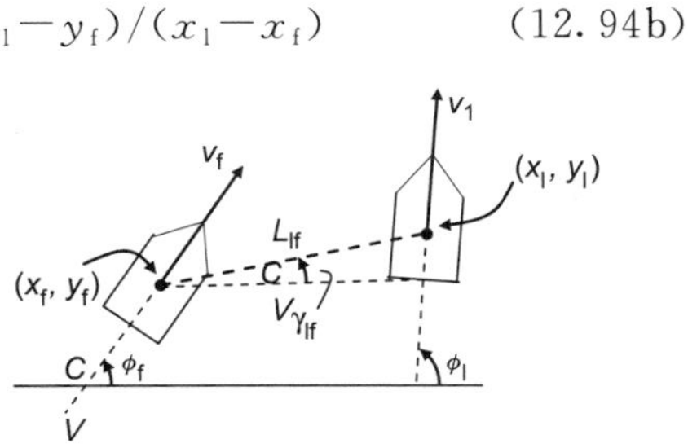

图 12.18　引导－跟随系统：引导机器人位姿(x_l，y_l，ϕ_l)，跟随机器人位姿(x_f，y_f，ϕ_f)

定义 ξ_{lf} 角为

$$\zeta_{lf}=\gamma_{lf}+\phi_f-\phi_l \tag{12.96}$$

并假设 $\boldsymbol{v}_l$、ω_l 为常量，则我们要估计的状态向量可由下面的非线性模型表示：

$$\dot{\boldsymbol{X}}(t)=\boldsymbol{F}(\boldsymbol{X},\boldsymbol{u})+\boldsymbol{w}(t),\quad \boldsymbol{u}=[v_f,\ \omega_f]^{\mathrm{T}} \tag{12.97a}$$

式中，$\boldsymbol{w}(t)\in R^6$ 为零均值的服从高斯分布的随机干扰输入，其协方差矩阵已知，且

$$\boldsymbol{X}=\begin{bmatrix}\phi_1\\ v_1\\ \omega_1\\ L_{1f}\\ \gamma_{1f}\\ \phi_f\end{bmatrix},\quad \boldsymbol{F}(\boldsymbol{X},\ \boldsymbol{u})=\begin{bmatrix}\omega_1\\ 0\\ 0\\ v_1\sin\zeta_{1f}-v_f\sin\gamma_{1f}\\ (v_1\cos\zeta_{1f}-v_f\cos\gamma_{1f})/L_{1f}-\omega_f\\ \omega_f\end{bmatrix} \tag{12.97b}$$

测量输出 $\boldsymbol{z}(t)$ 为

$$\boldsymbol{z}(t)=\begin{bmatrix}L_{1f}\\ \gamma_{1f}\end{bmatrix}=\boldsymbol{H}(\boldsymbol{X})+\boldsymbol{n}(t) \tag{12.97c}$$

式中，$\boldsymbol{n}(t)$ 为零均值的服从高斯分布的传感器测量噪声，其协方差矩阵已知。

使用采样周期 T 对式(12.97a)～式(12.97c)进行离散化，并取一阶近似进行线性化得：

$$\boldsymbol{X}(k+1)=\boldsymbol{F}_d(\boldsymbol{X}(k),\ \boldsymbol{u}(k))+\boldsymbol{w}(k) \tag{12.98a}$$

$$\boldsymbol{z}(k)=\boldsymbol{H}(\boldsymbol{X}(k))+\boldsymbol{n}(k) \tag{12.98b}$$

式中：

$$\boldsymbol{F}_d(\boldsymbol{X}(k),\ \boldsymbol{u}(k))=\begin{bmatrix}\phi_1+T\omega_1\\ v_1\\ \omega_1\\ L_{1f}+T(v_1\sin\zeta_{1f}-v_f\sin\gamma_{1f})\\ \gamma_{1f}+T\{(v_1\cos\zeta_{1f}-v_f\cos\gamma_{1f})/L_{1f}\}-\omega_f\\ \phi_f+T\omega_f\end{bmatrix}_{t=kT} \tag{12.98c}$$

对式(12.98a)～式(12.98c)所示的非线性化模型(已关于当前估计 $\hat{\boldsymbol{X}}(k|k)$ 线性化)应用 EKF 方法处理得(见式(12.32a)～式(12.35b))：

$$\boldsymbol{X}(k+1)=\boldsymbol{F}_d(\hat{\boldsymbol{X}}(k|k),\ \boldsymbol{0})+\boldsymbol{A}(k)[\boldsymbol{X}(k)-\hat{\boldsymbol{X}}(k|k)]+\boldsymbol{B}(k)\boldsymbol{u}(k)+\boldsymbol{w}(k) \tag{12.99a}$$

式中的估计 $\hat{\boldsymbol{X}}(k|k)$ 基于测量值 $\boldsymbol{Z}(k)=\{\boldsymbol{z}(0),\ \boldsymbol{z}(1),\ \cdots,\ \boldsymbol{z}(k)\}$，且

$$\boldsymbol{F}_d(\hat{\boldsymbol{X}}(k|k),\ \boldsymbol{0})=\begin{bmatrix}\hat{\phi}_1(k|k)+T\hat{\omega}_1(k|k)\\ \hat{v}_1(k|k)\\ \hat{\omega}_1(k|k)\\ \hat{L}_{1f}(k|k)+T\hat{v}_1(k|k)\sin\hat{\zeta}_{1f}(k|k)\\ \hat{\gamma}_{1f}(k|k)+T[\hat{v}_1(k|k)\cos\hat{\zeta}_{1f}(k|k)]/L_{1f}\\ \hat{\phi}_f(k|k)\end{bmatrix} \tag{12.99b}$$

$$\boldsymbol{A}(k)=\left[\frac{\partial \boldsymbol{F}_{\mathrm{d}}}{\partial \boldsymbol{X}}\right]_{\hat{\boldsymbol{X}}(k|k),0}=\left[\begin{array}{ccc|ccc}1 & 0 & T & 0 & 0 & 0\\ 0 & 1 & 0 & 0 & 0 & 0\\ 0 & 0 & 1 & 0 & 0 & 0\\ 0 & T\sin\hat{\zeta}_{\mathrm{lf}}(k|k) & 0 & 1 & 0 & 0\\ 0 & (T/\hat{L}_{\mathrm{lf}}(k|k))\cos\hat{\zeta}_{\mathrm{lf}}(k|k) & 0 & 0 & 1 & 0\\ 0 & 0 & 0 & 0 & 0 & 1\end{array}\right] \tag{12.99c}$$

$$\boldsymbol{B}(k)=\left[\frac{\partial \boldsymbol{F}_{\mathrm{d}}}{\partial u}\right]_{\hat{\boldsymbol{X}}(k|k),0}=\begin{bmatrix}0 & 0\\ 0 & 0\\ 0 & 0\\ -T\sin\hat{\gamma}_{\mathrm{lf}}(k|k) & 0\\ -(T/\hat{L}_{\mathrm{lf}}(k|k))\cos\hat{\gamma}_{\mathrm{lf}}(k|k) & -1\\ 0 & T\end{bmatrix} \tag{12.99d}$$

式(12.97c)的测量本身是线性的，可写成

$$\boldsymbol{z}(k)=\begin{bmatrix}L_{\mathrm{lf}}\\ \gamma_{\mathrm{lf}}\end{bmatrix}=\boldsymbol{H}(\boldsymbol{X})+\boldsymbol{n}(t)=\boldsymbol{C}\boldsymbol{X}(k)+\boldsymbol{n}(t) \tag{12.100a}$$

式中：

$$\boldsymbol{C}=\begin{bmatrix}0 & 0 & 0 & 1 & 0 & 0\\ 0 & 0 & 0 & 0 & 1 & 0\end{bmatrix} \tag{12.100b}$$

式(12.99a)～式(12.99d)、式(12.100a)～式(12.100b)给出的线性状态空间和测量模型具有式(12.2a)和式(12.2b)以及式(12.75)和式(12.82)的标准形式，所以 EKF 公式可以直接使用。作为练习，读者可以写出这些公式并设定合适的参数值写出计算机程序。

例 12.7　在有一个传感器可以测量地标距离和方向的情况下，概要写出更新车型机器人位姿(位置和方向)的算法。

解　这个算法和上一个例子的速度估计算法类似。这里的车型机器人运动学模型为

$$\begin{aligned}\dot{x}&=v_1\cos\phi\\ \dot{y}&=v_1\sin\phi\\ \dot{\phi}&=(1/Dv_1\tan\psi)\\ \dot{\psi}&=-a\psi+bv_2,\quad a>0\end{aligned} \tag{12.101}$$

式中，a 为转向角 ψ 的衰减参数，转向角满足 $|\psi|<\psi_{\max}<90°$，b 为输入增益。

控制向量为

$$\boldsymbol{u}=[u_1,\ u_2]^{\mathrm{T}}=[v_1,\ v_2]^{\mathrm{T}}$$

为使用 EKF 进行机器人位置和方向更新，首先将这个模型离散化(见式(12.98a)和(12.98b))，得

$$\boldsymbol{X}(k+1)=\boldsymbol{F}_{\mathrm{d}}(\boldsymbol{X}(k),\ \boldsymbol{u}(k))+\boldsymbol{w}(k) \tag{12.102a}$$

$$\boldsymbol{z}(k)=\begin{bmatrix} z_1(k) \\ z_2(k) \\ \vdots \\ z_m(k) \end{bmatrix}=\begin{bmatrix} h_1(p_1, \boldsymbol{X}(k)) \\ h_2(p_2, \boldsymbol{X}(k)) \\ \vdots \\ h_m(p_m, \boldsymbol{X}(k)) \end{bmatrix}+n(k) \tag{12.102b}$$

式中，$\boldsymbol{w}(k)$和$\boldsymbol{n}(k)=[n_1(k), n_2(k), \cdots, n_m(k)]^{\mathrm{T}}$为零均值的高斯白噪声，已知的协方差矩阵为$\boldsymbol{Q}(k)$和$\boldsymbol{R}(k)$；$z_i(k)=h_i(p_i, \boldsymbol{X}(k))$为第 i 个地标的位置：

$$p_i(k)=[p_{ix}(k), p_{iy}(k)]^{\mathrm{T}}, (i=1, 2, \cdots, m) \tag{12.102c}$$

输出函数 $h_i(p_i, \boldsymbol{X}(k))$为

$$h_i(p_i, \boldsymbol{X}(k))=\begin{bmatrix} [(p_{ix}-x(k))^2+(p_{iy}-y(k))^2]^{1/2} \\ \arctan[(p_{iy}-y(k))/(p_{ix}-x(k))]-\phi(k) \end{bmatrix} \tag{12.102d}$$

函数 $\boldsymbol{F}_{\mathrm{d}}(\boldsymbol{X}(k), \boldsymbol{u}(k))$为

$$\boldsymbol{F}_{\mathrm{d}}(\boldsymbol{X}(k), \boldsymbol{u}(k))=\begin{bmatrix} x(k)+Tu_1\cos\phi(k) \\ y(k)+Tu_1\sin\phi(k) \\ \phi(k)+(T/D)u_1\tan\psi(k) \\ \psi(k)-Ta\psi(k)+Tbu_2(k) \end{bmatrix} \tag{12.103a}$$

式中：

$$\boldsymbol{X}(k)=[x(k), y(k), \phi(k), \psi(k)]^{\mathrm{T}}, \boldsymbol{u}(k)=[u_1(k), u_2(k)]^{\mathrm{T}} \tag{12.103b}$$

线性化的状态模型和测量模型为

$$\boldsymbol{X}(k+1)=\boldsymbol{F}_{\mathrm{d}}(\hat{\boldsymbol{X}}(k|k), \boldsymbol{0})+\boldsymbol{A}(k)[\boldsymbol{X}(k)-\hat{\boldsymbol{X}}(k|k)]+\boldsymbol{B}(k)u(k)+\boldsymbol{w}(k) \tag{12.104a}$$

$$\boldsymbol{z}(k)=\boldsymbol{H}_{\mathrm{d}}(\hat{\boldsymbol{X}}(k|k), \boldsymbol{0})+\boldsymbol{C}(k)[\boldsymbol{X}(k)-\hat{\boldsymbol{X}}(k|k)]+\boldsymbol{v}(k) \tag{12.104b}$$

式中：

$$\boldsymbol{F}_{\mathrm{d}}(\hat{\boldsymbol{X}}(k|k), \boldsymbol{0})=\begin{bmatrix} \hat{\boldsymbol{x}}(k|k) \\ \hat{y}(k|k) \\ \hat{\phi}(k|k) \\ (1-Ta)\hat{\psi}(k|k) \end{bmatrix}$$

$$\boldsymbol{A}(k)=\left[\frac{\partial \boldsymbol{F}_{\mathrm{d}}}{\partial \boldsymbol{X}}\right]_{\hat{\boldsymbol{X}}(k|k),0}=\begin{bmatrix} 1 & 0 & -Tu_1\sin\hat{\phi}(k|k) & 0 \\ 0 & 1 & Tu_1\hat{\cos}(k|k) & 0 \\ 0 & 0 & 1 & (T/D)u_1\sec\hat{\phi}(k|k) \\ 0 & 0 & 0 & 1-Ta \end{bmatrix}$$

$$\boldsymbol{B}(k)=\left[\frac{\partial \boldsymbol{F}_{\mathrm{d}}}{\partial \boldsymbol{u}}\right]_{\hat{\boldsymbol{x}}(k|k),0}=\begin{bmatrix} T\cos\hat{\phi}(k|k) & 0 \\ T\sin\hat{\phi}(k|k) & 0 \\ (T/D)\tan\hat{\psi}(k|k) & 0 \\ 0 & Tb \end{bmatrix}$$

$$\boldsymbol{H}_{\mathrm{d}}(\hat{\boldsymbol{X}}(k|k), 0)=[h_1^{\mathrm{T}}(p_1, \hat{\boldsymbol{X}}(k|k)), \cdots, h_m^{\mathrm{T}}(p_m, \hat{\boldsymbol{X}}(k|k))]^{\mathrm{T}}$$

$$h_i(p_i, \hat{\boldsymbol{X}}(k|k))=\begin{bmatrix}[(p_{ix}-\hat{\boldsymbol{x}}(k|k))^2+(p_{iy}-\hat{y}(k|k))^2]^{1/2}\\ \arctan[(p_{iy}-\hat{y}(k|k))/(p_{ix}-\hat{\boldsymbol{x}}(k|k))]-\phi(k)\end{bmatrix}$$

$$\boldsymbol{C}(k)=\left[\frac{\partial \boldsymbol{H}_{\mathrm{d}}}{\partial \boldsymbol{X}}\right]_{\hat{\boldsymbol{X}}(k|k),0}=\left[\left(\frac{\partial h_1^{\mathrm{T}}}{\partial \boldsymbol{X}}\right), \left(\frac{\partial h_2}{\partial \boldsymbol{X}}\right)^{\mathrm{T}}, \cdots, \left(\frac{\partial h_m}{\partial \boldsymbol{X}}\right)^{\mathrm{T}}\right]_{\hat{\boldsymbol{X}}(k|k),\boldsymbol{0}}$$

$$\left[\frac{\partial h_i}{\partial \boldsymbol{X}}\right]_{\hat{\boldsymbol{X}}(k|k)}=\begin{bmatrix}\Delta\hat{\boldsymbol{x}}(k|k)/\hat{\lambda}_p & \Delta\hat{y}(k|k)/\hat{\lambda}_p & 0 & 0\\ -\Delta\hat{y}(k|k)/\hat{\lambda}_p^2 & \Delta\hat{\boldsymbol{x}}(k|k)/\hat{\lambda}_p^2 & -1 & 0\end{bmatrix}$$

式中，$\Delta\hat{x}_k(k|k)=\hat{x}(k|k)-p_{ix}$，$\Delta\hat{y}_k(k|k)=\hat{y}(k|k)-p_{iy}$，$\hat{\lambda}_{\mathrm{p}}=[\Delta\hat{x}^2(k|k)+\Delta\hat{y}^2(k|k)]^{1/2}$

式(12.104a)和式(12.104b)给出的模型为标准的线性时变随机模型，可以直接使用 EKF 求解。通过四步可得到结果(见 12.7.1 节)：

- 一步预测。
- 传感器观测。
- 匹配。
- 位置估计。

在匹配环节，可以通过 χ^2 准则验证每一个地标(或传感器)测量值的匹配情况(独立性)。不满足这个准则的测量值应丢弃。需要注意的是式(12.104a)中的 $\boldsymbol{B}(k)\boldsymbol{u}(k)$ 项中的控制输入 $\boldsymbol{u}(k)$ 假定是已知的(因为这里的目标仅为估计 $\boldsymbol{X}(k)$)。这个输入可以通过适当的方法来选择(参见第 5～9 章)以实现期望的控制目标，如例 12.5 所示。

参考文献

[1] Papoulis A. Probability, random variables and stochastic processes. New York, NY: Mc Graw-Hill; 1965.

[2] Meditch JS. Stochastic optimal linear estimation and control. New York, NY: Mc Graw-Hill; 1969.

[3] Anderson BDO, Moore JB. Optimal filtering. Prentice Hall, NJ: Englewood Cliffs; 1979.

[4] Borenstein J, Everett HR, Feng L. Navigating mobile robots: sensors and techniques. Wellesley, MA: A.K. Peters Ltd; 1999.

[5] Adams MD. Sensor modeling design and data processing for automation navigation. Singapore: World Scientific; 1999.

[6] Davies ER. Machine vision: theory, algorithms, practicalities. San Francisco, CA: Morgan Kaufmann; 2005.

[7] Bishop RH. Mechatronic systems, sensors and actuators: fundamentals and modeling. Boca Raton, FL: CRC Press; 2007.

[8] Leonard JL. Directed sonar sensing for mobile robot navigation. Berlin: Springer; 1992.

[9] Kleeman, L. Advanced sonar and odometry error modeling for simultaneous localization and map building. In: Proceedings of the 2004 IEEE/RSJ international conference on intelligent robots and systems, Sendai, Japan, 2004, p. 1866−71.

[10] Betke M, Gurvis L. Mobile robot localization using landmarks. IEEE Trans Rob Autom 1997;13(2):251−63.

[11] Andersen CS, Concalves JGM. Determining the pose of a mobile robot using triangulation: a vision based approach. Technical Report No I. 195-159, European Union Joint Research Center, December 1995.

[12] Hu H, Gu D. Landmark-based navigation of industrial mobile robots. Int J Ind Rob 2000;27(6):458–67.
[13] Castellanos JA, Tardos JD. Mobile robot localization and map building: a multisensor fusion approach. Berlin: Springer; 1999.
[14] Chang KC, Chong CY, Bar-Shalom Y. Joint probabilistic data association in distributed sensor networks. IEEE Trans Autom Control 1986;31:889.
[15] Durrant-Whyte HF. Uncertainty geometry in robotics. IEEE Trans Rob Autom 1988;4 (1):23–31.
[16] Vidal Calleja TA. Visual navigation in unknown environments. Ph.D. Thesis, IRI, Univ. Polit. de Catalunya, Barcelona, 2007.
[17] Guivant JE, Nebot EM. Optimization of the simultaneous localization and map-building algorithm for real-time implementation. IEEE Trans Rob Autom 2001;17 (3):242–57.
[18] Gordon NJ, Salmond DJ, Smith AFM. Novel approach to nonlinear/nonGaussian Bayesian estimation. Proc IEE Radar Signal Process 1993;140(2):107–13.
[19] Rekleitis I, Dudek G, Milios E. Probabilistic cooperative localization and mapping in practice. Proc IEEE Rob Autom Conf 2003;2:1907–12.
[20] Rekleitis I, Dudek G, Milios E. Multirobot collaboration for robust exploration. Ann Math Artif Intell 2001;31(1–4):7–40.
[21] Bailey T, Durrant–Whyte H. Simultaneous localization and mapping (SLAM), Part I. IEEE Rob Autom Mag 2006;13(2):99–110 Part II, *ibid*, (3):108–17.
[22] Doucet A, De Freitas N, Gordon NJ. Sequential Monte Carlo methods in practice. Berlin: Springer; 2001.
[23] Crisan D, Doucet A. A survey of convergence results on particle filtering methods for practitioners. IEEE Trans Signal Process 2002;50(3):736–46.
[24] Rituerto A, Puig L, Guerrero JJ. Visual SLAM with an omnidirectional camera. In: Proceedings of twentieth international conference on pattern recognition (ICPR), Istanbul, Turkey, 23–26 August, 2010, p. 348–51.
[25] Kim JM, Chung MJ. SLAM with omnidirectional stereo vision sensor. In: Proceedings of 2003 IEEE/RSJ international conference on intelligent robots and systems, Las Vegas, NV, October, 2003, p. 442–47.
[26] Rigatos GG, Tzafestas SG. Extended Kalman filtering for fuzzy modeling and multi-sensor fusion. Math Comput Model Dyn Sys 2007;13(3):251–66.
[27] Oriolo G, DeLuca A, Venditteli M. WMR control via dynamic feedback linearization: design implementation and experimental validation. IEEE Trans Control Sys Technol 2002;10(6):835–52.
[28] Das AK, Fierro R, Kumar V, Southall B, Spletzer J, Taylor CJ. Real-time mobile robot. In: Proceedings of 2001 international conference on robotics and automation, Seoul, ROK, 2001, p. 1714–19.

第13章 实验研究

13.1 引言

本书中，我们已经给出了推导轮式移动机器人运动学和动力学模型，以及设计若干种控制器的基本分析方法。然而不可避免地，这些方法仅仅是研究文献中提到过的各种变化和扩展方法中的一小部分，我们只能尽力在有限的篇幅内提供足够的材料以满足介绍性的目的。公开文献中提到的这些方法都有模拟实验结果作为支撑，而且在很多文献中，这些方法还在实际的移动机器人和机械臂中得到了应用和测试。

本章的目的就是集中展示一些从公开文献中抽取的有关本书中提到过的方法的实验模拟或实际应用的结果。特别是一些案例在各种人工或自然条件中获得的结果。在大多数情况下，期望的路径和轨迹为直线、曲线、圆或它们的组合。本章中的实验涵盖了本书中提到过的下列问题：

- 基于李雅普诺夫和模型的自适应和鲁棒性控制。
- 使用极坐标链式布罗克特型积分器模型的位姿稳定性和泊车控制。
- 确定性模糊滑模控制。
- 基于视觉的移动机器人和移动机械臂控制。
- 未知环境中的模糊路径规划(局部路径规划、全局路径规划、局部与全局路径综合规划)。
- 差分驱动轮式移动机器人模糊轨迹控制。
- 基于神经网络的轨迹控制和避障导航。
- 使用扩展卡尔曼滤波器(EKF)和粒子滤波器(PF)的同步定位和地图构建(SLAM)。

除非必要，本章不涉及硬件、软件和数值细节。然而，大多数模拟结果来自 MatLAB/Simulink 软件。建议读者使用自己的仿真和实际实验重现这些结果。

13.2 模型参考自适应控制

模型参考自适应控制已在第 7 章讨论过，并推导出了两个等效的控制器。第一个为式(7.40a)、式(7.40b)、式(7.41)，第二个为式(7.77)。在两种情况下，轮式移动机器人的质量 m 和惯量 I 为未知常量或缓慢变化的参数。以这些参数的初始估计值启动控制器，自适应控制同时执行两个任务：更新参数值和跟踪期望的轨迹。随着时间的推移，参数接近其实际值，轨迹跟踪性能得到提升。这个结论已通过这些控制器及模拟实验得到验证[1-2]。图 13.1a～图 13.1c 展示的是第一个控制器的性能，其增益为 $K_x=K_\phi=K_y=5$，

适应参数为 $\gamma_1=\gamma_2=10$。真实的参数值为 $m=1$，$I=0.5$。移动机器人的初始位姿为 $x(0)=0$，$y(0)=0$，$\phi(0)=0$。图 13.1a 展示的是使用真实值时，误差 $\tilde{x}=x_d-x$，$\tilde{y}=y_d-y$，$\tilde{\phi}_d=\phi_d-\phi$ 的收敛情况。图 13.1b 和图 13.1c 展示的是初始值为 $m=4$，$I=2$ 时，非自适应控制器和自适应控制器的误差收敛情况。

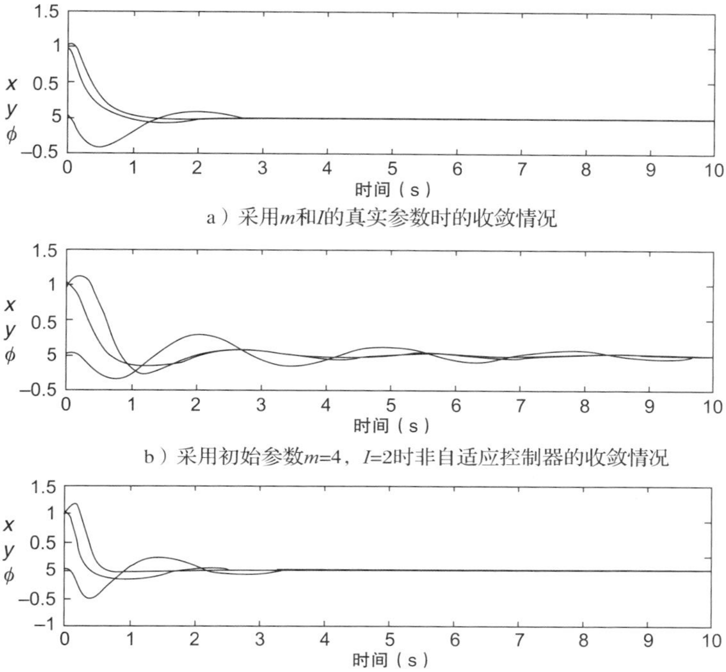

a）采用m和I的真实参数时的收敛情况

b）采用初始参数m=4，I=2时非自适应控制器的收敛情况

c）自适应控制器在采用相同初始参数时的收敛情况

图 13.1 自适应控制器性能示例

资料来源：摘自参考文献[1]并经欧洲联合控制协会授权。

当使用真实参数时，控制器 3s 后实现收敛(见图 13.1a)。使用非真实参数时，非自适应控制器 10s 后实现收敛(见图 13.1b)，自适应控制器大约 4s 后实现收敛(见图 13.1c)。上述结果显示自适应控制器对参数不确定的鲁棒性。第二个自适应控制器也显示了类似的性能[2]。文献[2]中的轮式移动机器人的参数为 $\beta_1=\beta_2=0.5$(已知符号的未知动态参数的真实值)、$\gamma_1=\gamma_2=10$、$K_4=K_5=100$。人们研究了两种情况：(*i*)期望轨迹为 $x_d(t)=0.5t$、$y_d(t)=0.5t$、$\phi_d(t)=\pi/4$ 的 45°直线；(ii) 轨迹为圆心为原点，移动线速度为 0.5m/s 的单位圆，初始位姿为$[x_d(0),\ y_d(0),\ \phi_d(0)]^T=[1,\ 0,\ \pi/2]^T$。第一种情况中机器人的初始位姿为$[x(0),\ y(0),\ \phi(0)]^T=[1,\ 0,\ 0]^T$。显然，$\phi(0)=0$ 表示机器人初始方向指向 x 轴正方向。第二种情况中，机器人的初始位姿为$[x(0),\ y(0),\ \phi(0)]^T=[0,\ 0,\ 0]^T$。两种情况得到的结果如图 13.2 所示[2]。可以看出：在第一种情况中，机器人首先向后移动，然后开始跟踪期望轨迹；在第二种情况中，机器人直接向期望的圆轨迹运动，实现轨迹跟踪。从图 13.2b 和图 13.2d 可以看出，两种情况的跟踪时间(实现零误差)分别为 2s 和 1.5s。

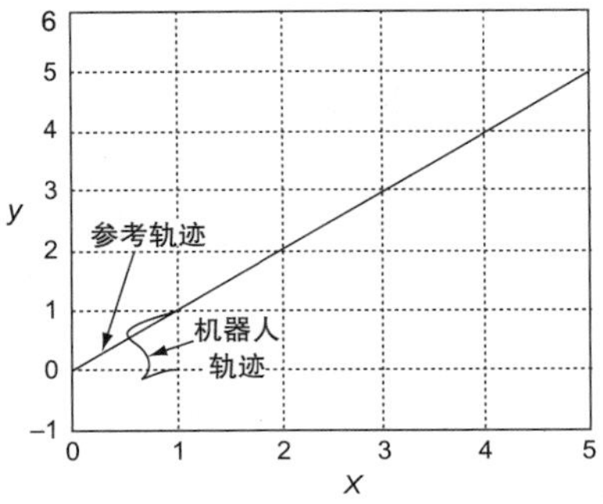

a）期望轨迹为直线时的机器人轨迹

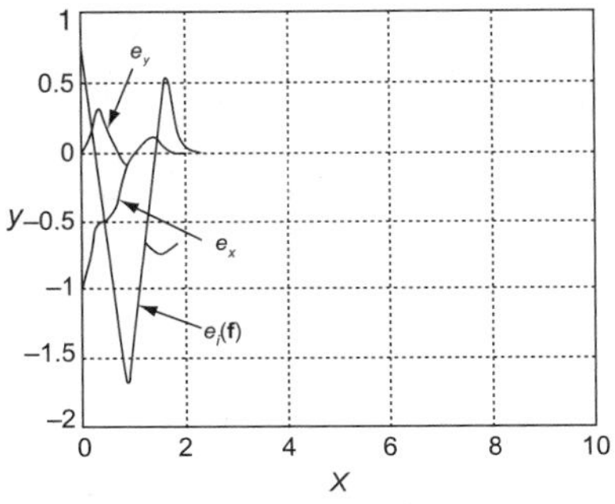

b）图a的轨迹跟踪误差

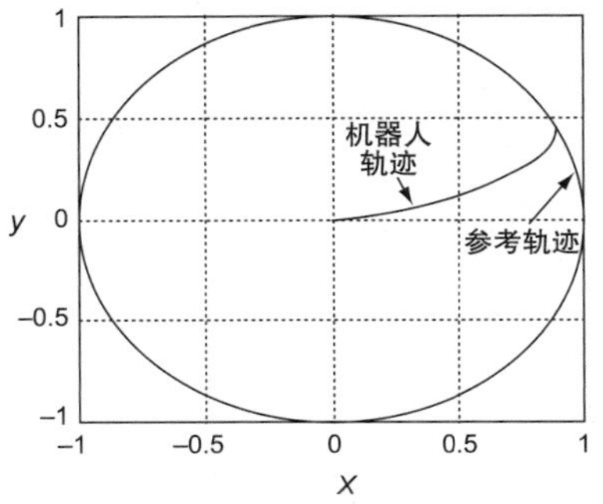

c）期望轨迹为圆时的机器人轨迹

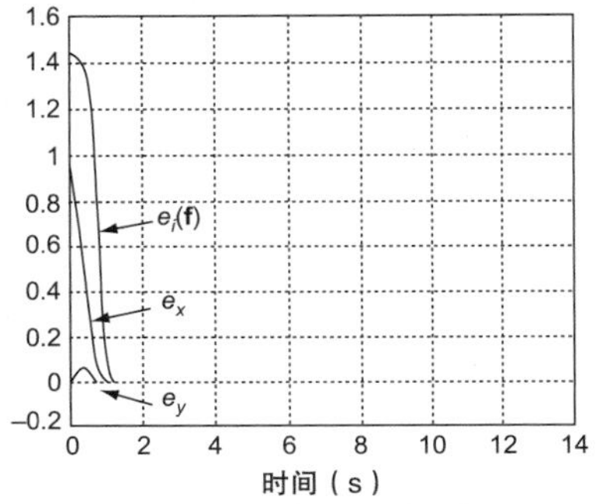

d）图c的轨迹跟踪误差

图 13.2 移动机器人的轨迹和跟踪误差

资料来源：摘自参考文献[2]，并经 Elsevier Science Ltd 授权。

13.3 基于李雅普诺夫的鲁棒控制

在文献[3]中，针对差分驱动的轮式移动机器人，采用 7.6 节的基于李雅普诺夫的鲁棒控制器进行了几种模拟实验，其中包含了式(7.109)所示的非鲁棒线性控制器和式(7.112)所示的鲁棒控制器。其中一个实验的期望轨迹为圆。非鲁棒比例反馈控制器参数为 $K_{\text{nrob}}=\text{diag}[0.16,\ 0.16]$。鲁棒控制的相应参数为 $K_{\text{rob}}=\text{diag}[0.96,\ 0.96]$。模拟实验开始时误差为零。模拟得到的$(x,\ y)$轨迹和$\phi(t)$轨迹如图 13.3 所示。可以看出，非鲁棒控制器得到的轨迹与期望轨迹存在偏差，而鲁棒控制器则不存在偏差(图 13.3 中虚线代表期望轨迹，实线代表实际轨迹)。

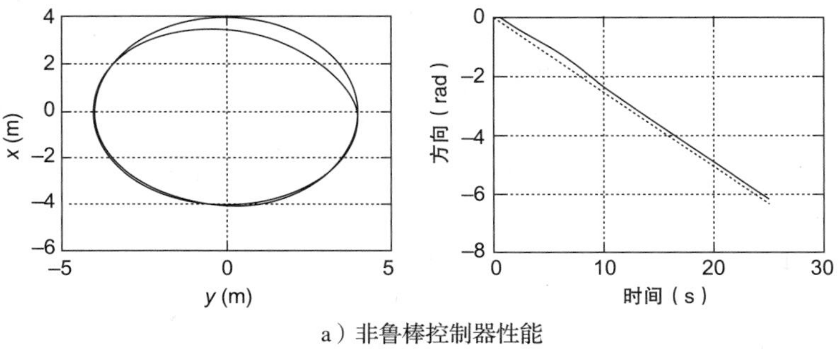

a）非鲁棒控制器性能

图 13.3 非鲁棒控制器与鲁棒控制器模拟轨迹

资料来源：摘自文献[3]，并由美国自动化控制委员会授权。

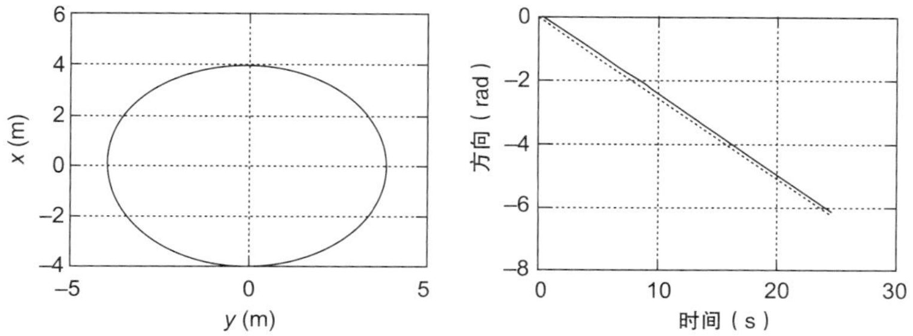

b）鲁棒控制器性能

图 13.3　（续）

第二个模拟实验加入了一个外部干扰推力($F=-200N$)。模拟得到的(x，y)轨迹和$\phi(t)$轨迹如图 13.4 所示，同样，虚线代表期望轨迹，实线代表实际轨迹。

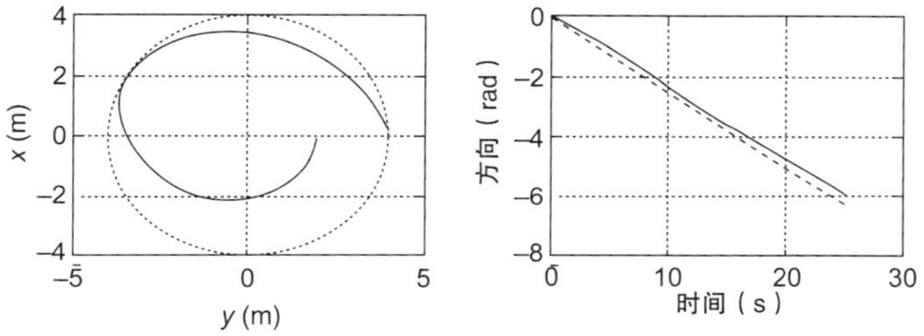

a）非鲁棒控制器

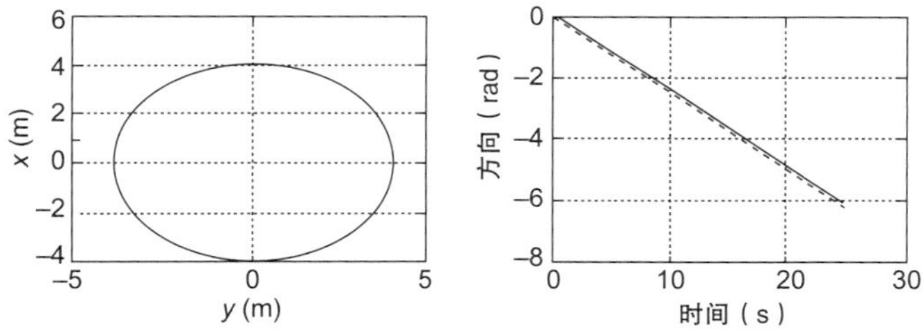

b）鲁棒控制器

图 13.4　有干扰存在时控制器的性能

资料来源：摘自文献[3]，并由美国自动化控制委员会授权。

可以看出非鲁棒控制器不能承受干扰并导致系统不稳定。而鲁棒控制器在有巨大干扰的情况下仍有出色的跟踪性能。

13.4　使用基于极坐标的控制器实现位姿稳定和泊车控制

此模拟实验采用了式(5.73a)～式(5.73c)所示的机器人极坐标模型和式(5.77)和式(5.79)所示的v、ω控制器：

$$v=lK_1(\cos\zeta)l,\quad K_1>0$$

$$\omega=K_2\zeta+K_1(\cos\zeta)(\sin\zeta)(\zeta+q_2\psi)/\zeta,\quad K_2>0$$

式中，l为机器人到目标的距离(位置误差)，ζ为转向角，$\xi=\psi-\phi$(见图 5.11)。文献[4]

中研究了几种情况。图 13.5a 展示了机器人从起始位姿到期望的目标位姿过程中的泊车动作的变化。

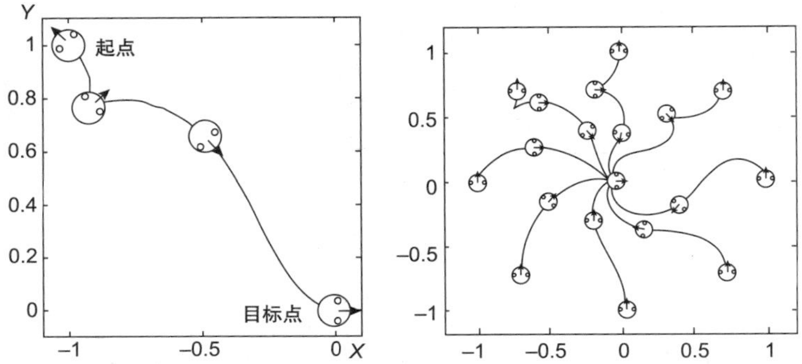

a）机器人泊车动作　b）机器人不同起始位姿时的泊车动作（$\phi(0)=\pi/2$）

图 13.5　使用极坐标的稳定控制器的泊车控制

资料来源：摘自文献[4]并由 IEEE 授权。

可以看出，起始位姿为$(x, y, \phi)=(-1, 1, 3\pi/4)$，目标位姿为$(x, y, \phi)=(0, 0, 0)$。图 13.5a 所示的停车控制为控制器参数取增益 $K_1=3$，$K_2=6$ 及 $q_2=1$ 时的结果。相应于初始位姿的初始误差用极坐标形式表示为$(l, \zeta, \psi)=(\sqrt{2}, -\pi, -\pi/4)$，其中 $\zeta(0)=\psi(0)-\phi(0)=-\pi/4-3\pi/4=-\pi$。

图 13.5b 展示的是机器人从不同起始位姿（机器人初始方向始终为 $\phi(0)=\pi/2$）开始运动的控制结果。

应当注意，机器人总是以正速度接近泊车位姿，因为当控制工作时 $\zeta\to 0$，所以这个要求是必需的。

13.5　基于不变流形的控制器的稳定化

本节呈现的是由扩展（双）布罗克特积分器模型（式(6.89)）控制全差分驱动轮式移动机器人得到的结果，机器人的运动学和动力学方程为式(6.85a)～式(6.85e)。文献[5]研究了一种典型的平行泊车问题，初始位姿为$(x, y, \phi)_0=(0, 2, 0)$，目标位姿为$(x, y, \phi)_f=(0, 0, 0)$。控制器为式(6.92a)和式(6.92b)（使用不变吸引流形法推导），即

$$u_1=-k_1x_1-k_2\dot{x}_1+k_3x_3x_2/(x_1^2+x_2^2),\quad x_1^2+x_2^2\neq 0$$

$$u_2=-k_1x_2-k_2\dot{x}_2-k_3x_3x_1/(x_1^2+x_2^2),\quad x_1^2+x_2^2\neq 0$$

其中增益为 $k_1=0.25$，$k_2=0.75$，$k_3=0.25$。机器人参数为 $m=10\text{kg}$，$I=15\text{kg}\cdot\text{m}^2$。控制输入为推力 F 和转向力矩 N。输入量随时间的变化如图 13.6 所示。当初始条件 $x_1(0)$ 和 $x_2(0)$ 不违反控制器奇异条件（即 $x_1^2(0)+x_2^2(0)\neq 0$）时，状态收敛于一个不变流形，一旦位于不变流形时就不再发生转换。当 $x_1^2(0)+x_2^2(0)=0$ 时，则首先使用例 6.10 推导的控制器，见（式(6.132)）：

$$u_2=b\,\text{sgn}(s),\quad u_1=0$$

驱动系统驶离奇异区域，然后使用上述控制器稳定地使系统误差归零[5]。

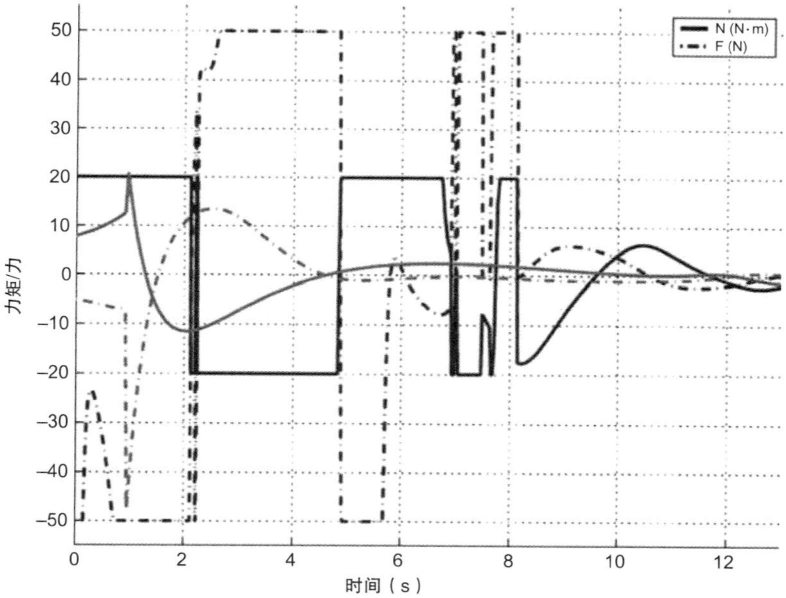

图 13.6　动态带约束的运动学稳定控制的控制输入(力和力矩)

资料来源：摘自文献[5]并由 IEEE 授权。

当力和力矩有约束时，系统不能跟踪运动学控制器提供的参考速度。

文献[6]模拟了式(6.117a)和式(6.117b)所示的不变流形控制器控制机器人双积分器(运动学)模型和式(6.130b)所示的扩展布罗克特积分器(全运动学和动力学)模型的情况。图 13.7a 和图 13.7b 展示了式(6.117a)和式(6.117b)所示的运动学控制器的时间性能，其中：$x(0)=-1.5\text{m}$，$y(0)=4\text{m}$，$\phi(0)=-2.3\text{rad}$；采样周期 $\Delta t=0.01\text{s}$；控制增益 $k_1=4$，$k_2=10$。明显可以看出 $x(t)$，$y(t)$，$\phi(t)$迅速收敛到零。

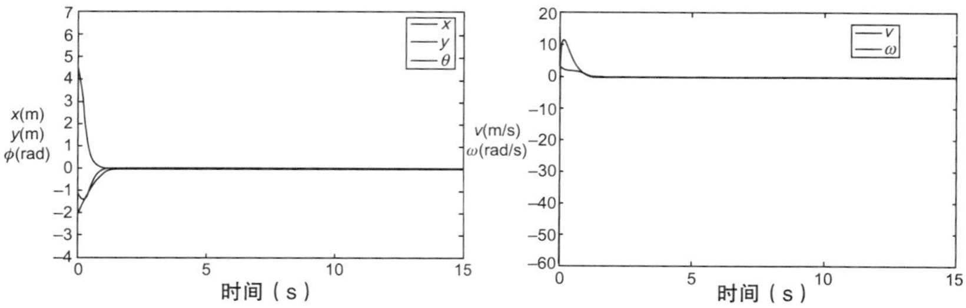

a) 状态x,y,ϕ的轨迹　　b) 线速度v(t)和角速度ω(t)随时间的变化

图 13.7　运动学控制器(式(6.117))的性能

资料来源：摘自文献[6]并由 IEEE 授权。

同样地，文中研究了式(6.130b)所示的全动力学控制器的性能，其中，$x(0)=-1.5\text{m}$，$y(0)=4\text{m}$，$\phi(0)=-2.3\text{rad}$，$v(0)=-1\text{m/s}$，$\omega(0)=1\text{rad/s}$，$\Delta t=0.01\text{s}$，$k_1=1.5$，$k_2=9$。轮式移动机器人物理参数为 $m=10\text{kg}$，$I=2\text{kg}\cdot\text{m}^2$、$r=0.03\text{m}$、$2a=0.06\text{m}$。可见其性能稍有提高。

13.6　滑模模糊逻辑控制

本节的模拟结果来自降低复杂度的滑模模糊逻辑控制器(RC-SMFLC)(式(8.39))[7-8]

$$u^*(t)=\dot{v}_d(t)+\frac{I'_R(r)}{m+I_R(r)}v^2(t)+K_p^* e(t)+K_d\dot{e}(t)+u_{RC\text{-}SMFLC}(t)$$

机器人系统的不确定性在于斜率 $\partial z/\partial r$ 的变化。机器人可能上坡(斜率 $\partial z/\partial r>0$)或下坡(斜率 $\partial z/\partial r<0$)，这里斜率的大小和符号都是未知且随时间变化的。

首先考虑上坡的情况。模糊控制器模仿人类司机的动作。如果斜率增大，司机将踩下加速踏板以维持期望的速度，这样可以平衡重力项$[mg/(m+I_R(t))]z'(r)$增加对速度的影响。如果机器人加速超过预期值，对加速施加的压力就应减小。这个“增-减”加速度的动作幅度逐渐减小，直到达到期望速度。机器人下坡时，RC-SMFLC 控制器的动作是类似的。图 13.8 展示了机器人的速度波动和相应的轨迹(上坡，斜率在 5%～10%之间)。期望的速度为 4.2m/s。图 13.9 展示了机器人下坡时的结果(斜率在－10%～－5%之间)。

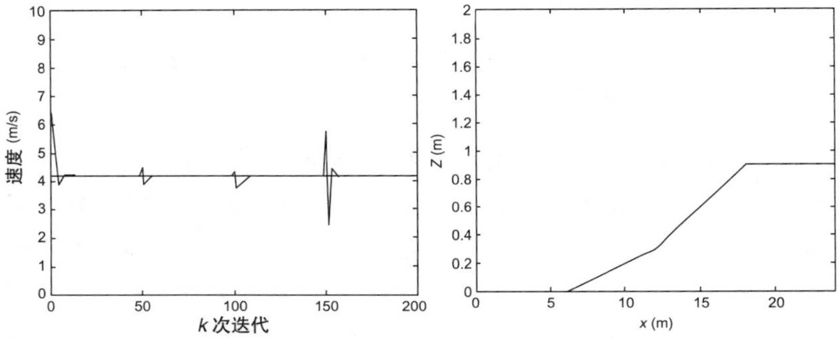

a）速度波动　　b）机器人轨迹

图 13.8　机器人上坡行驶时的性能(斜率未知)

资料来源：摘自文献[7]并由 Elsevier Science Ltd 授权。

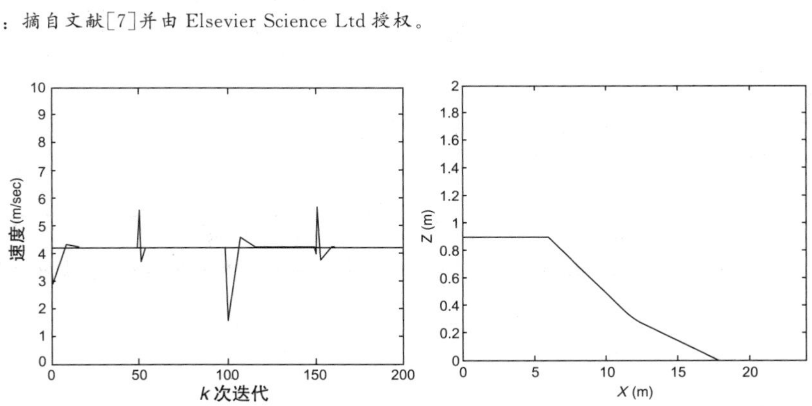

a）速度波动　　b）机器人轨迹

图 13.9　机器人下坡行驶时的性能(斜率未知)

资料来源：摘自文献[7]并由 Elsevier Science Ltd 授权。

文献同样测试了 RC-SMFLC 控制器在泊车问题中的表现(上坡至确定位置，这里

$x_d=9\mathrm{m}$ 为坡道的中间位置)。显然，这是一个车辆爬坡时的倒车控制的简化形式，除了非常熟练的司机，这种操作对所有人来说都是困难的。为了后退至期望的位置，司机必须后退、前进、再后退、再前进，如此循环。图 13.10 展示了机器人爬坡时的位置控制性能(见图 13.10a 和图 13.10b)和下坡时的性能(见图 13.10c 和图 13.10d)。

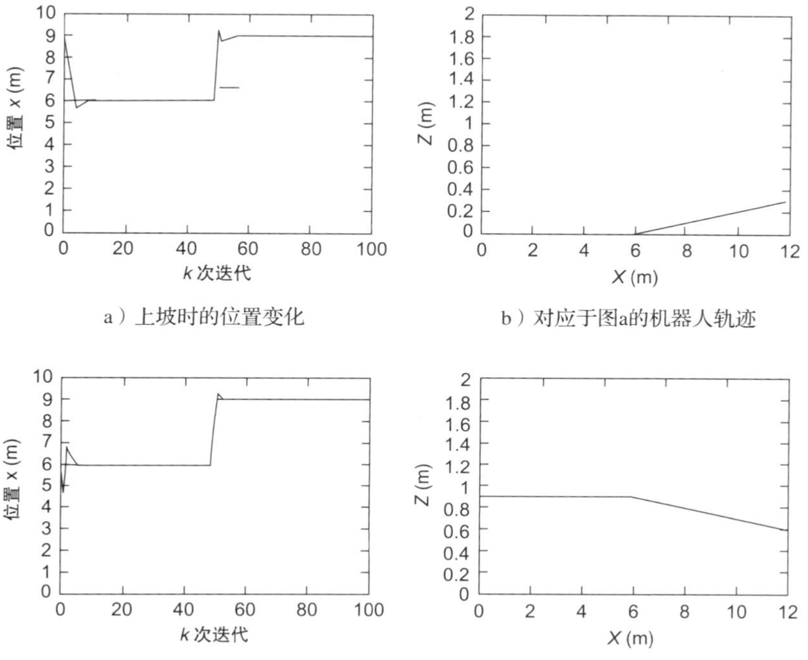

a) 上坡时的位置变化　b) 对应于图a的机器人轨迹

c) 下坡时的位置变化　d) 对应于图c的机器人轨迹

图 13.10　机器人在斜率为 ±5% 的坡道上上坡和下坡时的位置控制

资料来源：摘自文献[7]并由 Elsevier Science Ltd 授权。

13.7　基于视觉的控制

本节列出的是一些基于视觉的控制器的模拟结果[9-11]。

13.7.1　引导-跟随系统的控制

首先，文献[9]中给出了一些实验结果，实验采用式(9.75a)和式(9.75b)所示的基于视觉的引导-跟随系统的跟踪控制器，其线速度由式(9.66)估计。实验使用了两个 Pioneer 2DX 移动机器人，一个引导，另一个跟随(见图 13.11)。系统视觉部分的硬件包含一个 PXC200 图像采集卡(用来采集安装在跟随机器人上的 SONY-EV-D30 相机的图像)和一个负责计算控制动作的图像处理器(Pentium II-400 MHzPC)。

图 13.11　实验用的 Pioneer 2DX 机器人

资料来源：文献[9]并经作者同意。

图 13.12 所示为引导机器人与跟随机器人之间的距离变化情况。跟随机器人的目标是跟随引导机器人并保持期望的距离 $l_d = 0.5\text{m}$，期望角度为 $\varphi_d = 0°$。系统的期望控制增益为 $K_l = 200$，$K_\varphi = 10$，u_1、u_ϕ 的值为 $u_1 = 0.005$、$u_\varphi = 0.1$。

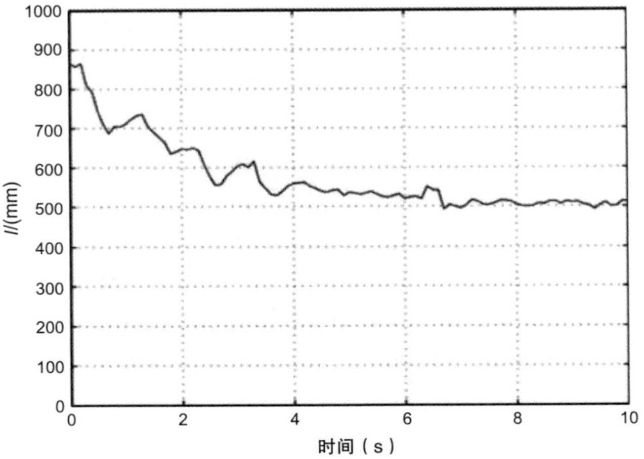

图 13.12　跟随距离随时间的变化

资料来源：文献[9]并经作者同意。

　　图 13.13 所示为角度 ϕ、θ，跟随机器人控制信号 v、ω，引导机器人的速度估计和跟随机器人轨迹随时间的变化情况。

a）角度 ϕ、θ　　　　　　　b）控制信号 v、ω

c）引导机器人的速度估计　　　　　d）跟随机器人轨迹

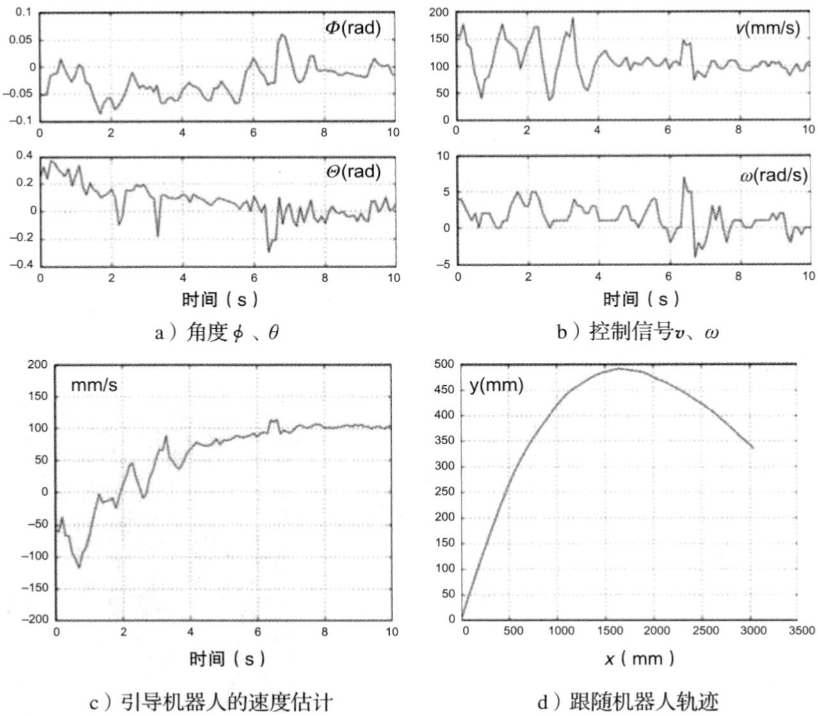

图 13.13　引导-跟随系统视觉控制器性能

资料来源：文献[9]并经作者同意。

从图 13.12 和图 13.13 可以看出，式(9.75c)所示的可变增益视觉控制方案保证了全部的期望控制目标的实现，并避免了可能的控制量饱和。

13.7.2　开闭环协同控制

文献[10]中给出了例 10.2 中的开闭环控制器协同控制一个移动机械臂的实验结果。移动机械臂由一个差分驱动的移动平台和一个 3 自由度的机械臂组成。机械臂的雅可比矩阵与 2 自由度的机械臂类似，即在式(10.10)的基础上 $\boldsymbol{J}$ 的每一个元素增加一个对应于第三个连杆的附加项(例如，$J_{11}=-l_1\sin\theta_1-l_2\sin(\theta_1+\theta_2)-l_3\sin(\theta_1+\theta_2+\theta_3)$)。模拟实验中使用的连杆长度为 $l_1=0.8\text{m}$，$l_2=0.5\text{m}$，$l_3=0.3\text{m}$。为了使机械臂可操作性指标 $w=|\det\boldsymbol{J}|=l|\sin\theta_2|$ 最大，其期望姿态选为 $\boldsymbol{q}_{\text{d}}=[0,\ \pi,\ 0]^{\text{T}}$。描述移动机器人从输入速度到特征点的变化率的运动学模型如式(10.62)所示。反馈控制部分的控制器(式(10.63)和式(10.64))的协同采用了式(10.66)所示的 $k_{\text{f}}(\boldsymbol{q}_{\text{m}})$。式(10.68)所示的混合控制方案(开环和闭环控制)采用的参数为 $\sigma_0=0.15$，$\mu=1$，$K_p=0.5$(见式(10.65)和式(10.67))。式(10.71)所示的开环控制器的时间 T_1 和 T_2 取值为 $T_1=5\text{s}$，$T_2=10\text{s}$。三个地标位置 $[x,\ y]^{\text{T}}$ 为 $[1.7,\ 7]^{\text{T}}$，$[2.4,\ 9]^{\text{T}}$ 和 $[1,\ 7]^{\text{T}}$。移动平台的初始位置在原点，机械臂的初始姿态选择靠近其期望姿态。图 13.14 所示为特征点的相机测量误差 $e_i(\boldsymbol{f})$，$i=1,\ 2,\ 3$，移动平台的位置误差 $e_x(t)$ 和 $e_y(t)$，移动平台的轨迹 $(x,\ y)$，平台的控制输入 $v(t)$ 和 $\omega(t)$(为避免由于开环动作而出现极限环，仅当平台位置误差大于设定的阈值时才有控制输入)。机械臂在闭环控制阶段的可操作性指标为 $w=0.4$，但在开环控制阶段可操纵性指标急剧减小。相机测量误差 $e_i(\boldsymbol{f})$ 在闭环控制阶段单调下降，在开环控制阶段保持不变。

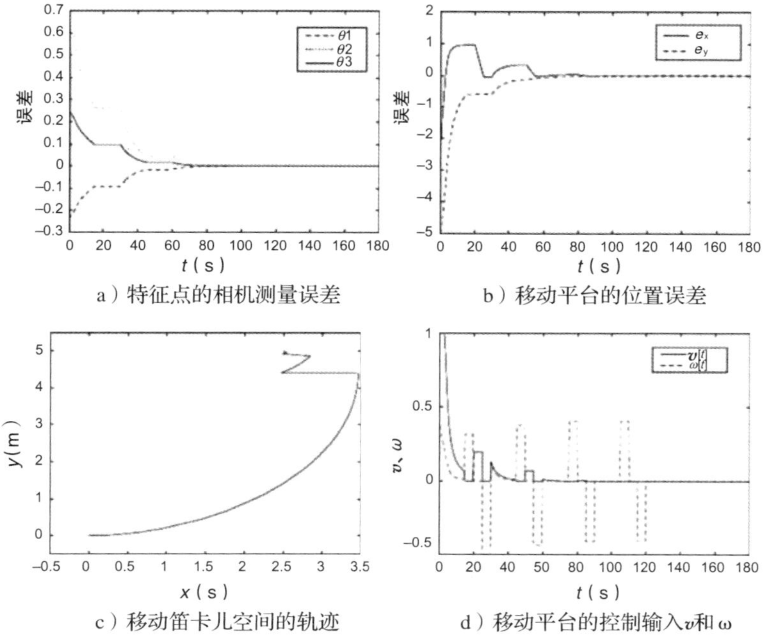

a) 特征点的相机测量误差　　b) 移动平台的位置误差

c) 移动笛卡儿空间的轨迹　　d) 移动平台的控制输入 v 和 ω

图 13.14　移动机械臂协同混合视觉控制器性能

资料来源：摘自文献[10]并经 IEEE 授权。

最后，图 13.5 展示了基于图像的全状态控制器同时控制移动平台和末端执行器（相机）实现位姿稳定的实验结果。这个控制器的设计融合了 9.2 节、9.4 节、9.5 节、10.3 节等的结果（见 10.5 节）。目标 S 沿世界坐标系 x 轴平移的距离 $d=2.95\mathrm{m}$（见图 9.4），相机焦距为 $l_f=1\mathrm{m}$，机械臂连杆长度为 $l_1=0.51\mathrm{m}$、$l_2=0.11\mathrm{m}$[11]。

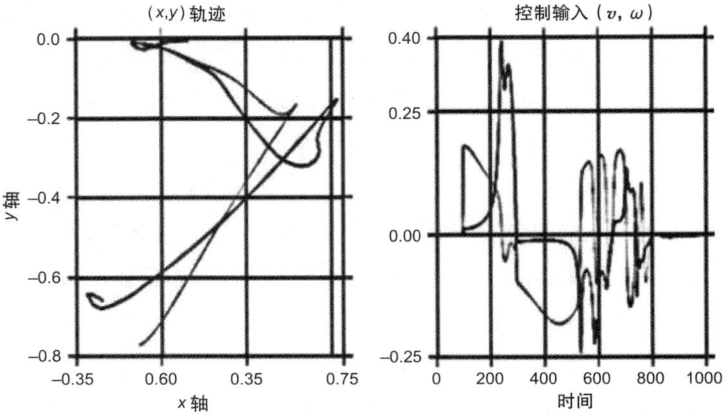

a）从初始位置到目标位置的平台轨迹　　b）控制输入（v,ω）

图 13.15　基于图像的全状态控制器同时控制移动平台和末端执行器实现位姿稳定的实验结果

资料来源：摘自文献[11]并由 Springer Science1 和 Business BV 授权。

13.7.3　基于全向视觉的控制

文献[12]给出了 9.9.3 节的两步视觉跟踪控制过程的实验结果，实验使用了一个同步驱动的轮式移动机器人和一个 PD 控制器：

$$\dot{\boldsymbol{r}}=\boldsymbol{J}_{\mathrm{im}}^{\dagger}[\boldsymbol{K}_p\boldsymbol{e}_{\mathrm{T}}(\boldsymbol{f}_{\mathrm{T}})+\boldsymbol{K}_d\dot{\boldsymbol{e}}_{\mathrm{T}}(\boldsymbol{f}_{\mathrm{T}})]$$

式中 $\boldsymbol{e}_{\mathrm{T}}(\boldsymbol{f}_{\mathrm{T}})=\boldsymbol{f}_{\mathrm{T,d}}-\boldsymbol{f}_{\mathrm{T}}$ 为目标的特征点误差向量。视觉控制回路的运行周期为 33ms 且不丢帧，执行控制器运行周期为 7.5ms。开始时，目标距离机器人 1m，然后目标沿一直线路径移开 60cm。图 13.16a 为全向视觉系统抓拍的一张图片，图 13.16b 为机器人和要跟踪的目标，图 13.16c 为像素表示的误差信号的变化情况。当目标停止运动时，误差大约为 2 个像素。

下面给出一种针对类似汽车的轮式移动机器人的控制方法和一些实验结果。机器人的运动学模型为

$$\dot{x}=v\cos\phi,\quad \dot{y}=v\sin\phi,\quad \dot{\phi}=(v/D)\tan\psi$$

此处机器人采用了一个标定过的全向视觉系统，其建模方法如图 9.26 所示，其中 $\boldsymbol{A}=\boldsymbol{I}$，$\boldsymbol{G}_c=\boldsymbol{I}$，以及

$$\boldsymbol{x}_{\mathrm{im}}=\boldsymbol{F}(\boldsymbol{x})$$

式中 $\boldsymbol{F}(\boldsymbol{x})$ 由式(9.121b)计算。假设附着于机器人上的坐标系 F_r 与反射镜坐标系 F_m 重合，所以相机坐标系受到与轮式移动机器人相同的运动学约束（见图 13.17a）。

要解决的问题是驱动轮式移动机器人使其 x 轴平行于一条给定的三维直线 L，同时与直线保持期望的固定距离 $y_{c,d}$（见图 13.17b 和图 13.17c）[13]。在反射镜坐标系中，直线 L

以直线上一点 $\boldsymbol{\Sigma}$ 的位置向量和它的方向向量 $u_L=[u_{Lx},\ u_{Ly},\ u_{Lz}]^{\mathrm{T}}$ 的叉积表示，即 $(\boldsymbol{u}_L;\ \overrightarrow{O_m\Sigma}\times\boldsymbol{u}_L)$。定义向量 $\boldsymbol{n}=\overrightarrow{O_m\Sigma}\times\boldsymbol{u}_L/\|\overrightarrow{O\Sigma}\times\boldsymbol{u}_L\|=[n_x,\ n_y,\ n_z]^{\mathrm{T}}$，直线 L 可表示为 Plücker 坐标 $[\boldsymbol{u}_L^{\mathrm{T}};\ \boldsymbol{n}^{\mathrm{T}}]^{\mathrm{T}}$，其中 $\boldsymbol{u}_L^{\mathrm{T}}\boldsymbol{n}=0$。令 S 为解释平面 $\boldsymbol{\Pi}$（由直线 L 和反射镜焦点 O_m 定义）与反射镜表面的交线。显然，S 为直线 L 在反射镜表面的投影。直线 L 在全景图像平面的投影 S 可由关系 $\boldsymbol{x}_{\mathrm{im}}=\boldsymbol{f}(\boldsymbol{x})$ 得到，其中 $\boldsymbol{x}=[x,\ y,\ z]^{\mathrm{T}}$ 为直线 L 上的任意点，且

$$\boldsymbol{f}(\boldsymbol{x})=\begin{bmatrix}x\\ y\\ z+\zeta\sqrt{x^2+y^2+z^2}\end{bmatrix}\quad(\zeta=d')$$

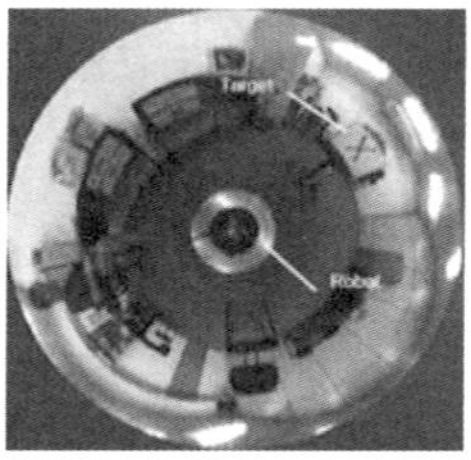

a）显示机器人和目标的全景图片

b）机器人和目标

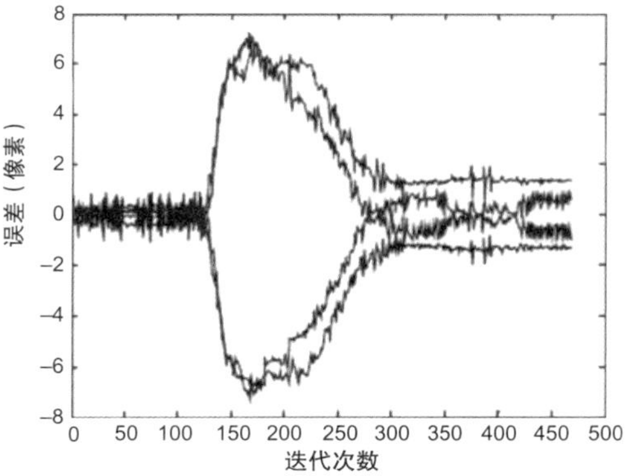

c）误差信号。机器人在迭代125次时开始移动

图 13.16　基于全向视觉的控制示例

资料来源：摘自文献[7]并经作者同意。

同时满足：

$$\boldsymbol{n}^{\mathrm{T}}\boldsymbol{x}=n_x x+n_y y+n_z z=0$$

这说明 $\boldsymbol{n}$ 是解释平面的垂线。求关系 $\boldsymbol{x}_{\mathrm{im}}=\boldsymbol{f}(\boldsymbol{x})$ 的反函数得：

$$\boldsymbol{x}=\boldsymbol{f}^{-1}(\boldsymbol{x}_{\mathrm{im}}),\quad \boldsymbol{x}_{\mathrm{im}}=[x_{\mathrm{im}},\ y_{\mathrm{im}},\ z_{\mathrm{im}}]^{\mathrm{T}}$$

式中：

$$\boldsymbol{f}^{-1}(\boldsymbol{x}_{\mathrm{im}})=\begin{bmatrix}m(\boldsymbol{x}_{\mathrm{im}})x_{\mathrm{im}}\\ m(\boldsymbol{x}_{\mathrm{im}})y_{\mathrm{im}}\\ m(\boldsymbol{x}_{\mathrm{im}})z_{\mathrm{im}}-\zeta\end{bmatrix}$$

同时：

$$m(\boldsymbol{x}_{\text{im}})=\frac{z_{\text{im}}\zeta+\sqrt{z_{\text{im}}^2+(1-\zeta^2)(x_{\text{im}}^2+y_{\text{im}}^2)}}{x_{\text{im}}^2+y_{\text{im}}^2+z_{\text{im}}^2}$$

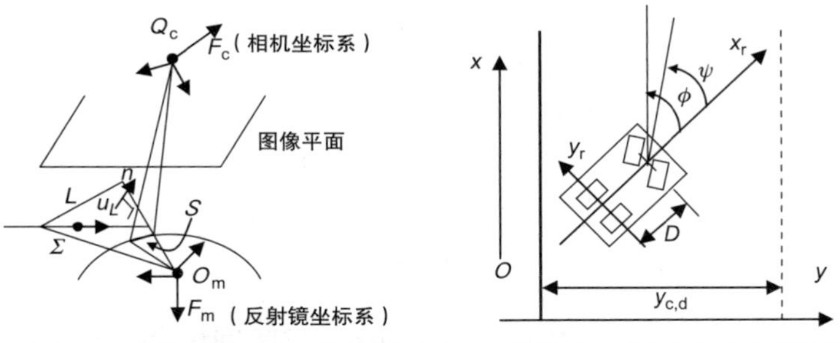

a）三维直线L在图像平面上的投影为二次曲线　b）机器人和待执行任务的变量和参数

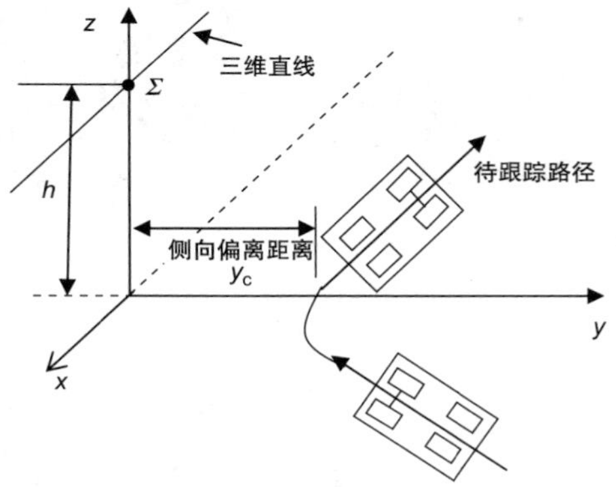

c）待执行任务的示意图

图 13.17　类似汽车的轮式移动机器人示例

资料来源：摘自文献[13-14]。

上述公式代入条件 $\boldsymbol{n}^{\mathrm{T}}\boldsymbol{x}=0$ 得：

$$\boldsymbol{n}^{\mathrm{T}}\boldsymbol{f}^{-1}(\boldsymbol{x}_{\text{im}})=[n_x,\ n_y,\ n_z]\begin{bmatrix}m(\boldsymbol{x}_{\text{im}})x_{\text{im}}\\ m(\boldsymbol{x}_{\text{im}})y_{\text{im}}\\ m(\boldsymbol{x}_{\text{im}})z_{\text{im}}-\zeta\end{bmatrix}=0$$

上式经过整理，可写成标准的二次方程形式[13-14]：

$$\boldsymbol{x}_{\text{im}}^{\mathrm{T}}\boldsymbol{H}\boldsymbol{x}_{\text{im}}=0$$

$$\boldsymbol{H}=\begin{bmatrix}n_x^2(1-\zeta^2)-n_x^m\zeta^2 & n_xn_y(1-\zeta^2) & (2m-3)n_xn_z^{m-1}\\ n_xn_y(1-\zeta^2) & n_y^2(1-\zeta^2)-n_z^m\zeta^2 & (2m-3)n_yn_z^{m-1}\\ (2m-3)n_xn_z^{m-1} & (2m-3)n_yn_z^{m-1} & n_z^m\end{bmatrix}$$

式中，一般情况下 $m=2$，当使用抛物线反射镜正交相机时，$m=1$。上面的二次方程展开后可写成如下标准形式：

$$h_0x_{\text{im}}^2+h_1y_{\text{im}}^2+2h_2x_{\text{im}}y_{\text{im}}+2h_3x_{\text{im}}+2h_4y_{\text{im}}+1=0$$

式中 $h_i=a_i/a_5(i=0,\ 1,\ 2,\ 3,\ 4,\ 5)$，且

$$a_0=\lambda[n_x^2(1-\zeta^2)-n_z^m\zeta^2],\quad a_1=\lambda[n_y^2(1-\zeta^2)-n_z^m\zeta^2]$$
$$a_2=\lambda n_x n_y(1-\zeta^2),\quad a_3=\lambda(2m-3)n_x n_z^{m-1}$$
$$a_4=\lambda(2m-3)n_y n_z^{m-1},\quad a_5=\lambda n_z$$

式中的 λ 为一标量。假定非退化条件 $n_z\neq 0$ 是满足的。轮式移动机器人(和相机)的状态为

$$\boldsymbol{x}_c=[x_c,\ y_c,\ \phi]^{\mathrm{T}}$$

式中，x_c，y_c 为相机的全局坐标，ϕ 为机器人与直线的角度偏差。当侧向偏离距离 y_c 等于期望距离 $y_{c,d}$ 且角度偏差等于零时，跟踪任务得以实现。这些条件用图像特征表示为[14]

$$y_c=h/\sqrt{h_3^2+h_4^2},\quad \phi=\arctan h_3/h_4$$

假定 $h_3^2+h_4^2\neq 0$ 且 $h_3/h_4\neq 0$(即直线 L 不在相机坐标系 F_c 的 xy 平面内且反射镜的 x 轴与直线 L 不垂直)。参数 h 代表的距离见图 13.17c。在机器人链式模型中，令 $z_1=x_c$，得：

$$u_1=v\cos\phi$$

再令 $z_2=y_c$(即 $\dot{z}_2=v\sin\phi$)，$z_3=\tan\phi(\phi\neq\pi/2)$。可得：

$$u_2=\dot{z}_3=\dot{\phi}/\cos^2\phi=(v/D)\tan\psi/\cos^2\phi$$

用链式模型的方程除以 u_1 得：

$$z_1'=1,\quad z_2'=z_3,\quad z_3'=u_3$$

式中 $u_3=u_2/u_1$。取上述线性系统的状态反馈控制器的 u_3 为

$$u_3=-K_d z_3-K_p z_2$$

可得闭环误差方程：

$$\dot{z}_2'+K_d z_2'+K_p z_2=0$$

因此，选择合适的增益 K_d 和 K_p 就可以保证当 $t\to\infty$时，z_2 和 z_3 以期望的速度趋向于零，而与纵向速度无关(只要 $v\neq 0$)。由于 $z_2=y_c$，$z_3=\tan\phi$，因此 y_c 和 ϕ 也趋向于零。转向角 ψ 的反馈控制表达式可由下式得到：

$$u_3=u_2/u_1=\frac{(v/D)\tan\psi/\cos^2\phi}{v\cos\phi}=(1/D)\tan\psi/\cos^3\phi$$

即

$$\tan\psi=D(\cos^3\phi)u_3=-D(\cos^3\phi)[K_d z_3+K_p z_2]=-D(\cos^3\phi)[K_d\tan\phi+K_p y_c]$$

用测量特征量 h_3 和 h_4 表示，控制器可写成：

$$\tan\psi=-D\left[\cos^3\left(\arctan\frac{h_3}{h_4}\right)\right]\left[K_d\frac{h_3}{h_4}+K_p\frac{h}{\sqrt{h_3^2+h_4^2}}\right]$$

参数 h 可通过合适的方法测量得到。

上述控制器通过采用抛物线全景传感器(抛物线反射镜加正交相机)和双曲线全景传感器(双曲线反射镜加透视相机)进行了模拟测试[13-14]。在第一种情况中，直线的图像是一个圆；在第二种情况中，为一段二次曲线。图 13.18a 和图 13.18b 所示为世界坐标中直线位置和实际的机器人轨迹，以及模拟得到的偏离误差和角度误差。

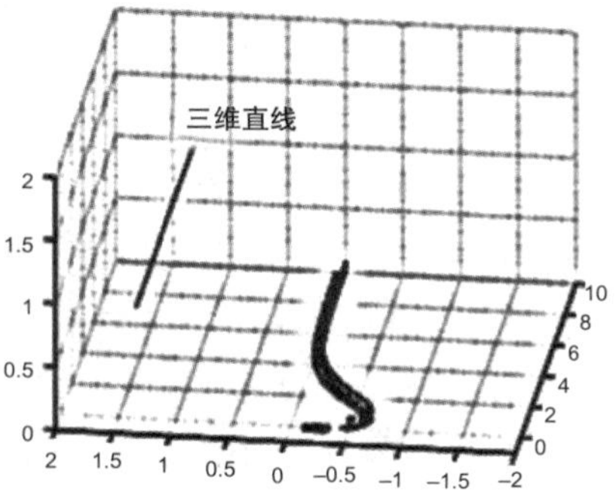

a）约束直线和机器人实际轨迹

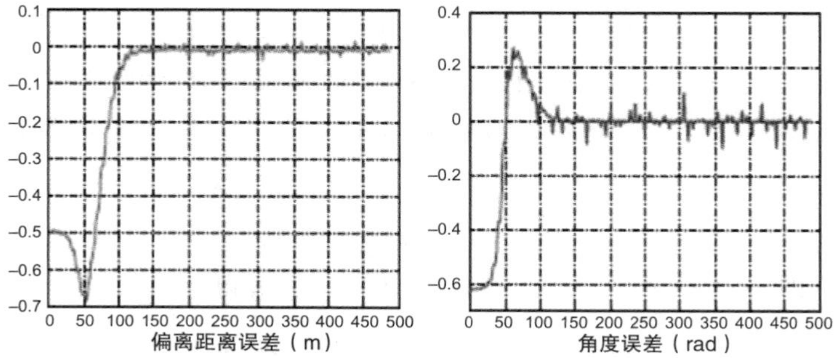

b）偏离误差和角度误差的变化情况

图 13.18 $(K_p, K_d)=(1, 2)$时全向视觉伺服的结果

资料来源：摘自文献[13]并经 IEEE 授权。

文献[13]中采用了双曲线全景系统得到了类似的结果。

13.8 全向移动机器人滑模控制

本节列出了 10.3.4 节中全向移动机械臂（连杆数 $n_m=3$）的模拟结果。控制器采用了式（10.53b）所示的滑模控制器，并用 7.2.2 节中的近似饱和函数 $\mathrm{sat}(s_i/\phi_i)$代替切换项 $\mathrm{sgn}(s)$。移动机械臂的参数见表 13.1。质量和惯性矩的真实值假定位于表 13.1 所示的名义值±5%和±30%的区间内。模拟中采用极限值作为真实值，极限值和真实值的平均值作为估计值来计算控制信号。

表 13.1 机器人操作臂的参数值

参数	真实值	极限值
车轮质量	0.5kg	0.525kg(+5%)
车轮半径	0.0245m	0.0245m
平台质量	30kg	33kg(+10%)
车轮到平台重心的距离	0.178m	0.178m
平台对 z 轴的惯性矩	0.937 50kg · m^2	0.984 35kg · m^2(+5%)
连杆 1 的质量	1.25kg	1.375kg(+10%)
连杆 1 的长度	0.11m	0.11m
连杆 1 对 x 轴的惯性矩	0.010 04kg · m^2	0.010 542 kg · m^2(+5%)
连杆 2 的质量	4.17kg	5.421kg(+30%)
连杆 2 的长度	0.5m	0.5m
连杆 2 的重心到第二个关节的距离	0.25m	0.25m

（续）

参数	真实值	极限值
连杆 2 对 x 轴的惯性矩	0.349 72 kg・m^2	0.367 206 kg・m^2(+5%)
连杆 2 对 z 轴的惯性矩	0.004 45	0.0046 725(+5%)
连杆 3 的质量	0.83kg	1.079 0kg(+30%)
连杆 3 的长度	0.10m	0.10m
连杆 3 重心距第三个关节的距离	0.05m	0.05m
连杆 3 对 x 轴的惯性矩	0.003 21 kg・m^2	0.003 370 5 kg・m^2(+5%)
连杆 3 对 z 轴的惯性矩	0.000 89 kg・m^2	0.000 934 5 kg・m^2(+5%)
所有转动关节阻尼系数	0.1Nms	0.13Nms(+30%)

实验中模拟了两种情况：

- 平台重心的期望轨迹为直线。
- 平台重心的期望轨迹为圆。

在两种情况中，平台相对于世界坐标系的角速度取 1°/s。关节变量中采用了斜坡参考值。模拟结果如图 13.19 和图 13.20 所示[15]。使用准确值并采用计算力矩法得到的结果显示：滑模控制器(采用近似饱和函数 sat)确实可以处理较大的参数不确定性并成功跟踪期望轨迹。

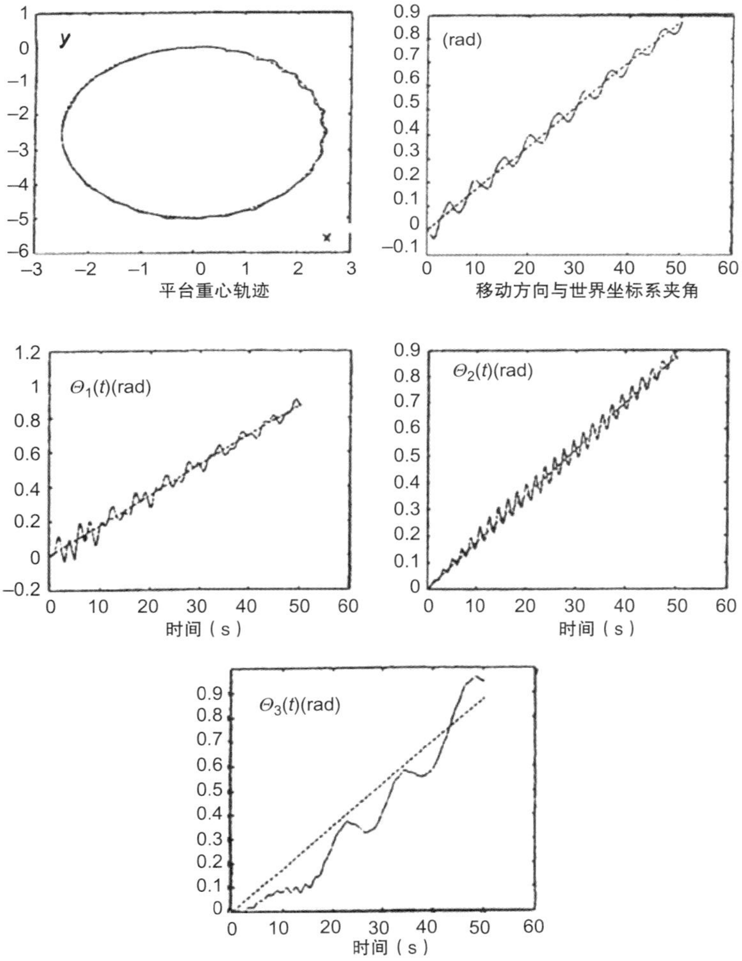

图 13.19　计算力矩控制的控制性能(平台重心的期望轨迹为圆)

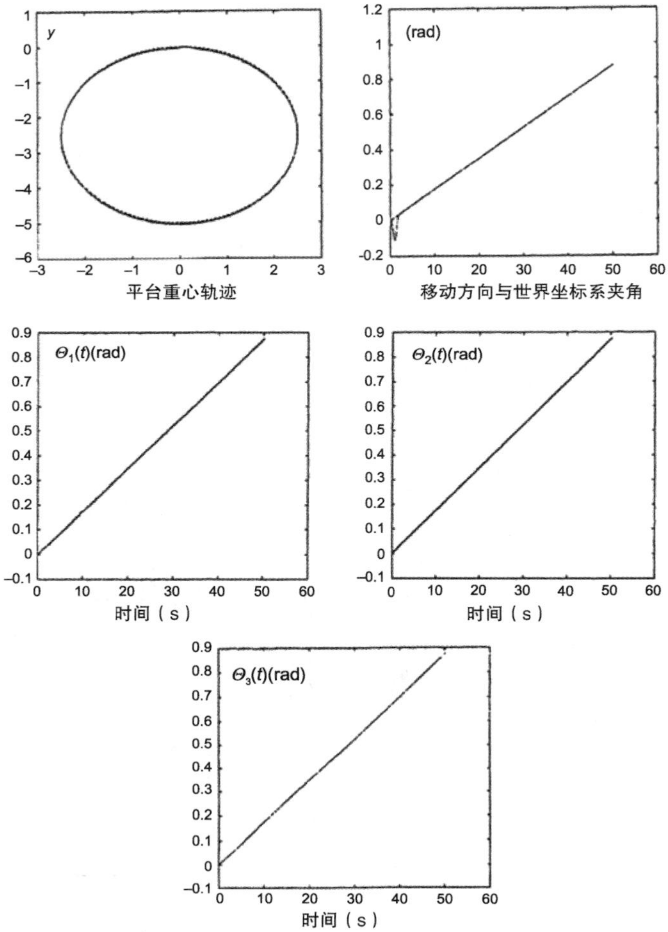

图 13.20　滑模控制的控制性能(平台重心的期望轨迹为圆)

13.9　差分驱动移动机械臂的控制

13.9.1　计算力矩控制

本节所列的结果为采用式(10.49a)和式(10.49b)所示的计算力矩控制器控制图 10.8 所示的 5 自由度移动机械臂的模拟实验所得。移动机械臂的参数见表 13.2[16]。

表 13.2　移动机械臂的参数

平台				
$m=50\text{kg}$	$J_0=1.417\text{kgm}^2$	$a=0.15\text{m}$	$r=0.10\text{m}$	$l_b=0.5\text{m}$
连杆 1				
$m_1=4\text{kg}$	$J_1=0.030\text{kgm}^2$	$l_1=0.30\text{m}$	$l_{c1}=0.15\text{m}$	
连杆 2				
$m_2=3.5\text{kg}$	$J_2=0.035\text{kgm}^2$	$l_2=0.35\text{m}$	$l_{c2}=0.12\text{m}$	

误差动力学系统的期望性能指标选为 $\zeta=1$，$\omega_n=4$（调节时间 $T_s=1s$）。这样，式(10.49b)中的增益矩阵 $\boldsymbol{K}_p$ 和 $\boldsymbol{K}_v$ 为

$$\boldsymbol{K}_p=\mathrm{diag}[36,\ 36,\ 36,\ 36],\quad \boldsymbol{K}_v=\mathrm{diag}[12,\ 12,\ 12,\ 12]$$

采用上述增益得到的左右轮和两个连杆的控制力矩如图13.21a和图13.21b所示。机械臂前端点 O_b 和末端执行器端点 E 的期望轨迹如图13.21c所示。相应的实际动画路径如图13.21d所示。

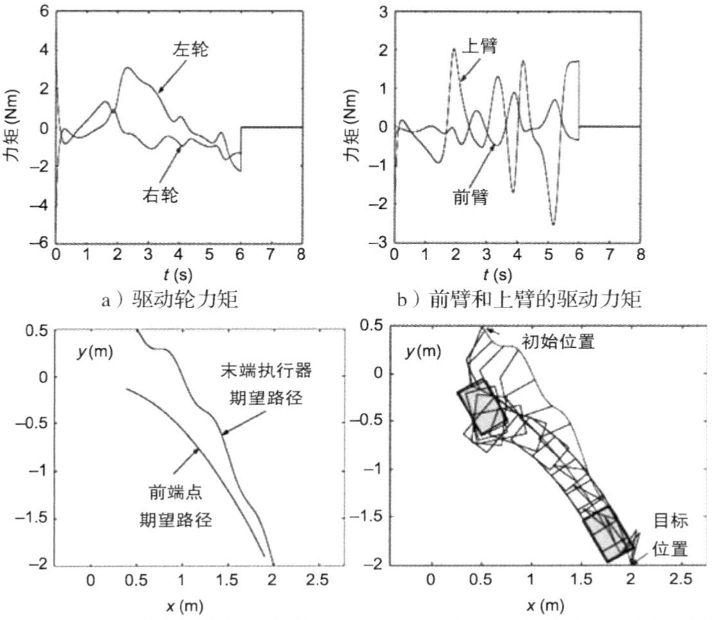

a）驱动轮力矩　b）前臂和上臂的驱动力矩

c）平台前端点的 O_b 和末端执行器的期望路径　d）平台和末端执行器的实际动画路径

图13.21　左右轮和连杆的控制力矩图及机械臂前端点、末端执行器端点的期望轨迹

资料来源：摘自文献[16]并经作者同意。

13.9.2 最大可操作性控制

本节为图10.11所示的移动机械臂的一些有代表性的模拟实验的结果[17-18]。平台采用了LABMATE平台(Transition Research公司)，机械臂参数为 $m_1=m_2=4\text{kg}$，$l_1=l_2=l=0.4\text{m}$，$I_1=I_2=0.053\ 3\text{kgm}^2$。

假定连杆重心位于连杆的中点，采样周期为 $T=0.01\text{s}$。

13.9.2.1 问题(a)

采用式(10.55a)和式(10.55b)所示的控制器得到式(10.55c)所示的解耦系统。系统由一个对角(解耦)的PD跟踪控制器控制，期望性能为 $\omega_n=2.0$，$\zeta=1.2$。采用 $\zeta=1.2$ 的过阻尼是为了适应平台的慢速响应。跟踪路径的速度假设为常数。

图13.22a和图13.22b所示为两轮中点 Q 和末端执行器参考点的期望轨迹和实际轨迹，期望路径为与 x 轴成45°的直线。图中每一个方框的一个边都有一条刻线，用来指示

平台的前进方向。

a）期望轨迹为45°直线时Q点的轨迹　　b）期望轨迹为45°直线时
　　　　　　　　　　　　　　　　　　　末端执行器的实际轨迹

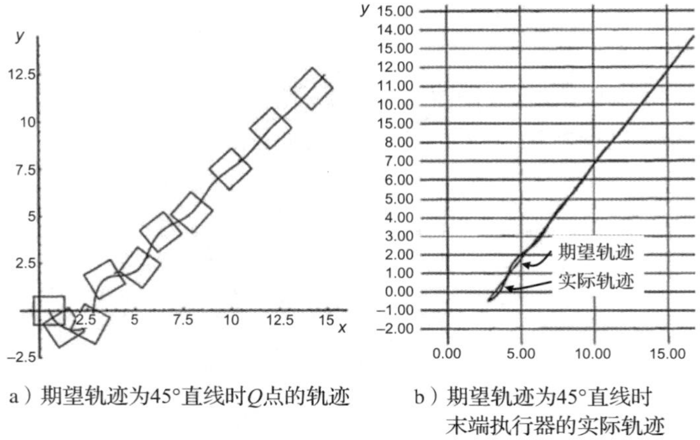

图 13.22　两个轮子的中点和末端执行器参考点的期望轨迹和实际轨迹

资料来源：摘自文献[17]并经 IEEE 授权。

除了平台的初始机动期（大约持续 5s），机械臂的可操作性一直保持最大值。

13.9.2.2　问题（b）

针对有无补偿，我们模拟了下列四种情况：

- **情况 1**：机械臂和平台都有补偿。
- **情况 2**：仅补偿机械臂。
- **情况 3**：仅补偿平台。
- **情况 4**：动态交互均无补偿。

图 13.23a 和图 13.23b 所示为期望路径为圆形时的上述四种情况的模拟结果。

a）平台重心、末端点轨迹和期望轨迹　　b）四种情况对应的跟踪误差

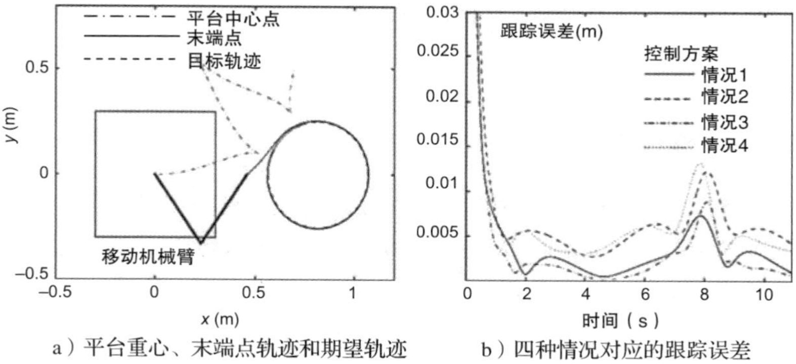

图 13.23　期望路径为圆形时四种情况的模拟结果

资料来源：摘自文献[18]并经 IEEE 授权。

13.10　基于模糊逻辑的全局和局部集成路径规划器

本节列出的是采用模糊逻辑规则控制的全向机器人综合导航方案（全局规划和局部响应规划）的模拟结果[19-20]。首先介绍其两级模型（见图 13.24）。

全局路径规划器基于势场法，可提供从机器人当前位置到目标位置的名义路径。局部响应规划器为机器人执行器提供合适的指令来尽可能地跟踪全局路径，同时通过局部修改机器人的运动来实时响应意外事件，以便避免意外碰撞或移走障碍。这个局部规划器包含两个独立的模糊控制器来完成路径跟踪和避障(见图 13.25)。

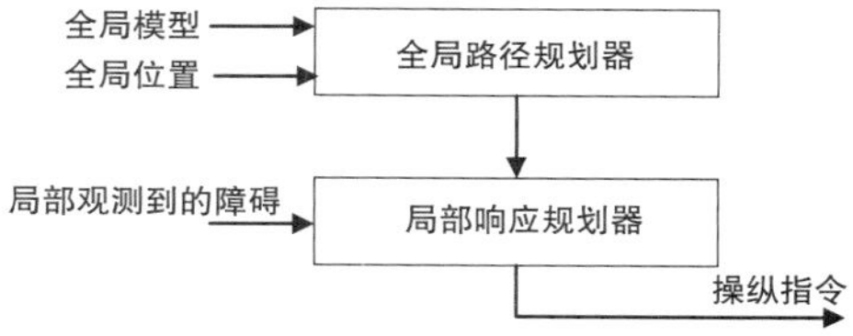

图 13.24　两级导航控制结构

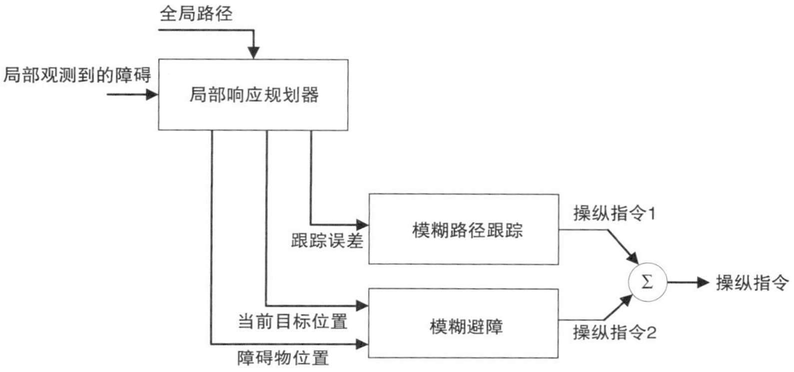

图 13.25　局部模糊响应规划器结构

局部路径规划器的输入为全局路径规划器提供的路径和局部观测到的障碍。输出为机器人执行器的操纵指令。这个操纵指令为两个模糊控制器输出的加权和(见图 13.26)。

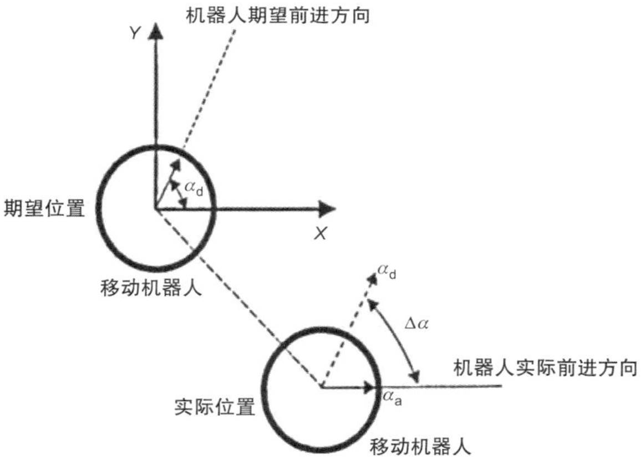

图 13.26　移动机器人的实际位置和期望位置。α_d 表示期望前进方向，α_a 表示实际前进方向，$\Delta\alpha$ 表示两者之差

模糊路径跟踪模块的作用是为机器人执行器生成合适的指令来尽可能地跟踪全局路径，同时使机器人的当前前进方向与期望方向(由全局规划器计算得出，见图 13.26)之间的误差最小化。其输入有一个，即机器人实际前进方向与期望方向之间的误差 $\Delta\alpha$。输出有一个，即操纵指令 $\Delta\theta$。

模糊控制器基于 T-S 法(Takagi-Sugeno method)[⊖]。如图 13.27 所示，输入空间被模糊集合划分为几个部分。为了保证实时控制条件下的计算速度，每一个模糊集合(见式(13.1)～式(13.3))用不对称三角形和梯形来描述。

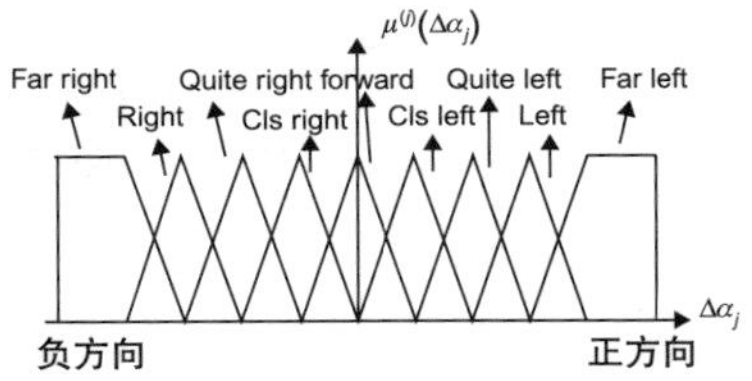

a）输入（$\Delta\alpha$），机器人期望前进方向与实际方向的偏差角

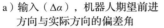

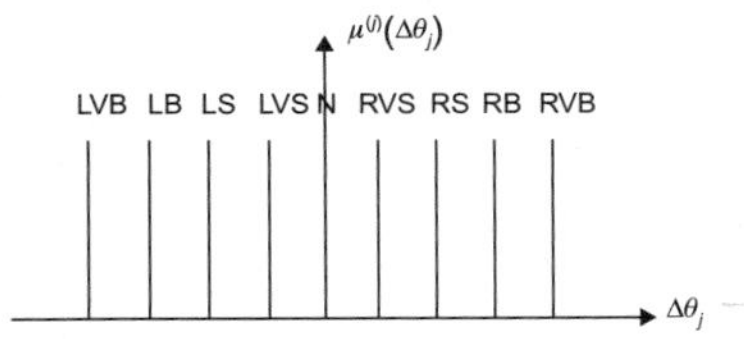

b）输出（$\Delta\theta$），操纵指令（输出没有划分为模糊集合，而是取值明确的）

图 13.27　路径跟踪单元模糊集合

计算模糊交集时采用了乘积运算符。单元的最终输出为所有规则的加权平均(见式(13.5)和图 13.27)。

显然，路径跟踪模块的规则可以写成一个条件加一个结果的形式(见式(13.4))。就如例 8.3 中那样，这种结构适合用表格形式表示。这种表示方法称为模糊关联矩阵(FAM)，它代表这个问题的先验知识(见表 13.3)。

表 13.3　移动机器人导航模糊规则库

v_i/μ_j	Very Close	Close	Far	Very Far
Far right	RB	RS	LVB	LVB
Right	RB	RS	LB	LB
Quite right	RB	RB	LS	LS
Close right	RB	RB	LVS	LVS
Forward	N	N	N	N
Close left	RVS	RVS	RVS	RVS
Quite left	RS	RS	RS	RS
Left	RB	RB	RB	RB
Far left	RVB	RVB	RVB	RVB

表 13.3 中符号的意义如下：

LVB，Left Very Big，左特大；LB，Left Big，左大；LS，Left Small，左小；LVS，Left Very Small，左特小；N，Neutral(Zero)，中立(零)；RVB，Right Very Big，右特大；RB，Right Big，右大；RS，Right Small，右小；RVS，Right Very Small，右特小。

⊖ 在 T-S 法中，模糊规则的形式为 IFx_1 is A_1^i AND⋯AND$x_n=A_n^i$，THAN$y^i=c_0^i+c_1^ix_1+\cdots+c_n^ix_n$，其中 c_0^i，c_1^i，⋯，c_n^i，为取值明确的系数。模糊系统的输出为 $y=\sum_{i=1}^{m}w^iy^i/\sum_{i=1}^{m}w^i$，其中 $w^i=\prod_{k=1}^{n}u_{A_k^i}(x_k)$ 为平均过程的权重。

模糊规则库的行表示距障碍物距离的模糊值(语言表示)，列表示到目标的角度的模糊值，库中的元素表示电动机的力矩指令。模糊逻辑工具可以把这种直觉上的知识转化成一个控制系统。模糊集合 $\mu_{\tilde{p}_j}^{(j)}$，$\tilde{p}_j=1, 2, \cdots, p_j$ 由不对称三角形和梯形函数描述。定义参数 $ml_{\tilde{p}_j}^{(j)}$ 和 $mr_{\tilde{p}_j}^{(j)}$ 为左侧和右侧低处交点的 x 坐标，$mcl_{\tilde{p}_j}^{(j)}$ 和 $mcr_{\tilde{p}_j}^{(j)}$ 为左侧和右侧高处交点的 x 坐标。梯形函数可写成：

$$\mu_{\tilde{p}_j}^{(j)}(\Delta\alpha_j)=\begin{cases}\max((\Delta\alpha_j-ml_{\tilde{p}_j}^{(j)})/(mcl_{\tilde{p}_j}^{(j)})-ml_{\tilde{p}_j}^{(j)}, 0), & \Delta\alpha_j<mcl_{\tilde{p}_j}^{(j)}\\ 1, & mcl_{\tilde{p}_j}^{(j)}\leqslant\Delta\alpha_j\leqslant mcr_{\tilde{p}_j}^{(j)}\\ \max((\Delta\alpha_j-mr_{\tilde{p}_j}^{(j)})/(mcr_{\tilde{p}_j}^{(j)}-mr_{\tilde{p}_j}^{(j)}), 0), & \Delta\alpha_j>mcr_{\tilde{p}_j}^{(j)}\end{cases} \tag{13.1}$$

式中 $\tilde{p}_j=1, 2, \cdots, p_j$。三角形函数可以通过令 $mcl_{\tilde{p}_j}^{(j)}=mcr_{\tilde{p}_j}^{(j)}$ 得到。在模糊集的左右两侧，函数值取常数1，即

$$\mu_1^{(j)}(\Delta\alpha_j)=\begin{cases}1, & \Delta\alpha_j\leqslant mcr_1^{(j)}\\ \max((\Delta\alpha_j-mr_1^{(j)})/(mcr_1^{(j)}-mr_1^{(j)}), 0), & \Delta\alpha_j>mcr_1^{(j)}\end{cases} \tag{13.2}$$

$$\mu_{p_j}^{(j)}(\Delta\alpha_j)=\begin{cases}\max((\Delta\alpha_j-ml_{p_j}^{(j)})/(mcl_{p_j}^{(j)}-ml_{p_j}^{(j)}), 0), & \Delta\alpha_j\leqslant mcl_{p_j}^{(j)}\\ 1, & \Delta\alpha_j>mcl_{p_j}^{(j)}\end{cases} \tag{13.3}$$

模糊集合 $\mu_{\tilde{p}_j}^{(j)}$ 与语言项 $A_{\tilde{p}_j}^{(j)}$ 关联。这样，对于移动机器人来说，构成规则库的语言控制规则 $R_1^{(j)}, \cdots, R_{r_j}^{(j)}$ 可定义为

$$R_{\tilde{r}_j}^{(j)}: \text{IF}\quad \Delta\alpha_j\quad \text{is}\quad A_{\tilde{p}_j}^{(j)}, \text{THAN}\quad f(\Delta\theta_{\tilde{r}_j})(\tilde{r}_j=1, 2, \cdots, r_j) \tag{13.4}$$

最终，单元的输出为所有规则的加权平均：

$$\Delta\theta_j=\sum_{\tilde{r}_j=1}^{r_j}\sigma_{\tilde{r}_j}\cdot\Delta\theta_{\tilde{r}_j}\Big/\sum_{\tilde{r}_j=1}^{r_j}\sigma_{\tilde{r}_j} \tag{13.5}$$

式(13.4)和式(13.5)定义了如何将体现在模糊关联矩阵中的直观知识转化成模糊规则库。这个转换的细节通过改变模糊集合的数量、模糊集合的形状(改变 $ml_{\tilde{p}_j}^{(j)}$、$mr_{\tilde{p}_j}^{(j)}$、$mcl_{\tilde{p}_j}^{(j)}$、$mcr_{\tilde{p}_j}^{(j)}$ 的取值)以及式(13.5)中每一规则的 $\Delta\theta_{\tilde{r}_j}$ 值得到改进。本例中，描述前进方向角度偏差 $\Delta\alpha_j$ 的模糊集合的数量取为9个。其他的所有参数都经过反复实验进行了优化。控制机器人的模糊逻辑避障单元有三个基本输入：

1）机器人与最近障碍物间的距离 d_j。

2）机器人与最近障碍物间的角度 γ_j。

3）机器人方向与连接机器人当前位置和目标位置的直线间的夹角 $\theta_j=\alpha_j-\beta_j$，其中 β_j 为连接机器人当前位置和目标位置的直线的方向，α_j 为当前机器人的方向(见图13.28)。

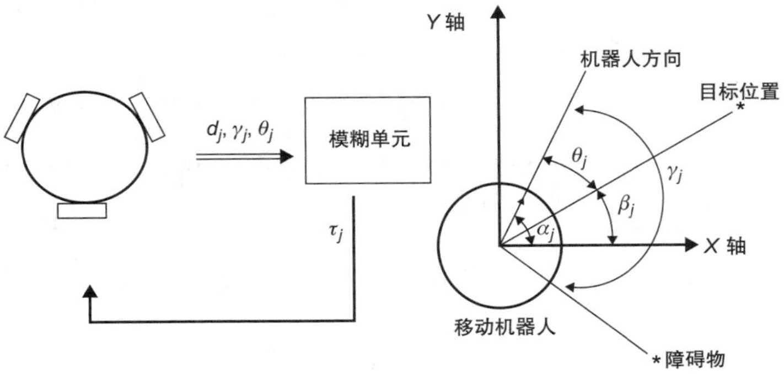

图 13.28　全向移动机器人与模糊避障单元的连接。该单元的输入是机器人的朝向和连接当前位置与目标位形的直线之间的角度 $\theta_j=\alpha_j-\beta_j$，以及距离机器人最近的障碍物($d_j$，$\gamma_j$)。该单元的输出是电机指令 τ_j

单元的输出变量为电动机力矩指令 τ_j。这些变量可正可负，也就是说，它们不仅仅表示数量的大小，也表示相对于机器人是左还是右。每完成一次迭代，电动机指令都传送给移动平台，它可以转化成机器人方向电动机的动作。我们假设机器人以恒定速度移动，不对速度进行控制。

计算障碍物距离时，仅考虑一定区域范围内的障碍物，这个区域环绕机器人并随机器人移动。本例中，这个区域选择为一个圆柱形空间，它环绕机器人并有一定的高度。这个区域可以看作机器人周边安装的测距传感器(如超声波传感器)扫描空间的一个简化模型。除了来自超声波传感器的输入外，还可以采用相机来探测环境。移动机器人通常装备有一个带平移/俯仰平台的相机。这个相机也可以使用。如果扫描区域内没有发现障碍物，则通知模糊控制器障碍物在很远处。

前述系统的功能通过 MatLAB 模拟进行了评估，实验采用了一个全向移动机器人。在所有情况下，前述的路径规划器都能为机器人提供到目标位置的无碰撞的路径。三种不同情况下的模拟结果如图 13.29 所示[20]。

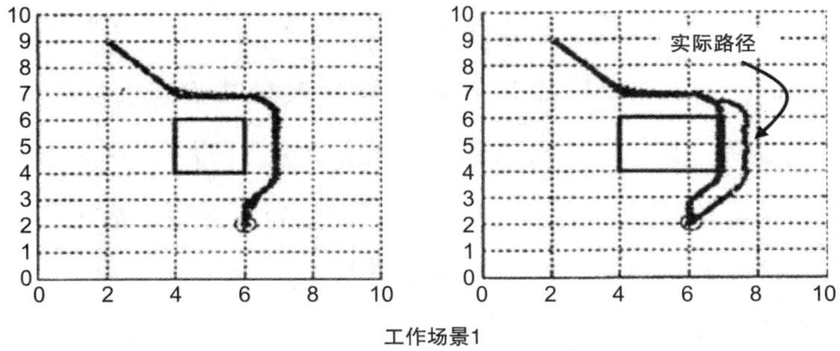

图 13.29　三种场景模拟结果。左侧为机器人实际路径与全局路径一致(环境模型准确)；右侧为机器人实际路径与全局路径规划器提供的路径不同(障碍物位置或大小不准确或障碍物移动到新位置)

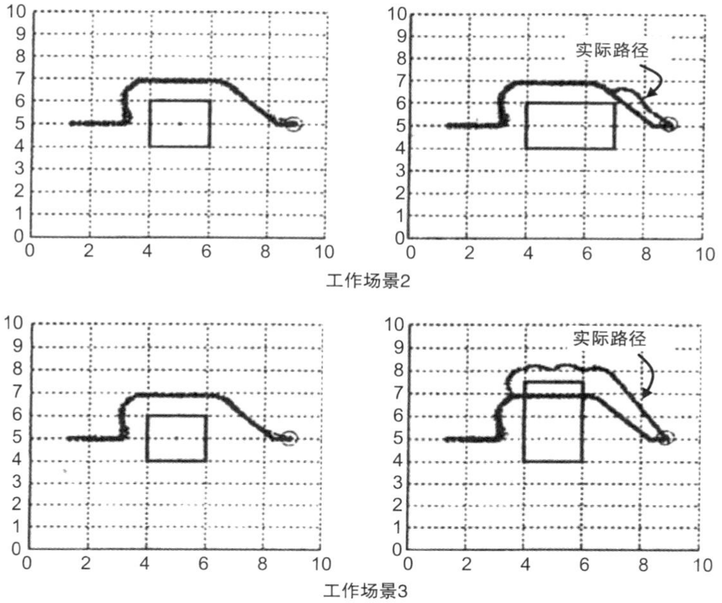

图 13.29 （续）

除了应用于移动机械臂外，此处所述的这个两级的模糊全局路径和局部路径规划控制方法还可直接用于固定的工业机器人[19]。

13.11 不确定环境中的模糊神经混合路径规划

本节所列为不确定或未知环境中基于混合传感器的移动机器人路径规划算法和模拟结果[21]。这里的路径规划问题采用的约束条件和解决方法与人们在解决此类问题时遇到的约束条件和解决方法类似。当人们不知道目标的准确位置时，其使用的信息是目标的方向以及可看到的一侧的障碍物的形状和距离，这是高度模糊的。现在，路径规划问题不允许使用标准的“数据输入-数据处理-数据输出”方案，因为这里有一些规则不依赖于输入却影响输出，例如下面这些规则：

- 机器人运动方向应尽可能接近目标方向。
- 运动方向一旦选定，在没有特殊原因的情况下不应修改，除非机器人发现更好的方向。
- 如果机器人回到一个经过的点，就应该选择另一条路线，以避免陷入死循环。

为此，机器人路径规划系统应当包含两个子系统：与输入连接的子系统和不与输入连接而受输出值影响的子系统。第一个子系统采用模糊逻辑算法(因为传感器测量值是模糊的)，第二个子系统为了适应上述规则采用神经网络模型。系统的大体结构如图 13.30 所示。

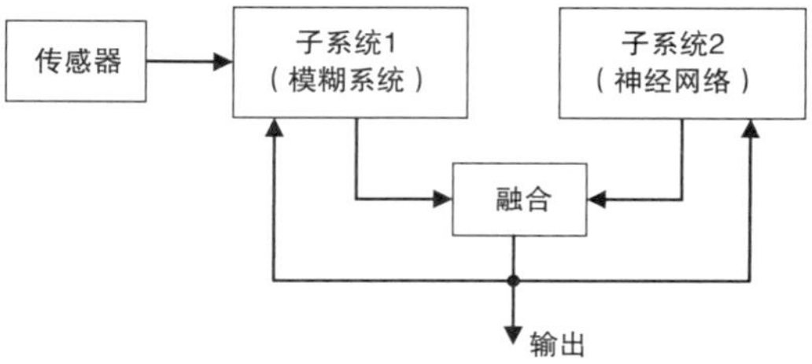

图 13.30 未知环境中轮式移动机器人路径规划器大体结构

下面的子系统 2 的算法没有采用神经网络，而是通过简单的乘法实现融合操作。

13.11.1　路径规划算法

假设自主机器人(用空间中的一个点表示)需要从初始位置 S_0 移动到目标位置 G。已知数据为所有需要的量的传感器测量值。这些测量值由机器人当前位置 S_i 测量得到。假定目标 G 的方向(也就是直线 S_iG 的方向)可以测量，但 S_iG 的长度(距离)没有测量。算法如下：首先定义一个绑定在机器人系统上的坐标系，其 Ox 轴为直线 S_iG，并参考 S_iG (Ox)方向把空间分为 K 个方向。显然两个相邻方向间夹角为 $360°/K$。在选择 K 的数目时，最好将轴 Ox，Ox'，Oy 和 Oy' 包含在不同方向中。然后可以根据传感器测量值和基于数据库的模糊推理，给每一个方向赋予一个优先级。机器人的下一个位置 S_i+1 选在优先级最高的方向上，距离设为(S_iS_i+1)$=b$(b 是我们选择的步长)。

上述工作完成后，路径规划算法可按下面步骤进行：

步骤 1　获取当前位置 S_i。

步骤 2　测量结果模糊化。

步骤 3　根据模糊结果选择合适的规则。

步骤 4　确定每个方向的优先级。

步骤 5　每个方向的优先级的值乘上一个先验的权重。

步骤 6　确定优先级最高的方向，在这个方向上移动一个步长的距离确定 S_{i+1}。

步骤 7　回到步骤 1，以新位置 S_{i+1} 重复上述算法。

模糊数据库包含合适的规则和由传感器获得的输入。机器人运动的先验知识表现为每个方向的权重，且不需要每次都通过知识库确定。比如说，从当前位置到目标的方向必须有最高的优先级。类似地，指向目标的方向的优先级必须比偏离目标的方向的优先级高。这种权重形式表达的先验知识适合采用神经网络处理，它以 K 个方向的优先级作为输入，以由先验知识确定的权重作为权重(见图 13.30)。这些权重可以通过反复试验初步确定，并且可以经过一定数目的循环后定期更新。这样，就确保了先验知识和模糊推理输出之间关系的学习(而不是先验知识本身的学习)。算法同样要克服先验知识的权重没有改变时出现的死循环问题。此算法在不同的应用中可以有各种变化。下面的模拟实验中，为了上述目的在路径规划算法的每一个循环中采用了一个快速算法。

实验提供的算法具有非常一般化的结构，可以用于未知环境下的任何无须最优结果的路径规划问题。算法仅需用到模糊数据库的规则、移动步长 b、经过检查的方向数量 K。

13.11.2　仿真结果

所设计的机器人路径规划仿真实验应具有如下特点：

- 从点 S_i 到障碍物(如房间的墙)的距离 D 假定由一个传感器测量得到。
- 测量结果量化为 11 个区间并模糊化，见表 13.4。

表 13.4　距离量化

距离范围	L	VL	MORLL	NL	ME	MM	NM	HI	VH	MH	NH
0　$D<15$	1.00	1.00	1.00	0.00	0.00	0.00	1.00	0.00	0.00	0.00	1.00

（续）

距离范围		L	VL	MORLL	NL	ME	MM	NM	HI	VH	MH	NH
1	15<D<60	0.67	0.45	0.82	0.33	0.00	0.00	1.00	0.00	0.00	0.00	1.00
2	60<D<105	0.33	0.11	0.57	0.67	0.25	0.50	0.75	0.00	0.00	0.00	1.00
3	105<D<150	0.00	0.00	0.00	1.00	0.50	0.71	0.50	0.00	0.00	0.00	1.00
4	150<D<195	0.00	0.00	0.00	1.00	0.75	0.87	0.25	0.00	0.00	0.00	1.00
5	195<D<240	0.00	0.00	0.00	1.00	1.00	1.00	0.00	0.00	0.00	0.00	1.00
6	240<D<285	0.00	0.00	0.00	1.00	0.75	0.87	0.25	0.20	0.04	0.45	0.80
7	285<D<330	0.00	0.00	0.00	1.00	0.50	0.71	0.50	0.40	0.16	0.63	0.60
8	330<D<375	0.00	0.00	0.00	1.00	0.25	0.50	0.75	0.60	0.36	0.77	0.40
9	375<D<420	0.00	0.00	0.00	1.00	0.00	0.00	1.00	0.80	0.64	0.89	0.20
10	D>420	0.00	0.00	0.00	1.00	0.00	0.00	1.00	1.00	1.00	1.00	0.00

表中各项为不同距离范围 $j=0, 1, \cdots, 10$ 的隶属度函数 $\mu_j(D)$的值，它分配给语言值 L、VL、MORLL、NL、ME、MM、NM、HI、VH、MH、NH 和 UN。这些编码意义如下：L，low，低；VL，very low，特低；MORLL，more or less low，较低；ME，medium，中等；MM，more or less medium，较中等；NM，not medium，非中等；HI，high，高；VH，very high，非常高；MH，more or less high，较高；NH，not high，非高；UN，unknown，未知。

- 规则如下：
  - 规则 1：如果 D_i 为低，则 P_i 为高。
  - 规则 2：如果 D_i 为中，则 P_i 为中。
  - 规则 3：如果 D_i 为高，则 P_i 为低。

  这里的 P_i 为第 i 个方向的优先级(根据表 13.4 量化为 11 个区间并模糊化)。
- 知识用模糊矩阵表示，并采用 Zadeh 极大极小推理法则。
- 模糊化时采用单点模糊化方法，去模糊化时采用重心法。
- 方向的数量取为 $K=16$，步长取为 $b=5$，即 5 像素。
- 神经网络的权重取为优先级最高的方向的优先级(即先验知识的权重)，为 $(10^{10}, 9000, 800, 70, 6, 5, 4, 3, 2, 3, 4, 5, 6, 70, 800, 9000)$

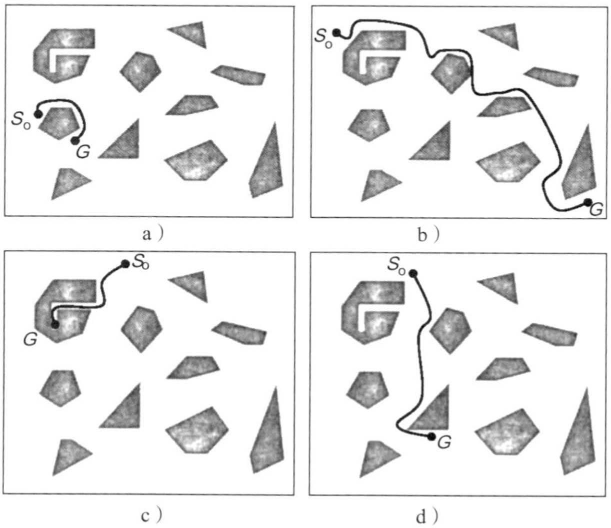

图 13.31　四个不同起点和目标点的路径规划结果

本例中的机器人环境由一个 VGA 为 640×480 的屏幕获取。在运动过程中，鼠标的光标当作一个运动的障碍物。图 13.31a～图 13.31d 所示为不同起点和目标点的四个模拟实验的结果[21]。

13.12　基于扩展卡尔曼滤波器的移动机器人 SLAM

本节所列的结果为 12.8.2 节的基于 EKF 的同步定位和地图构建问题的实验结果。例 12.3(见图 12.11)中的差分驱动机器人的同步定位和地图构建问题采用了一个位于起点的世界坐标系来保证 EKF 是稳定的[22]。事实证明，机器人和地标的协方差估计大大减小，机器人的实际路径误差和地标估计误差也大大减小。如图 13.32 所示为估计结果与 GPS 测量结果的对比，其中两个锚点位于(2.8953，−4.0353)和(9.9489，6.9239)。

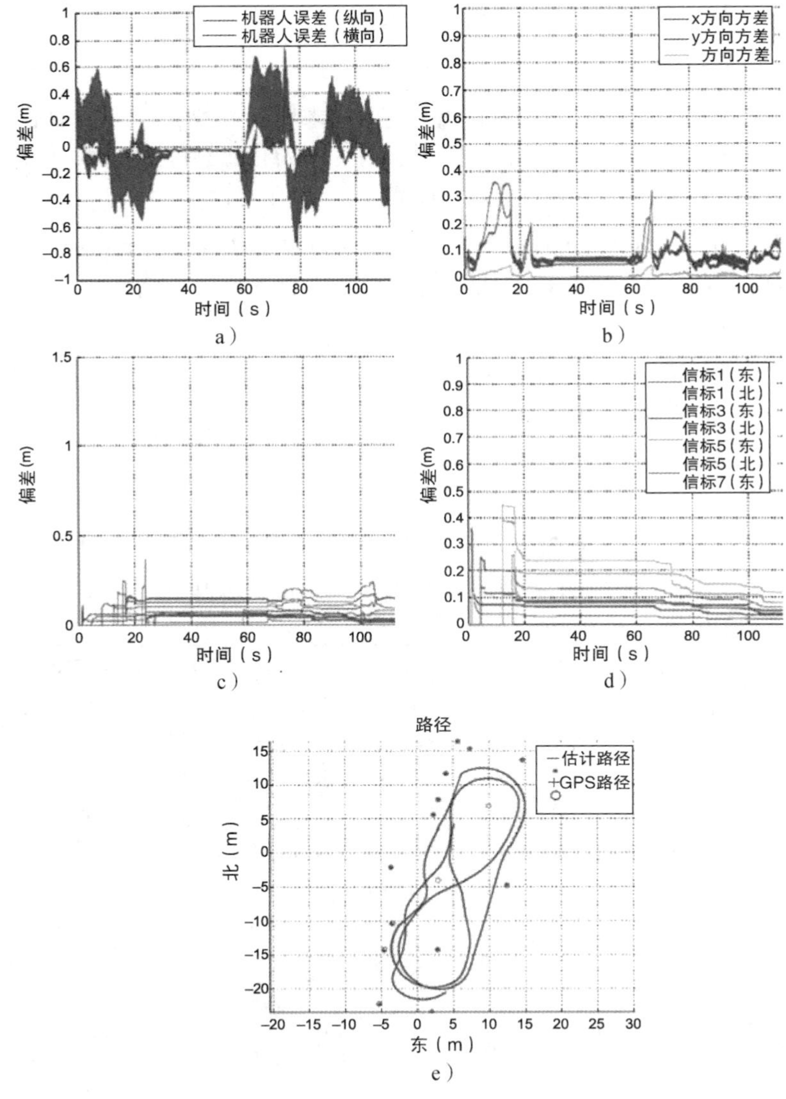

图 13.32　EKF 得到的机器人误差和协方差(图 a 和图 b)；地标的定位误差和协方差(图 c 和图 d)；机器人路径和地标位置估计与 GPS 测得的地面真实情况的比较(图 e)

资料来源：摘自文献[22]并经作者同意。

13.13　基于粒子滤波器的双机器人协同 SLAM

本节所列为 12.8.4 节的采用粒子滤波器方法完成两个机器人协同探索过程中的同步定位和地图构建问题的模拟结果[23-24]。使用参数 x_k 对机器人位姿和不确定度进行建模。协同探索的策略为两个机器人轮流运动，这样任一时刻都有一个机器人是静止的，它可以充当一个固定参考点(见图 13.33)。

图 13.33　两个轮式移动机器人协同探索房间一侧

资料来源：摘自文献[24]并经 IEEE 授权。

两个机器人的位置通过粒子滤波器结合测程误差的开环估计进行估计，测程数据来自一台机器人上安装的测距仪和另一台机器人上安装的三平面目标。

13.13.1　第一步：预测

这里，要关注的变量为运动机器人的位姿$[x, y, \phi]^T$。机器人运动包括转动和平移。转动角 $\Delta\phi=\phi_k-\phi$，其中 $\phi_k=\arctan(\Delta y/\Delta x)$，向前移动的距离为 $l=\sqrt{(\Delta x^2)+(\Delta y^2)}$。如果起始位姿为$[x_k, y_k, \phi_k]^T$，则移动后的位姿$[x_{k+1}, y_{k+1}, \phi_{k+1}]^T$ 为

$$\boldsymbol{x}_{k+1}=\begin{bmatrix}x_{k+1}\\y_{k+1}\\\phi_{k+1}\end{bmatrix}=\begin{bmatrix}x_k+l\cos\phi_k\\y_k+l\sin\phi_k\\\phi_k\end{bmatrix}$$

由测程误差引起的转角误差(噪声)$\Delta\phi$ 假设为高斯过程，其均值为 μ_{rot}，标准差与 $\Delta\phi$ 成正比，即 $\sigma_{\text{rot}}=\sigma\Delta\phi$。平稳噪声包括两部分：第一部分与实际经过的距离有关(纯平稳误差)；第二部分与移动过程中的方向变化有关。这部分称为漂移(drift)。这两部分噪声的均值 μ_{trans}、μ_{drift} 和标准差 σ_{trans}、σ_{drift} 可以通过离散化模拟运动为 L 步的实验来确定。每一步的标准差为

$$\sigma_{\text{trs}}=\sigma_{\text{trans}}\sqrt{L},\quad \sigma_{\text{drft}}=\sigma_{\text{drift}}\sqrt{L/2}$$

因此，机器人随机预测模型为

$$\boldsymbol{x}_{k+1}=\begin{bmatrix}x_{k+1}\\y_{k+1}\\\phi_{k+1}\end{bmatrix}=\begin{bmatrix}x_k\\y_k\\\phi_k\end{bmatrix}+\begin{bmatrix}(\Delta l+\varepsilon_{\Delta l})\cos(\phi_k+\varepsilon_{\phi_1})\\(\Delta l+\varepsilon_{\Delta l})\sin(\phi_k+\varepsilon_{\phi_2})\\\varepsilon_{\phi_1}+\varepsilon_{\phi_2}\end{bmatrix}$$

式中，$\varepsilon_{\Delta l}$，ε_{ϕ_1}，ε_{ϕ_2} 为高斯噪声，其均值为 μ_{transl}，$\mu_{\phi_1}=\mu_{\phi_2}=\mu_{\text{drift}}/2$，标准差为 $\sigma_{\Delta l}=\sigma_{\text{trans}}\sqrt{L}\,\Delta l$，$\sigma_{\phi_1}=\sigma_{\phi_2}=(\sqrt{N}/\sqrt{2})\sigma_{\text{drift}}\Delta l$。

一个实验(机器人正直向右移动三次，转动 90°，再向前三次，转动 90°，再向前移动五次)显示了不确定度不断增加并没有边界。

13.13.2　第二步：更新

每运动一次，机器人测距传感器测量一个向量 $\boldsymbol{z}=[l,\ \phi,\ \theta]^{\mathrm{T}}$，$l$，$\phi$，$\theta$ 的意义如图 13.34 所示。

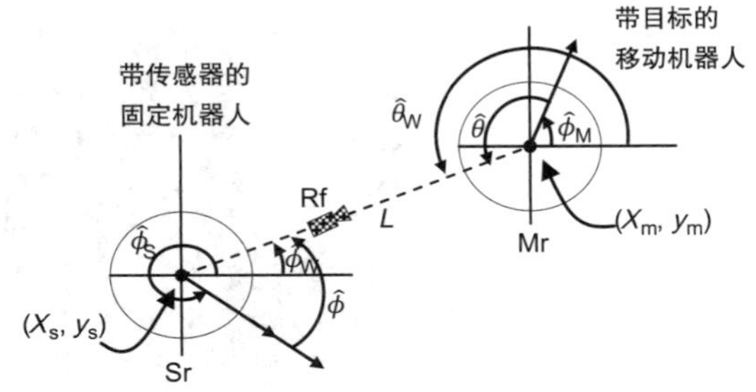

图 13.34　安装在固定机器人上的测距传感器观测带目标的移动机器人。跟踪器给出 l，$\hat{\phi}$ 和 $\hat{\theta}$ ($\phi_{\mathrm{w}}=\hat{\phi}+\hat{\phi}_{\mathrm{s}}$，$\theta_{\mathrm{w}}=\hat{\theta}+\hat{\phi}_{\mathrm{m}}$)

资料来源：摘自文献[24]。

激光测距仪在移动机器人周围的任何位置总能至少探测到三平面目标的两个平面。传感器输出$[l,\ \phi,\ \theta]^{\mathrm{T}}$ 为

$$\boldsymbol{z}=\begin{bmatrix} l \\ \phi \\ \theta \end{bmatrix}=\begin{bmatrix} ((\mathrm{d}x)^2+(\mathrm{d}y)^2)^{1/2} \\ \arctan(\mathrm{d}y,\ \mathrm{d}x)-\theta_{\mathrm{s}} \\ \arctan(-\mathrm{d}y,\ -\mathrm{d}x)-\theta_{\mathrm{m}} \end{bmatrix}$$

式中 $\boldsymbol{x}_{\mathrm{m}}=[x_{\mathrm{m}},\ y_{\mathrm{m}},\ \phi_{\mathrm{m}}]^{\mathrm{T}}$ 为移动机器人位姿，$\boldsymbol{x}_{\mathrm{s}}=[x_{\mathrm{s}},\ y_{\mathrm{s}},\ \phi_{\mathrm{s}}]^{\mathrm{T}}$ 为固定机器人位姿，$\mathrm{d}x=x_{\mathrm{m}}-x_{\mathrm{s}}$，$\mathrm{d}y=y_{\mathrm{m}}-y_{\mathrm{s}}$。

利用传感器测量值 $\boldsymbol{z}$，权重按式(12.68b)和式(12.69)进行更新：

$$w_{k+1}^{m}=\hat{w}_{k+1}^{m}\Big/\left(\sum_{q=1}^{M}\hat{w}_{k+1}^{q}\right),\quad \hat{w}_{k+1}^{m}=\hat{w}_{k}^{m}p(\boldsymbol{z}/\boldsymbol{x}_k)$$

假定过程 l，ϕ，θ 是相互独立的，式中 $p(\boldsymbol{z}/\boldsymbol{x}_k)$为下面的高斯分布：

$$p(\boldsymbol{z}/\boldsymbol{x}_k)\equiv\frac{\mathrm{e}^{-\frac{(l-l_k)^2}{\sigma_l^2}}}{\sqrt{2\pi}\sigma_l}\cdot\frac{\mathrm{e}^{-\frac{(\phi-\phi_k)^2}{\sigma_\phi^2}}}{\sqrt{2\pi}\sigma_\phi}\cdot\frac{\mathrm{e}^{-\frac{(\theta-\theta_k)^2}{\sigma_\theta^2}}}{\sqrt{2\pi}\sigma_\theta}$$

13.13.3　第三步：重采样

当有效样本容量 ESS(见式(12.70))小于阈值 $N_{\max}$ 时，粒子种群进行重新采样以概率性地清除权重小的粒子。

13.13.4　实验研究

房间地图的构建算法基于两机器人间的自由空间的三角测量(见 12.6.3 节)。空间的扫描使用连接两机器人的视线进行，即如果两个机器人可以相互看见对方，则它们之间的空间内没有障碍。如果一个机器人在角落里静止不动，另一个沿墙移动(保持相互可以看见对方)，那么地图中的一个三角形区域构建完成。机器人通过自由空间的在线三角测量完成全部环境地图的构建[23-24]。如图 13.35 所示为两个机器人探索一栋建筑走廊内的凸区域的实验结果。两张图都显示了机器人沿整个轨迹移动的过程中粒子的空间整合。

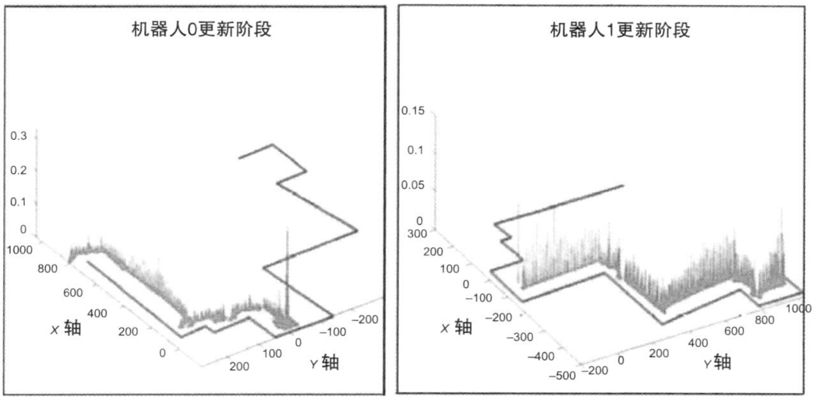

a）机器人0的轨迹　　b）机器人1的轨迹。峰高表示准确性（峰高越高表示估计的准确性越高）

图 13.35　两台机器人探索凸区域

资料来源：摘自文献[24]并经 IEEE 授权。

13.14　基于神经网络的移动机器人控制和导航

本节所列出的是关于下面两个问题的仿真结果：

1)基于神经网络的移动机器人轨迹跟踪。

2)基于神经网络的移动机器人避障导航。

13.14.1　轨迹跟踪

8.5 节中的一般方法用于控制一台差分驱动的轮式移动机器人，并采用了一个 PD 速度控制器来训练一个多层感知器(MLP)(见图 8.11)。

PD 控制器有如下形式：

$$\boldsymbol{v}=\boldsymbol{K}(\boldsymbol{x}_{\mathrm{d}}-\boldsymbol{x})+\dot{\boldsymbol{x}}_{\mathrm{d}}$$

式中 $\boldsymbol{x}=[x,\ y]^{\mathrm{T}}$。控制器经过设计可以保证 $x(t)$ 指数收敛于期望轨迹 $\boldsymbol{x}_{\mathrm{d}}(t)$。期望轨迹由一台参考(虚拟的)轮式移动机器人生成，这样可以保证期望轨迹与受控机器人的运动学非完整约束是相容的。选取增益矩阵 $\boldsymbol{K}$ 使得：

$$\mathrm{d}\boldsymbol{e}/\mathrm{d}t=-\boldsymbol{K}\boldsymbol{e},\quad \boldsymbol{e}=\boldsymbol{x}_{\mathrm{d}}-\boldsymbol{x},\quad \boldsymbol{K}>0$$

实验中 $\boldsymbol{K}$ 的取值为 $\boldsymbol{K}=\mathrm{diag}[k_1,\ k_2]=[102.982\,2,\ 1.353\,6]$，能够较好地保证轨迹指数收敛。实验采用了一个两层 MLP 神经网络，其隐含具有 10 个节点，输出层有 1 个节点。此神经网络使用输入-输出数据速度 $\boldsymbol{v}(t)$ 和位置 $\boldsymbol{x}(t)$，由 BP 算法进行训练。神经网络控制器的结构如图 13.36 所示[25]。

此方案中，神经网络不是学习明确的轨迹，而是学习线性速度 $\boldsymbol{v}(t)$ 和位置误差 $\boldsymbol{e}(t)$ 之间的关系。学习速度按下面的规则进行调整：

$$\gamma(k+1)=\gamma(k)[1-\mu \mathrm{e}^{-\eta(k)}\mathrm{sgn}(\eta/k)],\quad \mu\in[0,\ 1]$$

式中 $\eta(k)$ 为总平方误差 $V(\boldsymbol{w}, k)$ 的归一化的比值：

$$\eta(k)=\frac{\Delta V(\boldsymbol{w}, k)}{V(\boldsymbol{w}, k)}=\frac{V(\boldsymbol{w}, k)-V(\boldsymbol{w}, k-1)}{V(\boldsymbol{w}, k)}$$

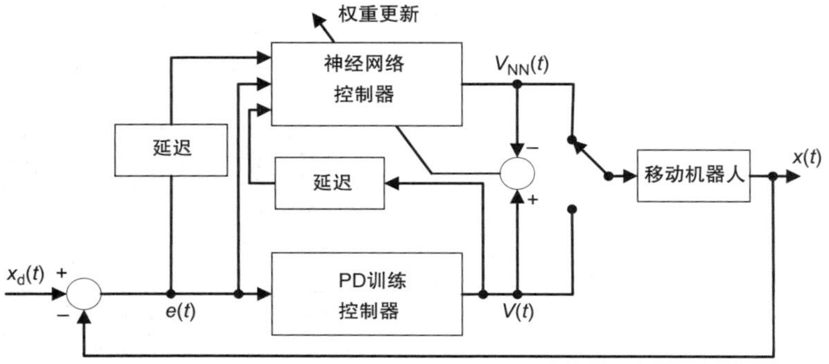

图 13.36　用于轮式移动机器人路径跟踪的监督学习神经网络控制器

资料来源：摘自文献[25]。

而总平方误差为

$$V(\boldsymbol{w}, t)=\sum_{k=0}^{N}\|\boldsymbol{v}(k)-\boldsymbol{v}_{NN}(k)\|^2$$

事实上，总平方误差通过更新神经网络的权重 $\boldsymbol{w}=[w_1, w_2, \cdots]^T$ 实现了最小化。此处选择了不同的 $\mu\in[0, 1]$ 的值进行了实验。实现最好的学习收敛的 μ 值被用于神经网络的训练。开始实验时，两层的 γ 的初始值都取 $\gamma(0)=0.02$。当 $\mu=0.71$ 时获得的结果最好。

训练完成后，使用神经网络控制器控制机器人。其结果如图 13.37～图 13.39 所示。图 13.37 所示为机器人轨迹和方向角 $\phi(t)$ 的期望值和实际值。图 13.38 所示为 x 方向和 y 方向的误差变化情况。图 13.39 所示为左右轮的速度变化情况[25]。这些图片显示了不论是对于 x、y 还是方向角 ϕ，神经网络轨迹跟踪控制器的性能都是令人满意的。

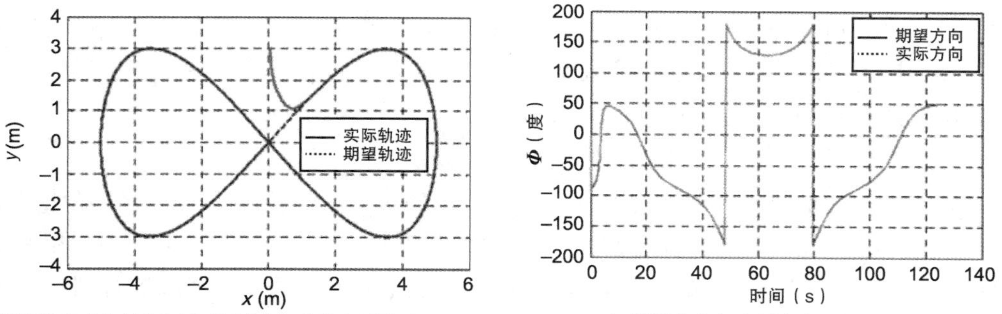

a）期望的轨迹和神经网络控制器实现的实际轨迹（x,y）对比　　b）期望方向与实际方向 $\phi(t)$ 的对比

图 13.37　机器人轨迹和方向角 $\phi(t)$ 的期望值和实际值

资料来源：摘自文献[25]并经作者授权。

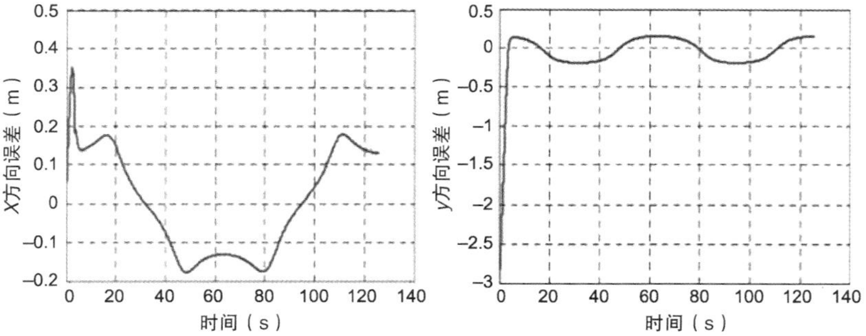

a）x方向误差　　b）y方向误差

图 13.38　坐标误差

资料来源：摘自文献[25]并经作者同意。

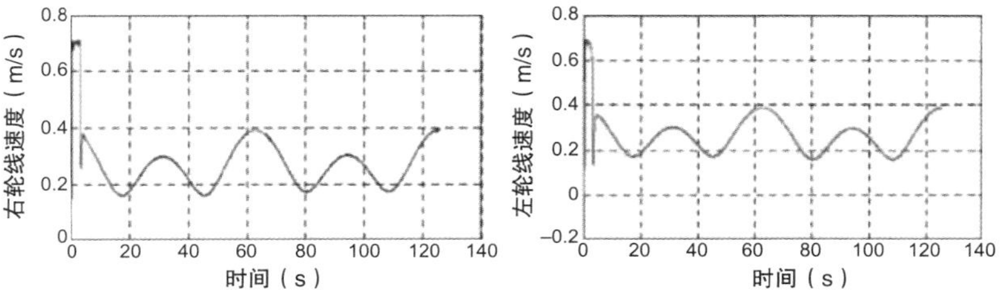

a）右轮　　b）左轮

图 13.39　两轮的线速度

资料来源：摘自文献[25]并经作者同意。

13.14.2　避障导航

神经网络除了用于机器人控制，还可以用于移动机器人导航。本节所列为采用 MLP 进行轮式移动机器人局部建模并采用 RBF 来激活局部模型得到的结果。将输入空间分割为子区域采用的是模糊 C 均值法。为了完全理解本节的移动机器人导航方法，首先简要介绍局部模型神经网络(LMN)和模糊 C 均值分割(FCM)算法。

13.14.2.1　局部模型网络

应用本方法时，操作域被分割为子区域，每一个子区域与一个局部神经网络模型关联，这个局部模型可以逼近此区域内的系统行为。操作域包含系统可以工作的所有操作点。通常使用线性神经网络。要利用 LMN 进行系统建模，必须先确定应当包含在操作点(OP)中的参数。LMN 模型的结构如图 13.40 所示[26-28]，其中 k 为局部模型的序号。

事实上，每一个线性模型都是一个线性预估器，它根据系统前一时刻以及过去更早时刻的输出给出下一时刻系统输出的一个线性估计，即

$$\hat{y}(k)=\alpha_1 y(k-1)+\cdots+\alpha_n y(k-n)+b_1 u(k-1)+\cdots+b_m u(k-m)$$

式中 n 和 m 为模型关于输出 $\boldsymbol{y}(k)\in R^p$ 和输入 $\boldsymbol{u}(k)\in R^q$ 的阶数。特殊情况下，即当 $m=n=1$ 时，模型简化为

$$\hat{\boldsymbol{y}}(k)=\boldsymbol{\alpha}\boldsymbol{y}(k-1)+\boldsymbol{b}\boldsymbol{u}(k-1)$$

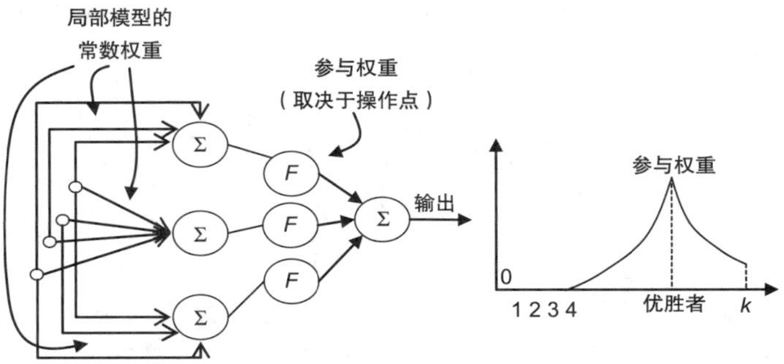

图 13.40　LMN 结构（左）和参与权重（右）

预估器 $\hat{\boldsymbol{y}}$ 在操作域的每一个特定区域内进行训练，以得出相应的系数 $\boldsymbol{\alpha}_i(i=1, 2, \cdots, n)$和 $\boldsymbol{b}_i(i=1, 2, \cdots, m)$。当一个 LMN 模型在操作域的每一个子区域完成训练，就完成了系统建模。其系数为估计值 $\hat{\boldsymbol{\alpha}}_i(i=1, 2, \cdots, n)$和 $\hat{\boldsymbol{b}}_i(i=1, 2, \cdots, m)$。图 13.40 展示了“赢者通吃”策略，但还有可能有多个 LMN 参与系统总输出的情况。

13.14.2.2　模糊 C 均值算法

模糊 C 均值算法是经典的 C 均值算法采用模糊推理的扩展。其算法包括下述四个步骤[26,29]。假设有一组向量，通过最小化下面的目标函数归入 c 个模糊聚类中：

$$\boldsymbol{J}(\boldsymbol{M}, \boldsymbol{v})=\sum_{i=1}^{c}\sum_{k=1}^{N}(\mu_{ik})^m d_{ik}$$

式中：

- μ_{ik} 为向量 k 属于聚类 i 的隶属度。
- N 为输入向量的数量。
- $\boldsymbol{M}$ 为 $c\times N$ 的模糊划分矩阵 $[\mu_{ik}]$。
- $\boldsymbol{v}_i$ 为第 i 个聚类的中心。
- d_{ik} 为向量 k 到聚类 i 的中心的距离。

模糊 C 均值算法的步骤如下：

第一步：定义聚类数量 $c(2\leqslant c\leqslant N)$、成员功率因数 $m(1\leqslant m<\infty)$和测量聚类距离的度量方法。

第二步：初始化模糊划分矩阵 $\boldsymbol{M}^{(0)}$。

第三步：在每一步 b，$b=1, 2, \cdots$

(i) 计算聚类中心向量 $\boldsymbol{v}_i=\sum_{k=1}^{N}(\mu_{ik})^m\boldsymbol{x}_k/\sum_{k=1}^{N}(\mu_{ik})^m$

(ii) 更新模糊划分矩阵 $\boldsymbol{M}^{(b)}$ 并找到下一个模糊划分矩阵 $\boldsymbol{M}^{(b+1)}$。对于每一个向量 $\boldsymbol{x}_k$，计算与其有关联的聚类数量：$I_k=\{i\mid 1\leqslant i\leqslant c, d_{ik}=\|\boldsymbol{x}_k-\boldsymbol{v}_i\|=0\}$，以及不关联的聚类 T_k，$k=1, 2, \cdots c-I_k$。规则为如果 $I_k\neq 0$，则 $\mu_{ik}=1/\sum_{j\in I_k}\left(\dfrac{d_{ik}}{d_{jk}}\right)^{2/(m-1)}$；如果 $I_k=0$，则对所有的 $i\in T_k$，有 $\mu_{ik}=0$ 且 $\sum_{j\in I_k}\mu_{jk}=1$。

第四步：采用选定的度量方法比较 $\boldsymbol{M}^{(b)}$ 和 $\boldsymbol{M}^{(b+1)}$，如果 $\|\boldsymbol{M}^{(b)}-\boldsymbol{M}^{(b+1)}\| \leqslant \varepsilon_L$（收敛阈值），则结束算法；否则，返回第三步。

13.14.2.3 实验结果

每一个 LMN 训练过程的结束准则为均方根(RMS)：

$$y_{\mathrm{RMS}}=\sqrt{(1/N)\sum_{i=1}^{N}(y_{\mathrm{d}}(k)-y_{\mathrm{NN}}(k))^2}$$

式中，$y_{\mathrm{d}}(k)$为期望输出；$y_{\mathrm{NN}}(k)$为 LMN 的输出，有

$$y_{\mathrm{NN}}=\sum_{i=1}^{M}\hat{y}_i\phi_i(\|\boldsymbol{x}-\boldsymbol{c}_i\|)$$

式中，$\hat{y}_i$ 为第 i 个局部子模型的输出估计；$\phi_i(\|\cdot\|)$为第 i 个由式(8.62)定义的径向基函数。实验采用了 500 组学习数据，每一组数据包括 5 个参数：

- LD，左侧距离。
- RD，右侧距离。
- FD，前方距离。
- TB，目标方位。
- SA，转向角变化。

实验中使用了一台机器人，一个目标和 4 个障碍物(如果使用多个机器人，则每个机器人都看作其他机器人的障碍)。作为局部模型的 MLP 神经网络包含三层(输入层、隐含层和输出层)。输入层有 4 个节点，3 个节点输入前方、左侧、右侧障碍的距离，一个节点输入目标方位(如果没有探测到目标，则第 4 个节点的输入为 0)。输出层有一个节点用于计算机器人转向角。图 13.41a～图 13.41c 显示了采用 MLP、RBF 和 LMN(基于 MLP 和 RBF)控制的机器人的路径。本方法的更多细节和统计结果可参见文献[26]。

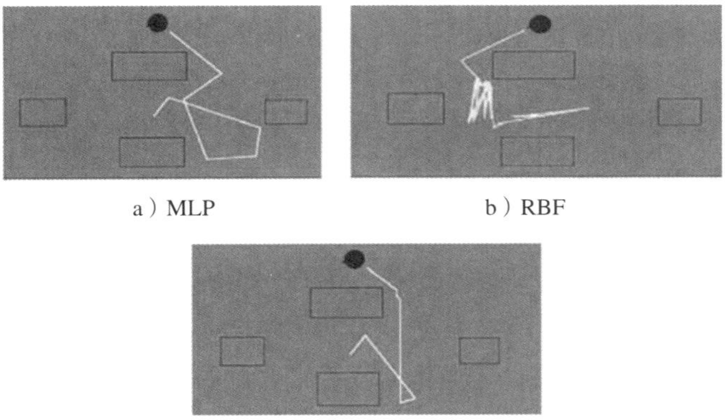

a) MLP　　b) RBF

c) LMN

图 13.41 基于神经网络的导航性能

资料来源：摘自文献[26]并经作者同意。

13.15 差分驱动机器人模糊跟踪控制

本节所列为 8.4.1 节讨论过的采用 Mamdani 模型设计的模糊逻辑控制器的性能。运动学模型为

$$\dot{x}=v\cos\phi,\quad \dot{y}=v\sin\phi,\quad \dot{\phi}=\omega,\quad \dot{x}\sin\phi=\dot{y}\cos\phi$$

动力学模型为式(3.19a)的无约束形式：

$$\overline{\boldsymbol{D}}(\boldsymbol{q})\dot{\boldsymbol{v}}+\overline{\boldsymbol{C}}(\boldsymbol{q},\dot{\boldsymbol{q}})\boldsymbol{v}+\boldsymbol{F}\boldsymbol{v}=\tau+\boldsymbol{d}(t)$$

式中，$\boldsymbol{v}=[v,\ \omega]^{\mathrm{T}}$；$\boldsymbol{q}=[x,\ y,\ \phi]^{\mathrm{T}}=\boldsymbol{x}$；$\boldsymbol{F}$ 为线性摩擦矩阵；$\boldsymbol{d}(t)$为外部扰动。以上参数取值为[30]

$$\overline{\boldsymbol{D}}(\boldsymbol{q})=\begin{bmatrix}0.3749 & -0.0202\\ -0.0202 & 0.3739\end{bmatrix},\quad \boldsymbol{F}=\begin{bmatrix}10 & 0\\ 0 & 10\end{bmatrix}$$

$$\overline{\boldsymbol{C}}(\boldsymbol{q},\dot{\boldsymbol{q}})=\begin{bmatrix}0 & 0.1350\dot{\phi}\\ -0.1350\dot{\phi} & 0\end{bmatrix},\quad \boldsymbol{u}=\boldsymbol{\tau}=\begin{bmatrix}u_1\\ u_2\end{bmatrix}$$

扰动向量 $\boldsymbol{d}(t)$为

$$\boldsymbol{d}(t)=\begin{bmatrix}\delta(t-t_k)\\ \delta(t-t_k)\end{bmatrix},\quad t_k=2,\ 4,\ \cdots$$

式中 delta 函数 $\delta(\cdot)$每 2s 应用一次。假定期望的速度向量 $\boldsymbol{v}_{\mathrm{d}}=[v_{\mathrm{d}},\ \omega_{\mathrm{d}}]^{\mathrm{T}}$ 为

$$\boldsymbol{v}_{\mathrm{d}}=\begin{bmatrix}v_{\mathrm{d}}(t)\\ \omega_{\mathrm{d}}(t)\end{bmatrix}=\begin{bmatrix}0.25-0.25\cos(2\pi t/5)\\ 0\end{bmatrix}$$

初始条件为

$$\boldsymbol{q}(0)=[0.1,\ 0.1,\ 0]^{\mathrm{T}},\quad \boldsymbol{v}(0)=[v(0),\ \omega(0)]^{\mathrm{T}}=[0,\ 0]^{\mathrm{T}}$$

采用的明确的运动学控制器为(见式(8.18))

$$v_{\mathrm{m}}=v_{\mathrm{d}}\cos\varepsilon_3+K_1\varepsilon_1,\quad \omega_{\mathrm{m}}=\omega_{\mathrm{d}}+K_2v_{\mathrm{d}}\varepsilon_2+K_3\sin\varepsilon_3$$

其中的增益 $K_1=K_2=K_3=5$。模糊变量 $\tilde{\boldsymbol{v}}=[\tilde{v},\ \tilde{\omega}]^{\mathrm{T}}$(这里 $\tilde{\boldsymbol{v}}=\boldsymbol{v}-\tilde{\boldsymbol{v}}_{\mathrm{d}}$)、$u_1$、$u_2$ 的隶属度函数为图 8.15 所示的三角形和梯形。动态模糊控制器的规则库如表 8.2 所示，它代表了 3×3=9 条模糊规则(如 8.4.1 节所述)。模糊值 u_1、u_2 通过 COG 去模糊法转化为明确值，并由图 13.42 所示的输入-输出曲面表示。

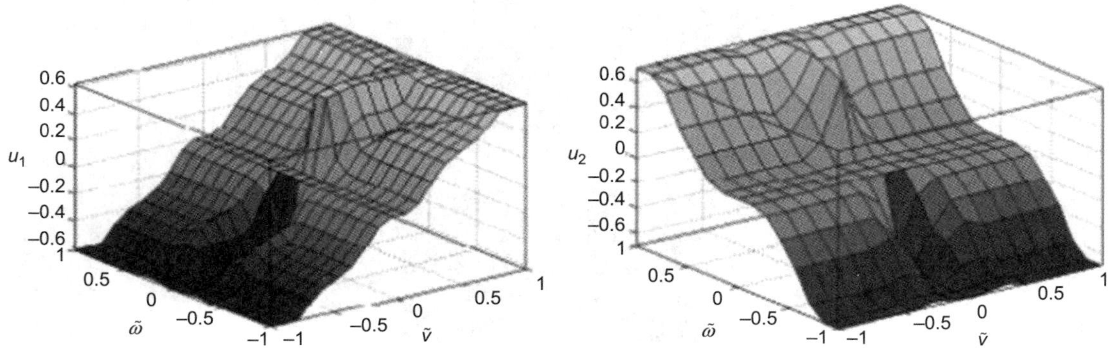

图 13.42　模糊控制器$\{(\tilde{v},\ \tilde{\omega})\rightarrow u_{1,\mathrm{COG}},\ (\tilde{v},\ \tilde{\omega})\rightarrow u_{2,\mathrm{COG}}\}$的总输入-输出曲面

资料来源：摘自文献[30]并经作者同意。

文献[30]使用 MatLAB(Simulink)对完整的控制器性能进行了测试。经验证，误差 $\tilde{x}$ 在 $t=0.5$s 时归零，$\tilde{y}$ 在 $t=1.0$s 时归零，$\tilde{\phi}$ 在 $t=1.2$s 时归零。速度误差在 $t=0.25$s 时归零。控制器切换行为非常快。图 13.43 所示为无扰动闭环控制系统的实验结果。

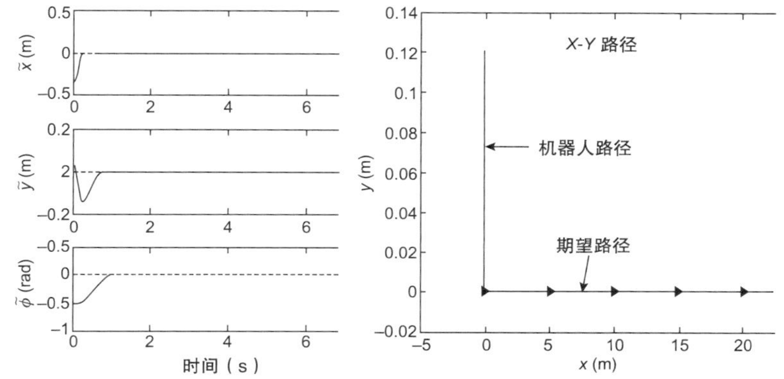

a）误差$\tilde{x}$，$\tilde{y}$，$\tilde{\phi}$，$\tilde{v}$，$\tilde{w}$

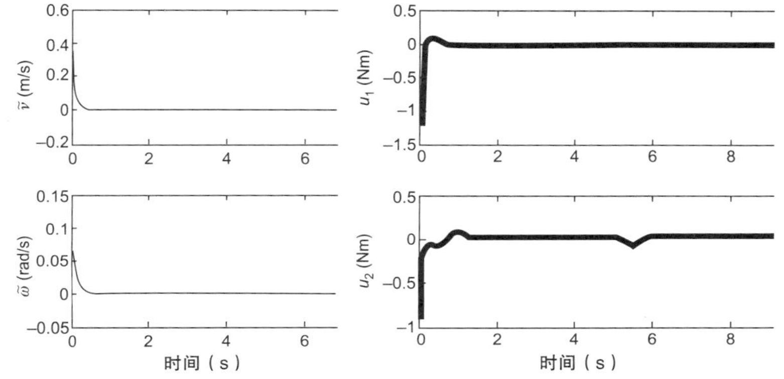

b）xy路径和控制输入（力矩）u_1，u_2

图 13.43　模糊控制器在 $\boldsymbol{d}(t)=\boldsymbol{0}$ 时的闭环控制性能

资料来源：摘自文献[30]并经作者同意。

有扰动系统的模拟结果也显示出控制器具有良好的鲁棒性。尽管有外部扰动，机器人的位置和方向误差都快速归零。

13.16　基于视觉的差分驱动机器人自适应鲁棒跟踪控制

本节所列为使用式(9.158a)～式(9.158e)所示的自适应鲁棒轨迹跟踪控制器进行模拟得到的结果[31-32]。系统和控制器参数如表 13.5 所示。

表 13.5　系统和控制器参数

机器人视觉系统参数							
$\boldsymbol{\lambda}$	$\boldsymbol{\lambda}_{max}$	$\boldsymbol{\lambda}_{min}$	$\boldsymbol{r}$	$\boldsymbol{a}$	$\boldsymbol{m}$	$\boldsymbol{I}$	ϕ_0
1	2	0.5	0.1m	0.5m	10kg	5kg·m^2	$(-\pi/2)$rad
控制器参数							
$\boldsymbol{k}_1$	$\boldsymbol{k}_3$	$\boldsymbol{k}_{a1}$	$\boldsymbol{k}_{a2}$	γ_1	γ_2		γ_3
2	2	20	20	1	1		5

机器人的初始位姿为[0，0，0]，期望轨迹起点为[3.9，4.1，0.2]。$\boldsymbol{d}$ 的元素 d_1 和 d_2 在区间[−1，1]中随机取值，且 $d_{max}=2$。v_d 和 ω_d 的值取为 $v_d=1$m/s，$\omega_d=0.5$rad/s。图 13.44 显示了尽管存在外部干扰，误差 ε_1，ε_2，ε_3，$\tilde{v}$ 和 $\tilde{\omega}$ 都收敛于零。

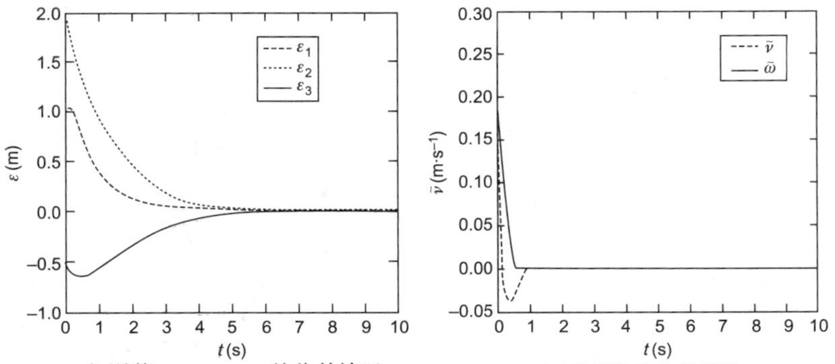

a）误差 ε_1，ε_2，ε_3的收敛情况　　b）速度误差收敛情况

图 13.44　存在干扰时的误差收敛情况

资料来源：摘自文献[31]并经 Springer Science+Business Media BV 授权。

图 13.45a 显示了力矩 τ_1，τ_2 由于抖振的存在而收敛于零附近的一个小区域内。图 13.45b 所示为世界坐标系下机器人的期望轨迹和实际轨迹。

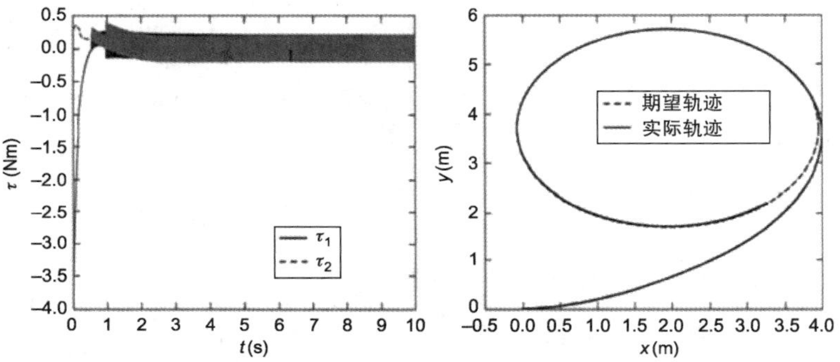

a）抖振影响下的力矩τ_1，τ_2的控制　　b）实际轨迹和期望轨迹

图 13.45　力矩控制及世界坐标下机器人的实际轨迹和期望轨迹

资料来源：摘自文献[31]并经 Springer Science+Business Media BV 授权。

采用饱和型控制器重复实验，边界层宽度为 $U(t)=1/(1+t)^3$。现在，误差收敛和实际轨迹大致与图 13.44a、图 13.44b 以及图 13.45b 相同，而控制信号 τ_1 和 τ_2 的抖动消失了，如图 13.46 所示。

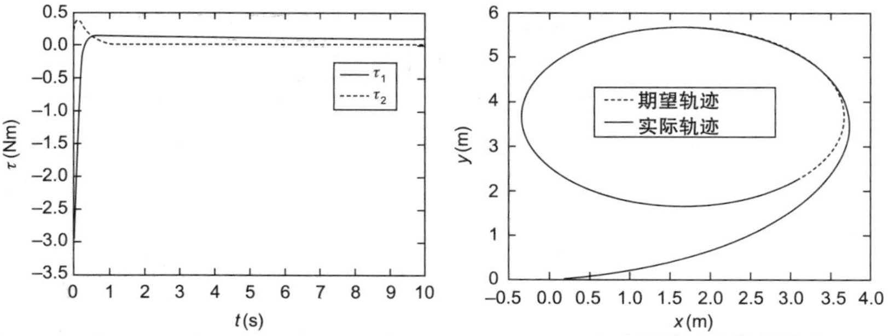

a）采用饱和型鲁棒控制后力矩τ_1，τ_2的变化情况　　b）实际轨迹和期望轨迹

图 13.46　采用饱和型鲁棒控制后力矩的变化及机器人轨迹

资料来源：摘自文献[31]并经 Springer Science+Business Media BV 授权。

参数 $\beta_1=m$，$\beta_2=I$，λ 的估计收敛于常数值，即 $\hat{\beta}_1\to10^-$，$\hat{\beta}_2\to6^+$，$\lambda\to0.97$。为了方便比较，建议读者采用式(9.160)所示的控制器进行模拟实验，其中视觉系统参数、期望轨迹、v_d 和 ω_d 的值都取相同值。

13.17　移动机械臂球形全向视觉控制

文献[33]充分研究了例 10.4 所讨论的问题。实验采用了式(10.83)所示的分辨率视觉伺服控制器，图像雅可比矩阵的估计 $\hat{\boldsymbol{J}}_{\text{im}}$ 采用 EKF 方法计算。由于向量 $\boldsymbol{\zeta}$ 中的参数为常数，状态转换模型具有线性形式：

$$\boldsymbol{\zeta}_{k+1}=\boldsymbol{\zeta}_k+\boldsymbol{w}_k \tag{13.6}$$

式中的 $\boldsymbol{w}_k$ 为零均值的高斯干扰，协方差矩阵为 $\boldsymbol{Q}_k$。测量向量为

$$\boldsymbol{z}_k=[u_{m1},\ v_{m1},\ u_{r1},\ v_{r1};\ u_{m2},\ v_{m2},\ u_{r2},\ v_{r2}]^{\mathrm{T}}$$

测量方程为

$$\boldsymbol{z}_k=\boldsymbol{h}(\boldsymbol{\zeta}_k,\ \boldsymbol{n}_k)$$

式中：

$$\boldsymbol{h}=[\boldsymbol{h}_1 \vdots \boldsymbol{h}_2]^{\mathrm{T}}$$

$$\boldsymbol{h}_1=\left[u_{\text{offset}}+\frac{x_{m1}^m\lambda_u}{z_{m1}^m-d},\ v_{\text{offset}}+\frac{y_{m1}^m\lambda_v}{z_{m1}^m-d},\ u_{\text{offset}}+\frac{x_{r1}^m}{z_{r1}^m}\lambda_u,\ v_{\text{offset}}+\frac{y_{r1}^m}{z_{r1}^m}\lambda_v\right]$$

$$\boldsymbol{h}_2=\left[u_{\text{offset}}+\frac{x_{m2}^m\lambda_u}{z_{m2}^m-d},\ v_{\text{offset}}+\frac{y_{m2}^m}{z_{m2}^m-d}\lambda_v,\ u_{\text{offset}}+\frac{x_{r2}^m}{z_{r2}^m-d}\lambda_u,\ v_{\text{offset}}+\frac{y_{r2}^m}{z_{r2}^m-d}\lambda_v\right]$$

$\boldsymbol{\eta}_k$ 为零均值的高斯测量噪声，协方差矩阵为 $\boldsymbol{R}_k$。定义向量

$$\boldsymbol{\varepsilon}(t)=[u_{r1},\ v_{r1},\ u_{r2},\ v_{r2},\ u_{m1},\ v_{m1},\ u_{m2},\ v_{m2}]^{\mathrm{T}}$$

和一个 3×8 维的状态向量：

$$\boldsymbol{e}=[\varepsilon^{\mathrm{T}},\ \dot{\varepsilon}^{\mathrm{T}},\ \ddot{\varepsilon}^{\mathrm{T}}]^{\mathrm{T}}$$

测量方程可写成线性形式：

$$\boldsymbol{z}_k=\boldsymbol{He}_k+\boldsymbol{\eta}_k \tag{13.7}$$

其中

$$\boldsymbol{z}_k=[u_{r1},\ v_{r1},\ u_{r2},\ v_{r2},\ u_{m1},\ v_{m1},\ u_{m2},\ v_{m2}]^{\mathrm{T}}$$

这里假设状态向量 $\boldsymbol{e}$ 的所有元素都是可测量的：

$$\boldsymbol{H}=[\boldsymbol{I}_{8\times8} \vdots \boldsymbol{O}_{8\times8} \vdots \boldsymbol{O}_{8\times8}]^{\mathrm{T}}$$

下文所列的有代表性的模拟实验结果采用了以下数据[33-34]：

- 机器人基坐标系在相机坐标系中的坐标：(400，200，−1900)mm。
- 反射镜坐标系(原点在球心)在相机坐标系中的坐标：(0，0，−4000)mm。
- 球面镜的半径：500 mm。
- 相机内部参数：$\lambda_u=-998.97$，$\lambda_v=-916.23$，$u_{\text{offset}}=342.70$，$v_{\text{offset}}=236.88$。
- 地标中点在机器人坐标系中的坐标：(400，500，250)mm。
- 地标连线的初始方向：$\phi=\pi/6\text{rad}$，$\theta=\pi/2\text{rad}$。

- 地标中点在机器人坐标系中的期望坐标：(200，−50，200)mm。
- 地标连线的期望方向：$\phi=\pi/3$rad，$\theta=\pi/6$rad。
- 相机内部参数和外部参数与其真实值偏差：平均值+30%。
- 零均值的高斯噪声的方差：2 像素。

图 13.47a～图 13.47d 显示了一组结果。

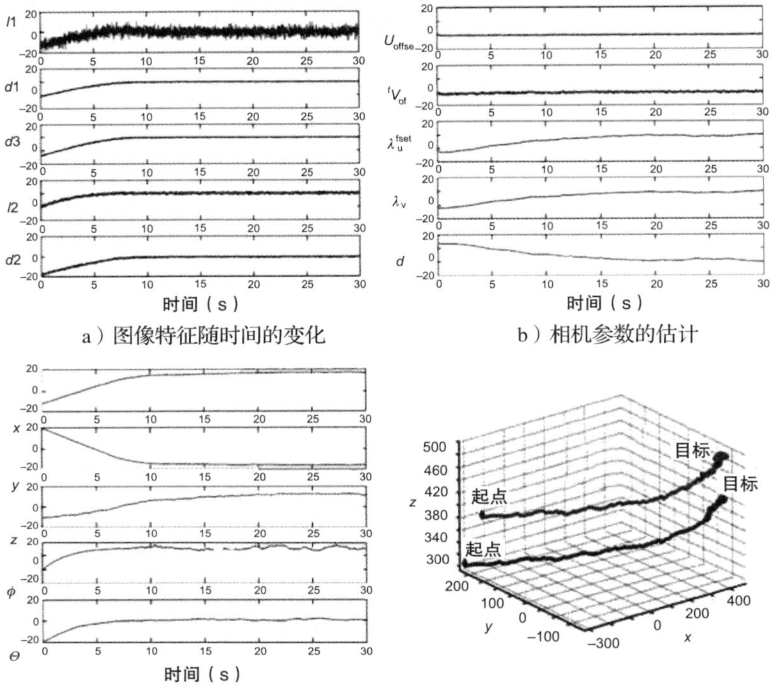

a）图像特征随时间的变化　b）相机参数的估计

c）中点坐标及连线方向　d）地标的三维轨迹

图 13.47　一组实验结果

资料来源：摘自文献[34]并经 International Society for OpticalEngineering(SPIE)授权。

这些图证实了特征误差随时间的衰减，相机参数和图像特征的 EKF 估计的准确性，并在三维工作空间中显示了地标的实际轨迹。

参考文献

[1] Gholipour A, Yazdanpanah MJ. Dynamic tracking control of nonholonomic mobile robot with model reference adaptation for uncertain parameters. In: Proceedings of 2003 European control conference (ECC'2003), Cambridge, UK; September 1–4, 2003.

[2] Pourboghrat F, Karlsson MP. Adaptive control of dynamic mobile robots with nonholonomic constraints. Comput Electr Eng 2002;28:241–53.

[3] Zhang Y, Hong D, Chung JA, Velinky SA. Dynamic model based robust tracking control of a differentially steered wheeled mobile robot. In: Proceedings of American control conference. Philadelphia, PA; June 1988. p. 850–55.

[4] Aicardi M, Casalino G, Bicchi A, Balestrino A. Closed-loop steering of unicycle vehicles via Lyapunov techniques. In: IEEE robotics and automation magazine. March 1995. p. 27–33.

[5] Devon D, Bretl T. Kinematic and dynamic control of a wheeled mobile robot. In: Proceedings of 2007 IEEE/RSJ international conference on intelligent robots and systems. San Diego, CA; October 29–November 2, 2007. p. 4065–70.
[6] Watanabe K, Yamamoto T, Izumi K, Maeyama S. Underactuated control for nonholonomic mobile robots by using double integrator model and invariant manifold theory. In: Proceedings of 2010 IEEE/RSJ international conference on intelligent robots and systems. Taipei, China; October 18–22, 2010. p. 2862–67.
[7] Rigatos GG, Tzafestas CS, Tzafestas SG. Mobile robot motion control in partially unknown environments using a sliding-mode fuzzy-logic controller. Rob Auton Syst 2000;33:1–11.
[8] Rigatos GG, Tzafestas SG, Evangelidis GJ. Reactive parking control of nonholonomic vehicles via a fuzzy learning automaton. IEE Proc Control Theory Appl 2001;148 (2):169–79.
[9] Carelli R, Soria CM, Morales B. Vision-based tracking control for mobile robots. In: Proceedings of twelfth international conference on advanced robotics (ICAR'05). Seatle, WA; July 18–20, 2005. p. 148–52.
[10] Gilioli M, Melchiori C. Coordinated mobile manipulator point-stabilization using visual-servoing techniques. In: Proceedings of IEEE/RSJ international conference on intelligent robots and systems (IROS'2002). vol. 1. Lausanne, CH; 2002. p. 305–10.
[11] Tsakiris D, Rives P, Samson C. Extending visual servoing techniques to nonholonomic mobile robots. In: Hager G, Kriegman D, Morse S, editors. Vision and control (LNCIS). Berlin: Springer; 1998.
[12] Okamoto Jr J, Grassi Jr V. Visual servo control of a mobile robot using omnidirectional vision. In: Van Amerongen J, Jonker B, Regtien P, Stramigiolis S, editors. Proceedings of mechatronics conference 2002. University of Twente; June 24–26, 2002. p. 413–22.
[13] Abdelkader HH, Mezouar Y, Andreff N, Martinet P. Image-based control of mobile robot with central catadioptric cameras. In: Proceedings of 2005 IEEE international conference on robotics and automation (ICRA 2005). Barcelona, Spain; April 2005. p. 3533–38.
[14] Mezouar Y, Abdelkader HH, Martinet P, Chaumette F. Central catadioptric visual servoing from 3D straight lines. In: Proceedings of IEEE/RS international conference on intelligent robots and systems (IROS'04). Sendai, Japan; 2004. p. 343–49.
[15] Tzafestas SG, Melfi A, Krikochoritis T. Kinematic/dynamic modeling and control of an omnidirectional mobile manipulator. In: Proceedings of fourth IEEE/IFIP international conference on information technology for balanced automation systems in production and transportation (BASYS2000). Berlin, Germany; 2000.
[16] Papadopoulos E, Poulakakis J. Trajectory planning and control for mobile manipulator systems. In: Proceedings of eighth IEEE Mediterranean conference on control and automation (MED'00). Patras, Greece; July 17–19, 2000.
[17] Yamamoto Y, Yun X. Coordinating locomotion and manipulation of a mobile manipulator. In: Proceedings of thirty-first IEEE conference on decision and control. Tucson, AZ; 1992. p. 2643–48.
[18] Yamamoto Y, Yun X. Modeling and compensation of the dynamic interaction of a mobile manipulator. In: Proceedings of IEEE conference on robotics and automation. San Diego, CA; 1994. p. 2187–92.
[19] Zavlangas PG, Tzafestas SG, Althoefer K. Navigation for robotic manipulators employing fuzzy logic. In: Proceedings of third world conference on integrated design and process technology (IDPT'98). vol. 6. Berlin, Germany; 1998. p. 278–83.
[20] Zavlagas PG, Tzafestas SG. Integrated fuzzy global path planning and obstacle avoidance for mobile robots. In: Proceedings of European workshop on service and humanoid robots (SERVICEROB'2001). Santorini, Greece; 2001.
[21] Tzafestas SG, Stamou G. A fuzzy path planning algorithm for autonomous robots moving in an unknown and uncertain environment. In: Proceedings of European robotics and intelligent systems conference (EURISCON'94). Malaga, Spain; August 1994. p. 140–49.

[22] Vidal Calleja TA. Visual navigation in unknown environments. PhD thesis. Barcelona: IRI, The Universitat Politècnica de Catalunya; 2007.

[23] Rekleitis I, Dudek G, Milios E. Multirobot collaboration for robust exploration. Ann Math Artif Intell 2001;31(1−4):7−40.

[24] Rekleitis I, Dudek G, Milios E. Probabilistic cooperative localization and mapping in practice. In: Proceedings of IEEE international conference on robotics and automation. vol. 2. Taipei, China; 2003. p. 1907−12.

[25] Velagic J, Osmic N, Lacevic B. Neural network controller for mobile robot motion control. World Acad Sci Eng 2008;23:193−8.

[26] Awad HA, Al-zorkany M. Mobile robot navigation using local model network. Trans Eng Comput Technol 2004;VI:326−31.

[27] Skoundrianos EN, Tzafestas SG. Fault diagnosis via local neural networks. Math Comput Simul 2002;60:169−80.

[28] Skoundrianos EN, Tzafestas SG. Finding fault: diagnosis on the wheels of a mobile robot using local model neural networks. IEEE Rob Autom Mag 2004;11(3):83−90.

[29] Tzafestas SG, Raptis S. Fuzzy image processing: a review and comparison of methods. Image Process Commun 1999;5(1):3−24.

[30] Castillo O, Aguilar LT, Cardenas S. Fuzzy logic tracking control for unicycle mobile robots. Eng Lett 2006;13(2):73−7 [EL.13-2-4].

[31] Yang F, Wang C. Adaptive tracking control for uncertain dynamic nonholonomic mobile robots based on visual servoing. J Control Theory Appl 2012;10(1):56−63.

[32] Wang C, Liang Z, Du J, Liang S. Robust stabilization of nonholonomic moving robots with uncalibrated visual parameters. In: Proceedings of 2009 American control conference. Hyatt Regency River Front, St. Louis, MO; 2009. p.1347−51.

[33] Zhang Y. Visual servoing of a 5-DOF mobile manipulator using panoramic vision system. M.A.Sc. thesis. Regina, Canada: Faculty of Engineering, University of Regina; 2007.

[34] Zhang Y, Mehrandezh M. Visual servoing of a 5-DOF mobile manipulator using a catadioptric vision system. Proc SPIE Conf Optomechatronic Syst Control III 2007; 6719:6−17.

第 14 章　移动机器人智能控制的通用系统与软件架构

14.1　引言

本书中已研究了多种移动机器人的控制器，并针对一些基本问题提出了一系列的高级路径/运动规划、任务规划、定位与地图构建的方法。第 13 章中我们提出了上述方法及控制器的大量实验结果(大部分为仿真数据)。本章将介绍可用于集成控制器和高级功能单元的通用系统与软件架构，用于实现移动机器人的整体智能表现。软件架构有助于处理所涉及子系统的高度异质性，应对与机器人环境进行实时交互所需的严格操作要求，并处理超出单个设计员能力范围的系统复杂性。一般来说，机器人软件是一系列告诉机器人要执行哪些功能，以达到控制效果的编码命令。实际上，开发机器人软件是一项艰难的任务。目前已经开发出许多软件框架与系统来降低机器人编程的难度，实现适当运行时间来增加容错率，并得到可以移植到其他机器人应用程序中使用的系统。

然而，目前针对移动机器人应用程序没有一套公认的软件标准。机器人公司提供了自己开发的软件框架。例如，Evolution Robotics 的 ERSP、Sony 的 Open-R、ActivMedia 的 ARIA 以及 SRI International 的 Saphira 系统。另一方面，许多高校研究团队也开发出了以下特定软件平台：

- Miro[1]
- CLARAty[2]
- Marie[3]
- Player/Stage[4]
- CARMEN[5]

本章的目的在于提供一个针对集成了低、中、高级控制与规划功能的移动机器人系统的基本概念与架构的概述。具体来说，考虑以下问题：

- 分层、多分辨率、参考模型和基于行为的智能控制系统架构。
- 移动机器人控制软件架构的基本特征。
- 移动机器人控制软件架构的两个例子。
- 两种移动机器人控制软件架构的比较评估。
- 智能人机交互界面。
- 两个集成的智能移动机器人的研究原型。
- 异构性与模块化设计。

14.2 通用智能控制架构

14.2.1 一般问题

智能控制(IC) 已有 40 多年的历史，它构成了 20 世纪 40 年代与 50 年代的传统控制以及 60 年代与 70 年代现代控制的概括，以将控制器中类似于人的自主交互行为与环境结合起来。“智能控制 ” 一词由 Fu[6] 提出，涵盖了自适应和学习控制以外的领域，根据 Saridis[7-8] 的说法，该领域融合了控制、人工智能(AI) 与运筹学(OR)。

智能控制提供了实现自主性行为的方法，例如在不同细节水平上进行规划、模仿人类行为、从过去的经验中学习、集成与融合传感器的信息、识别操作系统中的突然变化以及与变化中的环境进行适当交互[9]。

智能控制领域始于通用智能控制架构(ICA)的开发，主要包含以下内容：

- 分层的智能控制架构(Saridis)。
- 多分辨率/嵌套的智能控制架构(Meystel)。
- 参考模型智能控制架构(Albus)。
- 基于行为的智能控制架构，即逻辑包含智能控制架构(Brooks) 与运动模式(schemas)智能控制架构(Arkin)。

这些架构在这些年来以几种方式得到了扩展、丰富或组合[10-11]。在下文中，我们以它们原始的抽象形式简要概述了这些架构。为智能移动机器人控制而开发的大多数软件系统与集成的软硬件系统都以某种方式遵循这些通用架构之一或它们的适当组合，这将在 14.4、14.5 与 14.7 节中得到验证。

14.2.2 分层的智能控制架构

这种架构具有三个主要层级(见图 14.1)：

- 组织层级
- 协调层级
- 执行层级

这些层级可能涉及其中的多个层次，这些层次遵循了上级与其下级之间交互的人为控制模式[7-8]。

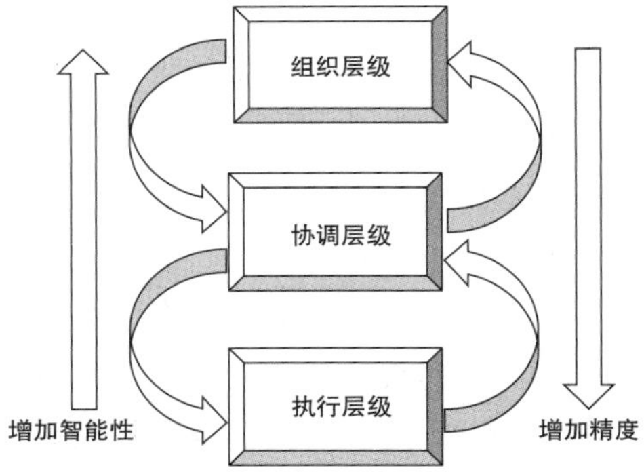

图 14.1 分层控制架构

组织层级实现了模仿人类行为的更高级的功能(例如学习与决策)，通常可以通过人工智能技术来表示与使用。该层级接收并解释来自较低层级的反馈信息、定义要实时执行的规划排序与决策策略，并以低精度的方式处理大量的知识与信息，此部分可进行长期内存的交换。

协调层级由几个协调器组成(每个协调器由一个软件或者专用的单片机实现)，这些协调器从组织层级接收任务，这些任务信息必须包含所有必要的细节，以便成功执行所选任务的计划。

执行层级涉及数个驱动器、硬件控制器、传感器(视觉、声呐等),并执行由协调层级所发出的动作命令。

Sardis 为此架构开发了一个完整的解析理论,利用了信息熵的概念,制定并利用了在增加精度的同时降低智能性的原则。在这些层级里,神经网络、模糊系统、Petri 网和最优控制都有应用[12]。

14.2.3 多分辨率的智能控制架构

这种架构是由 Meystel[13-15] 开发的,最早应用于智能移动机器人。它遵循常规模型规划器-导航器-驾驶器-执行控制器。规划器提供了一个粗略的计策。导航器计算一组更精确的运动执行轨迹。驾驶器开发在线跟踪开环控制。最后,执行控制器执行由前面三者所计算出的计划与补偿。这种方案以多分辨率六框形式实现(见图 14.2a),每个层级包含感知(P)、知识表示、解释与处理(K)以及规划/控制(P/C)操作,并在图 14.2b 中详细地表示了出来。

在图 14.2b 中,A 是世界模型的源和存储处,B 是计算机控制器,用来处理传感器数据并计算要实现系统目标的控制命令。C 是执行所需过程的机器,带有能将控制命令转换成动作的驱动器与能将过程告知计算机控制器的传感器。

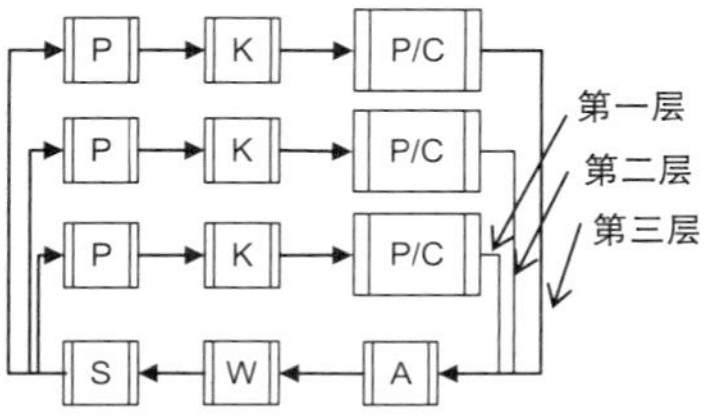

a)三层级的多分辨率架构(六框形式)

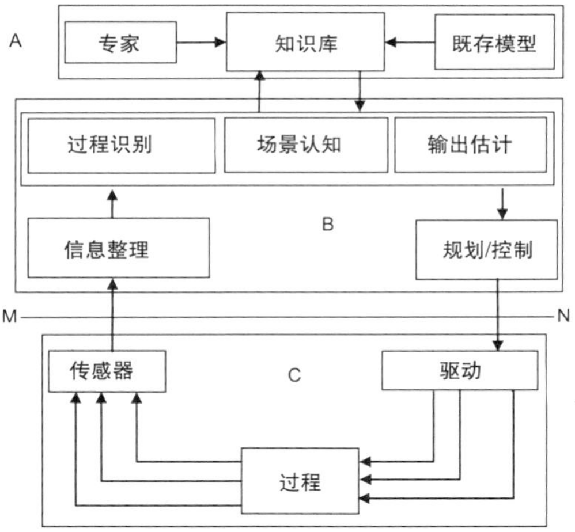

b)各个层级有自己的闭环反馈

图 14.2 三层级的多分辨率架构及各层级的闭环反馈

多分辨率智能控制架构的基本性质如下:

P1:分辨率层级的计算独立性。

P2:每个分辨率层级代表整个系统中的不同领域。

P3:不同的分辨率层级处理整个系统中的不同频段。

P4:不同层级的循环是彼此嵌套的六框方块图。

P5:循环中的上部与下部相互对应。

P6:系统行为是在每个分辨率层级上由动作生成的行为叠加的结果。

P7:行为生成的算法在所有层级上皆相似。

P8:表示的层次结构从顶部的语言学演变为底部的分析学。

P9:表示的子系统相对独立。

14.2.4 参考模型智能控制架构

这种架构(RMA)是由 Albus 与其同事在美国国家标准研究院(NIST)开发和扩展

的[16-18]，适用于模块化的扩展(见图 14.3)。

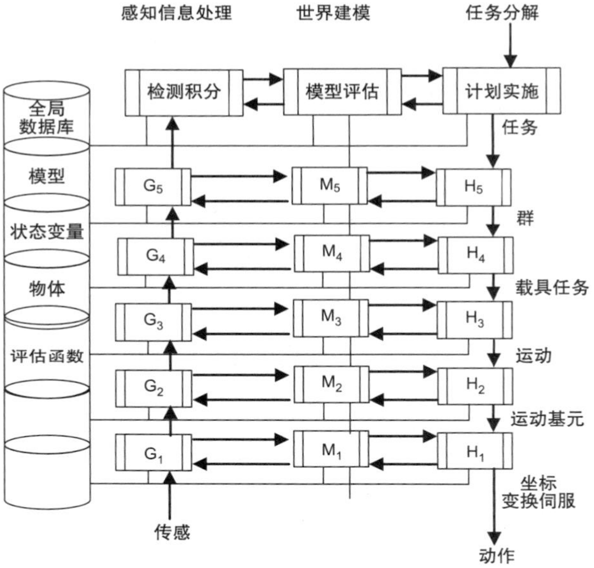

图 14.3　NIST RMA 分层控制架构

参考模型智能控制架构中的控制问题可以分解成以下子问题：

- 任务分解。
- 世界建模。
- 感知信息处理。
- 价值判断。

不同的控制元素被聚类到按层次排列的计算节点，每个节点具有特定的功能与行为。NIST 范例已被多次优化过，从 20 世纪 70 年代的小脑模型演化到 20 世纪 90 年代的 RCS-4，并应用于自动化制造系统、军事物料处理系统、多水下移动机器人与机器人远程服务系统。RMA 解决的主要问题如下：

- 实时任务与软件的执行。
- 智能交互/通信方法。
- 信息与知识库的管理。
- 优化资源分配。

14.2.5　基于行为的智能控制架构

这类架构基于智能体的概念，可以使用基于知识的系统、神经网络、模糊结构或神经模糊结构来实现[14-19]。两种最常见的基于行为的架构为 Brooks[20-21] 开发的逻辑包含架构与 Arkin[22-24] 开发的运动模式架构，其中逻辑包含架构中遵循行为范式的分解(见图 14.4b)，并首先在自主移动机器人 Shakey 中使用。

实现行为的任务被表示为不同的层，各个层同步存在并实现该层的目标，在底层中，系统行为可被图 14.5 中的增强有限状态机(AFSM)表示。

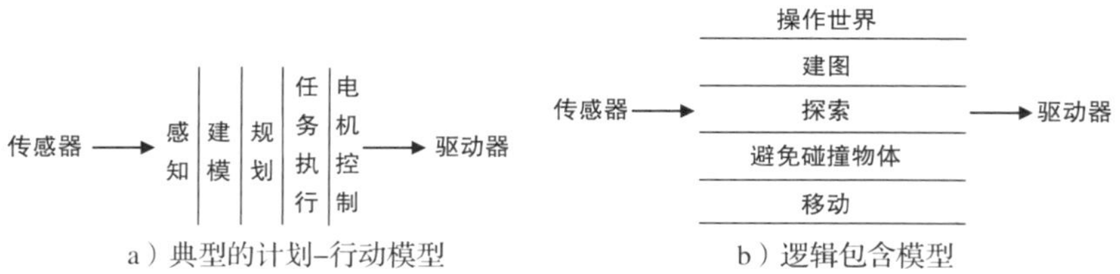

图 14.4 典型的计划-行动模型和逻辑包含模型之间的区别

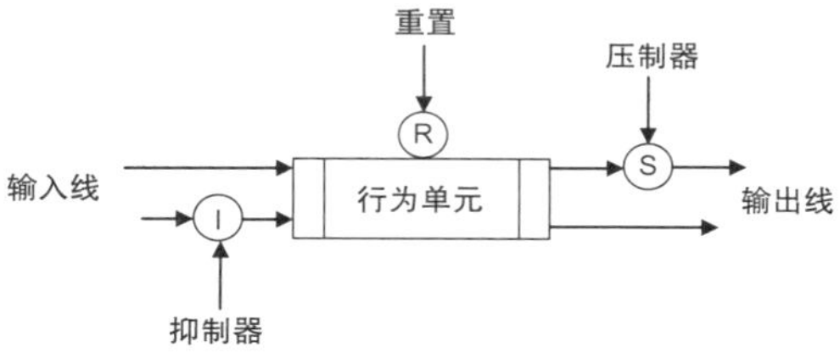

图 14.5 逻辑包含架构中使用的 AFSM

“逻辑包含”（subsumption）一词起源于动词“包含”（subsume），意指将一个对象视为一个组别中的一部分。在行为机器人中，逻辑包含来自架构分层行为之间使用的协调过程，一个复杂的动作由许多简单的动作组成。每个 AFSM 执行一个单独的动作，并为它自身对于世界的认知负责[15-16]，其反应按层级的层次结构进行组织，其中每个层级对应一组可能的行为，在内部或外部刺激的影响下需要某一特定的行为，然后向其下级涌入。在涌入与其他刺激的影响下，下方层级将产生另一组行为，此过程一直持续到激活终端行为后停止，一个具有优先级的架构分层可以修复拓扑。在这个架构中，低层级不会认知到高层级，这样的好处是可以使用增量设计，也就是说，可以在不修改低层级的情况下对控制系统添加更高级别的功能。

运动模式架构的起源可以追溯到 18 世纪（Immanuel Kant），其受到生物科学的强烈启发，并使用了模式理论。模式是指一种方法，能够在实现经验知识的过程中对感官知觉进行分类。模式理论的第一个应用包括解释人体位姿控制的机制，记忆和学习的表达模型机制，以模式形式与感知周期内相互耦合的运动行为之间相互作用的认知模型，以及行为之间合作与竞争的一种手段。

我们根据文献中关于模式概念的不同定义，整理出了如下有代表性的定义[17-18]：

- 一种行动模式或用于行动的模式。
- 一种基于识别过程的自适应控制器，用于更新受控对象的表示。
- 对应于心理实体的感知实体。
- 一种用来接受特殊信息、预测可能的感知内容与匹配感知信息的功能单元。

一种方便的工作定义[19]为：“模式是行为的基本实体，可以从中构造复杂的动作，并由如何操作、感知以及其计算过程的知识组成。”使用这种概念，可以用比神经网络更粗的粒度对机器人行为进行编码，同时保持神经科学模型中涉及的并发协作竞争控制的特征。具体来说，基于模式理论的分析和基于行为的系统设计具有以下功能：

- 可以根据几种不同活动的并发控制来解释运动行为。
- 能够存储如何进行反应与实现该反应的方法。
- 可以被当作一个分布式计算模型来使用。
- 提供了一种将动作和感知联系起来的语言。

- 受模式的启发与调整，提供了一种学习的方法。
- 可以解释机器人系统中的许多智能功能。

运动模式行为是相对较大的粒度抽象思维，可以在多种情况下使用。通常，这些行为具有内部参数，这些参数在使用时提供了额外的灵活性。与每个运动模式相关联的是一个嵌入的感知模式，该感知模式为特定行为提供了特定的世界，并能够提供适当的刺激。

可以将规划（协商）和反应性行为合并的三种方式如下所示[24]：

- 规划与反应的分层集成（见图 14.6a）。
- 规划指导反应，即允许规划选择和设置反应控制的参数（见图 14.6b）。
- 将规划与反应耦合，使这两个行动同时进行并相互指导（见图 14.6c）。

a）分层集成的协商–反应性结构　　b）规划指导反应的结构　　c）规划与反应耦合的结构

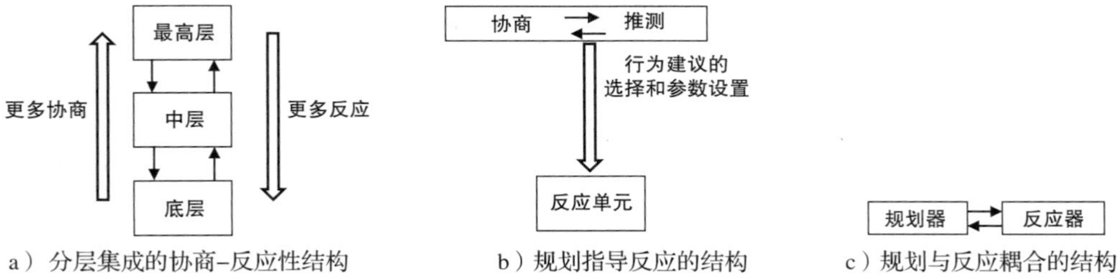

图 14.6　不同反应控制结构的示例

使用混合协商式（分层）和反应式（基于模式）设计的首批机器人控制方案之一是自主机器人架构（AuRA）[24]。AuRA 集成了一个传统的规划程序，该程序可以对基于模块化与基于行为的灵活控制系统进行推理（见图 14.7）。

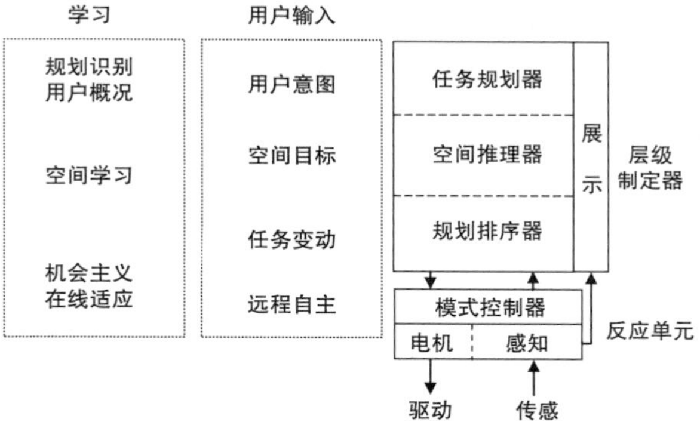

图 14.7　一般的 AuRA 架构

14.3　移动机器人控制软件架构的设计特征

设计或衡量机器人控制软件架构时，应该考虑以下几点重要特征[25]：

- 机器人硬件抽象化
- 可扩展性
- 可重复利用性
- 重复性

- 运行成本
- 软件功能特性
- 工具及技术
- 文档数据

关于上述特性的简单描述如下。

- 机器人硬件抽象化：由于机器人硬件常常会更新，因此设计硬件时的主要目标为可移植性，诸如制动器和传感器之类的硬件必须能被容纳在可携式架构当中。一般来说，制造商提供的硬件涉及只能在该硬件中使用的命令(例如以绝对或相对速度模式运动)，而这些命令通常封装在一组通用命令中，因此需要将硬件的特征存储在单一的软件源文件当中，当系统移动至新硬件时，必须确保这个文件是唯一需要改动的。
- 可扩展性：可扩展性是能向系统添加新软件与硬件模块的能力，由于机器人的软件与硬件常常在研发过程中更新，因此这是个相当重要的特征。例如，在研发环境中常常需要添加一些新的传感器，这就是一个典型的状况。可扩展性可通过动态对象与实时调用流程来实现，而有工厂模板的现代软件工具对此也有所帮助。
- 可重复利用性：重复利用以前设计中存在的知识可以加速移动机器人软件的开发速度，一种常见的方法是通过重用零组件、结构、框架和软件模式的软件达成[26-27]。软件模式根据三个软件开发级别进行分类，即分析阶段的分析或概念模式、设计阶段的设计模式和实现级别的编程模式。
- 重复性：重复性代表在相同编程与环境变量的条件下会得到相同的执行结果。对于典型的单线程程序来说，重复性是为了达到正确性所需要的条件，对于实时分布系统来说则不需要。一种简单的重复性形式允许开发人员通过在已有数据上运行程序来调试单个任务，并以接收消息的顺序将记录的消息呈现出来。
- 运行成本：运行指的是程序在执行时的状态，计算机使用“运行时”一词来管理用计算机语言编写的程序。运行错误指的是在程序执行时发生的错误。运行成本由内存需求、中央处理器需求、频率以及端点延迟等问题产生。
- 软件功能特性：移动机器人控制系统必须对意外事件具有可靠性和鲁棒性，一个鲁棒的系统框架应具备整合的能力，对于研究和开发目的，软件架构除了可重复利用性和重复性之外，还应提供以下方法：
  - 新设备和单元的简便集成。
  - 能力水平的明确区分。
  - 原型设计制作。
  - 简便的调试功能。

  对于一个一般的软件系统，下列性质很重要：
  - 设计的简易性(在实现与操作界面中)。
  - 设计的正确性(在所有方面)。
  - 设计的一致性(系统中没有不一致性)。

■ 系统的完整性(尽可能地涵盖多个层面)。

一个好的架构必须基于软件开发人员所遵循的形式理论。

- 工具及技术：当今已有数种由国际组织(例如 ISO、ANSI、OMG 等)标准化过、用于构建软件架构的工具能够使用，硬件提供商提供了评估硬件的基本界面，部分可能采用 C 语言的应用程序界面。早期的移动机器人软件系统几乎都是用 C 语言编写的，而人工智能工作者使用的是 LISP。现在，我们使用流行的面向对象的语言(例如 C++、Java)或组件技术 CORBA(Common Object Request Broker Architecture，通用对象请求代理架构)，而美国国家仪器公司(NI)开发的 LabVIEW(Laboratory Virtual Instrumentation Engineering Workbench，实验室虚拟仪器工程工作台)与 UML(Unified Modeling Language，统一建模语言)也非常受欢迎，这些工具支持自动合成、分析以及生成代码。

机器人系统中的关键组件是用于交换和传输数据的可靠且有效的通信机制。数据传输器可以通过拉动或推入方式启动，诸如 CORBA、Microsoft Active X 和企业级的 JavaBean(EJB)之类的工具间的交互可以通过界面描述语言(Interface Description Language，IDL)实现。

- 文档数据：软件架构应附带适当且严格的文档，这些文档可以在全局使用，包括以下内容：
  - 架构的构建准则。
  - 程序员指南书。
  - 使用者说明书。
  - 参考手册。
  - 代码文件。

显然，架构的构建准则应保持不变，但是其他文档与说明书应该时常更改来反映一段时间内所做的任何更改或改进，文档的编制可以通过以下方式进行：

- 印刷手册。
- 基于互联网的文档。
- 统一建模语言与类图。
- 源文件中的注释。

这些方式的组合是非常有用的，如今，代码中嵌入了许多可用的 JavaDoc/Doxygen 实用程序。

14.4 两种移动机器人控制软件架构的简介

14.4.1 面向组件的 Jde 架构

Jde 架构使用在动态分层结构中组合的模式来展开全局行为[28-29]，每个模式构建在各个插件中，并在需要时动态连接到框架上。Jde 软件架构遵循图 14.6a 中所示的分层结构，是一种成功结合了协商与反应性的方式。每个模式都是独立执行、面向任务的软件，在任何时候可能有多个模式在执行任务，达到各自的目标。在 Jde 中，一个模式：

- 是可调节的(例如可以连续地接受一些参数来调节其行为)；
- 是一个迭代过程(例如通过定期迭代来执行其工作，并在每次迭代完成时提供一个输出)；
- 可以在任意一次迭代结束时停止执行或者恢复执行。

在 Jde 中，分层结构通常被认为是多激活且易感的，系统可以同时拥有很多子模式，但是这些模式不一定有权控制机器人。模式是否有控制权取决于动作的选择机制，该机制会根据当前的目标和环境条件，在每次迭代中连续选择由哪个模式获得控制权，此分层方案的优点是减少了动作选择、动作-感知耦合与分布式监视的复杂性。电动机模式可以直接控制驱动器，也可以唤醒一组新的子模式，激活序列创建用于产生特定全局行为的特定模式架构(见图 14.8)[28]。所有被唤醒的模式(检查，就绪，赢家)均同时运行，分层结构特定于每个全局行为。父模式唤醒其子模式后，它将继续执行并检查自己的前提条件，监视子级的行为，并对子级进行适当的调整。除赢家之外的所有活动模式均被停止，并在新赢家下生成一个树状结构图。

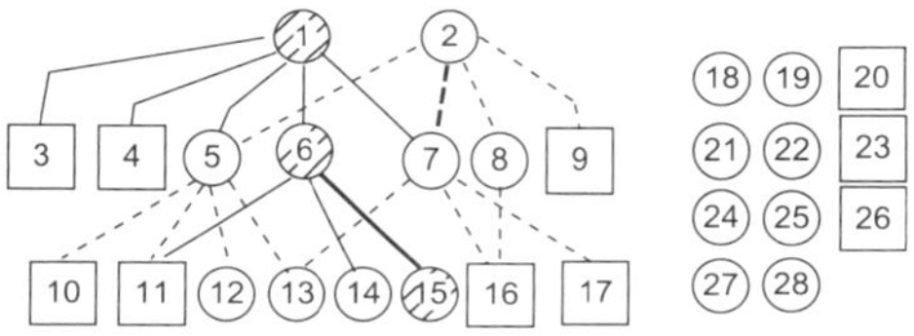

图 14.8　Jde 分层结构，每个层级中各有一个赢家(用斜线标记)

在图 14.8 中，圆圈表示运动模式，正方形表示感知模式，Jde 架构是在 Jdec 软件平台上通过 C 语言实现的，且 Jdec 平台支持搭载了其他视觉传感器的 Pioneer 机器人硬件，让许多基于模式的行为得以被构建，包括人员跟踪、基于激光或视觉的定位、基于虚拟力场的局部导航和基于梯度的协商全局导航。在分层结构中，每个模式都提供了一组共享变量，用于与其他模式进行通信，这些共享变量由共享内存来执行。当处于赢家状态时，模式会指定并持续更新其输出，其中感知模式不参与动作选择的过程，且总是容易获得赢家状态。

以下为 Jdec 模式的伪代码[29]：

```
初始化代码
Loop
If(slept) stop-the-schema
Action_selection
    Check preconditions
    Check brother's state
  If(collision OR absence)
    father_arbitrates
If(winner)then schema_ iteration
msleep
End loop
```

由于采用了迭代执行方式，因此 CPU 有一定的损耗，并且以反应方式简化了应用程序的设计。每个模式都用两个单独的C文件编写，即myschema.h(包含共享变量的声明)和myschema.c。它们都在单个C模块中共同编译，应用程序的所有模式在可执行文件中静态链接在一起。在增强的Jde架构(称为Jde-neoc)中添加了如下一些新工具：

- 一种可视化工具，用于可视化传感器、驱动器和其他元素。
- 一种管理工具，允许手动激活和停用模式及对应的图形用户界面(GUI)，这在调试时特别有用。

在Jde-neoc中，感知和控制分布在一组模式中，这些模式是软件元素，具有清晰的API，每个API均作为插件构建在单独的文件中。有关Jde和Jde-neoc的设计和实现的详细信息，请参见参考文献[28-29]。

14.4.2　分层移动机器人控制软件架构

本节介绍图14.1中所示的简单软件架构，涉及3个或4个层级，每层仅取决于所使用的特定硬件平台，而不需要知道该层上方或下方层当中的内容[30]，图14.9中描述了移动机器人或操纵器的分层结构，其中包括从任务定义、路径规划、传感器融合到传感器/驱动器界面和电动机控制中所有必需的高、低级功能。完全自主操作需要第2～4层，不一定需要第1层。

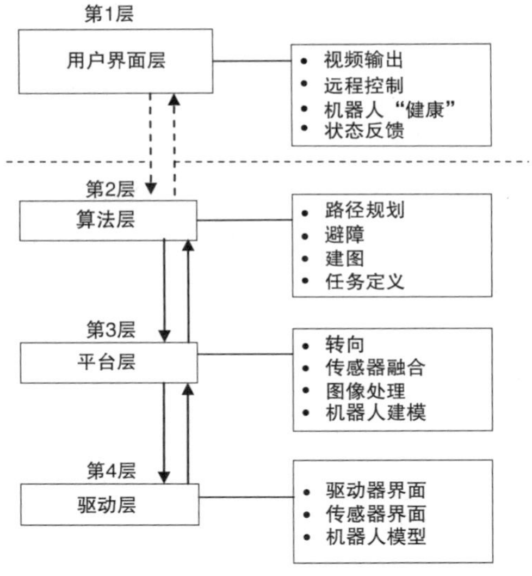

图14.9　移动机器人/机械手的分层架构

设计开发这类软件架构是为了在NI CompactRIO平台上，结合LabVIEW实现机器人图像环境的开发。LabVIEW通常用于各平台上的数据采集、仪器控制和工业自动化，支持的系统包括Microsoft Windows、UNIX的几个版本、Linux和MacOS[31]。在LabVIEW中使用的程序语言被称为G语言，是一种数据流编程语言。LabVIEW图形语法的执行顺序和其他文本编码语言(C、Visual BASIC等)一样定义明确。LabVIEW是开发周期的一部分，即用户界面(称为"前面板")的构建。LabVIEW程序和子程序称为*虚拟仪器*(VI)，每个虚拟仪器均包含三个元素(*程序方框图*、*前面板与连接器面板*)。前面板具有控件和指示符，允许用户向虚拟仪器输入数据或从中提取数据。此外，前面板还可以用作编程界面。相对于其他开发环境，LabVIEW的一个好处是支持许多仪器硬件(http://ni.com//labview)。

下面简单描述在架构中每一层中执行的功能。

- *用户界面层*：用户界面(UI)允许操作人员通过主机上提供的相关信息与机器人进行物理交互，一个图形用户界面能够显示车载或固定摄像机的实时数据或地图上附近障碍物的xy坐标。此层还可以用于从鼠标或操纵器读取输入数据或驱动简单的显示，此外还必须包括紧急停止程序(高优先级)。

- 算法层：涉及机器人的高级控制算法，其单元获取信息（位置、速度、视频图像）并为机器人必须执行的任务做出反馈控制决策，此处包括用于为机器人环境地图构建、避障路径规划与高级任务计划的组件。
- 平台层：包含与物理硬件配置相对应的代码，实际上可以用作驱动层和算法层之间的转换器，该层转换底层信息（来自传感器的界面和驱动器界面），以便在算法层发送更完整的信息，反之亦然。
- 驱动层：根据所使用的传感器和驱动器以及驱动器运行的软硬件，生成了移动机器人所需的低级驱动功能。接收到的驱动器设定点（位置、速度、力矩等）由驱动层以工程单元的形式转换为底层信号，其可能包括在抵达这些设定点时关闭相关环路的代码。类似地，原始传感器数据被赋予有意义的单位后传递给架构中的其他层。驱动层可以在现场可编程逻辑门阵列（FPGA）中实现。在 NI 架构中，驱动程序代码在 LabVIEW FPGA 中实现，并在 NI CompactRIO 平台上的嵌入式 FPGA 上执行，该驱动器可以连接到物理传感器或驱动器，也可以连接到环境模拟器中的模拟输入-输出数据。对于研究与开发环境来说，必须能够在不影响其他层的情况下提供模拟和实际硬件之间的切换。图 14.10[30] 显示了覆盖在 NI CompactRIO 或 NI Single-Board RIO 嵌入式系统上的上述移动机器人参考控制软件架构的整体示意图。

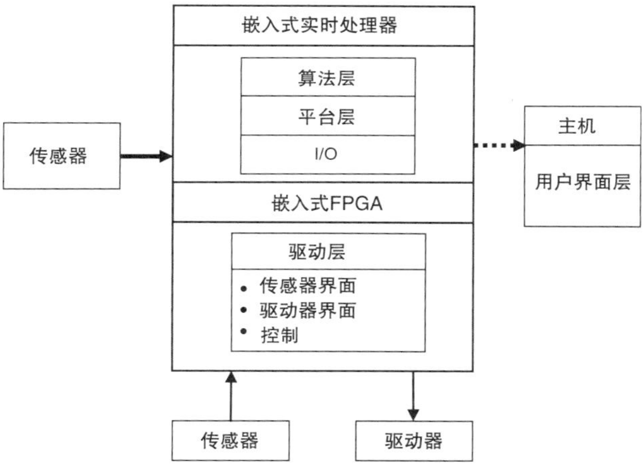

图 14.10　移动机器人参考控制软件架构覆盖于嵌入式实时处理器和 FPGA

上述架构类似于由 Superdroid Robots 设计的 NASA 移动操纵器中使用的架构（见图 1.30）（http://superdroid.com/# customized-robots-and-robot-parts）。

14.5　两种移动机器人控制软件架构的比较评估

14.5.1　初步问题

本节中将比较、评价并总结参考文献[25]中提到的两种移动机器人控制软件系统。这两种系统分别是由 SRI 国际人工中心开发的 Saphira 架构[32]与基于行为的机器人研究架构

(Behavior-Based Robot Research Architecture，BERRA)[33]。

开发 Saphira 架构是为了以感知-动作循环的模式对 Flakey 移动机器人进行智能控制[34]，该软件运行基于模糊逻辑的反应规划器与行为序列器。整个系统包含用于译码声呐传感器、建图和导航的集成模块，系统的核心由管理硬件的服务器与作为客户端的 Saphira 软件组成，Saphira 架构如图 14.11a 与图 14.11b 所示[32]。

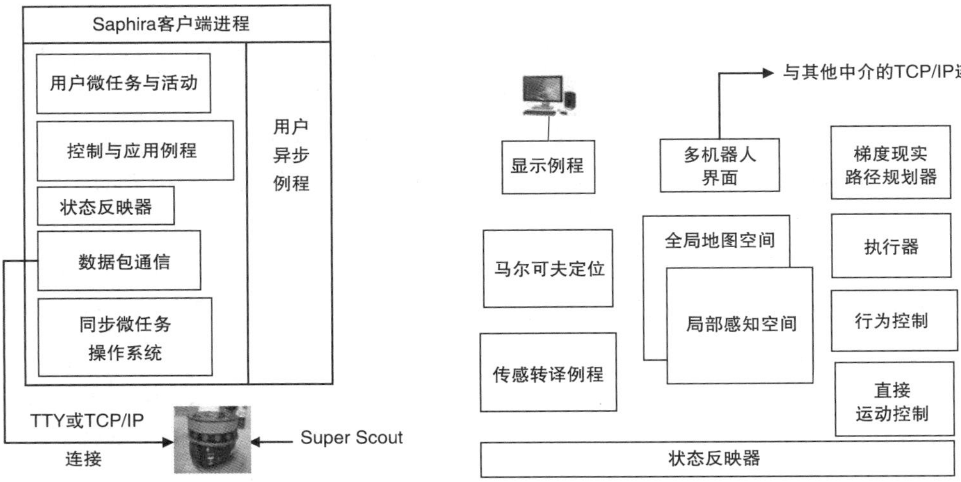

a）Saphira架构图　　b）Saphira控制架构图

图 14.11　Saphira 架构

图 14.11a 中的 Saphira 和用户例程都是微任务，它们是由内置微任务操作系统在每个同步周期(100ms)中调用的，这些例程可实现与机器人的数据包通信、创建机器人的状态图并执行更复杂的任务，例如传感器解码与导航。内部的状态反射器能避免控制程序中烦琐的处理数据包通信的问题，并良好地在主机上反映机器人的状态。在每一个 100ms 的周期内，机器人服务器可以处理 10 个及以上的例程。图 14.11a 左侧子系统中的其他用户例程可以作为独立线程，在相同地址空间中异步执行。

如图 14.11b 所示，控制结构建立在状态反射器的顶端，并由一组微任务/异步任务组成，这些任务执行所有导航功能、译码关于几何世界模型的传感器信息并将机器人状态映射入控制函数。

定位由马尔可夫型例程执行，该例程将机器人的本地传感器信息与世界地图连接，多机器人界面通过 TCP/IP 连接将机器人链接到其他机器人上[35]。路径规划是结合用于本地路径规划(局部感知空间，LPS)和全局路径规划(全局地图空间，GMS)的两个几何表示来执行的。

BERRA 的主要设计目标是实现开发的灵活性和可扩展性，通过使用自适应通信环境(ACE)软件包来实现[36]。ACE 的使用确保了系统在大型操作系统上的可移植性，并为服务器/客户端交互和服务功能提供了有力的手段。

参考文献[25]中提出的评估是使用测试用例服务智能体执行的，操作员可以在该智能体中命令机器人在先验已知地图的办公环境中导航。这两种架构已移植到 Nomadic Super

Scout 机器人上，如图 14.12 所示。这是一个具有 16 个超声波传感器(Polaroid)和 6 个触觉传感器的小型机器人，串行端口用于主板和控制器板的通信。同时，该机器人配备了 Red Hat Linux 操作系统和 C 语言 API。

14.5.2 比较评估

14.5.2.1 操作系统与语言支持

- Saphira：支持大多数操作系统(UNIX，MS Windows 等)，而 GUI 基于 Motif。系统的核心是用 C 语言编程的，它具有类似于 C 的语法，具有基于有限状态机的语义，且有一部分是用 LISP 编写的。
- BERRA：支持 Linux、Solaris 操作系统及所有 ACE 平台。使用 Esmeralda 语音识别系统[37]与 Blitz＋＋视觉功能[38]。

图 14.12　Nomadics Super Scout 移动机器人
资料来源：http://ubirobot.ucd.ie/content/nomad-scout-2-and-nomad-super-scout。

14.5.2.2 通信协议

只有 BERRA 采用多进程通信。BERRA 使用基于 ACE 的接口，并支持 UNIX 和 INET 的接口协议。

14.5.2.3 硬件抽象化

在 Saphira 中，硬件抽象化是在机器人服务器中执行的(即只有一个抽象层)，客户端进程无法处理较低级别的硬件。BERRA 中只具有一个高级抽象级别，但可以通过使用一种较困难的语法对高级命令进行参数化来实现对较低级硬件的控制。

14.5.2.4 端口与应用的构建

移植 Saphira 硬件级别的代码需要花费大量精力。在参考文献[20]中描述的研究中，只有 Pioneer 平台服务器的源代码可用(实际上是许多相互依赖关系并不明确的 C 文件)。系统提供了所有相关行为，无论是进行地图构建或将其合并到 LPS 中都很容易，因此定位功能是开箱即用的。最初，BERRA 能在 Nomad 2000 和 Nomad 4000 上运行。尽管它们的硬件可以接受来自多个客户端的调用，但是 Scout 只能由一个客户端进行访问，这给 BERRA 造成了问题。较新的 BERRA 版本仅允许其进程之一访问和控制机器人硬件。

14.5.2.5 运行时的考虑

通过先启动机器人服务器、启动 Saphira，然后再将其连接到服务器的方法可以简单地启动 Saphira 结构。然后，操作员可以使用 Colbert 解释器在 GUI 中直接启动或停止行为和任务，并在运行时动态加载库，而使用 GUI 可以更新机器人在环境地图中的位置。在 Saphira 中，10MB 的内存已经足够了，但响应时间(大约 0.6s)较高。其主要的缺点是定位系统的不准确性(位置跟踪在约 10m 后便会丢失)。

一般来说，使用 shell 脚本就可以启动 BERRA 架构，若在运行中出错，则需要重启整个系统。从传感器读取信息到相应驱动器控制信号所需的时间非常短(约 0.17s)。BERRA 需要 36 MB 的运行内存，但没有 GUI。在测试中，BERRA 的表现非常不错(scout 可以根据导航在建筑物中行驶数小时)。

14.5.2.6 参考文档

Saphira 有很好的文档记录数据，并有许多出版物和包括用户指南在内的完整手册的支持，但是其代码并没有被很好地记录下来。关于 BERRA 的出版物和 Web 文档较多，用户和程序员可以使用这些资料及一些简短的指南。

参考文献[25]中提供了评估的详细信息、应该避免的问题，以及选择合适的商用或研究型移动机器人平台以满足特定目标和要求的指南。在参考文献[39]中提供了对 9 种开源的、免费使用的、关于机器人开发环境(RDE)的调查，该调查通过建立和使用全面的评估标准列表来比较和评估这些 RDE，其中包括 14.3 节中提出的标准。首先，基于 RDE 的特征和功能，可得一个四大类的概念框架。在对这 9 个 RDE 进行评估和比较后，可以得出一些有效利用其结果的指导原则。参考文献[40]是一本专门针对软件架构的综合书籍，涉及深层次的设计问题。

14.6 智能人机交互界面

14.6.1 智能人机交互界面的结构

界面对于智能机器人的成功和高效运行起着关键作用，其能帮助机器人借助多传感器和共享自主权来实现其目标[41]。在本节中将概述智能人机交互界面(HRI)的基本设计原理，其具有图 14.13 所示的一般自说明结构。

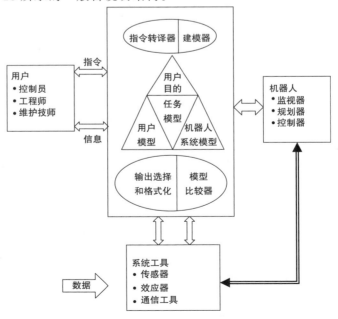

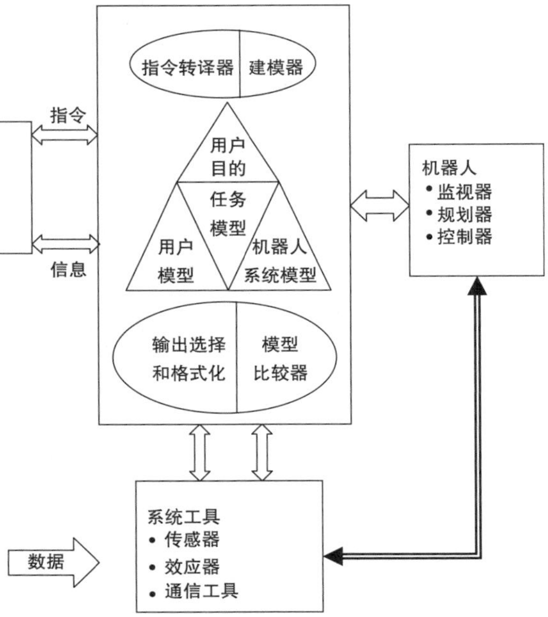

图 14.13　智能 HRI 的一般架构

机器人系统包括管理程序、规划器和控制器，如果有需要的话还包括决策支持组件，该组件有助于实现协作式人机决策和控制。

主要的三种用户分别是操作员、工程师和维护员。这些用户通过 HRI 与机器人系统进行交互。在使用深度和数量上，用户通常有不同但部分重叠的需求。

14.6.2　机器人化的人机交互界面的主要功能

HRI 的主要功能如下[42]：

- 输入处理。
- 感知与行动。
- 人机对话的处理。
- 跟踪互动。
- 说明与解释。
- 产生输出。

*输入处理*功能提供了一种利用系统接收的输入类型的方法，这些输入类型可以是模拟的、数字的、概率的、语言的或模糊的。

*感知和行动*功能是整体 HRI 性能的基础，并由 HRI 的呈现级别支持，该级别决定了如何向用户呈现信息以及如何转换用户的控制输入。

人机对话处理(控制)承担决定处理哪些信息以及何时处理信息的任务，对话是用户与 HRI 之间交换的任何逻辑上一致的动作和反应序列，人机对话对于许多机器人操作(例如制定、监督、规划、控制)是必不可少的。

*跟踪互动*涉及跟踪 HRI 与人类用户之间，以及 HRI 与现有机器人系统之间的整个交互。

*说明与解释*功能需要可用的机器人系统模型。它的作用是向用户解释机器人系统各个方面和组件的含义，有时还包括 HRI 本身的意义。此外，它应该还能说明系统各部分的工作方式。

*输出的产生*可以通过图形编辑器实现，并且通常提供动态变化的图形和文本，在最近的应用中还提供了多媒体演示。如果要求 HRI 能够适应不同的用户，则需要提供各个用户的模型。为了设计用户模型，有必要利用我们对人类行为的了解，并通过规则、算法和推理机制来表现认知策略。更加完整的用户模型还必须包括机器人系统的模型，以便结合两者之间的信息。

14.6.3　自然语言人机交互界面

自然语言界面(NLI)是一类非常流行的 HRI，由于用户可以通过口语(例如一小部分英语)与机器人进行通信，因此较为人性化。但实际上 NLI 并非在所有情况下都是最好的界面。因此，是否使用 NLI，必须考虑几个因素，以下是一些示例：

- *学习简易性*：如果使用完整的自然语言(NL)，则操作人员不需要进行学习；如果使用带有声明的限制语言，则需要学习。

- 简洁性：简洁性通常与用户友好性相冲突。
- 精确性：许多英语句子是含糊不清的。作为自然语言，英语不会像人工语言那样使用括号。
- 对图像的需求：比起图像，语言并不适合用来描述形状、位置与曲线。不过，处理图形对象的程序(例如 CAD 系统)仍然是 NLI 和其他语言界面的理想对象。
- 语义复杂度：当可能的语义范围很大时，自然语言就显得相对简洁且有效。实际上，由于必须处理的不同消息数量非常大，任何低阶(trivial)语言都不能执行界面的工作。
- 花费：使用的 NLI 的成本高于标准 HRI 的成本。

NL(自然语言)的理解系统，即将使用者的语言指令转换成能在特定程序中引发相应动作的指令的系统，其组成部分包括：

- 单字与词汇。
- 语法与句子结构。
- 语义与句子解释。

以上主要组成部分可以通过以下三种方式合并为一个集成的理解系统：

- 互动选择：系统向用户显示选项，根据用户的选择逐步构建完整的语句，且语句对应一个程序可以执行的操作。
- 语义语法：基于窗口的方法不允许用户控制交互或自由编写系统语句，其替代方法是让用户编写整个语句。语义语法提供了这种替代方法的一种实现方式，但是仅能在只需识别较小 NL 子集的情况下使用。
- 句法文法：如果将 NL 的大部分用作 HRI，则需要尽可能捕获语言的规则性，为此必须掌握手头上 NL 的句法规律性，因此需要使用一种基于语句构造的语法。

在一些文献中，描述了几种工具来协助建立词典、语法、语义规则以及使用所有这些工具的代码。此外也存在一些可以大致完成上述三种方法的程序。目前已有许多研究人员使用了机器人技术中的 NLI，例如：

- Nilsson[43]，介绍了能够理解简单 NL 命令的移动机器人 Shakey。
- Sato 和 Hirai[44]，将 NL 指令用于远程操作控制。
- Torrance[45]，将 NL 界面用于室内移动机器人的导航。

14.6.4 图形化人机交互界面

图形化人机交互界面(GHRI)反映了信息科技领域当中的一大部分，GHRI 可用于任务分析、在线监控与直接控制。举例来说，为了在关键工作区中远端操作移动机器人，必须投入大量精力来准备任务、训练操作员，并在各种情况下寻找最佳的协作模式。在执行任务之前，GHRI 也可以帮助用户在显示器上指定目标、显示命令和预测结果，如此一来，用户可以方便地生成和修改计划。

在 GHRI 上，操作员可以通过在屏幕上单击或拖动鼠标来定义一系列任务，然后规划器可以找到一系列动作来实现任务。在执行之前，通常会设计一个仿真系统来仿真机器人在二维或三维空间中的运动，在仿真系统中可以设置多个视点来监视和观察机器人的行为及机器人与世界坐标的关系，避免与障碍物或其他物体发生碰撞，此处讨论的基本前提条件为对各种传感器的最佳使用。任务编辑器通过交互式修改规划来支持任务。这种任务编辑器的另一好处为操作员可以将一系列动作定义为宏指令，可以检索这些指令并将其用于表示和实施整个任务计划。另一个可用于任务分析的有用概念为遥测传感器编程（Hirzinger[10]）。由于位姿推算和世界模型中会有不可避免的错误，机器人必须采用传感器模式来确保与世界的准确关系。

图形界面通常与动画和虚拟现实（VR）工具结合在一起。这种类型的例子在 Heinzmann[46]，Rossmann[47] 和 Wang 等[48] 的著作中有提及。

在参考文献[46]中，机器人的人机交互界面由可视化面部跟踪系统组成。该系统采用单眼相机和硬件视觉系统来跟踪多个面部特征（眼睛、眉毛、耳朵、嘴巴等），通过这些信息可以计算出头部的三维姿态和方向，其提供的人性化机器人设计解决方案满足以下两个安全目标：

- 安全目标 1：当人类在机器人的工作空间内时，友好的机器人应该能在不造成人类威胁的情况下运行。
- 安全目标 2：在可能涉及人类的非结构化环境中，即使机器人的环境传感器信息有不确定或错误之外，机器人自主采取的任何措施也必须是安全的。

在参考文献[48]中，人机系统包括虚拟工具系统、自动路径规划器和碰撞检测模拟器，还针对路径规划器的性能进行测试与讨论。需要开发用于任务点指定的虚拟工具 HRI，该虚拟工具可将虚拟机器人的末端驱动器表示与物理现实交织在一起，从而使用简单的手势将人融入场景中，以便能够灵活地指定机器人应在哪里抓握输入零件。虚拟工具系统在带有 Galileo 视频的 Silicon Graphics 工作站上以四个象限显示。虚拟手臂会显示在左边两个象限的显示屏上，并叠加在两个摄像机视图上并与实时视频混合，从而在物理场景的两个视图中创建真实手臂的错觉。右上象限是图形图标工具箱，含有机器人可以使用的各种工具。右下象限显示齐次变换矩阵信息，例如图形对象模型和机器人摄像机的视图。这个基于虚拟工具概念的宾夕法尼亚大学开发的系统，使操作员几乎可以实时自然地指挥机器人任务。

在参考文献[47]中，设计了一种多机器人系统（称为 CIROS），该系统实现了从虚拟现实环境执行的任务中驱动机器人的功能，其中使用了两种组件来达到这个功能：更改检测组件与更改译码组件。系统中使用的 VR 系统是由德国多特蒙德机器人研究所开发的特殊仿真系统（Cell-Oriented Simulation of Industrial Robot，COSIMIR，面向单元的工业机器人仿真）。在 CIROS 中，使用了新的 VR 概念。由于人类在 VR 中执行的动作会投影到机器人上，以在物理环境中检视并执行任务，因此这称为投影虚拟现实（PVR）。智能控制器基于 PVR，通过添加在线碰撞回避、多机器人协调和自动动作规划的级别来实现控制。

以下我们简要介绍 KAMRO 智能移动机器人的 NL HRI，该机器人是由卡尔斯鲁大学设计和制造的[49-50]，使用的是多智能体系统。

智能体之间在竞争任务时的协商是这种多智能体系统(MAS)中的一个基本问题，该协商过程可以由中央调解器、选定的对象或许多(或所有)对象来执行。所有智能体都能够与其竞争对手进行谈判与协商。黑板系统是管理智能体之间通信的一种方法。在 MAS 中可能是以下几种死锁情况：

- 智能体或外部资源导致的死锁。
- 特殊智能体导致的死锁。
- 智能体团队导致的死锁。

这些死锁情况在 KAMRO 机器人中已能成功转换为相应的机制，KAMRO 的 NL HRI 能够执行以下几个功能：

- 任务的说明与表示，即与隐式机器人操作相关的指令分析(例如抓放与取物)。
- 执行的表达。
- 错误恢复的说明。
- 更新并描述环境的表示。

KAMRO 的 NL HRI 体系结构如图 14.14 所示。

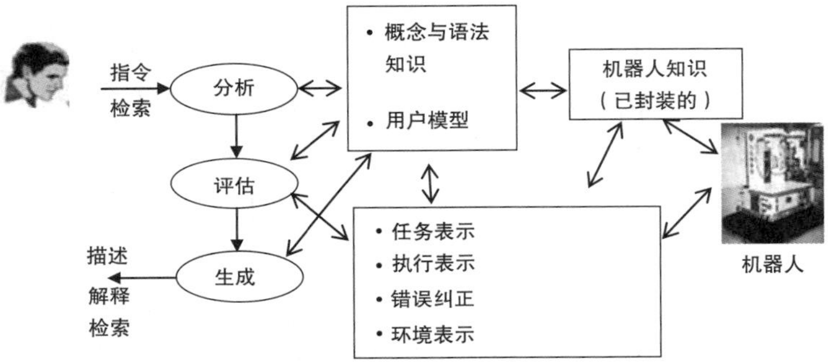

图 14.14　KAMRO 的 NL HRI 架构(Karlsruhe 自主智能移动机器人)

通过高架摄像机，机器人和 NL HRI 可以随时得到正确的环境表示，并且将该信息存储在公共数据库中。由于世界会随时间变化，因此拍照时会使用时间戳以方便合并环境的新旧知识。NL 指令的处理如图 14.15 所示。

在参考文献[51]当中介绍了 HRI 的概念、技术和应用。

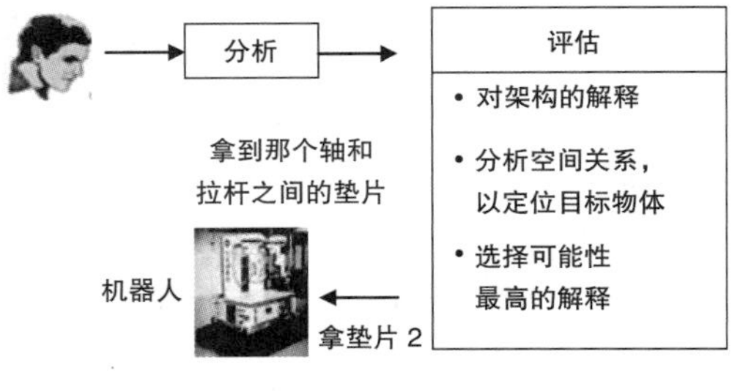

图 14.15　KAMRO 中自然语言指令处理的结构

14.7　两种智能移动机器人研究原型机

本节将会简要介绍集成移动机器人的两种工作研究原型，分别为在欧盟 TIDE 项目 SENARIO 框架内开发的轮椅机器人——电动轮椅传感器辅助智能导航系统㊀[52-53]，以及

㊀ SENARIO Consortium：Zenon S. A. (GR)，National Technical University of Athens (GR)，Microsonic GmbH (DE)，Reading University (UK)，and Montpellier University (FR).

在慕尼黑工业大学设计和制造的 ROMAN 智能服务移动机械臂(MM)[54-56]。

14.7.1 SENARIO 智能轮椅

如图 14.16 所示，该智能移动机器人系统已在配备 Meyra 的轮椅上实施和测试。图 14.17 显示了 SENARIO 移动机器人的架构，它实际上是一个集中式的分层控制架构，在 SENARIO 中有两种可能的功能选择：

- 半自动模式
- 全自动模式

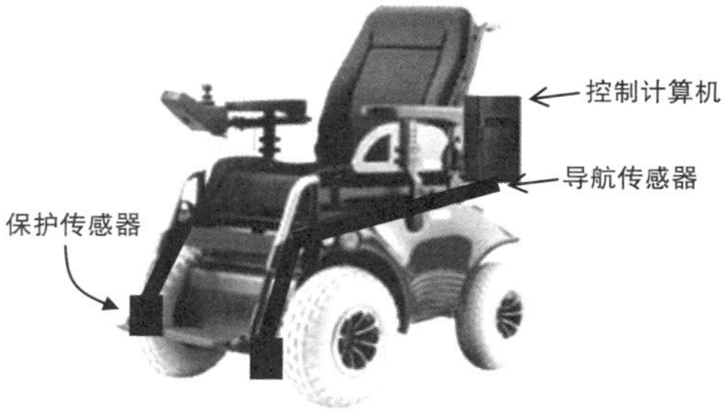

图 14.16　SCENARIO 轮椅智能移动机器人系统已集成在商用 MEYRA 平台上。其系统组件包括一台计算机、一个方向传感器(编码器)和一个超声波传感器阵列(八个用于导航、三个用于保护的传感器；两个在前面，一个在后面)

通过以下四个步骤可以确定 SENARIO 的自主行为动作(见图 14.17)：

- 任务规划，用来规划其他过程的执行，并负责整个系统的控制。规划、路径跟踪和目标监视过程位于任务规划器中。任务计划位于机器人的控制层次架构的顶端。
- 环境感知，在此部分使用一组传感器来传输机器人与环境的互动。在环境感知过程当中，传感器数据处理、环境特征提取、定位与用户输入数据会被统合在一起。
- 风险管理，负责侦测与规避潜在危险。此过程使用环境感知的输出数据来检测潜在风险并确定其重要程度，然后计算出用来避免风险的必要动作顺序。
- 驱动，用于处理机器人驱动器的界面。

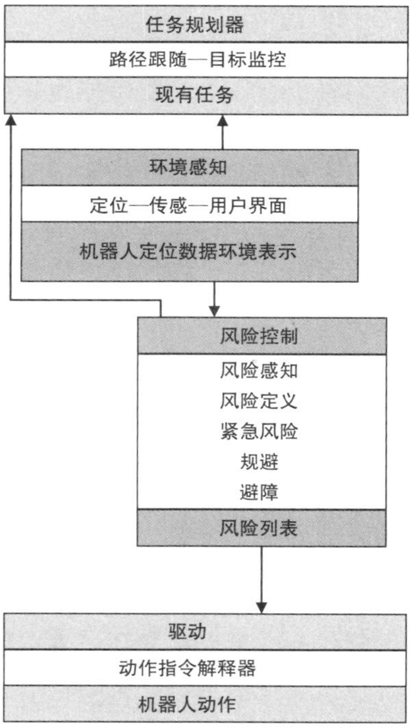

图 14.17　SENARIO 的控制架构

上述介绍的是集中式智能控制方案的一个实例(见图 14.1)，其中任务规划负责协调系统(组织级别)中的所有其他过程。但是在一些紧急情况下，某些过程可以覆盖原先的任务规划并能直接相互通信，这样的方法为集中化组织提供了分布式的替代方案，而这种混合式的解决方案称为虚拟集中控制[24]。虚拟集中控制将分布式方法的反应性与集中方法的高级控制功能性结合在一起。

- 半自动模式：系统可以接收命令以沿某个方向移动或采取某种动作(例如继续前进、向左转或停止)。此系统可以在实现指示操作的同时避免风险状况的发生与规避障碍。每次检测到风险时，SENARIO 会通知用户并采取适当的纠正措施来确保安全性与继续执行指令。在半自动模式下，用户可以超驰系统动作，例如强制机器人靠近墙壁至系统警报距离内。在这些状况下，系统会在执行所有命令时使用最小速度限制。在任何情况下，如果 SENARIO 检测到紧急情况，它将停止动作并根据用户的指示进行恢复，因此动作的责任是系统和用户共享的。此模式需要风险检测和风险规避功能。

- 全自动模式：这个模式属于半自治模式的超集。系统接收所有半自动模式的命令以及“驶向目的地”的命令。例如，用户可以发出类似“去客厅”的命令，在这种情况下，系统会先在环境地图中定位自己与目标的位置，然后规划并移动到指定目的地，途中将避免所有的障碍和风险。在目标执行的过程中，用户可以像半自动模式那样干扰系统，也可以再指定新的目的地。在这种模式下，系统将全权负责执行。完全自动模式需要路径规划、风险检测和风险规避的功能。

系统的每个过程都包含一系列的执行任务，这些程序可以计算每个描述过程的参数，具体来说，任务规划器通过跟踪路径和目标监视任务的路径来监控整个系统，且能根据风险管理和环境感知得到的输出来计算机器人的当前任务。其中，环境感知包括定位、传感和用户界面执行的任务。类似地，风险管理分为风险检测、风险分类、紧急风险规避和避障任务。

定位任务在机器人单独循环运行或索要机器人位置时负责反馈机器人的位置。作为环境感知的任务之一，它会使用并处理传感器的信息，此任务的输出称为机器人的位置估计或者机器人位置数据。

定位任务的补充任务是传感任务，两种任务皆使用传感器并且常常共享相同的环境信息，我们将传感任务的输出称为环境表示。SENARIO 中支持从传感器数据的简单组合到基于栅格占用的多种环境表示。

风险检测负责检测可能会威胁到机器人的，源自环境的外部风险以及控制系统的内部风险(例如故障)，每一种风险的检测和反应方法都是不同的。前者需要使用风险分类功能，而后者则需要可靠、快速的底层组件，这些组件不需要额外的处理并且可以通过紧急线路直接对驱动器做出反应。

风险分类采用一组默认标准，根据紧急情况对风险进行分类，在检测过程中识别出的所有风险均根据风险分类任务中使用的标准进行分类，这些任务的输出是按照紧急程度由高到低排序的风险列表。风险列表可以通过任务规划、风险规避(紧急风险规避任务)或直接操作来进一步处理，从而能支持上述虚拟集中的控制方案。

避障任务中会接收三个来源的输入，分别为环境感知(定位-位置估计和传感-环境表示)、风险检测(风险分类与风险列表)和任务计划(当前目标位置或方向)。

避障任务中可以单靠环境表示信息来维持可靠的操作。根据任务规划或风险检测的优先级，任何其他信息都会影响机器人的路线。由于风险规避或任务规划具有对系统的绝对控制权，因此该方案是虚拟集中控制的另一个实例，但是在基于动态优先级排序的子系统之间有监督分配控制[24]。

显然，应该区分风险检测和风险规避之间的相互作用以及紧急风险规避和避障任务之间的区别。紧急风险规避是由紧急风险情况（即风险列表中具有较高紧急程度的风险）触发的，而规避障碍适用于其余情况。避障使用的是基于向量场直方图（VHF）的局部路径规划模块，该方法已扩展为适用于非点 WMR。这种扩展称为主动运动直方图（AKH）[57]。

驱动实现了上述监督分布式控制方案其余部分的命令，它包含运动命令解码任务，该任务以通用格式接收风险管理和任务规划器的任务命令，并将这些指令转换为驱动器的运动命令。执行任务的输出与整个系统的输出相同，并称为机器人运动。

使用上述结构配置得到的一些结果如下。

- 传感任务：传感任务是多模式的，它使用了一系列的传感器（超声波、红外光等）。轮椅配有接近（超声波）和定位（编码器-红外扫描仪）传感器。为了平衡功能性与成本，系统使用了最少数量的传感器来实现所需的功能。具体来说共有 11 个超声波传感器，由 Microsonic GmbH-Dortmund 提供。超声波传感器根据功能分为两组：导航和保护。

这两种超声波传感器的区别在于，保护传感器可在故障安全模式下保护人类的安全。保护和导航传感器的探测距离均为 250cm，而机器人尺寸为长 132cm，宽 82cm。如图 14.18 所示，超声波传感器安装在机器人上，字母“n”表示导航传感器，而“p”表示保护传感器。

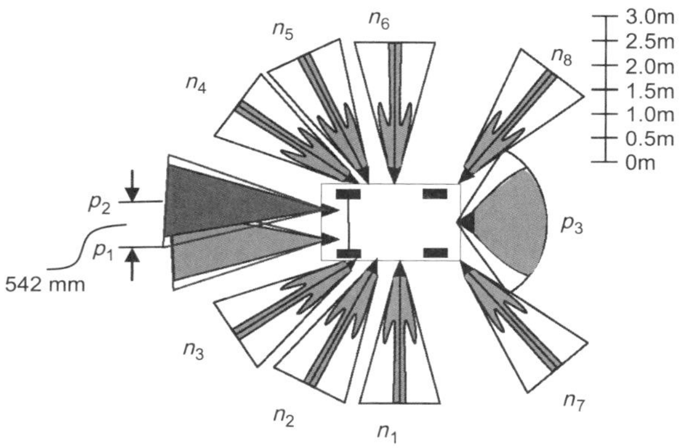

图 14.18 导航和保护超声传感器的视野范围（p_1，p_2 是前向保护传感器）

- 人机交互界面：用户界面使用自动语音识别模块来支持语音识别功能，该模块可以记录和翻译用户命令，提供适当的控制信号给任务规划器。重点在于用户特化的语音识别，以避免附近的其他人讲话引起的意外命令。在此阶段中，语音识别单元在 1 分钟内将输入的声学信号（声纹）映射成一组运动到指定位置的命令。

该系统在复杂度分别低于和高于平均水平的多个环境中进行了测试，并有在相邻房间中的点的实时运行（involving points in adjacent rooms acting in real time），并获得了成功的表现。在所有测试中运行的平均速度均为 0.2m/s。

系统成功执行的几个典型任务为避开家具，避开坐着或站立的人，定位玻璃墙旁边的门，穿过门并到达目标位置。

14.7.2 ROMAN 智能服务移动机械臂

ROMAN 中涉及了以下的几个子系统（见图 14.19）：

- 移动平台：配备了多传感器系统（基于激光角度的测量系统和对人眼安全的激光束，水平面及测量方位角）的三轮（直径为 0.2m）全向平台（宽度为 0.63m，深度为

0.64m，高度为1.85m)。

- 机械臂：用于执行服务任务的拟人化机械手臂(最大范围为0.8m，最大有效载荷为1.5kg)。
- 任务规划器与协调器：该规划器使ROMAN能够自主执行典型任务，例如寻找到达目标位置的方式，打开门或处理所需的对象。
- 视觉系统：摄像机安装在一个倾斜单位上，可在整个工作空间内识别物体。两种目标识别技术被应用于处理各种内容，对于大型对象采用基于特征的方法，针对小型对象则使用基于外观的方法。
- 多模式人机交互界面(MRI)：用于人类使用者与机器人之间基于自然语音的对话。平台的交互沟通通过定位系统来协助，该系统实时提供平台位置和方向数据。超声波传感器阵列能够检测任何障碍物，并与运动平台控制器配合以避免与障碍物发生碰撞。

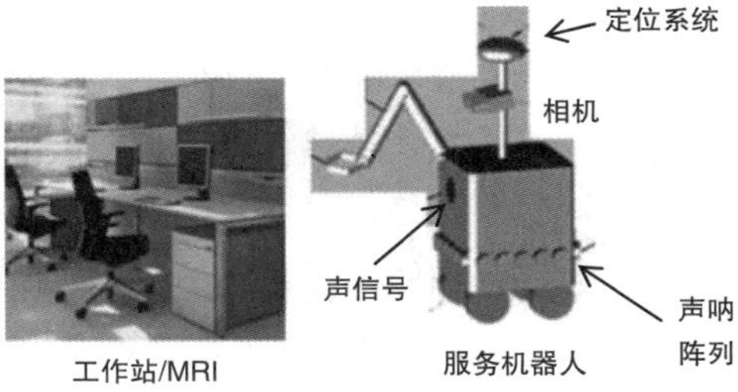

图14.19　ROMAN服务移动服务机器人(MRI包括NLI，其命令包括“拿起杯子”和“拿走箱子”等)

ROMAN的6自由度机械臂适用于操纵、处理较轻巧的几何简单物体(例如盘子、玻璃杯、瓶子、日记本)，该机械臂和移动平台的运动协调控制策略如图14.20所示。

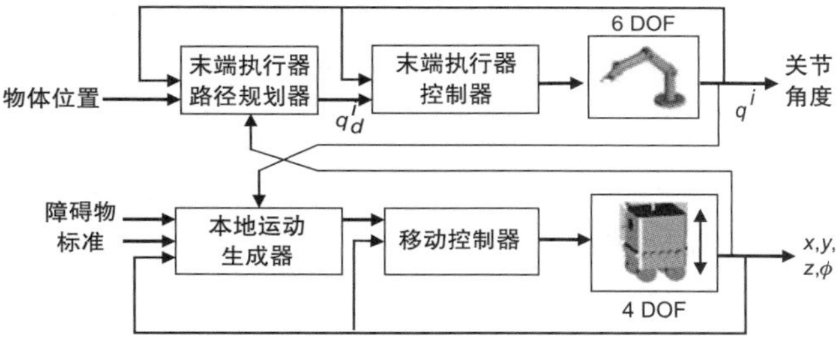

图14.20　ROMAN移动平台和机械臂的协同控制架构

ROMAN的集成处理和控制架构如图14.21所示，该系统在基于VME总线的多处理器系统上实现，并通过以太网链接(10Mbit/s)与环境进行通信。

在ROMAN中，操作员与机器人之间的信息交换分两个阶段执行：任务规格以及任务执行(半自动或全自动模式)。任务规格中需要包括对任务的描述，任务执行则要求包括接近目标区域、对象规范、对象处理和对象移交，此外还需要监视器和传感器支持。人机对话涉及以下内容：

- 面向对话的自然语音命令输入。
- 基于可视屏幕的监控。
- 移动执行期间的触觉监督控制。
- 任务执行期间的语音输出。

ROMAN的NL HRI体系结构如图14.22所示。

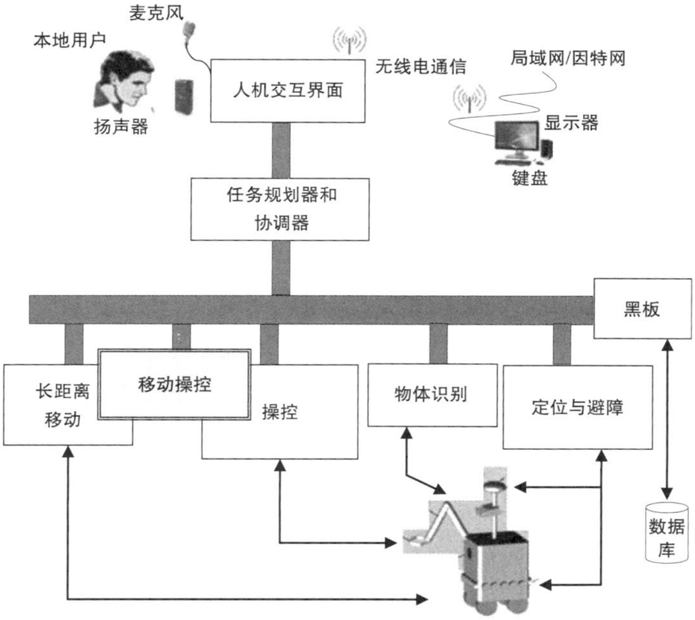

图 14.21　ROMAN 的分层处理控制架构

任务命令由特定于服务任务的动作组成。支持命令是操作员在任务执行期间对接收到的请求的响应，这些请求是从运动规划级别传送过来的。监督命令由操作员在任务执行阶段启动，该命令会立即中断当前操作。命令语言既可以表示用户定义的服务任务，又可以表示特定于服务机器人的命令。从规划层级传递到 NL HRI 的传感器信息包含了离线环境数据、连续传感器数据和抽象传感器数据。在任务执行过程中出现的任何问题都会产生请求，需要由操作员进行操作。

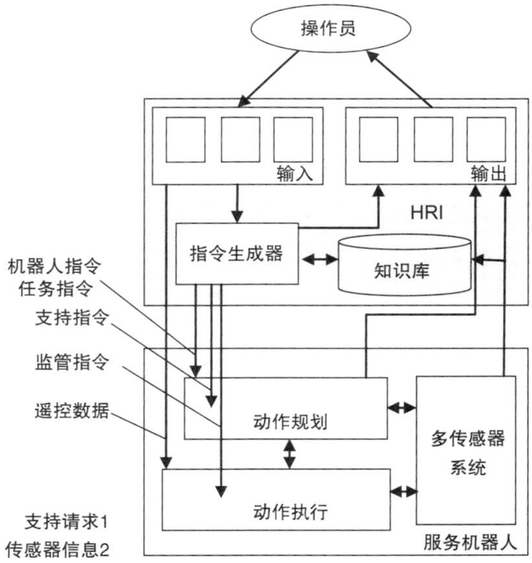

图 14.22　ROMAN 的多模式 NL HRI 体系结构

命令生成器能将语句结构转换为机器人命令，ROMAN 的命令生成器接收操作员的指令并执行以下功能：

- 转换语句。
- 一致性检查。
- 完整性检查。
- 资料扩充。
- 分离宏。

命令生成器的输出是机械手臂的命令。在收到用户的 NL 命令后，ROMAN 的界面会将语音信号转换为可执行的机器人命令，并通过任务规划程序将其拆分为一系列典型的子任务，例如开门，通过门或沿着走廊行走，然后由专家模块进行长距离移动（例如从房间到另一房间)或由移动操纵专家执行这些典型任务。任务规划器还会在任务执行过程中与这些操作员协调(见图 14.21)。例如，在“开门”任务执行期间，识别对象的专家与操作机器人的专家进行通信来定位门把位置。

ROMAN 的一些典型的任务如下：

- 在多张桌子中清理一张桌子。用户通过 NL 或者鼠标点击给出目标桌子的信息。系统将指令解构为一系列子任务，规划出合适的到达桌子的路径，并开始运动。
- 通过实施其机械手标准的开门操作开门，然后通过门。如果该过程中遇到障碍物，ROMAN 会减速并尽可能地进行避障机动。在抵达目标桌子后，ROMAN 会寻找特定的物体(如杯子或瓶子)并抓住，然后把物体放入冰箱等容器中。
- 使用物体识别单元来确定抽屉的位置，然后打开抽屉，取出盒子，并将其放入用户的手中。

14.8 对其他问题的进一步讨论

对于智能移动机器人控制(和其他控制系统)软件架构的开发和应用，还存在两个重要的问题值得讨论：

- 异构化设计
- 模块化设计

14.8.1 异构化设计

商业和研究型移动机器人中各个组件之间存在的硬件异构性是最难解决的问题之一。异构性是处理单元、通信组件、中央控制计算机、工作站、传感器与驱动器硬件等的多样性导致的。另外，在每个处理节点上，脱机操作和在线(实时)操作并存。为了处理这种扩展的异构性，人们引入了中间件的概念[1]。广义上来说，中间件是一个软件层，它根据每个机器人的功能定义了统一(标准化)的界面和通信服务。在移动机器人技术领域，中间件必须为各种类型的驱动器和传感器提供界面并将其封装起来，以便轻松地将高级软件从一个机器人(硬件)移植到另一个机器人上。

商业上已经有许多可以使用的中间件平台，例如 Miro[1]，Marie[3]，Player[4]，ORCA 1/2[58]和 MCA[59]。

面向高度异构的中间件开发，其一般方法涉及以下三个抽象结构[60-62]：

- 抽象架构设计，能让自适应开发、可重用性、分层子系统和组件成为可能。
- 架构建模和分析，可以允许进行早期、集成和连续评估的系统行为。
- 中间件架构，允许在高度动态、不断变化的异构环境中进行自适应处理。

图 14.23 显示了硬件和用户之间的中间件层交互。

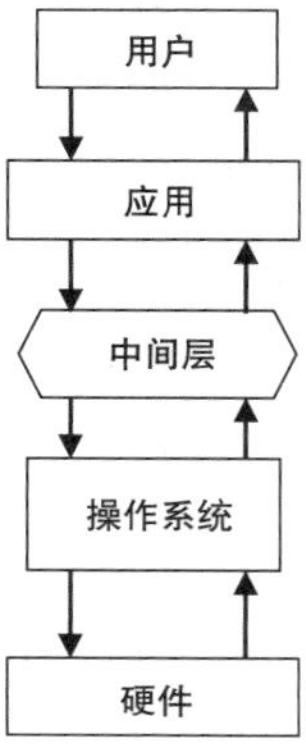

图 14.23　中间件架构

抽象设计涉及复杂系统的高级表示和推理，为此开发了几种规范的架构，即组件、连接器、界面、服务、通信端口和配置。通过启发或约束描述的结构，在使用上可以分成两种方式：服务器到客户端结构与对等结构。传统软件结构是分层的，其中给定层的组件需要下面一层组件提供的服务。在自适应层样式中，给定层的组件会监视、管理和调整下层的组件。关于 PLASMA(用于软件系统的基于规划的分层体系结构)的自适应分层体系结构的讨论，读者可以参考文献[60]。PLASMA 具有三个自下而上的自适应层：

- 应用程序层(此层的组件位于底层)。
- 中间层(适应层)，用于监视、管理和调整底层的组件。
- 顶层(规划层)，用于管理适应层、计划的生成或用户提供的目标和组件。

此结构是图 14.1 中所示的通用层次结构的实例。显然，如果设计了非自适应的系统，则仅需要应用程序层即可。

用于机器人技术的软件的建模和分析与架构模式和分析有关，用于指导有关动态规划与调整的设计决策。其中一种可以用于建模和分析的软件语言是 SADEL(软件结构描述和评估语言，Software Architecture Description and Evaluation Language)[60,63]，在 SADEL 中，一个模型指定了功能界面和应用程序组件，另一个模型则用来处理组件的管理界面(部署、连接、挂起等)。有了 SADEL 以后，可以实现一种工具，使人们能够对有关非功能性的功能、启动重新规划的策略以及可重复使用软件组件的替代方案等的各种系统进行设计决策的实验。

可用于机器人的中间件结构，特别是在系统分布在多个异构平台上的情况下不一定总是有效的。

RoboPrism[64]是一种改进的中间件解决方案，其可以缓解这些缺陷，并可以在许多移动机器人平台中有效使用。主要通过提供所需的低级抽象来与现有的操作系统进行交互、通过构件的使用(组件、连接器等)来实现软件系统，提供了大量的元级别服务，以及通过元级别服务的适应与管理来获得一个自适应层的系统。以上所有功能都可以以较低的总成本(内存、CPU、网络)实现。

另一个具有许多重要特性的中间件解决方案是 Miro 结构[1]。Miro 是由乌尔姆大学(德国)开发，用于编程机器人且基于 CORBA 的框架。通用对象请求代理结构(CORBA)是由 OMG 生产和提供的开放式的独立于供应商的基础结构[65]。通过标准的 HOP 协议，任何厂商(几乎在任何计算机、操作系统、编程语言和网络上)的基于 CORBA 的程序都可以与任何其他基于 CORBA 的程序互操作。CORBA 是一种中间件，适用于必须以高比特率处理大量用户的服务器。CORBA 成功解决了服务器端的负载平衡、资源控制和容错等问题。CORBA 2 和 CORBA 3 为整个 CORBA 规范的完整发布版本[66]。

Miro 体系结构(两种表示形式)如图 14.24 所示，参考资料[68]中提供了 Miro 的相关手册。

Miro 为机器人提供了一种面向对象的中间件，除了 CORBA 以外，还采用了标准且广泛使用的软件包，例如 ACE、TAO 和 Qt。它改善了开发过程以及系统信息处理框架的集成。

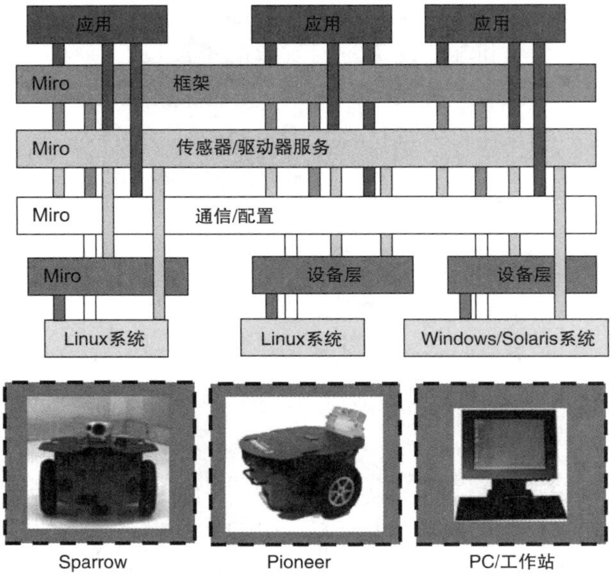

a）通用抽象层

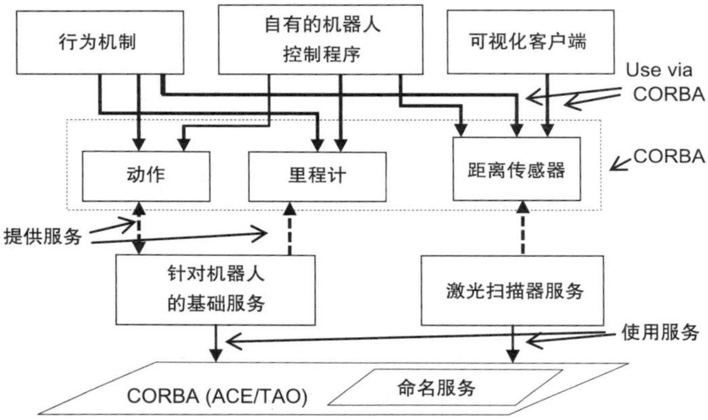

b）CORBA在结构中的作用

图 14.24　Miro 结构的两种表示形式

资料来源：改编自参考文献[1，67]。

Miro 满足机器人中间件的以下目标：

- 面向对象的设计。
- 开放式风格结构。
- 硬件和操作系统抽象化。
- 合理的通信支持和互操作性。
- 客户端-服务器样式。
- 为常见与易懂功能提供高质量框架的软件设计模式。

通常，在给定中间件上，新硬件设备的集成属于以下几种状况之一：

- 中间件已经完全支持该硬件。
- 中间件已经为功能相同的硬件服务提供了支持。

- 中间件支持类似的设备。
- 中间件不支持现有的硬件。

在第一种情况中，所提供的服务可以很容易地使用。在第二种情况中，可以重用现有的界面，因此使用者仅需实现特定的硬件部分。在第三种情况中，系统设计者必须编写自己的界面并添加缺少的功能。在第四种情况中，几乎必须从头开始编写新服务。参考文献[69]中给出了将新机器人移植到 Miro 中间件的成功示例，参考文献[27]则提供了对使用分析模式的机器人应用程序重用软件的讨论。

14.8.2　模块化设计

软件的模块化设计可以基于以下内容：

- 软件设计。
- 软件架构。

软件设计涉及将功能分解为层级不断提高的抽象层。对于复杂的环境，单纯的反馈控制不一定有用，因此必须适当地结合高级 AI 功能和反应行为。

软件架构用来处理实现细节。它基于像协作机器人中间件(MIRC，middleware for co-operative robotic)这类可用中间件[1]。

硬件部分可以分为以下模块(层)[70]：

- 驱动模块：负责处理机器人的运动。
- 驱动器模块：执行与环境的所有主动交互。
- 传感器模块：负责整个环境的感知。
- 控制模块：为机器人控制执行更复杂的信息处理。

参考文献[71]中给出了实现以下目标的模块化软件架构：

- 灵活性。
- 可维护性。
- 可测试性。
- 可修改性。

该架构是基于异步发布-订阅机制和处理同步访问共享数据的黑板对象。带黑板的发布订阅机制将发送方和接收方解耦，并在很大程度上减少了模块之间的依赖性。

发布订阅消息传递模式具有图 14.25 所示的结构，并且包含三个主要组件：发布者、代理和订阅者[71]。

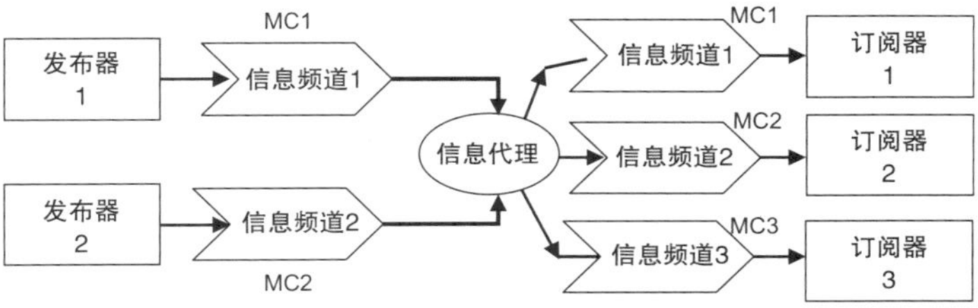

图 14.25　发布订阅消息传递模式的结构

发布者生成并发布订阅者使用的信号(消息)。代理是一个信号路由器，它监视每个模块的输出通道信号，并根据信号类型将其传递到每个订阅者的输入通道。实际上，发布者和订阅者是通过系统初始化期间配置的消息信道分离的。

为了实现所需的(高度)灵活性、可实现性和可测试性，必须将感知、规划、定位和控制任务分解为一组简单的模块。举例来说，使用 GPS 传感器的定位可以分为以下两个模块：

- GPS 读取器模块：用于接收和处理来自 GPS 传感器的消息。
- 定位模块：用于过滤原始传感器数据并更新机器人状态。

这样一来，定位模块就无须知道如何连接并从 GPS 传感器获取数据(更改传感器或通信协议不会影响定位)。典型的模块具有图 14.26[71] 所示的结构。

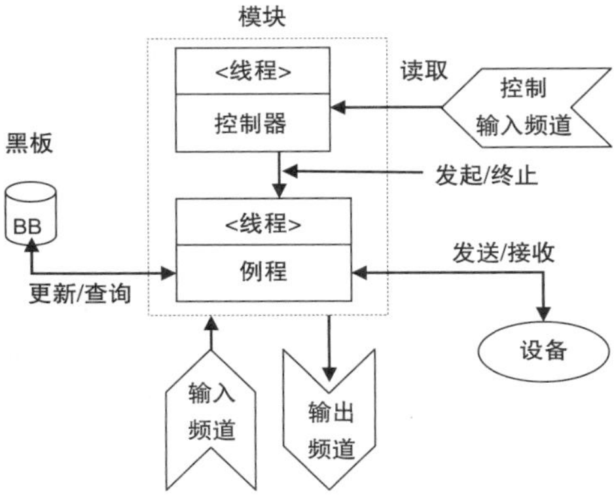

图 14.26 涉及控制器线程和例程线程的标准模块结构

使用以上概念的总体通用软件架构则如图 14.27 所示[71]。

高级模块 A，B，C 执行特定于任务的感知、计划和控制。低级模块执行高级模块发出的命令，接受并处理传感器数据，并将处理后的数据发送到高级模块，最后将适当的命令发送到机器人的驱动器。彼此之间的数据同步是通过发布-订阅模式和共享黑板实现的。

参考文献[71]通过构造和使用用于真实汽车的控制器与该汽车的虚拟现实模型来测试上述架构的灵活性、可扩展性和可测试性。为此，该设计基于五个主要的高级模块：

- 定位模块(基于 GPS 传感器和电子罗盘)。其中使用了扩展卡尔曼滤波器来实现传感器融合和状态估计。
- 障碍物检测模块(使用前置单目相机)。
- 路况识别模块(使用第二个单目相机通过颜色和形状信息来检测交通标志)。
- 规划模块(更新已到达波点的状态并决定下一步要执行的运动)。
- 控制模块(使用模糊逻辑控制算法找到转向输入设定点)。

仿真实验为基于汽车的自行车模型和基于 Open GL 库的渲染 3D 场景的相机模拟器。汽车模块是一个活动黑板，用于存储汽

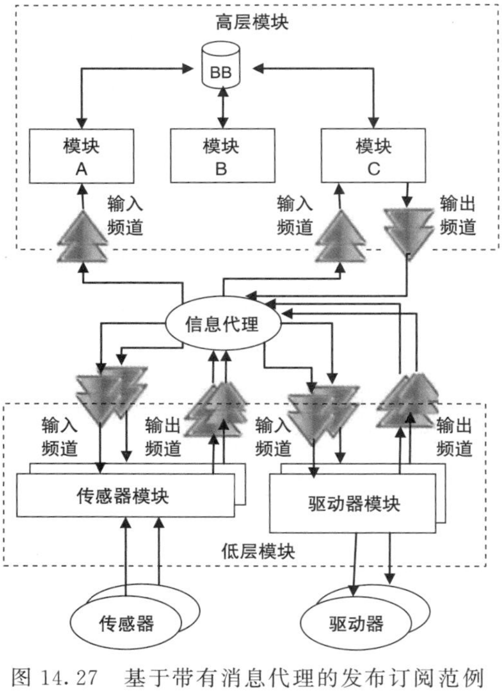

图 14.27 基于带有消息代理的发布订阅范例的移动机器人系统的通用体系结构

车模拟器的当前位置、方向和速度信息，而模拟器以 1ms 的更新周期运行。文献中分别使用并比较了直接通信和发布订阅方案。以上两种方案的依赖关系图如图 14.28 所示[71]。

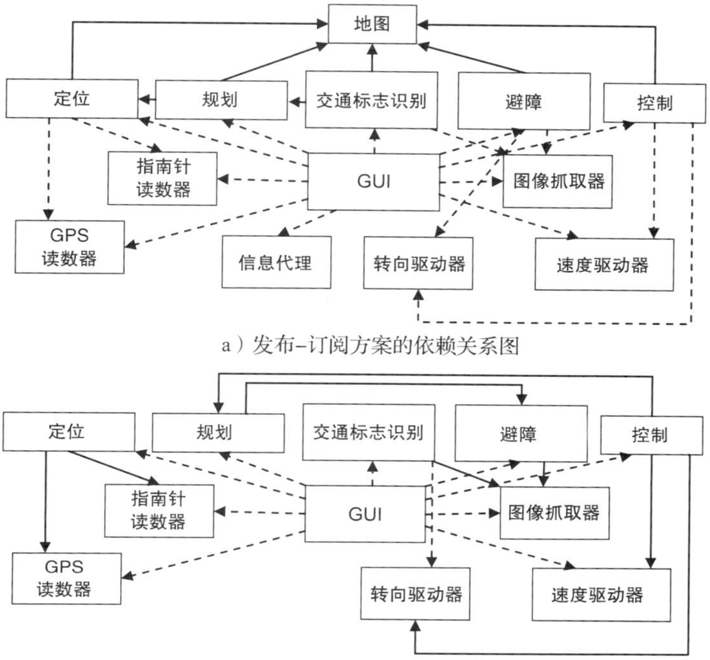

a）发布-订阅方案的依赖关系图

b）直接通信时的依赖图

图 14.28　两种方案的依赖关系图

根据结果，在有效负载为 50～1000 字节时，发布-订阅方案的额外运算时间低于 100μs。虽然它比直接通信方案的 10μs 高得多，但事实证明这个量级仍是可以接受的。原因是传感器、驱动器和控制回路的周期相对来说要长得多。

参考文献[72-73]中描述了另外两个使用了黑板概念，面向软件、中间件结构的系统。参考文献[74]中提供了对截至 2009 年的网络机器人中间件工作的全面回顾，参考文献[67]则提供了 2012 年前的具有注释和丰富评论的文献调查。

参考文献[67]中总结的 15 种机器人中间件框架的概述如下：

- OpenRTMaist，一个模块化的软件结构平台，通过简单地组合选定的模块来简化构建机器人的过程。
- ASEBA，可对具有多处理器的机器人进行分布式控制并有效利用资源。
- MARIE，创建灵活的分布式组件，允许共享、重用和集成新的或现有的软件程序，以快速进行机器人应用程序开发。
- RSCA，一种具有实时支持的抽象机器人应用程序，使它们既可被移植，又可以在不同的硬件平台上被重用。
- MRDS，一个机器人软件平台，支持多种硬件设备和一组有助于编程和调试的有用工具。

- OPROS，一个基于组件的通用软件平台，通过使用异构通信网络中的标准化组件，可以轻松开发复杂的功能。
- CLARAty，一种可重复使用的机器人框架，可实现对多个机构，包括 NASA 的移动平台上的先进机器人技术的集成和演示。
- ROS，提供操作系统服务，例如硬件抽象、底层设备控制、进程之间的消息传递以及程序封包管理。
- OROCOS，用于机器人和机器控制的通用模块化框架。
- PYRO，一种编程环境，可在不必担心底层硬件细节的情况下轻松探索人工智能和机器人技术的高级主题。
- PLAYER，一种开发框架，可支持不同机器人应用程序所需的不同硬件设备和通用服务。
- ORCA，一种基于组件开发的框架，支持机器人技术中的重用软件。
- ERSP，能够为视觉、导航和系统开发提供先进的技术。
- WEBOTS，用于对移动机器人进行建模、编程和仿真的快速原型环境。
- ROBOFRAME，一种系统框架，涵盖了诸如动态运动和稳定性等自主轻型机器人会有的特殊需求。

显然，为给定的机器人系统或应用程序选择商业软件或中间件平台是一个复杂的问题，需要经过深入而仔细的考虑才能决定。

参考文献

[1] Utz H, Sablantnög S, Euderde E, Kraetzschmar G. Miro-middleware for mobile robot applications. IEEE Trans Robot Autom 2002;18(4):493–7.

[2] Nesnas A, Wright A, Bajiracharya M, Simmons R, Estlin T. CLARAty and challenges of developing interoperable robotic software. Proceedings IEEE/RSJ international conference on intelligent robots and systems (IROS'2003), vol. 3. Las Vegas, NV; 2003. p. 2428–35.

[3] Cote C, Brosseau Y, Letourneau D, Raivesty C, Michand F. Robotic software integration using MARIE. Int J Adv Robot Syst 2006;3(1):55–60.

[4] Gerkey B, Vaugham R, Howard A. The player/stage project: tools for multi-robot and distributed sensor systems. Proceeding of eleventh international conference on advanced robotics (ICAR'2003). Coimbra, Portugal; 2003. p. 317–323.

[5] Montemerlo M, Roy N, Thrun S. Perspectives on standardization in mobile robot programming: The Carnegie Mellon Navigation (CARMEN) toolkit. Proceedings of IEEE/RSJ international conference on intelligent robotics and systems. Las Vegas, NV; 2003. p. 2436–2441.

[6] Fu K-S. Learning control systems and intelligent control systems: an intersection of artificial intelligence and automatic control. IEEE Trans Autom Control 1971;AC-16(1):70–2.

[7] Saridis GN. Toward the realization of intelligent controls. Proc IEEE 1979;67(8):1115–33.

[8] Saridis GN. Foundations of intelligent controls. Proceedings of IEEE workshop on intelligent control. Troy, NY; 1985. p. 23–8.

[9] Antsaklis P, Passino KM, editors. An introduction to intelligent and autonomous systems. Berlin: Kluwer/Springer; 1993.

[10] Coste-Maniére E, Simmons R. Architecture, the backbone of robotic systems. Proceedings of IEEE international conference on robotics and automation (ICRA'2000). San Francisco, CA; 2000. p. 67–72.

[11] Xie W, Ma J, Yang M, Zhang Q. Research on classification of intelligent robotic architecture. J Comput 2012;7(2):450–7.

[12] Saridis GN. Analytical formulation of the principle of increasing precision and decreasing intelligence for intelligent machines. Automatica 1989;25(3):461–7.

[13] Meystel AM. Architectures of intelligent control. The science of autonomous intelligence. Proceedings of IEEE international symposium on intelligent control. Chicago, IL; 1993. p. 42–8.

[14] Meystel AM. Autonomous mobile robots: vehicles with cognitive control. Singapore: World Scientific Singapore; 1991.

[15] Meystel AM. Multiresolutional hierarchical decision support systems. IEEE Trans Syst Man Cybern-Part C: Appl Rev 2003;SMR-AR 33:86–101.

[16] Albus JS. System description and design architecture for multiple autonomous undersea vehicles. NIST Tech. Note 1251, Washington, D.C.; September 1988.

[17] Albus JS, Quintero R. Towards a reference model architecture for real-time intelligent control systems. Robotics and manufacturing, vol. 3. New York, NY: ASME; 1990.

[18] Albus JM. Outline for a theory of intelligence. IEEE Trans Syst Man Cybern 1991; SMC-21(3):473–509.

[19] Ayari I, Chatti A. Reactive control using behavior modeling of a mobile robot. Int J Comput, Commun Control 2007;2(3):217–28.

[20] Brooks RA. A robust layered control system for a mobile robot. IEEE J Robot Automn 1986;RA-2:14–23.

[21] Brooks RA. Intelligence without reason. AI Memo. No. 1293, AI Laboratory, MIT; 1991.

[22] Arkin RC. Motor schema-based mobile robot navigation. Int J Robot Res 1989;8 (4):92–112.

[23] Arkin RC. Cooperation without communication: multi-agent schema based robot navigation. J Robot Syst 1992;9(2):351–64.

[24] Arkin RC. Behavior-based robotics. Cambridge, MA: The MIT Press; 1998.

[25] Oreback A, Christensen HL. Evaluation of architectures for mobile robots. Auton Robots 2003;14:33–49.

[26] Riehle D, Zullighoven H. Understanding and using patterns in software development. Theory Pract Object Syst 1996;2(1):3–13.

[27] Jawawi D, Deris S, Mamat R. Software reuse for mobile robot applications through analysis patterns. Int Arab J Inf Technol 2007;4(3):220–8.

[28] Canas JM, Matellan V. Integrating behaviors for mobile robots: an ethological approach. Cutting edge robotics. Pro Literature Verlag/ARS; 2005. p. 311–50.

[29] Canas JM, Ruiz-Ayucar J, Aguero C, Martin F. Jde-neoc: component oriented software architecture for robotics. J Phys Agents 2007;1(1):1–6.

[30] Kerry M. Simplifying robot software design layer by layer. National Instruments RTC Magazine. <http://rtcmagazine.com/articles/view/102283>; 2013 [20 AUGUST].

[31] Travis J, Kring J. LabVIEW for everyone: graphical programming made easy and fun. Upper Saddle River; NJ: Prentice-Hall; 2006.

[32] Konolige K., Myers K. The Saphira architecture for autonomous mobile robots. SRI International. <http://www.wv.inf.tu-dresden.de/Teaching/MobileRoboticsLab/Download/Saphira-5.3-Manual.pdf, http://www.cs.jhu.edu/~hager/Public/ICRAtutorial/Konolige-Saphira/saphira.pdf>; 2013 [20 AUGUST].

[33] Lindstrom M, Oreback A, Christensen H. BERRA: a research architecture for service robots. Proceedings of IEEE international conference robotics and automation (ICRA'2000). San Francisco, CA; April 24–28, 2000. p. 3278–83.

[34] Saffioti A, Ruspini E, Konolige K. Blending reactivity and goal-directness in a fuzzy controller. Proceedings of 2nd IEEE international conference on fuzzy systems. San Francisco, CA; 1993. p. 134–9.

[35] Guzzoni D, Cheyer A, Julia A, Konolige K. Many robots make short work. AI Mag 1997;18(1):55−64.

[36] Schmidt DC. The ADAPTIVE communication environment: object-oriented network programming components for developing client/server applications. Proceedings of eleventh and twelveth Sun Users Group conference. San Jose, CA; June 14−17, December 7−9, 1993.

[37] Fink GA. Developing HMM-based recognizers with ESMERALDA. Lecture notes in artificial intelligence, vol. 1692. Berlin: Springer; 1999. p. 229−34

[38] Veldhuizen TL. Arrays in Blitz+ +. Proceedings of second international scientific computing in object-oriented parallel environments: ISCOPE' 98. Santa Fe. NM, Berlin: Springer; 1998.

[39] Kramer J, Scheutz M. Development environments for autonomous mobile robots: a survey. Auton Robots 2007;22(2):101−32.

[40] Qian K, Fu X, Tao L, Xu C-W. Software architecture and design illuminated. Burlington, MA: Jones and Bartlett Publishers; 2009.

[41] Hirzinger G. Multisensory shared autonomy and telesensor programming: key issues in space robotics. Robot Auton Syst 1993;11:141−62.

[42] Tzafestas SG, Tzafestas ES. Human−machine interaction in intelligent robotic systems: a unifying consideration with implementation examples. J Intell Robot Syst 2001;32(2):119−41.

[43] Nilsson NJ. Shakey the robot. Technical Note No. 323, Al Center. Menlo Park, CA: SRI International; 1984.

[44] Sato T, Hirai S. Language-aided robotic teleoperation system (LARTS) for advanced teleoperation. IEEE J Robot Autom 1987;3(5):476−80.

[45] Torrance MC. Natural communication with robots. MScthesis, DEEC. MA: MIT Press; 1994.

[46] Heinzmann J. A safe control paradigm for human−robot interaction. J Intell Robot Syst 1999;25:295−310.

[47] Rossmann J. Virtual reality as a control and supervision tool for autonomous systems. In: Remboldt U, editor. Intell Auton Syst. Amsterdam: IOS Press; 1995. p. 344−51.

[48] Wang C, Ma H, Cannon DJ. Human−machine collaboration in robotics: integrating virtual tools with a collision avoidance concept using conglomerates of spheres. J Intell Robot Syst 1997;18:367−97.

[49] Laengle T, Remboldt U. Distributed control architecture for intelligent systems. Proceedings of international symposium on intelligent systems and advanced manufacturing. Boston, MA; November 18−22, 1996. p. 52−61.

[50] Laengle T, Lueth TC, Remboldt U, Woern H. A distributed control architecture for autonomous mobile robots—implementation of the Karlsruhe multi-agent robot architecture. Adv Robot 1998;12(4):411−31.

[51] Sarkar M. Human robot interaction. In-Tech, e-Books; 2008.

[52] Katevas NI, Sgouros NM, Tzafestas SG, Papakonstantinou G, Beatie G, Bishop G, et al. The autonomous mobile robot SENARIO: A sensor-aided intelligent navigation system for powered wheelchairs. IEEE Robot Autom Mag 1997;4(4):60−70.

[53] Katevas NI, Tzafestas SG, Koutsouris DG, Pnevmatikatos CG. The SENARIO autonomous navigation system. In: Tzafestas SG, editors. Mobile robotics technology for health care services. Proceedings of first MobiNet symposium. Athens; 1997. p. 87−99.

[54] Ettelt E, Furtwangler R, Hanbeck UD, Schmidt G. Design issues of a semi-autonomous robotic assistant for the health care environment. J Intell Robot Syst 1998;22 (3−4):191−209.

[55] Fisher C, Buss M, Schmidt G. Hierarchical supervisory control of service robot using human-robot interface. Proceedings of international conference on intelligent robots and systems (IROS'96). Osaka, Japan; 1996. p. 1408−16.

[56] Fischer C, Schmidt G. Multi-modal human-robot interface for interaction with a remotely operating mobile service robot. Adv Robot 1998;12(4):397−409.

[57] Katevas NI, Tzafestas SG. The active kinematic histogram method for path planning of non-point non-holonomically constrained robots. Adv Robot 1998;12(4):375–95.
[58] Brooks A. Toward component-based robotics. Proceedings of IEEE/RSJ international conference on intelligent robots and systems (IROS 2005). Edmonton, Alberta, Canada; August 2–6, 2005. p. 163–8. <http://orca-robotics.sourceforge.net>; 2013 [20 AUGUST].
[59] Scholl KU. MCA2-modular controller architecture. <http://mac2.sourceforge.net>; 2013 [20 AUGUST].
[60] Brun Y, Edwards G. Engineering heterogeneous robotic systems. Computer 2011; May:61–70.
[61] Taylor RN, Medvidovic N, Dashofy EM. Software architecture: foundations, theory and practice. New York, NY: John Wiley & Sons; 2009.
[62] Edwards G, Garcia J, Tajalli H, Popescu D, Medvidovic N, Sukhatme G, et al. Architecture-driven self-adaption and self-management in robotics systems. Proceedings of international workshop on software engineering for adaptive and self-managing systems (SEAMS'09). Los Angeles, CA: IEEE Computer Society Press; March 2009. p. 142–51.
[63] Medvidovic N. A language and environment for architecture based software development and evolution. Proceedings of twentyfirst international conference on software engineering (ICSE'99). IEEE Computer Science Press; 1999. p. 44–53.
[64] Available from: http://sunset.usc.edu/~softarch/Prism; 2013 [20 AUGUST].
[65] Available from: http://omg.org; 2013 [20 AUGUST].
[66] Available from: http://omg.org/getingstarted/corba.faq.htm.
[67] Elkady A, Sobh T. Robotics middleware: a comprehensive literature survey and attributed-based bibliography. J Robot 2012 [Open Access].
[68] Miro-middleware for robots. <http://orcarobotics.sourceforge.net>; 2013 [20 AUGUST].
[69] Kruger D, Van Lil I, Sunderhauf N, Baumgartl, Protzel P. Using and extending the Miro middleware for autonomous mobile robots. Proceedings of international conference on towards autonomous robotic Systems (TAROS 06). Survey, UK; September 4–6, 2006. p. 90–5.
[70] Steinbauer G, Fraser G, Muhlenfeld A, Wotawa A. A modular architecture for a multi-purpose mobile robot. Proceedings of seventeenth conference on industrial and engineering applications of AI and ES (IEA/AIE): innovations of artificial intelligence. Ottawa, Canada; 2004. p. 1007–15.
[71] Limsoonthrakul S, Dailey ML, Sirsupundit M. A modular system architecture for autonomous robots based on blackboard and publish-subscribe mechanisms. Proceedings of IEEE international conference on robotics and biomimetics (ROBIO 2009). Bangkok, February, 22–25, 2009. p. 633–38.
[72] Schneider S, Ullman M, Chen V. Controlshell: a real-time software framework. Proceedings of IEEE international conference on systems engineering. Fairborn, OH; 1991. p. 129–34.
[73] Shafer S, Stentz A, Thorpe C. An architecture for sensor fusion in a mobile robot. Proceedings of IEEE international conference on robotics and automation. San Francisco, CA; April 1986. p. 2002–11.
[74] Mohamed N, Al-Jaroodi J, Jawhar I. A review of middleware for networked robots. Int J Comput Sci Netw Secur 2009;9(5):139–43.

第 15 章　工作中的移动机器人

15.1　引言

各种类型的机器人是人类社会和经济发展的关键角色之一。最早期的机器人是带有一个或多个手臂，并可以像人一样运动的装置。当今，机器人的形状已经非常多，包括轮式平台、移动式机械手、有脚的机器人、仿动物的机器人等。这些机器人对人类、工业农业、技术和社会生活有着重要的贡献。医疗方面，在辅助和服务应用中使用自主和智能移动机器人(轮式或腿式)的好处也很多，它们在现代社会中产生的正向影响也在不断地增加。

本章的作用相当于移动机器人的小百科全书，目的是让读者了解一小部分真正在现代工业和社会中使用的各种移动机器人[1-25]。具体来说，我们将讨论以下几个机器人类别并提供实际照片：

- 工厂和工业领域使用的移动机器人和机械手臂。
- 社会生活中使用的移动机器人(如用于救援、指导、医疗等)。
- 用于家务(清洁、其他服务)的移动机器人。
- 辅助型的移动机器人(自动轮椅、为残障人士服务的移动机械手臂)。
- 移动型远程机器人和网络机器人。
- 其他移动机器人应用案例。

以上几个应用说明了移动机器人在各个行业为人类提供更好的生活质量方面的重要性和价值。

15.2　工厂和工业中的移动机器人

工厂车间使用的移动机器人通常称为自动引导车(AGV)，它们会跟随地板上的标记或电线移动或使用一些传感系统(激光、视觉)。AGV 在工厂中用于物料搬运，将产品从一个地方转移到另一个地方，以利于检查和质量控制等。它们可以无间断地工作，能较好地实现及时化的运送生产方式。AGV 可以在拖车上拖拽其后方的物体，它们可以将其自动连接到拖车上。20 世纪 50 年代，Barrett 电子公司推出了第一款商业 AGV，它能够跟随地上的电线移动，而不需要使用铁轨。如今，AGV 主要通过激光导航，并且可以进行编程来与其他机器人进行通信，以确保产品在工业场所的移动和存储。所有现代灵活制造系统都使用 AGV 来实现其目标并确保能够全天 24 小时快速且高质量地生产制造。AGV 的导航可以通过以下方式进行(来源为维基百科文章 Automated-Guided-Vehicles #

Wired)：

- **有线导航**：放置在平台底部(面向地面)的有线传感器可检测到从地下约 1 英寸[⊖]处的电线发射的射频。然后，AGV 便会随着电线移动。
- **基于引导带的导航**：这种导航类型适用于自动引导小车(即轻型 AGV)。使用特殊的引导带来引导车辆，该车配备有合适的引导传感器，使其能够沿着引导带的方向行驶。
- **基于激光的导航**：这是一种无线导航，通过在墙壁、电线杆和机器上安装反光带来实现。AGV 具有一个能旋转的转台，上面装有激光发射器和接收器。通过发射与接收激光信号，从而允许系统自动计算车辆的方向(在某些情况下还能计算距离)。AGV 的内存中配有反射地图，可以通过反馈控制技术(使用目标测量值和接收到的测量值之间的误差)校正其位置。
- **基于陀螺仪的导航**：这是一种惯性制导系统，运输工具被嵌入工作环境的地板中。AGV 能够使用这些运输工具来检测路线的正确性，陀螺仪用来测量车辆方向的变化，而位置的误差用于纠正车辆的运动并将其返回路径上。
- **基于自然特征的导航**：无须进行工作空间改装即可进行 AGV 导航。通常来说，这种导航会使用一个或多个测距传感器(激光、陀螺仪等)，并使用扩展卡尔曼滤波器或粒子/蒙特卡洛滤波器来进行定位。在工厂中，AGV 最常见的转向类型是差分驱动。当车间中有多个 AGV 在地上工作时，则需要进行额外的交通流程控制(前向感应控制、区域控制等)。

工厂和工业中的 AGV 应用包括：

- **拖车装载**：根据装载方式从传送带上拾取物品，然后将其运送到拖车中。
- **原材料处理**：把从仓库中接收到的原材料(金属、塑料、橡胶、纸张等)运输至适当的生产线上。
- **成品处理**：将成品从生产线运输到存储处或送到客户手上。

在大多数现代工业中，汽车工业、食品和饮料工业、造纸和印刷工业、化学制药工业、制造业等都需要上述 AGV 应用。图 15.1～图 15.5 展示了工厂和工业中使用的某些 AGV，其中包括自动移动机械臂。

图 15.1 两辆日立公司的自动驾驶汽车

资料来源：http://www.hitachi-pt.com/agv/intelligentcarry/index.html。

⊖ 1 英寸≈0.025 米。——编辑注

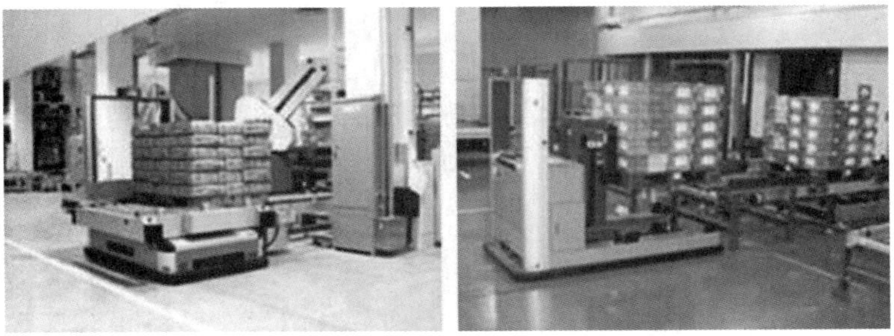

a）熟练处理AGV　　b）DTA AGV托盘车

图 15.2　另外两台工业用 AGV

资料来源：http://www.directindustry.com/industrial-manufacturer/agv-80196.html/。

a）Eagle系列E200推车运输车　　b）Falcon系列F150重型运输机

图 15.3　E200 推车运输车和 F150 重型运输机

资料来源：http://www.coreconagvs.com/products。

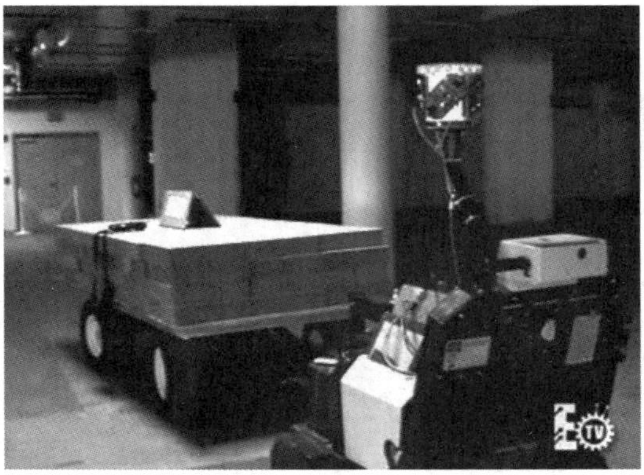

图 15.4　Seegrid 自主工业移动机器人的工作画面(移动的高负载的被动车辆)

资料来源：http://www.engadget.com/2008/06/04/seegrid-shows-off-autonomous-industrialmobile-robot-system/。

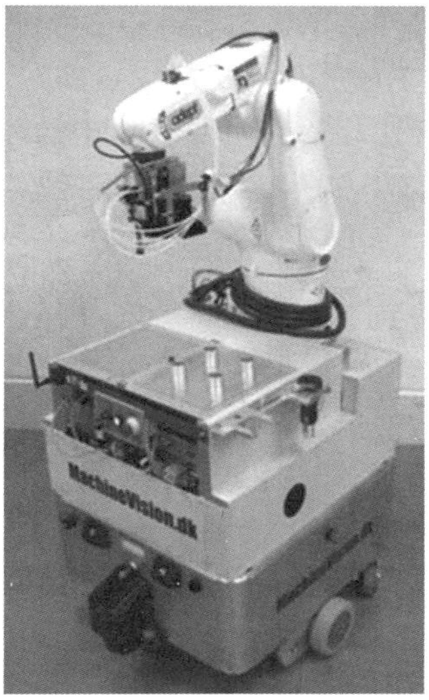

图 15.5　一个工业自动移动机械手臂

资料来源：http://blog.robotiq.com/bid/32556/Hybrid-Robots-Autonomous-Industrial-Mobile-Manipulators；http://www.machinevision.dk/joomla/index.php? lang=en。

15.3　社会生活中的移动机器人

移动机器人在社会生活中的应用众多，且在不断地增加。其中一些应用如下：

- 救援机器人。
- 机器手杖和导引助手。
- 用于家务的移动机器人。
- 老年人和“有特殊需求的人”(PwSN)的辅助型移动机器人。
- 移动型远程机器人和网络机器人。

15.3.1　救援机器人

自然的和人为的灾难为机器人与人类的合作提出了挑战。在灾难发生时，救难位置对于人类来说通常过于危险或无法到达。在许多情况下还存在其他难题，例如极端温度、辐射，或强大的风力无法使救援人员迅速行动。人们从过去的灾难经验中吸取教训，许多国家对此进行了广泛的研究和开发，建造合适的救援机器人。在日本，由于经常有强烈的地震发生，所以他们开发了强大且有效的自动或半自动机器人救援系统。现在的救援机器人具有轻巧、灵活且耐用的特性。许多救援机器人配有 360°旋转相机，可提供高图像分辨率，也配有一些可以检测体温与有色衣服的传感器。图 15.6

图 15.6　正在执行救援任务的 Telemax 机器人

资料来源：http://www.gizmag.com/search-and-rescue-robots-at-robocup-2009-12144-12144/。

显示了在 RoboCup2009 上推广的搜索救援机器人 Telemax，图 15.7 则显示了正在执行任务的城市搜救机器人(由 NIST / DHS 开发)。

图 15.8 显示的是东京消防部门在必要情况下使用的救援机器人。

图 15.7　在 NIST/DHS 演习中，搜救机器人在瓦砾堆中移动的样子

资料来源：http://www.science20.com/news/rescue_robots_are_on_the_way。

图 15.8　东京消防部门使用的救援机器人

资料来源：http://web-japan.org/trends/09_sci-tech/sci100909.html。

救援机器人也有蛇形的，如图 15.9a 和图 15.9b 所示。

a)

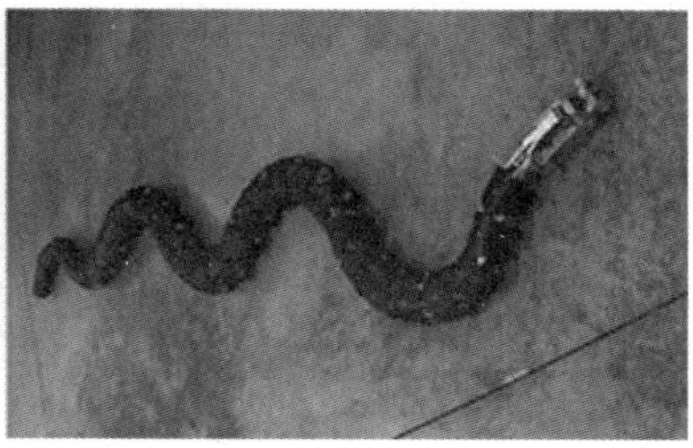

b)

图 15.9　两种蛇形救援机器人

资料来源：a) http://dart2.arc.nasa.gov/Exercises/TMR2004/TMRd2/images/23DSC00207.jpg；
b) http://www.elistmania.com/images/articles/21/Thumbnail/Snake_Robots.jpg。

15.3.2　机器人手杖、导引助手和医院中使用的移动机器人

移动机器人和类人型机器人已被用于开发和构建系统，以帮助盲人在大型建筑物(如超级市场、博物馆、医院、机场)周围寻找道路，其中的两个为眼机器人(eye-Robot)和机器人购物助手。

eye-Robot 是使用 Roomba 机器人作为基础进行设计的，它可以在杂乱无章、人口稠密的环境中引导盲人或有视力障碍的使用者，用户通过推动和扭转手柄来给予机器人指示。机器人使用接收到的信息，并通过声呐引导用户朝着适当的方向寻找走廊或房间内的无障碍路线。在实际应用时，用户可以自然地跟在机器人后方。eye-Robot 具有四个超声波测距仪和两个红外传感器，分别面向左右 90°，以使机器人能够识别墙壁走势。

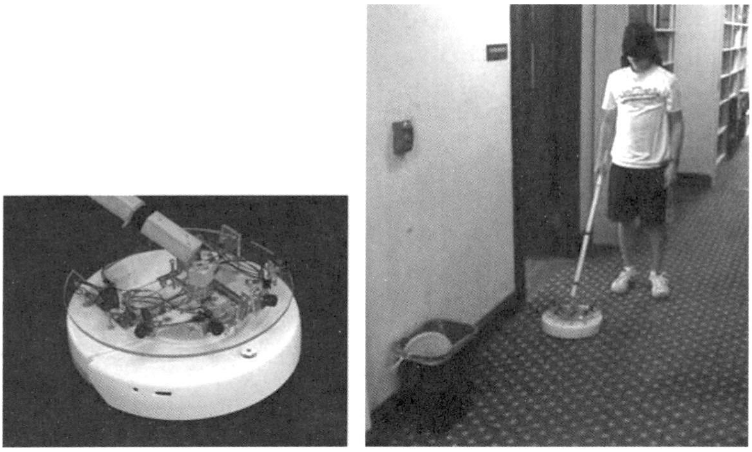

图 15.10　盲人使用的 eye-Robot 手杖

资料来源：http://forums.trossenrobotics.com/showthread.php? 1409-The-eyeRobot-Robot-Blind-Aid；http://www.instructables.com/id/eyeRobot——The-Robotic-White-Cane/。

图 15.11 所示的是一种机器人购物助手，它是由犹他州立大学开发的。当用户到达杂货店时，可以抓住机器人购物助手，它会引导用户到不同的产品旁边。当用户想离开商店时，直接离开即可。

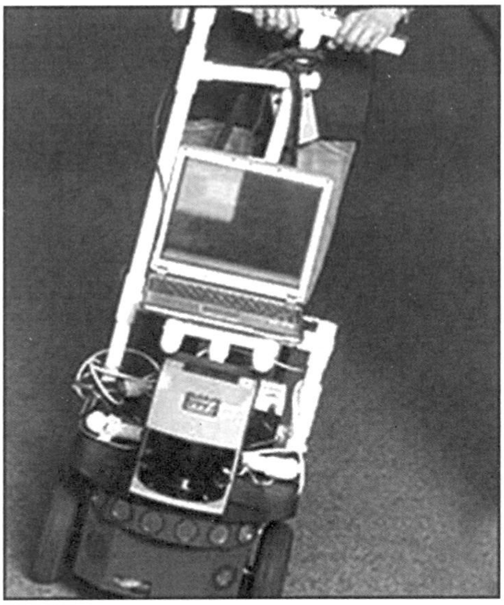

图 15.11　可用于大型商场和机场的机器人购物助手

资料来源：http://news.bbc.co.uk/2/hi/technology/4509403.stm。

图 15.12 显示的是由 InTouch Health 开发，在希尔兹堡区医院(加利福尼亚州索莫纳县)投入使用的移动医院机器人。该机器人可以让专科医生进行患者的在线远程问诊。

图 15.13 显示了另一种移动医院机器人，它是由庆应义大学(日本)开发的。该机器人可以自动生成环境地图并在医院运送医疗物资。

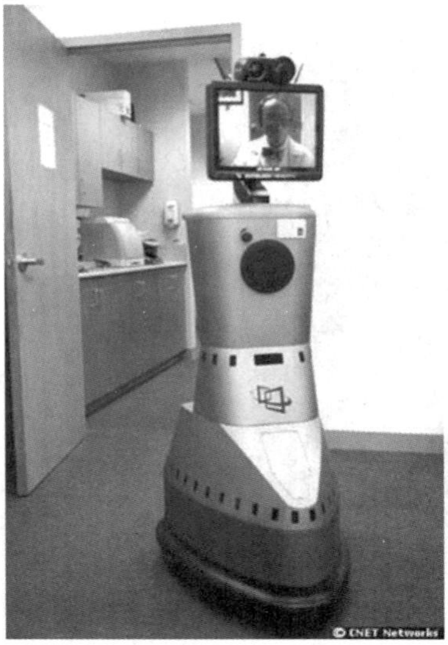

图 15.12 InTouch Health RP-7 医院机器人
资料来源：http://www.cnet.com/2300-11394_3-6184443-2.html。

图 15.13 庆应义大学的 MKP003 医院移动机器人
资料来源：http://www.robotliving.com/robot-news/hospital-robot。

15.3.3 家务移动机器人

家务机器人是专为家庭任务（例如地板清洁、泳池清洁、咖啡制作、服务等）而设计的，外形多为移动机器人和移动机械手。此外，尽管可以将适合于帮助老年人和 PwSN 的机器人也包括在家务机器人当中，但是它们也可以被视为辅助机器人类别。如今，机器人还包括专门为在房屋中提供帮助而设计的人形机器人。

家务机器人的示例如下：

- Dustbot-这是一系列可以保持房屋和城市清洁的多功能机器人。该系列包括 Dust-Cart，这是一种会上门收集垃圾的人形机器人，高度为 1.45m，重量为 70kg，并有两个轮子作为脚。传统的垃圾车无法进入的狭窄城市街道内，这种机器人可以进入，非常适合在这些地区上门收垃圾（见图 15.14）。

  Dust Clean 可用于自动清洁城镇内狭窄的街道（见图 15.14）。

  Care-O-bot 3 这种机器人（见图 15.15）具有高度灵活的手臂，该手臂具有三根手指，可以提起家用物品（瓶子、杯子等），它可以小心地拿起一瓶橙汁，并将其放在附近的玻璃杯旁。为此，它配备了许多传感器（立体视觉、彩色相机、激光扫描仪和 3D 范围相机）。它知道玻璃杯的样子，并

图 15.14 人形垃圾车（左）和移动机器人自动清道夫（右）
资料来源：http://www.gizmag.com/dustbot-multi-functional-robots-keep-town-tidy/12923/。

可以在厨房里找到它，也可以教它们识别新物体。

ARI-100 机器人专门用于管道清洁和检查。它包括一个可沿所有方向移动的铰接臂，因此可有效地清洁管道的每个角落，无须手动调节刷子的长度(见图 15.16)。

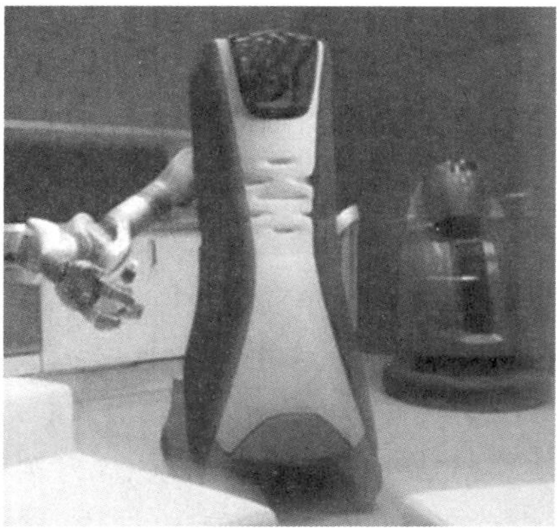

图 15.15　Care-O-bot 3 家务机器人(高度为 1.45m)

资料来源：http://phys.org/news134145359.html。

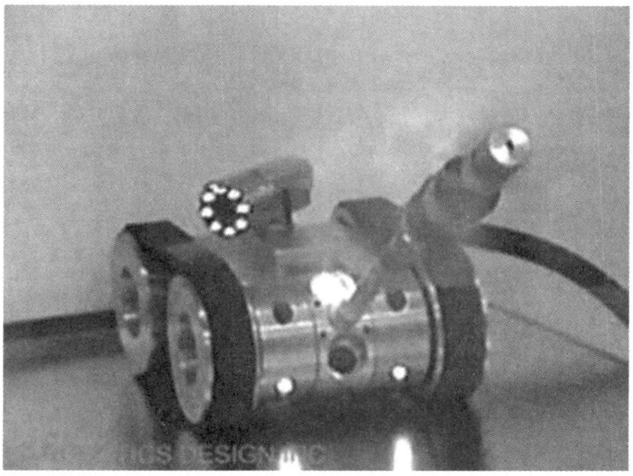

图 15.16　Robotics Design Inc(Anatroller)的管道清洁检查机器人

资料来源：http://roboticsdesign.en.ec21.com/Duct_Cleaning_and_Inspection_Robot-3113255_3113256.html。

RoombaDiscovery 吸尘器是一种机器人地面吸尘器，能够在家里移动并同时清除灰尘。它通过两个旋转刷扫地板，用吸尘器将灰尘和颗粒从地板上吸走，并用侧扫刷清洁踢脚线和墙壁(见图 15.17)。

Roomba 能够识别自己在房间中的位置，并避免可能的风险和楼梯。当地板清洁后或需要充电时，它会自己返回充电处进行充电。

图 15.17　Roomba Discovery 吸尘器

资料来源：www.robotshop.com/robotics-floor-cleaners.html。

15.4　辅助型移动机器人

辅助型移动(固定)机器人属于辅助范畴。当今，由于人口老龄化和看护数量不断减少，该领域为现代主要的研究领域之一。辅助型机器人(AR)包括所有为 PwSN 开发的机器人系统，旨在使残疾人能够达到并维持其最佳的身体和社交功能水平，改善他们的生活质量和生产力[6-7]。

关于 PwSN 的主要类别有以下几种：

- 缺乏下肢控制能力的 PwSN(截瘫患者、脊髓损伤、肿瘤、退行性疾病)。
- 缺乏上肢控制能力的 PwSN(以及相关的运动障碍)。
- 失去时间、空间判断能力的 PwSN(精神、神经心理障碍、脑损伤、中风、衰老等)。

AR 领域始于 20 世纪 60 年代的北美和欧洲。1969 年开发的 Golden Armo 为具有重大意义的辅助机器人，它是在一个具有 7 个自由度、能在空间中移动机械臂的支具(加利福尼亚兰乔洛斯阿米戈斯医院)。在 1970 年，人类设计出了第一条安装在轮椅上的机械臂。如今，有许多智能 AR 系统可用，其中包括：

1) 智能轮椅可以代替使用者驾驶轮椅，并可以检测并避免障碍物和其他风险。

2) 轮椅机器人(WMR)为行动不便的人提供了最佳的解决方案，增加了使用者的移动性和处理事情的能力。如今可以通过使用适当的界面，用不同模式(手动、半自动、自动)来操作轮椅机器人。

3) 自动移动机械臂，即安装在移动平台上的机械臂，可以在环境中跟随使用者(PwSN)的轮椅在开放环境中执行任务，并可以在多个用户之间共享使用。

三个欧洲著名的辅助型机器人是法国的 MASTER 机器人、荷兰的 MANUS 机器人和英国的 RTX 机器人。1991 年，欧盟启动了“残疾人和老年人技术倡议”(TIDE)，在 TIDE 的试验阶段开发了以下机器人系统：MARCUS、M3S、RAID 和 MECCS。在桥接阶段，相应的研发项目的框架内创建了以下系统：SENARIO、FOCUS、EPI-RAID、OMNI 和 MOVAID[8-15]。图 15.18 和图 15.19 显示了 Bremen(IAT)轮椅，该轮椅具有“功能性机械手臂与残疾人专用用户界面(FRIEND，Functional Robot Arm With User Friendly Interface For Disabled People)”，以及用来服务的移动机械手臂 MOVAID[11]。

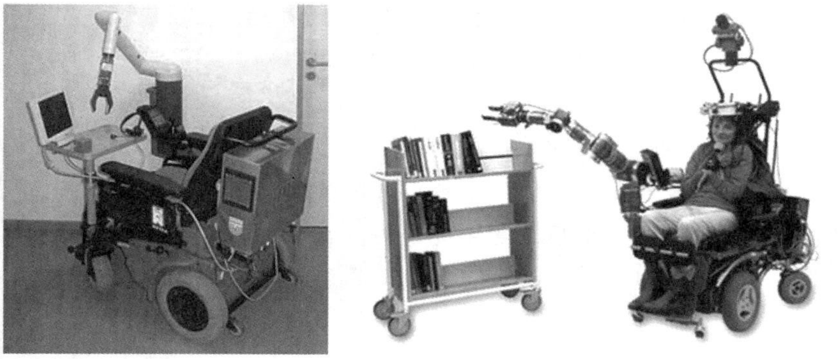

图 15.18　配备了 MANUS 机械臂的轮椅 FRIEND

资料来源：www.AMaRob.de。

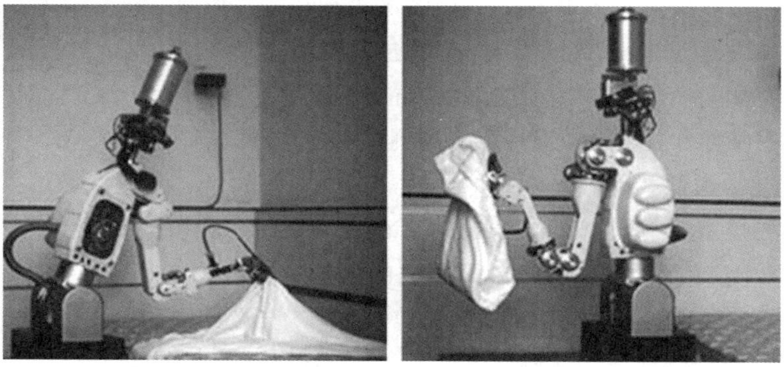

图 15.19　MOVAID——协助残疾人活动的系统

资料来源：http://www.robocasa.net/workshop/2007/pdf.laschi.pdf。

MOVAID 的典型任务是在微波炉中加热一些食物并送至用户的床上，清洁厨房，从床上清除脏纸等[11]。

15.5 移动型遥操作机器人和网络机器人

遥操作机器人结合了标准机器人(刚性或移动式)和远程操作员。远程操作员通过直接手动控制进行操作，需要操作员实时工作数小时。由于是人工操作监督，它们可以执行非重复性的任务(比如说这在核环境中是必需的)[4]。遥操作机器人比标准机器人或远程操作员的功能更多，因为它可以执行更多任务，而且这些任务只能由机器人来完成。两者的优点都得到了有效利用，局限性最小。遥操作机器人可以使用不完整的知识和任务空间模型来工作，并能够执行非重复性任务。遥操作机器人的缺点是有时会在操作员和机器人之间出现时延，这个缺点在太空环境中表现得更为明显。

网络机器人是以互联网为基础，用来接收输入和发送输出的机器人，可用于远程操作、教育和娱乐产业[26-27]。这些系统可以通过网络从任何包含人工操作界面的典型浏览器站点进行远程控制[25]。除此之外，遥操作机器人在太空、陆地和深海勘探以及远程手术中都有相关的应用[4]。

遥操作机器人系统的主要问题之一是，如果通信链中存在明显的延迟，则系统可能会不稳定。其中一个解决方法是使用共享的监督方案，让机器人和其他设备的控制性可以在本地控制系统和操作员之间共享[4]，此外还有如下两种解决技术：

- 散射、波变遥操作技术[28]。
- 自回归综合移动平均(ARIMA，autoregressive integrated moving average)延迟建模与识别技术[29]。

通常来说，人为因素在机器人应用程序中不是主要角色，但是当使用监督类型的控制且控制循环中有人参与时，必须将人为因素纳入考虑范围之内，因此，机器人可以通过操作员来获得关于改善系统的重要信息。

图 15.20 显示了远距操作向智能远距机器人发展的过程[30]。

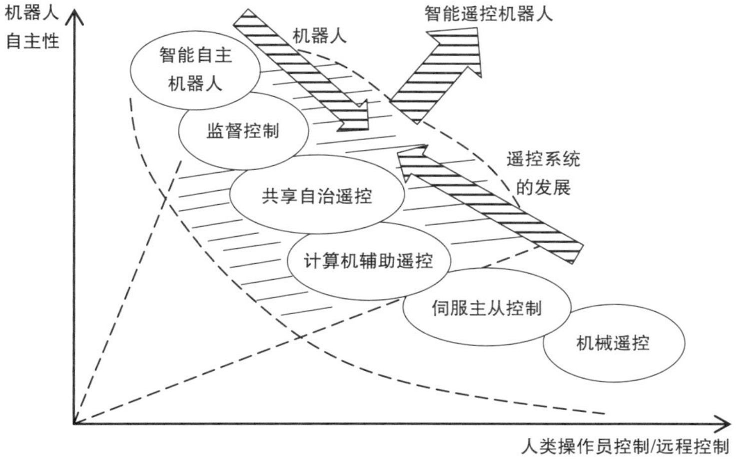

图 15.20 远程操作系统的发展

图 15.21 显示了由 Sethu 理工学院制造的原型移动遥操作机器人，该机器人能够通过远距离命令以最大的自由度来拾取物体。

美国宇航局(NASA)已在三个基本领域投入了大量的研究力量和资金[5]，分别为：

- 行星和月球表面的远程操作。
- 卫星和太空系统服务。
- 能搭载科学载荷的机器人。

这些领域都需要先进的自动化技术(以减少工作人员之间的互动)、危险材料处理技术、机器人视觉系统、避免碰撞算法等。

太空应用中，最著名的机器人是 NASA 火星车。“探路者”任务于 1997 年带着机器人漫游车 Sojourner 登陆火星(见图 1.2，http://mars.jpl.nasa.gov/MPF/mpf/rover.html)。

目前火星的任务包括两个名为火星车的机器人，这两个机器人具有全景相机，可用于检查当地地形的纹理、颜色、矿物质和结构。此外，火星车还配备了微型热发射光谱仪，用于识别岩石。帕萨迪纳(CA)的喷气推进实验室(Jet Propulsion Laboratory，JPL)与危险材料小组(HAZMAT)联合开发了图 15.22 所示的 HAZMAT 遥操作机器人，用于安全地勘探危险场所和处理危险材料。其中有两台摄像机，一台位于平台上，另一台位于夹具上，向操作员提供反馈信息。

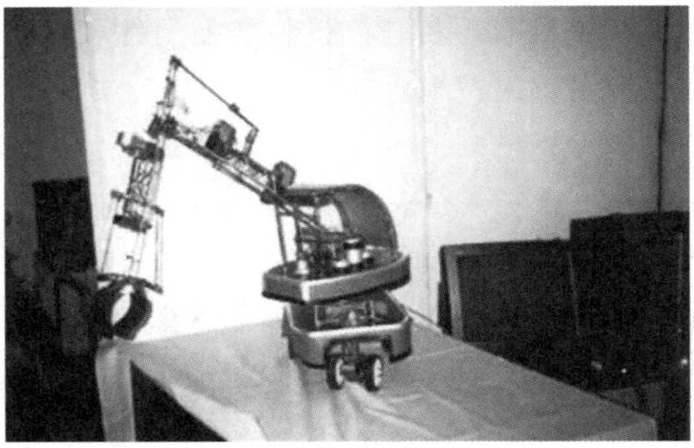

图 15.21 Sethu 移动式遥控机器人

资料来源：http://robots.net/robomenu/1195489702.html。

图 15.22 Hazmat JPL 遥操作机器人

资料来源：http://www.engadget.com/2008/06/04/seegrid-shows-offautonomous-industrialmobile-robotsystem/。

能够开发出更先进、适用于精确干预和服务的先进遥操作机器人系统的关键是机器智能与人类能力和技能的相互作用与融合。基于网站的远程实验室可用于实际操作测试和教育目的。

通常来说，基于网站的远程实验室包含访问管理系统(AMS)、协作服务器(CS)和实验服务器(ES)，这些系统可以通过使用现有的技术工具(MatLAB、LabView、VRML、Java 等)来实现。此架构(见图 15.23)以多种方式实现客户端-服务端的方案，AMS 用于协调使用者(操作员、学生等)对实验的访问，他们可以使用任何配有 Web 浏览器和 Java 环境的工作站以解决异构性问题。

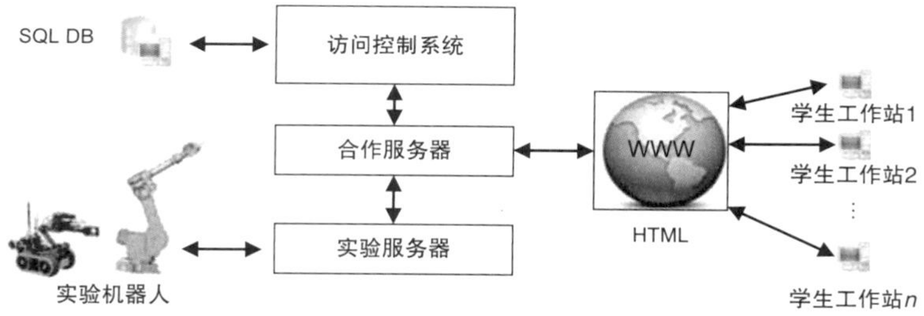

图 15.23　澳大利亚 UWA 遥操作机器人的架构

资料来源：http://telerobot.mech.uwa.edu.au。

以下是网络机器人的开发和使用(包括其教育领域)中的一些代表性范例：

- Mercury 网络机器人[16]
- Telegarden 网络机器人[19]
- Australian 遥操作机器人[17]
- 多机器人遥控平台(Teleworkbench)[18]
- Swish 开放访问网络机器人(Khep on the Web)[20]

Mercury 网络机器人(最早的基于网络的机器人之一，建于 1994 年)由装有 CCD 的摄像头和气动系统的工业机械臂组成(http://usc.edu/dept/raiders)，所有机器人都可以通过单击鼠标命令访问，其工作空间是二维的。

Telegarden 网络机器人是南加州大学在 1995 年 6 月针对机器人 Mercury 延续而开发的(http://www.usc.edu/dept/garden)。

Australian 遥操作机器人由肯·泰勒(Ken Taylor)发明，并于 1994 年在西澳大利亚大学开发。该机器人为六轴 ABB 机器人，并能够通过网络进行远程操作。其中使用 Java 和其相关脚本来启用与网络服务器的标准网关界面(CGI)的通信，同时允许使用机器人的 Java 线框对移动进行编程。整个系统的结构如图 15.24 所示。

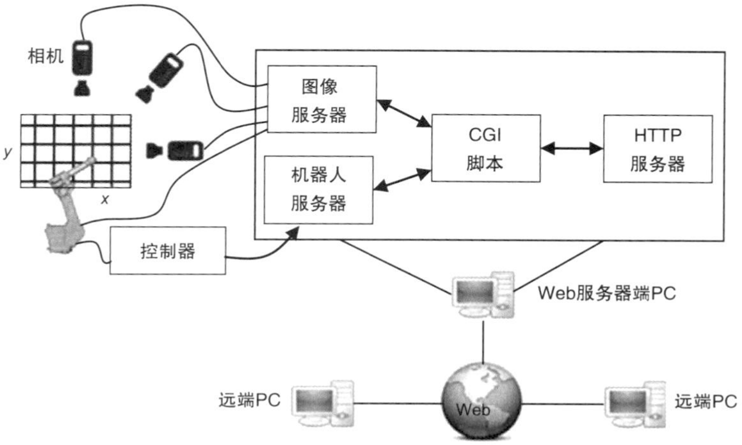

图 15.24　Australian 远程操作机器人架构图

资料来源：http://telerobot.mech.uwa.edu.au。

Teleworkbench 是由帕德博恩大学(德国)开发的，可简化地使用单个或多个微型移动机器人进行实验。图 15.25a 显示了 Teleworkbench 的一般架构，其中包含许多正在通信的微型机器人；图 15.25b 则显示了 Teleworkbench 服务器的结构。

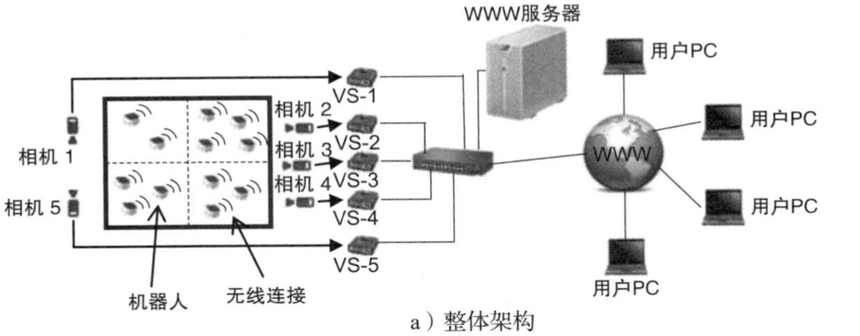

a）整体架构

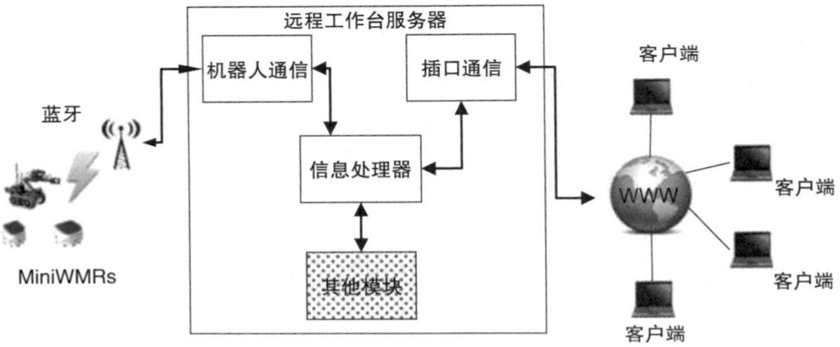

b）Teleworkbench服务端架构

图 15.25　Teleworkbench 系统

Teleworkbench 提供了一个标准环境，允许测试员在真实的机器人上进行测试并验证算法和程序。Teleworkbench 中使用的两个机器人是 Khepera II 和 Bebot 微型机器人(亨氏 Nixdorf 研究所开发)。

Khep on the Web 系统是为在洛桑瑞士联邦技术学院(EPFL)的 LAMI(微处理器和界面实验室)上远程控制 Khepera 移动机器人而构建的，其目标是为移动机器人的科学研究提供一个能开放访问的网络机器人平台。Khepera 是一款小型圆柱形机器人(直径为 55mm，高度可变)，并带有悬挂的电缆，用于供电和提供其他信号，而且不会对其运动产生任何干扰。使用的相机不一定有广角镜。该系统由一个感应电动机板(带有 8 个红外接近传感器)、一个 CPU 板(Motorola 68331μC)和一个带有彩色 CCD 摄像机(500×582 像素)的视频板组成。网络服务器通过许多 CGI 脚本来执行用共享内存进行通信的任务。在客户端运行的 Java 程序会向服务端发送多个信息请求，服务器上的 CGI 脚本通过从机械手和共享内存中获取的信息来回复这些请求。Khep on the Web 系统的结构如图 15.26 所示。

图 15.27 显示了装有摄像机并照向镜子的 Khepera 机器人，该机器人在迷宫环境中工作，迷宫环境的墙壁比机器人高，因此访客必须移动才能参观迷宫(见图 15.28)。对此机器人来说，镜子即为墙壁[20]。

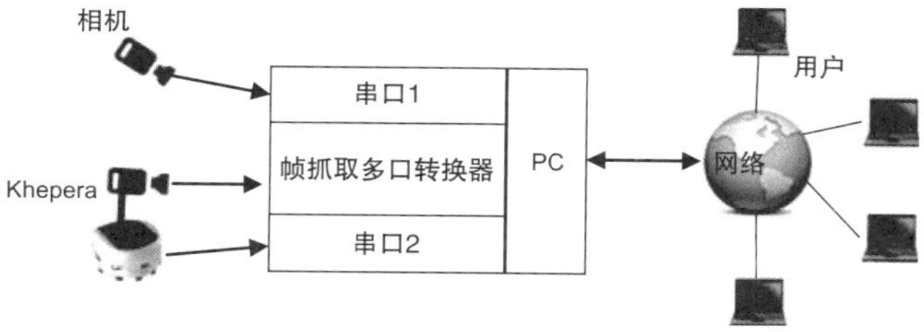

图 15.26　Khep on the Web 系统架构

图 15.27　照向镜子的 Khepera 机器人
资料来源：www.biorobotics.ri.cmu.edu/papers/spb_papers/integrated1/khepera_vsmm97.pdf。

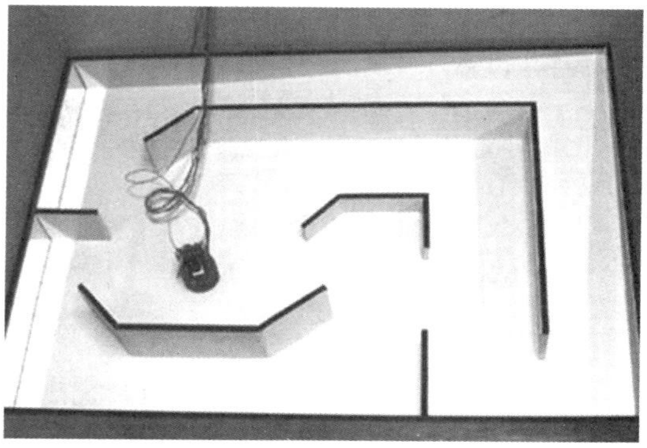

图 15.28　一个必须在迷宫环境中移动的 Khepera 机器人
资料来源：www.biorobotics.ri.cmu.edu/papers/spb_papers/integrated1/khepera_vsmm97.pdf。

15.6　其他机器人应用案例

移动机器人的其他应用包括战争机器人和娱乐机器人。

15.6.1　战争机器人

战争机器人的设计、开发和构造衍生了许多强烈的道德问题。通常来说，将机器人军事化(导弹、无人驾驶飞行器、无人地面飞行器等)在机器人技术研究与开发中获得了很大一部分的资金投入[24]。军用机器人常常在地缘政治敏感的环境中运行，因此使用上需要更加谨慎。例如，如果无人飞行器(UAV)错误地认为“友军”是目标然后向其开火的话该怎么办？以下是陆地、空中和水下机器人自动作战或探索机器当中的一小部分：

- Squat four-wheeled robot：它通常在茂密的树林中使用，其体积小，基本上不足以构成威胁(见图 15.29)。同时，它也被称为 XU12(用于“无人载具实验”(experimental unmanned vehicle))，可以在不破坏环境中的石头和树等物体的情况下自动从 A 点导航到 B 点。该机器人可用于检测和侦查。

● Mapping swarmbots：由佐治亚理工大学和 JPL 联合开发，是协作式移动机器人，能够为急救人员或出于军事目的自动绘制整个建筑物的地图。每个机器人都配有摄像机和激光扫描仪(见图 15.30)。

图 15.29　一辆 XU12 载具

资料来源：http://www.popsci.com/scitech/article/2005-12/robots-go-war。

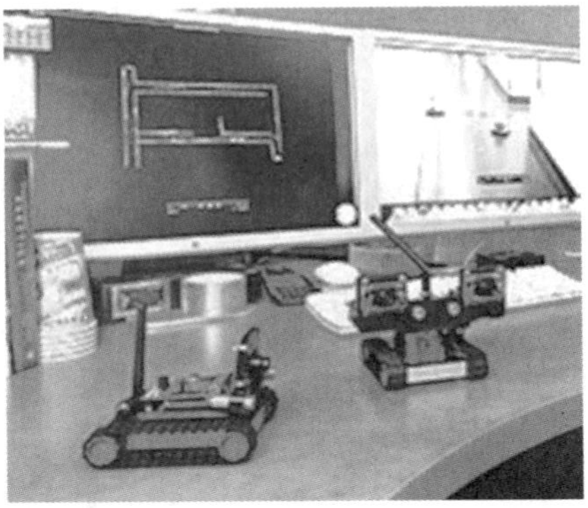

图 15.30　GaTech 与 JPL 开发的制图成群机器人

● Voyeur-autonomous UAV：一种自动型的无人机，可用于军事领域，例如监视和目标捕获，以及定位和引爆简易爆炸装置(IED)(见图 15.31)。它可以从飞机上发射，也可以放在背包中手动发射。

● HAUV-N：自动水下航行机(AUV)的 IED 检测和无害化版本，能够识别并消灭船体水雷和水下爆炸装置(见图 15.32)，从而避免使用人类潜水员来执行这些危险的任务。

图 15.31　诺斯罗普·格鲁曼公司开发的间谍型自动无人机

资料来源：http://thefutureofthings.com/pod/1261/voyeur-autonomous-uav.html。

图 15.32　Bluefin 机器人公司的 HAUV-N 水下 IED 检测器

资料来源：www.militaryaerospace.com/index/display/mae-defense-executive-article-display/3856814793/articles/military-aerospace-electronics/executive-watch-2/2011/。

● X-47B：一种隐匿的无人机，非常类似于战斗机(见图 15.33)，它可以从航空母舰上起降，并能够在空中加油。X-47B 的航程为 3380km，可以在亚音速下在高达

40 000 英尺[㊀]的高度飞行，并且可以在两个武器库中携带重达 2000kg 的武器。

图 15.33 诺斯罗普·格鲁曼公司的 X-47B 美国海军隐匿无人机

资料来源：http://thefutureofthings.com/pod/6239/x-47b-first-navy-stealth-uav-ready.html。

15.6.2 娱乐机器人

这种机器人属于宽泛意义上的社交机器人，社交机器人是高级智能自主机器人，它能够像人一样与人互动，具备感官、学习能力，知道社交规则等。一般情况下，社交机器人必须达到完全自治，能够与一般人(非专业人士)进行交流和互动。大多数已有的社交、娱乐机器人具有人形或带轮半人形(上半身)的外观，具备书写、演奏乐器、进行有情感的互动、跳舞或踢足球等功能。

根据 Dautenhahn[22] 的观点，娱乐、社交机器人必须具备的基本社交能力应如下：

- 有能反复和长期与人接触的能力。机器人应该具备个性化的能力，能够识别并适应所有者的喜好。
- 能够进行交涉并了解任务和偏好，并提供“陪伴”。
- 适应、学习和精进自己的能力，例如，通过所有者的教导来学习新知识。
- 能够以更像人类的方式扮演陪伴者的角色(可能类似于宠物的方式)。
- 社交技能，这类技能对于需要成为陪伴者的机器人是非常重要的。例如，能有一个会说“您要我顺路带杯咖啡过来吗?”的机器人是一件好事。不过当我们在看喜欢的电视节目的时候可能不会希望听到这个问题。
- 当机器人与人在相同的区域内移动时，机器人会避免太过接近人类，尤其是当人背对机器人时，以减少潜在危险。
- 机器人能够适当地转动摄像机，以此表示自己正在试图了解周遭的状况。

图 15.34～图 15.37 展示了一些娱乐和社交机器人。

- Kaspar——体型大小与儿童差不多的类人机器人，可以使用手势、表情、同步和模仿与患有自闭症的儿童互动[23]。它的头部和颈部有 8 个自由度，手臂和手有 6 个自由度。它的脸部是由铝框架支撑、用硅橡胶做的(见图 15.34)。

㊀ 1 英尺≈0.3 米。——编辑注

- Wow Wee Roboscooper——这个娱乐机器人同时具有功能性和有趣可爱的外观(见图 15.35)。

图 15.34　张开双臂的社交化机器人 Kaspar 正在与一个小女孩互动

资料来源：http://kaspar.herts.ac.uk。

图 15.35　娱乐机器人 Wow Wee Roboscooper

资料来源：http://www.learnaboutrobots.com/entertainment.htm。

- Robot-Barman——该机器人能够打开啤酒瓶和其他饮料瓶，并为酒吧的客户服务(见图 15.36)。
- Humanoid robot soccer——这是一款成人大小、全自动的人形机器人，可以参加机器人足球锦标赛(见图 15.37)。设计师的目标是在 2050 年之前发展出能够在足球场上击败人类世界冠军球队的机器人足球员。场上的每个机器人都可以应付场中的不同状况(例如找到球、向球移动、小心地朝球门前进)。最终，为足球队开发的能力能够被应用到其他领域，例如家用机器人、教育、救援等。

图 15.36　酒保机器人

图 15.37　在 2010 机器人足球杯中接受能力测试的机器人

资料来源：www.youtube.com/watch? v=4wMSiKHPKX4。

15.6.3　研究型机器人

本章中介绍的所有机器人都经过了漫长的研发过程，其中大部分仍在高校和相关机构中进行更深入的研究。图 15.38 显示了两个设备齐全的 P3-DX 型机器人，它们可用于大范围的研究和互操作，例如车间、办公室、物流、医院等区域。每个机器人都配备有超声波阵列、SICK 激光测距仪、云台摄像机、机载笔记本电脑以及用于识别和区分机器人的不同地标的条形码。这类机器人可以执行的任务包括探索和监视、构建和更新地图、在地图上定位特定对象、在物流空间中跟踪产品流等。实际上，13.13 节中已经讨论了这类合作式机器人探索的例子。

图 15.38　两个可用于协作式勘探和监视任务的 P3-DX 机器人

资料来源：http://areeweb.polito.it/ricerca/MacP4Log/index.php? option=com_content&view=article&id=28:cooproboteamsupervandmgmtlosspaces&catid=9。

15.7　移动机器人的安全性

移动机器人在工业和社会中的应用，使操作者无须执行一些困难或危险的操作。长期以来，尽管固定机器人的安全性一直是人们考虑的中心问题之一，但对于自动机器人安全性的检查工作却很少。由于家用或照护用的移动机器人常常会接触人类，因此其安全性尤其重要。此外，由于机器人会在不确定和非结构化的环境中运行，偶尔会以非重复或不可预测的动作自主工作，所以需要它们能自主(智能)地更改任务，在感应器信息不精确时实时运行等。因此，为了确保人员和环境的安全，需要采取以下安全措施：

- 准确、可靠和冗余的传感系统。
- 可靠的软件系统。
- 低速操作。

最大运动速度取决于以下条件：

- 机构和动力学上的限制。
- 计算和控制上的限制。
- 非预期的环境动态变化。

第一个问题涉及当超过特定速度时可能发生纵向或横向滑动的情况。然而实际上这不是主要问题，因为最大运动速度还受到其他更严格的限制。第二个问题主要与机器人可以多快地避开障碍物有关，取决于计算速度、控制算法以及感应频率和准确性。第三个问题涉及意外的碰撞和可见性问题。以上问题在不同的条件和假设下，均有相关的研究(例如，可参见参考文献[31-33])。

为了避免移动机器人对环境中的人员带来风险，安全性可分为以下三个级别：

- 被动安全性，这取决于机电设计(运动部件的惯性低、最大电压下电动机速度受限制、堵转时电动机静态力矩受限制、无源组件的可能性等)。
- 受监督的安全性，包括看门狗、安全监控器、速度和力与力矩极限、禁区等。

- 交互式安全性，使用者能在任何时间与情况下关闭系统，存在适当的警报系统，并且不存在“控制阻塞”情况(即用户失去对传感器的控制情况)。

移动机器人安全系统的主要手段是制动。在任意时刻必须能够通过以下方式之一停止机器人的运行：

- 紧急停止：当遇到不可恢复的危险情况时由用户启动或自动关机。
- 入侵暂停：发生外部危害时由传感器启动，在这种情况下，消除危害后用户才能重新启动系统。
- 用户暂停：当用户检测到潜在危险或问题时由用户启动，在这种情况下，用户可以在解决问题后重新启动或取消操作。

许多研究机构和移动机器人制造商针对这些方面进行了广泛研究，如今，国际上已有许多替代安全系统可供使用，这些系统与现有的安全标准兼容，例如针对无人驾驶工业车辆的美国 ASME B56. 5-2004 安全标准[34]和针对允许使用非接触式安全传感器的无人驾驶工业车辆的英国 EN 1525-1998 安全标准[35]。美国国家标准与技术研究院(NIST)一直在努力通过使用非接触式传感器来提高 AGV 的安全标准，同时也提供新型三维实时距离传感器技术的评估标准。参考文献[36]中提供了一项考虑上述 NIST 增强的研究，参考文献[37]中则讨论了与使用工业机器人相关的危害以及为确保人身安全而采取的防护原则。在工作中，与机器人相关的危害如下：

- 控制错误。
- 机械性危险。
- 环境危害。
- 人为错误。
- 辅助设备的危害。

机器人运行时的防护措施分类为：

- 带安全锁的机械防护装置。
- 临场感测系统。
- 跳闸装置。
- 急停设备。
- 站间的屏幕监控。
- 工作范围限位器。

参考文献

[1] Nof S, editor. Handbook of industrial robotics. New York, NY: John Wiley & Sons; 1999.
[2] Schraft RD, Schmierer G. Service robots. London: Peter AK/CRC Press; 2000.
[3] Takahashi Y, editor. Service robot applications. In Tech/Read Online; 2008.
[4] Sheridan TB. Telerobotics, automation and human supervisory control. Cambridge, MA: MIT Press; 1992.
[5] Votaw B. Telerobotic applications. <http://www1.pacific.edu/eng/research/cvrg/members/bvotaw>; 2013 [accessed 20 August].

[6] Cook AM, Hussey SM. Assistive technologies: principles and practice. St. Louis, MO: Mosby; 2002.

[7] Reddy R. Robotics and intelligent systems in support of society. IEEE Intell Syst 2006;May–June:24–31.

[8] Dallaway JL, Jackson RD, Timmers PHA. Rehabilitation robotics in Europe. IEEE Trans Rehabil Eng 1995;23:35–45.

[9] Tzafestas SG, editor. Autonomous robotic wheelchair projects in Europe improve mobility and safety (Special Issue). IEEE Robot Autom Mag 2001;17(1):1–73.

[10] Tzafestas SG, editor. Autonomous mobile robots in health care services (Special Issue). J Intell Robot Syst 1998;22(3–4):177–350.

[11] Dario P, Guglielmelli E, Laschi C, Teti G. MOVAID: a personal robot in everyday life of disabled and elderly people. J Technol Disabl 1999;10:77–93.

[12] Pires G, Honorio N, Lopes C, Nunes U, Almeida AT. Autonomous wheelchair for disabled people. In: Proceedings of IEEE international symposium on industrial electronics (ISIE '97). Guimaraes; 1997. p. 797–801.

[13] Duffy BR. Social embodiment in autonomous mobile robotics. Int J Adv Robot Syst 2004;1(3):155–70.

[14] Tiwari P, Warren J, Day KJ, McDonald B. Some non-technology implications for wider application of robots assisting older people. In: Proceedings of HIMMS Asia Pacific 11. Melbourne, Australia; 20–23 September 2011. p. 1–15.

[15] Martens C, Prenzel O, Gräser A. The rehabilitation robots FRIEND I&II: daily life independence through semi-autonomous task execution. Vienna: I-Tech Education and Publishing; 2007.

[16] Goldberg K, Gentler S, Sutter C, Wiegley J. The Mercury project: a feasibility study for internet robots. IEEE Robot Autom Mag 2000;7(1):35–40.

[17] Trevelyan J. Lessons learned from 10 years experience with remote laboratories. in: Proceedings of international conference on engineering education and research. VSB-TUO, Ostrava; 2004. p. 1–10.

[18] Tanoto A, Rückert U, Witkowski U. Teleworkbench: a teleoperated platform for experiments in multirobotics. In: Tzafestas SG, editor. Web-based control and robotics education. Berlin/Dordrecht: Springer; 2009. p. 267–96.

[19] Goldberg K, editor. The robot in the garden: telerobotics and telepistemology in the age of internet. Cambridge, MA: MIT Press; 2000.

[20] Saucy P, Mondada F. Khep on the Web: open access to a mobile robot on the internet. IEEE Robot Autom Mag 2000;7(1):41–7.

[21] Prassler E, Scholz J, Fiorini P. Navigating a robotic wheelchair in railway station during rush hour. Int J Robot Res 1999;18:760–72.

[22] Dautenhahn K. Socially intelligent robots: dimensions of human–robot interaction. Philos Trans R Soc Lond B Biol Sci 2007;362:679–704.

[23] Dautenhahn K. Kaspar: kinesis and synchronization in personal assistant robotics. University of Hertfordshire, UK: Adaptive Research Group; <http://kaspar.feis.herts.ac.uk>.

[24] Zaloga S. Unmanned aerial vehicles: robotic air warfare 1917–2007. Oxford: Osprey Publishing; 2008.

[25] Taylor K, Dalton B. Internet robots: a robotics niche. IEEE Robot Autom Mag 2000;7(1):27–34.

[26] Tzafestas SG, editor. Web-based control and robotics education. Berlin: Springer; 2009.

[27] Tzafestas SG, Mantelos A-I. Time delay and uncertainty compensation in bilateral telerobotic systems: state-of-art with case studies. In: Habib M, Davim P, editors. Engineering creative design in robotics and mechatronics. Mershey, PA: IG Global; 2013. p. 208–38.

[28] Munir S, Book WJ. Internet-based teleoperation using wave variable with prediction. Proc IEEE/ASME Trans Mechatron 2002;7:124–33.

[29] Yang M, Li XR. Predicting end-to-end delay of the internet using time series analysis. Technical Report, University of New Orleans, Lake front; November 2003.

[30] Tzafestas CS. Web-based laboratory on robotics: remote vs virtual training in programming manipulators. In: Tzafestas SG, editor. Web-based control and robotics education. Berlin: Springer; 2009. p. 195−225.
[31] Hong T, Bostelman R, Madhavan R. Obstacle detection using a TOF range camera for indoor AGV navigation. Gaithersburg, MD: PerMIS; 2004.
[32] Pare C, Seward DW. A model for autonomous safety management in a mobile robot. Proceedings of CICMCA'05 international conference on computational intelligence for modeling control and automation. Washington, DC: IEEE Computer Society; 2005.
[33] Chung W, Kim S, Choi M, Choi J, Kim H, Moon CB, et al. Safe navigation of a mobile robot considering visibility of environment. IEEE Trans Ind Electron 2009;56(10):3941−9.
[34] American Society of Mechanical Engineers. Safety standard for guided industrial vehicle and automated functions manned industrial vehicle. Technical Report ASME B56.5, 1993.
[35] British standard safety of industrial trucks—driverless trucks and their systems. Technical Report BSEN-1525, 1998.
[36] Bostelman RV, Hong TH, Madhavan R, Chang TY. Safety standard advancement toward a mobile robot use near humans. Proceedings of RIA -SIAS'05 Conference, Chicago, IL, U.S.A.; 2005. www.et.byu.edu/~ered/ME486/Professional_Journal.pdf.
[37] Department of Labor, Robot safety. <http://www.osh.dol.govt.nz/order/catalogue/robotsafety.shtml>; 2013 [accessed 20 August].

习　　题

A. 运动学

1. 使用旋转矩阵 $\boldsymbol{R}$ 的概念，推导出 $\sin(\theta+\phi)$ 和 $\cos(\theta+\phi)$ 分别围绕 θ 和 ϕ 旋转两周的代数式。
2. 拓展 2.4 节中的三全向轮系统的运动学分析，推导出图 P.1 中全向 WMR 的四轮和五轮运动学方程，并分别计算其速度增益指数。在 MatLAB 中编写 $\phi\in[0, 180°]$ 的程序。

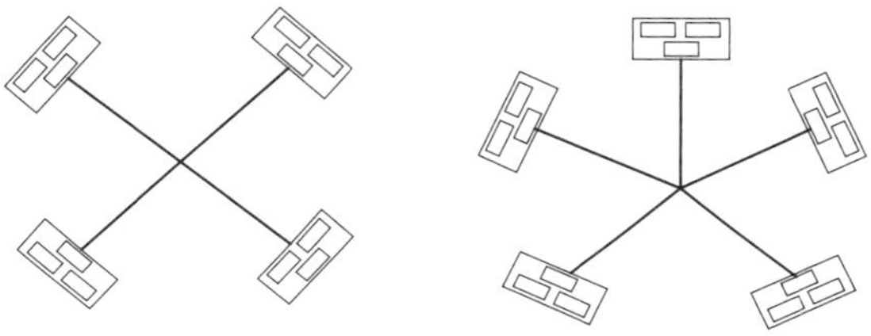

图 P.1　四轮与五轮全向机器人

3. 推导出自行车的运动学模型。
4. 推导出一个具有纵向和横向车轮滑移的 WMR 的雅可比矩阵：(a) 当其为差分驱动时；(b) 类车时；(c) 为三轮和四轮全向机器人时。
5. 解析地分析差分驱动、自行车和类车 WMR 的不可达区域。

B. 动力学

6. 推导出图 P.2 中非完整的两轮倒立摆的拉格朗日动力学模型。摆的模型可以认为是一个所有质量都聚集在一点上的质点与无质量的杆。车轮为普通轮。
7. 推导出带滑移的传统轮的拉格朗日动力学模型。使用得到的结果来推导相对应的带滑移的差分驱动 WMR 的动力学模型。
8. 推导出图 P.3 中纯滚动无滑移的 WMR 的运动学和拉格朗日动力学模型。机器人的两轮置于机器人身前，第三轮与一个固定点连接，并可围绕其垂直轴自由旋转。此处的通用坐标向量为 $\boldsymbol{q}(t)=(x, y, \theta, \phi_1, \phi_2, \phi_3)$，如图 P.3 所示。为以下两种情形制定最小二乘参数方法。

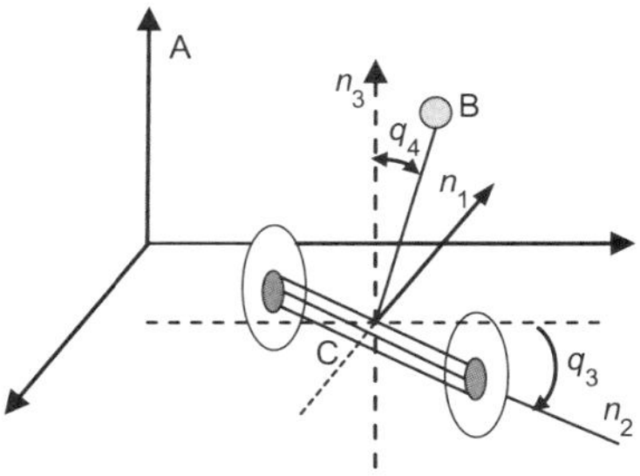

图 P.2　双轮倒立摆 WMR 的图解

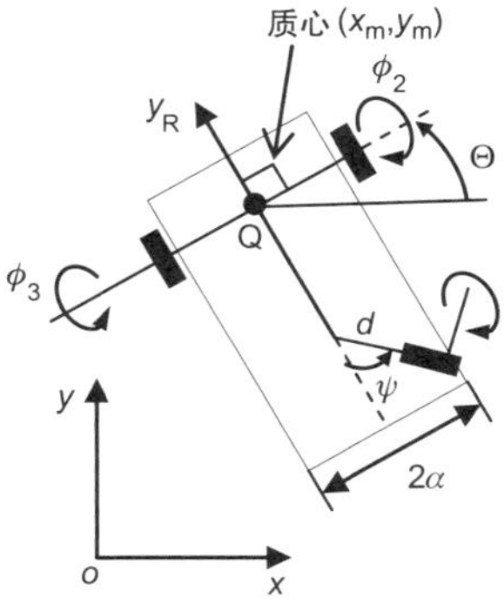

图 P.3　用于识别的移动机器人

(a) 不考虑轮电动机的动力学。

(b) 考虑轮电动机的动力学。

9. (a) 使用牛顿与拉格朗日方法，推导出图 P.4 所示的双摆的动力学方程，其中坐标、参数、力与力矩皆已标出。描述如何识别出使其动力学模型回归的参数。

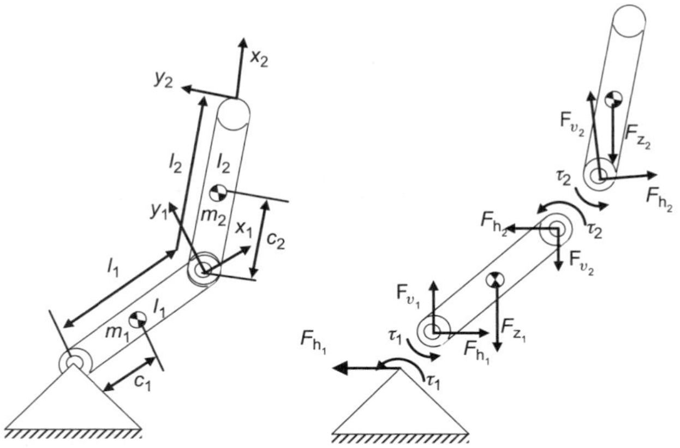

图 P.4 双摆模型($F_h = F_{horizontal}$，$F_v = F_{vertical}$)

(b) 推导出 SCARA(Selective Compliance Assembly Robot Arm)的拉格朗日动力学模型(见图 10.4e)。

10. 使用傅里叶级数或者多项式表达，为寻找最佳持续激励轨迹提出一个可行的优化方法。解释为何该方法是一个好的近似。

C. 传感器

11. 我们有一个超声接近传感器，可用于检测 0.5m 范围内的物体。当 $t=0$ 时，传感器频率为 0.1ms。假设它腔内声波的共振需要 0.4ms 来衰减，环境中的声波需要 20ms 来衰减消亡。

(a) 找到其传感时间窗口长度。

(b) 找出其最短检测距离。

(声速为 344m/s)

12. 一个激光测距仪的输出被一个零均高斯噪音($\sigma=100$cm)污染了。

(a) 为得到精度为±5cm 与概率 $p=0.95$，需要做多少次测量?

(b) 描述在噪音均值为 5cm 时该如何补偿测距结果。

13. 在使用持续照射激光测距仪时，为使工作距离最大能达到 5m(不包含 5m)，调制的正弦波的频率上限为?

14. (a) 存储一张 512×512 的，每个像素有 256 个可能的强度值的图像，需要多少比特?

(b) 提出一个在 $n \times n$ 邻域中求中值的步骤。

(c) 提出一个使用单一片光源来测定圆柱形物体直径的方法(假定相机与圆柱中心的距离是固定的，并且阵列相机的分辨率为 N)。

15. 找出区分出图 P.5 中边界形状所需的最少的矩描述符。

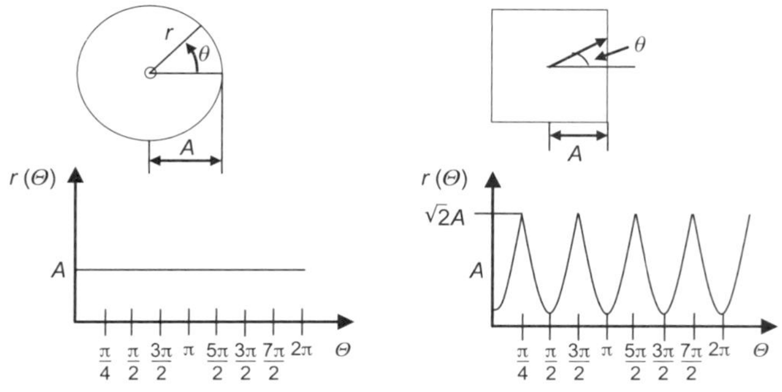

a）$r(\theta)=c$（c为常数）　　b）$r(\theta)=A\sec\theta$

图 P.5　两个边界形状和其相对应的距离与角度特征式

16. 决定图 P.6 中二维物体的形数（即不同形状的数量）及其级数，以顺时针考虑。

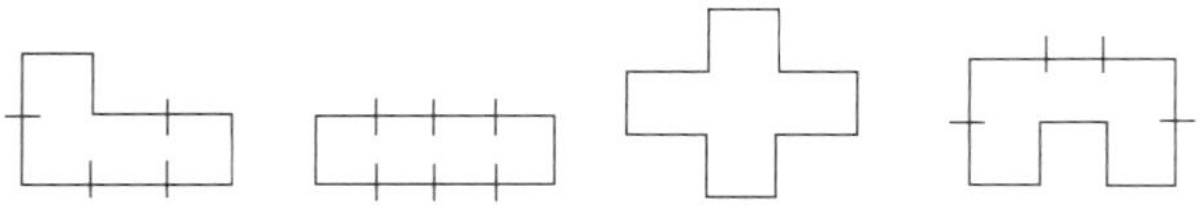

图 P.6　4个由边界基元指定的平面物体（→0，↑1，←2，↓3）

17. 图 P.7 展示了一个线性加速度计，其中 y 是质块 m 相对于框架的位移，x 是框架的位移。

(a) 写出该加速度计的微分方程并计算传递函数 $\bar{y}(s)/\bar{a}(s)$，其中 $a(t)=\mathrm{d}^2x/\mathrm{d}t^2$ 是框架的加速度。解释为何加速度计的输出与加速度成正比，并描述其成立所需的条件。

(b) 对旋转加速度计做与(a)中相同的分析。

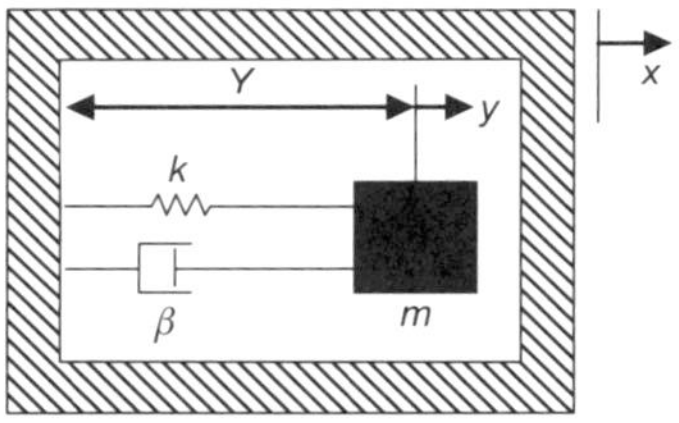

图 P.7　加速度计

18. 我们有一个 1 自由度的陀螺仪，如图 P.8 所示。

框架关于 z 的旋转能生产陀螺仪转盘关于 y 的旋转。此运动受弹簧参数 k 和摩擦系数 β 的影响，其关系如下：

$$T_y=-\left(k\theta_y+\beta\frac{\mathrm{d}\theta_y}{\mathrm{d}t}\right)$$

(a) 使用以下微分方程

$$T_y=J_y\frac{\mathrm{d}^2\theta_y}{\mathrm{d}t^2}+\beta_y\frac{\mathrm{d}\theta_y}{\mathrm{d}t}+J_0\omega_0\frac{\mathrm{d}\theta_z}{\mathrm{d}t}$$

求将 θ_y 与 θ_z 关联起来的方程（不包含 J_y 和 β_y）。

(b) 当仅弹簧存在时，找到所得速率陀螺仪的传递函数。

(c) 当仅摩擦存在时，找到所得的速率积分陀螺仪。

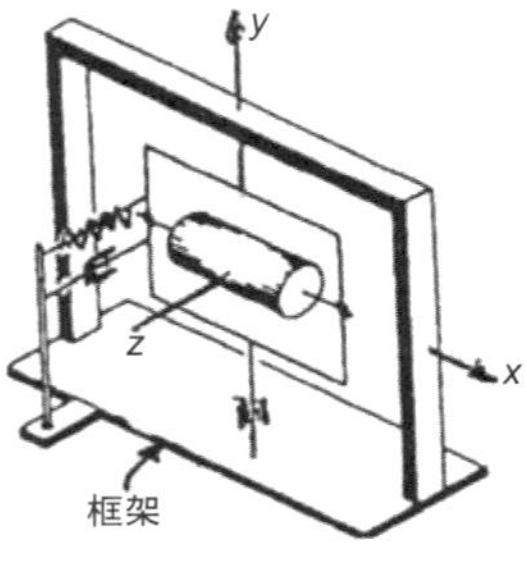

图 P.8　单自由度陀螺仪

19. 多普勒传感器是利用频率的多普勒变换在海事及航空应用中测速的。海事应用中使用的是声能，由海底反射，而航空应用则是接收由地球反射的微波。微波雷达的朝向是一个向下的角度 θ（通常为 45°），以便测量地速（见图 P.9）。

推导出得到真地速 v_a 所需的方程式，使用测得的多普勒速度分量 v_d、倾角 θ、光速 c、传输频率 f_0 和测得的多普勒频率变换。

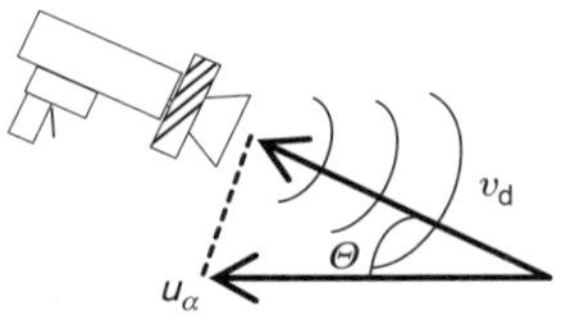

图 P.9　一个倾角为 θ 的多普勒地速传感器

D. 控制

20. 考虑一个单轴机器人的控制回路。(a) 推导出其开环和闭环的传递函数；(b) 研究其位置和速度的稳态误差。

21. 一个两连杆机器人的动力学模型为

$$\begin{bmatrix} d_{11}(\theta_2) & d_{12}(\theta_2) \\ d_{12}(\theta_2) & d_{22} \end{bmatrix}\begin{bmatrix} \ddot{\theta}_1 \\ \ddot{\theta}_2 \end{bmatrix}+\begin{bmatrix} \beta_{12}(\theta_2)\dot{\theta}_2^2+2\beta_{12}(\theta_2)\dot{\theta}_1\dot{\theta}_2 \\ -\beta_{12}(\theta_2)\dot{\theta}^2{}_1 \end{bmatrix}+\begin{bmatrix} c_1(\theta_1,\ \theta_2)g \\ c_2(\theta_1,\ \theta_2)g \end{bmatrix}=\begin{bmatrix} \tau_1(t) \\ \tau_2(t) \end{bmatrix}$$

其中 g 为重力加速度。(a) 选择一个合适的状态向量 $\boldsymbol{x}(t)$ 和控制向量 $\boldsymbol{u}(t)$；(b) 假设 $\boldsymbol{D}^{-1}(\boldsymbol{\theta})$ 存在，用 d_{ij}，β_{ij} 和 c_i 表述相对应的状态空间模型；(c) 当 $\boldsymbol{y}(t)=\boldsymbol{x}(t)$ 时，找到一个非线性的输入-输出解耦规律。求机器人相对于基坐标系的雅可比矩阵。

22. 对以下两个机器人控制方式分别描述两个缺点：(a) 分解速度控制；(b) 分解加速度控制。

23. 求下述三次系统的单位阶跃响应

$$G(s)=\frac{a_0}{s^3+a_2s^2+a_1s+a_0}=\frac{1}{\tilde{s}^3+a\tilde{s}^2+\beta\tilde{s}+1}$$

其中 $\tilde{s}=s/(a_0)^{1/3}$，$a=a_2/(a_0)^{1/3}$，$\beta=a_1/(a_0)^{2/3}$。用参数 p，ζ，和 ω_c 描述传递函数，参数由下式定义：

$$\tilde{s}^3+a\tilde{s}^2+\beta\tilde{s}+1=(\tilde{s}+p)(\tilde{s}^2+2\zeta\omega_c\tilde{s}+\omega_c^2)$$

解释为何在 $a=1.3$ 和 $\beta=2.0$ 时阶跃响应在到达稳定态值 1 之前出现了一个反向运动。此现象是否会在二次系统中出现？此现象可在三次系统的何处使用？

24. 证明控制率 $\tau_j=-k_{jp}\tilde{q}_j-k_{jD}\dot{\tilde{q}}_j+k_{jI}\int_0^t\tilde{q}_j\mathrm{d}\tau$，$j=1,\ 2,\ \cdots,\ n$ 在机器人方程式(3.11a)中存在摩擦和重力项时确保了渐进稳定。

25. 考虑图 10.6 中的双连杆机器人，并假设其端点处的载重有不确定性。载重质量小于 1。最小的结构共振频率为 10Hz。在(a)和(b)两种情形中，通过模拟(MatLAB)来比较以下控制器的性能：

- 局部 PID 控制器
- 计算力矩控制器
- 滑动模态控制器

(a)

$$\theta_{1d}=-\pi/3+(\pi/3)[1-\cos(\pi t/T)]$$

$$\theta_{2d}=2\pi/3-(\pi/3)[1-\cos(\pi t/T)]$$

其中 $T=1$，$T=0.5$，$T=2$。实现控制器设计所需的最小采样周期 T 为多少？

(b) 所需的轨迹为一条从起始点 $(x, y)=(1, 0)$ 到终点 $(x, y)=(0, 1.5)$ 的直线，机器人必须在 2s 内匀速通过该轨迹。最开始时，机器人位于点 $(x, y)=(1, 0)$，处于 elbow-down 位形。

提示：在无法直接得到所需的轨迹的导数时，我们可以用带宽为 Ω 的低通二次滤波器来平滑参考轨迹，从而得到 q_d。该滤波器可直接给出 $\dot{\boldsymbol{q}}_d$ 和 $\ddot{\boldsymbol{q}}_d$。

26. 我们有一个连接到天花板上的受重力影响的两连杆机器人，如图 P.10 所示。使用的坐标系为 (x_0, y_0, z_0)。假设连杆的重量集中于其两端。

(a) 求其变换矩阵 $\boldsymbol{A}_i^{i-1}$，$i=1, 2$。

(b) 求其每一连杆的广义逆矩阵 $\boldsymbol{J}_i$。

(c) 求矩阵 $\boldsymbol{D}(\boldsymbol{\theta})$，$\boldsymbol{h}(\boldsymbol{\theta}, \dot{\boldsymbol{\theta}})$ 和 $\boldsymbol{c}(\boldsymbol{\theta})$ 的元并写出机器人的拉格朗日动力学模型。

(d) 列出计算力矩控制问题的公式。

(e) 选择合适的机器人和控制器参数并模拟这个系统。

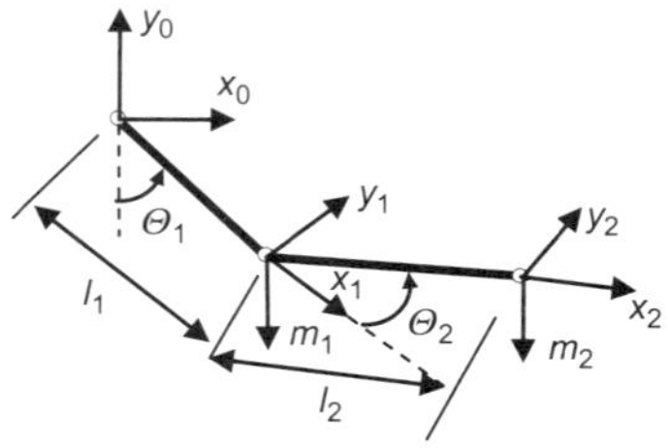

图 P.10　一个连接在天花板上的两连杆机器人

27. 考虑一个在惯性坐标系里的差分驱动 WMR(见图 P.11)：

(a) 在极坐标 (ρ, α, β) 中写出这个机器人的动力学模型，其中误差为 $\rho=\sqrt{(\Delta x)^2+(\Delta y)^2}$，$\alpha=-\phi+a\tan2(\Delta y, \Delta x)$ 和 $\beta=-\phi-\alpha$。

(b) 证明当 $K_\rho>0$，$K_\beta<0$，$K_\alpha-K_\rho>0$ 时，控制律 $v=K_\rho\rho$，$\omega=K_\alpha\alpha+K_\beta\beta$ 能使系统指数稳定。

提示：当 $x=\alpha$，β 较小时，可以使用近似 $\cos x=1$ 和 $\sin x=x$。寻找能使闭环特征多项式的极点有负的实数值的 K_ρ，K_α，K_β。

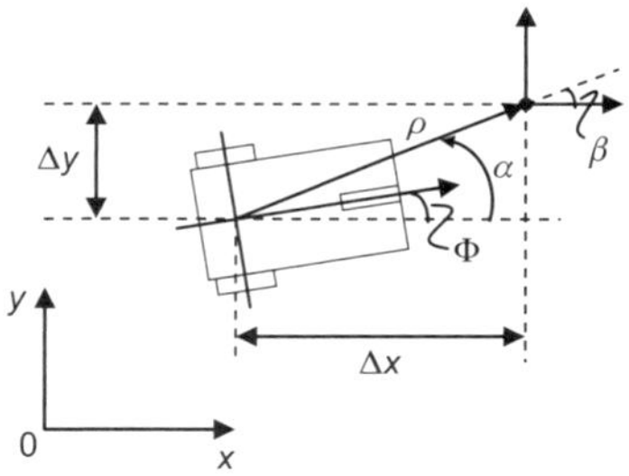

图 P.11　惯性坐标系中的差分驱动机器人

28. 公式化一个移动操纵器的控制问题，使用的平台是阿克曼载具，操纵器有两个连杆。写下相关的公式，并用你自选的参数值来模拟该系统。

29. (a) 对一个平台质量未知的差分驱动 WMR 使用滑动模态控制分析。

(b) 使用动力学模型(见式(3.47a)～式(3.47c))，为一个具有 3.3 节中讨论过的带滑移的机器人推导出一个指数收敛的不连续回馈控制。选择一个合适的轮表摩擦力模型(见第 3 章参考文献[5])。

30. 在以下情形中公式化并求解一个四轮麦克纳姆载具的控制问题：

(a) 基于李雅普诺夫的控制。

(b) 自适应控制。

(c) 滑动模态控制。

E. 视觉伺服

31. (a) 描述一个遵循典型分类问题的视觉伺服系统。

(b) 描述相机标定和手眼(机载)标定问题。

32. 描述一个通用视觉伺服问题与其解，其中视觉系统是一个中心折反射镜相机系统。

33. (a) 描述并分析一个通用的针孔相机模型。

(b) 考虑一个固定在天花板上的针孔相机，假设其相机平面与 WMR 平面平行。我们有世界坐标系 $O_w x_w y_w z_w$，相机坐标系 $O_c x_c y_c z_c$ 和图像坐标系 $O_{im} x_{im} y_{im}$(默认其与相机平面 $x_c - y_c$ 相同)。令 C 为光轴与平面 $x_w - y_w$ 的交点，其在 $x_c - y_c$ 平面上的坐标为(x_p，y_p)。令(x，y)为 WMR 的重心(与其几何中心重合)，(x_m，y_m)为(x，y)相对于图像平面的坐标。证明针孔相机的模型为

$$\begin{bmatrix} x_m \\ y_m \end{bmatrix} = \begin{bmatrix} k_1 & 0 \\ 0 & k_2 \end{bmatrix} \boldsymbol{R} \left\{ \begin{bmatrix} x \\ y \end{bmatrix} - \begin{bmatrix} x_p \\ y_p \end{bmatrix} \right\} + \begin{bmatrix} O_{c1} \\ O_{c2} \end{bmatrix}$$

其中(O_{c1}，O_{c2})是相机原点相对于图像平面的坐标，k_1，k_2 是沿着 x_{im}，y_{im} 轴的受深度信息、焦距和缩放比影响的常数。还有

$$\boldsymbol{R} = \begin{bmatrix} \cos\phi_0 & \sin\phi_0 \\ -\sin\phi_0 & \cos\phi_0 \end{bmatrix}$$

其中 ϕ_0 是 x_m 轴和 x_w 轴之间的角度，正向为逆时针方向，基于 x_w 轴，x 轴和 x_m 轴有相同朝向的假设。

(c) 配置一个通用的折反射相机模型，并用以下形式表示：

$$\boldsymbol{x}_{im} = \boldsymbol{K} \boldsymbol{f}(\boldsymbol{x})$$

其中 $\boldsymbol{x}_{im} = [x_{im}, y_{im}, 1]^T$ 为点 $\boldsymbol{x} = [x, y, z]^T$ 的 3D 世界投影，$\boldsymbol{f}(\boldsymbol{x}) = (1/w)[x, y, 1]^T$，$w = z + \zeta\sqrt{x^2 + y^2 + z^2}$，$\boldsymbol{K}$ 是折反射相机的三角标定矩阵(包含镜头的内参数)，ζ 为镜面的内参数。

34. 设相机机器人系统为如下动力学系统：

$$\boldsymbol{x}_{k+1} = \boldsymbol{F}(\boldsymbol{x}_k, \boldsymbol{u}_k), \quad \boldsymbol{y}_k = \boldsymbol{H}(\boldsymbol{x}_k)$$

其中 $\boldsymbol{y}_k \in Y \subset R^m$ 是可能输出值的集，$\boldsymbol{F}(\cdot)$描述了动力学，$\boldsymbol{H}(\cdot)$是输出的映射，$\boldsymbol{u}_k \in U \subset R^6$ 包含了所需的相机坐标系的位姿变换。

35. 在上述模型中，定义从机器人移动至图像变化的映射(前向视觉模型)$\boldsymbol{\varphi}_k(\boldsymbol{u}) = \boldsymbol{\varphi}(\boldsymbol{x}_k, \boldsymbol{u}) = \boldsymbol{H}(\boldsymbol{F}(\boldsymbol{x}_k, \boldsymbol{u}))$，$\varphi$：$X \times U \rightarrow Y$，其中 $\boldsymbol{X}$ 为系统的状态空间。

36. 推导出上述正向模型的逆向模型。因为映射 φ 过于复杂，所以只需描述 $\boldsymbol{y}_{k+1} = \boldsymbol{H}(\boldsymbol{F}(\boldsymbol{x}_k, \boldsymbol{u}_k))$的最常见的线性近似。

37. 二次近似可以被用来达到一个更精确的相机机器人系统的近似。描述并推导出此二次模型。

38. 图 P.12 展示了一个使用了双目相机的点对点定位系统的架构。更详细地说，定位任务可能为以下任务之一：(i) 抓取某个物体；(ii) 执行一个插入操作；(iii) 将一个夹持

器夹持的物体置于一个图像中定义的位姿。在图 P.12 中，左图的误差方程为 $\boldsymbol{e}_l=\boldsymbol{f}_l^c-\boldsymbol{f}_l^d$，右图的为 $\boldsymbol{e}_r=\boldsymbol{f}_r^c-\boldsymbol{f}_r^d$。可通过将两个单眼图像的雅可比矩阵叠加来把这些误差降低至 0。要控制机器人操纵器的三个平移自由度，只需估计图像中两点之间的距离就足够了，也就是说，不需要准确估计机器人与摄像机坐标系之间的变换（只需大致知道 X_R^C 的值）。假设可以使用基于图像的跟踪算法（可以估计特征点的 2D 位置），并且可以在伺服开始时手动选择所需点 $\boldsymbol{f}_l^d$ 和 $\boldsymbol{f}_r^d$ 的位置，为此任务推导出一个基于图像的视觉伺服控制算法。

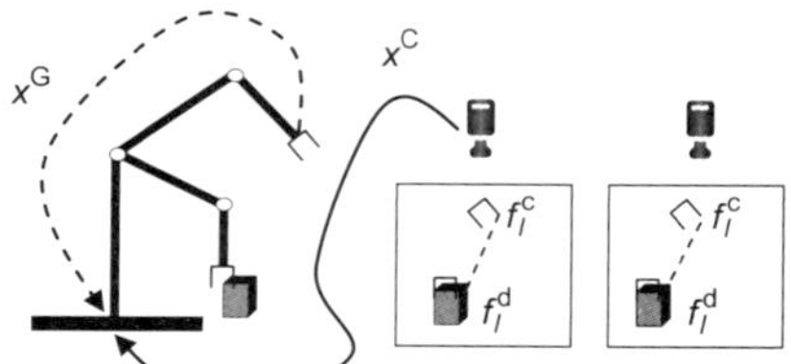

图 P.12　机器人通过双目相机进行位移

F. 模糊与神经方法

39. 用自己的话解释智能控制是什么意思，描述它的组成部分和主要架构。

40. 简单地描述计算型智能的三个主要部分。

41. 使用 MatLAB 来分析隶属函数：

$$\mu_{\text{big}}(x)=1/[1+(x/F_2)^{-F_1}],\ x\in R$$

参数 F_1 和 F_2 可分别称为“指数模糊”和“分子模糊”。

提示：在以下两种情况中绘制 $\mu_{\text{big}}(x)$。

(a) 恒定的 F_2 和变化的 F_1（例如 $F_2=50$；$F_1=1, 2, 4, 100, 100$）

(b) 恒定的 F_1 和变化的 F_2（例如 $F_1=4$；$F_2=30, 40, 50, 60, 70$）

42. 我们有两个模糊集 A 和 B，其中 $A=\{$x greater than 15$\}$，$B=\{$x nearly 17$\}$，其隶属函数为

$$\mu_A(x)=\begin{cases}\dfrac{1}{1+(x-15)^{-2}}, & x>15\\ 0, & x\leqslant 15\end{cases}\quad \mu_B(x)=\frac{1}{1+(x-17)^4}$$

(a) 求解并绘制模糊集，隶属函数 $C=(x$ greater than 15)AND(x nearly 17)

(b) 同上，隶属函数 $D=(x$ greater than 15)OR(x nearly 17)

(c) 同上，隶属函数 $E=(x$ not greater than 15)AND(x nearly 17)

43. 我们有模糊规则“IF x is A THEN y is B”，其中

$$A=0.33/6+0.67/7+1.00/8+0.67/9+0.33/10$$

$$B=0.33/1+0.67/2+1.00/3+0.67/4+0.33/5$$

如果我们知道“x is A′”并且

$$A'=0.5/5+1.00/6+0.5/7$$

使用 Mamdani 规则求 B'。

44. 考虑一个吊钟形隶属函数 $\mu_A(x)=\text{bell}(x;1.5, 2, 0.5)$ 和方程

$$f(x)=\begin{cases}(x-1)^2-1, & x\geqslant 0\\ x, & x\leqslant 0\end{cases}$$

求模糊集 $B=f(A)$ 的隶属函数。

提示：使用 $f(A)=\Sigma\mu_A(x)/f(x)$，其中 Y 是映射 $y=f(x)$，$y\in Y$ 的超集。

45. 考虑以下规则库：

R_1：IF x is low，THEN y is low

R_2：IF x is medium，THEN y is medium

R_3：IF x is high，THEN y is high

其中的语言变量(模糊集)、low、medium、high 被定义为

变量：$X=\{1, 2, 3, 4, 5\}$

$$\text{low}=1/1+0.75/2+0.5/3+0.25/4+0/5$$
$$\text{medium}=0.5/1+0.75/2+1/3+0.75/4+0.5/5$$
$$\text{high}=0/1+0.25/2+0.5/3+0.75/4+1/5$$

变量：$Y=\{6, 7, 8\}$

$$\text{low}=1/6+0.6/7+0.3/8$$
$$\text{medium}=0.6/6+1/7+0.6/8$$
$$\text{high}=0.3/6+0.6/7+1/8$$

用 Mamdani 规则和 Zadeh 规则求与此规则库等效的关系矩阵 $\boldsymbol{R}$。

46. 在上题情形中，利用极大-极小构成规则，其中：

$$A'=\text{“nearly high”}=0.25/1+0.50/2+0.75/3+1/4+0.75/5$$

求输出：

$$B'=A'\circ R$$

并用自然语言解释结果。

47. 修改 14.4.3.3 节中的 BP 传播，使得双曲正切 S 形函数成立。

48. 证明 BP 算法是收敛的。

49. 以矩阵形式(式(14.9))写出能描述图 P.13 的 MLP。假设所有神经(不包括第一层的神经)有着同样的激活函数 $\sigma(\cdot)$ 和零阈值。

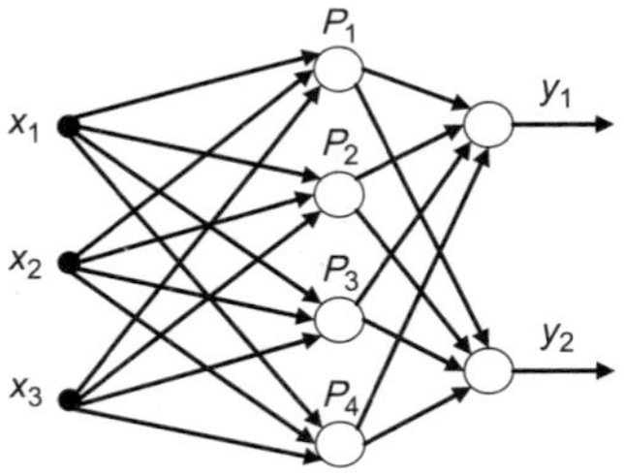

图 P.13　一个隐含层和输出层具有相同激活函数的 MLP

50. 描述基于最速下降学习方式的主要优化算法。如何提升其收敛率？

51. 将 BP 训练算法应用于图 P.14 所示的 NN。求解析形式的加权更新关系。使用以下激活函数：

$$\sigma(z)=[1-\exp(z)]/[1+\exp(z)]$$

52. 描述一个简单的为 RBF 基础函数选择中心 $\boldsymbol{c}_i$ 的算法。当中心 $\boldsymbol{c}_i$ 已选时，如何选择 RBF 的参数 σ_i？

53. 考虑一个有 p 个输入，一个输出和 m 个 RBF 基础函数的 RBF NN。基础函数为

$$\phi(\|\boldsymbol{x}-\boldsymbol{c}_i\|)=1/[1+\sigma_i(\boldsymbol{x}-\boldsymbol{c}_i)^2]$$

使用最陡算法，详细地写出以下参数的训练方程：

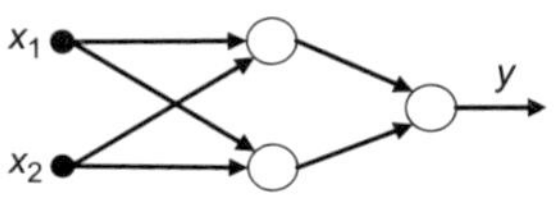

图 P.14　一个简单的 NN

- 输出层的加权 w_i。
- RBF 的宽度 σ_i。
- RBF 的中心 $\boldsymbol{c}_i$。

54. (a) 解释有三层的 NN 的全局近似性质。

(b) 使用以下的 Sigmoid 函数来检验 BP 学习方法：

(i) $\sigma(x)=1/x$，$1\leqslant x\leqslant 100$

(ii) $\sigma(x)=\log_{10}x$，$1\leqslant x\leqslant 10$

(iii) $\sigma(x)=\exp(-x)$，$1\leqslant x\leqslant 10$

(iv) $\sigma(x)=\sin x$，$0\leqslant x\leqslant \pi/2$

在每个情形中使用两个数据集：训练数据和验证数据。使用训练数据和一个隐含来计算突触加权。使用验证数据来检测其精确度。

55. (a) 使用极大极小构成和 COG 去模糊化方法来构建一个 ANFIS 双规则双输入 Mamdani 模糊系统。描述此神经模糊系统每层的运作。

(b) 使用 MatLAB 文件 tin-2in 和 MatLAB 程序 tanmip. m 导出数据来学习这个映射。神经网络中心须有与(a)中相同数量的参数。绘制结果。

56. 为图 P. 15 的倒立摆设计一个模糊控制器。系统的参数为：摆长(L)，摆的质量(m)，载具质量(M)。

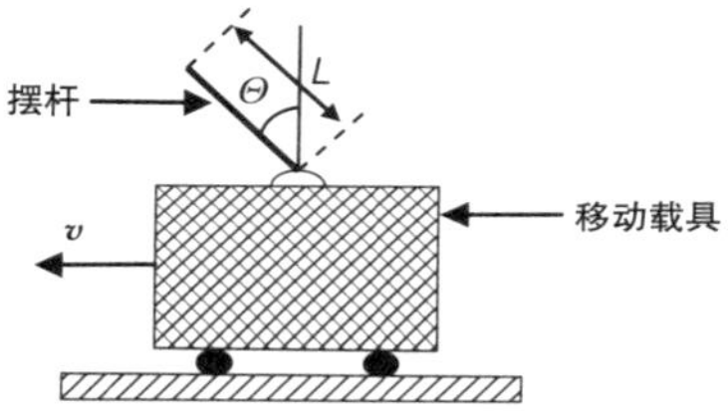

图 P. 15　倒立摆小车系统

57. 考虑以下系统

$$\dot{x}_1(t)^j=x_2(t)^j,\ \dot{x}_2(t)^j=x_3(t)^j,\ \cdots,\ \dot{x}_n(t)^j=-f(\boldsymbol{x}(t)^j)+b(\boldsymbol{x}(t)^j)u(t)^j$$

其中 $\boldsymbol{x}(t)^j=[x_1(t)^j,\ x_2(t)^j,\ \cdots,\ x_n(t)^j]^{\mathrm{T}}$ 是其状态向量，$u(t)^j$ 是控制输入，$f(\boldsymbol{x}^j)$，$b(\boldsymbol{x}^j)$是未知函数。索引 j 代表重复次数，并且 $t\in[0,\ T]$。所需解决的问题是如何控制 $\boldsymbol{x}^j(t)$ 从而使其能跟随一个期望的状态 $\boldsymbol{x}_{\mathrm{d}}(t)=[x_{\mathrm{d}},\ \dot{x}_{\mathrm{d}},\ \cdots,\ \boldsymbol{x}_{\mathrm{d}}^{(n-1)}]^{\mathrm{T}}$，$t\in[0,\ T]$。假设 $f(\boldsymbol{x})$ 和 $b(\boldsymbol{x})$有界，$\boldsymbol{x}_{\mathrm{d}}(t)$有界并且可测，对于 $\boldsymbol{x}^j\in R^n$ 的每一次重复，有$[\boldsymbol{e}^j(t)]=[\boldsymbol{x}^j(t)-\boldsymbol{x}_{\mathrm{d}}^j(t)]_{t=0}=\boldsymbol{0}$，并且边界 b_{L} 满足 $0<b_{\mathrm{L}}<b(\boldsymbol{x}^j)$，是正常数。

提示：证明控制器 u^j 具有形式

$$u^j=U_m^j-\operatorname{sgn}(s^j)[1+1/b_{\mathrm{L}}]|U_m^j|$$

$$\operatorname{sign}(s^j)=\begin{cases}1, & s^j>0\\ 0, & s^j=0\\ -1, & s^j<0\end{cases}$$

58. 将上题中的控制器应用于以下模拟：(a) 一个双连杆机器人(其中 $l_1=l_2=1\mathrm{m}$，$m_1=m_2=1\mathrm{kg}$)；(b) 一个类车 WMR；(c) 以上两者结合而成的移动机械臂(MM)。

59. 推导出一个使用高斯函数的自适应神经模糊控制器以控制图 P. 16 中的差分驱动 WMR。

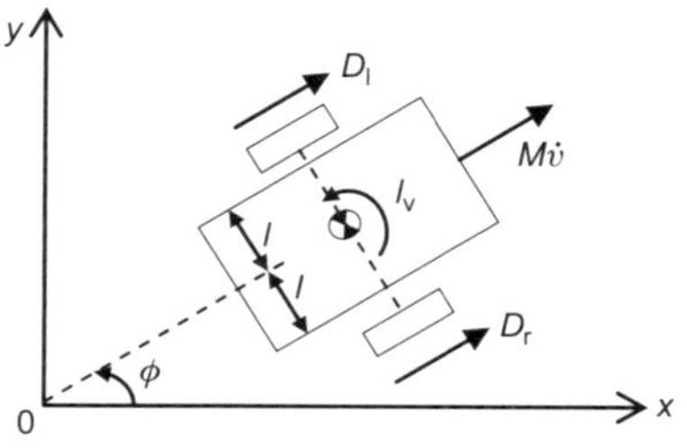

图 P. 16　应用神经模糊控制的差分驱动 WMR

提示：世界坐标系为 Oxy。使用图 P.16 中的符号，WMR 的动力学方程为

$$I_v\ddot{\phi}=D_r^l-D_l^l$$

$$M\dot{v}=D_r+D_l$$

$$I_\omega\ddot{\theta}_i+c\dot{\theta}_i=ku_i-rD_i\,(i=1,\ r)$$

$$r\dot{\theta}_r=v+l\dot{\phi}$$

$$r\dot{\theta}_l=v-l\dot{\phi}$$

结合以下定义：状态向量 $\boldsymbol{x}=[v,\ \phi,\ \dot{\phi}]^{\mathrm{T}}$，控制向量 $\boldsymbol{u}=[u_{\mathrm{r}},\ u_{\mathrm{l}}]^{\mathrm{T}}$，输出向量 $\boldsymbol{y}=[v,\ \phi]^{\mathrm{T}}$；我们可以写出标准的状态空间形式 $\dot{\boldsymbol{x}}=\boldsymbol{A}\boldsymbol{x}+\boldsymbol{B}\boldsymbol{u}$，$\boldsymbol{y}=\boldsymbol{C}\boldsymbol{x}$。

60. 遵循以下条件，使用 RBFNN 为平面机器操纵器推导出一个稳定的 2D 视觉伺服：(i) 重力与摩擦力未知；(ii) 视觉系统中有建模错误。

提示：使用采用了高斯基础函数 $\phi(x)=\mathrm{e}^{-(x-c)^2/b}(b>0)$的 RBF，以及基础的 PD 控制法则

$$\boldsymbol{u}=-\boldsymbol{K}_{\mathrm{p}}(\boldsymbol{q}-\boldsymbol{q}_{\mathrm{d}})-\boldsymbol{K}_{\mathrm{d}}\dot{\boldsymbol{q}}$$

假设关节速度 $\dot{\boldsymbol{q}}$ 可测得。用标准方式表达该神经网络：$\boldsymbol{y}=\boldsymbol{W}^{\mathrm{T}}\boldsymbol{\Phi}(\boldsymbol{x})$。将该神经项加入上面的控制律(注意该控制律并不准确，因为其重力与摩擦系数都未知)，我们得到

$$\boldsymbol{u}=\boldsymbol{K}_{\mathrm{p}}(\boldsymbol{q}-\boldsymbol{q}_{\mathrm{d}})-\boldsymbol{K}_{\mathrm{d}}(\dot{\boldsymbol{q}}-\dot{\boldsymbol{q}}_{\mathrm{d}})+\hat{\boldsymbol{W}}\boldsymbol{\Phi}(\hat{\boldsymbol{V}}\boldsymbol{s})$$

其中 $\hat{\boldsymbol{W}}$ 是在 NN 训练后产生的加权矩阵。因为机器人由视觉伺服控制，上述的 PD 控制应该被下式替代：

$$\boldsymbol{\tau}=\boldsymbol{J}^{\mathrm{T}}\boldsymbol{K}_{\mathrm{p}}\boldsymbol{R}^{\mathrm{T}}\widetilde{\boldsymbol{x}}_{\mathrm{s}}-\boldsymbol{K}_{\mathrm{d}}\dot{\boldsymbol{q}}+\hat{\boldsymbol{W}}^{\mathrm{T}}\boldsymbol{\Phi}(\boldsymbol{s})$$

其中 $\boldsymbol{s}=[\boldsymbol{s}_0,\ \boldsymbol{q}^{\mathrm{T}},\ \dot{\boldsymbol{q}}_{s_0}^{\mathrm{T}}]$为 NN 的输入向量，$\boldsymbol{s}_0$ 是 NN 的阈值，$\boldsymbol{W}$ 是有 N 个隐含神经的加权矩阵，$\widetilde{\boldsymbol{x}}_{\mathrm{s}}\in R^n$ 是相机的位置误差：

$$\widetilde{\boldsymbol{x}}_{\mathrm{s}}=ah\boldsymbol{R}(\boldsymbol{\theta})[\boldsymbol{f}_{\mathrm{d}}-\boldsymbol{f}],\ h=l_{\mathrm{f}}/(l_{\mathrm{f}}-z)$$

此处，$\boldsymbol{R}(\boldsymbol{\theta})$是一个标准的 2×2 旋转矩阵，l_{f} 是焦距，a 是缩放比，$\boldsymbol{f}(\boldsymbol{q})$，$\boldsymbol{f}(\boldsymbol{q}_{\mathrm{d}})$分别是所得的和期望的图像特征。项 $\hat{\boldsymbol{W}}^{\mathrm{T}}\boldsymbol{\Phi}(\boldsymbol{s})$近似了重力和摩擦力 $\boldsymbol{B}(\boldsymbol{s})=\boldsymbol{g}(\boldsymbol{q})+\boldsymbol{F}_v(\dot{\boldsymbol{q}})$。视第一种情形为视觉空间可精确对应世界坐标系，第二种情形为视觉空间不能精确地提供世界坐标系。证明控制器为渐近稳定，并在 MatLAB 中模拟所得的闭环系统，系统参数可自选。

G. 规划

61. 存储一个六自由度机器人一分钟的连续路径需要多少个 8bit 字节？假设保存每个关节的位置我们需要 16bit 的词，采样频率为 16ms。

62. 假设多项式

$$x(t)=a_4t^4+a_3t^3+a_2t^2+a_1t+a_0$$

关于区间$[-T,\ +T]$内的时间 t 描述了一个移动机器人的位置。如果必需的边界条件为

$$x(-T)=0,\quad \dot{x}(-T)=0,\quad \ddot{x}(-T)=0$$
$$x(T)=C,\quad \dot{x}(T)=C/T,\quad \ddot{x}(T)=0$$

证明系数 $a_i(i=0, 1, 2, 3, 4)$为下式的形式：

$$a_0=3C/16,\quad a_1=C/2T,\quad a_2=3C/8T^2,\quad a_3=0,\quad a_4=-C/16T^4$$

63. 在边界条件：

$$x(t)=a_4t^4+a_3t^3+a_2t^2+a_1t+a_0$$
$$y(t)=b_4t^4+b_3t^3+b_2t^2+b_1t+b_0$$

的限制下，写出能实施下述路径的计算机程序：

$$t=-3:\ x=0,\ \dot{x}=0,\ \ddot{x}=0,\ y=0,\ \dot{y}=0,\ \ddot{y}=0$$
$$t=+3:\ x=10,\ \dot{x}=5,\ \ddot{x}=0,\ y=16,\ \dot{y}=8,\ \ddot{y}=0$$

以 $\Delta t=0.2$s 的间隔画出结果。

64. 例 11.2 中描述的动作规划技巧称为 2-1-2，因为其路径是被一个时间的二次函数(稳定加速度)、一个一次的(线性)多项式(稳定速度)和一个二次多项式(稳定加速度减速)描述的。推导出类似的：

(a) 4-1-4，其中第一段和最后一段路径有四次多项式描述。

(b) 4-3-4，其中第二段路径有三次多项式描述。

65. 一个单连杆机器人要在两秒内从初始角度 $\theta(0)=30°$移动到最终角度 $\theta(2)=100°$。其关节在最初和最终的速度和加速度为零。求能实现此动作的三次、四次和五次多项式的系数。

66. (a) 定义并绘图解释最短路径路线图。

(b) 定义并绘图解释最大间隙路线图。

67. 图 11.7 中展示的单元分解称为竖直单元分解，其中自由位形空间被分解为一个由有限的 2-单元(带垂直边的梯形或退化的梯形形成的三角形)和 1-单元(两个 2-单元之间的垂直边界)组成的集。

(a) 不使用随机扰动，推广上述数值单元分解来解决 CS_{free} 有两个及以上的点在同一竖直部分的情形。

(b) 为由一系列的圆弧和线段组成的障碍物边界进行竖直单元分解。

68. (a) 为图 P. 17a 中的障碍物环境绘制竖直分解。

(b) 为图 P17. b 中的障碍物-开始点-终点情形绘制可视度图。

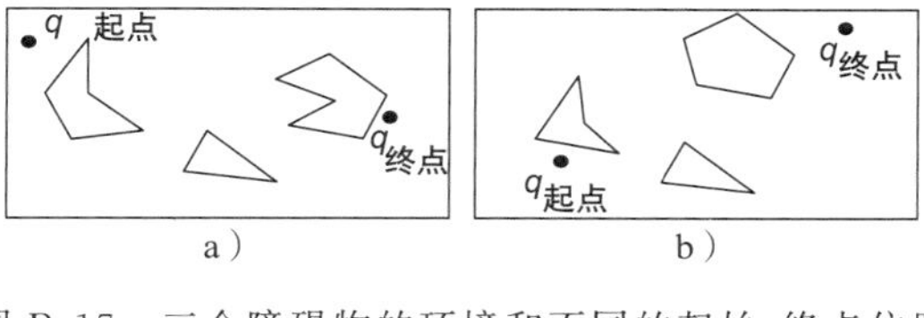

图 P. 17　三个障碍物的环境和不同的起始-终点位置

(c) 绘制图 P. 18a 和图 P. 18b 中的最短路径并解释你的答案。

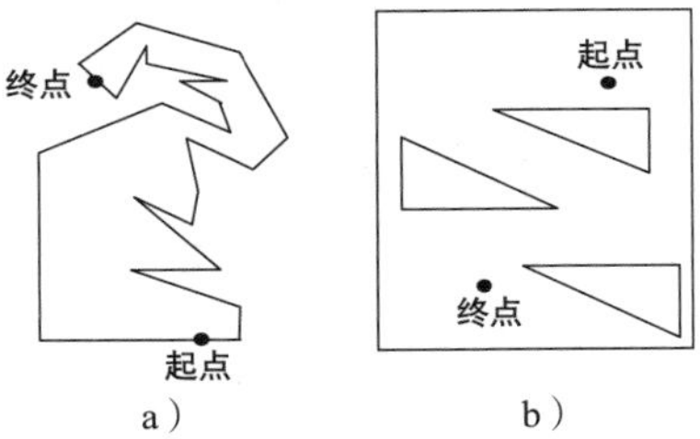

图 P.18　两个用于绘制最短起点-终点路径的环境

69. 为图 P.19 中的办公室环境生成一个 Voronoi 图，并找出两个从起点到终点无碰撞的路径。

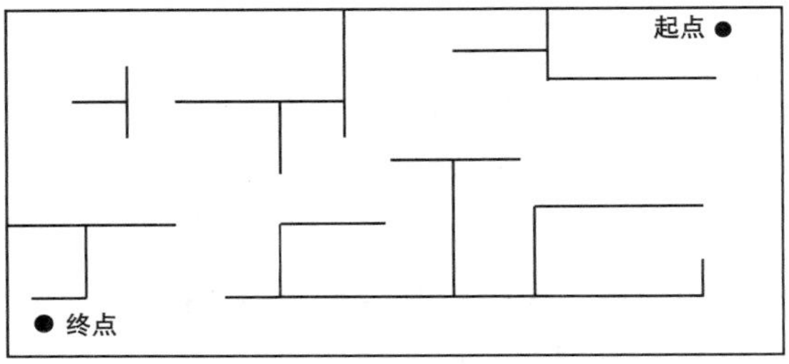

图 P.19　一个办公室层的平面图

70. 编写一个使用垂直平分线来绘制 Voronoi 图的计算机程序。在此方法中，Voronoi 的障碍物 A 和 B 之间的边是一个连接两个障碍物的线段的垂直平分线(见图 P.20a)。如果增加第三个障碍物，则应计算在成对点(A，B)，(A，C)和(B，C)间的垂直平分线 1，2 和 3(见图 P.20b)。

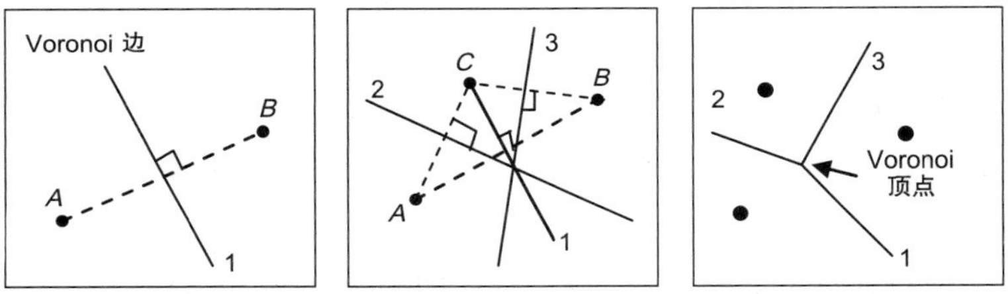

a）A和B两个物体二分的Voronoi边（1）　b）物体A，B和C的二分边1，2和3　c）三个物体基于二分的Voronoi顶点（路径）

图 P.20　绘制 Voronoi 图示例

71. 我们有一个 U 形环境，其形状如图 P.21 所示。推导出相对应的势场函数并且编写一个用于找到相对应的从初始点到终点的程序，路径由围绕着 U 形墙壁的表示吸引和排斥的箭头显示。

72. 四个势场方法内在的问题(与实现方式无关)：

(a) 局部最小导致的陷阱。

(b) 无法在紧凑的物体之间穿行。

(c) 有障碍物时会产生振荡。

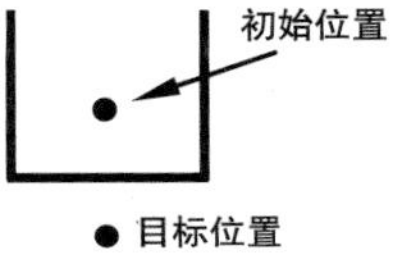

图 P.21　一个 U 形障碍物

(d) 狭窄的通道中会振荡。

用自己的语言描述以上情形，并证明其出现的可能性。

73. 定义路径规划、动作规划和任务规划，并描述他们的异同之处。

74. 用 AI 问题解决方法，简单地描述机器人的任务规划，即提出问题、简化问题和解决问题(解空间搜索方法)。

75. 求解有名的“食人族”问题：三个传教士(missionarie)和三个食人族(cannibal)想要用船从右岸过一条河到左岸。船最多能载两人。如果传教士在一边的人数比食人族少，那么食人族就会把传教士吃掉。求六人都能安全过河的方法。

提示：系统的状态是(N_{miss}，N_{cannib})，其中 N_{miss} 和 N_{cannib} 是传教士和食人族在左岸的数量。可能的中间状态为(0，1)，(0，2)，(0，3)，(1，1)，(2，2)，(3，0)，(3，1)和(3，2)。

76. 描述机器人任务规划的三个步骤，即直接建模、确定任务和程序综合。三维物体表达的三个主要类型为：(i) 边界表达；(ii) 扫描表达；(iii) 体积表达。为体积表达写一段简单的描述，其中应包含结构实体几何(用基础图形和方块操作)。

77. 我们有图 P.22 中的物体，它们可被描述为：合并物体面 1(S_1 对 S_3)和(S_2 对 S_4)。找到能相对于已知的物体 2 的位形约束物体 1 的位形的关系集。

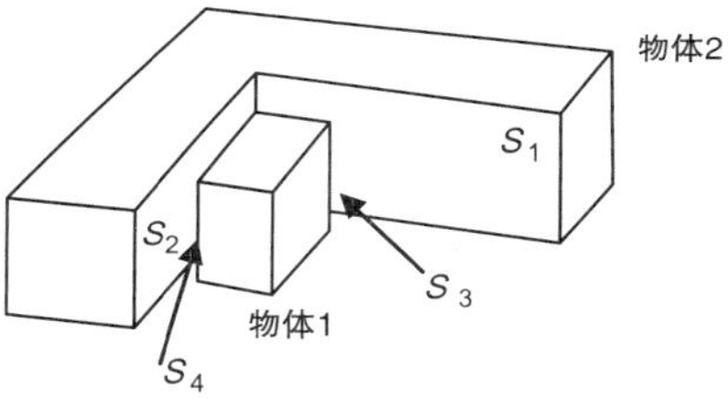

图 P.22　一个 2 物体世界

78. 求一个将四个保护器置于物体(产品)四边的任务规划。保护器用于将物体(例如一个易碎的物体)固定在盒子里。初始状态是一个空盒(见图 P.23a)，目标状态如图 P.23c 所示，中间状态如图 P.23b 所示。

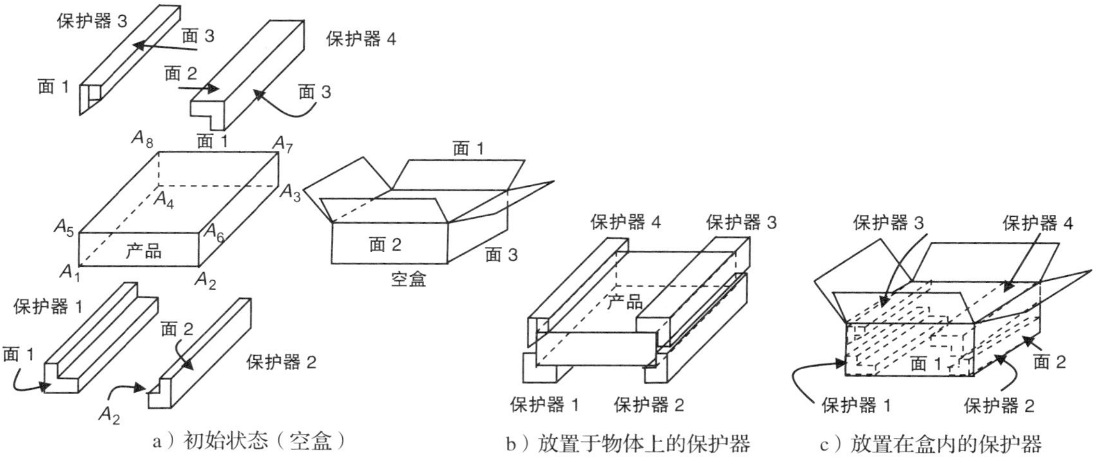

图 P.23　保护器任务规划示例

79. 使用三角表方法来生成一个用 WMR 将盒子 B_1 移入相邻的房间的任务规划，如图 P.24 所示(初始状态时，机器人在房间 R_1，盒子在房间 R_2，然后盒子应该被运送入 R_3)。机

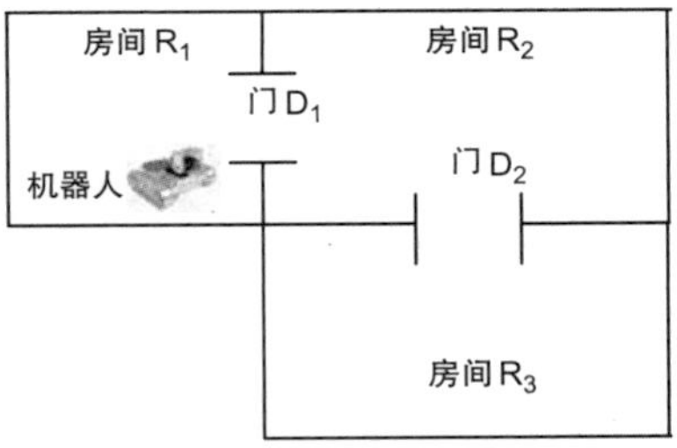

图 P.24　一个有双门的三房间环境

器人有两个运动控制器：

GOTHRU——通过其相对应的门，从 R_1 移动到 R_2 等类似的运动。

PUSHTHRU——机器人通过门 D_2 将盒子 B_1 从房间 R_2 推入房间 R_3。

初始的数据库为：

INROOM(ROBOT, R_1)

CONNECTS(D_1, R_1, R_2)

CONNECTS(D_2, R_2, R_3)

BOX(B_1)

INROOM(B_1, R_2)

规则为：

$(\forall x, \forall y, \forall z)[CONNECTS(X)(Y)(Z) \rightarrow CONNECTS(X)(Y)(Z)]$

目标状态 G_0 为：

$(\exists X)[BOX(X) \wedge INROOM(X, R_2)]$

80. 使用 AND/OR 图来求解问题 79。

H. 定位与地图构建

81. 描述以下的定位方式：(i) 里程计；(ii) 惯性导航；(iii) 主动信标；(iv) 地标识别；(人工，自然)；(v) 模型匹配。
82. 描述一些可以测量并降低非系统性的里程计误差。
83. 描述全球定位系统是如何工作的，并提供一个例子。
84. 描述一个概率定位的方法。
85. 用自己的语言描述边界跟随算法。
86. 描述一个使用 EKF 进行传感器阵列标定的方法。
87. 创建两个使用概率进行 SLAM 的方法。
88. 创建一个在有地标的环境中定位 WMR 的方法。
89. 创建一个 SLAM 的粒子滤波(序列蒙特卡洛)方法。
90. 当一个 WMR 的环境包括移动物体时，我们需要在 SLAM 问题的基础上解这些动态物体的检测和跟踪问题(DTM)。为这个联合的 SLAM-DTM 问题推导出一个贝叶斯函数。提出一个利用带距离传感器的移动平台进行 DTM 的实用的算法。
91. 展示由单个折反射相机提供的全向图是如何被用于生成拓扑导航和视觉路径跟随所需的表达的。拓扑导航的基础是由在训练时获得的一个集的全向图估计出的机器人的全局位置。
92. 开发出一个能将折反射相机与以下方式结合的方法：(a) 一个扩展卡尔曼滤波 SLAM；(b) 粒子滤波 SLAM。

I. 仿射系统和不变流形

93. 两个有限维空间中的变换 $\boldsymbol{y}=\boldsymbol{A}\boldsymbol{x}+\boldsymbol{b}$(仿射变换、仿射映射或者仿射性(affinity))由一个线性变换 $\boldsymbol{A}$ 和一个位移 $\boldsymbol{b}$ 构成。几何上，一个在欧几里得空间中的仿射变换是一个有着如下性质的变换：

- 共线性保持：在同一条线上的三个点在变换后仍然共线。
- 距离比保持：三个共线点 P_1，P_2 和 P_3 的距离比$(P_2P_1)/(P_3P_2)$不变。

在一维情形中，$\boldsymbol{A}$ 和 $\boldsymbol{b}$ 是图 $\boldsymbol{y}=\boldsymbol{A}\boldsymbol{x}+\boldsymbol{b}$ 的斜率和交点。矩阵 $\boldsymbol{A}$ 代表了旋转(或者剪切)，$\boldsymbol{b}$ 代表了移动(位移)。所以齐次变换就是仿射变换：

$$\begin{bmatrix}\boldsymbol{y}\\ \cdots\\ 1\end{bmatrix}=\left[\begin{array}{c:c}\boldsymbol{A} & \boldsymbol{b}\\ \hdashline \boldsymbol{0} & 1\end{array}\right]\begin{bmatrix}\boldsymbol{x}\\ \cdots\\ 1\end{bmatrix},\quad \boldsymbol{T}=\left[\begin{array}{c:c}\boldsymbol{A} & \boldsymbol{b}\\ \hdashline \boldsymbol{0} & 1\end{array}\right]$$

(a) 证明以下命题成立

i. $\boldsymbol{A}-\boldsymbol{I}$ 可逆。

ii. $\boldsymbol{A}$ 的特征值中没有 1。

iii. 对于所有的 $\boldsymbol{b}$，变换都只有一个固定点。

iv. 存在一个 $\boldsymbol{b}$ 使得变换只有一个固定点。

v. 包含矩阵 $\boldsymbol{A}$ 的仿射变换可被写为以某些点为原点的线性变换。

(b) 证明在 $\boldsymbol{A}$ 有特征值 1 时的二维仿射变换(即一个没有固定点的二维仿射变换)是一个纯位移。确定仿射变换可逆所需的条件。

94. 针对以下非线性控制系统：

$$\dot{x}_1=3x_1+x_2^2-2x_2+u,\quad \dot{x}_2=3\sin x_1-x_2-u$$

(a) 为 $u=0$ 绘制在原点附近 $|x_1|\leqslant 1$ 和 $|x_2|\leqslant 2$ 时的状态空间轨迹。

(b) 在点 $x_1=0$，$x_2=0$ 和 $u=0$ 的附近线性化系统，并证明线性化了的系统不稳定。

(c) 设计一个使闭环系统的 $\xi=0.5$ 和 $\omega_n=3$ 的线性回馈控制器。

(d) 将此控制器应用于原系统，并在状态空间中绘制所得的闭环系统的轨迹。

95. 一个将系统 $\dot{\boldsymbol{x}}_1=x_1+u_1$，$\dot{\boldsymbol{x}}_2=x_2+u_2$ 引导至原点$(x_1, x_2)=(0, 0)$的控制器为 $u_i=\begin{cases}-y_i, & |y_i|\leqslant 5\\ -5\mathrm{sgn}(y_i), & \text{其他}\end{cases}$，其中 $y_i=5x_i$。

(a) 通过研究李雅普诺夫函数 $V=(1/2)(x_1^2+x_2^2)$的导数 $\dot{V}$ 来解析性地确定系统的吸引区域。

(b) 计算出真实的吸引区域。

96. 对于系统 $\dot{\boldsymbol{x}}_1=\sin x_2$，$\dot{\boldsymbol{x}}_2=x_1^4\cos x_2+u$：

(a) 设计一个可以使系统跟踪任意轨迹 $x_{\mathrm{d}_1}(t)$的控制器，假设状态$[x_1(t), x_2(t)]^{\mathrm{T}}$ 精确可知，信号 $x_{\mathrm{d}_1}(t)$，$\dot{x}_{\mathrm{d}_1}(t)$和 $\ddot{x}_{\mathrm{d}_1}(t)$已知，并且系统没有不确定量。

(b) 用 MatLAB 确认此闭环系统是否能跟随期望的轨迹。

97. 求一个控制器 $v(\boldsymbol{x})$ 使得以下系统鲁棒稳定：$\dot{x}_1=x_2+\mathrm{d}_1(x, t)$，$\dot{x}_2=z+\mathrm{d}_2(x, t)$，$\dot{z}=v+\mathrm{d}_3(x, t)$，当扰动有下述界限时，$|d_1|\leqslant\rho_1(x_1)$，$|d_2|\leqslant\rho_2(x_1, x_2)$，$|d_3|\leqslant\rho_3(x_1, x_2, x_3)$。使用基于李雅普诺夫的鲁棒控制方法。

98. 检测以下系统：

$$\dot{\boldsymbol{x}}=\boldsymbol{f}(\boldsymbol{x})+\boldsymbol{b}u, \quad \boldsymbol{x}=[x_1, x_2, x_3]^{\mathrm{T}}$$

$$\boldsymbol{b}=[1, 0, 1]^{\mathrm{T}}, \quad \boldsymbol{f}(\boldsymbol{x})=[x_2+x_2^2+x_3^2, x_3+\sin(x_1-x_3), x_3^2]^{\mathrm{T}}$$

(a) 是否是输入态线性化的。

(b) 变量

$$z_1=x_1-x_3, \quad z_2=x_2+x_2^2$$

$$z_3=x_3+\sin(x_1-x_3)+2x_2[x_3+\sin(x_1-x_3)]$$

是否能用于线性化状态变量。

99. 用相对应的仿射模型检测差分驱动、三轮车、类车、三轮和四轮全向移动机器人的可操控性。

100. (a) 开发一个能为类车 WMR 在弧度约束下提供平滑路径的转向方式，并将其与一个全局避障动作规划合并。

(b) 使用“虚拟”载具方式，开发一个类车模型的鲁棒控制器。模型需要考虑到既存的误差和扰动。

101. 为一群独轮车式 WMR 开发一个带避障的跟踪控制器。使用一个监督系统来给每个机器人设定其路径并依据其在路径上的位置设定其速度分布。

102. 使用反推(backstepping)技巧，开发一个能同时跟踪位置和力矩的渐近稳定的控制方案。方案中需要考虑到驱动器的动力学。

103. 考虑一个 m 输入仿射系统 $\dot{\boldsymbol{x}}=\boldsymbol{f}(\boldsymbol{x})+\sum_{i=1}^{m}\boldsymbol{g}_i(\boldsymbol{x})u_i$，其中 $\boldsymbol{x}\in R^n$，$\boldsymbol{u}=[u_1, u_2, \cdots, u_m]^{\mathrm{T}}\in R^m$，非线性静态反馈控制律

$$\boldsymbol{u}=\alpha(\boldsymbol{x})+\beta(\boldsymbol{x})\boldsymbol{v}(t), \quad \boldsymbol{v}\in R^{m_0}, \quad m_0<mu$$

我们知道，当存在非连续状态变换 $\boldsymbol{z}=\boldsymbol{\Phi}(\boldsymbol{x})$，$\boldsymbol{z}\in R^n$ 和使有状态 $\boldsymbol{z}$ 和输入 $\boldsymbol{v}$ 的变换后的系统可控的状态反馈时，上述系统是可不规则(静态)反馈线性化的。使用 Frobenius 理论证明在以下情况下，双输入无漂移系统 $\dot{\boldsymbol{x}}=\boldsymbol{g}_1(\boldsymbol{x})u_1+\boldsymbol{g}_2(\boldsymbol{x})u_2$ 是可非常规线性化的。

1) 嵌套分布定义为

$$\boldsymbol{\Delta}_i=\mathrm{span}\{\boldsymbol{g}_2\}, \quad \boldsymbol{\Delta}_i=\boldsymbol{\Delta}_{i-1}+\mathrm{ad}_{\boldsymbol{g}_1}\boldsymbol{\Delta}_{i-1}, \quad i=1, 2, \cdots, n-2$$

2) 并且 $\boldsymbol{\Delta}_{n-1}=\boldsymbol{\Delta}_{n-2}+\mathrm{span}\{\boldsymbol{g}_1\}$ 有如下性质：

- $\boldsymbol{\Delta}_i$ 是对合的并且在 $i=0, 1, \cdots, n-1$ 时有常数秩。
- 秩 $\boldsymbol{\Delta}_{n-1}=n$。

将所得的解应用于以下非完整链式系统：

$$\dot{x}_1=u_1, \quad \dot{x}_2=u_2, \quad \dot{x}_3=x_2u_1, \quad \cdots, \quad \dot{x}_n=x_{n-1}u_1$$

104. 考虑以下链式 WMR 的运动学模型：

$$\dot{x}_1=u_1,\quad \dot{x}_2=u_2,\quad \dot{x}_3=x_2u_1$$

其中输出 $z=h(\boldsymbol{x})=x_1$，并应用非平滑变换 $\phi(\boldsymbol{x})=x_3^{1/3}$。使用第 103 问的解来推导出能将系统转化为以变换 $u_1=x_3^{1/3}$ 为起始的标准形的非连续状态和输入变换。证明所得的单输入线性标准系统为

$$\dot{z}_1=z_2,\quad \dot{z}_2=z_3,\quad \dot{z}_3=v$$

找出能推导出以 $-\lambda_1$，$-\lambda_2$，$-\lambda_3(0<\lambda_1<\lambda_2<\lambda_3)$ 为特征值的闭环系统的反馈控制律 $u_1=u_1(x)$，$u_2=u_2(x)$ 并给出其稳定条件。

105. 考虑以下链式 WMR 模型：

$$\dot{x}_1=u_1,\quad \dot{x}_2=u_2,\quad \dot{x}_3=x_1u_2,\quad v=u_1+x_3u_2,\quad \omega=u_2$$

使用不变和吸引流形技巧，找到能使下述控制律在任何 $x_1\neq 0$，$x_2\neq 0$（当 $k_1>0$，$k_2>0$ 时）的初始条件下将系统稳定至原点的条件：

$$u_1=-k_1x_1+k_2\frac{s(x)}{x_1^2+x_2^2}x_2,\quad u_2=-k_1x_2-k_2\frac{s(x)}{x_1^2+x_2^2}$$

其中 $s(\boldsymbol{x})=x_3-x_1x_2/2$。同时证明输入 u_1 和 u_2 是有界的，其界限为沿满足条件 $k_2>2k_1>0$ 时的闭环系统的轨迹。

106. 考虑一个完全可控的但是不能使用平滑（甚至连续的）静态或动态回馈控制（Brockett 理论）来渐进稳定的 $(n,2)$ 链式系统 $\dot{x}_1=u_1$，$\dot{x}_2=u_2$，$\dot{x}_3=x_2u_1$，…，$\dot{\boldsymbol{x}}_n=x_{n-1}u_1$。找出满足什么条件时，下述控制律能推导出一个对任何初始条件 $\boldsymbol{x}(0)$ 都有一个使得 $x_1(0)\neq 0$ 的正解：

$$u_1=-x_1$$

$$u_2=k_2x_2+k_3\left(\frac{x_3}{x_1}\right)+k_4\left(\frac{x_4}{x_1^2}\right)+\cdots+k_n\left(\frac{x_n}{x_1^{n-2}}\right)$$

其中 $[x_i/x_1^{i-2}]_{(0,0)}=0$。

提示：使用矩阵 $\boldsymbol{A}$，有

$$\boldsymbol{A}=\begin{bmatrix} k_2 & k_3 & k_4 & k_5 & \cdots & k_{n-1} & k_n\\ -1 & 1 & 0 & 0 & \cdots & 0 & 0\\ 0 & -1 & 2 & 0 & \cdots & 0 & 0\\ 0 & 0 & -1 & 3 & \cdots & 0 & 0\\ 0 & 0 & 0 & 0 & \cdots & -1 & n-2 \end{bmatrix}$$

107. (a) 对于第 106 问中的 $(n,2)$ 链式系统，找出使得 $\dot{s}=-bs$，$b>0$ 的条件，其中 $x_1(0)\neq 0$，$s=x_2+a_1\dfrac{x_3}{x_1}+a_2\dfrac{x_4}{x_1^2}+\cdots+a_{n-2}\dfrac{x_n}{x_1^{n-2}}$。

这意味着流形 $s=0$ 是不变的和有吸引力的（指数级的）。

(b) 对同一系统，对于下述控制器：

$$u_1=\begin{cases} u_{1A}(x)=-x_1, & |s|\leqslant\mu\\ u_{1B}(x)=\operatorname{sgn}(x_1), & |s|>\mu\end{cases}$$

$$u_2=\begin{cases} u_{2A}(x)=k_2x_2+k_3\dfrac{x_3}{x_1}+\cdots+k_n\dfrac{x_n}{x_1^{n-2}}, & |s|\leqslant\mu\\ u_{2B}(x)=-\lambda x_2, & |s|>\mu\end{cases}$$

其中$\lambda>0$，$\mu>0$，$\mathrm{sgn}(x_1)=\begin{cases}1, & x_1\geqslant 0\\ -1, & x_1<0\end{cases}$。

找出对于任意初始条件$x(0)$都能够确保一个能指数渐近至零的独特的正解的条件。

提示：问题106和107的一种解可以在下述文献中找到：Astolfi A. and Valtolina. Discontinuous control of nonholonomic system. Systems Control Lett1996；27：37-45；Local robust regulation of chained systems. Systems Control Lett2003；49：231-8；and Global regulation and local robust stabilization of chainedsystems. In：Proceedings of the IEEE CDC，Sydney，Australia；December 12-15，2000. p. 1637-42.

机器人网站列表

1. 通用机器人

1. www. robocommunity. com/article/10050/List-of-Other-Robot-Websites
2. www. robotstxt. org
3. www. dprg. org/robolinks. html
4. www. zerorobotics. org/web/zero-robotics/home-public
5. www. nasa. gov/audience/foreducators/robotics/home/index. html
6. www. msdn. microsoft. com/en-us/robotics/aa731517
7. http://researchguides. library. tufts. edu/content. php? pid5127295&sid51118912
8. www. jafsoft. com/searchengines/webbots. html
9. http://www. seattlerobotics. org/
10. www. topsite. com/best/robotics
11. www. roboteers. com
12. www. cimwareukandusa. com/aRobotAdam. html
13. www. ryerson. ca/aferwon/courses/CPS607/CLASSES/CPS607CL. HTML
14. http://www. eventscope. org/es/index. shtml
15. www. docstoc. com/docs/35855596/Agrobots-Robots-in-Agriculture
16. www. universal-robots. com
17. www. robotics. org
18. www. rethinkrobotics. com
19. www. densorobotics. com/world
20. www. therobotreport. com/index. php/industrial_robots

2. 移动机器人

1. www. mrpt. org
2. www. mobosoft. com
3. www. ccsrobotics. com
4. http://mobots. epfl. ch/self-assembling-robots. html
5. www. davidbuckley. net/DB/HistoryMakers. htm
6. www. surveyor. com/SRV_info. html
7. www. wn. com/khepera_mobile_robot

8. www. k-team. com
9. www. arrickrobotics. com/arobot
10. www. hobbyengineering. com/H1937. html
11. https://researchspace. auckland. ac. nz/handle/2292/2725
12. www. robots. net/rcfaq. html
13. www. automation. com/content/rmt-robotics-announces-audio-feature-for-its-adammobile-robot
14. www. mobilerobot. ru
15. www. automation. hut. fi
16. www. roboticsclub. org/links. html
17. www. roboticsbusinessreview. com/rbr50/category
18. www. cresis. ku. edu/sites/default/files/TechRpt101. pdf
19. www. computerworld. com/s/article/9027523/Mobile_robots_aren_t_science_fiction_anymore
20. www. automation. com/product-showcase/rmt-robotics-makes-adam-mobile-robots-vocal
21. www. ri. cmu. edu/pub_files/pub1/simmons_reid_1999_1/simmons_reid_1999_1. pdf
22. www. dtic. mil/cgi-bin/GetTRDoc? AD=ADA433772
23. www. faculty. cooper. edu/mar/mar. htm
24. www. robots. net/rcfaq. html
25. www. arrickrobotics. com/arobot

3. 35 个移动机器人公司

1. www. autopenhosting. org/robots/companies. html
2. http://stason. org/TULARC/science-engineering/robotics/35-Mobile-Robot-Companies. html#. Ufn2KNLTw2c
3. www. hotstockchat. com/mobile-robot-companies-geckosystems-us-and-zmp-japansign-mou/
4. www. k-team. com/kteam/index. php? rub53&site51&version5EN&page53
5. www. mesa-robotics. com
6. http://robotics. sandia. gov/Roboticvehicles. html
7. http://www. barrett. com/robot/products/hand/handfrom. htm
8. www. aai. ca/robots
9. www. wifibot. com
10. www. esit. com/mobile-robots/
11. www. themachinelab. com/
12. www. ise. bc. ca/robotics. html

13. www. alibaba. com
14. www. motoman. com
15. www. seegrid. com
16. www. robotics. nasa. gov/links/industry. html
17. www. bastiansolutions. com
18. www. directindustry. com
19. www. wanyrobotics. com
20. www. botsinc. com/list-of-robot-companies
21. www. cyperbotics. com
22. www. personalrobots. com
23. www. robots. com
24. www. reisrobotics. com
25. www. rotundus. se
26. www. robotshop. com
27. www. pedsco. com
28. www. floorbotics. com
29. www. recce-robotics. com
30. www. robosoft. com
31. http://gizmodo. com/5966895/mitsubishis-remote-control-tankbot-is-yet-another-member-of-the-robot-clean1up-crew-army
32. www. irobot. com
33. www. destaco. com
34. www. mobilerobots. com
35. www. geckosystems. com

推荐阅读

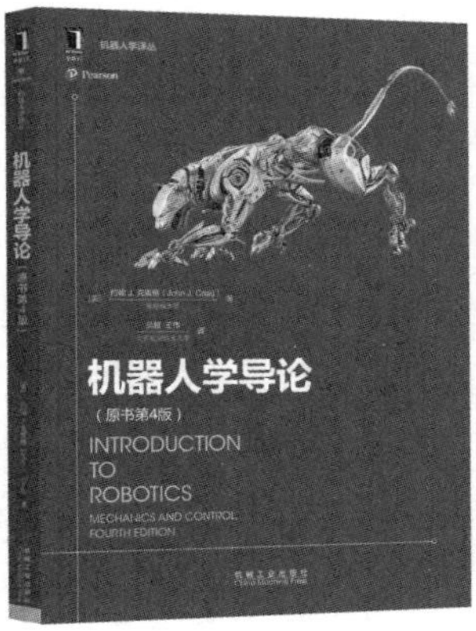

机器人学导论（原书第4版）

作者：[美] 约翰 J. 克雷格 ISBN：978-7-111-59031 定价：79.00元

现代机器人学：机构、规划与控制

作者：[美] 凯文·M.林奇 等 ISBN：978-7-111-63984 定价：139.00元

自主移动机器人与多机器人系统：运动规划、通信和集群

作者：[以] 尤金·卡根 等 ISBN：978-7-111-68743 定价：99.00元

移动机器人学：数学基础、模型构建及实现方法

作者：[美] 阿朗佐·凯利 ISBN：978-7-111-63349 定价：159.00元

工业机器人系统及应用

作者：[美] 马克·R.米勒 等 ISBN：978-7-111-63141 定价：89.00元

ROS机器人编程：原理与应用

作者：[美] 怀亚特·S.纽曼 ISBN：978-7-111-63349 定价：199.00元